新訂版 数学オフィスアワー

現場で出会う 微積分・線型代数

～化学・生物系の数学基礎を実践する～

小林幸夫 著

Calculus & LinearAlgebra

現代数学社

はしがき

多くの大学で, オフィスアワーという時間を設定するようになりました. オフィスアワーとは, 学生が科目の履修, 学内外の生活について相談したり指導を受けたりするための時間です. 大学設置基準によると, 予習・復習・課題などの時間を含めて 1 単位あたり 45 時間の学習が標準になっています. 授業時間外の予習・復習などに, オフィスアワーを活用するとしても, 面談には時間の限界があります. いつでも面談できる方法はないでしょうか？ 本は声を出さないので人間味に欠けますが, いつでも開いて, なっとくするまで同じ説明を読み返せます. 『数学オフィスアワー』は, これから化学・生物系の分野に進む初歩の学生の方々に, 基礎数学を紹介する本です. 主に, 測定のための量の理論, 微分積分, 線型代数 [ベクトルとマトリックス (行列)] を取り上げました. 自分でじっくり時間をかけて考えながら読み進めていただけるように工夫したつもりです. 言うまでもなく, 本書を読んでわからないことがあれば, ご質問を歓迎いたします.

さて, いまの状況を振り返ってみましょう. 実験・実習で, グラフの作成, データ処理などを円滑に進めているでしょうか？ 対数関数, 指数関数などの意味を理解して, 実験データを解釈しているでしょうか？ 高校までの数学または大学初年次の数学などを知っているだけでは, 実践の場で数学を活用するのは案外むずかしいものです. 演習問題がよく解けるのに, 実験・実習などでは演習問題がそのままの形では使えないことがあるからです. 演習問題を解くことと現場で数学を活用することとの間には, ギャップがあります. 英語を中学以来, ずっと学習してきたのに, 専門書を読んだり論文・レポートを書いたりすることがむずかしいのと似ています. 何百題も計算問題を解くと, 計算力向上には結びつくものの, 実践の場に直結するとは限りません. 多くの英単語を覚えても, 英作文が上手にできるわけではないのと同じことです. 演算規則を正確に知っていても, 実験データの表す意味が見通せるわけではありません. 英文法を十分に理解したつもりでも, 英文に潜む意味を汲み取れないことがあるのと同じです. 本書では, できる限り実践の場を再現するように, 実験データからグラフをつくったり測定値を表したりする練習から始めます.

数学を活用するためには, 計算の仕方を機械のように丸暗記するのではなく, イメージを思い描くことが大事です. 漢字を見ると, その形から大体の意味がわかります. さかなへんの漢字であれば, 読み方を知らなくても魚類であることは確信できるはずです. では, ノートに式を書いたとき, その式のイメージが思い浮かぶでしょうか? 自分で書いたのに, 意味がわからないというのでは困ります. 僭越ながら『理系への数学』(現代数学社, 2008 年 12 月号) の「数学戯評」に, つぎのように書きました.

> (中略)「数学は道具だから使えればいい」と単純にいうが，ここで取り上げたどの事例でも，数学を使っていることにならない.「電気製品のしくみを知らなくても電気製品を使うことができるのと同じだ」という考えはあてはまらない. 電気製品を使うとき，ふつうの人はどこを触ったら危険で，どう操作したら上手に使えるかということを感覚で判断できる. しかし，事例に挙げた学生は，数学に対してそういう感覚がない. これが重大な問題である.

本書では，数学の計算力だけでは化学の現場で数学を活用することはできないという実例 (3.6 節例題 3.11) を挙げました.

本書は，四部構成でオフィスアワーを設けています. 知りたい内容によって相談室を選んでいただくためです. 最終章が第 8 話だということに合わせて，読者のみなさまの**末広がり**を祈念します.

感謝のことば

著者自身が LaTeX で作成した原稿，手書きの拙い図・イラストは，見にくい印象を受ける方もいらっしゃるかと思いますが，ご理解いただけると幸いです.

本書を出版していただく際に，現代数学社前社長故・富田栄氏，現社長富田淳氏に大変お世話になりました. 厚く御礼申し上げます. 2007 年 3 月に，富田栄氏から本の構成，体裁などについて貴重なご意見を賜りました. その後，遅筆のためご迷惑をお掛けしましたが，富田淳氏に励ましていただき，丁寧なご指導のもとにようやく仕上がりました. 前社長のご冥福をお祈りするとともに，謹んで本書を捧げます.

2011 年 7 月

小林幸夫

新訂版に際して

初版第 1 刷の記述に不正確な箇所があり，読者の方々にはご迷惑をお掛けしました. 新訂版では，明らかな誤りを修正するだけでなく，ADVICE 欄の注釈を増やし，誤解のおそれがある記述を書き換えました.

2019 年 5 月

自然現象の規則性を探るための初心者用ガイド — 数学を活用する道を開くために

読者の方々の多くは, これから数学を活用することを目指しています. では, 活用するための数学は, 本来の数学とはちがうのでしょうか？「受験数学」ということばもありますが, 受験用の数学とは一体何でしょう.

数学に「本来の」「活用するための」「受験用の」という修飾語で区別するようなちがいがあるわけではありません. たとえば, 植物は, 鑑賞することもあるし, 衣類・食品などの材料になることもあります. 植物そのものを調べることで, 生物の進化のしくみを研究する手がかりにもなります. それでも, 植物であることにちがいはありません. 数学も本来は一つのはずです. 数学は使うためだけにあるのではなく, 数学そのものを発展させる道もあります. ただし, その結果が周辺分野に役立つことはあり得ます. 他方, 数学を活用するために, 数学をつくる道もあります. 馴染みがないかも知れませんが, 量子力学という分野で活躍する「Dirac の超関数」は, この道の重要な例です.

はじめに注意していただきたいことがあります. それは「数学は使えればいい」という考えには見落としがあるということです. 結局は, 数学の意味がわかっていないと, 数学を正しく活用できません. イメージが思い描けるほど意味がわかっていると, 数学の演算規則が頭に入りやすくなります. 数学を活用する近道は, 遠回りに見えても意味をよく理解することです.

本書の特色

1. **測定の原理に基づいて数と量との理論を理解する**　長さ (length) を $\ell = 12$ mm のように表す意味を理解しているでしょうか？長さの測定とは, 物差の目盛どうしの間隔と物体の長さとを比べる操作です. 物体の長さが, 目盛どうしの幅の何倍かを数値で表します. 物体の長さ ℓ が目盛どうしの間隔 mm の 12 倍のとき, $\ell = 12 \times \mathrm{mm}$ です. 数と文字との積なので, 乗号 $\times$ を省いて $\ell = 12$ mm と書きます. このように, 測定の原理に基づいた考え方を理解しながら, 量の計算ができることをめざしています (第 0 話).

2. **数学の記号が語りかけるメッセージを読み取る**　負号 (負の符号) は単なる 1 本の短い線にすぎないのに, $-(-100$ 万$)$ 円 $= +100$ 万円 のように損失を利益に変えるという大胆なはたらきをします. 本書で取り上げるように, 負号のこういうはたらきは pH の計算で活躍することがわかります (第 1 話).

等号は，2本の平行線の形であり，どこの幅も等しいという意味を表しています．同じ幅が永遠に続くというイメージが浮かびます．

記号に慣れると，数学以外の分野でも現象に潜んでいる規則性を表すことができます．記号の読解力を培うことも，本書の目標の一つです．

3. 比例を基本の出発点とする　微分積分学と線型代数学とのどちらも，**比例**という理想の状況が基本です．実験データを解釈する問題，実測値から未知のデータを予測する問題などを，比例の発想で考えます (第2話, 第4話)．微分積分学と線型代数学とは，小学算数で学習した「比例の考え方」を発展させる二つの道といえます．微分積分学では，曲線上の1点における接線を比例の直線と考えます．線型代数学では，マトリックス (行列) が比例定数の役目を果たします．

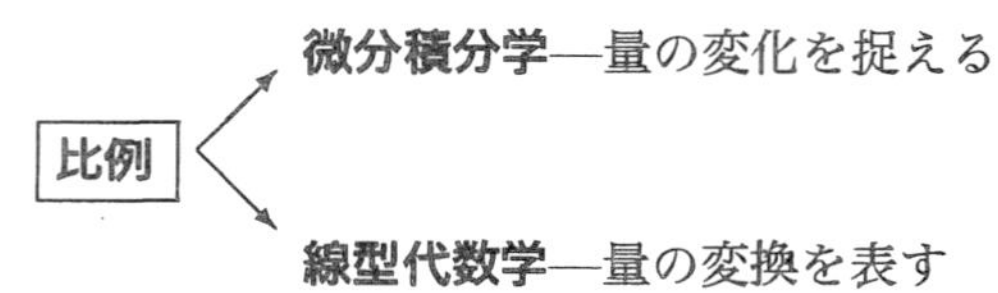

現実の自然現象・社会現象は，比例の考え方だけで説明できるとは限りません．現実通りでないのであれば，なぜ比例から出発するのかと疑問に思うことでしょう．そのわけは，主につぎのように説明することができます．現象によっては，比例の考え方で量どうしの関係を説明できる場合があります．比例で説明できない現象では，実験と理論とを比較して，比例からのずれを手がかりに現象のしくみを考えます (第1話, 第3話)．

高校でも学習するマトリックス (行列) には，比例定数と同じ意味があります．マトリックスの乗法 (行列の掛算) を，複比例 (y は x に比例し，z は y に比例する) という見方で理解します (第4話)．

4. 自然現象の実例を多く取り入れる　数学のことば (数式・記号・図形) で自然現象を表現する方法を理解するために，できるだけ物理・化学・生物などから実例を挙げるように努めました．ただし，自然現象から実例を選ぶときに，難点もあります．物理・化学・生物などの予備知識が必要になり，数学を理解するまえに実例の意味がわからなくてつまずくことがあります．たとえば，固有値問題の解法は，量子化学でエネルギー固有値を求めるときに必要です．しかし，量子化学の学習前の初学者には，エネルギー固有値は適切な題材ではないと判断しました．

このため, 一部の例外を除いて, 予備知識がなくても理解できる内容, 中学・高校理科の範囲から実例を選びました. 化学計算では, 演算規則を網羅するのではなく, 現実の実験と照らし合わせながら理解できるようにしたつもりです. 自然現象とは限りませんが, 乗除先行 (乗法・除法を加法・減法よりも先に計算するという規則) の理由も, 具体的な実例で説明しました (第 4 話).

本書は, 自然科学の仕事に取り組む初学者の方々の基礎固めをねらいとしています. 単位取得, 資格試験準備などのために数学を履修する方々に役立つ例題もありますが, これらの目的には遠回りな内容が多いかも知れません.

5. **自然界の法則を通じて関数の意味を理解する**　「自然界の法則を見出す」というのは, 量どうしの間にどんな関係が成り立っているかを探るという意味です. 時間とともに生物の個体数がどのように変化するかを調べる場合, 個体数は時間のどんな関数で表せるかを考えます. 関数とは, 量と量との間の対応の規則です. 関数を, $y = ax$, $y = x^2$, $y = \log_{10} x$ などの単なる式と見るわけではありません. 自然現象の実例を通じて, 関数の意味を理解することを目指します. 特に, 対数関数・指数関数・円関数 (三角関数) が自然界のどういう現象と密接に関わっているかが重要な視点です (第 1 話, 第 3 話).

本書では, 三角関数の本来の意味を表すために, 三角関数を円関数とよびます (第 1 話, 第 3 話). 高校物理で波の表し方を学習しない年代の方々を考慮して, 円関数で正弦波を表す方法も取り上げました. 非数理系の物理, 化学でも, 正弦波の表し方を知らないと不都合な場合があるからです.

6. **実験室の現場を再現しながら実験データを処理する**　ふつうは, 計算法を理解してから応用問題に取り組みます. そのせいか, 計算はよくできるのに, 現場で数学の考え方を応用できないことがあります. 数学の演習書で扱う問題は, 自然現象を調べる現場で直面する問題とは必ずしも合致しないからです. 本書では, 現場に合った題材に取り組むという方法を試みます.

少々大げさな表現ですが, 実験室でグラフにデータをプロットする場面を再現するようなイメージで演習に取り組みます (第 1 話). 等間隔目盛の方眼紙だけでなく, 片対数方眼紙, 両対数方眼紙の使い方を身につけることが目標です. 対数は何を表すための関数なのかを理解します.

7. **微分積分のイメージを思い描く**　数学の通常の教科書と比べて，概念の導入順序が異なるところがあります．

(a) 微分と積分とのどちらを先に取り上げるかということについて，教科書の著者の趣味 (?) によって流儀が異なります．本書では，微分の dx と積分の dx とは同じという立場を採り，乱暴かも知れませんが，微分と積分とを同時に導入しました (第 2 話)．

歴史上は，土地の区画整備のために面積を測る方法が必要になったそうです．古代ギリシアの Archimedes (アルキメデス) は，面積を求める方法を見つけました．面積の求め方は，やがて積分法として発展しました．一方，微分の発想は，運動が速いか遅いかを表す方法と深い関係があります．この方法の基礎は，17 世紀に Galilei (ガリレイ), Newton (ニュートン), Leibniz (ライプニッツ) が築いたそうです．ただし，この時代以前にも多くの人々が努力し，それらの蓄積の上に微分の考えに至ったことを見落としてはいけません．

本書では，こういう経緯も踏まえて，微分の方が理解しにくいのではないかと考えました．速度とちがい，線分の長さ・平面の面積などは目に見えて，積分の方が微分よりも直観でわかるからです．2.1 節では，鉛筆で紙面に線を引く (芯の粒をびっしり並べる) という作業を，積分の基本としてみました．面積に限らず，積分の基本は「つなぎ合わせる操作」というイメージで理解します．高校数学以来，「積分 = 面積」と思い込んでいると，微分方程式の意味が理解しにくくなります．

(b) 本書では「原始関数」「不定積分」「積分関数」の用語を使いません．これらの用語の意味が教科書によって異なるという理由だけではありません．積分の根本を定積分 (簡単にいうと，上限と下限とで挟んだ区間内で和を求める計算) として，積分の本来のイメージを描くためです．微分方程式を立てるとき，物理・化学・生物で問題になるのは一般解ではなく初期値問題だということも配慮しました．高校数学の範囲とちがって，原始関数を見出すことができない関数もあります．これらの理由で，原始関数を扱わない方針を採りました．

(c) 指数関数・対数関数・円関数 (三角関数) の積分・微分は，微分方程式の解法の準備として扱いました．指数関数・対数関数・円関数の微積分が必要になる場面を理解するためです．級数展開も微分方程式の章で扱いました．指数関数・対数関数・円関数の微積分のあとでないと級数展開の例を挙げることができないからです．級数展開の考え方が微分方程式の解法として使えることも配慮しました．なお，円関数を微分する方法には，極限計算と図解とがありますが，本書では図解を選びました．

(d) 初学者には 2 階微分のイメージがむずかしいので, 2 階微分方程式は 1 階微分方程式の組とみなしました.
(e) 「関数の極限」という概念は, どんな場面で考えるのかがわかりにくいので, 化学の具体例を通じて理解できるようにしました.
(f) 偏導関数 f'_x をベクトルの x 成分と誤解しないために, ベクトルの成分は a_1, a_2, a_3 のように番号 1, 2, 3 で表して区別しました.

8. **計算の方法を図解する**　計算するとき公式を使う方が便利と錯覚しがちですが, 直接計算する方が簡単な場合があります (第 0 話). 計算のしくみのイメージが思い描けると, 計算の本質が見えてくるので, 計算を工夫しやすくなります. このためには, 式だけを扱うのではなく, 式の表す意味を図解するという工夫も大事です. 公式が便利なのは, プログラミングのように一般化した手順を考えるような場合です. ただし, 一般化という考え方は, プログラミングに限らず数学の特質であることを見落としてはいけません.

9. **多数の注釈が挿入してある**　注釈には, 計算過程, 補足事項を示してあります. 途中の式変形の仕方がわからないときには, 注釈を見ながら計算練習に取り組めるように工夫しました. 本文の参考になる話題も紹介してあります.

10. **「探究支援」で応用例を理解する**　演習問題の形式で, 主に化学・生物などの実例に対する考え方が理解できるようにしました.

11. **索引を用語集として活用する**　索引は用語集, 和英辞典の役目を果たします. 本文だけでなく, 索引を上手に活用することをおすすめします.

12. **文章の改行の仕方を配慮してある**　小学算数の教科書で, 単語が行末と行頭とで分かれると読みにくく理解を妨げるという指摘があります (2011 年 3 月 6 日付朝日新聞「学ぶ」). 大学の教科書にもあてはまる注意事項と考えました. 本文と注釈欄とのどちらでも, 行の長さ (文字数) を必ずしも統一せず, 単語が分かれないようにした箇所があります. このため見にくいと感じるかもしれませんが, 文の意味を読み取りやすくすることを優先しました.

本書の構成

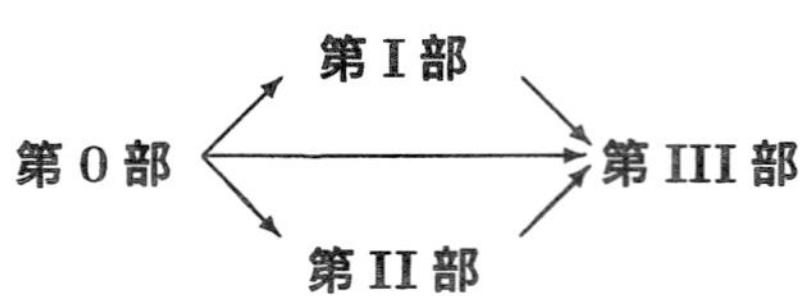

▶ 第 0 部で取り上げる「量と数との理論」は, 全体の出発点です.

▶ 第 I 部「微分積分学」と第 II 部「線型代数学」とは, 独立に進めることができます.

▶ 第 III 部の話題は, 第 I 部または第 II 部のあとに続けると理解しやすくなりますが, 第 0 部から直接進むこともできます.

講義の実績　第 0 話, 第 1 話, 第 4 話, 第 5 話, 第 6 話は, 2005 年度から本務校の工学部生命情報工学科・環境共生工学科で実施してきた合併講義「生命科学のための数学 (線型代数)」のノートに加筆した内容です. 第 2 話, 第 3 話, 第 7 話, 第 8 話は, 上記の 5 話との間で系統性を図るために執筆した内容であり, 講義の実績はありません.

取り上げなかった項目　連立 1 次方程式の掃き出し法 [拙著『数学ターミナル 線型代数の発想』(現代数学社, 2008) 1.4 節参照], 微分方程式の解の一意性, Lagrange の未定係数法

他書との関係　拙著『力学ステーション』(森北出版, 2002), 『数学ターミナル 線型代数の発想』(現代数学社, 2008), 日本物理学会「大学の物理教育」誌, 日本物理教育学会誌, 日本化学会「化学と教育」誌に公表した拙稿の内容を, 本書の目的に合うように書き換えた箇所があります.

物理量の記号の使い方

表 1　物理量

この表は，化学で頻繁に現れる物理量に対して，国際純正・応用化学連合 [Interntional Union of Pure and Applied Chemistry (IUPAC)] が勧告している物理量の名称と記号とを示している．ここで挙げていない物理量は，E Richard Cohen, Tom Cvitas, Jeremy G. Frey, Bertil Holstroem, Kozo Kuchitsu, Roberto Marquardt, Ian Mills, Franco Pavese, Martin Quack, Juergen Stohner, Herbert L. Strauss, Michio Takami, Anders J. Thor: *Units and Symbols in Physical Chemistry* (Royal Society of Chemistry, 2007) [(社) 日本化学会監修, (独) 産業技術総合研究所・計量標準総合センター訳：『物理化学で用いられる量・単位・記号』(講談社, 2009)] を参照すること．

名称	記号	定義
直交空間座標 cartesian space coordinates	x, y, z	
極座標 spherical polar coordinates	r, θ, ϕ	
位置ベクトル position vector	$\boldsymbol{r}$	$\boldsymbol{r} = x\boldsymbol{i} + y\boldsymbol{j} + z\boldsymbol{k}$
長さ length	l	
半径 radius	r	
行程 path length	s	
弧長 length of arc	s	
面積 area	A, S	
体積 volume	V	
平面角 plane angle	θ, ϕ	
時間 time	t	
周期 period	T	
角周波数, 角振動数 angular frequency, circular frequency	ω	
角速度 angular velocity	ω	
速度 velocity	$\boldsymbol{v}$	$\boldsymbol{v} = d\boldsymbol{r}/dt$
速さ speed	v	$v = \lvert\boldsymbol{v}\rvert$

加速度 acceleration	$\boldsymbol{a}$	$\boldsymbol{a} = d\boldsymbol{v}/dt$
質量 mass	m	
換算質量 reduced mass	μ	$\mu = m_1 m_2/(m_1 + m_2)$
運動量 momentum	$\boldsymbol{p}$	$\boldsymbol{p} = m\boldsymbol{v}$
角運動量 angular momentum	$\boldsymbol{L}$	$\boldsymbol{L} = \boldsymbol{r} \times \boldsymbol{p}$
慣性モーメント moment of inertia	I, J	$I = \sum_i m_i {r_i}^2$
力 force	$\boldsymbol{F}$	$\boldsymbol{F} = d\boldsymbol{p}/dt = m\boldsymbol{a}$
トルク (力のモーメント) torque (moment of a force)	$\boldsymbol{T}$, $\boldsymbol{M}$	
エネルギー energy	E	
位置エネルギー potential energy	E_{p}, V, Φ	$E_{\mathrm{p}} = -\int \boldsymbol{F} \cdot d\boldsymbol{s}$
運動エネルギー kinetic energy	E_{k}, T, K	$E_{\mathrm{k}} = \frac{1}{2} m v^2$
仕事 work	W, w	$W = \int \boldsymbol{F} \cdot d\boldsymbol{s}$

1. $\boldsymbol{r}$, $\boldsymbol{v}$, $\boldsymbol{a}$, $\boldsymbol{p}$, $\boldsymbol{L}$, $\boldsymbol{F}$, $\boldsymbol{T}$, $\boldsymbol{M}$, $\boldsymbol{s}$, $\boldsymbol{i}$, $\boldsymbol{j}$, $\boldsymbol{k}$ は, 上付きの矢印で $\vec{r}$, $\vec{v}$, $\vec{a}$, $\vec{p}$, $\vec{L}$, $\vec{F}$, $\vec{T}$, $\vec{M}$, $\vec{s}$, $\vec{i}$, $\vec{j}$, $\vec{k}$ と表すこともある.

2. この表の記号は, 矛盾が最小限になるように選んである. しかし, 勧告された記号から多少外れた使い方をする方が適切な場合もある. こういう場合, 記号を明確に定義してあれば, 勧告された記号以外の記号を使うことができる. 添字を付け加えたり, 大文字と小文字とを取り替えたりすることもできる. たとえば, 2 種類の物体の質量を m, M, 速度を $\vec{v}$, $\vec{V}$ と表すと都合がよい場合には, そのように区別する.

表 2　ギリシア文字

大文字	小文字	対応する英アルファベット	読み方
A	α	a, ā	alpha　アルファ
B	β	b	beta　ベータ
Γ	γ	g	gamma　ガンマ
Δ	δ	d	delta　デルタ
E	ε, ϵ	e	epsilon　エプシロン
Z	ζ	z	zeta　ゼータ
H	η	ē	eta　エータ
Θ	θ, ϑ	th	theta　テータ (シータ)
I	ι	i	iota　イオタ
K	κ	k	kappa　カッパ
Λ	λ	l	lambda　ラムダ
M	μ	m	mu　ミュー
N	ν	n	nu　ニュー
Ξ	ξ	x	xi　グザイ (クシー)
O	o	o	omicron　オミクロン
Π	π	p	pi　パイ
P	ρ	r	rho　ロー
Σ	σ, ς	s	sigma　シグマ
T	τ	t	tau　タウ
Υ	υ	u, y	upsilon　ウプシロン
Φ	ϕ, φ	ph (f)	phi　ファイ
X	ξ	ch	chi, khi　カイ
Ψ	ψ	ps	psi　プサイ (プシー)
Ω	ω	ō	omega　オメガ

ギリシア文字の筆順

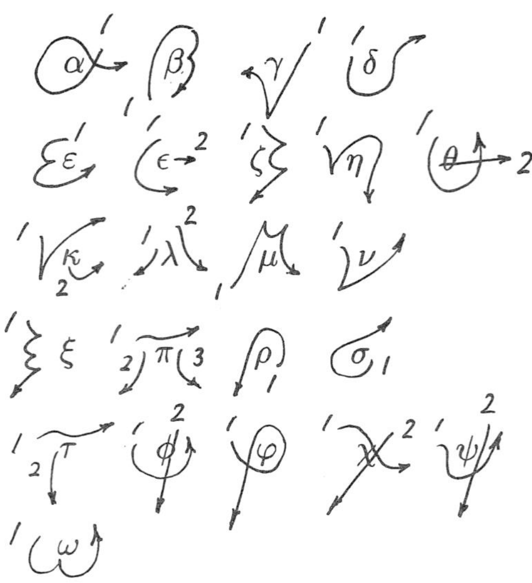

表 3　まぎらわしい文字

a	エイ	α	アルファ	v	ブイ	ν	ニュー
B	ビー	β	ベータ	p	ピー	ρ	ロー
r	アール	γ	ガンマ	t	ティー	τ	タウ
E	イー	ε	エプシロン	x	エックス	χ	カイ
k	ケイ	κ	カッパ	w	ダブリュー	ω	オメガ

パソコンのキーボードで「かい」と入力して変換をくり返すと，χ が見つかる．数学で記号を使うとき x (エックス) と χ (カイ) とを区別する．統計の分野で χ^2 分布 (カイ 2 乗分布) を「エックス 2 乗分布」と読んではいけない．

目次 CONTENTS

第 0 部　頭のウォーミングアップ (肩ならし)

比例を基本にする考え方

第 0 話　プロローグ — 自然現象の解析になぜ数学が必要か

第 0 話の目標

① 一つの問題に対して, 代数の見方と幾何の見方とができるようになること.

② 測定の意味に基づいて, 量の概念を理解すること.

③ 自然界の大きさに対する感覚を持って, 数学の対象を理解すること.

キーワード　量と数との概念, 測定, 単位量の換算

自然科学の研究は, 自然現象に潜んでいる法則 (カラクリ) を見出す試みである. 中学・高校の理科で学習した法則を思い出してみよう. 物理には, Ohm (オーム) の法則がある. 電熱線の両端に電圧がかかると, 電熱線を流れる電流の大きさは電熱線の電気抵抗で決まる. 化学には, 質量保存則がある. 炭素 + 酸素 → 二酸化炭素の化学反応の前後で物質全体の質量は変わらない. 生物には, Mendel (メンデル) の法則がある. エンドウの自家受精の実験で見つかったように, 丸い種子としわの種子との比の法則である. これらの法則のほかにも, 天文学, 地質学などのさまざまな法則が見つかっている.

これらの法則はどれも, 対象の「大きさ」「形」に着目して見つかったことに気がつく.「大きさ」は, 数で表せる.「形」は, 幾何の性質と関係がある. 電流, 電圧, 質量を数で表したからこそ, 量どうしの間に規則性が見つかった. 種子を丸・しわという形の特徴で分類し, これらの種子の間で個数の比を調べたから, 遺伝という現象が理解できた.「強い, 弱い」「大きい, 小さい」「多い, 少ない」という見方を**定性的な理解**という. この見方だけでは量の間の関係があいまいである. 単に「大きくなる」といっても, 2 倍になるのか, 5 倍になるのかがはっきりしないからである. 定性的な理解のままでは, 量どうしの間に規則性があるのかどうかは判断できない. 電圧を 2 倍, 3 倍, ... にすると , 電流も 2 倍, 3 倍,

休憩室　定性と定量
高校 3 年のとき化学の伴野勝人先生が「人を見たとき, まず男性か女性かがわかる. そのあとで, 身長が何センチか, 体重は何キロかというように進んでいく」と説明してくださった. この話は,「定性的な理解」から「定量的な理解」に進める例としてわかりやすい.

定性的な理解から定量的な理解への移行について, P. W. Atkins: *The 2nd Law* (Scientific American Books, 1984) p. 29 [米沢富美子・森弘之訳:『エントロピーと秩序』(日経サイエンス社, 1992) p. 39] にも解説がある.

... になれば, 電流は電圧に比例するといえる. しかし, 導線の温度が高くなると, 電圧を 2 倍, 3 倍, ... にしても, 電流は 2 倍, 3 倍, ... にならない. 40.0 A, 1.5 V, 154 個のように, 量の大小を数値で判断するという見方を**定量的な理解**という. 量を数で表さないと, 量どうしの関係が見出せない. 定性的な理解から定量的な理解に発展させることによって, 自然科学の概念を組み立てることができる. 自然現象の法則を見つけるとき, 数学の発想・方法が基礎になる. 自然現象を系統的に理解するために, 数学が発展したという側面もある.

A　電流の単位「アンペア」と読む.

V　電圧の単位「ボルト」と読む.

本書では, 自然現象に関連した内容の基礎に焦点を絞る. 「自然科学の分野では, どんな数学が有効なのか」という観点から, 具体的な問題を探究する. 数学の発想を活かすと , 実験結果からどんな知見を得ることができるのだろうか ? 自然現象をどのようにして数式ということばで表すのだろうか ? 本章は, こういうテーマに取り組むための準備体操にあたる.

高校の科目でいうと, 物理学, 化学, 生物学などが生命科学・環境科学の基礎になる.

0.1　自然現象を探るための数学とは

自然現象を数学の発想で整理するというのは, どのような考え方を指すのだろうか ? たとえば, 食塩水が濃いかどうかを調べたい場合を考えてみる. 実際に食塩水を舐めてみたら, 濃いかどうかがわかる. しかし, 舐めた人の誰でも, 感覚が一致するとは限らない. それでは, 試した人に関係なく濃度を表すには, どうすればいいか ? まず, 食塩の質量と水の質量とを数で表して, 質量の大小をはっきりさせる. つぎに, 食塩水 (食塩と水の混合物) が食塩をどれだけ含んでいるかという割合を考える. 結局,

$$\frac{\text{食塩の質量}}{\text{食塩の質量} + \text{水の質量}} \times 100$$

を計算する. ここまでの過程をまとめると, つぎのようになる.

① 食塩の質量と水の質量を**数で表す**

② 加法 (足し算) と除法 (割り算) という**演算を実行する**

$\times 100$ 百分率を求めるため.

この例は, 法則を見つける問題ではない. しかし, 量の大小を数で表したり, 量どうしの間の関係を調べたりすることが必要な理由がわかる.

実際には, 実験結果から法則を見つけたり, その法則を数式で表したりしなければならない. こういう場合に数学を適用するための基礎として, 本書ではつぎの三つの目標を掲げる.

自然現象を探るための数学の目標

(1) 測定の原理に基づいて, 自然界の法則を数と量とで表す方法を理解する.
そもそも「長さ, 質量, 時間などを測る」とは, どういう意味か？
量を数で表さないと, 量と量の間の関係を調べることができない事情を把握する.

(2) 比例の考えを基礎にして, 量どうしの関係を関数の概念によって理解する.
「関数とは何か」を理解した上で, 比例を出発点として量どうしの関係を調べる方法を理解する.

(3) 数式で表した概念が図形でどのように表せるかを理解する.
数式の表す意味を思い描くと, 現象のしくみが深く見通せる.

0.2　数学記号の読み方と書き方 — 数学の作法

中学・高校・大学の数学・理科の教科書を開いてみよう. 小説・随筆などとちがって, 多くの記号が並んでいる. 数学の考えを表すとき, ことばの代わりに記号を使う. 記号の見方・書き方に慣れないと, 数学の文献がむずかしく見えるかも知れない. この障壁を乗り越えるために, 数学特有の作法を身につけよう. 時間に余裕のあるうちに覚えると, レポート課題, 卒業論文などを書くときに役立つ. 本節では, 記号, 句読点, 括弧などの規則 (ルール) を取り上げる.

生命科学・環境科学などの分野では, レポート課題が多いだけでなく, 将来は論文を書く機会が増える. ワープロでレポート・論文などを書くときのために, 数式の書き方に注意しよう.

Ian Mills, Tomislav Cvitaš, Klaus Homann, Nikola Kallay, and Kozo Kuchitsu: *Quantities, Units and Symbols in Physical Chemistry* (IUPAC, Blackwell Scientific Publications, Oxford, 1993) [朽津耕三訳:『物理化学で用いられる量・単位・記号』(講談社, 1991)] 参照.

ローマン体 (立体) とイタリック体 (斜体) との区別

例題 0.1　**字体の使い分け**　数学, 理科の教科書の文章を注意深く調べてみよう. アルファベットの書き方には, ローマン体 (立体) とイタリック体 (斜体)

との２種類あることがわかる．どのように字体を使い分けているか？

【解説】

① **数学記号を表すアルファベットは斜体で表す．**

$pV = nRT$ を $\mathrm{pV} = \mathrm{nRT}$ と書かない． $y = f(x)$ を $\mathrm{y} = \mathrm{f}\,(\mathrm{x})$ と書かない．

② **特別な記号は立体で表す．**

- $\sin\theta, \cos\theta, \tan\theta, \log x \Longleftarrow sin\theta, cos\theta, tan\theta, logx$ と書かない．

  理由：たとえば，$logx$ と書くと，$l \times o \times g \times x$ の意味になる．

- 単位量を表す記号は立体で書く．

  $l = 7\ \mathrm{m},\quad m = 4\ \mathrm{kg},\quad t = 5\ \mathrm{s} \Longleftarrow$ 長さ l, 質量 m, 時間 t は斜体で書き，m, kg, s は立体で書く．

③ **ローマ数字は立体で表す．**

I, II, III, IV, V, ..., i, ii, iii, iv, v, ...

【注意】括弧の書き方　(x, y) の括弧は立体で書く． $\Longleftarrow$ $\mathit{(x, y)}$ と書かない．

退屈かも知れないが，徐々に慣れること．

ローマン体 (立体) とイタリック体 (斜体) とを手書きで区別するのはむずかしい．字体の区別は，文献を読むときに注意すればいい．

$pV = nRT$ は理想気体の状態方程式である．

微分記号 d は，数学では斜体で表すが，物理では立体で表す場合もある．

l：length (長さ)
m：mass (質量)
t：time (時間)

s　秒 (second)

ボールド体 (太文字) とイタリック体 (斜体) との区別

例題 0.2　**字体の使い分け**　同じアルファベットでも，$\boldsymbol{a}$ と a とをどのように使い分けているかを調べてみよ．

【解説】 ボールド体：数の組 (**数ベクトル**という) を表すとき

例　$\boldsymbol{a} = (4, -3)$　$\boldsymbol{a} = \begin{pmatrix} 4 \\ -3 \end{pmatrix}$

イタリック体：ふつうの数 (**スカラー**という) を表すとき

例　$a = 5$ の左辺 a　　(x, y) の成分 x, y

線型代数，物理学・化学では，ベクトルとスカラーとの区別が重要だから，記号の使い分けを覚えること．

文末の数式にピリオドを付ける

例題 0.3　**文中の数式の書き方**　つぎの二つの文のどちらが適切か？

補遺 7.1 発想 3 参照．

(1) $x = 7\ \mathrm{m}$ のとき

$$x + 2\ \mathrm{m} = 9\ \mathrm{m}$$

(2) $x = 7\ \mathrm{m}$ のとき

$$x + 2\ \mathrm{m} = 9\ \mathrm{m}.$$

【解説】 (2) が正しい．
数式 (量の関係式) が文末の場合にもピリオドが必要である．

補遺 7.1 発想 3 参照．

文中で数学記号を語句の代わりに使わない

例題 0.4　**数学記号と語句との混同**　つぎの文は適切な書き方といえるか?

∴ 圧力と体積とは反比例の関係にある．

【解説】 適切ではない．記号 ∴ は, 数式の中で使う．

たとえば,「6 に 2 を掛ける」という文を「6 に 2 を ×」と書かない．記号 × は数式の中で使う．文末に記号を書くとおかしいことは, すぐに気がつく．文頭に記号 ∴ を書いてもよさそうに感じるのは錯覚である．

等号は単なる「等しい」という意味ではない

等号は,「左辺と右辺とが等しい」という意味を表す．
しかし, 等号のはたらきが同じとは限らないことに注意する．等号の意味を正しく読み取ること．

例題 0.5　**等号の使い分け**　つぎの式の等号の意味を説明せよ．

(1) $2+(-3)=-1$　(2) $4d=8\ \mathrm{m}$　(3) $3d+4d=7d$

(4)「$x=\cos\theta$ とおく」　(5) $x=f(t)$　(6) $f(t)=(5\ \mathrm{m/s})\ t+2\ \mathrm{m}$

物理学で等号の表す意味は, 小林幸夫:『力学ステーション』(森北出版, 2002) p. 239 参照．

【解説】 (1) 左から順に計算し, その結果を示す．

(2) 未知量 d を含むので方程式を表す．
d に特定の値 (この例では $d=2\ \mathrm{m}$) を代入したときにだけ等号が成り立つ (左辺の値と右辺の値とが一致する)．

d : distance (距離) の頭文字

(3) 文字 d にどんな値を代入してもつねに成り立つので恒等式を表す．文字 d を含んでいる式がどれでも方程式 (d の値を求める式) というわけではない．

「恒に (つねに) 等しい」

(4) 定義を表す．この例では, x の意味 (何を表すか) である．なお, $=$ の代わりに $\equiv$ (図形の合同を表すときにも使う) でもいい．

(5), (6) 関数, 入力, 出力について 1.1 節参照．

(5) 入力 t と出力 x との関係を表す．たとえば, 時刻 t によって, 運動中の物体の位置 x が決まる．通常, **入力 (原因) を右辺, 出力 (結果) を左辺**に書く．
運動方程式 (質量 × 加速度 = 力) は「物体に力がはたらいたから (原因),

(5) 小林幸夫:日本物理学会「大学の物理教育」誌 (*Physics Education in University*) **2003–1** (2003) 29–33.

加速度が生じた (結果)」という因果律を表す．この意味を表すために，$\boldsymbol{F} = m\boldsymbol{a}$ ではなく，$m\boldsymbol{a} = \boldsymbol{F}$ と書く．

(6) 関数の定義 (規則が具体的にどんな式で書けるか) を表す．この例では，時刻 t のとき物体の位置は $(5\ \mathrm{m/s})\ t + 2\ \mathrm{m}$ である．

(6) 例題 1.1.

例　$t = 3\ \mathrm{s}$ のとき $17\ \mathrm{m}$.

文字の使い方

例題 0.6　**文字の慣例**　(1), (2), (3), (4) で, (a) と (b) との適切な方を選べ.

(1) (a) 時刻 x, 位置 t, 速度 y, 加速度 z　(b) 時刻 t, 位置 x, 速度 $\boldsymbol{v}$, 加速度 $\boldsymbol{a}$

(2) (a) 力 a, 質量 b　(b) 力 $\boldsymbol{F}$, 質量 m

(3) (a) 物質量 n, アボガドロ定数 L　(b) 物質量 a, アボガドロ定数 n

(4) (a) 熱 q, 仕事 w, 温度 T, 内部エネルギー U

(b) 熱 p, 仕事 v, 温度 x, 内部エネルギー R

(1) 運動学
(2) 力学
(3) 化学
(4) 熱力学

【解説】 (1) (b)　(2) (b)　(3) (a)　(4) (a)

名称の頭文字を記号とした場合とそうでない場合とがある．

(1) 時刻 time の頭文字を記号とした．

位置を表す座標は x, y, z で表す．

速度 velocity の頭文字, 加速度 acceleration の頭文字を記号とした．

速度と加速度とは, ベクトル量 (大きさのほかに方向, 向きを持つ量) だからボールド体で表す (例題 0.2).

acceleration は, 自動車のアクセルを思い出すと覚えやすい．

方向と向きとのちがい

—— 東西方向
→ 東向き
← 西向き

| ↑ ↓
南北方向　北向き　南向き

(2) 力 force の頭文字, 質量 mass の頭文字を記号とした．力はベクトル量 (大きさのほかに方向, 向きを持つ量) だからボールド体で表す (例題 0.2).

(3) 物質量とは, たとえば 4.7 mol のように表す量である．アボガドロ定数は $6.022136736 \times 10^{23}\ \mathrm{mol}^{-1}$ である．mol あたり $6.022136736 \times 10^{23}$ 個の粒子を表す．mol は立体で表す (例題 0.1 ②).

アボガドロ定数を N_A と書いてもいい．ここで, A は立体である．

(4) 仕事 work の頭文字, 温度 temperature の頭文字を記号とした．

本問以外の記号は, Ian Mills, Tomislav Cvitaš, Klaus Homann, Nikola Kallay, and Kozo Kuchitsu: *Quantities, Units and Symbols in Physical Chemistry* (IUPAC, Blackwell Scientific Publications, Oxford, 1993) [朽津耕三訳：『物理化学で用いられる量・単位・記号』(講談社, 1991)] にくわしい.

0.3　数と形との結びつき

数学の問題には, いろいろな見方・考え方がある. 同じ問題を, 代数の発想と幾何の発想とのどちらで考えることもできる. 自然科学と数学との結びつきを理解するとき, 幾何のイメージが有効である. 数学の思考方法を広げるために, 例題を挙げてみよう.

例題 0.7　**等差数列**　(1) $1+3+5+7+9$　　(2) $2+4+6+8+10$ を求めよ.

【解説】 (1) **代数の考え方**　合計 = 平均 × 個数 (平均 = 合計 ÷ 個数 を掛算に書き換えた形) に着目する.「平均する」とは「**平**らに**均**す (ならす)」という意味である. 陸上競技のために, デコボコの地面の高さを均一にする (ここでも「均」という漢字が現れる) ことがある. この作業と同じ発想を計算に活かす.

等差数列の場合, 平均は中央の数だから 5 である.

$$1+3+5+7+9=5\times5=25 \qquad \longleftarrow \text{平均} \times \text{個数} = \text{合計}$$

幾何の考え方　○ を 1 個, 3 個, 5 個, 7 個, 9 個の順に上手に並べてみる.

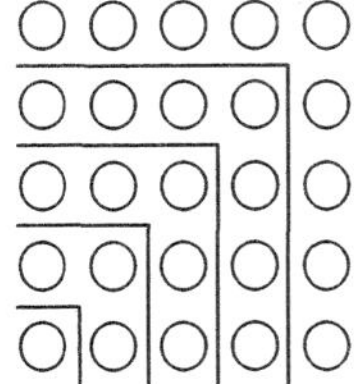

○ がたてに 5 個, よこに 5 個並んでいるから, ○ は 25 個ある.

図 0.1　奇数の和

休憩室　**数と形**

ピタゴラスという名前は, 三平方の定理 (ピタゴラスの定理) で有名である. $3^2+4^2=5^2$ の関係をみたす 3, 4, 5 をピタゴラス数という. これらの数は, 図形の観点では直角三角形の辺の長さである. 自然数を奇数と偶数とに分類した最初の学者もピタゴラスだそうである. ピタゴラス学派は, 数と図形との関係を重視した. 例題 0.7 に活用する図の ○ を単子という [矢野健太郎：『すばらしい数学者たち』(新潮社, 1980)].

「代数の考え方」でも, 図で表すと意味がわかりやすくなる. **譲り合いの精神**で計算の仕方を工夫する. 高い方から低い方へ ● を移して, どの列も 5 個の ● の高さ (下図の場合) にそろえる.

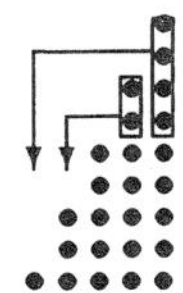

【参考】奇数の合計はどんなときに計算するか

原子構造をモデル化して，原子核を取り巻く電子の集まりを考える．
- それぞれの電子の取り得るエネルギーの状態［電子殻（でんしかく）という］が決まっている．電子殻は，エネルギー準位の低い方からK殻・L殻・M殻・N殻・O殻・P殻，... とよぶ．電子殻を「主量子数」という番号で区別する（表0.1）．
- 一つの主量子数にも，角運動量（回転運動の状態）のちがいによって，複数の状態（s軌道, p軌道, d軌道, ... とよぶ）がある．
- 一つの軌道には2個の電子が入る（それぞれの状態の電子は2個）．

表 0.1　電子配置

殻	主量子数 n	軌道	電子殻に入ることのできる電子の数（定員）
K殻	1	1s軌道	2×1
L殻	2	2s軌道	2×1
		2p軌道	2×3
M殻	3	3s軌道	2×1
		3p軌道	2×3
		3d軌道	2×5

M殻（主量子数3）の電子数

$$\begin{aligned} &2\times(1+3+5) \quad \longleftarrow 1+3+5 \text{ は\textbf{奇数の和}} \\ &=2\times(3\times3) \\ &=18 \end{aligned}$$

主量子数 n の場合　$2n^2$

量子化学の問題

「状態」とは？
電子のエネルギー（運動の活発さ）で決まる分布のようす（電子を観測すると，電子がどの範囲の場所で見つかるか）を表す．

1s軌道はエネルギーが低い状態で電子の運動が穏やかなので，1s軌道の電子は核のまわりの狭い範囲に見つかる．

(2) **代数の考え方**　等差数列の場合，平均は中央の数だから6である．

$$2+4+6+8+10=6\times5=30 \qquad \longleftarrow \text{平均}\times\text{個数}=\text{合計}$$

(1)と同じ考え方

$$\text{平均}=\frac{\text{最小}+\text{最大}}{2}$$

【発展】 $2+4+6+8$ を計算するとき，中央の数（4個の数の平均）は2, 4, 6, 8の中にないが5と考えて $5\times4=20$（平均×個数＝合計）である．

5は最小の2と最大の8を足して2で割った数ということもできる．

$$1\text{から}n\text{までの自然数の合計}=1+2+3+\cdots+(n-1)+n=\overbrace{\frac{1+n}{2}}^{\text{中央の数（平均）}}\times\overbrace{n}^{\text{個数}}$$

幾何の考え方　○を2個，4個，6個，8個，10個の順に上手に並べてみる．

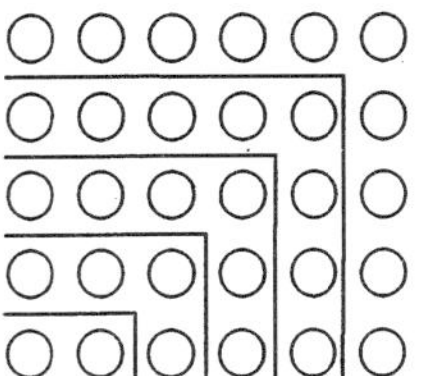

○ がたてに 5 個, よこに 6 個並んでいるから, ○ は 30 個ある.

図 0.2　偶数の和

例題 0.8　**等比級数**　$\frac{1}{4}+\left(\frac{1}{4}\right)^2+\left(\frac{1}{4}\right)^3+\cdots+\left(\frac{1}{4}\right)^n+\cdots$　を求めよ.

等比級数とは等比数列の各項の和である.

【解説】代数の考え方　はじめから無限個の合計を求めるのはむずかしい. まず, n 個の合計を求めるために,

$$S_n=\frac{1}{4}+\left(\frac{1}{4}\right)^2+\left(\frac{1}{4}\right)^3+\left(\frac{1}{4}\right)^4+\left(\frac{1}{4}\right)^5+\cdots+\left(\frac{1}{4}\right)^n$$

とおく. この式の特徴を見つけるために, 式をよく観察しよう. 第 2 項から第 n 項までを $\frac{1}{4}$ でくくるとどうなるかという発想が浮かぶといい.

S は sum (合計) の頭文字である.

添字 n は, n 個の合計の意味を表す.

$S=\cdots$ の等号は, 例題 0.5(4) の使い方である.

生命科学の基本精神は「よく観察せよ」である. 数学にも, この精神を活かそう.

$$S_n=\frac{1}{4}+\frac{1}{4}\left[\frac{1}{4}+\left(\frac{1}{4}\right)^2+\left(\frac{1}{4}\right)^3+\left(\frac{1}{4}\right)^4+\cdots+\left(\frac{1}{4}\right)^{n-1}\right]$$

となる. つぎに, $[\cdots]$ の中をよく観察してみよう. $[\cdots]$ 内の和は, もとの

$$S_n=\underbrace{\frac{1}{4}+\left(\frac{1}{4}\right)^2+\left(\frac{1}{4}\right)^3+\left(\frac{1}{4}\right)^4+\left(\frac{1}{4}\right)^5+\cdots+\left(\frac{1}{4}\right)^{n-1}}_{[\cdots]\text{ 内の和}}+\left(\frac{1}{4}\right)^n$$

とよく似ているが, 最後の項が n 乗の代わりに $(n-1)$ 乗になっていることに気がつく. だから,

$$S_n=\frac{1}{4}+\frac{1}{4}\left[S_n-\left(\frac{1}{4}\right)^n\right]$$

$[\cdots]=S_n-\left(\frac{1}{4}\right)^n$ だから $S_n=\frac{1}{4}+\frac{1}{4}[\cdots]$ である.

と書ける. S_n を求めやすくするために, この式を

$$\left(1-\frac{1}{4}\right)S_n=\frac{1}{4}-\left(\frac{1}{4}\right)^{n+1}$$

のように整理する．

$$S_n = \frac{\frac{1}{4} - \left(\frac{1}{4}\right)^{n+1}}{1 - \frac{1}{4}} = \frac{\frac{1}{4}\left[1 - \left(\frac{1}{4}\right)^n\right]}{1 - \frac{1}{4}}$$

$$\lim_{n\to\infty} S_n = \lim_{n\to\infty} \frac{\frac{1}{4}\left[1 - \left(\frac{1}{4}\right)^n\right]}{1 - \frac{1}{4}} = \frac{\frac{1}{4}}{1 - \frac{1}{4}} = \frac{1}{3}$$

1 よりも小さい正の数を無限回掛けつづけると，限りなく 0 に近づくから

$$\lim_{n\to\infty}\left(\frac{1}{4}\right)^n = 0$$

である．

初項 a, 公比 r の無限級数 (級数とは数列の各項の和)

$$a + ar + ar^2 + \cdots + ar^n + \cdots = \frac{a}{1-r}$$

本問は

$$a = \frac{1}{4},\quad r = \frac{1}{4}$$

の場合にあたる．

幾何の考え方　手品のような方法を説明する．つぎの図形が思い浮かぶと一瞬で暗算できて，答が $\frac{1}{3}$ だとすぐにわかる．では，たねあかしをしよう．

① 正三角形を描き，各辺を 2 等分すると，辺の長さがもとの半分の正三角形が 4 個できる．はじめの正三角形の面積の値を 1 とすると，それぞれの正三角形の面積の値は $\frac{1}{4}$ である．

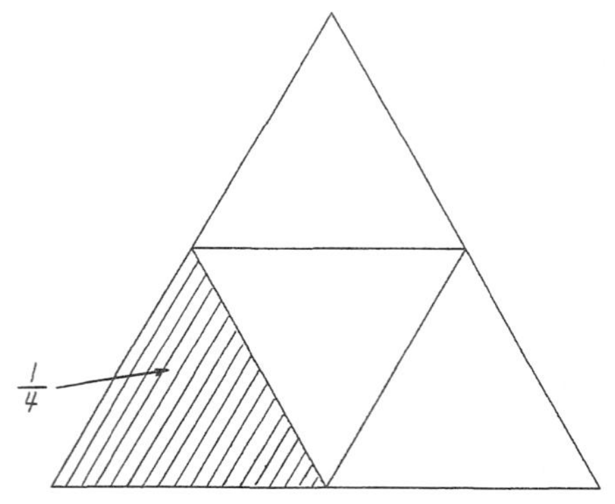

図 0.3　正三角形の 4 等分

② 面積の値が $\frac{1}{4}$ の正三角形の各辺を 2 等分すると，辺の長さがもとの $\frac{1}{4}$ の正三角形が 4 個できる．それぞれの正三角形の面積の値は $\frac{1}{4}$ の $\frac{1}{4}$ 倍だから $\left(\frac{1}{4}\right)^2$ である．

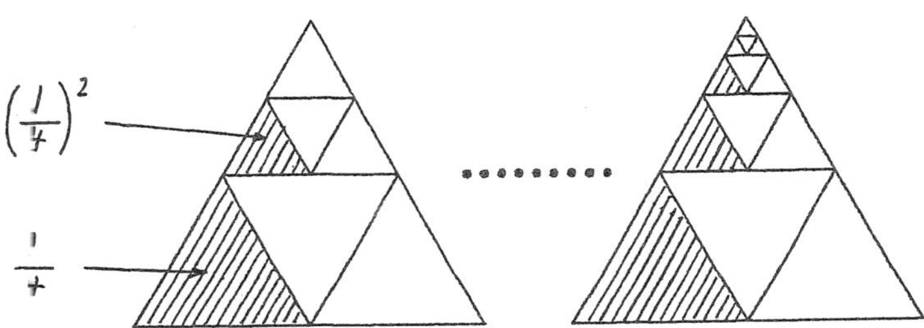

図 0.4 4 等分のくりかえし こういう操作をくりかえすと, 面積の値が $\frac{1}{4}$, $\left(\frac{1}{4}\right)^2$, $\left(\frac{1}{4}\right)^3$, ..., $\left(\frac{1}{4}\right)^n$, ... の正三角形 (斜線を施してある) がつぎつぎにできる.

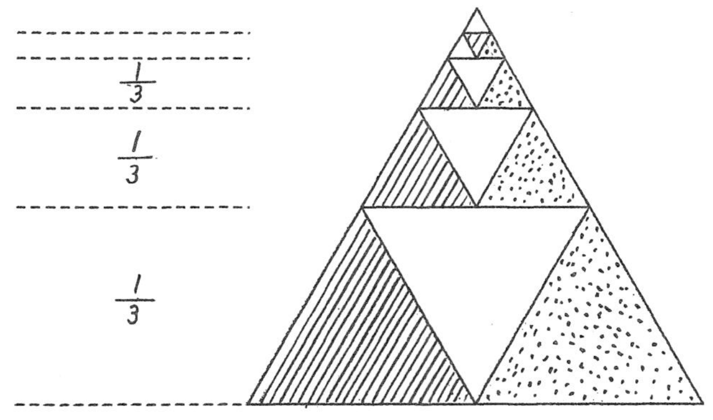

図 0.5 斜線部分の面積の合計 $\frac{1}{4}+\left(\frac{1}{4}\right)^2+\left(\frac{1}{4}\right)^3+\cdots+\left(\frac{1}{4}\right)^n+\cdots$ は, 斜線部分の面積の合計を表している.

小林幸夫:「物理量の測定の意味:物理教育と算数・数学教育の接点」, 日本物理教育学会誌 (*Journal of the Physics Education Society of Japan*) **50** (2002) 243–247.

この図をよく観察すると, ある特徴に気がつく.

① 面積の値が $\frac{1}{4}$ の正三角形は, 最下段の台形の面積の $\frac{1}{3}$ 倍である.

② 面積の値が $\left(\frac{1}{4}\right)^2$ の正三角形は, 下から 2 段目の台形の面積の $\frac{1}{3}$ 倍である.

③ 面積の値が $\left(\frac{1}{4}\right)^3$ の正三角形は, 下から 3 段目の台形の面積の $\frac{1}{3}$ 倍である.

面積の値が $\left(\frac{1}{4}\right)^4$, $\left(\frac{1}{4}\right)^5$, ... の正三角形も同様である. どの段の台形からも, 台形を 3 等分してできる正三角形を選び出すことになる. 結局, 斜線部分の面積の合計は, 面積 1 の正三角形の $\frac{1}{3}$ 倍だから $\frac{1}{3}$ である.

【参考】フラクタル図形

例題 0.8 の幾何の考え方で紹介した図形には, おもしろい特徴がある. 小さい正三角形を拡大すると, 大きい正三角形と同じつくりになっている.

> 任意の部分 (「任意」は「どこでもいい」という意味) を拡大すると, もとと同じ形になっている図形を**自己相似な図形**とよぶ.

自己相似性を持っている図形は, 例題 0.8 の正三角形のほかにもある.
コッホ曲線は典型例である.
自己相似性を持っている図形をまとめて**フラクタル図形**という.

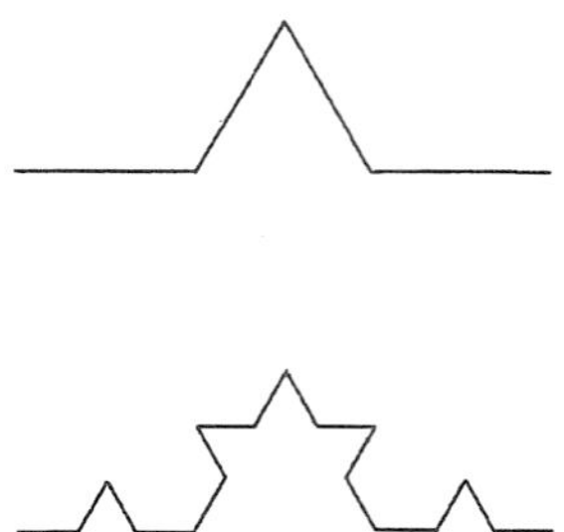

図 0.6　コッホ曲線

自己相似とは？ 自分自身と相似な図形という意味である.

フラクタル (fractal)

探究支援 0.7 参照.

6.3 節で, フラクタル図形の描き方を考える.

問 0.1　コッホ曲線はどのようにして描いたか？

【解説】 ① 適当な長さの線分を描く．この長さの値を 1 とする．

② この線分を 3 等分する．中央の線分を削除する．空いた部分に長さ $\frac{1}{3}$ の線分を 2 本挿入して，正三角形の 2 辺にする．ただし，この正三角形の底辺は空いたままである．

③ 長さ $\frac{1}{3}$ の各線分を 3 等分する．② の操作をくりかえす．

問 0.2　自然界からフラクタル図形を見つけよ．

生命科学と環境科学とから例を挙げた．

【解説】 川の流れ，血管

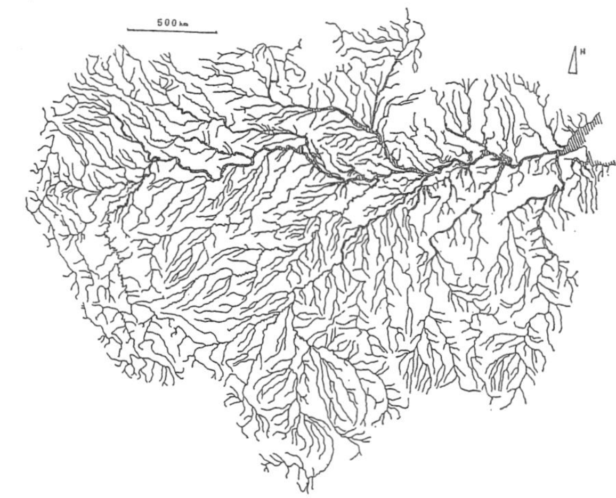

図 0.7　アマゾンの川 [高安秀樹:『フラクタル』(朝倉書店, 1985), p. 35 の図を引用した.]

例題 0.9　**単位分数どうしの和**

数式に頼らないで， $\frac{1}{\bigcirc}+\frac{1}{\square}=\frac{2}{5}$　の ○ と □ のそれぞれにあてはまる自然数 (正の整数) を求めよ．ただし，○ と □ とは異なる数である．

$\frac{1}{5}+\frac{1}{5}=\frac{2}{5}$ はこの問題の解答ではない．

単位分数とは？
分子が 1 の分数

【解説】　左辺と右辺とのどちらも分数だから「ある図形を等分してみたらどうだろうか」という発想が浮かぶといい．例題 0.8 の幾何の考え方では，もとの正三角形の面積の値を 1 とした．問 0.1 の解説 ① では，もとの線分の長さの値を 1 とした．このように，基本として選んだ形の大きさを 1 とする．左辺の二つの分数の分子はどちらも 1 だが，分数どうしの和になっているので考えにくい．左辺とちがって，右辺には分数が一つしかない．だから，はじめに右辺の分子 2 に着目する．基本として選んだ形を 2 個描けばよさそうである．

ナイル川の氾濫を予測するために，エジプトでは数学に関心が高かったらしい．エジプト人の残した数学の中に，例題 0.9 のような単位分数どうしの和があった．

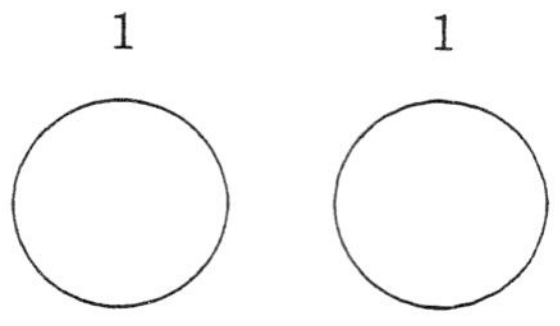

図 0.8　円

これらの円を 5 個の同じ形に分けることはできない．5 等分の代わりに 6 等分してみる．同じ形の扇形が 6 個できるので，それぞれの面積の値は $\frac{1}{3}$ である．5 個の扇形しかなければ，もとの 2 個の円を 5 等分したことになるが，余分の扇形が 1 個だけある．この扇形を 5 等分して，面積の値が $\frac{1}{15}$ の扇形をつくる．

$\frac{1}{3}$ の $\frac{1}{5}$ 倍は $\frac{1}{15}$ である．

$\frac{1}{x}+\frac{1}{y}=\frac{2}{5}$ として，x の値と y の値とを求めようとすると難問になる．ほんとうにむずかしくなるかどうかを試してみるといい．

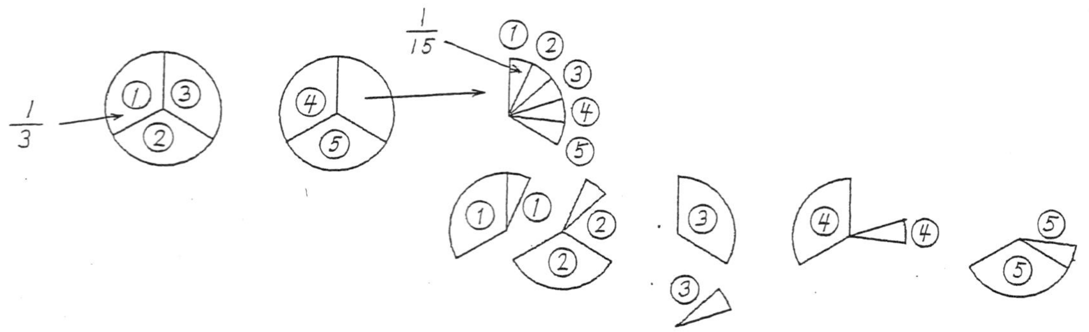

図 0.9　扇形

このように, 2 個の円を 5 組に分けることができる. どの組も, 面積の値が $\frac{1}{3}$ の扇形と面積の値が $\frac{1}{15}$ の扇形である. したがって,

$$\frac{1}{3}+\frac{1}{15}=\frac{2}{5}$$

である.

例題 0.9 のほかに, ○ と □ とにあてはまる自然数を求める問題をつづけよう.

例題 0.10 **フィボナッチ数列**　1, 1, 2, 3, 5, 8, ○, 21, □, . . . の数列の ○ と □ とのそれぞれにあてはまる自然数 (正の整数) を求めよ.

Fibonacci (フィボナッチ) イタリアの数学者

【解説】 はじめに, 数列の規則を見つける. 第 3 項以降がそのまえの 2 項の和になっている. たとえば, 第 1 項 + 第 2 項 = 第 3 項 1 + 1 = 2, 第 2 項 + 第 3 項 = 第 4 項 1 + 2 = 3, 第 3 項 + 第 4 項 = 第 5 項 2 + 3 = 5, 第 4 項 + 第 5 項 = 第 6 項 3 + 5 = 8 である.

したがって, ○ = 5 + 8 = 13, □ = ○ + 21 = 13 + 21 = 34 となる.

「したがって」を∴と書かないこと. 例題 0.4 参照.

問 0.3　フィボナッチ数列の特徴を文字式で表せ.

【解説】「文字式で表せ」という意味は, 具体的に 1, 1, 2, 3, 5, 8, 13, 21, 34, . . . を列挙しないで, 一般項をつくる規則を書き表すということを指している.

2.4.2 項の問 2.20 でも, 数の規則性を見出す.

第 n 項, 第 $(n+1)$ 項, 第 $(n+2)$ 項をそれぞれ a_n, a_{n+1}, a_{n+2} と書くと,

$$a_{n+2}=a_{n+1}+a_n$$

と表せる.

▶ 例題 0.10 があてはまることを確かめるといい. $a_1+a_2=a_3$, $a_1+a_2=a_3$, $a_2+a_3=a_4$, $a_3+a_4=a_5$, $a_4+a_5=a_6$, . . . である.

【注意】文字の選び方

- 定数：$a, b, c, \ldots$ を使う．
- 変数：x, y, z
- 添字 (番号, 回数など)：i, j, k, l, m, n

プログラミングで，演算のくりかえしを実行するとき
$i = 1, n$
のように書く．こういう場合，ふつうは x, y などを使わない．

【参考】自然界に現れるフィボナッチ数列

生命現象と数学との思いがけない結びつきに注目しよう (第 8 話の例題 8.2 参照)．花びらの枚数, 巻貝, ヒマワリの種の付き方, 木の成長などにフィボナッチ数列が現れる．西山豊：『自然にひそむ「5」の謎』(筑摩書房, 1999) p. 154 には，「フィボナッチ数列それ自体は数学的に魅力あるものだが, 葉序から黄金分割までむすびつける数学屋の強引さには以前から疑問をもっていた」という貴重な記述がある．

図 0.10　花びらの枚数

習慣上, 動植物名は片仮名で書く．
例　ヒマワリ，ヒトなど

http://www.sit.ac.jp/user/negishi/fib.htm によると，花びらの枚数は 3, 5, 8, 13 の中間が少ないそうである．

0.4　量と数との概念 — 測定の意味

量と数とは, どちらも自然科学, 社会科学などに必要な概念である．それでは, 量と数とはどのようにちがうかを説明できるだろうか？

- **量**とは,

  長さ：「長いか短いか」　質量：「重いか軽いか」　速度：「速いか遅いか」

  面積：「広いか狭いか」　温度：「熱いか冷たいか」　多さ：「多いか少ないか」

小林幸夫：日本物理教育学会誌 (*Journal of the Physics Education Society of Japan*) **47** (1999) 338–340.

などのように, **大小を比べることができる概念**である.

たとえば, 2本の棒のどちらが長いかということは, 長さを物差で測らなくてもわかる. 2本の棒を並べれば, すぐに判断できるからである. 測るかどうかと関係なく, 物体が存在すれば長さそのものはある. しかし, いつでも実物を持ち出さなければ量どうしを比較できないのは不便である. この難点を避けるために, 長さ, 質量, 速度, 面積, 温度, 多さなどを数で表し, 数の大小を比べる.

- **数**とは, 5 m, 3 kg, 8 m/s, 7 m^2, 4 °C, 2 個 (本書では「個」も単位として扱う) などの

単位量 (基準に選んだ特定の量) に掛ける**倍を表す** 5, 3, 8, 7, 4, 2 である.

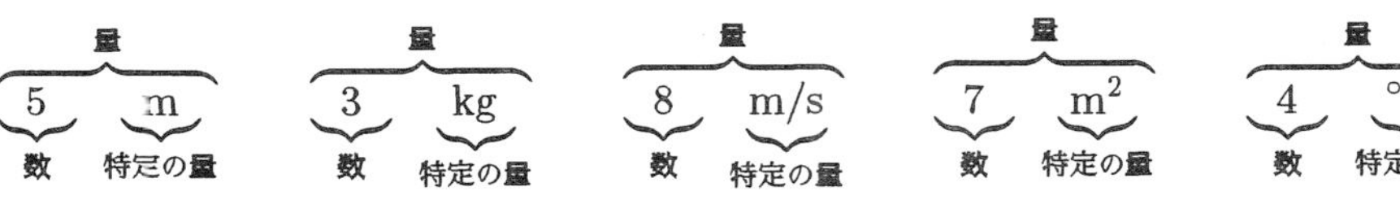

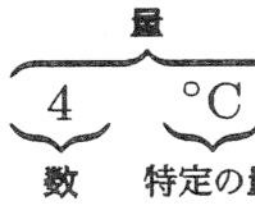

「単位量」とは何か? 「単位量に付ける」といわずに「単位量に掛ける」といい表したのはなぜか? こういう問題から探ってみよう.

「長さ」「質量」「速度」「面積」「温度」「個数」などは量の名称である.
「個数」は数ではなく量である.

3 個の 5 倍
3 個:「個数」という名称の量
5:倍を表す
3 個 × 5 (3 個:量, 5:数)
数は倍を表し, 数に名称はない.

個を particle と表して,
3 particles × 5 = 15 particles
と考えてもいい.
小林幸夫:日本化学会「化学と教育」誌 **53** (2005) 643−644.

0.4.1 量の表し方

小・中学校で, 5 m, 3 kg などの書き方を学習した. では, これらの書き方が表す意味を理解しているだろうか? m, kg は, 長さと質量とを区別するために付けた記号だと思っているのではないだろうか? この考えが完全なまちがいとはいい切れない. しかし, 本来の意味を基本から考えないと「量の大きさを測るとはどういう操作か」が理解できない. 例題 0.11 を通じて, 量の表し方とその意味とを考えてみよう.

例題 0.1 ②
単位量を表す記号は立体で書く.

英語では, 量と数とは異なる単語である.
量 quantity
数 number

小林幸夫:『力学ステーション』(森北出版, 2002) 第 1 章.

例題 0.11 **単位量の意味 — 個別単位** A4 判の紙 (A4 判以外でもいい) の長い辺の長さは短い辺の長さの何倍か? 物差を使わないで測る方法を考えよ.

【解説】 どの紙も長い辺の長さが短い辺の長さの $\sqrt{2}$ 倍である. 実際に確かめてみよう.

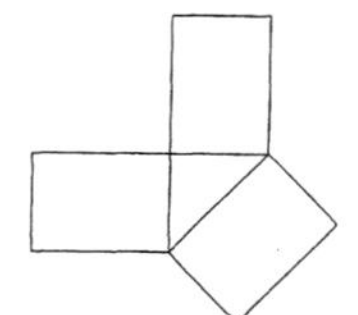

図 0.11　長方形の紙

図のように 3 枚の紙を並べて直角二等辺三角形をつくると，この斜辺の長さは短い辺の長さの $\sqrt{2}$ 倍である．斜辺の長さは長い辺の長さと一致することがわかる．長い辺の長さを b, 短い辺の長さを a とすると

$$b = \sqrt{2} \times a$$
$$= \sqrt{2}\ a \qquad \text{数と文字との積を表す記号} \times \text{を省略する.}$$

と表せる．この式は

対象の長さ ＝ (倍を表す数) × (基準に選んだ特定の長さ)

の形である．

三平方の定理：
(たての長さ)^2
　＋(よこの長さ)^2
＝(斜辺の長さ)^2
ここでは，長さどうしの比の値を考えることにして，単位 cm を書かない．
正方形の場合，三平方の定理を具体的に書くと

$$1^2 + 1^2 = 2$$

となる．だから
斜辺の長さ ＝ $\sqrt{2}$
である．

休憩室　毎日，読者の方々は紙を見ていますから，$\sqrt{2}$ は身近な数だということがわかります．

基準に選んだ量を**単位量**という．

例題 0.11 が**測定の基本の発想**である．基準に選んだ長さの何倍かを測ることによって，対象の長さを表す．

長さに限らず，どんな量も
　　量 ＝ (**倍を表す数**) × **単位量**
で表す．

例題 0.11 の測り方には難点がある．それぞれの人が勝手に選んだ基準の量 (**個別単位**という) を使うと，測定者によって結果の表し方がちがうからである．このため，万人に共通の基準の量 (**普遍単位**という) を決めて物差の目盛を刻んでいる．つまり，特定の量を単位量とする．

IUPAC [International Union of Pure and Applied Chemistry (物理化学記号・術語・単位委員会)] は，長さ，質量などの単位量の定義を示している．

メートル (記号 m)	「光が真空中で (1/299792458) s の間に進む距離」に付けた名称
キログラム (記号 kg)	「国際キログラム原器の質量」に付けた名称

m, kg などは普遍単位, 例題 0.11 のよこの長さ a は個別単位である. ふつうは, 5 m, 3 kg のように普遍単位で量を表している. しかし, これらの表し方には, 意外なことに見落としがある. 例題 0.12 で注意点を取り上げる.

例題 0.1
単位量 m, kg, s などは立体で表す.

例題 0.12 **単位量の意味 — 普遍単位**　長さを単位量 mm で表す場合について, つぎの問に答えよ.

(1) 5 mm という書き方は, どういう意味を表しているか?

(2) 1 mm の表す意味は mm とどのようにちがうか?

【解説】長さの測定は, 長さを測りたい物体と物差の目盛とを比べる操作である.

物差の目盛は, 光が真空中で (1/299792458) s の間に進む距離を基準にして刻んである. しかし, この長さごとに目盛を刻むと使いにくいので, 通常はこの 1/1000 ごとに目盛を刻んでいる. メートルという長さ (記号 m) の 1/1000 をミリメートル (記号 mm) という.

対象とは?
長さを知りたい物体

(1) $\underbrace{5\ \mathrm{mm}}_{\text{対象の長さ}} = \underbrace{5}_{5\text{ 倍}} \times \underbrace{\mathrm{mm}}_{\text{基準の長さ}}$

基準の長さ (目盛と目盛との間隔) の 5 倍の長さ
(数と文字との積を表す記号 × を省略する)

(2) $\underbrace{1\ \mathrm{mm}}_{\text{対象の長さ}} = \underbrace{1}_{1\text{ 倍}} \times \underbrace{\mathrm{mm}}_{\text{基準の長さ}}$

基準の長さ (目盛と目盛との間隔) の 1 倍の長さ
(目盛と目盛との間隔と同じ長さ)
5 mm と 1 mm とは同じ表し方
(5 の代わりに 1 になっただけ)

mm
はじめの m は「ミリ」と読み, 1/1000 を表す.
あとの m は「メートル」と読む.
つまり,

$$\mathrm{mm} = \frac{1}{1000}\ \mathrm{m}$$

である.
この関係は, 単位量の換算に使う.

対象の物体の長さが, メートルという長さの 1/1000 とたまたま一致したことを表している. 1 mm は物体の長さ, mm は物差の目盛を指している. 左辺の 1 mm は右辺の mm と指している内容が異なる.

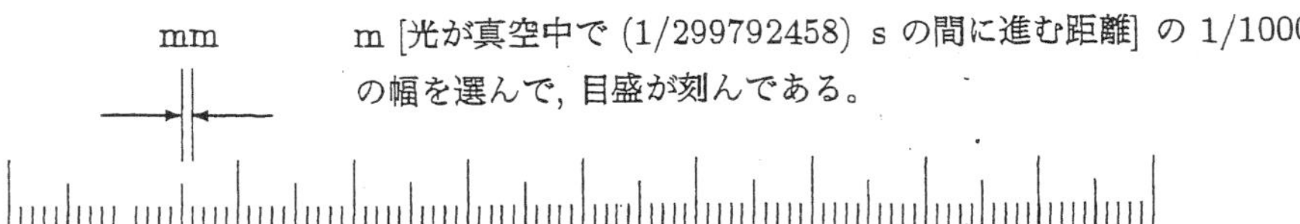

図 0.12　対象の長さと基準の長さ

例題 0.12 は, 線型代数の概念の観点から本質的な意味があるが, 本書では深入りしない.
詳細は, 小林幸夫:『線型代数の発想』(現代数学社, 2008) pp. 6–11, pp. 230–232 参照.

どんな場合でも 5 mm $=5\times1$ mm と思い込みがちだが，この考え方は誤解である．数式を扱うとき，$5x$ を $5\times1x$ と考えるだろうか？ 通常，$5x$ は $5\times x$ の乗号 × を省略した形と見る．5 mm $=5\times$mm も，$5x=5\times x$ と同じ形である．

5 mm $=5\times1$ mm は「5 mmの物体の長さは,1 mmの物体の長さの5倍」を表す．

問 0.4 長さ ℓ について，$\ell/\mathrm{mm}=1$ はどんな意味を表すか？

【解説】 測定した長さ ℓ (ガラスの破片，紙の切れ端など何でもいい) が基準の長さ (特定の長さ) mm の 1 倍である．$\ell/\mathrm{mm}=1$ を掛算の形に書き換えた $\ell=1$ mm ($1\times$ mm の乗号を省いた形) は，測定した長さである．
測定した長さ 1 mm と基準の長さ mm との区別に注意する．

【注意】5 m, 3 kg などの単位量の記号

単位量の記号 m, kg などは，長さ，質量などのどれを表すかを区別するために付ける記号だと思い込んではいけない．たしかに，これらの記号によってどの量を表しているかがわかる．しかし，単位量の本来の意味に戻ると，「数に単位量の記号を付ける」のではなく「単位量に数を掛ける」と考える．

- 「5 m」の 5 は何から決まったかということを考えなければならない．

$$\underbrace{5\ \mathrm{m}}_{\text{量}}=\underbrace{5}_{5\text{倍}}\times\underbrace{[\text{光が真空中で }(1/299792458)\ \mathrm{s}\text{ の間に進む距離}]}_{\text{単位量（「メートル」とよび，記号 m で表す）}}$$

- 「3 kg」の 3 も同様である．

$$\underbrace{3\ \mathrm{kg}}_{\text{量}}=\underbrace{3}_{3\text{倍}}\times\underbrace{(\text{国際キログラム原器の質量})}_{\text{単位量（「キログラム」とよび，記号 kgで表す）}}$$

▶ 単位量 (基準の長さ，基準の質量) を約束しないと，数値 5, 3 はどこからも決まらない．数値はあくまでも単位量の何倍かを表している．

- $1\ \mathrm{m}=\underbrace{1}_{1\text{倍}}\times[\text{光が真空中で }(1/299792458)\ \mathrm{s}\text{ の間に進む距離}]$
- $1\ \mathrm{kg}=\underbrace{1}_{1\text{倍}}\times(\text{国際キログラム原器の質量})$

5 (m), 3 (kg) のように括弧付きで表すことがある．しかし，本来は
　数値 × 単位量
だから，単位量に括弧を付ける必要はない．小林幸夫：『力学ステーション』(森北出版, 2002) p. 9.

質量 m (斜体，例題 0.1 ① 参照) と単位量 m (立体，例題 0.1 ② 参照) がまぎらわしいので，5 (m) のように単位量に括弧を付ける場合もある．

例題 0.12

問 0.5 5.0 kg は 2.5 kg の何倍か？

【解説】 $\dfrac{5.0\ \text{kg}}{2.5\ \text{kg}} = \dfrac{5.0 \times \text{kg}}{2.5 \times \text{kg}} = \dfrac{5.0}{2.5} = 2.0$

↑

分母・分子の kg どうしを約分した．

計算過程を見るとわかるように，2.0 は単なる数（倍を表す）であって量ではない．このように，一方が他方の何倍かをいうときには，数だけで表す．なお，「倍」は mm, kg などとちがって単位量を表す語ではない．2.0 倍を 2.0 × 倍と誤解してはいけない．

問 0.6 体積の単位量（基準に選ぶ特定の体積）を L とするとき，体積 V を V L と書いていいか？

体積 volume の頭文字

【解説】 量を表す文字（記号）の使い方：V は数ではなく体積という量を表す．だから $\underbrace{V}_{\text{量}} = \underbrace{5.0}_{\text{数}}\ \underbrace{\text{L}}_{\text{単位量}}$ のように書く．

V L と書くと，$V\ \text{L} = \underbrace{5.0\ \text{L}}_{V}\ \text{L} = 5.0\ \text{L}^2$ となって意味がない．

【注意】数を表す文字と量を表す文字との区別

数値はいつでも 5.0 とは限らないから，数の代表（代わりに表す）を文字で表して量を書くことができる．$\underbrace{V}_{\text{量}} = \underbrace{v}_{\text{数}}\ \underbrace{\text{L}}_{\text{単位量}}$ と書くと，v はどんな数でもいいことを表す．

V [L] は，$V \times \text{L}$ ではなく，「V を単位量 L で測る」という意味を表す．V が 5.0 L のように単位量 L を含んでいる．

「代表」（代わりに表す）について，井上尚美：『言語論理教育入門』（明治図書，1989）p. 128 参照．

V[L] のような表し方の意味について，伊理正夫・韓太舜・佐藤創・星守：『応用システム数学』（共立出版，1996）p. 30 参照．

問 0.7 「立方体の辺の長さが $a = 2$ m とすると，体積は $V = 8\ \text{m}^3$ である」という内容は量の関係式 $V = a^3$ で表せる．同じ内容を数の間の関係式で表せ．

量 = 数値 × 単位量 を 量/単位量 = 数値 に書き換える．

【解説】量の関係式 $V = a^3$ の両辺を単位量 m^3 で割ると，数の関係式 $V/\mathrm{m}^3 = (a/\mathrm{m})^3$ になる．$V/\mathrm{m}^3 = (a/\mathrm{m})^3$ は $8 = 2^3$ と同じである．

文字の使い方

問 0.6 は，文字の使い方を理解するための問題である．

量の関係式：

$8\ \mathrm{m}^3 = (2\ \mathrm{m})^3$

を文字で $V = a^3$ と表したことから，

数の関係式：

$8 = 2^3$

も文字で表す問題だということに気づく．

$8\ \mathrm{m}^3 = (2\ \mathrm{m})^3$ は，数の関係式ではなく量の関係式である．

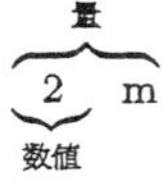

$$\overbrace{\underbrace{2}_{\text{数値}}\ \mathrm{m}}^{\text{量}}$$

まとめて書くと，

$a = 2\ \mathrm{m}$
$= 2 \times 10^2\ \mathrm{cm}$,
$V = 8\ \mathrm{m}^3$
$= 8 \times 10^6\ \mathrm{cm}^3$

である．

量の関係式

$$\overbrace{8\ \mathrm{m}^3}^{V} = (\overbrace{2\ \mathrm{m}}^{a})^3$$

数の関係式

$$\underbrace{8}_{V/\mathrm{m}^3} = \underbrace{2}_{a/\mathrm{m}}{}^3$$

【注意 1】量の関係式と数の関係式とのちがい

量の関係式 $V = a^3$ は単位量の選び方に関係なく成り立つ．数の関係式 $V/\mathrm{m}^3 = (a/\mathrm{m})^3$ は $8 = 2^3$ だから，体積の単位量を m^3 と選んだ場合だけしか成り立たない．

文字 V は体積という量，a は長さという量を表す．どちらの文字も数を表すのではない．$2\ \mathrm{m} = 2 \times 10^2\ \mathrm{cm}$ だから，選んだ単位量によらず，文字 a は $a = 2\ \mathrm{m}$，$a = 2 \times 10^2\ \mathrm{cm}$ のどちらにも使える．同様に，$8\ \mathrm{m}^3 = 8 \times 10^6\ \mathrm{cm}^3$ だから，文字 V は $V = 8\ \mathrm{m}^3$，$V = 8 \times 10^6\ \mathrm{cm}^3$ のどちらにも使える．他方，数の関係式の場合，

$a/\mathrm{m} = 2$，$a/\mathrm{cm} = 2 \times 10^2$，

$V/\mathrm{m}^3 = (a/\mathrm{m})^3$ は $8 = 2^3$，$V/\mathrm{cm}^3 = (a/\mathrm{cm})^3$ は $8 \times 10^6 = (2 \times 10^2)^3$ である．

【注意 2】接頭辞の使い方

P. W. Atkins and J. de Paula: *Physical Chemistry for the Life Science*, (Oxford University Press, 2006) が注意している通り，cm^3 は cm を 3 乗する記号であって，m だけを 3 乗するのではなく，$(\mathrm{cm})^3$ を表す．

正　$\mathrm{cm}^3 = (10^{-2}\ \mathrm{m})^3 = 10^{-6}\ \mathrm{m}$ ⟵ c は 10^2 を表す**接頭辞**である．

誤　$\mathrm{c(m)}^3$ ⟵ このように誤解すると，$\mathrm{cm}^3 = 10^{-2}\ \mathrm{m}^3$ になる．

本問は，実際の測定ではないから，有効数字は考えていない．

0.4.2 単位量の換算

▶ 同じ量であっても，単位量の選び方によって数値は異なる．

例　$5\ \mathrm{m} = 500\ \mathrm{cm} = 5000\ \mathrm{mm}$

▶ 自然界の長さ，質量，時間などの程度を比べるとき，同種の量（長さどうし，質量どうし，時間どうし）は同じ単位量で表す．

0.1.3 項参照．

▶ 一つの式の中では，同種の量は同じ単位量で表して演算を実行する．

例　面積　$4\ \mathrm{m} \times 30\ \mathrm{cm} = 4\ \mathrm{m} \times 0.3\ \mathrm{m} = 1.2\ \mathrm{m}^2$

$4\ \mathrm{m} \times 0.3\ \mathrm{m}$
$= 4 \times 0.3 \times \mathrm{m} \times \mathrm{m}$

【準備】10 のベキ乗の基本

ベキとは？ 掛け合わせた個数を示す数 もとの数の右肩に小さく書く．

例 10^3 10 を 3 個掛け合わせることを表している [3 がベキ (**指数**)]．

小林幸夫：『線型代数の発想』(現代数学社, 2008) 0 章．

探究支援 0 に練習問題を挙げてある．

$$
\begin{array}{rccccl}
 & 1000 & = & 10^{3} & & \\
\div 10 & & & \downarrow & -1 & \\
 & 100 & = & 10^{2} & & \\
\div 10 & & & \downarrow & -1 & \\
 & 10 & = & 10^{1} & & \\
\div 10 & & & \downarrow & -1 & \\
 & 1 & = & 10^{0} & & \\
\div 10 & & & \downarrow & -1 & \\
 & \dfrac{1}{10} & = & 10^{-1} & & \\
\div 10 & & & \downarrow & -1 & \\
 & \dfrac{1}{100} & = & 10^{-2} & & \\
\div 10 & & & \downarrow & -1 & \\
 & \dfrac{1}{1000} & = & 10^{-3} & &
\end{array}
$$

1000, 100, 10 の順に 10 で割るごとに 10 の指数が 3, 2, 1 となり，1 ずつ小さくなる．指数が 1 よりも小さいときでも，**この規則が成り立つようにベキ乗の値を決める．**

10 を 10 で割ると，10^1 の指数を 1 だけ小さくすればいいから $1 = 10^0$ となる．

1 を 10 で割ると，10^0 の指数を 1 だけ小さくすればいいから 10^{-1} となる．

例題 0.13 **単位量の換算** (1), (2), (3) を換算せよ．時間 h (hour), 分 min (minute), 秒 s (second) に注意すること．

(1) 2 nm nm → m (2) 2 km km → mm

(3) 108 km/h km/h → m/s

【解説】 (1) $2\ \mathrm{nm} = 2 \times \mathrm{nm} = 2 \times 10^{-9}\ \mathrm{m}$

(1) n を 10^{-9} におきかえる．

(2) 接頭辞 k (キロ) は 10^3, m (ミリ) は 10^{-3} を表す．$\mathrm{k} = 10^3$ と $\mathrm{m} = 10^{-3}$ との関係に着目する．

西暦 2000 年問題 Y2K と同じ．
Y は year,
2 K は 2 × 1000 である．

$$
\begin{aligned}
2\ \mathrm{km} &= 2 \times 10^3 \times \mathrm{m} \\
&= 2 \times 10^{\diamondsuit} \times \underbrace{10^{-3} \times \mathrm{m}}_{\mathrm{mm}} \qquad 3 = \diamondsuit + (-3) \\
&= 2 \times 10^6\ \mathrm{mm} \qquad\qquad \diamondsuit = 6
\end{aligned}
$$

(3) 分母は h であって 1 h ではない (例題 0.12 参照)．

実際に測った時間
↓
1 h
$= 1 \times \mathrm{h}$
↑ ↖
1 倍 基準の時間

(3) $\mathrm{h} = 60\ \mathrm{min} = 60 \times \mathrm{min} = 60 \times 60\ \mathrm{s}$
だから，h を $60 \times 60 \times \mathrm{s}$ におきかえる．

$$
108\ \mathrm{km/h} = 108 \times \mathrm{km/h} = \frac{108 \times 10^3\ \mathrm{m}}{\mathrm{h}} = \frac{108 \times 10^3 \times \mathrm{m}}{60 \times 60 \times \mathrm{s}} = 3 \times 10\ \mathrm{m/s}
$$

基準の時間 h が 60 min であることに着目して，
$\mathrm{h} = 60\ \mathrm{min}$
と書いてある．

接頭辞

テラ (記号 T)	1000000000000 ($=10^{12}$)
ギガ (記号 G)	1000000000 ($=10^{9}$)
メガ (記号 M)	1000000 ($=10^{6}$)
キロ (記号 k)	1000 ($=10^{3}$)
ヘクト (記号 h)	100 ($=10^{2}$)
デカ (記号 da)	10 ($=10^{1}$)
デシ (記号 d)	$\frac{1}{10}$ ($=10^{-1}$)
センチ (記号 c)	$\frac{1}{100}$ ($=10^{-2}$)
ミリ (記号 m)	$\frac{1}{1000}$ ($=10^{-3}$)
マイクロ (記号 μ)	$\frac{1}{1000000}$ ($=10^{-6}$)
ナノ (記号 n)	$\frac{1}{1000000000}$ ($=10^{-9}$)
ピコ (記号 p)	$\frac{1}{1000000000000}$ ($=10^{-12}$)
フェムト (記号 f)	$\frac{1}{1000000000000000}$ ($=10^{-15}$)
アト (記号 a)	$\frac{1}{1000000000000000000}$ ($=10^{-18}$)

Ian Mills, Tomislav Cvitaš, Klaus Homann, Nikola Kallay, and Kozo Kuchitsu: *Quantities, Units and Symbols in Physical Chemistry* (IUPAC, Blackwell Scientific Publications, Oxford, 1993) [朽津耕三訳：『物理化学で用いられる量・単位・記号』(講談社, 1991)].

P. W. Atkins and M. J. Clugston: *Principles of Physical Chemistry* (Pitman Books, 1982) [千原秀昭・稲葉章訳：『物理化学の基礎』(東京化学同人, 1984) p. 311].

量と式との表示法

IUPAC [International Union of Pure and Applied Chemistry (物理化学記号・術語・単位委員会)] の原則

表・座標軸には, 物理量/単位量 という比の値 (量ではなく数値) を書く.

IUPAC は, 数学上の意味について説明していない. しかし, 数学の立場で, この原則の意味を考えることができる.

座標軸 (数直線) は, 量ではなく, あらゆる数 (正しくは実数) の集まり (集合) を表す.

- 位置の場合, 12 m, 54 m, ... などに対して, 座標軸は 12, 54, ... を指す.
- 時刻の場合, 18 s, 37 s, ... などに対して, 座標軸は 18, 37, ... を指す.

座標軸は数値 $3, 5, 8, \ldots$ などを表すのであって, 位置, 時刻, 質量, 圧力, 体積, 温度などを表すのではない.

たとえば, 3 kg という質量を座標軸に載せることはできない.

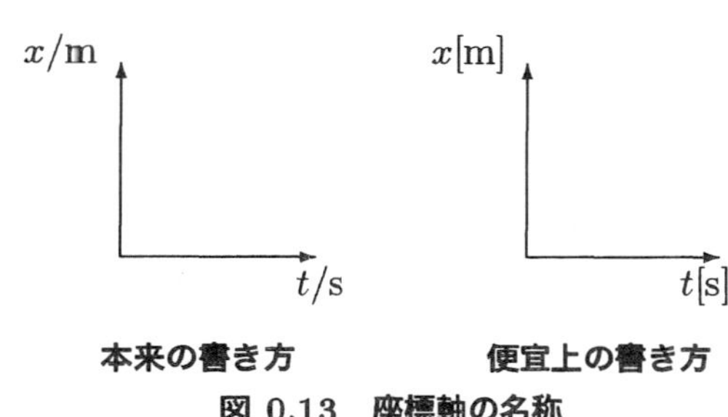

図 0.13　座標軸の名称

多くの教科書では右図の書き方になっているが，厳密には左図が正しい．x[m] は x の典型的な単位量が m であることを示している．x は 12 m のように単位量 m を含んでいるという意味である．x に m を掛けるという意味ではない．そうだとしたら $x[\mathrm{m}] = \underbrace{12\ \mathrm{m}}_{x}\cdot\mathrm{m} = 12\ \mathrm{m}^2$ になるので，正しい解釈ではない．

x [m] のような表し方の意味について，伊理正夫・韓太舜・佐藤創・星守：『応用システム数学』(共立出版, 1996) p. 30 参照．

小林幸夫：『力学ステーション』(森北出版, 2002) p. 10.

小林幸夫：日本物理教育学会誌 (*Journal of the Physics Education Society of Japan*) **50** (2002) 243–247.

表の見方・書き方

t/s	x/m
3.0	1.0

$\overbrace{t/\mathrm{s}}^{\text{量/単位量}} = \overbrace{3.0}^{\text{数}}$ の場合　　$x/\mathrm{m} = 1.0$ の場合

$\underbrace{t}_{\text{量}} = \underbrace{3.0}_{\text{数}}\ \underbrace{\mathrm{s}}_{\text{単位量}}$　　$x = 1.0$ m (例題 0.12)

等号の成り立たない式を書いてはいけない．

本来の書き方　例　量の関係式　$5\ \mathrm{m} + 7\ \mathrm{m} = 12\ \mathrm{m}$

数の関係式　$5 + 7 = 12$

よくあるまちがい　$5 + 7 = 12$ m　　数 = 量 (長さ) の形だから正しくない．

$5 + 7 = 12$ [m]　右辺の [ ] の意味不明．

(量は数値と単位量との積で表すので [ ] は不要)

$5 + 7 = 12$ の等号は正しいが，$5 + 7 = 12$ m と $5 + 7 = 12$ [m] とのどちらの等号も成り立たない．$5 + 7 = 12 \neq 12 \times \mathrm{m}$ であることは，中学 1 年の数学の範囲で理解できる．

0.4.3　自然界の大きさ

Philip Morrison (フィリップ・モリソン) の『パワーズ・オブ・テン — 宇宙・人間・素粒子をめぐる大きさの旅』という有名な本がある．さまざまな自然現象がどのような大きさの世界でくりひろげられたドラマなのかを教えてくれる．この発想にならって，自然界の大きさが実感できる感覚を磨くために「10 のベキ乗 (powers of ten)」に注目してみよう．

例題 0.14 **10 のベキ乗で見た自然界の大きさ** 長さ・質量・時間などの例を大きさの程度 (スケール) で比較せよ．どんな文献で調べればいいか？

0.4.2 項

【解説】『理科年表』(丸善) は，毎年 国立天文台が編纂し丸善が発行する自然科学に関するデータ集である．暦部，天文部，気象部，物理/化学部，地学部，生物部，環境部，附録で構成してある．理系の常識として知っておくといい．

▶ 数値の見方

9.2×10^{20} は $9.2 \times 10 \times 10^{19}$ だから $92000 \cdots 000$ (0 が 19 個) を表す．

長さ

銀河系の半径	9.2×10^{20} m
太陽と地球との間の距離	近日点 1.471×10^{11} m
	遠日点 1.496×10^{11} m
静止衛星の軌道半径	4.2×10^{7} m
地球の半径 (赤道)	6.377×10^{6} m
富士山の高さ	3.776×10^{3} m
可視光の波長	3.6×10^{-7} m $\sim 8.3 \times 10^{-7}$ m
ウィルスの大きさ	10^{-8} m $\sim 10^{-7}$ m
水素原子の半径	0.529×10^{-10} m
原子核内の核子間の平均距離	2×10^{-15} m

質量

太陽	1.989×10^{30} kg
地球	5.976×10^{24} kg
陽子	1.6726×10^{-27} kg
水素原子	1.6735×10^{-27} kg
電子	9.1094×10^{-31} kg

時間

宇宙の年齢	4.6×10^{17} s
地球の年齢	1.43×10^{17} s
可視光の振動周期	1.2×10^{-15} s
	$\sim 2.8 \times 10^{-15}$ s

近日点：太陽に最も近づく位置
遠日点：太陽から最も遠ざかる位置

休憩室 **富士山の高さ 3776 m**
小学 1 年のとき担任の新井哲雄先生が「みななろう」(みんな大きくなりましょう) という覚え方を教えてくださった．

原子核は，陽子と中性子とからできている．
陽子と中性子とをまとめて核子という．
核子は，陽子と中性子との総称である．

原子核の大きさ，原子の大きさ，細胞の大きさ，ヒトの大きさ，地球の半径は 10 の何乗の大きさかを理解すること．

【参考】大きさのイメージ

原子の大きさと原子核の大きさとの比は，地球の大きさとドーム球場の大きさとの比と同程度である．

10^{-10} m（$= 10^{-8}$ cm）をÅ（**オングストローム**）と表すことがある．原子・分子の世界の大きさを考えるときに便利である．

$\sim 100\ \mu$m：肉眼で見える．
（**例** コルク）

$\sim 1\ \mu$m：光学顕微鏡で見える．
（**例** オオカナダモの細胞）

~ 1 nm：電子顕微鏡で見える．
（**例** ネズミの胃上皮細胞）

$$\begin{aligned} & 100\ \mu\text{m} \\ &= 100 \times 10^{-6}\ \text{m} \\ &= 10^{-4}\ \text{m} \\ &= 10^{-1} \times 10^{-3}\ \text{m} \\ &= 0.1\ \text{mm} \quad (\text{ミリ}: \text{m} = 10^{-3}) \end{aligned}$$

〜「の大きさの量である」という意味を表す記号

例題 0.15 **量どうしの掛算** 0.00056 m × 0.3940 m を 10 のベキ乗に注意して計算せよ．

【解説】 何も考えずに，この式のまま電卓に数値を入力したり，筆算を始めたりしていないだろうか？

のぞましくない計算法

```
    0.00056
 ×) 0.3940
 ----------
       2240
      504
     168
 ----------
 0.000220640
```

ベキ乗に着目

左に書いた筆算の仕方は上手ではない．

10 のベキ乗に注意して，

$$\begin{aligned} & 5.6 \times 10^{-4}\ \text{m} \times 3.940 \times 10^{-1}\ \text{m} \\ &= 5.6 \times 3.940 \times 10^{-4-1}\ \text{m} \times \text{m} \\ &= 22.0640 \times 10^{-5}\ \text{m}^2 \\ &= 2.20640 \times 10^{-4}\ \text{m}^2 \end{aligned}$$

のように計算する．

有効数字について，つぎの【発展】で理解する．

3.940×10^{-1} m（$=$ 394.0 mm）は最小目盛 mm の物差で測った長さである．

5.6×10^{-4} m（$=$ 0.56 mm）は最小目盛 0.01 mm 以内の不確かさで測れる物差で読み取った長さである．

$\text{m} \times \text{m} = \text{m}^2$

つぎの【発展】で解説してある通り，有効数字を考慮すると，$2.2 \times 10^{-4}\ \text{m}^2$ となる．

数値の科学的表記法

自然科学では, 例題 0.14 のように, 極めて大きい数値, 極めて小さい数値が頻出する.

> **科学的表記法** 1 から 10 までの数値に 10 のベキ乗を掛けた形

例題 0.14, 例題 0.15 では, 科学的表記法で量を表してある.

有効数字について, 小林幸夫:『力学ステーション』(森北出版, 2002) 1.2 節参照.

【発展】 **なぜ 10 のベキ乗の形で計算するのか—有効数字との関係**

測定値はすべて近似値である. 長さを測るとき, 物差の目盛と目盛との間を目分量で読む. だから, 末尾 1 桁の数は誤差を含む.

mm の 1/10 の桁は, 0.1 cm の 1/10 の桁である.

例 1 たて 2.23 cm, よこ 1.32 cm の長方形の面積を求める計算

mm 刻みの物差を使った場合, 2.23 cm の末尾の 3, 1.32 cm の末尾の 2 は, 目盛どうしの間 (mm の 1/10 の桁) の値だから誤差を含む.

四捨五入

0 から 9 までの 10 個の数を大小によって 5 個ずつ 0, 1, 2, 3, 4 と 5, 6, 7, 8, 9 の二つのグループに分ける. 境目を 4 と 5 との間として数をくくる決まりが考えやすい (2008 年 11 月 30 日付朝日新聞).

有効数字の桁数 **誤差を含む末尾の数を含めて数える**ので, 2.23 と 1.32 とのどちらも 3 桁である.

$$
\begin{array}{rl}
2.2\overset{\times}{3} & \mathrm{cm} \\
\times)\ 1.3\overset{\times}{2} & \mathrm{cm} \\
\hline
\overset{\times}{4}\overset{\times}{4}\overset{\times}{6} & \\
66\overset{\times}{9} & \\
22\overset{\times}{3} & \\
\hline
2.8\overset{\times}{4}\overset{\times}{3}\overset{\times}{6} & \mathrm{cm}^2
\end{array}
$$

- 誤差を含む数の上に × を付ける.
- $\overset{\times}{3} \times \overset{\times}{2} = \overset{\times}{6}$, $2 \times \overset{\times}{2} = \overset{\times}{4}$ など
- 単位量の計算 : $\mathrm{cm} \times \mathrm{cm} = \mathrm{cm}^2$

有効数字とは, 末尾 1 桁にだけ誤差を含む数である (多くの桁を書くことが正確なのではなく, 誤差を含む数を書き並べても意味がない).

▶ この例では, 四捨五入して 2.84 cm^2 (有効数字 3 桁) とする.

誤差は, 測定の精度の範囲外という意味であり, 不確かさを表す.

例 2 たて 4.26 cm, よこ 0.59 cm の長方形の面積を求める計算

有効数字の桁数 4.26 は 3 桁, 0.59 は 2 桁 (1 の位の 0 は位取りを表すだけだから, 有効数字に含めない) である.

誤差を含む数の上に × を付けて筆算の過程を書いて計算すると, 積は

$$4.2\overset{\times}{6}\ \mathrm{cm} \times 0.5\overset{\times}{9}\ \mathrm{cm} = 2.\overset{\times}{5}\overset{\times}{1}\overset{\times}{3}\overset{\times}{4}\ \mathrm{cm}^2$$

となる.

▶ この例では, 四捨五入して 2.5 cm^2 (有効数字 2 桁) とする.

有効数字の書き方

例題 0.15 で, 0.00056 と書くと有効数字を 6 桁と誤解しやすい. 1 の位, 小数第 1 位, 第 2 位, 第 3 位の 0 は位取りを表すだけだから,

$$\underbrace{5.6}_{\text{有効数字 2 桁}} \times \underbrace{10^{-4}}_{\text{位取りを表す}}$$

と書く.

■ 有効数字の桁数は, 測定器械の最小目盛 (目盛と目盛との間隔) で決まる.
最小目盛がちがう測定器械を使うと, 有効数字の桁数も異なる.

【参考】「物理量, 単位などの記号」の正しい記述に関する論説

日本物理学会:「大学の物理教育」誌 **12** (2006) pp. 146–147 に関集三先生が「物理量, 単位などの記号」の正しい記述に関する論説を投稿した. 一部を抜粋して紹介する.

物理量 = 数値 × 単位 の関係を考慮すると 数値 = 物理量/単位 であるべきなのに, グラフや数値表の見出しで数値と単位が掛算の関係になっている. 例えば, 温度目盛は T/K と表示されるべきところが $T(\mathrm{K})$ と表示されている. この誤用は, 例えば日本物理学会誌の 2006 年 5 月号で実に 113 か所にも及んでいます.

物理量を特別にイタリック体で記述することは, 物理量が自然に対する人間の行為である実験によって得られることの大切さを強く認識することにつながります.

どうか日本物理学会でもこの記号の誤用・乱用の減少に御尽力いただくことをお願いして擱筆いたします.

本書では, 物理量を単に「量」といい, 単位を「単位量」といい表している.

例題 0.1 参照.

探究支援 0

0.1 数と量との区別

数と量について，つぎの問に答えよ．

(1) 「$x = \frac{1}{2}at^2$ に $t = 3$, $a = 10000\ \mathrm{m}/3600\ \mathrm{s}^2$ を代入すると，$x = 12.51\ \mathrm{m}$ になる」という文で正確でない箇所を指摘して修正せよ．

(2) つぎの解説は，高校化学の文部科学省検定済教科書の引用である．計算式を正確な書き方に修正せよ．

> 過酸化水素の濃度は 0 s のとき 0.88 mol/L，
> 30 s のとき 0.44 mol/L である．
> 平均の反応の速さは，次のように求めることができる．
>
> $$-\frac{0.44 - 0.88}{30 - 0} = 1.46 \times 10^{-2}\ \mathrm{mol/(L \cdot s)}$$

【解説】(1) $t = 3$ を $t = 3\ \mathrm{s}$ に修正する．

L·s を L s と書いてもいい．

$t = 3$ とすると，

$$x = \frac{1}{2}at^2 = \frac{1}{2} \times \underbrace{10000\ \mathrm{m}/3600\ \mathrm{s}^2}_{a} \times \underbrace{3}_{t}{}^2 = 12.51\ \mathrm{m/s^2}$$

となって，12.51 m にならない．

(2)

$$\underbrace{-\frac{(0.44 - 0.88)\ \mathrm{mol/L}}{(30 - 0)\ \mathrm{s}}}_{\text{量}} = \underbrace{1.46 \times 10^{-2}\ \mathrm{mol/(L \cdot s)}}_{\text{量}}$$

もとの式

$$\underbrace{-\frac{0.44 - 0.88}{30 - 0}}_{\text{数}} = \underbrace{1.46 \times 10^{-2}\ \mathrm{mol/(L \cdot s)}}_{\text{量}}$$

は，数 = 量 の形であり，左辺に mol/(L · s) がないから等号は成り立たない．

0.2　量の表し方

$l/\mathrm{cm} = 30.0$ のとき，l はどのように表せるか？

【解説】$l/\mathrm{cm} = 30.0$ の分母を払うと，$l = 30.0 \times \mathrm{cm}$ になる．

▶「長さ l は単位量 cm の 30.0 倍」を表すとき，二つの書き方がある．

① $l = 30.0\ \mathrm{cm} \longleftarrow$ 量 = 数値 × 単位量 の形 ($a = bc$ の形)

② $l/\mathrm{cm} = 30.0 \longleftarrow$ 量/単位量 = 数値 の形 ($a/b = c$ の形)

l：length の頭文字

$l/\mathrm{cm} = 30.0$ の両辺に cm を掛けると考えてもまちがいではないが，$a = bc$ と $a/b = c$ との間の書き換えは，単に分母を払うだけにすぎない．

$l/\mathrm{cm} = 30.0$

は

$l \div \mathrm{cm} = 30.0$

だから，

$l = 30.0 \times \mathrm{cm}$

となる．

0.3　単位量の換算

ナトリウムの黄色のスペクトル線の 1 本の波長 λ は，

$$\lambda = 5.896 \times 10^{-7}\ \mathrm{m}$$

と表せる．この波長をオングストロームで表せ．

【解説】極めて小さい数値だから，科学的表記法で表してある．

オングストロームとメートルとの関係　$\boxed{\text{Å} = 10^{-10}\ \mathrm{m}}$

発想 1　10^{-7} と 10^{-10} の間の関係に着目する．

λ は数値だけでなく，数値 × 単位量を表していることに注意する．

$$\begin{aligned}\lambda &= 5.896 \times 10^{-7} \times \mathrm{m} \\ &= 5.896 \times 10^{\diamondsuit} \times \underbrace{10^{-10}\ \mathrm{m}}_{\text{Å}} \qquad -7 = \diamondsuit + (-10) \\ &= 5.896 \times 10^{3} \times \underbrace{10^{-10}\ \mathrm{m}}_{\text{Å}} \qquad \diamondsuit = 3 \\ &= 5.896 \times 10^{3} \times \text{Å} \\ &= 5.896 \times 10^{3}\ \text{Å}\end{aligned}$$

発想 2　Å と m の間の関係に着目する．

$$\text{Å} = 10^{-10}\ \mathrm{m} = \frac{1}{1\underbrace{0000000000}_{10\text{個}}}\ \mathrm{m}$$

I. Mills, T. Cvitaš, K. Homann, N. Kallay and K. Kuchitsu: "Units and Symbols in Physical Chemistry", Blackwell Scientific Publications, Oxford (1988) p. 107 [朽津耕三訳，『物理化学で用いられる量・単位・記号』，講談社 (1991)].

$$\begin{aligned}10^{-7} &= \frac{1}{10^{7}} \\ &= \frac{1}{1\underbrace{0000000}_{7\text{個}}} \\ &= \frac{1\overbrace{000}^{3\text{個}}}{1\underbrace{0000000000}_{10\text{個}}} \\ &= 1000 \times \frac{1}{10000000000} \\ &= 10^{3} \times 10^{-10}\end{aligned}$$

だから,

$$\underbrace{10000000000}_{10^{10}}\ \text{Å} = \text{m}$$

である.

$$\begin{aligned}\lambda &= 5.896 \times 10^{-7} \times \underbrace{10^{10}\ \text{Å}}_{\text{m}} \\ &= 5.896 \times 10^{-7+10} \times \text{Å} \\ &= 5.896 \times 10^{3} \times \text{Å} \\ &= 5.896 \times 10^{3}\ \text{Å}\end{aligned}$$

$$\frac{\text{kg}}{10^3} = \frac{10^3\text{g}}{10^3} = \text{g}$$

$$(10^{-2})^{-3} = \left(\frac{1}{10^2}\right)^{-3} = \frac{1}{\left(\frac{1}{10^2}\right)^3} = \frac{1}{\frac{1}{10^6}} = 10^6$$

【類題】 銅の密度は 8.92 g cm^{-3} である. この密度は m^3 あたり何 kg か?

【解説】 g cm^{-3} と kg m^{-3} との関係に着目する.

$$\begin{aligned}8.92 \times \text{g} \times \text{cm}^{-3} &= 8.92 \times \frac{\text{kg}}{10^3} \times (10^{-2}\ \text{m})^{-3} \quad \longleftarrow \text{c} = 10^{-2},\ \ \text{k} = 10^3 \\ &= 8.92 \times 10^3\ \text{kg m}^{-3}\end{aligned}$$

別の書き換え方 分子・分母で g を約したり, m^3 を約したりする.

$$\frac{\frac{\text{g}}{\text{cm}^3}}{\frac{\text{kg}}{\text{m}^3}} = \frac{\frac{1}{(10^{-2}\ \text{m})^3}}{\frac{10^3}{\text{m}^3}} = \frac{\frac{1}{10^{-6}\ \text{m}^3}}{\frac{10^3}{\text{m}^3}} = \frac{\frac{10^6}{\text{m}^3}}{\frac{10^3}{\text{m}^3}} = \frac{10^6}{10^3} = 10^3$$

$$\frac{\frac{\text{g}}{\text{cm}^3}}{\frac{\text{kg}}{\text{m}^3}} = 10^3$$

の分母を払うと

$$\frac{\text{g}}{\text{cm}^3} = 10^3 \times \frac{\text{kg}}{\text{m}^3}$$

になる.

だから

$$\frac{\text{g}}{\text{cm}^3} = 10^3 \times \frac{\text{kg}}{\text{m}^3}$$

となる.

$$8.92\ \text{g cm}^{-3} = 8.92 \times 10^3\ \text{kg m}^{-3}$$

cm^{-3} は $(\text{cm})^{-3}$ を表す.

cm^{3} は $(\text{cm})^{3}$ を表す.

0.4.1 項【注意 2】

イメージ 8.92 よりも小さい値 (8.92×10^{-3} kg m^{-3} など) はまちがいと気づく感覚が重要である。「単位長さ cm の辺の立方体が 8.92 g の物質は, 単位長さ m の辺の立方体になると質量はどれだけか」という問題だから, 8.92 g よりも軽いわけない。

0.4　ものの大きさの程度

0.4 節の接頭辞の一覧を活用して, (1), (2) の大きさの程度を理解する方法を工夫せよ.

(1) ヒトが目で見ることのできる限界の大きさは, 0.01 mm から 0.1 mm までの程度である. ただし, 視力が弱いという特別の場合は除く. 植物の花粉を 100 μm とする. 花粉は目に見えるかどうかを判断せよ.

(2) 概算によると, 光が 1 年間に進む距離は 9.46×10^{12} km である. 地球とアンドロメダ銀河の間の距離は, この 230 万倍と考える. 直径 30 cm のスイカをアボガドロ数個だけ一列に並べると, 地球とアンドロメダ銀河の間の何往復分になるか？ 整数で答えていい. アボガドロ数を 6.0×10^{23} 個とする.

アボガドロ数：
0.012 kg の ^{12}C (質量数 12 の炭素) が含む原子と等しい数
6.02×10^{23} 個

アボガドロ定数：
物質量 (単位は mol) と個数との間の換算定数
6.02×10^{23}個/mol

これらの量の間で単位のちがいに注意すること.
たとえば, 2 mol の原子は
6.02×10^{23}個/mol $\times 2$ mol $= 1.204 \times 10^{24}$個
である.
個/mol × mol = 個
に注意する.

【解説】 (1)

$$\begin{aligned} 100\ \mu\text{m} &= 100 \times 10^{-6} \times \text{m} \\ &= 10^{-4}\ \text{m} \\ &= 10^{-1} \times \underbrace{10^{-3}}_{\text{ミリ}}\ \text{m} \\ &= 0.1\ \text{mm} \end{aligned}$$

← 10^{-1} を 0.1 に, 10^{-3} を記号 m におきかえるだけ

探究支援 0.1 の発想 1 参照

花粉は目に見える限界の大きさである.

(2)

$$\frac{30\ \text{cm/個} \times 6.0 \times 10^{23}\text{個}}{9.46 \times 10^{12} \times 230 \times 10^{4}\ \text{km}}$$

← $30 \times 6.0 \times 10^{23} = 1.80 \times 10^{25}$

$$= \frac{1.80 \times 10^{25} \times \overbrace{10^{-2}}^{\text{センチ}}\ \text{m}}{9.46 \times 2.30 \times 10^{18} \times \underbrace{10^{3}}_{\text{キロ}}\ \text{m}}$$

← 記号 c を 10^{-2} におきかえ, k を 10^{3} におきかえるだけ

$$\cong 8$$

だから, 4 往復に相当する.

0.5　自然数の和

1, 2, 3, 4, 5, 6, 7, 8, 9 を和が同じになるように 3 個ずつの組に分けたい. 各組の自然数の和はいくらか？

【解説】すぐに思いつく方法は，例題 0.7 の方法で $1+2+3+4+5+6+7+8+9$ を求めて，合計を 3 で割るという考え方である．しかし，こんなに大げさに計算しなくても，もっと簡単に答がわかる．

$$1 \quad 2 \quad 3 \quad \underbrace{4 \quad 5 \quad 6}_{\text{1 から 9 までの間の中央の 3 個の自然数}} \quad 7 \quad 8 \quad 9$$

$4+5+6$ の値を求めればいいから 15 である．

たとえば，2, 4, 6 の平均は，$(2+4+6)\div 3=4$ と計算しなくても，2, 4, 6 を見ただけで中央の 4 とわかる．同じ考え方で $6(=1+2+3)$, $15(=4+5+6)$, $24(=7+8+9)$ の平均は，中央の 15 である．

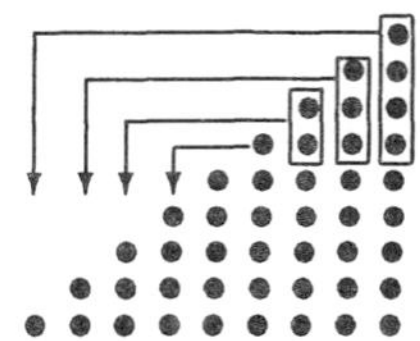

図 0.14　自然数の和　$1,2,\ldots,9$ の中央の 3 個を合計してから 3 倍すると 45 になる．

平均「平らに均す」陸上競技で地面の土を平らに整備するときと同じ発想である．高い方の土を低い方に寄せるという**譲り合いの精神**で，計算の発想を理解する．

0.6　数値計算の簡単な方法

つぎの掛算を直接筆算しないで計算せよ．

(1) 98×102　　(2) 102×102

ねらい　電卓，携帯電話，パソコンなどのどれかを使えば，数値計算は簡単にできる．しかし，数値計算を工夫するというトレーニングを怠って，頭をはたらかせる機会を逃しては惜しい．$(a+b)(a-b)=a^2-b^2$, $(a+b)^2=a^2+b^2+2ab$ は中学以来知っている．しかし，単なる文字式として覚えているだけで，数値計算に活かそうという発想が浮かんでいないのではないだろうか？ 頭の中にたくさんの知識をバラバラに詰め込んでいるだけで，それらが互いに結びついていない．本来の基礎学力とは，正しい答を求める力だけではなく，知識どうしを関連づける力である．

電卓がないから計算できないと思ってあきらめるのではなく，こういうときこそ計算を工夫するチャンスである．

【解説】慣れると暗算で答が求まる．

(1)

$$\begin{aligned}&98 \times 102\\&= (100-2) \times (100+2)\\&= 10000 - 4\\&= 9996\end{aligned}$$

(2)

$$\begin{aligned}&102 \times 102\\&= (100+2) \times (100+2)\\&= 10004 + 400\\&= 10404\end{aligned}$$

$(a+b)(a-b)$
$= a^2 - b^2$

$(100-2)(100+2)$
$= 100^2 - 2^2$

$(a+b)^2$
$= a^2 + b^2 + 2ab$

$(100+2)(100+2)$
$= 100^2 + 2^2$
$+2 \times 100 \times 2$

0.7　パスカルの三角形

$(a+b)^n$ (n は自然数) の展開式の各項の係数を並べると，下図のような三角形になる．係数の並びをパスカルの三角形という．

$(a+b)^0$							1						
$(a+b)^1$						1		1					
$(a+b)^2$					1		2		1				
$(a+b)^3$				1		3		3		1			
$(a+b)^4$			1		4		6		4		1		
$(a+b)^5$		1		5		10		10		5		1	
$(a+b)^6$	1		6		15		20		15		6		1

(1) 自然数の数列 $1, 2, 3, 4, 5, 6, \ldots$ を見つけよ．

(2) 各段の自然数の和には，どんな特徴があるか？

(3) 特定の方向に並んでいる自然数の和を調べて，フィボナッチ数列を見つけよ．

(4) パスカルの三角形を 31 段まで描き，偶数を ●，奇数を ○ で表す (数字を塗る) と，どんな模様ができるか？

自然数とは
正の整数

ねらい　数学には「発見学習」の性格がある．決まった公式を暗記して，そのあてはめ方を理解する作業が数学の学習だというわけではない．現場の実験では，多数の数値データから規則性を見出す作業をくりかえす．本問の数値は実験データではないが，規則性を見出すトレーニングと考える．もとのデータのままではなく，数値どうしを足したり掛けたりすると規則性が見つかることがある．

【解説】 (1) 線上を見ると自然数の数列になっていることがわかる.

$(a+b)^0$							1						
$(a+b)^1$						1		1					
$(a+b)^2$					1		2		1				
$(a+b)^3$				1		3		3		1			
$(a+b)^4$			1		4		6		4		1		
$(a+b)^5$		1		5		10		10		5		1	
$(a+b)^6$	1		6		15		20		15		6		1

(2) 各段の自然数の和は, 2 のベキ乗になっている.

$(a+b)^0$							1							$1(=2^0)$
$(a+b)^1$						1		1						$2(=2^1)$
$(a+b)^2$					1		2		1					$4(=2^2)$
$(a+b)^3$				1		3		3		1				$8(=2^3)$
$(a+b)^4$			1		4		6		4		1			$16(=2^4)$
$(a+b)^5$		1		5		10		10		5		1		$32(=2^5)$
$(a+b)^6$	1		6		15		20		15		6		1	$64(=2^6)$

(3) 線上の自然数の和がフィボナッチ数列になっている.

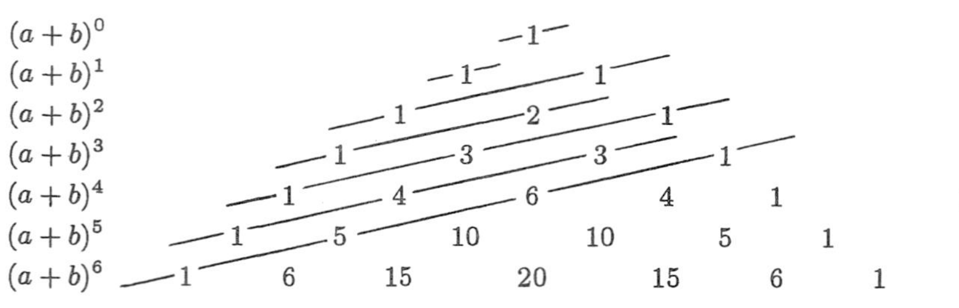

1
2
3
5
8
13

$a=1,\ b=1$ とすると,

$(1+1)^0=1,$
$(1+1)^1=2^1,$
$(1+1)^2=2^2,$
$\cdots$

となる.

フィボナッチ数列
例題 0.10 参照

(4) 任意の部分を拡大すると, もとと同じ形になっている図形 (自己相似な図形) が現れる (例題 0.8 のフラクタル図形を参照).

(4) 31 段よりも多く描いてもいい.

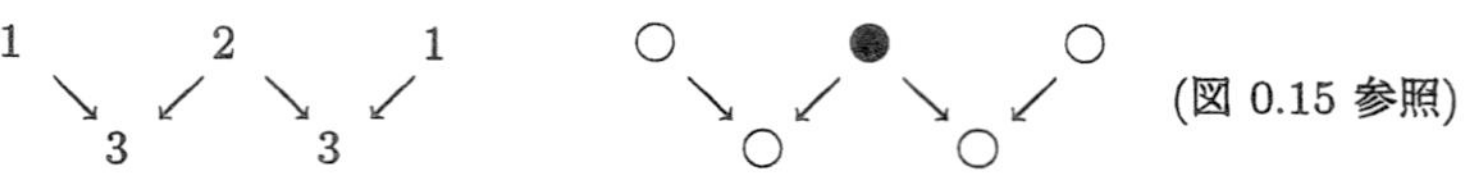

(図 0.15 参照)

↘ と ↙ は 2 数を足し合わせることを表す. $1+2=3$　奇数 + 偶数 = 奇数 (○ + ● = ○)

●の代わりに +, ○の代わりに − を描き, 正の数 × 正の数 = 正の数, 正の数 × 負の数 = 負の数, 負の数 × 正の数 = 負の数, 負の数 × 負の数 = 正の数の規則でつぎのように模様をつくるとセルオートマトン (セルは細胞) になる.

$$\begin{array}{ccccc} - & & + & & - \\ & - & & - & \end{array}$$

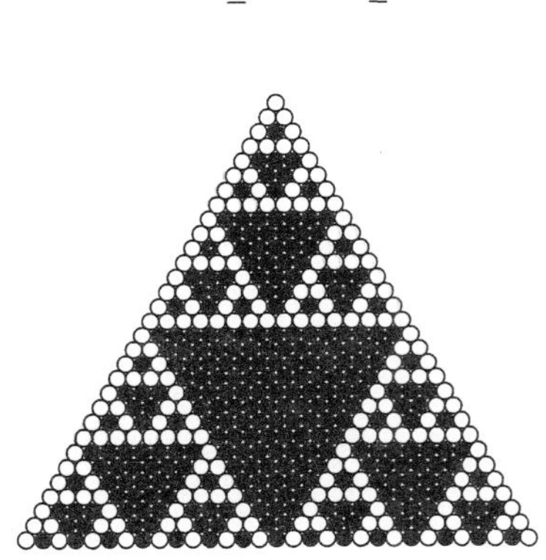

図 0.15　パスカルの三角形

0.8　2 進の木

ある枝にその半分の長さの枝をたて方向に継ぎ足す. こういう操作をくりかえすと, つぎの枝構造ができる. 枝を継ぎ足す操作を限りなくくりかえすと, たて方向の長さはいくらに近づくか？

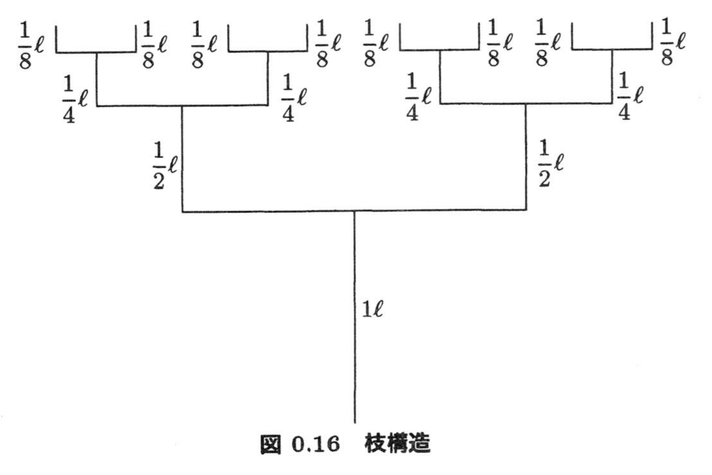

図 0.16　枝構造

つぎのように考えると, 数値がわからなくても色分けできる.
たとえば, 第 3 段の中央の 2 は, 第 2 段の 1 と 1 の和である.
同様に, 第 4 段の左から 2 番目の 3 は, 第 3 段の 1 と 2 の和である.
第 4 段の左から 3 番目の 3 は, 第 3 段の 2 と 1 の和である.
この規則が見つかるから,
奇数 + 奇数 = 偶数,
奇数 + 偶数 = 奇数,
偶数 + 偶数 = 偶数
に着目するといい.
偶数を ●, 奇数を ○ で表して, 左辺をある段の二つの数の和, 右辺をその下の段の数とすると,

○ + ○ = ●,
○ + ● = ○,
● + ● = ●

になることがわかる (本文の右図).

【解説】 例題 0.8 と同じ考え方で，正方形の内部を下図のように区切る．全体の面積の 1/2 倍，1/4 倍，... の面積を合計すると全体になるから，

$$1+\frac{1}{2}+\frac{1}{4}+\frac{1}{8}+\frac{1}{16}+\frac{1}{32}+\cdots=2$$

である．たて方向の長さは，はじめの枝の長さの 2 倍に近づく．

はじめの枝の長さを l とすると，

$$1l+\frac{1}{2}l+\frac{1}{4}l+\frac{1}{8}l+\frac{1}{16}l+\frac{1}{32}l+\cdots=2l$$

である．

l：length（長さ）の頭文字

「リットル」とは関係ない．

l はエルであり「リットル」と読むが，数字の 1 とまちがいやすい． このため，文部科学省の教科書検定で，高校物理・化学のリットルの表記を大文字 L に修正した (2007 年 4 月 13 日付朝日新聞)．

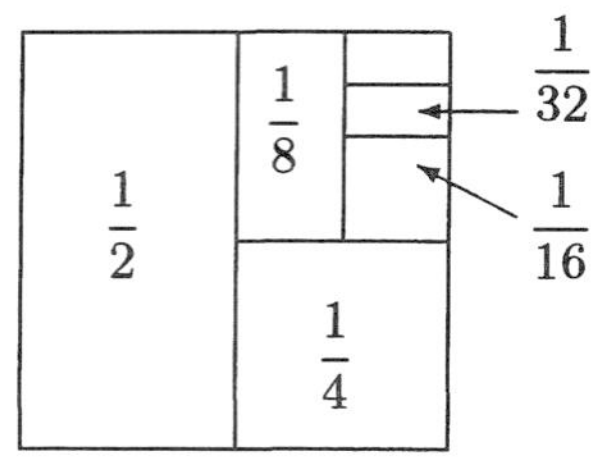

図 0.17 $\frac{1}{2}+\frac{1}{4}+\frac{1}{8}+\frac{1}{16}+\frac{1}{32}+\cdots$ **を求めるための工夫**

0.9 ネズミ算

1627 年（寛永 4 年）に吉田光由が明の程大位の著書『算法統宗』からヒントを得て『塵劫記』を執筆した．この本に和算 (日本独自に発達した算数) の例が載っている．これらの内容は，当時の生活に必要な算術全般にわたっている．つぎのネズミ算は等比数列の例題と見ることができる．

> 正月にネズミのつがいが現れて，子を 12 匹産み，親と合わせて 14 匹になる．親は 2 月に再び子を 12 匹産む．まえの 12 匹の子は，2 匹ずつつがいになって 12 匹ずつ子を産む．親，子，孫の合計は 98 匹になる．このように，月に 1 回ずつ親子ともに 12 匹ずつ産む．では，12 か月で何匹くらいになるか？ ネズミは 1 匹も死なないとする．

吉田光由：『塵劫記』(岩波書店，1977) p. 201.

【解説】 規則を式で表すにはどうすればいいかを考える．こういう場合は具体的に書き出してみる．

規則の見つけ方 前月の全体が 2 匹ずつつがいになって 12 匹ずつ子を産む．

2 月には 7 (= 14÷2) 対, 3 月には 49 (= 98÷2) 対, 4 月には 343 (= 686÷2) 対, ...

$7+7\times 6$
$=7\times 1+7\times 6$
$=7\times 7$

1 月：$\underbrace{2匹}_{はじめ}+\underbrace{12匹}_{1月生}=14匹$　　$\underbrace{2匹}_{親1対}+\underbrace{12匹}_{子6対}=\underbrace{14匹}_{7対}$　$\underbrace{7}_{7の1乗}$ 対

2 月：$\underbrace{14匹}_{1月の全体}+\underbrace{12匹\times 7}_{2月生}=98匹$　　$\underbrace{14匹}_{親7対}+\underbrace{12匹\times 7}_{子(7\times 6)対}=\underbrace{98匹}_{(7+7\times 6)対}$　$\underbrace{7\times 7}_{7の2乗}$ 対

3 月：$\underbrace{98匹}_{2月の全体}+\underbrace{12匹\times 49}_{3月生}=686匹$　　$\underbrace{98匹}_{親49対}+\underbrace{12匹\times 49}_{子(6\times 49)対}=\underbrace{686匹}_{[(7\times 7)+(7\times 7)\times 6]対}$

$\underbrace{7\times 7\times 7}_{7の3乗}$ 対

$(7\times 7)+(7\times 7)\times 6$
$=(7\times 7)\times 1$
$+(7\times 7)\times 6$
$=(7\times 7)\times(1+6)$
$=7\times 7\times 7$

4 月：$\underbrace{686匹}_{3月の全体}+\underbrace{12匹\times 343}_{4月生}=4802匹$

$n=12$ のとき, 7^{12} 対になるから, 2×7^{12} 匹である．この多さは，驚くことに 276 億 8257 万 4402 匹である．

......

n 月：$\underbrace{7\times 7\times\cdots\times 7}_{7の n 乗}$ 対

を見ると, 14, 98, 686, 4802 は **公比 7 の等比数列**になっていることに気づく．
1 月：7×2, 2 月：$7\times 7\times 2$, 3 月：$7\times 7\times 7\times 2$, 4 月：$7\times 7\times 7\times 7\times 2$, ...,
12 月：$7^{12}\times 2=27682574402$
から 27682574402 匹 (276 億 8257 万 4402 匹) になる．

現実には, ネズミはネコなどの天敵に襲われたり病気で死んだりするから, こんなに増殖することはあり得ない．しかし, ネズミの驚くほどの繁殖力の強さを示している．

第 3 話　例題 3.1 と比べてみよう．

【参考】ネズミ算式に増える

2009 年 5 月 15 日付朝日新聞の「窓　論説委員会から」に「自然のブレーキ」というコラムがあった．「ネズミ算式に増える」という言い回しがあるが, どうして地球はネズミだらけにならないのか？ 桐蔭横浜大学特任教授の涌井史郎先生は「ある生き物だけが増えることのないようにして生物の多様性を守る．自然界には, こんなみごとなしくみがある」と説明しているそうである．

【注意】一般→具体？ 具体→一般？

現実の世界では，はじめから規則 (公式) がわかっているわけではない．規則があるかどうかを調べることが研究の根本である．だから，公式にあてはめて問題を解く練習をくりかえすだけでは，現場で役立つとは限らない．

等差級数の公式 $(n+1)n/2$ (例題0.7) を使う計算の反復練習を振り返ってみよう．暗算で (中央の数) × 個数 から $[(n+1)/2] \times n$ と考えればいいので，n に値を代入するのは二度手間である．はじめから具体的な値で (中央の数) × 個数 と考える方が速い．公式を暗記しているだけだと，こういう発想が芽生えない．「公式を使う」というよりも「同じ方法で計算できる」と考えて，計算方法を習得する方がいい．公式は，プログラミングのように，どんな値の場合でも利用できる手続きをつくるときなどで必要になる．

算数・数学教育で，一般 → 具体の練習に時間をかけるが，具体 → 一般の練習は案外少ない．この現状では，計算力は向上するが，数式・図形などから規則性を見出す力が伸びにくくなるおそれがある．一般 → 具体と具体 → 一般とを偏りなく練習することで「一見ちがって見える問題が同じ考え方で理解できる」という本来の一般化の目が養える．

小林幸夫：「数学戯評 計算練習の実質 ── 一般化と具体化」，『理系への数学』2009 年 9 月号 (現代数学社) p. 3.

第 0 話の問診 (到達度確認)

① 規則性のある和の計算のしくみが図でイメージを描けるか？

② 量 = 数値 × 単位量 の意味を理解した上で，グラフの軸を正しく書けるか？

③ 量 = 数値 × 単位量 の関係に基づいて，単位量の換算ができるか？

④ 自然界の大きさに対するイメージが描けるか？

第 1 話　関数とグラフ — 測定したデータから規則性を見出すには

第 1 話の目標

① 実験データの解析方法と結びつけて, 関数の概念を理解すること.

② 比例を基本にして, 量どうしの間の関係を見出す方法を理解すること.

③ 対数方眼紙の使い方を理解すること.

④ 自然界の具体的な現象の解析の観点で, パラメータの意味を理解すること.

キーワード　関数, グラフ, 線型性, 比例, 反比例, 対数, 円関数, パラメータ

自然科学の研究では, 測定したデータに規則性があるかどうかを見出す作業が重要な鍵を握っている. しかし, 漠然と数値を眺めていても, なかなか見通しが立たない. こういうとき, データを図の形で整理してみる. 多くの実験では, 一つの量を変化させると , 他の量がどんな影響を受けるかを調べる. だから, 図の中でもグラフを作成すると都合がいい. 中学・高校数学でグラフを学習するのは, こういう現実の場面を念頭に置いているからである. グラフがどんな形 (直線, 双曲線など) で表せるかによって, 急激な変化なのか緩やかな変化なのかがわかる. 第 I 部の微分積分の「微分」はグラフの各点ごとの変化, 「積分」はグラフ全体の特徴を表す.

何のためにグラフを学習したのかということをよく考えてみよう.

量と量との間に, どのような関係が成り立っているのだろうか？ この関係は, 実験によってさまざまである. すぐに比例を思い浮かべがちだが, 比例とは限らない. 比例とは, 一方の量が 2 倍, 3 倍, ... になると, 他方の量も 2 倍, 3 倍, ... になるという関係である. 小学算数を思い出すと, 円の面積は半径に比例しないことがわかる. 高校化学で学んだ Boyle (ボイル) の法則では, 温度を一定に保つと気体の体積は圧力に反比例する. 高校物理の波を考えると, 波の高さは時間に比例しない. 現実には, 比例よりも複雑な関係を示す現象が見つかる方がふつうである. しかし, 比例の関係にはグラフが原点を通る直線で表せるという単純さがある. このため, 比例から発想を借用しながら考えを進める. 「原点を通る直線のグラフで表せる」という性質を**線型性**という. 第 II 部の線型代数の「線型」という用語は, ここに由来する. 線型代数のねらいは, 比例の性質を基本にして関数の概念を理解することである.

円の面積 = 円周率 ×(円の半径)^2
半径を 2 倍, 3 倍, ... にすると, 面積は 4 倍, 9 倍, ... になる.

水面の波を思い出すといい.

比例の概念を拡張して, グラフで描けない例を考えることがある.

この発想で, 実験データから法則を見つけるときの手がかりがつかめる. 最初に, ある量 x とそれに対応するもう一つの量 y との間の関係をグラフで表す. グラフが曲線の場合, この関係がどういう式で表せるかは簡単にはわからない. しかし, $1/y$ と x との間の関係が原点を通る直線のグラフで表せる場合がある. こういうとき, y は x に比例しないが, $1/y$ は x に比例する. つまり, x と y とは反比例の関係にある. ここまでわかれば, x と y との間の関係を式で表せる. この探究の根底には, 比例の考えがある. ほかの例はどうだろうか？ ここでは, いろいろな実験データの調べ方を試してみる.

$\dfrac{1}{y} = ax$ (a は比例定数, $a \neq 0$) を $xy = \dfrac{1}{a}$ (一定) と書き直すと, x と y とは反比例の関係にあることがわかる.

1.1 関数とは — 量と量との間の関係

中学以来, 関数という用語を知っている. では,「関数とは何か」という問いに答えることができるだろうか？「関数」は,「整数」「小数」「分数」と同じく「○数」(○ に漢字が入る) という形の熟語である. しかし,「関数」という用語は, 数の種類を指すわけではない.

「その商品**だけ**が出る」
出力が**一つ**に決まる.

なぜ？
希望の商品以外も出たら機能の意味がないので, 出力が二つ以上決まる規則を関数といわない.

関数とは, ある量の値に対応して他の量の値を一つに決める規則である. 規則が数式で表せる場合とそうでない場合とがある.

「ある量の値に対応して他の量の値を**一つに**決める規則」の意味は何か？ 関数を自動販売機の仕掛けにたとえることができる.

① お金を入れる ⟵ **入力**という.
関数 お金 (入力) と商品 (出力) とを結ぶ規則にあたる.
② 希望の商品を選択するボタンを押す ⟵
③ その商品**だけ**が出る ⟵ **出力**という.

自動販売機の内部の構造は考えないで, 入れるお金と出る商品とだけに着目する. こういうわけで, 関数を「ブラックボックス」ということがある.

「自動販売機はお金を商品につくり変える (翻訳する) はたらきをする」と思えばいい. 量の値 (数) である必要はなく, この例のように商品でもいい.

等号の意味
例題 0.5 (5) 参照.

関数は, 数式を指すのではなく入力 x と出力 y とを対応させるはたらき (例 お金を入れると商品が出るというしくみ) を指す.

生物
反応 $= f$(刺激)

「はたらき」「機能」を function というので, 関数記号を f で表すことが多い.

多くの関数を考えるときには, g, h なども使う.

$y = f(x)$　　この記号の使い方は例題 1.1【注意 4】参照.

出力 (結果)　等号 (結果と原因とを結ぶ)　**入力** (原因)

図 1.1　入力と出力との間の関係

▶ 入力 x・出力 y が数であるとは限らない.

例　自動ドアと床マット　　開く $= f$(踏む)　　閉まる $= f$(踏まない)

▶ 入力 x・出力 y が数の場合

例　(1), (2), (3), (4) は関数といえるか？

(1) $y = -4x$　　(2) $y = -x^2$　　(3) $x^2 + y^2 = 1$　　(4) $y = \sqrt{1 - x^2}$

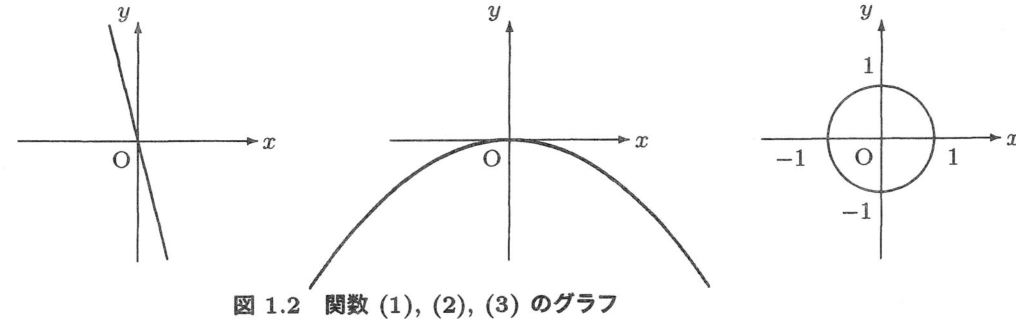

図 1.2　関数 (1), (2), (3) のグラフ

(1) 関数　(2) 関数　(3) 関数でない (1 個の x の値に 2 個の y の値が対応する)

(4) 関数 [(3) の円の上半分]

例題 1.1　**比例, 1 次関数, 線型**　金属板上を速度 v で進むドライアイスがある. 右向きを正の向きとする x 軸を選んで, この運動を観測する.

図 1.3　一直線上の運動

(1) 時刻 0 s に 0 m の位置を通るとき, 位置と時間との関係を式で表せ. $v = 2$ m/s の場合, $v = 3$ m/s の場合のグラフを描け.

金属とドライアイスとの間の摩擦は小さいから, ドライアイスは速度を変えない.

時刻 0 s の意味
たとえば, 9 時 10 分を時刻 0 s とすると, 9 時 5 分は −300 s である.
min = 60 s に注意.
min　分

実際の測定ではないから, 有効数字の桁数を考えていない.

(2) 時刻 0 s に位置 x_0 を通るとき，位置と時間との関係を式で表せ．$v = 2$ m/s として，$x_0 = 3$ m の場合，$x_0 = 5$ m の場合のグラフを描け．

(3) (1) の関数の性質と (2) の関数の性質とのちがいを見つけよ．

【解説】時刻によって位置が一つだけ決まるので，位置は時刻の関数である．

「位置 x は時刻 t の関数」とは「x が t で決まる」という意味だと思えばいい．

(1) $x = vt$　　(2) $x = x_0 + vt$

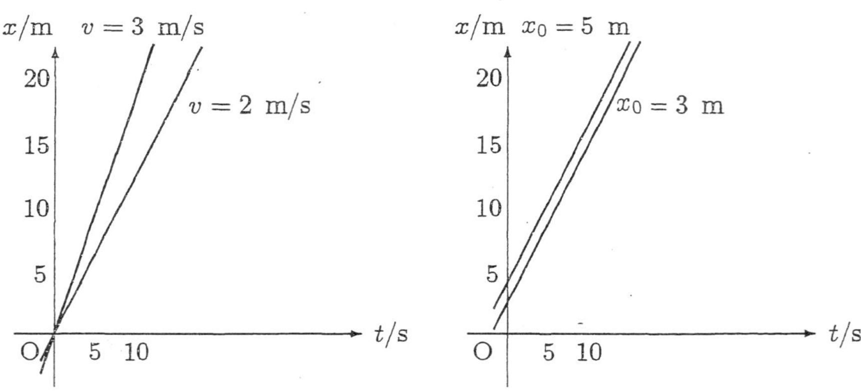

図 1.4 比例と 1 次関数 傾きが大きいほど運動が速い．

【注意 1】丸暗記しないで意味を理解して関係式を書く

「1 s 間に 2 m だけ進むから 3 s 間には 2 m/s × 3 s だけ進む (位置が変化する)」と考えて，$x = x_0 + vt$ [**式の意味**：あとの位置 ＝ (はじめの位置) ＋ 速度 × 時間] と書く．2 円/個 × 3 個 ＝ 6 円 (単価 × 個数 ＝ 価格) と同じしくみの計算である (この計算の考え方は第 4 話のマトリックスの基本)．

【注意 2】現実に合った式の書き方

はじめの位置 x_0 から vt だけ変化したと考えると，$x = vt + x_0$ よりも $x = x_0 + vt$ と書く方が現実に合っている．

例題 0.5 (6) 参照．

v は数値だけでなく，数値 × 単位量 (**例** 2 m) を表している (0.4.1 項)．どの向きに進むかを，速度の値の正負で区別する．

(1)　x　　0 m
　　↑　　↑
あとの位置　はじめの位置

中学数学と比べると，$x = vt + x_0$ は $y = ax + b$ にあたり，$x = x_0 + vt$ は $y = b + ax$ にあたる．

- $x = vt + x_0$, $y = ax + b$ (降べきの順：x の 1 乗，0 乗の順にべきが降りている) は何次式 (この例は 1 次式) かがわかりやすい．
- $x = x_0 + vt$, $y = b + ax$ (昇べきの順：x の 1 乗，0 乗の順にべきが昇っている) は現実の場面と合っている．

【注意 3】速度と速さとのちがい

▶ 速度：大きさ, 方向, 向きを持つ量

例　$+2.5\ \mathrm{m/s}$ (正の向きに運動)　$-2.5\ \mathrm{m/s}$ (負の向きに運動)

▶ 速さ：速度の大きさ

例　$|+2.5\ \mathrm{m/s}| = +2.5\ \mathrm{m/s}$, $|-2.5\ \mathrm{m/s}| = +2.5\ \mathrm{m/s}$

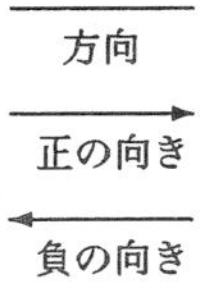

方向

正の向き

負の向き

図 1.5　方向と向き

時刻の値は勝手に選べるので**独立変数**という.

位置の値は時刻によって決まるので**従属変数**という.

量どうしの関係を**グラフ**で表すとき, 通常は**独立変数をよこ軸, 従属変数をたて軸に選ぶ**.

量の値を表の形で並べたり, グラフの座標軸に数値を記入したりするとき, x/m, t/s のように 量/単位量 の形で書く.

$$\overbrace{x/\mathrm{m}}^{\text{量/単位量}} = \overbrace{20\ \mathrm{m}}^{\text{量 } x}/\mathrm{m} = \overbrace{20}^{\text{数値}}$$

$\overbrace{f(\ )}^{\text{関数 (規則)}}$　例 $v \times (\ )$

$\overbrace{f(t)}^{\text{関数値}}$　例 $\overbrace{vt}^{x}$

$f(\ )$ は函 (はこ) を表す (関数はもともと函数と書いた).

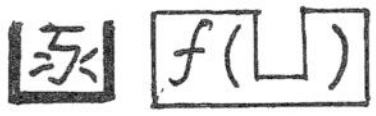

函　$f(\square)$

( ) に t を入力すると vt を出力する.

【注意 4】関数記号の使い方

位置 x は時刻 t の関数だから, $x = f(t)$ と書く. $f(t)$ の f も x と書いて, $x = x(t)$ と表すこともある. 左辺の x は位置を表し, 右辺の x は関数の名称である. 慣れると便利な形なので, 物理学・化学・生化学などではこのように書くことが多い.

t を入力したときの出力を (1) $f(t) = vt$, (2) $f(t) = vt + x_0$ と書く [例題 0.5 (6)].

　f は, 入力 t から出力 x を求める**規則** (**関数**) を表す.

　$f(t)$ は, 入力が t のときの**出力** x (**関数値**) を表す.

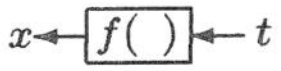

$x \leftarrow \boxed{f(\ )} \leftarrow t$

(1) $x = vt$

(2) $x = vt + x_0$

グラフが直線で表せると, 原点を通らないときでも「比例」と思い込むので注意すること.

(1) $t = 5\ \mathrm{s}$ のときの位置は　$f(5\ \mathrm{s}) = \overbrace{2\ \mathrm{m/s}}^{v} \times \overbrace{5\ \mathrm{s}}^{t} = \overbrace{10\ \mathrm{m}}^{x}$　と書き表す.

(2) $t = 5\ \mathrm{s}$ のときの位置は　$f(5\ \mathrm{s}) = \overbrace{2\ \mathrm{m/s}}^{v} \times \overbrace{5\ \mathrm{s}}^{t} + \overbrace{3\ \mathrm{m}}^{x_0} = \overbrace{13\ \mathrm{m}}^{x}$　と書き表す.

(3)　(1) **比例**：原点を通る直線のグラフで表せる.

例題 1.1 (1) 比例
例題 1.1 (2) 1次関数

比例の関係を表すグラフは原点を通る直線になるということだけではなく, こういうグラフがどんな性質を表すかということが重要である.

(2) **1 次関数**：原点を通らない直線のグラフで表せる.

- 比例は 1 次関数の特別な場合である.

原点を通る直線で表せる関数と原点を通らない直線で表せる関数とのちがい

① ナントカ倍

▶ 例題 1.1 (1) 比例の意味の通り, t の値が 2 倍, 3 倍, ... になると, x の値も 2 倍, 3 倍, ... になる.

例　5 s 間に 10 m 進む運動の場合, 15 s 間に 30 m 進む.

▶ 例題 1.1 (2) t の値が 2 倍, 3 倍, ... になっても, x の値は 2 倍, 3 倍, ... にならない.

② 加法

▶ 例題 1.1 (1)

時刻 0 s から 3 s 経ったときの位置　$f(3\ \mathrm{s}) = 2\ \mathrm{m/s} \times 3\ \mathrm{s} = 6\ \mathrm{m}$

時刻 0 s から 5 s 経ったときの位置　$f(5\ \mathrm{s}) = 2\ \mathrm{m/s} \times 5\ \mathrm{s} = 10\ \mathrm{m}$

時刻 0 s から (3 + 5) s 経ったときの位置

$$f((3+5)\ \mathrm{s}) = 2\ \mathrm{m/s} \times (3+5)\ \mathrm{s} = 2\ \mathrm{m/s} \times 3\ \mathrm{s} + 2\ \mathrm{m/s} \times 5\ \mathrm{s} = 16\ \mathrm{m}$$

$f((3+5)\ \mathrm{s}) = f(3\ \mathrm{s}) + f(5\ \mathrm{s})$　の成り立つことがわかる.

本書では, 実数倍を「ナントカ倍」といい表した.

【進んだ探究】
原点を通る直線で表せるのは, 1 変数関数 (入力が 1 個だけ) だからである. 2 変数関数 (入力が 2 個) の場合は, 原点を通る平面で表せる. 平面の表し方について, 小林幸夫：『線型代数の発想』(現代数学社, 2008) 2 章参照.

▶ 例題 1.1 (2)

時刻 0 s から 3 s 経ったときの位置　$f(3\ \mathrm{s}) = 2\ \mathrm{m/s} \times 3\ \mathrm{s} + 3\ \mathrm{m} = 9\ \mathrm{m}$

時刻 0 s から 5 s 経ったときの位置　$f(5\ \mathrm{s}) = 2\ \mathrm{m/s} \times 5\ \mathrm{s} + 3\ \mathrm{m} = 13\ \mathrm{m}$

時刻 0 s から (3 + 5) s 経ったときの位置

$$f((3+5)\ \mathrm{s}) = 2\ \mathrm{m/s} \times (3+5)\ \mathrm{s} + 3\ \mathrm{m} = 2\ \mathrm{m/s} \times 3\ \mathrm{s} + 2\ \mathrm{m/s} \times 5\ \mathrm{s} + 3\ \mathrm{m} = 19\ \mathrm{m}$$

$f((3+5)\ \mathrm{s}) \neq f(3\ \mathrm{s}) + f(5\ \mathrm{s})$　であることがわかる.

本来は図 1.7 のよこ軸は t/s, たて軸は x/m と表すが, この図では時刻, 位置以外の例にもあてはまるように, t, x は数値を表す記号として扱った.

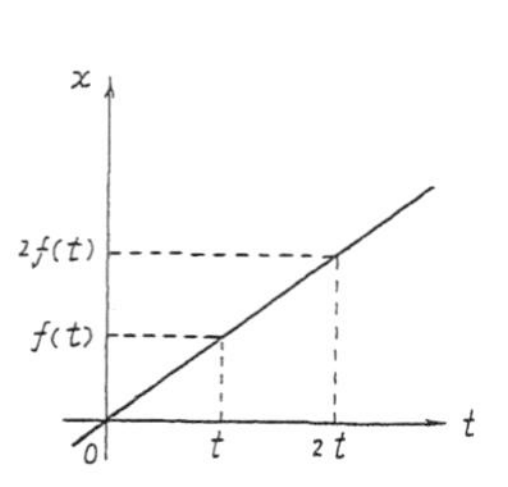

図 1.6 ナントカ倍 $f(tc) = f(t)c$

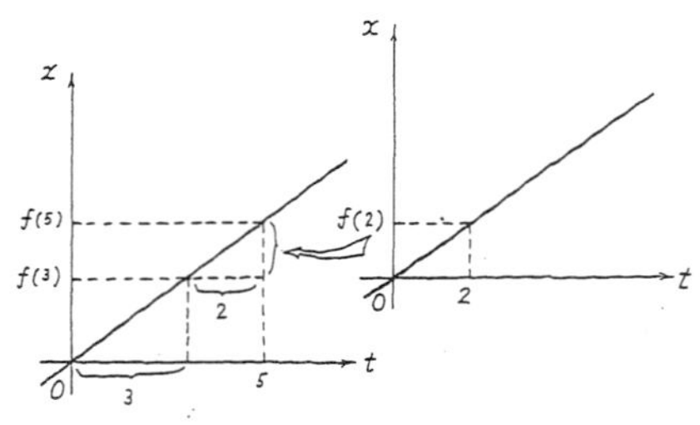

図 1.7 加法 $f(t_1 + t_2) = f(t_1) + f(t_2)$

線型性　**比例**のグラフ (原点を通る直線のグラフ) **だけ**に成り立つ性質

① $f(tc) = f(t)c$ (c は定数)　② $f(t_1 + t_2) = f(t_1) + f(t_2)$

▶ 図 1.6, 図 1.7 を見ながら, ①, ② の関係式が書けるように練習すること.

c : constant

地球儀の最も大きい円周を考える. 地球も同様である.

これらの二つの性質を持つ関数は**線型である**という. 線型性が成り立つことには, どんな意味があるのだろうか？ つぎの問題を考えてみよう.

d : diameter (直径) の頭文字
π : perimeter (周囲) の頭文字 p に対応するギリシア文字

問 1.1　直径 30 cm の地球儀がある. この地球儀の直径が 1 cm だけ大きくなったとする. このとき円周は何 cm 長くなるか？ 地球を完全な球とみなして, 地球の直径が 1 cm 大きくなったとする. このとき円周は何 cm 長くなるか？

【解説】 地球の直径がいくらかを調べなくても, この問題は解ける. 解法の鍵は**線型性**にある.

直径の大きさがちがっても形は同じだから, すべての円は相似である. この特徴が弧度法 (1.2.3 項) に結びつく.

$$円周の長さ = 円周率 \times 直径$$

記号で　$s = \pi d$　(π は比例定数) と書く.⟵ 中学数学の比例 ($y = ax$) と同じ形

直径がどんな値であっても 1 cm だけ大きくなると, 円周は π cm (= 3.14 cm) 大きくなる.

直径が 2 倍, 3 倍, ... になると, 円周も 2 倍, 3 倍, ... になる.
円周は直径に比例する.
関数 $f(d) = \pi d$ は, こういう関係を表している.

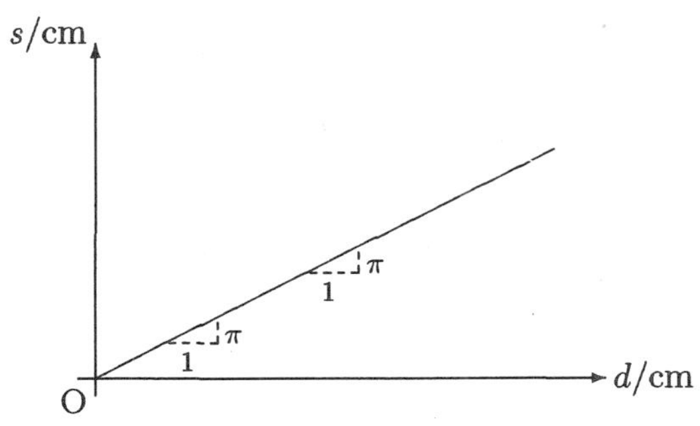

図 1.8　円の直径と円周との間の関係

例題 0.5 (5)
$s = f(d)$

例題 0.5 (6)
$f(d) = \pi d$

【発展】 円周の値は直径の値で一つに決まるから, **円周は直径の関数**である. したがって, $s = f(d)$ と表せる. ただし, $f(d) = \pi d$ である. 図 1.6, 図 1.7, 図 1.8 からわかるように,

$f(d) = \pi d$
$d = 1$ cm の場合

線型性:　① $f(dc) = f(d)c$ (c は定数),　② $f(d_1 + d_2) = f(d_1) + f(d_2)$

驚き! よく考えると, この結果はあたりまえですが, はじめは不思議だと思いませんでしたか？

が成り立つ．ここで，$d_2 = 1$ cm とすると，d_1 の値に関係なく

$$f(d_1 + 1\ \text{cm}) = f(d_1) + f(1\ \text{cm})$$

となる．$f(1\ \text{cm}) = \pi \times 1\ \text{cm} = 3.14\ \text{cm}$ である．

地球儀と地球とは大きさの程度 (0.1.3 項参照) がまったくちがうのに，円周の増加は同じである．線型性に着目すると，おもしろい結果がわかる．

高校数学の既習者は計算に慣れているという点で有利だが，未習者が内容をまったく理解できないということはない．「入試問題が解けること」と「概念を理解していること」とは，必ずしも一致するとは限らない．

線型性を理解するためのメッセージ

高校数学の予備知識を**仮定しない**で，小学算数・中学数学の知識で大学の数学の基本を把握するようなシナリオを想定します．このような方法は可能です．

> 「小学算数・中学数学で学習した比例のグラフにしか成り立たない性質が二つあり，それらの性質を**線型性**とよぶ」

と言っているにすぎません．

線型と線形　「線形性」と書くと，線の形の性質とまぎらわしい．比例と 1 次関数とは，どちらも直線のグラフで表せるから，線の形のちがいではない．「線型性」と書けば，線の形でないことがはっきりする．

▶ 思い出さなくてはならない基礎事項

そもそも比例とは何でしょうか？

「一方の量が 2 倍, 3 倍, ... になると，他方の量も 2 倍, 3 倍, ... になる関係」

と答えることができますか？ ほかの関数でも，この性質は成り立ちますか？

そのような関数は比例のほかにはありません．

ここまでの考え方は，小学算数の予備知識で克服できます．

比例にしか成り立たない二つの性質をイメージするには

(1) 具体例を挙げる習慣があるかどうか

問 1　比例の簡単な例を小学算数から探せ．

答　価格 = 単価 × 個数　(単価の値が比例定数である)

問 2　この関係には，どんな性質があるか？ 日常の経験に照らし合わせて**二つ**答えよ．

答　① 買う個数が 2 倍, 3 倍, ... になると，価格も 2 倍, 3 倍, ... になる．

② 同じ商品を二人分まとめて買っても，一人ずつ別々に買っても，価格は同じである．

ここまでの考え方は，中学数学程度の予備知識で克服できる．

問 3　二つの性質を式で書き表せ．

答　頭の中で x を個数，y を価格 (支払う金額) と考えながら，

$$\textcircled{1}\quad \underbrace{f(xc)}_{\text{個数 } x \text{ を } c \text{ 倍したときの金額}} = \underbrace{\overbrace{\{f(x)\}}^{\text{もとの個数 } x \text{ のときの金額 } y}\ c}_{\text{もとの金額 } y \text{ の } c \text{ 倍}} \qquad \textcircled{2}\quad \underbrace{f(x_1+x_2)}_{\text{二人分をまとめて支払うときの金額}} = \underbrace{f(x_1)+f(x_2)}_{\text{二人分を別々に支払うときの金額}}$$

と書く.

関数記号の使い方を知っていれば, ここまでの考え方は, 中学数学の予備知識で克服できる.

(2) 指示していなくてもグラフを書く習慣があるかどうか

例題 1.1 のグラフで, よこ軸を個数, たて軸を価格 (支払う金額) に変えてみましょう. 二つの性質の成り立つことが目で見てなっとくできます.

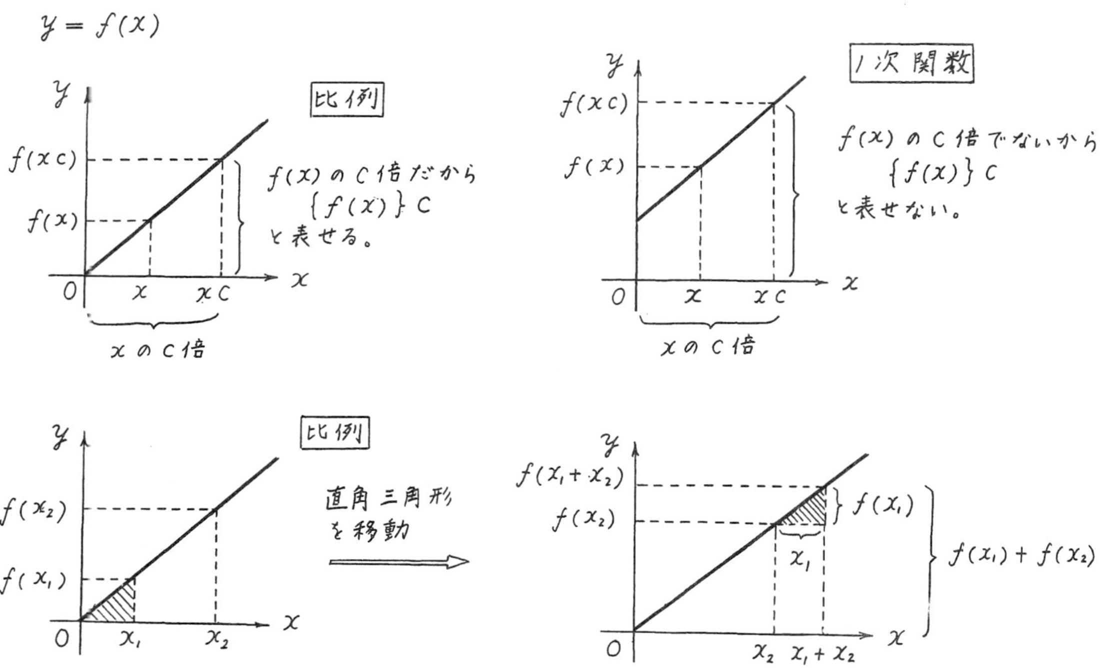

図 1.9　個数と価格との間の関係

パラメータとは

例題 1.1 のグラフには, 設問 (3) のほかにも重要な特徴がある.

(1) $x = vt$ の v の値が異なると, グラフの傾きがちがう.

一つのグラフでは, v の値は一定である. しかし, この一定の値を変えて傾きのちがうグラフを描くことができるという意味で, v は変数ともいえる.

(2) $x = vt + x_0$ の v の値を固定しても, x_0 の値を変えるとグラフの x 切片 (x 軸を横切る点の x 座標) も変わる.

一つのグラフでは x_0 の値は一定である. しかし, x_0 の値を変えて別のグラフを考えることができるという意味で, x_0 は変数ともいえる.

パラメータ　関数を表す式の中で一定の値のまま扱う変数

(例題 1.1 v, x_0)

どんなときにパラメータを考えるのか ? — 実験条件を変えるとき

▶ 例題 1.1 (1)　等速度運動という運動の形態が同じでも, 速い場合と遅い場合とを比べる.

▶ 例題 1.1 (2)　同じ等速度運動であっても, 初期位置のちがいによって通過する位置がどのようにちがうかを調べる.

【参考】パラメータという用語のもう一つの意味 — 媒介変数

半径の大きさが 1 の円を考える. x 軸の正の側から反時計まわりを正として測った角を θ とする. この円周上の点の x 座標, y 座標は $x = \cos\theta$, $y = \sin\theta$ と表せる. θ は x と y とを関係付ける (媒介する) 橋渡しの役目を果たすので「媒介変数」という. 媒介変数をパラメータとよぶことがある.

1.2　実験結果をグラフで整理するときの工夫
— 比例を基本として考える

1.1 節で, 量どうしの関係を表すグラフが直線になる場合をくわしく考えた. この場合, 量どうしの間に比例または 1 次関数の関係が成り立つ. しかし, いつでもグラフが直線になるとは限らない. こういうときには, どうすれば量どうしの関係を表す式がわかるだろうか ?

パラメータは「変量 (値は変数) だが一定量 (値は定数) のように扱う」という意味で**二面相**である.

$x = vt$

$x = 3\ \mathrm{m/s} \times t$
↕ 異なる値
$x = 2\ \mathrm{m/s} \times t$

$x = vt + x_0$

$x = 2\ \mathrm{m/s} \times t + 3\ \mathrm{m}$
固定 ↕　異なる値
$x = 2\ \mathrm{m/s} \times t + 5\ \mathrm{m}$

v は量だから変数ではなく正しくは変量である.
x_0 は量だから定数ではなく正しくは一定量である.

パラメータの実例 3.6 節 例題 3.11 参照.

θ は x と y の間を取り持つ.

$x \leftarrow \theta \rightarrow y$

θ を消去すると,
$x^2 + y^2$
$= \cos^2\theta + \sin^2\theta$
$= 1$ (円の方程式)
となる.

関数とは，量と量との間に成り立つ**規則**である．「体積と圧力との間の関数を見つける」とは「体積と圧力との間に成り立つ規則を見出す」という意味である．

1.2.1　反比例の関係を見抜くには

グラフが曲線になる関数は 1 種類ではない．中学・高校で学習した範囲で思い出すと，反比例, 2 次関数, 3 次関数, 4 次関数, ..., 三角関数, 指数関数, 対数関数は，どれもグラフが曲線である．それでは，実験結果のグラフが曲線のとき，これらの関数のどれか？ または，これら以外の関数なのか？

例題 1.2　**反比例**　温度を一定に保ったまま注射器に一定量の空気を閉じ込めて，体積 V と圧力 p の間の関係を調べた．

高校理科で学習した Boyle (ボイル) の法則

体積 volume
圧力 pressure

表 1.1　体積と圧力　[矢野淳滋：日本物理教育学会誌 **42** (1994) 247 から引用]

$V/(10^{-6}\ \mathrm{m}^3)$	20	30	40	50	60
$p/(10^4\ \mathrm{N\ m}^{-2})$	10.20	7.06	4.90	3.92	3.14

V/m^3, $p/(\mathrm{N\ m}^{-2})$ は 量/単位量 の形で数値を表す．
量 = 数値 × 単位量 について，0.4.1 項参照．

(1) この実験で，パラメータはどの量か？

(2) 体積と圧力の間の関係をグラフで表せ．

(3) 圧力の逆数と体積の間の関係をグラフで表せ．

(4) (3) から，体積と圧力の間にどんな関係があるかを判断せよ．

(5) 体積と圧力の間の関係式がわかると，なぜ都合がいいのか？

$V/(10^{-6}\ \mathrm{m}^3) = 20$ は $V = 20 \times 10^{-6}\ \mathrm{m}^3$ と書き換えることができる．

【解説】 (1) 温度を一定に保って実験するから，温度をパラメータとして扱っている．温度ごとに体積と圧力との関係のグラフは異なる．

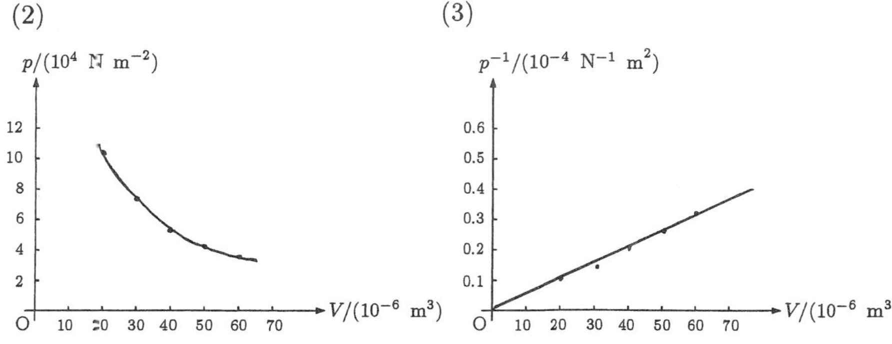

図 1.10　圧力と体積との関係

圧力は単位面積あたりの面を垂直に押す力だから，圧力 = 力/面積 と考える．
圧力の単位量は $\mathrm{N\ m}^{-2}$ である．

(2) 最小二乗法 (3.5 節) で最適な直線を見つける代わりに，ここでは原点を通ってできるだけ多くの点を通る直線を引く．

> 物理量の数値を表の形で表したり, 座標軸に数値を入れたりするとき, 物理量/単位量 という比の値を書く.

どの測定値にも誤差がある. このため, グラフ上の点は単なる点ではなく幅を持つ. 点と点とを結んだ折れ線グラフにしない. 原点を通ってできるだけ多くの点を通るように直線を引く.

気体の分子自身が体積を持っているから, 実在の気体の体積を完全にゼロにすることはできない. 理想気体は, 分子自身の体積がゼロという**モデル**である. 圧力を限りなく大きくすると, 体積は限りなくゼロに近づくと考える.

$p \to \infty$ だから $(1/p) \to 0\ \mathrm{m^2/N}$.

$1/p$：たて軸

(4) グラフが原点を通る直線であるということは,

> 体積が 2 倍, 3 倍, ... になると, 圧力の逆数も 2 倍, 3 倍, ... になるという意味だから, 圧力の逆数が体積に比例することを表している.

だから, $1/p = aV$ (a は一定量) と表せる. この式を書き直すと, $pV = C$ (C は一定量) となる. したがって, 圧力は体積に反比例する.

$C = \dfrac{1}{a}$ とおいた.

(5) (4) の関係式がわかると, 表 1.1 にないデータも予想することができる. たとえば, 25 $\mathrm{m^3}$ のときでも圧力の逆数の値がわかる.

重要　例題 1.2 で, **比例のグラフを基本として, 量どうしの関係を見出した.**

【参考】$1/r^2$ 則

- Coulomb (クーロン) の法則は「電荷と電荷の間にはたらく力は, 電荷間距離の 2 乗に反比例する」という性質を示している.
- 万有引力の法則は「物体と物体の間にはたらく力は, 物体間距離の 2 乗に反比例する」という性質を示している.
- 単位時間に単位面積に到達する光のエネルギーは, 点光源からの距離の 2 乗に反比例する.

距離が大きいほど力は小さい.

1.2.2　対数方眼紙を使う

例題 1.2 の曲線のグラフは, 反比例の関係を表している. しかし, どんな曲線のグラフでも反比例の関係を表すというわけではない. ここでは, 化学, 生物学などでよく見つかる例として，対数関数のグラフを取り上げる．対数関数は，3.3.1 項の指数関数（ベキ乗は特別な場合）と密接な関係がある．はじめに，対数とは何かということを復習しよう．

対数とは

10 を 3 回掛け合わせた数を「10 の 3 乗」といい，10^3 と表す．

「1000 は 10 を何回掛け合わせた数か」を表すとき，$\log_{10} 1000 = 3$ と書く．

log
logarithm の略

ギリシア語
logos (比)
arithmos (数字)

$\log_a b$　「b は a の何乗か」を表す．

数 b が数 a の何乗かを見つける規則を**対数関数**という．

$y = \log_{10} x$（y：出力，x：入力）　「入力 x からどんな出力 y が求まるか」を表す（1.1 節参照）．

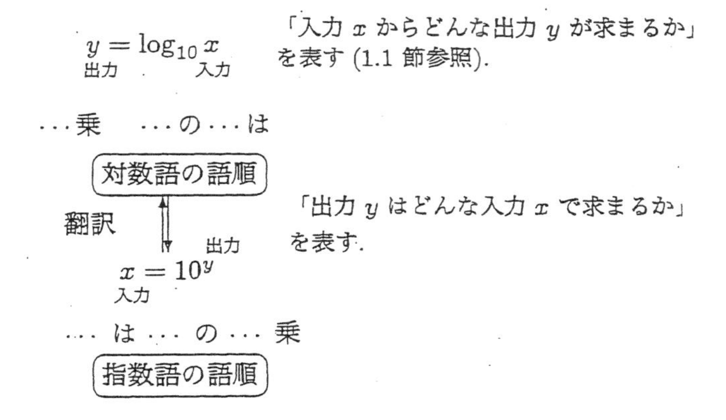

1.1 節　【注意 4】
関数記号の使い方
$f(\ )$
↓
$\log_{10}(\ )$
関数名はいつでも f とは限らず，$f(\ )$ を $\log_{10}(\ )$ と書いた形である．
$\log_{10} x$ を $\log_{10} \times x$ と誤解しないように，$f(x)$ と同じ形 $\log_{10}(x)$ を書く方がいい．

…乗　…の…は

対数語の語順

翻訳 ↕

$x = 10^y$（y：出力，x：入力）　「出力 y はどんな入力 x で求まるか」を表す．

…は…の…乗

指数語の語順

$\log_a b$　a を**底**（テイと読む），b を**真数**（シンスウと読む）という．

$a = 10$ の場合　$b = 100000$ のとき $\log_{10} 100000 = 5$.

▶ どんなときに対数を考えるのか？

$$
\text{水素イオン濃度}\ [H_3O^+] \begin{cases} \text{酸性水溶液} & [H_3O^+] > 1.0 \times 10^{-7}\ \text{mol/L} \\ \text{中性水溶液} & [H_3O^+] = 1.0 \times 10^{-7}\ \text{mol/L} \\ \text{塩基性水溶液} & [H_3O^+] < 1.0 \times 10^{-7}\ \text{mol/L} \end{cases}
$$

l はエルであり「リットル」と読むが，数字の 1 とまちがいやすい．このため，文部科学省の教科書検定で，高校物理・化学のリットルの表記を大文字 L に修正した（2007 年 4 月 13 日付朝日新聞）．

これらの値を見てわかるように，水素イオン濃度を表すときにベキ（指数）が必要である．しかし，いつでも「10 のマイナスナントカ乗」「0.0000001」といい表すのは厄介である．10 のナントカ乗に決まっているから，指数（10 の右肩の小さい数）だけをいえばいいことにすると簡単である．L あたり 0.0000001 mol 程度が水溶液中の水素イオン濃度の目安だから，指数がマイナスになることも明らかである．結局，マイナスもいちいちいわずに，たとえば 10^{-7} の 7 だけをいうことにすればいい．7 は指数 -7 の負号 (マイナス) を除いた数である．$7 = -(-7)$ だから，7 は $-$指数 と見ることができる．この例では，7 を「水素イオン指数」とよぶ．

▶ 水溶液の pH は，ほぼ 0〜14 の範囲で変わるので，10^{-3}, 10^{-7}, 10^{-12} などの数値の代わりに，自然数 3, 7, 12 などを扱えばいい．

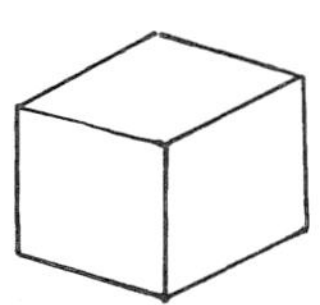

図 1.11　1 辺 10 cm の立方体

L は 1 辺 10 cm の立方体の体積と覚える．
$\mathrm{L} = 10\ \mathrm{cm} \times 10\ \mathrm{cm} \times 10\ \mathrm{cm} = 10^3\ \mathrm{cm}^3$

$10\ \mathrm{cm} = 10^{-1}\ \mathrm{m}$ だから，
$\mathrm{L} = 10^{-1}\ \mathrm{m} \times 10^{-1}\ \mathrm{m} \times 10^{-1}\ \mathrm{m} = 10^{-3}\ \mathrm{m}^3$
でもある．

【注意】「… あたりの量」の表し方

例 1　水素イオン濃度 (単位体積あたりの水素イオン) を mol/L で表す．
例 2　密度 (単位体積あたりの質量) を $\mathrm{g/cm^3}$ と表す．

【発想】 $[\mathrm{H_3O^+}]/(\mathrm{mol\ L^{-1}}) = 10^{-\mathrm{pH}}$ と書いてみると，pH は対数で表せることに気づく．$10^{-\mathrm{pH}}$ の対数を考えると，$\log_{10} 10^{-\mathrm{pH}} = -\mathrm{pH}$ となるからである．**指数を知りたいときには対数を考える．**

「$\underbrace{10^{-7}}_{\text{真数}}$ は $\underbrace{10}_{\text{底}}$ の何乗か」と考えて，$\log_{10} \underbrace{10^{-7}}_{\cdots\text{は}} = \underbrace{-7}_{\cdots\text{乗}}$ と表す．-7 の 7 だけをいうために，$-\log_{10} 10^{-7} = 7$ と書き直す．こういう発想で，

水素イオン指数の定義　　$\mathrm{pH} = -\log_{10}\{[\mathrm{H_3O^+}]/(\mathrm{mol\ L^{-1}})\}$

を理解することができる．この例では，つぎのように $[\mathrm{H_3O^+}] = 10^{-7}\ \mathrm{mol/L}$, $\mathrm{pH} = 7$ である．

mol/L は「L あたり何 mol 含むか」を表す．
$\mathrm{mol\ L^{-1}}$ とも書く．
L は「リットル」と読む．
1 L は L の 1 倍である．

$$[\mathrm{H_3O^+}] = 10^{-7}\ \mathrm{mol/L}$$

↓ 量 / 単位量 = 数値　（この値が重要）

$$[\mathrm{H_3O^+}]/(\mathrm{mol\ L^{-1}}) = 10^{-7}$$

（負に決まっている．）

↓ 両辺の常用対数

$$\log_{10}\{[\mathrm{H_3O^+}]/(\mathrm{mol\ L^{-1}})\} = -7$$ 【注意】②

↓ 【注意】③

$$-\log_{10}\{[\mathrm{H_3O^+}]/(\mathrm{mol\ L^{-1}})\} = 7$$

量 = 数値 × 単位量 (0.4.1 項参照)

$[\mathrm{H_3O^+}]$ は量，$10^{-\mathrm{pH}}$ は数である．

$\mathrm{mol/L} = \mathrm{mol\ L^{-1}}$

$\log_{10}$ 数 について問 1.9 参照．

【注意】負号の三つの意味

負号には三つの意味があることに気づいていますか? 短い横棒にすぎないのに三つも意味があるのはすごいことだと思いませんか?

① $9-7=2$　演算記号 (減法)

② -7　負の符号 (一つの負の数を表す)

③ $-(-7)$　反転 (-7 を $+7$ に変えるはたらき)

底を 10 とする対数を**常用対数**という.

▶ 教科書・参考書などでは, 底 10 を省いていることがあるが, **底を省かない方がいい**.

対数は, もとの数 (真数) が何桁くらいの数かを知る手がかりになる.

$\log_{10} 10 = 1$	$\log_{10} 100 = 2$	$\log_{10} 1000 = 3$
10 は 0 が 1 個付く程度の大きさ	100 は 0 が 2 個付く程度の大きさ	1000 は 0 が 3 個付く程度の大きさ

問 1.2　$\log_{10} 1$ の値を求めよ.　0.1.3 項参照.

【解説】 はじめに, $1=10^0$ を思い出す.

「$\underbrace{10^0}_{\text{真数}}$ は $\underbrace{10}_{\text{底}}$ の何乗か」と考えて, $\log_{10} \underbrace{10^0}_{\cdots\text{は}} = \underbrace{0}_{\cdots\text{乗}}$ と表す.

1 には 0 が 1 個も付かない (0 は 0 個) から, $\log_{10} 1 = 0$ は当然である.

図で対数を理解する仕掛け

- 円周上の 1 点を原点とする. 通常, 原点は 0 の位置を表す.
  ここでは, 原点は 10 の 0 乗の数 (つまり 1) の位置とする.
- 原点から 1 周すると原点の位置に戻る.
  1 周を「 10 を 1 乗する演算」と考えることにする.
  1 周後は原点が 10 の 1 乗の数 (つまり 10) の位置を表す.
  1 周するごとに, 0 が 1 桁分大きい数になると考える.
- 同様に, 原点から 2 周すると原点の位置に戻る.

0 乗は 0 周, 1 乗は 1 周, 2 乗は 2 周, ... で表すと思えばいい.

2 周を「 10 を 2 乗する演算」と考えることにする．

2 周後は原点が 10 の 2 乗の数 (つまり 100) の位置を表す．

$\log_{10}\frac{1}{10}=-1$ の負号 (負の符号) は反対まわりを表す．

……

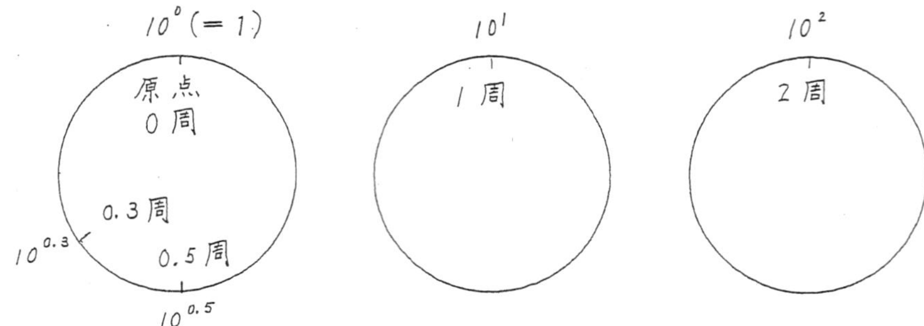

図 1.12　対数の意味

【まとめ】

図 1.12 では，0 周が 10 の 0 乗，1 周が 10 の 1 乗，2 周が 10 の 2 乗，... を表す．

例題 1.3　**対数の意味**　電卓，パソコンなどを使わないで，つぎの対数の値を概算せよ．

概算とは？ およその見積もり

(1) $\log_{10}2$　　(2) $\log_{10}3$

【解説】 本問は，対数の意味がほんとうにわかっているかどうかを判定する問題である．

(1) 2 は何周分？

2 を 3 回掛け合わせると 8 になる．2 を 3 回掛けただけでは 10 に近くなるが，10 よりも少し小さい．図 1.12 で考えると 1 周に満たない．2 はおよそ $\frac{1}{3}$ $(=0.333\cdots)$ 周よりも少し小さいと判断する．1 周を「 10 を 1 乗する演算」と考えた．だから，0.3 周は 10 の 0.3 乗を表すと考えて，$\log_{10}2\simeq 0.3$ である．

$\log_{10}2 \fallingdotseq 0.3$

「2 は 10 のおよそ 0.3 乗」

$$\begin{array}{ccccccccc} 2 & \times & 2 & \times & 2 & = & 8 & \fallingdotseq & 10^1 \\ \downarrow & & \downarrow & & \downarrow & & & & \downarrow \\ 10^{\frac{1}{3}} & \times & 10^{\frac{1}{3}} & \times & 10^{\frac{1}{3}} & = & & & 10^1 \end{array}$$

別の発想　$2^{10} = 1024$ (2 を 10 回掛け合わせるとおよそ 1000 になる) を覚えていると便利である．

10 を 3 乗する演算は 3 周にあたると考える．2 を 10 回掛けると 3 周を少し超える程度だから，2 は $\dfrac{3}{10}$ $(= 0.3)$ 周よりも少し大きいと判断する．

(2) 3 を 4 回掛け合わせると $81 (\simeq 80)$ になる．図 1.12 で，1 周を「10 を 1 乗する演算」と考えた．(1) から，2 を 0.3 周と見積もると，$8 (= 2^3)$ は 2 を 3 回掛けた数だから 0.9 周にあたる．80 は図 1.12 で 1 周 + 0.9 周 の位置にあたる．3 はおよそ $1.9 \div 4 (= 0.475)$ 周と判断する．「0.475 周は 10 の 0.475 乗を表す」と考えて，$\log_{10} 3 \simeq 0.475$ である．

正確な値は
$\log_{10} 2 \simeq 0.3010$
$\log_{10} 3 \simeq 0.4771$
である．

1 周すると 0 が 1 桁増えるしくみだから，0.9 周にあたる 8 を 10 倍した 80 は $(0.9 + 1)$ 周の位置にあたる．

対数の性質

対数には，つぎの二つの性質がある．対数を考えるときの基本は，「ある数 a は底 c の何乗か」という見方である．

①　$\log_c ab = \log_c a + \log_c b$　**もとの数の掛け算は対数の足し算になる．**

【解説】 a が c の α 乗，b が c の β 乗とする．どちらも，記号で $a = c^\alpha$,　$b = c^\beta$ と表せるが，対数を使った表し方にも慣れよう．

$$\alpha = \log_c a, \quad \beta = \log_c b$$

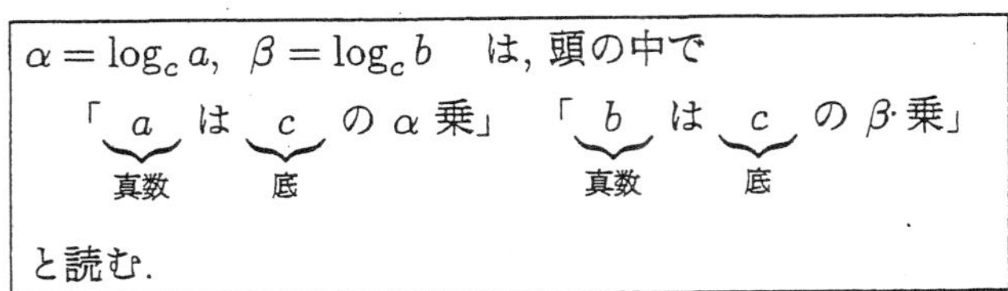

「a は c の α 乗」の二つの表し方
指数のことば
$a = c^\alpha$
↑↓ 翻訳
対数のことば
$\alpha = \log_c a$

この枠内を指数語・対数語の辞書と思えばいい．対数の性質 (①, ②) は，この辞書だけで理解できる．

指数：日本語の語順通り

… は … の ナントカ乗

↘ ↘ ↙

$$♣ = ♡^{♠}$$

$$♠ = \log_{♡} ♣$$

↙ ↓ ↘

ナントカ乗 … の … は

対数：日本語と逆の語順

指数・対数は国語力で克服できる.

ab は c の何乗かを考える.

$$ab = c^{\alpha}c^{\beta} = c^{\alpha+\beta}$$

だから，「ab は c の $(\alpha+\beta)$ 乗」である. 対数のことばで $\log_c ab = \alpha+\beta$ に翻訳できる.

$\log_c a = \alpha$, $\log_c b = \beta$ だから, $\log_c ab = \log_c a + \log_c b$ である.

▶ **この性質の利点** 足し算は掛け算よりも簡単である. $10^8 \times 10^5$ を 10^{13} と考えるよりも, 0 を見ないで指数 $8+5$ だけから 13 と考える方が速い.

② $\log_c a^k = k\log_c a$ **もとの数のナントカ乗の対数は対数のナントカ倍になる.**

【**解説**】 a^k は c の何乗かを考える. $a^k = (c^{\alpha})^k = c^{\alpha k}$ だから,「a^k は c の αk 乗」である. したがって, $\log_c a^k = \alpha k$ となる.

$\log_c a = \alpha$ だから, $\log_c a^k = k\log_c a$ である.

▶ **この性質の利点** 例題 1.3 のように, $\log_{10} 2$, $\log_{10} 3$ は値が簡単にわかる. $\log_{10} 16$ の値を知りたいときには, $\log_{10} 2^4 = 4\log_{10} 2$ と考えて $\log_{10} 2$ の値を 4 倍すればいい.

② 数どうしの掛け算は掛ける順序を交換できるから, $(\log_c a)k$ と書いてもいい. ただし, 括弧を省いて $\log_c ak$ と書くと, 真数が ak と誤読するおそれがある.

$(c^{\alpha})^k = c^{\alpha k}$

例

$(10^2)^3$
$= 10^2 10^2 10^2$
$= 10^{2+2+2}$
$= 10^{2\times 3}$

問 1.3 $\log_c \dfrac{a}{b} = \log_c a - \log_c b$ を示せ. **もとの数の割り算は対数の引き算になる.**

【**解説**】 $\dfrac{a}{b}$ は c の何乗かを考える.

$$\frac{a}{b} = \frac{c^{\alpha}}{c^{\beta}} = c^{\alpha-\beta}$$

だから，「$\dfrac{a}{b}$ は c の $(\alpha-\beta)$ 乗」である．したがって，$\log_c \dfrac{a}{b} = \alpha - \beta$ となる．
$\log_c a = \alpha$, $\log_c b = \beta$ だから，$\log_c \dfrac{a}{b} = \log_c a - \log_c b$ である．

▶ **この性質の利点** 引き算は割り算よりも簡単である．$10^8 \div 10^5$ を 10^3 と考えるよりも，0 を見ないで指数 $8-5$ だけから 3 と考える方が速い．

性質 ① と同じ考え方

問 1.4 $\log_a b = \dfrac{\log_c b}{\log_c a}$ を示せ．

性質 ② $\log_c a^k = k \log_c a$ の適用

【解説】 左辺に着目すると，b は a の何乗かを考えなければならないので，$b = a^k$ とおく．
右辺の分子に性質 ② を適用すると，$\log_c b = \log_c a^k = k \log_c a$ となる．
この式を変形すると，

$$k = \frac{\log_c b}{\log_c a}$$

となる．ここで，$b = a^k$ から $\log_a b = k$（「b は a の k 乗」と読む）である．

典型的な底
10：pH を表すとき
2：情報エントロピーを表すとき
e：電気回路，放射性元素の半減期を表すとき

▶ **問 1.4 の性質はどのように使うのか**（問 1.5 参照）
「10^3 は 2 の何乗程度か」を知りたいとき

10^3	は	2 の	何乗	
↓	↓	↓	↓	日本語の語順通りに式に書き換える．
10^3	$=$	2	^{x}	日本語の方が英語よりも有利．

両辺の対数を 2 通り考える：

$$\left.\begin{array}{lll} \text{底 } 10 & \log_{10} 10^3 = \log_{10} 2^x & x = \dfrac{\log_{10} 10^3}{\log_{10} 2} \\ \text{底 } 2 & \log_2 10^3 = \log_2 2^x & x = \log_2 10^3 \end{array}\right\} \quad x = \log_2 10^3 = \frac{\log_{10} 10^3}{\log_{10} 2}$$

底の変換 $\boxed{\log_{\heartsuit} \spadesuit = \dfrac{\log_{\diamondsuit} \spadesuit}{\log_{\diamondsuit} \heartsuit}}$

$$\log_2 10^3 = \frac{\log_{10} 10^3}{\log_{10} 2} = \frac{3}{0.3010} \simeq 10$$ だから 10^3 は 2 の 10 乗である．

性質② から $\log_{10} 2^x = x \log_{10} 2$，

$\log_2 2^x = x \underbrace{\log_2 2}_{1}$

である．

$\log_2$	10^3
↓	↓
… の	… は

10^3 は 2 の $\dfrac{\log_{10} 10^3}{\log_{10} 2}$ 乗．

▶ **「変換」とは**　考える問題に都合のいいように見方を変える操作 (6.1.2 項). ある数が「10 の何乗か」を知りたいときには, 底を 10 とする. その数が「2 の何乗か」を知りたいときには, 底を 2 とする.

問 1.4 の式で $a = 2$, $b = 10^3$, $c = 10$ とすると考えてもいい.

問 1.4 と同じ発想で考える.

$$\log_2 y = x$$

↙　↓　↘

$\cdots$ の $\cdots$ は $\cdots$ 乗

問 1.5　$x = \log_2 y$ の底を 2 から 10 に変換せよ. この変換によって何がわかるのか (どんなときにこの変換が必要か) ?

【解説】

▶ **手がかり**　指数と対数とは互いに言い換えの関係があることに着目して, $y = 2^x$ のもう一つの表し方を考える.

「y は 2 の x 乗」は $x = \log_2 y$ と書ける.

y	は	2 の	x 乗	$x = \log_2 y$ の読み方 (右から左に読む)
↓	↓	↓	↓	を日本語で書く.
y	$=$	2	^{x}	日本語の語順通りに式に書き換える.

両辺の対数を 2 通り考える.

$$\left.\begin{array}{lll} \text{底 } 10 & \log_{10} y = \log_{10} 2^x & x = \dfrac{\log_{10} y}{\log_{10} 2} \\ \text{底 } 2 & \log_2 y = \log_2 2^x & x = \log_2 y \end{array}\right\} x = \log_2 y = \frac{\log_{10} y}{\log_{10} 2}$$

$x = \dfrac{\log_{10} y}{\log_{10} 2}$ を $\log_{10} y = (\log_{10} 2)\ x$ と書き換えることができる. この式は,「y は 10 の $\{(\log_{10} 2)\ x\}$ 乗」と読める.「y は 2 のナントカ乗」から「y は 10 のナントカ乗」に書き換えたことになる.

$\log_{10} 2 \simeq 0.3010$ だから

$$x \simeq \frac{\log_{10} y}{0.3010}$$

である.

$y = 2^x$ の両辺の常用対数 (底が 10) を考える.

$\log_{10} y = \log_{10} 2^x$

対数の性質 ②

$\log_c a^k = k \log_c a$

から

$\log_{10} 2^x$

$= (\log_{10} 2)x$

となる.

$\log_2 2^x$

$= (\log_2 2)x$

$= 1x$

$2^{10} = 1024 \fallingdotseq 10^3$ だから, 2 の 10 乗は 10 の 3 乗とわかるが, 対数で表すと精度の高い値が求まる.

底 2

$\log_2 2^{10} = \log_2 1024$,

$10 \log_2 2 = \log_2 1024$

のように, 1024 は 2 の 10 乗であることが表せる.

底 10

$\log_{10} 2^{10} = \log_{10} 1024$,

$10 \underbrace{\log_{10} 2}_{0.3010} = \log_{10} 1024$

は, 1024 は 10 の 3.010 乗であることを表す.

問 1.6　$\log_{10} 2 = 0.3010$ として, つぎの対数の値を求めよ.

(1) $\log_{10} 20$　(2) $\log_{10} 200$　(3) $\log_{10} 0.2$

【解説】本問は, あとで対数方眼紙の目盛を理解するための準備にあたる.

(1)
$$\begin{aligned}&\log_{10}(2\times 10)\\&=\log_{10}2+\log_{10}10\\&=0.3010+1\\&=1.3010\end{aligned}$$

(2)
$$\begin{aligned}&\log_{10}(2\times 100)\\&=\log_{10}2+\log_{10}100\\&=0.3010+2\\&=2.3010\end{aligned}$$

(3) $\log_{10}\dfrac{2}{10}=\log_{10}2-\log_{10}10$

問 1.3 参照 $=0.3010-1$

$=-0.6990$

【別解】
$$\begin{aligned}&\log_{10}\frac{2}{10}\\&=\log_{10}2+\log_{10}\frac{1}{10}\\&=0.3010+(-1)\\&=-0.6990\end{aligned}$$

(1) 性質 ①
$\log_c ab$
$=\log_c a+\log_c b$

(2) 性質 ①
$\log_c ab$
$=\log_c a+\log_c b$

(3) $\dfrac{2}{10}=2\times\dfrac{1}{10}$

$\log_{10}10=1$

$\dfrac{1}{10}=10^{-1}$

$\log_{10}10^{-1}=-1$

問 1.7 $\log_{10}2=0.3010,\ \log_{10}3=0.4771$ として，つぎの値を求めよ．

(1) $\log_{10}4$　(2) $\log_{10}5$　(3) $\log_{10}6$　(4) $\log_{10}8$　(5) $\log_{10}9$

【解説】 $\log_c ab=\log_c a+\log_c b,\ \log_a b=\dfrac{\log_c b}{\log_c a}$ (問 1.4) を活用する．

(1) 性質 ②
$\log_c a^k=k\log_c a$
を活用してもいい．

(1)
$$\begin{aligned}&\log_{10}4\\&=\log_{10}(2\times 2)\\&=\log_{10}2+\log_{10}2\\&=0.6020\end{aligned}$$

(2)
$$\begin{aligned}&\log_{10}5\\&=\log_{10}\left(10\times\frac{1}{2}\right)\\&=\log_{10}10+\log_{10}2^{-1}\\&=1+(-1)\log_{10}2\\&=1-0.3010\\&=0.6990\end{aligned}$$

$$\begin{aligned}&\log_{10}4\\&=\log_{10}2^2\\&=2\log_{10}2\\&=2\times 0.3010\\&=0.6020\end{aligned}$$

(3)
$$\begin{aligned}&\log_{10}6\\&=\log_{10}(2\times 3)\\&=\log_{10}2+\log_{10}3\\&=0.7781\end{aligned}$$

(4)
$$\begin{aligned}&\log_{10}8\\&=\log_{10}(2\times 4)\\&=\log_{10}2+\log_{10}4\\&=0.3010+0.6020\\&=0.9030\end{aligned}$$

(4)
$$\begin{aligned}&\log_{10}8\\&=\log_{10}2^3\\&=3\log_{10}2\\&=3\times 0.3010\\&=0.9030\end{aligned}$$

(5)

$$\begin{aligned}&\log_{10}9\\&=\log_{10}(3\times 3)\\&=\log_{10}3+\log_{10}3\\&=0.9542\end{aligned}$$

(5) $\log_{10}9$
$=\log_{10}3^2$
$=2\log_{10}3$
$=2\times 0.4771$
$=0.9542$

$y=10^{ax}$ のグラフ

$y=2^x$ のグラフは曲線である．あたりまえのように思いがちだが，必ずしも曲線とは限らない．たて軸とよこ軸とのどちらも等間隔の目盛 (小学校以来，使い慣れているふつうの方眼紙) を使っているからこそ曲線になるのであって，そうでない目盛を使うと曲線にならないことがある．等間隔でない目盛とは何だろうか？ 等間隔の目盛でない方眼紙を使うことがあるのか？ ここでは，例題 1.2 のつづきとして，グラフが曲線になる場合の関数を表す式を探る．はじめに，つぎの例題 1.4 で 等間隔の目盛の方眼紙に $y=2^x$ のグラフを描いてみよう．

指数関数とは ？
$y=a^x$ $(a>0)$ で表せる関数

3.3.1 項参照.

1.1 節 【注意 4】 関数記号の使い方 $f(\ )$ ↓ $a^{(\ )}$ 関数名はいつでも f とは限らず，$f(\ )$ を $a^{(\ )}$ と書いた形である． 本来は a^x ではなく，$f(x)$ と同じ形 $a^{(x)}$ を書く方がいい．

Q.1 2^2 は 2 を 3 回掛け合わせて $2\times 2\times 2$ と計算します．では，$2^{5.8}$, $2^{-3.1}$ などは 2 を何回掛け合わせるのでしょうか？

A.2 指数が正の整数 (自然数) でないとき「2 を何回掛け合わせる」とはいえません．しかし，0.4.2 項で理解した通りで，指数が負の整数でも $2^{-1}=\dfrac{1}{2}=0.5$, $2^{-3}=\left(\dfrac{1}{2}\right)^3=0.125$ のように値を決めています．指数が 1/2 のような場合には，$2^{2+3}=2^5=2\times 2\times 2\times 2\times 2=2^2\times 2^3$ と同じ規則で $2^{1/2+1/2}=2^1=2=\sqrt{2}\times\sqrt{2}$ が成り立つように $2^{1/2}=\sqrt{2}=1.414\cdots$ と決めます．このように，指数が正の整数でないときにも，正の整数のときの規則が使えるようにベキ乗の値を規定しています．

「プロットする」
紙面などに点を決めて，点どうしを線で結ぶ．

Q.2 $y=2^x$ と $y=x^2$, $y=3^x$ と $y=x^3$ などは，式が似ていますが，特徴はどのようにちがいますか？

A.2 値の変化の特徴を比べてみましょう．

$y=2^x$ のグラフ上の各点における接線の傾きは問 3.8 で求める．

$2^0 > 0^2$	$3^0 > 0^3$
$2^1 > 1^2$	$3^1 > 1^3$
$2^2 = 2^2$	$3^2 > 2^3$
$2^3 < 3^2$	$3^3 = 3^3$
$2^4 = 4^2$	$3^4 > 4^3$
$2^5 > 5^2$	$3^5 > 5^3$
$2^{10} > 10^2$	$3^{10} > 10^3$
$2^{100} > 100^2$	$3^{100} > 100^3$

x の値が大きくなると, 指数関数は 2 次関数, 3 次関数よりも圧倒的に大きくなる.

$$2^{100} = (2^{10})^{10} = 1024^{10} \simeq (10^3)^{10} = 10^{30} > 10^4 = 100^2$$

0.3 節【参考 2】「ネズミ算式に増える」という表現は 2^x の特徴を表している.

例題 1.3 (1)
2 を 10 回掛けると
$2^{10} = 1024 \simeq 10^3$
となる.

$x = 2^{50}$ とおいて,

$$\log_{10} x = \log_{10} 2^{50} = 50 \log_{10} 2 \simeq \underbrace{50 \times 0.3}_{15}$$

から

$$x \simeq 10^{15}$$

と考えてもいい.

Q.3　$y = a^x$ で $a < 0$ の場合を考えないのはなぜでしょうか？

A.3　$1 = 1^{\frac{3}{2}} = \{(-1)^2\}^{\frac{3}{2}} = (-1)^3 = -1$ から $1 = -1$ になり矛盾します. 負の数のベキ乗は $(a^{x_1})^{x_2} = a^{x_1 x_2}$ が成り立たないので, $y = (-1)^x$ などを考えません. このため, 対数の底も正の数とします.

例題 1.4　**$y = 2^x$ のグラフ**　つぎの三つの方法のそれぞれで $y = 2^x$ のグラフを描け.

(1) 等間隔の目盛の方眼紙にプロットしてグラフを描け.

(2) パソコンが使える環境にあれば, Excel, Mathematica などでグラフを描け.

(3) 方眼紙と定規を使わず, 白紙を折りたたんで目盛を作ってグラフを描け.

【解説】

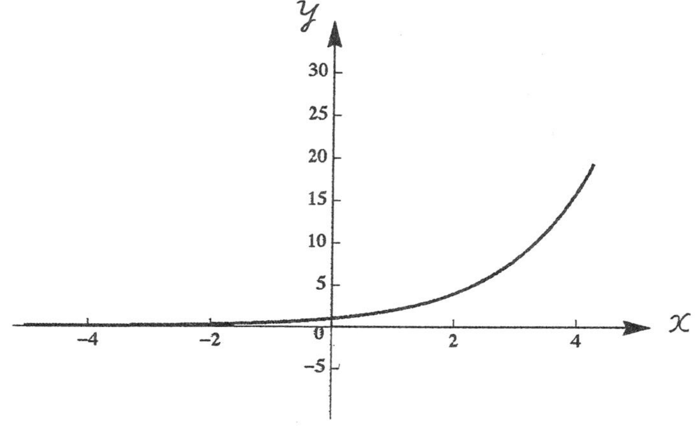

図 1.13　Mathematica で描いたグラフ

休憩室

「塵も積もれば山となる」は深刻な環境問題

2009 年現在, つぎの記事が見つかった.
美しい景観から観光地として有名なイタリアのナポリが「ゴミの山」と化しているそうである. 町中にあふれるゴミの山の量は 100000 t (10 万トン) らしい.
ナポリでは, ゴミの集積場が一杯になって, ゴミの回収が停止したほどとのことである. 衛生上の問題だけでなく, 一部の市民が路上のゴミを燃やして煙, 有害物質などで健康被害も問題になっている.

(3) 一方をたて, 他方をよこと決める.

よこ：半分ずつ折り目をつける作業をくりかえして, 等間隔の目盛をつくる.

たて：① 半分に折る.

② 半分に折った片方だけを半分に折り, 全体の 1/4 の長さの折り目をつける.

③ 全体の 1/4 の部分を半分に折り, 全体の 1/8 の長さの折り目をつける.

④ 折り目が細かくなって見にくくなったら, この作業を終了する.

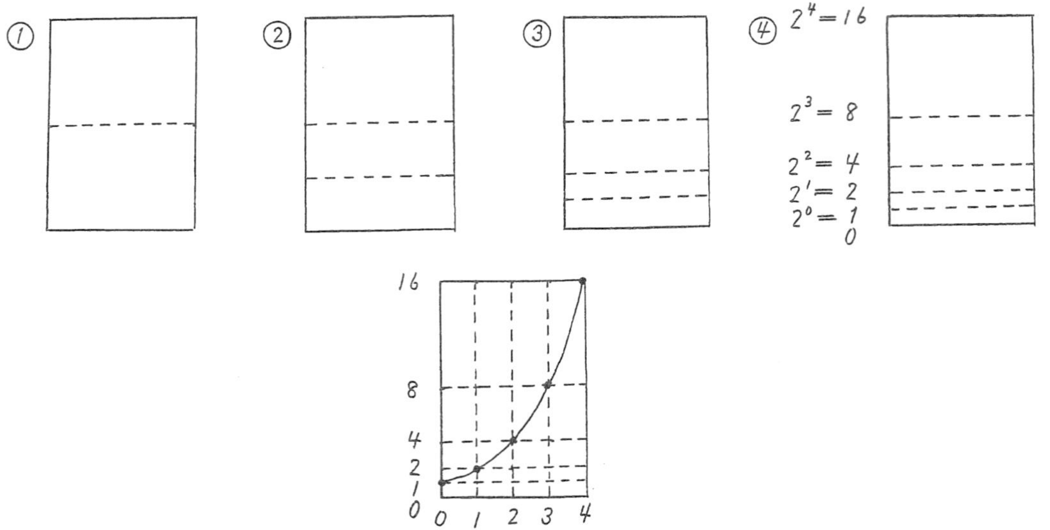

図 1.14　折り紙で $y=2^x$ のグラフを描く方法

▶ 例題 1.4 (3) 「よこ軸の折り目は等間隔なのに, たて軸の折り目は等間隔でない」という特徴が**片対数方眼紙の発想**に結びつく.

【類題】 (3) の方法で, $y=3^x$ のグラフを描け.

よこの目盛は $y=2^x$ の場合と同じだが, たての目盛は全体を 1/3 に折ってから全体の 1/9 の長さの折り目をつける.

【参考】紙も積もれば宇宙に行ける

紙 1 枚の厚さが 0.08 mm とすると, 半分ずつ折りつづけたとき, どの程度の高さになるだろうか？

① 1 回折ると 2^1 倍なる.　$0.08\ \mathrm{mm} \times 2^1 = 0.16\ \mathrm{mm}$

② 50 回折ると 2^{50} 倍になる (mm → m の換算について, 0.4.3 項 例題 0.13 参照).

$$0.08\ \mathrm{mm} \times 2^{50} = 0.08\ \mathrm{mm} \times (2^{10})^5$$
$$\simeq \underbrace{0.08}_{8\times10^{-2}}\ \underbrace{\mathrm{m}}_{10^{-3}}\mathrm{m} \times \underbrace{(10^3)^5}_{10^{15}} = 8 \times 10^{10}\ \mathrm{m}$$

太陽と地球の間の距離と比べよ (0.4.3 項 例題 0.14).

例題 1.4 で, $y = 2^x$ のグラフが曲線になることを確かめた. この問題では, 関数を $y = 2^x$ と決めてグラフを描いた. それでは, はじめにこのグラフが与えられたとしたら, どんな関数を表しているかを見抜けるだろうか？曲線のグラフから $x = 1$ のとき $y = 2$, $x = 2$ のとき $y = 4$, $x = 3$ のとき $y = 8$, ... と読めば, $y = 2^x$ という関数であることが判断できる. しかし, 数式通りの値が実験結果から読めるとは限らない. 例題 1.2 と同じように, 誤差のためにグラフ上の点が幅を持つからである. こういう場合, どうすればいいだろうか？**比例を基本に考える**という発想を思い出そう. グラフが直線になった場合には, どんな関数を表しているかが判断しやすい.

$y = \heartsuit^x$ の両辺の常用対数 (底が 10) を考えると, $\log_{10} y = (\log_{10} \heartsuit)\ x$ と表せることがわかる. つぎのように, この式は比例と同じ形になっている.

$\log_{10} y$ を改めて Y と書くといい.

$$\begin{array}{ccccc} & \log_{10} y & = & (\log_{10} \heartsuit) & x \\ & \updownarrow & & \updownarrow & \updownarrow \\ \text{比例} & Y & = & a & x \end{array}$$

$\log_{10} y$ は x に比例することから, たて軸を $\log_{10} y$, よこ軸を x とすると, 原点を通る直線のグラフが描ける. 傾き a の値が 0.3010 だとわかると (方眼紙の図参照), $a = \log_{10} \heartsuit = 0.3010$ から $\heartsuit = 10^{0.3010} = 2$ (電卓で数値が求まる) である. $y = \heartsuit^x$ は $y = 2^x$ だということがわかる.

【注意】比例の意味

$y = 2^x$ では, x が 2 倍, 3 倍, ... になっても, y は 2 倍, 3 倍, ... にならない. こういう関数のグラフは原点を通る直線にならない.
$\log_{10} y = (\log_{10} 2)\ x$ では, x が 2 倍, 3 倍, ... になると, $\log_{10} y$ も 2 倍, 3 倍, ... になる. こういう関数のグラフは原点を通る直線になる.

重要 実験データについて, $\log_{10} y$ と x の間の関係をグラフで表してみる. このグラフが原点を通る直線になったとする. こういう場合, $\log_{10} y = ax$ (a は比例定数) と表せる. だから, $y = 10^{ax}$ の関係が成り立つといえる (ここで考えた例は, $\log_{10} 2$ を a とおいた形である).

♠ $= a$ ♣ の形で表せるとき, ♠ と ♣ との間で比例の関係が成り立つ. ここで, ♠, ♣ は数を表す.

$\log_{10} y$ と x との関係をグラフで表すために便利な方眼紙がある. この方眼紙を **片対数方眼紙** という.

よこ軸：等間隔目盛　　　たて軸：対数目盛

パソコンで Excel, Mathematica などを使うと, 目盛の使い方を知らなくてもグラフが描ける. しかし, 対数目盛の考え方を理解することは重要なので, ここでは片対数方眼紙に手書きでグラフを描いてみる. パソコンでグラフを描くのは, 対数目盛の意味が理解できたあとにしよう.

対数方眼紙の使い方 はじめに, 片対数方眼紙の上下を正しく置いてみよう.

▶ **対数目盛：1 区間の中では, 上の方が細かく, 下の方が粗い.**

▶ **一番下を 1, その 1 区間上の位置を 10, さらに 1 区間上の位置を 100, ... とする.**

重要 対数目盛に 0 はない.

【疑問】 なぜ上の方が細かく, 下の方が粗いのか? なぜ同じ区間がくりかえすのか ?

これらの疑問を解決するために, 問 1.6 を思い出しながら, たて軸のしくみを理解しよう. 等間隔の目盛を使うと, つぎの理由で面倒である.

底を 10 とする対数を常用対数という.

- わざわざ $\log_{10} y$ の値を電卓で計算しなければならない．
- その大きさの位置が方眼紙のどこかを探すのも厄介である．

片対数方眼紙では，こういう手間が省けるように目盛が刻んである．

y の値の位置は $\log_{10} y$ の高さである．

電卓で対数の値を求める必要がない．

一番下の 1 区間：**下から順に太線の位置を** 1, 2, 3, 4, 5, 6, 7, 8, 9, 10 とする． その上の 1 区間：**下から順に太線の位置を** 10, 20, 30, 40, 50, 60, 70, 80, 90, 100 とする． その上の 1 区間：**下から順に太線の位置を** 100, 200, 300, 400, 500, 600, 700, 800, 900, 1000 とする．

▶ 対数目盛の表し方

目盛の値は 1, 2, 200 などであり，$\log_{10} 1$, $\log_{10} 2$, $\log_{10} 200$ ではない．目盛の値が 2 の位置の高さが $\log_{10} 2$ という意味であって，**目盛を $\log_{10} 2$ と書いてはいけない．** 問 1.6

① 1 の位置は　$\log_{10} 1$ $(= 0)$ の高さ．
② 2 の位置は　$\log_{10} 2$ $(\simeq 0.3010)$ の高さ．
③ 3 の位置は　$\log_{10} 3$ $(\simeq 0.4771)$ の高さ．以下同様．
④ 10 の位置は　$\log_{10} 10$ $(= 1)$ の高さ．
⑤ 20 の位置は　$\log_{10} 20$ $(= \log_{10} 2 + 1)$ の高さ．
- 一番下の区間の 2 の位置とその上の区間の中の 20 の位置とは同じ．

⑥ 30 の位置は　$\log_{10} 30$ $(= \log_{10} 3 + 1)$ の高さ．
- 一番下の区間の 3 の位置とその上の区間の中の 30 の位置とは同じ．

⑦ 200 の位置は　$\log_{10} 200$ $(= \log_{10} 2 + 2)$ の高さ．
- 一番下の区間の 2 の位置とその二つ上の区間の中の 200 の位置とは同じ．

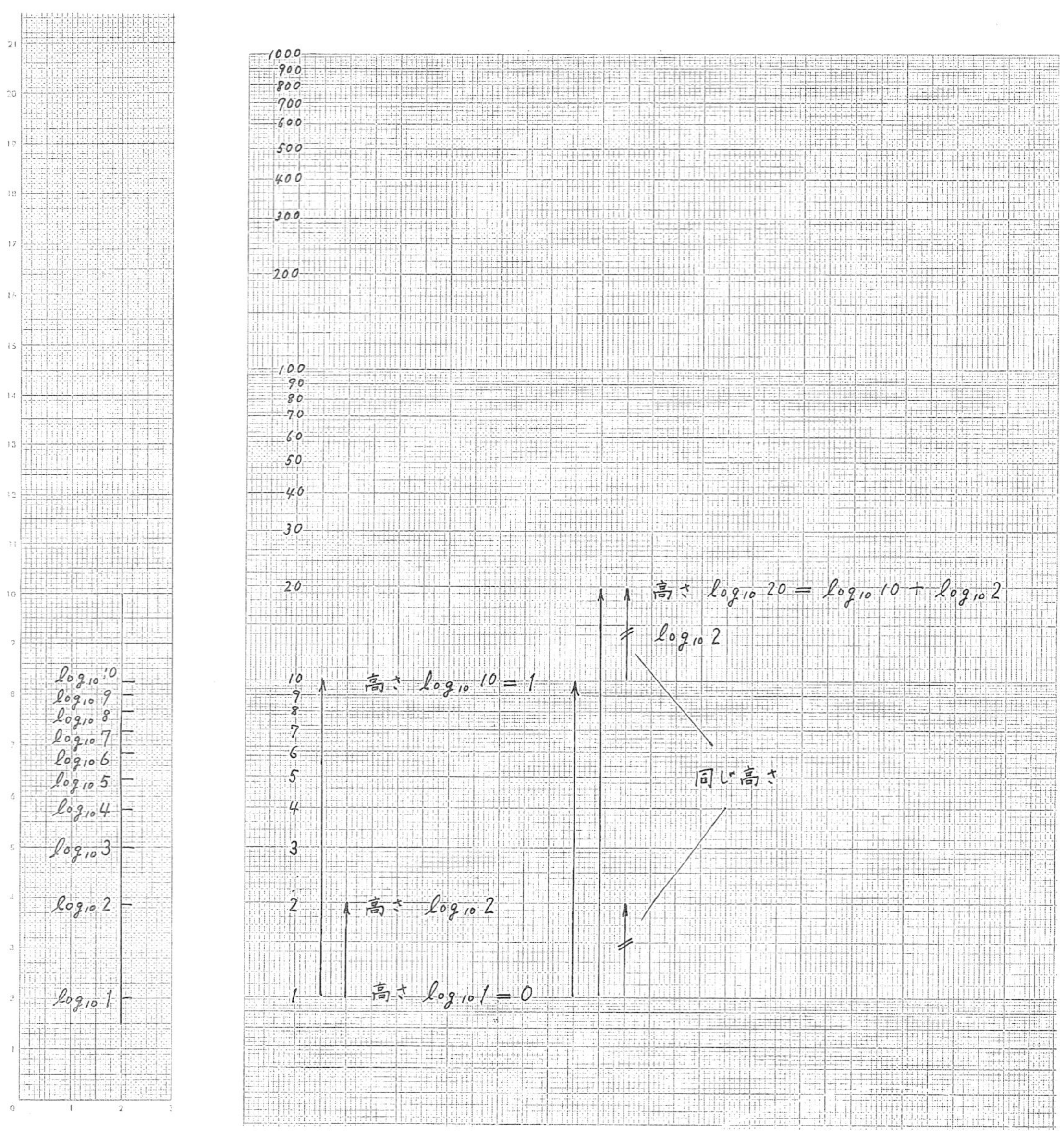

図 1.15 等間隔目盛と対数目盛との対応

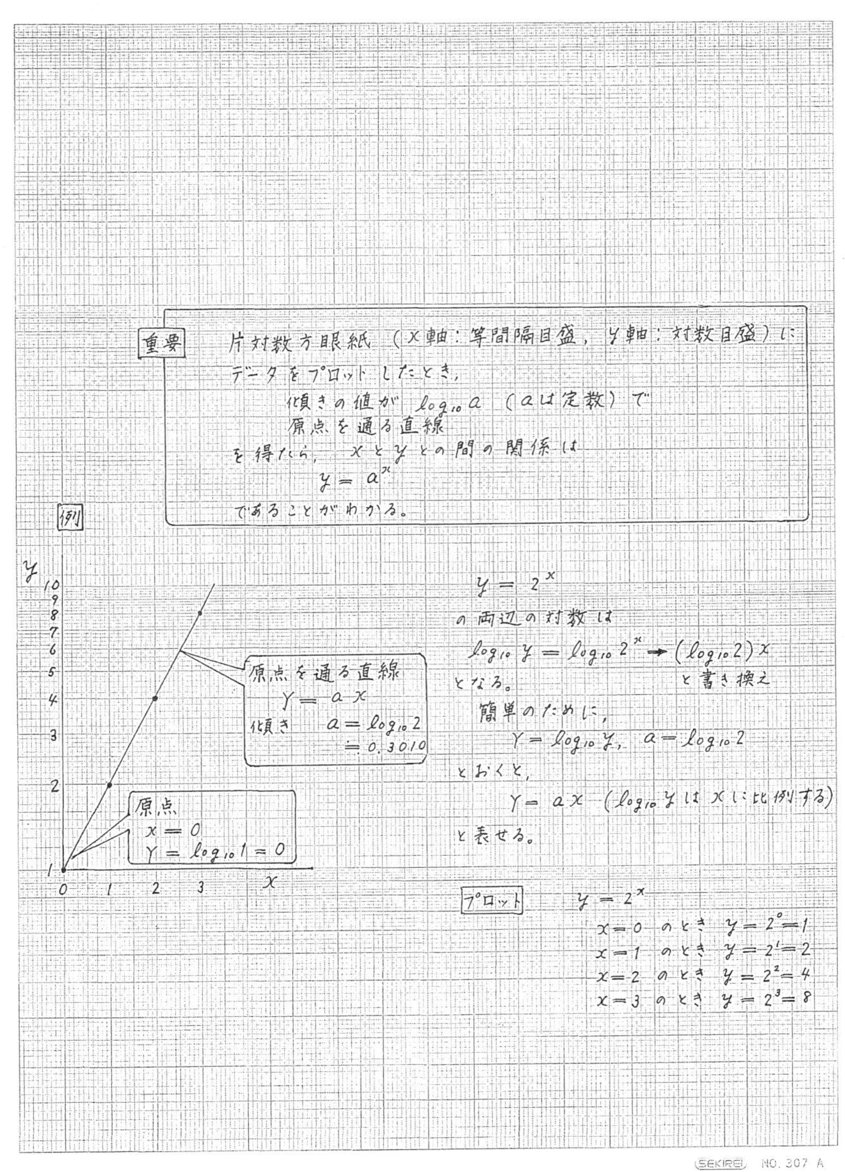

図 1.16　片対数方眼紙の使い方（例　$y = 2^x$）

問 1.8 つぎのデータをグラフで表したい．どのように工夫すればいいか？

x	y
0	1
5	2.8×10^5
10	6.4×10^8
15	2.3×10^{11}
20	2.8×10^{13}
25	1.7×10^{15}
30	5.9×10^{16}
35	1.4×10^{18}

【解説】 よこ軸，たて軸の両方とも等間隔目盛の方眼紙では，同じ図面に $y = 1$, $y = 10^{18}$ の点をプロットしにくい．通常の片対数方眼紙（よこ軸：等間隔目盛，たて軸：対数目盛）でも，たて軸は $1 \sim 10$, $10 \sim 10^2$, $10^2 \sim 10^3$ の3区間しかないので使いにくい．よこ軸，たて軸のどちらも等間隔目盛の方眼紙のよこ軸を x, たて軸を $\log_{10} y$ とすると，グラフが描きやすい．$\log_{10} y$ の値は，高校数学の教科書の常用対数表を使って求めるといい．

$$\log_{10} 1 = 0$$

$$\begin{aligned}&\log_{10}(2.3 \times 10^{11})\\&= \log_{10} 2.3 + \log_{10} 10^{11}\\&= 0.3617 + 11\\&= 11.3617\end{aligned}$$

$$\begin{aligned}&\log_{10}(5.9 \times 10^{16})\\&= \log_{10} 5.9 + \log_{10} 10^{16}\\&= 0.7709 + 16\\&= 16.7709\end{aligned}$$

$$\begin{aligned}&\log_{10}(2.8 \times 10^{5})\\&= \log_{10} 2.8 + \log_{10} 10^{5}\\&= 0.4472 + 5\\&= 5.4472\end{aligned}$$

$$\begin{aligned}&\log_{10}(2.8 \times 10^{23})\\&= \log_{10} 2.8 + \log_{10} 10^{13}\\&= 0.4472 + 13\\&= 13.4472\end{aligned}$$

$$\begin{aligned}&\log_{10}(1.4 \times 10^{18})\\&= \log_{10} 1.4 + \log_{10} 10^{18}\\&= 0.1461 + 18\\&= 18.1461\end{aligned}$$

$$\begin{aligned}&\log_{10}(6.4 \times 10^{8})\\&= \log_{10} 6.4 + \log_{10} 10^{8}\\&= 0.8062 + 8\\&= 8.8062\end{aligned}$$

$$\begin{aligned}&\log_{10}(1.7 \times 10^{15})\\&= \log_{10} 1.7 + \log_{10} 10^{15}\\&= 0.2304 + 15\\&= 15.2304\end{aligned}$$

データは『トス先生の物理教室　統計物理』（丸善, 1997）p. 22から引用した．

休憩室
17世紀になって，天文観測の膨大な計算を簡単に扱うために，対数が生まれたそうである．
志賀浩二：『数学が歩いてきた道』(PHP研究所, 2009) p. 140.

航海を安全に進めるために，天文学者は正確な暦を作成しなければならなかった．対数の性質を活用すると，膨大な桁の数の乗法，ベキ乗の計算が加法で計算できる．
桜井進：『感動する！数学』(PHP研究所, 2009) p. 29.

グラフは各自作成すること．

Q.　ここまでの例題では，たて軸の最小値は 1 ですが，1 よりも小さい値をプロットすることはできないのでしょうか？

A.　1 よりも小さい場合には，一番下の 1 区間内で**下から順に太線の位置を** 0.1, 0.2, 0.3, 0.4, 0.5 , 0.6, 0.7, 0.8, 0.9, 1 とします．つまり，0 の高さ（1 の位置で $\log_{10} 1 = 0$ の高さになっている）よりも 1 だけ下方の位置が -1 の高さ（0.1 の位置で $\log_{10} 0.1 = -1$ の高さになっている）です．もっと小さい値もプロットするときには，一番下の 1 区間内で**下から順に太線の位置を** 0.01, 0.02, 0.03, 0.04, 0.05 , 0.06, 0.07, 0.08, 0.09, 0.1 とします．

実践教室　片対数方眼紙に実験データをプロットする

サーミスタは半導体の一種である．

ねらい　物性物理学で，サーミスタの電気抵抗 R と絶対温度 T の間の関係が

$$R = R_c e^{B/T} \qquad (R_c, B \text{ は一定量})$$

と表せることがわかっている．ここでは，この関係が成り立つかどうかを実験で確かめる場合を想定する．電気抵抗 R と絶対温度 T の間の関係を等間隔目盛の方眼紙にプロットすると，グラフは曲線になる．この曲線がどのような関数で表せるかを確かめるのは厄介だから，片対数方眼紙にプロットするという工夫が重要である．

電気抵抗 R electrical resistance

温度 T temperature

データは，湘南工科大学科学基礎実験の学生の実験結果である．

表 1.1　サーミスタの電気抵抗 R の温度 θ による変化

測定回数	$\theta/°\mathrm{C}$	R/Ω	$T^{-1}/♡$
1	30.4	246.0	
2	40.6	180.0	
3	50.0	164.0	
4	59.3	108.0	
5	70.3	77.0	
6	79.6	58.0	
7	90.0	43.0	
8	99.9	33.0	
9	109.8	26.0	
10	120.0	21.0	

【参考】絶対温度 T とセ氏温度 θ との間の関係

$\theta/°\mathrm{C} = T/\mathrm{K} - 273.15$ K は絶対温度の単位量で「ケルビン」と読む．この式で，絶対温度とセ氏温度の間の換算ができる．$T = 300.15$ K のとき

$$\underbrace{\theta/°\mathrm{C}}_{\text{数}} = \underbrace{\overbrace{300.15\ \mathrm{K}}^{T}/\mathrm{K}}_{\text{数}} - 273.15 \qquad \mathrm{K/K}\ \text{は分母・分子で約せる．}$$
$$= 27.00$$

だから，$\theta = 27.00$ °C となる．

Ian Mills, Tomislav Cvitaš, Klaus Homann, Nikola Kallay, and Kozo Kuchitsu: *Quantities, Units and Symbols in Physical Chemistry* (IUPAC, Blackwell Scientific Publications, Oxford, 1993) [朽津耕三訳：『物理化学で用いられる量・単位・記号』(講談社, 1991)] 参照．

【注意】図・表の書き方

① 物理量の数値を表の形で表したり，座標軸に数値を入れたりするとき，物理量/単位量 という比の値を書く．

② 原則として，図では図の下に，表では表の上に番号・題名・説明を書く．

図・表の書き方について，木下是雄：『理科系の作文技術』(中央公論新社, 1981) 参照．

手順 1 表 1.1 を完成せよ．♡ にあてはまる単位量の記号も正しく書くこと．

表 1.2 サーミスタの電気抵抗 R の温度 θ による変化

測定回数	$\theta/°\mathrm{C}$	R/Ω	T^{-1}/K^{-1}
1	30.4	246.0	3.30×10^{-3}
2	40.6	180.0	3.19×10^{-3}
3	50.0	164.0	3.10×10^{-3}
4	59.3	108.0	3.01×10^{-3}
5	70.3	77.0	2.91×10^{-3}
6	79.6	58.0	2.84×10^{-3}
7	90.0	43.0	2.75×10^{-3}
8	99.9	33.0	2.68×10^{-3}
9	109.8	26.0	2.612×10^{-3}
10	120.0	21.0	2.549×10^{-3}

手順 2 サーミスタの電気抵抗 R と絶対温度 T の間の関係が

$$R = R_{\mathrm{c}} e^{B/T} \qquad (R_{\mathrm{c}}, B\ \text{は一定量})$$

で表せると考える．

記号の説明　e は 2.71⋯ という無理数を表す.

(a) R_c の単位量を表す記号と B の単位量を表す記号とを答えよ.

指針

$$\begin{array}{cccccc} & R & = & R_c & & e^{B/T} \\ \text{単位量} & \Omega & & ? & & \text{単位量なし}\end{array}$$

$$\underbrace{\frac{B}{T}}_{\text{単位量なし}} \quad \begin{array}{l}\longleftarrow ? \\ \longleftarrow \text{単位量 K}\end{array}$$

R_c の単位量を表す記号：Ω　　B の単位量を表す記号：K

(b) $R = R_c e^{B/T}$ の両辺を Ω で割ると, 数の関係式

$R/\Omega = (R_c/\Omega) \times e^{B/T}$　(R/Ω と R_c/Ω とは 量 ÷ 単位量 の形だから数を表す) を得る.

数の関係式の常用対数を考えると

$$\log_{10}\underbrace{(\overbrace{R}^{\text{量}}/\overbrace{\Omega}^{\text{単位量}})}_{\text{数}} = \log_{10}\underbrace{[(R_c/\Omega) \times e^{B/T}]}_{\text{数}}$$

$$= \log_{10}\underbrace{(R_c/\Omega)}_{\text{数}} + \log_{10}\underbrace{e^{B/T}}_{\text{数}}$$

$$= \log_{10}\underbrace{(R_c/\Omega)}_{\text{数}} + \underbrace{\frac{B}{T}}_{\text{数}}\log_{10}\underbrace{e}_{\text{数}}$$

$$= \frac{B\log_{10}e}{T} + \log_{10}(R_c/\Omega)$$

$$= \underbrace{\overbrace{B}^{\text{量}}/\overbrace{\mathrm{K}}^{\text{単位量}}}_{\text{数}} \times \log_{10}e \times \underbrace{\frac{1}{T/\mathrm{K}}}_{\text{数}} + \log_{10}(R_c/\Omega)$$

となる.

つぎのように, この式は 1 次関数と同じ形になっている.

$$\begin{array}{cccccccc} & \log_{10}(R/\Omega) & = & \overbrace{B/\mathrm{K} \times \log_{10}e}^{\text{傾き}} & \dfrac{1}{T/\mathrm{K}} & + & \overbrace{\log_{10}(R_c/\Omega)}^{\text{切片}} \\ & \updownarrow & & \updownarrow & \updownarrow & & \updownarrow \\ \text{1 次関数} & y & = & a & x & + & b \end{array}$$

対数の性質 ②

$\log_c a^k = k\log_c a$

$a \to e,\ k \to B/T$

とおきかえる.

$\dfrac{B}{T}$ の分子・分母を K で割ると

$$\frac{\overbrace{B/\mathrm{K}}^{\text{数}}}{\underbrace{T/\mathrm{K}}_{\text{数}}}$$

となる.

$$\frac{1}{T/\mathrm{K}} = (T/\mathrm{K})^{-1} = \left(\frac{T}{\mathrm{K}}\right)^{-1} = \frac{T^{-1}}{\mathrm{K}^{-1}}$$

または

$$\frac{1}{T/\mathrm{K}} = \frac{1}{T \times \dfrac{1}{\mathrm{K}}} = \frac{\dfrac{1}{T}}{\dfrac{1}{\mathrm{K}}} = \frac{T^{-1}}{\mathrm{K}^{-1}}$$

分子・分母を T で割る.

よこ軸に T^{-1}/K^{-1}, たて軸に $\log_{10}(R/\Omega)$ を選ぶと, 原点を通らない直線のグラフが描ける. 表 1.1 のデータを片対数方眼紙にプロットせよ.

対数の表記について, 小林幸夫:日本物理教育学会誌 (*Journal of the Physics Education Society of Japan*) **48** (2000) 492–495.

【注意】対数の表記

記号を書くとき便宜上 $\log_{10}(R/\Omega)$ でなく $\log_{10} R$ の形で表すこともある. この場合, R の数値部分の対数を求めると解釈する.

(c) できるだけ多くの点を通るように直線を引け. 直線のまわりに点が均等に散らばるようにすればいい.

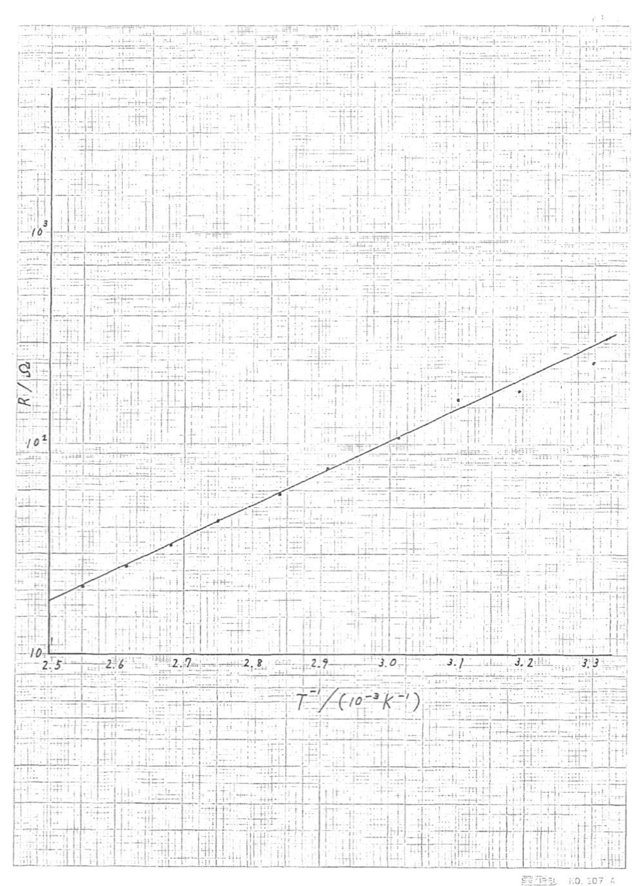

図 1.17 (温度)$^{-1}$ と抵抗との間の関係

(d) 電卓またはパソコンで $\log_{10} e$ の値を求めよ．

0.434294

(e) (c) の直線上の適当な 2 点の座標を読み取り，直線の傾きを求めよ．読みやすい点を選ぶ．選んだ 2 点の座標も記すこと．

例　$(2.80 \times 10^{-3}, 50.0), (3.05 \times 10^{-3}, 120.0)$

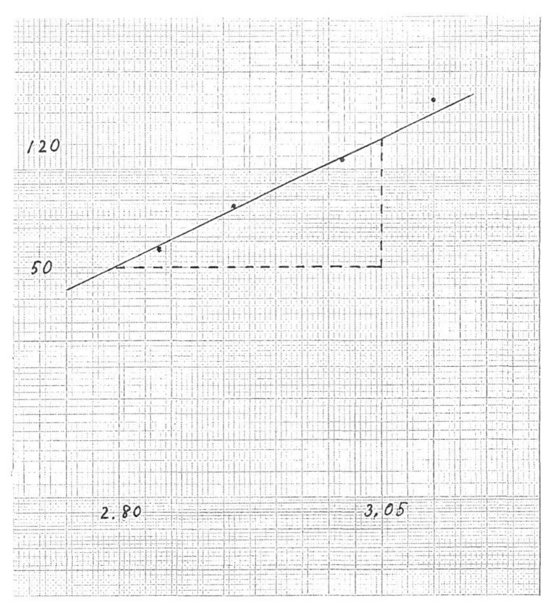

図 1.18 直線の傾き

(f) $B/\mathrm{K} = \dfrac{\text{直線の傾き}}{\log_{10} e}$ から B を求めよ．

$$\overbrace{\underbrace{B}_{\text{量}} / \underbrace{\mathrm{K}}_{\text{単位量}}}^{\text{数}} = \frac{1}{\log_{10} e} \times \frac{\log_{10} 120.0 - \log_{10} 50.0}{3.05 \times 10^{-3} - 2.80 \times 10^{-3}}$$

$$B = 3.50 \times 10^3 \ \mathrm{K}$$

(g) $\log_{10}(R_c/\Omega) = \log_{10}(R/\Omega) - \dfrac{B \log_{10} e}{T}$ に B の値と (e) の一方の点の R の値と T の値とを代入して，R_c を求めよ．電卓またはパソコンを利用するといい．

$\dfrac{B}{T}$ は，分子と分母とで単位量 K が約分できるから数である．

例

$B = 3.50 \times 10^3 \ \mathrm{K}$,
$T = 300.0 \ \mathrm{K}$
のとき，

$$\frac{B}{T} = \frac{3.50 \times 10^3 \mathrm{K}}{300.0 \mathrm{K}} = \frac{3.50 \times 10^3}{300.0}$$

だから，

$$\frac{B/\mathrm{K}}{T/\mathrm{K}}$$

と書かなくてもいい．

指針 $R_c/\Omega = 10^{\diamondsuit}$ の形に書けることに注意して, ◇ に右辺の値を代入する.

$\mathrm{K} \times \mathrm{K}^{-1} = 1$
(1 は数)

$$\overbrace{\log_{10}(R_c/\Omega)}^{\text{数}} = \underbrace{\overbrace{\log_{10} 50.0}^{\text{数}}}_{\log_{10}(R/\Omega)} - \overbrace{\underbrace{3.50 \times 10^3\ \mathrm{K}}_{B} \times \underbrace{0.434294}_{\log_{10} e} \times \underbrace{2.80 \times 10^{-3}\ \mathrm{K}^{-1}}_{T^{-1}}}^{\text{数}}$$

$$\underbrace{R_c}_{\text{量}} / \underbrace{\Omega}_{\text{単位量}} = \underbrace{2.76 \times 10^{-3}}_{\text{数}} \qquad R_c = 2.76 \times 10^{-3}\ \Omega$$

(h) (f), (g) で求めた値を $R = \clubsuit e^{\frac{\spadesuit}{T}}$ の ♣ と ♠ に代入した式 (R, e, T は文字のまま) を書け. この式が実験結果を表すと考える.

$R = 2.76 \times 10^{-3}\ \Omega\ e^{3.50 \times 10^3\ \mathrm{K}/T}$

▶ **何のためにこの式を求めたのか**

測定していない温度における抵抗を予想することができる.

例 温度 $T = 300.0$ K のとき

$$R = \overbrace{2.76 \times 10^{-3}\ \Omega}^{R_c}\ e^{\overbrace{3.50 \times 10^3\ \mathrm{K}}^{B}/300.0\ \mathrm{K}} = 322\ \Omega$$

T には数値 300.0 ではなく量 300.0 K をあてはめることに注意する. 指数は $3.50 \times 10^3\ \mathrm{K}/300.0\ \mathrm{K} = 1.17 \times 10$ だから単なる数値である. まちがって T に数値 300.0 を代入すると, 指数は $3.50 \times 10^3\ \mathrm{K}/300.0 = 1.17 \times 10\ \mathrm{K}$ となる. **ケルビン乗は定義できないから, $e^{1.17 \times 10\ \mathrm{K}}$ の値は求まらない.**

問 1.9 つぎの式変形で正しくない過程を指摘し, 正しい式変形に修正せよ.

$$\begin{aligned}
&\log_{10}(R/\Omega) \\
&= \log_{10}(R_c e^{B/T}/\Omega) \\
&= \log_{10}(R_c e^{B/T}) - \log_{10}\Omega \\
&= \log_{10} R_c + \log_{10}(e^{B/T}) - \log_{10}\Omega \\
&= \log_{10} R_c - \log_{10}\Omega + \log_{10}(e^{B/T}) \\
&= \log_{10}(R_c/\Omega) + \frac{B \log_{10} e}{T}
\end{aligned}$$

$$B = \frac{1}{\log_{10} e} \times \frac{\log_{10} 120.0 - \log_{10} 50.0}{3.05 \times 10^{-3} - 2.80 \times 10^{-3}}$$

$$B = 3.50 \times 10^3$$

$$B/\mathrm{K} = 3.50 \times 10^3/\mathrm{K}$$

【解説】(1) **対数は真数が数の場合にしか定義できない.** Ω が数ではなく量を表すから, $\log_{10}\Omega$ は正しくない. 「Ω は 10 の何乗」とはいえないから「Ω の常用対数の値がいくらか」を考えることはできない. $\log_{10}\Omega$ を含む式を消す.

$\log_{10} \overbrace{\Omega}^{\text{量}}$

(2) B は数ではなく量を表す．したがって，正しくは

$$B=\frac{1}{\log_{10} e}\times\frac{\log_{10} 120.0-\log_{10} 50.0}{3.05\times 10^{-3}-2.80\times 10^{-3}}\ \mathrm{K}$$

である．$B=3.50\times 10^3$ を $B=3.50\times 10^3\ \mathrm{K}$ に修正する．

$B=3.50\times 10^3\ \mathrm{K}=3.50\times 10^3\times\mathrm{K}$ を K で割ると，

$$B\div\mathrm{K}=B/\mathrm{K}=3.50\times 10^3$$

になる．

$\log_{10} e \fallingdotseq 0.434294$

重要
量 = 数値 × 単位量
だから
数値 = 量 ÷ 単位量
と書き換えることができる．どちらも「量は単位量のナントカ倍」を表す．

3.50×10^3 を K で割ることはできない．「3.50×10^3 は K の何倍」とはいえないからである．

【参考】片対数方眼紙を使う例

第 3 話の探究支援 3.2 (1) (e) 1 次反応における化学物質の濃度は指数関数 $[\mathrm{C_2H_6}]=[\mathrm{C_2H_6}]_0 e^{-k_1 t}$ にしたがって減少する．この両辺の常用対数は

$$\log_{10}\{[\mathrm{C_2H_6}]/(\mathrm{mol\ L^{-1}})\}=\log_{10}\{e^{-k_1 t}[\mathrm{C_2H_6}]_0/(\mathrm{mol\ L^{-1}})\}$$

である．

$$\text{右辺}=\log_{10} e^{-k_1 t}+\log_{10}\{[\mathrm{C_2H_6}]_0/(\mathrm{mol\ L^{-1}})\}$$

だから，

$$\log_{10}\{[\mathrm{C_2H_6}]/(\mathrm{mol\ L^{-1}})\}=\underbrace{-k_1 t\overbrace{\log_{10} e}^{0.434294}}_{(-k_1\log_{10} e)t}+\log_{10}\{[\mathrm{C_2H_6}]_0/(\mathrm{mol\ L^{-1}})\}$$

となる．たて軸に $\log_{10}\{[\mathrm{C_2H_6}]/(\mathrm{mol\ L^{-1}})\}$，よこ軸に t を選ぶと，1 次関数のグラフ (傾きの値が負だから右下がりの直線) になる．

対数の性質
① $\log_c ab = \log_c a + \log_c b$
② $\log_c a^k = k\log_c a$

$y=ax^n$ のグラフ

たて軸，よこ軸のどちらも等間隔目盛の方眼紙を使うと，$y=ax^n$ のグラフは曲線になる．等間隔でない目盛を工夫すれば，この関数を直線のグラフで表せるだろうか? どういう目盛で $y=ax^n$ のグラフが直線になるかを知っていると

都合がいい．この目盛で実験データが直線上に並んだとき，$y = ax^n$ の関係が成り立っていることが見抜けるからである．

例題 1.5 **$y = x^{\frac{1}{2}}$ のグラフ**　つぎの二つの方法のそれぞれで $y = x^{\frac{1}{2}}$ のグラフを描け．

(1) パソコンが使える環境にあれば，Excel, Mathematica などでグラフを描け．

(2) $y = x^2$ の値は $x = 0, 1, 2, 3, 4, \ldots$ に対して暗算で簡単に求まる．はじめに，等間隔の目盛の方眼紙にプロットして $y = x^2$ のグラフを描け．つぎに，$y = x^2$ のグラフを利用して，$y = x^{\frac{1}{2}}$ のグラフを描け．

【解説】 首を傾けながら y 軸をよこ軸，x 軸をたて軸とみなして，$x = y^2$ のグラフ（ただし，$y \geq 0$ の範囲）を描く．

別の発想 直線 $y = x$ に関して 曲線 $y = x^2$ を折り返すと 曲線 $x = y^2$ になる．

▶ $y = x^{\frac{1}{2}} \geq 0$ だから，$y = x^2$ を折り返した曲線の $y < 0$ の範囲は含まない．

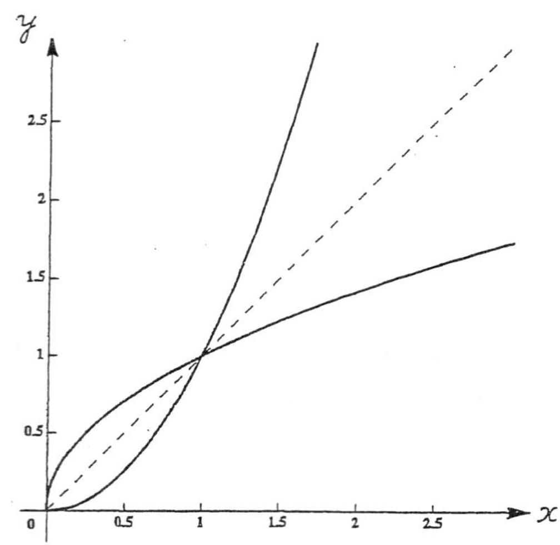

図 1.19 $y = x^2$, $y = x$, $y = x^{\frac{1}{2}}$ **のグラフ**

1 対 1 対応している関数の逆の対応として決まる関数をもとの関数の**逆関数**という．

逆関数について，3.3 節でくわしく考える．

なぜ? $y = x^2$ の両辺を $\frac{1}{2}$ 乗すると，$x = y^{\frac{1}{2}}$ に書き直せる．$y = x^2$ のグラフは $x = y^{\frac{1}{2}}$ のグラフともいえる．この式で x と y とを入れ換えると，$y = x^{\frac{1}{2}}$ になる．両辺を 2 乗すると $x = y^2$ と表せる．$y = x^2$ と $x = y^2$ とは x と y とを入れ換えた形である．方眼紙上で $y = x^2$ のグラフを $y = x$ に関して折り返すと，x と y とを入れ換えた関数のグラフに変わる．

対数の性質 ②
$\log_c a^k = k\log_c a$

例題 1.5 で, $y = x^{\frac{1}{2}}$ のグラフが曲線になることを確かめた. $y = x^{♠}$ の両辺の常用対数 (底が 10) を考えると,

$$\begin{aligned}\log_{10} y &= \log_{10} x^{♠}\\ &= ♠\log_{10} x\end{aligned}$$

の形になる. x, y と混乱するので, $\log_{10} x$, $\log_{10} y$ を改めてそれぞれ X, Y と書くといい.

$$\begin{array}{rccccc} & \log_{10} y & = & ♠ & (\log_{10} x) \\ & \updownarrow & & \updownarrow & \updownarrow \\ \text{比例} & Y & = & a & X \end{array}$$

$Y = aX$ の形は比例を表すから, $\log_{10} y$ は $\log_{10} x$ に比例するといえる.
たて軸を $\log_{10} y$, よこ軸を $\log_{10} x$ とすると, 原点を通る直線のグラフが描ける.

重要　実験データについて, $\log_{10} y$ と $\log_{10} x$ との間の関係をグラフで表してみる. このグラフが原点を通る直線になったとする. この場合,

$$\log_{10} y = n(\log_{10} x) \;\; (n\text{ は比例定数})$$

と表せる.

$$n(\log_{10} x) = \log_{10} x^n$$

だから,

$$y = x^n \;\; (n\text{ は定数})$$

の関係が成り立つといえる (**例** $n = 1/2$ の場合).

$\log_{10} y$ と $\log_{10} x$ との間の関係をグラフで表すために便利な方眼紙がある.
この方眼紙を **両対数方眼紙** という.

よこ軸：対数目盛　　　たて軸：対数目盛

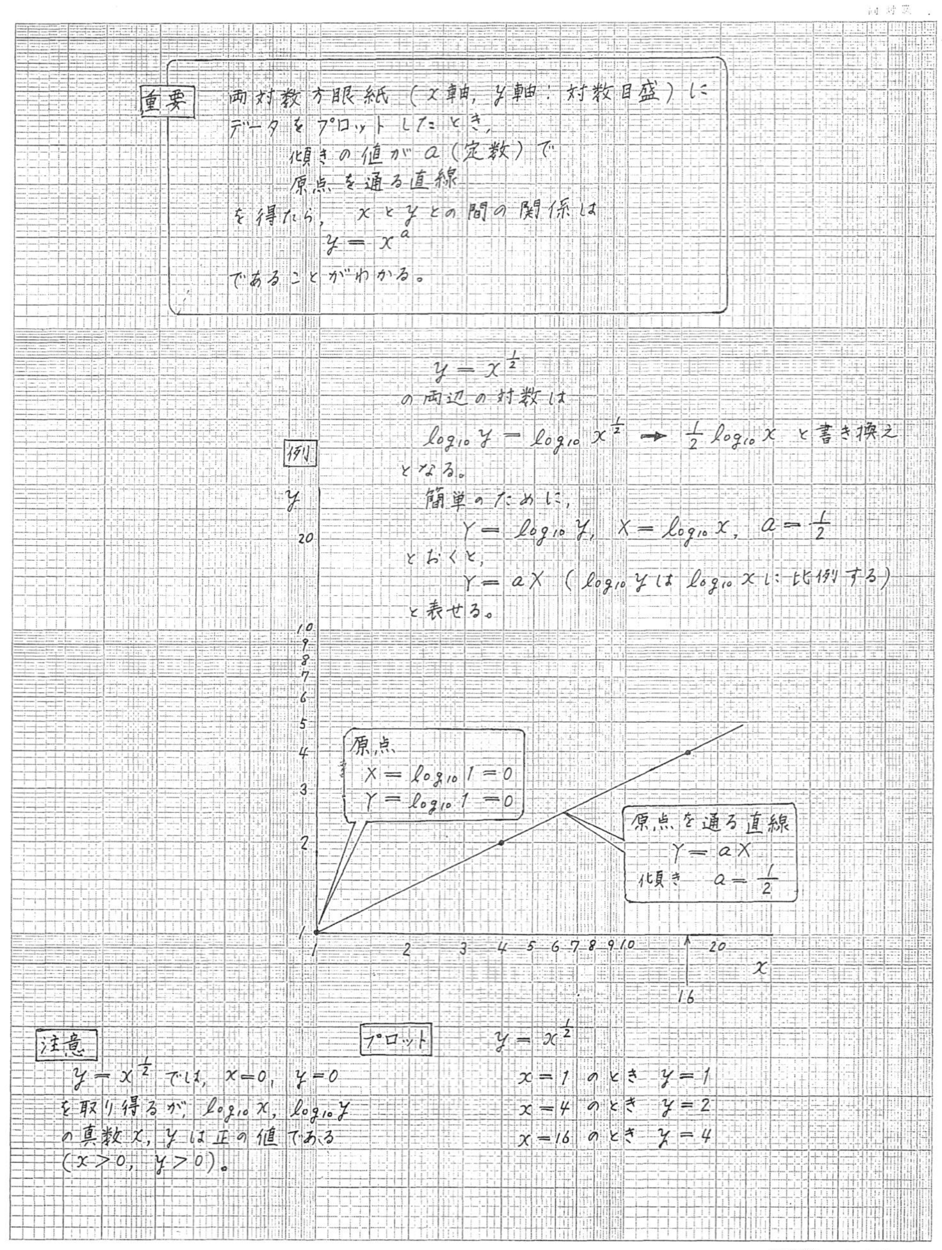

図 1.20　両対数方眼紙（例　$y = x^{1/2}$）

実践教室 **両対数方眼紙に実験データをプロットする**

例 単振り子の周期 (1 周に要する時間) は, 糸の長さによってどう変わるか ?

表 1.3 周期 T と糸の長さ ℓ との間の関係

ℓ/cm	T/s
10.0	0.64
20.0	0.94
30.0	1.13
40.0	1.28
50.0	1.46
60.0	1.56
70.0	1.67
80.0	1.82
90.0	1.94
100.0	2.00

ねらい 実験データから周期と糸の長さとの関係を見出す.

手順 1 (a) よこ軸とたて軸とのそれぞれに, 周期 T と糸の長さ ℓ とのどちらを選ぶかを考えて, 表 1.3 の結果を両対数方眼紙にプロットせよ.

(b) できるだけ多くの点を通るように直線 (点と点の間を通る直線) を引け. 直線のまわりに点が均等に散らばるようにすればいい (図 1.21).

手順 2 周期 T と糸の長さ ℓ との間の関係を考える.

(a) 両対数方眼紙にプロットすると, どんな関係が成り立つと判断できるか ?

点が直線状に並ぶ. 例題 1.5 が手がかりにすると, こういう場合, 周期 T と糸の長さ ℓ との間に $T = c\ell^n$ (c は一定量, n は定数) の関係があるといえる.

▶ c の単位量は何か ?

c の単位量を ♡ と表し, $T = c\ell^n$ の単位量の関係 $\mathrm{s} = ♡ \times \mathrm{cm}^n$ を変形する.

$$♡ = \frac{\mathrm{s}}{\mathrm{cm}^n} = \mathrm{s\ cm}^{-n}$$

▶ $T = c\ell^n$ の関係が成り立つとすると, 両辺を単位量 s で割って数の関係式はどのように書けるか ?

データは元都立高校教諭武藤徹先生の測定による.

Ian Mills, Tomislav Cvitaš, Klaus Homann, Nikola Kallay, and Kozo Kuchitsu: *Quantities, Units and Symbols in Physical Chemistry* (IUPAC, Blackwell Scientific Publications, Oxford, 1993) [朽津耕三訳 :『物理化学で用いられる量・単位・記号』(講談社, 1991)] 参照.

図・表の書き方について, 木下是雄 :『理科系の作文技術』(中央公論新社, 1981) 参照.

$$\underbrace{T/\mathrm{s}}_{\text{数}} = \frac{c\ \ell^n}{\mathrm{s}\ \underbrace{\mathrm{cm}^{-n}\ \mathrm{cm}^n}_{1}} \longleftarrow$$ c の単位量が s cm^{-n}, ℓ の単位量が cm だから, このように表す.

$$= \underbrace{c/(\mathrm{s\ cm}^{-n})}_{\text{数}}\ \underbrace{(\ell/\mathrm{cm})^n}_{\text{数}}$$

▶ この式の対数 (底を 10 とする) は, どのように書けるか？

$$\log_{10}\underbrace{(T/\mathrm{s})}_{\text{数}} = \log_{10}[\underbrace{c/(\mathrm{s\ cm}^{-n})\ (\ell/\mathrm{cm})^n}_{\text{数}}]$$
$$= \log_{10}[c/(\mathrm{s\ cm}^{-n})] + \log_{10}(\ell/\mathrm{cm})^n$$
$$= \log_{10}[\underbrace{c/(\mathrm{s\ cm}^{-n})}_{\text{数}}] + n\log_{10}\underbrace{(\ell/\mathrm{cm})}_{\text{数}}$$

$\log_{10}(T/\mathrm{s})$, $\log_{10}(\ell/\mathrm{cm})$ をそれぞれ y, x と書くと, 直線の式になる.

$\log_{10}(T/\mathrm{s})$	$=$	$\log_{10}[c/(\mathrm{s\ cm}^{-n})]$	$+$	n	$\log_{10}(\ell/\mathrm{cm})$	
↓		↓		↓	↓	
y	$=$	b	$+$	a	x	(直線を表す)
たて軸		切片		傾き	よこ軸	

このように, 両対数グラフが直線になるとき, 1 次関数の形で T は ℓ の n 乗に比例すると判断できる. したがって, $T = c\ell^n$ (c の単位量は $\mathrm{s/cm}^n$) である.

(b) 両対数グラフ (直線) の傾きを求めよ.

【注意】 対数目盛では, 目盛 x は $\log_{10}x$ の大きさを表す.

▶ 傾きを求めるとき **2 個の測定値ではなく直線上の 2 点を選ぶ**ことに注意.

$$n = \frac{\overbrace{\log_{10}2.01 - \log_{10}0.65}^{\text{タテ座標の変化分}}}{\underbrace{\log_{10}100.0 - \log_{10}10.0}_{\text{ヨコ座標の変化分}}} \fallingdotseq 0.49$$

(a) の結果は, 周期 T は糸の長さ ℓ の平方根に比例することを表している.

重要 この規則性を見出すことがねらい.

$T/\mathrm{s} = c\ \ell^n/\mathrm{s}$

$$\frac{\ell^n}{\mathrm{cm}^n} = \left(\frac{\ell}{\mathrm{cm}}\right)^n$$

対数の性質 ①
$\log_c ab$
$= \log_c a + \log_c b$
$a \to c/(\mathrm{s\ cm}^{-n})$,
$b \to \ell/\mathrm{cm}$
とおきかえる.

対数の性質 ②
$\log_c a^k = k\log_c a$
$a \to \ell/\mathrm{cm}$, $k \to n$
とおきかえる.

正確には $\log_{10}(T/\mathrm{s})$ (T/s は数) であるが, 混乱のおそれがないときには $\log_{10}T$ と略記することがある. $\log_{10}\ell$, $\log_{10}c$ なども同様である. T, ℓ, c の数値部分の対数を求めると解釈する. 実践教室 (片対数方眼紙に実験データをプロットする) の【注意】参照.

例 目盛 5 は $\log_{10}5$ の大きさ

測定値を選ぶのであれば, 直線を引く意味がない. 2 個の測定値以外は測る必要がなかったことになる.

$$n = \frac{0.303 - (-0.19)}{2.000 - 1.00} \fallingdotseq 0.49$$

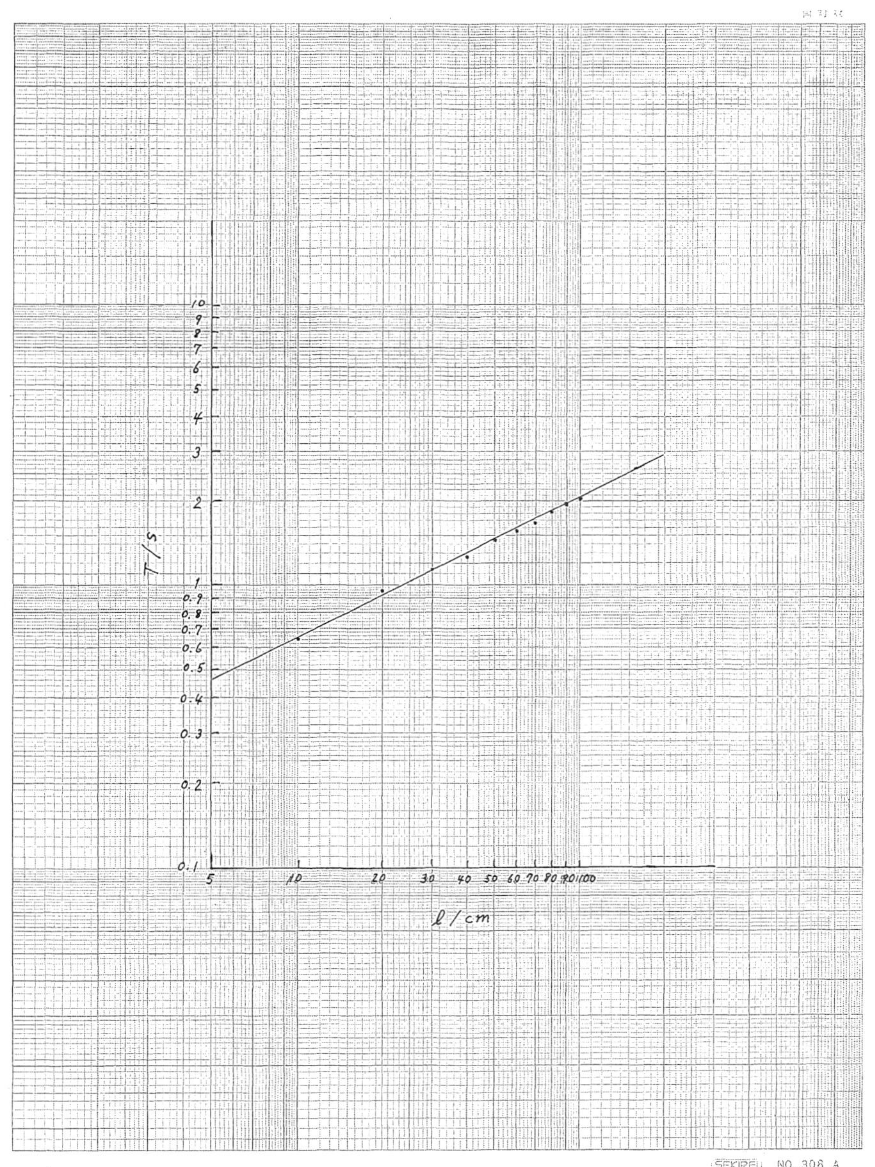

図 1.21　周期 T と糸の長さ ℓ との間の関係

検算の工夫　大まかな目安を確かめる．両対数方眼紙の目盛を定規で測ると，対数の大きさ 1 が 6.30 cm の長さになっていることがわかる (図 1.22)．

$$
\text{傾き} = \frac{\text{RQ の長さ}}{\text{PQ の長さ}} \fallingdotseq \frac{3.15\ \text{cm}}{6.30\ \text{cm}} = 0.500
$$

(b) の値がこの値とほぼ一致しているから，(b) で計算ミスはないと判断する．

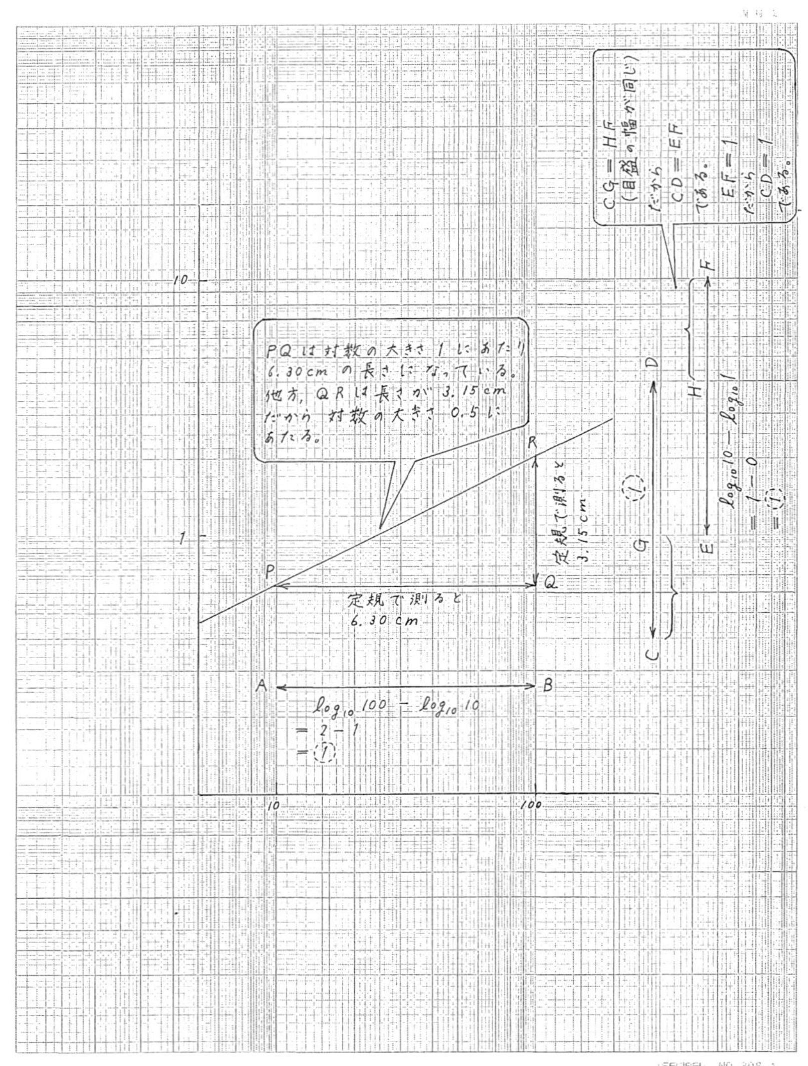

図 1.22　傾きの求め方

【進んだ探究 1】　数値の目安を知ることだけがねらいなので，つぎの説明では有効数字の桁数を考慮しない．

● 両対数方眼紙の目盛を定規で測ると，3.15 cm の長さは，対数の大きさ 0.5 にあたる．「対数の大きさが 0.5 の数」とは，$\log_{10} x = 0.5$ から $x = 10^{0.5} = \sqrt{10} \fallingdotseq 3.16$.

▶ 目盛を読むと，点 Q のヨコ座標はおよそ 100 (対数の大きさでいうと $\log_{10} 100$)，点 P のヨコ座標はおよそ 10 (対数の大きさでいうと $\log_{10} 10$) である．PQ の大きさは $\log_{10} 100 - \log_{10} 10 = 2 - 1 = 1$ である．PQ は対数の大きさでいうと 1 にあたる．

▶ 目盛を読むと，点 R のタテ座標はおよそ 2 (対数の大きさでいうと $\log_{10} 2$)，点 Q のタテ座標はおよそ 0.64 (対数の大きさでいうと $\log_{10} 0.64$) である．RQ の大きさは $\log_{10} 2 - \log_{10} 0.64 \fallingdotseq 0.3 - (-0.19) \fallingdotseq 0.5$ である．RQ は対数の大きさでいうと 0.5 にあたる．

【進んだ探究 2】切片の値

$$\log_{10} \underbrace{(T/\mathrm{s})}_{数} = n \log_{10} \underbrace{(\ell/\mathrm{cm})}_{数} + \log_{10} \underbrace{[c/(\mathrm{s\ \ cm}^{-0.5})]}_{数}$$

c の単位量は【進んだ探究 3】参照．

で $T = 2.01\ \mathrm{s}$,　$\ell = 100.0\ \mathrm{cm}$,　$n = 0.500$ とすると，

$$\log_{10} 2.01 = 0.500\ \ \log_{10} 100.0 + \log_{10}[c/(\mathrm{s\ \ cm}^{-0.5})]$$

文末の数式にはピリオドが必要である (例題 0.3).

だから

$$\begin{aligned}\log_{10}[c/(\mathrm{s\ \ cm}^{-0.5})] &= \log_{10} 2.01 - 0.500\ \ \log_{10} 100.0\\ &\fallingdotseq 0.301 - 0.500 \times 2.000\\ &\fallingdotseq -0.68.\end{aligned}$$

$$c/(\mathrm{s\ \ cm}^{-0.5}) \fallingdotseq 10^{-0.68}$$

$$c \fallingdotseq 10^{-0.68}\ \mathrm{s\ \ cm}^{-0.5} \fallingdotseq 0.21\ \mathrm{s\ \ cm}^{-0.5}$$

検算の工夫　グラフを左下に伸ばすと，$\ell/\mathrm{cm} = 1$ ($\log_{10} 1 = 0$ にあたる) のとき，$T/\mathrm{s} \fallingdotseq 2 \times 10^{-1} = 0.2$ である．だから，切片の値はおよそ $\log_{10} 0.2$ である．計算で求めた c の値がこの値とほぼ一致しているから，計算ミスはないと判断する．

【進んだ探究 3】周期と糸の長さとの間の関係

少々面倒だが，つぎのように $\log_{10}(T/\mathrm{s}) = 0.5\ \ \log_{10}(\ell/\mathrm{cm}) + \log_{10}[c/(\mathrm{s\ \ cm}^{-0.5})]$ を書き換えると，T と ℓ との関係がわかる．

$$
\begin{aligned}
\log_{10}(T/\mathrm{s}) &= \log_{10}(\ell/\mathrm{cm})^{0.5} + \log_{10}[c/(\mathrm{s\ \ cm}^{-0.5})] \\
\log_{10}(T/\mathrm{s}) - \log_{10}(\ell/\mathrm{cm})^{0.5} &= \log_{10}[c/(\mathrm{s\ \ cm}^{-0.5})] \\
\log_{10}\frac{(T/\mathrm{s})}{(\ell/\mathrm{cm})^{0.5}} &= \log_{10}[c/(\mathrm{s\ \ cm}^{-0.5})] \\
\frac{(T/\mathrm{s})}{(\ell/\mathrm{cm})^{0.5}} &= c/(\mathrm{s\ \ cm}^{-0.5}) \\
T &= c\ \sqrt{\ell} \\
c &\fallingdotseq 0.21\ \mathrm{s\ \ cm}^{-0.5} \\
\text{または}\ \ c/(\mathrm{s\ \ cm}^{-0.5}) &\fallingdotseq 0.21
\end{aligned}
$$

周期 T は, 糸の長さ ℓ の平方根に比例する.

$c/(\mathrm{s\ \ cm}^{-0.5})$

$= \dfrac{c}{\mathrm{s\ \ cm}^{-0.5}}$

$= \dfrac{\frac{c}{\mathrm{s}}}{\mathrm{cm}^{0.5}}$

(分子・分母を s で割る)

$= \dfrac{\frac{c}{\mathrm{s}}}{\frac{1}{\mathrm{cm}^{0.5}}}$

$\dfrac{(T/\mathrm{s})}{(\ell/\mathrm{cm})^{0.5}} = \dfrac{\frac{T}{\mathrm{s}}}{\frac{\ell^{0.5}}{\mathrm{cm}^{0.5}}}$

$\dfrac{\frac{c}{\mathrm{s}}}{\frac{1}{\mathrm{cm}^{0.5}}} = \dfrac{\frac{T}{\mathrm{s}}}{\frac{\ell^{0.5}}{\mathrm{cm}^{0.5}}}$

の左辺と右辺とを比べると

$c = \dfrac{T}{\ell^{0.5}}$

である.

【注意】実験結果の解釈

片対数方眼紙にプロットしたとき, 点が直線状に並んだ場合は

$$T/\mathrm{s} = 10^{c\ell}\ \ (c\ \text{は一定量})$$

の関係が成り立つことがわかる. この両辺の対数は

$$\underbrace{\log_{10}(T/\mathrm{s})}_{y} = \underbrace{c}_{a}\underbrace{\ell}_{x}$$

だからである. 実験によっては, $T/\mathrm{s} = 10^{c\ell}$ と $T = c\ell^n$ とのどちらもあてはまらない場合もある.

【進んだ探究 4】等号と近似記号

「≒ は近似値を示すための記号であるが, $9.9 + 0.001 \fallingdotseq 9.9$ mL で 9.9 mL は近似値ではない. 数値は数直線上の 1 点を表すのではなく, 数値の範囲の呼称だから, 近似記号を使うのはまちがいで = を使うのが正しい」という説明 [木村勇雄:「有効数字の簡単な扱い」(http://www.gs.niigata-u.ac.jp/~kimlab/lecture/numerical/plusminus.html)] がある. 本書では, 例題 0.5 にならって, ≒ も複数の用法があり,「どの桁までしか意味を持たないか」を指す用法もあると解釈すればよいという立場を取った.

探究支援 5.2 注釈欄の解説も参考になる.

【まとめ】

比例を表すグラフ (原点を通る直線) を基本に考える.

等間隔目盛の方眼紙で x と y との関係を表すグラフが曲線になった場合, つぎの ①, ②, ③ のようにグラフを書き換えてみる.

x, y の表す意味は, 実験ごとに異なる.

① 等間隔目盛の方眼紙上で 原点を通る直線 $y = CX$ $\left(X = \dfrac{1}{x}\right)$ のとき	$xy = C$ (C は一定量) の関係が成り立つ. **例**　x：圧力, y：体積
② 片対数方眼紙上で 原点を通る直線 $Y = ax$ ($Y = \log_{10} y$) のとき	$y = 10^{ax}$ (a は一定量) の関係が成り立つ. **例**　x：(絶対温度)$^{-1}$, y：抵抗
③ 両対数方眼紙紙上で 原点を通る直線 $Y = nX$ ($X = \log_{10} x$,　$Y = \log_{10} y$) のとき	$y = x^n$ (n は定数) の関係が成り立つ. **例**　x：糸の長さ, y：周期

探究支援 1.3 参照.
$Y = ax + b$ のとき
$y = C \cdot 10^{ax}$
$b = \log_{10} C$
枠内は $b = 0$, $C = 1$ の場合である.

探究支援 1.4 参照.
$Y = nX + c$ のとき
$y = ax^n$
$c = \log_{10} a$
枠内は $c = 0$, $a = 1$ の場合である.

y が x に比例するのであれば, わざわざ対数方眼紙を使わない.

等間隔目盛の方眼紙では原点を通る直線にならない.

$\longrightarrow$ y が x に比例するのではない.

片対数：$\log_{10} y$ が x に比例する.　両対数：$\log_{10} y$ が $\log_{10} x$ に比例する.

1.2.3　波動のグラフ — パラメータの意味

1.1 節で, パラメータとは何かということを理解した. ここでは, パラメータが重要になる問題を取り上げる. その代表例として, 「波動」を調べてみる. 海の水面を思い浮かべてみよう. ある 1 か所に注目する. その位置では, 時間とともに水面の高さが変化する. ある一瞬では, 水面の高さは位置ごとに異なり波打っている. 水面の高さは, 時刻と位置とによってちがう. 水面の高さは時刻と位置との関数である.

物理化学, 量子生物学などで物質の波動性・粒子性について学習する. 波動の表し方を理解すると都合がいい.

「パラメータ」とは, 関数を表す式の中で一定のまま扱う変量 (値は変数) である.

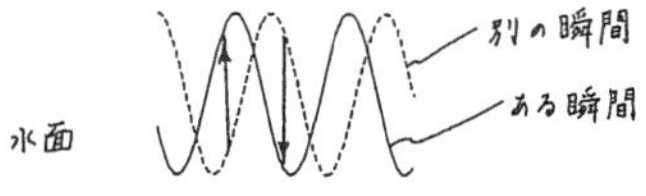

水面　別の瞬間　ある瞬間

図 1.23 水面

▶ いろいろな位置があるから, 位置を表す数値 (座標) は変数である. あらゆる位置のうち 1 か所に注目した場合, 位置を一定にしたことになる. 位置をパラメータとして扱っている.

▶ いろいろな時刻があるから, 時刻を表す数値は変数である. あらゆる時刻のうちの一瞬に注目した場合, 時刻を一定にしたことになる. 時刻をパラメータとして扱っている.

円関数 (三角関数)

単位円 (半径 1) の中心と円周上の点とを結ぶ線分を動径という. 水平方向の座標軸 (x 軸) の正の側と動径とのなす角を θ とする. 円周上の点が**どの象限にあっても,** ヨコ座標 (x 座標) を $\cos\theta$, タテ座標 (y 座標) を $\sin\theta$ と表す.

座標と角とを対応させる規則を「円関数」という.

高校数学では, 「三角関数」とよんでいるが, 三角形ではなく円と関係が深い.

▶ **cos とは**:「円周上でヨコ座標 (x 座標) が 0.5 の位置は角 60° にあたる」などという対応規則

▶ **sin とは**:「円周上でタテ座標 (y 座標) が 0.5 の位置は角 30° にあたる」などという対応規則

【準備】弧度法 (円弧の大きさを半径で割った大きさで角度を測る方法)

角度は「開き方の程度」だから円弧の大きさで表せる. しかし, 同じ開き方でも半径の大きさによって円弧の大きさがちがう. 円弧の大きさを半径で割ると, 半径に関係なく同じ大きさになる. こういうわけで,

$$\text{角度} = \frac{\text{円弧の大きさ}}{\text{半径の大きさ}}$$

分子・分母の (半径の大きさ) が約せるので, 半径の大きさに無関係になる.

を考える.

図 1.24 角

いろいろな位置
岸から 2.0 m, 2.1 m, 2.2 m, ...

いろいろな時刻
8 : 00, 8 : 01, 8 : 02, 8 : 03, ...

6.1.2 項でも円関数が必要になる.

小林幸夫:『力学ステーション』(森北出版, 2002) p. 238.

1.1 節【注意 4】
関数記号の使い方
$f(\ )$
↓
$\cos(\ )$

関数名はいつでも f とは限らず, $f(\ )$ を $\cos(\ )$ と書いた形である.
$\cos\theta$ を $\cos\times\theta$ と誤解しないように, $f(x)$ と同じ形 $\cos(\theta)$ を書く方がいい.

円周の大きさ
= 円周率 × (直径の大きさ)
直径の大きさがちがっても形は同じだから, すべての円は相似である (1.1 節問 1.1).

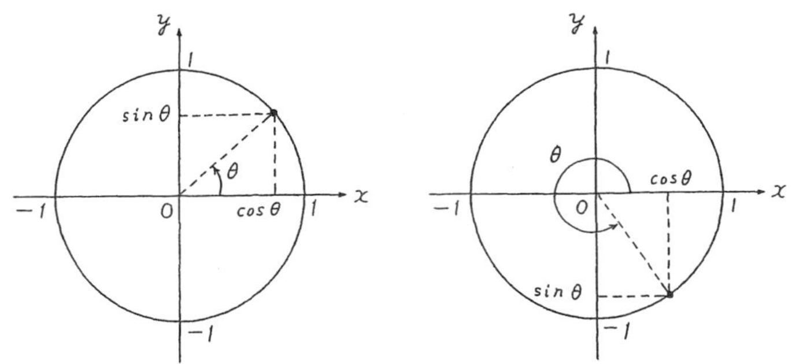

図 1.25　単位円

角度の単位は ？
長さ / 長さ　だから，単位を書かなくてもいい．明記して角度であることをわかりやすくするときには rad (「ラジアン」と読む) と書く．m/m = 1 だが，あえて m/m を rad と書くという意味である．

例 1　$360^\circ = \dfrac{2\pi \times (\text{半径の大きさ})}{\text{半径の大きさ}} = 2\pi$　$60^\circ = \dfrac{2\pi \times (\text{半径の大きさ}) \times \frac{1}{6}}{\text{半径の大きさ}} = \dfrac{1}{3}\pi$

$360^\circ = 2\pi$ rad の両辺を 360 で割る． $1^\circ = \dfrac{2\pi}{360}\ \text{rad} = \dfrac{\pi}{180}\ \text{rad}$	$360^\circ = 2\pi$ rad の両辺を 2π で割る． $1\ \text{rad} = \left(\dfrac{360}{2\pi}\right)^\circ = \left(\dfrac{180}{\pi}\right)^\circ$

60 進法のわけ ？
シュメール人が60進法を取り入れたのは，60 が 2, 3, 4, 5, 6, 10, 12, 15, 20, 30 で割り切れて便利な数だからだそうである．

例 2　90° は何 rad か？　$90^\circ = 90 \times \underbrace{\dfrac{\pi}{180}\ \text{rad}}_{\circ} = \dfrac{1}{2}\pi\ \text{rad}$

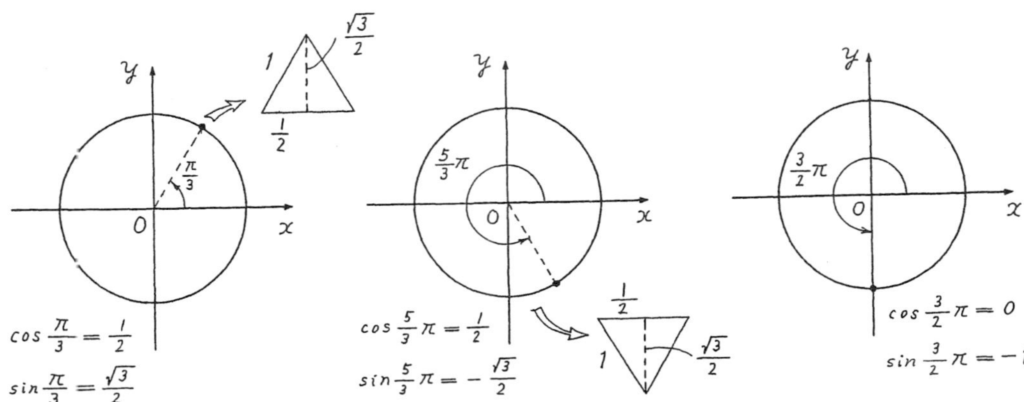

図 1.26　単位円の周上の点　$\cos\dfrac{\pi}{3}$, $\cos\dfrac{3}{2}\pi$, $\cos\dfrac{5}{3}\pi$ は 単位円の周上の各点のヨコ座標, $\sin\dfrac{\pi}{3}$, $\sin\dfrac{3}{2}\pi$, $\sin\dfrac{5}{3}\pi$ はタテ座標を表す．

▶ **円関数で表せる波 (正弦波) の式のつくり方**

ある瞬間 (たとえば $t = 0$ s), 各位置で変位 (振動の中心からのずれ) y を

$$y = A\sin♠ \qquad (\text{位置 } x \text{ で角度 } ♠ \text{ を } kx \text{ と表す})$$

とする.

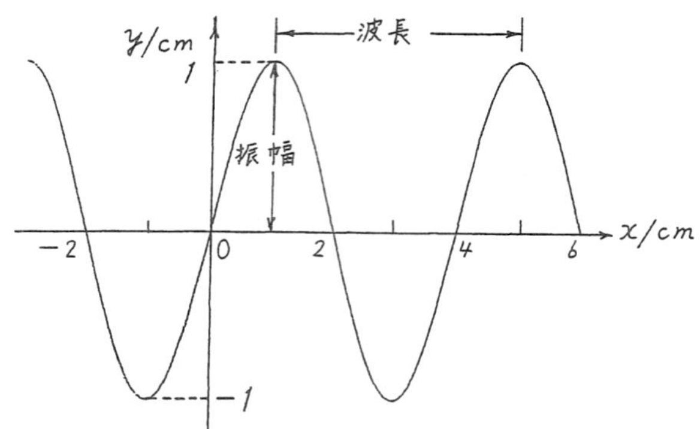

図 1.27　正弦波

A の意味と k の意味は, 問 1.10 で考える.

ここで, ♠ は角度を表す記号として使った.

問 1.10　図 1.27 を見て, A の表す意味と k の表す意味を説明せよ.

【解説】　A：山の高さまたは谷の深さを表し, **振幅**という.

隣り合う山と山の間隔または隣り合う谷と谷の間隔を**波長**という. 波長はギリシア文字 λ で表すことが多い. 1 波長が角度 2π に相当する (図 1.27).

波の変位を円運動の回転角で表すので, 変位と回転角との対応の規則 (1.1 節) sin を**円関数**という.

距離を角度で表す方法　単位長さに相当する角度 $= \dfrac{1\text{ 周の角度}}{\text{波長}}$ (図 1.30)

単位長さは, cm, m などである.

k：単位長さがどれだけの角度 (何ラジアン) にあたるかを表す量であり, **伝搬定数**という.

$$\text{伝搬定数} = \frac{1\text{ 周の角度}}{\text{波長}} \qquad k = \frac{2\pi}{\lambda}$$

≒「近似的に等しい」

例　波長が $\lambda = 4$ cm の波の場合, $k = \dfrac{2\pi}{4\text{ cm}} \fallingdotseq 1.57\ \text{cm}^{-1}$ だから, cm あたり 1.57 rad である.

cm^{-1}
「cm あたり $\cdots$」を表す.

▶ 距離 x は角度 $\dfrac{2\pi}{\lambda}x$ で表せる.

例　位置 $x = 0$ cm で角度が 0 の場合
位置 $x = 3$ cm は, 角度 $\dfrac{2\pi}{\lambda}x = \dfrac{2\pi}{4\ \mathrm{cm}} \times 3\ \mathrm{cm} = \dfrac{3}{2}\pi$ で表せる.

波が x 軸の正の向きに速さ v で進んでいる場合, 時刻 t で各位置の変位 y はどのように表せるだろうか？ 時刻ごとに, 波のグラフが描ける. 一つのグラフは特定の時刻で描くから, 時刻をパラメータ (1.1 節) として扱っている.

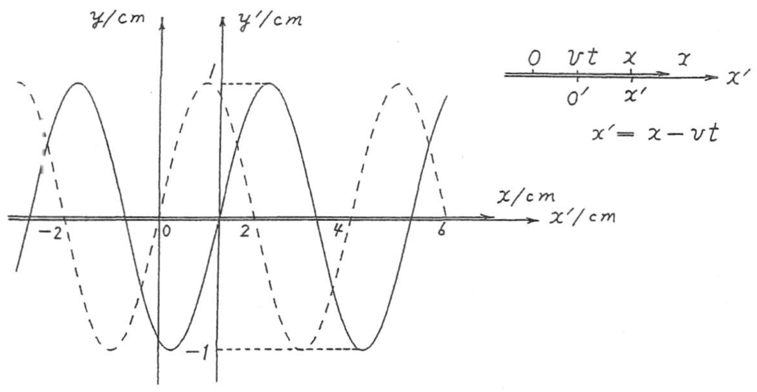

図 1.28　波の伝搬

時間が経っても波の形はそのまま伝わるという特徴に注意する. x 軸の代わりに x' 軸では, 波を

$$y = A\sin kx'$$

と表せることがわかる. 図を見ると $x' = x - vt$ だから,

$$\begin{aligned} y &= A\sin k(x - vt) \\ &= A\sin(kx - \omega t) \end{aligned}$$

⟵ x と t との 2 変数関数（くわしくは 2.4.1 項参照）

と書き直せる. ここで, $\omega = kv$ とおいた (ω の意味は, 問 1.11 で考える).

距離と角度との対応
$\lambda \to 2\pi$

$\mathrm{cm} \to \dfrac{2\pi}{\lambda} \times \mathrm{cm}$

$x \to \dfrac{2\pi}{\lambda}x$

$\dfrac{2\pi}{4\ \mathrm{cm}}$ は cm あたりの角度である. cm は単位長さを表す (例題 0.12).

$\lambda = 4$ cm と $x = 3$ cm との間で cm が約せる.

rad という単位量
$\dfrac{2\pi}{\lambda}x$ の単位量 cm/cm は 1 だから $\dfrac{3\pi}{2}$ と書く.
cm/cm を rad と表して $\dfrac{3\pi}{2}$ rad と書くこともある.
$2\pi/\lambda$ の単位量は cm^{-1} である.

実線：時刻 t のとき
破線:時刻 0 s のとき

工夫
波の式を書きやすいように, 座標軸の原点を選び直す.

$y = A\sin kx'$ と $y = A\sin kx$ とは, x と x' とのちがいを除いて同じ形の式である.

問 1.11　ω の意味を説明せよ.

【解説】 一つの山が通過してからつぎの山がくるまでの時間を**周期**という. 周期はアルファベットの T で表すことが多い.

$k = \dfrac{2\pi}{\lambda}$ だから, $\omega = \dfrac{2\pi}{\lambda}v = \dfrac{2\pi}{\lambda/v} = \dfrac{2\pi}{T}$ となる.

$T = \dfrac{\lambda}{v}$

1 波長の距離だけ進むのにかかる時間 $= \dfrac{\text{波長}}{\text{速度}}$

例　$\lambda = 3.0\ \text{m}$, $v = 6.0\ \text{m/s}$ の波の場合

$\omega = \dfrac{2\pi}{\dfrac{3.0\ \text{m}}{6.0\ \text{m/s}}} = 12.56\ \text{s}^{-1}$ だから, s あたり 12.56 rad にあたる.

ω：単位時間がどれだけの角度 (何ラジアン) にあたるかを表す量であり, **角振動数**という.

角振動数は $12.56\ (\text{m/m})\ \text{s}^{-1}$ だから m/m を 1 として $12.56\ \text{s}^{-1}$ と書ける.
この代わりに, m/m を rad と表して $12.56\ \text{rad s}^{-1}$ と書いてもいい.
rad について弧度法の解説参照.

$$\boxed{\text{角振動数} = \frac{1\,\text{周の角度}}{\text{周期}}} \qquad \omega = \frac{2\pi}{T}$$

▶ **似た形に注目**　$k = \dfrac{2\pi}{\lambda} \longleftrightarrow \omega = \dfrac{2\pi}{T}$

問 1.12　振幅が 1 cm, 波長が 4 cm, 周期が 0.50 s の波が x 軸の正の向きに進んでいる. 時刻 0.25 s のとき位置 3 cm で波の変位を求めよ. ただし, 時刻 0 s のとき原点で変位が 0 cm とする.

【解説】

$$\begin{aligned} y &= A\sin\left(\frac{2\pi}{\lambda}x - \frac{2\pi}{T}t\right) \\ &= 1\ \text{cm} \times \sin\left(\frac{2\pi}{4\ \text{cm}} \times 3\ \text{cm} - \frac{2\pi}{0.50\ \text{s}} \times 0.25\ \text{s}\right) \\ &= 1\ \text{cm} \end{aligned}$$

$y = A\sin(kx - \omega t)$

$\dfrac{3\ \text{cm}}{4\ \text{cm}} = \dfrac{3}{4}$

$\dfrac{0.25\ \text{s}}{0.50\ \text{s}} = \dfrac{0.25}{0.50}$

$\dfrac{2\pi}{4\ \text{cm}} \times 3\ \text{cm} - \dfrac{2\pi}{0.50\ \text{s}} \times 0.25\ \text{s} = \dfrac{\pi}{2}$

問 1.13　波が x 軸の負の向きに速さ v で進んでいる場合, 時刻 t で各位置の変位 y はどのように表せるか？

【解説】 x 軸の代わりに x' 軸では, 波を

$$y = A\sin kx'$$

と表せることがわかる．図 1.29 を見ると $x' = x + vt$ だから，

$$
\begin{aligned}
y &= A \sin k(x + vt) \\
&= A \sin(kx + \omega t)
\end{aligned}
$$

と書き直せる．ここで，$\omega = kv$ とおいた．

実線：時刻 t のとき
破線：時刻 0 s のとき

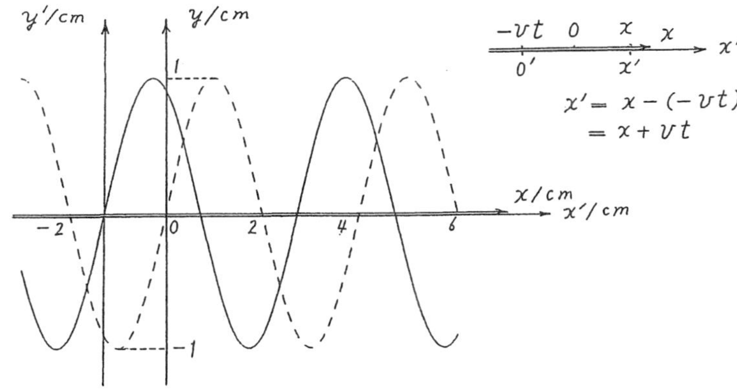

図 1.29　波の伝搬

【進んだ探究】波の表し方のしくみをくわしく考えてみよう

▶ **「距離を角度で表す」とは ?**

波の変位 (y 座標) が 1 振動の中でどこにあるかを表すために，円運動の回転角 θ を参照すると便利である．この回転角を**位相**という．

▶ **図 1.30 の見方**　ある瞬間に観測した波 (たとえば水面) を A，別の瞬間に観測した波を B とする．x 方向の位置と円運動の回転角とを対応させる．

● **波 A の位相**

y が正の向きに最大のとき $\pi/2$　負の向きに最大のとき $3\pi/2$　もとに戻るとき 2π

● **変位 (高さ)**

① 位置 b でゼロ．

② 位置 d では円周上の位置 d と同じ．

③ 位置 d と位置 f とでは同じだが，位置 d は右上がりの途中であり，位置 f は右下がりの途中である．それぞれの対応する円周上の位置がちがうので，位置 d を表す位相と位置 f を表す位相とは互いに異なる．

生命科学の 1 分野に応用

波の表し方は，タンパク質の立体構造を探る方法 (X 線結晶解析) を理解するときに必要である．

● 波 A と波 B との比較

① 波 B は波 A よりも $\pi/2$ だけ位相が遅れている (図 1.30 で波 A の b と波 B の a とを比べると, a は b よりも $\pi/2$ だけ遅れている).

② 波 A の d と波 B の e とは, 右上がりの途中という同じ特徴がある. b と d との位相差は c と e との位相差と同じである.

▶ 波の進む速さとは？

図 1.30 には波 A と波 B しか描いていないが, 実際には波 A の状態から波 B の状態にジワジワと移り変わる. たとえば, d と e との間でも同じ高さ (もっと正確には, 同じ位相) の状態が絶え間なく伝わっている. 波の進む速さを見やすい位置で考えてみよう. 時刻 0 s で $x = 0$ cm の位置で位相を 0 とする. 時刻 5 s では, $x = 1$ cm の位置で位相が 0 になったとする. この場合, 位相 0 の状態が速さ 0.2 cm/s (= 1 cm/5 s) で伝わったことになる. 同様に, 位相が $\pi/2$ の状態は 5 s 間に g ($x = 1$ cm) から h ($x = 2$ cm) まで進んでいるから, 速さは 0.2 cm/s [= (2 cm − 1 cm)/5 s] である. このように, 同じ位相の状態が進む速さを位相速度という.

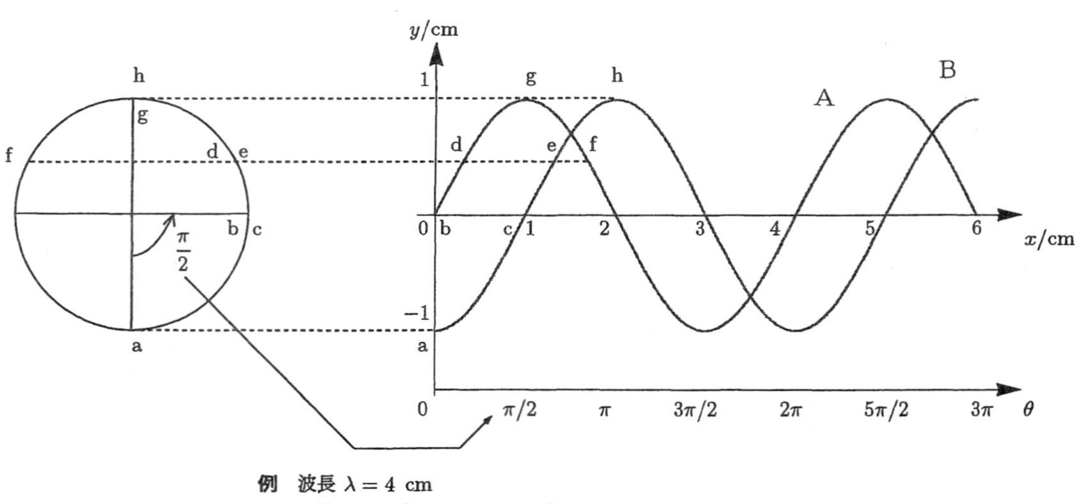

例 波長 $\lambda = 4$ cm

$$\theta = \frac{2\pi}{\lambda}x = \frac{2\pi}{4\ \mathrm{cm}} \times 3\ \mathrm{cm} = \frac{3}{2}\pi$$

図 1.30 波の表し方のしくみ

探究支援 1

1.1　水素イオン濃度と対数目盛

対数の重要な性質 ① $\log_c ab = \log_c a + \log_c b$, ② $\log_c a^k = k\log_c a$ を手がかりにして，水素イオン濃度 $[H_3O^+]$ と pH とについて考える．必要であれば，$\log_{10} 2 = 0.3010$,　$\log_{10} 3 = 0.4771$ としていい．

(1) $\log_{10} 9$ の値を求めよ．

(2) $[H_3O^+] = 9 \times 10^{-6}$ mol/L を $[H_3O^+] = 10^{-\mathrm{pH}}$ mol/L と表す．pH の値を求めよ．

(3) pH = 1 の水溶液の水素イオン濃度 $[H_3O^+]$ を ♠ × 10^{−♣} ♡ の形で表せ．♠ の値と ♣ の値を求め，♡ にあてはまる単位量の記号を書け．

(4) $[H_3O^+]$ の値が $\dfrac{1}{10}$ になるごとに，pH の値はどれだけ変化するか？「◇ ずつ大きくなる」「◇ ずつ小さくなる」のように答えること．なお，◇ は数値を表す．

(5) (4) を理解するために，対数目盛で $[H_3O^+]$ を表してみる．ここでは，10^{-6} を高さ 0 の位置に選んである (図 1.31).

(a) ⓐ, ⓑ, ⓒ, ⓓ, ⓔ, ⓕ, ⓖ にあてはまる値を答えよ．

(b) ⓐ と ⓒ の間隔と ⓔ と ⓖ の間隔とが等しいのはなぜか？

(c) ⓐ と ⓒ との間隔は何の大小のちがいを表しているか？

現場では，公式を暗記していなくても本で調べることができる．調べた公式の意味を理解して活用できることが重要である．このため，本問では ①, ② を与えてある．

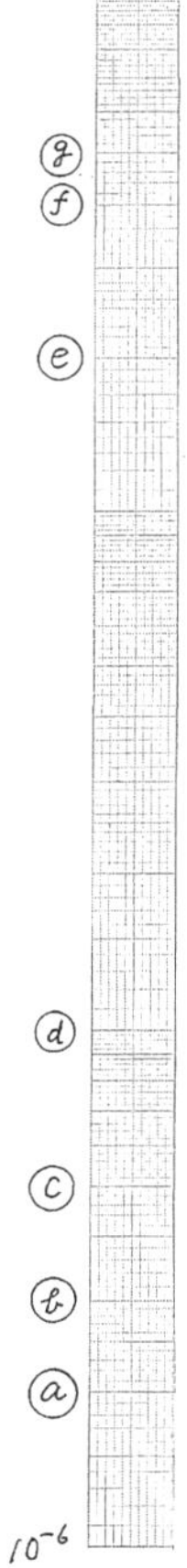

図 1.31　対数目盛

【解説】 対数の計算で初歩のまちがいに注意する．

▶ $9 = 3^2$ は $9 = 3 \times 2$ ではない．$\log_{10} x$ を「$\log_{10}$ を x に掛ける」と誤解してはいけない．**例**　$\log_{10} 9$ は「9 は 10 の何乗か」という意味と読み取る．

(1)

$$\begin{aligned}\log_{10} 9 &= \log_{10} 3^2\\ &= 2\log_{10} 3\\ &= 2 \times 0.4771\\ &= 0.9542\end{aligned}$$

または

$$\begin{aligned}\log_{10} 9 &= \log_{10}(3 \times 3)\\ &= \log_{10} 3 + \log_{10} 3\\ &= 0.4771 + 0.4771\\ &= 0.9542\end{aligned}$$

(2) $[H_3O^+] = 10^{-\mathrm{pH}}$ mol/L の両辺を単位量 mol/L で割った $[H_3O^+]/(\mathrm{mol\ L^{-1}}) = 10^{-\mathrm{pH}}$ から，

$$\mathrm{pH} = -\log_{10}\{[H_3O^+]/(\mathrm{mol\ L^{-1}})\}.$$

$[H_3O^+]/(mol\ L^{-1}) = 9 \times 10^{-6}$ だから

$mol/L = mol\ L^{-1}$

$$\begin{aligned}
pH &= -\log_{10}\{[H_3O^+]/(mol\ L^{-1})\} \\
&= -\log_{10}(9 \times 10^{-6}) \\
&= -(\log_{10} 9 + \log_{10} 10^{-6}) \\
&= -[0.9542 + (-6)\log_{10} 10] \qquad \log_{10} 10 = 1 \\
&= 5.0458.
\end{aligned}$$

(3) pH の定義にあてはめると, $[H_3O^+] = 1 \times 10^{-1}$ mol/L と表せる.

(4) 1 ずつ大きくなる.

$-\log_{10}\{[H_3O^+]/(mol\ L^{-1})\}$ を $-\log_{10}\{10^{-1}[H_3O^+]/(mol\ L^{-1})\}$ と比べる.

$$\begin{aligned}
&-\log_{10}\{10^{-1}[H_3O^+]/(mol\ L^{-1})\} \\
&= -[\log_{10} 10^{-1} + \log_{10}\{[H_3O^+]/(mol\ L^{-1})\}] \\
&= -[-1 + \log_{10}\{[H_3O^+]/(mol\ L^{-1})\}] \\
&= 1 \underbrace{-\log_{10}\{[H_3O^+]/(mol\ L^{-1})\}}_{\text{もとの pH}}
\end{aligned}$$

(5) (a) ⓐ 2×10^{-6}, ⓑ 3×10^{-6}, ⓒ 5×10^{-6}, ⓓ 1×10^{-5}, ⓔ 2×10^{-4}, ⓕ 4×10^{-4}, ⓖ 5×10^{-4}

(b) ⓐ と ⓒ との間隔がつぎの大きさになるように目盛が割りあててある.

$$\begin{aligned}
&\log_{10}(5\times10^{-6}) - \log_{10}(2\times10^{-6}) \\
&= (\log_{10} 5 + \log_{10} 10^{-6}) - (\log_{10} 2 + \log_{10} 10^{-6}) \\
&= \log_{10} 5 - \log_{10} 2
\end{aligned}$$

ⓔ と ⓖ との間隔がつぎの大きさになるように目盛が割りあててある.

$$\begin{aligned}
&\log_{10}(5\times10^{-4}) - \log_{10}(2\times10^{-4}) \\
&= (\log_{10} 5 + \log_{10} 10^{-4}) - (\log_{10} 2 + \log_{10} 10^{-4}) \\
&= \log_{10} 5 - \log_{10} 2
\end{aligned}$$

(c) $\log_{10}(5\times10^{-6})$ と $\log_{10}(2\times10^{-6})$ との差

$\log_{10}\{[H_3O^+]/(mol\ L^{-1})\} = \log_{10}(5\times10^{-6})$ と $\log_{10}\{[H_3O^+]/(mol\ L^{-1})\} = \log_{10}(2\times10^{-6})$ との差と考えて $-$pH の差とみなす.

1.2　大きい数を対数で表す工夫

タンパク質はアミノ酸が多数つながってできた分子である．アミノ酸は 20 種類あり，これらのアミノ酸のどれがどんな順に何個つながっているかによって，多種多様なタンパク質（アミノ酸配列）が存在する．簡単のために，80 個のアミノ酸がつながってタンパク質分子ができる場合を考える．

○　○　⋯⋯　○
1 番　2 番　　80 番

図 1.32　アミノ酸配列（○ はアミノ酸を表す）

(1) 図 1.32 を手がかりにして，つぎの文章の ♡, ♣, ♠, ♢ にあてはまる数と □ にあてはまる演算記号（+, −, ×, ÷ のどれか）とを答えよ．アミノ酸配列の予備知識がなくても，問題文の意味を読み取り，図 1.32 の内容を理解すれば解ける．

1 番目には ♡ 通りのアミノ酸のどれか，2 番目には ♣ 通りのアミノ酸のどれか，…，80 番目には ♠ 通りのアミノ酸のどれかがつながっている．したがって，可能なタンパク質（アミノ酸配列）の種類は

♡ □ ♣ □⋯⋯□ ♠

から，$20^{\diamondsuit}$ 通りある．

(2) 対数の性質 (∗), (∗∗) と $\log_{10} 2$ の値とを活用して，つぎの文章の ♮ にあてはまる値を求めよ．ここでは，$\log_{10} 2 \fallingdotseq 0.3$ とする．

$$\log_{10} st = \log_{10} s + \log_{10} t \qquad (*)$$
$$\log_{10} s^r = r \ \log_{10} s \qquad (**)$$

(1) の $20^{\diamondsuit}$ 通りという表し方では，具体的にどの程度の多さなのかがわかりにくい．0 が何桁分の大きさの数であるかということがわかるといい．このため，$x = 20^{\diamondsuit}$ とおき，両辺の常用対数（底が 10）を考える．この結果から，x の値はほぼ $10^{\natural}$ となることがわかる．

何通りの異なるアミノ酸配列ができる可能性があるかということを考える．

【解説】(1) ♡ = 20, ♠ = 20, ♣ = 20, ♢ = 80　　□ には × があてはまる．

(2)

$$
\begin{aligned}
\log_{10} x &= \log_{10} 20^{80} \\
&= 80 \log_{10} 20 \\
&= 80 \times (\log_{10} 2 + \log_{10} 10) \\
&\fallingdotseq 80 \times (0.3 + 1) \\
&= 24 + 80 \\
&= 104
\end{aligned}
$$

だから, $x \fallingdotseq 10^{104}$ (0 が 104 桁分の大きさの数) である.

対数の活用
大きい数 (10 のプラス何乗)
例 アミノ酸配列の種類
小さい数 (10 のマイナス何乗)
例 水素イオン濃度
が簡単に表せる.

1.3 実験データの規則性を見出す工夫：片対数方眼紙の活用例

マルサスの法則 (例題 3.1) によると, 食糧, 環境などが理想の状況ならば, 時刻 t で人口 x は, $x = x_0 e^{at}$ (x_0, a は一定量, $e = 2.71828\cdots$) と表せる. $x = n$ 人, $x_0 = n_0$ 人とおく. たて軸に n, よこ軸に t/y を選ぶと, この関数のグラフは曲線になる. たて軸に $\log_{10} n$, よこ軸に t/y を選ぶと, どんなグラフになるか？

【解説】 $n = n_0 e^{at}$ の両辺の対数を考えると, $\log_{10} n = \log_{10}(n_0 e^{at})$ となる. この関係式は,

$$
\begin{aligned}
\log_{10} n &= \log_{10} n_0 + \log_{10} e^{at} \\
&= \log_{10} n_0 + at \log_{10} e \\
&= at \log_{10} e + \log_{10} n_0 \qquad \text{第 1 項と第 2 項との入れ換え} \\
&= (a \log_{10} e)t + \log_{10} n_0
\end{aligned}
$$

の 1 次関数の形である.

$$
\begin{array}{ccccccccc}
 & \log_{10} n & = & (a \log_{10} e) & t & + & \log_{10} n_0 \\
 & \updownarrow & & \updownarrow & \updownarrow & & \updownarrow \\
\text{1 次関数} & y & = & a & x & + & b
\end{array}
$$

たて軸に $\log_{10} n$, よこ軸に t/y を選ぶと, 原点を通らない直線になる.

【類題】 ある期間に特定の地域でマグニチュード M 以上の地震が N 回発生した. 片対数方眼紙のよこ軸 (等間隔の目盛) にマグニチュード M, たて軸 (対数目盛) に N を選んで, データをプロットした. その結果, プロット (点) が

人口 x を n 人と表すと, n は数である. $\log_{10} n$, $\log_{10} n_0$ は $\log_{10}$(数) の形. 問 0.6【注意】参照.

$x = x_0 e^{at}$ の通りだとすると, 人口は増え続ける. この傾向は現実と合わないので, $x = x_0 e^{at}$ を修正したモデルがある.

$\log_{10} n$ は $\log_{10} \times n$ ではない. log と n との掛算という演算はない.

対数の性質 ①
$\log_c ab$
$= \log_c a + \log_c b$

対数の性質 ②
$\log_c a^k = k \log_c a$

1 次関数について, 例題 1.1 参照.

$\log_{10} n$ を改めて y と書くといい.
1 次関数の基本形を $y = ax + b$ と表しただけで, この a, x は $x = x_0 e^{at}$ の a, x を指すわけではない.

$$\text{直線：}\quad \underbrace{\log_{10} N}_{\text{たて}} = -a \underbrace{M}_{\text{よこ}} + b \qquad (a, b\ \text{は定数})$$

と合うことがわかった.

(1) N に M のどんな関数で表せるか？

(2) 簡単のために, 10^{-a} を A, 10^{b} を B とおく. (1) の関数を, A, B を使った式で表せ.

【解説】 (1) $N = 10^{-aM+b}$ (2) $N = BA^{M}$　**【注意】** $y = ax^{n}$ と同じ形の関数

1.4　実験データの規則性を見出す工夫：比例の考え方

光源で照らした面の明るさ (照度という) は, 光源からの距離によってどのように変化するかを調べた実験の結果は, 表 1.4 の通りである. 照度 E の単位は lx (ルクスと読む), 距離 d の単位は m である.

表 1.4　照度と距離との間の関係

d/m	E/lx
0.20	1600.0
0.40	410.0
0.60	195.0
0.80	110.0
1.00	71.0
1.20	46.0
1.50	32.0

(1) 等間隔目盛の方眼紙にプロットすると, { ① 右上がりの曲線, ② 右下がりの曲線, ③ 右上がりの直線, ④ 右下がりの直線 } のどれになるか？

(2) 面の照度は, 光源の明るさが一定のとき, 光源からの距離の 2 乗に反比例する. 等間隔目盛の方眼紙で, この関係を確かめるためには, よこ軸とたて軸とのそれぞれでどんな量の数値を表せばいいか？

【解説】 (1) ②

(2) よこ軸：d^{-2}/m^{-2}　たて軸：E/lx

E が d^{-2} に比例することを確かめる.

軸は数直線だから,
数値 = 量/単位量
を表す.

第 1 話の問診 (到達度確認)

① 関数の意味を理解したか？

② 比例の考え方に基づいて, 実験結果から量どうしの間の関係を見出す方法を理解したか？

③ 片対数方眼紙・両対数方眼紙の使い方を理解したか？

④ 円関数の意味を理解したか？

⑤ 波動の表し方を理解したか？

第 I 部　量の変化を捉える — 微分積分

比例の関係をつなぎ合わせるという発想

第 2 話　積分と微分 — データの変化の特徴を表すには

第 2 話の目標

① 細かい範囲での量の変化を手がかりにして, 全体の大きさを探る方法を理解すること.

② 比例を基本にして, 量の変化の特徴を表す方法を理解すること.

キーワード　積分, 微分, 重積分, 偏微分, 極大, 極小

自然科学の法則は, 量と量との間に成り立つ関係 (規則) で表せる. 一方の量が変化したとき, 他方の量がどのように変化するかを調べると, 法則が見つかることがある. この方法だけであれば, 第 1 話の「関数とグラフ」と同じと思うかもしれない. しかし, 変化の割合 (急激な変化なのか, 緩やかな変化なのか) を数値で表す方法は, くわしく考えなかった. たしかに, 比例の場合は単純である. 一方の量が 2 倍, 3 倍, ... になると, 他方の量も 2 倍, 3 倍, ... になる. では, 比例でない場合はどうだろうか？ 一方が変化すると, 他方はどんな割合で変化するといえばいいのか？ この問いに答えることは, 簡単ではない. 歴史を振り返ると, Newton (ニュートン), Leibniz (ライプニッツ) のような数学者たちが葛藤の末にようやく辿り着いた方法がある. この方法こそが高校数学以来おなじみの「微分積分学」である.

量の変化の割合がわかると, どのように都合がいいのか？ 自然科学の法則を見出すのはなぜかを考えると, この問いの意味がはっきりする. 決まった質量の水を電熱線で熱して, 温度の上がり方を調べてみよう. 時間が経つにつれて, 水に与えた熱と水温とは変化する. 多少の誤差はあるが, 実験をくり返すごとに変化の仕方がちがうとしたら法則とはいえない. 法則を信じれば, 毎回実験しなくても「これだけの質量の水にこれだけの熱を与えると, 何 °C になるはずだ」

「比例の関係」とは？ 一方の量が 2 倍, 3 倍, ... になると, 他方の量も 2 倍, 3 倍, ... になる.

サー・アイザック・ニュートン (Sir Isaac Newton, 1642 – 1727) イングランドの科学者

ゴットフリート・ヴィルヘルム・ライプニッツ (Gottfried Wilhelm Leibniz, 1646 – 1716) ドイツの数学者・哲学者

もともと積分の発想は, アルキメデス (Archimedes, BC287 – BC212) の時代に図形の面積を求めるために芽生えたらしい.

といえる．水を熱すると，水温がどんな割合で変化するかを知っているからである．

その後，ガリレイ (Galileo Galilei, 1564–1642) の落体の運動の実験が一つの契機となって，微分の考え方が発展したらしい．
ガリレイの没年にニュートンが誕生した．

現実の自然界では，物体の形も量の変化を表すグラフも直線ではない．完全な正方形，厳密に比例の関係を示すまっすぐのグラフ (直線) は，理想のモデルである．しかし，自然現象のしくみを探るためには，まっすぐの世界を手がかりにするしかない．まっすぐでない現実の世界を，まっすぐの理想の世界に照らし合わせて理解する．この考え方は，どういう意味か？ 量どうしの間の関係が曲線のグラフで表せた場合，量の変化の割合を求めることができるのか？ 第2話では，こういう問題に進めよう．

【休憩室】有名な格言

微分は**微**か (かすか) に**分**かり，**積分**は**分**かった**積**もりになれ．
「積分」は漢文のレ点を打てば「分かった積もり」と読める．

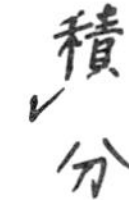

2.1 積分・微分とは

2.1.1 積分・微分のイメージ

あたりまえにわかる話から始めよう．定規で 1 本の線分を引いてみる．この線分の長さを物差で測ると，たとえば 3.25 cm とわかる．今度は，適当な曲線を描いてみる．木の葉の周囲でもいい．この曲線の長さを知るにはどうするか？ 巻尺 (自在定規でもいい) で曲線に沿って長さを測ると，実際には巻尺がたわむので測りにくい．小刻みに少しずつ測って，合計するとよさそうである．点 A から 0.15 cm，点 B から 0.20 cm，点 C から 0.10 cm，... のようにつづける．しかし，これらの長さを足し合わせてもギザギザの折れ線の長さになり，もとの曲線の長さと完全には一致しない．

木の葉のギザギザは測らないで，葉の周囲の長さを考えることにしよう．

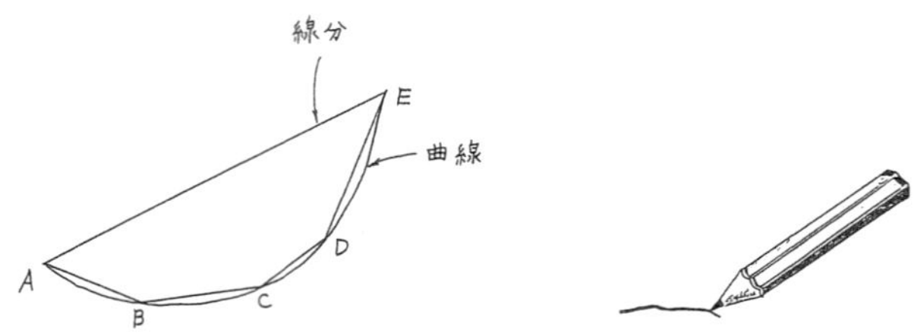

図 2.1 線分，短い線分のつなぎ合わせ，曲線

曲線上の点ごとに, 曲線を接線と同じとみなせるほど**微**小に**分**ける.
曲線と接線とが重なっている部分の長さどうしを**積**み重ねる
(ここでは「つなぎ合わせる」という意味).
各点を原点として測った長さを「**微分**」,
つなぎ合わせ (足し合わせ) を「**積分**」という.

鉛筆で線を引くという作業は, 芯の細かい粒子の軌跡を途切れなく残す操作である. 筆記という作業こそが積分の操作である. われわれは, 鉛筆で紙面に文字 (文字も線) を書くことで, いつも積分を経験している.

微小な変化を集めると, 大きな変化になる.	
細かい粒子の幅	曲線の長さ

「重箱のように積み上げる」という意味ではない.
「点」を進めて,「線」を描けばいい. 「点」を「面」に広げて行きつつ . . . [鷲田小彌太 : 『社会人から大学教授になる方法』(PHP 研究所, 2006) p.166].

休憩室 **ノーベル物理学賞の小柴昌俊先生のエピソード**
鉛筆を紙に滑らせるとき, 芯と紙との摩擦で芯が細かい粒子になり, 紙に顔料の軌跡を残すことによって筆記する. 大学院生だった小柴先生は 1950 年 9 月から 1 年半, 栄光学園で中学生に物理を教えた. 「この世に摩擦がなければどうなるか答えよ」という問題を出した. 摩擦がないと, 鉛筆の先が滑って紙に何も書けない. だから正解は「白紙答案」であるという. 正解者は 3 人だったと教え子たちは記憶しているそうである. 栄光学園 3 期生の鈴木勝久先生 (都立科学技術大名誉教授) は「答を懸命に書いたが, 正解を聞いて驚いた. 教師が自由に授業ができた時代だった. 考える習慣を教えてくれた」と振り返る.

2.1.2　積分・微分の意味と記号 ── $\int$ と d とは何を表すか

積分の発想を式と記号とで書き表すには, どうすればいいだろうか ? 長さの合計だから, 和の記号 $\sum$ を使えばよさそうだ. 和の記号の使い方を思い出してみよう.

▶ **和の記号 ── 整数個の項の合計 (トビトビの項どうしの足し合わせ)**

$$\sum_{\text{どこから}}^{\text{どこまで}} \text{足し合わせる項}$$

sum (和) の頭文字 s のギリシア文字 $\sum$ (「シグマ」と読む)

問 2.1　$1, 2, 3, \ldots, n$ の合計を和の記号で表せ.

【解説】　$\displaystyle\sum_{k=1}^{n} k$

問 2.2　$2, 4, 6, \ldots, 16$ の合計を和の記号で表せ.

【解説】　$\displaystyle\sum_{k=1}^{8} 2k$

▶ **記号の見方**　偶数 (2 で割り切れる整数) の合計だから 2 の倍数の形で表す.

$$2 = 2 \times \underbrace{1}_{k},\ 4 = 2 \times \underbrace{2}_{k},\ 6 = 2 \times \underbrace{3}_{k},\ \ldots,\ 16 = 2 \times \underbrace{8}_{k}$$

文字の選び方について, 問 0.3 参照. 足し合わせる回数は i, j, k, l, m, n で表す. 回数, 番号を表すとき, a, b, c, ..., x, y, z は使わない.

問 2.3　$1, 3, 5, \ldots, 15$ の合計を和の記号で表せ.

【解説】　$\displaystyle\sum_{k=1}^{8}(2k-1)$　または　$\displaystyle\sum_{k=0}^{7}(2k+1)$

記号の見方　奇数 (2 で割り切れない整数) の合計だから, つぎのように (2 の倍数) $-$ 1 または (2 の倍数) $+$ 1 の形で表す.

$$1 = 2 \times \underbrace{1}_{k} - 1,\ 3 = 2 \times \underbrace{2}_{k} - 1,\ 5 = 2 \times \underbrace{3}_{k} - 1,\ \ldots,\ 15 = 2 \times \underbrace{8}_{k} - 1$$

$$1 = 2 \times \underbrace{0}_{k} + 1,\ 3 = 2 \times \underbrace{1}_{k} + 1,\ 5 = 2 \times \underbrace{2}_{k} + 1,\ \ldots,\ 15 = 2 \times \underbrace{7}_{k} + 1$$

和の記号は, $1, 2, 3, \ldots, n$ のように, トビトビの項を足し合わせる操作を表す.

和の記号の感覚

$\sum$: **トビトビ** (離散) の項の合計
シグマ (ギリシア文字) の大文字 $\sum$ の形が**ギザギザ**に見える.

$\int$: **途切れない** (連続) 項の合計
インテグラル $\int$ の形が**なめらか**に見える.

和の記号で折れ線の長さを表す

点 A から測った長さ ℓ_1, 点 B から測った長さ ℓ_2, 点 C から測った長さ ℓ_3 の合計は

小林幸夫:『力学ステーション』(森北出版, 2002) 2.5 節.

$$\sum_{k=1}^{3} \ell_k$$

($\ell_1 + \ell_2 + \ell_3$　を和の記号で表した形　こういう場合, 「どの番号から」「どの番号まで」を書く.)

$\displaystyle\sum_{k=1}^{3} \times \ell_k$ ではない.

と表せる.

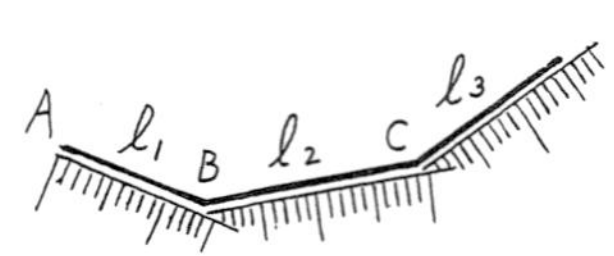

図 2.2　折れ線の長さ (A から ℓ_1, B から ℓ_2, C から ℓ_3)

▶ 積分の記号 — 連続した項の合計 (途切れていない項どうしの足し合わせ)

折れ線ではなく, 曲線の場合を考えてみよう. 鉛筆で曲線を引くとき, 次々に方向を決めて芯の粉を紙に付着させている. 曲線は, 各点における**接線上の微小部分**を**なめらかに**つなぎ合わせて引けたと考える. このようなつなぎ合わせはトビトビの項の合計ではないから, 和の記号で表せない. 曲線の長さの測り方に合う新しい記号を工夫しなければならない.

小林幸夫:『力学ステーション』(森北出版, 2002) p. 152.

なめらかにつなぎ合わせずに尖った点があると, その点で接線が引けない.
この点を通る直線は1通りではないから, 接線の傾きを決めることができない.
数学の立場では, 点ごとに極限値で微分係数 (2.1.4 項) が決まってから接線を定義する.
本書では「鉛筆でなめらかな曲線が引けるのは, 曲線上の各点で接線が引けるときである」と考える.

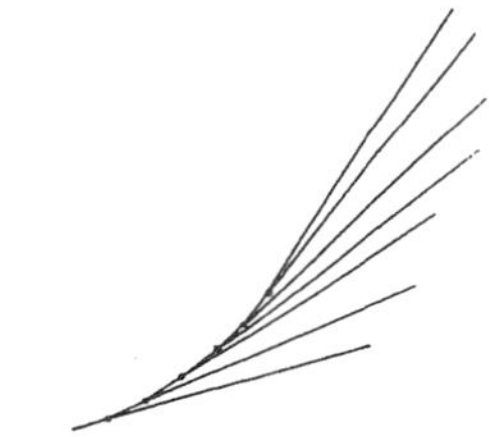

図 2.3　各点における接線のつなぎ合わせ

積分の記号と微分の記号とで曲線の長さを表す

1. 曲線上の**点 A を原点として, 点 A で曲線に接する座標軸 (物差)** を考え, $d\ell$ 軸と名付ける. $d\ell$ 軸は物差だから, どんなに長い長さでも測れる. しかし, 実際には曲線なので, 曲線上で点 A からわずかにずれた点は, この物差の方向にはない. だから, 曲線と点 A における接線とは, 微小な部分だけが一致していると考える. 点 A から測った微小な長さを $d\ell$ とする. 座標軸の名称と同じだが, 混同しないように注意する.

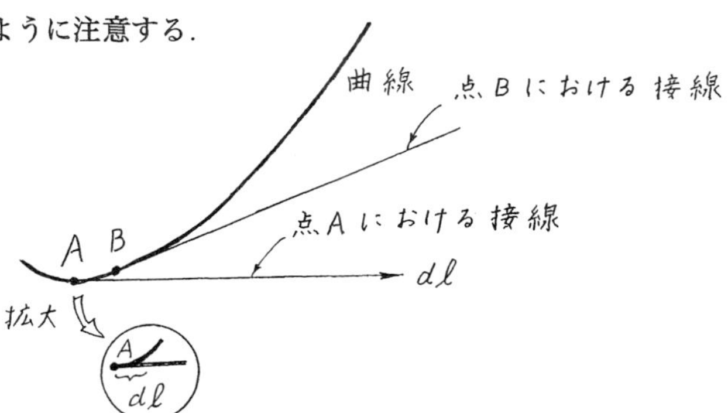

図 2.4　曲線と接線　曲線と点 A における接線とは, 点に見えるくらい微小な部分だけが一致しているとみなす.

2. 曲線上で点 A からわずかに離れた点 B を原点として, 点 B で曲線に接する座標軸 (物差) を $d\ell$ と名付ける. 点 B から測った微小な長さを $d\ell$ とする.
3. 同様の操作を曲線の端までくりかえす.
4. これらの操作で測った微小な長さ $d\ell$ を足し合わせる. ギザギザに見えないほど**微**小な**部分**をなめらかに**積**み重ねる (つなぎ合わせる). 曲線に沿った長さ ℓ を, つぎの記号で表す.

$$\int_{0\,\mathrm{m}}^{\ell} d\ell$$

[(点 A からの微小な長さ) + (点 B からの微小な長さ) + ⋯ だから, 曲線の長さ $\ell - 0$ m である. 実用上は, ℓ の値は自在定規で測らないとわからない.]

↑ ↖

積分の記号 **微分**の記号

曲線の長さ $\ell - 0$ m
(どこまで)
−(どこから)

$d\ell$ を「**線素**」という.

量の代表とは
例 $a = 2$ m

数の代表とは
例 $a = 2$

長さは数ではなく量である. ここで, 文字 ℓ は量を表す記号として使っている.

2.1.3 細かく刻んだ部分を寄せ集める

長さ以外の例もあるから, つぎの形で積分の概念を整理する.

$$\int_{\text{どこから}}^{\text{どこまで}} \text{足し合わせる項} = (\text{どこまで}) - (\text{どこから})$$

$$\int_a^b dx = b - a \qquad \int \text{と}\ d\ \text{とが隣り合った形}$$

sum (和) の頭文字 s を上下に伸ばした形 (「インテグラル a から b まで dx」と読む)
インテグラルは「集積する (integrate)」という意味を表す.
ここで, 文字 x, a, b は量の代表である (数の代表の場合もある).

座標は量ではなく数である.
座標軸の目盛は数を表す. だから, 0.4.1 項で, 座標軸には量/単位量 を書いた.
ここで, 文字 x は数を表す記号として使っている.

- 自在定規で曲線の一端から測って他端の位置が 6.8 cm とわかった場合, 曲線の長さを

$$\underbrace{\int_{0.0\ \mathrm{cm}}^{6.8\ \mathrm{cm}} d\ell}_{\text{微小な長さを足す}} = \underbrace{6.8\ \mathrm{cm} - 0.0\ \mathrm{cm}}_{\text{曲線の長さ}}$$

と書く.

小林幸夫:『力学ステーション』(森北出版, 2002) p. 42.

- 数直線 (座標軸) に沿って, 座標が 3.2 の位置**から** 4.7 の位置**まで**線分を

引いた場合, 座標の変化分を

$$\underbrace{\int_{3.2}^{4.7} dx}_{\text{座標の微小な変化分を足す}} = \underbrace{4.7 - 3.2}_{\text{座標の変化分}}$$

と書く.

● 数直線 (座標軸) に沿って, 座標が 4.7 の位置**から** 3.2 の位置**まで**線分を引いた場合, 座標の変化分を

$$\int_{4.7}^{3.2} dx = 3.2 - 4.7$$

と書く.

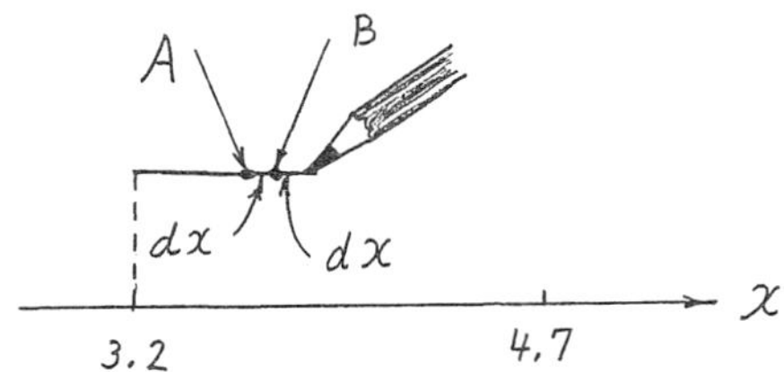

図 2.5　線分を引く作業

線分を引く場面を想定してみる. 点 A からわずかに dx, 点 B からわずかに dx, ... というように, 芯の細かい粒子をジワジワと紙面に付着している. 座標が 3.2 の位置から座標が 4.7 の位置まで細かい粒子を集める作業を $\int_{3.2}^{4.7} dx$ と表す.

問 2.4　紙面上に放物線 $y = x^2$ を描くように, カーブの程度 (放物線上の各点に置ける接線の傾き) に注意して芯を運ぶ. 点 A から点 B までの水平方向の長さと鉛直方向の長さとを, 積分の記号と微分の記号とで表せ.

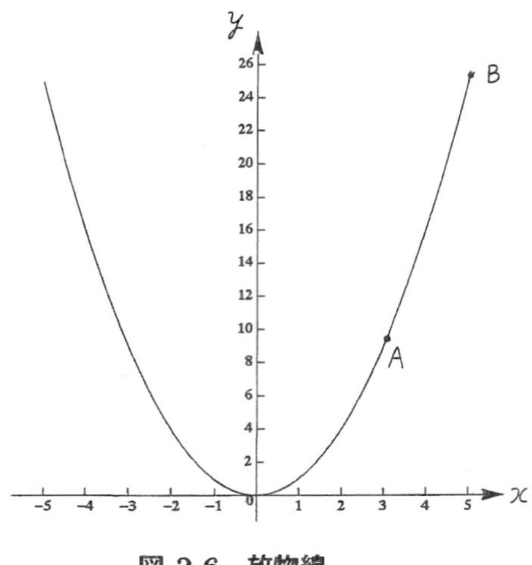

図 2.6 放物線

点 A から点 B までの長さは (大きい座標) −(小さい座標) [(点 B の座標) − (点 A の座標)] の意味と考えていい.

【解説】 放物線上の各点を原点として, x 軸, y 軸のそれぞれに平行な方向に測った座標を dx, dy と書く.

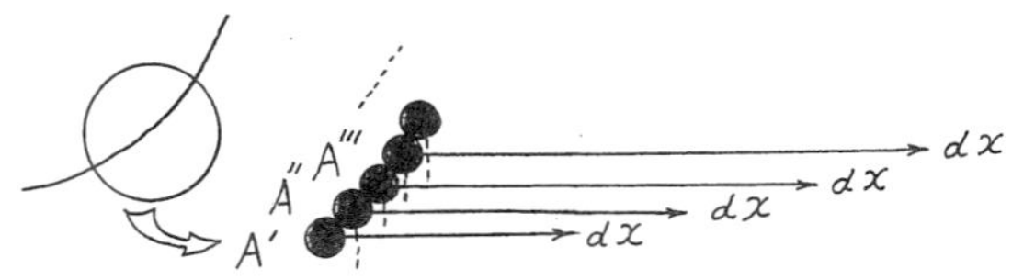

直線を引くときも, 定規に沿って芯を滑らせる. 直線は傾きが一定だから, 傾きを変えないように芯の細かい粒子を紙面に付着するためである.

図 2.7 dx, dy の表す意味 放物線を細かく分割して, A′ から dx, A″ から dx, A‴ から dx, ... を足し合わせる. 図を見やすくするために, dy 軸を描いていない.

水平方向：$\displaystyle\int_3^5 dx = 5 - 3$　　鉛直方向：$\displaystyle\int_{3^2}^{5^2} dy = 5^2 - 3^2$

重要 ① $\int$ と d とが隣り合った形になっている.

② dy 軸の原点の座標は y の代わりに x^2 とも書けるから, $\displaystyle\int_{3^2}^{5^2} d(x^2) = 5^2 - 3^2$ と書くこともできる. はじめはむずかしく見えるかもしれないが, この形の方が

$d(x^2)$ は dy の y を x^2 と書いただけである. 問 2.4 参照.

計算に便利である.

今度は, 紙面上でシャープペンの芯 (長さを 3.0 cm とする) を水平方向に滑らせてみよう. 芯の通過した面が黒くなる. 水平方向には, 線を引くときと同じように, 芯の細かい粒子の軌跡が途切れなく残ったからである. **線に見えるくらい微小な幅の棒を集めると面になる.**

芯の現物は線に見えないから, 線に見えるくらい極細の理想上の棒ということにした.

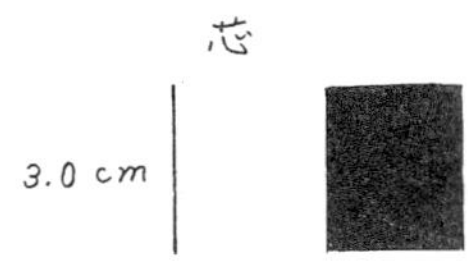

図 2.8　芯を滑らせた跡

$3.0\times\mathrm{cm}\times 7.2\times\mathrm{cm} = 3.0\times 7.2 \times\mathrm{cm}\times\mathrm{cm} = 21.6\times\mathrm{cm}^2$
数と文字との積では, 乗号を省いて $21.6\ \mathrm{cm}^2$ と書いていい.

水平方向で, 一端から測って他端の位置が 7.2 cm だったとする. 芯が通過した領域は長方形だから, この面積は

$$\underbrace{3.0\ \mathrm{cm}}_{\text{鉛直方向の長さ}} \times \underbrace{(7.2\ \mathrm{cm} - 0.0\ \mathrm{cm})}_{\text{水平方向の長さ}} = 21.6\ \mathrm{cm}^2$$

と求まる.

問 2.5　この例について, 芯が通過した領域の面積を積分の記号で表せ.

【解説】

$$3.0\ \mathrm{cm} \times \underbrace{\int_{0.0\ \mathrm{cm}}^{7.2\ \mathrm{cm}}}_{\text{細い芯を集める}} dx = 3.0\ \mathrm{cm} \times \underbrace{(7.2\ \mathrm{cm} - 0.0\ \mathrm{cm})}_{(\text{どこまで})-(\text{どこから})}$$

この長方形の領域を紙面から切り取って, まっすぐ上方に持ち上げてみよう. 色を塗るわけではないから形は残らないが, 紙片の通過した領域は直方体である. 線に見えるくらい微小な厚さの面を集めると立体になる.

図を見やすくするために, 芯の両端を $y = 1.0$ cm と $y = 4.0$ cm との位置に置いた.

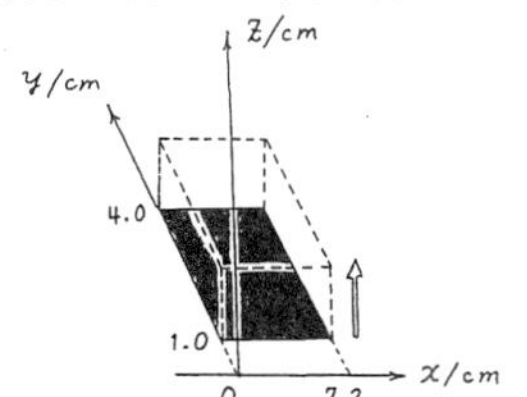

図 2.9　紙片の通過した領域

はじめの高さから 6.2 cm の高さまで紙片を持ち上げたとする.

紙片が通過した領域の体積は

$$\underbrace{21.6\ \mathrm{cm}^2}_{\text{紙片の面積}} \times \underbrace{(6.2\ \mathrm{cm} - 0.0\ \mathrm{cm})}_{\text{持ち上げた高さ}} = 133.92\ \mathrm{cm}^3$$

と求まる.

計算の意味を理解することがねらいなので, 有効数字の桁数を考慮していない.

$$\begin{aligned} &21.6 \times \mathrm{cm}^2 \\ &\quad \times 6.2 \times \mathrm{cm} \\ &= 21.6 \times 6.2 \\ &\quad \times \mathrm{cm}^2 \times \mathrm{cm} \\ &= 133.92 \times \mathrm{cm}^3 \end{aligned}$$

問 2.6 この例について, 紙片が通過した領域の体積を積分の記号で表せ.

【解説】 $$21.6\ \mathrm{cm}^2 \times \underbrace{\int_{0.0\ \mathrm{cm}}^{6.2\ \mathrm{cm}}}_{\text{薄い紙片を集める}} dz = 21.6\ \mathrm{cm}^2 \times \underbrace{(6.2\ \mathrm{cm} - 0.0\ \mathrm{cm})}_{\text{(どこまで)−(どこから)}}$$

【まとめ】積分のイメージ

$$\int_{x_1}^{x_2} \boxed{dx} = \boxed{x_2 - x_1}$$

線素　線分の長さ

「... から ... まで足し合わせる」

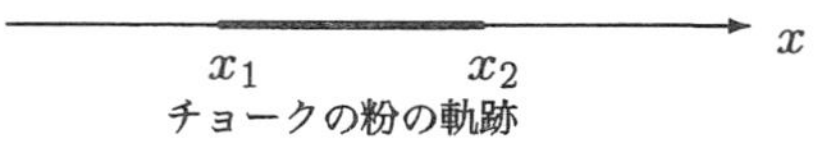

x_1　x_2　x

チョークの粉の軌跡

$\frac{1}{2}$ 以外は同じ形

$$\int_{x_1}^{x_2} x dx = \frac{1}{2}\int_{{x_1}^2}^{{x_2}^2} d(x^2) = \frac{1}{2}({x_2}^2 - {x_1}^2)$$

$$\frac{d(x^2)}{dx} = 2x$$

分母を払うと

$$d(x^2) = 2xdx.$$

2 で割ると

$$\frac{1}{2}d(x^2) = xdx.$$

$$\left[\frac{1}{2}x^2\right]_{x_1}^{x_2}$$

と書くことがある.

x	$x_1 \to x_2$
x^2	${x_1}^2 \to {x_2}^2$

2.1.4　全体を細かく刻んで増減を調べる — 比例の考えの拡張

2.1.3 項では, 特定の長さの線分を引いたり, 放物線のような特定のカーブの曲線を引いたりした. つぎつぎに, 曲線上の各点における接線の傾き (カーブの程度) を決めて曲線を引いた (図 2.3). 芯の細かい粒子を紙面に付着するごとに, つぎの粒子をどの方向に付着するかが決まっていた. 今度は, 曲線を引く作業とは逆に, 曲線上の各点でどの程度のカーブかを調べてみよう.

座標は量ではなく数である.
0.4.1 項参照.

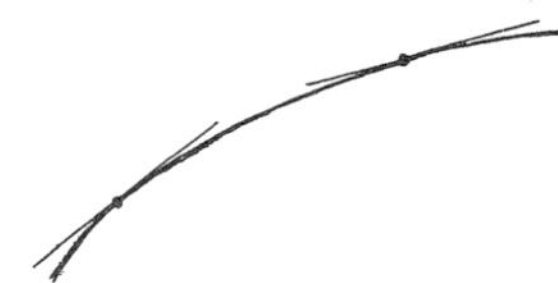

図 2.10　曲線上の各点におけるカーブ　各点では, 曲線と接線とがほとんど一致しているので, 曲線を直線とみなせる.

ヨコ座標 (x 座標)
直交座標 (2 本の座標軸どうしが直交) で,「平面内の任意の点 P から たて軸 (y 軸) と平行な線を引き, よこ軸 (x 軸) との交点を M としたときの原点 O から M までの長さ (負の値も取り得る)」を表す.

タテ座標 (y 座標)
「平面内の任意の点 P から よこ軸 (x 軸) と平行な線を引き, たて軸 (y 軸) との交点を N としたときの原点 O から N までの長さ (負の値も取り得る)」を表す.

ジェットコースター (豆列車) を思い出して, 起伏・曲折のあるレールのような曲線を調べてみる. レール上の 2 点間で傾きを考えると, どの 2 点を選ぶかによって傾きは異なる. これでは「点 A における傾きはいくら」とはいえない. 点 A のほかの 1 点を点 B にするか, 点 C にするかによって傾きの値がちがうからである. 点 A におけるカーブの程度を表すために, 点 A で接線の傾きを求めるという発想が浮かぶ. 接線の傾きを求めるには, どうすればいいだろうか？ カーブの程度を知るために, 曲線上の各点で接線を引く. 接線は直線だから

$$\text{直線の傾き} = \frac{\text{タテ座標の変化分}}{\text{ヨコ座標の変化分}}$$

を考える. 物差を使って, **接線上で**ヨコ座標が $+1$ (正の値だから右向き) だけ変化すると, タテ座標がどれだけ変化するかを調べればいい.

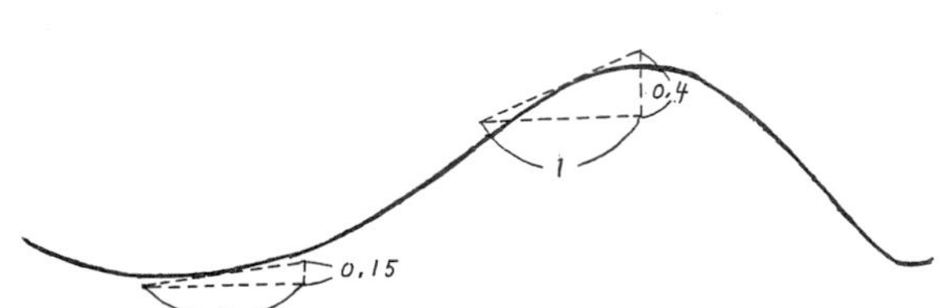

図 2.11　レールの各点のカーブ

比例の基本

比例の関係を表すグラフは直線だから, 傾きは一定である.

> 接線を**比例のグラフ**とみなす (問 2.7) ために, 曲線を点ごとに**微**小に**分**割し, 各点を新しい原点として座標を測る (2.1.1 項と同じ).
> 各点を原点とする新しい座標軸 (物差) を dx 軸, dy 軸と名付ける (図 2.13).
> これらの座標軸で測った座標 (局所座標) dx, dy を**「微分」**とよぶ.
> 接線 (直線) の傾き $dy \div dx$ $\left(\dfrac{dy}{dx}\text{と書いていい}\right)$ は, 微分 ÷ 微分 の形だから**「微分商」**という.

傾きの値を求めるために, 接線 (直線) 上に接点以外の点を選ぶ. どの点を選んで傾きを考えても, 傾きの値は同じである (図 2.12).

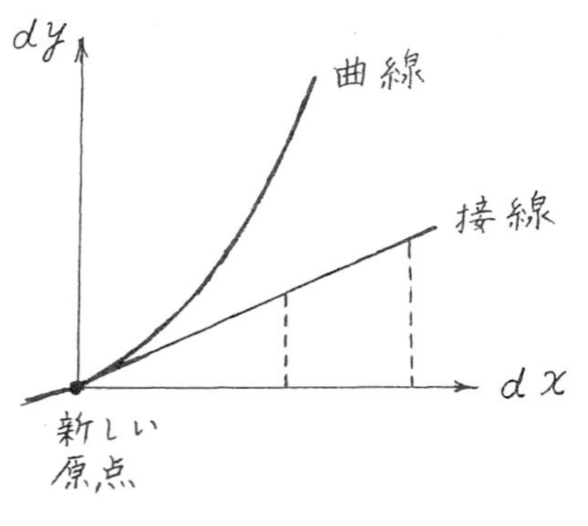

図 2.12　接線の傾き

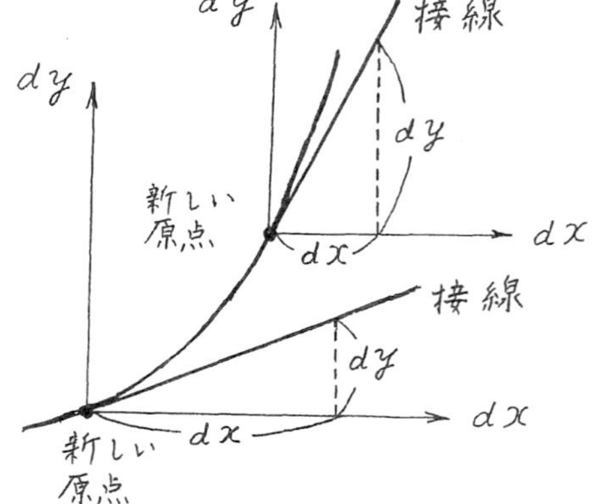

図 2.13　各接点を原点とする座標 dx, dy

$dx = d \times x$, $dy = d \times y$ ではなく, dx, dy がそれぞれ一つの記号である. 「村 (むら)」という 1 文字を 2 文字に分けて「木寸 (きすん)」と読まないことと同じである.

タテ座標の変化分

接線の傾き　$\dfrac{dy}{dx}$

ヨコ座標の変化分

「局所」とは, 限られた場所である. 局所」↔「大域」 「大域」は「だいいき」ではなく「たいいき」と読む.

円 : $x^2 + y^2 = a^2$ (a は定数) では, $a = 1$ の場合, $x = 1/2$ に対して $y = \pm\sqrt{3}/2$ だから, 一つの x に対して二つの y が決まるように思えるが, 円の上半分は $y = \sqrt{a^2 - x^2}$, 下半分は $y = -\sqrt{a^2 - x^2}$ であり, 関数を表す式が異なる.
上半分では $x = 1/2$ のとき $y = \sqrt{3}/2$, 下半分では $x = 1/2$ のとき $y = -\sqrt{3}/2$ であり, 一つの x に対して一つの y が決まる (1.1 節).
$x^2 + y^2 = a^2$ は 2 変数関数 (2 変数 x, y がみたす規則) であり, 2 変数のどんな組 (x, y) にも**一つの**値 a^2 が対応する.
幾何の観点では, 「原点からの距離 ($x^2 + y^2$ は距離の 2 乗) が一定 (正の値 a^2) の点の集まり」である.

導関数とは

レール，山道などの断面は，曲線に見える．これらの曲線は，放物線，双曲線などとちがって，数式で表せない．このため，レール上の各点ごとに，接線上でヨコ座標の変化分とタテ座標の変化分とを物差で測らないと，接線の傾きが求まらない．

他方，ヨコ座標を x，タテ座標を y とすると，放物線は $y = ax^2$ （a は定数），双曲線は $y = 1/x$ と表せる．曲線が数式で表せると，接線の傾きは，曲線上の点ごとに物差で測らなくても計算で求まる．この計算の方法に進む．準備のために「曲線が数式で表せる」とは，どういう意味かを振り返る．

> 曲線が数式で表せるとき，曲線上の水平方向の位置（x 座標）に対して，鉛直方向の位置（y 座標）が**一つだけ**計算で求まる．x と y との対応の規則を**関数**という（1.1 節）．

順序の決まった組 (x, y) とは？
$(2, 3)$ と $(3, 2)$ とは，互いに異なる点を表す．

関数の**グラフ**とは「順序の決まった組 (x, y) の集まり」である．図形で「座標平面内で規則をみたす点の集まり」として表せる．平面内の曲線（2.3 節，2.4 節では，空間内の曲面も考える）は，関数のグラフを目に見えるようにした姿といえる．

「規則をみたす点の集まり」とは？
- レールの形になるような点の集まり
- $y = 2x$ をみたすような点の集まり
- $y = 3x^2$ をみたすような点の集まり
- $x^2 + y^2 = a^2$ （a は定数）は，1 点からの距離が一定の点の集まりを表すから円である．

曲線の式は，関数（x と y との対応の規則）を表す．
- $y = ax^2$ という規則をみたす点 (x, y) の集まり $\longrightarrow$ 放物線
- $y = 1/x$ という規則をみたす点 (x, y) の集まり $\longrightarrow$ 双曲線

> 曲線が数式で表せるとき，水平方向の位置（x 座標）に対して，
> 接線の傾き y' が**一つだけ**計算で求まる．
> この傾きを決める規則は，もとの関数（規則）から導くので**導関数**という．

曲線は，点ごとに接線の傾きが異なる．

水平方向の座標（位置）から鉛直方向の座標（位置）を決める規則 $f : x \mapsto y = f(x)$ 水平方向の座標（位置）から接線の傾きを決める規則 $f' : x \mapsto y' = f'(x)$

$\mapsto$ は，x と y との対応，x と y' との対応を表す記号である．

▶ **記号**　f, f' は関数（対応の規則）の名称　x, y, y' は変数
$f(x)$, $f'(x)$ は関数値　（1.1 節【注意 4】）

x, y は座標だから数である（0.4.1 項参照）．

$\overbrace{f(\ )}^{\text{関数}}$ に x を入力したときの出力を $\overbrace{f(x)}^{\text{関数値}}$ と表す.

$\overbrace{f(\ )}^{\text{関数}}$ に 3 を入力したときの出力を $\overbrace{f(3)}^{\text{関数値}}$ と表す.

$\overbrace{f'(\ )}^{\text{導関数}}$ に x を入力したときの出力を $\overbrace{f'(x)}^{\text{関数値}}$ と表す.

$\overbrace{f'(\ )}^{\text{導関数}}$ に 3 を入力したときの出力を $\overbrace{f'(3)}^{\text{関数値}}$ と表す.

$$f'(x) = \frac{dy}{dx},\ y = f(x) \text{ だから } f'(x) = \frac{d\{f(x)\}}{dx} \text{ と表せる.}$$

【参考】微分, 微分係数, 導関数の意味

$f'(x) = \dfrac{dy}{dx}$ の分母を払って $dy = f'(x)dx$ と書き換えると, $f'(x)$ が**微分** dx の**係数**になる.

用語の整理　$\overbrace{dy}^{\text{微分}} = \overbrace{\underbrace{f'}_{\text{導関数}}(x)}^{\text{微分係数}}\overbrace{dx}^{\text{微分}}$

1 次関数：$y = ax + b$ (a, b は定数) $a = 0$ のとき定数関数, $a \neq 0$, $b = 0$ のとき比例を表す.

簡単な関数の順に, 定数関数, 1 次関数, 2 次関数を調べる (問 2.9).

ねらい　このための準備として「グラフ上の点における接線の傾きは, その点のヨコ座標を使ってどのように表せるか」を考えること.

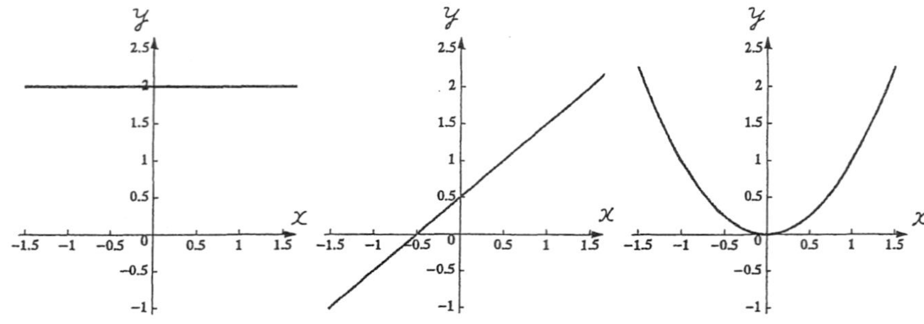

図 2.14　定数関数, 1 次関数, 2 次関数

導関数を表す式がどのように表せるかを考えるまえに, 方眼紙で数値を追跡しながら具体的に調べてみよう.

例題 2.1　**放物線上の各点における接線の傾き**　断面が放物線の形の容器を考える．放物線上の点 $(-3,9)$, $(-2,4)$, $(-1,1)$, $(0,0)$, $(1,1)$, $(2,4)$, $(3,9)$ における傾きを読み取れ．

【解説】

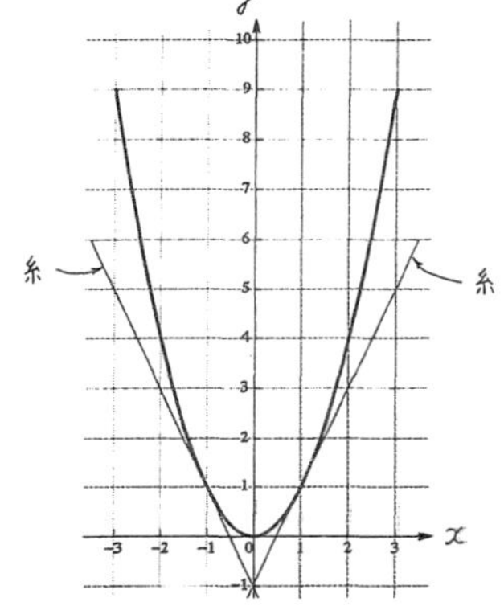

図 2.15　放物線上の各点における接線　ピンと張った糸を放物線上の各点にあてると, 糸が接線にあたる．

接線の傾きを表すとき, 分子・分母は (接点以外の点の座標) − (接点の座標) とする．

点 (x, y) における接線の傾き y' の値が
正のとき：関数値 y は増加
負のとき：関数値 y は減少

例　点 $(-1,1)$　$\dfrac{\overbrace{-1-1}^{\text{鉛直方向の変化分}}}{\underbrace{0-(-1)}_{\text{水平方向の変化分}}} = \underbrace{-2}_{\text{負の値}}$
(右下がりだから**減少**)

点 $(1,1)$　$\dfrac{\overbrace{3-1}^{\text{鉛直方向の変化分}}}{\underbrace{2-1}_{\text{水平方向の変化分}}} = \underbrace{2}_{\text{正の値}}$
(右上がりだから**増加**)

水平方向の変化分 (分母) の値に 1 を選ぶと割算の手間が省ける．

表 2.1　放物線 $y = x^2$ の各点における傾き y'

x	-3	-2	-1	0	1	2	3
y	9	4	1	0	1	4	9
y'	-6	-4	-2	0	2	4	6

問 2.7　放物線 $y = x^2$ 上の点 $(1, 1^2)$ における接線の方程式を書け．

【解説】「直線とは傾きが一定の図形である」という特徴を式で表すと

$$\underbrace{\frac{y-1^2}{x-1}}_{\substack{\text{点 }(1,1^2)\text{ に}\\ \text{おける接線の}\\ \text{傾き}}} = \underbrace{2}_{\substack{\text{一定}\\ (\text{表 } 2.1)}} \qquad (x \neq 1)$$

となる．

分母を払うと

$$y - 1^2 = 2(x-1)$$

となる．

確認　$y-1^2=2(x-1)$ で $x=1$ とすると，右辺 $=0$ だから $y=1^2$ である．この式は「点 $(1,1^2)$ を通り，傾きが 2 の直線」を表す．

▶ $y-1^2=2(x-1)$ を $y=2x-1$ (1 次関数の形) に書き換えると，xy 平面で原点を通らない直線であることがわかりやすい．しかし，あとでわかるように，ここでは $y-1^2=2(x-1)$ と表すという発想が重要である．

▶ 点 $(1,1^2)$ を原点とする新しい座標軸 (物差) を考えると，**接線は原点を通るから比例のグラフと見ることができる**．

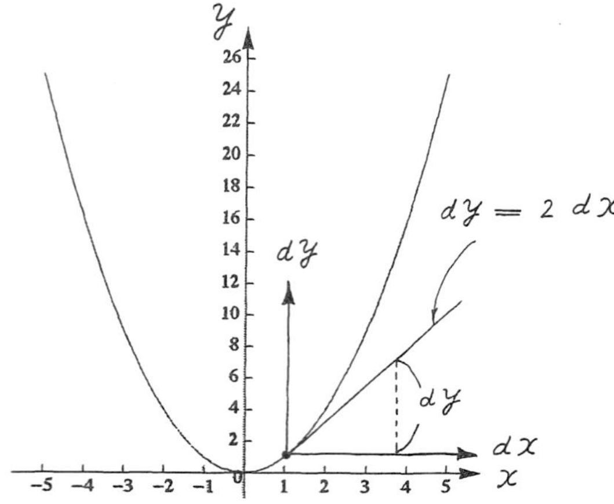

図 2.16　dy の意味　dy は接線上の点のタテ座標であって，放物線上の点のタテ座標ではないことに注意する．

$\lim_{x\to1}\frac{y-1}{x-1}$
$\lim_{x\to1}\frac{x^2-1}{x-1}$
$\lim_{x\to1}\frac{(x-1)(x+1)}{x-1}$
$\lim_{x\to1}(x+1)$
$=2$

なお，$x \to a$ のとき $f(x) \to 0$, $g(x) \to 0$ とすると，$\lim_{x\to a}\frac{f(x)}{g(x)}$ を形式上 $\frac{0}{0}$ と書いて「不定形 (indeterminate form)」という．「不定」の意味について 5.1 節参照．

点 $(1,1^2)$ における接線の傾きは，点 $(1,1^2)$ とこの点以外の点 (x,y) との間で $\frac{y-1^2}{x-1}$ と表すから，$x \neq 1$ (分母 $\neq 0$) である．

重要

$y-1^2$
↑
放物線上ではなく接線上の タテ座標 (y 座標)

$y-1^2$
↑
y 軸の原点から測った座標

dy
↑
$y=1^2$ の位置から測ったタテ座標

新しい座標軸 (dx 軸, dy 軸) で, 接線の方程式と接線の傾きとを表す.

▶ **接線の方程式**　　**接点ごとに傾きは異なる.**

$y - 1^2 = 2\ (x-1)$　　**例**　接点が $(1, 1^2)$ の場合

$\downarrow$　　$\downarrow$　　傾きの値は 2

$dy = 2\ dx$　$\longleftarrow$　**比例の関係を表す式**

タテ座標 = 傾き × ヨコ座標

▶ **接線の傾き**　$dy \div dx = 2$ または

$\dfrac{dy}{dx} = 2$　$\left(\dfrac{y-1^2}{x-1} = 2 \text{ と同じ式}\right)$　**読み方**「ディー・ワイ・ディー・エックス」

微分の記号　放物線 $y = x^2$ 上の「座標の値が y の位置から測った」という意味で dy と書く. ただし, dy は**放物線上ではなく接線上の**タテ座標である. 放物線 $y = x^2$ 上の「座標の値が x^2 (この例では 1^2) の位置から測った」という意味で, dy の代わりに $d(x^2)$ と書くこともある (問 2.1 参照).

【まとめ】 点 (x, y) における**接線の方程式**：$dy = f'(x)dx$

接線の傾き：$\dfrac{dy}{dx} = f'(x)$

【注意 1】(x, y) と (dx, dy) との間の関係

「$x - 1 = 0$ のとき $y - 1^2 = 0$」を「点 $(1, 1^2)$ で $dx = 0$ のとき $dy = 0$」といい換えたと考える. つまり, xy 平面の点 $(1, 1^2)$ は dx dy 平面で見ると原点 $(0, 0)$ である (図 2.16).

【注意 2】変数名と座標とのちがい

$y - 1$ を dy, $x - 1$ を dx と書いただけだから, $\dfrac{dy}{dx}$ の分子・分母は変数名 (座標軸の名称) ではなく, 座標 (数) である.

Q.　高校では, $\dfrac{dy}{dx}$ 全体で一つの記号であり, 分数 $(dy \div dx)$ と考えませんでした. これはなぜでしょうか？

読み方
「ディー・エックスぶんのディー・ワイ」と読まない.
長岡亮介：『本質の研究　数学 III+C』(旺文社, 2005) p.115.

$f : x \mapsto y$
$f' : x \mapsto y'$

記号の区別
(1.1 節 [注意 1])

x　座標 (数)
y　座標 (数)
y'　接線の傾き (数)

f　x と y との対応の規則 (x から y を求める方法ともいえる)
f'　x と y' との対応の規則 (x から y' を求める方法ともいえる)
f, f'　関数 (対応の規則) の記号

$f(x)$, $f'(x)$　x を入力したときの値 (関数値, 関数の値)
$y = f(x)$,
$y' = f'(x)$

線型代数学と微分積分学とは, どちらも比例 (線型性) が基本である.
線型性について, 1.1 節のほかに, 小林幸夫：『線型代数の発想』(現代数学社, 2008) p. 22 参照.

A. 高校では, 曲線上の点における接線の傾きの値だけを考えるので, 微分の概念 (曲線上の点を原点として測った座標) を導入しません. このため, $dy \div dx$ という微分商の概念を扱いません. 大学では, 微分方程式 (第 3 話), 微分幾何 (本書では扱わない) などに微分の概念が必要です.

▶ **接線の表し方を考えたことに何の意味があるのか**

どの点でも, 放物線 $y = x^2$ を直線 $dy = y'dx$ [点 (x, y) を原点として表した**比例**のグラフ] で代用できる. 「曲線は接線 (直線) をつぎつぎになめらかにつなぎ合わせて描いた」と考えるとわかりやすい (図 2.3).

線型近似：点の近傍では, 曲線で表せる関数を**比例** (1 次関数の特別な形) **で代用**できる.　　線型近似を 1 次近似ともいう.
比例定数は**接線の傾き**を表すから, **関数値の増減**が判断できる (問 2.8).

虫めがねで曲線を拡大すると, 各点の近傍では, 曲線と直線とがほとんど一致している (図 2.4).

● **接線が引けない点では, グラフを直線で代用できない** (「微分不可能」という).

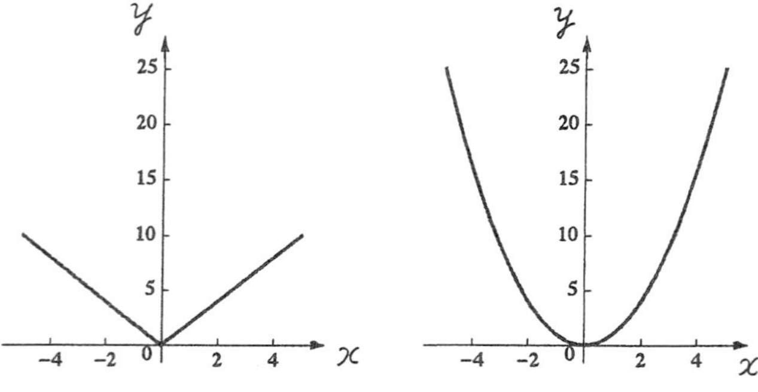

図 2.17　三角形状のグラフ, 下に凸の放物線 $y = x^2$

区間を限るとき, 放物線の端の点では放物線を直線で代用できない.

$y = x^2$ の点 $(0, 0)$ における接線は x 軸 $(y = 0)$ である. 点 $(0, 0)$ の右側の傾きと左側の傾きとが一致しないグラフで, 点 $(0, 0)$ における接線が引けない.

【注意】微分は微小な座標ではない

Q. dx, dy は限りなく 0 に近い値を表すと思っていましたが，そうではないのでしょうか？

A. dx 軸上の座標と dy 軸上の座標とは，どんなに大きい値も取ることができます．接線はどこまでも伸びていることからわかるように，接線上には …, $dx = -3600000$, $dx = -50832$, $dx = 0$, $dx = 192000$, $dx = 25300000$, … のあらゆる点があります．「微小」というのは「dx 軸，dy 軸で見ると，もとの曲線と接線とがほとんど一致する範囲が限りなく小さい」という意味にすぎません．dx, dy は微小な値を表す記号というわけではありません．経済学でもこのように解釈していますが，どういうわけか物理学，化学などではこういう解説が見あたりません．

小林幸夫：『力学ステーション』(森北出版, 2002)pp.42−46.
三土修平：『初歩の経済数学』(日本評論社, 1991).

導関数の求め方

問 2.7 で，接線の傾きの値は，例題 2.1 のグラフから読み取った．しかし，方眼紙の目盛を読むのではなく，ヨコ座標 x から接線の傾き y' を求める式で計算できると便利である．導関数 f' はどんな式で表せるかを考えてみよう．

【発想】 曲線上の 2 点を通る直線が，もとの曲線の代わりになるのはどういう場合か？

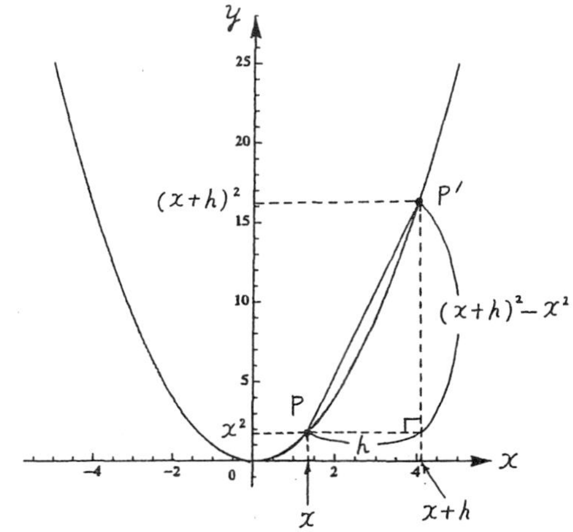

図 2.18　曲線上の 2 点を通る直線　目で見てわかるように，点 P と点 P′ との間の範囲では，曲線を直線で代用することはできない．

接線上に接点と接点以外の点とを選んでも，接線の式がわかっていないから，接点以外の点の座標が求まらない．手がかりは，もとの曲線しかない．曲線の式はわかっているから，曲線上で接点と接点以外の点を選び，これらの 2 点を通る直線の傾きを求める．点 P と点 P′ とが互いに近いほど，これらの 2 点を通る直線は，もとの曲線とみなせるようになる．この発想で，接線の傾きを求めることができる．

例題 2.2　**$y = x^2$ の導関数**　曲線 $y = x^2$ 上の点 $\mathrm{P}(x, x^2)$ と点 $\mathrm{P}'(x+h, (x+h)^2)$ との間の傾きを手がかりにして，点 P における接線の傾きを求めよ．

【解説】 点 P′ を曲線に沿って点 P に近づけると，直線 PP′ は，点 P における接線に近づく．

考え方 1

直線 PP′の傾き

$$= \frac{(x+h)^2 - x^2}{(x+h) - x}$$

$$= \frac{\overbrace{\{(x+h)+x\}\{(x+h)-x\}}^{\text{因数分解　2 乗の差＝和×差}}}{h}$$

$$= \frac{(2x+h)h}{h}$$

$$= 2x + h$$

考え方 2

直線 PP′の傾き

$$= \frac{(x+h)^2 - x^2}{(x+h) - x}$$

$$= \frac{\overbrace{x^2 + 2xh + h^2 - x^2}^{\text{展開}}}{h}$$

$$= \frac{2xh + h^2}{h}$$

$$= 2x + h$$

$h = 0.1$, $h = 0.01$, $h = 0.001$, ... のように，**0 以外の値を取りながら** h を 0 に近づける．

幾何のことばに翻訳する　点 P′ を曲線に沿って点 P に近づけると，直線 PP′ の傾きが限りなく一定の値 $2x$ に近づく．

表 2.1 と同じ結果を，計算で求めることができる．

表 2.2　放物線 $y = x^2$ の各点における傾き $y' = 2x$

x	-3	-2	-1	0	1	2	3
y'	-6	-4	-2	0	2	4	6

h の代わりに Δx と書くこともあるが，Δx は dx とまぎらわしい．
一松信：『微分積分学入門』(サイエンス社, 1971) p. 33 に「Δx という記号は，もはや追放した方がよいと思います」という記述がある．

$h \to 0$ は $h = 0$ ではない．

点 (x, y) における接線の傾き y' の値が
正のとき：関数値 y は増加
負のとき：関数値 y は減少

例題 2.2 から，点 P における接線の傾きを

$$\lim_{h\to 0}\frac{(x+h)^2-x^2}{(x+h)-x}=\lim_{h\to 0}(2x+h)$$
$$=2x$$

【注意】括弧の付け方
$\lim_{h\to 0}(2x)$ と混同しないこと．

と表す．

日常生活でも，名詞と動詞とで意味がまったくちがう例がある．
名詞「お茶」：飲み物の名称
動詞「お茶する」：「喫茶店に行く」「喫茶店で何かを飲みながら休憩したり話したりする」という意味を表す．

【注意】「微分」と「微分する」とのちがい

- **名詞**「微分」：グラフ上の点を原点として測った座標　dx, dy など
- **動詞**「微分する」：「極限を求める」という意味

  $\lim_{♣\to ♡}$ [♣の式] $=$ ♠ を計算する．

問 2.8　表 2.2 の各点における接線の方程式を，その点を原点とする座標軸で表せ．各点で関数値 y の増減の状態を判定せよ．

【解説】 接線の傾き y' の正負で関数値 y の増減の状態を判定する．
$x=a$ のときの導関数の値 $f'(a)$ は，点 $(a, f(a))$ における接線の傾き y' の値である（表 2.2)．

表 2.3　放物線 $y=x^2$ の各点における接線の方程式 $dy=f'(x)dx$ と関数値 y の増減

$(-3,9)$	$(-2,4)$	$(-1,1)$	$(0,0)$	$(1,1)$	$(2,4)$	$(3,9)$
$dy=-6dx$	$dy=-4dx$	$dy=-2dx$	$dy=0$	$dy=2dx$	$dy=4dx$	$dy=6dx$
減少	減少	減少	一定	増加	増加	増加

例　点 $(3,9)$ における接線の方程式：$y-9=6(x-3)$ を，$dy=y-9$，$dx=x-3$ とおいて $dy=6dx$ と書き換えた形

$y=x^2$ のとき dy を $d(x^2)$ と書ける．

例　点 $(0,0)$ で接線は水平（傾き 0）である．

どんな現象にどんな導関数が見出せるかということが重要なので，問 2.9 を考えてみよう．

問 2.9　定数関数，1 次関数，2 次関数の例を挙げ，それぞれの例について，導関数の表す意味を説明せよ．

【解説】 斜め上方 (水平となす角 θ の方向) に小球を投げる．初速 v_0 でボールを鉛直下向きに投げ下ろす．小球を投げる時刻を 0 s とし，投げた位置を原点 O として，水平面内に x 軸と y 軸，鉛直上向きに z 軸を設定する．重力に比べて空気抵抗は無視できるほど小さい場合を考える．

(1) 運動しているボールに光をあてて，z 軸上でボールの影 (正射影という) を観測する．

時刻 t におけるボールの位置：$z = (v_0 \sin\theta)t + \dfrac{1}{2}at^2$

(z は t の **2 次関数**)　重力による落下運動の場合，$a \fallingdotseq -9.8\ \mathrm{m/s^2}$．

z 軸上で影の速度：$v_z = \dfrac{dz}{dt} = (v_0 \sin\theta)\dfrac{dt}{dt} + \dfrac{1}{2}a\dfrac{d(t^2)}{dt} = v_0 \sin\theta + at$

(v_z は z の**導関数**，v_z は t の **1 次関数**)

z 軸上で影の加速度：$a_z = \dfrac{dv_z}{dt} = \dfrac{d(at)}{dt} = a$

(a_z は v_z の**導関数**，a_z は**定数関数**)

グラフの見方

- $z-t$ グラフの各点における接線の傾き：小球の影の z 方向の速度を表す．
  - 接線の傾きの正負：速度の正負 ⟶ 正の向きの運動・負の向きの運動
  - 接線の傾きの大小：速さ (速度の大きさ) ⟶ 速い・遅い
- v_z-t グラフ：影の z 方向の速度 ($z-t$ グラフの各点における接線の傾き) の変化を表す．
- v_z-t グラフの各点における接線の傾き：小球の影の z 方向の加速度を表す．
  - 接線の傾きはつねに負 (加速度は負)　⟶ 正の向きには遅くなる・負の向きには速くなる．
  - 接線の傾きは一定 (加速度は一定)　⟶ 速度は時々刻々同じ割合で変化する．

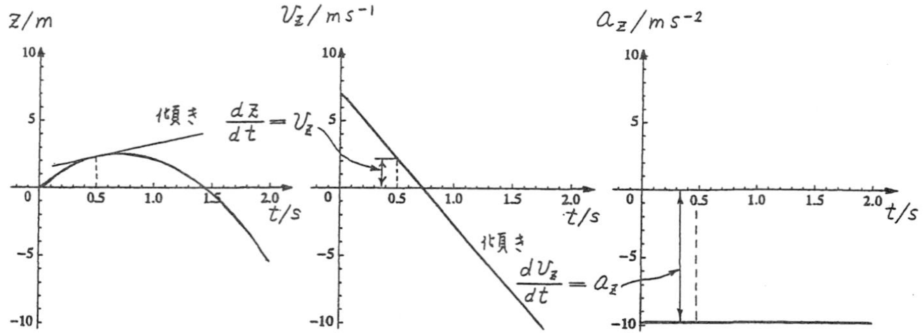

図 2.21　z 方向の影の変化

例題 0.6
a：acceleration (加速度) の頭文字
v：velocity (速度) の頭文字
t：time (時間) の頭文字

初速度は，大きさ・方向・向きを持つ量である．

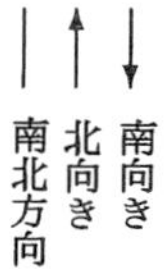

南北方向　北向き　南向き

図 2.19 方向と向き

例　南北方向には北向きと南向きとがある．

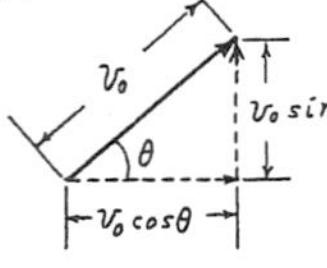

図 2.20　初速度

$\cos\theta$，$\sin\theta$ について 1.2.3 項参照．
初速は，初速度の大きさを表す．

図 2.21 の見方
v_z の値が正のとき時間が経つと $|v_z|$ は小さくなる (遅くなる)．
v_z の値が負のとき時間が経つと $|v_z|$ は大きくなる (速くなる)．

(2) 運動しているボールに光をあてて, x 軸上でボールの影 (正射影という) を観測する.

時刻 t におけるボールの位置：$x = (v_0 \cos\theta)t$　(x は t の **1 次関数**)

x 軸上で影の速度：$v_x = \dfrac{dx}{dt} = (v_0 \cos\theta)\dfrac{dt}{dt} = v_0 \cos\theta$

(v_x は x の**導関数**, v_x は $v_0 \cos\theta$ と表せるので **定数関数**)

x 軸上で影の加速度：$a_x = \dfrac{dv_x}{dt} = \dfrac{d(v_0 \cos\theta)}{dt} = 0\ \mathrm{m/s^2}$

(a_x は v_x の**導関数**, a_x の値はつねに 0 だから**定数関数**)

グラフの見方

- $x - t$ グラフの各点における接線の傾き：小球の影の x 方向の速度を表す.
  接線の傾きはつねに正 ： 速度は正 ⟶ 正の向きの運動
  接線の傾きは一定：等速運動
  } 等速度運動
- $v_x - t$ グラフ：影の x 方向の速度 ($x - t$ グラフの各点における接線の傾き) の変化を表す.
- $v_x - t$ グラフの各点における接線の傾き：小球の影の x 方向の加速度を表す.
  接線の傾きはつねにゼロ (加速度 0 $\mathrm{m/s^2}$)　速くなったり遅くなったりしない.

等速：速さが一定

等速度：速度 (速さ・方向・向き) が一定

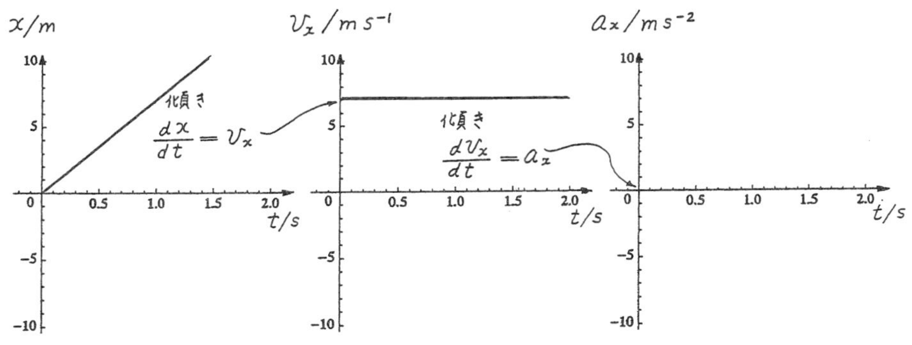

図 2.22　x 方向の影の変化

▶ **小球の運動の軌跡**

$$z = x\tan\theta + \frac{a}{2{v_0}^2\cos^2\theta}x^2$$ (z は x の **2 次関数**)

- $z - x$ グラフは, 実際に小球の運動の軌跡を描いた図である.

放物線　物体を**放**り投げたときの**線** (軌跡)

$x = (v_0 \cos\theta)t$ から $t = \dfrac{x}{v_0 \cos\theta}$ となる. この時刻を $z = (v_0 \sin\theta)t + \dfrac{1}{2}at^2$ に代入して整理する.

$\tan\theta = \dfrac{\sin\theta}{\cos\theta}$

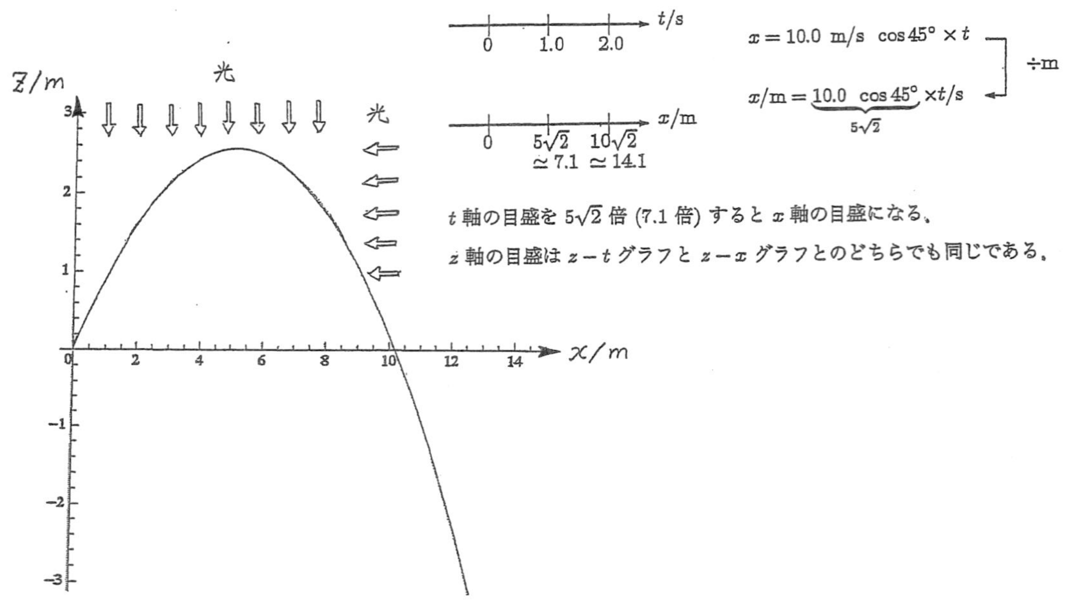

図 2.23　$v_0 = 10.0$ m/s, $\theta = 45°$ の場合

2.1.5　積分と微分との関係

● **「微分する」**とは, 放物線 $y = x^2$ 上の各点における接線の傾き $\dfrac{dy}{dx} = 2x$ を求めるという意味である.

イメージ 「放物線を各点ごとに**分割**して, その点のまわりを拡大すると直線に見える」

● **「積分する」**とは, 各点ごとに接線 $dy = 2xdx$ をなめらかにつなぎ合わせて放物線 $y = x^2$ を描くという意味である.

イメージ 「各点の近傍の直線を**総合**して (つなぎ合わせて), 全範囲を見渡すと放物線が蘇る」

デカルトの『方法序説』風にいうと，**微分は「分析」，積分は「総合」**にあたる．$y = x^2$ のグラフ上の点 (a, a^2) における接線の傾きを求めるときの極限操作

$$\lim_{h \to 0} \frac{(a+h)^2 - a^2}{h}$$

は，点 (a, a^2) の近傍を虫めがねで徐々に拡大する操作と考えるといい．
$h = 0.01, 0.0001, 0.00000001, \ldots$ のように h の値を小さくすることによって，虫めがねの倍率を高めている．

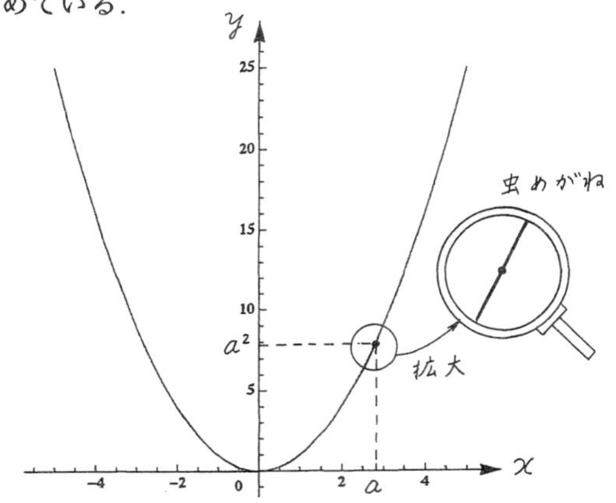

図 2.24　虫めがねで拡大

$$\frac{\overbrace{d(x^2)}^{\text{高さ}}}{\underbrace{dx}_{\text{幅}}} = \overbrace{2x}^{\text{傾き}}$$ の分母を払って $$\underbrace{\overbrace{d(x^2)}^{\text{高さ}} = \overbrace{2x}^{\text{傾き}}\overbrace{dx}^{\text{幅}}}_{\text{比例の直線}}$$ に書き換える．

各点ごとの高さ $d(x^2)$ を，$x = a$ の位置から $x = b$ の位置までなめらかにつなぎ合わせる操作を記号 $\int$ で表す．

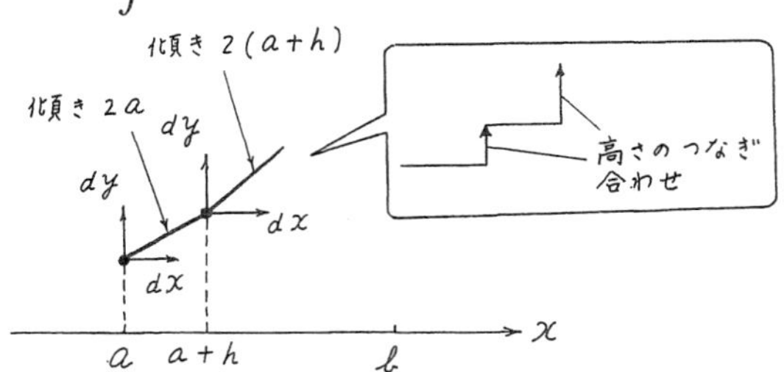

図 2.25　折れ線のつなぎ合わせ　h の値が小さいほどなめらかにつなぎ合わせる．

$$\underbrace{\int_{a^2}^{b^2} d\overbrace{(x^2)}^{y}}_{\text{積分の基本の形}} = 2\int_a^b x dx$$

積分の基本の形
(2.1.1 項参照)

x	a	$\to$	b
y	a^2	$\to$	b^2

$$\int_{y\,\text{の下限}}^{y\,\text{の上限}} du$$
$$= (y\,\text{の上限}) - (y\,\text{の下限})$$

$$b^2 - a^2 = 2\int_a^b x dx$$

両辺を 2 で割る.

$$\boxed{\frac{1}{2}(b^2 - a^2) = \int_a^b x dx}$$

簡便法　$2\int_a^b x dx = \int_{a^2}^{b^2} d(x^2) = b^2 - a^2$ の代わりに

高校数学では，この簡便法を活用している.

$$\int_a^b x dx = \frac{1}{2}\Big[x^2\Big]_a^b \qquad \left(x^{\overbrace{\text{指数}+1}^{2}} \text{の} \frac{1}{\underbrace{\text{指数}+1}_{2}} \text{倍になる}\right)$$

$$= \frac{1}{2}(b^2 - a^2) \longleftarrow \begin{array}{l}(x\,\text{の上限を代入した値})\\ -(x\,\text{の下限を代入した値})\end{array}$$

と書くことがある.

【注意】「$f(x)$ の積分」と「$f(x)dx$ の積分」とのどちらか

$\int_a^b f(x)dx$ は「$f(x)$ の積分」ではなく「$f(x)dx$ の積分」である.

- $f(x)$ を $\int$ と dx とで挟んだと見るのではなく，積 $f(x) \times dx$ を足し合わせる形と見る.
- $\int dx$ は「1 の積分」ではなく「dx の積分 ($1dx$ の積分と見ることもできる)」である.

森毅:『微積分の意味』(日本評論社, 1978).

例題 2.3　**積分の意味**　ボールを初速度 v_0 で鉛直上向きに投げ上げた. 鉛直上向きを z 軸の正の向きとし，初速度を与えた点を z 軸の原点 O，そのときの時刻を 0 s とする. 重力に比べて空気抵抗が無視できるほど小さいと，時刻 t でボールの位置は $z = v_0 t + \frac{1}{2}at^2$ ($a \fallingdotseq -9.8\ \mathrm{m/s^2}$) と表せる. 位置 − 時間グラフと速度 − 時間グラフとを作成して，つぎの問に答えよ.

例題 0.6
a：acceleration (加速度) の頭文字
v：velocity (速度) の頭文字

(1) 時間の単位量を s, 変位 (位置の変化) の単位量を m とする. $z = v_0 t + \dfrac{1}{2}at^2$ の両辺の単位量が一致することを確かめよ.

(2) ボールの速度 v を求めよ.

(3) $\displaystyle\int_{t_1}^{t_2} v(t)dt$ は, 位置 − 時間グラフで何を表すか？ $v(t)dt$ の意味と $\displaystyle\int_{t_1}^{t_2}$ の意味も答えること.

(4) $\displaystyle\int_{t_1}^{t_2} v(t)dt$ は, 速度 − 時間グラフで何を表すか？ $v(t)dt$ の意味と $\displaystyle\int_{t_1}^{t_2}$ の意味も答えること.

【解説】 (1) z の単位量 $=$ m,

$v_0 t$ の単位量 $= \mathrm{m/s} \times \mathrm{s} = \mathrm{m}$, $\dfrac{1}{2}at^2$の単位量 $= \dfrac{\mathrm{m}}{\mathrm{s}^2} \times \mathrm{s}^2 = \mathrm{m}$

(2)
$$\begin{aligned} v &\overset{\text{定義}}{=} \frac{dz}{dt} && \longleftarrow z = v_0 t + \frac{1}{2}at^2 \\ &= v_0\frac{dt}{dt} + \frac{1}{2}a\frac{d(t^2)}{dt} && \longleftarrow \frac{1}{2}a \cdot 2t \\ &= v_0 + at \end{aligned}$$

(3) **たて軸がどの変数を表すか**ということに注意する.

$\displaystyle\int_{t_1}^{t_2} \overbrace{\underbrace{v(t)}_{\text{傾き}}\underbrace{dt}_{\text{幅}}}^{\text{グラフの高さ}}$　　$\displaystyle\int_{t_1}^{t_2}$ の意味：「$t = t_1$ の位置から $t = t_2$ の位置までグラフの**高さを合計**する」

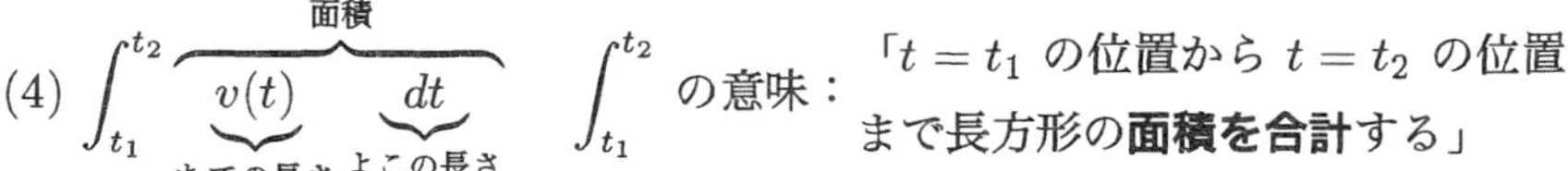

(4) $\displaystyle\int_{t_1}^{t_2} \overbrace{\underbrace{v(t)}_{\text{たての長さ}}\quad\underbrace{dt}_{\text{よこの長さ}}}^{\text{面積}}$　　$\displaystyle\int_{t_1}^{t_2}$ の意味：「$t = t_1$ の位置から $t = t_2$ の位置まで長方形の**面積を合計**する」

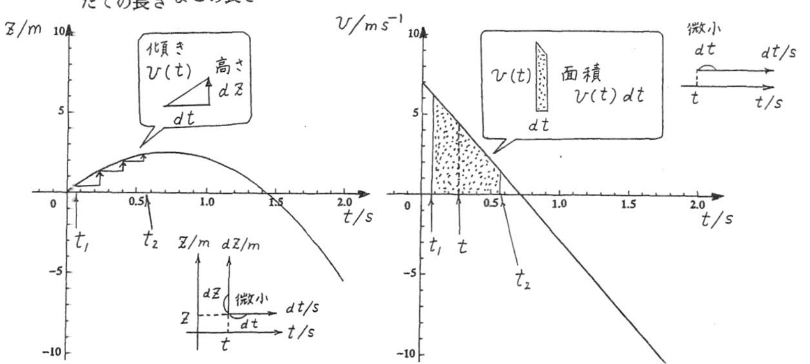

図 2.26　速度 − 時間グラフと位置 − 時間グラフ　図 2.4, 図 2.21 と比べること.

関数記号の使い方

関数 f を従属変数 z と同じ記号で表して, $z = f(t)$ を $z = z(t)$ と書くことがある.

$\overbrace{z}^{\text{従属変数}} = \overbrace{z}^{\text{関数名}}(\overbrace{t}^{\text{独立変数}})$

$\overbrace{v}^{\text{従属変数}} = \overbrace{v}^{\text{関数名}}(\overbrace{t}^{\text{独立変数}})$

(3) 速度が $v(t) > 0$ m/s のとき, 変位は $v(t)dt > 0$ m だから z 軸の正の向きに進んでいる.

$v(t) < 0$ m/s のとき, $v(t)dt < 0$ m だから z 軸の負の向きに進んでいる.

時刻 t_1 から t_2 までの間に, 変位が z 軸の正の向きから負の向きに変化する. ボールが上昇してから最高点に達したあとで下降する.

(4) 速度が $v(t) > 0$ m/s のとき, 変位を表す部分の面積は $v(t)dt > 0$ m だから z 軸の正の向きに進んでいる.

$v(t) < 0$ m/s のとき, 変位を表す部分の面積は $v(t)dt < 0$ m だから z 軸の負の向きに進んでいる.

右図の文字 t の使い方について, 図 2.28 の説明参照.

【注意】積分 = 面積 とは限らない．高校数学の範囲では, (4) の見方を学習する．

【参考】(3) と (4) とのどちらも, 運動学では 変位 = 速度 × 時間 を表す．

2.2 ベキ乗の微積分

2.2 節で, x^2 を例として, 積の微分の基本を理解する．

積の微分の特徴

あとで $\dfrac{d(x^2)}{dx}$ よりも複雑な微分商を計算するときのために, $\dfrac{d(x^2)}{dx} = 2x$ の表す図形のイメージを描いてみよう．x^2 という表式は, どんな場面に現れるかを思い出してみると, 辺の長さが x の正方形の面積であることに気がつく．

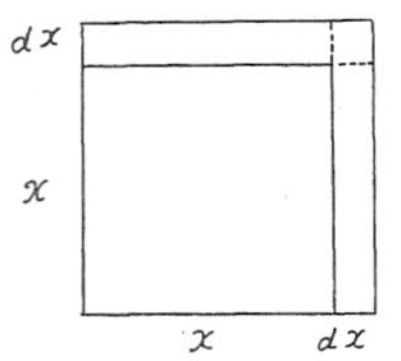

図 2.27 正方形の面積

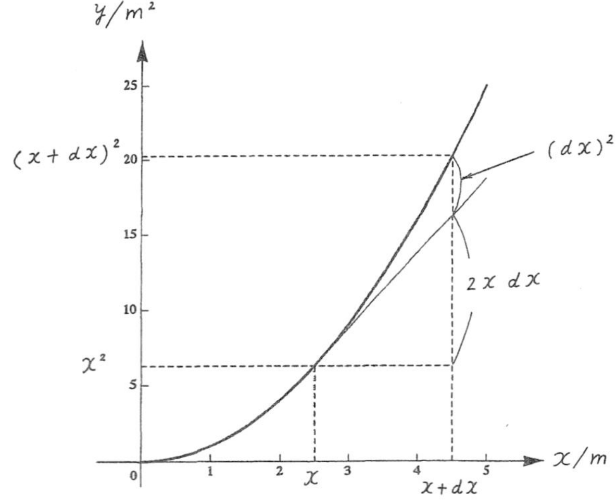

図 2.28 正方形の面積と辺の長さとの関係 たて軸に面積, よこ軸に辺の長さを選んで $y = x^2$ のグラフを描く．

文字の使い方
まぎらわしいが,
$x = x$ m
↑ ↖
長さ 数値の代表
のように, 量 (長さ) と数とに同じ文字 x を使うと, よこ軸, たて軸 (数直線) の目盛の x は右辺の数を表す (図 2.28).
$dx = dx$ m も同様.
例 $x = \underbrace{3}_{x}$ m

グラフで意味を考える $dx \to 0$ m のとき (dx が限りなく小さいとき)

放物線上の点 $(x + dx, (x + dx)^2)$ と点 (x, x^2) との高さの差

$\overbrace{}^{d(x^2)\ と表す.}$

≒ 点 (x, x^2) における接線上の点 $(x + dx, x^2 + \underbrace{2xdx}_{傾き \times 幅})$ と点 (x, x^2) との高さの差

$= 2xdx$

正方形の面積で意味を考える　$2xdx$ と正方形の面積とはどのような関係があるか？ $dx \to 0$ m のとき，$(dx)^2$ は $x^2 + 2xdx$ に比べて無視できるほど小さい．

$$\underbrace{(x+dx)^2 - x^2}_{\text{正方形の面積どうしの差}}$$

$$= \underbrace{x \times dx}_{\text{長方形の面積}} + \underbrace{dx \times x}_{\text{長方形の面積}} + \underbrace{dx \times dx}_{\text{正方形の面積}}$$

$$\fallingdotseq \underbrace{x \times dx}_{(\text{たての長さ})\times(\text{よこの長さ})} + \underbrace{dx \times x}_{(\text{たての長さ})\times(\text{よこの長さ})} \quad \longleftarrow \textbf{式の特徴に着目}$$

$$= \underbrace{2xdx}_{d(x^2)\text{ と表す．}}$$

問 2.10　[辺の長さが $(x+dx)$ と $(x+dx)^2$ との長方形の面積]

$-$(辺の長さが x と x^2 との長方形の面積)

は，dx が限りなく小さいとき，どのように表せるか？

【解説】グラフで意味を考える　$dx \to 0$ m のとき (dx が限りなく小さいとき)

$$\overbrace{\text{3 次関数のグラフ上の点 } (x+dx, (x+dx)^3) \text{ と点 } (x, x^3) \text{ との高さの差}}^{d(x^3)\text{ と表す．}}$$

$\fallingdotseq$ 点 (x, x^3) における接線上の点 $(x+dx, x^3 + \underbrace{3x^2dx}_{\text{傾き}\times\text{幅}})$ と点 (x, x^3) との高さの差

$= 3x^2dx$

長方形の面積で意味を考える

$$\underbrace{(x+dx)\times(x+dx)^2 - x \times x^2}_{\text{長方形の面積どうしの差}}$$

$$\fallingdotseq \underbrace{dx \times x^2}_{\text{長方形の面積}} + \underbrace{x \times 2xdx}_{\text{長方形の面積}} + \underbrace{dx \times 2xdx}_{\text{長方形の面積}}$$

$$\fallingdotseq \underbrace{dx \times x^2}_{(\text{たての長さ})\times(\text{よこの長さ})} + \underbrace{x \times 2xdx}_{(\text{たての長さ})\times(\text{よこの長さ})} \quad \longleftarrow \textbf{式の特徴に着目}$$

$$= \underbrace{3x^2dx}_{d(x^3)\text{ と表す．}}$$

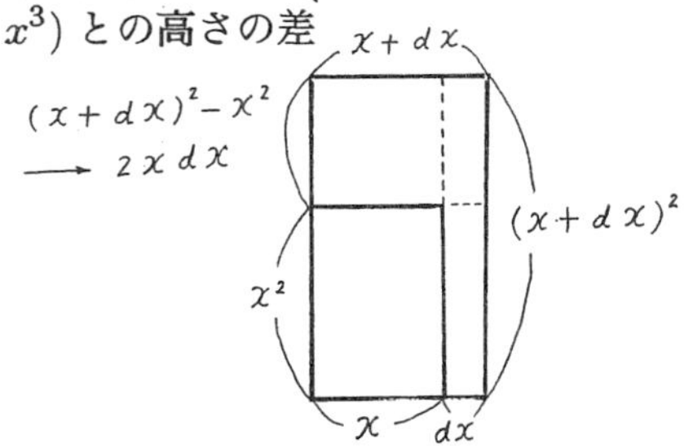

$x + dx$

$(x+dx)^2 - x^2$
$\longrightarrow 2xdx$

$(x+dx)^2$

x^2

x　dx

図 2.29　長方形の面積

単に式を展開するのではなく，図 2.29 を見ながら意味を考えて式を変形する．

規則を見つける

$$d(x^2) = d(x \times x) = dx \times x + x \times dx = 2xdx$$

$$d(x^3) = d(x \times x^2) = dx \times x^2 + x \times \underbrace{2xdx}_{d(x^2)} = 3x^2dx$$

同様の計算をくり返すと

$$\begin{aligned} d(x^n) &= d(x \times x^{n-1}) = dx \times x^{n-1} + x \times \overbrace{(n-1)x^{n-2}dx}^{d(x^{n-1})} \\ &= nx^{n-1}dx \end{aligned}$$

となることがわかる．

二つの規則　**意味を理解した上で記憶すると計算に便利**

① **積の微分**　$\overbrace{d(\underbrace{x}_{\text{まえ}} \times \underbrace{x^{n-1}}_{\text{あと}})}^{\text{積の微分}} = \underbrace{dx}_{\text{まえの微分}} \times \underbrace{x^{n-1}}_{\text{あとはそのまま}} + \underbrace{x}_{\text{まえはそのまま}} \times \underbrace{d(x^{n-1})}_{\text{あとの微分}}$

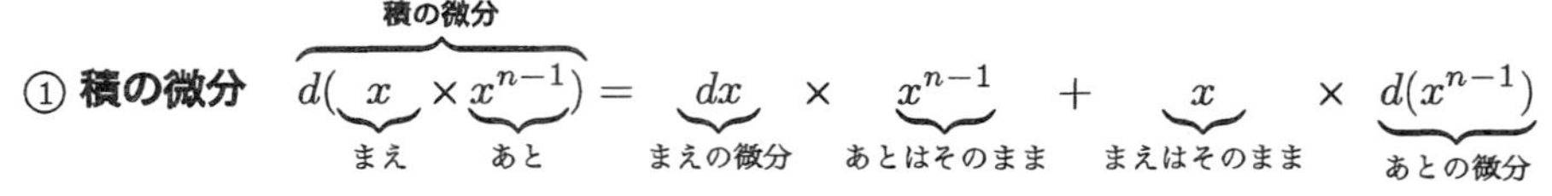

② **ベキ乗の微分**　$d(x^n) = nx^{n-1}dx$（指数 n は係数にそのまま，指数は -1）

微分 ＝ 微分係数 × 微分
↓　　　↓　　　↙
高さ ＝ 傾き × 幅

【発展】ここで，♣ どうしは同じとして，ベキ乗の微分商の求め方を考える．

自然数のベキ

$$\frac{d(\clubsuit^3)}{d\clubsuit} = \frac{d(\clubsuit^{1+2})}{d\clubsuit} = \frac{\overbrace{d(\clubsuit\clubsuit^2)}^{\text{積の微分}}}{d\clubsuit} = \clubsuit\frac{\overbrace{d(\clubsuit^2)}^{2\clubsuit}}{d\clubsuit} + \frac{\overbrace{d\clubsuit}^{1}}{d\clubsuit}\clubsuit^2 = 3\clubsuit^2$$

$$\frac{d(\clubsuit^4)}{d\clubsuit} = \frac{d(\clubsuit^{1+3})}{d\clubsuit} = \frac{\overbrace{d(\clubsuit\clubsuit^3)}^{\text{積の微分}}}{d\clubsuit} = \clubsuit\frac{\overbrace{d(\clubsuit^3)}^{3\clubsuit^2}}{d\clubsuit} + \frac{\overbrace{d\clubsuit}^{1}}{d\clubsuit}\clubsuit^3 = 4\clubsuit^3$$

同様の計算をくり返すと

$$\boxed{\frac{d(\clubsuit^n)}{d\clubsuit} = n\clubsuit^{n-1} \quad (n\text{:自然数})}$$

［指数が 1 だけ小さい関数 $\clubsuit^{n-1}$ の指数倍（n 倍）になる．］

となることがわかる．

①
$d(x^n) = x^{n-1}dx + xd(x^{n-1})$ を dx で割った微分商

$$\frac{d(x^n)}{dx} = x^{n-1} + x\frac{d(x^{n-1})}{dx}$$

②
$d(x^n) = nx^{n-1}dx$ を dx で割った微分商

$$\frac{d(x^n)}{dx} = nx^{n-1}$$

問 2.11 $\dfrac{d(x^7)}{dx}$ を求めよ．

【解説】 $\dfrac{d(x^7)}{dx} = 7x^6 \quad \longleftarrow \clubsuit = x,\ n = 7$

問 2.12 $\dfrac{d\{(2x+4)^5\}}{dx}$ を求めよ．

【解説】 $u = 2x + 4$ とおく．

$$\frac{d\{(2x+4)^5\}}{dx}$$

$\dfrac{d(\clubsuit^n)}{d\clubsuit}$ の形でない．

$$= \frac{d(u^5)}{dx}$$

$$= \frac{d(u^5)}{du}\frac{du}{dx}$$

$\dfrac{d(u^5)}{du}$ は $\dfrac{d(\clubsuit^n)}{d\clubsuit}$ の形．

$$= 5u^4 \frac{d(2x+4)}{dx}$$

$2\dfrac{dx}{dx} + \dfrac{d(4)}{dx}$

$$= 10(2x+4)^4$$

$\dfrac{d\{(2x+4)^5\}}{d(2x+4)}$
$= 5(2x+4)^4$
$\clubsuit = 2x + 4$
解説では
$\dfrac{d(u^5)}{du} = 5u^4$
と書いた．

$\dfrac{dx}{dx} = 1$

$\dfrac{d(4)}{dx} = 0$

$5u^4 \times 2 = 10u^4$

▶ 整数でないベキ

$$\underbrace{\frac{dx}{dx}}_{1} = \frac{d(x^{1/2+1/2})}{dx} = \underbrace{\frac{d(x^{1/2}x^{1/2})}{dx}}_{\text{積の微分}}$$

$$= \frac{d(x^{1/2})}{dx}x^{1/2} + x^{1/2}\frac{d(x^{1/2})}{dx}$$

$$= 2x^{1/2}\frac{d(x^{1/2})}{dx}$$

$1 = 2x^{1/2}\dfrac{d(x^{1/2})}{dx}$ の両辺を $2x^{1/2}$ で割ると $\dfrac{d(x^{1/2})}{dx} = \dfrac{1}{2}x^{-1/2}$ となる．

別の発想 $y = x^{1/2}$ を $x = y^2$ と書き換える． $\dfrac{dy}{dx} = \dfrac{1}{\dfrac{dx}{dy}} = \dfrac{1}{2y} = \dfrac{1}{2}x^{-1/2}$

一般化 $\dfrac{d(x^{1/n})}{dx} = \dfrac{1}{n}x^{\frac{1}{n}-1}$

$y = x^{1/n}$ を $x = y^n$ と書き換える． $\dfrac{dy}{dx} = \dfrac{1}{\dfrac{dx}{dy}} = \dfrac{1}{ny^{n-1}} = \dfrac{1}{nx^{\frac{n-1}{n}}} = \dfrac{1}{n}x^{\frac{1}{n}-1}$

$$\boxed{\frac{d(♣^{1/n})}{d♣} = \frac{1}{n}♣^{\frac{1}{n}-1} \quad (n\text{:自然数})}$$

［指数が 1 だけ小さい関数 $♣^{\frac{1}{n}-1}$ の指数倍 [$(1/n)$ 倍] になる．］

▶ **負のベキ**

$$\underbrace{\frac{dx}{dx}}_{1} = \frac{d(x^{(-2)+3})}{dx} = \underbrace{\frac{d(x^{-2}x^3)}{dx}}_{\text{積の微分}}$$

$$= \frac{d(x^{-2})}{dx}x^3 + x^{-2}\underbrace{\frac{d(x^3)}{dx}}_{3x^2}$$

$$= \frac{d(x^{-2})}{dx}x^3 + 3$$

$\dfrac{d(x^{-2})}{dx}x^3 = -2$ の両辺を x^3 で割ると $\dfrac{d(x^{-2})}{dx} = -2x^{-3}$ となる．

一般化 $\dfrac{d(x^{-n})}{dx} = -nx^{-n-1}$

$$\underbrace{\frac{dx}{dx}}_{1} = \frac{d(x^{(-n)+(n+1)})}{dx} = \underbrace{\frac{d(x^{-n}x^{n+1})}{dx}}_{\text{積の微分}}$$

$$= \frac{d(x^{-n})}{dx}x^{n+1} + x^{-n}\underbrace{\frac{d(x^{n+1})}{dx}}_{(n+1)x^n}$$

$$= \frac{d(x^{-n})}{dx}x^{n+1} + n + 1$$

$\dfrac{d(x^{-n})}{dx}x^{n+1} = -n$ の両辺を x^{n+1} で割ると $\dfrac{d(x^{-n})}{dx} = -n\underbrace{x^{-(n+1)}}_{x^{-n-1}}$ となる．

$$\boxed{\frac{d(♣^{-n})}{d♣} = -n♣^{-n-1} \quad (n\text{:自然数})}$$

［指数が 1 だけ小さい関数 $♣^{-n-1}$ の指数倍 [$(-n)$ 倍] になる．］

負のベキ

別の発想

$\dfrac{d(1)}{dx} = 0$

$\dfrac{d(1)}{dx}$
$= \underbrace{\dfrac{d(x^{(-n)+n})}{dx}}_{\text{積の微分}}$
$= \dfrac{d(x^{-n}x^n)}{dx}$
$= \dfrac{d(x^{-n})}{dx}x^n + x^{-n}\underbrace{\dfrac{d(x^n)}{dx}}_{nx^{n-1}}$
$= \dfrac{d(x^{-n})}{dx}x^n + x^{-n}\cdot nx^{n-1}$
$= \dfrac{d(x^{-n})}{dx}x^n + nx^{-1}$

$\dfrac{d(x^{-n})}{dx}x^n = -nx^{-1}$

両辺を x^n で割る．

$\dfrac{d(x^{-n})}{dx} = -n\underbrace{x^{-1-n}}_{x^{-n-1}}$

▶ **有理数 (分数で表せる数) のベキ**

$\dfrac{d\{(x^{\frac{2}{3}})^3\}}{dx} = \dfrac{d(x^2)}{dx} = 2x$ 　指数が自然数のときを理解したので，$x^{\frac{2}{3}}$ を 3 乗して x^2 にする．

$u=x^{\frac{2}{3}}$ とおく．　$\dfrac{d\{(x^{\frac{2}{3}})^3\}}{dx}=\dfrac{d(u^3)}{du}\dfrac{du}{dx}=3u^2\dfrac{du}{dx}$　　$3\underbrace{u^2}_{x^{\frac{4}{3}}}\dfrac{du}{dx}=2x$

両辺を $3u^2(=3x^{\frac{4}{3}})$ で割ると $\dfrac{d\overbrace{(x^{\frac{2}{3}})}^{u}}{dx}=\dfrac{2}{3}x^{\frac{2}{3}-1}$ となる．

一般化　$\dfrac{d\{(x^{\frac{m}{n}})^n\}}{dx}=\dfrac{d(x^m)}{dx}=mx^{m-1}$

$u=x^{\frac{m}{n}}$ とおく．　$\dfrac{d\{(x^{\frac{m}{n}})^n\}}{dx}=\dfrac{d(u^n)}{du}\dfrac{du}{dx}=nu^{n-1}\dfrac{du}{dx}$　　$nu^{n-1}\dfrac{du}{dx}=mx^{m-1}$

両辺を $nu^{n-1}(=nx^{\frac{m(n-1)}{n}})$ で割ると $\dfrac{d\overbrace{(x^{\frac{m}{n}})}^{u}}{dx}=\dfrac{m}{n}x^{\frac{m}{n}-1}$ となる．

$$\boxed{\frac{d(♣^{\frac{m}{n}})}{d♣}=\frac{m}{n}♣^{\frac{m}{n}-1}\quad (m,n:0\text{ でない整数})}$$

［指数が 1 だけ小さい関数 $♣^{\frac{m}{n}-1}$ の指数倍（$\frac{m}{n}$ 倍）になる．］

▶ **一般に，実数のベキのとき**

$$\boxed{\frac{d(♣^{a})}{d♣}=a♣^{a-1}\quad (a:0\text{ でない実数})}$$

［指数が 1 だけ小さい指数の関数 $♣^{a-1}$ の指数倍（a 倍）になる．］

【まとめ】ベキ乗の微積分

$\dfrac{d(♣^a)}{d♣}=a♣^{a-1}$ の分母を払って $d(♣^a)=a♣^{a-1}d♣$ に書き換える．

$\underbrace{\displaystyle\int_{♡^a}^{◇^a}d\overbrace{(♣^a)}^{y}}_{\text{積分の基本の形 (2.1.1 項参照)}}=a\displaystyle\int_{♡}^{◇}♣^{a-1}d♣$

♣	♡	→	◇
$♣^a$	$♡^a$	→	$◇^a$

$\displaystyle\int_{y\text{ の下限}}^{y\text{ の上限}}dy$
$=(y\text{ の上限})-(y\text{ の下限})$

$$◇^a-♡^a=a\int_{♡}^{◇}♣^{a-1}d♣$$

見やすくするために，$a\to a+1$ とおきかえると，$a-1\to a$ になる．

$$◇^{a+1}-♡^{a+1}=(a+1)\int_{♡}^{◇}♣^{a}d♣$$

$$\boxed{\int_{♡}^{◇}♣^{a}d♣=\frac{1}{a+1}(◇^{a+1}-♡^{a+1})}\quad (\text{問 } 2.13,\ 2.14)$$

実数
有理数（分数で表せる数）と無理数（分数で表せない数）とのどちらでもいい．

$\dfrac{x}{x^{\frac{4}{3}}}=x^{1-\frac{4}{3}}$
$=x^{-\frac{1}{3}}=x^{\frac{2}{3}-1}$

3.5 節 例題 3.4 解説参照．

$\dfrac{x^{m-1}}{x^{\frac{m}{n}(n-1)}}$
$=\dfrac{x^{m-1}}{x^{m-\frac{m}{n}}}$
$=x^{m-1-m+\frac{m}{n}}$
$=x^{\frac{m}{n}-1}$

いつでも x, y, s, t などとは限らないので，ここでは ♣ と表した．

有理数・無理数について，小林幸夫：『線型代数の発想』（現代数学社，2008）p. 15 参照．

ここで，♡, ◇ は数を表す記号として使った．

$d(♣^a)=a♣^{a-1}d♣$ の両辺を積分する．

両辺を $(a+1)$ で割る．

簡便法 $(a+1)\int_{\heartsuit}^{\diamondsuit} \clubsuit^a d\clubsuit = \int_{\heartsuit^{a+1}}^{\diamondsuit^{a+1}} d(\clubsuit^{a+1}) = \diamondsuit^{a+1} - \heartsuit^{a+1}$ の代わりに

$$\int_{\heartsuit}^{\diamondsuit} \clubsuit^a d\clubsuit = \frac{1}{a+1}\left[\clubsuit^{a+1}\right]_{\heartsuit}^{\diamondsuit} \quad \left[\text{指数が 1 だけ大きい関数}\clubsuit^{a+1}\text{の}\frac{1}{\text{指数}+1}\text{倍}\left(\frac{1}{a+1}\text{倍}\right)\text{になる}\right]$$

$$= \frac{1}{a+1}(\diamondsuit^{a+1} - \heartsuit^{a+1}) \longleftarrow \begin{matrix}(x\text{ の上限を代入した値})\\ -(x\text{ の下限を代入した値})\end{matrix}$$

と書くことがある.

▶ $\int x dx$　x の 1 乗のとき x の $(1+1)$ 乗を x で微分してみると係数を $\frac{1}{1+1}$ に調整すればいいことがわかる.

▶ $\int x^2 dx$　x の 2 乗のとき x の $(2+1)$ 乗を x で微分してみると係数を $\frac{1}{2+1}$ に調整すればいいことがわかる.

▶ $\int x^3 dx$　x の 3 乗のとき x の $(3+1)$ 乗を x で微分してみると係数を $\frac{1}{3+1}$ に調整すればいいことがわかる (問 2.13).

高校数学では，この簡便法を活用している.

$\frac{d(x^{1+1})}{dx} = (1+1)x^1$

$d(x^{1+1}) = (1+1)x dx$

$x dx = \frac{1}{1+1} d(x^{1+1})$

$\int_{\heartsuit}^{\diamondsuit} x dx$

$= \frac{1}{1+1}\int_{\heartsuit^2}^{\diamondsuit^2} d(x^{1+1})$

この右辺を $\frac{1}{2}\left[x^{1+1}\right]_{\heartsuit}^{\diamondsuit}$ と書くことがある.

問 2.13　$\int_2^5 x^3 dx$ を求めよ.

【解説】 指数が 3 よりも 1 だけ大きい関数を考えて，$\frac{d(x^4)}{dx} = 4x^3$ の分母を払って $d(x^4) = 4x^3 dx$ に書き換える.

$$\underbrace{\int_{2^4}^{5^4} d\overbrace{(x^4)}^{u}}_{\text{積分の基本の形 (2.1.1 項参照)}} = 4\int_2^5 x^3 dx$$

x	2	→	5
u	2^4	→	5^4

$\int_{u\text{ の下限}}^{u\text{ の上限}} du$
$= (u\text{ の上限}) - (u\text{ の下限})$

$$\int_2^5 x^3 dx = \frac{1}{4}(5^4 - 2^4) = \frac{609}{4}$$

$4\int_2^5 x^3 dx = \int_{2^4}^{5^4} du$ の両辺を 4 で割る.

簡便法

$$\int_2^5 x^3 dx = \frac{1}{4}\left[x^4\right]_2^5 \quad \left(\text{指数が 1 だけ大きい関数 } x^{3+1}\text{ の}\frac{1}{3+1}\text{倍になる}\right)$$

$$= \frac{1}{4}(5^4 - 2^4) \longleftarrow \begin{matrix}(x\text{ の上限を代入した値})\\ -(x\text{ の下限を代入した値})\end{matrix}$$

高校数学では，この簡便法を活用している.

問 2.14　$\int_2^5 x^{\frac{7}{3}}dx$ を求めよ．

【解説】指数が $\frac{7}{3}$ よりも 1 だけ大きい関数を考えて，$\frac{d(x^{\frac{10}{3}})}{dx} = \frac{10}{3}x^{\frac{7}{3}}$ の分母を払って $d(x^{\frac{10}{3}}) = \frac{10}{3}x^{\frac{7}{3}}dx$ に書き換える．

$$\underbrace{\int_{2^{\frac{10}{3}}}^{5^{\frac{10}{3}}} d\overbrace{(x^{\frac{10}{3}})}^{u}}_{\text{積分の基本の形 (2.1.1 項参照)}} = \frac{10}{3}\int_2^5 x^{\frac{7}{3}}dx$$

x	$2 \quad \rightarrow \quad 5$
u	$2^{\frac{10}{3}} \quad \rightarrow \quad 5^{\frac{10}{3}}$

$\int_{u\text{の下限}}^{u\text{の上限}} du$
$= (u \text{の上限}) - (u \text{の下限})$

$$\int_2^5 x^{\frac{7}{3}}dx = \frac{3}{10}(5^{\frac{10}{3}} - 2^{\frac{10}{3}})$$

$\frac{10}{3}\int_2^5 x^{\frac{7}{3}}dx = \int_{2^{10/3}}^{5^{10/3}} du$ の両辺を $\frac{10}{3}$ で割る．

簡便法

$$\int_2^5 x^{\frac{7}{3}}dx = \frac{3}{10}\left[x^{\frac{10}{3}}\right]_2^5 \quad \left(\text{指数が1だけ大きい関数 } x^{\frac{7}{3}+1} \text{ の } \frac{1}{\frac{7}{3}+1} \text{ 倍になる}\right)$$

$$= \frac{3}{10}(5^{\frac{10}{3}} - 2^{\frac{10}{3}}) \longleftarrow \begin{array}{l}(x \text{の上限を代入した値})\\ -(x \text{の下限を代入した値})\end{array}$$

高校数学では，この簡便法を活用している．

問 2.15　$\int_2^5 (4x+7)^6 dx$ を求めよ．

【解説】　$u = 4x + 7$ とおき，指数が 1 だけ大きい関数 u^7 を x で微分する．

要領　**どの変数で**微分するか ⟶ u^7 を「u で微分するのか」「x で微分するのか」というちがいに注意する．

$\frac{d(u^7)}{du}$ と $\frac{d(u^7)}{dx} = \frac{d(u^7)}{du}\frac{du}{dx}$ とはちがう．

$\frac{d(u^7)}{du} = 7u^6$ は
$\frac{d(♣^a)}{d♣} = a♣^{a-1}$ の形

$(u^7)'$ と書くと，u^7 を「u で微分するのか」「x で微分するのか」というちがいが明確でなくなるので，計算をまちがうおそれがある．微分商の形で表して，分数と同じ感覚で計算する．

$$\begin{aligned}\frac{d(u^7)}{dx} &= \frac{d(u^7)}{du}\frac{du}{dx}\\ &= 7u^6\frac{d(4x+7)}{dx}\\ &= 7(4x+7)^6\left\{\frac{d(4x)}{dx}+\frac{d(7)}{dx}\right\}\\ &= 28(4x+7)^6\end{aligned}$$

を $d(u^7)=28(4x+7)^6dx$ と書き換える.

$$28\int_2^5(4x+7)^6dx = \underbrace{\int_{15^7}^{27^7} d\overbrace{(u^7)}^{v}}_{\text{積分の基本の形 (2.1.1 項参照)}}$$

x	2	→	5
v	15^7	→	27^7

$\int_{v\text{ の下限}}^{v\text{ の上限}} dv$ $=(v$ の上限$)-(v$ の下限$)$

$$\int_2^5(4x+7)^6dx=\frac{1}{28}(27^7-15^7)$$

この両辺を 28 で割る. $\frac{d(u^7)}{dx}=28(4x+7)^6$ の分母を払って 28 で割ってもいい.

簡便法 $\frac{du}{dx}=\frac{d(4x+7)}{dx}=4\frac{dx}{dx}+\frac{d(7)}{dx}=4$ から $dx=\frac{du}{4}$ である.

$$\begin{aligned}\int_2^5(4x+7)^6dx &= \int_{15}^{27}u^6\cdot\frac{du}{4}\\ &= \frac{1}{4}\cdot\frac{1}{7}\left[u^7\right]_{15}^{27} \quad \left(\text{指数が 1 だけ大きい関数 } u^{6+1} \text{ の } \frac{1}{6+1} \text{ 倍になる}\right)\\ &= \frac{1}{28}(27^7-15^7) \longleftarrow (x\text{ の上限を代入した値})-(x\text{ の下限を代入した値})\end{aligned}$$

x	2	→	5
u	15	→	27

高校数学では, この簡便法を活用している.

【発想】 dx をつくるために u を x で微分して $\frac{du}{dx}$ を求める.
$\frac{d(4x)}{dx}+\frac{d(7)}{dx}$
$=4+0$

一般化

積の微分

$$d\{\underbrace{f(x)}_{\text{まえ}}\underbrace{g(x)}_{\text{あと}}\}=\underbrace{d\{f(x)\}}_{\text{まえの微分}}\ \underbrace{g(x)}_{\text{あとはそのまま}}+\underbrace{f(x)}_{\text{まえはそのまま}}\ \underbrace{d\{g(x)\}}_{\text{あとの微分}}$$

積の形の関数 fg でも微分についてベキ乗と同じ規則が成り立つ.

一松信:『微分積分学入門』(サイエンス社, 1971).

【参考】積の微分

$f(x) \neq 0$, $g(x) \neq 0$ の場合, 両辺を $f(x)g(x)$ で割って**美しい形**：

$$\frac{d\{f(x)g(x)\}}{f(x)g(x)} = \frac{d\{f(x)\}}{f(x)} + \frac{d\{g(x)\}}{g(x)}$$

に書き換えることができる.

$d\{f(x)g(x)\}$
$= d\{f(x)\}g(x) + f(x)\{g(x)\}$
を dx で割った微分商：
$$\frac{d\{f(x)g(x)\}}{dx} = \frac{d\{f(x)\}}{dx}g(x) + f(x)\frac{d\{g(x)\}}{dx}$$

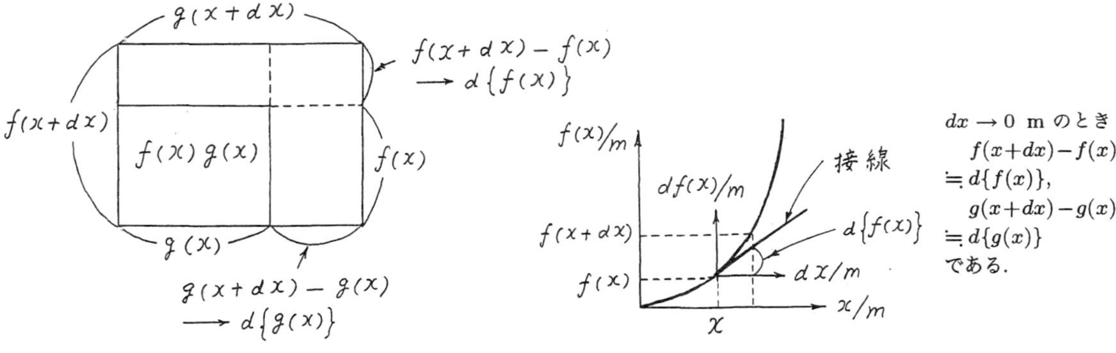

$dx \to 0$ m のとき
$f(x+dx) - f(x) ≒ d\{f(x)\}$,
$g(x+dx) - g(x) ≒ d\{g(x)\}$
である.

図 2.30　長方形の面積

問 2.16　$4x^5 + 7x^2$ を x で微分せよ. 項別微分と積の微分とを比べること.

【解説】

$$\begin{aligned}&\frac{d(4x^5+7x^2)}{dx}\\ &= \frac{d(4x^5)}{dx} + \frac{d(7x^2)}{dx}\\ &= 4\frac{d(x^5)}{dx} + 7\frac{d(x^2)}{dx}\\ &= 4\cdot 5x^4 + 7\cdot 2x\\ &= 20x^4 + 14x\end{aligned}$$

$$\begin{aligned}&\frac{d\{\overbrace{x^2}^{\text{まえ}}\overbrace{(4x^3+7)}^{\text{あと}}\}}{dx}\\ &= \overbrace{\frac{d(x^2)}{dx}}^{\text{まえの微分商}}\overbrace{(4x^3+7)}^{\text{あとはそのまま}} + \overbrace{x^2}^{\text{まえはそのまま}}\overbrace{\frac{d(4x^3+7)}{dx}}^{\text{あとの微分商}}\\ &= 2x(4x^3+7) + x^2(4\cdot 3x^2+0)\\ &= 20x^4 + 14x\end{aligned}$$

▶ $\dfrac{d(4x^5+7x^2)}{dx}$ と $\dfrac{d\{x^2(4x^3+7)\}}{dx}$ とは一致する.

問 2.17 $\dfrac{x}{x^2+1}$ を x で微分せよ.

商の微分は積の微分の形と見る.

【解説】

$$\frac{d\left(\dfrac{x}{x^2+1}\right)}{dx} = \frac{d\{\overbrace{x}^{\text{まえ}}\overbrace{(x^2+1)^{-1}}^{\text{あと}}\}}{dx}$$

$$= \overbrace{\frac{dx}{dx}}^{\text{まえの微分商}}\overbrace{(x^2+1)^{-1}}^{\text{あとはそのまま}} + \overbrace{x}^{\text{まえはそのまま}}\overbrace{\frac{d\{(x^2+1)^{-1}\}}{dx}}^{\text{あとの微分商}}$$

$$= (x^2+1)^{-1} + x\frac{d(u^{-1})}{du}\frac{du}{dx}$$

$\left[u = x^2+1 \text{ とおく. } \dfrac{d(u^{-1})}{dx} = \dfrac{d(u^{-1})}{du}\dfrac{du}{dx}\right]$

$$= \frac{1}{x^2+1} + x\cdot(-1)u^{-2}\frac{d(x^2+1)}{dx}$$

$$= \frac{-x^2+1}{(x^2+1)^2}$$

$$x \times (-1)u^{-2}\frac{d\overbrace{(x^2+1)}^{u}}{dx} = -\frac{x}{(x^2+1)^2} \times \left\{\frac{d(x^2)}{dx} + \frac{d(1)}{dx}\right\} = -\frac{x}{(x^2+1)^2} \times (2x+0) = -\frac{2x^2}{(x^2+1)^2}$$

$$\frac{1}{x^2+1} - \frac{2x^2}{(x^2+1)^2} = \frac{-x^2+1}{(x^2+1)^2}$$

2.3 微積分の応用

2.3.1 微分法の応用 — 関数値の変化

2.1.4 項で考えたように, **微分法は関数値の変化を調べる方法**である. グラフは, **関数値の増減**を表す図である. 定数関数 (**例** 直線 $x = 3$, 直線 $y = 2$), 1 次関数 (**例** 直線 $y = -5x + 2$), 2 次関数 (**例** 放物線 $y = 3x^2 - 5x + 1$) は, 簡単にグラフを描くことができる. 指数関数のグラフを描くためには, 多少の工夫が必要である (1.2.2 項). 化学・生命科学・環境科学などでは, これら以外の関数のグラフを描いたり, グラフの特徴を読み取ったりする.

ここで, 「グラフを描く」というのは, どういう意味かを振り返ってみよう. 2.1.4 項で, グラフ上の各点における接線の傾きによって, グラフのカーブの程度を調べた.

関数値 $f(x)$ は, $x=a$ の近くで

$f'(a)>0$ (接線の傾きの値が正) のとき増加の状態,

$f'(a)<0$ (接線の傾きの値が負) のとき減少の状態

にある.

極大：関数値が**増加**の状態**から減少**の状態に変わる境目で関数値は極大値になる.

極小：関数値が**減少**の状態**から増加**の状態に変わる境目で関数値は極小値になる.

極値：極大値と極小値との総称

関数値が極値になる点 $(a, f(a))$ を原点とする座標軸 (dx 軸, dy 軸) で表した接線の方程式：$dy=f'(a)dx$　(**接線の傾き $f'(a)$ の値が** 0)

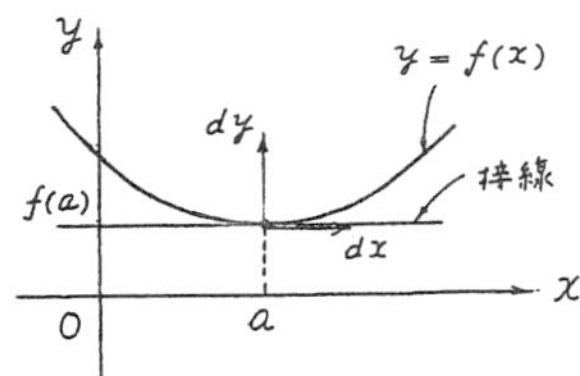

図 2.31　関数値が極値になる点

$(a, f(a))$ を原点とする座標軸 (dx 軸, dy 軸) で表した接線

関数のグラフを描くために

関数値 $f(x)$ の増減 [導関数の値 $f'(x)$ の正負] と極値 [導関数の値 $f'(x)$ が 0]

を調べる

▶ 関数値が極値 (極大値・極小値) を取る x の値は $f'(x)=0$ をみたす.

【注意 1】導関数の値が 0 でも極値になるとは限らない

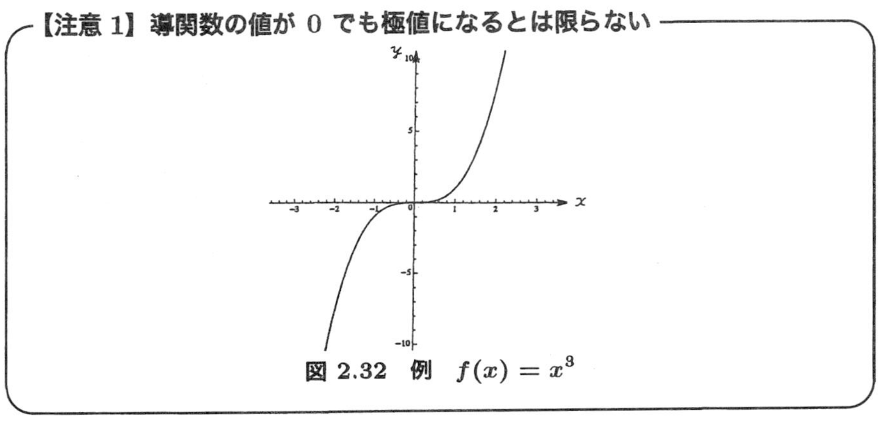

図 2.32　例　$f(x)=x^3$

$f(x)=x^3$ の導関数の値 $f'(x)=3x^2$ は $x=0$ のとき $f'(x)=0$ であるが極値ではない.

【注意 2】「関数の変化」ではなく「関数値の変化」である

▶ **「関数」は規則**であって, 規則が増減するわけではない. 1.1 節で注意した通りで「関数」は数の名称ではない. 「関数の増減」といい表すと「関数」という名称の数が増減すると誤解するおそれもある.

▶ 入力値を 2 乗する関数は $f(\ ) = (\ )^2$ と表す. ( ) に x を入力した $f(x) = (x)^2$ が関数の値 (関数値) である. ( ) を省いて $f(x) = x^2$ と書くことが多い.

▶「$f(a)$ は $x = a$ における関数 $f(x)$ の値」という表現は正確でない. $f(x)$ は関数ではなく x を入力したときの関数値である. だから「関数 $f(x)$ の値」は「値の値」となっておかしい. 正しくは「$f(a)$ は $x = a$ における関数 f の値」という.

問 2.18　つぎのそれぞれの方法で, $y = x^3 - x^2$ のグラフを描け.

(1) $y_1 = x^3$ のグラフと $y_2 = -x^2$ のグラフとを描いて, $y = y_1 + y_2$ のグラフを描く.

(2) $y = x^3 - x^2$ について, 増減と極値とを調べてグラフを描く.

問 2.18 で, x, y は数を表す.

【解説】 (1)

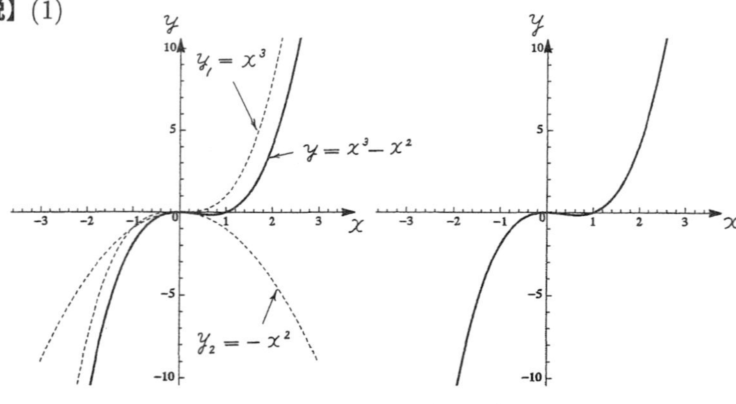

図 2.33　$y = x^3 - x^2$

休憩室　**増減表**

駿台高等予備校の故・谷藤祐先生は「増減表を書くということは, グラフを書くことと同じだから, グラフを書く問題で増減表を書かないと減点するのはおかしい」とおっしゃった. まったくその通りである. 日本物理学会:『科学英語論文のすべて』(丸善, 1984) p. 259 に「図に出来る表はなるべく図にした方がよい」と注意してある.

(2)

$$\frac{dy}{dx}=\frac{d(x^3)}{dx}-\frac{d(x^2)}{dx}$$
$$=3x^2-2x$$
$$=x(3x-2)$$

x	$\cdots$	0	$\cdots$	$\frac{2}{3}$	$\cdots$
y'	+	0	−	0	+
y	↗	0	↘	$-\frac{4}{27}$	↗

↗ は y が増加の状態
↘ は y が減少の状態
にあることを表す．

(1) の方法：x のどの範囲でベキの大きい方の関数の影響が効くかがわかる．

平衡とは？
一方の原子にはたらく力の合計がゼロ，他方の原子にはたらく力の合計もゼロの状態（**つりあい**）．r_0 は原子間の平衡距離を表している．

例題 2.4　**原子間の平衡距離**　アミノ酸を構成している原子を剛体球モデルで表す．脂肪族炭素どうしが距離 r だけ離れているときの相互作用を Lennard-Jones ポテンシャル

$$U(r)=\frac{A}{r^{12}}-\frac{B}{r^6}$$

で表す．$A=2.75\times10^6$ (kcal/mol)$\cdot\text{Å}^{12}$，$B=1.425\times10^3$ (kcal/mol)$\cdot\text{Å}^6$ である．

(1) このポテンシャルが極小となるときの原子間距離 r_0 を求めよ．

(2) 第 1 項は，r が大きい範囲と小さい範囲とのどちらで大きく寄与するか？　(2) 問 2.18 (1)

(3) 第 2 項は，r が大きい範囲と小さい範囲とのどちらで大きく寄与するか？　(3) 問 2.18 (1)

【解説】 (1)

$$\frac{d\{U(r)\}}{dr}=A\frac{d(r^{-12})}{dr}-B\frac{d(r^{-6})}{dr}$$ ⟵ **分数を負のベキ乗の形で表すと微分しやすい**．

$$=-12Ar^{-13}-(-6)Br^{-7}$$

$$=-6r^{-7}(2Ar^{-6}-B)$$ ⟵ $-\frac{6}{r^7}\left(\frac{2A}{r^6}-B\right)$ に書き直すと見やすい．

$$=0\ \text{kcal/(mol}\cdot\text{Å)}$$

r の単位量が Å だから，r^{-7} の単位量は Å^{-7} である．

$-\frac{6}{r^7}\neq0\ \text{Å}^{-7}$ だから，$\frac{2A}{r^6}-B=0$ (kcal/mol)$\cdot\text{Å}^6$ である．

r	$\cdots$	$\left(\frac{2A}{B}\right)^{\frac{1}{6}}$	$\cdots$
U'	+	0 kcal/(mol·Å)	−
U	↘	$-\frac{B^2}{4A}$	↗

$$r_0=\left(\frac{2A}{B}\right)^{\frac{1}{6}}\fallingdotseq3.96\ \text{Å}$$

$$A\left(\frac{2A}{B}\right)^{-2}-B\left(\frac{2A}{B}\right)^{-1}$$
$$=A\left(\frac{B}{2A}\right)^2-B\left(\frac{B}{2A}\right)$$
$$=A\cdot\frac{B^2}{4A^2}-B\cdot\frac{B}{2A}$$
$$=-\frac{B^2}{4A}$$

$$U(r_0) = A\left(\frac{2A}{B}\right)^{-2} - B\left(\frac{2A}{B}\right)^{-1} = -\frac{B^2}{4A} \fallingdotseq -0.185 \text{ kcal/mol}$$

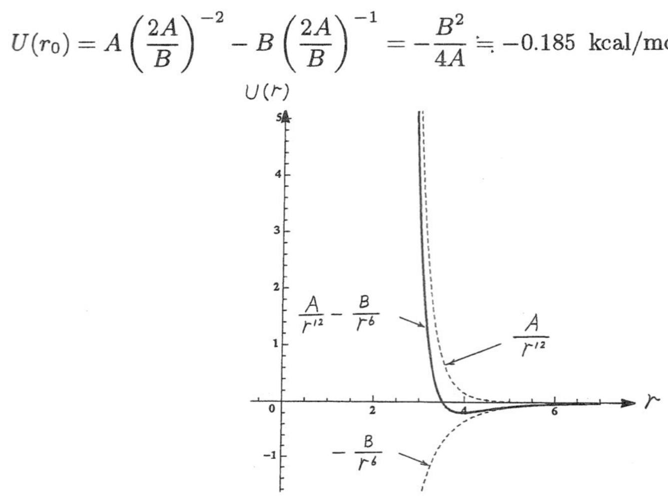

図 2.34 Lennard-Jones ポテンシャル

(2) r の小さい範囲でだけ大きく寄与する.

(3) r の小さい範囲だけでなく大きい範囲でも大きく寄与する.

---

2 階導関数とグラフ

関数値の増減・極値だけではなく「増加 (減少) の傾向が次第に強くなるのか」「増加 (減少) の傾向が次第に弱くなるのか」という特徴も重要である. 例題 1.5 で $y = x^2$ のグラフと $y = x^{\frac{1}{2}}$ のグラフとを描いた. どちらも x の値が大きくなると, 関数値も大きくなる. しかし,

$y = x^2$ の場合は, 増加の傾向が強くなるが,

$y = x^{\frac{1}{2}}$ の場合は, 増加の傾向が弱くなる

という著しいちがいがある.

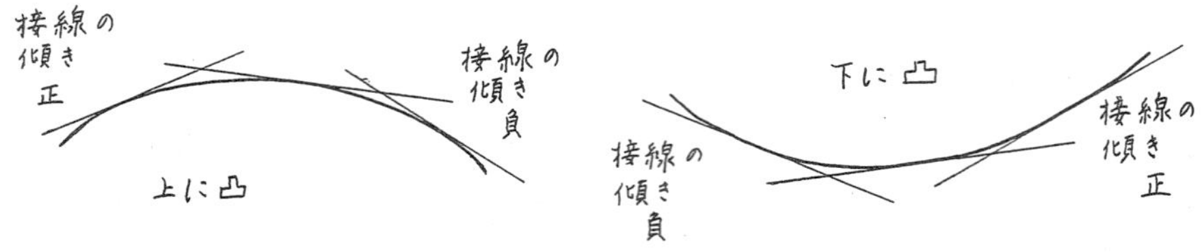

図 2.35 上に凸, 下に凸

ポテンシャルのイメージ

2 原子がばねでつながっていると想定する. ばねは, 伸びた (または縮んだ) 状態で運動の勢いを蓄えている. こういう状態で 2 原子を放すと 2 原子が飛び出すことを思い描けばいい. ばねが蓄えている勢いを「**ポテンシャル**」という. 本問は, ばねにたとえただけである.

r_0 : ばねの自然長に相当し, この長さの状態で手放しても原子は飛び出さないから, 安定した状態である.

- 第 1 項 (正の項: Ar^{-12}) :「原子どうしを引き離した方が, ばねの蓄えている勢いが小さいので, 安定になる」という状態を表す.→ 斥力 (原子どうしを引き離そうとする力) の効果
- 第 2 項 (負の項: $-Br^{-6}$) :「原子どうしを近づけた方が, ばねの蓄えている勢いが小さいので, 安定になる」という状態を表す.→ 引力 (原子どうしを近づけようとする力) の効果

他の現象との間の**類推 (アナロジー)** は有効な方法だが, 拡大解釈するおそれもある.

表 2.4 グラフ上の各点における接線の傾きの変化

接線の傾き	関数値の変化	
正の値のまま大きくなる	増加の傾向が次第に強くなる	
正の値のまま小さくなる	増加の傾向が次第に弱くなる	グラフの凹凸が変わる
負の値のまま大きくなる	減少の傾向が次第に弱くなる	境界の点を**変曲点**と
負の値のまま小さくなる	減少の傾向が次第に強くなる	いう.
正から負に変化する	グラフは上に凸	
負から正に変化する	グラフは下に凸	

「負の値のまま大きくなる」とは？
例 -5 から -2 に変化
絶対値 (大きさ) が小さくなるから, 傾きが緩やかになることに注意する.

「負の値のまま小さくなる」とは？
例 -5 から -9 に変化
絶対値 (大きさ) が大きくなるから, 傾きが激しくなることに注意する.

関数値 y の変化 ⟵ 接線の傾き y' の正負で決まる. **例** $y = x^{\frac{1}{2}}$ $y' = \frac{1}{2}x^{-\frac{1}{2}}$
接線の傾き y' の変化 ⟵ y'' の正負で決まる. **例** $y' = \frac{1}{2}x^{-\frac{1}{2}}$ $y'' = -\frac{1}{4}x^{-\frac{3}{2}}$

イメージ よこ軸に x, たて軸に y' を選んでグラフを描くと, $y' = \dfrac{1}{2}x^{-\frac{1}{2}}$ のグラフの接線の傾きは $y'' = -\dfrac{1}{4}x^{-\frac{3}{2}}$ である. だから, y'' の正負で, y' の値の増減が決まる.

▶ **用語** 関数 f を 2 回つづけて微分した関数を f'' と表し, **2 階導関数** (2 回導関数ではない) という. 2 階導関数は, 導関数 f' を微分した関数である.

2 回微分ではなく「2 階微分」とよぶことに注意する.

▶ **記号**

$$f'(x) = \frac{d\{f(x)\}}{dx}$$

$$f''(x) = \frac{d\{f'(x)\}}{dx} = \frac{d\left[\dfrac{d\{f(x)\}}{dx}\right]}{dx} = \frac{d}{dx}\left[\frac{d\{f(x)\}}{dx}\right] = \frac{d^2\{f(x)\}}{dx^2}$$

表 2.4 参照.

$$\frac{d[d\{f(x)\}]}{(dx)(dx)} = \frac{d^2\{f(x)\}}{(dx)^2}$$

問 2.19 $y = x^2$ のグラフの接線の傾き y' の変化と $y = x^{\frac{1}{2}}$ のグラフの接線の傾き y' の変化とを比べよ.

【解説】 y'' **は** $y' - x$ **グラフの接線の傾きを表す.**

$y = x^2$ のとき $\dfrac{dy}{dx} = 2x$, $\dfrac{d^2y}{dx^2} = 2$

$y=x^{\frac{1}{2}}$ のとき　$\dfrac{dy}{dx}=\dfrac{1}{2}x^{-\frac{1}{2}}$, $\dfrac{d^2y}{dx^2}=-\dfrac{1}{4}x^{-\frac{3}{2}}$

$y=x^2$

x	$\cdots$	0	$\cdots$
y''	$+$	$+$	$+$
y'	$-$	0	$+$

$y=x^{\frac{1}{2}}$

x	0	$\cdots$
y''		$-$
y'		$+$

$x^{-\frac{1}{2}}$, $x^{-\frac{3}{2}}$ は $x\leq 0$ で定義できない.

y' は負の値のまま大きくなる. y' は正の値のまま大きくなる. y' は正の値のまま小さくなる.

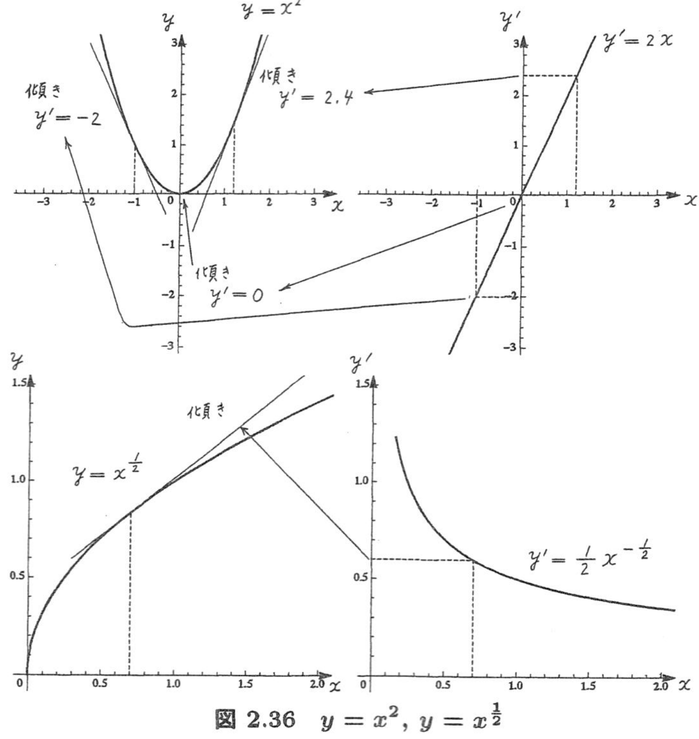

図 2.36　$y=x^2$, $y=x^{\frac{1}{2}}$

問 2.20　$y=x^3-x^2$ のグラフの接線の傾き y' の変化を調べるために, $y'-x$ グラフ (たて軸：y', よこ軸：x) を描け.

【解説】y'' は $y'-x$ グラフの接線の傾きを表す.

$$\frac{d^2y}{dx^2} = \frac{d\left(\dfrac{dy}{dx}\right)}{dx} = 3\frac{d(x^2)}{dx} - 2\frac{dx}{dx} = 6x - 2$$

$$\frac{dy}{dx} = 3x^2 - 2x$$

x	$\cdots$	$\frac{1}{3}$	$\cdots$
y''	$-$	0	$+$
y'	↘	$-\frac{1}{3}$	↗

点 $\left(\frac{1}{3}, -\frac{2}{27}\right)$ が変曲点である．

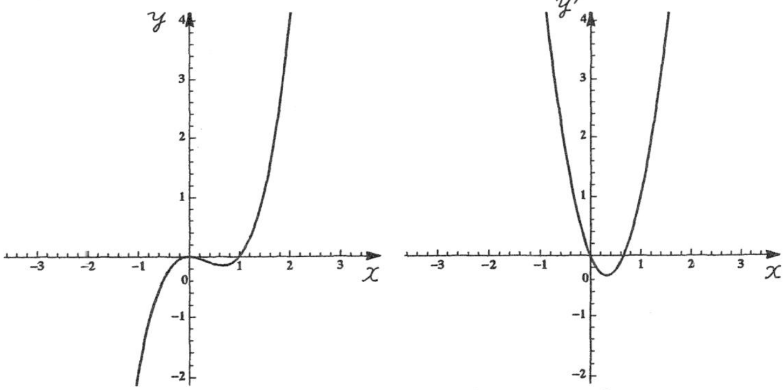

図 2.37　$y = x^3 - x^2$, $y' = 3x^2 - 2x$

問 2.18 の増減表と合わせて，左表をつくってもいい．

x	$\cdots$	0	$\cdots$	$\frac{1}{3}$	$\cdots$	$\frac{2}{3}$	$\cdots$
y'	$+$	0	$-$	$-$	$-$	0	$+$
y''	$-$	$-$	$-$	0	$+$	$+$	$+$
y	↗	極大値	↘	変曲点	↘	極小値	↗

問 2.21　例題 2.4 のポテンシャル曲線 (図 2.34) の変曲点を求めよ．

【解説】

$$\frac{d^2\{U(r)\}}{dr^2} = \frac{d(-12Ar^{-13} + 6Br^{-7})}{dr} = -12A(-13r^{-14}) + 6B(-7r^{-8}) = \frac{1}{r^8}\left(\frac{156A}{r^6} - 42B\right)$$

$$156Ar^{-14} - 42Br^{-8} = r^{-8} \times (156Ar^{-6} - 42B)$$

$-\dfrac{1}{r^8} \neq 0$ Å^{-8} だから $\dfrac{156A}{r^6} - 42B = 0$ (kcal/mol) $\cdot$ Å^6 である．

$$r = \left(\frac{156A}{42B}\right)^{\frac{1}{6}} \fallingdotseq 4.39\ \text{Å}$$

$$U(r) = A\left(\frac{156A}{42B}\right)^{-2} - B\left(\frac{156A}{42B}\right)^{-1} = -\frac{133B^2}{676A} \fallingdotseq -0.145\ \text{kcal/mol}$$

$r \fallingdotseq 4.39$ Å でポテンシャル曲線の凹凸が変わる．変曲点　(4.39, −0.145)

座標軸は数直線だから変曲点の座標は(4.39, −0.145)である．

D. Eisenberg and D. Crothers: *Physical Chemistry with Applications to the Life Sciences*, (Benjamin, 1979) p. 20.

例題 2.5　**熱膨張係数**　温度 T の上昇によって物体の体積 V が変化する．

(1) $V-T$ グラフ (たて軸：体積, よこ軸：温度) 上の点 (T, V) における接線の傾きを微分の記号で表せ．

(2) 温度 T のときに体積 V が変化する割合は, そのときの体積と温度上昇とに比例するとみなす．比例定数で表す量 α を熱膨張係数という．この関係を式で表せ．α の単位量も答えること．

(3) 水のモル体積は, セルシウス温度 θ が -4°C から 12°C までの範囲で

$$V = 18.017\ \text{cm}^3\cdot\text{mol}^{-1} + \frac{0.009}{8^2}\heartsuit(\theta - 4^\circ\text{C})^2 - \frac{0.001}{8^3}\spadesuit(\theta - 4^\circ\text{C})^3$$

と近似できる．

(a) ♡, ♠ にあてはまる単位量を答えよ．

(b) 熱膨張係数 α とその単位量とを求めよ．

T：temperature (温度) の頭文字
V：volume (体積) の頭文字

体積の変化
膨張・収縮

温度の変化に伴って体積が変化するから, 温度は独立変数で表す量, 体積は従属変数で表す量である．

【解説】 (1) $\dfrac{dV}{dT}$　　(2) $dV = \alpha V dT$

$\alpha = \dfrac{1}{V}\dfrac{dV}{dT}$ に書き換える．

$$\alpha\text{の単位量} = \frac{1}{V\text{の単位量}}\frac{V\text{の単位量}}{\underbrace{T\text{の単位量}}_{\text{K}}} = \text{K}^{-1}$$

(セルシウス温度で表すとき °C^{-1})

(3) (a) $\heartsuit = \text{cm}^3\cdot\text{mol}^{-1}/^\circ\text{C}^2$　　$\spadesuit = \text{cm}^3\cdot\text{mol}^{-1}/^\circ\text{C}^3$

(b) $u = \theta - 4$°C とおく．

$$\frac{d\{(\theta-4^\circ\text{C})^2\}}{d\theta} = \frac{d(u^2)}{d\theta} = \frac{d(u^2)}{du}\frac{du}{d\theta} = 2u\cdot\underbrace{\frac{d(\theta-4^\circ\text{C})}{d\theta}}_{1} = 2(\theta-4^\circ\text{C})$$

$$\frac{d\{(\theta-4^\circ\text{C})^3\}}{d\theta} = \frac{d(u^3)}{d\theta} = \frac{d(u^3)}{du}\frac{du}{d\theta} = 3u^2\cdot\underbrace{\frac{d(\theta-4^\circ\text{C})}{d\theta}}_{1} = 3(\theta-4^\circ\text{C})^2$$

$$\frac{dV}{d\theta} = \frac{0.009}{8^2}\text{cm}^3\cdot\text{mol}^{-1}/^\circ\text{C}^2\cdot 2(\theta-4^\circ\text{C}) - \frac{0.001}{8^3}\text{cm}^3\cdot\text{mol}^{-1}/^\circ\text{C}^3\cdot 3(\theta-4^\circ\text{C})^2$$

問 2.9 との対応
位置 $z \leftrightarrow$ 体積 V
時間 $t \leftrightarrow$ 温度 T
温度 T のときに体積 V が変化する割合を体積の変化する速度と思うといい．同じ温度上昇に対して, 体積が大きく変化するほど体積の変化は速い．

セルシウス温度 θ と絶対温度 T との関係
$\theta/^\circ\text{C}$
$= T/\text{K} - 273.15$
数値 = 数値 − 数値の式

$$\alpha \fallingdotseq \frac{1}{18.017}\left\{\frac{0.018}{8^2}\ {}^\circ\mathrm{C}^{-2}\cdot(\theta-4^\circ\mathrm{C})-\frac{0.003}{8^3}\ {}^\circ\mathrm{C}^{-3}\cdot(\theta-4^\circ\mathrm{C})^2\right\}$$

$\mathrm{cm^3\cdot mol^{-1}}$ は分子・分母で約した．

αの単位量 $=\ {}^\circ\mathrm{C}^{-1}$

例　$\theta=12^\circ\mathrm{C}$ で $\dfrac{0.003}{8^3}(12-4)^3=0.003$, $\theta=-4^\circ\mathrm{C}$ で $\dfrac{0.003}{8^3}(-4-4)^3=-0.003$.

これらの大きさ(絶対値) は 18.017 に比べて無視できるほど小さいとみなす．

【参考】負の熱膨張係数

プルトニウム, タングステン酸ジルコニウムなどは, 温度の上昇によって収縮する．これらの物質の熱膨張係数は負である．

$$\underbrace{\frac{1}{V}}_{\text{正}}\ \overbrace{\frac{dV}{dT}}^{\text{負}}$$
(下の dT に「正」)

2.3.2　積分法の応用

例題 2.6　**仕事**　塩溶液に浸したコラーゲン繊維は伸縮できる．コラーゲン繊維は伸縮性に欠けるので, 繊維が外界 (周囲) に及ぼす力は, もとの長さからの伸び x に比例するとみなして $-kx$ と表す [x^2, x^3, ... の 2 次以上の影響を無視 (3.5 節)]．ここで, $k=10\ \mathrm{N\cdot m^{-1}}$ である．一定温度で, コラーゲン繊維が $x=0.10\ \mathrm{m}$ から $x=0\ \mathrm{m}$ まで縮む間に繊維が外界にした仕事を求めよ．

複比例について, 4.2.3 項参照．
$y=ax$ (a は比例定数), $z=by$ (b は比例定数) のとき
　$z=bax$ (**複比例**)
となり, ba を z と x との間の比例定数と考える．本問では,
　$x\to dT$,
　$y\to V$,
　$ba\to\alpha$
とおきかえるといい．

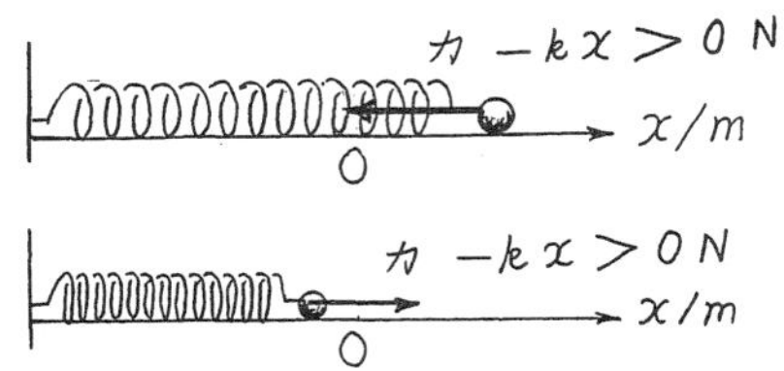

図 2.38　ばねに取り付けたおもりの運動との対応

力が周囲にした仕事 $=$ (繊維が周囲に及ぼす力) × (変位)

【解説】 ここでは, 有効数字の桁数について一切考えない．

$$\int_{0.10\ \mathrm{m}}^{0\ \mathrm{m}}(-kx)dx=-\frac{1}{2}k\left[x^2\right]_{0.10\ \mathrm{m}}^{0\ \mathrm{m}}$$

$$=\frac{1}{2}\times 10\ \mathrm{N\cdot m^{-1}}\times\underbrace{(0.10\ \mathrm{m})^2}_{10^{-2}\ \mathrm{m^2}}\quad\longleftarrow \mathrm{N\cdot m^{-1}\cdot m^2}$$

x の値の正負に関係なく力には負号が必要である．
伸びている状態
　$x>0$ m,
　$-kx<0$ N.
縮んでいる状態
　$x<0$ m,
　$-kx>0$ N.

$$= 5\times10^{-2}\ \mathrm{N\cdot m} \quad \longleftarrow \underbrace{5\times10^{-1}}_{0.5}\times10\times10^{-2}$$

$$= 5\times10^{-2}\ \mathrm{J} \quad \longleftarrow \text{仕事の単位量 (ジュール)}$$

D. Eisenberg and D. Crothers: *Physical Chemistry with Applications to the Life Sciences*, (Benjamin, 1979) p. 130.

【進んだ探究】積分が活躍する場面

Q. (繊維が周囲に及ぼす力) × (変位) なのに，
$(-10\ \mathrm{N\cdot m^{-1}}\times0.10\ \mathrm{m})\times(0-0.10)\ \mathrm{m}=10^{-1}\ \mathrm{J}$ ではないのはなぜでしょうか？

A. 繊維がもとの長さよりも長い状態 ($x = 0.10$ m) からもとの長さの状態 ($x = 0$ m) まで縮む間に，力が一定でないからです．$x = 0.10$ m のときの力は $-10\ \mathrm{N\cdot m^{-1}}\times0.10$ m ですが，$x = 0.099\cdots$ m になると力は $-10\ \mathrm{N\cdot m^{-1}}\times0.099\cdots$ m に変わります．

Q. $(-kx)dx$ は何を表しているのでしょうか？

A. 積分・微分のイメージ (2.1 節) を思い出してみましょう．もとの長さよりも長い状態 (たとえば $x = 0.07$ m) からの縮みを dx と表します．繊維が壊れない限り dx は -0.07 m, -0.06 m, -0.008 m, ... (縮みだから負の値) のように何 m でも (大きい値でも小さい値でも) 取れます．ただし，dx の絶対値が大きいと，上記の回答の通りで，繊維が縮む間に $x = 0.07$ m のときの力のままではなくなります．伸びが 0.07 m のときの力と同じとみなせるくらいに dx の絶対値が小さい範囲で，

　繊維がわずかに縮む間に繊維が周囲にした仕事
　= (伸びが 0.07 m のときの力) × (伸びが 0.07 m の状態からの微小な縮み)

を $-\underbrace{10\ \mathrm{N\cdot m^{-1}}}_{k}\times\underbrace{0.07\ \mathrm{m}}_{x}\times\underbrace{(0.069-0.07)\ \mathrm{m}}_{dx}$ と表しています (**例** 0.069 m).

Q. $\displaystyle\int_{0.10\ \mathrm{m}}^{0\ \mathrm{m}}$ の意味は何でしょうか？

A. 繊維が $x = 0.10$ m から $x = 0$ m まで縮む間に x はいろいろな値を取るので，力は一定ではありません．このため，微小な区間ごとに仕事を計算します．それらの仕事を足し合わせる操作が**積分の本質**です．

$$\begin{array}{rc}
 & -10\ \mathrm{N\cdot m^{-1}}\times0.10\ \mathrm{m}\times(0.099-0.10)\ \mathrm{m} \\
 & -10\ \mathrm{N\cdot m^{-1}}\times0.099\ \mathrm{m}\times(0.098-0.099)\ \mathrm{m} \\
 & -10\ \mathrm{N\cdot m^{-1}}\times0.098\ \mathrm{m}\times(0.097-0.098)\ \mathrm{m} \\
 & \cdots \\
+) & -10\ \mathrm{N\cdot m^{-1}}\times0.001\ \mathrm{m}\times(0-0.001)\ \mathrm{m} \\
\hline
 & \displaystyle\int_{0.10\ \mathrm{m}}^{0\ \mathrm{m}}(-10\ \mathrm{N\cdot m^{-1}})\times x\times dx
\end{array}$$

繊維から外界 (周囲) **に** $-kx$ の力がはたらく．

おもりを取り付けたばねの振動との対応
繊維 ↔ ばね
周囲 ↔ おもり
繊維から外界 (周囲) **に**はたらく力
↔ ばね**から**おもり**に**はたらく力

イメージ
ばね (ゴムひもでもいい) を伸ばすと，ばねは勢いを蓄えた状態になる．伸びが大きいほどばねを手放したとき，おもりは大きな勢いで飛び出す．ばねは勢いを失うが，おもりの勢いは大きくなる．

仕事とは？
- ばねがおもりに正の仕事をしたとき
力の正負と変位の正負とが同じ場合であり，ばねは運動の勢いをおもりに与えて，ばねの勢いは小さくなる (おもりが力の向きに動いているので，おもりの勢いが大きくなる)．

どの区間でも dx を 0.001 m と決めるわけではない.
dx は区間ごとに異なる値を取ってもいい.
$\int_{0.10\ \mathrm{m}}^{0\ \mathrm{m}}$ は「dx の絶対値が微小な区間ごとに $(-kx)dx$ を求めて合計する操作」を表す.

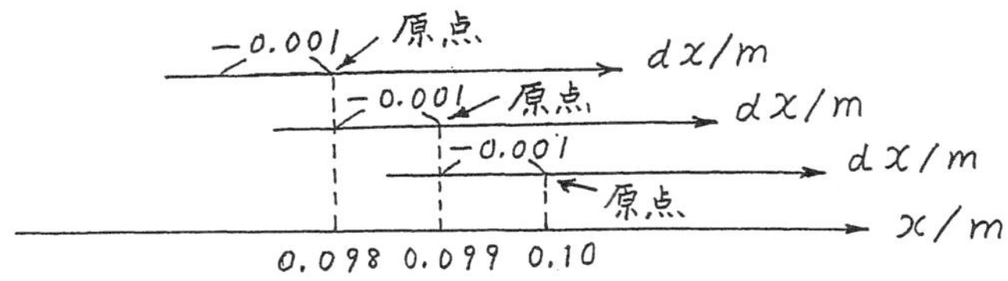

図 2.39　積分の計算のしくみ

● ばねがおもりに負の仕事をしたとき(おもりがばねに正の仕事をしたとき)
力の正負と変位の正負とが同じ場合であり, ばねは運動の勢いをおもりから取り戻して, ばねの勢いは大きくなる(おもりが力と反対向きに動いているので, おもりの勢いが小さくなる).

小林幸夫:『力学ステーション』(森北出版, 2002) 3.6 節, 3.7.2 項, 4.2 節 [注意 3], 5.6 節.

例題 2.7　**熱**　一定の圧力のもとで, 銀 1 mol の温度 T を 1 K だけ上昇させるのに必要な熱量は $2.09 \times 10^{-4}\ \mathrm{J \cdot mol^{-1} \cdot K^{-4}}\ T^3$ である. 3 mol の銀の温度を 4 K から 7 K まで上昇させるのに必要な熱量を求めよ

【解説】 ここでは, 有効数字の桁数について一切考えない.

$$\int_{4\ \mathrm{K}}^{7\ \mathrm{K}} 2.09 \times 10^{-4}\ \mathrm{J \cdot mol^{-1} \cdot K^{-4}}\ T^3 dT \times 3\ \mathrm{mol}$$
$$= 2.09 \times 10^{-4}\ \mathrm{J \cdot mol^{-1} \cdot K^{-4}} \cdot \frac{1}{4}\left[T^4\right]_{4\ \mathrm{K}}^{7\ \mathrm{K}} \times 3\ \mathrm{mol}$$
$$= \frac{2.09 \times 10^{-4}\ \mathrm{J \cdot mol^{-1} \cdot K^{-4}}}{4}\{(7\ \mathrm{K})^4 - (4\ \mathrm{K})^4\} \times 3\ \mathrm{mol}$$
$$\fallingdotseq 0.336\ \mathrm{J} \qquad \longleftarrow \mathrm{J \cdot mol^{-1} \cdot K^{-4} \times K^4 \times mol = J}$$

力の単位量
N (ニュートン)
1 N とは ?
手のひらに乗せた約 100 g の物体が手のひらを押す力の大きさ (重さ) である.

k の意味は ?
繊維が 1 cm (= 0.01 m) だけ伸びている (縮んでいる) とき, 繊維が周囲に及ぼす力の大きさが 10^{-1} N である.

Harry G. Hecht: *Mathematics in Chemistry An Introduction to Modern Methods*, (Prentice Hall, 1990).

2.4　2 変数関数の微積分

2.4.1　2 変数関数のイメージ

2.3 節までの話題で描いたグラフは, よこ軸に独立変数, たて軸に従属変数を

選んで, 1 入力 1 出力 (1.1 節) の関数を表していた. しかし, いつでも 1 入力 1 出力の関数を扱うとは限らない. 現実の世界では, 入力が複数ある関数を考える問題が多い.

地図を思い出してみよう. 「緯度が何度, 経度が何度の地点で高度が何 m」という. 緯度を x, 経度を y, 高度を z とすると, x の値と y の値との組で z の値が**一つに**決まる. 緯度 x と経度 y とから高度 z を求める数式は書けないが, **z は x と y との関数**である. こういう対応は, **2 入力 1 出力**である.

高度による色分け
地図では「何 m から何 m までは何色」というように色分けする.
高度に対して**一つ**の色を対応させる規則は, 数式で表せないが「色は高度の関数」である (1.1 節).

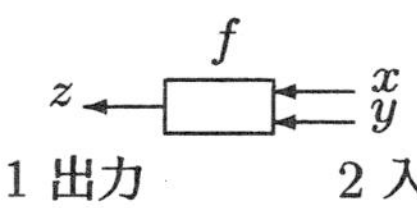

1 出力　　2 入力

$z = f(x, y)$

2 個の入力 x, y を使うと,
規則 f にしたがって,
1 個の出力 z が求まる.

⇒ この規則を **2 変数関数**という.

規則が数式で書けなくても「緯度 x, 経度 y の位置の高度 z を測る」という規則を考えることができる.

図 2.41　独立変数 x, y, 従属変数 z

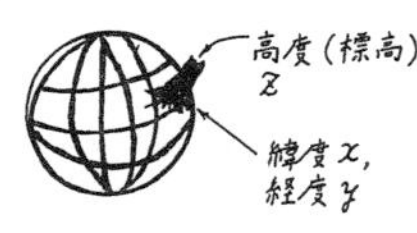

図 2.40 地図

2 変数関数の例

① 理想気体の状態方程式：圧力 $= \dfrac{\text{物質量} \times \text{気体定数} \times \text{絶対温度}}{\text{体積}}$

記号 $P = \dfrac{nRT}{V}$

物質量 n が一定のとき, 圧力 P は絶対温度 T と体積 V との 2 個の変量で決まる.

物質量とは？
何 mol と表す量

第 0 話　例題 0.1, 例題 0.6

P : pressure (圧力) の頭文字
V : volume (体積) の頭文字
T : temperature (温度) の頭文字

② 平行四辺形の面積：面積 = (底辺の長さ) × 高さ　記号 $S = ah$

面積 S は底辺の長さ a と高さ h との 2 個の変量で決まる. 底辺の長さと高さとは, どちらもいろいろな値が取れるから変量である.

③ 円の方程式：(円周上の点のヨコ座標)^2 + (円周上の点のタテ座標)^2 = (中心から円周上の点までの距離)^2　(三平方の定理)　記号 $x^2 + y^2 = a^2$　(定数 a は半径の値)

x, y の 2 変数関数を $f(x, y) = x^2 + y^2 - a^2$ と表すと, 円周上の点 (x, y) は $f(x, y) = 0$ をみたす.

1.1 節
円の上半分を $y = \sqrt{x^2 + y^2}$ と表すと, y は x の関数 (1 変数関数) である.
同様に, 円の下半分は $y = -\sqrt{x^2 + y^2}$ と表すと, y は x の関数 (1 変数関数) である.

④ 正弦波を表す式　t, x の 2 変数関数 (1.2.3 項参照)

2 変数関数のグラフ　地形の立体模型を思い描くといい.

▶ 平面内に 2 本の座標軸 (x 軸, y 軸) を設定して, 2 個の独立変数を表す.

▶ 平面に垂直に z 軸を設定して, 1 個の従属変数を表す.

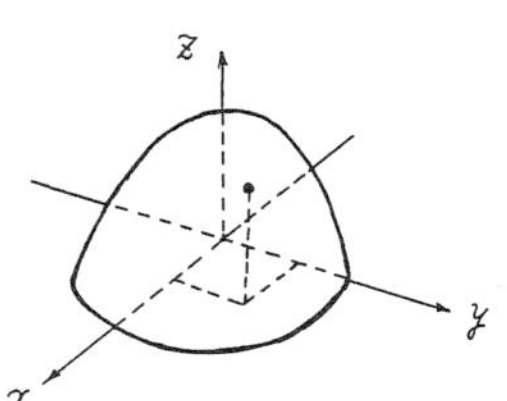

図 2.42　座標軸

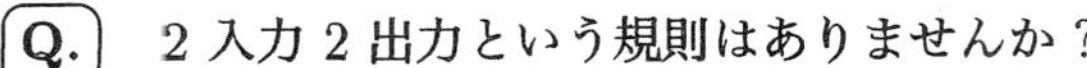

Q.　2 入力 2 出力という規則はありませんか？

A.　関数とは, ある量の値に対応して他の量の値を**一つに**決める規則です (1.1 節). だから, ここでは 2 入力 1 出力を考えました. では, つぎの例はどうでしょうか？ ツルが x 羽, カメが y 匹いるとき, ツルとカメとを合わせて動物が z 匹, 足の合計が u 本だとします. x と y とを 2 入力とすると, x 匹 + y 匹 = z 匹, 2 本/羽 × x 羽 + 4 本/匹 × y 匹 = u 本 という二つの規則で, z と u との 2 出力が求まるといえそうです. 4.2.2 項でくわしく考えるように, こういう問題では, x と y との組を 1 入力, z と u との組を 1 出力として扱います. 数の組を「ベクトル」, 量の組を「ベクトル量」といいます (4.1 節).

4.1 節　例題 4.1

x 羽を x 匹と書いた.

x 匹は量, x は数を表す.
例　x 匹 = 4 匹 の場合, $x = 4$.

2.4.2　重積分

細かく刻んだ部分を寄せ集める操作を積分という (2.1.3 項). 2.3 節までは, $f(x) \times dx$ を $x = a$ から $x = b$ までの範囲で合計するという計算法 (積分法) を理解した. ここで, $f(x)$ は 1 変数関数の値である. では, 2 変数関数の場合, どんな場面で積分法を活用するのか？

一松信:『微分積分学入門』(サイエンス社, 1971) に,「面積を測る」という問題の歴史が解説してある.
はじめは, 徴税, 建築などのための実用上の目的で, 面積の測量の問題が生じた.
その後, 実用に限らず知的興味で, 曲線で囲んだ図形の面積の計算法が発達した.

面積を求める：1 変数関数の場合

問 2.22　ひし形の各辺を 2 等分して, ひし形の内部に辺の長さが半分のひし形をつくる操作をつづける. 最も大きいひし形の辺の長さを a とする.

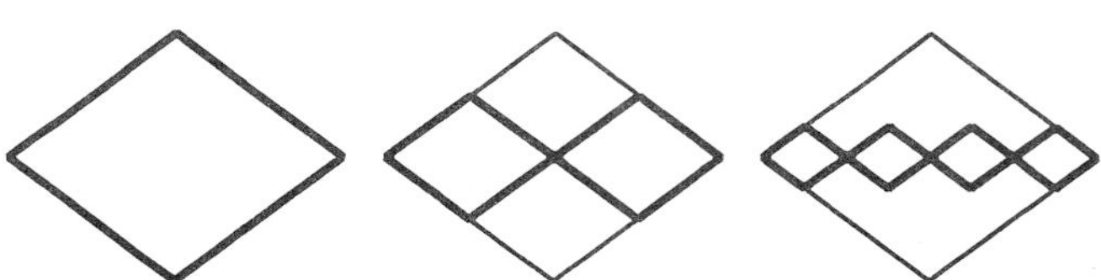

図 2.43　ひし形の辺の 2 等分

(1) 第 1 段階で辺の長さが $\frac{a}{2}$ のひし形が 2 個できる．これらの周囲の長さの合計を求めよ．

(2) 第 2 段階で辺の長さが $\frac{a}{4}$ のひし形が 4 個できる．これらの周囲の長さの合計を求めよ．

(3) 第 n 段階 $(n \geq 3)$ でできるひし形の辺の長さと周囲の長さの合計とを求めよ．

【解説】 (1) $\frac{a}{2} \times 8 = 4a$　(2) $\frac{a}{4} \times 16 = 4a$　(3) $\frac{a}{2^n}$　$\frac{a}{2^n} \times 2^{n+2} = 4a$

第 1 段階
$\frac{a}{2^1}$ の 2^3 倍
$3 = 1 + 2$
(段階数 + 2)
第 2 段階
$\frac{a}{2^2}$ の 2^4 倍
$4 = 2 + 2$
(段階数 + 2)
という規則を見出す．
0.3 項でも，数の規則性を見出す問題を取り上げた．

【疑問】 問 2.22 の操作を限りなくつづけると，ひし形の周囲の長さの合計は，対角線の長さと一致する．他方，周囲の長さの合計は，最も大きいひし形 (辺の長さ a) の周囲の長さと等しい．この通りだとすると，対角線の長さは，最大のひし形 (辺の長さ a) の周囲の長さと一致することになる．ほんとうか？

たねあかし　ひし形の極限は点にならないで，あくまでもひし形である．問 2.22 の操作を限りなくつづけても，ひし形の周囲の長さの合計は，対角線よりも長い．

それでは，ひし形の面積は，どのように考えるのか？

問 2.23　図 2.44 のひし形の面積を，つぎの 2 通りの方法で求めよ．

(1) 小学算数の通りに，(対角線の長さ) × (対角線の長さ) ÷ 2 を計算する．

(2) 例題 2.3 (4) のように，3 本の直線 $x = 0$ (y 軸)，$y = 0$ (x 軸)，第 1 象限内にある辺で囲んだ部分 (直角三角形) の面積を，微小な幅の長方形の面積の合計と考える．

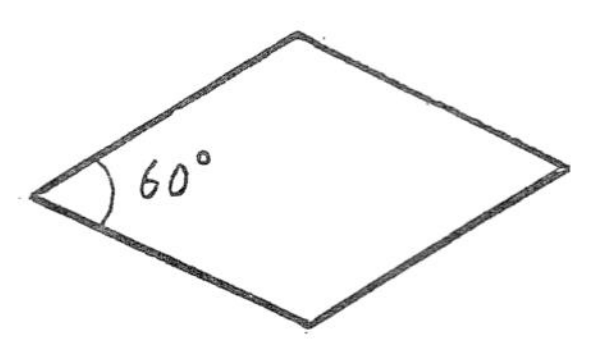

図 2.44　ひし形

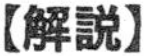

【解説】

幅が微小だから台形を長方形とみなせる．

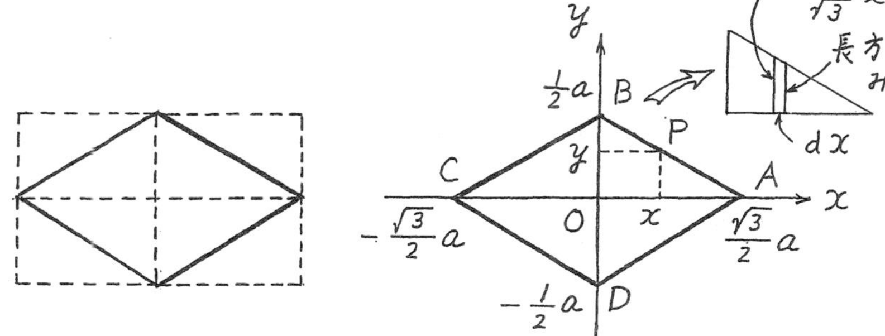

図 2.45　ひし形の面積の求め方

(1) $\underbrace{(\text{対角線の長さ}) \times (\text{対角線の長さ})}_{\text{長方形の面積}} \div 2 = a \times \sqrt{3}a \div 2 = \dfrac{\sqrt{3}}{2}a^2$

辺の長さ a

(2) 第 1 象限内の辺上の任意の点 (「どの点でもいい」という意味) を P とおく．

▶「**直線とは，傾きが一定の図形**」という表現を式に翻訳する．

直線の方程式のつくり方

$$\frac{(\text{P の } y \text{ 座標}) - (\text{B の } y \text{ 座標})}{(\text{P の } x \text{ 座標}) - (\text{B の } x \text{ 座標})} = \frac{(\text{A の } y \text{ 座標}) - (\text{B の } y \text{ 座標})}{(\text{A の } x \text{ 座標}) - (\text{B の } x \text{ 座標})}$$

$$\text{第 1 象限内にある辺の傾き} = \overbrace{\underbrace{\frac{y - \frac{a}{2}}{x - 0}}_{\text{線分 PB の傾き}} = \underbrace{\frac{0 - \frac{a}{2}}{\frac{\sqrt{3}a}{2} - 0}}_{\text{線分 AB の傾き}}}^{\text{傾き＝一定}}$$

⟵ 傾きを 2 通りの式で表す．

右辺の分子・分母で $\dfrac{a}{2}$ が約せる．

$\dfrac{y - \frac{a}{2}}{x} = -\dfrac{1}{\sqrt{3}}$

$\dfrac{a}{b} = c$ を $a = bc$ と書き換えるのと同じように

$y - \dfrac{a}{2} = -\dfrac{x}{\sqrt{3}}$

と書き換える．

この式を書き換えると

$$y = \overbrace{\underbrace{-\frac{1}{\sqrt{3}}}_{\text{傾き}}x + \underbrace{\frac{a}{2}}_{\text{切片}}}^{\text{1 変数関数}} \quad (\text{直線の方程式})$$

となる．

$$4\underbrace{\int_0^{\frac{\sqrt{3}a}{2}}}_{\text{合計}}\underbrace{\overbrace{\left(-\frac{1}{\sqrt{3}}x+\frac{a}{2}\right)}^{\text{たての長さ}}\overbrace{dx}^{\text{よこの長さ}}}_{\text{微小な幅の長方形の面積}}$$

← どの象限にも直角三角形があるから 4 倍する.

$$= 4\left[-\frac{1}{\sqrt{3}}\cdot\frac{1}{2}x^2\right]_0^{\frac{\sqrt{3}a}{2}} + 4\cdot\frac{a}{2}\left(\frac{\sqrt{3}a}{2}-0\right)$$

$$= \frac{\sqrt{3}}{2}a^2$$

(1) と (2) とは一致することがわかる.

二重積分のイメージ

2.1.1 項, 2.1.2 項では, 線素をつなぎ合わせて曲線を描いたり, 曲線の長さを測ったりする方法を考えた. ここでは, その考え方を面積に拡張する. 等間隔目盛の方眼紙に, 閉じた曲線 (閉曲線) を描く. この閉曲線 C で囲んだ領域 D の面積の測り方を工夫してみよう.

C : curve (曲線) の頭文字

D : domain (領域) の頭文字

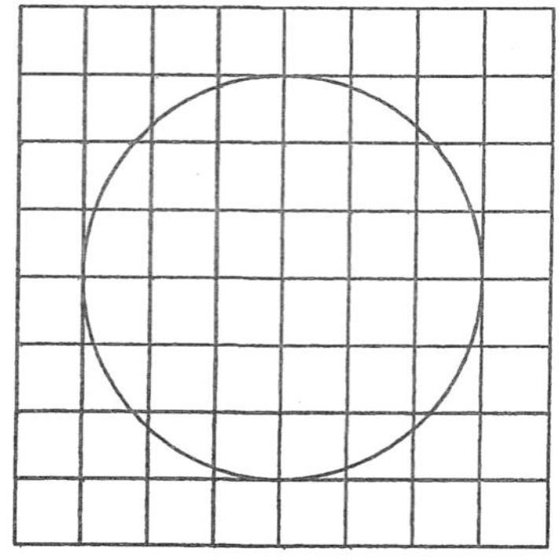
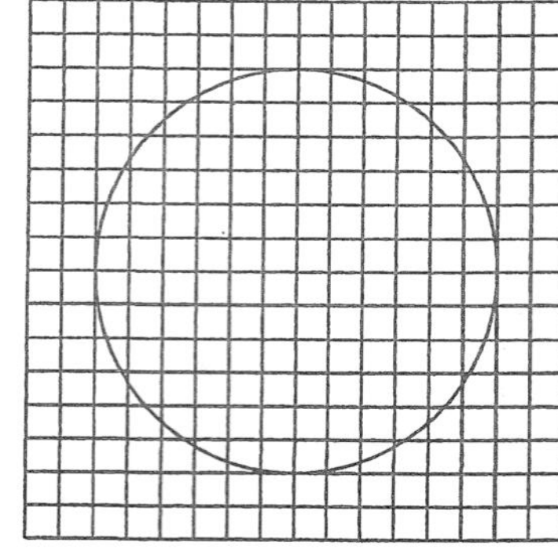
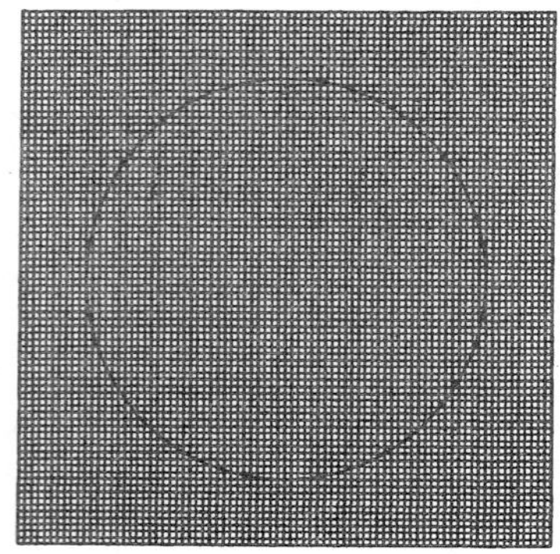

図 2.46 円 (閉曲線 C の例)

① 領域 D を, 辺が 1 cm の正方形の集まりと見る. 少しでも閉曲線 C を含む正方形も含めると, 領域 D の面積よりも大きく見積もることになる. 閉曲線 C を含まない正方形だけの集まりの面積は, 領域 D の面積よりも小さい.

② 辺が 0.5 cm の正方形の集まりと見る. 少しでも閉曲線 C を含む正方形の集まりと閉曲線 C を含まない正方形だけの集まりとの差が小さくなる.

③ 辺が 0.1 cm の正方形の集まりと見る. 少しでも閉曲線 C を含む正方形の集まりと閉曲線 C を含まない正方形だけの集まりとの差はもっと小さくなる.

このように, 正方形の辺を小さくするほど, 正方形の集まりの面積は領域 D の面積に近づく.

正方形でなく長方形でもいい. 正方形と長方形とのどちらであっても, 同じ面積でなくてもいい.

閉曲線で囲んだ領域を**微**小な長方形に**分**ける. 長方形の面積を**積**み重ねる (「足し合わせる」という意味) 操作を**二重積分**という.

積分の記号と微分の記号とで面積を表す

1. 閉曲線で囲んだ領域内の点 A を原点とする 2 本の座標軸 (物差) を考える. 水平方向の物差を dx 軸, 鉛直方向の物差を dy 軸と名付ける. これらの座標軸で, どんなに長い長さでも測れるが, 点 A から測った微小な長さを dx, dy とする. 座標軸の名称と同じだが, 混同しないように注意する.

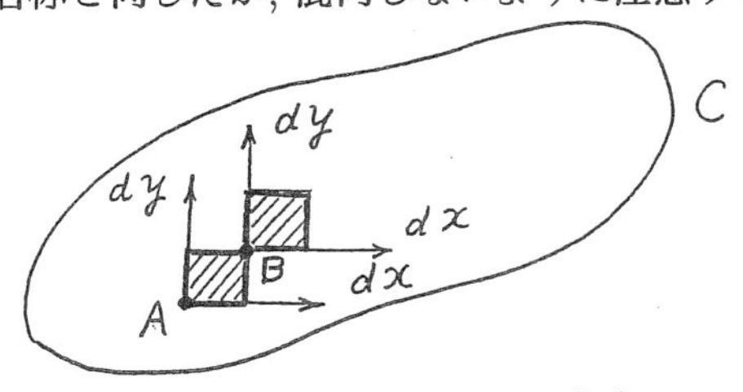

図 2.47　dx, dy の意味

dS を「**面積素**」という.

2. 領域内で点 A からわずかに離れた点 B を原点とする座標軸 (物差) を考え, dx 軸, dy 軸と名付ける. 点 B から測った微小な長さを dx, dy とする.

3. 同様の操作を領域内でくりかえす.

4. これらの操作で測った微小な面積 dS を足し合わせる. 閉曲線上でギザギザに見えないほど**微**小な部**分**をなめらかに**積**み重ねる (足し合わせる).

点 A, 点 B, ... のように, 原点を変えて dS を測る. 点 (x, y) を原点として, よこの長さ dx, たての長さ dy を測って表した面積を $dS(x, y)$ と書くと, 2 変数関数を扱っていることがはっきりする.

領域の面積 S を

$\int_D dS$ 　[(点Aを頂点とする微小な長方形の面積) + (点Bを頂点とする微小な長方形の面積) + ⋯ だから, 領域の面積 S である.]

↑ 　↖

積分の記号 **微分**の記号

と表す.

面積以外の例もあるから, 二重積分の概念をつぎの形で整理する.

$\int_{\text{どの領域}}$ 足し合わせる項

$\int_D dS$ 　$\int$ と d とが隣り合った形

dS を $dxdy$ と表して

$$\iint_D dxdy$$

と書くことができる.

▶ **用語** **重積分** 　二重積分, 三重積分, ... の総称 (「多重積分」ともいう)

二重積分の計算法 — 累次積分 (くりかえし積分)

問 2.23 で, 第 1 象限の直角三角形を, 微小な幅の短冊 (長方形) の集まりと考えた. ここでは, 微小な正方形 (または長方形) の集まりと考えても, 同じ面積が求まることを確かめてみよう (図 2.48).

$\iint_D dxdx$ の計算法

手順 1 　領域内の任意の点 Q (「どこでもいい」という意味) を原点とする座標軸 (dx 軸, dy 軸) を考える.

手順 2 　点 Q から水平方向に dx, 鉛直方向に dy の微小な長さを 2 辺とする正方形 (長方形を考えてもいい) をつくる. この正方形 (または長方形) の面積は $dxdy$ である.

手順 3 　この正方形 (または長方形) 内の中点と同じヨコ x の位置で, 面積 $dxdy$ の正方形 (または長方形) を, $y = 0$ の位置から $y = -\dfrac{1}{\sqrt{3}}x + \dfrac{a}{2}$ の位置まで積み重ねる.

ここで, x, y は数を表す.

厳密な証明は,
一松信:『微分積分学入門』(サイエンス社, 1971) 1 章,
笠原晧司:『微分積分学』(サイエンス社, 1974) p. 50 参照.

▶ **記号**　$\underbrace{\overbrace{\left(\int_0^{-\frac{1}{\sqrt{3}}x+\frac{a}{2}} dy\right) dx}^{\text{面積の合計}}}_{\text{たての長さの合計}}$　$\underbrace{dx}_{\text{よこの長さ}}$　$= \overbrace{\left(-\frac{1}{\sqrt{3}}x+\frac{a}{2}\right)dx}^{\text{たて}-\frac{1}{\sqrt{3}}x+\frac{a}{2}\text{の長方形の面積}}$　**1 度目の積分**

● 二重積分のイメージ ①, ②, ③ のように, ひし形の辺上でギザギザに見えないほど辺の長さが微小と考えている.

手順 4　面積 $\left(-\dfrac{1}{\sqrt{3}}x+\dfrac{a}{2}\right)dx$ の長方形を, $x=0$ の位置から $x=\dfrac{\sqrt{3}a}{2}$ の位置まで寄せ集める.

● ヨコ座標 x の値によって, $\left(-\frac{1}{\sqrt{3}}x+\frac{a}{2}\right)dx$ の値が異なることに注意する.

問 2.23 (2) と同じ式

▶ **記号**

$$\overbrace{\int_0^{\frac{\sqrt{3}a}{2}} \underbrace{\left(-\frac{1}{\sqrt{3}}x+\frac{a}{2}\right)dx}_{\text{たて}-\frac{1}{\sqrt{3}}x+\frac{a}{2}\text{の長方形の面積}}}^{\text{面積の合計}} = \left[-\frac{1}{\sqrt{3}}\cdot\frac{1}{2}x^2+\frac{a}{2}\cdot x\right]_0^{\frac{\sqrt{3}a}{2}} = \frac{\sqrt{3}}{8}a^2$$

2 度目の積分

問 2.23 (2) は, 手順 3 を先取りした計算法である.

手順 5　どの象限にも直角三角形があるから, 手順 4 の体積を 4 倍する.

$$4\times\frac{\sqrt{3}}{8}a^2 = \frac{\sqrt{3}}{2}a^2$$

▶ 積分の操作を 2 回つづけたので, **累次積分**という.

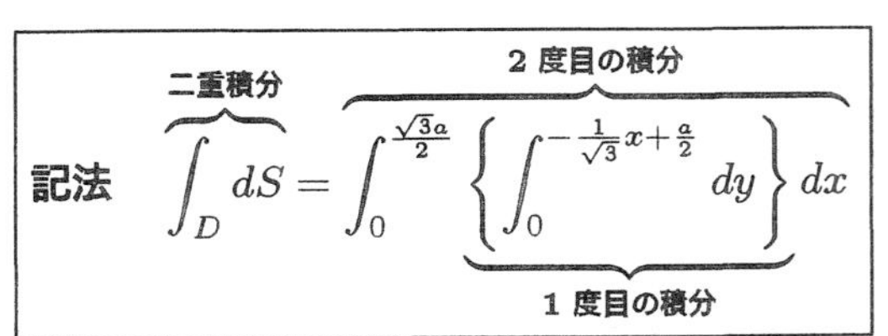

右辺は二重積分の計算法 (累次積分) を示している.

$\int_D dS$ を $\iint_D dxdy$ と書くこともあるが, 右辺の累次積分の表し方とは異なる.

$$\overbrace{\int_0^{\frac{\sqrt{3}a}{2}} dx \underbrace{\int_0^{-\frac{1}{\sqrt{3}}x+\frac{a}{2}} dy}_{\text{1 度目の積分}}}^{\text{2 度目の積分}}$$

と書くこともある.

$\int_0^{\frac{\sqrt{3}a}{2}} dx \times \int_0^{-\frac{1}{\sqrt{3}}x+\frac{a}{2}} dy$ ではないことに注意する.

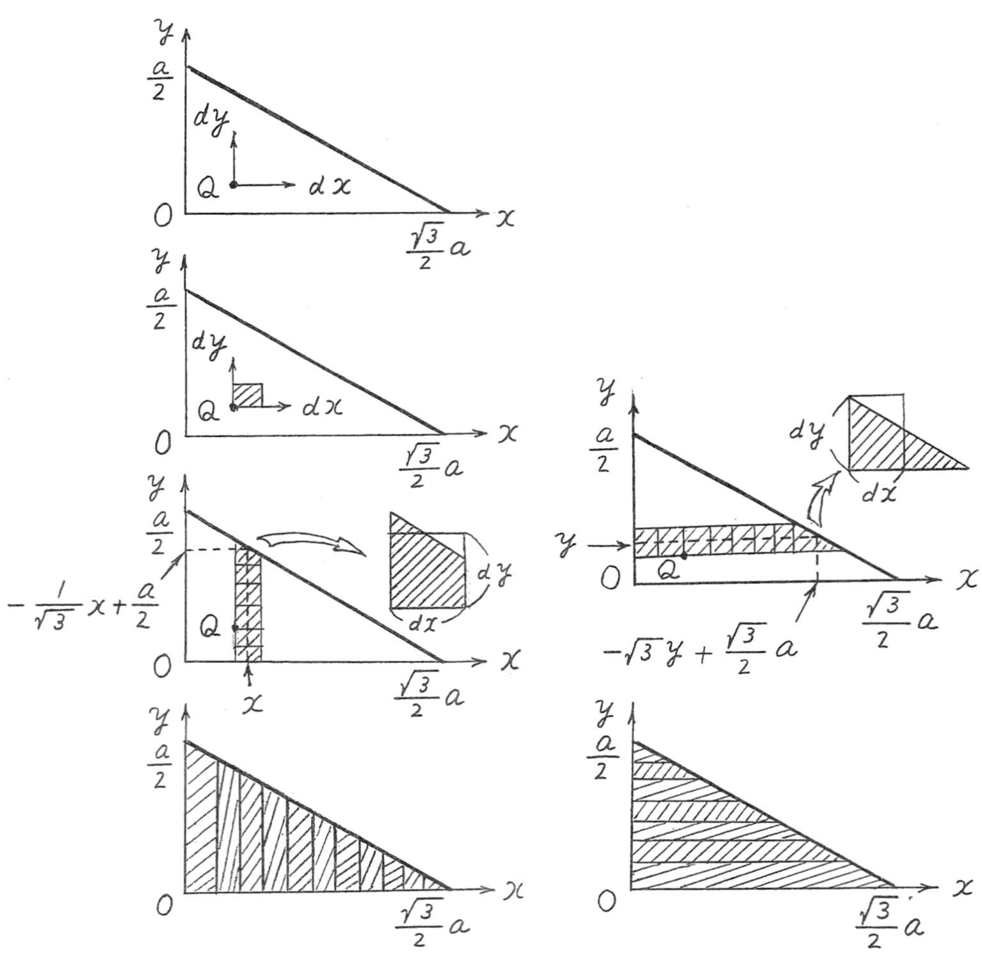

図 2.48 累次積分を図形で理解する　　図 2.49 問 2.24

問 2.24　手順 3 と手順 4 とを入れ換えて, x について積分してから y についで積分しても, 同じ結果になることを確かめよ.

【解説】

手順 3′　手順 2 の正方形 (または長方形) 内の中点と同じタテ y の位置で, 面積 $dxdy$ の正方形 (または長方形) を, $x=0$ の位置から $x=-\sqrt{3}y+\dfrac{\sqrt{3}a}{2}$ の位置まで寄せ集める.

▶ 記号

$$\overbrace{\underbrace{\left(\int_0^{-\sqrt{3}y+\frac{\sqrt{3}a}{2}} dx\right)}_{\text{よこの長さの合計}}\underbrace{dy}_{\text{たての長さ}}}^{\text{面積の合計}} = \overbrace{\left(-\sqrt{3}y+\frac{\sqrt{3}a}{2}\right)dy}^{\text{よこ}-\sqrt{3}y+\frac{\sqrt{3}a}{2}\text{の長方形の面積}} \quad \textbf{1 度目の積分}$$

手順 4′　面積 $\left(-\sqrt{3}y+\dfrac{\sqrt{3}a}{2}\right)dy$ の長方形を, $y=0$ の位置から $y=\dfrac{a}{2}$ の位置まで寄せ集める.

- ヨコ座標 x の値によって, $\left(-\sqrt{3}y+\dfrac{\sqrt{3}a}{2}\right)dy$ の値が異なることに注意する.

▶ 記号

$$\overbrace{\int_0^{\frac{a}{2}} \underbrace{\left(-\sqrt{3}y+\frac{\sqrt{3}a}{2}\right)dy}_{\text{よこ}-\sqrt{3}y+\frac{\sqrt{3}a}{2}\text{の長方形の面積}}}^{\text{面積の合計}} = \left[-\sqrt{3}\cdot\frac{1}{2}y^2+\frac{\sqrt{3}a}{2}\cdot y\right]_0^{\frac{a}{2}} = \frac{\sqrt{3}}{8}a^2$$

2 度目の積分

$y=-\dfrac{1}{\sqrt{3}}x+\dfrac{a}{2}$ から $x=-\sqrt{3}y+\dfrac{\sqrt{3}a}{2}$ となる.

記法

$$\overbrace{\int_D dS}^{\text{二重積分}} = \overbrace{\int_0^{\frac{a}{2}}\underbrace{\left\{\int_0^{-\sqrt{3}y+\frac{\sqrt{3}a}{2}} dx\right\}}_{\text{1 度目の積分}} dy}^{\text{2 度目の積分}}$$

右辺は二重積分の計算法 (累次積分) を示している.

$\displaystyle\int_D dS$ を $\displaystyle\iint_D dxdy$ と書くこともあるが, 右辺の累次積分の表し方とは異なる.

【疑問】手順 3 で積分の上限にある x は定数と変数とのどちらか？
— 任意定数と変数との区別：手順 1, 手順 3, 手順 4, 手順 3′, 手順 4′ で文字をどのように使うか？　(1.1 節)

【疑問】の内容をむずかしく感じる読者は, 読みとばして計算法だけを理解すればいい.

① 手順 1 で選んだ点 Q の位置は，$x = s$, $y = t$ だから，正しくは (s,t) と書く．「変数 x が定数 s を取る」「変数 y が定数 t を取る」という意味を表す．一度 s, t の値を選んだら，x, y は定数であるが，直角三角形内であれば定数にはどんな値を選んでもいい．s, t は定数だが，変数のようにも振る舞うので，**パラメータ**である (1.1 節)．
② 手順 3 で，面積 $dxdy$ を，$y = 0$ の位置から $y = -\dfrac{1}{\sqrt{3}}s + \dfrac{a}{2}$ の位置まで積み重ねて，幅 dx, 高さ $y = -\dfrac{1}{\sqrt{3}}s + \dfrac{a}{2}$ の長方形の面積を求める．
③ 手順 4 で，領域内で取り得るすべての s の値について，長方形の面積を合計する．手順 3 で得た式は，$x = s$ の場合 (s はどんな値でもいい) を表す．選んだヨコ座標 x に対応する長方形のたての長さは，$f(x) = -\dfrac{1}{\sqrt{3}}x + \dfrac{a}{2}$ と表せる．s の値を一つに決めたままでは，長方形の面積が $f(s)dx$ だけしかないので合計することができない．だから，$f(x)dx$ を，$x = 0$ の位置から $x = \dfrac{\sqrt{3}a}{2}$ の位置まで合計する．
● 手順 1, 手順 3, 手順 3′ では，簡単のために s, t と表す過程 ①，② を省いて ③ に進んだ．

例題 2.8　**円の面積**　半径 a の円の面積 S を，つぎの 2 通りの方法で求めよ．
(1) 小学算数の通りに，円を小さい扇形に分けて，これらの扇形を並べ替えて平行四辺形をつくる．
(2) 円の面積を，微小な長方形の面積の合計と考える．

小学算数で学習した円の面積を振り返ってみる．

問題の意味

円の面積が πr^2 と表せることを示す．

r : radius (半径) の頭文字

弧度法 (1.2.3 項) を思い出すこと．

【解説】 (1) 円を分割する扇形が小さいほど円弧が直線に近づく．したがって，円の面積は，たてが半径，よこが半円周の長さの長方形の面積に近づく．

$$\text{よこの長さ} = \text{円周の半分の長さ} = \underbrace{2\pi a}_{\text{円周の長さ}} \div 2 = \pi a$$

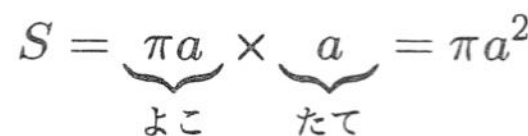

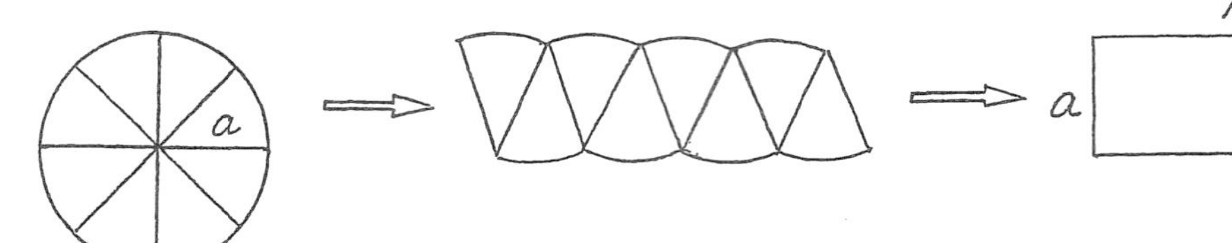

図 2.50　円の面積の求め方

(2) 円の領域内の位置を, 直交座標 (水平方向の座標 x と鉛直方向の座標 y) で表す代わりに, **極座標** (中心からの距離 r と x 軸の正の側からの角 θ) で表すと便利である.

手順 1　円の領域内の任意の点 P (r, θ) (「どこでもいい」という意味) を原点として, 中心と点 P とを通る直線の方向に測った距離 dr (外向きを正) とこの直線から測った角 $d\theta$ (反時計まわりを正) とを考える.

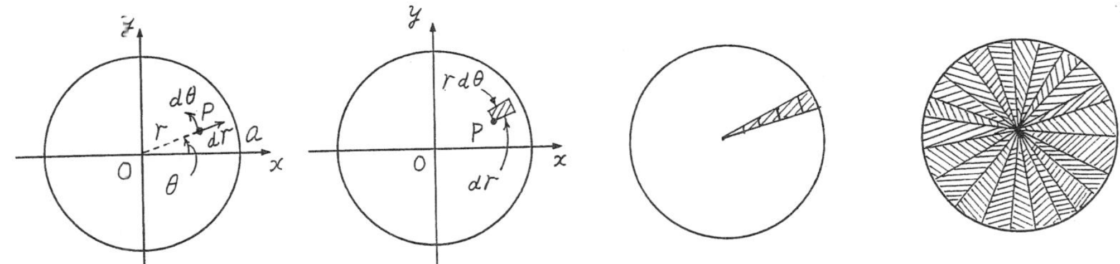

図 2.51　極座標で円の面積を求める方法

手順 2　長さ dr と角 $d\theta$ とが微小な領域を長方形 (内側と外側とで円弧の大きさに等しいとみなす) として扱う. この長方形の面積は $rd\theta \times dr$ である.

弧度法　半径 r, 角 $d\theta$ の円弧の大きさは $rd\theta$ である (1.2.3 項).

手順 3　角 θ の方向と角 $\theta + d\theta$ の方向との間で, $r = 0$ の位置から $r = a$ の位置まで微小な長方形を寄せ集める.

▶ **記号**

$$\int_0^a (rd\theta) \times dr = \left(\int_0^a r dr\right) d\theta$$

⟵ $d\theta$ の値が同じだから $d\theta$ でくくった.
1 度目の積分

$$= \left[\frac{1}{2}r^2\right]_0^a d\theta$$

$$= \frac{1}{2}a^2 d\theta$$

⟵ 円弧を線分とみなして二等辺三角形の面積 $\frac{1}{2} \times \underbrace{ad\theta}_{\text{底辺の長さ}} \times \underbrace{a}_{\text{高さ}}$ を求めたことになる.

● 二重積分のイメージ ①, ②, ③ のように, 円の中心でギザギザに見えないほど辺の長さが微小と考えている.

手順 4　面積 $\frac{1}{2}a^2 d\theta$ の二等辺三角形を, $\theta = 0$ の位置から $\theta = 2\pi$ (1 周) の位置まで寄せ集める.

▶ **記号** $\overbrace{\int_0^{2\pi} \underbrace{\frac{1}{2}a^2 d\theta}_{\text{頂角 } d\theta \text{ の二等辺三角形の面積}}}^{\text{面積の合計}} = \frac{1}{2}a^2 \int_0^{2\pi} d\theta = \frac{1}{2}a^2 \cdot 2\pi = \pi a^2$ **2 度目の積分**

記法 $$\overbrace{\int_D}^{\text{二重積分}} dS = \overbrace{\int_0^{2\pi} \underbrace{\left\{\int_0^a r\,dr\right\}}_{\text{1 度目の積分}} d\theta}^{\text{2 度目の積分}}$$

右辺は二重積分の計算法 (累次積分) を示している.

$\int_D dS$ を $\iint_D r dr d\theta$ と書くこともあるが, 右辺の累次積分の表し方とは異なる.

問 2.25 手順 2 と手順 3 とを入れ換えて, θ について積分してから r について積分しても, 同じ結果になることを確かめよ.

【解説】

手順 3′ 中心からの距離が r と $r+dr$ との間で円周に沿って, $\theta=0$ の位置から $\theta=2\pi$ の位置まで微小な長方形を寄せ集める. 円周 r, 幅 dr のドーナツ状の図形ができる.

▶ **記号**

$$\int_0^{2\pi} (r d\theta) dr = \left(\int_0^{2\pi} d\theta\right) r dr$$ ⟵ rdr の値が同じだから rdr でくくった. **1 度目の積分**

$$= 2\pi r dr$$ ⟵ ドーナツ状の図形を, 半径に沿って切り開いて, たて dr, よこ $2\pi r$ の長方形の面積を求めたことになる.

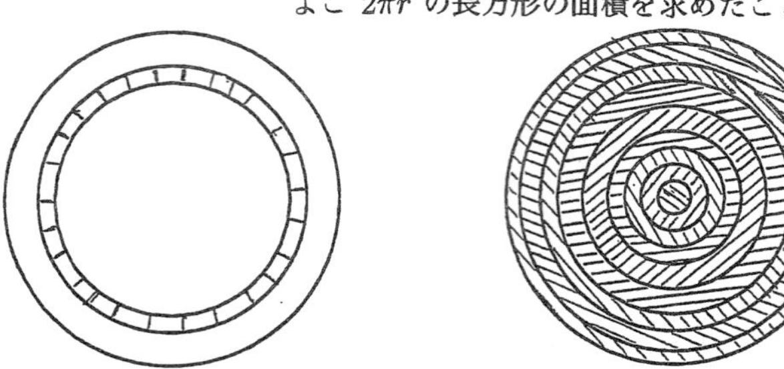

図 2.52 極座標で円の面積を求める方法

手順 4′　面積 $2\pi r \times dr$ の長方形 (ドーナツ状の図形) を, $r=0$ から $r=a$ まで寄せ集める.

▶ **記号**　$\displaystyle\int_0^a 2\pi r dr = 2\pi \left[\frac{1}{2}r^2\right]_0^a = 2\pi \cdot \frac{1}{2}a^2 = \pi a^2$　**2 度目の積分**

記法　$\displaystyle\overbrace{\int_D dS}^{\text{二重積分}} = \overbrace{\int_0^a \underbrace{\left\{\int_0^{2\pi} d\theta\right\}}_{\text{1 度目の積分}} r dr}^{\text{2 度目の積分}}$

右辺は二重積分の計算法 (累次積分) を示している.

三重積分の計算法 — 累次積分 (くりかえし積分)

例題 2.9　**球の体積**　半径 a の球を, 微小な厚さの円板の積み重ねと考えて, 球の体積 V を求めよ.

V : volume (体積) の頭文字

【解説】 球の領域内の位置を, 直交座標 (球の中心を原点として互いに直交する x 軸, y 軸, z 軸で測った座標) でなく, **円柱座標** (xy 平面内で中心からの距離 r, x 軸の正の側からの角 θ, z 軸で測った座標) で表すと便利である.

x, y, z は座標だから数である.

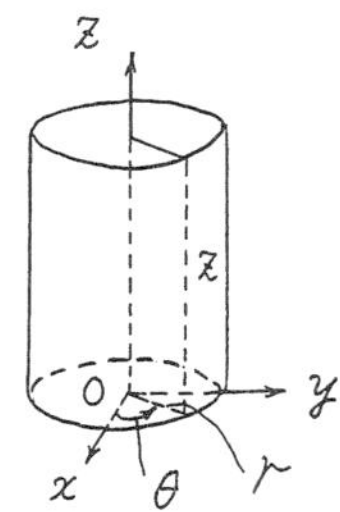

図 2.53　円柱座標

手順 1　球の領域内の任意の点 P (r, θ, z) (「どこでもいい」という意味) を原点として, xy 平面に平行な面内で z 軸から遠ざかる向きに測った距離 dr, xy 平面に平行に z 軸と P とを結ぶ線分から測った角 $d\theta$, z 軸に平行な距離 dz を考える.

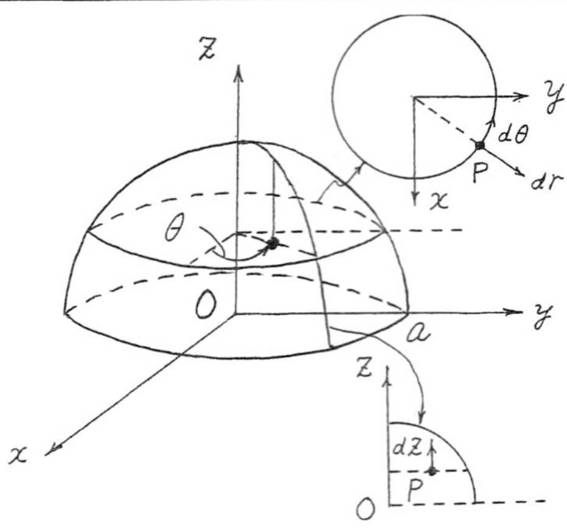

図 2.54 球の領域

手順 2 球内で xy 平面からの距離が z と $z+dz$ との間の領域を, 高さ dz が微小な円柱とみなす. この円柱の体積は

$$\overbrace{\pi(\sqrt{a^2-z^2})^2}^{\text{底面積}} \times \overbrace{dz}^{\text{高さ}}$$

⟵ 底面積は例題 2.8 の手順 2, 手順 3 の方法で求める. だから, **積分を 2 回**つづけたことになる.

である.

実用上は, 例題 2.8 の手順 2, 手順 3 の方法を考えないで, 簡単に円周率 × (半径)^2 を計算すればいい.

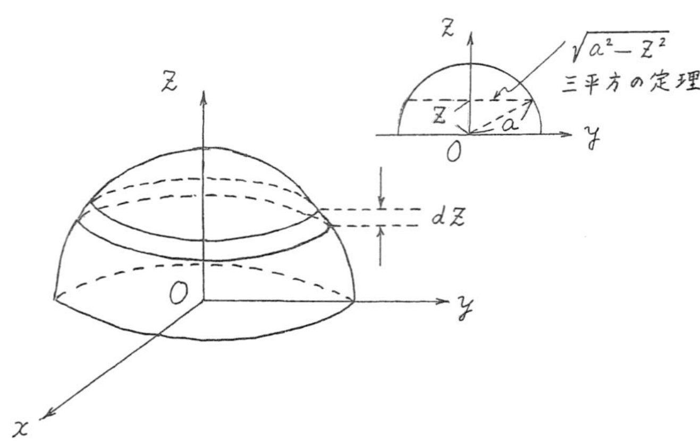

図 2.55 円柱の体積の求め方

手順 3 体積 $\pi(a^2-z^2)dz$ の円柱を, $z=0$ の位置から $z=a$ の位置まで積み重ねる.

- 高さ z の値によって, $\pi(a^2-z^2)dz$ の値が異なることに注意する.

▶ **記号**　$\overbrace{\int_0^a \underbrace{\pi(a^2 - z^2)dz}_{}}^{\text{体積の合計}} = \pi\left[a^2 z - \frac{1}{3}z^3\right]_0^a = \frac{2}{3}\pi a^3$　**3 度目の積分**

（$\pi(a^2-z^2)dz$：底面の半径が $\sqrt{a^2 - z^2}$ の円柱の体積）

手順 4　$z \geq 0$ の領域と $z \leq 0$ の領域とがあるから，手順 3 で求まった体積を 2 倍する．

$$2 \times \frac{2}{3}\pi a^3 = \frac{4}{3}\pi a^3$$

▶ 積分の操作を 3 回つづけたので，**累次積分**という．

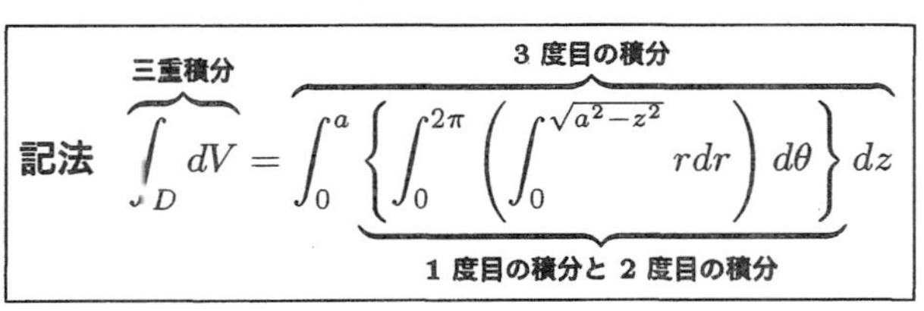

三重積分
3 度目の積分
記法
$\int_D dV = \int_0^a \left\{\int_0^{2\pi}\left(\int_0^{\sqrt{a^2-z^2}} rdr\right)d\theta\right\}dz$
1 度目の積分と 2 度目の積分

右辺は三重積分の計算法 (累次積分) を示している．

$\int_D dV$ を $\iiint_D rdrd\theta dz$ と書くこともあるが，右辺の累次積分の表し方とは異なる．

問　球の体積 $\frac{4}{3}\pi r^3$ を r で微分すると，何が求まるか？

答　球の表面積 $4\pi r^2$

知っていると便利　半径 r の球の表面積 ＝ 底面の半径が r，高さが $2r$ の円柱の側面積

側面を開くと長方形だから，面積は (たての長さ) ×(よこの長さ) で表せる．図 2.56 を見ると，たての長さは $2r$，よこの長さは $2\pi r$ であることがわかる．

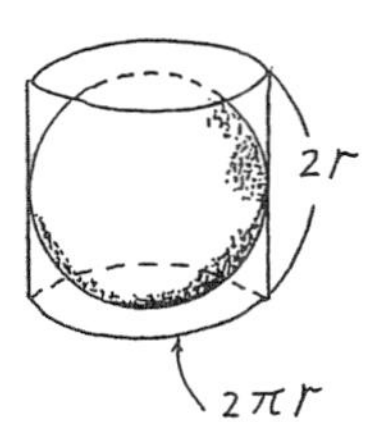

図 2.56　球と円柱との間の関係

球の体積：$V = \frac{4}{3}\pi r^3$	球の表面積：$S = 4\pi r^2$

【まとめ】

① 円の半径の値で円周の大きさの値が**一つだけ**決まる．したがって，円周は半径の**関数**である (1.1 節)．この関数 (半径と円周との**対応の規則**) は，円周の大きさ $= 2 \times$ 円周率 $\times$ 半径 と表せる．

● たて軸に円周の大きさ，よこ軸に半径を選ぶと，比例のグラフ (原点を通る直線) が描ける．

② 円の半径の値で円の面積の値が**一つだけ**決まる．したがって，円の面積は半径の**関数**である (1.1 節)．この関数 (半径と面積との**対応の規則**) は，円の面積 $=$ 円周率 $\times$ (半径)^2 と表せる．

● たて軸に面積，よこ軸に半径を選ぶと，2 次関数のグラフ (放物線) が描ける．

③ 球の半径の値で球の体積の値が**一つだけ**決まる．したがって，球の体積は半径の**関数**である (1.1 節)．この関数 (半径と体積との**対応の規則**) は，球の体積 $= \dfrac{4}{3} \times$ 円周率 $\times$ (半径)^3 と表せる．

● たて軸に体積，よこ軸に半径を選ぶと，3 次関数のグラフが描ける．

2.4.3 偏微分

曲線の長さの表し方 (2.1.1 項) を発展させて，球の体積の表し方 (2.4.2 項) を考えた．では，曲線上の各点ごとのカーブの程度 (2.1.4 項) を発展させて，曲面上の各点ごとのカーブの程度を表すにはどうすればいいか？

偏微分のイメージ

曲線上の各点ごとのカーブの意味 (2.1.4 項) を思い出そう．瓶の蓋の周上でいろいろな位置に，ピンと張った糸を当てる．この糸が接線であり，糸を当てた位置のカーブの程度を目に見えるようにしたことになる．

瓶 (びん)　蓋 (ふた)

今度は，サッカーボールまたは開いた傘の曲面上のいろいろな位置に，厚紙を当てる．曲面上の点ごとに，厚紙の傾き方がちがうことは，あたりまえにわかる．この厚紙が接平面であり，厚紙を当てた位置のカーブの程度を目に見えるようにしている．厚紙の傾きをどのように表すかが問題である．

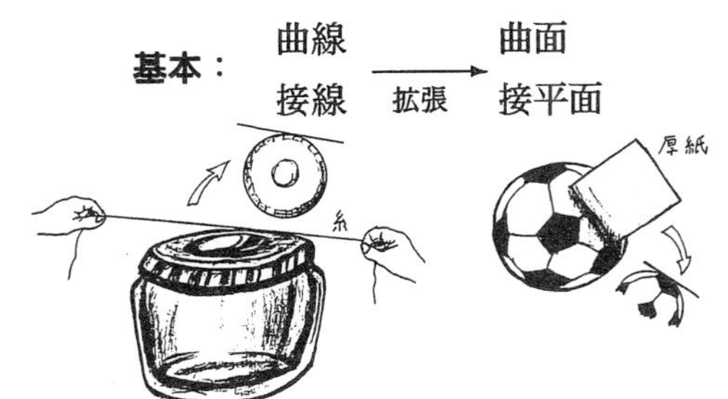

図 2.57　糸を当てた蓋, 厚紙を当てたボール

問 2.26　机上に長方形の厚紙の 1 頂点を当て, 手で厚紙を持ったまま紙面を傾ける. 机上に当てた頂点を含む対角線の傾きで, 厚紙の傾きを表す. この対角線上にない 2 頂点のそれぞれの机面からの高さを h_1, h_2 とおく. 対角線上の頂点の高さ h を, h_1, h_2 で表せ.

岡部恒治：『考える力をつける数学の本』(日本経済新聞社, 2006) で紹介している公務員試験問題を, 本節の内容に合うように改題した.

【解説】 発想がむずかしいが, 長方形の 2 本の対角線の交点に着目する.

h：height (高さ) の頭文字

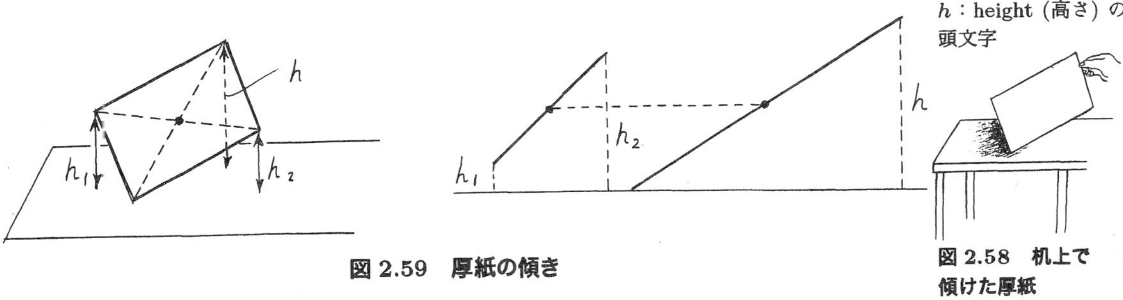

図 2.59　厚紙の傾き

図 2.58　机上で傾けた厚紙

▶ 交点の高さを 2 通りの見方で表す.

交点の高さ ＝ 対角線上の頂点の高さの半分 ＝ 対角線上にない 2 頂点の高さの平均の高さ

$$\frac{1}{2}h = \frac{1}{2}(h_1 + h_2) \qquad \therefore h = h_1 + h_2 \longleftarrow \text{簡単な関係式になる.}$$

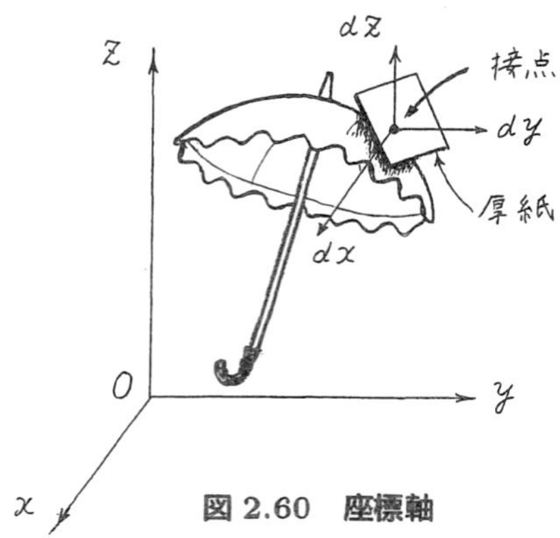

図 2.60 座標軸

問 2.26 の机面に接した頂点を, 曲面 (傘) と接平面 (厚紙) との接点におきかえる. このように考えると, 接平面の傾きも問 2.26 の方法で表せる. 接点を原点とする座標軸を用意しよう.

もとの座標軸	原点 O	x 軸	y 軸	z 軸
新しい座標軸	接点を原点とする.	dx 軸 x 軸と同じ向き	dy 軸 y 軸と同じ向き	dz 軸 z 軸と同じ向き

▶ 接平面を平行四辺形として, 曲面 $z = f(x, y)$ との接点 (x_0, y_0, z_0) を含む接平面の対角線の傾きを求める.

球面の方程式
中心から球面内の点 (x, y, z) までの距離は, 三平方の定理をくりかえし適用して $x^2 + y^2 + z^2 = a^2$ と求まる (図 2.62). 球面内のどの点の座標もこの方程式をみたす. だから, この方程式で球面を表すことができる.

曲面の表し方 曲面上の点の z 座標は, その点の x 座標と y 座標とで決まるから, z は x と y との 2 変数関数であり, $z = f(x, y)$ と表せる. f は z 座標を決める規則 (関数) を表す.

例 中心 O, 半径 a の球 : $z = \sqrt{a^2 - x^2 - y^2}$

関数 $f(\ ,\ ) = \sqrt{a^2 - (\ )^2 - (\ )^2}$

関数値 $f(x, y) = \sqrt{a^2 - x^2 - y^2}$ ⟵ x と y とを入力したときの出力

手順 1 接点を含まない対角線上の 2 頂点のそれぞれの高さを求める.

イメージ 接平面に z 軸に平行な方向から光を当てたと想定する.

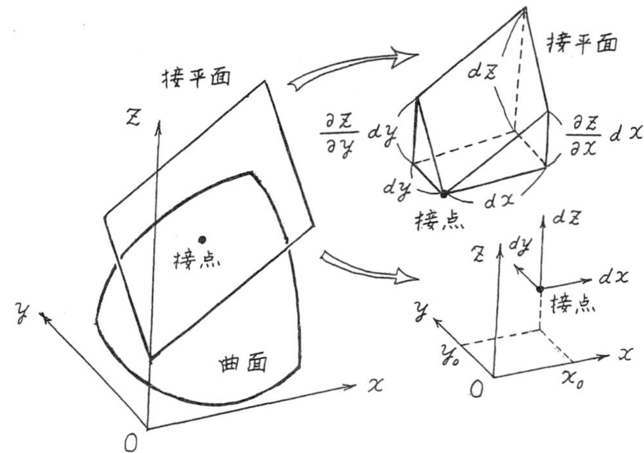

図 2.61　曲面の接平面

▶ 用語と記号

① 接点 (x_0, y_0, z_0) を原点として，dx 軸方向 $(dy = 0)$ の幅と dz 軸方向の高さとで接平面の傾きを求める場合

dx 軸方向では $y = y_0$ で一定だから，

この方向で測った接平面の傾きは，いままでの記号で

「$y = y_0$ のとき $\left.\dfrac{dz}{dx}\right|_{y=y_0}$」

と書けるが，この内容を記号 $\dfrac{\partial z}{\partial x}$, $f_x{}'(x_0, y_0)$, $\dfrac{\partial f}{\partial x}(x_0, y_0)$ で表す．

「点 (x_0, y_0) における $f(x, y)$ の x に関する**偏微分係数**」という．

② 接点 (x_0, y_0, z_0) を原点として，dy 軸方向 $(dx = 0)$ の幅と dz 軸方向の高さとで接平面の傾きを求める場合

dy 軸方向では $x = x_0$ で一定だから，

この方向で測った接平面の傾きは，いままでの記号で

「$x = x_0$ のとき $\left.\dfrac{dz}{dy}\right|_{x=x_0}$」

と書けるが，この内容を記号 $\dfrac{\partial z}{\partial y}$, $f_y{}'(x_0, y_0)$, $\dfrac{\partial f}{\partial y}(x_0, y_0)$ で表す．

「点 (x_0, y_0) における $f(x, y)$ の y に関する**偏微分係数**」という．

読み方 「ラウンド・ディー・ゼット・ラウンド・ディー・エックス」

「ラウンド・ディー・ゼット・ラウンド・ディー・ワイ」

> 1 変数関数を未知関数として含む微分方程式を**常微分方程式**という (第 3 話).
>
> **記号**　$\dfrac{dy}{dx}$
>
> 2 変数関数で，一方の変数を一定のまま他方の変数で微分するとき「**偏微分**する」という．
>
> **記号**　$\dfrac{\partial z}{\partial x}$, $\dfrac{\partial z}{\partial y}$

接点は, **曲面上のどの位置に選んでもよい**. 接点の x 座標と y 座標との組に対して, 接平面の傾き $\dfrac{\partial z}{\partial x}$, $\dfrac{\partial z}{\partial y}$ が**一つだけ**求まるので, x と y との 2 変数関数である. これらの傾きを求める**規則**は, もとの関数 (規則) から導くので**偏導関数**という.

f'_x, f'_y は, ベクトルの x 成分, y 成分の意味ではない.

▶ **記号** **関数** (座標と接平面の傾きとの対応の規則) の名称

f'_x または $\dfrac{\partial f}{\partial x}$, f'_y または $\dfrac{\partial f}{\partial y}$

f'_x, f'_y を f_x, f_y と書いている教科書が多い. 本書では x 方向の導関数, y 方向の導関数の意味で, 森毅:『現代の古典解析』(日本評論社, 1985) にならって f'_x, f'_y と表した.

関数値 [接点 (x_0, y_0) における偏導関数 f'_x, f'_y の値]

$$f'_x(x_0, y_0) = \frac{\partial f}{\partial x}(x_0, y_0) \qquad f'_y(x_0, y_0) = \frac{\partial f}{\partial y}(x_0, y_0)$$

$$dx \text{ 軸方向の高さ} = \overbrace{\frac{\partial f}{\partial x}(x_0, y_0)}^{\text{点 }(x_0,y_0,z_0)\text{ における傾き}} \times \overbrace{dx}^{\text{幅}}$$

⟵ $f'_x(x_0, y_0) \times dx$ と書いてもいい.

$$dy \text{ 軸方向の高さ} = \overbrace{\frac{\partial f}{\partial y}(x_0, y_0)}^{\text{点 }(x_0,y_0,z_0)\text{ における傾き}} \times \overbrace{dy}^{\text{幅}}$$

⟵ $f'_y(x_0, y_0) \times dy$ と書いてもいい.

手順 2 接点 (x_0, y_0) を含む対角線方向の高さを求める.

問 2.26 の方法で,

$$\boxed{dz = \frac{\partial f}{\partial x}(x_0, y_0)dx + \frac{\partial f}{\partial y}(x_0, y_0)dy}$$

⟵ $f'_x(x_0, y_0)dx + f'_y(x_0, y_0)dy$ と書いてもいい.

となる. dz を $z = f(x, y)$ の**全微分**という.

- $z = f(x, y)$ だから, dz を $df(x, y)$ と書いてもいい.

問 2.27 $z = \dfrac{1}{3}x^3y^2 + 6$ の全微分を求めよ.

【解説】 本問は, 全微分の計算に慣れるための練習問題である.

$f(x,y)=\dfrac{1}{3}x^3y^2+6$ だから,

$$\frac{\partial f}{\partial x}(x,y)=\frac{\partial(\frac{1}{3}x^3y^2+6)}{\partial x}$$

$$=\frac{1}{3}\cdot 3x^2y^2 \longleftarrow$$ y を定数と思って $\dfrac{1}{3}x^3y^2+6$ を x で微分した.

$$=x^2y^2$$

$$\frac{\partial f}{\partial y}(x,y)=\frac{\partial(\frac{1}{3}x^3y^2+6)}{\partial y}$$

$$=\frac{1}{3}x^3\cdot 2y \longleftarrow$$ x を定数と思って $\dfrac{1}{3}x^3y^2+6$ を y で微分した.

$$=\frac{2}{3}x^3y$$

となる.

$$dz=x^2y^2dx+\frac{2}{3}x^3ydy$$

▶ **偏導関数の値は, x の値, y の値によって異なる.** 文字 x, y は, 特定の値でなく数の代表だから, どんな値を選んでもいい.

例　$x=-3, y=4$ のとき　$dz=(-3)^2\cdot 4^2dx+\dfrac{2}{3}\cdot(-3)^3\cdot 4dy=144dx-72dy$

問 2.28　中心 O, 半径 3 cm の球面の上半分 ($z\geq 0$) を考える. つぎの点が球面内にあることを確かめ, それぞれの点における接平面の方程式を求めよ.

(1) $(1,-2,2)$　(2) $(0,0,3)$　(3) $(0,3,0)$　(4) $(3,0,0)$

【解説】 球面の方程式：$x^2+y^2+z^2=3^2$

球面の方程式とは

「球面内の**あらゆる**点がみたす方程式」という意味である.

球面とは, 中心からの距離が一定の点の集まり (集合) である.

文字は数の代表 (特定の数値でなく文字で表すと, 球面内のどの点にもあてはまる) だから, 球面内の点を (x,y,z) と表して, 中心から点 (x,y,z) までの距離

座標 x, y, z は数値 (= 長さ ÷ 単位量) である.

例

$3\text{cm}/\text{cm}=\underbrace{3}_{\text{座標}}$

0.4 節参照.

$z^2=3^2-x^2-y^2$

$z=\pm\sqrt{3^2-x^2-y^2}$

$z\geq 0$ だから負号は不適である.

$z=f(x,y)$

$\sqrt{x^2+y^2+z^2}$ が球の半径に等しいことを式で書き表す．$\sqrt{x^2+y^2+z^2}=3$ よりも $x^2+y^2+z^2=3^2$ の方が扱いやすい．

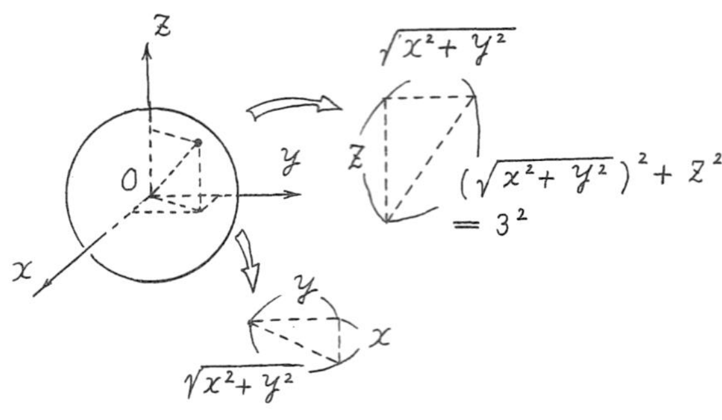

図 2.62　球面の方程式の立て方

(1) $1^2+(-2)^2+2^2=9=3^2$ だから，点 $(1,-2,2)$ はこの球面内にある．

(2), (3), (4) の各点が球面内にあることは，計算しなくても明らかである．

$f(x,y)=\sqrt{3^2-x^2-y^2}$ だから，

$$\frac{\partial f}{\partial x}(x,y)=\frac{\partial\{(3^2-x^2-y^2)^{\frac{1}{2}}\}}{\partial x}$$ ⟵ $\sqrt{\cdots}$ を $(\cdots)^{\frac{1}{2}}$ と書き換えると計算しやすい．

$$=\frac{\partial(u^{\frac{1}{2}})}{\partial x}$$ ⟵ $u=3^2-x^2-y^2$ とおく．

$$=\frac{d(u^{\frac{1}{2}})}{du}\frac{\partial u}{\partial x}$$

$$=\frac{1}{2}u^{-\frac{1}{2}}\cdot(-2x)$$ ⟵ y を定数と思って u を x で微分する．

$$=-(3^2-x^2-y^2)^{-\frac{1}{2}}\cdot x$$

$$=-\frac{x}{\sqrt{3^2-x^2-y^2}}$$

$$\frac{\partial f}{\partial y}(x,y)=\frac{\partial\{(3^2-x^2-y^2)^{\frac{1}{2}}\}}{\partial y}$$

$$=-\frac{y}{\sqrt{3^2-x^2-y^2}}$$

$\frac{\partial f}{\partial x}(x,y)$ の結果で $x\to y$ におきかえると計算をくりかえす手間が省ける．

となる．

▶ 偏導関数の値は，接点ごとに異なる．

(1) $\dfrac{\partial f}{\partial x}(1,-2)=-\dfrac{1}{\sqrt{3^2-1^2-(-2)^2}}=-\dfrac{1}{2}$,

$\dfrac{\partial f}{\partial y}(1,-2)=-\dfrac{-2}{\sqrt{3^2-1^2-(-2)^2}}=1$

接平面の方程式：$dz=-\dfrac{1}{2}dx+dy$ または，式を整理して $dx-2dy+2dz=0$ と書いてもいい．

【別解】 dx, dy, dz は，接平面内の任意（「どこでもいい」という意味）の点 (x,y,z) の位置を接点 $(1,-2,2)$ から測った座標だから，$dx=x-1$, $dy=y-(-2)$, $dz=z-2$ である．

接平面の方程式：$z-2=-\dfrac{1}{2}(x-1)+\{y-(-2)\}$　または，式を整理して $x-2y-2z=9$ と書いてもいい．

【注意】 (x,y,z) は，球面内の点の座標ではなく，接平面内の点の座標である．

(2) $\dfrac{\partial f}{\partial x}(0,0)=-\dfrac{0}{\sqrt{3^2-0^2-0^2}}=0$,　$\dfrac{\partial f}{\partial y}(0,0)=-\dfrac{0}{\sqrt{3^2-0^2-0^2}}=0$

接平面の方程式：$dz=0\longleftarrow dxdy$ 平面に平行だから，接平面内のどの位置でも $dz=0$（接点の dz 座標）である．

【別解】 dx, dy, dz は，接平面内の任意（「どこでもいい」という意味）の点 (x,y,z) の位置を接点 $(0,0,3)$ から測った座標だから，$dx=x-0$, $dy=y-0$, $dz=z-3$ である．

接平面の方程式：$z-3=0$ または $z=3$ と書いてもいい．

▶ 式の見方　なぜ x, y を含まないのかと疑問に感じるかも知れない．$z=3$ であれば x の値と y の値とは $(2,-5,3)$, $(0,7,3)$, ... のように何でもいい．簡単のために，点 $(0,0,3)$ で球面に接する平面を思い浮かべてみよう．この接平面は xy 平面に平行だから，接平面内で x, y はどんな値も取り得るが，z の値はどの位置でも 3 である．

(3) 少々ずるい考え方だが，(2) を手がかりにして，偏導関数の値を計算しないで答える．(2) の $z=3$ の代わりに $y=3$ になっただけだから，$z\to y$ とおきかえればいい．

接平面の方程式：$dy=0\longleftarrow dxdz$ 平面に平行だから，接平面内のどの位置でも $dy=0$（接点の dy 座標）である．

$dz=-\dfrac{1}{2}dx+dy$ の両辺に 2 を掛けると $2dz=-dx+2dy$ となる．右辺の 2 項を左辺に移項すると $dx-2dy+2dz=0$ を得る．

原点の選び方で座標は異なる

接平面内の点の座標 (x,y,z) は，x 軸，y 軸，z 軸で原点 $(0,0,0)$ から測った位置を表す．
dx 軸，dy 軸，dz 軸で原点 $(1,-2,2)$ から同じ点の座標を測ると，(dx,dy,dz) になる．

平面の方程式の幾何的意味は，第 7 話でくわしく理解する．

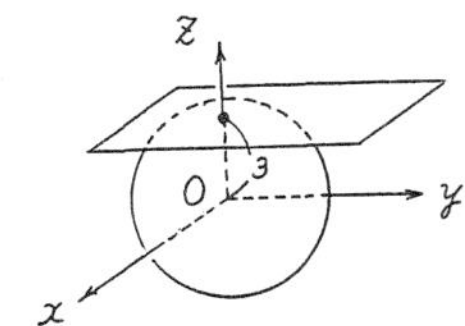

図 2.63 xy 平面に平行な接平面

「要領」「テクニック」という批判が出るかも知れないが，現実の世界で生きるときに効力を発揮するのは知識ではなく知恵であり，頭の体操も数学力にはちがいない．

【別解】 接平面の方程式：$y-3=0$ または $y=3$ と書いてもいい.
この接平面は xz 平面に平行だから, 接平面内で x, z はどんな値も取り得るが, y の値はどの位置でも 3 である.

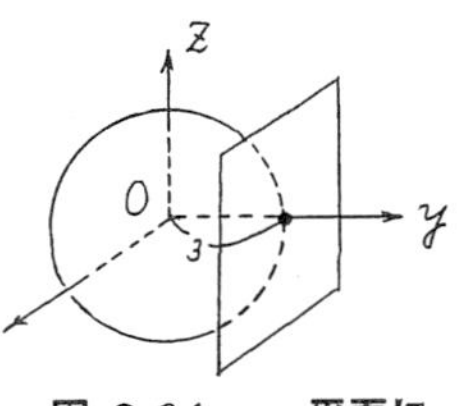

図 2.64 zx 平面に平行な接平面

(4) (2) の $z=3$ の代わりに $x=3$ になっただけだから, $z\to x$ とおきかえる.
接平面の方程式：$dx = 0 \longleftarrow dydz$ 平面に平行だから, 接平面内のどの位置でも $dx=0$ (接点の dx 座標) である.

【別解】 接平面の方程式：$x-3=0$ または $x=3$ と書いてもいい. この接平面は yz 平面に平行だから, 接平面内で y, z はどんな値も取り得るが, x の値はどの位置でも 3 である.

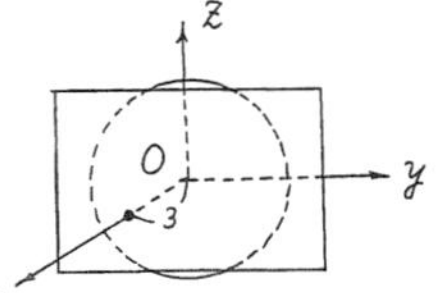

図 2.65 yz 平面に平行な接平面

【まとめ】

▶ **接線の方程式**

糸と曲線との接点 (x_0, y_0) を原点として, 接線の高さを表す.

$$\boxed{dy = f'(x_0)dx}$$ (傾き × 幅) 比例のグラフを表す式

▶ **接平面の方程式**

厚紙と曲面との接点 (x_0, y_0, z_0) を原点として, 接点を含む対角線の高さを表す.

$$\boxed{dz = \frac{\partial f}{\partial x}(x_0, y_0)dx + \frac{\partial f}{\partial y}(x_0, y_0)dy}$$ (傾き × 幅) の和

記号の見方
$\dfrac{\partial f}{\partial x}(x_0, y_0)$ は, y が定数 y_0 のもとで f を x で微分して得た関数に x_0 を入力したときの値である.

$\dfrac{\partial f}{\partial x}(x_0, y_0)$ は, x が定数 x_0 のもとで f を y で微分して得た関数に y_0 を入力したときの値である.

偏微分の応用

例題 2.10 **誤差の近似**　直方体のたての長さ x, よこの長さ y, 高さ z を測ったとき, それぞれ dx, dy, dz の誤差がある. 直方体の体積 V の誤差 dV を近似せよ.

【解説】 V は x, y, z の 3 変数関数 $V=f(x,y,z)$ である. $f(x,y,z)=xyz$ だから, 各辺の真の長さが $x=s$, $y=t$, $z=u$ の直方体の体積の誤差は

$$dV = \frac{\partial f}{\partial x}(s,t,u)dx + \frac{\partial f}{\partial y}(s,t,u)dy + \frac{\partial f}{\partial z}(s,t,u)dz$$

である．

$$\frac{\partial f}{\partial x}(s,t,u) = tu \quad \longleftarrow$$ y, z を定量と思って xyz を x で微分して yz を得てから y に t, z に u を代入する．

$$\frac{\partial f}{\partial y}(s,t,u) = su \quad \longleftarrow$$ x, z を定量と思って xyz を y で微分して xz を得てから x に s, z に u を代入する．

$$\frac{\partial f}{\partial z}(s,t,u) = tu \quad \longleftarrow$$ x, y を定量と思って xyz を z で微分して xy を得てから x に s, y に t を代入する．

から

$$dV = tudx + sudy + stdz$$

となる．

● この式は $x = s$, $y = t$, $z = u$ の場合 (s, t, u はどんな値でもいい) を表すから，誤差も x, y, z の 3 変数関数 $dV = yzdx + xzdy + xydz$ である．

▶ **誤差の表式の使い方**　$x = 2.15$ cm, $y = 3.47$ cm, $z = 1.92$ cm とすると，$yz = 6.66\ \mathrm{cm}^2$, $xz = 4.13\ \mathrm{cm}^2$, $xy = 7.46\ \mathrm{cm}^2$ である．長さの測定に 0.1% 以下の誤差がある場合，$dx = 2.15\ \mathrm{cm} \times 0.001 = 2.15 \times 10^{-3}$ cm, $dy = 3.47\ \mathrm{cm} \times 0.001 = 3.47 \times 10^{-3}$ cm, $dz = 1.92\ \mathrm{cm} \times 0.001 = 1.92 \times 10^{-3}$ cm である．体積の誤差は

$$\mathrm{cm}^2 \times \mathrm{cm} = \mathrm{cm}^3$$

$$\begin{aligned} dV &= 6.66\ \mathrm{cm}^2 \times 2.15 \times 10^{-3}\ \mathrm{cm} + 4.13\ \mathrm{cm}^2 \times 3.47 \times 10^{-3}\ \mathrm{cm} \\ &\quad + 7.46\ \mathrm{cm}^2 \times 1.92 \times 10^{-3}\ \mathrm{cm} \\ &= 4.30 \times 10^{-2}\ \mathrm{cm}^3 \end{aligned}$$

$$43.0 \times 10^{-3}\ \mathrm{cm}^3 = 4.30 \times 10^{-2}\ \mathrm{cm}^3$$

である．

▶ **幾何の見方**

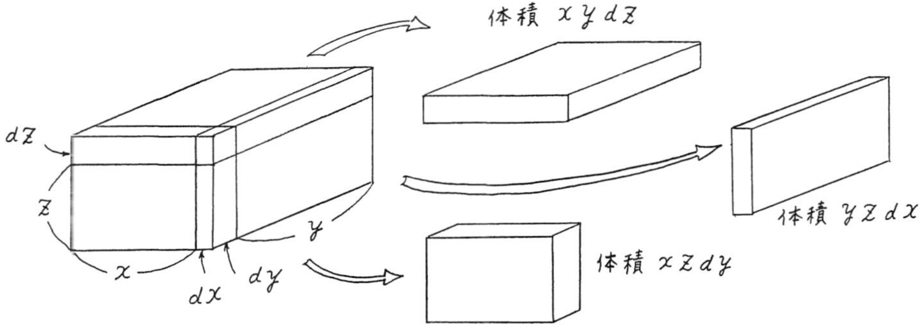

図 2.66　直方体　$dxdydz$ などは xyz に比べて無視できるほど小さい．

3 変数関数のグラフ　x 軸, y 軸, z 軸, V 軸の 4 本の座標軸を図示することはできない. 球面 (問 2.27) を表すのに必要な座標軸は, x 軸, y 軸, z 軸の 3 本だから図示できる.

例題 2.11　**熱力学の法則**　熱力学の第 1 法則は

系の内部エネルギーの変化分
＝(外界と系との間で出入りした熱で増減した内部エネルギー)
＋(外界が系にした仕事で増減した内部エネルギー)
記号：$dU = dq + dw$

と書き表せる (詳細は熱力学または物理化学の教科書参照).

仕事の意味について, 小林幸夫：『力学ステーション』(森北出版, 2002) 参照.

w：work (仕事) の頭文字

(1) $dq = TdS$ [外界から (に) 入った (逃げた) 熱 ＝ 絶対温度 × (系のエントロピーの変化分)], $dw = -pdV$ [外界が系にした仕事 ＝ {−(系が外界に及ぼす圧力)} × (系の体積の変化分)] と表して, $dU = dq + dw$ を書き換えよ.

(2) (1) から, S と V とが変化したとき, 系の内部エネルギー U が変化することがわかる. U を S と V との 2 変数関数とみなして, dU を dS と dV とで表せ.

(3) (1) と (2) とを比べて, 絶対温度, 系の圧力がどのように表せるかを答えよ.

(4) 一定体積のもとで, よこ軸に系のエントロピー, たて軸に系の内部エネルギーを選んでグラフをつくると, 各点における接線の傾きはどんな量の値を表すか？

系・外界とは？
「ピストンで気体を押して圧縮する」という操作を「外界から系に仕事をする」という.「系 (system)」を容器内の気体,「外界」をピストンと思っていい.

系が外界に及ぼす圧力を p と表すと, 外界が系に及ぼす圧力は $-p$ である (探究支援 2.3).

力 ＝ 圧力 × 面積
　＝ pA

仕事 ＝ $\underbrace{\text{力}}_{pA}$ × $\underbrace{(\text{力の方向の変位})}_{dx}$
＝ $pAdx$
＝ pdV

【解説】

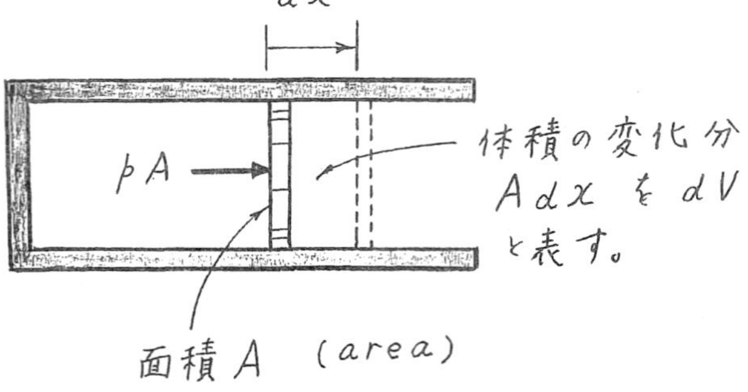

図 2.67　系 (気体) が外界 (ピストン) にした仕事

(1) $dU = TdS - pdV$

(2) 全微分：$dU = \left(\frac{\partial U}{\partial S}\right)_V dS + \left(\frac{\partial U}{\partial V}\right)_S dV$

添字 V は一定体積であること, 添字 S は一定エントロピーであることを示している.

(3) $\left(\frac{\partial U}{\partial S}\right)_V = T, \quad -\left(\frac{\partial U}{\partial V}\right)_S = p$

(4) 絶対温度 T ← (3) で得た関係式の表す意味を理解したことになる.

▶ **記号の見方**　$dz = \left(\frac{\partial f}{\partial x}\right)_y dx + \left(\frac{\partial f}{\partial y}\right)_x dy$ で, 添字 y は y が一定であること, 添字 x は x が一定であることを示している.

- 外界が系に正の仕事 (外界から系にはたらく力の向きと系の動く向きが同じ) をしたとき：系の内部エネルギーは増加
- 外界が系に負の仕事 (外界から系にはたらく力の向きと系の動く向きが反対) をしたとき：系の内部エネルギーは減少
- 系を暖めたとき：系の内部エネルギーは増加
- 系を暖めたとき：系の内部エネルギーは減少

重要　2 変数関数と独立変数・従属変数

表 2.5　2 変数関数と独立変数・従属変数

独立変数	従属変数	意味	記号
x, y	z	x の値と y の値とを決めると, z の値が決まる.	$z = f(x, y)$
y, z	x	y の値と z の値とを決めると, x の値が決まる.	$x = g(y, z)$
x, z	y	x の値と z の値とを決めると, y の値が決まる.	$y = h(x, z)$

例　半径 a の球面内の点

x 座標と y 座標との値が決まると, $z = \sqrt{a^2 - x^2 - y^2}$ から z 座標の値も決まる.

y 座標と z 座標との値が決まると, $x = \sqrt{a^2 - y^2 - z^2}$ から x 座標の値も決まる.

x 座標と z 座標との値が決まると, $y = \sqrt{a^2 - x^2 - z^2}$ から y 座標の値も決まる.

C. Kittel and H. Kroemer: *Thermal Physics*, (W. H. Freeman, 1980) Chap. 5.

P. W. Atkins: *Physical Chemistry*, (Oxford, 1990) Chap. 3.

▶ **1 変数関数と 2 変数関数**

球面は, x 軸, y 軸, z 軸のそれぞれの方向から円に見える (図 2.68).

- 点 A と点 B とでは, y 座標は同じだが, z 座標は異なる. y 座標の同じ値に対して, z 座標の値が一つに決まらないから, z は y の関数とはいえない.
- 点 A と点 C とでは, x 座標は同じだが, z 座標は異なる. x 座標の同じ値に対して, z 座標の値が一つに決まらないから, z は x の関数とはいえない.

Leonhard Euler (レオンハルト・オイラー, 1707 年 4 月 15 日 –1783 年 9 月 18 日) 数学者・物理学者・天文学者

3.3.1 項では Euler の関係式が登場する.

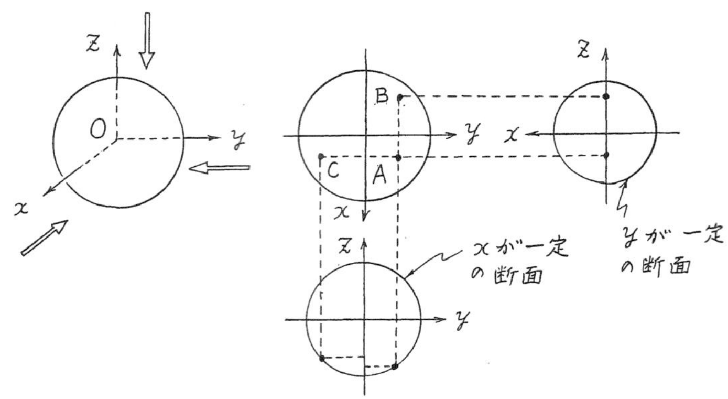

図 2.68　球面の見方

例題 2.12　偏微分の間の関係式　U を x と y との 2 変数関数とすると, x と y とがそれぞれ dx, dy だけ変化したとき, U の変化は

$$dU = \left(\frac{\partial U}{\partial x}\right)_y dx + \left(\frac{\partial U}{\partial y}\right)_x dy$$

添字 x は x が一定であること, 添字 y は y が一定であることを示している.

と表せる. ここで, z は, 独立変数 x, y から決まる従属変数とする.

(1) z が一定で x が変化するとき, $\left(\frac{\partial U}{\partial x}\right)_z = \left(\frac{\partial U}{\partial x}\right)_y + \left(\frac{\partial U}{\partial y}\right)_x \left(\frac{\partial y}{\partial x}\right)_z$ を示せ.

(2) $\left(\frac{\partial x}{\partial y}\right)_z = \frac{1}{\left(\frac{\partial y}{\partial x}\right)_z}$ を示せ.

(3) $\left(\frac{\partial x}{\partial y}\right)_z = -\left(\frac{\partial x}{\partial z}\right)_y \left(\frac{\partial z}{\partial y}\right)_x$ を示せ.

(4) $\left(\frac{\partial x}{\partial y}\right)_z \left(\frac{\partial y}{\partial z}\right)_x \left(\frac{\partial z}{\partial x}\right)_y = -1$ (Euler の連鎖式) を示せ.

$$\begin{matrix} x & & y & & z \\ \downarrow & \nearrow & \downarrow & \nearrow & \downarrow \\ y & & z & & x \end{matrix}$$

添字 $z \longrightarrow x \longrightarrow y$

【解説】 (1) $dz = 0$ (z が一定) とするとき, dx, dy を $(dx)_z$, $(dy)_z$ と書くと,

$$(dU)_z = \left(\frac{\partial U}{\partial x}\right)_y (dx)_z + \left(\frac{\partial U}{\partial y}\right)_x (dy)_z$$

となる.

イメージ　半径 a の球面を z が一定の平面 (xy 平面に平行) で切ったときの断面の円周は, z $(= \sqrt{a^2 - x^2 - y^2})$ が一定のもとで, x, y が変化する. この

円周上の点 (どこでもいい) を原点とする座標軸 (dx 軸, dy 軸, dz 軸) で測ると, 円周の接線上の座標が $(dx)_z$, $(dy)_z$, 0 (dz の値は 0) である.

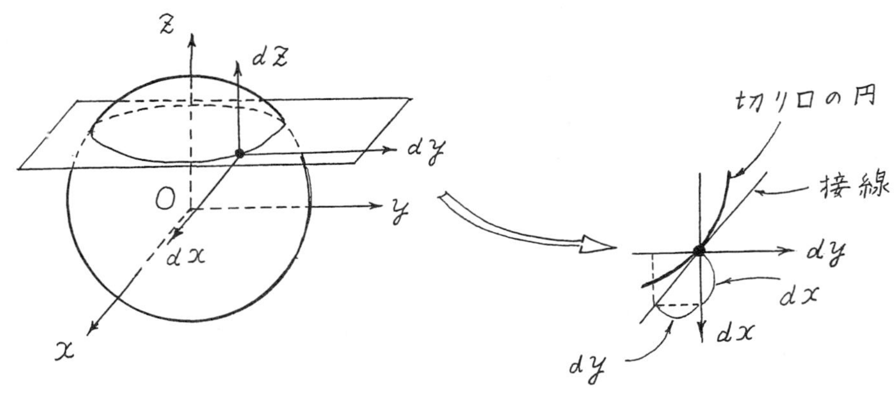

図 2.69　球面の切り口

両辺を $(dx)_z$ で割ると

$$\frac{(dU)_z}{(dx)_z} = \left(\frac{\partial U}{\partial x}\right)_y + \left(\frac{\partial U}{\partial y}\right)_x \frac{(dy)_z}{(dx)_z}$$

を得る. z が一定のもとでは $\frac{(dU)_z}{(dx)_z}$ は $\left(\frac{\partial U}{\partial x}\right)_z$, $\frac{(dy)_z}{(dx)_z}$ は $\left(\frac{\partial y}{\partial x}\right)_z$ である.

(2) y, z を独立変数, x を従属変数と考えると,

$$dx = \left(\frac{\partial x}{\partial y}\right)_z dy + \left(\frac{\partial x}{\partial z}\right)_y dz$$

と表せる. x, z を独立変数, y を従属変数と考えると,

$$dy = \left(\frac{\partial y}{\partial x}\right)_z dx + \left(\frac{\partial y}{\partial z}\right)_x dz$$

と表せる. $dz = 0$ (z が一定) とするとき, dx, dy を $(dx)_z$, $(dy)_z$ と書くと, 2 式から

$$(dx)_z = \left(\frac{\partial x}{\partial y}\right)_z (dy)_z, \quad (dy)_z = \left(\frac{\partial y}{\partial x}\right)_z (dx)_z$$

を得る. これらの関係式から

$$\frac{(dx)_z}{(dy)_z} = \left(\frac{\partial x}{\partial y}\right)_z, \quad \frac{(dx)_z}{(dy)_z} = \frac{1}{\left(\frac{\partial y}{\partial x}\right)_z}$$

となる. したがって,

【発想】
$\left(\frac{\partial x}{\partial y}\right)_z$ をつくるために, $dx = \cdots$ を考える.

$\left(\frac{\partial y}{\partial x}\right)_z$ をつくるために, $dy = \cdots$ を考える.

$$\left(\frac{\partial x}{\partial y}\right)_z = \frac{1}{\left(\frac{\partial y}{\partial x}\right)_z}$$

が成り立つ.

(3) y, z を独立変数, x を従属変数と考えると,

$$dx = \left(\frac{\partial x}{\partial y}\right)_z dy + \left(\frac{\partial x}{\partial z}\right)_y dz$$

と表せる. x, y を独立変数, z を従属変数と考えると,

$$dz = \left(\frac{\partial z}{\partial x}\right)_y dx + \left(\frac{\partial z}{\partial y}\right)_x dy$$

と表せる. $dx = 0$ (x が一定) とするとき, dy, dz を $(dy)_x$, $(dz)_x$ と書くと,

$$0 = \left(\frac{\partial x}{\partial y}\right)_z (dy)_x + \left(\frac{\partial x}{\partial z}\right)_y (dz)_x, \quad (dz)_x = \left(\frac{\partial z}{\partial y}\right)_x (dy)_x$$

を得る. これらの関係式から

$$\frac{(dz)_x}{(dy)_x} = -\frac{\left(\frac{\partial x}{\partial y}\right)_z}{\left(\frac{\partial x}{\partial z}\right)_y}, \quad \frac{(dz)_x}{(dy)_x} = \left(\frac{\partial z}{\partial y}\right)_x$$

となる. したがって,

$$-\frac{\left(\frac{\partial x}{\partial y}\right)_z}{\left(\frac{\partial x}{\partial z}\right)_y} = \left(\frac{\partial z}{\partial y}\right)_x$$

を得る. 分母を払うと

$$\left(\frac{\partial x}{\partial y}\right)_z = -\left(\frac{\partial x}{\partial z}\right)_y \left(\frac{\partial z}{\partial y}\right)_x$$

となる.

(4) (3) の右辺に (2) をあてはめると

$$\left(\frac{\partial x}{\partial y}\right)_z = -\frac{1}{\left(\frac{\partial z}{\partial x}\right)_y} \frac{1}{\left(\frac{\partial y}{\partial z}\right)_x}$$

となるから

$$\left(\frac{\partial x}{\partial y}\right)_z \left(\frac{\partial y}{\partial z}\right)_x \left(\frac{\partial z}{\partial x}\right)_y = -1$$

を得る.

【発想】
$\left(\frac{\partial x}{\partial y}\right)_z$, $\left(\frac{\partial x}{\partial z}\right)_y$ をつくるために, $dx = \cdots$ を考える.

$\left(\frac{\partial z}{\partial y}\right)_x$ をつくるために, $dz = \cdots$ を考える.

$dz = \cdots dy + \cdots dz$ と $dz = \cdots dx + \cdots dy$ との 2 式から $0 = \cdots$ が導ける.

【参考】熱力学のことばに翻訳すると

U を系の内部エネルギー, x を絶対温度 T, y を体積 V, z を系 (気体) の圧力 p とおく.

(1) $\left(\dfrac{\partial U}{\partial T}\right)_p = \underbrace{\left(\dfrac{\partial U}{\partial T}\right)_V}_{\text{定積熱容量}} + \left(\dfrac{\partial U}{\partial V}\right)_T \underbrace{\left(\dfrac{\partial V}{\partial T}\right)_p}_{\text{定圧で温度を上げたときの体積変化}}$

独立変数について, 1.1 節参照

本書では, 完全微分, 不完全微分という用語の意味について, 解析学ではなく, D. Eisenberg and D. Crothers: *Physical Chemistry with Applications to the Life Sciences* (Benjamin/Cummings, 1979) p. 20 に準拠している.

完全微分・不完全微分

問 2.27, 例題 2.10, 2.11, 2.12 で, 独立変数をわずかに変化させたときの関数のわずかな変化は全微分で表せることを理解した.

【注意】いつでも全微分とは限らない

問 2.27 で, $dz = x^2y^2dx + \dfrac{2}{3}x^3ydy$ と表せたのは, $z = \dfrac{1}{3}x^3y^2 + 6$ と表せるからである. では, $dz = xydx + xydy$ となるような z はどんな式で表せるだろうか? $z = \dfrac{1}{2}x^2y$ を試してみると, $\left(\dfrac{\partial z}{\partial x}\right)_y = xy$ となるが, $\left(\dfrac{\partial z}{\partial y}\right)_x = \dfrac{1}{2}x^2 \neq xy$ である. $dz = xydx + xydy$ となるような z は見つからない.

z を表す関数 f が見つかるとき dz を**完全微分**といい (全微分といってもいい),
z を表す関数 f が見つからないとき dz を**不完全微分**という.

【進んだ探究】完全微分の判定

z を表す関数 f が見つかるとき,

$$dz = \frac{\partial f}{\partial x}(x_0, y_0)dx + \frac{\partial f}{\partial y}(x_0, y_0)dy$$

と表せる．ここで，

$$\underbrace{\frac{\partial}{\partial y}\left(\frac{\partial f}{\partial x}\right)}_{x\text{ で微分してから }y\text{ で微分する}} = \underbrace{\frac{\partial}{\partial x}\left(\frac{\partial f}{\partial y}\right)}_{y\text{ で微分してから }x\text{ で微分する}} \longleftarrow \frac{\partial^2 f}{\partial y \partial x} = \frac{\partial^2 f}{\partial x \partial y}\text{ と書いてもいい．}$$

が成り立つことに注意する．

$$\frac{\partial f}{\partial x} = x^2y^2$$

$$\frac{\partial f}{\partial y} = \frac{2}{3}x^3y$$

例 1 $dz = x^2y^2dx + \dfrac{2}{3}x^3ydy$ が完全微分であることを確認する．

$$\frac{\partial}{\partial y}(x^2y^2) = x^2 \cdot 2y = 2x^2y, \qquad \frac{\partial}{\partial x}\left(\frac{2}{3}x^3y\right) = \frac{2}{3}\cdot 3x^2y = 2x^2y$$

だから

$$\frac{\partial}{\partial y}(x^2y^2) = \frac{\partial}{\partial x}\left(\frac{2}{3}x^3y\right)$$

が成り立つ．したがって，z を表す関数 f が存在する．

例 2 $dz = \underbrace{xy}_{\frac{\partial f}{\partial x}\text{か？}}dx + \underbrace{xy}_{\frac{\partial f}{\partial y}\text{か？}}dy$ が不完全微分である（完全微分でない）ことを確認する．$\dfrac{\partial}{\partial y}(xy) = x$，$\dfrac{\partial}{\partial x}(xy) = y$ だから，$\dfrac{\partial}{\partial y}(xy) \neq \dfrac{\partial}{\partial x}(xy)$ である．
したがって，z を表す関数 f は見つからない．

例題 2.13 **完全微分と不完全微分とのちがい** 図 2.70 の I, II, III の各経路で，(1)，(2) のそれぞれについて，原点 O $(0,0)$ から点 A $(1,1)$ への z の変化を求めよ．

(1) $dz = x^2y^2dx + \dfrac{2}{3}x^3ydy$ (2) $dz = xydx + xydy$

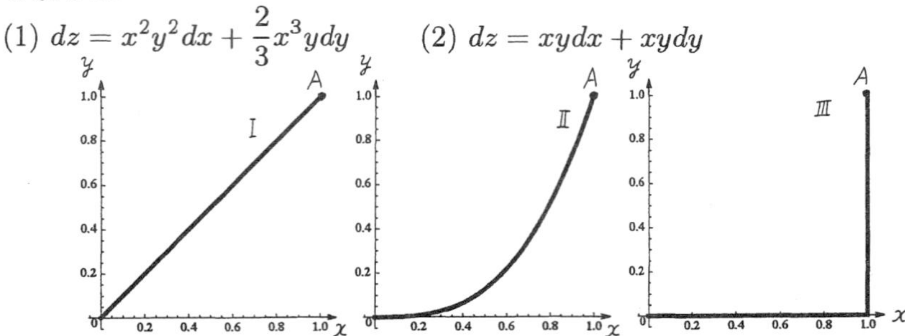

図 2.70 経路 I：$y = x$ 経路 II：$y = x^3$ 経路 III：$y = 0,\ x = 1$

【解説】積分とは，変化を合計する操作

(1)　経路 I

$$\int_0^1 x^2y^2dx+\int_0^1 \frac{2}{3}x^3ydy$$

$$=\int_0^1 \overbrace{x^2\underbrace{x^2}_{\substack{y=x\\ \text{だから}}}}^{x^4}dx+\int_0^1 \frac{2}{3}\overbrace{\underbrace{y^3}_{\substack{y=x\\ \text{だから}}}\,y}^{y^4}dy$$

$$=\left[\frac{1}{5}x^5\right]_0^1+\frac{2}{3}\left[\frac{1}{5}y^5\right]_0^1$$

$$=\frac{1}{5}(1^5-0^5)+\frac{2}{15}(1^5-0^5)$$

$$=\frac{1}{3}$$

経路 II

$$\int_0^1 x^2y^2dx+\int_0^1 \frac{2}{3}x^3ydy$$

$$=\int_0^1 \overbrace{x^2\underbrace{x^6}_{\substack{y=x^3\\ \text{だから}}}}^{x^8}dx+\int_0^1 \frac{2}{3}\overbrace{\underbrace{y}_{\substack{y=x^3\\ \text{だから}}}\,y}^{y^2}dy$$

$$=\left[\frac{1}{9}x^9\right]_0^1+\frac{2}{3}\left[\frac{1}{3}y^3\right]_0^1$$

$$=\frac{1}{9}(1^9-0^9)+\frac{2}{9}(1^3-0^3)$$

$$=\frac{1}{3}$$

経路 III

$$\int_0^1 x^2y^2dx+\int_0^1 \frac{2}{3}x^3ydy$$

$$=\int_0^1 \overbrace{x^2\underbrace{0^2}_{\substack{y=0\\ \text{だから}}}}^{0}dx+\int_0^1 \frac{2}{3}\overbrace{\underbrace{1^3}_{\substack{x=1\\ \text{だから}}}\,y}^{y}dy$$

$$=0-\frac{2}{3}\left[\frac{1}{2}y^2\right]_0^1$$

$$=\frac{2}{6}(1^2-0^2)$$

$$=\frac{1}{3}$$

第 1 項：$\int_{x=0}^{x=1}$ を表す．

第 2 項：$\int_{y=0}^{y=1}$ を表す．

重要　**どの経路でも**

(点 A における z の値)

　$-$ (原点における z の値)

$=\dfrac{1}{3}$.

誤答例 — まちがいやすい計算 (経路 I)

$$\int_0^1 x^2y^2dx + \int_0^1 \frac{2}{3}x^3ydy$$
$$= y^2\int_0^1 x^2dx + \frac{2}{3}x^3\int_0^1 ydy$$
$$= y^2\left[\frac{1}{3}x^3\right]_0^1 + \frac{2}{3}x^3\left[\frac{1}{2}y^2\right]_0^1$$
$$= \frac{1}{3}y^2 + \frac{1}{3}x^3$$

直線 $y = x$ 上で, x, y は定数ではなく変数である. だから, 第 1 項で y^2 を積分記号の外に出せない.
同様に, 第 2 項で x^3 を積分記号の外に出せない.

ベキ乗の微積分について 2.2 節参照

(2) 経路 I

$$\int_0^1 xydx + \int_0^1 xydy$$
$$= \int_0^1 \overbrace{x\underbrace{x}_{\substack{y=x\\ \text{だから}}}}^{x^2}dx + \int_0^1 \overbrace{\underbrace{y}_{\substack{y=x\\ \text{だから}}}y}^{y^2}dy$$
$$= \left[\frac{1}{3}x^3\right]_0^1 + \left[\frac{1}{3}y^3\right]_0^1$$
$$= \frac{1}{3}(1^3-0^3) + \frac{1}{3}(1^3-0^3)$$
$$= \frac{2}{3}$$

経路 II

$$\int_0^1 xydx + \int_0^1 xydy$$
$$= \int_0^1 \overbrace{x\underbrace{x^3}_{\substack{y=x^3\\ \text{だから}}}}^{x^4}dx + \int_0^1 \overbrace{\underbrace{y^{\frac{1}{3}}}_{\substack{y=x^3\\ \text{だから}}}y}^{y^{\frac{4}{3}}}dy$$
$$= \left[\frac{1}{5}x^5\right]_0^1 + \left[\frac{3}{7}y^{\frac{7}{3}}\right]_0^1$$
$$= \frac{1}{5}(1^5-0^5) + \frac{3}{7}(1^{\frac{7}{3}}-0^{\frac{7}{3}})$$
$$= \frac{22}{35}$$

経路 III

$$\int_0^1 xydx + \int_0^1 xydy$$
$$= \int_0^1 \overbrace{x\underbrace{0}_{\substack{y=0\\ \text{だから}}}}^{0}dx + \int_0^1 \overbrace{\underbrace{1}_{\substack{x=1\\ \text{だから}}}y}^{y}dy$$
$$= 0 + \left[\frac{1}{2}y^2\right]_0^1$$
$$= \frac{1}{2}(1^2-0^2)$$
$$= \frac{1}{2}$$

重要 経路によって
(点 A における z の値)
 − (原点における z の値)
は異なる.

計算法

$$\int_0^1 y^{\frac{4}{3}}dy$$
を計算するとき,
$$\frac{d♠}{dy} = y^{\frac{4}{3}}$$
の ♠ を見つける.
指数が $\frac{4}{3}$ よりも 1 だけ大きい $y^{\frac{7}{3}}$ を試してみる.
$$\frac{d(y^{\frac{7}{3}})}{dy} = \frac{7}{3}y^{\frac{4}{3}}$$
となるから, 両辺に $\frac{3}{7}$ を掛けると
$$\frac{d\left(\frac{3}{7}y^{\frac{7}{3}}\right)}{dy} = y^{\frac{4}{3}}$$
を得る.
この式を変形すると
$$d\left(\frac{3}{7}y^{\frac{7}{3}}\right) = y^{\frac{4}{3}}dy$$
となる.
$u = \frac{3}{7}y^{\frac{7}{3}}$ とおくと
$$du = y^{\frac{4}{3}}dy$$
と書ける.

y	$0 \to 1$
u	$0 \to \frac{3}{7}1^{\frac{7}{3}}$

$$\int_0^{\frac{3}{7}} du = \int_0^1 y^{\frac{4}{3}}dy$$
左辺を
$$\left[\frac{3}{7}y^{\frac{7}{3}}\right]_0^1$$
と書くことがある.
$$\frac{3}{7} - 0 = \int_0^1 y^{\frac{4}{3}}dy$$

【まとめ】

▶ **完全微分**で表せる変化を合計した値は，**経路に無関係に同じ**である．
　⟶ 始点 (最初の状態) と終点 (最後の状態) だけで決まる．

▶ **不完全微分**で表せる変化を合計した値は，**経路によって異なる**．
　⟶ 始点 (最初の状態) と終点 (最後の状態) だけでは決まらない．

探究支援 2

2.1　関数の最小値

水の 1 g あたりの体積 V は，低い温度 θ では

$$V = 1.0000\ \mathrm{cm}^3 - 6.427\times10^{-5}\ \heartsuit\ \theta + 8.505\times10^{-6}\ \diamondsuit\ \theta^2 - 6.790\times10^{-8}\ \spadesuit\ \theta^3$$

と表せる．温度 θ の単位量は °C である．

(1) ♡, ◇, ♠ にあてはまる単位量を答えよ．

(2) 密度 (1 cm^3 あたりの質量) が最大になる温度を小数第 2 位まで求めよ．

Harry G. Hecht: *Mathematics in Chemistry An Introduction to Modern Methods*, (Prentice Hall, 1990).

「小数第 2 位まで求める」とは

「0.01°C の精度で求める」という意味を表す．

【解説】 (1) 第 2 項：$-6.4270\times10^{-5}\ \heartsuit\ \theta$ の単位量は cm^3, θ の単位量は °C だから，$\heartsuit\times\ ^\circ\mathrm{C} = \mathrm{cm}^3$ が成り立つ．

第 3 項：同様の考え方で，$\diamondsuit\times\ ^\circ\mathrm{C}^2 = \mathrm{cm}^3$ が成り立つ．

第 4 項：同様の考え方で，$\spadesuit\times\ ^\circ\mathrm{C}^3 = \mathrm{cm}^3$ が成り立つ．

$\heartsuit = \mathrm{cm}^3\ ^\circ\mathrm{C}^{-1}$, $\diamondsuit = \mathrm{cm}^3\ ^\circ\mathrm{C}^{-2}$, $\spadesuit = \mathrm{cm}^3\ ^\circ\mathrm{C}^{-3}$

(2) V を θ で微分すると

$$\begin{aligned}\frac{dV}{d\theta} &= -6.427\times10^{-5}\ \mathrm{cm}^3\ ^\circ\mathrm{C}^{-1} + 8.505\times10^{-6}\times2\ \mathrm{cm}^3\ ^\circ\mathrm{C}^{-2}\ \theta \\ &\quad -6.790\times10^{-8}\times3\ \mathrm{cm}^3\ ^\circ\mathrm{C}^{-3}\ \theta^2 \\ &= -6.427\times10^{-5}\ \mathrm{cm}^3\ ^\circ\mathrm{C}^{-1} + 1.701\times10^{-5}\ \mathrm{cm}^3\ ^\circ\mathrm{C}^{-2}\ \theta \\ &\quad -2.037\times10^{-7}\ \mathrm{cm}^3\ ^\circ\mathrm{C}^{-3}\ \theta^2\end{aligned}$$

となる．V が極小になるのは，$\dfrac{dV}{d\theta} = 0\ \mathrm{cm}^3\ ^\circ\mathrm{C}^{-1}$ のときだから

$$-6.427\times10^{-5}\ \mathrm{cm}^3\ ^\circ\mathrm{C}^{-1} + 1.701\times10^{-5}\ \mathrm{cm}^3\ ^\circ\mathrm{C}^{-2}\ \theta - 2.037\times10^{-7}\ \mathrm{cm}^3\ ^\circ\mathrm{C}^{-3}\ \theta^2 = 0\ \mathrm{cm}^3\ ^\circ\mathrm{C}^{-1}.$$

簡単のために, $a = -2.037 \times 10^{-7}\ \mathrm{cm^3\ ^\circ C^{-3}}$, $b = 1.701 \times 10^{-5}\ \mathrm{cm^3\ ^\circ C^{-2}}$, $c = -6.427 \times 10^{-5}\ \mathrm{cm^3\ ^\circ C^{-1}}$ とおく.

$$a\theta^2 + b\theta + c = 0\ \mathrm{cm^3\ ^\circ C^{-1}}$$

を平方完成する.

$$a\left(\theta^2 + \frac{b}{a}\theta + \frac{c}{a}\right) = 0\ \mathrm{cm^3\ ^\circ C^{-1}} \quad \longleftarrow a \text{ でくくる.}$$

$$a\left\{\left(\theta + \frac{b}{2a}\right)^2 + \frac{c}{a} - \left(\frac{b}{2a}\right)^2\right\} = 0\ \mathrm{cm^3\ ^\circ C^{-1}}$$

$$\left(\theta + \frac{b}{2a}\right)^2 = -\left\{\frac{c}{a} - \left(\frac{b}{2a}\right)^2\right\}$$

$$\theta + \frac{b}{2a} = \pm\sqrt{\left(\frac{b}{2a}\right)^2 - \frac{c}{a}} \quad \longleftarrow \text{根号内} = \frac{b^2}{4a^2} - \frac{c}{a} = \frac{b^2}{4a^2} - \frac{4ac}{4a^2}$$

$$\theta = -\frac{b}{2a} \pm \sqrt{\frac{b^2 - 4ac}{4a^2}} \quad \longleftarrow \sqrt{\frac{b^2 - 4ac}{4a^2}} = \frac{\sqrt{b^2 - 4ac}}{2a}$$

$$\theta = \frac{-b \pm \sqrt{b^2 - 4ac}}{2a} = \begin{cases} 79.5^\circ\mathrm{C} \\ 3.97^\circ\mathrm{C} \end{cases}$$

体積 V を, 温度が低いときに成り立つ関数で表したから, 79.5°C ではなく, 3.97°C で水の密度が最大になる.

D. Eisenberg and D. Crothers: *Physical Chemistry with Applications to the Life Sciences*, (Benjamin/Cummings, 1979) p. 27.

2.2 完全微分の判定

理想気体の絶対温度 T と圧力 p とが微小変化したときの体積 V の微小変化は, どのように表せるか ? 理想気体の dV は完全微分か ?

- 理想気体の状態方程式 : $pV = nRT$ (n は物質量, R は気体定数)

物質量とは「何 mol」と表す量である.

【解説】 理想気体の状態方程式から, $V = \dfrac{nRT}{p}$ である.

$dT = 0$ K : 理想気体の絶対温度が一定の環境で実験したとき, 体積は圧力の変化だけで決まる.

$$dV = \left(\frac{\partial V}{\partial T}\right)_p dT + \left(\frac{\partial V}{\partial p}\right)_T dp$$

$$= \frac{\partial}{\partial T}\left(\frac{nRT}{p}\right)_p dT + \frac{\partial}{\partial p}\left(\frac{nRT}{p}\right)_T dp \longleftarrow$$ 第 1 項では p を定数と思って T で微分する. 第 2 項では T を定数と思って p で微分する.

$$= \frac{nR}{p}dT - \frac{nRT}{p^2}dp \quad \longleftarrow \quad \frac{d(p^{-1})}{dp} = -1 \cdot p^{-2} = -\frac{1}{p^2}$$

$M(T,p) = \dfrac{nR}{p}$, $N(T,p) = -\dfrac{nRT}{p^2}$ とおく.

$$\left[\frac{\partial\{M(T,p)\}}{\partial p}\right]_T = \left[\frac{\partial}{\partial p}\left(\frac{nR}{p}\right)\right]_T = nR\cdot(-1)p^{-2} = -\frac{nR}{p^2}$$

$$\left[\frac{\partial\{N(T,p)\}}{\partial T}\right]_p = \left[\frac{\partial}{\partial T}\left(-\frac{nRT}{p^2}\right)\right]_p = -\frac{nR}{p^2}$$

$\left[\dfrac{\partial\{M(T,p)\}}{\partial p}\right]_T = \left[\dfrac{\partial\{N(T,p)\}}{\partial T}\right]_p$ だから, dV は完全微分である.

$dp = 0\ \mathrm{N/m^2}$: 理想気体の圧力が一定の環境で実験したとき, 体積は絶対温度の変化だけで決まる.
$M(T,p)$ は「M は T と p との 2 変数関数」を表す.
$N(T,p)$ は「N は T と p との 2 変数関数」を表す.

2.3　完全微分の判定

外界が理想気体にした仕事 dw は, $dw = (-p)dV$ と表せる (例題 2.11).

(1) 前問 2.2 の dV と結びつけると, dw はどのように表せるか ?

(2) dw は完全微分か ?

【解説】

仕事の表し方

- シリンダー (容器) 内の理想気体をピストンで押すとき, 理想気体が系, ピストンが外界である.
- 「客が店に 1000 円支払う」=「店は客に −1000 円支払う」と同じ考え方で理解する.
- 図 2.67 を見て, つぎのように考える.

ピストンが理想気体にした仕事
= −(理想気体がピストンにした仕事)
= −[(理想気体からピストンにはたらく力) × (ピストンの動いた距離)]
= (ピストンから理想気体にはたらく力) × (ピストンの動いた距離) ⟵ 作用反作用の法則
= [(ピストンから理想気体に及ぼす圧力) × (ピストンの表面積)] × (ピストンの動いた距離)
= [(ピストンから理想気体に及ぼす圧力) × [(ピストンの表面積) × (ピストンの動いた距離)]
= $\underbrace{[-(\text{理想気体からピストンに及ぼす圧力})]}_{-p} \times \underbrace{(\text{理想気体の体積の変化分})}_{dV}$

(1) $dw = -nRdT + \dfrac{nRT}{p}dp$

(2) $M(T,p) = -nR,\ N(T,p) = -\dfrac{nRT}{p}$ とおく.

$$\left[\frac{\partial\{M(T,p)\}}{\partial p}\right]_T = \left[\frac{\partial}{\partial p}(-nR)\right]_T = 0\ \ \mathrm{m^3/K}$$

⟵ 単位量の求め方：状態方程式から $\dfrac{nR}{p} = \dfrac{V}{T}$ と書けるので $\mathrm{m^3/K}$ である.

$$\left[\frac{\partial\{N(T,p)\}}{\partial T}\right]_p = \left[\frac{\partial}{\partial T}\left(\frac{nRT}{p}\right)\right]_p = \frac{nR}{p}$$

$\left[\dfrac{\partial\{M(T,p)\}}{\partial p}\right]_T \neq \left[\dfrac{\partial\{N(T,p)\}}{\partial T}\right]_p$ だから, dw は**不完全微分**である.

完全微分ではない.

【進んだ探究】完全微分でないとは ── 熱力学ではどんな意味になるか

例題 2.13 で $z \to w,\ x \to T,\ y \to p$ とおきかえると, 仕事は経路によって異なることがわかる.

探究支援 2.3 で, 「経路」は絶対温度の変え方と圧力の変え方とを指す.

最初の状態が $T = 100\ \mathrm{K},\ p = 1.0 \times 10^5\ \ \mathrm{N/m^2}$,

最後の状態が $T = 120\ \mathrm{K},\ p = 1.2 \times 10^5\ \ \mathrm{N/m^2}$

とする.

経路の例

経路 I：圧力を一定に保って温度を 20 K 上昇させてから, 温度を一定に保って圧力を $0.2 \times 10^5\ \ \mathrm{N/m^2}$ だけ大きくする.

経路 II：温度を一定に保って圧力を $0.2 \times 10^5\ \ \mathrm{N/m^2}$ だけ大きくしてから, 圧力を一定に保って温度を 20 K 上昇させる.

経路 III：温度と圧力とを同時に変化させる.

第 2 話の問診 (到達度確認)

① 微分・積分の意味に対するイメージを描けるか？

② 積分と微分との関係を理解したか？

③ ベキ乗の微分・積分の計算ができるか？

④ 関数値の変化の調べ方を理解したか？

⑤ 2 変数関数のイメージを描いた上で, 二重積分, 偏微分の計算ができるか？

第 3 話　微分方程式 — 部分から全体を予測するには

第 3 話の目標

① 具体的な現象に対する数理モデルのつくり方を理解すること．

② 数理モデルを表す微分方程式の解法を理解すること．

③ 微分方程式の解を手がかりにして，現象の予測の考え方を理解すること．

キーワード　数理モデル，指数関数，対数関数，逆関数，変数分離型微分方程式，線型 1 階微分方程式，定数変化法，線型 2 階微分方程式，連立微分方程式，関数の展開，関数の極限値

第 1 話では，現象の変化の特徴を表すために，「関数」という概念を理解した．1.1 節
温度が一定のとき，一定質量の理想気体の体積は圧力と反比例する．サーミスタの電気抵抗は，絶対温度の指数関数で表せる．1.2.1 項
どちらの現象でも，実験データをくわしく調べて，これらの特徴を見出した．1.2.2 項
しかし，なぜこれらの特徴が見つかるのかということは考えなかった．時々刻々どんなしくみで現象が起きているのかがわかると，実験結果がどういう関数で表せるかを納得することができる．現象の起こるしくみを説明するために，モデルをつくる．たとえば，気体を分子という粒子の集まりと考える．「容器の体積が大きいほど気体の分子が容器の内壁に衝突しにくい」という仮説を立てて，体積と圧力との関係を説明する．

モデルを考えただけでは，実験結果のしくみが説明できたとはいえない．ほんとうにそのモデルが妥当なのかということを知るには，どうすればいいのか？第 0 話で，自然現象を解明するときには「定性的理解」から「定量的理解」に進めるということを理解した．実験結果 (データ) は測定値で表すから，モデルを数学のことば (方程式) に翻訳しないと，モデルと測定値とを結びつけることができない．モデルのつくり方の発想を理解して，モデルを方程式で表す方法を考えることが必要である．

現象が起きると，ある量が変化する．たとえば，熱湯を空気中に放置すると，温度という量が下がる．温度の下がり方には，どういう特徴があるのか？実験

結果を見る限り「時間が 2 倍, 3 倍, . . . になると, 温度は 1/2, 1/3, . . . になる」という仮説を立てることはできない. では, どんなモデルをつくればいいのか？そのモデルが妥当だということを確かめるための方程式は, どんな形なのか？量の変化をくわしく調べるときに, 第 2 話の微分・積分が活躍する. 第 3 話では, 微分方程式の立て方・解き方に進む.

3.1　数理モデルとは

自然科学の方法は試行錯誤の過程を含むから, どの思考も順序正しく進まなければならないというわけではない. しかし, 自然現象のしくみを説明するときの主な手順は, つぎのように図解することができる.

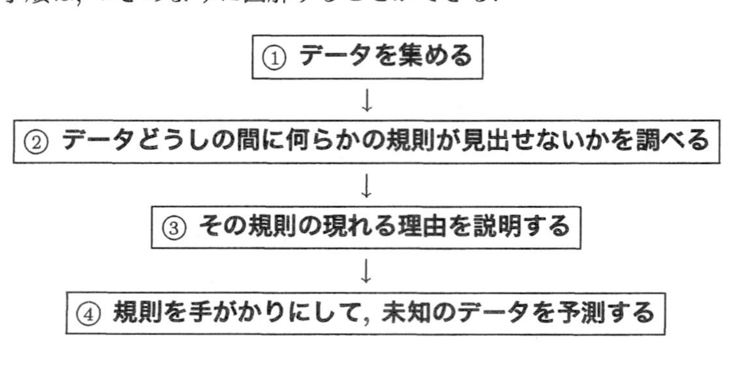

例

① 熱湯を空気中に放置して, 時間と温度との関係を調べる.

② 時間が経つと温度が下がることがわかる.

④ 関数を式で表すことによって, 未知のデータ (測定しなかったデータ) を予測することができる. ただし, 狭い範囲でしか成り立たない規則性もある.

このように, **一方の量の変化に伴って, 他方の量が変化する**. 第 1 話では, 一方の量と他方の量との対応の規則を**関数**ということを理解した.

一方の量と他方の量との関係をグラフで表すと, どのような関数かがわかる (1.2 節). 原点を通る直線のグラフは比例の式, 双曲線のグラフは反比例の式で表せる. 1.2.2 項では, 指数関数で表せる現象を取り上げた.

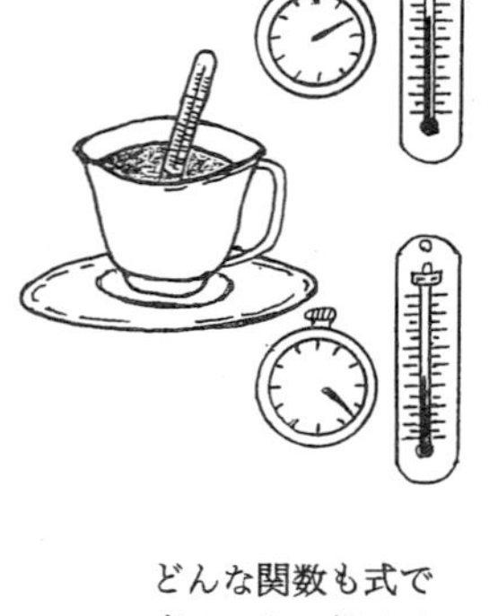

どんな関数も式で表せるとは限らない. 式で表せるのは, 比例, 反比例, 2 次関数, 3 次関数, 指数関数, 対数関数, 円関数 (三角関数) などの場合にすぎない.

③ は「なぜこういう関数で表せるのか」ということを説明するためのモデルをつくる過程である．数式を使って，モデルを数学のことばに翻訳する．単純な発想から始める．観測を開始してからの時間が 2 倍, 3 倍, ... になると，湯と周囲の空気との間の温度差は 1/2, 1/3, ... になると仮定してみる．しかし，この考え方は，実験結果と合わない．試行錯誤しながらモデルをつくり直して，仮定を修正する．湯の中では，多数の水分子が活発に飛び回っている．空気中の多数の気体分子も飛び回っているが，平均の勢いは湯の水分子よりも小さい．勢いの大きい分子の割合は，はじめのうちは空気よりも湯の方が大きい．このため，湯は空気よりも熱い．湯の水分子と空気中の分子とが衝突し合うので，時間が経つにつれて，運動の勢いが次第に均等になる．こういう状態に近づくほど，湯の温度の下がり方は遅くなるはずである．このモデルを式で表すと，

$$\text{温度が下がる速度} \propto (\text{湯と空気との温度差})$$

となる ($\propto$ は比例を表す記号)．速度は微分で表せる量 (問 2.9) だから，この関係式は**微分を含む方程式**に書き換えることができる．

> **数理モデル**は，現象のしくみに関わる量どうしの関係を数学の記号で表したモデルである．

数理モデルをつくって立てた**微分方程式**を解くと，量どうしの間の関係がどういう関数で表せるかがわかる．この解が現実の実験結果と合えば，数理モデルは妥当だと判断できる．

3.2　微分方程式を解く

具体的な数理モデルに進む前に，「微分方程式を解く」とはどういう意味かを理解しよう．このために，第 2 話の微分・積分の意味を思い出してみる．

イメージ　鉛筆で紙面にグラフを描く場面を思い浮かべよう．ふつうは，関数を表す式がわかっていて，その関数のグラフを描く (1.2 節)．ここでは，関数を表す式がわかっていないと想定し，そのグラフを描いたり式を求めたりするという問題を扱う．関数の式がわかっていないのに，グラフが描けるのかと疑問に思うかも知れない．ここでは，

「平均」とは？
空気中にも活発に飛び回っている分子とゆっくり飛び回っている分子とがある．湯の中の水分子も同様である．空気中の気体分子の間で平均した勢いは，湯の水分子で平均した勢いよりも小さい．成績の高い学生の方が低い学生よりも多いクラスを湯，その逆のクラスを空気にたとえるとわかりやすい．前者のクラスの平均点は，後者のクラスの平均点よりも高い．温度は平均点にあたる．

運動学では，速度を「位置 x の単位時間あたりの変化分 dx/dt」と定義する．ここで，t は時刻である (例題 0.6)．
速度は，位置が単位時間にどれだけ変化するかを表す (例題 1.1)．
等速度運動は，dx/dt の値が一定の運動である．力学と微積分について，小林幸夫：『力学ステーション』(森北出版, 2002) 参照．
温度の下がる速度は「温度 θ の単位時間あたりの変化分 $d\theta/dt$」と定義する．

①グラフがどの1点を通るか,

②各点ごとの接線の傾きがどんな値になるか

という**二つの**手がかりがある場合を考える．こういう場合には,

各点ごとの接線をつなぎ合わせてグラフを描く

という操作をくり返す．①を**初期条件**という．

微分法：曲線上の各点で接線の傾き（曲がり具合，カーブの程度）を知る

⟶ 傾き＝高さ÷幅 **を求める計算のくり返し**

積分法：ある点からつぎの点を見出しながら曲線を描く

⟶ 高さ＝傾き×幅 **を足す計算のくり返し**

問 3.1 ①原点を通り，②どの点でも接線の傾きが3の直線を描け．

【解説】 点 $(0,0)$ と点 $(1,3)$ とを通る直線を引く（**基本：中学数学**）．

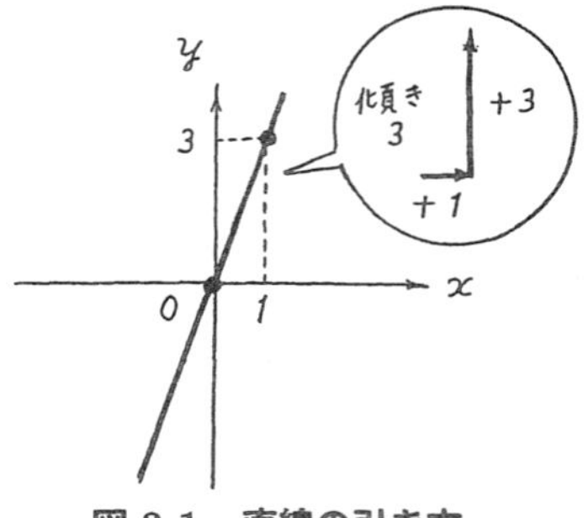

図 3.1 直線の引き方

問 3.1 を発展させて，点ごとに傾きがちがう曲線を描くのはむずかしい．

問 3.2 $0 \leq x \leq 3.00$ の範囲で，①原点を通り，②どの点でも接線の傾きはその点の x 座標の値であるような曲線を描く方法を考えよ．

【解説】 $x=0$ の点における接線上で，たとえば $x=0.75$ の点を見つけて，その

「初期条件」の「初期」は，必ずしも出発点という意味とは限らない．グラフ上の特定の点を表す．

初期：initial
条件：condition
initial condition を IC と表す．

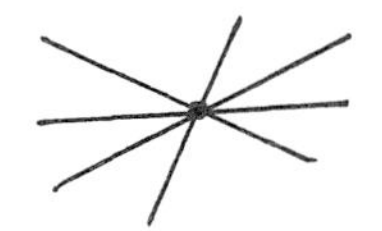

図 3.2 1点だけがわかっているとき

通る1点だけがわかっていても，どのように直線を描けばいいかがわからない．

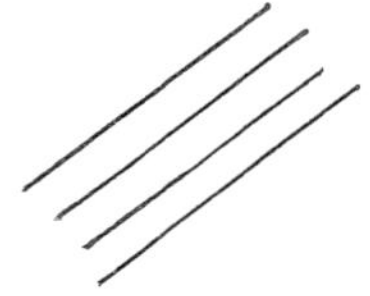

図 3.3 傾きだけがわかっているとき

傾きだけわかっていても，どの1点を通るかがわからないと，**直線を1通りに決めることができない．**

点の接線上で $x = 1.50$ の点を見つけるという作業をくり返す．この描き方では，折れ線になる．はじめの点とつぎの点とが近いほどなめらかに見える．たとえば，$x = 0$ の点の接線上で $x = 0.000\cdots1\cdots$ の点を見つけて，その点の接線上で $x = 0.000\cdots2\cdots$ の点を見つけるという作業をくり返す．厳密には，これでも折れ線にはちがいない．**理想の**曲線は，点どうしが連続して (途切れず)，なめらかにつながっている．鉛筆で紙面に曲線を引くとき，曲線が途切れないように芯を運んでいる．

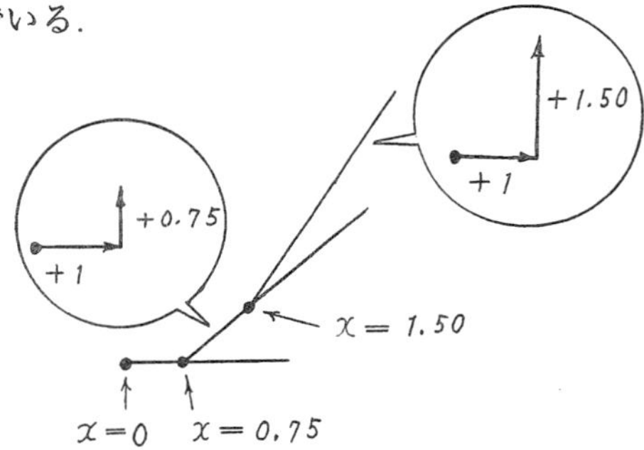

図 3.4　曲線の描き方

微分方程式：未知関数とその導関数の関係式の形で表した方程式

▶ 各点の傾きを表す式 $\dfrac{dy}{dx} = x$ を微分方程式 (x が未知関数) と考えると，**「微分方程式を解く」とは，各点の傾きを手がかりにして，曲線全体の形を見出す操作**といえる．

▶ 関数のグラフは，入力 (独立変数) と出力 (従属変数) との間の関係を図形で表している．　曲線をグラフと考える．

微分方程式を解くと「独立変数 x の変化に伴って従属変数 y がどのように変化するか」という関数の特徴がわかる．　1.1 節

関数の式を見出す方法

問 3.1 の場合，計算を工夫しなくても，x と y との間の関係は $y = 3x$ で表せることがわかる．しかし，問 3.2 の場合，点 (0,0) を通るように線分をなめらかにつなぎ合わせなければならない．第 2 話で，このようなつなぎ合わせを積分ということを理解した．問 3.2 の準備のために，あえて問 3.1 も積分の発想で扱う方法を考える．

● 問 3.1

	高さ	=	傾き × 幅
$x=0$ のとき	$2.25-0$	=	$3\times(0.75-0)$
$x=0.75$ のとき	$4.50-2.25$	=	$3\times(1.50-0.75)$
$x=1.50$ のとき	$6.75-4.50$	=	$3\times(2.25-1.50)$
$x=2.25$ のとき	$9.00-6.75$	=	$3\times(3.00-2.25)$
合計	$\underbrace{9.00-0}_{}$	=	$3\times\underbrace{(3.00-0)}_{}$
	合計を $\int_0^{9.00} dy$ と書く. ↓ 上限 − 下限		合計を $\int_0^{3.00} dx$ と書く. ↓ 上限 − 下限

y の上限が 9.00, x の上限が 3.00 とは限らないから, 任意の値 (「どんな値でもいい」という意味) の場合の式を書いてみよう. 9.00 の代わりに任意の値 t, 3.00 の代わりに任意の値 s とすると,

$$\int_0^t dy = 3\int_0^s dx \qquad \text{[上限 } t,\ s \text{ は数の代表 (任意の値), } dy,\ dx \text{ は変数]}$$

と書けるから

$$t-0=3(s-0)$$

である. この式は $y=t$, $x=s$ の場合 (s, t はどんな値でもいい) を表すから, x と y との対応の規則 (関数) で決まる関数値は

$$y=3x \quad \text{[従属変数} = 3\times \text{独立変数 (比例を表す式) の形]}$$

と表せる.

2.1.3 項参照.

$$\int_b^a dx = b-a$$

幅を 0.75 とすると,
$0+3\times(0.75-0)$
$=2.25$
だから,
$2.25-0$
$=3\times(0.75-0)$.
2.25
$+3\times(1.50-0.75)$
$=4.50$
だから,
$4.50-2.25$
$=3\times(1.50-0.75)$.
以下, 同様.

パラメータ (1.1 節)
積分するとき, 上限の値は定数 (特定の値) である. しかし, 上限には, どんな値でも選べるという意味で変数ともいえる.
このように, s, t はパラメータである.

● 問 3.2

$$\overbrace{dy}^{\text{高さ}} = \overbrace{xdx}^{\text{傾き×幅}}$$

両辺を積分する：

$$\underbrace{\int_0^t dy}_{\text{高さのつなぎ合わせ}} = \underbrace{\int_0^s xdx}_{\text{(傾き×幅)のつなぎ合わせ}}$$

変数名	任意の値
x	$0 \to s$
y	$0 \to t$

$$t - 0 = \frac{1}{2}s^2 - \frac{1}{2}0^2$$

この式は $y = t$, $x = s$ の場合 (s, t はどんな値でもいい) を表すから, x と y との対応の規則 (関数) で決まる関数値は

$$y = \frac{1}{2}x^2 \quad \left[\text{従属変数} = \frac{1}{2} \times (\text{独立変数})^2 \quad (\text{2 次関数を表す式})\right]$$

と表せる.

【注意】 $\int_0^t dy$ は $\int_0^t \times dy$ という積ではない

$\sum$ がトビトビの変数の合計を表すのに対して, $\int$ は連続変数の合計を表す. 「積分」と「積」とを混同しないように注意する.

問 3.1, 問 3.2 では, 簡単のために数で表す例を考えた. つぎに, 具体的な量を扱う現実の場面を調べてみよう.

▶ **現実の場面**　容器に水を注ぐ.

水面の高さ = (高さの単位時間あたりの変化分) × (時間)

① 蛇口の開きを変えないで注ぐ場合

問 3.1 の応用　$\overbrace{dy}^{\text{数}} = \underbrace{\overbrace{3}^{\text{数}}}_{\text{定数}} \overbrace{dx}^{\text{数}} \longrightarrow \overbrace{dh}^{\text{量}} = \underbrace{\overbrace{v}^{\text{量}}}_{\text{一定量}} \overbrace{dt}^{\text{量}}$

量 = 数値 × 単位量　**例**　1.5 cm = 1.5 × cm　(0.4.1 項)

時刻 0 s から時刻 τ までに, 水の高さは $h = v\tau$ になる.

例　$\underbrace{2.0\ \text{cm}}_{\text{量}} = \underbrace{0.2\ \text{cm/s}}_{\text{量}} \times \underbrace{10\ \text{s}}_{\text{量}}$

積分の計算の仕方

どんな関数を x で微分すると, x になるかを考える. x^1 の指数が 1 だけ大きい x^2 を x で微分してみる.

$$\frac{\overbrace{d(x^2)}^{\text{高さ}}}{\underbrace{dx}_{\text{幅}}} = \overbrace{2x}^{\text{傾き}}$$

だから

$$\overbrace{d(x^2)}^{\text{高さ}} = \overbrace{2x}^{\text{傾き}} \overbrace{dx}^{\text{幅}}$$

である. 両辺を 2 で割ると

$$xdx = \frac{1}{2}d(x^2)$$

となるから

$$\int xdx = \frac{1}{2}\int d(x^2)$$

と表せる. $u = x^2$ とおいて, 下限・上限を決める.

x	$0 \to s$
u	$0^2 \to s^2$

$$\int_0^s xdx = \frac{1}{2}\int_{0^2}^{s^2} du = \frac{1}{2}s^2 - \frac{1}{2} \cdot 0^2$$

時刻 0 s のとき, 容器に水は入っていない.

τ は「タウ」と読むギリシア文字である.

② 蛇口を次第に大きく開きながら注ぐ場合

問 3.2 の応用 $\overbrace{dy}^{\text{数}} = \overbrace{a(x)}^{\text{数}}\,\overbrace{dx}^{\text{数}} \longrightarrow \overbrace{dh}^{\text{量}} = \overbrace{v(t)}^{\text{量}}\,\overbrace{dt}^{\text{量}}$

時刻 0 s から時刻 τ までに, 水の高さは $h = \int_{0\mathrm{s}}^{\tau} v(t)dt$ になる.

$v(t)$ は一定量ではない (時間の経過とともに大きくなる).

$a(x)$ は x の値に対応する a の値を表す.
例 $a(x) = x$
$a(1) = 1$, $a(5) = 5$ など.
$dy = xdx$

3.3 変数分離型微分方程式

微生物の増殖, 服用薬の吸収などは, 時間とともにどのように変化するのか？実験結果から判断すると, 時間が 2 倍になっても微生物は 2 倍に増えるわけではない. では, これらの現象に対して, どんなモデルを考えたらいいだろうか？先行研究によると, 単純な微分方程式によって, ある時間範囲で生物界の量の変化をよく近似する関数が求まる. その微分方程式を解くために, 指数関数・対数関数の微積分の手法を使う.

1.1.2 項参照.

電卓に exp というキーがあることを確かめてみよう.

3.3.1 指数関数・対数関数の微積分

関数	定義 (記号)
指数関数	$y = \exp_a x \quad (a > 0)$
対数関数	$y = \log_a x \quad (a > 0)$

$\exp_a x$ は a^x を表す.
a を底 (てい) という.

例 $\exp_2 x = 2^x$

1.1 節【注意 4】
関数記号の使い方
$f(\ )$
↓
$\exp_a(\ )$

関数名はいつでも f とは限らず, $f(\ )$ を $\exp_{10}(\ )$ と書いた形である.
$\exp_{10} x$ を $\exp_a \times x$ と誤解しないように, $f(x)$ と同じ形 $\exp_a(x)$ を書く方がいい.

▶ $a = e$ (e の意味は指数関数の微積分で取り上げる) のとき底の e を省略して $\exp x$, $\log x$ と書くことが多い.

▶ **常用対数** (底が 10) も底を省略して $\log_{10}$ の代わりに $\log$ と書くことがある.

▶ **自然対数** (底が e) を $\log_e$ の代わりに $\ln$ と書くことがある.

クイズ $1 = 1^{\frac{3}{2}} = \{(-1)^2\}^{\frac{3}{2}} = (-1)^{2\times\frac{3}{2}} = (-1)^3 = -1$ から $1 = -1$ になる. どこがおかしいか？

クイズのたねあかし
指数関数 $y = a^x$ は $a > 0$ の範囲で定義する理由：$a < 0$ のとき $(a^2)^{\frac{3}{2}} = a^{2\times\frac{3}{2}}$ は成り立たない.

問 3.3 $y = 2^x$ のグラフの概形を手がかりにして, $y = \log_2 x$ のグラフの概形を描け.

▶ 例題 1.4 のつぎに $y = 2^x$ の対数を考えたが, 本問の $y = \log_2 x$ は $y = 2^x$

の対数ではない．$y=2^x$ の対数 (底は 2) は $\log_2 y = x$ であって $y=\log_2 x$ ではない．本問の $y=\log_2 x$ (右から「x は 2 の y 乗」と読む) は $x=2^y$ と書き換えることができるが，$y=2^x$ ではない．混乱しないように注意する．

【解説】基本 $\boxed{\text{タテ座標} = 2^{\text{ヨコ座標}}}$

① タテ座標を y，ヨコ座標を x と書いた形 $\longrightarrow y=2^x$

② タテ座標を x，ヨコ座標を y と書いた形 $\longrightarrow x=2^y$

$y=\log_2 x$ は $x=2^y$ と書き換えることができるから，$x=2^y$ のグラフを描く．

$$y=2^x \xrightarrow[\text{}]{x\text{ と }y\text{ とを入れ換え}} x=2^y$$

x と y とを入れ換えるとは？　よこ軸を x 軸，たて軸を y 軸として $y=2^x$ のグラフを描き，直線 $y=x$ を折り目にして，このグラフを折り返すと $x=2^y$ のグラフ ($y=\log_2 x$ のグラフともいえる) になる．

あらゆる点を移すので，任意の値 t を考える．

なぜ？　$y=2^x$ のグラフ上の任意の点 $(t, 2^t)$ が点 $(2^t, t)$ に移るからである．$x=2^t$, $y=t$ から t を消去すると，$x=2^y$ と表せる．

例題 1.5

【別法】 机上で紙面を回して (紙面を固定して首を回してもいい)，y 軸をよこ軸，x 軸をたて軸とみなし，$y=2^x$ のグラフを書く．実際には，よこ軸は x 軸，たて軸は y 軸だから，このグラフが $x=2^y$ を表す．

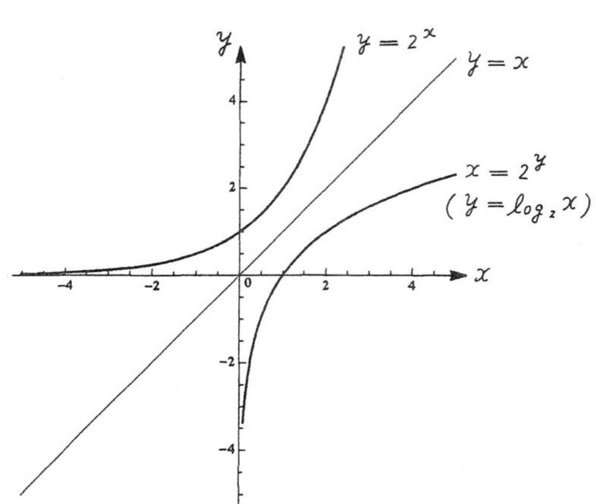

図 3.5　$y=2^x$ と $x=2^y$ との関係

逆関数

> 1 対 1 対応している関数 f の逆の対応として決まる関数をもとの関数の**逆関数**という.
> **記号**　f^{-1}

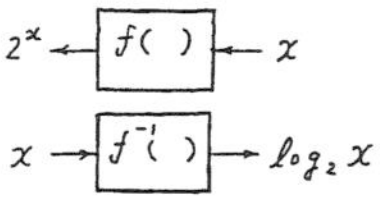

ここで, f^{-1} は逆関数を表す記号で「エフインバース (逆を表す英語 inverse)」と読み, 「f の (-1) 乗」ではない.

例　$f(x) = 2^x$　　$f^{-1}(x) = \log_2 x$

考え方　$\underbrace{y = 2^x}_{y=f(x)} \xrightarrow{x\text{ と }y\text{ とを入れ換え}} \underbrace{x = 2^y}_{x=f(y)} \xrightarrow{y\text{ を }x\text{ で表す}} \underbrace{y = \log_2 x}_{y=f^{-1}(x)}$

▶ **記号の意味**　$\underbrace{y}_{\text{従属変数}} = \underbrace{f}_{\text{関数名}} \underbrace{(x)}_{\text{独立変数}}$　　$\underbrace{y}_{\text{従属変数}} = \underbrace{f^{-1}}_{\text{関数名}} \underbrace{(x)}_{\text{独立変数}}$

「$f(\ )$ に x を入力すると y を出力する」「$f^{-1}(\ )$ に x を入力すると y を出力する」

指数関数の微積分

▶ 指数関数 $y = a^x$ のグラフ上の各点における接線の傾き

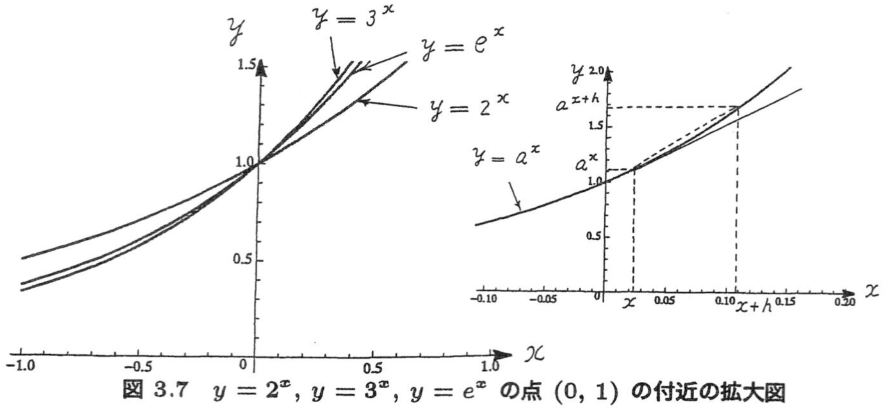

図 3.7　$y = 2^x$, $y = 3^x$, $y = e^x$ **の点 (0, 1) の付近の拡大図**

接線の傾きを求めるためには, 接線上の 2 点の座標が必要である. しかし, 接線上では接点の座標しかわからない. $y = a^x$ のグラフ上のあらゆる点の

$2^x \leftarrow$ [$f(\ )$] $\leftarrow x$

$x \rightarrow$ [$f^{-1}(\ )$] $\rightarrow \log_2 x$

図 3.6　ブラックボックス

1.1 節参照.

$f(\ ) = 2^{(\ )}$

$f^{-1}(\ ) = \log_2(\ )$

$f^{-1}(\ ) = \dfrac{1}{2^{(\ )}}$ ではない.

> **1.1 節【注意 4】**
> **関数記号の使い方**
> $f^{-1}(\ )$
> ↓
> $\log_2(\ )$
>
> 関数名はいつでも f^{-1} とは限らず, $f^{-1}(\ )$ を $\log_2(\ )$ と書いた形である. $\log_2 x$ を $\log_2 \times x$ と誤解しないように, $f^{-1}(x)$ と同じ形 $\log_2(x)$ を書く方がいい.

$y = a^x$ だから $\dfrac{dy}{dx}$ を $\dfrac{d(a^x)}{dx}$ と書いた.

座標はわかるから，接点のほかの 1 点をグラフ上に選ぶ．

$$\frac{d(a^x)}{dx} = \overbrace{\underbrace{\lim_{h\to 0}\frac{a^{x+h}-a^x}{h}}_{\text{破線の傾き}}}^{\text{実線の傾き}} \qquad a^{x+h} = a^x a^h \text{ に注意.}$$

$$= \overbrace{a^x}^{h\text{ に無関係}} \lim_{h\to 0}\overbrace{\frac{a^h-1}{h}}^{h\text{ を含む}}$$

$\displaystyle\lim_{h\to 0}\frac{a^h-1}{h}$ の値が 1 になるような a の値は，2.718281828459… (「鮒(フナ)一杯」と覚える) であることがわかっている (あとの【参考】参照)．このような a の値を記号 e で表す．

$$\frac{d(a^x)}{dx} = a^x \underbrace{\lim_{h\to 0}\frac{a^h-1}{h}}_{1} \xrightarrow{a\text{ を }e\text{ と書く}} \boxed{\frac{d(e^x)}{dx} = e^x} \qquad \boxed{\lim_{h\to 0}\frac{e^h-1}{h} = 1}$$

e^x は何回微分しても e^x のままという美しい性質がある．

【参考】無理数 e の値

1748 年に Euler (オイラー) が $e = \displaystyle\lim_{n\to\infty}\left(1+\frac{1}{n}\right)^n$ を導入した．対数の創始者 Napier (ネピア) にちなんで，この定数をネピア数 (Napier's constant) という [『岩波数学入門辞典』(岩波書店, 2005)]．

表 3.1　Mathematica (数式処理システム，プログラミング言語) で計算した値

n	$\left(1+\frac{1}{n}\right)^n$	n	$\left(1+\frac{1}{n}\right)^n$
1	$\left(1+\frac{1}{1}\right)^1 = 2$	10^4	$\left(1+\frac{1}{10^4}\right)^{10^4} = 2.71815$
2	$\left(1+\frac{1}{2}\right)^2 = 2.25$	10^5	$\left(1+\frac{1}{10^5}\right)^{10^5} = 2.71827$
10	$\left(1+\frac{1}{10}\right)^{10} = 2.59374$	10^6	$\left(1+\frac{1}{10^6}\right)^{10^6} = 2.71828$
10^2	$\left(1+\frac{1}{10^2}\right)^{10^2} = 2.70481$	10^7	$\left(1+\frac{1}{10^7}\right)^{10^7} = 2.71828$
10^3	$\left(1+\frac{1}{10^3}\right)^{10^3} = 2.71692$		

超越数：e, π

休憩室　記号 e の歴史

数学者 Leonhard Euler (レオンハルト・オイラー, 1707 – 1783) は，1727 年からネピア数を Euler の頭文字 e で表すようになった．
オイラーの著書『力学』(1736) でネピア数を e と表してある．

$\displaystyle\lim_{n\to\infty}\left(1+\frac{1}{n}\right)^n$ の意味

$1+\dfrac{1}{n}\to 1$ のあとで $1^n\to 1$ と誤解してはいけない．() 内の分母の n と指数 n を**同時に**大きくする．

簡便法

h の値が極めて小さいとき

$$\frac{e^h-1}{h} = 1$$

を

$$e^h - 1 = h,$$
$$e^h = 1 + h$$

と変形すると

$$e = (1+h)^{\frac{1}{h}}$$

となる．

h を $\dfrac{1}{n}$ と書き換えると $h\to 0$ は $n\to\infty$ である．

3.5 節で，e^t を多項式展開した式で e の値を求める方法を考える (問 3.26)．

n の値が大きくなると e の値は $2.718\cdots$ に近づくことがわかる.

驚き!
$\lim_{h\to 0}\frac{e^h-1}{h} = 1$ のように極限値が 1 のとき, e も単純な数だろうという予想に反して, $e = 2.718281828459\cdots$ であることを不思議だと思いませんか？

簡単な微分方程式

$\frac{d(e^x)}{dx} = e^x$ を 微分方程式 $\frac{dy}{dx} = y$ と比べてみる. この微分方程式は「**微分しても変わらない関数を求めよ**」という問題を解くための方程式である. この微分方程式の解が $y = e^x$ であることがわかる.

問 3.4 $\frac{d(e^x+1)}{dx}$ を求めよ.

【解説】

$$\begin{aligned}\frac{d(e^x+1)}{dx} &= \frac{d(e^x)}{dx} + \frac{d(1)}{dx} \\ &= e^x + 0 \\ &= e^x\end{aligned}$$

［定数関数 $y = 1$ のグラフは水平だから, どの点でも接線の傾き $\frac{d(1)}{dx} = 0$］

▶ 問 3.4 から何がわかるか

$$\frac{d\overbrace{(e^x+C)}^{\text{関数値 } y=f(x)}}{dx} = \overbrace{e^x}^{\text{傾き}}$$ (C は定数) の意味

C: 定数 constant の頭文字

関数について 1.1 節参照.

① グラフ上の点のヨコ座標が x (右辺の e^x の指数) のとき, この点で接線の傾きが e^x (右辺) であるような関数のグラフのタテ座標は $e^x + C$ である.
② $y = e^x + C$ (C は定数, $C = 0$ も含む) のグラフ上の同じ x 座標の点における接線の傾きはどれも同じである.

なぜ？ どのグラフも $y = e^x$ のグラフを上下に平行移動しただけだからである.

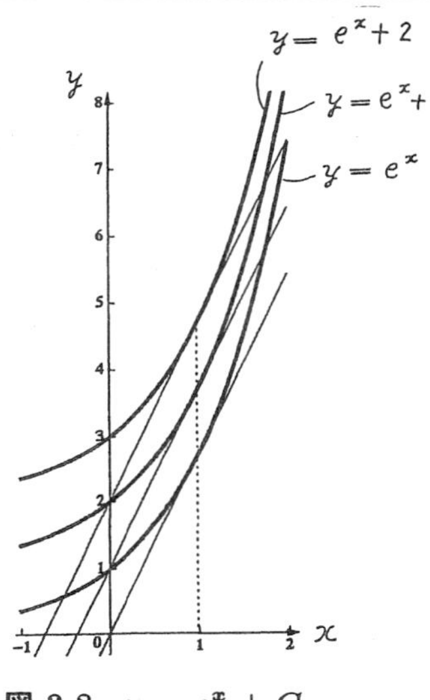

図 3.8　$y = e^x + C$

問 3.5　グラフが点 $(1, 3)$ を通り，グラフ上の点 (x, y) における接線の傾きが e^x であるような関数を求めよ．

【発想】 どんな関数を x で微分すると e^x になるかを考える．
$e^x + C$ (C は定数) を x で微分すると e^x になることを思い出す．

【解説 1】　$\dfrac{\overbrace{d(e^x + C)}^{\text{高さ}}}{\underbrace{dx}_{\text{幅}}} = \overbrace{e^x}^{\text{傾き}}$　を　$\overbrace{d\underbrace{(e^x + C)}_{\text{関数値 } y=f(x)}}^{\text{高さ}} = \overbrace{e^x}^{\text{傾き}}\overbrace{dx}^{\text{幅}}$ と書き換えることができる．関数値は $f(x) = e^x + C$ だから，$3 = e^1 + C$ となるのは $C = 3 - e$ の場合である．したがって，関数 (入力と出力との対応の規則) は $f(\ ) = e^{(\ )} + 3 - e$, 関数値は $f(x) = e^x + 3 - e$ である．

【解説 2】 グラフ上の各点における接線を

$$\underbrace{\overbrace{dy}^{\text{高さ}}}_{\text{変数 } y \text{ だけ}} = \underbrace{\overbrace{e^x dx}^{\text{傾き×幅}}}_{\text{変数 } x \text{ だけ}} \qquad \textbf{変数分離}$$

と表して，特定の位置 $(1, 3)$ から任意の位置 (s, t) までなめらかにつなぎ合わせる (この操作を「両辺を積分する」という)．

関数 $f(\ )$ は「$(\ )$ に x を入力すると，どんな y を出力するか」という**規則**を表す．

関数値 $f(x)$ は「$f(\ )$ に x を入力したときの**値**」である．

数値積分のプログラミングは，解説 2 の方法に基づいている．

$$\frac{d(e^x)}{dx} = e^x$$

を

$$d(e^x) = e^x dx$$

と書き換える．

$e^x dx$ の代わりに $d(e^x + C)$ を考えてもいい．

$$\int_{e^1+C}^{e^s+C} d(e^s + C) = (e^s + C) - (e^1 + C) = e^s - e^1$$

となるので，ある点からほかの点まで接線をつなぎ合わせてできるグラフの高さは C によらない．

力学のポテンシャルが基準点の選び方によらない理由と同じである．
小林幸夫：『力学ステーション』(森北出版, 2002) 第 5 章.

$$\int_3^t dy = \int_1^s e^x dx$$

x	1	$\to$	s
y	3	$\to$	t

s, t は任意の値
(どんな値でもいい)

$$t - 3 = \int_{e^1}^{e^s} d\overbrace{(e^x)}^{u}$$

$e^x dx$ を $d(e^x)$ に書き換えて
$u = e^x$ とおく.

$$t = \underbrace{3 + e^s - e^1}_{f(s)}$$

x	1	$\to$	s
u	e^1	$\to$	e^s

$$\int_{e^1}^{e^s} du = e^s - e^1$$

この式は $x = s$, $y = t$ の場合 (s, t はどんな値でもいい) を表すから, x と y との対応の規則 (関数) で決まる関数値は

$$y = \underbrace{e^x + 3 - e}_{f(x)}$$

である.

パラメータ (1.1 節)
積分するとき, 上限の値は定数 (特定の値) である. しかし, 上限には, どんな値でも選べるという意味で変数ともいえる.
このように, s, t はパラメータである.

簡便法 $\displaystyle\int_1^s e^x dx = \int_{e^1}^{e^s} d\overbrace{(e^x)}^{u} = e^s - e^1$ の代わりに

$$\int_1^s e^x dx = \Big[e^x\Big]_1^s = e^s - e^1$$

(x の上限を代入した値)
$-$(x の下限を代入した値)

と書くことがある.

高校数学では, この簡便法を活用している.

問 3.6 $\dfrac{d(e^{2x})}{dx}$ を求めよ.

【解説】

$$\frac{d(e^{2x})}{dx} = \frac{d(e^{2x})}{d(2x)} \frac{d(2x)}{dx}$$

$$= 2e^{2x}$$

$u = 2x$ とおくと,

$$\frac{d(e^{2x})}{d(2x)} = \frac{d(e^u)}{du} = e^u = e^{2x}$$

である.

$\dfrac{a}{b} = \dfrac{a}{c}\dfrac{c}{b}$
と同じ形

$$\frac{d(2x)}{dx} = 2\frac{dx}{dx} = 2$$

慣れると 問 3.6 の解は暗算で求まる.

問 3.7　グラフが点 $(1,3)$ を通り，グラフ上の点 (x,y) における接線の傾きが e^{2x} であるような関数を求めよ．

【発想】 どんな関数を x で微分すると e^{2x} になるかを考える．$e^{2x}+D$ (D は定数) を x で微分すると $2e^{2x}$ になることを思い出す．

【解説 1】 $$\frac{\overbrace{d\left(\frac{1}{2}e^{2x}+C\right)}^{\text{高さ}}}{\underbrace{dx}_{\text{幅}}}=\overbrace{e^{2x}}^{\text{傾き}}$$ を $$\underbrace{\overbrace{d\left(\frac{1}{2}e^{2x}+C\right)}^{\text{高さ}}}_{\text{関数値 } y=f(x)}=\overbrace{e^{2x}}^{\text{傾き}}\overbrace{dx}^{\text{幅}}$$ と書き換えることができる．関数値は $f(x)=\frac{1}{2}e^{2x}+C$ だから，$3=\frac{1}{2}e^{2}+C$ となるのは $C=3-\frac{1}{2}e^{2}$ の場合である．したがって，関数 (入力と出力との対応の規則) は $f(\ )=\frac{1}{2}e^{2(\ )}+3-\frac{1}{2}e^{2}$，関数値は $f(x)=\frac{1}{2}e^{2x}+3-\frac{1}{2}e^{2}$ である．

【解説 2】 グラフ上の各点における接線を

$$\underbrace{\overbrace{dy}^{\text{高さ}}}_{\text{変数 } y \text{ だけ}}=\underbrace{\overbrace{e^{2x}dx}^{\text{傾き×幅}}}_{\text{変数 } x \text{ だけ}}\qquad \textbf{変数分離}$$

と表して，特定の位置 $(1,3)$ から任意の位置 (s,t) までなめらかにつなぎ合わせる (この操作を「両辺を積分する」という)．

$$\int_3^t dy=\int_1^s e^{2x}dx$$

x	1	$\to$	s
y	3	$\to$	t

$$t-3=\frac{1}{2}\int_{e^2}^{e^{2s}} d\overbrace{(e^{2x})}^{u}$$

$e^{2x}dx$ を $\frac{1}{2}d(e^{2x})$ に書き換えて $u=e^{2x}$ とおく．

$$t=\underbrace{3+\frac{1}{2}e^{2s}-\frac{1}{2}e^{2}}_{f(s)}$$

x	1	$\to$	s
u	$e^{2\cdot 1}$	$\to$	e^{2s}

$$\int_{e^2}^{e^{2s}} du=e^{2s}-e^{2}$$

この式は $x=s$, $y=t$ の場合 (s, t はどんな値でもいい) を表すから，x と y

問 3.6
$\dfrac{d(e^{2x}+D)}{dx}=2e^{2x}$
の両辺を 2 で割って $D/2$ を C とおく．

問 3.6
$\dfrac{d(e^{2x})}{dx}=2e^{2x}$
の両辺を 2 で割ると
$\dfrac{1}{2}\dfrac{d(e^{2x})}{dx}=e^{2x}$
となるから
$\dfrac{1}{2}d(e^{2x})=e^{2x}dx$
であり，
$\displaystyle\int\frac{1}{2}d(e^{2x})=\int e^{2x}dx$
と表せる．

$\frac{1}{2}e^{2x}$ を x で微分すると e^{2x} になるという意味だと考えていい．

$u=e^{2x}$ とおいて，下限・上限を決める．

パラメータ (1.1 節)
積分するとき，上限の値は定数 (特定の値) である．しかし，上限には，どんな値でも選べるという意味で変数ともいえる．
このように，s, t はパラメータである．

との対応の規則 (関数) で決まる関数値は

$$y = \underbrace{\frac{1}{2}e^{2x} + 3 - \frac{1}{2}e^2}_{f(x)}$$

である.

簡便法 $\displaystyle\int_1^s e^{2x}dx = \frac{1}{2}\int_{e^2}^{e^{2s}} d\overbrace{(e^{2x})}^{u} = \frac{1}{2}e^{2s} - \frac{1}{2}e^2$ の代わりに

$$\int_1^s e^{2x}dx = \left[\frac{1}{2}e^{2x}\right]_1^s = \frac{1}{2}e^{2s} - \frac{1}{2}e^2$$

(x の上限を代入した値)
−(x の下限を代入した値)

と書くことがある.

高校数学では, この簡便法を活用している.

【応用問題】

$$\frac{d(e^{2x+5}+3)}{dx} = \frac{d(e^{2x+5})}{dx} + \frac{d(3)}{dx} = \frac{d(e^{2x}e^5)}{dx} + 0 = e^5\frac{d(e^{2x})}{dx} = 2e^5e^{2x}$$

▶ $\dfrac{d(Ae^{kx}+C)}{dx} = kAe^{kx}$ (A, C, k は定数) 問 3.6, 問 3.7 のように計算する.

重要 $k=1$, $C=0$ のとき:「**微分しても変わらない関数を求めよ**」という問題を解くための微分方程式

$$\underbrace{\frac{d\overbrace{(Ae^x)}^{f(x)}}{dx}}_{\text{傾き＝タテ座標}} = \overbrace{Ae^x}^{f(x)}$$

Ae^x は $\overbrace{\dfrac{df(x)}{dx} = f(x)}^{\text{微分方程式}}$ の解である.

$$\frac{d\overbrace{(Ae^{kx})}^{f(x)}}{dx} = k\overbrace{Ae^{kx}}^{f(x)} \neq f(x)$$

対数関数の微積分

▶ 対数関数 $y = \log_a x$ のグラフ上の各点における接線の傾き

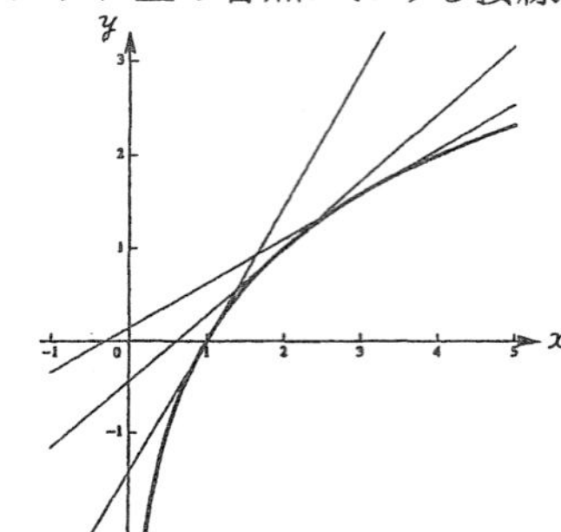

図 3.9 $y = \log_2 x$ (底 a の値が 2 の場合)

指数語と対数語との翻訳 (1.2.2 項) を思い出してみる.

指数：日本語の語順通り

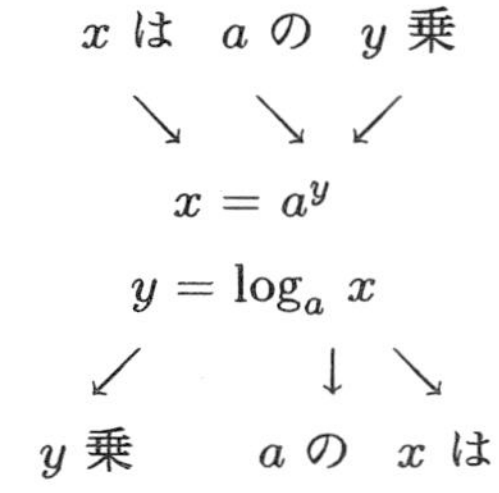

対数：日本語と逆の語順

関数値 $y = \log_a x$ は, $x = a^y$ と書き換えることができる.

$x = a^y$ だから $x > 0$ である.

グラフの見方 (図 3.5, 図 3.9)

	よこ軸が水平に見える方向から $y = \log_2 x$ と表せる.	たて軸が水平に見える方向から $x = 2^y$ と表せる.
点 (x, y) における接線の傾き	$\dfrac{dy}{dx}$	$\dfrac{dx}{dy}$

首をまっすぐ立てて建物を見るとたて長に見えるが, 首を傾けて同じ建物を見ると, よこ長に見える. 同じグラフでも, どの方向から見るかによって, 関数を表す式が異なる.

対数関数のグラフの接線の傾きは, $\dfrac{d(\log_a x)}{dx} = \dfrac{1}{\dfrac{d(a^y)}{dy}}$ の関係を使うと簡単に求まる.

$\dfrac{dy}{dx} = \dfrac{1}{\dfrac{dx}{dy}}$
$y = \log_a x$
$x = a^y$

$$\frac{d(\log_a x)}{dx} = \frac{1}{\dfrac{d(a^y)}{dy}} \xrightarrow{\substack{a = e\\ のとき}} \boxed{\frac{d(\log_e x)}{dx} = \frac{1}{e^y} = \frac{1}{x}}$$

▶ $\log_e x$ を x で微分した式が $\dfrac{1}{x}$ という簡単な形になるので, ネピア数 e を底とする対数を**自然対数**という.

矢野健太郎：『数学質問箱—なぜだろう？そこが知りたい！』(講談社, 1980).

重要　底が e でないとき接線の傾きはどうなるのか？

$\log_a x = \dfrac{\log_e x}{\log_e a}$ (底の変換 1.2.2 項 問 1.4) だから,

$$\frac{d(\log_a x)}{dx} = \frac{1}{\log_e a}\frac{d(\log_e x)}{dx} = \frac{1}{(\log_e a)x}$$

である.

問 3.8 $y = a^x$ のグラフ上の点 (x, y) における接線の傾きを求めよ.

【解説】 指数関数は対数関数の逆関数であることを活用する.

$\log_e y = x\log_e a$ (底を e とすることに注意) だから

$$x = \frac{\log_e y}{\log_e a}$$

である.

接線の傾き $\dfrac{dy}{dx} = \dfrac{1}{\dfrac{dx}{dy}}$ ⟵ 分母は逆関数 x を y で微分することを表している.

$$= \frac{1}{\dfrac{d\left(\dfrac{\log_e y}{\log_e a}\right)}{dy}}$$

$$= \frac{1}{\dfrac{1}{\log_e a}\dfrac{d(\log_e y)}{dy}}$$

$$= \frac{1}{\dfrac{1}{(\log_e a)y}}$$

$$= y\log_e a$$

$$= a^x\log_e a$$ ⟵ $(\log_e a)a^x$ と書いてもいい.

$\dfrac{1}{\dfrac{1}{(\log_e a)y}}$ の分子・分母に $(\log_e a)y$ を掛けると $(\log_e a)y$ になる.
しかし, まったく計算しなくても, 見た通り $\dfrac{1}{\dfrac{1}{(\log_e a)y}}$ は $\dfrac{1}{(\log_e a)y}$ の逆数である.

$(\log_e a)y$ は $\log_e a$ と y との積だから, $y\log_e a$ と書いてもいい.
$\log_e ay$ と書くと, ay の対数とまぎらわしいから, ( ) が必要である.

例 1　$a=2$ の場合　(例題 1.4)

点 $(0,2^0)$ における接線の傾き $=2^0\log_e 2=\log_e 2$

点 $(1,2^1)$ における接線の傾き $=2^1\log_e 2=2\log_e 2$

点 $(2,2^2)$ における接線の傾き $=2^2\log_e 2=4\log_e 2$

点 $(4,2^4)$ における接線の傾き $=2^4\log_e 2=16\log_e 2$

$$\underbrace{\frac{d(2^x)}{dx}}_{\text{接線の傾き}}=\underbrace{(\log_e 2)}_{\text{比例定数}}\underbrace{2^x}_{\text{関数値}}$$

例 2　$a=e$ の場合

点 (x,y) における接線の傾き

$=e^x\log_e e=e^x$

$\dfrac{d(e^x)}{dx}=e^x$ を確かめることができた．

問 3.4 と同様に，$\dfrac{dC}{dx}=0$ である．

- $x=0$ のときは $a^x=1$ であるが，x の値が大きくなると，接線の傾き (変化率，増加の割合を表す) が急激に大きくなる．
- **変化率は関数値に比例する．**

問 3.9　グラフが点 $(1,3)$ を通り，グラフ上の点 (x,y) における接線の傾きが $\dfrac{1}{x}$ であるような関数を求めよ．

【発想】　どんな関数を x で微分すると $\dfrac{1}{x}$ になるかを考える．$\log_e x+C$ (C は定数) を x で微分すると $\dfrac{1}{x}$ になることを思い出す．

$\dfrac{d(\log_e x)}{dx}=\dfrac{1}{x}$ を $\dfrac{1}{x}dx=d(\log_e x)$ と書き換える．$\log_e x$ を x で微分すると $\dfrac{1}{x}$ になるという意味だと考えていい．

【解説 1】 $\dfrac{\overbrace{d(\log_e x+C)}^{\text{高さ}}}{\underbrace{dx}_{\text{幅}}}=\overbrace{\dfrac{1}{x}}^{\text{傾き}}$ を $\overbrace{d\underbrace{(\log_e x+C)}_{\text{関数値 }y=f(x)}}^{\text{高さ}}=\overbrace{\dfrac{1}{x}}^{\text{傾き}}\overbrace{dx}^{\text{幅}}$ と書き換えることもできる．関数値は $f(x)=\log_e x+C$ だから $3=\underbrace{\log_e 1}_{0}+C$ となるのは $C=3$ の場合である．したがって，関数 (入力と出力との対応の規則) は $f(\ )=\log_e(\ )+3$，関数値は $f(x)=\log_e x+3$ である．

【解説 2】 グラフ上の各点における接線を

$$\overbrace{\underbrace{dy}_{\text{変数 }y\text{ だけ}}}^{\text{高さ}}=\overbrace{\underbrace{\frac{1}{x}dx}_{\text{変数 }x\text{ だけ}}}^{\text{傾き×幅}}\qquad\textbf{変数分離}$$

と表して，特定の位置 $(1,3)$ から任意の位置 (s,t) までなめらかにつなぎ合わせる (この操作を「両辺を積分する」という)．

パラメータ (1.1 節) 積分するとき，上限の値は定数 (特定の値) である．しかし，上限には，どんな値でも選べるという意味で変数ともいえる．このように，s, t はパラメータである．

$$\int_3^t dy = \int_1^s \frac{1}{x}dx$$

x	1	$\to$	s
y	3	$\to$	t

$$t-3 = \int_{\log_e 1}^{\log_e s} d\overbrace{(\log_e x)}^{u}$$

$\frac{1}{x}dx$ を $d(\log_e x)$ に書き換えて
$u = \log_e x$ とおく.

$$t = 3 + \log_e s - \underbrace{\log_e 1}_{0}$$

x	1	$\to$	s
u	$\log_e 1$	$\to$	$\log_e s$

$\int_{\log_e 1}^{\log_e s} du$
$= \log_e s - \log_e 1$

この式は $x = s$, $y = t$ の場合 (s, t はどんな値でもいい) を表すから, x と y との対応の規則 (関数) で決まる関数値は $y = \underbrace{\log_e x + 3}_{f(x)}$ である.

高校数学では, この簡便法を活用している.

簡便法 $\int_1^s \frac{1}{x}dx = \int_{\log_e 1}^{\log_e s} d\overbrace{(\log_e x)}^{u} = \log_e s - \log_e 1$ の代わりに

$$\int_1^s \frac{1}{x}dx = \Big[\log_e x\Big]_1^s = \log_e s - \log_e 1$$

(x の上限を代入した値)
$-$(x の下限を代入した値)

と書くことがある.

重要

$$\int_a^b x^{-1}dx = \Big[\log_e x\Big]_a^b$$

$$\int_a^b x^n dx = \left[\frac{1}{n+1}x^{n+1}\right]_a^b \quad (n \neq -1)$$

問 3.10 $\frac{d\{\log_e(2x)\}}{dx}$ を求めよ.

$\frac{d(2x)}{dx} = 2\frac{dx}{dx} = 2$

【解説 1】

$$\frac{d\{\log_e(2x)\}}{dx} = \frac{d\{\log_e(2x)\}}{d(2x)}\frac{d(2x)}{dx} = \frac{1}{x}$$

$u = 2x$ とおく.

$$\frac{d\{\log_e(2x)\}}{d(2x)} = \frac{d(\log_e u)}{du} = \frac{1}{u} = \frac{1}{2x}$$

慣れると 問 3.9 の解は暗算で求まる.

【解説 2】

$$\frac{d\{\log_e(2x)\}}{dx} = \frac{d(\log_e 2 + \log_e x)}{dx} = \frac{d(\log_e 2)}{dx} + \frac{d(\log_e x)}{dx} = \frac{1}{x}$$

問 3.9 で定数
$C = \log_e 2$ の場合

$0 + \frac{1}{x}$

1.2.2 項 対数の性質
$\log_e(2x)$
$= \log_e 2 + \log_e x$

3.3.2　変数分離型微分方程式で表す数理モデル

簡単な数理モデルの中で，変数分離型微分方程式で表せる例を考えてみる．

Thomas Robert Malthus (1766 – 1834) イギリスの経済学者

例題 3.1　**人口成長**　時刻 t における人口を x とすると，人口の増加率は $\dfrac{dx}{dt}$ と表せる．Malthus (マルサス) の法則によると，人口の増加率は現在の人口に比例する．しかし，この法則の通りだとすると，時間とともに人口が増加しつづける．このため，増加率を抑える数理モデルが提案されている．ある時刻を $t_0(= 0\ \mathrm{y})$，このときの人口を x_0 (一定量) として，つぎの問に答えよ．

よこ軸を時間，たて軸を人口とすると，グラフの各点における接線の傾きが人口の増加率を表す．増加率の値が負のとき，人口は減少の傾向を示す．

y：年
(year の頭文字)

(1) 独立変数で表す量と従属変数で表す量とは，それぞれ何か？

(2) Malthus のモデルよりも単純な数理モデルとして，$\dfrac{dx}{dt} = c$ (c は負でない一定量) を考える．

(a) c の単位量を答えよ．

(b) この微分方程式の解を求めよ．

「ある時刻を $t_0 = 0\ \mathrm{y}$ とする」とは「たとえば，西暦 1950 年を 0 y として時間を測る」という意味．

(3) Malthus の法則の通りだとする．

● 現在のバクテリアの量 x が 2 倍，3 倍，... であれば，繁殖速度も 2 倍，3 倍，... になる．

(a) 比例定数が表す量を a とおいて，微分方程式を立てよ．

(b) a の単位量を答えよ．

(c) (a) の微分方程式を解け．

Verhulst ベルギーの数理生物学者

(4) Verhulst は Malthus の数理モデルを修正して，微分方程式

$$\frac{dx}{dt} = (a - bx)x \qquad (b \text{ は負でない一定量})$$

を考えた．

● 簡単のために，b の値が 1 の場合を考える．まだ容器に入ることのできるバクテリアの量 $a - x$ が 2 倍，3 倍，... であれば，繁殖速度も 2 倍，3 倍，... になる．容器内の収容する余地が小さければ，バクテリアは繁殖しにくくなることから理解できる．

(a) b の単位量を答えよ．

(b) (3) の解の形から，この微分方程式の解を $C \times$ 指数関数 と仮定して解け．

(4) の微分方程式で表せる自然現象
容器内で繁殖するバクテリア
t：時間
x：現在のバクテリアの量
a：容器を完全にみたせるだけのバクテリアの量
$\dfrac{dx}{dt}$：繁殖の速度

C は t の関数であり, 指数関数は (3) の解と同じである.

(5) (2), (3), (4) の解を表すグラフを同じ平面内に描け.

(6) (2) の解から, $h = 1$ y のとき $x(t+h) - x(t)$ を求めよ. つぎに, (3) の解から, $\dfrac{x(t+h)}{x(t)}$ を求めよ. これらのちがいを簡単に答えよ. ここで, $x(t+h)$ は $t+h$ のときの x の値を表す.

● (2), (3) が求まっていれば, (6) は中学数学の知識で解ける.

(7) グラフの特徴が (2) と (3) とで異なるのはなぜか？

ねらい (2), (3), (4) の順に**数理モデルを修正する過程**を探究する.

【解説】 (1) 独立変数で表す量：時間, 従属変数で表す量：人口

入力の値に対して, 出力の値が決まる規則がある (時間の値を代入すると人口の値が確定する). x は**独立変数**で表す量, y は**従属変数**で表す量である.

▶ 原因・結果の**因果関係**で, **独立変数は原因, 従属変数は結果**を表す (1.1 節).

(2) (a) c の単位量 = (x の単位量)/(t の単位量) = 人/y (人・y^{-1} と書いてもいい)

(b) 微分方程式を

$$\underbrace{dx}_{x\text{ を表す変数だけ}} = c \underbrace{dt}_{t\text{ を表す変数だけ}} \qquad \textbf{変数分離}$$

と書き換える.

tx 平面で, 特定の位置 (t_0/y, x_0/人) から任意の位置 (T/y, x/人) までなめらかにつなぎ合わせる (この操作を「両辺を積分する」という).

$$\int_{x_0}^{X} dx = c\int_{t_0}^{T} dt$$
$$X - x_0 = c(T - t_0)$$
$$X = \underbrace{x_0 + cT}_{f(T)}$$

t	t_0	$\to$	T
x	x_0	$\to$	X

この式は $x = X$, $t = T$ の場合 (X, T はどんな値でもいい) を表すから, x と t との対応の規則 (関数) で決まる関数値は

$$x = \underbrace{x_0 + ct}_{f(t)}$$

である.

だから, $\dfrac{dx}{dt}$ は x と $a-x$ とのどちらにも比例 (**複比例**という) する.
複比例について, マトリックスの乗法 (4.2.3 項) 参照.

接尾辞「人」は単位量ではないが, ヒト自体を目盛の幅とみなして, 便宜上「人」も単位扱いする. ヒト自体を「人」, 目盛の幅を cm というと, 測定の結果は 3 × 人, 3×cm と表せる.3 人のような離散量を 3 という数と区別する. 倍という以上, 等質等大のヒトでないと 3 × 人と表せないが, 通常は数える対象がヒトといえるかどうかだけに着目する.

$x = 150000$ 人 のように, 人口という量 x は数値と単位量との積である.
この数値は, 定数の値ではなく変数の値である.
t も同様である.

パラメータ (1.1 節)
積分するとき, 上限の値は定数 (特定の値) である. しかし, 上限には, どんな値でも選べるという意味で変数ともいえる.
このように, s, t はパラメータである.

(3) (a) Malthus の法則にしたがうと, 微分方程式は

$$\frac{dx}{dt} = ax$$

である.

(b) ax の単位量 $= \dfrac{x\text{ の単位量}}{t\text{ の単位量}} =$ 人/y　　(人 $\cdot$ y^{-1} と書いてもいい)

だから,

$$c\text{ の単位量} = \frac{ax\text{ の単位量}}{x\text{ の単位量}} = \frac{\text{人/y}}{\text{人}} = \frac{1}{\text{y}} \qquad (\text{y}^{-1}\text{ と書いてもいい})$$

である.

(c) 微分方程式を

$$\underbrace{\frac{dx}{x}}_{x\text{ を表す変数だけ}} = a \underbrace{dt}_{t\text{ を表す変数だけ}} \qquad \textbf{変数分離}$$

と書き換える.

tx 平面で, 特定の位置 $(t_0/\text{y}, x_0/\text{人})$ から任意の位置 $(T/\text{y}, X/\text{人})$ までなめらかにつなぎ合わせる (この操作を「両辺を積分する」という).

ここで, $x = n$ 人, $dx = dn$ 人 と表すと,

$$\underbrace{\frac{dx}{x}}_{\text{量の比}} = \frac{dn\text{ 人}}{n\text{ 人}} = \underbrace{\frac{dn}{n}}_{\text{数の比}}$$

である.

$$\int_{n_0}^{N} \frac{dn}{n} = a\int_{t_0}^{T} dt$$

t	t_0	$\to$	T
n	n_0	$\to$	N

$t_0 = 1\text{y}$

$$\int_{\log_e n_0}^{\log_e N} d\overbrace{(\log_e n)}^{u} = a(T - t_0)$$

$\dfrac{1}{n}dn$ を $d(\log_e n)$ に書き換えて
$u = \log_e n$ とおく.

$$\log_e N - \log_e n_0 = a(T - 0\text{y})$$

n	n_0	$\to$	N
u	$\log_e n_0$	$\to$	$\log_e N$

人口の増加率は現在の人口に比例する

↓ 数式に翻訳

$\dfrac{dx}{dt} = ax$

↓ ことばに翻訳

時間とともに人口が増加しつづける

x：人数という量
n：数値

$$\underbrace{x}_{\text{量}} = \overbrace{\underbrace{n}_{\text{数}}\text{ 人}}^{\text{量}}$$

pH の計算 (1.2.2 項) と同じ考え方

$\log_{10}([H_3O^+]/\text{mol}\cdot\text{L}^{-1})$
$[H_3O^+]$ は量,
$[H_3O^+]/\text{mol}\cdot\text{L}^{-1}$ は数値である.

$\dfrac{d(\log_e n)}{dn} = \dfrac{1}{n}$
を
$\dfrac{1}{n}dn = d(\log_e n)$
と書き換える.
$\log_e n$ を n で微分すると $\dfrac{1}{n}$ になるという意味だと考えていい.

1.2.2 項　対数の性質
$\log_e \dfrac{N}{n_0}$
$= \log_e N - \log_e n_0$

$$\log_e \frac{N}{n_0} = aT \qquad \int_{\log_e n_0}^{\log_e N} du = \log_e N - \log_e n_0$$

$$\frac{N}{n_0} = e^{aT}$$

「対数どうしの差」を「商の対数」に書き換える.

$$N = \underbrace{n_0 e^{aT}}_{f(T)}$$

$\log_e \dfrac{N}{n_0} = aT$ は「$\dfrac{N}{n_0}$ は e の (aT) 乗」と読む.

この式は $x = N$ 人, $t = T$ の場合 (N, T はどんな値でもいい) を表すから, x と t との対応の規則 (関数) で決まる関数値は $x = \underbrace{x_0 e^{at}}_{f(t)}$ である.

簡便法 $\displaystyle\int_{n_0}^{N} \frac{dn}{n} = \int_{\log_e n_0}^{\log_e N} d\overbrace{(\log_e n)}^{u} = \log_e N - \log_e n_0$ の代わりに

$$\int_{n_0}^{N} \frac{dn}{n} = \Big[\log_e n\Big]_{n_0}^{N} = \log_e N - \log_e n_0$$

と書くことがある.

(4) (a) a の単位量と bx の単位量とは同じである.

a の単位量は 1/y, x の単位量は 人だから,

$$b\text{ の単位量} = \frac{a\text{ の単位量}}{x\text{ の単位量}} = \frac{1/\text{y}}{\text{人}} = \frac{1}{\text{人}\cdot\text{y}} \qquad [(\text{人}\cdot\text{y})^{-1} \text{ と書いてもいい}]$$

である.

(b) 問題の指針とちがって,

$$\frac{dx}{(a-bx)x} = dt$$

の**変数分離型**に書き換えて, 左辺を

$$\frac{1}{a}\left(\frac{b}{a-bx} + \frac{1}{x}\right)dx \qquad \left[\frac{b}{a}\int \frac{dx}{a-bx} + \frac{1}{a}\int \frac{dx}{x} \text{ を計算する.}\right]$$

と変形してもいいが, 左辺の積分が計算しにくいので, つぎのように工夫する.

パラメータ (1.1 節)
積分するとき, 上限の値は定数 (特定の値) である. しかし, 上限には, どんな値でも選べるという意味で変数ともいえる.
このように, N, T はパラメータである.

微分方程式を解く意味

初期条件

$t = 0$ y のとき

$x = x_0$

↓

法則(瞬間ごと)

$$\frac{dx}{dt} = ax$$

↓

関数の振舞(長時間)

$x = x_0 e^{at}$

$$\frac{1}{(a-bx)x} = \underbrace{\frac{A}{a-bx} + \frac{B}{x}}_{\text{部分分数展開}}$$

とおき, 定数 A, B の値を求める.

$\dfrac{Ax + B(a-bx)}{(a-bx)x}$

は

$\dfrac{(A-bB)x + aB}{(a-bx)x}$

と書けるから

$$\begin{cases} A - bB = 0 \\ aB = 1 \end{cases}$$

を解くと

$$\begin{cases} A = \dfrac{b}{a} \\ B = \dfrac{1}{a} \end{cases}$$

となる.

解法　**定数変化法**

$x = Ce^{at}$ (C は t の関数) と仮定すると，

[(3) の解：$x =$ 一定量 $\times\ e^{at}$ の形
⟶ (4) では，一定量の代わりに，時間によって値が変化する量を仮定．]

$$\underbrace{\frac{dx}{dt} = \frac{dC}{dt}e^{at} + C\overbrace{\frac{d(e^{at})}{dt}}^{ae^{at}}}_{\text{積の微分}}$$

t	t_0	$\to$	T
x	x_0	$\to$	X
C	x_0	$\to$	X/e^{aT}

$t_0 = 0$ y

($x_0 = Ce^{a\cdot t_0}$ のとき $C = x_0$, $X = Ce^{aT}$ のとき $C = X/e^{aT}$)

だから，微分方程式は

$$\frac{dC}{dt}e^{at} + Cae^{at} = (a - bCe^{at})Ce^{at}$$

と書ける．この微分方程式を整理すると

$$\frac{dC}{dt} = -bC^2e^{at}$$

となる．この微分方程式を

$$\underbrace{\frac{dC}{C^2}}_{C\text{ を表す変数だけ}} = -b\ \underbrace{e^{at}dt}_{t\text{ を表す変数だけ}} \qquad \textbf{変数分離}$$

と書き換える．

$$\int_{x_0}^{X/e^{aT}} \frac{dC}{C^2} = -b\int_{t_0}^{T} e^{at}dt$$

t	t_0	$\to$	T
C	x_0	$\to$	X/e^{aT}

$$-\int_{1/x_0}^{e^{aT}/X} d\overbrace{\left(\frac{1}{C}\right)}^{u} = -b\int_{t_0}^{T} e^{at}dt$$

$\dfrac{dC}{C^2}$ を $-d\left(\dfrac{1}{C}\right)$ に書き換えて $u = \dfrac{1}{C}$ とおく．

$$-\frac{e^{aT}}{X} + \frac{1}{x_0} = -\frac{b}{a}(e^{aT} - e^{at_0})$$

C	x_0	$\to$	X/e^{aT}
u	$1/x_0$	$\to$	e^{aT}/X

$\displaystyle\int_{u\text{ の下限}}^{u\text{ の上限}} du$

$$\frac{e^{aT}}{X} = \frac{1}{x_0} + \frac{b}{a}(e^{aT} - 1) \qquad \int_{1/x_0}^{e^{aT}/X} du = \frac{e^{aT}}{X} - \frac{1}{x_0}$$

$\dfrac{d(C^{-1})}{dC} = (-1)C^{-2}$ を $\dfrac{dC}{C^2} = -d(C^{-1})$ と書き換える．$-C^{-1}\left(= \dfrac{1}{C}\right)$ を C で微分すると $C^{-2}\left(= \dfrac{1}{C^2}\right)$ になるという意味だと考えていい．

$\displaystyle\int_{t_0}^{T} e^{at}dt = \frac{1}{a}(e^{aT} - e^{at_0})$ の計算について問 3.7 解説 2 参照．

$$X = \frac{1}{\dfrac{1}{x_0} + \dfrac{b}{a}(e^{aT} - 1)} e^{aT} \qquad X = Ce^{aT} \text{ の形}$$

$$= \overbrace{\frac{1}{\left(\dfrac{1}{x_0} - \dfrac{b}{a}\right) e^{-aT} + \dfrac{b}{a}}}^{f(T)}$$

$t \to \infty$ のとき $e^{-at} \to 0$ だから，グラフを描くのに便利な形

パラメータ (1.1 節)
積分するとき，上限の値は定数 (特定の値) である．しかし，上限には，どんな値でも選べるという意味で変数ともいえる．
このように，X, T はパラメータである．

分子・分母に $\dfrac{a}{b}$ を掛ける．

この式は $x = X$, $t = T$ の場合 (X, T はどんな値でもいい) を表すから，x と t との対応の規則 (関数) で決まる関数値は

$$x = \overbrace{\frac{1}{\left(\dfrac{1}{x_0} - \dfrac{b}{a}\right) e^{-at} + \dfrac{b}{a}}}^{f(t)} \quad \text{または} \quad x = \overbrace{\frac{\dfrac{a}{b}}{\left(\dfrac{a}{bx_0} - 1\right) e^{-at} + 1}}^{f(t)}$$

ロジスティック曲線 (S 字型の成長曲線)

である．

$t \to \infty$ のとき
$e^{-at} \to 0$
$\left(\dfrac{1}{e^{at}} \to 0\right)$
だから
$x \to \dfrac{a}{b}$
である．

簡便法 $\displaystyle\int_{x_0}^{X/e^{aT}} \frac{dC}{C^2} = -\int_{1/x_0}^{e^{aT}/X} d\overbrace{\left(\frac{1}{C}\right)}^{u} = -\frac{e^{aT}}{X} + \frac{1}{x_0}$ の代わりに

$$\int_{x_0}^{X/e^{aT}} \frac{dC}{C^2} = \left[-\frac{1}{C}\right]_{x_0}^{X/e^{aT}} = -\frac{e^{aT}}{X} + \frac{1}{x_0}$$

と書くことがある．

高校数学では，この簡便法を活用している．

(5)

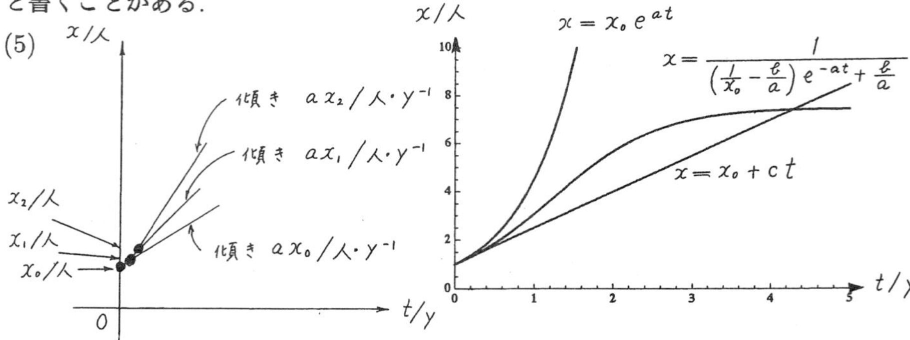

図 3.10 Multhus のモデル
x が 2 倍, 3 倍, ... になると，接線の傾きも 2 倍, 3 倍, ... になる．

図 3.11 (3) x と t との関係 [x_0/人 $= 1.0$, $a/\mathrm{y}^{-1} = 1.5$, $b/(\text{人}\cdot\mathrm{y})^{-1} = 2.0$, $c/(\text{人}\cdot\mathrm{y}^{-1}) = 1.5$ の場合]

【課題】
$b = 0(\text{人}\cdot\mathrm{y})^{-1}$ のとき
微分方程式は Multhus の数理モデルの場合と一致する．
解も $x = x_0e^{at}$ になる．
各自確かめよ．

(6) $h = 1\ \mathrm{y}$

$h = 1\ \mathrm{y}$ だから
$ah = a \cdot 1\ \mathrm{y}$
$= a\ \mathrm{y}$
である.

(2) $x(t+h) - x(t)$
$= x_0 + a(t+h) - x_0 - at$
$= a$ (一定量)

一様に増加する (毎年 a だけ増える) ことを表している.

(3) $\dfrac{x(t+h)}{x(t)} = \dfrac{x_0 e^{a(t+h)}}{x_0 e^{at}}$
$= e^{a\mathrm{y}}$ (一定)

同じ割合 (翌年は前年の $e^{a\mathrm{y}}$ 倍) で増加することを表している ($e^{a\mathrm{y}}$ は**倍率**).

▶ e^a ではなく $e^{a\mathrm{y}}$ であることに注意する.

▶ a は数値ではなく量である.　**例**　$a = 10000\ \mathrm{y}^{-1}$

▶ e^{10000} (e の 10000 乗) は計算できるが,
$e^{10000\ \mathrm{y}^{-1}}$ (e の「ナントカ年分の 1 乗」) は計算できない.

$$\frac{e^{a(t+h)}}{e^{at}} = \frac{e^{at+ah}}{e^{at}} = \frac{e^{at}e^{ah}}{e^{at}} = e^{ah} = e^{a\mathrm{y}} \qquad (h = 1\ \mathrm{y},\ a\mathrm{y}\ は数値)$$

ay は数か？

例　$a = 10000\ \mathrm{y}^{-1}$ のとき

両辺に y を掛けると, $\mathrm{y}\mathrm{y}^{-1} = 1$ だから, $a\mathrm{y} = \overbrace{10000}^{数値}$ となる.

なお, at の単位量は $\overbrace{\underbrace{\mathrm{y}^{-1}}_{a\,の単位量}\ \underbrace{\mathrm{y}}_{t\,の単位量}}^{1}$ だから, e^{at} の指数は量ではなく数である.

(7) 計算結果だけでなく, **微分方程式の表す意味**を読み取る.

$$\frac{dx}{dt} = \underbrace{ax}_{\text{Multhus のモデル}} - \underbrace{bx^2}_{\text{Verhulst の補正}}$$

- 第 1 項だけでは, 人口 x の増加率 dx/dt (グラフ上の点における接線の傾き) は x に比例して増加するので, 人口 x は増加しつづける.
- 人口 x が増加するほど第 2 項が大きくなるから人口の増加率 dx/dt が抑えられる.

【参考】Malthus の主張

人口を制限しないと年々 e^{ay} 倍になり続ける（「幾何級数的に増加する」「等比級数的に増加する」）という Malthus の原理は, 理論上の推測である. 現実には, 人口増加が続くと生活資源が不足して, 重大な貧困問題が起こる. 人口が多すぎると労働者は過剰供給に陥り, 食糧は過小供給に陥る. こういう状況では, 家族生活は困難なので人口増加は停滞する.

ネズミ算 (第 0 話 探究支援 0.9) と比べること.

Malthus の法則と現実のデータとの間の比較

問 3.11 Malthus の法則と現実の人口のデータとを比較するには, どんなグラフをつくればいいか？

【解説】 Malthus の法則にしたがうと, $\underbrace{x}_{\text{量}} = \underbrace{x_0}_{\text{量}}\underbrace{e^{at}}_{\text{数}}$ ($x = n$ 人, $x_0 = n_0$人とすると n 人 $= n_0$人 $\times e^{at}$ と表せる) だから

$$\underbrace{n}_{\text{数}} = \underbrace{n_0}_{\text{数}} \times \underbrace{e^{at}}_{\text{数}}$$

である. この両辺の対数を考えると, $at = a/\mathrm{y}^{-1} \cdot t/\mathrm{y}$ に注意して,

$$\log_{10} n = \log_{10} n_0 + \overbrace{\underbrace{(\log_{10} e)}_{0.434294}(a/\mathrm{y}^{-1})}^{\text{定数}}(t/\mathrm{y})$$

となる. 1.2.2 項の方法で, 片対数方眼紙を活用して, $\log_{10} n$ と t/y との関係を表すグラフが直線になるかどうかを調べる (探究支援 1.3).

1.2.2 項　対数の性質

$$\log_{10}(n_0 e^{at}) = \log_{10} n_0 + \log_{10} e^{at} = \log_{10} n_0 + at \log_{10} e$$

$$\underbrace{\text{量/単位量}}_{\text{数値}} \cdot \underbrace{\text{量/単位量}}_{\text{数値}}$$

$$a/\mathrm{y}^{-1} \cdot t/\mathrm{y} = \frac{a}{\frac{1}{\mathrm{y}}} \cdot \frac{t}{\mathrm{y}} = at$$

a/y^{-1} 量/単位量 の形だから数値を表す.

t/y 量/単位量 の形だから数値を表す.

Q. 人口は正の整数なのに, x を連続量として扱っていいのでしょうか？

A. ① 人口が十分に多いので, 1 名を微小量とみなす. ② 親の世代と子の世代とが重なるので, 人口が途切れないで滑らかに変化する. これらの理由で, 人口 x を連続量として扱います. 季節ごとに卵を産んで世代が交代する生物 (昆虫・バクテリアなど) は, 前の世代の個体数によって, つぎの世代の個体数が決まるので, 個体数を離散量 (自然数で表す) として扱います (第 8 話).

早間慧：『改訂増補 カオス力学の基礎』(現代数学社, 2002) p. 15.

例題 3.2 **刺激と感覚 (Weber-Fechner の法則, Stevens の法則)**

刺激の強さがどのくらいちがうと, 感覚の大きさのちがいが生じるのか？

(1) 独立変数で表す量と従属変数で表す量とは, それぞれ何か？

(2) ドイツの生理学者・解剖学者 Erust Heinrich Weber (ウェーバー) の弟子 Fechner (フェヒナー) は「おもりの質量の変化を感じ取る感覚の大きさの増加は, 何 g 増えたかという差で決まるのではなく, 何倍になったかという比に比例している」という法則を見出した.

(a) この法則の意味を説明せよ.

(b) 刺激 (この例では質量) を S, 二つの物体の質量のちがいを識別できる最小値 (弁別閾) を dS, 感覚の大きさを R, 比例定数を K として, 微分方程式を立てよ.

(c) (b) の微分方程式を解け. 閾値 (刺激の最低水準, この例では感じ取り得る質量) を S_0, 閾値に対する反応を 0 とする.

(3) Weber-Fechner の法則には Stevens (スティーブンス) の異論がある. Stevens は, 刺激の強さの変化の相対値 dS/S が等しいとき, 感覚の大きさの変化の相対値 dR/R も等しいと考えた.

(a) dS/S が dR/R に比例するという数理モデルを微分方程式で表せ. 比例定数を K とする.

(b) (a) の微分方程式を解け. 閾値 (刺激の最低水準, この例では感じ取り得る質量) を S_0, 閾値に対する反応を R_0 とする.

この業績で, Weber は実験心理学・精神物理学の先駆者といわれている.

おもりの質量の変化を感じ取る感覚の大きさの増加は, 何倍になったかという比に比例する

↓ **数式に翻訳**

$$dR = K\frac{dS}{S}$$

↓ **ことばに翻訳**

感覚の大きさは刺激の強さの対数に比例する

S : stimulation
R : response

ねらい (2), (3) の順に**数理モデルを修正する過程**を探究する.

【解説】 (1) 独立変数で表す量：刺激の強さ, 従属変数で表す量：感覚の大きさ

(2) (a) 「おもりの質量の変化を感じ取る感覚の大きさの増加は, 何 g 増えたかという差で決まる」: 手にのせたおもりを 10 g から 11 g に変えると質量の増加を感じるのであれば, 20 g から 21 g に変えても質量の増加を感じる.

「おもりの質量の変化を感じ取る感覚の大きさの増加は, 何倍になったかという比に比例している」: 手にのせたおもりを 10 g から 11 g に変えると質量の増加を感じるのであれば, 20 g から 22 g に変えたときに質量の増加を感じ, 21 g では質量の増加を感じない.

$\left.\begin{matrix}10\ \text{g} \to 11\ \text{g}\\ 20\ \text{g} \to 21\ \text{g}\end{matrix}\right\}$
質量が増えたという感覚は同じか?

$\left.\begin{matrix}10\ \text{g} \to 11\ \text{g}\\ 20\ \text{g} \to 22\ \text{g}\end{matrix}\right\}$
質量が増えたという感覚は同じか?

$$\frac{dS}{S} = \frac{1\ \text{g}}{10\ \text{g}} = \frac{2\ \text{g}}{20\ \text{g}}$$

(b) S を刺激を表す量の値とする.

$$dR = K\frac{dS}{S}$$

$K\frac{dS}{S}$ は帯分数ではない.

Yukio Kobayashi: "Are Mixed Numbers Consistent with the Rules of Algebra?", *Mathematics in School* **30** (2001) 28.

(c)

$$\int_0^r dR = K\int_{S_0}^{s}\frac{dS}{S}$$

S	S_0	$\rightarrow$	s
R	0	$\rightarrow$	r

$$r - 0 = K\int_{\log_e S_0}^{\log_e s} d\underbrace{(\log_e S)}_{u}$$

$\frac{dS}{S}$ を $d(\log_e S)$ に書き換えて $u = \log_e S$ とおく.

$\frac{dS}{S}$ を Weber 比という.

$$r = K(\log_e s - \log_e S_0)$$

S	S_0	$\rightarrow$	s
u	$\log_e S_0$	$\rightarrow$	$\log_e s$

$$\int_{\log_e S_0}^{\log_e s} du = \log_e s - \log_e S_0$$

$$r = \overbrace{K\log_e\frac{s}{S_0}}^{f(s)}$$

「対数どうしの差」を「商の対数」に書き換える.

パラメータ (1.1 節) 積分するとき, 上限の値は定数 (特定の値) である. しかし, 上限には, どんな値でも選べるという意味で変数ともいえる. このように, s, r はパラメータである.

この式は $S = s$, $R = r$ の場合 (s, r はどんな値でもいい) を表すから, S と R との対応の規則 (関数) で決まる関数値は $R = \overbrace{K\log_e\frac{S}{S_0}}^{f(S)}$ である.

簡便法 $\int_{S_0}^{s}\frac{dS}{S} = \int_{\log_e S_0}^{\log_e s} d\underbrace{(\log_e S)}_{u} = \log_e s - \log_e S_0$ の代わりに

$$\int_{S_0}^{s}\frac{dS}{S} = \Big[\log_e S\Big]_{S_0}^{s} = \log_e s - \log_e S_0$$

(上限を代入した値) − (下限を代入した値)

と書くことがある.

高校数学では, この簡便法を活用している.

▶ **何がいえるか**「感覚の大きさは刺激の強さの対数に比例する」とは ?

簡単のために, 架空の値で考えると

$$\log_e\frac{5\ \text{kg}}{2\ \text{kg}} = \log_e\frac{50\ \text{kg}}{20\ \text{kg}} = \log_e 5 - \log_e 2$$

分子・分母で kg を約分する.

だから, 5 kg と 2 kg とのちがいが 50 kg と 20 kg とのちがいと同じと感じることになる. お金にたとえるとわかりやすい. 10000 円が 11000 円に増えたときと 1000000 円が 1001000 円に増えたときとを比べると, 増額は 1000 円だから同じだが, 何倍になったかによって感覚が異なる.

5 kg−2 kg = 3 kg と 50 kg − 20 kg = 30 kg とでは, 増加分は異なるが, 増えたという感覚は同じである.

嗅覚の場合には，S を化学物質量として，Weber-Fechner の法則があてはまることが48 物質についてわかっているそうである［『環境科学辞典』(東京化学同人, 1985)].

嗅覚の問題は，異臭対策という環境科学の重要なテーマである．

(3) (a) S を刺激を表す量の値とする．

$$\frac{dR}{R} = K\frac{dS}{S}$$

(b)

$$\int_{R_0}^{r} \frac{dR}{R} = K\int_{S_0}^{s} \frac{dS}{S}$$

S	S_0	$\longrightarrow$	s
R	R_0	$\longrightarrow$	r

$$\int_{\log_e R_0}^{\log_e r} d\,\underbrace{(\log_e R)}_{v} = K\int_{\log_e S_0}^{\log_e s} d\,\underbrace{(\log_e S)}_{u}$$

$\dfrac{dR}{R}$ を $d(\log_e R)$, $\dfrac{dS}{S}$ を $d(\log_e S)$ に書き換えて $v = \log_e R$, $u = \log_e S$ とおく．

$$\log_e r - \log_e R_0 = K(\log_e s - \log_e S_0)$$

R	R_0	$\longrightarrow$	r
v	$\log_e R_0$	$\longrightarrow$	$\log_e r$

$$\int_{\log_e R_0}^{\log_e r} dv = \log_e r - \log_e R_0$$

S	S_0	$\longrightarrow$	s
u	$\log_e S_0$	$\longrightarrow$	$\log_e s$

$$\int_{\log_e S_0}^{\log_e s} du = \log_e s - \log_e S_0$$

$$\log_e \frac{r}{R_0} = K\log_e \frac{s}{S_0}$$

「対数どうしの差」を「商の対数」に書き換える．

1.2.2 項　対数の性質

$$\log_e \frac{r}{R_0} = \log_e \left(\frac{s}{S_0}\right)^K$$

「対数のナントカ倍」を「もとの数のナントカ乗の対数」に書き換える．

$$\frac{r}{R_0} = \left(\frac{s}{S_0}\right)^K$$

$$r = \overbrace{\frac{R_0}{{S_0}^K}\,s^K}^{f(s)}$$

Stevens のベキ法則

パラメータ (1.1 節)
積分するとき，上限の値は定数 (特定の値) である．しかし，上限には，どんな値でも選べるという意味で変数ともいえる．
このように，s, r はパラメータである．

この式は $S = s$, $R = r$ の場合 (s, r はどんな値でもいい) を表すから，

S と R との対応の規則 (関数) で決まる関数値は $R = \overbrace{\text{定数} \times S^K}^{f(S)}$ である. K の値は感覚の種類によって異なり, 一般に 0.5 に近い [『環境科学辞典』(東京化学同人, 1985)].

(a) の微分方程式を

$$\frac{dR}{dS} = K\frac{R}{S}$$

と書き換えると,「刺激に対する反応の変化率は, 刺激に反比例して, 反応には比例する」という法則を表す.

$$c\log_e \frac{x}{x_0} = c(\log_e x \underbrace{- \log_e x_0}_{\text{定数}}) = c\log_e x \underbrace{- c\log_e x_0}_{\text{一定量}}$$

【まとめ】

比例を基本に考える (比例に着目するという発想は 1.2.2 項と似た見方)

① dy が dx に比例

$dy = c\ dx$ (c は一定量)　　$y = \text{一定量} + cx$　　例題 3.1 (2)

② $\dfrac{dy}{y}$ が dx に比例

$\dfrac{dy}{y} = c\ dx$ (c は一定量)　　$y = \text{一定量} \times e^{cx}$　　例題 3.1 (3)

③ dy が $\dfrac{dx}{x}$ に比例

$dy = c\dfrac{dx}{x}$ (c は一定量)　　$y = \text{一定量} + c\log_e x$　　例題 3.2 (2)

④ $\dfrac{dy}{y}$ が $\dfrac{dx}{x}$ に比例

$\dfrac{dy}{y} = k\dfrac{dx}{x}$ (k は定数)　　$y = \text{定数} \times x^k$　　例題 3.2 (3)

補遺 3.1 対数関数を含む部分積分

階乗 自然数 n の階乗 $n!$ とは, 1 から n までの自然数の掛け合わせである.

$$n! = n \times (n-1) \times (n-2) \times \cdots \times 3 \times 2 \times 1$$

積の記号 $\displaystyle\prod_{k=1}^{n} k$ (ギリシア文字パイの大文字)

和の記号 $\displaystyle\sum_{k=1}^{n} k$ (ギリシア文字シグマの大文字)

【疑問】 0! の値は ?

$4! = 4 \times 3 \times 2 \times 1$	3! は 4! を 4 で割った値,
$3! = 3 \times 2 \times 1$	2! は 3! を 3 で割った値,
$2! = 2 \times 1$	1! は 2! を 2 で割った値
$1! = 1$	という規則が成り立つ.

この規則通りに計算すると, 0! は 1! を 1 で割った値だから

$$0! = 1! \div 1 = 1$$

となる.

【疑問】 100! は 1, 2, 3, ..., 98, 99, 100 を掛けた数である. 100! の値を知るとき, ほんとうに 100 個の自然数を順に掛け合わせるのか ?

Stirling の式

n の値が大きいとき, $n!$ の値を求める計算は面倒である. このため, 簡単な式で近似値が求まるように工夫する. 積分の発想を活かすと, 上手に $n!$ の値を計算できる. 2.1.5 項の例題 2.3 (4) の考え方 (軸とグラフとで囲んだ面積) を応用する.

手順 1 $\log_e n!$ **を書き換える**

対数の性質 $\log_c ab = \log_c a + \log_c b$ (1.2.2 項参照) をくり返し使うと, つぎのように $\log_e n!$ を書き換えることができる.

$c = e$ に注意する.

休憩室

階乗の記号の由来

$1! = 1$
$2! = 2$
$3! = 6$
$\vdots$
$10! = 3628800$
$\vdots$

のように, n の値が大きくなると, $n!$ の値は**驚くほど**大きくなるから ! を使うようになったそうである.

$$
\begin{aligned}
&\log_e n! \\
&= \log_e\{n \times (n-1) \times (n-2) \times \cdots \times 3 \times 2 \times 1\} \\
&= \log_e n + \log_e\{(n-1) \times (n-2) \times \cdots \times 3 \times 2 \times 1\} \qquad \begin{matrix} a = n, \\ b = (n-1)\times(n-2)\times\cdots\times3\times2\times1 \end{matrix} \\
&= \log_e n + \log_e(n-1) + \log_e\{(n-2) \times \cdots \times 3 \times 2 \times 1\} \qquad \begin{matrix} a = n-1, \\ b = (n-2)\times\cdots\times3\times2\times1 \end{matrix} \\
&= \cdots \\
&= \log_e n + \log_e(n-1) + \log_e(n-2) + \cdots + \log_e 3 + \log_e 2 + \log_e 1 \\
&= \sum_{k=1}^{n} \log_e k
\end{aligned}
$$

手順 2　k と $\log_e k$ との間の関係を表すグラフを描く

よこ軸に x, たて軸に $\log_e x$ を選ぶ.

ここで, k は正の整数 (トビトビの数) を表し, x, y は実数 (連続変数) である.

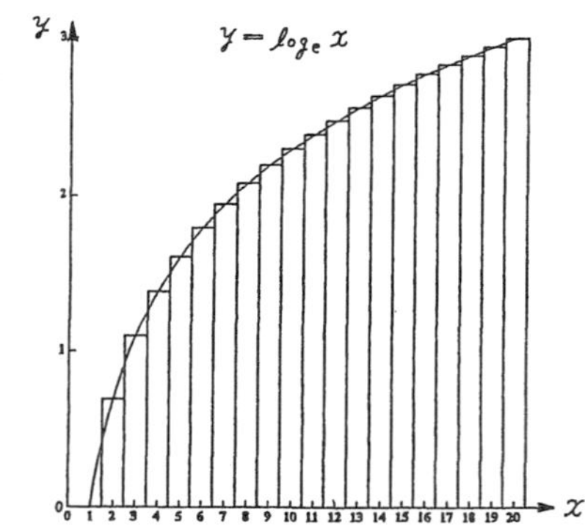

図 3.12　$y = \log_e x$ との間の関係

$$
\overbrace{1 \times \log_e n}^{\text{よこ×たて}} + \overbrace{1 \times \log_e(n-1)}^{\text{よこ×たて}} + \overbrace{1 \times \log_e(n-2)}^{\text{よこ×たて}} + \cdots + \overbrace{1 \times \log_e 3}^{\text{よこ×たて}} + \overbrace{1 \times \log_e 2}^{\text{よこ×たて}} + \overbrace{1 \times \log_e 1}^{\text{よこ×たて}}
$$

どの項も長方形の面積を表している. k の値が大きいほど k の値が 1 だけ増したとき $\log_e k$ の値は僅かに大きくなるだけである.

長方形の面積の合計 = よこ軸とグラフと直線 $x = n + 0.5$ とで囲んだ面積

$$
\underbrace{\sum_{k=1}^{n} \log_e k}_{\log_e n!} \simeq \int_1^n \log_e x dx \qquad (\simeq \text{は「近似の意味で等しい」})
$$

と近似すると，

$$\log_e n! \simeq \int_1^n \log_e x dx$$

となる．

手順 3　**対数関数を含む積分を計算する**

計算の工夫　自分で気づくのはむずかしいから，先人の知恵を拝借する．

① $1 \times \log_e x$ の代わりに $x \times \log_e x$ を考える．⟵ $\log_e x$ は $1 \times \log_e x$ と書ける．

② 両辺を x で微分する．

$$\text{積の微分}\quad \frac{d(x \times \log_e x)}{dx} = \overbrace{\underbrace{\frac{dx}{dx}}_{1} \times \log_e x}^{\text{ここに }\log_e x\text{ が現れる}} + \overbrace{x \times \underbrace{\frac{d(\log_e x)}{dx}}_{\frac{1}{x}}}^{1}$$

重要　手順 3 の積分の計算法を理解した上で覚えると便利である．

③ $\log_e x$ を ② の積の微分で表す．

$$\log_e x = \underbrace{\frac{d(x \times \log_e x)}{dx}}_{\text{積の微分}} - 1$$

④ 両辺に dx を掛ける．

$$\log_e x \ \ dx = d(x \times \log_e x) - dx$$

⑤ 両辺を 1 から n まで積分する．⟵ $\log_e x \ \ dx$ を合計する操作

$$\int_1^n \log_e x \ \ dx = \int_0^{n \log_e n} d\underbrace{(x \times \log_e x)}_{u} - \int_1^n dx$$

x	1	$\to$	n
u	$\underbrace{1 \log_e 1}_{0}$	$\to$	$n \log_e n$

$$= (n \log_e n - 0) - (n - 1) \qquad \int_0^{n \log_e n} du = n \log_e n - 0$$

$$\simeq n \log_e n - n$$

Stirling の式　$\boxed{\log_e n! \simeq n \log_e n - n}$

もっと良い近似
$n! \simeq \sqrt{2\pi n} n^n e^{-n}$

n に数値を代入して右辺の値を求める計算は簡単である．

精度の検証

相対誤差
$= \dfrac{\text{近似値} - \text{真値}}{\text{真値}}$

表 3.1 Stirling の式の評価 (Mathematica で計算した値)

n	$\log_e n!$	$n\log_e n - n$	$\dfrac{\lvert(n\log_e n - n) - \log_e n!\rvert}{\log_e n!}$
5	4.78749	3.04719	0.363510
10	15.1044	13.0259	0.137613
100	363.739	360.517	0.008859
1000	5912.13	5907.76	0.000740

▶ Stirling の式の出番

① 統計力学 (統計物理学)・物理化学

全体の体積 V の中で N 個の気体分子が飛び回っている. 小部分の体積 v の中に気体分子が n 個だけ入るような場合の数を求めよ.

気体分子に番号 $1, 2, \ldots, (N-1), N$ を付ける. 発想を理解するために, $N = 5$, $n = 3$ とする.

1 個目	2 個目	3 個目
1	2	3
〃	〃	4
〃	〃	5
〃	3	2
〃	〃	4
〃	〃	5
〃	4	2
〃	〃	3
〃	〃	5
〃	5	2
〃	〃	3
〃	〃	4

1 個目は 1 番, 2 番, 3 番, 4 番, 5 番の **5 通り**

1 個目が 1 番のとき 2 個目は 2 番, 3 番, 4 番, 5 番の **4 通り**

2 個目が 2 番のとき 3 個目は 3 番, 4 番, 5 番の **3 通り**

1 個目が 2 番, 3 番, 4 番, 5 番の場合も同様に考える.

例 3 分子を数えるために, (1 番, 2 番, 3 番) の順序を考えたが, どの 3 分子が小部分に入るかを考えているので, (1 番, 2 番, 3 番), (1 番, 3 番, 2 番), ..., (3 番, 2 番, 1 番) の 6 通りを区別しない.

1 個目	2 個目	3 個目
1	2	3
〃	3	2
2	1	3
〃	3	1
3	1	2
〃	2	1

1 個目が 1 番のとき 2 個目は 2 番, 3 番の **2 通り**

2 個目が 2 番のとき 3 個目は 3 番の **1 通り**

1 個目が 2 番, 3 番の場合も同様に考える.

$$\frac{\overbrace{5}^{\text{1 個目が 5 通り}} \times \overbrace{4}^{\text{2 個目が 4 通り}} \times \overbrace{3}^{\text{3 個目が 3 通り}}}{\underbrace{3}_{\text{1 個目が 3 通り}} \times \underbrace{2}_{\text{2 個目が 2 通り}} \times \underbrace{1}_{\text{3 個目が 1 通り}}} \xrightarrow{\text{一般化の準備}} \text{階乗の記号を使うために} \ \frac{5 \times 4 \times 3 \times \overbrace{2 \times 1}^{\text{分子に掛けた}}}{3 \times 2 \times 1 \times \underbrace{2 \times 1}_{\text{分子を約すため}}}$$

$$= \frac{5!}{3!\ 2!}$$

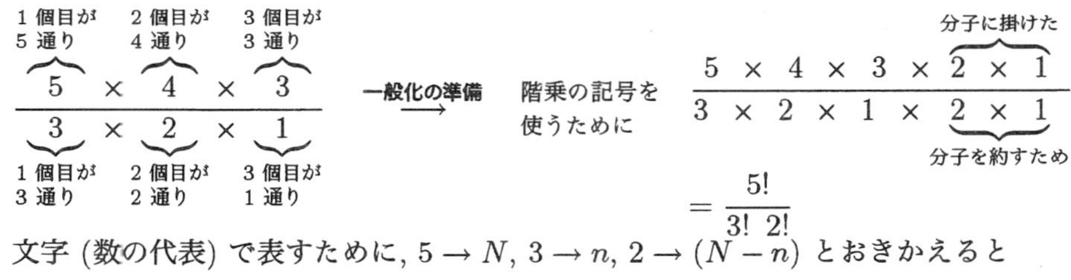

文字 (数の代表) で表すために, $5 \to N$, $3 \to n$, $2 \to (N-n)$ とおきかえると

$2 = 5 - 3$ に注意する.

$$\frac{N!}{n!\ (N-n)!}$$

となる. 分子数 N が 10^{23} の程度とすると, Stirling の式が適用できる.

1.2.2 項　対数の性質
$\log_c ab = \log_c a + \log_c b$
$\log_c \frac{a}{b} = \log_c a - \log_c b$
(問 1.3)

$$\begin{aligned}
\log_e \frac{N!}{n!\ (N-n)!} &= \log_e N! - \log_e\{n!\ (N-n)!\} \\
&= \log_e N! - \{\log_e n! + \log_e (N-n)!\} \\
&\simeq N \log_e N - N - n\log_e n + n - (N-n)\log_e(N-n) + (N-n) \\
&= N \log_e N - n\log_e n - (N-n)\log_e(N-n)
\end{aligned}$$

$$\frac{N!}{n!\ (N-n)!} = e^{\text{最右辺の値}}$$

② 何通りの俳句があり得るか？

「あいうえお　かきくけこさし　すせそたち」のような意味のない俳句も含めると

$$\log_e (5+7+5)! \simeq 17 \log_e 17 - 17 = 31.1646$$

だから, これらの 17 文字で俳句が

$$17! \simeq e^{31.1646} \simeq 3.42463 \times 10^{13}$$

だけつくれる.

▶ **積の微分と部分積分とは表裏一体** $\int_1^n \log_e x dx$ の計算法を一般化すると，ほかの積分計算にも応用できる．

重要 手順 3 で**積の微分**を考えたことに着目

ここで取り上げた例は，$f(x) = \log_e x$, $g(x) = x$ の場合と考える．

$$\frac{d(x\log_e x)}{dx} = \overbrace{\underbrace{\frac{dx}{dx}}_{1}}^{\text{ここに }\log_e x\text{ が現れる}} \log_e x + x \overbrace{\underbrace{\frac{d(\log_e x)}{dx}}_{\frac{1}{x}}}^{1} \xrightarrow{\text{一般化}} \frac{d\{g(x)f(x)\}}{dx} = \frac{d\{g(x)\}}{dx}f(x) + g(x)\frac{d\{f(x)\}}{dx}$$

$$\log_e x = \underbrace{\frac{d(x\log_e x)}{dx}}_{\text{積の微分}} - 1 \xrightarrow{\text{一般化}} \frac{d\{g(x)\}}{dx}f(x) = \underbrace{\frac{d\{g(x)f(x)\}}{dx}}_{\text{積の微分}} - g(x)\frac{d\{f(x)\}}{dx}$$

$$\int_1^n \log_e x \ dx = \int_0^{n\log_e n} d\underbrace{(x \times \log_e x)}_{u} - \int_1^n dx$$

$$\xrightarrow{\text{一般化}} \overbrace{\int_{x_1}^{x_2} \frac{d\{g(x)\}}{dx} f(x)dx = \underbrace{\int_{g(x_1)f(x_1)}^{g(x_2)f(x_2)} d\{g(x)f(x)\}}_{\left[g(x)f(x)\right]_{x_1}^{x_2}\text{ と書いてもいい．}} - \int_{x_1}^{x_2} g(x)\frac{d\{f(x)\}}{dx}dx}^{\text{この式を部分積分という．}}$$

部分積分：積の微分を積分すると，積の微分が計算しやすい形に書き直せるという方法

従来の練習法：部分積分が「積の微分」の書き換えであることを理解しないで，

「$g'f$ の $'$ を g と f とで入れ換えた積 gf' を gf から引く」

と暗記して，$g'f = gf - gf'$ と書くように練習することが多い．

積の微分について，2.2 節参照．

▶ **のぞましい練習法**：式の形を忘れても，積の微分から部分積分の式がつくれるように練習する方がいい．

着眼点 二つの関数の積を積分するとき，部分積分を思い出す．

補遺 3.2　指数関数を含む部分積分

量子化学の基本問題

量子化学の問題に部分積分を応用してみよう．

量子化学に関係ない読者でも，積分の計算練習に活用できる．

例題 3.14　水素原子の電子を観測したときに電子を見出す位置の期待値

原子核から電子までの距離を r，ボーア半径 (基底状態の水素原子の電子の軌道半径) を a とする．基底状態の水素原子の電子を観測したときに電子を見出す位置 r の期待値 $<r>$ は

$$<r> = \frac{4}{{a_0}^3}\int_0^\infty r^3 e^{-\frac{2r}{a_0}}dr$$

と表せる．期待値 $<r>$ を求めよ．

P. C. Yates: *Chemical Calculations at a Glance*, (Blackwell, 2005).

原田義也：『量子化学』(裳華房, 1978).

【解説】

ステップ 1

$$\int_{x_1}^{x_2}\frac{d\{g(x)\}}{dx}f(x)dx = \underbrace{\int_{g(x_1)f(x_1)}^{g(x_2)f(x_2)} d\{g(x)f(x)\}}_{\left[g(x)f(x)\right]_{x_1}^{x_2}\text{と書いてもいい.}} - \int_{x_1}^{x_2} g(x)\frac{d\{f(x)\}}{dx}dx$$

と

$$\int_0^\infty r^3 e^{-\frac{2r}{a_0}}dr$$

とを比べる．変数は x の代わりに r であることに注意する．

ステップ 2　**g がどんな関数かを見出すために**，試しに

$$\frac{d(e^{-\frac{2r}{a_0}})}{dr} = \frac{d(e^u)}{dr} = \underbrace{\frac{d(e^u)}{du}}_{e^u}\underbrace{\frac{du}{dr}}_{-\frac{2}{a_0}} = -\frac{2}{a_0}e^{-\frac{2r}{a_0}}$$

を考えてみると，$e^{-\frac{2r}{a_0}} = \dfrac{d\overbrace{\left(-\frac{a_0}{2}e^{-\frac{2r}{a_0}}\right)}^{g(r)}}{dr}$ であることがわかる．

確認

$$\frac{d\left(-\frac{a_0}{2}e^{-\frac{2r}{a_0}}\right)}{dr} = -\frac{a_0}{2}\cdot\frac{-2}{a_0}e^{-\frac{2r}{a_0}} = e^{-\frac{2r}{a_0}}$$

ステップ 3

$$\underbrace{r^3}_{f(r)}\underbrace{\frac{d\left(-\frac{a_0}{2}e^{-\frac{2r}{a_0}}\right)}{dr}}_{\frac{d\{g(r)\}}{dr}}=\underbrace{\frac{d\left\{r^3\left(-\frac{a_0}{2}e^{-\frac{2r}{a_0}}\right)\right\}}{dr}}_{\text{積の微分}}-\underbrace{\frac{d(r^3)}{dr}}_{\frac{d\{f(r)\}}{dr}}\underbrace{\left(-\frac{a_0}{2}e^{-\frac{2r}{a_0}}\right)}_{g(r)}$$

の両辺を積分する．

$$\int_0^\infty r^3e^{-\frac{2r}{a_0}}dr=\underbrace{\lim_{R\to\infty}\left[r^3\left(-\frac{a_0}{2}e^{-\frac{2r}{a_0}}\right)\right]_0^R}_{0}+\frac{3a_0}{2}\int_0^\infty r^2e^{-\frac{2r}{a_0}}dr$$

$$\int_0^\infty r^3e^{-\frac{2r}{a_0}}dr=\frac{3a_0}{2}\int_0^\infty r^2e^{-\frac{2r}{a_0}}dr$$

ステップ 4　ステップ 1, ステップ 2 と同じ手順で，右辺を部分積分する．

$$\underbrace{r^2}_{f(r)}\underbrace{\frac{d\left(-\frac{a_0}{2}e^{-\frac{2r}{a_0}}\right)}{dr}}_{\frac{d\{g(r)\}}{dr}}=\underbrace{\frac{d\left\{r^2\left(-\frac{a_0}{2}e^{-\frac{2r}{a_0}}\right)\right\}}{dr}}_{\text{積の微分}}-\underbrace{\frac{d(r^2)}{dr}}_{\frac{d\{f(r)\}}{dr}}\underbrace{\left(-\frac{a_0}{2}e^{-\frac{2r}{a_0}}\right)}_{g(r)}$$

の両辺を積分する．

$$\int_0^\infty r^2e^{-\frac{2r}{a_0}}dr=\underbrace{\lim_{R\to\infty}\left[r^2\left(-\frac{a_0}{2}e^{-\frac{2r}{a_0}}\right)\right]_0^R}_{0}+a_0\int_0^\infty re^{-\frac{2r}{a_0}}dr$$

$$\int_0^\infty r^2e^{-\frac{2r}{a_0}}dr=a_0\int_0^\infty re^{-\frac{2r}{a_0}}dr$$

ステップ 5　ステップ 1, ステップ 2 と同じ手順で，右辺を部分積分する．

$$\underbrace{r}_{f(r)}\underbrace{\frac{d\left(-\frac{a_0}{2}e^{-\frac{2r}{a_0}}\right)}{dr}}_{\frac{d\{g(r)\}}{dr}}=\underbrace{\frac{d\left\{r\left(-\frac{a_0}{2}e^{-\frac{2r}{a_0}}\right)\right\}}{dr}}_{\text{積の微分}}-\underbrace{\frac{dr}{dr}}_{\frac{d\{f(r)\}}{dr}}\underbrace{\left(-\frac{a_0}{2}e^{-\frac{2r}{a_0}}\right)}_{g(r)}$$

の両辺を積分する．

$$\int_0^\infty re^{-\frac{2r}{a_0}}dr=\underbrace{\lim_{R\to\infty}\left[r\left(-\frac{a_0}{2}e^{-\frac{2r}{a_0}}\right)\right]_0^R}_{0}+\frac{a_0}{2}\int_0^\infty e^{-\frac{2r}{a_0}}dr$$

$$-\frac{d(r^3)}{dr}\left(-\frac{a_0}{2}e^{-\frac{2r}{a_0}}\right)=-3r^2\times\left(-\frac{a_0}{2}e^{-\frac{2r}{a_0}}\right)=\frac{3a_0}{2}r^2e^{-\frac{2r}{a_0}}$$

$$\lim_{R\to\infty}e^{-\frac{2R}{a_0}}=\lim_{R\to\infty}\frac{1}{e^{\frac{2R}{a_0}}}=0$$

$$-\frac{d(r^2)}{dr}\left(-\frac{a_0}{2}e^{-\frac{2r}{a_0}}\right)=-2r\times\left(-\frac{a_0}{2}e^{-\frac{2r}{a_0}}\right)=a_0re^{-\frac{2r}{a_0}}$$

$s=-\dfrac{2r}{a_0}$ とおく．

$$\frac{d(e^{-\frac{2r}{a_0}})}{dr}=\frac{d(e^s)}{dr}=\frac{d(e^s)}{ds}\frac{ds}{dr}=e^s\cdot\left(-\frac{2}{a_0}\right)=-\frac{2}{a_0}e^{-\frac{2r}{a_0}}$$

を

$$d(e^{-\frac{2r}{a_0}})=-\frac{2}{a_0}e^{-\frac{2r}{a_0}}dr$$

に書き換える．

$$\int_0^\infty re^{-\frac{2r}{a_0}}dr = \frac{a_0}{2}\underbrace{\int_0^\infty e^{-\frac{2r}{a_0}}dr}_{\frac{a_0}{2}}$$

$$\begin{aligned}
\langle r \rangle &= \frac{4}{{a_0}^3}\int_0^\infty r^3 e^{-\frac{2r}{a_0}}dr \\
&= \frac{4}{{a_0}^3}\cdot\frac{3a_0}{2}\int_0^\infty r^2 e^{-\frac{2r}{a_0}}dr \\
&= \frac{4}{{a_0}^3}\cdot\frac{3a_0}{2}\cdot a_0\int_0^\infty r^1 e^{-\frac{2r}{a_0}}dr \\
&= \frac{4}{{a_0}^3}\cdot\frac{3a_0}{2}\cdot a_0\cdot\frac{a_0}{2}\int_0^\infty r^0 e^{-\frac{2r}{a_0}}dr \\
&= \frac{3}{2}a_0
\end{aligned}$$

$r^3 \to r^2$

$r^2 \to r^1$

$r^1 \to r^0$

r	$0 \to \infty$
$e^{-\frac{2r}{a_0}}$	$1 \to 0$

両辺を積分すると

$$\int_1^0 d\overbrace{(e^{-\frac{2r}{a_0}})}^{u} = -\frac{2}{a_0}\times\int_0^\infty e^{-\frac{2r}{a_0}}dr$$

となるから

$$-\frac{a_0}{2}\underbrace{\int_1^0 du}_{0-1} = \int_0^\infty e^{-\frac{2r}{a_0}}dr$$

である.

$$\int_0^\infty r^0 e^{-\frac{2r}{a_0}}dr = \frac{a_0}{2}$$

▶ **失敗例**　ステップ 2 で, g がどんな関数かを見出すために,

$$\frac{d(r^4)}{dr} = 4r^3$$

を考えると,　$r^3 = \dfrac{d\overbrace{\left(\frac{1}{4}r^4\right)}^{g(r)}}{dr}$　であることがわかる.

$$\underbrace{e^{-\frac{2r}{a_0}}}_{f(r)}\underbrace{\frac{d\left(\frac{1}{4}r^4\right)}{dr}}_{\frac{d\{g(r)\}}{dr}} = \underbrace{\frac{d\left(e^{-\frac{2r}{a_0}}\cdot\frac{1}{4}r^4\right)}{dr}}_{\text{積の微分}} - \underbrace{\left(-\frac{2}{a_0}e^{-\frac{2r}{a_0}}\right)}_{\frac{d\{f(r)\}}{dr}}\cdot\underbrace{\frac{1}{4}r^4}_{g(r)}$$

の両辺を積分すると

$$\int_0^\infty r^3 e^{-\frac{2r}{a_0}}dr = \underbrace{\lim_{R\to\infty}\left[e^{-\frac{2r}{a_0}}\cdot\frac{1}{4}r^4\right]_0^R}_{0} + \frac{1}{2a_0}\int_0^\infty r^4 e^{-\frac{2r}{a_0}}dr$$

となり, $r^3 \to r^4$ のように指数が大きくなる.

補遺 3.3 指数関数を含む二重積分

誤差の統計分布を**誤差関数** (error function)：

$$\mathrm{erf}(x) = \int_0^x e^{-x^2} dx$$

で表すことがある.

重要 x で微分すると e^{-x^2} になる関数を式で書き表すことはできない.

しかし, $\mathrm{erf}(x) = \int_0^x e^{-x^2} dx$ の数値は求まる.

第 2 話, 第 3 話では「ある関数は, どんな関数を変数で微分したら見つかるか」を考えることができる積分だけを取り上げた. こういう積分は圧倒的に少ない. ほとんどの積分は式で書き表せないので, プログラミングによって数値を求める.

「式で書き表せるかどうか」と「数値が求まるかどうか」とは別の問題である.

C. Kittel and H. Kroemer: *Thermal Physics*, (W. H. Freeman, 1980) Appendix A.

erf は log, exp, cos, sin などと同様に, 関数記号である.

Gauss (ガウス) 数学・物理学者

例題 3.15 **Gauss 積分** Gauss 関数 $f(x) = e^{-x^2}$ の両側無限積分 (積分の上限が ∞, 下限が $-\infty$) は, つぎの手順で上手に求めることができる.

(1) Gauss 関数 $f(x) = e^{-x^2}$ のグラフを描け.

(2) $I_0 = \int_{-\infty}^{\infty} e^{-x^2} dx$ とおく. 変数名は x でなく y でもいいので, $I_0 = \int_{-\infty}^{\infty} e^{-y^2} dy$ とも表せる. ${I_0}^2$ を二重積分に書き換えよ.

(3) 面積 $dxdy$ の代わりに面積 $rd\theta dr$ を考えて, 二重積分を計算せよ.

例題 2.8 参照.

x, y：直交座標 (デカルト座標)

r, θ：極座標

【解説】 (1)

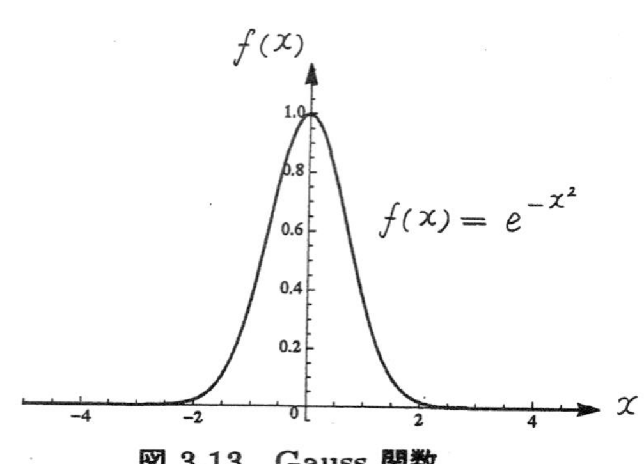

図 3.13 Gauss 関数

弧度法 (1.2.3 項)
円弧の大きさは $rd\theta$ で表せる.

(2)

$$I_0{}^2 = \int_{-\infty}^{\infty} e^{-x^2} dx \int_{-\infty}^{\infty} e^{-y^2} dy$$
$$= \int_{-\infty}^{\infty}\int_{-\infty}^{\infty} e^{-(x^2+y^2)} dxdy$$

$x^2 + y^2 = r^2$

(3)

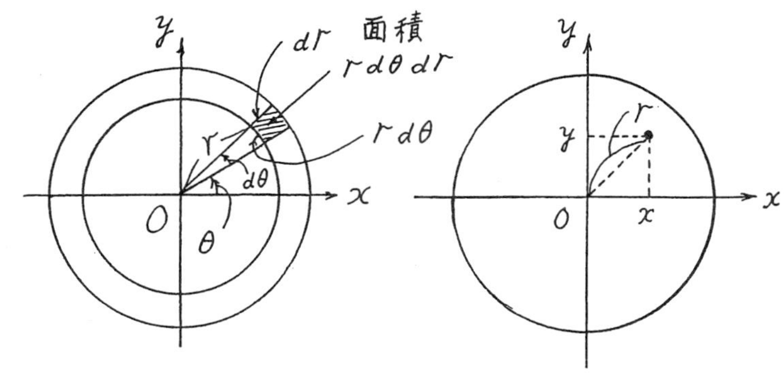

図 3.14　面積 $rd\theta$

▶ **積分の過程のイメージ**
半径に沿って $e^{-r^2}rdr$ を足し合わせて (積分して), 一周まわしながら足し合わせる (積分する).

$$I_0{}^2 = \int_{-\infty}^{\infty}\int_{-\infty}^{\infty} e^{-(x^2+y^2)} dxdy$$
$$= \int_0^{2\pi}\left(\int_0^{\infty} e^{-r^2} rdr\right) d\theta$$
$$= \underbrace{\int_0^{\infty} e^{-r^2} rdr}_{\theta \text{ に関係ない定数なのでくくり出した.}} \underbrace{\int_0^{2\pi} d\theta}_{2\pi}$$

ここで, $s = r^2$ とおくと, $\dfrac{ds}{dr} = \dfrac{d(r^2)}{dr} = 2r$ だから, $rdr = \dfrac{1}{2}ds$ である.

$$\int_0^{\infty} e^{-r^2} rdr = \int_0^{\infty} e^{-s}\cdot\frac{1}{2}ds$$

r	$0 \to \infty$
s	$0 \to \infty$

s	$0 \to \infty$
t	$0 \to -\infty$

$$= -\frac{1}{2}\int_0^{-\infty} e^t dt$$

$t = -s$ とおくと $\dfrac{dt}{ds} = \dfrac{d(-s)}{ds} = -1$ だから $ds = -dt$ である.

$$= -\frac{1}{2}\lim_{R\to-\infty}(e^R - \underbrace{e^0}_{1})$$
$$= \frac{1}{2}$$

$$\int_0^{\infty} e^{-s}\cdot\frac{1}{2}ds = \int_0^{-\infty} e^t \times\frac{1}{2}(-dt) = -\frac{1}{2}\int_0^{-\infty} e^t dt$$

となるから, $I_0{}^2 = \frac{1}{2} \cdot 2\pi$ となる.

$I_0 = \sqrt{\pi}$ [(1) のグラフの通り e^{-r^2} は正だから $\pm\sqrt{\pi}$ の負号は不適.]

問 3.12 任意の Gauss 積分 $\int_{-\infty}^{\infty} e^{-\frac{(x-b)^2}{a^2}} dx$ $(a \neq 0)$ を求めよ.

【解説】 $\frac{(x-b)^2}{a^2} = \left(\frac{x-b}{a}\right)^2 = z^2$ とおく. $\frac{dz}{dx} = \frac{d\left(\frac{x-b}{a}\right)}{dx} = \frac{1}{a}$ だから,
$dx = a dz$ である.

x	$-\infty \to \infty$
z	$-\infty \to \infty$

$x \to \pm\infty$ のとき $z \to \pm\infty$ であることに注意する.

$$\int_{-\infty}^{\infty} e^{-\frac{(x-b)^2}{a^2}} dx = a \int_{-\infty}^{\infty} e^{-z^2} dz$$

$$= a\sqrt{\pi} \qquad \longleftarrow \text{例題 3.15 の } I_0 \text{ の値をあてはめる.}$$

3.4 2 階微分方程式

生物の種は, 相互作用によってそれぞれの生物の個体数が変動する. 生物の種間相互作用を表す数理モデルは, 数理生態学の発展に対して基礎の役割を果たしている. このモデルを表す微分方程式を解くために, 指数関数の微積分 (3.3.1 項) のほかに円関数 (通常は三角関数という) の微積分を活用する.

3.4.1 円関数の微積分

円関数 (1.2.3 項) の微積分を考えるために, 円関数の意味を思い出そう.

水平方向の座標軸 (x 軸) の正の側と動径とのなす角を θ とする.
円周上の点が**どの象限にあっても**, この点の**ヨコ座標 (x 座標) を $\cos\theta$**, **タテ座標 (y 座標) を $\sin\theta$** と表す.

線分の一端を固定し, 他端を自由に動かすと, この線分を半径として固定した点を中心とする円を描く. この自由に動く半径を**動径**という.

$d\cdots$ の記号の意味は 2.1.2 項参照.

▶ 単位円上の各点における接線

単位円は, xy 平面内で x と y との間の対応を表す関数のグラフである. 接点 (x, y) を原点とする座標軸 (dx 軸, dy 軸) で, **接線上の点のヨコ座標 dx, タテ座標 dy の表し方**を考える (図 3.15–18).

① 接点 (x, y) は, x 軸の正の側から角 θ の位置とする.

② 接点の位置から時計の針がまわる向きの反対向きに角 $d\theta$ だけ進むと, ヨコ座標 x, タテ座標 y がどれだけ変化するかを考える.

③ 角 $d\theta$ が微小であれば, 円弧と接線とがほとんど一致するから, **弧度法**で 円弧の大きさ = (半径の大きさ) × 角度 と表す.

弧度法について 1.2.3 項参照.

記号 $ds = rd\theta$ (ただし, $r = 1$ だから $ds = d\theta$)

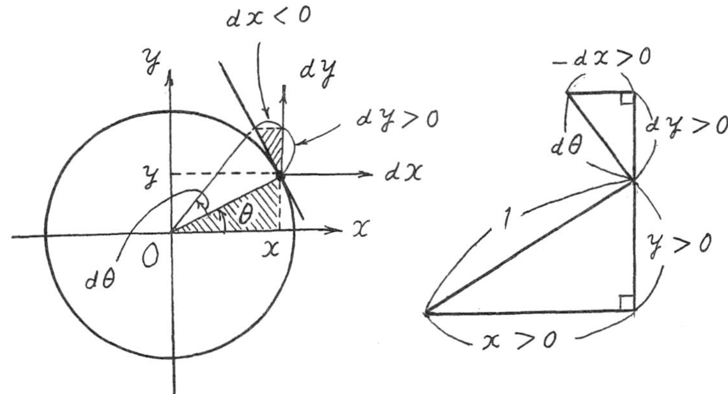

図 3.15　単位円 (第 1 象限)

④ 図の二つの直角三角形が相似だから, つぎのように表す.

$$\frac{\overbrace{-dx}^{\text{正}}}{\underbrace{d\theta}_{\text{正}}} = \frac{\overbrace{y}^{\text{正}}}{1}$$

二つの直角三角形の相似比

$ds = d\theta$ だから $dx/ds = dx/d\theta$ である. dx は dx 軸の負の側にあり $dx < 0$ だから, dx の大きさは $-dx > 0$ のように負号 (負の符号) が必要である.

$$\frac{dx}{d\theta} = -y$$

ヨコ座標は $x = \cos\theta$, タテ座標は $y = \sin\theta$ と表せることに注意する.

$$\boxed{\frac{d(\cos\theta)}{d\theta} = -\sin\theta}$$

x を $\cos\theta$, y を $\sin\theta$ に書き換える. 角 θ の変化分 $d\theta$ に対するヨコ座標 x の変化分 dx の割合を表す.

$$\boxed{d(\cos\theta) = (-\sin\theta)d\theta}$$

ヨコ座標 x の変化分 = −(タテ座標 y) × (角θの変化分)

$$\underbrace{\frac{\overbrace{dy}^{\text{正}}}{\underbrace{d\theta}_{\text{正}}} = \frac{\overbrace{x}^{\text{正}}}{1}}_{\text{二つの直角三角形の相似比}}$$

$ds = d\theta$ だから $dy/ds = dy/d\theta$ である. dy は dy 軸上で正の側にあり $dy > 0$ である.

$$\frac{dy}{d\theta} = x$$

ヨコ座標は $x = \cos\theta$, タテ座標は $y = \sin\theta$ と表せることに注意する.

$$\boxed{\frac{d(\sin\theta)}{d\theta} = \cos\theta}$$

x を $\cos\theta$, y を $\sin\theta$ に書き換える. 角 θ の変化分 $d\theta$ に対するタテ座標 y の変化分 dy の割合を表す.

$$\boxed{d(\sin\theta) = (\cos\theta)d\theta}$$

タテ座標 y の変化分 $=$ (ヨコ座標 x) $\times$ (角 θ の変化分)

問 3.13 第 2 象限, 第 3 象限, 第 4 象限の点における dx, dy が第 1 象限の点と同じ式で表せることを確かめよ.

【解説】

▶ どの象限でも, **弧度法**で $ds = rd\theta$ $(r = 1)$ だから $ds = d\theta$ に注意する.

▶ **x を $\cos\theta$, y を $\sin\theta$ に書き換える.**

第 2 象限

$$\underbrace{\frac{\overbrace{-dx}^{\text{正}}}{\underbrace{d\theta}_{\text{正}}} = \frac{\overbrace{y}^{\text{正}}}{1}}_{\text{二つの直角三角形の相似比}} \qquad \frac{d(\cos\theta)}{d\theta} = -\sin\theta$$

dx は dx 軸の負の側にあり, $dx < 0$ だから, dx の大きさは $-dx$ のように負号 (負の符号) が必要である.

$$\underbrace{\frac{\overbrace{-dy}^{\text{正}}}{\underbrace{d\theta}_{\text{正}}} = \frac{\overbrace{-x}^{\text{正}}}{1}}_{\text{二つの直角三角形の相似比}} \qquad \frac{d(\sin\theta)}{d\theta} = \cos\theta$$

$dy < 0$, $x < 0$ だから, 大きさを表すために負号 (負の符号) が必要である.

第 3 象限

$$\underbrace{\frac{\overbrace{dx}^{\text{正}}}{\underbrace{d\theta}_{\text{正}}} = \frac{\overbrace{-y}^{\text{正}}}{1}}_{\text{二つの直角三角形の相似比}} \qquad \frac{d(\cos\theta)}{d\theta} = -\sin\theta$$

$y < 0$ だから, 大きさを表すために負号 (負の符号) が必要である.

$$\underbrace{\frac{\overbrace{-dy}^{\text{正}}}{\underbrace{d\theta}_{\text{正}}} = \frac{\overbrace{-x}^{\text{正}}}{1}}_{\text{二つの直角三角形の相似比}} \qquad \frac{d(\sin\theta)}{d\theta} = \cos\theta$$

$dy < 0$, $x < 0$ だから, 大きさを表すために負号 (負の符号) が必要である.

第 4 象限

$$\underbrace{\frac{\overbrace{dx}^{\text{正}}}{\underbrace{d\theta}_{\text{正}}} = \frac{\overbrace{-y}^{\text{正}}}{1}}_{\text{二つの直角三角形の相似比}} \qquad \frac{d(\cos\theta)}{d\theta} = -\sin\theta$$

$y < 0$ だから, 大きさを表すために負号 (負の符号) が必要である.

$$\underbrace{\frac{\overbrace{dy}^{\text{正}}}{\underbrace{d\theta}_{\text{正}}} = \frac{\overbrace{x}^{\text{正}}}{1}}_{\text{二つの直角三角形の相似比}} \qquad \frac{d(\sin\theta)}{d\theta} = \cos\theta$$

図 3.16, 図 3.17 を図 3.15 と比べる.

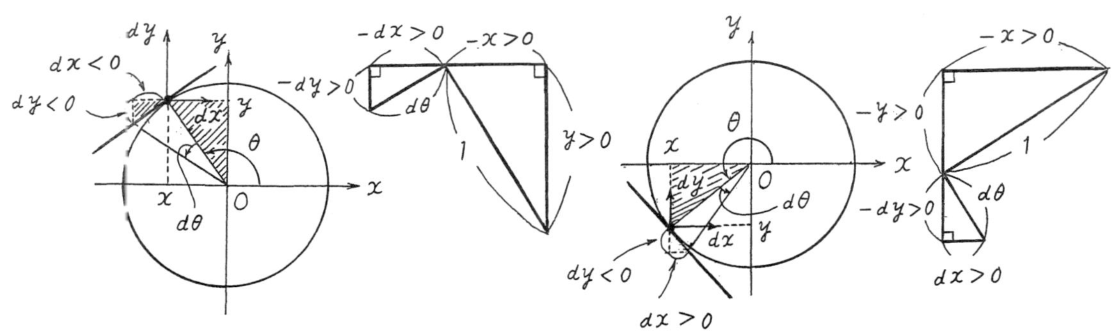

図 3.16　第 2 象限　　図 3.17　第 3 象限

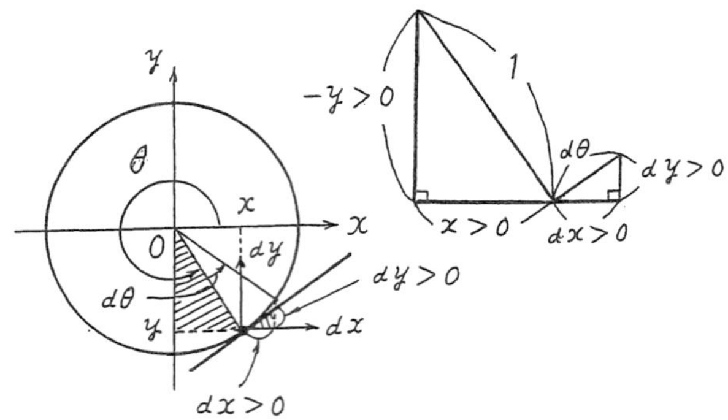

図 3.18 第 4 象限

θ は rad で表した角, rad = 1 に注意.

rad = 1 について, 1.2.3 項参照.

重要 ここまでの結果は, 角 θ を**弧度法**で表したことに注意する.

$\theta = \phi^\circ$ とすると, $\theta = \phi^\circ = \dfrac{\pi}{180}\phi$ rad, $\phi = \dfrac{180}{\pi}\theta$ である.

$1^\circ = \dfrac{\pi}{180}$ rad の両辺に ϕ を掛ける.

▶ 円関数の値は, 角の単位に関係なく, $\cos\theta = \cos\phi^\circ$, $\sin\theta = \sin\phi^\circ$ である.

例 $\cos\pi = \cos 180^\circ = -1$ $\sin\dfrac{\pi}{2} = \sin 90^\circ = 1$

$$\frac{d\{\cos(\phi^\circ)\}}{d\phi^\circ} = \frac{d(\cos\theta)}{d\left(\frac{180}{\pi}\theta\right)^\circ} = \frac{\pi}{180^\circ}\frac{d(\cos\theta)}{d\theta} = -\frac{\pi}{180^\circ}\sin\theta = -\frac{\pi}{180^\circ}\sin(\phi^\circ)$$

$d\phi = d\left(\dfrac{180}{\pi}\theta\right) = \dfrac{180}{\pi}d\theta$

▶ 角を弧度法で測ったとき (単位は rad) だけ $\dfrac{d(\cos\theta)}{d\theta} = -\sin\theta$ である.

同様に, $\dfrac{d\{\sin(\phi^\circ)\}}{d\phi^\circ} = \dfrac{\pi}{180}\cos(\phi^\circ)$ である.

問 3.14 $\dfrac{d(\cos\theta + C)}{d\theta}$, $\dfrac{d(\sin\theta + C)}{d\theta}$ (C は定数) を求めよ.

【解説】

$$\frac{d(\cos\theta + C)}{d\theta} = \frac{d(\cos\theta)}{d\theta} + \frac{dC}{d\theta} = -\sin\theta \qquad \frac{d(\sin\theta + C)}{d\theta} = \frac{d(\sin\theta)}{d\theta} + \frac{dC}{d\theta} = \cos\theta$$

$\dfrac{dC}{d\theta} = 0$

▶ 問 3.14 から何がわかるか

- 中心が $(C, 0)$, 半径が 1 の円周上の点のヨコ座標は $x = \cos\theta + C$ である. 角 θ の変化分 $d\theta$ に対するヨコ座標 x の変化分 dx の割合を表す.

- 中心が $(0, C)$, 半径が 1 の円周上の点のタテ座標は $y = \sin\theta + C$ である.
  角 θ の変化分 $d\theta$ に対するタテ座標 y の変化分 dy の割合を表す.

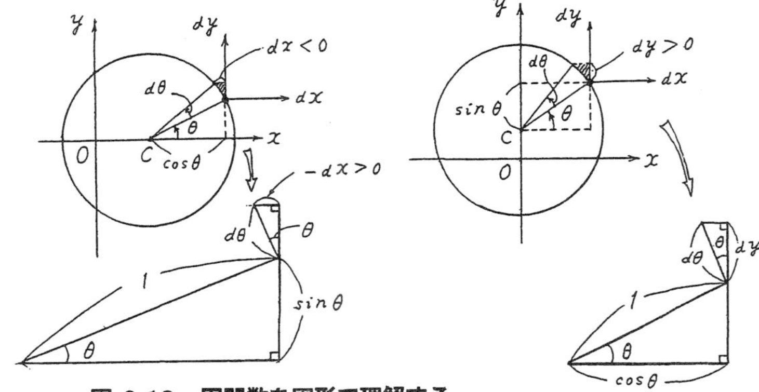

図 3.19　円関数を図形で理解する

$\dfrac{d(\cos\theta + C)}{d\theta} = -\sin\theta$, $\dfrac{d(\sin\theta + C)}{d\theta} = \cos\theta$ (C は定数) の意味

これらの式を見ると,

$\dfrac{-dx}{d\theta} = \sin\theta$ をみたすのは $x = \cos\theta + C$, $\dfrac{dy}{d\theta} = \cos\theta$ をみたすのは $y = \sin\theta + C$

であることがわかる.

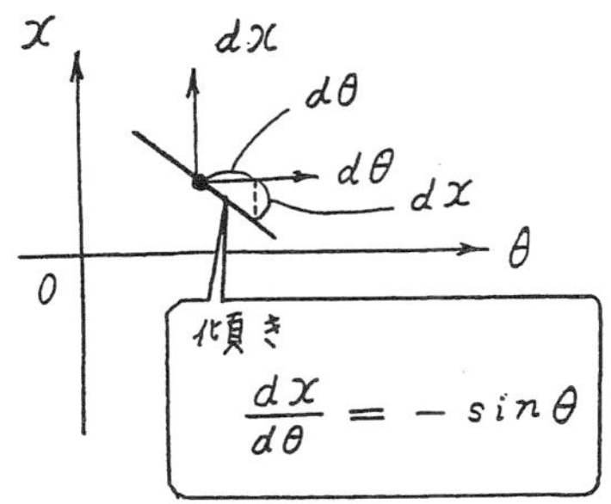

図 3.20　x と θ との関係

問 3.15　グラフが点 $(\pi, 1)$ を通り, グラフ上の点 (θ, x) における接線の傾きが $-\sin\theta$ であるような関数を求めよ.

【発想】　どんな関数を θ で微分すると $-\sin\theta$ になるかを考える. $\cos\theta + C$ (C は定数) を θ で微分すると $-\sin\theta$ になることを思い出す.

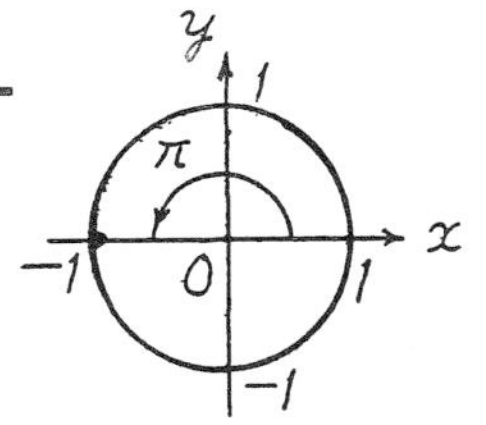

図 3.21　単位円

$\cos\pi = -1$

【解説 1】 $\dfrac{\overbrace{d(\cos\theta + C)}^{\text{高さ}}}{\underbrace{d\theta}_{\text{幅}}} = \overbrace{-\sin\theta}^{\text{傾き}}$ を $\overbrace{d\underbrace{(\cos\theta + C)}_{\text{関数値 } x=f(\theta)}}^{\text{高さ}} = \overbrace{(-\sin\theta)}^{\text{傾き}}\overbrace{d\theta}^{\text{幅}}$ と書き換えることができる. 関数値は $f(\theta) = \cos\theta + C$ だから, $1 = \underbrace{\cos\pi}_{-1} + C$ となるのは $C = 2$ の場合である. したがって, 関数 (入力と出力との対応の規則) は $f(\ ) = \cos(\ ) + 2$, 関数値は $f(\theta) = \cos\theta + 2$ である.

【解説 2】 グラフ上の各点における接線を

$$\overbrace{\underbrace{dx}_{\text{変数 } x \text{ だけ}}}^{\text{高さ}} = \overbrace{\underbrace{(-\sin\theta)d\theta}_{\text{変数}\theta\text{だけ}}}^{\text{傾き×幅}} \qquad \textbf{変数分離}$$

と表し, 特定の位置 $(\pi, 1)$ から任意の位置 (s, t) までなめらかにつなぎ合わせる (この操作を「両辺を積分する」という).

$$\int_1^t dx = \int_\pi^s (-\sin\theta)d\theta$$

θ	π	$\to$	s
x	1	$\to$	t

$$t - 1 = \int_\pi^s d\underbrace{\cos\theta}_{u}$$

$(-\sin\theta)d\theta$を $d\cos\theta$ に書き換えて $u = \cos\theta$ とおく.

$$t = 1 + \cos s - \underbrace{\cos\pi}_{-1}$$

θ	π	$\to$	s
u	$\cos\pi$	$\to$	$\cos s$

$$\int_{\cos\pi}^{\cos s} du = \cos s - \cos\pi$$

この式は $\theta = s$, $x = t$ の場合 (s, t はどんな値でもいい) を表すから, θ と x との対応の規則 (関数) で決まる関数値は $x = \underbrace{\cos\theta + 2}_{f(\theta)}$ である.

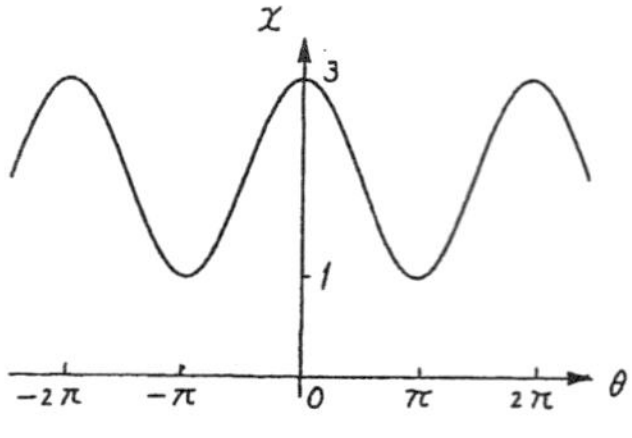

図 3.22 $\boldsymbol{x = \cos\theta + 2}$ この関数のグラフは, $x = \cos\theta$ のグラフを x 軸に $+2$ だけ平行移動した形である.

$\dfrac{d(\cos\theta)}{d\theta} = -\sin\theta$ を

$(-\sin\theta)d\theta$
$= d\cos\theta$

と書き換える. $\cos\theta$ を θ で微分すると $-\sin\theta$ になるという意味だと考えていい.

パラメータ (1.1 節) 積分するとき, 上限の値は定数 (特定の値) である. しかし, 上限には, どんな値でも選べるという意味で変数ともいえる. このように, s, t はパラメータである.

簡便法　$\int_{\pi}^{s}(-\sin\theta)d\theta = \int_{\cos\pi}^{\cos s} d\underbrace{(\cos\theta)}_{u} = \cos s - \cos\pi$ の代わりに

$$\int_{\pi}^{s}(-\sin\theta)d\theta = \Big[\cos\theta\Big]_{\pi}^{s} = \cos s - \cos\pi$$

(上限を代入した値)
−(下限を代入した値)

と書くことがある.

高校数学では, この簡便法を活用している.

問 3.16　$\dfrac{d\{\cos(2\theta)\}}{d\theta}$, $\dfrac{d\{\sin(2\theta)\}}{d\theta}$ を求めよ.

【解説】

$$\frac{d\{\cos(2\theta)\}}{d\theta} = \frac{d\{\cos(2\theta)\}}{d(2\theta)}\frac{d(2\theta)}{d\theta} = -2\sin(2\theta)$$

$$\frac{d\{\sin(2\theta)\}}{d\theta} = \frac{d\{\sin(2\theta)\}}{d(2\theta)}\frac{d(2\theta)}{d\theta} = 2\cos(2\theta)$$

$u = 2\theta$ とおくと,

$$\frac{d\{\cos(2\theta)\}}{d(2\theta)} = \frac{d(\cos u)}{du} = -\sin u = -\sin(2\theta),$$

$$\frac{d\{\sin(2\theta)\}}{d(2\theta)} = \frac{d(\sin u)}{du} = \cos u = \cos(2\theta)$$

である.

$\dfrac{a}{b} = \dfrac{a}{c}\dfrac{c}{b}$ と同じ形

$\dfrac{d(2\theta)}{d\theta} = 2\dfrac{d\theta}{d\theta} = 2$

$\cos\{2(\theta+0.3)\}$
$= \cos(2\theta+0.6)$
$\neq \cos(2\theta+0.3)$

問 3.17　$\dfrac{d\{\cos(2\theta+0.3)\}}{d\theta}$, $\dfrac{d\{\sin(2\theta+0.3)\}}{d\theta}$ を求めよ.

【解説】 $\cos(2\theta+0.3)$ と $\cos\{2(\theta+0.3)\}$ とのちがいに注意する.

$$\frac{d\{\cos(2\theta+0.3)\}}{d\theta} = \frac{d\{\cos(2\theta+0.3)\}}{d(2\theta+0.3)}\frac{d(2\theta+0.3)}{d\theta} = -2\sin(2\theta+0.3)$$

$$\frac{d\{\sin(2\theta+0.3)\}}{d\theta} = \frac{d\{\sin(2\theta+0.3)\}}{d(2\theta+0.3)}\frac{d(2\theta+0.3)}{d\theta} = 2\cos(2\theta+0.3)$$

$u = 2\theta + 3$ とおくと,

$$\frac{d\{\cos(2\theta+0.3)\}}{d(2\theta+0.3)} = \frac{d(\cos u)}{du} = -\sin u = -\sin(2\theta+0.3),$$

$$\frac{d\{\sin(2\theta+0.3)\}}{d(2\theta+0.3)} = \frac{d(\sin u)}{du} = \cos u = \cos(2\theta+0.3)$$

である.

慣れると 問 3.16, 問 3.17 の解は暗算で求まる.

【まとめ】

$$\frac{d\{A\cos(\alpha\theta+\beta)\}}{d\theta} = -\alpha A\sin(\alpha\theta+\beta),$$
$$\frac{d\{A\sin(\alpha\theta+\beta)\}}{d\theta} = \alpha A\cos(\alpha\theta+\beta)$$

(A, α, β は定数)　　問 3.16, 問 3.17 のように計算する.

変数名の注意

$\theta = ♣t$ とおいた.
ここでは, ♣ は数を表す記号として使った.
物理の知識があると, ωt (ω はギリシア文字で「オメガ」と読む) は,

角速度 × 時間

を表すことがわかる.

例　$\omega = 13$ rad/s, $t = 0.50$ s のとき $\omega t = 6.5$ rad

円関数・指数関数の微積分の重要な特徴

$$A\cos(♣t) \xrightarrow{t\ で微分する} -♣A\sin(♣t) \xrightarrow{t\ で微分する} -♣^2A\cos(♣t)$$
$$\xrightarrow{t\ で微分する} ♣^3A\sin(♣t) \xrightarrow{t\ で微分する} ♣^4A\cos(♣t)$$

$$B\sin(♣t) \xrightarrow{t\ で微分する} ♣B\cos(♣t) \xrightarrow{t\ で微分する} -♣^2B\sin(♣t)$$
$$\xrightarrow{t\ で微分する} -♣^3B\cos(♣t) \xrightarrow{t\ で微分する} ♣^4B\sin(♣t)$$

$$Ce^{♣t} \xrightarrow{t\ で微分する} ♣Ce^{♣t} \xrightarrow{t\ で微分する} ♣^2Ce^{♣t}$$

(A, B, C, ♣ は定数)

例題 3.3 で 2 階微分方程式を解くので, 準備として問 3.17, 問 3.19 を考える.
このため, 円関数・指数関数の微積分の特徴と 2 階微分方程式との関係に着目する.

重要　**「2 階微分するともとの関数の定数倍になる関数を求めよ」**という問題を解くための微分方程式

$$\frac{d^2\overbrace{\{A\cos(♣t)\}}^{f(t)}}{dt^2} = -♣^2\overbrace{A\cos(♣t)}^{f(t)}\qquad A\cos(♣t)\ は\ \overbrace{\frac{d^2f(t)}{dt^2} = \underbrace{-♣^2}_{負の数}f(t)}^{微分方程式}\ の解.$$

$$\frac{d^2\overbrace{\{B\sin(♣t)\}}^{f(t)}}{dt^2} = -♣^2\overbrace{B\sin(♣t)}^{f(t)}\qquad B\sin(♣t)\ は\ \overbrace{\frac{d^2f(t)}{dt^2} = \underbrace{-♣^2}_{負の数}f(t)}^{微分方程式}\ の解.$$

$$\frac{d^2\overbrace{(Ce^{♣t})}^{f(t)}}{dt^2} = ♣^2\overbrace{Ce^{♣t}}^{f(t)}\qquad Ce^{♣t}\ は\ \overbrace{\frac{d^2f(t)}{dt^2} = \underbrace{♣^2}_{正の数}f(t)}^{微分方程式}\ の解.$$

(A, B, C, ♣ は定数)

生命科学の基本精神は「よく観察せよ」である.
⟶ 式の顔つきがよく似ていることに着目する.

問 3.18　初期条件：「$t=0$ のとき $x=1, v=-1$」のもとで，

$$\begin{cases} \dfrac{dx}{dt} = v \\ \dfrac{dv}{dt} = -x \end{cases}$$

を解け．

問題の意味　1 階微分方程式 (問 3.5, 問 3.7, 問 3.8, 問 3.15) の組と考える．①「$t=0$ のとき $x=1$」のもとで $\dfrac{dx}{dt}=v$，②「$t=0$ のとき $v=-1$」のもとで $\dfrac{dv}{dt}=-x$ をみたす x, v を t の関数 (簡単にいうと，t の式) で表す．

▶ x と v との二つの未知関数 (求める関数) があるので，

$$\frac{dv}{dt} = \frac{d}{dt}\overbrace{\frac{dx}{dt}}^{v} = \overbrace{\frac{d^2x}{dt^2}}^{2\text{ 階微分方程式}} = -x$$

の形に書き換えて x について解く．

⟶ 上記の枠内の微分方程式と比べると，$♣^2=1$ の場合であることがわかる．

▶ x を t で表した式を求めてから $v=\dfrac{dx}{dt}$ を計算する．

$x-t$ グラフの接線の傾き：$\dfrac{dx}{dt}=v$

$v-t$ グラフの接線の傾き：$\dfrac{dv}{dt}=-x$

$d\,dx$ を d^2x と書く．dt^2 は $dtdt=(dt)^2$ の ( ) を省いた形である．

【解説 1】

手順 1　**基本解**を求める．

$$x = A\cos t$$

$$\overbrace{\frac{dx}{dt}}^{v} = -A\sin t$$

$$\frac{d^2x}{dt^2} = -\overbrace{A\cos t}^{x}$$

$$\underbrace{1}_{x} = A\underbrace{\cos 0}_{1},$$

$$\underbrace{-1}_{v} = -A\underbrace{\sin 0}_{0}$$

$$-1 = 0$$

となり**矛盾**する．

$$x = B\sin t$$

$$\overbrace{\frac{dx}{dt}}^{v} = B\cos t$$

$$\frac{d^2x}{dt^2} = -\overbrace{B\sin t}^{x}$$

$$\underbrace{1}_{x} = B\underbrace{\sin 0}_{0},$$

$$\underbrace{-1}_{v} = B\underbrace{\cos 0}_{1}$$

$$1 = 0$$

となり**矛盾**する．

$x=A\cos t$ と $x=B\sin t$ とのどちらも $\dfrac{d^2x}{dt^2}=-x$ をみたすから**基本解**である．

初期条件をみたす解のつくり方を工夫する (解説 1 の方法)．

手順 2 **重ね合わせの原理** $x = \overbrace{A\cos t + B\sin t}^{\text{解を加え合わせた形}}$ (A, B は定数) も

$$\frac{d^2\overbrace{(A\cos t + B\sin t)}^{x}}{dt^2} = -\overbrace{(A\cos t + B\sin t)}^{x}$$

をみたす.

重ね合わせ：定数倍 (A 倍, B 倍) どうしを加え合わせる.
「重箱のように積み重ねる」という意味ではない.

$v = -A\sin t + B\cos t$

手順 3 **初期条件**：「$t = 0$ のとき $x = 1$, $v = -1$」で, 係数の値を決める.

$$\underbrace{1}_{x} = A\underbrace{\cos 0}_{1} + B\underbrace{\sin 0}_{0}, \quad \underbrace{-1}_{v} = -A\underbrace{\sin 0}_{0} + B\underbrace{\cos 0}_{1}$$

から, $A = 1$, $B = -1$ となる. この初期条件をみたす解：

$$\begin{cases} x = \cos t - \sin t \\ v = \dfrac{dx}{dt} = -\sin t - \cos t. \end{cases}$$

同じ初期条件で解いたから, (i) と (ii) とは一致する.

重要 初期条件：「$t = 0$ のとき $x = 1$, $v = 0$」の場合, たまたま $x = A\cos t$ だけで解が表せる. ほかの初期条件 (「$t = 0$ のとき $x = 1$, $v = -1$」など) を選ぶと, 重ね合わせの原理を考えなければならない.

$\sqrt{2}\cos\left(t + \dfrac{\pi}{4}\right) = \sqrt{2} \times \sin\left(t + \dfrac{3}{4}\pi\right)$ であることに注意する.

【解説 2】

(i) $x = A\cos(t + \phi)$ (ϕは定数)

$$\overbrace{\frac{dx}{dt}}^{v} = -A\sin(t + \phi)$$

$$\frac{d^2x}{dt^2} = -\overbrace{A\cos(t + \phi)}^{x}$$

初期条件で, 係数の値を決める.

$$\underbrace{1}_{x} = A\cos\phi,$$

$$\underbrace{-1}_{v} = -A\sin\phi$$

から

$$A = \sqrt{2},\ \phi = \pi/4$$

を得る.

(ii) $x = B\sin(t + \psi)$ (ψは定数)

$$\overbrace{\frac{dx}{dt}}^{v} = B\cos(t + \psi)$$

$$\frac{d^2x}{dt^2} = -\overbrace{B\sin(t + \psi)}^{x}$$

初期条件で, 係数の値を決める.

$$\underbrace{1}_{x} = B\sin\psi,$$

$$\underbrace{-1}_{v} = B\cos\psi$$

から

$$B = \sqrt{2},\ \psi = 3\pi/4$$

を得る.

$$\sin\left(t + \frac{3}{4}\pi\right) = \sin\left(t + \frac{1}{4}\pi + \frac{1}{2}\pi\right) = \cos\left(t + \frac{\pi}{4}\right)$$

(図 3.24)

初期条件をみたす解

$$\begin{cases} x = \sqrt{2}\cos\left(t + \dfrac{\pi}{4}\right) \\ v = -\sqrt{2}\sin\left(t + \dfrac{\pi}{4}\right) \end{cases}$$

初期条件をみたす解

$$\begin{cases} x = \sqrt{2}\sin\left(t + \dfrac{3}{4}\pi\right) \\ v = \sqrt{2}\cos\left(t + \dfrac{3}{4}\pi\right) \end{cases}$$

$x = A\cos(t+\phi)$ と $x = B\sin(t+\psi)$ とのどちらも $\dfrac{d^2x}{dt^2} = -x$ をみたす.

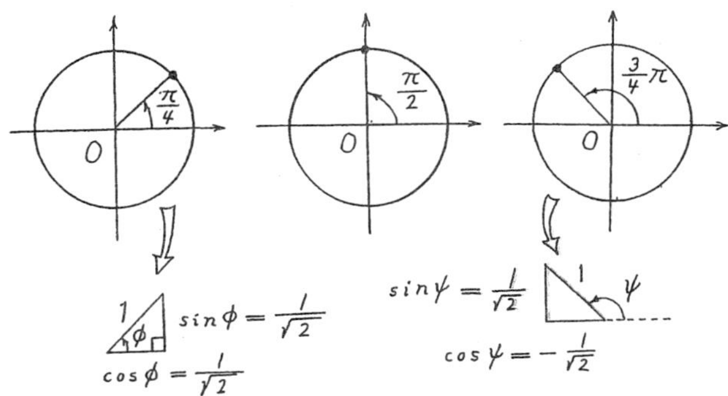

図 3.23　単位円　$\pi/4,\ \pi/2,\ 3\pi/4$

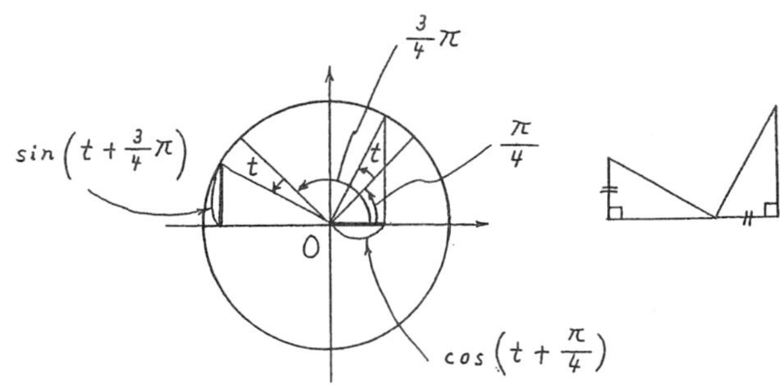

図 3.24　単位円

計算過程　$u = t + \dfrac{\pi}{4}$ とおく. $\underbrace{\dfrac{d\left\{\cos\left(t+\frac{\pi}{4}\right)\right\}}{dt} = \dfrac{d(\cos u)}{du}\dfrac{du}{dt}}_{\text{問 3.16, 問 3.17 参照}}$

$= (-\sin u)1$

$= -\sin\left(t + \frac{\pi}{4}\right)$　　**解説 1 の解と解説 2 の解とは同じ**

加法定理 (6.2.1 項参照)

$$\sqrt{2}\cos\left(t+\frac{\pi}{4}\right) = \sqrt{2}\left(\cos t\cos\frac{\pi}{4} - \sin t\sin\frac{\pi}{4}\right) = \cos t - \sin t$$

$$\sqrt{2}\sin\left(t+\frac{3}{4}\pi\right) = \sqrt{2}\left(\sin t\cos\frac{3}{4}\pi + \cos t\sin\frac{3}{4}\pi\right) = \cos t - \sin t$$

【解説 3】

手順 1 **基本解**を求める．

$u = \pm it$ とおき，i は虚数だが定数とみなして

$$\frac{d(e^{\pm it})}{dt} = \underbrace{\frac{d(e^u)}{du}}_{e^u}\underbrace{\frac{du}{dt}}_{\pm i} = \pm ie^{\pm it} \text{ (複号同順)}$$

のように微分できると決める．2 階微分すると

$$\frac{d^2(e^{\pm it})}{dt^2} = \frac{d}{dt}\underbrace{\frac{d(e^{\pm it})}{dt}}_{\pm ie^{\pm it}} = \pm i\frac{d(e^{\pm it})}{dt} = (\pm i)^2 e^{\pm it} = -e^{\pm it}$$

となるから，**基本解**は $x = e^{\pm it}$ である．

手順 2 **重ね合わせの原理** $x = \overbrace{Ce^{it} + De^{-it}}^{\text{解を加え合わせた形}}$ (C, D は定数) も

$$\frac{d^2\overbrace{(Ce^{it} + De^{-it})}^{x}}{dt^2} = -\overbrace{(Ce^{it} + De^{-it})}^{x}$$

をみたす．

手順 3 **初期条件**：「$t = 0$ のとき $x = 1$, $v = -1$」で，係数の値を決める．

$$\underbrace{1}_{x} = C\underbrace{e^{i0}}_{1} + D\underbrace{e^{-i0}}_{1}, \quad \underbrace{-1}_{v} = iC\underbrace{e^{i0}}_{1} - iD\underbrace{e^{-i0}}_{1}$$

から，$C = \dfrac{1+i}{2}$, $D = \dfrac{1-i}{2}$ となる．この初期条件をみたす解：

$$\begin{cases} x = \dfrac{e^{it} + e^{-it}}{2} + i\dfrac{e^{it} - e^{-it}}{2} \\ v = \dfrac{dx}{dt} = -\dfrac{e^{it} + e^{-it}}{2} + i\dfrac{e^{it} - e^{-it}}{2}. \end{cases} \quad \text{実部 + 虚部}$$

0.4.2 項で，正の指数から負の指数に拡張した発想と似ている．数学では，正の数で成り立つ規則を負の数にも成り立つように概念を拡張する．同様に，実数で成り立つ規則を虚数 (複素数) にも成り立つように概念を拡張する．

虚数に大小はない．
$5i > 4i$ と考えると，$5i - 4i > 0$ から $i > 0$ となる．虚数 i を正の定数とみなすと，$5i > 4i$ の両辺に i を掛けたとき，$5i^2 > 4i^2$ となる．この不等式は $-5 < -4$ と矛盾する．だから，虚数に大小を考えて i を正の定数として扱うことはできない．

$$v = \frac{dx}{dt} = iCe^{it} - iDe^{-it}$$

▶ **解説 1・解説 3 から円関数と指数関数との関係がわかる**

$$\begin{cases} x = \dfrac{(1+i)e^{it} + (1-i)e^{-it}}{2} \\ v = \dfrac{dx}{dt} = \dfrac{(-1+i)e^{it} - (1+i)e^{-it}}{2} \end{cases}$$

x の表式　$\cos t - \sin t = \dfrac{e^{it} + e^{-it}}{2} + i\dfrac{e^{it} - e^{-it}}{2}$

v の表式　$-\cos t - \sin t = -\dfrac{e^{it} + e^{-it}}{2} + i\dfrac{e^{it} - e^{-it}}{2}$

$i^2 = -1$ の両辺を $-i$ で割ると $-i = \dfrac{1}{i}$ となる.

これらの式どうしを比べると,

Euler (オイラー) の関係式　$\cos t = \dfrac{e^{it} + e^{-it}}{2}$, $\sin t = \dfrac{e^{it} - e^{-it}}{2i}$

$\cos t$ と似た形に見えるように $-i\dfrac{e^{it} - e^{-it}}{2}$ を書き換えた.

3.4.1 項では e^{it} を形式的に活用したが, 3.5 節で e^{it} を定義して Euler の関係式の意味を理解する.

を得る.

問 3.19　e^{it} と e^{-it} とを $\cos t$ と $\sin t$ とで表せ.

【解説】　$\cos t = \dfrac{e^{it} + e^{-it}}{2}$ と $\sin t = \dfrac{e^{it} - e^{-it}}{2i}$ だから, $i\sin t = \dfrac{e^{it} - e^{-it}}{2}$ に注意して

$$\begin{cases} e^{it} = \cos t + i\sin t & (\cos t \text{ と } i\sin t \text{ とを加えると } e^{-it} \text{ を消去することができる}) \\ e^{-it} = \cos t - i\sin t & (\cos t \text{ から } i\sin t \text{ を引くと } e^{it} \text{ を消去することができる}) \end{cases}$$

となる.

▶ **e の虚数乗をどのように理解すればいいか**　$\dfrac{de^{♣t}}{dt} = ♣e^{♣t}$ を, ♣ が虚数 i でも成り立つと決めたことによって, 問 3.18 で $e^{it} = \cos t + i\sin t$ の関係が見出せた. 結局, e^{it} を $\cos t + i\sin t$ と定義したと考えればいい.

3.5 節参照.

▶ **数の世界も実は狭い**　日常生活で「世界は広いが世間は狭い」という. 数の世界でも驚くほど見事なつながりが見つかる.

$$\boxed{e^{i\pi} = -1} \qquad (t=\pi \text{ のとき } e^{i\pi} = \underbrace{\cos\pi}_{-1} + i\underbrace{\sin\pi}_{0})$$

二つの超越数 $e = 2.7182818284590452353602874713 52\cdots$ と $\pi = 3.14159265358979323846264338327950288\cdots$ とが虚数 i を仲介者として知り合うと，-1 という単純な実数が生まれる．数の世界でも世間が狭いから概念が広がるという事情は，ヒトの世界と似ている．

▶ 対数の真数は負の数も取り得る

対数は，底が正の数 (たとえば $e > 0$) の範囲で定義するが，真数は負の値でも $\log_e(-1) = \log_e e^{i\pi} = i\pi$ と考えることができる．

くわしい内容は，複素関数論の教科書で調べること．

問 3.20 初期条件：「$t=0$ のとき $x=1$, $v=-1$」のもとで $\dfrac{d^2x}{dt^2} = -\omega^2 x$ (ω は実定数) を解け．

着眼点 問 3.18 と同様に，連立微分方程式

$$\begin{cases} \dfrac{dx}{dt} = v \\ \dfrac{dv}{dt} = -\omega^2 x \end{cases}$$

を解く問題と考えることができる．

ω は実定数 (実数の定数) だから，ω^2 は正の実数になる．
ω が虚数とすると，ω^2 は負の実数になる．

【解説 1】

手順 1 **基本解**を求める．

$\dfrac{d^2\{\cos(♣t)\}}{dt^2} = -♣^2\cos(♣t)$, $\dfrac{d^2\{\sin(♣t)\}}{dt^2} = -♣^2\sin(♣t)$ と問題の微分方程式とを比べると，$♣ = \omega$ の場合であることがわかるから，**基本解**は $x = \cos(\omega t)$, $x = \sin(\omega t)$ である．

手順 2 **重ね合わせの原理** $x = \overbrace{A\cos(\omega t) + B\sin(\omega t)}^{\text{解を加え合わせた形}}$ (A, B は定数) も

$$\frac{d^2\overbrace{\{A\cos(\omega t) + B\sin(\omega t)\}}^{x}}{dt^2} = -\omega^2\overbrace{\{A\cos(\omega t) + B(\sin\omega t)\}}^{x}$$

をみたす．

$$v = \frac{dx}{dt} = -\omega A\sin(\omega t) + \omega B\cos(\omega t)$$

$u = \omega t$ とおく．

$$\frac{d\{\sin(\omega t)\}}{dt} = \frac{d\sin u}{du}\frac{du}{dt} = (\cos u)\omega = \omega\cos(\omega t)$$

$$\frac{d\{\cos(\omega t)\}}{dt} = \frac{d\cos u}{du}\frac{du}{dt} = (-\sin u)\omega = -\omega\sin(\omega t)$$

手順 3　**初期条件**：「$t=0$ のとき $x=1,\ v=-1$」で，係数の値を決める．

$$\underbrace{1}_{x} = A\underbrace{\cos 0}_{1} + B\underbrace{\sin 0}_{0},\quad \underbrace{-1}_{v} = -\omega A\underbrace{\sin 0}_{0} + \omega B\underbrace{\cos 0}_{1}$$

から，$A=1,\ B=-\dfrac{1}{\omega}$ となる．この初期条件をみたす解：

$$\begin{cases} x = \cos(\omega t) - \dfrac{1}{\omega}\sin(\omega t) \\ v = \dfrac{dx}{dt} = -\omega\sin(\omega t) - \cos(\omega t) \end{cases}$$

検算

$$\frac{d^2x}{dt^2} = \frac{dv}{dt} = -\omega^2\cos(\omega t) + \omega\sin(\omega t) = -\omega^2\left\{\cos(\omega t) - \frac{1}{\omega}\sin(\omega t)\right\} = -\omega^2 x$$

【解説 2】

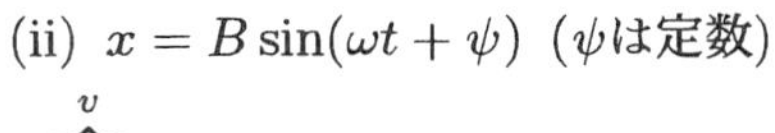

(i) $x = A\cos(\omega t + \phi)$（$\phi$は定数）

$$\overbrace{\frac{dx}{dt}}^{v} = -\omega A\sin(\omega t+\phi)$$

$$\frac{d^2x}{dt^2} = -\omega^2 \overbrace{A\cos(\omega t+\phi)}^{x}$$

初期条件で，係数の値を決める．

$$\underbrace{1}_{x} = A\cos\phi,$$

$$\underbrace{-1}_{v} = -\omega A\sin\phi$$

から

$$A = \frac{\sqrt{1+\omega^2}}{\omega},$$

$$\cos\phi = \frac{1}{A} = \frac{\omega}{\sqrt{1+\omega^2}},$$

$$\sin\phi = \frac{1/\omega}{A} = \frac{1}{\sqrt{1+\omega^2}}$$

を得る．

初期条件をみたす解

$$\begin{cases} x = \dfrac{\sqrt{1+\omega^2}}{\omega}\cos(\omega t+\phi) \\ v = -\sqrt{1+\omega^2}\sin(\omega t+\phi) \end{cases}$$

(ii) $x = B\sin(\omega t + \psi)$（$\psi$は定数）

$$\overbrace{\frac{dx}{dt}}^{v} = \omega B\cos(\omega t+\psi)$$

$$\frac{d^2x}{dt^2} = -\omega^2 \overbrace{B\sin(\omega t+\psi)}^{x}$$

初期条件で，係数の値を決める．

$$\underbrace{1}_{x} = B\sin\psi,$$

$$\underbrace{-1}_{v} = \omega B\cos\psi$$

から

$$B = \frac{\sqrt{1+\omega^2}}{\omega},$$

$$\cos\psi = -\frac{1/\omega}{B} = -\frac{1}{\sqrt{1+\omega^2}},$$

$$\sin\psi = \frac{1}{B} = \frac{\omega}{\sqrt{1+\omega^2}}$$

を得る．

初期条件をみたす解

$$\begin{cases} x = \dfrac{\sqrt{1+\omega^2}}{\omega}\sin(\omega t+\psi) \\ v = \sqrt{1+\omega^2}\cos(\omega t+\psi) \end{cases}$$

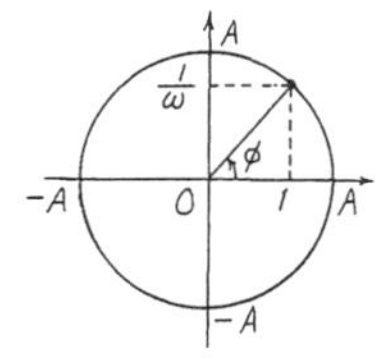

図 3.25　三平方の定理

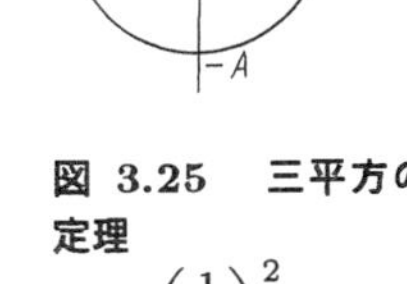

$$1^2 + \left(\frac{1}{\omega}\right)^2 = A^2$$

$x = A\cos(\omega t+\phi)$ と $x = B\sin(\omega t+\psi)$ とのどちらも $\dfrac{d^2x}{dt^2} = -x$ をみたす．

【解説 3】

手順 1 **基本解**を求める.

指数関数 $x = e^{\lambda t}$ と仮定すると,

λ は「ラムダ」と読むギリシア文字である.

$$\frac{dx}{dt} = \lambda e^{\lambda t}, \quad \frac{d^2x}{dt^2} = \lambda^2 \underbrace{e^{\lambda t}}_{x}$$

だから, $\lambda^2 = -\omega^2$ となるように $\lambda = \pm i\omega$ であれば微分方程式をみたす.
基本解は $x = e^{i\omega t}$, $x = e^{-i\omega t}$ である.

手順 2 **重ね合わせの原理** $x = \overbrace{Ae^{i\omega t} + Be^{-i\omega t}}^{\text{解を加え合わせた形}}$ (A, B は定数) も

$$\frac{d^2 \overbrace{(Ae^{i\omega t} + Be^{-i\omega t})}^{x}}{dt^2} = -\omega^2 \overbrace{(Ae^{i\omega t} + Be^{-i\omega t})}^{x}$$

をみたす.

手順 3 **初期条件**:「$t = 0$ のとき $x = 1$, $v = -1$」で, 係数の値を決める.

$v = \dfrac{dx}{dt} = i\omega Ae^{i\omega t} - i\omega Be^{-i\omega t}$

A, B の値が複素数だが, 解は実数であることに注意する.

$$\underbrace{1}_{x} = A\underbrace{e^{i\omega 0}}_{1} + B\underbrace{e^{-i\omega 0}}_{1}, \quad \underbrace{-1}_{v} = i\omega A\underbrace{e^{i\omega 0}}_{1} - i\omega B\underbrace{e^{-i\omega 0}}_{1}$$

から, $A = \dfrac{1}{2} + i\dfrac{1}{2\omega}$, $B = \dfrac{1}{2} - i\dfrac{1}{2\omega}$ となる. この初期条件をみたす解:

$$\begin{cases} x = \left(\dfrac{1}{2} + i\dfrac{1}{2\omega}\right) e^{i\omega t} + \left(\dfrac{1}{2} + i\dfrac{1}{2\omega}\right) e^{-i\omega t} \\ v = \dfrac{dx}{dt} = i\omega \left(\dfrac{1}{2} + i\dfrac{1}{2\omega}\right) e^{i\omega t} - i\omega \left(\dfrac{1}{2} - i\dfrac{1}{2\omega}\right) e^{-i\omega t} \end{cases}$$

を円関数で表すと

$$\begin{cases} x = \cos(\omega t) - \dfrac{1}{\omega}\sin(\omega t) \\ v = \dfrac{dx}{dt} = -\omega\sin(\omega t) - \cos(\omega t) \end{cases}$$

となる.

計算過程 $i = -\dfrac{1}{i}$ に注意.

$$x = \underbrace{\frac{e^{i\omega t} + e^{-i\omega t}}{2}}_{\cos(\omega t)} - \frac{1}{\omega}\underbrace{\frac{e^{i\omega t} - e^{-i\omega t}}{2i}}_{\sin(\omega t)}$$

$$\begin{aligned} v &= i\omega\frac{e^{i\omega t} - e^{-i\omega t}}{2} + i\omega\frac{i}{\omega}\frac{e^{i\omega t} + e^{-i\omega t}}{2} \\ &= -\omega\underbrace{\frac{e^{i\omega t} - e^{-i\omega t}}{2i}}_{\sin(\omega t)} - \underbrace{\frac{e^{i\omega t} + e^{-i\omega t}}{2}}_{\cos(\omega t)} \end{aligned}$$

▶ 指数関数・対数関数の微積分で底 e を使い，円関数の微積分で弧度法を使うのはなぜか？

底について 3.3.1 項参照．

表 3.2　指数関数・対数関数・円関数の微積分

底 $a \neq e$ のとき　$\dfrac{d(a^x)}{dx} = a^x \log_e a$ a^x の係数が 1 でない．	**底** $a = e$ のとき　$\dfrac{d(e^x)}{dx} = e^x$
底 $a \neq e$ のとき　$\dfrac{d(\log_a x)}{dx} = \dfrac{1}{(\log_e a)x}$ $\dfrac{1}{x}$ の係数が 1 でない．	**底** $a = e$ のとき　$\dfrac{d(\log_e x)}{dx} = \dfrac{1}{x}$
度数法　$\dfrac{d\{\cos(\phi^\circ)\}}{d\phi^\circ} = -\dfrac{\pi}{180^\circ}\sin(\phi^\circ)$ $\dfrac{d\{\sin(\phi^\circ)\}}{d\phi^\circ} = \dfrac{\pi}{180^\circ}\cos(\phi^\circ)$ $\sin(\phi^\circ)$, $\cos(\phi^\circ)$ の係数が ∓ 1 でない．	**弧度法**　$\dfrac{d(\cos\theta)}{d\theta} = -\sin\theta$ $\dfrac{d(\sin\theta)}{d\theta} = \cos\theta$

3.4.2　2 階微分方程式で表す数理モデル

簡単な数理モデルの中で，2 階微分方程式で表せる例を考えてみる．

例
X：ウサギ
Y：キツネ

例題 3.3　**生態系 (Lotka-Volterra の方程式)**　動物は増加しすぎると，いつか減少する．2 種類の生物 X, Y を考える．X が増加すると，X を食う Y も増加する．このため，X が減少するので，Y の餌が減少して，Y も減少する．X を食う Y が減少すると，X が再び増加する．

仮定 1：X は草を食って生長して増殖するが，Y は X を食う．

仮定 2：Y は X がいないと死ぬばかりである．

(1) X は，Y に食われなかったり天災を避けたりすれば X 自身の個体数に比例して増加すると仮定する (比例定数で表せる量を ε_1 とする)．X は

X 自身の個体数と Y の個体数とが多いほど X は Y に食われる．

Y 自身の個体数と X の個体数とが多いほど Y は X を食う．

ε「エプシロン」と読むギリシア文字．
γ「ガンマ」と読むギリシア文字．

X 自身の個体数と X を食う Y の個体数とに比例して減少すると仮定する(比例定数で表せる量を γ とする). X の増殖速度 $\dfrac{dX}{dt}$ (t は時間) は, どんな微分方程式をみたすか？ ε_1, γ の単位量も答えよ.

(2) Y は Y 自身の個体数と Y の餌である X の個体数とに比例して増加すると仮定する (比例定数で表せる量を γ とする). 他方, Y は, X を食って餌が減少すると Y 自身の個体数に比例して減少すると仮定する (比例定数で表せる量を ε_2 とする). Y の増殖速度 $\dfrac{dY}{dt}$ (t は時間) は, どのような微分方程式をみたすか？ ε_2 の単位量も答えよ.

(3) 状態が時間とともに変化しなくなる状態を表す解を定常解という. (1), (2) の微分方程式の定常解 X_0, Y_0 を求めよ.

(4) (3) の定常解のまわりで, X, Y はどのように変化するか？ $X = X_0 + \xi$, $Y = Y_0 + \eta$ とおいて, ξ, η を微小量として 2 次以上を無視する. 初期条件は「$t = 0$ y のとき $\xi = \xi_0$, $\eta = 0$ 匹」とする.

【解説】 (1) $\dfrac{dX}{dt} = \varepsilon_1 X - \gamma XY$　(ε_1, γ は正の比例定数で表せる量)

ε_1 の単位量：y^{-1}　γ の単位量：$(\mathrm{y}\cdot 匹)^{-1}$

(2) $\dfrac{dY}{dt} = \gamma XY - \varepsilon_2 Y$　(γ, ε_2 は正の比例定数で表せる量)

ε_2 の単位量：y^{-1}

(3)

$$\begin{cases} \dfrac{dX}{dt} = 0 \text{ 匹}\cdot\mathrm{y}^{-1} \\ \dfrac{dY}{dt} = 0 \text{ 匹}\cdot\mathrm{y}^{-1} \end{cases}$$

から

$$\begin{cases} \varepsilon_1 X - \gamma XY = 0 \text{ 匹}\cdot\mathrm{y}^{-1} \\ \gamma XY - \varepsilon_2 Y = 0 \text{ 匹}\cdot\mathrm{y}^{-1} \end{cases}$$

である.

$$X(\varepsilon_1 - \gamma Y) = 0 \text{ 匹}\cdot\mathrm{y}^{-1}$$

で $X \neq 0$ 匹 だから $\varepsilon_1 - \gamma Y = 0\ \mathrm{y}^{-1}$ となるので, $Y = \dfrac{\varepsilon_1}{\gamma}$ である.

$$Y(\gamma X - \varepsilon_2) = 0 \text{ 匹}\cdot\mathrm{y}^{-1}$$

ξ「グザイ」と読むギリシア文字.
η「エータ」と読むギリシア文字.

y：year

複比例について, 4.2.3 項参照.
$y = ax$
(a は比例定数),
$z = by$
(b は比例定数)
のとき
$z = bax$ (**複比例**)
となり, ba を z と x との間の比例定数と考える. 本問では,
$x \to X$,
$y \to Y$,
$ba \to \gamma$
とおきかえるといい.

慣習でウサギは 2 羽, 3 羽のように数えるが, 現在は他の動物と同じように「羽」ではなく「匹」で数えることもある.

$\dfrac{\varepsilon_1}{\gamma}$ の単位量

$$\frac{\mathrm{y}^{-1}}{(\mathrm{y}\cdot 匹)^{-1}} = \frac{\mathrm{y}^{-1}}{\mathrm{y}^{-1}\cdot 匹^{-1}} = \frac{1}{匹^{-1}} = 匹$$

$\dfrac{\varepsilon_2}{\gamma}$ の単位量も同じである.

で $Y \neq 0$ 匹 だから $\gamma X - \varepsilon_2 = 0\ \mathrm{y}^{-1}$ となるので, $X = \dfrac{\varepsilon_2}{\gamma}$ である.

定常解を X_0, Y_0 と表す.

$$\begin{cases} X_0 = \dfrac{\varepsilon_2}{\gamma} \\ Y_0 = \dfrac{\varepsilon_1}{\gamma} \end{cases}$$

(4) $\dfrac{dX}{dt} = \dfrac{dX_0}{dt} + \dfrac{d\xi}{dt}$, $\varepsilon_1 X - \gamma XY = \varepsilon_1 (X_0 + \xi) - \gamma(X_0 Y_0 + X_0 \eta + \xi Y_0 + \xi\eta)$,
$\dfrac{dY}{dt} = \dfrac{dY_0}{dt} + \dfrac{d\eta}{dt}$, $\gamma XY - \varepsilon_2 Y = \gamma(X_0 Y_0 + X_0\eta + \xi Y_0 + \xi\eta) - \varepsilon_2 (Y_0 + \eta)$
だから,

$$\underbrace{\frac{dX_0}{dt}}_{\substack{\text{定常解} \\ 0\ 匹\cdot \mathrm{y}^{-1}}} + \frac{d\xi}{dt} = \underbrace{(\varepsilon_1 - \gamma Y_0)}_{(3)\text{ から } 0\ \mathrm{y}^{-1}} (X_0 + \xi) - \gamma(X_0\eta + \underbrace{\xi\eta}_{\substack{2\text{次} \\ \text{微小量}}})$$

$$\underbrace{\frac{dY_0}{dt}}_{\substack{\text{定常解} \\ 0\ 匹\cdot \mathrm{y}^{-1}}} + \frac{d\eta}{dt} = \underbrace{(\gamma X_0 - \varepsilon_2)}_{(3)\text{ から } 0\ \mathrm{y}^{-1}} (Y_0 + \eta) + \gamma(\xi Y_0 + \underbrace{\xi\eta}_{\substack{2\text{次} \\ \text{微小量}}})$$

となる. 連立微分方程式

$$\begin{cases} \dfrac{d\xi}{dt} = -\gamma X_0 \eta \\ \dfrac{d\eta}{dt} = \gamma Y_0 \xi \end{cases}$$

問 3.18 と同じ解法.

を解く.

▶ ξ と η との二つの未知関数 (求める関数) があるので,

【発想】 中学数学で, 連立方程式を解いたとき, 未知数を減らしたことを思い出そう. 連立微分方程式でも, **未知関数を減らせ**.

$$\begin{aligned} \frac{d^2\xi}{dt^2} &= \frac{d}{dt} \underbrace{\frac{d\xi}{dt}}_{-\gamma X_0 \eta} \\ &= -\gamma X_0 \underbrace{\frac{d\eta}{dt}}_{\gamma Y_0 \xi} \\ &= -\gamma^2 X_0 Y_0 \xi \qquad \frac{d^2 f(t)}{dt^2} = -\clubsuit^2 f(t) \text{ の形 } (\clubsuit = \gamma\sqrt{X_0 Y_0}) \end{aligned}$$

の形に書き換えて ξ について解く.

▶ ξ を t で表した式を求めてから $\eta = -\dfrac{1}{\gamma X_0}\dfrac{d\xi}{dt}$ を計算する.

手順 1 **基本解**を求める．
指数関数 $\xi = e^{\lambda t}$ と仮定すると，

$$\frac{d\xi}{dt} = \lambda e^{\lambda t}, \quad \frac{d^2\xi}{dt^2} = \lambda^2 \underbrace{e^{\lambda t}}_{\xi}$$

だから，$\lambda^2 = -(\gamma\sqrt{X_0Y_0})^2$ となるように $\lambda = \pm i\gamma\sqrt{X_0Y_0}$ であれば微分方程式をみたす．**基本解**は $\xi = e^{i\gamma\sqrt{X_0Y_0}t}$, $\xi = e^{-i\gamma\sqrt{X_0Y_0}t}$ である．

手順 2 **重ね合わせの原理** $\xi = \overbrace{Ae^{i\gamma\sqrt{X_0Y_0}t} + Be^{-i\gamma\sqrt{X_0Y_0}t}}^{\text{解を加え合わせた形}}$ (A, B は一定量) も

$$\frac{d^2\overbrace{(Ae^{i\gamma\sqrt{X_0Y_0}t} + Be^{-i\gamma\sqrt{X_0Y_0}t})}^{\xi}}{dt^2} = -(\gamma\sqrt{X_0Y_0})^2\overbrace{(Ae^{i\gamma\sqrt{X_0Y_0}t} + Be^{-i\gamma\sqrt{X_0Y_0}t})}^{\xi}$$

をみたす．

手順 3 **初期条件**：「$t = 0$ y のとき $\xi = \xi_0, \eta = 0$ 匹」で，係数の値を決める．

$$\begin{cases} \xi_0 = A\underbrace{e^{i\gamma\sqrt{X_0Y_0}0\ \mathrm{y}}}_{1} + B\underbrace{e^{-i\gamma\sqrt{X_0Y_0}0\ \mathrm{y}}}_{1} \\ 0\ \text{匹} = -\dfrac{i\gamma\sqrt{X_0Y_0}}{\gamma X_0}(A\underbrace{e^{i\gamma\sqrt{X_0Y_0}0\ \mathrm{y}}}_{1} - B\underbrace{e^{-i\gamma\sqrt{X_0Y_0}0\ \mathrm{y}}}_{1}) \end{cases}$$

から，

$$\begin{cases} A + B = \xi_0 \\ A - B = 0\ \text{匹} \end{cases}$$

を解くと $A = \dfrac{1}{2}\xi_0$, $B = \dfrac{1}{2}\xi_0$ となる．この初期条件をみたす解：

$$\begin{cases} \xi = \xi_0\dfrac{e^{i\gamma\sqrt{X_0Y_0}t} + e^{-i\gamma\sqrt{X_0Y_0}t}}{2} \\ \eta = -\dfrac{1}{\gamma X_0}\dfrac{d\xi}{dt} = -i\xi_0\sqrt{\dfrac{Y_0}{X_0}}\dfrac{e^{i\gamma\sqrt{X_0Y_0}t} - e^{-i\gamma\sqrt{X_0Y_0}t}}{2} \end{cases}$$

を円関数で表す．

$$\begin{cases} \xi = \xi_0\cos(\gamma\sqrt{X_0Y_0}t) \\ \eta = \xi_0\sqrt{\dfrac{Y_0}{X_0}}\sin(\gamma\sqrt{X_0Y_0}t) \end{cases}$$

$$\eta = -\frac{1}{\gamma X_0}\frac{d\xi}{dt}$$

ξ_0, η は，数ではなく量だから，「数値　匹」の形を表す．ξ_0 匹ではなく，$\xi_0 = 20$ 匹のように ξ が単位を含む．

【発想】
A と B とは等しく，A と B とを足すと ξ_0 になるから，**暗算**で $A = B = \dfrac{1}{2}\xi_0$ とわかる．

斎藤信彦・池上明：『生物と協同現象』(学会出版センター, 1976).

簡単のために，
$\omega = \gamma\sqrt{X_0Y_0}$
とおく．

$$\frac{e^{i\omega t} + e^{-i\omega t}}{2} = \cos(\omega t)$$

$$-i\frac{e^{i\omega t} - e^{-i\omega t}}{2}$$
を
$$-ii\frac{e^{i\omega t} - e^{-i\omega t}}{2i} = \frac{e^{i\omega t} - e^{-i\omega t}}{2i} = \sin(\omega t)$$
と書き換える．

▶ 解の解釈

① X (ウサギ), Y (キツネ) は, どちらも周期的に変化する.

② Y (キツネ) のゆらぎの変化は, X (ウサギ) のゆらぎの変化よりも $\frac{1}{4}$ 周期だけ遅れる.

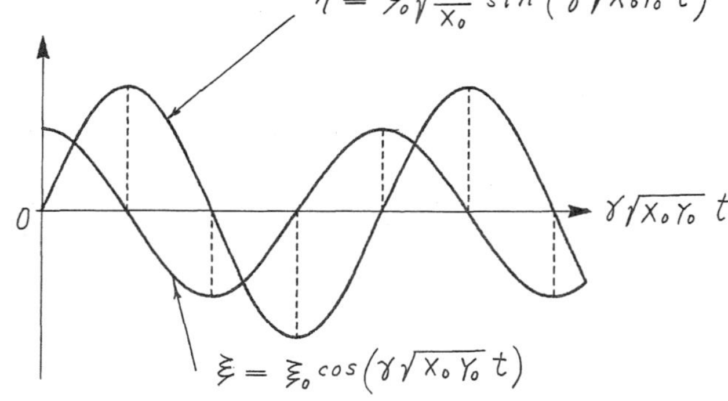

図 3.26　ウサギのゆらぎとキツネのゆらぎとの間の関係

X は, Y に食われなかったり天災を避けたりすれば X 自身の個体数に比例して増加する
X は X 自身の個体数と X を食う Y の個体数とに比例して減少する

↓ **数式に翻訳**

$\frac{dX}{dt} = \epsilon_1 X - \gamma XY$

↓ **ことばに翻訳**

X, Y はどちらも周期的に変化する

3.3 節参照.

▶ What if ? $\frac{d^2\xi}{dt^2} = \underbrace{+\gamma^2}_{\text{正}} X_0Y_0\xi$ だとしたらどうなるか？

この場合の解は $\xi = \xi_0\frac{e^{\gamma\sqrt{X_0Y_0}t} + e^{-\gamma\sqrt{X_0Y_0}t}}{2}$ である. $e^{-\gamma\sqrt{X_0Y_0}t} \to 0$, $e^{\gamma\sqrt{X_0Y_0}t} \to \infty$ だから, 一方の基本解が指数関数にしたがって増大する. 解は定常解から離れていくから不安定である.

別の発想 (変数分離)

$$\begin{cases} \frac{d\xi}{dt} = -\gamma X_0\eta \\ \frac{d\eta}{dt} = \gamma Y_0\xi \end{cases}$$

文末の数式にピリオドが必要であることについて, 例題 0.3 参照.

から

$$\frac{d\xi}{d\eta} = \frac{d\xi}{dt}\Big/\frac{d\eta}{dt} = \frac{-\gamma X_0\eta}{\gamma Y_0\xi}.$$

$$\frac{d\xi}{d\eta} = \frac{-X_0\eta}{Y_0\xi}$$

のように整理して, 両辺に $\xi d\eta$ を掛ける.

$$\xi d\xi = -\frac{X_0}{Y_0}\eta d\eta \qquad \textbf{変数分離}$$

$$\int_{\xi_0}^{s} \xi d\xi = -\frac{X_0}{Y_0}\int_{0\,\text{匹}}^{t} \eta d\eta$$

ξ	ξ_0	$\rightarrow$	s
η	0 匹	$\rightarrow$	t

s, t は任意の値を取る (どんな値でもいい).

$$\frac{1}{2}s^2 - \frac{1}{2}{\xi_0}^2 = -\frac{X_0}{Y_0}\left\{\frac{1}{2}t^2 - \frac{1}{2}(0\,\text{匹})^2\right\}$$

$$s^2 + \frac{X_0}{Y_0}t^2 = {\xi_0}^2 \quad \longleftarrow \quad \underbrace{\frac{X_0}{Y_0}t^2 = \frac{t^2}{\frac{Y_0}{X_0}}}_{\text{分子・分母を}X_0\text{で割った.}} = \frac{t^2}{\left(\sqrt{\frac{Y_0}{X_0}}\right)^2}$$

$$\frac{s^2}{{\xi_0}^2} + \frac{t^2}{\left(\xi_0\sqrt{\frac{Y_0}{X_0}}\right)^2} = 1 \quad \longleftarrow \text{両辺を}\ {\xi_0}^2\ \text{で割った.}$$

この式は $\eta = t$, $\xi = s$ の場合 (s, t はどんな値でもいい) を表すから, ξ と η との対応の規則 (関数) で決まる関数値は

$$\frac{\xi^2}{{\xi_0}^2} + \frac{\eta^2}{\left(\xi_0\sqrt{\frac{Y_0}{X_0}}\right)^2} = 1 \quad (\text{楕円の方程式})$$

をみたす. この方程式は, $\xi - \eta$ 平面 (よこ軸 : ξ/匹, たて軸 : η/匹) 内で $\xi - \eta$ 軌道が楕円であることを示している. しかし, 楕円の方程式では, ξ と η とがそれぞれ時間 t のどんな関数で表せるかということはわからない.

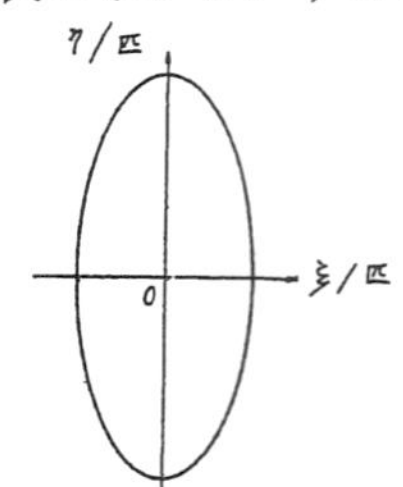

図 3.27 ξ と η との間の関係

積分の計算の仕方
どんな関数を ξ で微分すると, ξ になるかを考える. ξ^1 の指数が 1 だけ大きい ξ^2 を ξ で微分してみる.

$$\frac{\overbrace{d(\xi^2)}^{\text{高さ}}}{\underbrace{d\xi}_{\text{幅}}} = \overbrace{2\xi}^{\text{傾き}}$$

だから

$$\overbrace{d(\xi^2)}^{\text{高さ}} = \overbrace{2\xi}^{\text{傾き}}\ \overbrace{d\xi}^{\text{幅}}$$

である. 両辺を 2 で割ると

$$\xi d\xi = \frac{1}{2}d(\xi^2)$$

となるから

$$\int \xi d\xi = \frac{1}{2}\int d(\xi^2)$$

と表せる. $u = \xi^2$ とおいて, 下限・上限を決める.

ξ	$\xi_0 \rightarrow s$
u	${\xi_0}^2 \rightarrow s^2$

$$\int_{\xi_0}^{s} \xi d\xi = \frac{1}{2}\int_{{\xi_0}^2}^{s^2} du = \frac{1}{2}s^2 - \frac{1}{2}{\xi_0}^2$$

パラメータ (1.1 節)
積分するとき, 上限の値は定数 (特定の値) である. しかし, 上限には, どんな値でも選べるという意味で変数ともいえる.
このように, s, t はパラメータである.

補遺 3.4　円関数を含む部分積分

補遺 3.2 と同様に，量子化学の問題に部分積分を応用してみよう．

例題 3.4　**箱に閉じ込められた粒子の位置の期待値**　粒子が長さ a の箱に閉じ込められて 1 方向にしか運動できないというモデルを考える．この粒子を観測したときに粒子を見出す位置 x の期待値（平均してどこに見つかるか）

$$< x >= \frac{\displaystyle\int_0^a x\left|\left(\frac{2}{a}\right)^{\frac{1}{2}}\sin\left(\frac{n\pi x}{a}\right)\right|^2 dx}{\displaystyle\int_0^a \left|\left(\frac{2}{a}\right)^{\frac{1}{2}}\sin\left(\frac{n\pi x}{a}\right)\right|^2 dx}$$

を求めよ．

量子化学の基本問題

量子化学に関係ない読者でも，積分の計算練習に活用できる．

P. C. Yates: *Chemical Calculations at a Glance*, (Blackwell, 2005).
有馬朗人：『量子力学』（朝倉書店，1994）p. 45.

$\Psi(x) = \left(\frac{2}{a}\right)^{\frac{1}{2}} \times \sin\left(\frac{n\pi x}{a}\right)$ を定常状態の波動関数という．

長さ $a \neq 0$ m

【解説】 $\sin\left(\frac{n\pi x}{a}\right) = \frac{e^{i\frac{n\pi x}{a}} - e^{-i\frac{n\pi x}{a}}}{2i}$　（3.4.1 項参照）を活用して**指数関数の積分に帰着させる．**

(1) 分母の計算

$$\begin{aligned}\sin^2\left(\frac{n\pi x}{a}\right) &= \left(\frac{e^{i\frac{n\pi x}{a}} - e^{-i\frac{n\pi x}{a}}}{2i}\right)^2 \\ &= -\frac{1}{4}\{(e^{i\frac{n\pi x}{a}})^2 + (e^{-i\frac{n\pi x}{a}})^2 - 2\} \\ &= -\frac{1}{4}(e^{i\frac{2n\pi x}{a}} + e^{-i\frac{2n\pi x}{a}}) + \frac{1}{2}\end{aligned}$$

$$\begin{aligned}\int_0^a \sin^2\left(\frac{n\pi x}{a}\right)dx &= -\frac{1}{4}\int_0^a e^{i\frac{2n\pi x}{a}}dx - \frac{1}{4}\int_0^a e^{-i\frac{2n\pi x}{a}}dx + \frac{1}{2}\int_0^a dx \\ &= -\frac{1}{4}\left\{\frac{a}{2n\pi i}\left[e^{i\frac{2n\pi x}{a}}\right]_0^a - \frac{a}{2n\pi i}\left[e^{-i\frac{2n\pi x}{a}}\right]_0^a\right\} + \frac{1}{2}a \\ &= -\frac{a}{8n\pi i}\{(e^{i2n\pi} - \underbrace{e^0}_{1}) - (e^{-i2n\pi} - \underbrace{e^0}_{1})\} + \frac{a}{2} \\ &= -\frac{a}{4n\pi}\cdot\frac{e^{i2n\pi} - e^{-i2n\pi}}{2i} + \frac{a}{2} \\ &= -\frac{a}{4n\pi}\underbrace{\sin(2n\pi)}_{0} + \frac{a}{2}\end{aligned}$$

分母 $= \dfrac{2}{a}\cdot\dfrac{a}{2} = 1$

全領域で積分の値を1にする操作を**「規格化」**という．ここでは，粒子を見出す全確率1を表す．

(2) 分子の計算

$$\int_0^a x\sin^2\left(\frac{n\pi x}{a}\right)dx = -\frac{1}{4}\int_0^a xe^{i\frac{2n\pi x}{a}}dx - \frac{1}{4}\int_0^a xe^{-i\frac{2n\pi x}{a}}dx + \frac{1}{2}\int_0^a xdx$$

あとで $\dfrac{2}{a}$ を掛けるのを忘れないこと

右辺第 3 項：どんな関数を x で微分すると x になるかを考えると，x^2 が思い浮かぶ．

「どんな関数の微分が xdx と表せるか」と考えてもいい．

$$\frac{1}{2}\int_0^a xdx = \frac{1}{4}\int_0^a 2xdx \qquad \frac{1}{2} = \frac{1}{4}\times 2 \text{ に注意.}$$

$$= \frac{1}{4}\int_0^{a^2} d\underbrace{(x^2)}_{u}$$

x	$0 \to a$
u	$0^2 \to a^2$

$$\int_{u\text{ の下限}}^{u\text{ の上限}} du = (u\text{ の上限}) - (u\text{ の下限})$$

$$= \frac{1}{4}(a^2 - 0^2)$$

$\dfrac{d(x^2)}{dx} = 2x$ の分母を払うと $d(x^2) = 2xdx$ となる．$\int_0^a d(x^2)$ を $[x^2]_0^a$ と書いてもいい．このとき，u の上限 a^2 ではなく x の上限 a，u の下限 0^2 ではなく x の下限 0 を書くことに注意する．

補遺 3.2 の手順と同様に部分積分の方法で右辺第 1 項，第 2 項を計算する．

ステップ 1

$$\int_{x_1}^{x_2}\frac{d\{g(x)\}}{dx}f(x)dx = \underbrace{\int_{g(x_1)f(x_1)}^{g(x_2)f(x_2)} d\{g(x)f(x)\}}_{\left[g(x)f(x)\right]_{x_1}^{x_2}\text{ と書いてもいい.}} - \int_{x_1}^{x_2} g(x)\frac{d\{f(x)\}}{dx}dx$$

と $\displaystyle\int_0^a xe^{i\frac{2n\pi x}{a}}dx$ とを比べる．

ステップ 2 g がどんな関数かを見出すために，試しに

$$\frac{d(e^{i\frac{2n\pi x}{a}})}{dx} = \frac{d(e^u)}{dx} = \underbrace{\frac{d(e^u)}{du}}_{e^u}\underbrace{\frac{du}{dx}}_{i\frac{2n\pi}{a}} = i\frac{2n\pi}{a}e^{i\frac{2n\pi x}{a}}$$

を考えてみると，$e^{i\frac{2n\pi x}{a}} = \dfrac{d\overbrace{\left(\dfrac{a}{2n\pi i}e^{i\frac{2n\pi x}{a}}\right)}^{g(x)}}{dx}$ であることがわかる．

ステップ 3

$$\underbrace{x}_{f(x)}\underbrace{\frac{d\left(\frac{a}{2n\pi i}e^{i\frac{2n\pi x}{a}}\right)}{dx}}_{\frac{d\{g(x)\}}{dx}}=\underbrace{\frac{d\left\{x\left(\frac{a}{2n\pi i}e^{i\frac{2n\pi x}{a}}\right)\right\}}{dx}}_{\text{積の微分}}-\underbrace{\frac{dx}{dx}}_{\frac{d\{f(x)\}}{dx}}\underbrace{\left(\frac{a}{2n\pi i}e^{i\frac{2n\pi x}{a}}\right)}_{g(x)}$$

の両辺を積分する．

$$\int_0^a xe^{i\frac{2n\pi x}{a}}dx=\left[x\left(\frac{a}{2n\pi i}e^{i\frac{2n\pi x}{a}}\right)\right]_0^a-\frac{a}{2n\pi i}\underbrace{\int_0^a e^{i\frac{2n\pi x}{a}}dx}_{\frac{a}{2n\pi i}\left[e^{i\frac{2n\pi x}{a}}\right]_0^a}$$

となる．

分子の右辺第 1 項：　$-\dfrac{1}{4}\displaystyle\int_0^a xe^{i\frac{2n\pi x}{a}}dx=-\frac{a^2}{8n\pi i}e^{2n\pi i}+\left(\frac{a}{4n\pi i}\right)^2(e^{2n\pi i}-\underbrace{e^0}_{1})$

を得る．$i\to -i$ におきかえると

分子の右辺第 2 項：　$-\dfrac{1}{4}\displaystyle\int_0^a xe^{-i\frac{2n\pi x}{a}}dx=\frac{a^2}{8n\pi i}e^{-2n\pi i}+\left(\frac{a}{4n\pi i}\right)^2(e^{-2n\pi i}-\underbrace{e^0}_{1})$

となる．

$$\begin{aligned}&-\frac{1}{4}\int_0^a xe^{i\frac{2n\pi x}{a}}dx-\frac{1}{4}\int_0^a xe^{-i\frac{2n\pi x}{a}}dx\\&=-\frac{a^2}{8n\pi i}(e^{2n\pi i}-e^{-2n\pi i})+\left(\frac{a}{4n\pi i}\right)^2(e^{2n\pi i}+e^{-2n\pi i}-2)\\&=-\frac{a^2}{4n\pi}\cdot\underbrace{\sin(2n\pi)}_{0}+\left(\frac{a}{4n\pi i}\right)^2\{2\underbrace{\cos(2n\pi)}_{1}-2\}\\&=0\end{aligned}$$

式変形の着眼点
$\sin♣=\dfrac{e^{♣}-e^{-♣}}{2i}$，
$\cos♣=\dfrac{e^{♣}+e^{-♣}}{2}$
の形がつくれるように書き換える．

期待値　$<x>=\dfrac{2}{a}\cdot\underbrace{\dfrac{a^2}{4}}_{\text{右辺第 3 項}}=\dfrac{a}{2}$　　(箱の中央)

▶ **失敗例**　ステップ 2 で，g がどんな関数かを見出すために，

$$\frac{d(x^2)}{dx}=2x$$

を考えると, $x = \dfrac{d\overbrace{\left(\frac{1}{2}x^2\right)}^{g(x)}}{dx}$ であることがわかる.

$$\underbrace{e^{i\frac{2n\pi x}{a}}}_{f(x)}\underbrace{\frac{d\left(\frac{1}{2}x^2\right)}{dx}}_{\frac{d\{g(x)\}}{dx}} = \underbrace{\frac{d\left(e^{i\frac{2n\pi x}{a}}\cdot\frac{1}{2}x^2\right)}{dx}}_{\text{積の微分}} - \underbrace{\left(i\frac{2n\pi}{a}e^{i\frac{2n\pi x}{a}}\right)}_{\frac{d\{f(x)\}}{dx}}\cdot\underbrace{\frac{1}{2}x^2}_{g(x)}$$

の両辺を積分すると

$$\int_0^a x^1 e^{i\frac{2n\pi x}{a}}dx = \left[e^{i\frac{2n\pi x}{a}}\cdot\frac{1}{2}x^2\right]_0^a - i\frac{n\pi}{a}\int_0^a x^2 e^{i\frac{2n\pi x}{a}}dx$$

となり, $x^1 \to x^2$ のように指数が大きくなる.

3.5 関数の近似

微分方程式の応用として, 簡単な運動学の問題を考えてみよう.

問 3.21 水平右向きを正の向きとして, 金属板上を速度 v で進むドライアイスがある (例題 1.1). 時刻 t_0 から時刻 t までドライアイスがすべった. 時刻 t におけるドライアイスの位置 x を $f(t)$ と表す. 位置 x は, 時刻 t のどんな関数か？

ドライアイスと金属板との間の摩擦は小さいので, ドライアイスは等速直線運動 (方向・速さは一定) する.

【解説】

$$\underbrace{f(t)-f(t_0)}_{\text{変位 (位置の変化)}} = \underbrace{v}_{\text{速度}}\underbrace{(t-t_0)}_{\text{時間}}$$

位置 x が時刻 t で決まるから, x は t の関数である.

位置 $f(t)$ は, t の **1 次関数**

$$f(t) = f(t_0) + v(t-t_0) \quad \longleftarrow \underbrace{f(t)}_{y} = \underbrace{f(t_0)-vt_0}_{b} + \underbrace{v}_{a}\underbrace{t}_{x}$$

である.

速度 v が一定だから, 解説のように, 積分の代わりに単なる掛算で表せる.

▶ 速度の定義：$\underbrace{\overbrace{\dfrac{dx}{dt}}^{\text{変位}}}_{\text{時間}} = \overbrace{v}^{\text{速度}}$ を微分方程式とみなす．分母 dt を払うと

$$\underbrace{dx}_{\text{変位}} = \underbrace{v}_{\text{速度}}\underbrace{dt}_{\text{時間}}$$

となる．変位 = 速度 × 時間 [たて軸が位置，よこ軸が時刻を表すグラフの高さ = 傾き × 幅 (3.2 節)] を足し合わせる．

$$\int_{f(t_0)}^{f(\tau)} dx = v\int_{t_0}^{\tau} dt$$

$$f(\tau) - f(t_0) = v(\tau - t_0)$$

$$f(\tau) = f(t_0) + v(\tau - t_0)$$

t	t_0	$\to$	τ
x	$f(t_0)$	$\to$	$f(\tau)$

τ は「タウ」と読むギリシア文字である．

パラメータ (1.1 節) 積分するとき，上限の値は定数 (特定の値) である．しかし，上限には，どんな値でも選べるという意味で変数ともいえる．このように，τ はパラメータである．

この式は $t = \tau$, $x = f(\tau)$ の場合 (τ はどんな値でもいい) を表すから，t と x との対応の規則 (関数) で決まる関数値は，t の **1 次関数**

$$x = \underbrace{f(t_0) + v(t - t_0)}_{f(t)}$$

である

問 3.22　鉛直下向きを正の向きとして，時刻 t_0 に，ボールを鉛直下向きに初速度 v で投げ下ろした．実験によると，ボールは一定の加速度 g で落下する．ボールの時刻 t における位置を $f(t)$, 速度を $f'(t)$, 加速度を $f''(t)$ と表す．位置と速度とは，それぞれ時刻のどんな関数か？

記号 f' の意味は 2.1.4 項参照．

g：gravitational acceleration (重力加速度)

解説　加速度の定義 (単位時間あたりの速度が変化する割合)：

$$\underbrace{f'(t) - f'(t_0)}_{\text{速度の変化分}} = \underbrace{g}_{\text{加速度}}\underbrace{(t - t_0)}_{\text{時間}}$$

加速度 $= \dfrac{\text{速度の変化分}}{\text{時間}}$ の分母を払うと 速度の変化分 = 加速度 × 時間 と表せる．

から，速度 $f'(t)$ は，t の **1 次関数**

$$f'(t) = \underbrace{f'(t_0)}_{v} + g(t - t_0) \quad \longleftarrow \quad \underbrace{f'(t)}_{y} = \underbrace{v - gt_0}_{b} + \underbrace{g}_{a}\underbrace{t}_{x}$$

である．問 3.21 の方法 (本問は速度が一定でない) で，

$$\int_{f(t_0)}^{f(\tau)} dx = \int_{t_0}^{\tau} f'(t)dt$$

t	t_0	$\longrightarrow$	τ
x	$f(t_0)$	$\longrightarrow$	$f(\tau)$

$$f(\tau) - f(t_0) = v\underbrace{\int_{t_0}^{\tau} dt}_{\tau - t_0} + g\underbrace{\int_{t_0}^{\tau}(t - t_0)dt}_{\frac{1}{2}(\tau - t_0)^2}$$

$$f(\tau) = f(t_0) + v(\tau - t_0) + \frac{1}{2}g(\tau - t_0)^2$$

となる．この式は $t = \tau$, $x = f(\tau)$ の場合 (τ はどんな値でもいい) を表すから，t と x との対応の規則 (関数) で決まる関数値は，t の **2 次関数**

$$x = \underbrace{f(t_0) + v(t - t_0) + \frac{1}{2}g(t - t_0)^2}_{f(t)}$$

である．

加速度の定義について，小林幸夫：『力学ステーション』(森北出版, 2002) 2.4 節参照．

計算過程
(3.2 節参照)

$$\int_{t_0}^{\tau}(t - t_0)dt$$
$$= \int_{t_0}^{\tau} tdt - t_0\int_{t_0}^{\tau} dt$$
$$= \frac{1}{2}\tau^2 - \frac{1}{2}{t_0}^2$$
$$-t_0(\tau - t_0)$$
$$= \frac{1}{2}(\tau + t_0)(\tau - t_0)$$
$$-t_0(\tau - t_0)$$
$$= (\tau - t_0)$$
$$\times\left(\frac{1}{2}\tau + \frac{1}{2}t_0 - t_0\right)$$
$$= \frac{1}{2}(\tau - t_0)^2$$

▶ **記号**　関数 $x = f(t)$ を t で 2 回微分して得る関数 (**2 階導関数**) を

$$x'', \quad f''(t)$$

と表し，関数 $x = f(t)$ を t で n 回微分して得る関数 (**n 階導関数**) を

$$x^{(n)}, \quad f^{(n)}(t)$$

と表す．

- 問 3.21：$f'(t_0) = v$(一定量) の場合だから，1 次関数は

$$f(t) = f(t_0) + f'(t_0)(t - t_0)$$

と表せる．

- 問 3.22：$f'(t_0) = v$ (一定量), $f''(t_0) = g$(一定量) の場合だから，2 次関数は

$$f(t) = f(t_0) + f'(t_0)(t - t_0) + \frac{1}{2}f''(t_0)(t - t_0)^2$$

と表せる．

パラメータ (1.1 節)
積分するとき，上限の値は定数 (特定の値) である．しかし，上限には，どんな値でも選べるという意味で変数ともいえる．
このように，τ はパラメータである．

関数の多項式展開で，導関数 f' の記号だけではなく，f'', $f^{(n)}$ の記号が必要になる．

$a_0t^0 + a_1t^1 + \cdots$ と書くと 0 乗, 1 乗がはっきりする.

例題 3.5　**多項式関数の係数**　多項式関数

$$f(t) = a_0 + a_1t + a_2t^2 + \cdots + a_nt^n$$

の係数と関数の値との間にどんな関係があるか？

【発想】 多項式関数の係数は, その関数を 1 階微分, 2 階微分, ..., n 階微分した関数の $t = 0$ のときの値である.

【解説】 (i) a_0 の値：$t = 0$ とすると $a_0 = f(0)$ である.

(ii) a_1 の値：$f(t)$ を t で微分すると,

$$f'(t) = a_1 + 2a_2t + \cdots + na_nt^{n-1}$$

となる. $t = 0$ とすると $a_1 = f'(0)$ である.

(iii) a_2 の値：$f'(t)$ を t で微分すると,

$$f''(t) = 2a_2 + \cdots + n(n-1)a_nt^{n-2}$$

となる. $t = 0$ とすると $f''(0) = 2a_2$ だから $a_2 = \dfrac{1}{2}f''(0)$ である.

(iv) a_3 の値：$f''(t)$ を t で微分すると,

$$f^{(3)}(t) = 3 \cdot 2a_3 + \cdots + n(n-1)(n-2)a_nt^{n-3}$$

となる. $t = 0$ とすると $f^{(3)}(0) = 3 \cdot 2a_3$ だから $a_3 = \dfrac{1}{3!}f^{(3)}(0)$ である.

この操作をくり返すと, $a_n = \dfrac{f^{(n)}(0)}{n!}$ であることがわかるから,

$$\boxed{f(t) = f(0) + f'(0)t + \frac{f''(0)}{2!}t^2 + \cdots + \frac{f^{(n)}(0)}{n!}t^n}$$

⟵ **式の特徴をよく観察すること**

と表せる.

$\dfrac{d(t^a)}{dt}$ の求め方

(対数微分の応用：第 2 話と異なる方法)

$u = t^a$ ($t > 0$, a は実数) とおくと, 両辺の自然対数は

$\log_e u = a \log_e t$

である. 両辺を t で微分すると

$$\frac{d(\log_e u)}{dt} = a\frac{d(\log_e t)}{dt}$$

$$\frac{d(\log_e u)}{du}\frac{du}{dt} = a \cdot \frac{1}{t}$$

$$\frac{1}{u}\frac{du}{dt} = \frac{a}{t}$$

$$\frac{du}{dt} = \frac{au}{t}$$

$$\frac{d(t^a)}{dt} = \underbrace{\frac{at^a}{t}}_{at^{a-1}}$$

[指数が 1 だけ小さい関数 t^{a-1} の指数倍 (a 倍)]

となる. この導き方では, a は整数とは限らず, 有理数 (2/3 など), 無理数 ($\sqrt{2}$ など) でもいい.

▶ **項を並べる順**

● **昇べきの順** (低い次数 ⟶ 高い次数)

理由 ① 例題 3.5 のように, a_0, a_1, a_2, ... の順に求まる.

② 例題 3.8, 3.9, 問 3.26 のように, 関数の近似値を求めるとき, 高次の項が小さいので無視できる. 昇べきの順でないと近似値が求めにくい.

● **降べきの順** (高い次数 ⟶ 低い次数)

2 次方程式 $3x^2+5x+4=0$ などの場合

▶ **式の見方**

$$f(t)=\frac{f(0)}{0!}t^0+\frac{f'(0)}{1!}t^1+\frac{f''(0)}{2!}t^2+\cdots+\frac{f^{(n)}(0)}{n!}t^n$$

と書くと，どの項も $\dfrac{f^k(0)}{k!}t^k$ の形であることが見やすくなる．和の記号 $\sum$ を使って，

$$f(t)=\sum_{k=0}^{n}\frac{f^k(0)}{k!}t^k$$

と表せる．

▶ **ベキ乗**

$\boxed{t^3=t\times t\times t}\xrightarrow{\div t}\boxed{t^2=t\times t}\xrightarrow{\div t}\boxed{t^1=t}\xrightarrow{\div t}\boxed{t^0=1}\xrightarrow{\div t}\boxed{t^{-1}=\dfrac{1}{t}}$

$\xrightarrow{\div t}\boxed{t^{-2}=\dfrac{1}{t^2}}$ **指数が 1 だけ小さくなるごとに，t で割った値になる．**

拡張 t を $t-t_0$ とおきかえると，$t=0$ の代わりに $t=t_0$ となる ($t=t_0$ のとき $t-t_0=0$) だから，

$$\boxed{f(t)=f(t_0)+f'(t_0)(t-t_0)+\frac{f''(t_0)}{2!}(t-t_0)^2+\cdots+\frac{f^{(n)}(t_0)}{n!}(t-t_0)^n}$$

と表せる (問 3.21 は $n=1$ の場合，問 3.22 は $n=2$ の場合である)．

階乗 (記号は !)
$4!=4\times3\times2\times1$
$3!=3\times2\times1$
$2!=2\times1$
$1!=1$
だから
$\dfrac{4!}{3!}=4$,
$\dfrac{3!}{2!}=3$,
$\dfrac{2!}{1!}=2$,
$\dfrac{1!}{1!}=1$
の規則が見つかる．分子は (分母 + 1)! だから文字で表すと
$\dfrac{(n+1)!}{n!}=n+1$
となる．この規則の通りに考えると
$\dfrac{1!}{0!}=1$
だから，
$\mathbf{0!=1}$
と決める (約束する) と
$\dfrac{1!}{1}=1$
になる．

2.1.4 項

問 3.23 問 3.22 で，$t_0=0$ s，$f(0\text{ s})=0$ m，$f'(0\text{ s})=1$ m/s，$g=10$ m/s^2 として，$x-t$ グラフを考える．このグラフ (曲線) 上の $t/\text{s}=0$ における接線の方程式を求めよ．

ここでは，有効数字の桁数について一切考えていない．

【解説】 $t/\text{s}=0$ における接線は，点 $(0,0)$ を通り，傾きが 1 $[f'(0\text{ s})/\text{ms}^{-1}=1]$ の直線だから，この接線上のあらゆる点は

$$\frac{\overbrace{x/\text{m}-0}^{\text{高さ}}}{\underbrace{t/\text{s}-0}_{\text{幅}}}=\underbrace{1}_{\text{傾き}}$$

x/m, t/s は 量/単位量 だから数値を表す (0.4.1 項)．

たて軸，よこ軸は数直線だから，量ではなく数を表す．
$t=0$ s のとき $x=0$ m だから，$x-t$ グラフは点 $(0,0)$ を通る．

をみたす．$t/\mathrm{s}=0$ における接線の方程式は

$$x/\mathrm{m}=1\times t/\mathrm{s} \quad \longleftarrow 1 \text{ 次関数 } y=ax+b \text{ の形 } (b=0)$$

である．

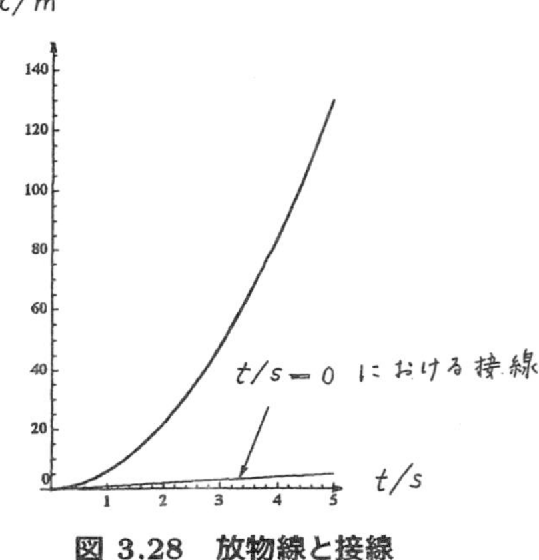

図 3.28　放物線と接線

$\dfrac{x/\mathrm{m}-0}{t/\mathrm{s}-0}=1$ の分母を払うと，$x/\mathrm{m}-0=1\times(t/\mathrm{s}-0)$ となる．

量 $x=1\ \mathrm{m/s}\times t$ の両辺を単位量 m で割ると 数 $x/\mathrm{m}=1\times \underbrace{t/\mathrm{s}}_{\text{数}}$ となる．

量 $x=1\ \mathrm{m/s}\times t+5\ \mathrm{m/s^2}\times t^2$ の両辺を単位量 m で割ると 数 $x/\mathrm{m}=\underbrace{t/\mathrm{s}}_{\text{数}}+5\underbrace{(t/\mathrm{s})^2}_{\text{数}}$ となる (0.4.1 項参照)．

▶ **1 次関数による近似**　$f(t)=f'(t_0)t+\dfrac{1}{2}f''(t_0)t^2$ を $g(t)=f'(t_0)t$ で近似できるのは，t の値がどんな範囲の場合か？ ただし，$t_0=0$ s とする．

イメージ　極めて短い時間に限ると，ボールはまだ大きく加速していないから，もとの速度とほとんど変わらないとみなせる．

表 3.3　1 次関数による近似の精度

t/s	$(1\ \mathrm{m/s}\times t)/\mathrm{m}$	$(1\ \mathrm{m/s}\times t+5\ \mathrm{m/s^2}\times t^2)/\mathrm{m}$
−0.03	−0.0300	−0.0255
−0.02	−0.0200	−0.0180
−0.01	−0.0100	−0.0095
0	0	0
0.01	0.0100	0.0105
0.02	0.0200	0.0220
0.03	0.0300	0.0345
⋯	⋯	⋯
1.00	1.0000	6.0000

$t/\mathrm{s}=0$ の近くでは，曲線 (2 次関数) を接線 (1 次関数) で近似しても精度は高いことがわかる．しかし，1 次関数のグラフは直線だから，2 次関数のグラフ

の曲がり具合を表すことはできない. **点** $(0,0)$ **の近くの極めて狭い範囲 (近傍) に限る**と, 2 次関数のグラフ (曲線) と 1 次関数のグラフ (接線) とはほとんど一致する (表 3.3). グラフのカーブがまっすぐに見えるというイメージを思い描くといい.

例題 3.6 **1 次関数で近似したときの誤差**　関数 $f(t)$ を 1 次関数

$$g(t) = f(t_0) + f'(t_0)(t - t_0)$$

で近似したときの誤差の程度を説明せよ.

【問題の意味】 t が t_0 に近いとき, たとえば, 2 次関数 $f(t) = f(t_0) + f'(t_0)(t - t_0) + \dfrac{1}{2}f''(t_0)(t - t_0)^2$ を $g(t) = f(t_0) + f'(t_0)(t - t_0)$ で近似すると, 誤差 $h(t) = f(t) - g(t)$ を無視できるくらい精度が高いかどうか？

【解説】 簡単のために, 2 次関数の場合を考えてみる.

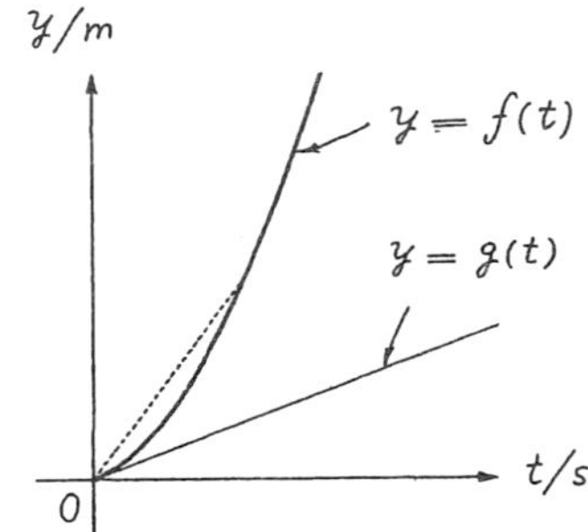

図 3.29　$f(t)$ と $g(t)$ との差　接線の傾きと曲線上の 2 点間の傾きとの比較

$$f(t) = \underbrace{f(t_0) + f'(t_0)(t - t_0)}_{g(t)} + \underbrace{\frac{1}{2}f''(t_0)(t - t_0)^2}_{h(t)}$$

曲線 (2 次関数の場合は放物線) 上の $t = t_0$ における接線と曲線上の 2 点 ($t = t_0$ と $t \neq t_0$) を通る直線とがどのくらい一致するかを調べる. これらの直線は 1 点 ($t = t_0$) が一致しているから, 傾きの差を比べればいい. 傾きの表式

をつくるために

$$f(t)-f(t_0)=f'(t_0)(t-t_0)+\underbrace{\frac{1}{2}f''(t_0)(t-t_0)^2}_{h(t)}$$

の両辺を $t-t_0$ で割ると，

$$\underbrace{\frac{f(t)-f(t_0)}{t-t_0}}_{\text{曲線上の 2 点間の傾き}}=\underbrace{f'(t_0)}_{\text{接線の傾き}}+\overbrace{\underbrace{\frac{1}{2}f''(t_0)(t-t_0)}_{\text{傾きの差}}}^{h(t)/(t-t_0)}$$

を得る．$t\to t_0$ ($t=t_0$ でなく $t\neq t_0$ であることに注意) とすると，

$$\lim_{t\to t_0}\frac{h(t)}{t-t_0}=0$$ ⟵ 3 次以上の項を含んでいてもこの式が成り立つ．

となるから，**t が t_0 に近い範囲では，** 誤差 $h(t)$ は $t-t_0$ に比べて無視できるほど小さい．

表 3.2 のデータ　($t_0/\mathrm{s}=0$ の場合)

$$h(t)/\mathrm{m}=(1\ \mathrm{m/s}\times t+5\ \mathrm{m/s^2}\times t^2)/\mathrm{m}-(1\ \mathrm{m/s}\times t)/\mathrm{m}$$

$\overbrace{0.0220-0.0200=0.0020}^{h(t)/\mathrm{m}}<\overbrace{0.02}^{(t-t_0)/\mathrm{s}}$

$0.0345-0.0300=0.0045<0.03$

$6.0000-1.0000=5.0000>1.00$ ⟵ $t/\mathrm{s}=1.00$ のとき誤差 $h(t)$ は $t-t_0$ に比べて無視できないほど大きい．

指数関数・対数関数・円関数のグラフを思い出してみよう．これらのグラフ上の 1 点の近くで，曲線のグラフを接線 (1 次関数) で近似すると，どのような近似式で表せるか？

例題 3.7　**1 次の近似式**　つぎの関数の，$t=0$ の近くにおける 1 次の近似式を求めよ．

(1) $f(t)=e^t$　(2) $f(t)=\cos t$　(3) $f(t)=\sin t$　(4) $f(t)=\log_e(1+t)$

2.1.4 項 例題 2.2
$f'(t_0)=\lim_{t\to t_0}\frac{f(t)-f(t_0)}{t-t_0}$
である．$t\to t_0$ のとき
$\frac{f(t)-f(t_0)}{t-t_0}=f'(t_0)+\frac{1}{2}f''(t_0)(t-t_0)$
は
$f'(t_0)=f'(t_0)+\lim_{t\to t_0}\frac{1}{2}f''(t_0)\times(t-t_0)$
となる．両辺から $f'(t_0)$ を引くと
$\lim_{t\to t_0}\frac{1}{2}f''(t_0)\times(t-t_0)=0$
を得る．3 次以上の項を含んでいても，
$f'(t_0)=f'(t_0)+\lim_{t\to t_0}h(t)$
が成り立つから，
$\lim_{t\to t_0}h(t)=0.$
「誤差 $h(t)$ は $t-t_0$ に比べて無視できるほど小さい」とは？
$\frac{0.1}{0.0001}=1000$
のような
分子 $>$ 分母
の分数の値と
$\frac{0.0001}{0.1}=0.001$
のような
分子 $<$ 分母
の分数の値とを比べると意味がわかる．分母の値に比べて分子の値が無視できるほど小さいとき，分数の値は 0 に近い．

(5) $f(t)=\sqrt{1+t}$

【解説】例題 3.5 と同じ考え方で,

$$f(t) \fallingdotseq g(t) = f(0) + f'(0)t$$

と書く.

(1) e^t は t で何回微分しても変わらない. $f(0)=e^0=1$, $f'(0)=e^0=1$ だから, $e^t \fallingdotseq 1+t$ である. **原点 $(0,0)$ で, 1 次関数を表す直線 $g(t)=t+1$ (傾き 1, 切片 1) に接している.**

(2) 円関数の微分 (3.4.1 項) の考え方で, $f'(0)=\left.\dfrac{d(\cos t)}{dt}\right|_{t=0}=-\sin 0=0$ だから, $\cos t \fallingdotseq 1$ である. **原点 $(0,0)$ で, 直線 $g(t)=1$ (傾き 0, 切片 1) に接している.**

(3) 円関数の微分 (3.4.1 項) の考え方で, $f'(0)=\left.\dfrac{d(\sin t)}{dt}\right|_{t=0}=\cos 0=1$ だから, $\sin t \fallingdotseq t$ である. **原点 $(0,0)$ で, 比例を表す直線 $g(t)=t$ (傾き 1, 切片 0) に接している.**

(4) 対数関数の微分 (3.3.1 項) の考え方で, $s=1+t$ とおくと,

$$f'(t)=\frac{d\{\log_e(1+t)\}}{dt}=\frac{d(\log_e s)}{ds}\frac{ds}{dt}=\frac{1}{s}\cdot\frac{d(1+t)}{dt}=\frac{1}{1+t}\cdot 1$$

となる. $f(0)=\log_e(1+0)=0$, $f'(0)=1$ だから, $\log_e(1+t)\fallingdotseq t$ である. **原点 $(0,0)$ で, 比例を表す直線 $g(t)=t$ (傾き 1, 切片 0) に接している.**

(5) $s=1+t$ とおくと,

$$f'(t)=\frac{d\{(1+t)^{1/2}\}}{dt}=\frac{d(s^{1/2})}{ds}\frac{ds}{dt}=\frac{1}{2}s^{-1/2}\frac{d(1+t)}{dt}=\frac{1}{2\sqrt{1+t}}\cdot 1$$

となる. $f(0)=\sqrt{1+0}=1$, $f'(0)=\dfrac{1}{2}$ だから, $\sqrt{1+t}\fallingdotseq 1+\dfrac{1}{2}t$ である. **原点 $(0,0)$ で, 直線 $g(t)=1+\frac{1}{2}t$ (傾き $\frac{1}{2}$, 切片 1) に接している.**

多項式関数を表す式は, 例題 3.5 では近似式ではないが, 例題 3.7 では近似式である. 問 3.22 の $f(t)=f(t_0)+f'(t_0)(t-t_0)+\dfrac{1}{2}f''(t_0)(t-t_0)^2$ は, 例題 3.5 で $n=2$ の場合であり, この式も近似ではない. この式の代わりに $(t-t_0)$ の 1 次の項までで表した式 $g(t)=f(t_0)+f'(t_0)(t-t_0)$ は $f(t)=f(t_0)+f'(t_0)(t-t_0)+\frac{1}{2}f''(t_0)(t-t_0)^2$ の近似式である.

▶ 1 次の近似式の使い方

例 1 $\sin 28^\circ=\underbrace{\sin\left(\dfrac{\pi}{180^\circ}\times 28^\circ\right)}_{\sin t}\fallingdotseq\underbrace{\dfrac{\pi}{180^\circ}\times 28^\circ}_{t}\fallingdotseq 0.1556\times\pi\fallingdotseq 0.4888$

例 2 $\sqrt{100.8}=10\underbrace{\sqrt{1+0.008}}_{\sqrt{1+t}}\fallingdotseq 10\times\underbrace{\left(1+\dfrac{1}{2}\times 0.008\right)}_{1+\frac{1}{2}t}=10.04$

$\pi=3.1416$ とした. 弧度法 (1.2.3 項)

$100.8=100+0.8$

$100+0.8$
$=100(1+0.008)$

$\sqrt{100(1+0.008)}$
$=10\sqrt{1+0.008}$

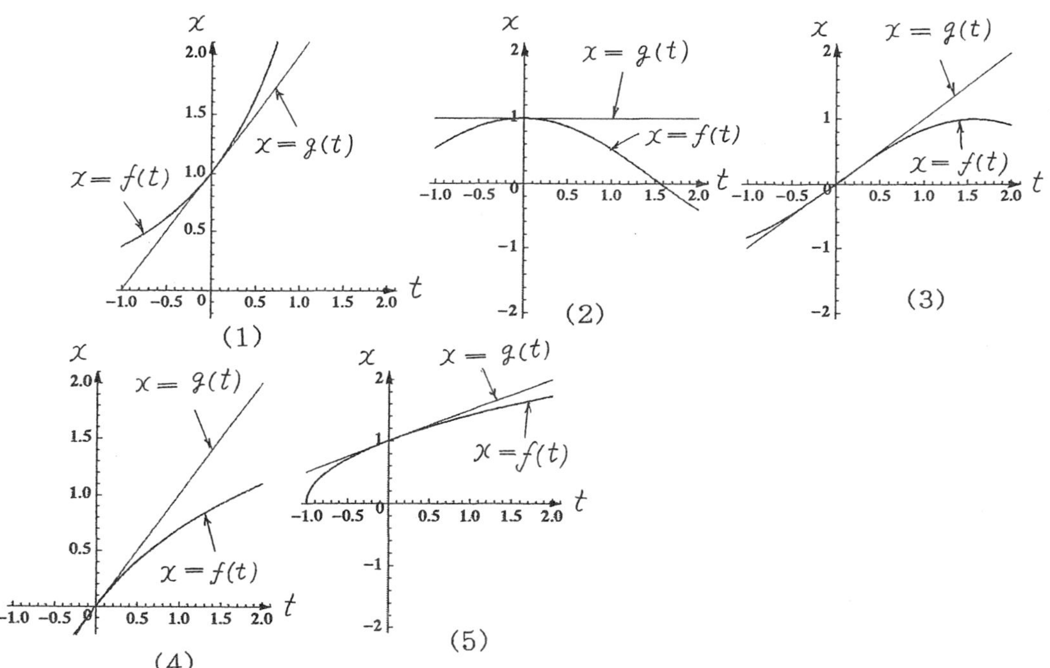

図 3.30　関数とその 1 次近似

(1) ～ (5) の関数のグラフはどれも曲線だから，グラフを接線 (直線) で近似するとグラフの曲がり具合が表せない．例題 3.7 の近似の精度を高めるために，g を 2 次関数とする．

われわれの持っている計算手段は，加減乗除の四則であるから，関数の値を直接計算できるのは，このような整級数表示によるもの以外はないといえる [竹之内脩：『新・微分積分学』(培風館，2002)]．

整級数は，各項を単項式とする級数 (多項式) である．

例題 3.8　**2 次の近似式**　つぎの関数の，$t = 0$ の近くにおける 2 次の近似式を求めよ．

(1) $f(t) = e^t$　(2) $f(t) = \cos t$　(3) $f(t) = \sin t$　(4) $f(t) = \log_e(1 + t)$

(5) $f(t) = \sqrt{1 + t}$

【解説】 例題 3.5 と同じ考え方で,

2 次関数を表す曲線は放物線である.

$$f(t) \fallingdotseq g(t) = f(0) + f'(0)t + \frac{1}{2}f''(0)t^2$$

と書く.

(1) e^t は t で何回微分しても変わらない. $f(0) = e^0 = 1$, $f'(0) = e^0 = 1$, $f''(0) = e^0 = 1$ だから, $e^t \fallingdotseq 1 + t + \frac{1}{2}t^2$ である. **原点 (0, 0) で, 2 次関数を表す曲線 $g(t) = 1 + t + \frac{1}{2}t^2$ に接している.**

(2) 円関数の微分 (3.4.1 項) の考え方で, $f''(0) = \left.\frac{d^2(\cos t)}{dt^2}\right|_{t=0} = -\cos 0 = -1$ だから, $\cos t \fallingdotseq 1 - \frac{1}{2}t^2$ である. **原点 (0, 0) で, 2 次関数を表す曲線 $g(t) = 1 - \frac{1}{2}t^2$ に接している.**

(3) 円関数の微分 (3.4.1 項) の考え方で, $f''(0) = \left.\frac{d^2(\sin t)}{dt^2}\right|_{t=0} = -\sin 0 = 0$ だから, $\sin t \fallingdotseq t$ (1 次の近似式と同じ) である. **原点 (0, 0) で, 比例を表す直線 $g(t) = t$ に接している.**

(4) 対数関数の微分 (3.3.1 項) の考え方で, $s = 1 + t$ とおくと,

$$\begin{aligned} f''(t) &= \frac{d^2\{\log_e(1+t)\}}{dt^2} = \frac{d}{dt}\left[\frac{d\{\log_e(1+t)\}}{dt}\right] = \frac{d}{dt}\left(\frac{1}{1+t}\right) = \frac{d\{(1+t)^{-1}\}}{dt} \\ &= \frac{d(s^{-1})}{ds}\frac{ds}{dt} = -s^{-2}\frac{d(1+t)}{dt} = -(1+t)^{-2} \times 1 = -\frac{1}{(1+t)^2} \end{aligned}$$

となる. $f(0) = \log_e(1+0) = 0$, $f'(0) = 1$, $f''(0) = -1$ だから, $\log_e(1+t) \fallingdotseq t - \frac{1}{2}t^2$ である. **原点 (0, 0) で, 2 次関数を表す曲線 $g(t) = t - \frac{1}{2}t^2$ に接している.**

(5) $s = 1 + t$ とおくと,

$$\begin{aligned} f''(t) &= \frac{d^2\{(1+t)^{1/2}\}}{dt^2} = \frac{d}{dt}\left[\frac{d\{(1+t)^{1/2}\}}{dt}\right] = \frac{d}{dt}\left(\frac{1}{2\sqrt{1+t}}\right) \\ &= \frac{1}{2}\frac{d(s^{-1/2})}{dt} = \frac{1}{2}\frac{d(s^{-1/2})}{ds}\frac{ds}{dt} = -\left(\frac{1}{2}\right)^2 s^{-3/2}\frac{d(1+t)}{dt} \\ &= -\frac{1}{4}(1+t)^{-3/2} \times 1 = -\frac{1}{4(1+t)^{3/2}} \end{aligned}$$

となる. $f(0) = \sqrt{1+0} = 1$, $f'(0) = \frac{1}{2}$, $f''(0) = -\frac{1}{4}$ だから, $\sqrt{1+t} \fallingdotseq 1 + \frac{1}{2}t - \frac{1}{8}t^2$ である. **原点 (0, 0) で, 2 次関数を表す曲線 $g(t) = 1 + \frac{1}{2}t - \frac{1}{8}t^2$ に接している.**

$\frac{1}{2}f''(0)t^2 = -\frac{1}{8}t^2$

▶ 2 次の近似式の使い方

$$\sqrt{100.8} = \sqrt{100+0.8} = \sqrt{100(1+0.008)} = 10\underbrace{\sqrt{1+0.008}}_{\sqrt{1+t}}$$

$$\fallingdotseq 10 \times \underbrace{\left(1+\frac{1}{2}\times 0.008 - \frac{1}{8}\times 0.008^2\right)}_{1+\frac{1}{2}t-\frac{1}{8}t^2} = 10.0399$$

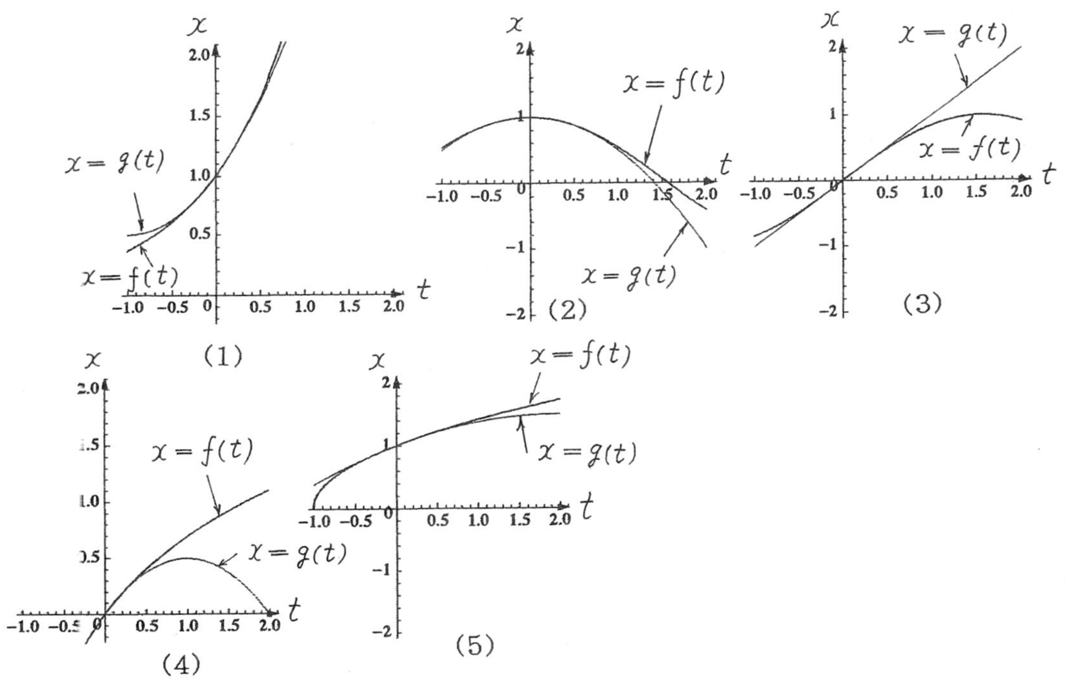

図 3.31　関数とその 2 次近似

例題 3.9　**2 次関数で近似したときの誤差**　関数 $f(t)$ を 2 次関数

$$g(t) = f(t_0) + f'(t_0)(t-t_0) + \frac{1}{2}f''(t_0)(t-t_0)^2$$

で近似したときの誤差の程度を説明せよ.

【解説】 簡単のために, 3 次関数の場合を考えてみる.

$$f(t) = \underbrace{f(t_0) + f'(t_0)(t-t_0) + \frac{f''(t_0)}{2!}(t-t_0)^2}_{g(t)} + \underbrace{\frac{f^{(3)}(t_0)}{3!}(t-t_0)^3}_{h(t)}$$

例題 3.6 の考え方を拡張して,

$$f(t) - f(t_0) - f'(t_0)(t-t_0) - \frac{f''(t_0)}{2!}(t-t_0)^2 = \underbrace{\frac{f^{(3)}(t_0)}{3!}(t-t_0)^3}_{h(t)}$$

に書き換える. この両辺を $\frac{1}{2!}(t-t_0)^2$ で割ると,

$$\frac{f(t) - f(t_0) - f'(t_0)(t-t_0) - \frac{f''(t_0)}{2!}(t-t_0)^2}{\frac{1}{2!}(t-t_0)^2} = \overbrace{\frac{f^{(3)}(t_0)}{3}(t-t_0)}^{h(t)/\{(t-t_0)/2!\}}$$

を得る. $t \to t_0$ ($t = t_0$ でなく $t \neq t_0$ であることに注意) とすると,

$$\lim_{t \to t_0} \frac{h(t)}{(t-t_0)^2} = 0 \qquad \longleftarrow \text{4 次以上の項を含んでいてもこの式が成り立つ.}$$

となるから, **t が t_0 に近い範囲では,** 誤差 $h(t)$ は $(t-t_0)^2$ に比べて無視できるほど小さい (考え方は例題 3.6 と同じ).

$\lim_{t \to t_0} \frac{h(t)}{\frac{(t-t_0)^2}{2!}}$
$= \lim_{t \to t_0} \frac{f^{(3)}(t_0)}{3}$
$\times (t-t_0)$
$= 0$
を 2! で割ると
$\frac{h(t)}{\frac{(t-t_0)^2}{2!} \cdot 2!}$
$= \frac{h(t)}{(t-t_0)^2}$
だから
$\lim_{t \to t_0} \frac{h(t)}{(t-t_0)^2}$
$= 0$
となる.

> $t = t_0$ の近くにおける $f(t)$ の n 次の近似式
>
> $$f(t) \fallingdotseq f(t_0) + f'(t_0)(t-t_0) + \frac{f''(t_0)}{2!}(t-t_0)^2 + \cdots + \frac{f^{(n)}(t_0)}{n!}(t-t_0)^n$$

▶ 近似式の意味

- 1 次の近似式 [1 次の項で切った $(t-t_0)$ の多項式]: $t = t_0$ の近くで誤差 $h(t)$ が $t - t_0$ に比べて無視できる (表 3.3).

　1 次の近似式の誤差: $\frac{1}{2}f''(t_0)(t-t_0)^2$ と同程度 (例題 3.6)

• 2 次の近似式 [2 次の項で切った $(t-t_0)$ の多項式]：$t=t_0$ の近くで誤差 $h(t)$ が $(t-t_0)^2$ に比べて無視できる.

2 次の近似式の誤差：$\dfrac{1}{3!}f^{(3)}(t_0)(t-t_0)^3$ と同程度 (例題 3.9)

• n 次の近似式 [n 次の項で切った $(t-t_0)$ の多項式]：$t=t_0$ の近くで誤差 $h(t)$ が $(t-t_0)^n$ に比べて無視できる.

n 次の近似式の誤差：$\dfrac{1}{(n+1)!}f^{(n+1)}(t_0)(t-t_0)^{n+1}$ と同程度

【疑問】 関数は, 何次の多項式で表せるのか？

指数関数 e^t [例題 3.7 (1), 例題 3.8 (1)] を考えてみよう. **e^t は何回微分しても変わらない** (3.3.1 項). n 次の多項式 $f(t)=a_0+a_1t+a_2t^2+\cdots+a_nt^n$ を t で微分すると $(n-1)$ 次の多項式 $f'(t)=a_1+2a_2t+\cdots+na_nt^{n-1}$ になる. だから, e^t が n 次の多項式で表せるとすると, 微分しても変わらないという性質が説明できない. したがって, e^t を多項式で表すためには, どこまでも項を足し合わせなければならない (無限項の足し合わせ).

Taylor 級数・Maclaurin 級数 (整級数)　**テイラー級数**　**マクローリン級数**

どこまでも項を足し合わせるとき, n が限りなく大きくなる. $n\to\infty$ のとき,

$$f(t)-\left\{f(t_0)+f'(t_0)(t-t_0)+\frac{f''(t_0)}{2!}(t-t_0)^2+\cdots+\frac{f^{(n)}(t_0)}{n!}(t-t_0)^n\right\}\to 0$$

ならば, 関数 $f(t)$ を無限項の整級数 (ベキ級数ともいう)：

$$f(t)=f(t_0)+f'(t_0)(t-t_0)+\frac{f''(t_0)}{2!}(t-t_0)^2+\cdots+\frac{f^{(n)}(t_0)}{n!}(t-t_0)^n+\cdots \quad \textbf{Taylor 級数}$$

$(t-t_0)$ のベキで展開

で表せる.

Taylor 級数で $t_0=0$ とおくと,

$$f(t)=f(0)+f'(0)t+\frac{f''(0)}{2!}t^2+\cdots+\frac{f^{(n)}(0)}{n!}t^n+\cdots \quad \textbf{Maclaurin 級数}$$

t のベキで展開

を得る.

▶ **Taylor 級数の表し方**　$h = t - t_0$ とおくと, $t = t_0 + h$ だから

$$f(t_0 + h) = f(t_0) + f'(t_0)h + \frac{f''(t_0)}{2!}h^2 + \cdots + \frac{f^{(n)}(t_0)}{n!}h^n + \cdots$$

と表すこともできる.

▶ **展開係数の書き方**

$$f(t) = \frac{f(0)}{0!}t^0 + \frac{f'(0)}{1!}t^1 + \frac{f''(0)}{2!}t^2 + \cdots + \frac{f^{(n)}(0)}{n!}t^n + \cdots = \sum_{n=0}^{\infty} \frac{f^{(n)}(0)}{n!}t^n$$

と書くと, 展開係数の規則性がわかりやすい (問 3.23).

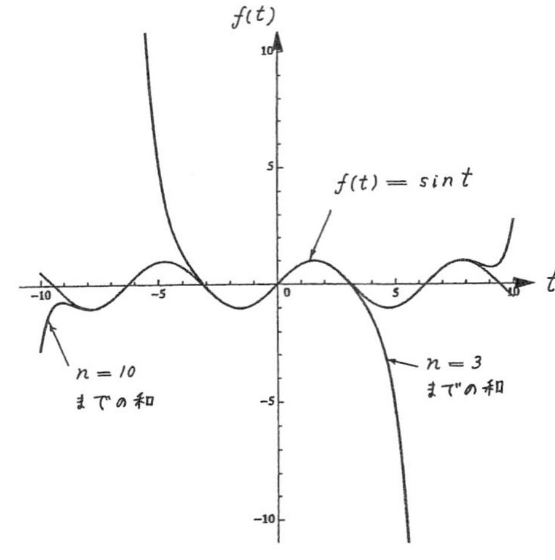

図 3.32　円関数の展開　(Mathematica で作成)

$t^0 = 1$

階乗 (記号は !)
$4! = 4 \times 3 \times 2 \times 1$
$3! = 3 \times 2 \times 1$
$2! = 2 \times 1$
$1! = 1$
だから
$\frac{4!}{3!} = 4,$
$\frac{3!}{2!} = 3,$
$\frac{2!}{1!} = 2,$
$\frac{1!}{1!} = 1$
の規則が見つかる. 分子は (分母 + 1)! だから文字で表すと
$\frac{(n+1)!}{n!} = n + 1$
となる. この規則の通りに考えると
$\frac{1!}{0!} = 1$
だから,
$\mathbf{0! = 1}$
と決める (約束する) と
$\frac{1!}{1} = 1$
になる.

問 3.24　Taylor 級数と Maclaurin 級数とのそれぞれを和の記号 $\sum$ で表せ.

規則を文字で表すための基礎知識

【解説】どこまでも項を足し合わせる操作を, 和の記号 $\sum_{n=0}^{\infty}$ で表す.

記号の意味　n に 0 を入れた $\frac{f^{(0)}(t_0)}{0!}(t - t_0)^0$, n に 1 を入れた $\overbrace{\frac{f^{(1)}(t_0)}{1!}}^{f'(t_0)}(t - t_0)^1$, n に 2 を入れた $\overbrace{\frac{f^{(2)}(t_0)}{2!}}^{f''(t_0)}(t - t_0)^2$, ... を順に足し合わせる.

Taylor 級数：$f(t)=\sum_{n=0}^{\infty}\frac{f^{(n)}(t_0)}{n!}(t-t_0)^n$ または $f(t_0+h)=\sum_{n=0}^{\infty}\frac{f^{(n)}(t_0)}{n!}h^n$

Maclaurin 級数：$f(t)=\sum_{n=0}^{\infty}\frac{f^{(n)}(0)}{n!}t^n$

問 3.25　$f(t)=\dfrac{1}{1-t}$ の Maclaurin 級数への展開は, 等比級数

$$\frac{1}{1-t}=1+t+t^2+\cdots+t^n+\cdots \qquad (|t|<1)$$

の形 (0 章 例題 0.8 で $t=1/4$ とおき, 第 1 項を t とした式) である.

(1) 第 k 項の係数が $\dfrac{f^{(k-1)}(0)}{(k-1)!}$ と一致することを確かめよ.

(2) $g(t)=1+t+t^2+\cdots+t^n$ とおくと, n が限りなく大きくなるとき $(n\to\infty)$, $f(t)-g(t)\to 0$ を示せ.

> Maclaurin 級数は, 高校数学の等比級数の発展版である.

【解説】 (1) $s=1-t$ とおくと,

$$f'(t)=\frac{d\{(1-t)^{-1}\}}{dt}=\frac{d(s^{-1})}{dt}=\frac{d(s^{-1})}{ds}\frac{ds}{dt}$$
$$=(-1)s^{-2}\underbrace{\frac{d(1-t)}{dt}}_{-1}=\frac{1}{(1-t)^2}$$

$$f''(t)=\frac{d\{(1-t)^{-2}\}}{dt}=\frac{d(s^{-2})}{dt}=\frac{d(s^{-2})}{ds}\frac{ds}{dt}$$
$$=(-2)s^{-3}\underbrace{\frac{d(1-t)}{dt}}_{-1}=\frac{2}{(1-t)^3}$$

$$f^{(3)}(t)=\frac{d\{2(1-t)^{-3}\}}{dt}=2\frac{d(s^{-3})}{dt}=2\frac{d(s^{-3})}{ds}\frac{ds}{dt}$$
$$=2\cdot(-3)s^{-4}\underbrace{\frac{d(1-t)}{dt}}_{-1}=\frac{\overbrace{3\cdot 2}^{3!}}{(1-t)^4}$$

$$\frac{d(1-t)}{dt}=\frac{d(1)}{dt}-\frac{dt}{dt}=0-1=-1$$

$s=1-t$ だから

$$s^{-2}=\frac{1}{(1-t)^2}$$
$$2s^{-3}=\frac{2}{(1-t)^3}$$

である.

となる．同様に，t で微分する操作を続けると，

$$f^{(k-1)}(t)=\frac{(k-1)!}{(1-t)^k}$$

を得る．$f^{(k-1)}(0)=(k-1)!$ だから，

$$\frac{f^{(k-1)}(0)}{(k-1)!}=\frac{(k-1)!}{(k-1)!}=1$$

となり，第 k 項の係数と一致する．

(2) 0 章 例題 0.8 の方法で $t=1/4$ とおき，第 1 項を t とした式 S_n を考えると，

$$g(t)=1+\underbrace{t+t^2+\cdots+t^{n-1}+t^n}_{n\text{ 項の和 } S_n}=1+\frac{t(1-t^n)}{1-t}$$

となる．$f(t)=\underbrace{1+t+t^2+\cdots+t^{n-1}+t^n}_{g(t)}+\underbrace{t^{n+1}+\cdots}_{n\text{ 次の近似式の誤差}}$ だから，

$$\underbrace{\frac{1}{1-t}}_{f(t)}=\underbrace{\overbrace{1+\frac{t(1-t^n)}{1-t}}^{1+t+t^2+\cdots+t^{n-1}+t^n}}_{g(t)}+t^{n+1}+\cdots$$

である．

$$\underbrace{f(t)-g(t)}_{n\text{ 次の近似式の誤差}}=\frac{1}{1-t}-\left\{1+\frac{t(1-t^n)}{1-t}\right\}$$
$$=\frac{t^{n+1}}{1-t}$$

● $|t|<1$ のとき

$$f(t)-g(t)=\frac{t^{n+1}}{1-t}\to 0\ \ (n\to\infty)$$

である．

$$\frac{1}{1-t}-\left\{1+\frac{t(1-t^n)}{1-t}\right\}=\frac{1}{1-t}-1-\frac{t}{1-t}+\frac{t^{n+1}}{1-t}=\frac{1-(1-t)}{1-t}-\frac{t}{1-t}+\frac{t^{n+1}}{1-t}=\frac{t^{n+1}}{1-t}$$

$|t|<1$ のとき
分子：$t^{n+1}\to 0$
1 よりも小さい数を何回も掛け続けると 0 に近づく．

【発展】 $\dfrac{1}{1-t}=1+t+t^2+\cdots+t^n+\cdots$
の両辺を t で微分すると

$$\frac{1}{(1-t)^2}=1+2t+3t^2+\cdots+nt^{n-1}+\cdots$$

になる (各自確認). このように, $f(t)=\dfrac{1}{1-t}$, $f(t)=\dfrac{1}{(1-t)^2}$ などは, 簡単に Maclaurin 級数への展開が求まる.

例題 3.10　**関数の展開**　つぎの関数の, $t=0$ における整級数展開 (Maclaurin 級数) を求めて, 結果を和の記号で表せ.

(1) $f(t)=e^t$　(2) $f(t)=\cos t$　(3) $f(t)=\sin t$　(4) $f(t)=\log_e(1+t)$
(5) $f(t)=\sqrt{1+t}$

規則を文字で表すための基礎知識

$t^{2\times 0}=t^0=1$

文末の数式にピリオドが必要であることについて, 例題 0.3 参照.

【解説】 例題 3.7, 例題 3.8 と同様に, 展開係数を求める.

(1) e^t は t で何回微分しても変わらない.

$$f(0)=e^0=1,\ f'(0)=e^0=1,\ \ldots,\ f^{(k)}(0)=e^0=1,\ \ldots$$

だから

$$e^t=1+t+\frac{1}{2!}t^2+\frac{1}{3!}t^3+\cdots+\frac{1}{k!}t^k+\cdots=\sum_{k=0}^{\infty}\frac{t^k}{k!}.$$

(2) $f(0)=\cos 0=1,\ f'(0)=\left.\dfrac{d(\cos t)}{dt}\right|_{t=0}=-\sin 0=0,$
$f''(0)=\left.\dfrac{d(-\sin t)}{dt}\right|_{t=0}=-\cos 0=-1,\ f^{(3)}(0)=\left.\dfrac{d(-\cos t)}{dt}\right|_{t=0}=-(-\sin 0)=0,$
$f^{(4)}(0)=\left.\dfrac{d(\sin t)}{dt}\right|_{t=0}=\cos 0=1,\ \ldots$

$f(t)$	→	$f'(t)$	→	$f''(t)$	→	$f^{(3)}(t)$	→	$f^{(4)}(t)$
$+\cos t$	→	$-\sin t$	→	$-\cos t$	→	$+\sin t$	→	$+\cos t$

4 周期でくり返し

だから

$$\cos t=1-\frac{1}{2!}t^2+\frac{1}{4!}t^4-\frac{1}{6!}t^6+\cdots+(-1)^k\frac{1}{(2k)!}t^{2k}+\cdots=\sum_{k=0}^{\infty}\frac{(-1)^k}{(2k)!}t^{2k}.$$

▶ **どう考えて一般項を書いたか**　各項の規則を見つけ, この規則を文字で表す.

● 符号 : **正号 $+$ を (-1) の偶数乗, 負号 $-$ を (-1) の奇数乗で表す**ことに気づくといい.

$$(-1)^0\underbrace{\frac{1}{(2\times 0)!}}_{1}t^{2\times 0}+(-1)^1\frac{1}{(2\times 1)!}t^{2\times 1}+(-1)^2\frac{1}{(2\times 2)!}t^{2\times 2}+(-1)^3\frac{1}{(2\times 3)!}t^{2\times 3}+\cdots$$

(3) $f(0)=\sin 0=0,\ f'(0)=\left.\dfrac{d(\sin t)}{dt}\right|_{t=0}=\cos 0=1,\ f''(0)=\left.\dfrac{d(\cos t)}{dt}\right|_{t=0}=-\sin 0=0,$

$f^{(3)}(0)=\left.\dfrac{d(-\sin t)}{dt}\right|_{t=0}=-\cos 0=-1,\ f^{(4)}(0)=\left.\dfrac{d(-\cos t)}{dt}\right|_{t=0}=-(-\sin 0)=0,\ \ldots$

$f(t)$	$\longrightarrow$	$f'(t)$	$\longrightarrow$	$f''(t)$	$\longrightarrow$	$f^{(3)}(t)$	$\longrightarrow$	$f^{(4)}(t)$
$+\sin t$	$\longrightarrow$	$\cos t$	$\longrightarrow$	$-\sin t$	$\longrightarrow$	$-\cos t$	$\longrightarrow$	$+\sin t$

4 周期でくり返し

文末の数式にピリオドが必要であることについて，例題 0.3 参照．

だから

$$\sin t=t-\frac{1}{3!}t^3+\frac{1}{5!}t^5-\frac{1}{7!}t^7+\cdots+(-1)^k\frac{1}{(2k+1)!}t^{2k+1}+\cdots$$
$$=\sum_{k=0}^{\infty}\frac{(-1)^k}{(2k+1)!}t^{2k+1}.$$

▶ **どう考えて一般項を書いたか**　各項の規則を見つけ，この規則を文字で表す．

● 符号：**正号 + を (−1) の偶数乗，負号 − を (−1) の奇数乗で表す**ことに気づくといい．

$$(-1)^0\frac{1}{(2\times 0+1)!}t^{2\times 0+1}+(-1)^1\frac{1}{(2\times 1+1)!}t^{2\times 1+1}+(-1)^2\frac{1}{(2\times 2+1)!}t^{2\times 2+1}$$
$$+(-1)^3\frac{1}{(2\times 3+1)!}t^{2\times 3+1}+\cdots$$

(4) **計算過程**　$s=1+t$ とおくと，

f'' は例題 3.8 (4) で計算してある．

$$f^{(3)}(t)=\frac{d\{-(1+t)^{-2}\}}{dt}=-\frac{d(s^{-2})}{dt}=-\frac{d(s^{-2})}{ds}\frac{ds}{dt}=-(-2)s^{-3}\underbrace{\frac{d(1+t)}{dt}}_{0+1}$$
$$=2(1+t)^{-3},$$
$$\frac{f^{(3)}(0)}{3!}=\frac{2}{3!}1^{-3}=\frac{1}{3},$$

$\log_e(1+t)$ の展開の実例は，探究支援 3.4 で取り上げる．

$$f^{(4)}(t)=2\frac{d\{(1+t)^{-3}\}}{dt}=2\frac{d(s^{-3})}{dt}=2\frac{d(s^{-3})}{ds}\frac{ds}{dt}=2\cdot(-3)s^{-4}\underbrace{\frac{d(1+t)}{dt}}_{0+1}$$
$$=-\underbrace{2\cdot 3}_{3!}(1+t)^{-4},$$
$$\frac{f^{(4)}(0)}{4!}=-\frac{3!}{4!}1^{-4}=-\frac{1}{4},$$
$$f^{(5)}(t)=-3!\frac{d\{(1+t)^{-4}\}}{dt}=-3!\frac{d(s^{-4})}{dt}=-3!\frac{d(s^{-4})}{ds}\frac{ds}{dt}=-3!\cdot(-4)s^{-5}\underbrace{\frac{d(1+t)}{dt}}_{0+1}$$
$$=\underbrace{3!\cdot 4}_{4!}(1+t)^{-5},$$

$$\frac{f^{(5)}(0)}{5!} = \frac{4!}{5!}1^{-5} = \frac{1}{5}, \cdots$$

が求まるから

$$\log_e(1+t) = t - \frac{1}{2}t^2 + \frac{1}{3}t^3 - \cdots + (-1)^{k+1}\frac{1}{k}t^k + \cdots \quad (|t| < 1 \text{ でないと収束しない})$$

となる．

▶ **どう考えて一般項を書いたか**　各項の規則を見つけ，この規則を文字で表す．

● 符号：**正号 ＋ を (−1) の偶数乗，負号 − を (−1) の奇数乗で表す**ことに気づくといい．

$$(-1)^{1+1}\frac{1}{1}t^1 + (-1)^{2+1}\frac{1}{2}t^2 + (-1)^{3+1}\frac{1}{3}t^3 + (-1)^{4+1}\frac{1}{4}t^4 + \cdots$$

f'' は例題 3.8 (5) で計算してある．

(5) **計算過程**　$s = 1 + t$ とおくと，

$$f^{(3)}(t) = -\frac{1}{4}\frac{d\{(1+t)^{-3/2}\}}{dt} = -\frac{1}{4}\frac{d(s^{-3/2})}{dt} = -\frac{1}{4}\frac{d(s^{-3/2})}{ds}\frac{ds}{dt}$$
$$= \left(-\frac{1}{4}\right)\left(-\frac{3}{2}\right)s^{-3/2-1}\underbrace{\frac{d(1+t)}{dt}}_{0+1} = \frac{3}{8}(1+t)^{-5/2},$$

$$\frac{f^{(3)}(0)}{3!} = \frac{1}{16}1^{-5/2} = \frac{1}{16},$$

$$f^{(4)}(t) = \frac{3}{8}\frac{d\{(1+t)^{-5/2}\}}{dt} = \frac{3}{8}\frac{d(s^{-5/2})}{dt} = \frac{3}{8}\frac{d(s^{-7/2})}{ds}\frac{ds}{dt}$$
$$= \left(\frac{3}{8}\right)\left(-\frac{5}{2}\right)s^{-5/2-1}\underbrace{\frac{d(1+t)}{dt}}_{0+1} = -\frac{15}{16}(1+t)^{-7/2},$$

$\frac{15}{16}\frac{1}{4!}$ は $\frac{15}{16 \times 4 \times 3 \times 2 \times 1}$ だから $\frac{5}{16 \times 4 \times 2} = \frac{5}{128}$ である．

$$\frac{f^{(4)}(0)}{4!} = -\frac{5}{128}1^{-7/2} = -\frac{5}{128}, \cdots$$

が求まるから

$$\sqrt{1+t} = 1 + \frac{1}{2}t - \frac{1}{8}t^2 + \frac{1}{16}t^3 - \frac{5}{128}t^4 + \cdots = 1 + \sum_{k=1}^{\infty}\frac{(-1)^{k-1}(2k-3)!!}{(2k)!!}t^k \quad \textbf{難}$$

となる．

▶ **記号 ! の意味**

$$n!! = \begin{cases} n(n-2)(n-4)\cdots 2 & (n：\text{偶数}) \\ n(n-2)(n-4)\cdots 1 & (n：\text{奇数}) \end{cases}$$

約束　$0!! = 1,\ (-1)!! = 1$

例　$6!! = 6 \times 4 \times 2 = 48, \quad 5!! = 5 \times 3 \times 1 = 15$

▶ **どう考えて一般項を書いたか**　各項の規則を見つけ，この規則を文字で表す．

● 符号：**正号 ＋ を (−1) の偶数乗，負号 − を (−1) の奇数乗で表す**ことに気づくといい．

$$\frac{(-1)^{1-1}\overbrace{1}^{(-1)!!}}{\underbrace{2}_{2!!}}t^1+\frac{(-1)^{2-1}\overbrace{1}^{1!!}}{\underbrace{4\times 2}_{4!!}}t^2+\frac{(-1)^{3-1}\overbrace{3\times 1}^{3!!}}{\underbrace{6\times 4\times 2}_{6!!}}t^3+\frac{(-1)^{4-1}\overbrace{5\times 3\times 1}^{5!!}}{\underbrace{8\times 6\times 4\times 2}_{8!!}}t^4+\cdots$$

【発展】 Taylor 級数　**例**　$t_0=\dfrac{\pi}{6}$ における整級数展開

$$\overbrace{\sin t}^{f(t)}=\overbrace{\sin\frac{\pi}{6}}^{f(t_0)}+\overbrace{\left(\cos\frac{\pi}{6}\right)}^{f'(t_0)}\overbrace{\left(t-\frac{\pi}{6}\right)}^{t-t_0}+\frac{1}{2!}\overbrace{\left(-\sin\frac{\pi}{6}\right)}^{f''(t_0)}\overbrace{\left(t-\frac{\pi}{6}\right)^2}^{(t-t_0)^2}+\cdots$$
$$=\frac{1}{2}+\frac{\sqrt{3}}{2}\left(t-\frac{\pi}{6}\right)-\frac{1}{4}\left(t-\frac{\pi}{6}\right)^2+\cdots$$

Q.　関数を多項式で展開するのはなぜでしょうか？

A.　$\cos 0.4$, $\log_{10}1.2$ のように記号で書けますが，これらの値はどのようにして求まるのでしょう．これらの値を求めるときに多項式展開が活躍します．1 次の近似式 (例題 3.7)・2 次の近似式 (例題 3.8) の使い方を考えたところで，円関数・指数関数・対数関数が多項式で表せることをすごいと思いませんでしたか？ $\cos t$, $\log_{10}(1+t)$ などの硬い表情が $\heartsuit t^2+\clubsuit t+$ 定数 の温和な顔になって「私の姿を 2 次多項式だと思えば，中学生でも私の値を簡単に計算できますよ」と微笑みかけているようです．足し合わせる項を 2 次の項まででではなく，もっと先の項まで増やした式が整級数展開です．3.3.1 項で無理数 e の値を取り上げましたが，e の値も整級数展開で求まります (問 3.26)．

整級数展開の使い方

$f'(t)=20(1+t)^{19}$
$f'(0)=20$
$f''(t)$
$=20\times 19(1+t)^{18}$
$f''(0)=20\times 19$

問 3.26　つぎの近似値を求めよ．

(1) $(1.0005)^{20}$　(2) $\sin 0.2$　(3) $\cos 0.2$　(4) e

【解説】 (1)
$$\overbrace{(1+\underbrace{0.0005}_{t})^{20}}^{f(t)}=\overbrace{1}^{f(0)}+\overbrace{20}^{f'(0)}\times\overbrace{0.0005}^{t}+\underbrace{\frac{1}{2!}\times\overbrace{20\times 19}^{f''(0)}\times\overbrace{(0.0005)^2}^{t^2}+\cdots}_{\text{第 1 項・第 2 項に比べて無視できるほど小さい.}}$$
$$\fallingdotseq 1.01$$

覚え方　$(1+t)^n \fallingdotseq 1+nt$　(1) $n=20,\ t=0.0005$ の場合

(2) $\overbrace{\sin \underbrace{0.2}_{t}}^{f(t)} = \overbrace{0}^{f(0)} + \overbrace{(\cos 0)}^{f'(0)} \times \overbrace{0.2}^{t} + \frac{1}{2!}\times\overbrace{(-\sin 0)}^{f''(0)}\times\overbrace{(0.2)^2}^{t^2} + \underbrace{\frac{1}{3!}\times\overbrace{(-\cos 0)}^{f^{(3)}(0)}\times\overbrace{(0.2)^3}^{t^3}+\cdots}_{\text{第 2 項に比べて無視できるほど小さい.}}$

$\fallingdotseq 0.2$

覚え方　$\sin t \fallingdotseq t$　$\sin t$ の代わりに単なる t　(2) $t=0.2$ の場合

応用例　単振り子の振れ角が 0.2 rad 程度のとき, おもりにはたらく重力の接線方向の成分が $-mg\sin\theta \fallingdotseq -mg\theta$ と近似できる (m：おもりの質量, g：単位質量あたりの重力の大きさ, θ：鉛直線と糸とのなす角).

(3) $\overbrace{\cos \underbrace{0.2}_{t}}^{f(t)} = \overbrace{1}^{f(0)} + \overbrace{(-\sin 0)}^{f'(0)} \times \overbrace{0.2}^{t} + \frac{1}{2!}\times\overbrace{(-\cos 0)}^{f''(0)}\times\overbrace{(0.2)^2}^{t^2}$

$\underbrace{+\frac{1}{3!}\times\overbrace{\sin 0}^{f^{(3)}(0)}\times\overbrace{(0.2)^3}^{t^3}+\frac{1}{4!}\times\overbrace{\cos 0}^{f^{(4)}(0)}\times\overbrace{(0.2)^4}^{t^4}+\cdots}_{\text{第 1 項・第 3 項に比べて無視できるほど小さい}}$

$\fallingdotseq 1-\frac{1}{2!}\times(0.2)^2 = 1-0.02 = 0.98$

覚え方　$\cos t \fallingdotseq 1-\frac{1}{2}t^2$　(3) $t=0.2$ の場合

表 3.4　角に対する円関数の値

$t/°$	t/rad	$\sin t$	$\cos t$
1.000	0.0174533	0.0174524	0.999848
5.000	0.0872665	0.0871557	0.996195
10.000	0.174533	0.173648	0.984808
15.000	0.261799	0.258819	0.965926
20.000	0.349066	0.34202	0.939693
25.000	0.436332	0.422618	0.906308
30.000	0.523599	0.50000	0.866025

休憩室　**不思議!**　0.2 という単純な数を入力したときの $\cos 0.2$ の値は簡単には求まらない. しかし, $\cos\pi$, $\cos(\pi/3)$ などは, 無理数 $\pi(=3.1415926535\cdots)$, $\pi/3$ を入力するのに, $\cos\pi$, $\cos(\pi/3)$ を多項式で展開しなくても簡単に $\cos\pi=-1$, $\cos(\pi/3)=0.5$ とわかる. 「関数 cos は, 単位円上の点の角を

$f(t)=(1+t)^n$
$f'(t)=n(1+t)^{n-1}$
$f'(0)=n$

単振り子について, 小林幸夫：『力学ステーション』(森北出版, 2002) 参照.

t は弧度法で測った値であることに注意する.
0.2 は 0.2 rad と書ける (1.2.3 項).

問　0.2 rad は何度か？
答　$180° = \pi$ rad の両辺を π で割ると
$$\text{rad} = \frac{180°}{\pi}$$
となる. この両辺に 0.2 を掛けると
$$0.2\ \text{rad} = \frac{36°}{\pi} \fallingdotseq 11.5°$$
となる.

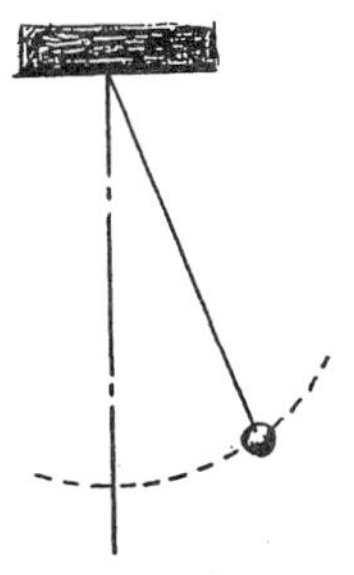
図 3.33　単振り子

ヨコ座標に対応させる」という定義だけを知っていれば，図を描くと $\cos\pi$, $\cos(\pi/3)$ などの値がわかる (1.2.3 項参照)．**円関数の定義は重要**である．

(4) 例題 3.10 (1) で，$t=1$ とすると

$$e = 1 + 1 + \frac{1}{2!} + \frac{1}{3!} + \cdots + \frac{1}{k!} + \cdots = \sum_{k=0}^{\infty} \frac{1}{k!}$$

となる．第 10 項まで数値計算すると，

$$\begin{aligned} e &\fallingdotseq 1 + 1 + 0.5 + 0.1666666\cdots + 0.0416667\cdots + 0.00833333\cdots + 0.00138889\cdots \\ &\quad + 0.000198413\cdots + 0.0000248016\cdots + 0.00000275573\cdots + 0.000000275573\cdots \\ &\fallingdotseq 2.7182818\cdots \end{aligned}$$

となる (3.3.1 項の表 3.1 と比べること)．$\dfrac{1}{k!}$ は k の値が大きくなると，k の値が小さい項に比べて無視できるほど小さいので，途中の k の項で打ち切る．精度を高めるためには，もっと多くの項を足しつづけなければならない．

$1 + 1 + \dfrac{1}{2!} + \cdots = \dfrac{1}{0!} + \dfrac{1}{1!} + \dfrac{1}{2!} + \cdots$

$0! = 1$ に注意．

3.3.1 項参照．

覚え方 $e^t \fallingdotseq 1 + t$ **t が 1 に比べて無視できるほど小さいとき**

$t=1$ だから $e^1 = 1 + 1$ と考えてはいけない．

【疑問】 $\sin t$ の展開には偶数次の項がなく，$\cos t$ の展開には奇数次の項がないのはなぜか？

▶ $\sin t$ は $t \to -t$ とおきかえると $\sin(-t) = -\sin t$ となる．⟵ **奇関数**という．

▶ $\cos t$ は $t \to -t$ とおきかえても $\cos(-t) = \cos t$ である．⟵ **偶関数**という．

グラフを描くと，$\sin t$ はたて軸に関して左右対称ではないが，$\cos t$ はたて軸に関して左右対称である．

$t \to -t$ のおきかえ　奇数次の項：**例**　$t^1 \to -t^1,\ \ t^3 \to -t^3$

　　　　　　　　　　偶数次の項：**例**　$t^0 = 1 \to t^0 = 1,\ \ t^2 \to t^2$

● 問 3.26 (1), (2), (3), (4) の計算法を覚えていると便利である．

$(-t)^3 = -t^3$

$(-t)^2 = t^2$

重要 関数に対する感覚

$\sin t \to -\sin t$ だから，**$\sin t$ の展開に偶数次の項を含まない．**

$\cos t \to \cos t$ だから，**$\cos t$ の展開に奇数次の項を含まない．**

Euler (オイラー) の関係式

数学の世界では，概念を拡張したとき，新しい関係式が見つかることがある．指数関数 e^t の指数を，実数 t の代わりに虚数 it (i は $i^2 = -1$ をみたす数) に

すると，どんな関数になるだろうか？

$$\begin{aligned} e^{it} &= \frac{1}{0!}(it)^0 + \frac{1}{1!}(it)^1 + \frac{1}{2!}(it)^2 + \frac{1}{3!}(it)^3 + \frac{1}{4!}(it)^4 + \frac{1}{5!}(it)^5 + \cdots \\ &= \frac{1}{0!}t^0 + i\frac{1}{1!}t^1 + (-1)\frac{1}{2!}t^2 + (-i)\frac{1}{3!}t^3 + \frac{1}{4!}t^4 + i\frac{1}{5!}t^5 + \cdots \\ &= \left(\frac{1}{0!}t^0 - \frac{1}{2!}t^2 + \frac{1}{4!}t^4 + \cdots\right) + i\left(\frac{1}{1!}t^1 - \frac{1}{3!}t^3 + \frac{1}{5!}t^5 + \cdots\right) \end{aligned}$$

となる．

最右辺の第 1 項と第 2 項とに着目してみよう．何か気づくことはないだろうか？ 例題 3.10 (2), (3) と比べると，$e^{it} = \cos t + i\sin t$ であることがわかる．だから，「e^{it} は $\cos t + i\sin t$ を表す」と**定義する** (決める，約束する)．$i \to -i$ とおきかえると，$e^{-it} = \cos t - i\sin t$ となる．

Euler (オイラー) の関係式　$\boxed{e^{\pm it} = \cos t \pm i\sin t}$　(複号同順)

it は，「それは」の意味の代名詞 it ではない．
例題 0.1 の通りで，it を斜体で書くことで混乱を避けることができる．

$\underbrace{\frac{1}{0!}}_{1}\overbrace{(it)^0}^{1} = 1$

$i^2 = -1$

$i^3 = i^{2+1} = i^2 i^1$
$= (-1)i = -i$

$i^4 = i^{3+1} = i^3 i^1$
$= (-i)i = -i^2$
$= -(-1) = 1$

または
$i^4 = i^{2+2} = i^2 i^2$
$= (-1) \times (-1) = 1$

$i^5 = i^{4+1} = i^4 i^1$
$= 1i = i$

または
$i^5 = i^{2+3} = i^2 i^3$
$= (-1)(-i) = i$

問 3.18 の解説 3 で登場した Euler の関係式に再会した．

問 3.27　$\cos t, \sin t$ を e^{it}, e^{-it} で表せ (問 3.19 改題)．

【解説】Euler の関係式を，つぎのように書き並べて計算する．

$$\begin{array}{rrcrcl} & \cos t & + & i\sin t & = & e^{it} \\ +) & \cos t & - & i\sin t & = & e^{-it} \\ \hline & 2\cos t & & & = & e^{it} + e^{-it} \\ & \cos t & & & = & \dfrac{e^{it} + e^{-it}}{2} \end{array}$$

$$\begin{array}{rrcrcl} & \cos t & + & i\sin t & = & e^{it} \\ -) & \cos t & - & i\sin t & = & e^{-it} \\ \hline & & & 2i\sin t & = & e^{it} - e^{-it} \\ & & & \sin t & = & \dfrac{e^{it} - e^{-it}}{2i} \end{array}$$

関数の展開は微分方程式とどのような関係があるか

微分方程式の話に戻ろう．

例題 3.11　**指数関数のみたす微分方程式**　例題 3.10 (1) で $x = f(t)$ とおくと，x の展開が微分方程式 $\dfrac{dx}{dt} = x$ をみたすことを確かめよ．

【解説】 $$\frac{d(e^t)}{dt}=\frac{d1}{dt}+\frac{dt}{dt}+\frac{1}{2!}\frac{d(t^2)}{dt}+\frac{1}{3!}\frac{d(t^3)}{dt}+\cdots+\frac{1}{k!}\frac{d(t^k)}{dt}+\cdots$$
$$=0+1+\frac{2}{2!}t+\frac{3}{3!}t^2+\cdots+\frac{k}{k!}t^{k-1}+\cdots$$
$$=1+t+\frac{1}{2!}t^2+\cdots+\frac{1}{(k-1)!}t^{k-1}+\cdots$$
$$=e^t$$

初期条件「$t=0$ のとき $x=1$」のもとで，微分方程式 $\frac{dx}{dt}=x$ を解くとき，$x=1+a_1t+a_2t^2+a_3t^3+\cdots$ とおいて，$\frac{dx}{dt}=x$ をみたすような係数 a_1, a_2, a_3, a_4, ... の値を求めてもいい．解は $x=\underbrace{1+t+\frac{1}{2!}t^2+\frac{1}{3!}t^3+\cdots+\frac{1}{k!}t^k+\cdots}_{e^t}$ である．

関数の展開を考えないで，$\frac{d\{\log_e(1+t)\}}{dt}$ を求めるには，$s=1+t$ とおいて
$$\frac{d\{\log_e(1+t)\}}{dt}=\frac{d(\log_e s)}{dt}=\frac{d(\log_e s)}{ds}\frac{ds}{dt}=\frac{1}{s}\underbrace{\frac{d(1+t)}{dt}}_{0+1}=\frac{1}{1+t}$$
のように計算すればいい．

問 3.28 例題 3.10 (4) で $x=f(t)$ とおくと，x の展開が微分方程式 $\frac{dx}{dt}=\frac{1}{1+t}$ をみたすことを確かめよ．

【解説】

$$\frac{d\{\log_e(1+t)\}}{dt}=\frac{dt}{dt}-\frac{1}{2}\frac{d(t^2)}{dt}+\frac{1}{3}\frac{d(t^3)}{dt}-\cdots+(-1)^{k+1}\frac{1}{k}\frac{d(t^k)}{dt}+\cdots$$
$$=1-\frac{2}{2}t+\frac{3}{3}t^2-\cdots+(-1)^{k+1}\frac{k}{k}t^{k-1}+\cdots$$
$$=\underbrace{1-t+t^2-\cdots+(-1)^{k+1}t^{k-1}+\cdots}_{S}$$ (0.3 項 例題 0.8 参照)
$$=1-t\underbrace{\{1-t+t^2-\cdots+(-1)^kt^{k-2}+\cdots\}}_{S}$$

$k=1$ のとき $(-1)^{1+1}=1$

$k=2$ のとき $(-1)^{2+1}=-1$

$k=3$ のとき $(-1)^{3+1}=1$

...

第 2 項以下を $(-t)$ でくくり出した．

$S=1-t+t^2-\cdots+(-1)^{k+1}t^{k-1}+\cdots$ とおくと $S=1-tS$ だから

$S+tS=1$
$(1+t)S=1$

$$S=\frac{1}{1+t}.$$

$$\frac{d\{\log_e(1+t)\}}{dt}=\frac{1}{1+t}$$

文末の数式にピリオドが必要であることについて，例題 0.3 参照．

3.6　関数の極限値

関数のグラフは，関数の特徴を目に見えるように表した図である．1.2 節では，比例を表す直線のグラフ，反比例を表す双曲線のグラフ，片対数グラフ，両対数グラフを考えた．1.3 節では，波の伝わる特徴を表す円関数のグラフを考えた．しかし，これらのグラフを描いただけでは見えない特徴もある．

1.1 節の例題 1.1 で，ドライアイスの運動を表すために，$x = vt$ $(v = 3\ \mathrm{m/s})$ という関数のグラフを描いた．時刻 t が 0.6 s のときの位置 x を測定していなかったとしても，この時刻に近づくと，ドライアイスの位置は 1.8 m に近づくことが予想できる．しかし，このような情報は，計算しなくてもグラフから読み取れるので，大して役に立たない．**実験結果を解釈するために必要であるにもかかわらず，既知のデータに含まれていない情報**とは何か？ つぎの三つの情報を挙げることができる．

① ある量を限りなく大きくしたときの関数の振舞（「**漸近的**な振舞」という）
② 達成できない実験条件に**外挿**したときの関数の振舞
(既知のデータを手がかりにして，測定範囲外の数値を予測する方法を「**外挿**」という)
③ 関数に**内在する意味** (関数の表す本質を探る)

これらの三つの情報を考察するとき，**関数の極限値**の概念が有力な手がかりになる．

【準備】極限値の求め方

関数 f にしたがって，独立変数 t が**定数 a 以外の値を取りながら** a に限りなく近づくとき，関数値 $f(t)$ が一定値 b に限りなく近づく場合，

「t が a に近づくとき $f(t)$ の**極限値**は b である」

という．

▶ **記号** $\boxed{\lim_{t \to a} f(t) = b}$ [lim は limit (極限) を表す記号]

$\lim_{t \to 0.6\mathrm{s}} (3\ \mathrm{m/s} \times t) = 1.8\ \mathrm{m}$ と書ける．

$\lim_{t \to 0.6\mathrm{s}} \boxed{}$ は $t \to 0.6$ s になると，$\boxed{}$ がどのように変化するかを表す．

P. S. Matsumoto, J. Ring and J. L. Zhu: *Journal of Chemical Education* **84** (2007) 1655.

漸近という用語を使う例
「漸近」とは「次第に近づく」という意味である．
反比例のグラフ $y = \dfrac{1}{x}$ の**漸近線**は直線 $x = 0$ (y 軸)，$y = 0$ (x 軸) である．

関数と関数値との区別について，1.1 節参照．

独立変数・従属変数について，1.1 節参照．

問 3.29　つぎの極限値を求めよ．

(1) $\lim_{t\to 3}(7t^2)$　(2) $\lim_{t\to 1}\dfrac{2t^2+t-3}{3t^2-2t-1}$　(3) $\lim_{t\to \frac{\pi}{2}}\dfrac{\cos t}{2t-\pi}$

問 3.29 では，t は量ではなく数とする．

【解説】 (1) $\lim_{t\to 3}(7t^2)=63$　こういう極限値は，現実には大した情報にならない．

(2) **$\lim_{t\to 1} f(t)$ と $f(1)$ とはまったくちがう．**

$t\to 1$ と $t=1$ とを混同してはいけない．

$$\lim_{t\to 1}\underbrace{\frac{2t^2+t-3}{3t^2-2t-1}}_{f(t)}=\underbrace{\frac{2\times 1^2+1-3}{3\times 1^2-2\times 1-1}}_{f(1)}=\frac{0}{0}\text{ になる (?)}$$

$\dfrac{0}{0}$ について，5.1 節参照．

重要　「独立変数 t が **1 以外の値を取りながら** 1 に限りなく近づく」ということを見落としてはいけない．

工夫　$s=t-1$ とおき，**$t\to 1$ の代わりに $s\to 0$** とする ($t=s+1$ に注意)．

指針　$s\to 0$ にするためには
　$s=t+\heartsuit$
の $\heartsuit$ にどんな値を入れるといいかを考える．

$$\begin{aligned}\lim_{t\to 1}\frac{2t^2+t-3}{3t^2-2t-1}&=\lim_{s\to 0}\frac{2(s+1)^2+(s+1)-3}{3(s+1)^2-2(s+1)-1}\\&=\lim_{s\to 0}\frac{2s^2+5s}{3s^2+4s}\\&=\lim_{s\to 0}\frac{2s+5}{3s+4}\quad\longleftarrow\text{ 分母・分子を } s \text{ で約分した．}\\&=\frac{5}{4}\end{aligned}$$

$t\to -2$ の場合は，$s=t+2$ とおいて，$s\to 0$ とする．

(3) 1.2.3 項で理解した円関数に慣れるための問題

$\lim_{s\to 0}\dfrac{\sin s}{s}=1$

(3) $$\lim_{t\to \frac{\pi}{2}}\underbrace{\frac{\cos t}{2t-\pi}}_{f(t)}=\underbrace{\frac{0}{0}}_{f(\frac{\pi}{2})}\text{ になる (?)}$$

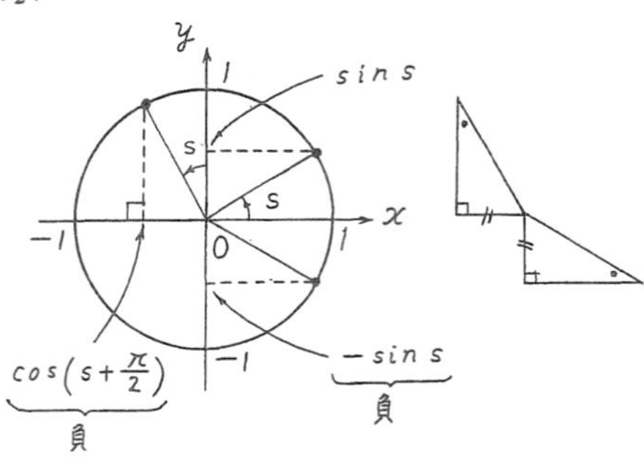

図 3.34　単位円　$\cos\left(s+\dfrac{\pi}{2}\right)=-\sin s$

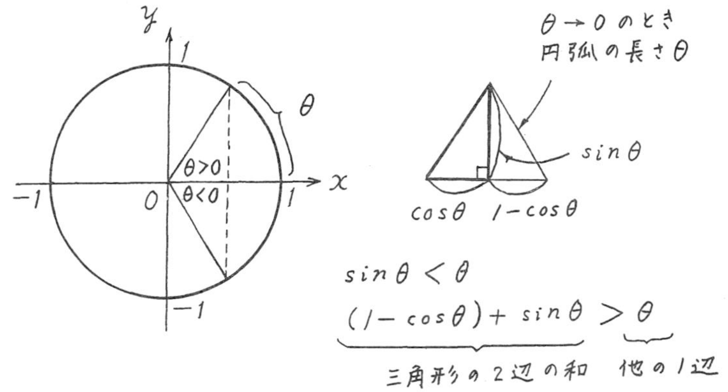

図 3.35　図形のイメージ

図形のイメージ
(厳密な証明に深入りしない)

$\sin\theta$
$< \theta$
$< (1-\cos\theta) + \sin\theta$
$< 1 - \cos^2\theta + \sin\theta$
$= \sin^2\theta + \sin\theta$
$= \sin\theta(1+\sin\theta)$
だから
$1 < \dfrac{\theta}{\sin\theta}$
$< 1 + \sin\theta \to 1$
$(\theta \to 0)$.

重要　「独立変数 t が**$\pi/2$ 以外の値を取りながら** $\pi/2$ に限りなく近づく」ということを見落としてはいけない.

工夫　$s = t - \dfrac{\pi}{2}$ とおいて, $t \to \dfrac{\pi}{2}$ **の代わりに** $s \to 0$ とする ($2t = 2s + \pi$ に注意).

$$\begin{aligned}
\lim_{t\to\frac{\pi}{2}} \frac{\cos t}{2t-\pi} &= \lim_{s\to 0} \frac{\cos\left(s+\frac{\pi}{2}\right)}{2s} \\
&= \lim_{s\to 0} \frac{-\sin s}{2s} \\
&= -\frac{1}{2}\lim_{s\to 0}\frac{\sin s}{s} \\
&= -\frac{1}{2}
\end{aligned}$$

酸
プロトン H^+ 供与体
HA
$HA \to H^+ + A^-$
(正しくは, ヒドロニウムイオン H_3O^+)

水の濃度 $[H_2O]$ はほかの物質よりも著しく大きいので, HA を加えてもほとんど変化しない. このため, 平衡定数 $K = \dfrac{[H_3O^+][A^-]}{[HA]_i[H_2O]}$ の中に $[H_2O]$ を含めて, $K[H_2O] = K_a$ (イオン化定数, 酸解離定数) を考える.

例題 3.12　**関数の漸近的な振舞**　初期濃度 c の弱酸 (水溶液中で不完全にしかイオン化しない酸) HA の水溶液で, 電離度 (水溶液中で電離している酸の割合) を α とする. このとき, $[H_3O^+]$ と $[A^-]$ は $c\alpha$ である.

$$\text{電離度 } \alpha = \frac{\text{電離している酸の物質量}}{\text{はじめに溶かした酸の物質量}}$$

$$\begin{array}{ccccccc}
HA & + & H_2O & \rightleftharpoons & H_3O^+ & + & A^- \\
c(1-\alpha) & & & & c\alpha & & c\alpha
\end{array}$$

酸解離定数 K_a は

$$K_a = \frac{[H_3O^+][A^-]}{[HA]} = \frac{c\alpha \cdot c\alpha}{c - c\alpha} = \frac{c\alpha^2}{1-\alpha}$$

と表せる.

(1) 濃度の単位量を mol L^{-1} とするとき, 酸解離定数 K_a の単位量を求めよ.

(2) 弱酸の濃度が大きいと, 電離度は 1 に比べて十分に小さいとみなせる(【参考】参照). このとき, 酸解離定数 K_a はどのように近似できるか?

(3) 電離度 α を, 酸解離定数 K_a の関数と考えると, この関数はどんな式で表せるか?

(4) 酸解離定数 K_a が大きいとき, 電離度 α はどんな値に近づくか?

【解説】

(1) $$\text{酸解離定数の単位量} = \frac{\overbrace{(\text{濃度の単位量})^2}^{\text{mol}^2\ \text{L}^{-2}}}{\underbrace{\text{濃度の単位量}}_{\text{mol L}^{-1}}} = \text{mol L}^{-1}$$

「定数」というが, 数ではなく量である.

(2) $1 - \alpha \fallingdotseq 1$ と近似できるから, $K_a \fallingdotseq c\alpha^2$ が成立する.

(3) $K_a = \frac{c\alpha^2}{1-\alpha}$ の分母を払って整理すると,

$$\underbrace{c\alpha^2 + K_a\alpha - K_a = 0\ \text{mol L}^{-1}}_{\alpha\text{に関する 2 次方程式}}$$ ⟵ 右辺の単位量は, 左辺の K_a の単位量と同じ.

となる. $c \neq 0$ mol L^{-1} だから, 両辺を c で割ることができる.

$$\alpha^2 + \frac{K_a}{c}\alpha - \frac{K_a}{c} = 0$$

平方完成 $$\left(\alpha + \frac{K_a}{2c}\right)^2 - \left(\frac{K_a}{2c}\right)^2 - \frac{K_a}{c} = 0$$

$$\left(\alpha + \frac{K_a}{2c}\right)^2 = \left(\frac{K_a}{2c}\right)^2 + \frac{K_a}{c}$$

$$\alpha + \frac{K_a}{2c} = \pm\sqrt{\left(\frac{K_a}{2c}\right)^2 + \frac{K_a}{c}}$$

K_a の添字 a
acid (酸) の頭文字

K_b の添字 b
base (塩基) の頭文字

重要 $c(1-\alpha)$ は, 濃度 c の $(1-\alpha)$ 倍を表す.
濃度 c の単位量は mol L^{-1} であるが, 電離度 α は倍を表す数である.

酸解離定数の計算法の疑問点について, 創価大学工学部の新津隆士先生に答えていただいた.

$$\frac{\text{mol}^2\ \text{L}^{-2}}{\text{mol L}^{-1}} = \text{mol} \cdot \frac{\frac{1}{\text{L}^2}}{\frac{1}{\text{L}}} = \text{mol} \cdot \frac{1}{\text{L}}$$

(分母・分子に L^2 を掛けた)

$= \text{mol L}^{-1}$

c は単位量 mol L^{-1} を含むので, 0 mol $L^{-1}/c = 0$.

問「定数」というが数ではなく量である例を挙げよ.
答 ばね定数, 気体定数

小林幸夫:日本化学会「化学と教育」誌 (*Chemistry and Education*) **53** (2005) 643–644.

計算過程 (平方完成)　2 次関数のグラフを描くときと同じ発想で式を変形する．軸と頂点とを求めるとき，$y = ax^2 + bx + c$ を

$$y = a(x - \underbrace{\heartsuit}_{\text{軸}})^2 + \underbrace{\clubsuit}_{\text{頂点}}$$

に変形する．

$$\alpha = \frac{-K_a \pm \sqrt{{K_a}^2 + 4K_a c}}{2c}$$

$\alpha > 0$ だから，分子の $\pm$ の負号 (負の符号) は不適

$$\alpha = \underbrace{\frac{-K_a + \sqrt{{K_a}^2 + 4K_a c}}{2c}}_{f(K_a)}$$

(4) 酸解離定数 K_a が酸の種類で異なるので，K_a の値によって電離度 α がどのように変わるかを予想する．現実の実験で $K_a \to \infty$ の操作ができないから，極限の考え方を活用する．

数学が活躍する場面

$$\lim_{K_a \to \infty} \frac{-K_a + \sqrt{{K_a}^2 + 4K_a c}}{2c}$$

$$= \lim_{K_a \to \infty} \frac{(-K_a + \sqrt{{K_a}^2 + 4K_a c})(-K_a - \sqrt{{K_a}^2 + 4K_a c})}{2c(-K_a - \sqrt{{K_a}^2 + 4K_a c})}$$

分母・分子に $(-K_a - \sqrt{{K_a}^2 + 4K_a c})$ を掛けた．

$$= \lim_{K_a \to \infty} \frac{{K_a}^2 - ({K_a}^2 + 4K_a c)}{2c(-K_a - \sqrt{{K_a}^2 + 4K_a c})}$$

$$= \lim_{K_a \to \infty} \frac{-2K_a}{-K_a - \sqrt{{K_a}^2 + 4K_a c}}$$

$$= \lim_{K_a \to \infty} \frac{-2}{-1 - \sqrt{1 + \dfrac{4c}{K_a}}}$$

⟵ 分母・分子を K_a で割った．

$$= \frac{-2}{-1 - 1}$$

初期濃度 c を特定の大きさに決めて実験するから，$K_a \to \infty$ のとき $\dfrac{4c}{K_a} \to 0$ (c は一定量) である．

$$= 1$$

$$\sqrt{\frac{{K_a}^2}{4c^2} + \frac{4K_a c}{4c^2}} = \sqrt{\frac{{K_a}^2 + 4K_a c}{4c^2}} = \frac{\sqrt{{K_a}^2 + 4K_a c}}{2c}$$

$\sqrt{{K_a}^2 + 4K_a c} > \sqrt{{K_a}^2} = K_a$
だから
$\sqrt{{K_a}^2 + 4K_a c} - K_a = -K_a + \sqrt{{K_a}^2 + 4K_a c} > 0\ \mathrm{mol\ L^{-1}}$

$(a + b)(a - b) = a^2 - b^2$

$a = -K_a$,
$b = \sqrt{{K_a}^2 + 4K_a c}$
と考える．

$$\frac{\sqrt{{K_a}^2 + 4K_a c}}{K_a} = \frac{1}{K_a} \times \sqrt{{K_a}^2 \left(1 + \frac{4c}{K_a}\right)} = \frac{K_a}{K_a}\sqrt{1 + \frac{4c}{K_a}} = \sqrt{1 + \frac{4c}{K_a}}$$

$$\frac{4c}{K_a} = \frac{0.1\ \mathrm{mol\ L^{-1}}}{0.5\ \mathrm{mol\ L^{-1}}} = 0.2$$

のように $\dfrac{4c}{K_a}$ は数である．

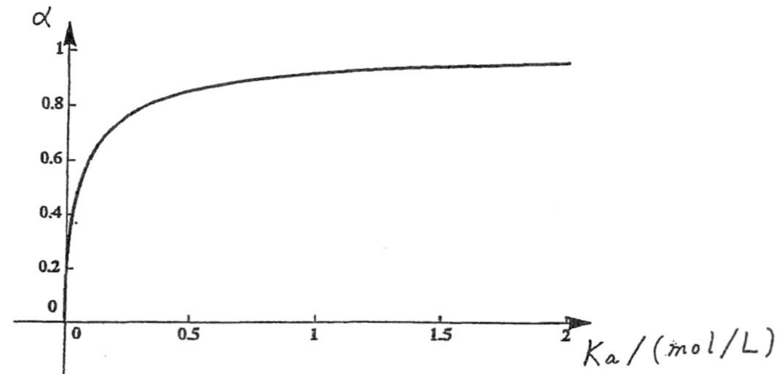

図 3.36 K_α と α との間の関係 P. S. Matsumoto *et al.*: *Journal of Chemical Education* **84** (2007) 1655 にならって, $c = 0.1$ mol L^{-1} の場合を数値計算した.

P. S. Matsumoto, J. Ring and J. L. Zhu: *Journal of Chemical Education* **84** (2007) 1655 の論文の疑問点について, 創価大学工学部の伊藤眞人先生に答えていただいた.

【参考】電離度と濃度との関係

水溶液中では, $HA + H_2O \to H_3O^+ + A^-$ だけでなく $H_3O^+ + A^- \to HA + H_2O$ も起きて, H_3O^+ と A^- とが結合と解離とをくり返している. こういう反応の状態を「**化学平衡**」という. $HA + H_2O \to H_3O^+ + A^-$ の解離は, 初期濃度 $[HA]_i$ によらない. しかし, $[HA]_i$ が大きいほど, H_3O^+ と A^- とが出会う頻度が多いから, $H_3O^+ + A^- \to HA + H_2O$ は進行しやすい. 結合と解離とを考え合わせると, 初期濃度 $[HA]_i$ が大きいほど電離度 α は小さい.

▶ **化学における関数の考え方 — パラメータの意味** (1.1 節)

P. 例題 3.12 で変量を三つ挙げることができますか？

S. そんな観点で考えることさえ思いつきませんでした. ① 酸解離定数 K_a, ② 初期濃度 c, ③ 電離度 α の三つでしょうか？

P. その通りです. 電離度 α は初期濃度 c と酸解離定数 K_a との両方の影響を受けます. だから, 問 (3) で α を c と K_a とで表せました. ただし, 三つの変量を同時に変化させるのではなく, 一つの変量を一定に保って二つの変量を変化させます. このように, 二つの変量の関係を調べます. 問 (3), (4) のねらいは「酸の種類が何であっても, 一定温度のもとで同じ初期濃度を選ぶと, 電離度が酸解離定数 (酸の種類で異なる) でどうちがうのか」を調べることです. 記号

問 電離度 α は 0.4 のような数で表せるのに, なぜ変量というのか？

答

$[H_3O^+] = [HA]_i\alpha$

単位量の関係

mol L^{-1} = mol L^{-1} × (αの単位量)

だから, くわしく表すと

α の単位量は (mol L^{-1})/(mol L^{-1}) である [弧度法 (1.2.3 項) で角度の単位を考えたときと同じ扱い方].

α = 0.4(mol L^{-1})/(mol L^{-1})

を, 簡単に $\alpha = 0.4$ と表すことがある. しかし, α は上記の単位量で表せる量である.

数は「倍を表す概念」だから, 2α の 2 は数である.

は「**c を一定に保って** α が K_a によって変化するときの規則を見出す」という意味を表します．本書は「**比例を基本**に考える」という方針を採っているので，**関数**の例として比例の意味 (1.1 節) を復習しましょう．

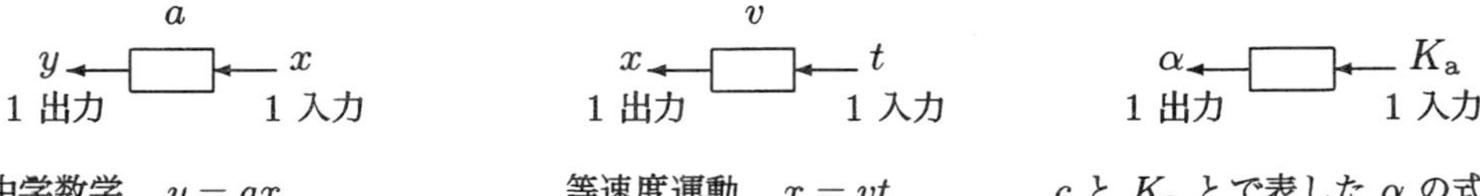

中学数学　$y = ax$

従属変数 y, 比例定数 a, 独立変数 x

$y = 2x$ のグラフ上で，傾きは**定数** 2 で表せる．$y = 3x$, $y = -5x$ なども考えることができるから，傾きは**変数**で表せるともいえる．
関数の式の中で**定数として扱う変数**を**パラメータ**という．

等速度運動　$x = vt$

位置 x, 速度 v, 時間 t

等速度運動でも，速度の値によって，いろいろな場合がある．速度を**パラメータ**と考える．

c と K_a とで表した α の式

電離度 α, 初期濃度 c, 酸解離定数 K_a

酸の種類に関係なく，同じ初期濃度を選ぶ．初期濃度の値の選び方によって，いろいろな場合がある．初期濃度を**パラメータ**と考える．

▶ 数学の計算力だけでは化学の現場で数学を活用することはできない

問　温度が一定の環境で，$c \to 0\ \mathrm{mol\ L^{-1}}$ のとき $K_\mathrm{a} = \dfrac{c\alpha^2}{1-\alpha} \to 0\ \mathrm{mol\ L^{-1}}$ である．この計算は正しいか？

答　正しくない．

なぜ？　酸の種類を決めると，温度が一定のとき，K_a の変化は十分小さいから一定とみなせる．他方，【参考】で考えた通りで，電離度 α は濃度 c によって変わる (図 3.37)．実際には，$c \to 0\ \mathrm{mol\ L^{-1}}$ のとき $\alpha \to 1$ だから $1 - \alpha \fallingdotseq 0$ [問 (2) の改題] となり，分子と分母とのどちらの値も 0 に近づく．つぎの数値計算の通りで，$K_\mathrm{a} = 0\ \mathrm{mol\ L^{-1}}$ ではないことに注意する．

● 数式の形を見るだけではなく，化学現象のどんなしくみを数式から読み取る姿勢が肝要である．

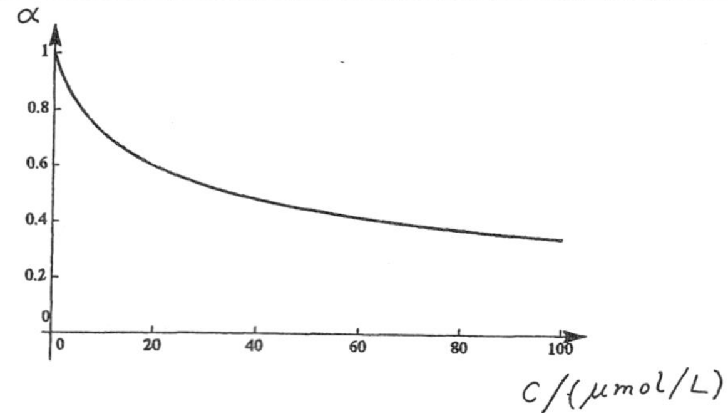

図 3.37 c と α との間の関係 P. S. Matsumoto, J. Ring and J. L. Zhu: *Journal of Chemical Education* **84** (2007) 1655 にならって, $K_\mathrm{a} = 1.8 \times 10^{-5}\ \mathrm{mol\ L^{-1}} \neq 0\ \mathrm{mol\ L^{-1}}$ の場合を数値計算した. グラフからも $c \to 0\ \mathrm{mol\ L^{-1}}$ のとき $\alpha \to 1$ であることがわかる.

問 $\dfrac{4c}{K_\mathrm{a}}$ の単位量は何か?

答 $\dfrac{4c}{K_\mathrm{a}}$ の単位量 $= \dfrac{c\text{の単位量}}{K_\mathrm{a}\text{の単位量}} = \dfrac{\mathrm{mol\ L^{-1}}}{\mathrm{mol\ L^{-1}}}$ である.

ただし, 分母・分子が約せるから, $\dfrac{4c}{K_\mathrm{a}}$ は数になる. 根号内で数 1 と $\dfrac{4c}{K_\mathrm{a}}$ とを足せる.

弧度法 (1.2.3 項) で扱う角度の単位量が $\dfrac{\mathrm{m}}{\mathrm{m}}$ であることと同様である.

● 問 (4) と同じように, 極限の計算で $c \to 0\ \mathrm{mol\ L^{-1}}$ のとき $\alpha \to 1$ を示すことができる.

$$\lim_{c \to 0\ \mathrm{mol\ L^{-1}}} \frac{-K_\mathrm{a} + \sqrt{{K_\mathrm{a}}^2 + 4K_\mathrm{a}c}}{2c}$$

$$= \lim_{c \to 0\ \mathrm{mol\ L^{-1}}} \frac{(-K_\mathrm{a} + \sqrt{{K_\mathrm{a}}^2 + 4K_\mathrm{a}c})(-K_\mathrm{a} - \sqrt{{K_\mathrm{a}}^2 + 4K_\mathrm{a}c})}{2c(-K_\mathrm{a} - \sqrt{{K_\mathrm{a}}^2 + 4K_\mathrm{a}c})}$$

分母・分子に $(-K_\mathrm{a} - \sqrt{{K_\mathrm{a}}^2 + 4K_\mathrm{a}c})$ を掛けた.

$$= \lim_{c \to 0\ \mathrm{mol\ L^{-1}}} \frac{{K_\mathrm{a}}^2 - ({K_\mathrm{a}}^2 + 4K_\mathrm{a}c)}{2c(-K_\mathrm{a} - \sqrt{{K_\mathrm{a}}^2 + 4K_\mathrm{a}c})}$$

$$= \lim_{c \to 0\ \mathrm{mol\ L^{-1}}} \frac{-2K_\mathrm{a}}{-K_\mathrm{a} - \sqrt{{K_\mathrm{a}}^2 + 4K_\mathrm{a}c}}$$

$$= \lim_{c \to 0\ \mathrm{mol\ L^{-1}}} \frac{-2}{-1 - \sqrt{1 + \dfrac{4c}{K_\mathrm{a}}}}$$

分母・分子を K_a で割った.

$$= \frac{-2}{-1-1}$$

問 (4) とちがって, K_a を一定とみなして, $c \to 0\ \mathrm{mol\ L^{-1}}$ のとき $\dfrac{4c}{K_\mathrm{a}} \to 0$ である.

$$= 1$$

例題 3.13 **外挿** 2 分子 A, B の衝突で説明できる単純な反応は

$$\mathrm{A} + \mathrm{B} \to \text{生成物}$$

の形で表せる. 反応速度は, A と B とが何回くらい衝突するかで決まる. 衝突

探究支援 3.2 参照.

頻度は, A の濃度 [A] と B の濃度 [B] とに比例する. したがって, 反応速度は [A][B] に比例し, 速度式は

$$-\frac{d[\mathrm{A}]}{dt}=k[\mathrm{A}][\mathrm{B}]$$

と表せ, k を**速度定数**という.

(1) 速度定数の単位量を答えよ.

(2) 一定の圧力のもとで, つぎの法則にしたがって速度定数が温度で決まる.

$$\frac{d(\log_e k)}{dT}=\frac{E_{\mathrm{A}}}{RT^2}\quad(E_{\mathrm{A}}\text{は活性化エネルギー}, R\text{は気体定数}, T\text{は絶対温度})$$

この微分方程式を解いて, 速度定数を求めよ.

(3) 絶対温度が限りなく高いときは実験できないので, 速度定数の極限値を評価せよ.

(4) 速度定数 k と絶対温度 T との関係を調べるためには, 測定データをプロットするとき, よこ軸とたて軸とのそれぞれにどんな量を選ぶといいか？

【解説】 (1) 速度式：$\underbrace{\text{反応速度の単位量}}_{\mathrm{mol\ L^{-1}\ s^{-1}}}=(k\text{ の単位量})\times\underbrace{(\text{濃度の単位量})^2}_{\mathrm{mol^2\ L^{-2}}}$

だから, k の単位量 $=\mathrm{mol^{-1}\ L\ s^{-1}}$ である.

(2) 初期条件：「$T=T_0$ のとき $k=k_0$ 」のもとで, 微分方程式

$$\frac{d(\log_e k)}{dT}=\frac{E_{\mathrm{A}}}{RT^2}$$

を解く. この微分方程式を

$$\underbrace{d(\log_e k)}_{k\text{ を表す変数だけ}}=\frac{E_{\mathrm{A}}}{R}\quad\underbrace{\frac{dT}{T^2}}_{T\text{ を表す変数だけ}}\qquad\textbf{変数分離}$$

と書き換える.

Arrhenius (アレニウス, スェーデンの化学者) の考案した法則

活性化エネルギーについて, 物理化学の教科書を参照.

問題 (2) の意味
「速度定数を求めよ」とは, 「速度定数を温度の関数としてどのように表せるか」という意味である.

T^{-1} を T で微分すると, T^{-1} よりも指数が 1 だけ小さい $-T^{-2}$ になる.
$\dfrac{d(T^{-1})}{dT}=-T^{-2}$
の分母を払って
$-T^{-2}dT$
$=d(T^{-1})$
と書き換えると,
$\dfrac{dT}{T^2}=d\left(-\dfrac{1}{T}\right)$
の形がつくれる.

$$\int_{\log_e k_0}^{\log_e \kappa} d\underbrace{(\log_e k)}_{v} = \frac{E_A}{R}\int_{T_0}^{\tau}\frac{dT}{T^2}$$

T	$T_0 \quad \rightarrow \quad \tau$
k	$k_0 \quad \rightarrow \quad \kappa$

$$\int_{\log_e k_0}^{\log_e \kappa} dv = \frac{E_A}{R}\int_{-(1/T_0)}^{-(1/\tau)} d\underbrace{\left(-\frac{1}{T}\right)}_{u}$$

$\dfrac{dT}{T^2}$ を $d\left(-\dfrac{1}{T}\right)$ に書き換えて $u = -\dfrac{1}{T}$ とおく.

$$\log_e \kappa - \log_e k_0 = \frac{E_A}{R}\left\{\left(-\frac{1}{\tau}\right) - \left(-\frac{1}{T_0}\right)\right\}$$

T	$T_0 \rightarrow \tau$
u	$-(1/T_0) \rightarrow -(1/\tau)$

τ は「タウ」, κ は「カッパ」と読むギリシア文字である.

$$\log_e \frac{\kappa}{k_0} = \left(-\frac{E_A}{R\tau}\right) - \left(-\frac{E_A}{RT_0}\right)$$

「対数どうしの差」を「商の対数」に書き換える.

$$\frac{\kappa}{k_0} = e^{\frac{E_A}{RT_0}} e^{-\frac{E_A}{R\tau}}$$

$\log_e \dfrac{\kappa}{k_0} = \left(-\dfrac{E_A}{R\tau}\right) - \left(-\dfrac{E_A}{RT_0}\right)$ は「$\dfrac{\kappa}{k_0}$ は e の $\left\{\left(-\dfrac{E_A}{R\tau}\right) - \left(-\dfrac{E_A}{RT_0}\right)\right\}$ 乗」と読む.

$$\kappa = \overbrace{k_0 e^{\frac{E_A}{RT_0}}}^{A(\text{一定量})} e^{-\frac{E_A}{R\tau}}$$

指数関数の前の因子 A を**頻度因子**という.

この式は $T = \tau$, $k = \kappa$ の場合 (τ, κ はどんな値でもいい) を表すから, T と k との対応の規則 (関数) で決まる関数値は

$$k = \underbrace{Ae^{-\frac{E_A}{RT}}}_{f(T)}$$

である.

簡便法 $\displaystyle\int_{T_0}^{\tau}\frac{dT}{T^2} = \int_{-(1/T_0)}^{-(1/\tau)} d\underbrace{\left(-\frac{1}{T}\right)}_{u} = \left(-\frac{1}{\tau}\right) - \left(-\frac{1}{T_0}\right)$ の代わりに

$$\int_{T_0}^{\tau}\frac{dT}{T^2} = \left[-\frac{1}{T}\right]_{T_0}^{\tau} = \left(-\frac{1}{\tau}\right) - \left(-\frac{1}{T_0}\right)$$

(上限を代入した値)
−(下限を代入した値)

と書くことがある.

(3) $\displaystyle\lim_{T\to\infty}\frac{E_A}{RT} = 0$, $\displaystyle\lim_{T\to\infty} e^{-\frac{E_A}{RT}} = 1$ だから,

$$\lim_{T\to\infty} k = \lim_{T\to\infty} Ae^{-\frac{E_A}{RT}} = A \ (\textbf{外挿}).$$

問 $E_A = 183$ kJ mol^{-1}, $R = 8.314$ ×J K^{-1} mol^{-1}, $T = 2.207 \times 10^4$ K のとき, $\dfrac{E_A}{RT}$ を求めよ.

答 kJ $= 10^3$ J. $\dfrac{E_A}{RT}$ は $\dfrac{183 \times 10^3}{8.314 \times 2.207 \times 10^4}\cdot\dfrac{\text{J mol}^{-1}}{\text{J K}^{-1}\ \text{mol}^{-1} \times \text{K}} = \underbrace{0.9973}_{\text{数}}.$

問 頻度因子 A の単位量を答えよ.

答 $k = A\overbrace{e^{-\frac{E_A}{RT}}}^{\text{数}}$ だから, A の単位量は k の単位量 mol^{-1} L s^{-1} と同じである.

外挿 既知のデータを手がかりにして, それらのデータの範囲外を予想する方法

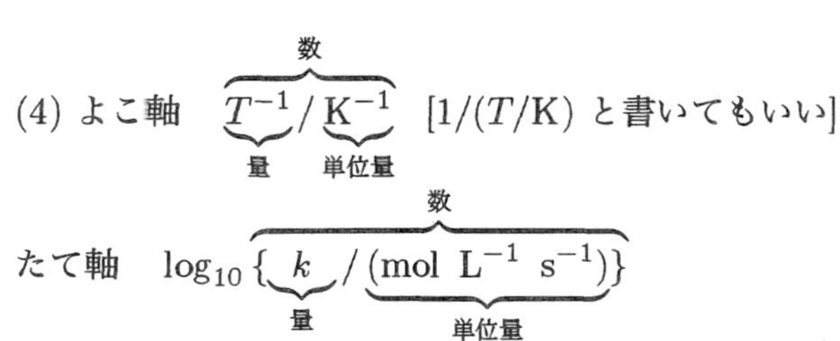

● 片対数方眼紙にグラフを作成するといい.

例題 3.14　**関数に内在する意味**　気体内の分子どうしの及ぼし合う力が気体の性質に関わっている.

① 分子には大きさがあるので, 分子を小さい球とみなして

$$分子の動ける体積 = \overbrace{(容器の体積)}^{V} - \overbrace{\underbrace{(分子が入り込めない体積)}_{物質量 \times 分子が排除する体積}}^{nb}$$

と考える.

② 分子どうしの間に引力がはたらくと, 分子の速度が小さくなり, 容器の壁に分子が衝突する回数が減り, 分子が壁を押す力も小さくなる.

気体が容器の壁に及ぼす圧力
= (分子どうしに引力がはたらかないと仮定したときの圧力)

$$- \overbrace{\underbrace{(圧力の減少分)}_{衝突回数の減少\ 壁を押す力の強さの減少}}^{a(n/V)^2\ \ a\ は比例定数で表せる一定量} \longleftarrow \underbrace{衝突回数の減少}_{モル濃度に比例}・\underbrace{壁を押す力の強さの減少}_{モル濃度に比例}$$

このように考えて, 完全気体の状態方程式 $P = nRT/V$ を

$$P = \frac{nRT}{V - nb} - a\underbrace{\left(\frac{n}{V}\right)}_{密度}^2$$

パラメータ (1.1 節)
積分するとき, 上限の値は定数 (特定の値) である. しかし, 上限には, どんな値でも選べるという意味で変数ともいえる.
このように, τ, κ はパラメータである.

片対数方眼紙を活用する例
1.2.2 項　実践教室参照.

第 0 話　例題 0.1, 例題 0.6

V : 体積 volume
P : 圧力 pressure
T: 絶対温度 temperature
n: 物質量 (何 mol と表す量)
R : 気体定数

モル濃度 : 単位体積 L あたり何 mol

a, b は比例定数で表す一定量である.

密度とは, 単位体積あたりの物質量である.

と変形する.

(1) 分子どうしが互いに強く引き合うような種類の気体では, a の値は大きいか小さいか?

(2) 分子が大きいと, b の値は大きいか小さいか?

(3) 式の形を, 完全気体の状態方程式 $PV = nRT$ と比較しやすくするために,

$$(P + \clubsuit)(V - \spadesuit) = nRT$$

のように変形せよ.

(4) 容器内に気体分子が極めて少ないとき, (3) の状態方程式は完全気体の状態方程式に一致することを示せ.

(5) 高温・低圧のもとで, (3) の状態方程式は完全気体の状態方程式に一致することを示せ.

【解説】 (1) 引力が大きいのは, a の値が大きいときである.

(2) 分子が大きいのは, b の値が大きいときである.

(3) $P + a\left(\dfrac{n}{V}\right)^2 = \dfrac{nRT}{V - nb}$ と書き換えてから, 両辺に $(V - nb)$ を掛けると

$$\left(P + \frac{n^2 a}{V^2}\right)(V - nb) = nRT \qquad \text{(van der Waals 方程式)}$$

となる.

$$\left(\frac{n}{V}\right)^2 (V - nb) = \frac{n^2 V}{V^2} - \frac{n^3 b}{V^2} = \frac{n^2}{V} - \frac{n^3 b}{V^2}$$

(4) 容器内の分子が少ないとき

$$\lim_{n \to 0\ \mathrm{mol}} \overbrace{\left(P + \frac{n^2 a}{V^2}\right)(V - nb)}^{nRT} = \lim_{n \to 0\ \mathrm{mol}} \left(PV - nbP + \frac{n^2 a}{V} - \frac{n^3 ab}{V^2}\right) = PV$$

$n \to 0$ mol と $n = 0$ mol とのちがいに注意する.

となるから, n が 0 mol に近いと, 完全気体の状態方程式 $PV \fallingdotseq nRT$ である.

(5) ● 高温のとき, $P = \dfrac{nRT}{V - nb} - a\left(\dfrac{n}{V}\right)^2$ の右辺第 2 項は第 1 項に比べて無視できるほど小さい. 高温では気体分子が速く動き回るので, 分子どうしのおよぼし合う力が無視できるからである.

● 低圧のとき, モルあたりの体積が大きいので, $V - nb = \underbrace{n\left(\dfrac{V}{n} - b\right)}_{\text{モル体積 } \frac{V}{n} \gg b} \fallingdotseq V$

である.

したがって，完全気体の状態方程式 $P = \dfrac{nRT}{V}$ に一致する．

重要　$PV = nRT$ にしたがう気体を**完全気体**または**理想気体**という．

化学で頻繁に現れる物理量に対して，国際純正・応用化学連合 [Interntional Union of Pure and Applied Chemistry (IUPAC)] が勧告している物理量の名称と記号とを示している．

探究支援 3

3.1　冷却の法則

時刻 t における水温が室温よりも θ だけ高いとき，「水温の下がる速さは，室温と水温との温度差に比例する」という法則が成り立つかどうかを確かめよ．

表 3.5　水温の変化　室温：17.100°C [梅野善雄：(社) 日本工学教育協会平成 14 年度工学・工業教育講演会講演論文集 pp. 83–86.]

t/s	θ/°C
0.000	38.067
1.000	37.674
2.000	37.416
3.000	36.900

セルシウス温度の記号は t または θ (単位量は °C) である．ここでは，時刻を記号 t (time の頭文字) で表したので，温度を θ で表した．

例　$\theta = 38.067$°C

θ/°C = 38.067

【解説】 例題 3.1 (3) と同じ方法で考える．

I. Mills, T. Cvitaš, K. Homann, N. Kallay and K. Kuchitsu: *Units and Symbols in Physical Chemistry* (Blackwell Scientific Publications, Oxford, 1988) [朽津耕三訳：『物理化学で用いられる量・単位・記号』(講談社サイエンティフィク, 1991)] 参照.

初期条件：「$t = 0.000$ s のとき $\theta_0 = (38.067 - 17.100)$°C 」のもとで，

微分方程式

$$\frac{d\theta}{dt} = -k\theta \quad (k \text{ は正の一定量})$$

を解く．この微分方程式を

$$\underbrace{\frac{d\theta}{\theta}}_{\theta\text{を表す変数だけ}} = -k \underbrace{dt}_{t\text{ を表す変数だけ}} \qquad \textbf{変数分離}$$

と書き換える．$t\theta$ 平面で，特定の位置 $(0\ \mathrm{s}, \theta_0)$ から任意の位置 (τ, Θ) までなめらかにつなぎ合わせる (この操作を「両辺を積分する」という)．

第 0 話　例題 0.1, 例題 0.6

$$\int_{\theta_0}^{\Theta} \frac{d\theta}{\theta} = -k \int_{0\mathrm{s}}^{\tau} dt$$

t	$0\ \mathrm{s}$	$\rightarrow$	τ
θ	θ_0	$\rightarrow$	Θ

$$\int_{\log_e \theta_0}^{\log_e \Theta} d\underbrace{(\log_e \theta)}_{u} = -k(\tau - 0\mathrm{s})$$

$\frac{1}{\theta}d\theta$ を $d(\log_e \theta)$ に書き換えて $u = \log_e \theta$ とおく.

$$\log_e \Theta - \log_e \theta_0 = -k(\tau - 0\mathrm{s})$$

θ	$\theta_0 \rightarrow \Theta$
u	$\log_e \theta_0 \rightarrow \log_e \Theta$

$\int_{\log_e \theta_0}^{\log_e s} du = \log_e \Theta - \log_e \theta_0$

$$\log_e \frac{\Theta}{\theta_0} = -k\tau$$

「対数どうしの差」を「商の対数」に書き換える.

$$\frac{\Theta}{\theta_0} = e^{-k\tau}$$

$\log_e \frac{\Theta}{\theta_0} = -k\tau$ は「$\frac{\Theta}{\theta_0}$ は e の $(-k\tau)$ 乗」と読む.

$$\Theta = \underbrace{\theta_0 e^{-k\tau}}_{f(\tau)}$$

この式は $\theta = \Theta$, $t = \tau$ の場合 (Θ, τ はどんな値でもいい) を表すから, θ と t との対応の規則 (関数) で決まる関数値は $\theta = \underbrace{\theta_0 e^{-kt}}_{f(t)}$ である.

簡便法 $\int_{\theta_0}^{\Theta} \frac{d\theta}{\theta} = \int_{\log_e \theta_0}^{\log_e \Theta} d\underbrace{(\log_e \theta)}_{u} = \log_e \Theta - \log_e \theta_0$ の代わりに

$$\int_{\theta_0}^{\Theta} \frac{d\theta}{\theta} = \Big[\log_e \theta\Big]_{\theta_0}^{\Theta} = \log_e \Theta - \log_e \theta_0$$

と書くことがある.

パラメータ (1.1 節)
積分するとき, 上限の値は定数 (特定の値) である. しかし, 上限には, どんな値でも選べるという意味で変数ともいえる.
このように, Θ, τ はパラメータである.

微分方程式を解く意味

初期条件
$t = 0$ s のとき
$\theta = \theta_0$
↓
法則
(瞬間ごと)
$\frac{d\theta}{dt} = a\theta$
↓
関数の振舞
(長時間)
$\theta = \theta_0 e^{-kt}$

高校数学では, この簡便法を活用している.

▶ 一定量 k の値と単位量とを決める

$\theta = (38.067 - 17.100)^\circ\mathrm{C}\ e^{-kt}$

例 $t = 1.000$ s のとき $\theta = (37.674 - 17.100)^\circ\mathrm{C}$

$(37.674 - 17.100)^\circ\mathrm{C} = (38.067 - 17.100)^\circ\mathrm{C}\ e^{-k\times 1.000\ \mathrm{s}}$ 両辺を °C で割る.

$$20.574 = 20.967\ e^{-k\times 1.000\ \mathrm{s}}$$

$$e^{-k\mathrm{s}} = 20.544/20.967 \fallingdotseq 0.981$$

$$\log_e e^{-ks} = \log_e 0.981$$

$$-k \text{ s } \underbrace{\log_e e}_{1} = -0.019$$

$$-k = -0.019 \text{ s}^{-1}$$ 両辺を s で割った．

$$k = \overbrace{\underbrace{0.019}_{\text{数値}} \ \underbrace{\text{s}^{-1}}_{\text{単位量}}}^{k\text{ は量}} \qquad \text{例}\quad \underbrace{-kt}_{\text{指数}} = -0.019 \text{ s}^{-1} \cdot 2.000 \text{ s} = \underbrace{-0.038}_{\text{数値}}$$

$$\theta = 20.967^\circ\text{C}\ e^{-0.019\ \text{s}^{-1}t}$$

▶ **この式の妥当性を調べる**

$t = 2.000$ s のとき

$$\theta = 20.967^\circ\text{C}\ e^{-0.019\ \text{s}^{-1}\times 2.000\ \text{s}} = (20.967 \times 0.963)^\circ\text{C} = 20.185^\circ\text{C}$$

実験値：$(37.416 - 17.100)^\circ\text{C} = 20.316^\circ\text{C}$

$t = 3.000$ s のとき

$$\theta = 20.967^\circ\text{C}\ e^{-0.019\ \text{s}^{-1}\times 3.000\ \text{s}} = (20.967 \times 0.945)^\circ\text{C} = 19.805^\circ\text{C}$$

実験値：$(36.900 - 17.100)^\circ\text{C} = 19.800^\circ\text{C}$

▶ 測定していない未知の水温を予測できる．

例　$t = 2.7$ s のときなど

$$\theta = 20.967^\circ\text{C}\ e^{-0.019\ \text{s}^{-1}\times 2.700\text{s}} = 19.919^\circ\text{C}$$

水温 $= (17.100 + 19.919)^\circ\text{C} = 37.019^\circ\text{C}$

$t = 2.7$ s のときの水温の理論値は，$t = 2.0$ s のときと $t = 3.0$ s のときとの実験値の間 (表 3.4) であることが確認できる．

▶ Malthus の法則 (3.3.2 項 例題 3.1)：人口の**増加**だから $x = x_0 e^{at}$ の指数 at が正の値

冷却の法則：水温が**下がる**から $\theta = \theta_0 e^{-kt}$ の指数 $-kt$ が負の値

3.2 反応速度

反応速度は, 化学物質の濃度が単位時間あたりどれだけ変化するかを表す. 化学物質 A の濃度を [A] と表すと, 反応速度は $-d[\mathrm{A}]/dt$ (t は時間) である. 反応の次数は, 化学物質の濃度のベキである.

(1) $\mathrm{C_2H_6} \to 2\mathrm{CH_3}$ の反応では, $\mathrm{C_2H_6}$ 分子が 1 個こわれて, その過程で $\mathrm{CH_3}$ 分子が 2 個生成する.

(a) $\mathrm{C_2H_6}$ 分子の消滅速度と $\mathrm{CH_3}$ 分子の生成速度との関係を書き表せ.

(b) $[\mathrm{C_2H_6}]$ が 2 倍, 3 倍, ... になると, $\mathrm{C_2H_6}$ 分子の消滅速度も 2 倍, 3 倍, ... になる. 比例定数で表せる正の一定量 (濃度に無関係だが温度によって決まる) を k_1 とする.
反応速度の単位量 mol $\mathrm{L^{-1}}$ $\mathrm{s^{-1}}$ の意味を答えよ.

(c) 速度式を立てて, 初期条件:「$t = 0$ s のとき $[\mathrm{C_2H_6}] = [\mathrm{C_2H_6}]_0$」のもとで, この速度式を解け. k_1 の単位量も答えること.

(d) 半減期を求めよ.

(e) 等間隔目盛の方眼紙で, たて軸に $[\mathrm{C_2H_6}]$ の値, よこ軸に t の値を選ぶと, グラフは曲線になる. 片対数方眼紙を使って, 濃度と時間との関係を調べるとき, たて軸, よこ軸のそれぞれにどの量の値を選べばいいか?
片対数グラフは, どんな形になるか?

(2) $\mathrm{I} + \mathrm{I} \to \mathrm{I_2}$ の 2 次反応を表す速度式 $-\dfrac{d[\mathrm{I}]}{dt} = k_2[\mathrm{I}]^2$ を考える.

(a) 初期条件:「$t = 0$ s のとき $[\mathrm{I}] = [\mathrm{I}]_0$」のもとで, この速度式を解け. k_2 の単位量も答えること.

(b) 半減期を求めよ.

(3) $\mathrm{H_2} + \mathrm{I_2} \to 2\mathrm{HI}$ の 2 次反応を表す速度式 $-\dfrac{d[\mathrm{I_2}]}{dt} = k_2[\mathrm{H_2}][\mathrm{I_2}]$ を考える.

(a) 初期条件:「$t = 0$ s のとき $[\mathrm{H_2}] = [\mathrm{H_2}]_0$, $[\mathrm{I_2}] = [\mathrm{I_2}]_0$」のもとで, $\mathrm{H_2}$ の濃度が $[\mathrm{H_2}]_0 - x$ に減少した. このとき, $\mathrm{I_2}$ の濃度を答えよ.

(b) この瞬間の反応速度 $-\dfrac{d[\mathrm{I_2}]}{dt}$ を x で表せ.

(c) 速度式を解いて, $[\mathrm{H_2}]$, $[\mathrm{I_2}]$ を求めよ. k_2 の単位量も答えること.

水中の酸の平衡における反応速度と濃度との関係について, 例題 3.12 参照.

【解説】 (1) (a) 生成と消滅とでは, 変化の方向が反対だから, 反応速度の正負に注意する.

$$\underbrace{\overbrace{-\frac{d[C_2H_6]}{dt}}^{\text{正}}}_{\text{負}} = \frac{1}{2}\overbrace{\frac{d[CH_3]}{dt}}^{\text{正}} \qquad (t \text{ は時間})$$

(b) mol L^{-1} s^{-1} の意味：単位時間 s あたりに変化する単位体積 L あたりの物質量 mol

(c) 左辺の正負と右辺の正負とが一致するように符号に注意する.

$$\underbrace{\overbrace{-\frac{d[C_2H_6]}{dt}}^{\text{正}}}_{\text{負}} = k_1 \overbrace{[C_2H_6]}^{\text{正}} \quad \textbf{1 次反応}$$

解き方は, 例題 3.1 (4), 探究支援 3.1 と同じである.

$$[C_2H_6] = [C_2H_6]_0 \; e^{-k_1 t}$$

k_1 の単位量

考え方 1　速度式：$\underbrace{\text{反応速度の単位量}}_{\text{mol L}^{-1}\ \text{s}^{-1}} = (k_1\text{の単位量}) \times \underbrace{(\text{濃度の単位量})}_{\text{mol L}^{-1}}$

だから, k_1の単位量 $= s^{-1}$ である.

考え方 2　$e^{-k_1 t}$ の指数：$\underbrace{(k_1\text{の単位量})}_{\text{s}^{-1}} \times \underbrace{(t\text{ の単位量})}_{\text{s}}$　e のナントカ乗のナントカは数である. s と s^{-1} とは約せる.

(d) $[C_2H_6] = \frac{1}{2}[C_2H_6]_0$ のとき $\overbrace{\frac{1}{2}}^{2^{-1}} = e^{-k_1 t_{1/2}}$　($t_{1/2}$ は半減期) である.

両辺の自然対数を考えると, $-\log_e 2 = -k_1 t_{1/2}$ だから $t_{1/2} = \underbrace{\frac{\overbrace{\log_e 2}^{0.693}}{k_1}}_{\text{初期濃度に無関係}}$

である.

(e) たて軸：$\log_{10}\{[C_2H_6]/(\text{mol L}^{-1})\}$, よこ軸：$t$/s

右下がりの直線 (1.2.2 項 【参考】片対数方眼紙を使う例)

D. Eisenberg and D. Crothers: *Physical Chemistry with Applications to the Life Sciences*, (Benjamin/Cummings, 1979) p. 226.

検算
$t = 0$ s のとき

$[C_2H_6]_0 \; \overbrace{e^{-k_1 \times 0 s}}^{1}$
$= [C_2H_6]_0$

$\frac{1}{2}[C_2H_6]_0$
$= [C_2H_6]_0 e^{-k_1 t_{1/2}}$

1.2.2 項
対数の性質 ②
$\log_e a^k = k \log_e a$

$\log_e 2^{-1} = (-1)\log_e 2$
$\log_e e^{-k_1 t_{1/2}}$
$= -k_1 t_{1/2} \underbrace{\log_e e}_{1}$

1.2.2 項
片対数方眼紙

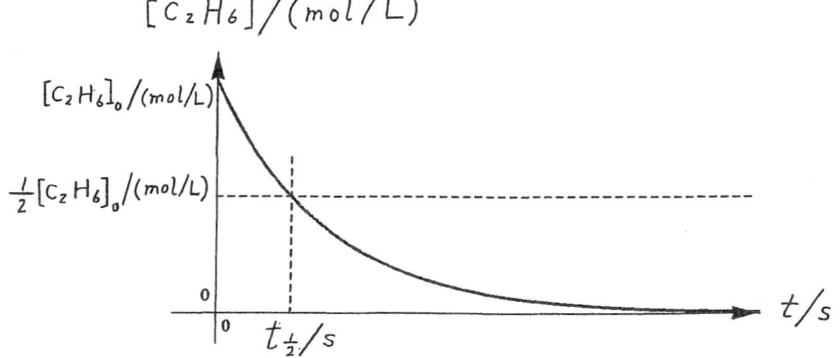

図 3.38　$[C_2H_6]$ と t との間の関係

(2) (a) 速度式を

$$\underbrace{[I]^{-2}d[I]}_{[I]\text{ だけ}} = -k_2 \underbrace{dt}_{t\text{ だけ}}$$ 　　**変数分離**

と書き換える.

$$\int_{[I]_0}^{[I]_\tau} [I]^{-2}d[I] = -k_2 \int_{0\mathrm{s}}^{\tau} dt$$

t	$0\ \mathrm{s}$	$\to$	τ
$[I]$	$[I]_0$	$\to$	$[I]_\tau$

$$\int_{-[I]_0{}^{-1}}^{-[I]_\tau{}^{-1}} d\underbrace{(-[I]^{-1})}_{u} = -k_2(\tau - 0\mathrm{s})$$

$[I]^{-2}d[I]$ を $d(-[I]^{-1})$ に書き換えて $u = -[I]^{-1}$ とおく.

$$(-[I]_\tau{}^{-1}) - (-[I]_0{}^{-1}) = -k_2(\tau - 0\mathrm{s})$$

$[I]$	$[I]_0 \to [I]_\tau$
u	$-[I]_0{}^{-1} \to -[I]_\tau{}^{-1}$

$$-[I]_\tau{}^{-1} = -[I]_0{}^{-1} - k_2\tau$$

$$[I]_\tau = \frac{1}{[I]_0{}^{-1} + k_2\tau}$$

$$= \frac{[I]_0}{1 + k_2\tau[I]_0}$$

この式は $[I] = [I]_\tau$, $t = \tau$ の場合 ($[I]_\tau$, τ はどんな値でもいい) を表すから, t と $[I]$ との対応の規則 (関数) で決まる関数値は $[I] = \underbrace{\dfrac{[I]_0}{1 + k_2 t[I]_0}}_{f(t)}$ である.

$\dfrac{d[C_2H_6]}{dt}$ の値が負だから, $\dfrac{d[CH_3]}{dt}$ の値は正である.

$[CH_3]$ が生成する速さは $[C_2H_6]$ が消滅する速さの 2 倍である.

$$\left|\frac{d[CH_3]}{dt}\right| = 2\left|\frac{d[C_2H_6]}{dt}\right|$$

$-[I]^{-1}$ を $[I]$ で微分すると, 指数が 1 だけ小さい関数の指数倍 (−1 倍) になる (第 2 話) から,

$$\frac{d(-[I]^{-1})}{d[I]} = [I]^{-2}$$

となる. この式を

$$d(-[I]^{-1}) = [I]^{-2}d[I]$$

と書き換える.

$-[I]^{-1}$ を $[I]$ で微分すると $[I]^{-2}$ になるという意味だと考えていい.

パラメータ (1.1 節)
積分するとき, 上限の値は定数 (特定の値) である. しかし, 上限には, どんな値でも選べるという意味で変数ともいえる.
このように, τ, $[I]_\tau$ はパラメータである.

簡便法 $\displaystyle\int_{[\mathrm{I}]_0}^{[\mathrm{I}]_\tau}[\mathrm{I}]^{-2}d[\mathrm{I}] = \int_{-[\mathrm{I}]_0{}^{-1}}^{-[\mathrm{I}]_\tau{}^{-1}} d\underbrace{(-[\mathrm{I}]^{-1})}_{u} = (-[\mathrm{I}]_\tau{}^{-1}) - (-[\mathrm{I}]_0{}^{-1})$

の代わりに

$$\int_{[\mathrm{I}]_0}^{[\mathrm{I}]_\tau}[\mathrm{I}]^{-2}d[\mathrm{I}] = \Big[-[\mathrm{I}]^{-1}\Big]_{[\mathrm{I}]_0}^{[\mathrm{I}]_\tau} = (-[\mathrm{I}]_\tau{}^{-1}) - (-[\mathrm{I}]_0{}^{-1})$$

と書くことがある.

高校数学では，この簡便法を活用している.

k_2 の単位量　速度式：$\underbrace{\text{反応速度の単位量}}_{\mathrm{mol\ L^{-1}\ s^{-1}}} = (k_2\text{の単位量}) \times \underbrace{(\text{濃度の単位量})^2}_{\mathrm{mol^2\ L^{-2}}}$

だから，k_2の単位量 $= \mathrm{mol^{-1}L\ s^{-1}}$ である.

(b) $\dfrac{1}{2}[\mathrm{I}]_0 = \dfrac{[\mathrm{I}]_0}{1+k_2t_{1/2}[\mathrm{I}]_0}$ のとき $2 = 1 + k_2t_{1/2}[\mathrm{I}]_0$ だから $t_{1/2} = \dfrac{1}{\underbrace{[\mathrm{I}]_0k_2}_{\text{初期濃度に依存}}}$

である．濃いほど半減期は短い (分母が大きいほど分数の値は小さい).

(3) $\mathrm{H_2}$ 分子が 1 個消滅したとすると，$\mathrm{I_2}$ 分子も 1 個消滅する.$\mathrm{H_2}$ 分子が 2 個消滅したとすると，$\mathrm{I_2}$ 分子も 2 個消滅する．$\mathrm{H_2}$ 分子が n 個消滅したとすると，$\mathrm{I_2}$ 分子も n 個消滅する．だから，$[\mathrm{I_2}]$ の減少する速さは $[\mathrm{I_2}]$ と $[\mathrm{H_2}]$ とに比例すると考えて，$-\dfrac{d[\mathrm{I_2}]}{dt} = k_2[\mathrm{H_2}][\mathrm{I_2}]$ と表す.

3.3.2 項
例題 3.1(4) の類題

(a) $[\mathrm{I_2}] = [\mathrm{I_2}]_0 - x$

(b) $-\dfrac{d[\mathrm{I_2}]}{dt} = -\left(\dfrac{d[\mathrm{I_2}]_0}{dt} - \dfrac{dx}{dt}\right) = \dfrac{dx}{dt}$

$\dfrac{d[\mathrm{I_2}]_0}{dt} = 0\ \mathrm{mol\ L^{-1}\ s^{-1}}$

(c) $\dfrac{dx}{dt} = k_2([\mathrm{H_2}]_0 - x)([\mathrm{I_2}]_0 - x)$

x の単位量も $\mathrm{mol\ L^{-1}}$ である.

$$\begin{aligned}
&([\mathrm{H_2}]_0 - x)([\mathrm{I_2}]_0 - x)\\
&= \{-(x - [\mathrm{H_2}]_0)\}\{-(x - [\mathrm{I_2}]_0)\}\\
&= (-1)^2(x - [\mathrm{H_2}]_0)(x - [\mathrm{I_2}]_0)\\
&= (x - [\mathrm{H_2}]_0)(x - [\mathrm{I_2}]_0)
\end{aligned}$$

速度式を

$$\underbrace{\frac{dx}{(x - [\mathrm{H_2}]_0)(x - [\mathrm{I_2}]_0)}}_{x\text{ だけ}} = k_2\underbrace{dt}_{t\text{ だけ}} \qquad \textbf{変数分離}$$

と書き換える.

計算過程

$$\frac{1}{(x-[\mathrm{H_2}]_0)(x-[\mathrm{I_2}]_0)} = \underbrace{\frac{A}{x-[\mathrm{H_2}]_0} + \frac{B}{x-[\mathrm{I_2}]_0}}_{\text{部分分数展開}}$$

とおき, 定数 A, B の値を求める.

$$\frac{A(x-[\mathrm{I_2}]_0)+B(x-[\mathrm{H_2}]_0)}{(x-[\mathrm{H_2}]_0)(x-[\mathrm{I_2}]_0)} = \frac{(A+B)x}{(x-[\mathrm{H_2}]_0)(x-[\mathrm{I_2}]_0)} + \frac{-[\mathrm{I_2}]_0A-[\mathrm{H_2}]_0B}{(x-[\mathrm{H_2}]_0)(x-[\mathrm{I_2}]_0)}$$

だから

$$\begin{cases} A + B = 0 \\ -[\mathrm{I_2}]_0A - [\mathrm{H_2}]_0B = 1 \end{cases}$$

を解くと

$$\begin{cases} A = \dfrac{1}{[\mathrm{H_2}]_0-[\mathrm{I_2}]_0} \\ B = -\dfrac{1}{[\mathrm{H_2}]_0-[\mathrm{I_2}]_0} \end{cases}$$

となる.

t	0 s	→	τ
x	0 mol L^{-1}	→	x_τ
u	$-[\mathrm{H_2}]_0$	→	$x_\tau-[\mathrm{H_2}]_0$
v	$-[\mathrm{I_2}]_0$	→	$x_\tau-[\mathrm{I_2}]_0$

$$\frac{1}{[\mathrm{H_2}]_0-[\mathrm{I_2}]_0}\left(\int_{0\ \mathrm{mol\ L^{-1}}}^{x_\tau}\frac{dx}{x-[\mathrm{H_2}]_0} - \int_{0\ \mathrm{mol\ L^{-1}}}^{x_\tau}\frac{dx}{x-[\mathrm{I_2}]_0}\right) = k_2\int_{0\mathrm{s}}^{\tau}dt$$

$u = x-[\mathrm{H_2}]_0$, $v = x-[\mathrm{I_2}]_0$ とおくと $\dfrac{du}{dx}=1$, $\dfrac{dv}{dx}=1$ だから $du=dx$, $dv=dx$ である.

$$\frac{1}{[\mathrm{H_2}]_0-[\mathrm{I_2}]_0}\left(\int_{-[\mathrm{H_2}]_0}^{x_\tau-[\mathrm{H_2}]_0}\frac{du}{u} - \int_{-[\mathrm{I_2}]_0}^{x_\tau-[\mathrm{I_2}]_0}\frac{dv}{v}\right) = k_2\int_{0\mathrm{s}}^{\tau}dt$$

$\displaystyle\int_{-[\mathrm{H_2}]_0}^{x_\tau-[\mathrm{H_2}]_0}\frac{du}{u}$ の計算の仕方は, 3.3.2項の例題 3.1 (3) と同じである.

$$\frac{1}{[\mathrm{H_2}]_0-[\mathrm{I_2}]_0}\left\{\log_e\left(\frac{x_\tau-[\mathrm{H_2}]_0}{-[\mathrm{H_2}]_0}\right) - \log_e\left(\frac{x_\tau-[\mathrm{I_2}]_0}{-[\mathrm{I_2}]_0}\right)\right\} = k_2\tau$$

1.2.2 項 問 1.3

$$\log_c\frac{a}{b} = \log_c a - \log_c b$$

$$\log_e\left(\frac{[\mathrm{I_2}]_0}{[\mathrm{H_2}]_0}\cdot\frac{x_\tau-[\mathrm{H_2}]_0}{x_\tau-[\mathrm{I_2}]_0}\right) = ([\mathrm{H_2}]_0-[\mathrm{I_2}]_0)k_2\tau$$

$$\frac{[\mathrm{I_2}]_0}{[\mathrm{H_2}]_0}\cdot\frac{x_\tau-[\mathrm{H_2}]_0}{x_\tau-[\mathrm{I_2}]_0} = e^{([\mathrm{H_2}]_0-[\mathrm{I_2}]_0)k_2\tau}$$

$$[\mathrm{I_2}]_0(x_\tau - [\mathrm{H_2}]_0) = [\mathrm{H_2}]_0 e^{([\mathrm{H_2}]_0 - [\mathrm{I_2}]_0)k_2\tau}(x_\tau - [\mathrm{I_2}]_0)$$

$$([\mathrm{I_2}]_0 - [\mathrm{H_2}]_0 e^{([\mathrm{H_2}]_0 - [\mathrm{I_2}]_0)k_2\tau})x = [\mathrm{H_2}]_0[\mathrm{I_2}]_0(1 - e^{([\mathrm{H_2}]_0 - [\mathrm{I_2}]_0)k_2\tau})$$

$$x = \frac{[\mathrm{H_2}]_0[\mathrm{I_2}]_0(1 - e^{([\mathrm{H_2}]_0 - [\mathrm{I_2}]_0)k_2\tau})}{[\mathrm{I_2}]_0 - [\mathrm{H_2}]_0 e^{([\mathrm{H_2}]_0 - [\mathrm{I_2}]_0)k_2\tau}}$$

となるから

$$[\mathrm{H_2}] = [\mathrm{H_2}]_0 - x = -\frac{[\mathrm{H_2}]_0([\mathrm{H_2}]_0 - [\mathrm{I_2}]_0)e^{([\mathrm{H_2}]_0 - [\mathrm{I_2}]_0)k_2\tau}}{[\mathrm{I_2}]_0 - [\mathrm{H_2}]_0 e^{([\mathrm{H_2}]_0 - [\mathrm{I_2}]_0)k_2\tau}}$$

$$[\mathrm{I_2}] = [\mathrm{I_2}]_0 - x = -\frac{[\mathrm{I_2}]_0([\mathrm{H_2}]_0 - [\mathrm{I_2}]_0)}{[\mathrm{I_2}]_0 - [\mathrm{H_2}]_0 e^{([\mathrm{H_2}]_0 - [\mathrm{I_2}]_0)k_2\tau}}$$

である.

k_2 の単位量　速度式：$\underbrace{\text{反応速度の単位量}}_{\mathrm{mol\ L^{-1}\ s^{-1}}} = (k_2\text{の単位量}) \times \underbrace{(\text{濃度の単位量})^2}_{\mathrm{mol^2\ L^{-2}}}$

だから, k_2の単位量 $= \mathrm{mol^{-1}L\ s^{-1}}$ である.

x, y, $\dfrac{dx}{dt}$, $\dfrac{dy}{dt}$ の1次の項と定数項とだけを含む微分方程式を**線型系**という.

未知関数は x, y である.

「微分方程式を解く」とは x, y を t の式で表す (x, y は t のどんな関数かを見出す) という意味である.

3.3　線型解析 (例題 3.3 再論)

連立微分方程式

$$\begin{cases} \dfrac{dx}{dt} = Ax + By \\ \dfrac{dy}{dt} = Cx + Dy \end{cases}$$

を, 初期条件：「$t = 0$ のとき $x = x_0$, $y = y_0$」のもとで解け. ここで, A, B, C, D, x_0, y_0 は定数である.

(1) $A = 5$, $B = 2$, $C = 4$, $D = 3$　(2) $A = 5$, $B = -2$, $C = 1$, $D = 3$　(3) $A = 5$, $B = -1$, $C = 1$, $D = 3$　初期値は $x_0 = 1$, $y_0 = -1$ とする.

【解説】 第 1 式を t で微分して, 第 2 式に注意すると

$$\frac{d^2x}{dt^2} = A\frac{dx}{dt} + B\frac{dy}{dt}$$
$$= A\frac{dx}{dt} + B\overbrace{(Cx+Dy)}^{\text{第 2 式}}$$
$$= A\frac{dx}{dt} + BCx + BD\cdot\overbrace{\frac{1}{B}\left(\frac{dx}{dt} - Ax\right)}^{\text{第 1 式から求めた } y \text{ の表式}}$$
$$= (A+D)\frac{dx}{dt} + (BC-AD)x$$

となるから

$$\frac{d^2x}{dt^2} - (A+D)\frac{dx}{dt} + (AD-BC)x = 0$$

を得る. 簡単のために, $\alpha = -(A+D)$, $\beta = AD - BC$ とおくと

$$\boxed{\frac{d^2x}{dt^2} + \alpha\frac{dx}{dt} + \beta x = 0} \qquad x \text{ に関する } \mathbf{2} \text{ 階微分方程式}$$

になる.

手順 1 **基本解**を求める.

指数関数 $x = e^{\lambda t}$ と仮定すると, $\dfrac{dx}{dt} = \lambda e^{\lambda t}$, $\dfrac{d^2x}{dt^2} = \lambda^2 e^{\lambda t}$ だから,

$$(\lambda^2 + \alpha\lambda + \beta)\underbrace{e^{\lambda t}}_{x} = 0$$

である. $e^{\lambda t} \neq 0$ だから, $\lambda^2 + \alpha\lambda + \beta = 0$ をみたす λ を求める.

$$\left(\lambda + \frac{1}{2}\alpha\right)^2 + \beta - \frac{1}{4}\alpha^2 = 0 \quad \textbf{平方完成}$$

$$\left(\lambda + \frac{1}{2}\alpha\right)^2 = \frac{1}{4}\alpha^2 - \beta \quad \longleftarrow \text{右辺} = \frac{\alpha^2 - 4\beta}{4}$$

$$\lambda + \frac{1}{2}\alpha = \pm\sqrt{\frac{\alpha^2 - 4\beta}{4}} \quad \longleftarrow \text{右辺} = \pm\frac{\sqrt{\alpha^2 - 4\beta}}{2}$$

$$\lambda = \frac{-\alpha \pm \sqrt{\alpha^2 - 4\beta}}{2}$$

【発想】 中学数学で, 連立方程式を解いたとき, 未知数を減らしたことを思い出そう. 連立微分方程式でも, **未知関数を減らせ**.

着眼点 第 2 式に $\dfrac{dy}{dt}$ があるから, この形をつくるために, 第 1 式を t で微分する.

$-(BC - AD)$
$= AD - BC$

例題 3.3 と同じ解法

λ は「ラムダ」と読むギリシア文字である.

平方完成 2 次関数のグラフを描くときと同じ発想で式を変形する. 軸と頂点とを求めるとき,
$y = ax^2 + bx + c$
を
$y = a(x - \underbrace{\heartsuit}_{\text{軸}})^2 + \underbrace{\clubsuit}_{\text{頂点}}$
に変形する.

簡単のために，$\lambda_1 = \dfrac{-\alpha + \sqrt{\alpha^2 - 4\beta}}{2}$, $\lambda_2 = \dfrac{-\alpha - \sqrt{\alpha^2 - 4\beta}}{2}$　とおく．

手順 2　**重ね合わせの原理**　$x = \overbrace{C_1 e^{\lambda_1 t} + C_2 e^{\lambda_2 t}}^{\text{解を加え合わせた形}}$ (C_1, C_2 は定数) も $\dfrac{d^2 x}{dt^2} + \alpha \dfrac{dx}{dt} + \beta x = 0$ をみたす．

$$\frac{d^2(C_1 e^{\lambda_1 t})}{dt^2} + \alpha \frac{d(C_1 e^{\lambda_1 t})}{dt} + \beta C_1 e^{\lambda_1 t} = C_1({\lambda_1}^2 + \alpha\lambda_1 + \beta) e^{\lambda_1 t} = 0$$

$$\frac{d^2(C_2 e^{\lambda_2 t})}{dt^2} + \alpha \frac{d(C_2 e^{\lambda_2 t})}{dt} + \beta C_2 e^{\lambda_2 t} = C_2({\lambda_2}^2 + \alpha\lambda_2 + \beta) e^{\lambda_2 t} = 0$$

+)

$$\frac{d^2 \overbrace{(C_1 e^{\lambda_1 t} + C_2 e^{\lambda_2 t})}^{x}}{dt^2} + \alpha \frac{d \overbrace{(C_1 e^{\lambda_1 t} + C_2 e^{\lambda_2 t})}^{x}}{dt} + \beta \overbrace{(C_1 e^{\lambda_1 t} + C_2 e^{\lambda_2 t})}^{x} = 0$$

$$\begin{aligned} y &= \frac{1}{B}\left(\frac{dx}{dt} - Ax\right) \\ &= \frac{(\lambda_1 - A)C_1}{B} e^{\lambda_1 t} + \frac{(\lambda_2 - A)C_2}{B} e^{\lambda_2 t} \end{aligned}$$

手順 3　**初期条件**：「$t = 0$ のとき $x = x_0$, $\dfrac{dx}{dt} = Ax_0 + By_0$」で，係数 C_1, C_2 の値を決める．

$$\begin{cases} x_0 = C_1 e^{\lambda_1 0} + C_2 e^{\lambda_2 0} \\ Ax_0 + By_0 = C_1 \lambda_1 e^{\lambda_1 0} + C_2 \lambda_2 e^{\lambda_2 0} \end{cases}$$

から，

$$\begin{cases} x_0 = C_1 + C_2 \\ Ax_0 + By_0 = \lambda_1 C_1 + \lambda_2 C_2 \end{cases}$$

を解くと

$$C_1 = \frac{(\lambda_2 - A)x_0 - By_0}{\lambda_2 - \lambda_1}, \quad C_2 = \frac{(A - \lambda_1)x_0 + By_0}{\lambda_2 - \lambda_1}$$

となる．

● 初期条件をみたす解

(1) $A = 5$, $B = 2$, $C = 4$, $D = 3$

$\alpha = -(A + D) = -8$, $\beta = AD - BC = 5 \times 3 - 2 \times 4 = 7$, $\lambda_1 = 7$, $\lambda_2 = 1$,

$\dfrac{dx}{dt} = Ax + By$

$By = \dfrac{dx}{dt} - Ax$

$y = \dfrac{1}{B}\left(\dfrac{dx}{dt} - Ax\right)$

初期条件は何に使うのか？

二つの係数 C_1, C_2 の値を決めるために，C_1, C_2 の 2 元連立方程式を立てる．**二つの未知数** C_1, C_2 があるから，初期条件を表す**二つの方程式**が必要である．だから，x と $\dfrac{dx}{dt}$ とについて，それぞれの初期条件を設定する．

2 元連立方程式の解き方について，5.1 節参照．

λ_1, λ_2 の値の求め方

$\lambda = \dfrac{-\alpha \pm \sqrt{\alpha^2 - 4\beta}}{2}$

(正号：λ_1, 負号：λ_2)

根号内

$$\begin{aligned} &\alpha^2 - 4\beta \\ &= (A + D)^2 - 4(AD - BC) \\ &= A^2 + 2AD + D^2 - 4AD + 4BC \\ &= A^2 - 2AD + D^2 + 4BC \\ &= (A - D)^2 + 4BC \end{aligned}$$

(1) $\alpha^2 - 4\beta = 36$

(2) $\alpha^2 - 4\beta = -4$

(3) $\alpha^2 - 4\beta = 0$

$C_1 = \frac{1}{3},\ C_2 = \frac{2}{3}$

$$\begin{cases} x = \frac{1}{3}e^{7t} + \frac{2}{3}e^t \\ y = \frac{1}{3}e^{7t} - \frac{4}{3}e^t \end{cases}$$

検算　$t=0$ のとき $x = \frac{1}{3}e^{7\times 0} + \frac{2}{3}e^0 = 1$, $y = \frac{1}{3}e^{7\times 0} - \frac{4}{3}e^0 = -1$

(2) $A=5,\ B=-2,\ C=1,\ D=3$

$\alpha = -(A+D) = -8,\ \beta = AD - BC = 5\times 3 - (-2)\times 1 = 17,$

$\lambda_1 = 4+i,\ \lambda_2 = 4-i,\ C_1 = \frac{1}{2} - \frac{3}{2}i,\ C_2 = \frac{1}{2} + \frac{3}{2}i$　(i は $i^2 = -1$ をみたす虚数)

着眼点　C_1, C_2 は**複素共役**

$$\begin{cases} x &= e^{4t}(\cos t + 3\sin t) \\ y &= -e^{4t}(\cos t - 2\sin t) \end{cases}$$

検算　$t=0$ のとき $x = e^{4\times 0}(\cos 0 + \sin 0) = 1$, $y = -e^{4\times 0}(\cos 0 - 2\sin 0) = -1$

$$\begin{cases} x &= \sqrt{10}e^{4t}\sin(t+\phi) \\ y &= -\sqrt{5}e^{4t}\cos(t+\psi) \end{cases}$$

ただし,

$$\begin{cases} \cos\phi = \frac{3}{\sqrt{10}} \\ \sin\phi = \frac{1}{\sqrt{10}} \end{cases},\quad \begin{cases} \cos\psi = \frac{1}{\sqrt{5}} \\ \sin\psi = \frac{2}{\sqrt{5}} \end{cases}$$

である.

▶ 計算の途中に虚数 i が現れるが, 結果は実数になる.

計算過程 1　**Euler の関係式が活躍する場面**

$$x = \overbrace{\left(\frac{1}{2} - \frac{3}{2}i\right)}^{C_1} e^{\overbrace{(4+i)}^{\lambda_1}t} + \overbrace{\left(\frac{1}{2} + \frac{3}{2}i\right)}^{C_2} e^{\overbrace{(4-i)}^{\lambda_2}t} \quad \longleftarrow e^{4t} \text{でくくる.}$$

$$= e^{4t}\left\{\frac{1}{2}(e^{it} + e^{-it}) - \frac{3}{2}i(e^{it} - e^{-it})\right\} \quad \longleftarrow -\frac{3}{2}i(e^{it} - e^{-it}) = -\frac{3\overbrace{i^2}^{-1}(e^{it} - e^{-it})}{2i}$$

$$= e^{4t}(\cos t + 3\sin t)$$

(2)　C_1
$= \frac{(\lambda_2 - A)x_0 - By_0}{\lambda_2 - \lambda_1}$
$= \frac{(4-i-5)1 + 2(-1)}{(4-i)-(4+i)}$
$= \frac{3+i}{2i}$
$= \frac{3}{2i} + \frac{i}{2i}$
$= \frac{3i}{2\underbrace{i^2}_{-1}} + \frac{1}{2}$
$= -\frac{3}{2}i + \frac{1}{2}$

C_2 も同様に求まる.

x, y はどちらも一つの円関数で表せるので, **単振動** (「単」は「一つの」の意味) という.

Euler の関係式

$\cos t = \frac{e^{it} + e^{-it}}{2}$

$\sin t = \frac{e^{it} - e^{-it}}{2i}$

$e^{(4+i)t}$
$= e^{4t+it}$
$= e^{4t}\cdot e^{it}$

$e^{(4-i)t}$
$= e^{4t+(-it)}$
$= e^{4t}\cdot e^{-it}$

$$y = \frac{\overbrace{(4+i)}^{\lambda_1} - \overbrace{5}^{A}}{\underbrace{-2}_{B}} \overbrace{\left(\frac{1}{2} - \frac{3}{2}i\right)}^{C_1} e^{\overbrace{(4+i)}^{\lambda_1} t} + \frac{\overbrace{(4-i)}^{\lambda_2} - \overbrace{5}^{A}}{\underbrace{-2}_{B}} \overbrace{\left(\frac{1}{2} + \frac{3}{2}i\right)}^{C_2} e^{\overbrace{(4-i)}^{\lambda_2} t}$$

$$= \frac{(1-i)(1-3i)}{4} e^{(4+i)t} + \frac{(1+i)(1+3i)}{4} e^{(4-i)t}$$

$$= -\frac{1+2i}{2} e^{(4+i)t} - \frac{1-2i}{2} e^{(4-i)t} \quad \longleftarrow e^{4t}\text{でくくる.}$$

$$= -e^{4t}\left\{\left(\frac{1}{2}+i\right)e^{it} + \left(\frac{1}{2}-i\right)e^{-it}\right\}$$

$$= -e^{4t}\left\{\frac{e^{it}+e^{-it}}{2} + (e^{it}-e^{-it})i\right\} \quad \longleftarrow \overbrace{(e^{it}-e^{-it})i}^{\frac{2i}{2i}\text{ を掛ける.}} = 2\cdot\frac{e^{it}-e^{-it}}{2i}\overbrace{i^2}^{-1}$$

$$= -e^{4t}(\cos t - 2\sin t)$$

表 3.6　例題 3.3 と (2) との対応

例題 3.3	(2)
ξ	x
η	y
0	A
$-\gamma X_0$	B
γY_0	C
0	D

$$\begin{cases} \dfrac{d\xi}{dt} = -\gamma X_0 \eta \\ \dfrac{d\eta}{dt} = \gamma Y_0 \xi \end{cases} \qquad \begin{cases} \dfrac{dx}{dt} = Ax + By \\ \dfrac{dy}{dt} = Cx + Dy \end{cases}$$

計算過程 2　**$b\cos\theta + a\sin\theta$ を一つの円関数で表す方法**

(第 6 話 探究支援 6.6 の図解)

本問では, 基本ベクトルという用語と意味とを知らなくても理解できるように図解した.

① 4 点 O $(0,0)$, A $(a,0)$, B $(0,b)$, C (a,b) を考える (図 3.39).

ヨコ座標が a の点 A とタテ座標が b の点 B とを考えるのはなぜ？ 原点を通る軸のまわりに線分 OA を角 θ だけ回転させたとき, タテ座標が $a\sin\theta$ の点 A′ にうつる. 原点を通る軸のまわりに線分 OB を角 θ だけ回転させたとき, タテ座標が $b\cos\theta$ の点 B′ にうつる. このようにして, $a\sin\theta$, $b\cos\theta$ が表せる.

時計の針のまわる向きと反対向きに角 θ だけ回転させる. 始線 (x 軸の正の側) から角 ϕ を測る.

線分 OC の長さ $= \sqrt{a^2+b^2}$, 始線と線分 OC との間の角を ϕ とおく.

② 4 点 O $(0,0)$, A $(a,0)$, B $(0,b)$, C (a,b) を頂点とする長方形を描く.

③ 長方形 OACB を角 θ だけ回転させて, 長方形 OA′C′B′ を描く.

④ 図 3.39 で, 3 点 A′, B′, C′ の座標を読み取る.

⑤ 線分 OA′, OB′, A′B′ のタテ軸上への射影どうしの関係を調べる. 同様に, ヨコ軸上への射影どうしの関係も調べる.

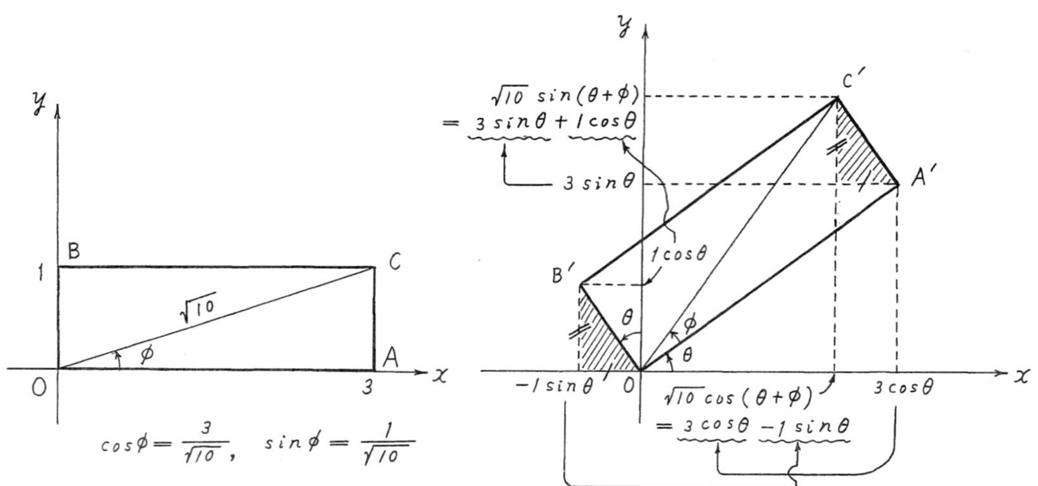

図 3.39 円関数の合成 $\theta = t$ の場合：$\cos t + 3\sin t$ を求める図で，$3 \to 1$, $1 \to 2$, $\sqrt{10} \to \sqrt{5}$ とおきかえると，$\cos t - 2\sin t$ を求めることができる (**思考の節約**：一つの図でどちらも求まる).

減衰振動について，小林幸夫：『力学ステーション』(森北出版，2002) 5.3 節 [注意 1], 5.6.2 項参照.

▶ **減衰振動** 問 (2) の係数 A, B, C, D の値によって，解が

$$e^{(\text{負の数})t}\cos(♠t + ♣)$$

の形になる場合がある.

例 水平面上でばねに取り付けたおもりの振動

$$\overbrace{\underbrace{m\frac{d^2x}{dt^2}}_{\text{質量}\times\text{加速度}} = \underbrace{\underbrace{(-kx)}_{\text{ばねから受ける弾性力}} + \underbrace{\left(-b\frac{dx}{dt}\right)}_{\text{空気抵抗}}}_{\text{外界からおもりにはたらく力の合計}}}^{\text{質量 } m \text{ のおもりの運動方程式}}$$

k：ばね定数

b：空気抵抗が速度に比例するというモデル

空気抵抗を $\underbrace{\text{(比例定数で表す一定量)}}_{b\ (b \text{ の値は正})} \times \underbrace{\text{速度}}_{\frac{dx}{dt}}$ と表す.

この運動方程式を整理すると，

$$\frac{d^2x}{dt^2}+\underbrace{\frac{b}{m}}_{\alpha}\frac{dx}{dt}+\underbrace{\frac{k}{m}}_{\beta}x=0$$

になる．解は

$$x=\underbrace{Ae^{-\frac{\alpha}{2}t}}_{\text{減衰する振幅}}\underbrace{\cos(\omega t+\phi)}_{\text{周期振動}}\qquad (A,\omega,\phi\ \text{は一定量})$$

と表せる．

$t\to\infty$ のとき $e^{-\frac{b}{2}t}\to 0$ (長時間で振動が減衰する)．

(3) $A=5,\ B=-1,\ C=1,\ D=3$

$\alpha=-(A+D)=-8,\ \beta=AD-BC=5\times 3-(-1)\times 1=16,$

$\lambda_1=4,\ \lambda_2=4$

【疑問】(1), (2) とちがって，$\lambda_1=\lambda_2$ であり，重ね合わせる基本解が一つしかない．どうすればいいか？

λ_1 と λ_2 とを区別する必要がないから，ここでは指数を λ_0 と書くことにする．

手法 **基本解のつくり方**

基本解　$e^{\lambda_0 t},\ te^{\lambda_0 t}$

【意味】λ_0 は **2** 次方程式 $\lambda^2+\alpha\lambda+\beta=0$ の解である．$e^{\lambda_0 t}$ を $t^{2-2}e^{\lambda_0 t}$, $te^{\lambda_0 t}$ を $t^{2-1}e^{\lambda_0 t}$ と書くと，e の指数 $=2-n$ (n は 2, 1) の形である．

$t^{2-2}=t^0=1$

検算　$x=te^{\lambda_0 t}$ も $\dfrac{d^2x}{dt^2}+\alpha\dfrac{dx}{dt}+\beta x=0$ をみたすことを確かめる．

$$\begin{aligned}
\frac{d^2(te^{\lambda_0 t})}{dt^2} &= \frac{d}{dt}\overbrace{\left\{\frac{d(te^{\lambda_0 t})}{dt}\right\}}^{\text{積の微分}}=\frac{d}{dt}\left\{\frac{dt}{dt}e^{\lambda_0 t}+t\frac{d(e^{\lambda_0 t})}{dt}\right\}\\
&= \frac{d(e^{\lambda_0 t})}{dt}+\overbrace{\frac{d(t\lambda_0 e^{\lambda_0 t})}{dt}}^{\text{積の微分}}\\
&= \lambda_0 e^{\lambda_0 t}+\lambda_0(e^{\lambda_0 t}+t\lambda_0 e^{\lambda_0 t})\\
&= 2\lambda_0 e^{\lambda_0 t}+{\lambda_0}^2 te^{\lambda_0 t}\\
\alpha\overbrace{\frac{d(te^{\lambda_0 t})}{dt}}^{\text{積の微分}} &= \alpha(e^{\lambda_0 t}+t\lambda_0 e^{\lambda_0 t})\\
+)\qquad \beta te^{\lambda_0 t} &= \beta te^{\lambda_0 t}\\
\hline
\frac{d^2(te^{\lambda_0 t})}{dt^2}+\alpha\frac{d(te^{\lambda_0 t})}{dt}+\beta te^{\lambda_0 t} &= \underbrace{({\lambda_0}^2+\alpha\lambda_0+\beta)}_{0}te^{\lambda_0 t}+\underbrace{(2\lambda_0+\alpha)}_{0}e^{\lambda_0 t}\\
&= 0
\end{aligned}$$

$\dfrac{dt}{dt}=1$

$$\frac{d(e^{\overbrace{\lambda_0 t}^{u}})}{dt}=\frac{d(e^u)}{dt}=\frac{d(e^u)}{du}\frac{du}{dt}=e^u\frac{d(\lambda_0 t)}{dt}=e^{\lambda_0 t}\lambda_0=\lambda_0 e^{\lambda_0 t}$$

▶ なぜ $2\lambda_0+\alpha=0$ か？

λ_0 は $\lambda^2+\alpha\lambda+\beta=0$ の解だから，この方程式を因数分解した $(\lambda-\lambda_0)(\lambda-\lambda_0)=0$ をみたす（λ に λ_0 を代入したとき，たしかに右辺が 0 になるという意味）．

この式を展開した $\lambda^2-2\lambda_0\lambda+\lambda_0{}^2=0$ と $\lambda^2+\alpha\lambda+\beta=0$ とを比べると $\alpha=-2\lambda_0$ であることがわかる．

手順 2′ **重ね合わせの原理** $x=C_1e^{\lambda_0 t}+C_2te^{\lambda_0 t}$（$C_1$, C_2 は定数）も解である．

$$
\begin{aligned}
y &= \frac{1}{B}\left(\frac{dx}{dt}-Ax\right) \\
&= \frac{(\lambda_0-A)C_1+C_2}{B}e^{\lambda_1 t}+\frac{(\lambda_0-A)C_2}{B}te^{\lambda_2 t}
\end{aligned}
$$

手順 3 **初期条件**：「$t=0$ のとき $x=1$, $\dfrac{dx}{dt}=6$」で，係数 C_1, C_2 の値を決める．

$$
\begin{cases}
1 = C_1e^{\lambda_0 0}+C_20e^{\lambda_0 0} \\
6 = C_1\lambda_0e^{\lambda_0 0}+C_2(e^{\lambda_0 0}+\lambda_00e^{\lambda_0 0})
\end{cases}
$$

から，

$$
\begin{cases}
1 = C_1 \\
6 = \underbrace{\lambda_0}_{4} C_1 + C_2
\end{cases}
$$

を解くと

$$C_1=1,\ \ C_2=2$$

となる．

$t=0$ のとき
$x_0=1$

$\dfrac{dx}{dt}=Ax_0+By_0$
$=A\times1+B\times(-1)$
$=5\times1$
$\quad+(-1)\times(-1)$
$=6$

初期条件をみたす解

$$
\begin{cases}
x = (1+2t)e^{4t} \\
y = (-1+2t)e^{4t}
\end{cases}
$$

検算 $t=0$ のとき $x=(1+2\times0)e^{4\times0}=1$,
$y=(-1+2\times0)e^{4\times0}=-1$

3.4　関数の展開 [Henry (ヘンリー) の法則]

非常に希薄な溶液の溶媒 A のモル分率を X_A, 溶質 B のモル分率を X_B とする. Henry (ヘンリー) の法則によると, 溶媒 A の化学ポテンシャル μ_A は, 標準状態にある純溶媒の化学ポテンシャル ${\mu_A}^{\star}$ との間で

$$\mu_A = {\mu_A}^{\star} + RT\log_e X_A \quad (R\text{ は気体定数}, T\text{ は絶対温度})$$

と表せる.

(1) 溶媒 A のモル分率 X_A を溶質 B のモル分率 X_B で表せ.

(2) 希薄溶液 (溶質 B の濃度が小さい) だから, 溶質のモル分率 X_B が 1 に比べて小さい. このとき, μ_A を X_B について展開せよ.

1.2.1 項, 1.2.2 項で実例を考えたように, 実験結果を解釈するときの基本はグラフが直線になるような物理化学的性質を見出すことである.
D. Eisenberg and D. Crothers: *Physical Chemistry with Applications to the Life Sciences* (Benjamin/Cummings, 1979).

【解説】(1) $X_A = 1 - X_B$

例題 3.10 (4) の応用

(2)
$$\begin{aligned}
\mu_A - {\mu_A}^{\star} &= RT\log_e X_A \\
&= RT\log_e\{1+(-X_B)\} \quad \longleftarrow \text{例題 3.10 (4) } \log_e(1+X_B) \text{ と符号が異なる.} \\
&\fallingdotseq RT\left\{(-X_B) - \frac{1}{2}(-X_B)^2 + \frac{1}{3}(-X_B)^3 - \cdots + (-1)^{k+1}\frac{1}{k}(-X_B)^k\right\} \\
&= -RT\left\{X_B + \frac{1}{2}{X_B}^2 + \frac{1}{3}{X_B}^3 + \cdots + \frac{1}{k}{X_B}^k\right\} \\
&\fallingdotseq -RTX_B \quad \text{高次の項は 1 次の項に比べて無視できるほど小さい.}
\end{aligned}$$

計算過程

$$\begin{aligned}
&(-1)^{k+1}(-X_B)^k \\
&= (-1)^{k+1}(-1)^k \times {X_B}^k \\
&= \underbrace{(-1)^{2k+1}}_{(-1)\text{ の奇数乗}} {X_B}^k \\
&= -{X_B}^k
\end{aligned}$$

$\mu_A \fallingdotseq {\mu_A}^{\star} - RTX_B$
中学数学 (1 次関数)
$y = b + ax$ の形

温度一定のとき
$-RT$ は一定量 (直線のグラフの傾き) である.

重要　$\mu_A - {\mu_A}^{\star} \fallingdotseq -RTX_B$ は $\mu_A - {\mu_A}^{\star} = RT\log_e X_A$ を直線のグラフで表せるように近似した 1 次関数である.

3.5　関数の展開と関数の最小値 [Fermat (フェルマー) の原理]

空気と液体 (屈折率 n) との境界からの深さが h の位置 P で静止している物体がある．境界からの高さが h, 物体との水平距離が r の位置 R から，この物体を観察する．物体からの光は，境界上で物体からの水平距離が x の位置 Q を通って位置 R に達する．位置 P, Q, R は境界に垂直な同一平面内にある．

(1) 水平距離 r が深さ h に比べて十分小さいとき，光が経路 PQR を通るのに要する時間を求めよ．

① 真空中の光の速さを c とする．

② 屈折率 n の媒質中で光の速さは，真空中の光の速さの $\dfrac{1}{n}$ である．

③ 空気の屈折率は約 1.0003 ($\fallingdotseq 1$) だから，空気中の光の速さも c と近似する．

(2) (1) の時間が最小になるとき，物体からの水平距離 x を求めよ．

本問は，2010 年度早大基幹・先進・創造理工学部の物理の入試問題を，導関数 (2.1.4 項) と関数の近似 (3.5 節) との融合問題に改めた問題である．

【解説】 (1) 三平方の定理で，QR と PQ とを求め，$h \gg r > x$ に注意して近似する．

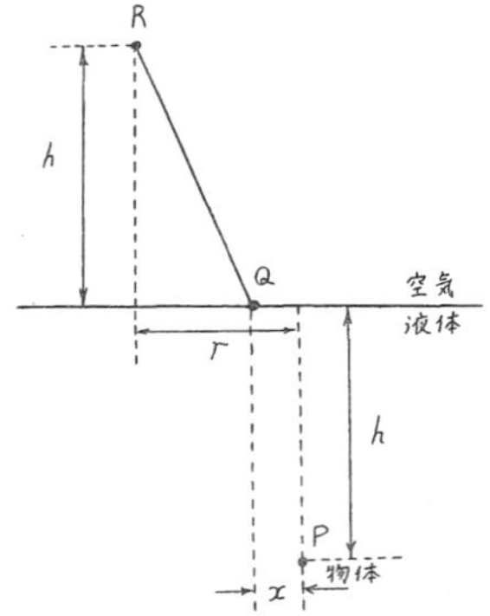

図 3.40　光の経路

光が媒質 A から媒質 B に進行するときの屈折率 (相対屈折率) とは？

光が媒質 A から媒質 B に進行するときの屈折率

$$= \frac{\text{媒質 } A \text{ 内の光速}}{\text{媒質 } B \text{ 内の光速}}$$

光が真空から媒質に進行するときの屈折率を，その媒質の絶対屈折率または単に**屈折率**という．

♡ ≫ ♠ は「♡ は ♠ に比べてはるかに大きい」という意味を表す．

$$\mathrm{QR} = \sqrt{h^2 + (r-x)^2}$$

$$= \sqrt{h^2\left\{1 + \frac{(r-x)^2}{h^2}\right\}}$$

【発想】 大きい方の量 h を分母にするために h^2 でくくる．

$$\fallingdotseq h\left\{1 + \frac{(r-x)^2}{2h^2}\right\}$$

例題 3.7 (5) で $t \to \dfrac{(r-x)^2}{h^2}$ とおきかえる．

$$\begin{aligned}\mathrm{PQ} &= \sqrt{h^2+x^2} \\ &= \sqrt{h^2\left(1+\frac{x^2}{h^2}\right)} \\ &\fallingdotseq h\left(1+\frac{x^2}{2h^2}\right)\end{aligned}$$

例題 3.7 (5) で $t \to \dfrac{x^2}{h^2}$ と
おきかえる.

光が経路 PQR を通るのに要する時間
= (光が経路 QR を通るのに要する時間)
+ (光が経路 PQ を通るのに要する時間)

$$\begin{aligned}&= \frac{\mathrm{QR}}{\text{液体中の光速}} + \frac{\mathrm{PQ}}{\text{空気中の光速}} \\ &= \frac{h}{c}\left\{1+\frac{(r-x)^2}{2h^2}\right\} + \frac{h}{\frac{c}{n}}\left(1+\frac{x^2}{2h^2}\right) \\ &= \underbrace{\frac{h(1+n)}{c} + \frac{nx^2+(r-x)^2}{2hc}}_{x \text{ の関数：} x \text{ の値によって時間は異なる.}}\end{aligned}$$

$\dfrac{h}{\frac{c}{n}} = \dfrac{hn}{c}$
分子・分母に n を
掛けた.

(2) $f(x) = \dfrac{h(1+n)}{c} + \dfrac{nx^2+(r-x)^2}{2hc}$ とおく.

$$\begin{aligned}\frac{d\{f(x)\}}{dx} &= \frac{d\left\{\frac{h(1+n)}{c}\right\}}{dx} + \frac{d\left\{\frac{nx^2+(r-x)^2}{2hc}\right\}}{dx} \\ &= 0 + \frac{n}{2hc}\frac{d(x^2)}{dx} + \frac{1}{2hc}\frac{d\{(x-r)^2\}}{dx} \\ &= \frac{n}{2hc}\cdot 2x + \frac{1}{2hc}\cdot 2(x-r) \\ &= \frac{(n+1)x-r}{hc}\end{aligned}$$

$(r-x)^2$ よりも $(x-r)^2$ の
ように x に負号のない方が
扱いやすい.

$$\begin{aligned}&\frac{n}{2hc}\cdot 2x \\ &+\frac{1}{2hc}\cdot 2(x-r) \\ &= \frac{2nx+2x-2r}{2hc} \\ &= \frac{(n+1)x-r}{hc}\end{aligned}$$

x	$\cdots$	$\dfrac{r}{n+1}$	$\cdots$
$f'(x)$	$-$	0	$+$
$f(x)$	$\cdots$	極小	$\cdots$

$$f'(x) = \frac{(n+1)x-r}{hc} = 0 \qquad x = \frac{r}{n+1}$$

計算過程

$$\frac{d\{(x-r)^2\}}{dx} = \frac{d(x^2-2rx+r^2)}{dx} = \frac{d(x^2)}{dx} - 2r\frac{dx}{dx} + \frac{d(r^2)}{dx} = 2x - 2r + 0$$

$(x-r)^2$ を展開するとき $-2xr$ よりも $-2rx$ (一定量 × x の形) の方が扱いやすい.

$$\frac{d\{(x-r)^2\}}{dx} = \frac{d(u^2)}{dx} \quad u = x - r \text{ とおく.}$$

$$= \frac{d(u^2)}{du}\frac{du}{dx} = 2u\frac{d(x-r)}{dx} = 2(x-r)\left(\frac{dx}{dx} - \frac{dr}{dx}\right) = 2(x-r)(1-0)$$

【参考】Fermat (フェルマー) の原理

何を主張する原理か?

「1 点を出て他の 1 点に達する光は, どんな経路を通るか」という問に答える原理

これらの 2 点を固定したまま途中の領域で, いろいろな経路を考えることができる.

すべての経路のうちで, 光は**通過時間が極小値を取る経路**を通過する.

- 本問の場合：光は, 空気と液体との境界上のどの点を通るか？

  ⟶ 光は, $x = \dfrac{r}{n+1}$ の位置 Q を通る.

光はムダのない経路を選んで急いで走っている！

第 3 話の問診 (到達度確認)

① 数理モデルのつくり方を理解したか？

② 指数関数・対数関数の微分・積分の計算ができるか？

③ 部分積分の計算ができるか？

④ 変数分離型微分方程式が解けるか？

⑤ 円関数の微分・積分の計算ができるか？

⑥ 簡単な 2 階微分方程式が解けるか？

⑦ 関数の近似式をつくれるか？

⑧ 関数の極限値を求めることができるか？

第 II 部　量の変換を表す — 線型代数

比例の関係を拡張するという発想

第 4 話　ベクトルとマトリックス — 多種類のデータを整理するには

第 4 話の目標

① 量の組どうしの関係をマトリックスで表すときの考え方を理解すること.

② マトリックスの積の意味を理解すること.

キーワード　ベクトル, マトリックス, 比例, 線型独立, 線型従属, スカラー倍, スカラー積

第 1 話で, いろいろなデータから規則性を見つけるとき, 比例を基本にして考えることを理解した. 第 1 話で活用した比例の考え方は, 小学算数で学習した通りである. 1 個あたり 100 円のジュースを 3 個買うときには 300 円払い, 6 個買うときには 600 円払う. では, ジュースとゼリーとの詰め合わせになったら, 比例の考え方はどうなるだろうか？ 1 個あたり 100 円のジュース 5 個と 1 個あたり 150 円のゼリー 7 個との詰め合わせをつくる. 詰め合わせを 2 セット買う場合, ジュースの個数も 2 倍, ゼリーの個数も 2 倍になるから, ジュースの価格とゼリ－の価格とはどちらも 2 倍になる.

第 4 話では, 1 品目の場合の比例を表す関係式を拡張して, 多品目の場合の比例を表す関係式を考える. 詰め合わせの例で, ジュースとゼリ－とをまとめて扱う方法を工夫する. ここで 2 種類の量があることに注意しなければならない. ジュースの個数とゼリーの個数との組, ジュースの価格とゼリーの価格との組を区別する. 個数の組と価格の組とは, どちらも量の組である. 量の組を「ベクトル量」という.

第 4 話で, ベクトル量の意味, マトリックスの意味を理解する.

ベクトル量どうしの関係を考える問題がある. ジュースを入れるコップ 5 個とゼリーをのせる皿 7 枚との詰め合わせもつくる. コップと皿とのそれぞれの単価 (1 個あたりの価格) を 200 円/個, 130 円/枚 とする. ジュースとゼリーとの詰め合わせ 1 セットの価格とコップと皿との詰め合わせ 1 セットの価格とを知りたい．個数の組を $\begin{pmatrix} 5\,個 \\ 7\,個 \end{pmatrix}$ と表すと，価格の組は $\begin{pmatrix} 1550\,円 \\ 1910\,円 \end{pmatrix}$ となる．個数の組から価格の組を求めるときに必要な単価の集まり (ジュース，ゼリー，コップ，皿) を，マトリックスという形で表す．逆に，価格の組から個数の組を求める問題を考える場合もある．この問題が第 4 話で連立 1 次方程式の解の性質に結びつく．

100 円/個 × 5 個 +150 円/個 × 7 個 = 1550 円

200 円/個 × 5 個 +130 円/枚 × 7 枚 = 1910 円

7 枚と 7 個とを 7 個で統一して $\begin{pmatrix} 5\,個 \\ 7\,個 \end{pmatrix}$ と表した．

【休憩室】(一つあたりいくら) × (いくつ分)

小学算数に「3 人に紙を一人 4 枚ずつ配るには，何枚の紙を用意すればいいか」という問題がある．4 枚/人 × 3 人 = 12 枚 だから 4 × 3 は正解になるが，3 × 4 は正解にならないそうである．ほんとうに，正解は一方だけだろうか？

教室でプリントを配る場面を思い出してみよう．同じページを全員に配ったあとで，別のページを配ることがある．1 ページを 3 人に配り，2 ページを 3 人に配り，...，4 ページを 3 人に配る．3 枚配るという作業を 4 回くり返す．だから，3 枚/回 × 4 回 = 12 枚 の発想は，現実に合っている．生活の場と結びつけて，数学を体得することができる．

国産車と外車とでは，運転席と助手席とのどちらが左側かがちがう．車と同じで，掛算もどちらがまちがいというわけではない．12 枚という同じ答に到達する筋道は一つとは限らない．**数学では，どのように考えたかということが大事である．**

2006 年 11 月 15 日付朝日新聞「声」欄

この問題こそ乗法が可換 (交換可能) であることを示す具体例である．「可換」とは，掛算の順序を変更しても積は同じであるという性質である．

4.1 ベクトルとは — 量の組を数の組で表す

加法・減法は，同種の量どうしの間でしか成り立たない．この考え方は，あとでベクトル量 (量の組) を考える理由に結びつく．例題 4.1，例題 4.2 で，量の類別の意味を具体的に考えてみよう．

ベクトルのくわしい内容について
小林幸夫：『力学ステーション』(森北出版，2002) pp. 22 – 33 参照．

例題 4.1 **加法の成り立つ場合** (1) から (4) までの中で加法が成り立つ例はどれか？

(1) ネコ 3 匹とイヌ 5 匹とを合わせると何匹か?

(2) 身長と座高と胸囲とを合わせるといくらか?

(3) 空気中の各成分気体の分圧を合計するといくらか？

(4) 容器に窒素と水素とがそれぞれ 2.8×10^{-3} g cm^{-3}, 6.0×10^{-4} g cm^{-3} の密度で入っているとき, 混合気体の密度はいくらか？

【解説】加法は同種, 同質の間で成り立つ.

(1) ネコとイヌとは異種の動物だから足せない. ただし,「動物が何匹いるか」という問いであれば, 8 匹と考えていい.

(2) 長さどうしの和という意味では足せるが, 合計にどんな意味があるかを説明するのはむずかしい.

(3) Dolton (ドルトン) の分圧の法則によると, 全圧は各分圧の和になる.

(4) それぞれの気体の種類は異なるが, 混合気体の密度は 3.4×10^{-3} g cm^{-3} である.

分圧とは？
混合している成分気体のそれぞれの圧力

密度とは？
単位体積 (ここでは cm^3) あたりの質量

$(2.8 \times 10^{-3} + 6.0 \times 10^{-4})$ g cm^{-3} $= (2.8 + 0.6) \times 10^{-3}$ g cm^{-3} $= 3.4 \times 10^{-3}$ g cm^{-3}

つぎに「減法とはどういう演算か」という問題を考えてみよう. $7 - 3 = 4$, $5 - 8 = -3$ などの差は, 頭の中でどういう考えを巡らせて求めているかを思い出してみる.「3 にどんな数を足したら 7 になるか」「8 にどんな数を足したら 5 になるか」と考えていることに気がつく.

> **減法** $a - b = \diamondsuit$ **は,** $\diamondsuit + b = a$ **または** $b + \diamondsuit = a$ **をみたす数を見つける演算である.**

「二つの数の大小を調べたり, 全体から一部を除いた残りを求めたりする演算」という説明は, 減法の意味ではなく, 減法を使う例である.

例題 4.2 **減法の成り立つ場合** 砂糖 120 g は食塩 100 g よりも 20 g だけ重い. 砂糖 120 g から食塩 100 g を引くことができるだろうか？

【解説】 砂糖 120 g から食塩 100 g を引くことはできない.

「砂糖 120 g は食塩 100 g よりも 20 g だけ重い」と判断できるのはなぜ

だろうか？砂糖と食塩とのそれぞれを天秤の左皿と右皿とに置くと，砂糖の皿が下がる．薬さじで砂糖を少しずつ減らすにつれて，左皿の高さと右皿の高さとの差が小さくなる．砂糖を 20 g だけ減らすと，皿どうしの高さが一致する．どれだけの砂糖を減らせば食塩とつり合うかを考えたのであって，砂糖から食塩を引くのではない．(砂糖 120 g) − (食塩に見合う砂糖 100 g) のように，あくまでも砂糖どうしの間で引き算を考えている．

図 4.1　減法の意味

---

2 種類ののど飴 (プロポリスのど飴と梅丹のど飴) の栄養成分を比べてみる．

表 4.1　のど飴の栄養成分 (g あたり)

成分	プロポリスのど飴	梅丹のど飴
糖質	0.896 g/g	0.967 g/g
ナトリウム	0.523×10^{-3} g/g	0.011×10^{-3} g/g

▶ **代数の見方**　例題 4.1 で考えたように，糖質とナトリウムに類別する．それぞれの栄養成分は 量 = 数値 × 単位量 の形で表す．

一つの栄養成分
$$\underbrace{0.896\ \mathrm{g/g}}_{\text{量}} = \underbrace{0.896}_{\text{数値}} \times \underbrace{\mathrm{g/g}}_{\text{単位量}}$$

拡張　⇓

二つの栄養成分
$$\underbrace{\begin{pmatrix} 0.896\ \mathrm{g/g} \\ 0.523 \times 10^{-3}\ \mathrm{g/g} \end{pmatrix}}_{\text{ベクトル量 (量の組)}} = \underbrace{\begin{pmatrix} 0.896 \\ 0.523 \times 10^{-3} \end{pmatrix}}_{\text{ベクトル (数の組)}} \underbrace{\mathrm{g/g}}_{\text{単位量}}$$

0.896 g/g

「g あたり 0.896 g」という意味

g/g = 1 と考えて，0.896 と書いてもいい．0.896 には単位量がないから割合を表すと考える．

例題 0.12 参照．

単位量 g/g の考え方
密度の単位量 $\mathrm{g/cm^3}$ (単位体積あたり何グラム) の分母で $\mathrm{cm^3}$ の代わりに g とすると g/g になる．単位体積あたりの質量 ($2.7\ \mathrm{g/cm^3}$ など) が量であるのと同じように，単位質量あたりの質量 (0.896 g/g など) も量である．

> **加法・スカラー倍を定義した**「数の組」を**ベクトル** (**数ベクトル**ともいう),
> それぞれの数を**ベクトルの成分**という.
> 「数の組」を使って表した「量の組」を**ベクトル量**とよぶ.

一つの数を**スカラー**という.

加法, スカラー倍の例は問 4.1 参照.

例　0.896　　プロポリスのど飴を表すベクトルの第 1 成分
(プロポリスのど飴ベクトルの糖質成分)

0.523×10^{-3}　　プロポリスのど飴を表すベクトルの第 2 成分
(プロポリスのど飴ベクトルのナトリウム成分)

$\frac{\mathrm{g}}{\mathrm{g}} \times \mathrm{g} = \mathrm{g}$

$\begin{pmatrix} 0.896 \\ 0.523 \times 10^{-3} \end{pmatrix} 100$
は, 数の組に一つの数を掛けた形だからベクトルのスカラー倍である.

問 4.1　プロポリスのど飴 100 g と梅丹のど飴 200 g との全体で, それぞれの栄養成分をどれだけ含むか?

【解説】 すべての栄養成分をまとめて扱う.

(一つあたりいくら) × (いくら分) の形で計算すると

$$\begin{pmatrix} 0.896\ \mathrm{g/g} \\ 0.523 \times 10^{-3}\ \mathrm{g/g} \end{pmatrix} 100\ \mathrm{g} + \begin{pmatrix} 0.967\ \mathrm{g/g} \\ 0.011 \times 10^{-3}\ \mathrm{g/g} \end{pmatrix} 200\ \mathrm{g}$$

100 を 0.896 と 0.523×10^{-3} とに掛ける. 200 を 0.967 と 0.011×10^{-3} とに掛ける.

$$= \begin{pmatrix} 89.6\ \mathrm{g} \\ 0.0523\ \mathrm{g} \end{pmatrix} + \begin{pmatrix} 193.4\ \mathrm{g} \\ 0.0022\ \mathrm{g} \end{pmatrix}$$

第 1 成分どうし, 第 2 成分どうしを足す. 例題 4.1 にしたがって, 糖質どうし, ナトリウムどうしで加法を考える.

$$= \begin{pmatrix} 283.0\ \mathrm{g} \\ 0.0545\ \mathrm{g} \end{pmatrix} \begin{matrix} \text{糖質} \\ \text{ナトリウム} \end{matrix}$$

となる.

【注意】タテベクトル (列ベクトル) とヨコベクトル (行ベクトル)

ベクトルを書くとき, 数をたてに並べても, よこに並べてもいい. 問 4.1 でわかるように, タテベクトルの形で書くと, 栄養成分がたてに並ぶので計算しやすい. ただし, 4.2 節でスカラー積を考えるときには, タテベクトルとヨコベクトルとを区別する.

$(89.6\ \mathrm{g}\quad 0.0523\ \mathrm{g}) + (193.4\ \mathrm{g}\quad 0.0022\ \mathrm{g})$ も正しいが, 計算しにくい.

▶ **幾何の見方**　数の組を図形で表すために, 数直線の考え方を拡張する.

原点と正の向きとが決まっていて負の値も取り得る物差を「数直線」または「座標軸」，目盛の指す値を「座標」という．

プロポリスのど飴の糖質とナトリウムとを表す数の組は $\begin{pmatrix} 0.896 \\ 0.523 \times 10^{-3} \end{pmatrix}$ である．

数の組は，平面内で成分の値を座標とする点によって表せる．

数の組は，点という図形で表せる．しかし，原点を始点，数の組を表す点を終点とする矢印を使うと考えやすくなる．くわしい注意は，小林幸夫：『線型代数の発想』(現代数学社，2008) p. 26 参照．

【注意】成分が 3 個よりも多い数ベクトルは図示できない

成分が 1 個 (座標軸は 1 本)，2 個 (座標軸は 2 本)，3 個 (座標軸は 3 本) の場合しか図示できない．成分が 3 個よりも多い場合 (**例** 栄養成分が 20 種類)，20 本の座標軸を頭で想像してもいいが，紙に描くことはできない．だから，**ベクトルを「数の組」，ベクトル量を「量の組」と考える方が適用範囲が広くなる．**

ボールド体で幾何ベクトルを表してもいいし，矢印付きの斜体で数ベクトルを表してもいい．矢印付きの文字は図形を表しているように感じやすいので，ここでは幾何ベクトルにこの記号を使う．

手書きの場合

a b c

d e

x y z

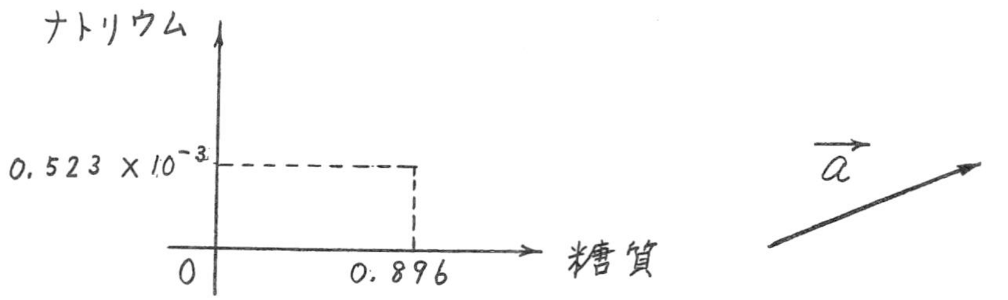

図 4.2　数ベクトルの図示

数ベクトル (**数の組**)　　幾何ベクトル (矢印という**図形**)

$$\boldsymbol{a} = \begin{pmatrix} 0.896 \\ 0.523 \times 10^{-3} \end{pmatrix} \qquad \vec{a}$$

▶ 成分が一つしかない数ベクトル (「数の組」ではないがベクトルといっていい) も考えることができる．

例　栄養成分を 1 種類しか含んでいないのど飴　(0.896)

ベクトル記号

本書では，

数ベクトルをボールド体 (**例** $\boldsymbol{a}$)，幾何ベクトルを矢印付きの斜体 (**例** $\vec{a}$) で表す．

線型結合

一般に，n 個のベクトル $\vec{a}_1,\ \vec{a}_2,\ \ldots,\ \vec{a}_n$ に対して，
スカラー $c_1, c_2, \ldots, c_n$ を使って

$$\vec{a}_1c_1 + \vec{a}_2c_2 + \cdots + \vec{a}_nc_n \qquad \text{(ベクトルのスカラー倍の和)}$$

の形で表したベクトルを　$\vec{a}_1,\ \vec{a}_2,\ \ldots,\ \vec{a}_n$　**の線型結合**という．

加法の意味

幾何ベクトル：矢印どうしをつなぎ合わせる．

数ベクトル：成分どうしを足し合わせる．

スカラー $c_1, c_2, \ldots, c_n$ のはたらき

幾何ベクトル：スカラーが実数のとき矢印を拡大・縮小する．

数ベクトル：数の組をスカラー倍する．

W. W. Sawyer: *An Engineering Approach to Linear Algebra* (Cambridge University Press, 1972) [高見穎郎，桑原邦郎訳：『線形代数とは何か』(岩波書店, 1978)] では，「線型結合」を「混合」といい表している．

● 数ベクトルの線型結合

$$\text{例}\quad \overbrace{\underbrace{\begin{pmatrix} 0.896 \\ 0.523\times10^{-3}\end{pmatrix}100}_{\text{ベクトルのスカラー倍}} + \underbrace{\begin{pmatrix} 0.967 \\ 0.011\times10^{-3}\end{pmatrix}200}_{\text{ベクトルのスカラー倍}}}^{\text{ベクトルのスカラー倍の和}} = \begin{pmatrix} 283.0 \\ 0.0545\end{pmatrix}$$

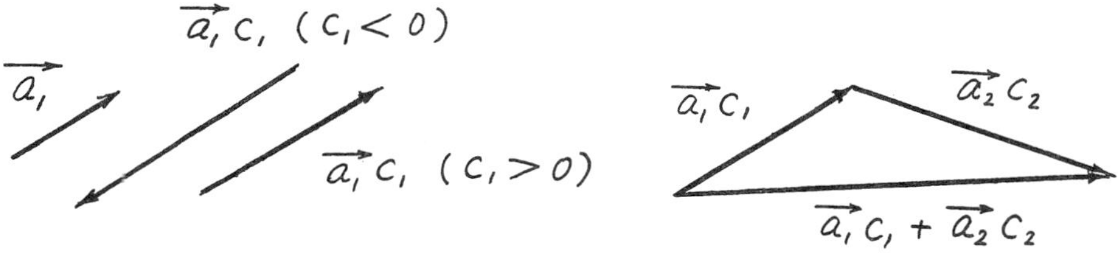

$\vec{a}_1c_1\ (c_1<0)$　$\vec{a}_1$　$\vec{a}_1c_1\ (c_1>0)$　$\vec{a}_1c_1$　$\vec{a}_2c_2$　$\vec{a}_1c_1+\vec{a}_2c_2$

図 4.3　幾何ベクトルの加法とスカラー倍

幾何ベクトルの記号で書き表したが，数ベクトルでも同様である．

問 4.1 参照．

スカラーが負の実数のとき，矢印の向きが反対になる．

問 4.2　幾何ベクトル $\vec{a}_1,\ \vec{a}_2$ は図の矢印である．このとき，つぎの幾何ベクトルを作図せよ．

(1) $\vec{a}_1 c$　　$c = 0$ の場合，$c = 3$ の場合，$c = -3$ の場合

(2) $\vec{a}_1 c_1 + \vec{a}_2 c_2$　　$c_1 = 1$, $c_2 = 1$ の場合，$c_1 = 1$，$c_2 = -1$ の場合，$c_1 = 2$, $c_2 = -3$ の場合，$c_1 = -2$, $c_2 = 3$ の場合

【解説】幾何ベクトルの加法は，矢印どうしをつなぎ合わせる操作である．

重要　$\vec{a}_1 c_1$ の終点に $\vec{a}_2 c_2$ の始点をつないで一筆書きするように描く．

平行四辺形の 2 辺を破線で作図する方法は面倒である．つなぎ合わせ法の方が簡単である．

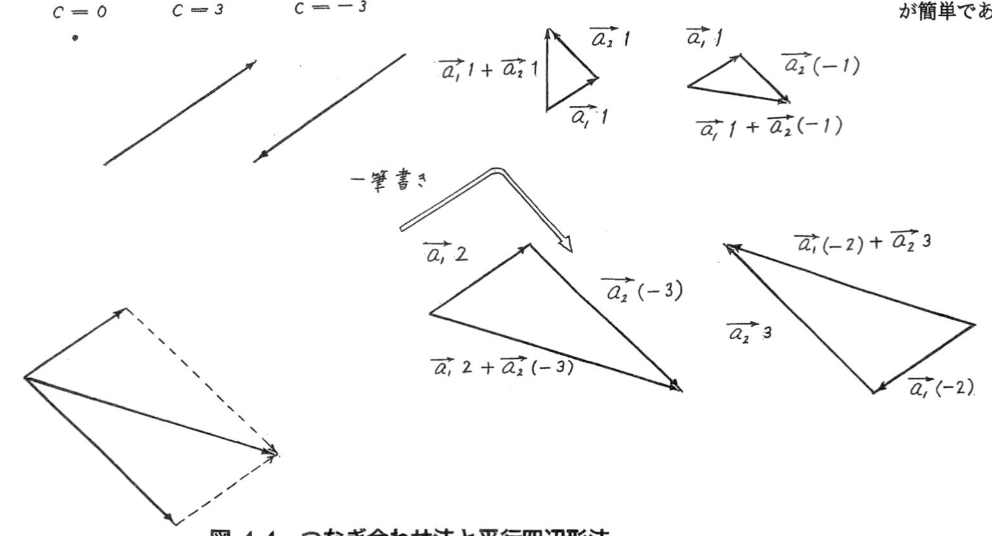

図 4.4　つなぎ合わせ法と平行四辺形法

$\vec{a}$ のスカラー倍 $\vec{a}c$

$c > 0$ のとき	$c < 0$ のとき	$c = 0$ のとき
$\vec{a}$ と $\vec{a}c$ とは同じ向き	$\vec{a}$ と $\vec{a}c$ とは反対向き	大きさがゼロの矢印

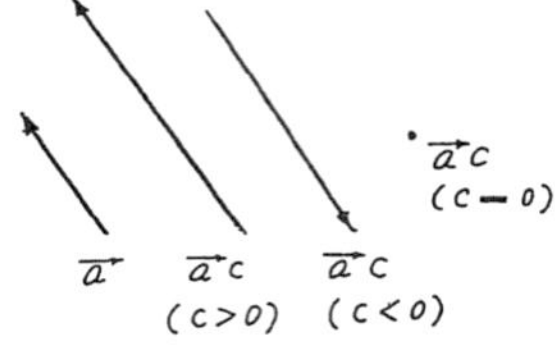

図 4.5　幾何ベクトルのスカラー倍 (スカラーの正負)

零ベクトル　すべての成分が 0 のベクトル

数ベクトル $\begin{pmatrix} 0 \\ 0 \end{pmatrix}$　**記号** (ボールド体) $\mathbf{0}$

幾何ベクトル　● 点 (大きさがゼロの矢印) という図形　**記号** $\overrightarrow{0}$

負号　$5 \times (-1) = -5$ と同様に, $\begin{pmatrix} 5 \\ 4 \end{pmatrix}(-1) = -\begin{pmatrix} 5 \\ 4 \end{pmatrix}$ である.

ふつうの数の乗法との比較

$$\begin{array}{ccccc} 5 & \times (-1) & = & - & 5 \\ \updownarrow & \updownarrow & & \updownarrow & \searrow \\ \begin{pmatrix} 5 \\ 4 \end{pmatrix} & (-1) & = & - & \begin{pmatrix} 5 \\ 4 \end{pmatrix} \end{array}$$

記号で $\boldsymbol{a}\ (-1) = -\boldsymbol{a}$ と書く.

減法　$\boldsymbol{a} - \boldsymbol{b} = \boldsymbol{a} + \boldsymbol{b}\ (-1)$ のように, 加法とスカラー倍 [ここでは, (−1) 倍] で決める.

$$\begin{pmatrix} 5 \\ 4 \end{pmatrix}(-1) = \begin{pmatrix} 5 \times (-1) \\ 4 \times (-1) \end{pmatrix} = \begin{pmatrix} -5 \\ -4 \end{pmatrix}$$

$\boldsymbol{a}\ (-1)$
$\boldsymbol{a}$ の (−1) 倍

ここでは,
$\boldsymbol{a}\ (-1) = -\boldsymbol{a}$
の証明に深入りしない.

符号と**負号**は, 読み方が同じだからまぎらわしい.
符号には, 正号 + と負号 − とがある.

符号 $\begin{cases} \text{正号} \\ \text{負号} \end{cases}$

問 4.3　プロポリスのど飴と梅丹のど飴の間で, 100 g 中の各成分の含量はどれだけちがうか？

【解説】

$$\begin{pmatrix} 0.896\ \text{g/g} \\ 0.523 \times 10^{-3}\ \text{g/g} \end{pmatrix} 100\ \text{g} - \begin{pmatrix} 0.967\ \text{g/g} \\ 0.011 \times 10^{-3}\ \text{g/g} \end{pmatrix} 100\ \text{g}$$

$$= \begin{pmatrix} 0.896\ \text{g/g} \times 100\ \text{g} \\ 0.523 \times 10^{-3}\ \text{g/g} \times 100\ \text{g} \end{pmatrix} - \begin{pmatrix} 0.967\ \text{g/g} \times 100\ \text{g} \\ 0.011 \times 10^{-3}\ \text{g/g} \times 100\ \text{g} \end{pmatrix}$$

$$= \begin{pmatrix} 89.6\ \text{g} - 96.7\ \text{g} \\ 0.0523\ \text{g} - 0.0011\ \text{g} \end{pmatrix}$$

$$= \begin{pmatrix} -7.1\ \text{g} \\ 0.0512\ \text{g} \end{pmatrix} \begin{matrix} \text{糖質} \\ \text{ナトリウム} \end{matrix}$$

ここまでは, 簡単のために, のど飴の栄養成分を二つしか考えなかったので, もう一つの成分も取り上げてみよう.

表 4.2 のど飴の栄養成分 (1 g あたり)

成分	プロポリスのど飴	梅丹のど飴
糖質	0.896 g/g	0.967 g/g
ナトリウム	0.523×10^{-3} g/g	0.011×10^{-3} g/g
タンパク質	0.001 g/g	0.002 g/g

問 4.4 プロポリスのど飴 100 g と梅丹のど飴 200 g との全体で，それぞれの栄養成分をどれだけ含むか？

【解説】 すべての栄養成分をまとめて扱う．

(一つあたりいくら) × (いくら分) の形で計算すると

$$\begin{pmatrix} 0.896\ \text{g/g} \\ 0.523 \times 10^{-3}\ \text{g/g} \\ 0.001\ \text{g/g} \end{pmatrix} 100\ \text{g} + \begin{pmatrix} 0.967\ \text{g/g} \\ 0.011 \times 10^{-3}\ \text{g/g} \\ 0.002\ \text{g/g} \end{pmatrix} 200\ \text{g}$$

$$= \begin{pmatrix} 89.6\ \text{g} \\ 0.0523\ \text{g} \\ 0.1\ \text{g} \end{pmatrix} + \begin{pmatrix} 193.4\ \text{g} \\ 0.0022\ \text{g} \\ 0.4\ \text{g} \end{pmatrix}$$

$$= \begin{pmatrix} 283.0\ \text{g} \\ 0.0545\ \text{g} \\ 0.5\ \text{g} \end{pmatrix} \begin{matrix} \text{糖質} \\ \text{ナトリウム} \\ \text{タンパク質} \end{matrix}$$

となる．

問 4.5 $\begin{pmatrix} 2 \\ 1 \\ 1 \end{pmatrix}$ を表す幾何ベクトル $\overrightarrow{a}_1$，$\begin{pmatrix} 1 \\ 2 \\ 1 \end{pmatrix}$ を表す幾何ベクトル $\overrightarrow{a}_2$ とこれらの幾何ベクトルの線型結合 $\overrightarrow{a}_1 c_1 + \overrightarrow{a}_2 c_2$ を図示せよ．ただし，$c_1 = 3$，$c_2 = 2$ とする．

【解説】 $\overrightarrow{a}_1 c_1 + \overrightarrow{a}_2 c_2$ は $\overrightarrow{a}_1$ と $\overrightarrow{a}_2$ との張る平面内にある．

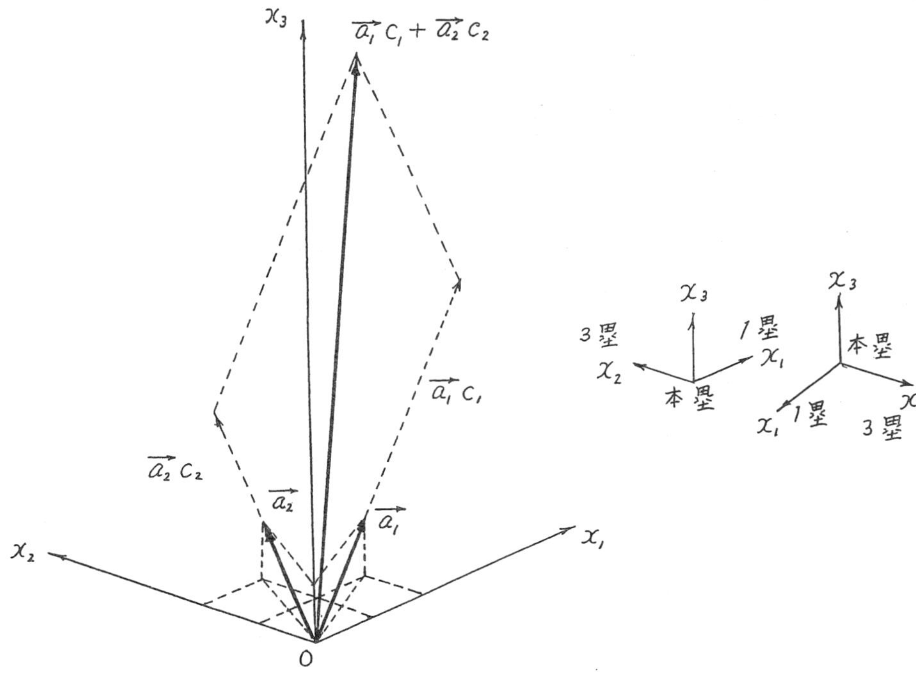

図 4.6　$\overrightarrow{a}_1$ と $\overrightarrow{a}_2$ との張る平面

森毅：『線型代数』(日本評論社, 1980) によると, 3 成分の数ベクトルの図表示は三つの描き方がある.

7.1 節参照.

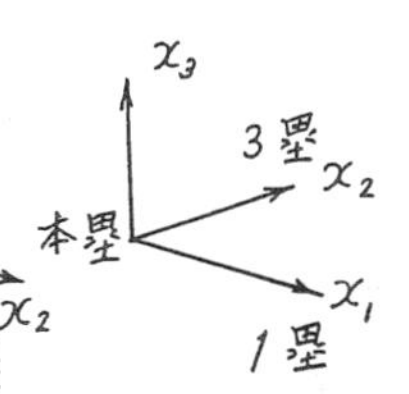

線型独立, 線型従属のくわしい意味は本書の範囲を超えるので, 小林幸夫：『線型代数の発想』(現代数学社, 2008) p. 62, p. 66 参照.

「線型独立」「線型従属」を「1 次独立」「1 次従属」ともいうが,「2 次独立」「3 次従属」などがあると誤解するおそれがある.
本書では「1 次独立」「1 次従属」という用語を使わない.

線型従属・線型独立

線型従属　一つのベクトルが他のベクトルで表せるとき「これらのベクトルは線型従属である」という.

例 1　$\overrightarrow{a} = \overrightarrow{b}2$　$\overrightarrow{b} = \overrightarrow{a}(1/2)$

一般に, $\overrightarrow{a} = \overrightarrow{b}s$ (s は実数), $\overrightarrow{b} = \overrightarrow{a}t$ (t は実数) と表せる.

ベクトルのつなぎ合わせの方法は, 問 4.2 参照.

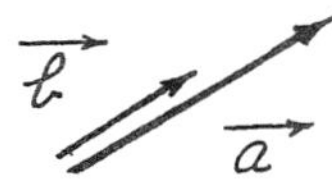

図 4.7　例 1

休憩室　**線型一家**

姓	名
線型	結合
線型	従属
線型	独立

線型従属

$$\begin{array}{l} \text{リンゴ} \\ \text{ミカン} \end{array} \begin{pmatrix} 1000\text{ 円} \\ 800\text{ 円} \end{pmatrix} = \begin{pmatrix} 100\text{ 円/個} \\ 80\text{ 円/個} \end{pmatrix} 10\text{ 個}$$

線型従属 $\begin{pmatrix} 1000\text{ 円} \\ 800\text{ 円} \end{pmatrix}$ は $\begin{pmatrix} 100\text{ 円/個} \\ 80\text{ 円/個} \end{pmatrix}$ で表せる.

意味：価格の組は単価の組で決まる (に**従**う).

例 2 $\quad \overrightarrow{c} = \overrightarrow{a}2 + \overrightarrow{b}3 \quad \overrightarrow{b} = \overrightarrow{a}(-2/3) + \overrightarrow{c}(1/3)$

• $\overrightarrow{a} = -\overrightarrow{b}(3/2) + \overrightarrow{c}(1/2)$ と表せることを確かめよ.

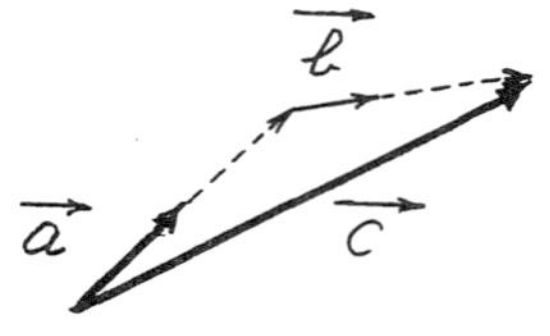

図 4.8 例 2

問 4.1 $\begin{array}{l} \text{糖質} \\ \text{ナトリウム} \end{array} \begin{pmatrix} 283.0\ \text{g} \\ 0.0545\ \text{g} \end{pmatrix} = \begin{pmatrix} 0.896\ \text{g/g} \\ 0.523 \times 10^{-3}\ \text{g/g} \end{pmatrix} 100\ \text{g} + \begin{pmatrix} 0.967\ \text{g/g} \\ 0.011 \times 10^{-3}\ \text{g/g} \end{pmatrix} 200\ \text{g}$

$$\begin{array}{l} \text{リンゴ} \\ \text{ミカン} \end{array} \begin{pmatrix} 2800\text{ 円} \\ 2000\text{ 円} \end{pmatrix} = \underbrace{\begin{pmatrix} 100\text{ 円/個} \\ 80\text{ 円/個} \end{pmatrix}}_{\text{単価の組}} 10\text{ 個} + \underbrace{\begin{pmatrix} 90\text{ 円/個} \\ 60\text{ 円/個} \end{pmatrix}}_{\text{単価の組}} 20\text{ 個}$$

線型従属

線型従属 $\begin{pmatrix} 2800\text{ 円} \\ 2000\text{ 円} \end{pmatrix}$ は $\begin{pmatrix} 100\text{ 円/個} \\ 80\text{ 円/個} \end{pmatrix}$ と $\begin{pmatrix} 90\text{ 円/個} \\ 60\text{ 円/個} \end{pmatrix}$ とで表せる.

意味：総額の組は一方の単価の組と他方の単価の組とで決まる (に**従**う).

一般に, $\overrightarrow{c} = \overrightarrow{a}s + \overrightarrow{b}t$ (s, t は実数) と表せる. $\overrightarrow{a}$ を s 倍した幾何ベクトル (矢印) と $\overrightarrow{b}$ を t 倍した幾何ベクトルとのつなぎ合わせで $\overrightarrow{c}$ が表せる.

線型独立 一つのベクトルが他のベクトルで表せないとき「これらのベクトルは線型独立である」という.

例 1 $\overrightarrow{b}$ に数を掛けて拡大または縮小しても $\overrightarrow{a}$ を表せない.

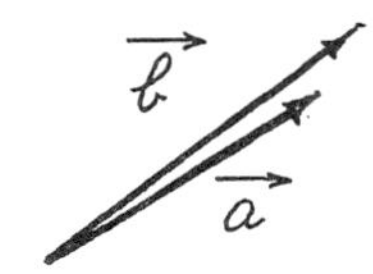

図 4.9 例 1

線型独立

$$\begin{array}{l} \text{リンゴ} \\ \text{ミカン} \end{array} \begin{pmatrix} 90\ \text{円/個} \\ 60\ \text{円/個} \end{pmatrix} \neq \begin{pmatrix} 100\ \text{円/個} \\ 80\ \text{円/個} \end{pmatrix} \text{数}$$

線型独立 $\begin{pmatrix} 90\ \text{円/個} \\ 60\ \text{円/個} \end{pmatrix}$ は $\begin{pmatrix} 100\ \text{円/個} \\ 80\ \text{円/個} \end{pmatrix}$ のスカラー倍で表せない.

意味：一方の単価の組は他方の単価の組と無関係 (**独立**).

例 2 $\overrightarrow{a}$ を s 倍した幾何ベクトルと $\overrightarrow{b}$ を t 倍した幾何ベクトルとをつなぎ合わせても平面内の幾何ベクトルしかつくれないから $\overrightarrow{c}$ を表すことはできない.

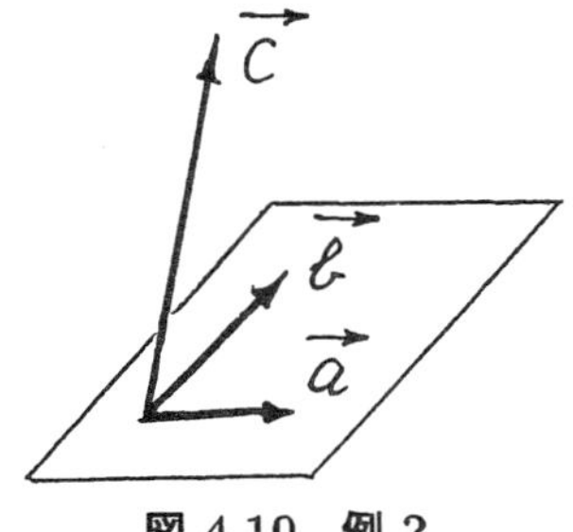

図 4.10 例 2

【進んだ探究】次元 — 線型独立なベクトルの個数

線型従属と線型独立とのちがいがはっきりわかるように整理してみる.

【進んだ探究】を読みとばしても差し支えない.

● **線型従属**

$$\overrightarrow{c} = \overrightarrow{a}2 + \overrightarrow{b}3 \overset{\text{書き換え}}{\longrightarrow} \underbrace{\overrightarrow{a}2 + \overrightarrow{b}3 + \overrightarrow{c}(-1) = \overrightarrow{0}}_{\text{すべての係数が同時に 0 でなくても零ベクトルになる.}}$$

● **線型独立**

$$\overrightarrow{a} \neq \overrightarrow{b}s \overset{\text{書き換え}}{\longrightarrow} \overrightarrow{a}1 + \overrightarrow{b}(-s) \neq \overrightarrow{0} \quad [s \text{ は 0 でない実数 (スカラー)}]$$

$$\underbrace{\overrightarrow{a}0 + \overrightarrow{b}0 = \overrightarrow{0}}_{\text{すべての係数が同時に 0 のときだけ零ベクトルになる.}}$$

$\begin{pmatrix} -1 \\ 1 \\ 2 \end{pmatrix}$ は $\begin{pmatrix} 3 \\ 5 \\ 7 \end{pmatrix}$ にどんな数を掛けても表せないから，これらのベクトルは線型独立である.

例　3 個のタテベクトル：$\begin{pmatrix} -2 \\ 2 \\ 4 \end{pmatrix}$, $\begin{pmatrix} -1 \\ 1 \\ 2 \end{pmatrix}$, $\begin{pmatrix} 3 \\ 5 \\ 7 \end{pmatrix}$ は線型独立か？

$$\begin{pmatrix} -2 \\ 2 \\ 4 \end{pmatrix} 0 + \begin{pmatrix} -1 \\ 1 \\ 2 \end{pmatrix} 0 + \begin{pmatrix} 3 \\ 5 \\ 7 \end{pmatrix} 0 = \begin{pmatrix} 0 \\ 0 \\ 0 \end{pmatrix},$$

$$\begin{pmatrix} -2 \\ 2 \\ 4 \end{pmatrix} 1 + \begin{pmatrix} -1 \\ 1 \\ 2 \end{pmatrix} (-2) + \begin{pmatrix} 3 \\ 5 \\ 7 \end{pmatrix} 0 = \begin{pmatrix} 0 \\ 0 \\ 0 \end{pmatrix}$$

のどちらでも表せるから，これらの数ベクトルは線型独立ではない．2 個の数ベクトル $\begin{pmatrix} -1 \\ 1 \\ 2 \end{pmatrix}$, $\begin{pmatrix} 3 \\ 5 \\ 7 \end{pmatrix}$ は線型独立である.

線型独立でない 3 個の数ベクトルを選ぶと，零ベクトルを表すとき $c_1 = 0$, $c_2 = 0$, $c_3 = 0$ と限らず，$c_1 = 1$, $c_2 = -2$, $c_3 = 0$ なども取り得る.

▶ **次元とは**　線型独立な幾何ベクトル (矢印) の方向で座標軸の方向を表すと，次元は**座標軸の本数**である.

次元の概念について，小林幸夫：『線型代数の発想』(現代数学社, 2008) 3.5 節参照.

例　3 個の実数の**あらゆる**組 $\begin{pmatrix} x_1 \\ x_2 \\ x_3 \end{pmatrix}$ の集合

● 最も簡単な表し方

$$\overbrace{\begin{pmatrix} x_1 \\ x_2 \\ x_3 \end{pmatrix} = \underbrace{\begin{pmatrix} 1 \\ 0 \\ 0 \end{pmatrix} x_1 + \begin{pmatrix} 0 \\ 1 \\ 0 \end{pmatrix} x_2 + \begin{pmatrix} 0 \\ 0 \\ 1 \end{pmatrix} x_3}_{\text{3 個の数ベクトルは線型独立であり，左辺の数ベクトルが表せる.}}}^{\text{4 個の数ベクトルは線型従属である.}}$$

右辺の 3 個の数ベクトルは，それぞれ x_1 軸, x_2 軸, x_3 軸の方向を指定するので, 3 本の座標軸が設定できる.
数 x_1, x_2, x_3 はどんな値でも取り得るから，**すべての**数ベクトルが表せる.

● 別の表し方：座標軸は互いに独立な方向であればよく，直交していなくてもいい．

$$\begin{pmatrix} 2 \\ 13 \\ 20 \end{pmatrix} \neq \overbrace{\underbrace{\begin{pmatrix} -1 \\ 1 \\ 2 \end{pmatrix} 3 + \begin{pmatrix} 3 \\ 5 \\ 7 \end{pmatrix}}_{\text{2 個の数ベクトルは線型独立だが，左辺の数ベクトルが表せない．}} 2}^{\text{2 個の数ベクトルでは足りない．}} = \begin{pmatrix} 3 \\ 13 \\ 20 \end{pmatrix}$$

2 個の数ベクトルだけでは，2 本の座標軸の方向しか指定できない．

$$\begin{pmatrix} 2 \\ 13 \\ 20 \end{pmatrix} = \underbrace{\begin{pmatrix} -1 \\ 1 \\ 2 \end{pmatrix} 3 + \begin{pmatrix} 3 \\ 5 \\ 7 \end{pmatrix} 2 + \begin{pmatrix} 1 \\ 0 \\ 0 \end{pmatrix} (-1)}_{\text{3 個の数ベクトルは線型独立であり，左辺の数ベクトルが表せる．}}$$

右辺の 3 個の数ベクトルで 3 本の座標軸の方向が指定できる．

3, 2, −1 に限らず，勝手な 3 個の数を選ぶと，あらゆる数ベクトルが表せる．

$$\begin{pmatrix} 2 \\ 13 \\ 20 \end{pmatrix} = \begin{pmatrix} -1 \\ 1 \\ 2 \end{pmatrix} c_1 + \begin{pmatrix} 3 \\ 5 \\ 7 \end{pmatrix} c_2 + \begin{pmatrix} 1 \\ 0 \\ 0 \end{pmatrix} c_3$$

をみたす c_1, c_2, c_3 の値を求めるために，連立方程式：

$$\begin{cases} -1c_1 + 3c_2 + 1c_3 = 2 \\ 1c_1 + 5c_2 + 0c_3 = 13 \\ 2c_1 + 7c_2 + 0c_3 = 20 \end{cases}$$

を解けば，$c_1 = 3$, $c_2 = 2$, $c_3 = -1$ を得ると考えてもいい．同様に，他の数ベクトルを表す c_1, c_2, c_3 の値も求まる (連立方程式の解き方は 5.2.4 項参照)．

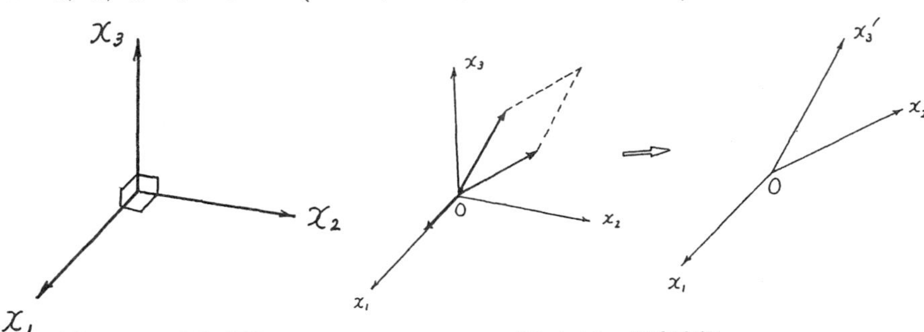

図 4.11　直交座標　　　図 4.12　斜交座標

数ベクトルを幾何ベクトル (矢印) で表して，これらの矢印の方向に座標軸を設定する．しかし，$\begin{pmatrix} -1 \\ 1 \\ 2 \end{pmatrix}$, $\begin{pmatrix} -2 \\ 2 \\ 4 \end{pmatrix}$ は同じ方向だから，1 本の座標軸しか設定できない．

たとえば，5 個の数ベクトルが線型独立の場合，頭の中で 5 本の座標軸を想像する．ただし，紙に 5 本の座標軸を描くことはできない．座標軸の本数というのは，実際に紙に描けるかどうかとは関係ない．

空間内で幾何ベクトル (矢印) を考えるとわかりやすい．数ベクトル $\begin{pmatrix} 1 \\ 0 \\ 0 \end{pmatrix}$ は x_1 軸方向の幾何ベクトル $\overrightarrow{e}_1$ で表せる．しかし，ほかの 2 個の数ベクトルを表す幾何ベクトルは $x_3 \neq 0$ だから，x_1x_2 平面内にない．だから，これらの 2 個の矢印で $\overrightarrow{e}_1$ を表すことはできない．

4.2 マトリックスとは — 比例の考えを拡張する

比例の基本

特別な割引サービスがない場合を考えている．

1 個あたり a 円のジュースを x 個買うときには y 円払う．個数が 2 倍, 3 倍, ... になると, 支払額も 2 倍, 3 倍, ... になる．このように, 個数と支払額とは比例の関係にあり,

$$y \text{ 円} = a \text{ 円/個} \times x \text{ 個}$$

と表せる．品目が 2 種類以上の場合にも, この発想をあてはめるにはどうすればいいだろうか？

2 品目に拡張.

4.2.1 スカラー積

ジュース x_1 個とゼリー x_2 個との詰め合わせを扱う場合には, 比例の考え方はどうなるだろうか？詰め合わせを 2 セット買うとき, ジュースの個数とゼリーの個数とはどちらも 2 倍になる．だから, ジュースの価格とゼリーの価格とはどちらも 2 倍になる．3 セット, 4 セット, ... のときも同様である．

ジュースの単価を a_1 円/個, ゼリーの単価を a_2 円/個, 1 セットの価格を y 円とすると,

$$y \text{ 円} = a_1 \text{ 円/個} \times x_1 \text{ 個} + a_2 \text{ 円/個} \times x_2 \text{ 個}$$

となる．この式は, 単価と個数とを掛けて足し合わせる形である．この形のままでは, y 円 $= a$ 円/個 $\times\, x$ 個 のような比例の関係式に見えない．

しかし, 4.1 節の類別の考え方にしたがって, 単価の組, 個数の組で表すと比例の関係式に見える．個数の組をタテベクトルで

$$\begin{pmatrix} x_1 \text{ 個} \\ x_2 \text{ 個} \end{pmatrix} \begin{matrix} \text{ジュース} \\ \text{ゼリー} \end{matrix}$$

と書く．このタテベクトルと区別して, 単価の組をヨコベクトルで

$$\underset{\text{ジュース}}{(a_1 \text{ 円/個}} \quad \underset{\text{ゼリー}}{a_2 \text{ 円/個})}$$

と書く． (一つあたりいくら) × (いくつ分) の形で

$$y \text{ 円} = (a_1 \text{ 円/個} \quad a_2 \text{ 円/個}) \begin{pmatrix} x_1 \text{ 個} \\ x_2 \text{ 個} \end{pmatrix} \longleftarrow \text{価格} = \text{単価} \times \text{個数 の形になった.}$$

と表す．数ベクトルで書くと，

$$y = (a_1 \quad a_2)\begin{pmatrix} x_1 \\ x_2 \end{pmatrix}$$

となる．

> 数の組でない一つの数を**スカラー**という．
> 乗法の結果がスカラー（一つの数）なので，
> **ヨコベクトル　掛ける　タテベクトル** の形を**スカラー積**という．

スカラー積は，品目が2種類以上の場合に

単価×個数＋単価×個数＋⋯

を，一つの積に見えるように

$$\underbrace{(\text{単価の値の組})}_{\text{ヨコベクトル}} \times \underbrace{(\text{個数の値の組})}_{\text{タテベクトル}}$$

の形に書き換えただけにすぎない．

小計＋小計
＝合計

数ベクトルの成分は何個でもいい．

$$(a_1 \quad a_2)\begin{pmatrix} x_1 \\ x_2 \end{pmatrix} = \underbrace{a_1x_1}_{\text{小計}} + \overbrace{a_2x_2}^{\text{小計}}$$

a_1 と x_1 とを**対応**させ，a_2 と x_2 とを**対応**させて掛ける．

（ヨコベクトルの第1成分）×（タテベクトルの第1成分）
＋（ヨコベクトルの第2成分）×（タテベクトルの第2成分）
＋⋯＋（ヨコベクトルの第 n 成分）×（タテベクトルの第 n 成分）

問 4.6　$3\ \text{g/cm}^3 \times 2\ \text{cm}^3 + 4\ \text{g/cm}^3 \times 5\ \text{cm}^3$ をスカラー積で表せ．

【解説】 $(3\ \text{g/cm}^3 \quad 4\ \text{g/cm}^3)\begin{pmatrix} 2\ \text{cm}^3 \\ 5\ \text{cm}^3 \end{pmatrix}$

▶ **乗除先行** の規則があるのはなぜ？

乗法（「小計」の意味）は加法よりも結びつきが強いからである．

乗法・除法は加法・減法よりも先に計算する規則．

ほかの例　分子量の計算：水素Hの原子量＝1 g/mol，酸素Oの原子量＝16 g/mol

水 H_2O の分子量＝1 g/mol×2＋16 g/mol×1＝18 g/mol

▶ **比例の関係**　タテベクトルを $\boldsymbol{x}$, ヨコベクトルを $\boldsymbol{a}'$ と表し, $y = \boldsymbol{a}'\boldsymbol{x}$ と書くと「$\boldsymbol{x}$ が 2 倍, 3 倍, ... になると y も 2 倍, 3 倍, ... になること」が見やすくなる.

数ベクトルをボールド体で表す.

例題 0.2 参照.

$$y = (a_1 \quad a_2)\begin{pmatrix} x_1 \\ x_2 \end{pmatrix} \qquad \textbf{記号}\quad y = \boldsymbol{a}'\boldsymbol{x}$$

↓2 倍　　　　　↓2 倍

$$2y = (a_1 \quad a_2)\begin{pmatrix} 2x_1 \\ 2x_2 \end{pmatrix}$$

$y = \boldsymbol{a}'\boldsymbol{x}$ は $y = ax$ と似た形 $\longrightarrow$ $\boldsymbol{a}'$ が比例定数 a と同じ役割を果たす.

【注意 1】行 (ぎょう) と列との区別

行：row　ヨコ　　列：column　タテ

「列」という漢字の中には片仮名の「**タ**」と似た形があるので「タテ」と覚えるといい.

$(a_1 \quad a_2)$ ヨコベクトル (行ベクトル)　　$\begin{pmatrix} x_1 \\ x_2 \end{pmatrix}$ タテベクトル (列ベクトル)

タ刂

▶ スカラー積は,「行 列」(行＝ヨコ, 列＝タテ) という熟語通りに [ヨコ] [タ テ] の形と覚える.

【注意 2】スカラー倍とスカラー積とのちがい

問 4.17 参照.

スカラー倍 { スカラー 掛ける ヨコベクトル = ヨコベクトル
　　　　　　タテベクトル 掛ける スカラー = タテベクトル

スカラー積：ヨコベクトル 掛ける タテベクトル = スカラー

問 4.7 (a) $(-3)\ (4 \quad -5)$　　(b) $\begin{pmatrix} 4 \\ -5 \end{pmatrix}(-3)$ を求めよ.

スカラー倍

【注意 2】参照.

【解説】 (a) $(-12 \quad 15)$　　(b) $\begin{pmatrix} -12 \\ 15 \end{pmatrix}$

問 4.8　$(-4 \quad 5)\begin{pmatrix} 6 \\ -3 \end{pmatrix}$ を求めよ．

スカラー積

【解説】

$$(-4 \quad 5)\begin{pmatrix} 6 \\ -3 \end{pmatrix} = (-4)\times 6 + 5\times(-3)$$

$$= -39 \longleftarrow \text{数の組ではない．}$$

4.2.2　マトリックス（行列）の導入

ジュース用のコップ x_1 個とゼリー用の皿 x_2 個との詰め合わせもつくる．ジュースとゼリーとの詰め合わせ 1 セットの価格とコップと皿との詰め合わせ 1 セットの価格を求めると

$$\begin{cases} y_1 \text{ 円} = a_{11} \text{ 円/個} \times x_1 \text{ 個} + a_{12} \text{ 円/個} \times x_2 \text{ 個} \\ y_2 \text{ 円} = a_{21} \text{ 円/個} \times x_1 \text{ 個} + a_{22} \text{ 円/個} \times x_2 \text{ 個} \end{cases}$$

となる．これらの式は，単価と個数とを掛けて足し合わせる形だから，どちらもスカラー積である．したがって，それぞれの式は

$$y_1 \text{ 円} = (a_{11} \text{ 円/個} \quad a_{12} \text{ 円/個})\begin{pmatrix} x_1 \text{ 個} \\ x_2 \text{ 個} \end{pmatrix}$$

$$y_2 \text{ 円} = (a_{21} \text{ 円/個} \quad a_{22} \text{ 円/個})\begin{pmatrix} x_1 \text{ 個} \\ x_2 \text{ 個} \end{pmatrix}$$

と書ける．二つの式をバラバラに書かないで，まとめて表すと便利である．価格の組を

$$\begin{pmatrix} y_1 \text{ 円} \\ y_2 \text{ 円} \end{pmatrix} \quad \begin{matrix} \text{ジュースとゼリーとの詰め合わせ} \\ \text{コップと皿との詰め合わせ} \end{matrix}$$

と書いて，

$$\begin{pmatrix} y_1 \text{ 円} \\ y_2 \text{ 円} \end{pmatrix} = \begin{pmatrix} a_{11} \text{ 円/個} & a_{12} \text{ 円/個} \\ a_{21} \text{ 円/個} & a_{22} \text{ 円/個} \end{pmatrix}\begin{pmatrix} x_1 \text{ 個} \\ x_2 \text{ 個} \end{pmatrix} \quad (\text{価格} = \text{単価} \times \text{個数の形})$$

単価
ジュース a_{11} 円/個
ゼリー a_{12} 円/個
コップ a_{21} 円/個
皿 a_{22} 円/個

読み方　a_{12} の添字は「ジュウニ」ではなく「イチニ」と読む．他も同様．

数だけの関係式
$y_1 = a_{11}x_1 + a_{12}x_2$,
$y_2 = a_{21}x_1 + a_{22}x_2$
を数ベクトルで表した．

ヨコ　タテ　の順に注意．

と表す．**左辺の単位 (円) と右辺の単位 (円/個 × 個 = 円) とで両辺を割る**と，数どうしの関係は

$$\underbrace{\begin{pmatrix} y_1 \\ y_2 \end{pmatrix}}_{\text{出力}} = \underbrace{\begin{pmatrix} a_{11} & a_{12} \\ a_{21} & a_{22} \end{pmatrix}}_{\text{入力から出力をつくる規則}} \underbrace{\begin{pmatrix} x_1 \\ x_2 \end{pmatrix}}_{\text{入力}}$$

となる．

数をヨコ (行), タテ (列) に並べた形を**マトリックス**という (量を並べた形は**マトリックス量**).

マトリックスを大文字, 数ベクトルをボールド体 (太文字) で表すと，この式は $\boldsymbol{y} = A\boldsymbol{x}$ と書ける．

> $\boldsymbol{y} = A\boldsymbol{x}$ は $y = ax$ と似た形
> $\longrightarrow$ **マトリックス A を比例定数 a の拡張版**とみなす．

2 行 2 列のマトリックスを　2 × 2 マトリックス　という．

成分　マトリックス A の (i, j) 成分 (場所が 第 i 行, 第 j 列) を a_{ij} と書く．

	第 1 列	第 2 列
第 1 行	a_{11}	a_{12}
第 2 行	a_{21}	a_{22}

a_{ij}：i は行番号，j は列番号

▶ ここまでの考え方から，つぎの演算規則をつくることができる．

$$\begin{pmatrix} a_{11} & a_{12} \\ a_{21} & a_{22} \end{pmatrix} \begin{pmatrix} x_1 \\ x_2 \end{pmatrix}$$ の演算規則

① マトリックスをヨコベクトルの並びと見る．

$\boldsymbol{a}_1{}'$ $\boxed{a_{11} \quad a_{12}}$

$\boldsymbol{a}_2{}'$ $\boxed{a_{21} \quad a_{22}}$

② ヨコベクトル $\boldsymbol{a}_1{}'$ とタテベクトル $\boldsymbol{x}$ とのスカラー積, ヨコベクトル $\boldsymbol{a}_2{}'$ とタテベクトル $\boldsymbol{x}$ とのスカラー積を考える．

高校数学では「行列」という用語で学習する．しかし,「行列」というと, バス停で並んでいる多人数の並びのような形と混同しやすい．

片仮名の用語を使うことに違和感を覚えるかもしれないが,「行列とベクトル」のように漢字と片仮名とを並べる方こそ不釣り合いである．高校で「行列」という用語を刻印づけされたあとで「マトリックス」という用語を見るから, 違和感を覚えるのではないか？

2×2 = 4 だが, 2×2 のまま書き, 4 マトリックスと書き直してはいけない．4 はマトリックスの成分 (括弧の中に並んでいる数) の個数である．(2, 2) 型マトリックスともいう．

読み方 a_{12} の添字は「ジュウニ」ではなく「イチニ」と読む．

$$\underbrace{(a_{11} \quad a_{12})\begin{pmatrix} x_1 \\ x_2 \end{pmatrix}}_{y_1} \quad \underbrace{(a_{21} \quad a_{22})\begin{pmatrix} x_1 \\ x_2 \end{pmatrix}}_{y_2}$$

③ 二つのスカラー積の値 y_1, y_2 をたてに並べる.

$$\boxed{a_{11} \quad a_{12}}\ \boxed{\begin{matrix} x_1 \\ x_2 \end{matrix}} \longrightarrow \begin{pmatrix} y_1 \\ y_2 \end{pmatrix} \longleftarrow \boxed{a_{21} \quad a_{22}}\ \boxed{\begin{matrix} x_1 \\ x_2 \end{matrix}}$$

▶ スカラー積 $\underbrace{(a_{11} \quad a_{12})}_{1\times 2\ マトリックス} \underbrace{\begin{pmatrix} x_1 \\ x_2 \end{pmatrix}}_{2\times 1\ マトリックス}$ をマトリックスどうしの乗法と見ることができる.

「$\underbrace{行}_{ヨコ}$ $\underbrace{列}_{タテ}$」という熟語通りに $\boxed{ヨコ}\ \boxed{\begin{matrix} タ \\ テ \end{matrix}}$ の形と見るために, 左から掛けるマトリックスをヨコベクトルの並びとみなす.

ヨコベクトルは 1 行のマトリックス, タテベクトルは 1 列のマトリックスである.

問 4.9 $\begin{pmatrix} -3 & 4 \\ 2 & -5 \end{pmatrix}\begin{pmatrix} 6 \\ -2 \end{pmatrix}$ を計算せよ.

【解説】

$$\underbrace{\begin{pmatrix} \boxed{-3 \quad 4} \\ \boxed{2 \quad -5} \end{pmatrix}}_{ヨコベクトルの並び} \underbrace{\begin{pmatrix} \boxed{\begin{matrix} 6 \\ -2 \end{matrix}} \end{pmatrix}}_{タテベクトル}$$

$\boxed{-3 \quad 4}$ と $\boxed{\begin{matrix} 6 \\ -2 \end{matrix}}$ とのスカラー積を求める.

$\boxed{2 \quad -5}$ と $\boxed{\begin{matrix} 6 \\ -2 \end{matrix}}$ とのスカラー積を求める.

$$\begin{aligned} \begin{pmatrix} -3 & 4 \\ 2 & -5 \end{pmatrix}\begin{pmatrix} 6 \\ -2 \end{pmatrix} &= \begin{pmatrix} (-3)\times 6 + 4 \times (-2) \\ 2 \times 6 + (-5) \times (-2) \end{pmatrix} \\ &= \begin{pmatrix} -26 \\ 22 \end{pmatrix} \end{aligned}$$

問 4.10 $\begin{pmatrix} -3 & 4 \\ 2 & -5 \end{pmatrix}\begin{pmatrix} 6 \\ -2 \\ 5 \end{pmatrix}$ を計算せよ.

$(-3 \quad 4)\begin{pmatrix} 6 \\ -2 \\ ⑤ \end{pmatrix}$

↑

5 に対応する値が $(-3 \quad 4)$ の中にない.

【解説】 計算できない. $\boxed{-3 \quad 4}$ には $\boxed{\begin{array}{c}6\\-2\\5\end{array}}$ の第 3 成分 5 と掛け合わせる数がないから, これらのベクトルのスカラー積がつくれない. $\boxed{2 \quad -5}$ も同様である.

$$\underbrace{\begin{pmatrix} y_1 \\ y_2 \end{pmatrix}}_{\text{タテベクトル}} = \underbrace{\begin{pmatrix} a_{11} & a_{12} \\ a_{21} & a_{22} \end{pmatrix}}_{\text{マトリックス}} \underbrace{\begin{pmatrix} x_1 \\ x_2 \end{pmatrix}}_{\text{タテベクトル}}$$

$$\boldsymbol{y} = A \quad \boldsymbol{x}$$

にはどんな意味があるか？

数ベクトルは
ボールド体 (太文字),
マトリックスは
大文字で表す.

0.2 節 例題 0.2

つぎのように, **比例の考えを拡張**したことに注意しよう.

$$y = ax \xrightarrow{\text{拡張}} y = \boldsymbol{a}'\boldsymbol{x} \xrightarrow{\text{拡張}} \boldsymbol{y} = A\boldsymbol{x}$$

単価：a 円/個

a は単価の値である.

例　1 品目　　2 品目　　4 品目

a：単価の値　　$\boldsymbol{a}'$：単価ベクトル　　A：単価マトリックス

どれも 価格 = 単価 × 個数 の形である.

数学の概念は, 突然変異ではなく系統的に進化する.

▶ 個数の組から価格の組を求めるときに必要な単価の集まりをマトリックスで表した.

単価の集まりとは？
ジュース, ゼリー,
コップ, 皿の単価

Q. マトリックスを使うと, どのように都合がいいのでしょうか？

A. ① **比例の関係**が見通しやすくなります. 購入する詰め合わせを 2 倍, 3 倍, ... にした場合を考えてみましょう. このとき, ジュースの個数 (x_1 個) とゼリーの個数 (x_2 個) との組 (コップの個数と皿の個数との組といってもいい) も 2 倍, 3 倍, ... になります. これらの個数に対応して, ジュースとゼリーとの詰め合わせの価格 (y_1 円) とコップと皿との詰め合わせの価格 (y_2 円) との組も 2 倍, 3 倍, ... になります.

$$\underbrace{\begin{pmatrix} y_1 \\ y_2 \end{pmatrix}}_{\boldsymbol{y}} = \underbrace{\begin{pmatrix} a_{11} & a_{12} \\ a_{21} & a_{22} \end{pmatrix}}_{A} \underbrace{\begin{pmatrix} x_1 \\ x_2 \end{pmatrix}}_{\boldsymbol{x}}$$

$$2\boldsymbol{y} = A \quad 2\boldsymbol{x}$$

$$3\boldsymbol{y} = A \quad 3\boldsymbol{x}$$

文字の使い分け

細文字	数 (スカラー) または量 (スカラー量)	例　a, x, y など
太文字	数の組 (ベクトル) または量の組 (ベクトル量)	例　$\boldsymbol{x}, \boldsymbol{y}$ など
大文字	数の並び (マトリックス)	例　A

手書きの場合

x　y

② マトリックスによって, **対象の見方を変える**ことができます (6.1.2 項で「**変換**」という). 単価マトリックスは, 比例定数と同じように, 個数ベクトルと価格ベクトルとを **1 対 1 に対応**させるはたらきをします. 単価がいくらと決まっているとき「ジュースとコップとを x_1 個ずつ買い, ゼリーと皿とを x_2 個ずつ買った」という代わりに「ジュースとゼリーとの詰め合わせの代金 y_1 円とコップと皿との詰め合わせの代金 y_2 円とを払った」といっても, 買った商品の内容は同じです.

4.2.3　マトリックスの演算

4.1 節の問 4.1 では, タテベクトルの加法・スカラー倍を考えた.

ヨコベクトルは 1 行のマトリックス, タテベクトルは 1 列のマトリックスである. 1 行でも 1 列でもない一般のマトリックスにも加法・スカラー倍の演算規則をつくると都合がいい. それでは, どういう場面でこれらの演算規則が必要になるだろうか？

b_{11} の値が
正のとき値上げ
負のとき値下げ
ゼロのとき変化なし
b_{12}, b_{21}, b_{22} も同様.

価格：ベクトル量
単価：マトリックス量
個数：ベクトル量

価格ベクトル：数の組
単価マトリックス：数の並び
個数ベクトル：数の組

例題 4.3　**マトリックスの加法**　単価がつぎの額だけ変わったとする.

ジュース　b_{11}円/個, ゼリー　b_{12}円/個, コップ　b_{21}円/個, 皿　b_{22}円/個

ジュースとゼリーとの詰め合わせの価格の値, コップと皿との詰め合わせの価格の値を求める式を単価マトリックスと個数ベクトルとで表せ. ただし, (1) 新しい単価を求めてから価格を計算する方法, (2) 価格の変化分をもとの価格に足す方法の 2 通りを考えること.

【解説】 (1) 量の組の関係式

$$\underbrace{\begin{pmatrix} y_1 \text{ 円} \\ y_2 \text{ 円} \end{pmatrix}}_{\text{価格}} = \underbrace{\begin{pmatrix} (a_{11}+b_{11}) \text{ 円/個} & (a_{12}+b_{12}) \text{ 円/個} \\ (a_{21}+b_{21}) \text{ 円/個} & (a_{22}+b_{22}) \text{ 円/個} \end{pmatrix}}_{\text{単価}} \underbrace{\begin{pmatrix} x_1 \text{ 個} \\ x_2 \text{ 個} \end{pmatrix}}_{\text{個数}}$$

から数の組の関係式をつくる．

$$\underbrace{\begin{pmatrix} y_1 \\ y_2 \end{pmatrix}}_{\text{価格ベクトル}} = \underbrace{\begin{pmatrix} a_{11}+b_{11} & a_{12}+b_{12} \\ a_{21}+b_{21} & a_{22}+b_{22} \end{pmatrix}}_{\text{新しい単価の値を求める}} \underbrace{\begin{pmatrix} x_1 \\ x_2 \end{pmatrix}}_{\text{個数ベクトル}}$$

(2) $$\begin{pmatrix} y_1 \\ y_2 \end{pmatrix} = \underbrace{\begin{pmatrix} a_{11} & a_{12} \\ a_{21} & a_{22} \end{pmatrix} \begin{pmatrix} x_1 \\ x_2 \end{pmatrix}}_{\text{もとの価格の値を求める}} + \underbrace{\begin{pmatrix} b_{11} & b_{12} \\ b_{21} & b_{22} \end{pmatrix} \begin{pmatrix} x_1 \\ x_2 \end{pmatrix}}_{\text{価格の変化分の値を求める}}$$

▶ マトリックスの加法について，

$$\begin{pmatrix} a_{11} & a_{12} \\ a_{21} & a_{22} \end{pmatrix} \begin{pmatrix} x_1 \\ x_2 \end{pmatrix} + \begin{pmatrix} b_{11} & b_{12} \\ b_{21} & b_{22} \end{pmatrix} \begin{pmatrix} x_1 \\ x_2 \end{pmatrix}$$
$$= \left(\begin{pmatrix} a_{11} & a_{12} \\ a_{21} & a_{22} \end{pmatrix} + \begin{pmatrix} b_{11} & b_{12} \\ b_{21} & b_{22} \end{pmatrix} \right) \begin{pmatrix} x_1 \\ x_2 \end{pmatrix}$$

記号で $A\boldsymbol{x} + B\boldsymbol{x} = (A+B)\boldsymbol{x}$ と表せる．

を約束すると，解説の二つの式から

$$\begin{pmatrix} a_{11} & a_{12} \\ a_{21} & a_{22} \end{pmatrix} + \begin{pmatrix} b_{11} & b_{12} \\ b_{21} & b_{22} \end{pmatrix} = \underbrace{\begin{pmatrix} a_{11}+b_{11} & a_{12}+b_{12} \\ a_{21}+b_{21} & a_{22}+b_{22} \end{pmatrix}}_{\text{各成分どうしの和}}$$

同じ型どうしでないと加法は定義できない．

となる．

例題 4.4 **マトリックスのスカラー倍**　どの単価の値も k 倍になったとき，ジュースとゼリーとの詰め合わせの価格の値，コップと皿との詰め合わせの価格の値を求める式を単価マトリックスと個数ベクトルとで表せ．
ただし，(1) 新しい単価を求めてから価格を計算する方法，(2) もとの価格を k 倍する方法の 2 通りを考えること．

【解説】 (1) $\underbrace{\begin{pmatrix} y_1 \\ y_2 \end{pmatrix}}_{\text{価格ベクトル}} = \underbrace{\begin{pmatrix} a_{11}k & a_{12}k \\ a_{21}k & a_{22}k \end{pmatrix}}_{\text{新しい単価の値を求める}} \underbrace{\begin{pmatrix} x_1 \\ x_2 \end{pmatrix}}_{\text{個数ベクトル}}$

(2) $\begin{pmatrix} y_1 \\ y_2 \end{pmatrix} = \underbrace{\left(\begin{pmatrix} a_{11} & a_{12} \\ a_{21} & a_{22} \end{pmatrix} \begin{pmatrix} x_1 \\ x_2 \end{pmatrix}\right)}_{\text{もとの価格の値を求める}} k$

小林幸夫：『線型代数の発想』(現代数学社, 2008) p. 48 参照.

▶ これらの式から, マトリックスのスカラー倍を

$$\begin{pmatrix} a_{11} & a_{12} \\ a_{21} & a_{22} \end{pmatrix} k = \underbrace{\begin{pmatrix} a_{11}k & a_{12}k \\ a_{21}k & a_{22}k \end{pmatrix}}_{\text{各成分のスカラー倍}}$$

と約束する.

記号で
$(Ak)\boldsymbol{x} = (A\boldsymbol{x})k$
と表せる.

マトリックスの乗法

ふつうの数では, $2.4 \times 3.2 = 7.68$ のような乗法を考えることができる. ここまでで, 数ベクトル, マトリックスにも乗法を拡張して $\boldsymbol{a}'\boldsymbol{x}$, $A\boldsymbol{x}$ の演算も考えた. これらの演算だけでなく, マトリックスどうしの乗法が必要な問題もある.

例題 4.5　**マトリックスの積**　ジュースとゼリーとの詰め合わせを A, B の 2 種類つくる. 各セットの内訳, ジュース 1 個あたりの栄養成分, ゼリー 1 個あたりの栄養成分は, 表 4.3, 表 4.4 の通りである.

表 4.3　各セットの内訳

品目	A	B
ジュース	5 個/セット	10 個/セット
ゼリー	7 個/セット	12 個/セット

表 4.4　ジュース, ゼリー 1 個あたりの栄養成分

栄養成分	ジュース	ゼリー
タンパク質	0.36 g/個	10 g/個
ナトリウム	3.6 mg/個	30 mg/個

(1) 詰め合わせ A を 8 セット, 詰め合わせ B を 6 セットつくるのに必要なジュースの個数とゼリーの個数とを求めよ. ただし, 表 4.3 をマトリックスで

問 4.9 参照.

表し，詰め合わせベクトルと個数ベクトルとを考えること．

(2) ジュースとゼリーが (1) で求めた個数だけあるとき，タンパク質の含量とナトリウムの含量とを求めよ．表 4.4 をマトリックスで表し，個数ベクトルと栄養ベクトルとを考えること．

【解説】 (1) ジュースを y_1 個，ゼリーの個数を y_2 個とする．

$$\begin{pmatrix} y_1\text{個} \\ y_2\text{個} \end{pmatrix} = \begin{pmatrix} 5\text{ 個/セット} & 10\text{ 個/セット} \\ 7\text{ 個/セット} & 12\text{ 個/セット} \end{pmatrix} \begin{pmatrix} 8\text{ セット} \\ 6\text{ セット} \end{pmatrix}$$
$$= \begin{pmatrix} 5\text{ 個/セット} \times 8\text{ セット} + 10\text{ 個/セット} \times 6\text{ セット} \\ 7\text{ 個/セット} \times 8\text{ セット} + 12\text{ 個/セット} \times 6\text{ セット} \end{pmatrix}$$
$$= \begin{pmatrix} 100\text{ 個} \\ 128\text{ 個} \end{pmatrix}$$

(2) タンパク質の含量を z_1 g，ナトリウムの含量を z_2 mg とする．

$$\begin{pmatrix} z_1\text{ g} \\ z_2\text{ mg} \end{pmatrix} = \begin{pmatrix} 0.36\text{ g/個} & 10\text{ g/個} \\ 3.6\text{ mg/個} & 30\text{ mg/個} \end{pmatrix} \begin{pmatrix} 100\text{ 個} \\ 128\text{ 個} \end{pmatrix}$$
$$= \begin{pmatrix} 0.36\text{ g/個} \times 100\text{ 個} + 10\text{ g/個} \times 128\text{ 個} \\ 3.6\text{ mg/個} \times 100\text{ 個} + 30\text{ mg/個} \times 128\text{ 個} \end{pmatrix}$$
$$= \begin{pmatrix} 1316\text{ g} \\ 4200\text{ mg} \end{pmatrix}$$

IUPAC [International Union of Pure and Applied Chemistry (物理化学記号・術語・単位委員会)] の規約では，文字 (記号) は量を表す．1316 mg などの

数値 × 単位量

を一つの文字で表す．本文では，数値と量との区別をはっきりさせるために，数値 1316 だけを文字 z_1 で表してある．他も同様．

$$\overbrace{m_1}^{\text{量}} = \underbrace{z_1}_{\text{数値}}\ \underbrace{\text{mg}}_{\text{単位量}}$$

▶ マトリックスの利点 $\begin{pmatrix} y_1 \\ y_2 \end{pmatrix} = \begin{pmatrix} 5 & 10 \\ 7 & 12 \end{pmatrix} \begin{pmatrix} x_1 \\ x_2 \end{pmatrix}$ を $\boldsymbol{y} = A\ \boldsymbol{x}$ と書くとわかるように，式をバラバラに書き並べるのとちがって，どの量とどの量とがどんな関係になっているかがわかりやすい．

0.36 g/個，5 個/セットを 1 × 1 マトリックス (1 行 1 列) と見ることができる．

• A セットのジュースだけについて，タンパク質の含量を求めるとき

$$\overbrace{y\text{ 個} = 5\text{ 個/セット} \times 8\text{ セット}}^{\text{比例}} \qquad \textbf{記号}\quad y = ax$$
$$\underbrace{z\text{ g} = 0.36\text{ g/個} \times y\text{ 個}}_{\text{比例}} \qquad \textbf{記号}\quad z = by$$

量の関係式

y 個 $= a$ 個/セット $\times x$ セット

を

$$y\text{ 個} = \overbrace{ax\text{ 個/セット} \times \text{セット}}^{\text{個}}$$

と書き換えると，数の関係式

$y = ax$

の成り立つことがわかる．

をまとめて,

$$\overbrace{z\ \text{g} = 0.36\ \text{g/個} \times \underbrace{(5\ \text{個/セット} \times 8\ \text{セット})}_{\text{ここは } y \text{ 個を表す.}}}^{\text{複比例}} \qquad \textbf{記号}\quad z = bax$$

と表すことができる.

↓拡張

● 例題 4.5

$$\begin{pmatrix} y_1\text{個} \\ y_2\text{個} \end{pmatrix} = \begin{pmatrix} 5\ \text{個/セット} & 10\ \text{個/セット} \\ 7\ \text{個/セット} & 12\ \text{個/セット} \end{pmatrix} \begin{pmatrix} 8\ \text{セット} \\ 6\ \text{セット} \end{pmatrix} \qquad \textbf{記号}\quad \boldsymbol{y} = A\boldsymbol{x},$$

$$\begin{pmatrix} z_1\ \text{g} \\ z_2\ \text{mg} \end{pmatrix} = \begin{pmatrix} 0.36\ \text{g/個} & 10\ \text{g/個} \\ 3.6\ \text{mg/個} & 30\ \text{mg/個} \end{pmatrix} \begin{pmatrix} y_1\text{個} \\ y_2\text{個} \end{pmatrix} \qquad \textbf{記号}\quad \boldsymbol{z} = B\boldsymbol{y}$$

をまとめて,

$$\begin{pmatrix} z_1\ \text{g} \\ z_2\ \text{mg} \end{pmatrix} = \begin{pmatrix} 0.36\ \text{g/個} & 10\ \text{g/個} \\ 3.6\ \text{mg/個} & 30\ \text{mg/個} \end{pmatrix} \underbrace{\begin{pmatrix} 5\ \text{個/セット} & 10\ \text{個/セット} \\ 7\ \text{個/セット} & 12\ \text{個/セット} \end{pmatrix} \begin{pmatrix} 8\ \text{セット} \\ 6\ \text{セット} \end{pmatrix}}_{\text{ここは} \begin{pmatrix} y_1\text{個} \\ y_2\text{個} \end{pmatrix} \text{を表す.}}$$

$$\textbf{記号}\quad \boldsymbol{z} = BA\boldsymbol{x}$$

と表す.

$y = ax$
(a は比例定数),
$z = by$
(b は比例定数)
だから
$z = bax$ (**複比例**)
となり, ba を z と x との間の比例定数と考える.

問　数値 ba に掛ける単位量を答えよ.

答　$\dfrac{\text{g}}{\text{個}} \times \dfrac{\text{個}}{\text{セット}} = \dfrac{\text{g}}{\text{セット}}$

【意味】
(個あたり何 g)
×(セットあたり何個)
= セットあたり何 g

複比例について, 3.3.2 項の例題 3.1 (4), 3.4.2 項の例題 3.3 参照.

問 4.11　マトリックスの加法にならって, マトリックスの乗法の演算規則を

$$\begin{pmatrix} a_{11} & a_{12} \\ a_{21} & a_{22} \end{pmatrix} \begin{pmatrix} b_{11} & b_{12} \\ b_{21} & b_{22} \end{pmatrix} = \begin{pmatrix} a_{11}b_{11} & a_{12}b_{12} \\ a_{21}b_{21} & a_{22}b_{22} \end{pmatrix}$$

と約束すると, 例題 4.5 (2) の結果と合うかどうかを確かめよ.

【解説】 この約束にしたがうと,

$$\begin{pmatrix} 0.36\ \text{g/個} & 10\ \text{g/個} \\ 3.6\ \text{mg/個} & 30\ \text{mg/個} \end{pmatrix} \begin{pmatrix} 5\ \text{個/セット} & 10\ \text{個/セット} \\ 7\ \text{個/セット} & 12\ \text{個/セット} \end{pmatrix}$$

$$= \begin{pmatrix} 0.36\ \text{g/個} \times 5\ \text{個/セット} & 10\ \text{g/個} \times 10\ \text{個/セット} \\ 3.6\ \text{mg/個} \times 7\ \text{個/セット} & 30\ \text{mg/個} \times 12\ \text{個/セット} \end{pmatrix}$$

$$= \begin{pmatrix} 1.8\ \text{g/セット} & 100\ \text{g/セット} \\ 25.2\ \text{mg/セット} & 360\ \text{mg/セット} \end{pmatrix}$$

成分どうしの積を並べるだけでいいかどうかを確かめる問題

だから,

$$\begin{pmatrix} z_1 \text{ g} \\ z_2 \text{ mg} \end{pmatrix} = \begin{pmatrix} 1.8 \text{ g/セット} & 100 \text{ g/セット} \\ 25.2 \text{ mg/セット} & 360 \text{ mg/セット} \end{pmatrix} \begin{pmatrix} 8 \text{ セット} \\ 6 \text{ セット} \end{pmatrix}$$
$$= \begin{pmatrix} (1.8 \times 8 + 100 \times 6) \text{ g} \\ (25.2 \times 8 + 360 \times 6) \text{ mg} \end{pmatrix}$$
$$= \begin{pmatrix} 614.4 \text{ g} \\ 2361.6 \text{ mg} \end{pmatrix}$$
$$\neq \begin{pmatrix} 1316 \text{ g} \\ 4200 \text{ mg} \end{pmatrix}$$

例題 4.5 (2)

$$\begin{pmatrix} 1316 \\ 4200 \end{pmatrix}$$

となって, 例題 4.5 (2) の結果と合わない.

重要　マトリックスの乗法を, 問 4.11 のように約束しては**いけない**ことがわかった.

【疑問】それでは, どうしたらいいだろうか?

▶ 数学の発想は, まえに決めた約束 (ここでは, スカラー積の定義) を拡張するという考え方である.

マトリックスの乗法

$$\overset{A}{\begin{pmatrix} a_{11} & a_{12} \\ a_{21} & a_{22} \end{pmatrix}} \overset{B}{\begin{pmatrix} b_{11} & b_{12} \\ b_{21} & b_{22} \end{pmatrix}}$$

① マトリックス A をヨコベクトルの並び, マトリックス B をタテベクトルの並びと見る.

$\boldsymbol{a}_1{}'$ $\boxed{a_{11} \quad a_{12}}$

$\boldsymbol{a}_2{}'$ $\boxed{a_{21} \quad a_{22}}$

$\boldsymbol{b}_1$ $\boxed{\begin{matrix} b_{11} \\ b_{21} \end{matrix}}$　$\boldsymbol{b}_2$ $\boxed{\begin{matrix} b_{12} \\ b_{22} \end{matrix}}$

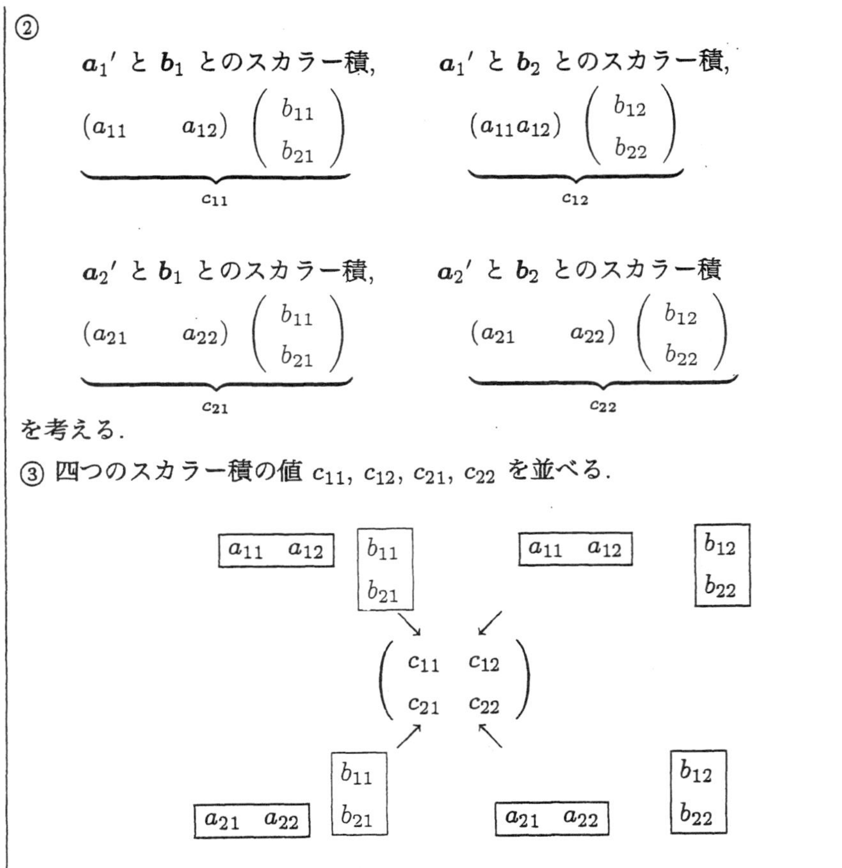

ヨコ　タテ の順に注意．

添字に着目して
a_1' の添字 1
b_2 の添字 2
から $(1,2)$ 成分とする．

a_2' の添字 2
b_1 の添字 1
から $(2,1)$ 成分とする．

他も同様．

問 4.12　枠内の演算規則でマトリックスの乗法を約束すると，例題 4.5 (2) の結果と合うことを確かめよ．

【解説】

$$
\begin{pmatrix} 0.36\ \text{g/個} & 10\ \text{g/個} \\ 3.6\ \text{mg/個} & 30\ \text{mg/個} \end{pmatrix}
\begin{pmatrix} 5\ \text{個/セット} & 10\ \text{個/セット} \\ 7\ \text{個/セット} & 12\ \text{個/セット} \end{pmatrix}
$$
$$
= \begin{pmatrix} (0.36 \times 5 + 10 \times 7)\ \text{g/セット} & (0.36 \times 10 + 10 \times 12)\ \text{g/セット} \\ (3.6 \times 5 + 30 \times 7)\ \text{mg/セット} & (3.6 \times 10 + 30 \times 12)\ \text{mg/セット} \end{pmatrix}
$$
$$
= \begin{pmatrix} 71.80\ \text{g/セット} & 123.6\ \text{g/セット} \\ 228\ \text{mg/セット} & 396\ \text{mg/セット} \end{pmatrix}
$$

g/個 × 個/セット
= g/セット

問 4.11，問 4.12 で，マトリックスの乗法が加法とちがって，簡単な方法ではない理由が納得できる．

だから,

$$\begin{pmatrix} z_1 \text{ g} \\ z_2 \text{ mg} \end{pmatrix} = \begin{pmatrix} 71.80 \text{ g/セット} & 123.6 \text{ g/セット} \\ 228 \text{ mg/セット} & 396 \text{ mg/セット} \end{pmatrix} \begin{pmatrix} 8 \text{ セット} \\ 6 \text{ セット} \end{pmatrix}$$
$$= \begin{pmatrix} (71.80 \times 8 + 123.6 \times 6) \text{ g} \\ (228 \times 8 + 396 \times 6) \text{ mg} \end{pmatrix}$$
$$= \begin{pmatrix} 1316 \text{ g} \\ 4200 \text{ mg} \end{pmatrix}$$

となって, 例題 4.5 (2) の結果と合う.

正方マトリックス　数が正方形状に並んでいるマトリックス

(行の個数 = 列の個数)

例 $\begin{pmatrix} 3 & -1 \\ -4 & 5 \end{pmatrix}$, $\begin{pmatrix} 4 & -1 & 0 \\ 1 & -4 & -5 \\ 7 & 3 & 6 \end{pmatrix}$

矩形マトリックス　数が長方形状に並んでいるマトリックス

(行の個数 ≠ 列の個数)

例 $\begin{pmatrix} 2 & -1 & 0 \\ 1 & 3 & -1 \end{pmatrix}$, $\begin{pmatrix} 0 & -8 \\ -3 & -4 \\ 2 & 9 \end{pmatrix}$

単位マトリックス (恒等マトリックス)　　**正方マトリックス**のうち,

対角成分がすべて 1, その他の成分がすべて 0 のマトリックス

記号　I または E

例 $\begin{pmatrix} 1 & 0 \\ 0 & 1 \end{pmatrix}$, $\begin{pmatrix} 1 & 0 & 0 \\ 0 & 1 & 0 \\ 0 & 0 & 1 \end{pmatrix}$

どんな正方マトリックス A との積も $AI = IA = A$ (**可換**) となる.

【意味】 単位マトリックスとの積はもとのマトリックスのままである(問 4.13).

単位マトリックスは, 数の乗法の 1 と同じはたらきをする.

2×2 マトリックス

3×3 マトリックス

2×3 マトリックス

3×2 マトリックス

↘ の向き (対角線) に 1 が並んだマトリックス

ふつうの数では, たとえば $2 \times 1 = 1 \times 2 = 2$ である.

可換 (交換可能) A と I との順を交換しても積は A である.

問 4.13 $\begin{pmatrix} 3 & -1 \\ -4 & 5 \end{pmatrix} \begin{pmatrix} 1 & 0 \\ 0 & 1 \end{pmatrix}$ と $\begin{pmatrix} 1 & 0 \\ 0 & 1 \end{pmatrix} \begin{pmatrix} 3 & -1 \\ -4 & 5 \end{pmatrix}$ とを計算せよ.

$\begin{pmatrix} 0 & 0 \\ 0 & 0 \end{pmatrix} + \begin{pmatrix} 3 & -1 \\ -4 & 5 \end{pmatrix}$ と $\begin{pmatrix} 0 & 0 \\ 0 & 0 \end{pmatrix} \begin{pmatrix} 3 & -1 \\ -4 & 5 \end{pmatrix}$ も計算すること.

【解説】

$$\begin{pmatrix} 3 & -1 \\ -4 & 5 \end{pmatrix}\begin{pmatrix} 1 & 0 \\ 0 & 1 \end{pmatrix} = \begin{pmatrix} 3\times 1+(-1)\times 0 & 3\times 0+(-1)\times 1 \\ (-4)\times 1+5\times 0 & (-4)\times 0+5\times 1 \end{pmatrix} = \begin{pmatrix} 3 & -1 \\ -4 & 5 \end{pmatrix}$$

$$\begin{pmatrix} 1 & 0 \\ 0 & 1 \end{pmatrix}\begin{pmatrix} 3 & -1 \\ -4 & 5 \end{pmatrix} = \begin{pmatrix} 1\times 3+0\times(-4) & 1\times(-1)+0\times 5 \\ 0\times 3+1\times(-4) & 0\times(-1)+1\times 5 \end{pmatrix} = \begin{pmatrix} 3 & -1 \\ -4 & 5 \end{pmatrix}$$

零マトリックス　すべての成分が 0 のマトリックス　**記号**　O　(オウ)

例　$\begin{pmatrix} 0 & 0 \\ 0 & 0 \end{pmatrix}$, $\begin{pmatrix} 0 & 0 & 0 \\ 0 & 0 & 0 \\ 0 & 0 & 0 \end{pmatrix}$, $\begin{pmatrix} 0 & 0 & 0 \\ 0 & 0 & 0 \end{pmatrix}$

どんなマトリックス A に対しても $A+O=O+A=A$.

A, O が正方マトリックスのとき, $AO=OA=O$ (可換) である (問 4.14).

可換 (交換可能)
A と O との順を交換しても和は A, 積は O である.

問 4.14　$\begin{pmatrix} 3 & -1 \\ -4 & 5 \end{pmatrix}+\begin{pmatrix} 0 & 0 \\ 0 & 0 \end{pmatrix}$ と $\begin{pmatrix} 3 & -1 \\ -4 & 5 \end{pmatrix}\begin{pmatrix} 0 & 0 \\ 0 & 0 \end{pmatrix}$ とを計算せよ.

【解説】

$$\begin{pmatrix} 3 & -1 \\ -4 & 5 \end{pmatrix}+\begin{pmatrix} 0 & 0 \\ 0 & 0 \end{pmatrix} = \begin{pmatrix} 3+0 & (-1)+0 \\ (-4)+0 & 5+0 \end{pmatrix} = \begin{pmatrix} 3 & -1 \\ -4 & 5 \end{pmatrix}$$

$$\begin{pmatrix} 3 & -1 \\ -4 & 5 \end{pmatrix}\begin{pmatrix} 0 & 0 \\ 0 & 0 \end{pmatrix} = \begin{pmatrix} 3\times 0+(-1)\times 0 & 3\times 0+(-1)\times 0 \\ (-4)\times 0+5\times 0 & (-4)\times 0+5\times 0 \end{pmatrix} = \begin{pmatrix} 0 & 0 \\ 0 & 0 \end{pmatrix}$$

重要　一般には, $AB\neq BA$ である.　⟵ **ふつうの数の乗法とのちがい**

マトリックスの乗法の交換法則は一般には成り立たない (問 4.15).

問 4.15　$\begin{pmatrix} 3 & -1 \\ -4 & 5 \end{pmatrix}\begin{pmatrix} 2 & -4 \\ -3 & 0 \end{pmatrix}$ と $\begin{pmatrix} 2 & -4 \\ -3 & 0 \end{pmatrix}\begin{pmatrix} 3 & -1 \\ -4 & 5 \end{pmatrix}$ とを計算せよ.

【解説】

$$\begin{pmatrix} 3 & -1 \\ -4 & 5 \end{pmatrix} \begin{pmatrix} 2 & -4 \\ -3 & 0 \end{pmatrix}$$
$$= \begin{pmatrix} 3\times 2 + (-1)\times(-3) & 3\times(-4) + (-1)\times 0 \\ (-4)\times 2 + 5\times(-3) & (-4)\times(-4) + 5\times 0 \end{pmatrix}$$
$$= \begin{pmatrix} 9 & -12 \\ -23 & 16 \end{pmatrix}$$

$$\begin{pmatrix} 2 & -4 \\ -3 & 0 \end{pmatrix} \begin{pmatrix} 3 & -1 \\ -4 & 5 \end{pmatrix}$$
$$= \begin{pmatrix} 2\times 3 + (-4)\times(-4) & 2\times(-1) + (-4)\times 5 \\ (-3)\times 3 + 0\times(-4) & (-3)\times(-1) + 0\times 5 \end{pmatrix}$$
$$= \begin{pmatrix} 22 & -22 \\ -9 & 3 \end{pmatrix}$$

「交換法則が成立する」とは「すべてのマトリックス A, B について $AB = BA$ が成立する」ということであって，一つでも $AB \neq BA$ となる例があれば交換法則は成立しない．$AB = BA$ となる例が何通りあっても「交換法則は成立しない」ということに矛盾するわけではない (幾何の見方は 6.2.1 項参照)．

単位マトリックスとの積, 零マトリックスとの積はどちらも交換可能である．

問 4.16 $\begin{pmatrix} 3 & 1 \\ 2 & 4 \\ 1 & 6 \end{pmatrix} \begin{pmatrix} 2 & 7 & 5 \\ 1 & 4 & 3 \end{pmatrix}$ と $\begin{pmatrix} 2 & 7 & 5 \\ 1 & 4 & 3 \end{pmatrix} \begin{pmatrix} 3 & 1 \\ 2 & 4 \\ 1 & 6 \end{pmatrix}$ とを計算せよ．

【解説】

$$\begin{pmatrix} 3 & 1 \\ 2 & 4 \\ 1 & 6 \end{pmatrix} \begin{pmatrix} 2 & 7 & 5 \\ 1 & 4 & 3 \end{pmatrix} = \begin{pmatrix} 3\times 2+1\times 1 & 3\times 7+1\times 4 & 3\times 5+1\times 3 \\ 2\times 2+4\times 1 & 2\times 7+4\times 4 & 2\times 5+4\times 3 \\ 1\times 2+6\times 1 & 1\times 7+6\times 4 & 1\times 5+6\times 3 \end{pmatrix}$$
$$= \begin{pmatrix} 7 & 25 & 18 \\ 8 & 30 & 22 \\ 8 & 31 & 23 \end{pmatrix}$$

3 × ②マトリックス　**② × 3 マトリックス**　**3 × 3 マトリックス**

$$\begin{pmatrix} \boxed{3 \quad 1} \\ \boxed{2 \quad 4} \\ \boxed{1 \quad 6} \end{pmatrix} \quad \begin{pmatrix} \boxed{\begin{matrix}2\\1\end{matrix}} & \boxed{\begin{matrix}7\\4\end{matrix}} & \boxed{\begin{matrix}5\\3\end{matrix}} \end{pmatrix} \quad \begin{pmatrix} 7 & 25 & 18 \\ 8 & 30 & 22 \\ 8 & 31 & 23 \end{pmatrix}$$

▭ の列数と ▯ の行数とが一致していないと乗法は定義できない．

対角マトリックス [(i, i) 成分 (対角成分) 以外が 0 である正方マトリックス (第 6 話参照)] どうしの乗法は交換可能である．

例

$$\begin{pmatrix} 3 & 0 \\ 0 & 4 \end{pmatrix} \begin{pmatrix} 2 & 0 \\ 0 & -5 \end{pmatrix} = \begin{pmatrix} 6 & 0 \\ 0 & -20 \end{pmatrix}$$

$$\begin{pmatrix} 2 & 0 \\ 0 & -5 \end{pmatrix} \begin{pmatrix} 3 & 0 \\ 0 & 4 \end{pmatrix} = \begin{pmatrix} 6 & 0 \\ 0 & -20 \end{pmatrix}$$

$$\begin{pmatrix} 2 & 7 & 5 \\ 1 & 4 & 3 \end{pmatrix} \begin{pmatrix} 3 & 1 \\ 2 & 4 \\ 1 & 6 \end{pmatrix} = \begin{pmatrix} 2\times3+7\times2+5\times1 & 2\times1+7\times4+5\times6 \\ 1\times3+4\times2+3\times1 & 1\times1+4\times4+3\times6 \end{pmatrix}$$

$$= \begin{pmatrix} 25 & 60 \\ 14 & 35 \end{pmatrix}$$

2 × ③マトリックス　　③ × **2** マトリックス　**2** × **2** マトリックス

A, B が正方行列でないとき, 掛ける順序で積の型が異なるため $AB \neq BA$ はなっとくしやすい.

問　4 × 3 マトリックス　掛ける　3 × 2 マトリックス　はどんな型になるか？

答　4 × 2 マトリックス

問　5 × 2 マトリックス　掛ける　4 × 2 マトリックス　はどんな型になるか？

答　定義できない. 理由：左のマトリックスの列数と右のマトリックスの行数とが一致していないから.

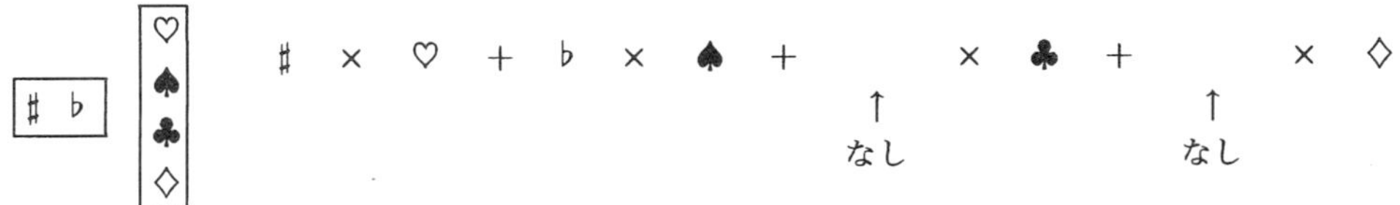

2 列　4 行

• $(A+B)^2 = (A+B)(A+B) = A^2 + AB + BA + B^2$

一般には, $A^2 + 2AB + B^2$ ではない.

なお, A の型と B の型とが同じでないと加法は定義できない.

$AB = BA$ の場合, $AB + BA = 2AB$ となる.

問 4.17　(a) $(-3)\ (4\quad -5)$　(b) $(4\quad -5)\ (-3)$　(c) $\begin{pmatrix} 4 \\ -5 \end{pmatrix}(-3)$

(d) $(-3)\begin{pmatrix} 4 \\ -5 \end{pmatrix}$

　のそれぞれは, 何行何列のマトリックスどうしの乗法か？

【解説】 (a) 1 × ① マトリックス 掛ける ① × 2 マトリックス

$$(-3)\ (4 \quad -5) = (-12 \quad 15)$$

(b) 1×2 マトリックス 掛ける 1×1 マトリックス

左のマトリックスの列数と右のマトリックスの行数とが一致していないから乗法が定義できない.

$(4 \quad -5)\begin{pmatrix} -3 & 0 \\ 0 & -3 \end{pmatrix} = (-12 \quad 15)$ の略記とみなす.

(c) $2 \times ①$ マトリックス 掛ける $① \times 1$ マトリックス

$$\begin{pmatrix} 4 \\ -5 \end{pmatrix}(-3) = \begin{pmatrix} -12 \\ 15 \end{pmatrix}$$

(d) 1×1 マトリックス 掛ける 2×1 マトリックス

左のマトリックスの列数と右のマトリックスの行数とが一致していないから乗法が定義できない.

$\begin{pmatrix} -3 & 0 \\ 0 & -3 \end{pmatrix}\begin{pmatrix} 4 \\ -5 \end{pmatrix} = \begin{pmatrix} -12 \\ 15 \end{pmatrix}$ の略記とみなす.

(b) ヨコベクトル 掛ける スカラー の場合, $\begin{pmatrix} -3 & 0 \\ 0 & -3 \end{pmatrix}$ を スカラー -3 と みなす.

(d) スカラー 掛ける タテベクトル の場合, $\begin{pmatrix} -3 & 0 \\ 0 & -3 \end{pmatrix}$ を スカラー -3 と みなす.

マトリックスの乗法の結合法則 $A(BC) = (AB)C$ が成り立つ. ⟵ ふつう の 数の 乗法と同じ.

だから, $(AB)C$ と $A(BC)$ とを ABC と書いていい.

問 4.18 で確かめる.

問 4.18 $\left(\begin{pmatrix} 3 & -1 \\ -4 & 5 \end{pmatrix}\begin{pmatrix} 2 & -4 \\ -3 & 0 \end{pmatrix}\right)\begin{pmatrix} 5 & -7 \\ 3 & 8 \end{pmatrix}$ と

$\begin{pmatrix} 3 & -1 \\ -4 & 5 \end{pmatrix}\left(\begin{pmatrix} 2 & -4 \\ -3 & 0 \end{pmatrix}\begin{pmatrix} 5 & -7 \\ 3 & 8 \end{pmatrix}\right)$ とを計算せよ.

【解説】

$$\left(\begin{pmatrix} 3 & -1 \\ -4 & 5 \end{pmatrix}\begin{pmatrix} 2 & -4 \\ -3 & 0 \end{pmatrix}\right)\begin{pmatrix} 5 & -7 \\ 3 & 8 \end{pmatrix}$$

$$= \begin{pmatrix} 3 \times 2 + (-1) \times (-3) & 3 \times (-4) + (-1) \times 0 \\ (-4) \times 2 + 5 \times (-3) & (-4) \times (-4) + 5 \times 0 \end{pmatrix}\begin{pmatrix} 5 & -7 \\ 3 & 8 \end{pmatrix}$$

$$= \begin{pmatrix} 9 & -12 \\ -23 & 16 \end{pmatrix}\begin{pmatrix} 5 & -7 \\ 3 & 8 \end{pmatrix}$$

$$= \begin{pmatrix} 9 \times 5 + (-12) \times 3 & 9 \times (-7) + (-12) \times 8 \\ (-23) \times 5 + 16 \times 3 & (-23) \times (-7) + 16 \times 8 \end{pmatrix}$$

$$= \begin{pmatrix} 9 & -159 \\ -67 & 289 \end{pmatrix}$$

ふつうの数の乗法
$2 \times (3 \times 5)$
$= (2 \times 3) \times 5$

探究支援 4.2 で, 実例によって, マトリックスの乗法の結合法則を具体的に理解する.

$$\begin{pmatrix} 3 & -1 \\ -4 & 5 \end{pmatrix}\left(\begin{pmatrix} 2 & -4 \\ -3 & 0 \end{pmatrix}\begin{pmatrix} 5 & -7 \\ 3 & 8 \end{pmatrix}\right)$$

$$=\begin{pmatrix} 3 & -1 \\ -4 & 5 \end{pmatrix}\begin{pmatrix} 2\times 5+(-4)\times 3 & 2\times(-7)\times(-4)\times 8 \\ (-3)\times 5+0\times 3 & (-3)\times(-7)+0\times 8 \end{pmatrix}$$

$$=\begin{pmatrix} 3 & -1 \\ -4 & 5 \end{pmatrix}\begin{pmatrix} -2 & -46 \\ -15 & 21 \end{pmatrix}$$

$$=\begin{pmatrix} 3\times(-2)+(-1)\times(-15) & 3\times(-46)+(-1)\times 21 \\ (-4)\times(-2)+5\times(-15) & (-4)\times(-46)+5\times 21 \end{pmatrix}$$

$$=\begin{pmatrix} 9 & -159 \\ -67 & 289 \end{pmatrix}$$

マトリックスの分配法則

$$A(B+C)=AB+AC,\quad (A+B)C=AC+BC$$

が成り立つ.

⟵ ふつうの数の乗法と同じ.

問 4.19 で確かめる.

問 4.19　$A=\begin{pmatrix} 3 & -1 \\ -4 & 5 \end{pmatrix}$, $B=\begin{pmatrix} 2 & -4 \\ -3 & 0 \end{pmatrix}$, $C=\begin{pmatrix} 5 & -7 \\ 3 & 8 \end{pmatrix}$ のとき

$$A(B+C), AB+AC, (A+B)C, AC+BC$$

を計算せよ.

【解説】

$$A(B+C)=\begin{pmatrix} 21 & -41 \\ -28 & 84 \end{pmatrix},\quad AB+AC=\begin{pmatrix} 21 & -41 \\ -28 & 84 \end{pmatrix}$$

$$(A+B)C=\begin{pmatrix} 10 & -75 \\ -20 & 89 \end{pmatrix},\quad AC+BC=\begin{pmatrix} 10 & -75 \\ -20 & 89 \end{pmatrix}$$

▶ 本問で分配法則が成り立つことを確かめることができた.

結果だけを示すので, 各自計算すること.

マトリックスの名称は大文字で表す.

O は大文字であり, 零マトリックスを表す.
数字の 0 と混同しないこと.

重要　「$AB=O$ ならば $A=O$ または $B=O$」は必ずしも成り立たない.

ふつうの数の乗法とのちがい

ふつうの数の乗法

$ab=0$ のとき
$a=0$ または $b=0$

$a\neq 0$ かつ $b\neq 0$
のとき　$ab\neq 0$

問 4.20 $\begin{pmatrix} 3 & -1 \\ -6 & 2 \end{pmatrix}\begin{pmatrix} 1 & 4 \\ 3 & 12 \end{pmatrix}$ を計算せよ．

【解説】

$$\begin{pmatrix} 3 & -1 \\ -6 & 2 \end{pmatrix}\begin{pmatrix} 1 & 4 \\ 3 & 12 \end{pmatrix} = \begin{pmatrix} 3\times 1+(-1)\times 3 & 3\times 4+(-1)\times 12 \\ (-6)\times 1+2\times 3 & (-6)\times 4+2\times 12 \end{pmatrix}$$
$$= \begin{pmatrix} 0 & 0 \\ 0 & 0 \end{pmatrix}$$

重要 $\begin{pmatrix} 3 & -1 \\ -6 & 2 \end{pmatrix} \neq \begin{pmatrix} 0 & 0 \\ 0 & 0 \end{pmatrix}$ かつ $\begin{pmatrix} 1 & 4 \\ 3 & 12 \end{pmatrix} \neq \begin{pmatrix} 0 & 0 \\ 0 & 0 \end{pmatrix}$ であるが，これらの積は零マトリックスになる．

問 4.21 $A = \begin{pmatrix} a_{11} & a_{12} & a_{13} \\ a_{21} & a_{22} & a_{23} \\ a_{31} & a_{32} & a_{33} \end{pmatrix}$，$B = \begin{pmatrix} b_{11} & b_{12} & b_{13} \\ b_{21} & b_{22} & b_{23} \\ b_{31} & b_{32} & b_{33} \end{pmatrix}$，$C = \begin{pmatrix} c_{11} & c_{12} & c_{13} \\ c_{21} & c_{22} & c_{23} \\ c_{31} & c_{32} & c_{33} \end{pmatrix}$ のとき，$P = AB$，$Q = (AB)C$ とする．

(1) P の成分 p_{32} (3 は行番号，2 は列番号) を和の記号 $\sum$，必要な A の要素，B の要素で表せ．

(2) P の成分 p_{ij} (i は行番号，j は列番号) を和の記号 $\sum$，必要な A の要素，B の要素で表せ．

(3) Q の成分 q_{ij} (i は行番号，j は列番号) を和の記号 $\sum$，必要な A の要素，B の要素，C の要素で表せ．

c_{32} の添字は，行番号と列番号とを表すので，「サンジュウニ」ではなく「サンニ」と読む．

【解説】 (1)

$$p_{\mathbf{32}} = a_{\mathbf{3}1}b_{1\mathbf{2}} + a_{\mathbf{3}2}b_{2\mathbf{2}} + a_{\mathbf{3}3}b_{3\mathbf{2}}$$ ⟵ a の行番号は **3**，b の列番号は **2** である．

$$= \sum_{k=1}^{3} a_{\mathbf{3}k}b_{k\mathbf{2}}$$ ⟵ 行番号 **3**，列番号 **2** は変わらないが，k が 1, 2, 3 と変わる．

和の記号の使い方について，問 2.1 参照．

(2)

$$p_{ij} = a_{i1}b_{1j} + a_{i2}b_{2j} + a_{i3}b_{3j}$$ ← a の行番号は i, b の列番号は j である.

$$= \sum_{k=1}^{3} a_{ik}b_{kj}$$ ← 行番号 i, 列番号 j は変わらないが, k が 1, 2, 3 と変わる.

(3)

$$q_{ij} = p_{i1}c_{1j} + p_{i2}c_{2j} + p_{i3}c_{3j}$$ ← p の行番号は i, c の列番号は j である.

$$= \sum_{\ell=1}^{3} p_{i\ell}c_{\ell j}$$ ← 行番号 i, 列番号 j は変わらないが, ℓ が 1, 2, 3 と変わる.

$$= \sum_{\ell=1}^{3}\left(\sum_{k=1}^{3} a_{ik}b_{k\ell}\right)c_{\ell j}$$ ← (2) の p_{ij}, b_{kj} を $p_{i\ell}, b_{k\ell}$ に変える.

括弧を省いて, $\displaystyle\sum_{\ell=1}^{3}\sum_{k=1}^{3} a_{ik}b_{k\ell}c_{\ell j}$ と書いてもいい.

【参考】　和の記号の考え方は, プログラミングのくりかえしの操作 (ループ) のくりかえし回数と同じである.

【進んだ探究】転置マトリックス ― アベコベの世界

転置マトリックスの意味について, 小林幸夫:『線型代数の発想』(現代数学社, 2008) 自己診断 6.3 参照.

4.2.2 項で, (一つあたりいくら) × (いくつ分) の例として, 価格 = 単価 × 個数 を考えた. このとき, 入力 (個数) と出力 (価格) とをタテベクトル量で表した. しかし, これらをヨコベクトル量で表してはいけない理由はない. では, 個数と価格とをヨコベクトル量で表すと, 比例の関係

$$\begin{pmatrix} y_1 \text{ 円} \\ y_2 \text{ 円} \end{pmatrix} = \begin{pmatrix} a_{11} \text{ 円/個} & a_{12} \text{ 円/個} \\ a_{21} \text{ 円/個} & a_{22} \text{ 円/個} \end{pmatrix} \begin{pmatrix} x_1 \text{ 個} \\ x_2 \text{ 個} \end{pmatrix}$$

は, どのように書き換えなければならないだろうか？

▶ **マトリックスの乗法の規則**　何行何列のマトリックスと何行何列のマトリックスとの積を求めることができるのかを思い出す.

ヨコベクトル量：(x_1 個 x_2 個), (y_1 円 y_2 円) は, 1×2 マトリックス量 (1 行 2 列) とみなせる.

$$\begin{pmatrix} a_{11}\ \text{円/個} & a_{12}\ \text{円/個} \\ a_{21}\ \text{円/個} & a_{22}\ \text{円/個} \end{pmatrix} (x_1\ \text{個}\quad x_2\ \text{個})$$

2×2 マトリックス量 掛ける 1×2 マトリックス量

左のマトリックス量の列数と右のマトリックス量の行数とが一致していないから乗法が定義できない.

工夫 入力と出力とがタテベクトル量の場合と同じ結果にするためには,

右から転置マトリックス量をヨコベクトル量に掛ける

ようにしなければならない.

転置マトリックス **もとのマトリックスの行と列とを入れ換えたマトリックス**

$$\begin{pmatrix} a_{11}\ \text{円/個} & a_{12}\ \text{円/個} \\ a_{21}\ \text{円/個} & a_{22}\ \text{円/個} \end{pmatrix} \longrightarrow \begin{pmatrix} a_{11}\ \text{円/個} & a_{21}\ \text{円/個} \\ a_{12}\ \text{円/個} & a_{22}\ \text{円/個} \end{pmatrix}$$

$$\underbrace{(y_1\ \text{円}\quad y_2\ \text{円})}_{\text{出力}} = \underbrace{(x_1\ \text{個}\quad x_2\ \text{個})}_{\text{入力}} \overbrace{\begin{pmatrix} a_{11}\ \text{円/個} & a_{21}\ \text{円/個} \\ a_{12}\ \text{円/個} & a_{22}\ \text{円/個} \end{pmatrix}}^{\text{転置マトリックス}}$$

1×2 マトリックス量 掛ける 2×2 マトリックス量

左のマトリックス量の列数と右のマトリックス量の行数とが一致しているから乗法が定義できる.

問 乗法を実行して, 上式が正しいことを確かめよ.

答

$$\begin{aligned} &(x_1\ \text{個}\quad x_2\ \text{個}) \begin{pmatrix} a_{11}\ \text{円/個} & a_{21}\ \text{円/個} \\ a_{12}\ \text{円/個} & a_{22}\ \text{円/個} \end{pmatrix} \\ &= (\ x_1\ \text{個} \times a_{11}\ \text{円/個} + x_2\ \text{個} \times a_{12}\ \text{円/個}\quad x_1\ \text{個} \times a_{21}\ \text{円/個} + x_2\ \text{個} \times a_{22}\ \text{円/個}\ ) \\ &= (y_1\ \text{円}\quad y_2\ \text{円}) \end{aligned}$$

▶ 転置マトリックス量で比例の関係を表すと,

(いくつ分) × (一つあたりいくら)

の形になる. 転置マトリックス量によってアベコベの世界に移ったと考える.

探究支援 4

4.1 マトリックスの乗法

ビーカー A, B, C の単価と容量とは 表 4.5 の通りである．クラス内の学生数によって，購入の仕方は表 4.6 の二つのタイプがある．なお，6 個のビーカーを 1 セットとして扱っている．

表 4.5　各ビーカーの単価と容量

量	A	B	C
単価	1800 円/セット	1680 円/セット	1920 円/セット
容量	50 mL/個	100 mL/個	200 mL/個

表 4.6　購入の仕方のタイプ

内訳	タイプ I	タイプ II
A	10 セット/クラス	30 セット/クラス
B	20 セット/クラス	40 セット/クラス
C	5 セット/クラス	15 セット/クラス

このとき，マトリックス量の乗法によって，表 4.7 の空所にあてはまる値を求めよ．

表 4.7　各タイプの合計額と全容量

タイプ I を選んだクラスとタイプ II を選んだクラス

量	タイプ I	タイプ II
合計額	◇ 円/クラス	♡ 円/クラス
全容量	♠ mL/クラス	♣ mL/クラス

「単価」とはいうものの，ここでは 1 個あたりの価格ではなく，6 個あたりの価格である．

3 種類のビーカーを A, B, C とする．

本問を解くときには，6 個のビーカーを 1 セットとして扱っていることは知らなくていい．

表 4.6 の見方

タイプ I は，1 クラスあたりビーカー A を 10 セット，ビーカー B を 20 セット，ビーカー C を 5 セット購入することを表す．タイプ II も同じように考える．

円/セット
×セット/クラス
＝円/クラス

mL/セット
×セット/クラス
＝mL/クラス

【解説】 表 4.5, 表 4.6 をそれぞれマトリックス量で表す．

重要 （一つあたりいくら）×（いくつ分） の形　マトリックスの乗法の演算規則（本文に四角で囲んである）を思い出して計算する．

$$\begin{pmatrix} 1800\,\text{円/セット} & 1680\,\text{円/セット} & 1920\,\text{円/セット} \\ 300\,\text{mL/セット} & 600\,\text{mL/セット} & 1200\,\text{mL/セット} \end{pmatrix} \begin{pmatrix} 10\,\text{セット/クラス} & 30\,\text{セット/クラス} \\ 20\,\text{セット/クラス} & 40\,\text{セット/クラス} \\ 5\,\text{セット/クラス} & 15\,\text{セット/クラス} \end{pmatrix}$$

$$= \begin{pmatrix} (1800 \times 10 + 1680 \times 20 + 1920 \times 5)\,\text{円/クラス} & (1800 \times 30 + 1680 \times 40 + 1920 \times 15)\,\text{円/クラス} \\ (300 \times 10 + 600 \times 20 + 1200 \times 5)\,\text{mL/クラス} & (300 \times 30 + 600 \times 40 + 1200 \times 15)\,\text{mL/クラス} \end{pmatrix}$$

$$= \begin{pmatrix} 61200\,\text{円/クラス} & 130800\,\text{円/クラス} \\ 21000\,\text{mL/クラス} & 51000\,\text{mL/クラス} \end{pmatrix}$$

各成分の値が表 4.7 の該当する箇所にあてはまる．

探究支援 4.1 のつづき

4.2 マトリックスの乗法の結合法則

表 4.8 には, 各学年にどちらのタイプが何クラスあるかを示してある.

表 4.8 の見方

たとえば, 第 2 学年にはタイプ I が 6 クラスある.

表 4.8 各学年のクラスのタイプ

タイプ	第 1 学年	第 2 学年	第 3 学年
I	3 クラス	6 クラス	5 クラス
II	7 クラス	4 クラス	5 クラス

つぎのそれぞれの考え方で, マトリックスの乗法によって, 学年ごとの合計額と全容量とを求めよ.

意味を考えながら式の変形を理解すること.

(1) タイプごとの合計額と全容量とを求めてから, 各学年ごとに二つのタイプについて合計する.

(2) 学年ごとに A, B, C のビーカーの個数を求めてから, 3 種類のビーカーについて合計する.

【解説】 (1)

$$\overbrace{\begin{pmatrix} 1800\ \text{円/セット} & 1680\ \text{円/セット} & 1920\ \text{円/セット} \\ 300\ \text{mL/セット} & 600\ \text{mL/セット} & 1200\ \text{mL/セット} \end{pmatrix}}^{A} \overbrace{\begin{pmatrix} 10\ \text{セット/クラス} & 30\ \text{セット/クラス} \\ 20\ \text{セット/クラス} & 40\ \text{セット/クラス} \\ 5\ \text{セット/クラス} & 15\ \text{セット/クラス} \end{pmatrix}}^{B}$$

(1 セットあたりいくら) × (何セット分) の形

$$= \begin{pmatrix} (1800 \times 10 + 1680 \times 20 + 1920 \times 5)\ \text{円/クラス} & (1800 \times 30 + 1680 \times 40 + 1920 \times 15)\ \text{円/クラス} \\ (300 \times 10 + 600 \times 20 + 1200 \times 5)\ \text{mL/クラス} & (300 \times 30 + 600 \times 40 + 1200 \times 15)\ \text{mL/クラス} \end{pmatrix}$$

$$= \begin{matrix} \text{合計額} \\ \text{全容量} \end{matrix} \overset{\quad\text{タイプ I}\qquad\qquad\text{タイプ II}}{\begin{pmatrix} 61200\ \text{円/クラス} & 150000\ \text{円/クラス} \\ 21000\ \text{mL/クラス} & 51000\ \text{mL/クラス} \end{pmatrix}}$$

$$\overbrace{\begin{pmatrix} 61200\ \text{円/クラス} & 150000\ \text{円/クラス} \\ 21000\ \text{mL/クラス} & 51000\ \text{mL/クラス} \end{pmatrix}}^{AB} \overbrace{\begin{pmatrix} 3\ \text{クラス} & 6\ \text{クラス} & 5\ \text{クラス} \\ 7\ \text{クラス} & 4\ \text{クラス} & 5\ \text{クラス} \end{pmatrix}}^{C}$$

(1 クラスあたりいくら) × (何クラス分) の形

$$= \begin{pmatrix} (61200 \times 3 + 150000 \times 7)\ \text{円} & (61200 \times 6 + 150000 \times 4)\ \text{円} & (61200 \times 5 + 150000 \times 5)\ \text{円} \\ (21000 \times 3 + 51000 \times 7)\ \text{mL} & (21000 \times 6 + 51000 \times 4)\ \text{mL} & (21000 \times 5 + 51000 \times 5)\ \text{mL} \end{pmatrix}$$

$$
= \begin{array}{c} \\ \text{合計額} \\ \text{全容量} \end{array}
\begin{array}{c}
\begin{array}{ccc} \text{第 1 学年} & \text{第 2 学年} & \text{第 3 学年} \end{array} \\
\begin{pmatrix} 1233600\ \text{円} & 967200\ \text{円} & 1056000\ \text{円} \\ 420000\ \text{mL} & 330000\ \text{mL} & 360000\ \text{mL} \end{pmatrix}
\end{array}
$$

円/セット
×セット/クラス
＝円/クラス

これらの式をまとめて

mL/セット
×セット/クラス
＝mL/クラス

$$
(AB)C = \begin{pmatrix} 1233600\ \text{円} & 967200\ \text{円} & 1056000\ \text{円} \\ 420000\ \text{mL} & 330000\ \text{mL} & 360000\ \text{mL} \end{pmatrix}
$$

と書くことができる.

円/クラス
×クラス
＝円

(2)

mL/クラス
×クラス
＝mL

$$
\overbrace{\begin{pmatrix} 10\ \text{セット/クラス} & 30\ \text{セット/クラス} \\ 20\ \text{セット/クラス} & 40\ \text{セット/クラス} \\ 5\ \text{セット/クラス} & 15\ \text{セット/クラス} \end{pmatrix}}^{B}
\overbrace{\begin{pmatrix} 3\ \text{クラス} & 6\ \text{クラス} & 5\ \text{クラス} \\ 7\ \text{クラス} & 4\ \text{クラス} & 5\ \text{クラス} \end{pmatrix}}^{C}
$$

セット/クラス
×クラス
＝セット

(1 クラスあたりいくら) × (何クラス分) の形

$$
= \begin{pmatrix}
(10 \times 3 + 30 \times 7)\ \text{セット} & (10 \times 6 + 30 \times 4)\ \text{セット} & (10 \times 5 + 30 \times 5)\ \text{セット} \\
(20 \times 3 + 40 \times 7)\ \text{セット} & (20 \times 6 + 40 \times 4)\ \text{セット} & (20 \times 5 + 40 \times 5)\ \text{セット} \\
(5 \times 3 + 15 \times 7)\ \text{セット} & (5 \times 6 + 15 \times 4)\ \text{セット} & (5 \times 5 + 15 \times 5)\ \text{セット}
\end{pmatrix}
$$

$$
= \begin{array}{c} \\ \text{ビーカー A} \\ \text{ビーカー B} \\ \text{ビーカー C} \end{array}
\begin{array}{c}
\begin{array}{ccc} \text{第 1 学年} & \text{第 2 学年} & \text{第 3 学年} \end{array} \\
\begin{pmatrix} 240\ \text{セット} & 180\ \text{セット} & 200\ \text{セット} \\ 340\ \text{セット} & 280\ \text{セット} & 300\ \text{セット} \\ 120\ \text{セット} & 90\ \text{セット} & 100\ \text{セット} \end{pmatrix}
\end{array}
$$

mL/セット
×セット
＝mL

$$
\overbrace{\begin{pmatrix} 1800\ \text{円/セット} & 1680\ \text{円/セット} & 1920\ \text{円/セット} \\ 300\ \text{mL/セット} & 600\ \text{mL/セット} & 1200\ \text{mL/セット} \end{pmatrix}}^{A}
\overbrace{\begin{pmatrix} 240\ \text{セット} & 180\ \text{セット} & 200\ \text{セット} \\ 340\ \text{セット} & 280\ \text{セット} & 300\ \text{セット} \\ 120\ \text{セット} & 90\ \text{セット} & 100\ \text{セット} \end{pmatrix}}^{BC}
$$

(1 セットあたりいくら) × (何セット分) の形

$$
= \begin{array}{c} \\ \text{合計額} \\ \text{全容量} \end{array}
\begin{array}{c}
\begin{array}{ccc} \text{第 1 学年} & \text{第 2 学年} & \text{第 3 学年} \end{array} \\
\begin{pmatrix} 1233600\ \text{円} & 967200\ \text{円} & 1056000\ \text{円} \\ 420000\ \text{mL} & 330000\ \text{mL} & 360000\ \text{mL} \end{pmatrix}
\end{array}
$$

これらの式をまとめて

$$
A(BC) = \begin{pmatrix} 1233600\ \text{円} & 967200\ \text{円} & 1056000\ \text{円} \\ 420000\ \text{mL} & 330000\ \text{mL} & 360000\ \text{mL} \end{pmatrix}
$$

と書くことができる.

▶ (1) と (2) とを比べると，マトリックス A, B, C について

$$乗法の結合法則：\ (AB)C = A(BC)$$

の成り立つことがわかる．

これらの A, B, C はビーカーの種類ではなく，マトリックスの名称である．
例題 0.2 参照．
立体と斜体との区別に注意．

第 4 話の問診 (到達度確認)

① ベクトル・ベクトル量の意味を理解したか？

② スカラー積の意味を理解した上で計算ができるか？

③ マトリックスの意味を理解した上でマトリックスの演算ができるか？

第 5 話　連立1次方程式 — 実験結果を表す関係式をつくるには

第 5 話の目標

① マトリックス (行列) と行列式とのちがいを理解すること．

② Cramer の方法で連立 1 次方程式が解けるようになること．

キーワード　連立 1 次方程式, 行列式, Cramer の方法, 逆マトリックス

第 4 話では, ベクトル量どうしの関係を数ベクトルとマトリックスとで表す方法を考えた．単に式を書き並べた形とちがって, どの量とどの量とがどんな関係になっているかを見通しやすくなった．各品目の単価がわかっているとき, 買う個数の組から支払う価格の組を求めることができる．では, 予算額を決めた上で各品目が何個買えるかを知るにはどうすればいいか？ 支払う価格の組から買う個数の組を求めることはできるのか？

こういう問題を考えるとき, 中学数学で学習した連立方程式を立てればいい．ここで, 2 次方程式には解の公式があったことを思い出してみる．2 次方程式の解の公式をあてはめると, ① 二つの実数解が求まる場合, ② 実数解が一つしか求まらない場合, ③ 解が実数にならない場合が判別できる．①, ②, ③ のちがいは, 係数と定数項とだけで決まる．連立方程式の場合も, 解の公式があると便利である．「係数と定数項とがどんな値の場合に, どういう解になるのか」が判別できると都合がいい．第 5 話では, 連立 1 次方程式の解の公式をつくる．

2 次方程式 $ax^2+bx+c=0$ の a, b が係数, c が定数項である．

解の公式：x は $\dfrac{-b\pm\sqrt{b^2-4ac}}{2a}$ と表せる．

化学・生物系でも, 連立 1 次方程式を考える場面がある．第 1 話で取り上げたように, 実験結果から量どうしの関係を見出すことが重要である．このとき, どの測定値にも誤差があることに注意しなければならない．したがって, 点と点とを結んだ折れ線グラフにしないで, できるだけ多くの点を通るように直線を引く．しかし, 人によってちがった直線を引いたのでは客観性に欠ける．誰が考えても同じ直線でなければならない．こういう直線の傾きと切片とを求める方法を**最小二乗法**という．この方法を適用するときに, 連立 1 次方程式を解く段階がある．そういうときのために, 連立 1 次方程式の便利な解き方を工夫しよう．

切片とは？ 直線とたて軸との交点のたて座標

【参考】方程とは ?

中国の数学の最も古い本『九章算術』八章「方程」によると,「方」は比べるという意味,「程」は大きさを表す [遠山啓:『数学は変貌する』(国土社, 1990)].

5.1 1 次方程式 $ax = b$ の解を振り返る — 0 を含む割算に注意

問題 (1) $0 \div 3$, (2) $0 \div 0$, (3) $3 \div 0$ を計算せよ.

3 問とも正しく答えるのは意外にむずかしい. (2) は同じ数どうしの割算だから 1 と答えたり, (3) を 0 と答えたりしなかっただろうか? 正解は, そんなに単純ではない. 5.2 節以降で連立 1 次方程式の解法を考えるときに必要なので, 0 を含む除法を復習しよう.

【準備】0 を含む除法:三つの場合 ($ax = b$ の解は $x = b/a$ である)

	$x = \dfrac{b}{a}$	解	解の個数
① $a \neq 0,\ b = 0$	$x = \dfrac{0}{a}$	0	1 個
② $a = 0,\ b = 0$	$x = \dfrac{0}{0}$	**不定**	無数
③ $a = 0,\ b \neq 0$	$x = \dfrac{b}{0}$	**不能**	0 個

(a, b は定数)

$b \div a$
$0 \div a$
$0 \div 0$
$b \div 0$

人にたとえてみよう.

$0 \div 3$ は, 特定の友人としか仲良くしない (解は 0 だけ).

$0 \div 0$ は, 人気者でどんな数でも惹きつける (解はどんな数でもいい).

$3 \div 0$ は, 気難しくてどんな数も寄せ付けない (どんな数も解にならない).

考え方

① $0 \div 3 = ?$ $3 \times ? = 0$ をみたす ? の値を見つける演算
あてはまる数は 0 しかない.

② $0 \div 0 = ?$ $0 \times ? = 0$ をみたす ? の値を見つける演算
どんな数でもあてはまる.

③ $3 \div 0 = ?$ $0 \times ? = 3$ をみたす ? の値を見つける演算
どんな数もあてはまらない.

解 (1) 0 (2) 不定 (3) 不能

具体的な見方：運動の計算を考えてみよう．

① 3 s 経ってももとの位置に止まっている (進んだ距離は 0 m).

速度　0 m ÷ 3 s = 0 m/s

② どんな速度で走れる乗り物であっても，時間をかけない (0 s) と走り出さない．

⑦ m/s × 0 s = 0 m　　⑦ にはどんな数もあてはまる．

③ 時間が経たない (0 s) のに，3 m も進むことはあり得ない．

【参考】2次方程式の解の公式

$ax^2 + bx + c = 0 \ (a \neq 0)$　　解の公式：$x = \dfrac{-b \pm \sqrt{b^2 - 4ac}}{2a}$

	解	実数解の個数
① $b^2 - 4ac > 0$	$x = \dfrac{-b \pm \sqrt{b^2 - 4ac}}{2a}$	2 個
② $b^2 - 4ac = 0$	$x = -\dfrac{b}{2a}$	1 個
③ $b^2 - 4ac < 0$	$x = \dfrac{-b \pm i\sqrt{4ac - b^2}}{2a}$	0 個

2次方程式の解の公式を暗記しなくても，平方完成すれば解ける．

$$a\left(x^2 + \frac{b}{a}x + \frac{c}{a}\right) = a\left\{\left(x + \frac{b}{2a}\right)^2 + \frac{c}{a} - \left(\frac{b}{2a}\right)^2\right\} = a\left\{\left(x + \frac{b}{2a}\right)^2 + \frac{4ac - b^2}{4a^2}\right\}$$

だから，

$$\left(x + \frac{b}{2a}\right)^2 + \frac{4ac - b^2}{4a^2} = 0$$

となる．

$$\left(x + \frac{b}{2a}\right)^2 = \frac{b^2 - 4ac}{4a^2}$$

から

$$x + \frac{b}{2a} = \pm\frac{\sqrt{b^2 - 4ac}}{2a}$$

を得る．

5.2　連立1次方程式の解の公式はあるのか

5.1 節を思い出すと，1 次方程式 $ax = b$ の解は分数で表せることがわかる．

$x = \dfrac{b}{a}$　← 分子：定数項の値 (右辺)　← 分母：係数の値 (左辺)　($a \neq 0$ の場合には解が一つに決まる)

例

$3x = 5$ の解

$x = \dfrac{5}{3}$

それでは，連立1次方程式の解も定数項の値と係数の値とで表せるだろうか? 未知数の個数に関係なく，解が定数項の値と係数の値とで表せることがわかっていると，すぐに解が書けるので便利である．このような方法で連立1次方程式を解くとき，行列式の計算が必要になる．はじめに，行列式とは何かということから始めよう．

5.2.1 2 次の行列式

新しい記号：2 次の行列式の定義

$ad-bc$ を**記号** $|\ |$ で表し，

$$\begin{vmatrix} a & b \\ c & d \end{vmatrix} = +ad-bc$$

覚え方 $a \times d - b \times c$

を 2 次の**行列式**という．

【注意】行列式を絶対値記号と混同してはいけない．

$|+ad-bc|$ と書くと，絶対値記号になるのでまちがいである．

$|+ad-bc|$ ではなく，$+ad-bc$ である．

例 $\begin{vmatrix} 2 & 3 \\ 5 & 6 \end{vmatrix} = +2\times 6 - 3\times 5 = -3$

絶対値 $|+2\times 6 - 3\times 5| = |-3| = +3$

「行列式」と「行列」とは，似た用語だが，意味はまったくちがう．だから「行列」といわずに「マトリックス」とよんで，はっきり区別する方がいい．

重要 **マトリックス（行列）と行列式とのちがい**

表 5.1 マトリックス（行列）と行列式

マトリックス	行列式
単なる数の並び	$ad-bc$ で求まる一つの数
( ) または [ ] で表す．	$\|\ \|$ で表す．
何行何列の形でもいい．	**正方**マトリックスに対して定義する．

問 5.1 つぎの行列式の値を求めよ．

(1) $\begin{vmatrix} -7 & 4 \\ 5 & -3 \end{vmatrix}$ (2) $\begin{vmatrix} 4 & -7 \\ -3 & 5 \end{vmatrix}$ (3) $\begin{vmatrix} 5 & -3 \\ -7 & 4 \end{vmatrix}$

【解説】

(1) $\begin{vmatrix} -7 & 4 \\ 5 & -3 \end{vmatrix} = (-7)\times(-3) - 4\times 5$
$= 1$

(2) $\begin{vmatrix} 4 & -7 \\ -3 & 5 \end{vmatrix} = 4\times 5 - (-7)\times(-3)$
$= -1$

(2) は (1) の列どうしを入れ換えた形である．
(3) は (1) の行どうしを入れ換えた形である．
(2)，(3) はどちらも (1) と符号が反対になる．

(3) $\begin{vmatrix} 5 & -3 \\ -7 & 4 \end{vmatrix} = 5 \times 4 - (-3) \times (-7)$

$= -1$

5.2.2　Cramer の方法で 2 元連立 1 次方程式を解く

唐突かもしれないが, 2 元連立 1 次方程式の解き方を紹介する. なぜこの方法で解けるのかという理由は, あと回しにする. 九九を習ったときと同じように, 理屈よりも先に計算に慣れることから始める.

$$\begin{cases} a_{11}x_1 + a_{12}x_2 = b_1 \\ a_{21}x_1 + a_{22}x_2 = b_2 \end{cases}$$

手順 1　たて棒と分数のよこ線を書く.

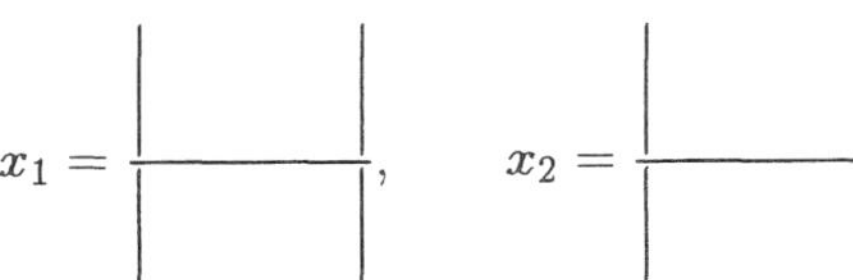

手順 2　分母に係数の値を記入する.

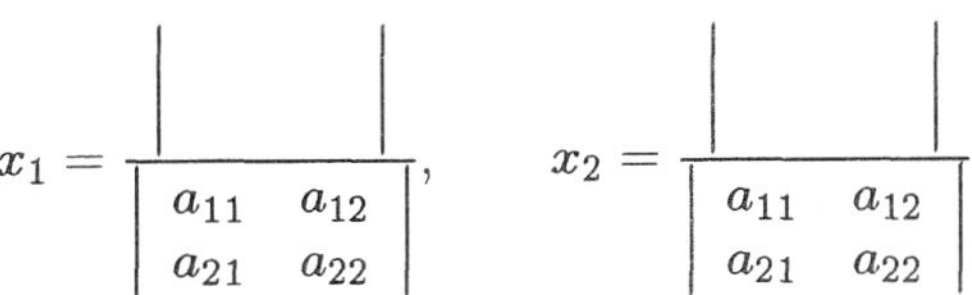

手順 3　分子に定数項の値と係数の値を記入する.

$$x_1 = \frac{\begin{vmatrix} \boxed{b_1} & a_{12} \\ \boxed{b_2} & a_{22} \end{vmatrix}}{\begin{vmatrix} \boxed{a_{11}} & a_{12} \\ \boxed{a_{21}} & a_{22} \end{vmatrix}}, \qquad x_2 = \frac{\begin{vmatrix} a_{11} & \boxed{b_1} \\ a_{21} & \boxed{b_2} \end{vmatrix}}{\begin{vmatrix} a_{11} & \boxed{a_{12}} \\ a_{21} & \boxed{a_{22}} \end{vmatrix}}$$

x_1 の分子：分母の中で x_1 の係数 $\boxed{\begin{matrix} a_{11} \\ a_{21} \end{matrix}}$ を定数項 $\boxed{\begin{matrix} b_1 \\ b_2 \end{matrix}}$ におきかえた形

x_2 の分子：分母の中で x_2 の係数 $\boxed{\begin{matrix} a_{12} \\ a_{22} \end{matrix}}$ を定数項 $\boxed{\begin{matrix} b_1 \\ b_2 \end{matrix}}$ におきかえた形

a_{11}：第 1 式の x_1 の係数
a_{12}：第 1 式の x_2 の係数
a_{21}：第 1 式の x_1 の係数
a_{22}：第 1 式の x_2 の係数
b_1：第 1 式の定数項
b_2：第 2 式の定数項
このように番号を付けると便利である.

読み方
例　a_{12} の添字
「いちに」
「じゅうに」ではない.

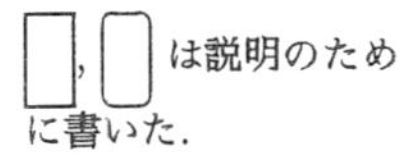
は説明のために書いた.

$ax = b$ の解
$x = \dfrac{b}{a}$
$\dfrac{定数項}{係数}$
の拡張版

問 5.2 で Cramer の方法を使って 2 元連立 1 次方程式を解いてみよう.

問 5.2 Cramer の方法で, つぎの 2 元連立 1 次方程式を解け.

(1) $\begin{cases} 3x_1 + 7x_2 = 6 \\ -5x_1 + 4x_2 = 2 \end{cases}$ (2) $\begin{cases} 3x_1 - 9x_2 = 5 \\ -2x_1 + 6x_2 = 7 \end{cases}$

(3) $\begin{cases} 1x_1 - 2x_2 = 2 \\ -1x_1 + 2x_2 = -2 \end{cases}$

x_2 の分母の値は x_1 の分母の値と同じなので, 計算し直さなくていい.

【解説】 (1)

$$x_1 = \frac{\begin{vmatrix} 6 & 7 \\ 2 & 4 \end{vmatrix}}{\begin{vmatrix} 3 & 7 \\ -5 & 4 \end{vmatrix}} = \frac{6 \times 4 - 7 \times 2}{3 \times 4 - 7 \times (-5)} = \frac{10}{47}$$

$$x_2 = \frac{\begin{vmatrix} 3 & 6 \\ -5 & 2 \end{vmatrix}}{\begin{vmatrix} 3 & 7 \\ -5 & 4 \end{vmatrix}} = \frac{3 \times 2 - 6 \times (-5)}{47} = \frac{36}{47}$$

解は一つ

(2)

$$x_1 = \frac{\begin{vmatrix} 5 & -9 \\ 7 & 6 \end{vmatrix}}{\begin{vmatrix} 3 & -9 \\ -2 & 6 \end{vmatrix}} = \frac{5 \times 6 - (-9) \times 7}{3 \times 6 - (-9) \times (-2)} = \frac{93}{0}$$

$$x_2 = \frac{\begin{vmatrix} 3 & 5 \\ -2 & 7 \end{vmatrix}}{\begin{vmatrix} 3 & -9 \\ -2 & 6 \end{vmatrix}} = \frac{3 \times 7 - 5 \times (-2)}{0} = \frac{31}{0}$$

不能 (解は存在しない)

(3)

$$x_1 = \frac{\begin{vmatrix} 2 & -2 \\ -2 & 2 \end{vmatrix}}{\begin{vmatrix} 1 & -2 \\ -1 & 2 \end{vmatrix}} = \frac{2 \times 2 - (-2) \times (-2)}{1 \times 2 - (-2) \times (-1)} = \frac{0}{0}$$

(3) $\frac{0}{0}$ について 5.1 節参照.

$$x_2 = \frac{\begin{vmatrix} 1 & 2 \\ -1 & -2 \end{vmatrix}}{\begin{vmatrix} 1 & -2 \\ -1 & 2 \end{vmatrix}} = \frac{1 \times (-2) - 2 \times (-1)}{0} = \frac{0}{0}$$

不定 (解は無数に存在する)

検算

$$3x_1 + 7x_2 = 3 \times \frac{10}{47} + 7 \times \frac{36}{47} = 6$$

$$-5x_1 + 4x_2 = -5 \times \frac{10}{47} + 4 \times \frac{36}{47} = 2$$

検算の習慣を身につけよう.

▶ よくある誤答例

$$\frac{|6 \times 4 - 7 \times 2|}{|3 \times 4 - 7 \times (-5)|}$$

のように, 分子・分母に絶対値記号を書いてはいけない.

$\begin{vmatrix} 6 & 7 \\ 2 & 4 \end{vmatrix}$ は絶対値ではない. | | は $6 \times 4 - 7 \times 2$ を求めることを表す記号である.

▶ **たねあかし：2 元連立 1 次方程式の解の特徴**

問　2 元連立 1 次方程式：

x_2 を消去して x_1 だけを含む式にする.

x_1 を消去して x_2 だけを含む式にする.

$$\begin{cases} 3\,x_1 + 2\,x_2 = 5 \\ -4\,x_1 + 7\,x_2 = 9 \end{cases}$$

の解は, 係数と定数項とで表せるか？

解　中学数学の方法で解いてみる.

$$\begin{array}{lrcrcl} \text{第1式}\times 7 & 3\times 7\ x_1 & + & 2\times 7\ x_2 & = & 5\times 7 \\ \text{第2式}\times 2 & 2\times(-4)\ x_1 & + & 2\times 7\ x_2 & = & 2\times 9 \quad (- \\ \hline & [3\times 7-2\times(-4)]\ x_1 & + & (2\times 7-2\times 7)\ x_2 & = & 5\times 7-2\times 9 \end{array}$$

$(2\times 7-2\times 7) = 0$

$$\begin{array}{lrcrcl} \text{第1式}\times(-4) & 3\times(-4)\ x_1 & + & 2\times(-4)\ x_2 & = & 5\times(-4) \\ \text{第2式}\times 3 & 3\times(-4)\ x_1 & + & 3\times 7\ x_2 & = & 3\times 9 \quad (- \\ \hline & [3\times(-4)-3\times(-4)]\ x_1 & + & [2\times(-4)-3\times 7]\ x_2 & = & 5\times(-4)-3\times 9 \end{array}$$

$[3\times(-4)-3\times(-4)] = 0$

$$x_1 = \frac{5\times 7-2\times 9}{3\times 7-2\times(-4)}, \quad x_2 = \frac{3\times 9-5\times(-4)}{3\times 7-2\times(-4)}$$

$$x_2 = \frac{5\times(-4)-3\times 9}{2\times(-4)-3\times 7} = \frac{-\{3\times 9-5\times(-4)\}}{-\{3\times 7-2\times(-4)\}} = \frac{3\times 9-5\times(-4)}{3\times 7-2\times(-4)}$$

を得る.

解の特徴　↘ で結んだ数の積から ↙ で結んだ数の積を引いた形

x_1 の分母 x_2 の分母	$\begin{matrix} 3 & 2 \\ -4 & 7 \end{matrix}$（たすきがけ）	すべての係数を並べた形
x_1 の分子	$\begin{matrix} 5 & 2 \\ 9 & 7 \end{matrix}$（たすきがけ）	分母の中で x_1 の係数 $\begin{bmatrix} 3 \\ -4 \end{bmatrix}$ を定数項 $\begin{bmatrix} 5 \\ 9 \end{bmatrix}$ におきかえた形
x_2 の分子	$\begin{matrix} 3 & 5 \\ -4 & 9 \end{matrix}$（たすきがけ）	分母の中で x_2 の係数 $\begin{bmatrix} 2 \\ 7 \end{bmatrix}$ を定数項 $\begin{bmatrix} 5 \\ 9 \end{bmatrix}$ におきかえた形

2 元連立 1 次方程式の解も**分母は係数を並べた形, 分子は定数項を含んだ形**である.

今後の方針　今度からは, 第 1 式 × ♠ − 第 2 式 × ♣ をつくらなくても解けるように, 解の形を上手に書き表したことなる.

ここで, ♠, ♣ は数を表す記号として使った.

【進んだ探究】解が不定とは

問 5.2 (3) の第 1 式に -1 を掛けると第 2 式になるから, 未知数は 2 個あるのに, 方程式は 1 個しかない. こういう場合, 解は 1 組ではない. 解の具体的な値は, どうなるのだろうか？

固有値問題 (例題 6.3) で, (3) のような連立方程式を解く.

$x_2 = t$ (t は任意の実数) とおくと, $x_1 = 2t + 2$ となる. 「任意」とは, 「どんな数でもいい」という意味である. t の値の選び方が無数にあるので, x_1 の値と x_2 の値との組が無数にある.

直線上のすべての点が解を表す. x_2 は, あらゆる値が取れる.

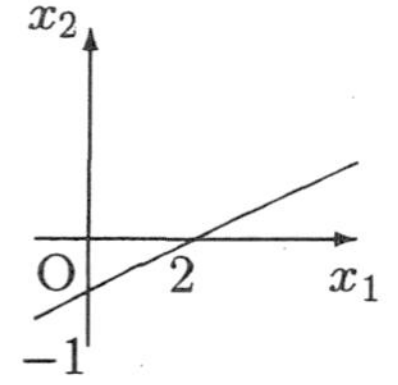

- $t = 2$ を選ぶと $x_1 = 6$, $x_2 = 2$ となる.

たしかに, $1x_1 - 2x_2 = 1 \times 6 - 2 \times 2 = 2$ である.

- $t = -5$ を選ぶと $x_1 = -8$, $x_2 = -5$ となる.

たしかに, $1x_1 - 2x_2 = 1 \times (-8) - 2 \times (-5) = 2$ である.

直線を引くとき, $x_2 = \cdots$ と変形するよりも, $x_1 = 0$ のときの点と $x_2 = 0$ のときの点とを結ぶ方が簡単である.

5.2.3　2 次の行列式から 3 次の行列式への拡張

3 次の行列式の定義

$$\begin{vmatrix} a & b & c \\ d & e & f \\ g & h & k \end{vmatrix} = +a\begin{vmatrix} e & f \\ h & k \end{vmatrix} - b\begin{vmatrix} d & f \\ g & k \end{vmatrix} + c\begin{vmatrix} d & e \\ g & h \end{vmatrix}$$

第 1 行で展開した形

【発想】

$+\ a$ （a を含む行・列を除く） $-\ b$ （b を含む行・列を除く）

$$\begin{vmatrix} a & b \\ c & d \end{vmatrix} = +\ a\ \boxed{d}\ -\ b\ \boxed{c}$$

2 次の行列式

↕ ↕ ↕ ↕ ↕ ↕

$$\begin{vmatrix} a & b & c \\ d & e & f \\ g & h & k \end{vmatrix} = +\ a\begin{vmatrix} e & f \\ h & k \end{vmatrix} -\ b\begin{vmatrix} d & f \\ g & k \end{vmatrix} +\ c\begin{vmatrix} d & e \\ g & h \end{vmatrix}$$

3 次の行列式

$+\ a$ （a を含む行・列を除く） $-\ b$ （b を含む行・列を除く） $+\ c$ （c を含む行・列を除く）

□ は説明のために書いた.

$\boxed{d}$ を $\begin{vmatrix} e & f \\ h & k \end{vmatrix}$ に，$\boxed{c}$ を $\begin{vmatrix} d & f \\ g & k \end{vmatrix}$ に拡張したと考えればいい．

行列式の計算のしくみを図解するとわかりやすい．

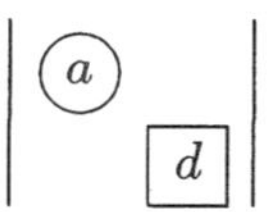

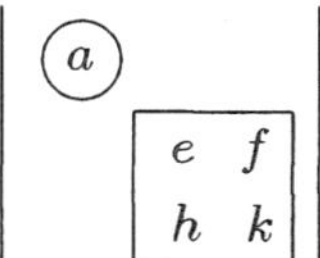

符号
＋－＋－…

別の見方

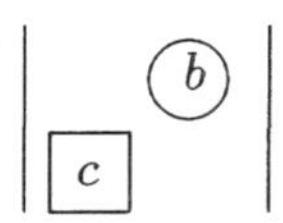

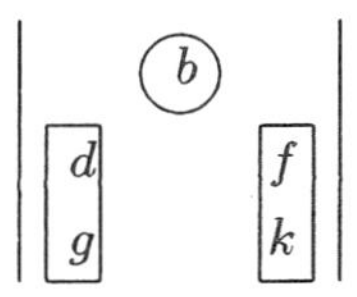

$$\begin{vmatrix} a & b & c \\ d & e & f \\ g & h & k \end{vmatrix} = +a\begin{vmatrix} e & f \\ h & k \end{vmatrix} - d\begin{vmatrix} b & c \\ h & k \end{vmatrix} + g\begin{vmatrix} b & c \\ e & f \end{vmatrix}$$

第１列で展開した形を考えても同じ値になる．

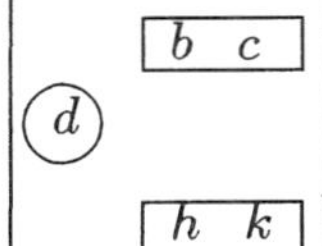

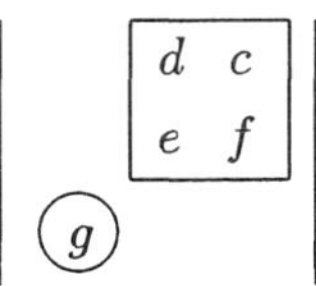

問 5.3　第１行で展開して計算した値と第１列で展開して計算した値とが一致することを確かめよ．

【解説】 **計算上の工夫**　積をデタラメに書き並べない．

積を**アルファベット順に並べる**と，第１行で展開した結果と第１列で展開して計算した結果とを比べやすい．

アルファベット順に整理する発想は，図書館の蔵書，名簿，ファイルなどの分類と同じである．頭のはたらかせ方は，日常生活で培える．

第 1 行で展開

$$+a\begin{vmatrix} e & f \\ h & k \end{vmatrix} - b\begin{vmatrix} d & f \\ g & k \end{vmatrix} + c\begin{vmatrix} d & e \\ g & h \end{vmatrix}$$
$$= a(ek - fh) - b(dk - fg) + c(dh - eg)$$
$$= \underbrace{aek - afh - bdk + bfg + cdh - ceg}_{\text{どの項もアルファベット順に並べる.}}$$

第 1 列で展開

$$+a\begin{vmatrix} e & f \\ h & k \end{vmatrix} - d\begin{vmatrix} b & c \\ h & k \end{vmatrix} + g\begin{vmatrix} b & c \\ e & f \end{vmatrix}$$
$$= a(ek - fh) - d(bk - ch) + g(bf - ce)$$
$$= \underbrace{aek - afh - bdk + bfg + cdh - ceg}_{\text{どの項もアルファベット順に並べる.}}$$

【発展】4 次, 5 次, ..., n 次の行列式

何次でも 3 次の場合と同じ発想を拡張するだけでいい.

$$\begin{vmatrix} a & b & c & d \\ e & f & g & h \\ i & j & k & l \\ m & n & o & p \end{vmatrix} = \overbrace{+a\begin{vmatrix} f & g & h \\ j & k & l \\ n & o & p \end{vmatrix} - b\begin{vmatrix} e & g & h \\ i & k & l \\ m & o & p \end{vmatrix} + c\begin{vmatrix} e & f & h \\ i & j & l \\ m & n & p \end{vmatrix} - d\begin{vmatrix} e & f & g \\ i & j & k \\ m & n & o \end{vmatrix}}^{\text{第 1 行で展開した形}}$$

3 次の行列式の定義にしたがって, それぞれの 3 次の行列式の値を求める

▶ 第 1 列で展開してもいい.

5.2.4 Cramer の方法で 3 元連立 1 次方程式を解く

$$\begin{cases} a_{11}x_1 + a_{12}x_2 + a_{13}x_3 = b_1 \\ a_{21}x_1 + a_{22}x_2 + a_{23}x_3 = b_2 \\ a_{31}x_1 + a_{32}x_2 + a_{33}x_3 = b_3 \end{cases}$$

手順 1 たて棒と分数のよこ線を書く. たて棒は, 行列式を表す記号である.

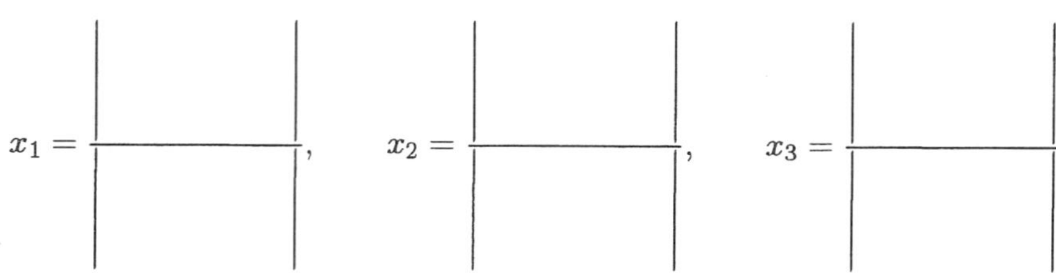

手順 2　分母に係数の値を記入する．

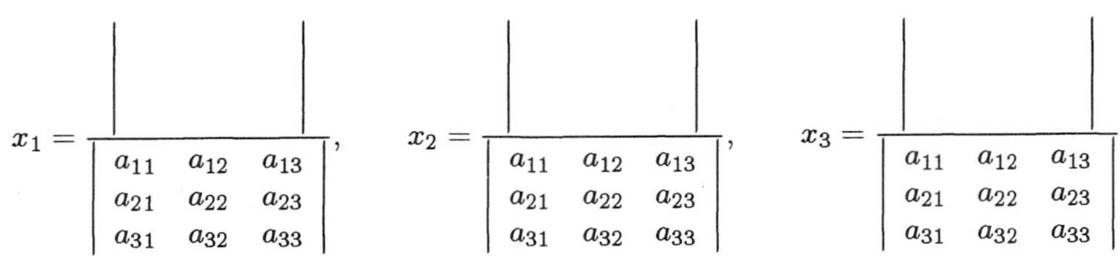

$$x_1=\frac{\begin{vmatrix} & & \\ & & \\ & & \end{vmatrix}}{\begin{vmatrix} a_{11} & a_{12} & a_{13} \\ a_{21} & a_{22} & a_{23} \\ a_{31} & a_{32} & a_{33} \end{vmatrix}},\quad x_2=\frac{\begin{vmatrix} & & \\ & & \\ & & \end{vmatrix}}{\begin{vmatrix} a_{11} & a_{12} & a_{13} \\ a_{21} & a_{22} & a_{23} \\ a_{31} & a_{32} & a_{33} \end{vmatrix}},\quad x_3=\frac{\begin{vmatrix} & & \\ & & \\ & & \end{vmatrix}}{\begin{vmatrix} a_{11} & a_{12} & a_{13} \\ a_{21} & a_{22} & a_{23} \\ a_{31} & a_{32} & a_{33} \end{vmatrix}}$$

手順 3　分子に定数項の値と係数の値を記入する．

$$x_1=\frac{\begin{vmatrix} b_1 & a_{12} & a_{13} \\ b_2 & a_{22} & a_{23} \\ b_3 & a_{32} & a_{33} \end{vmatrix}}{\begin{vmatrix} a_{11} & a_{12} & a_{13} \\ a_{21} & a_{22} & a_{23} \\ a_{31} & a_{32} & a_{33} \end{vmatrix}},\quad x_2=\frac{\begin{vmatrix} a_{11} & b_1 & a_{13} \\ a_{21} & b_2 & a_{23} \\ a_{31} & b_3 & a_{33} \end{vmatrix}}{\begin{vmatrix} a_{11} & a_{12} & a_{13} \\ a_{21} & a_{22} & a_{23} \\ a_{31} & a_{32} & a_{33} \end{vmatrix}},\quad x_3=\frac{\begin{vmatrix} a_{11} & a_{12} & b_1 \\ a_{21} & a_{22} & b_2 \\ a_{31} & a_{32} & b_3 \end{vmatrix}}{\begin{vmatrix} a_{11} & a_{12} & a_{13} \\ a_{21} & a_{22} & a_{23} \\ a_{31} & a_{32} & a_{33} \end{vmatrix}}$$

x_1 の分子：分母の中で x_1 の係数 $\boxed{\begin{matrix} a_{11} \\ a_{21} \\ a_{31} \end{matrix}}$ を定数項 $\boxed{\begin{matrix} b_1 \\ b_2 \\ b_3 \end{matrix}}$ におきかえた形

x_2 の分子：分母の中で x_2 の係数 $\boxed{\begin{matrix} a_{12} \\ a_{22} \\ a_{32} \end{matrix}}$ を定数項 $\boxed{\begin{matrix} b_1 \\ b_2 \\ b_3 \end{matrix}}$ におきかえた形

x_3 の分子：分母の中で x_3 の係数 $\boxed{\begin{matrix} a_{13} \\ a_{23} \\ a_{33} \end{matrix}}$ を定数項 $\boxed{\begin{matrix} b_1 \\ b_2 \\ b_3 \end{matrix}}$ におきかえた形

▶ 未知数の個数が増えても突然変異しないで系統的に進化する

$\dfrac{\text{定数項}}{\text{係数}}$

$$\boxed{a}\,x = \boxed{b} \qquad \begin{cases} \boxed{a_{11}}\,x_1 + a_{12}\,x_2 = \boxed{b_1} \\ \boxed{a_{21}}\,x_1 + a_{22}\,x_2 = \boxed{b_2} \end{cases} \qquad \begin{cases} \boxed{a_{11}}\,x_1 + a_{12}\,x_2 + a_{13}\,x_3 = \boxed{b_1} \\ \boxed{a_{21}}\,x_1 + a_{22}\,x_2 + a_{23}\,x_3 = \boxed{b_2} \\ \boxed{a_{31}}\,x_1 + a_{32}\,x_2 + a_{33}\,x_3 = \boxed{b_3} \end{cases}$$

$$x = \frac{\boxed{b}}{\boxed{a}} \qquad x_1 = \frac{\begin{vmatrix} b_1 & a_{12} \\ b_2 & a_{22} \end{vmatrix}}{\begin{vmatrix} a_{11} & a_{12} \\ a_{21} & a_{22} \end{vmatrix}} \qquad x_1 = \frac{\begin{vmatrix} b_1 & a_{12} & a_{13} \\ b_2 & a_{22} & a_{23} \\ b_3 & a_{32} & a_{33} \end{vmatrix}}{\begin{vmatrix} a_{11} & a_{12} & a_{13} \\ a_{21} & a_{22} & a_{23} \\ a_{31} & a_{32} & a_{33} \end{vmatrix}}$$

問 5.4 で Cramer の方法を使って 3 元連立 1 次方程式を解いてみよう.

問 5.4 Cramer の方法で, つぎの 3 元連立 1 次方程式を解け.

(1) $\begin{cases} 3x_1 + 7x_2 + 2x_3 = 6 \\ -5x_1 + 4x_2 - 3x_3 = 2 \\ 6x_1 + 5x_2 - 2x_3 = 4 \end{cases}$ (2) $\begin{cases} 1x_1 + 2x_2 + 3x_3 = 4 \\ 2x_1 + 3x_2 + 1x_3 = 2 \\ 3x_1 + 5x_2 + 4x_3 = 7 \end{cases}$

(3) $\begin{cases} 1x_1 + 2x_2 + 3x_3 = 4 \\ 2x_1 + 3x_2 + 1x_3 = 2 \\ 3x_1 + 5x_2 + 4x_3 = 6 \end{cases}$

【解説】 (1)

$$x_1 = \frac{\begin{vmatrix} 6 & 7 & 2 \\ 2 & 4 & -3 \\ 4 & 5 & -2 \end{vmatrix}}{\begin{vmatrix} 3 & 7 & 2 \\ -5 & 4 & -3 \\ 6 & 5 & -2 \end{vmatrix}} \qquad x_2 = \frac{\begin{vmatrix} 3 & 6 & 2 \\ -5 & 2 & -3 \\ 6 & 4 & -2 \end{vmatrix}}{\begin{vmatrix} 3 & 7 & 2 \\ -5 & 4 & -3 \\ 6 & 5 & -2 \end{vmatrix}} \qquad x_3 = \frac{\begin{vmatrix} 3 & 7 & 6 \\ -5 & 4 & 2 \\ 6 & 5 & 4 \end{vmatrix}}{\begin{vmatrix} 3 & 7 & 2 \\ -5 & 4 & -3 \\ 6 & 5 & -2 \end{vmatrix}}$$

$$分母 = 3 \times \begin{vmatrix} 4 & -3 \\ 5 & -2 \end{vmatrix} - 7 \times \begin{vmatrix} -5 & -3 \\ 6 & -2 \end{vmatrix} + 2 \times \begin{vmatrix} -5 & 4 \\ 6 & 5 \end{vmatrix} = -273$$

解は一つ

3 次の行列式の定義にしたがって計算する．

$$x_1の分子 = 6 \times \begin{vmatrix} 4 & -3 \\ 5 & -2 \end{vmatrix} - 7 \times \begin{vmatrix} 2 & -3 \\ 4 & -2 \end{vmatrix} + 2 \times \begin{vmatrix} 2 & 4 \\ 4 & 5 \end{vmatrix} = -26 \qquad x_1 = \frac{26}{273}$$

分母の値は x_1, x_2, x_3 のどれでも同じである．

$$x_2の分子 = 3 \times \begin{vmatrix} 2 & -3 \\ 4 & -2 \end{vmatrix} - 6 \times \begin{vmatrix} -5 & -3 \\ 6 & -2 \end{vmatrix} + 2 \times \begin{vmatrix} -5 & 2 \\ 6 & 4 \end{vmatrix} = -208 \qquad x_2 = \frac{208}{273}$$

$$x_3の分子 = 3 \times \begin{vmatrix} 4 & 2 \\ 5 & 4 \end{vmatrix} - 7 \times \begin{vmatrix} -5 & 2 \\ 6 & 4 \end{vmatrix} + 6 \times \begin{vmatrix} -5 & 4 \\ 6 & 5 \end{vmatrix} = -52 \qquad x_3 = \frac{52}{273}$$

検算　解をもとの方程式に代入して，左辺と右辺とで値が一致することを確かめる．

(2)

$$x_1 = \frac{\begin{vmatrix} 4 & 2 & 3 \\ 2 & 3 & 1 \\ 7 & 5 & 4 \end{vmatrix}}{\begin{vmatrix} 1 & 2 & 3 \\ 2 & 3 & 1 \\ 3 & 5 & 4 \end{vmatrix}} \qquad x_2 = \frac{\begin{vmatrix} 1 & 4 & 3 \\ 2 & 2 & 1 \\ 3 & 7 & 4 \end{vmatrix}}{\begin{vmatrix} 1 & 2 & 3 \\ 2 & 3 & 1 \\ 3 & 5 & 4 \end{vmatrix}} \qquad x_3 = \frac{\begin{vmatrix} 1 & 2 & 4 \\ 2 & 3 & 2 \\ 3 & 5 & 7 \end{vmatrix}}{\begin{vmatrix} 1 & 2 & 3 \\ 2 & 3 & 1 \\ 3 & 5 & 4 \end{vmatrix}}$$

$$分母 = 1 \times \begin{vmatrix} 3 & 1 \\ 5 & 4 \end{vmatrix} - 2 \times \begin{vmatrix} 2 & 1 \\ 3 & 4 \end{vmatrix} + 3 \times \begin{vmatrix} 2 & 3 \\ 3 & 5 \end{vmatrix} = 0$$

不能 (解は存在しない)

$$x_1の分子 = 4 \times \begin{vmatrix} 3 & 1 \\ 5 & 4 \end{vmatrix} - 2 \times \begin{vmatrix} 2 & 1 \\ 7 & 4 \end{vmatrix} + 3 \times \begin{vmatrix} 2 & 3 \\ 7 & 5 \end{vmatrix} = -7 \qquad x_1 = \frac{-7}{0}$$

5.1 節参照．

$$x_2の分子 = 1 \times \begin{vmatrix} 2 & 1 \\ 7 & 4 \end{vmatrix} - 4 \times \begin{vmatrix} 2 & 1 \\ 3 & 4 \end{vmatrix} + 3 \times \begin{vmatrix} 2 & 2 \\ 3 & 7 \end{vmatrix} = 5 \qquad x_2 = \frac{5}{0}$$

$$x_3の分子 = 1 \times \begin{vmatrix} 3 & 2 \\ 5 & 7 \end{vmatrix} - 2 \times \begin{vmatrix} 2 & 2 \\ 3 & 7 \end{vmatrix} + 4 \times \begin{vmatrix} 2 & 3 \\ 3 & 5 \end{vmatrix} = -1 \qquad x_3 = \frac{-1}{0}$$

(3)

$$x_1 = \frac{\begin{vmatrix} 4 & 2 & 3 \\ 2 & 3 & 1 \\ 6 & 5 & 4 \end{vmatrix}}{\begin{vmatrix} 1 & 2 & 3 \\ 2 & 3 & 1 \\ 3 & 5 & 4 \end{vmatrix}} \qquad x_2 = \frac{\begin{vmatrix} 1 & 4 & 3 \\ 2 & 2 & 1 \\ 3 & 6 & 4 \end{vmatrix}}{\begin{vmatrix} 1 & 2 & 3 \\ 2 & 3 & 1 \\ 3 & 5 & 4 \end{vmatrix}} \qquad x_3 = \frac{\begin{vmatrix} 1 & 2 & 4 \\ 2 & 3 & 2 \\ 3 & 5 & 6 \end{vmatrix}}{\begin{vmatrix} 1 & 2 & 3 \\ 2 & 3 & 1 \\ 3 & 5 & 4 \end{vmatrix}}$$

5.1 節参照.

$$分母 = 1 \times \begin{vmatrix} 3 & 1 \\ 5 & 4 \end{vmatrix} - 2 \times \begin{vmatrix} 2 & 1 \\ 3 & 4 \end{vmatrix} + 3 \times \begin{vmatrix} 2 & 3 \\ 3 & 5 \end{vmatrix} = 0$$

不定 (解は無数に存在する)

$$x_1 の分子 = 4 \times \begin{vmatrix} 3 & 1 \\ 5 & 4 \end{vmatrix} - 2 \times \begin{vmatrix} 2 & 1 \\ 6 & 4 \end{vmatrix} + 3 \times \begin{vmatrix} 2 & 3 \\ 6 & 5 \end{vmatrix} = 0 \qquad x_1 = \frac{0}{0}$$

$$x_2 の分子 = 1 \times \begin{vmatrix} 2 & 1 \\ 6 & 4 \end{vmatrix} - 4 \times \begin{vmatrix} 2 & 1 \\ 3 & 4 \end{vmatrix} + 3 \times \begin{vmatrix} 2 & 2 \\ 3 & 6 \end{vmatrix} = 0 \qquad x_2 = \frac{0}{0}$$

$$x_3 の分子 = 1 \times \begin{vmatrix} 3 & 2 \\ 5 & 6 \end{vmatrix} - 2 \times \begin{vmatrix} 2 & 2 \\ 3 & 6 \end{vmatrix} + 4 \times \begin{vmatrix} 2 & 3 \\ 3 & 5 \end{vmatrix} = 0 \qquad x_3 = \frac{0}{0}$$

【進んだ探究】解が不定とは

問 5.4 (3) で 第 1 式 + 第 2 式 をつくると第 3 式になるから, 未知数は 3 個あるのに方程式が 2 個しかないのと同じである. こういう場合, 解は 1 組ではない. 解の具体的な値は, どうなるのだろうか？

3 個の方程式のうち 2 個を選び, $x_3 = t$ (t は任意の実数) とおいて, 2 元連立 1 次方程式を解くと, $x_1 = 7t - 8$, $x_2 = -5t + 6$ となる. 「任意」とは「どんな数でもいい」という意味である. t の値の選び方が無数にあるので, x_1, x_2, x_3 の値の組が無数にある (**例**　$t = 2$ を選ぶと $x_1 = 6$, $x_2 = -4$, $x_3 = 2$ となる).

$$\begin{cases} 1x_1 + 2x_2 = -3t + 4 \\ 2x_1 + 3x_2 = -1t + 2 \end{cases}, \quad \begin{cases} 1x_1 + 2x_2 = -3t + 4 \\ 3x_1 + 5x_2 = -4t + 6 \end{cases}, \quad \begin{cases} 2x_1 + 3x_2 = -1t + 2 \\ 3x_1 + 5x_2 = -4t + 6 \end{cases}$$

のどれを解いてもいい. **未知数が 3 個あるのに方程式が 1 個しかない場合, 2 個の未知数を任意の実数 s, t とおく.**

「方程式が 2 個しかないのと同じ」とは？

第 1 式 + 第 2 式 = 第 3 式 だから, 第 1 式と第 2 式とだけを組んで解けば, 求まった解は第 3 式もみたす.

第 3 式 − 第 1 式 = 第 2 式 だから, 第 1 式と第 3 式とだけを組んで解けば, 求まった解は第 2 式もみたす.

第 3 式 − 第 2 式 = 第 1 式 だから, 第 2 式と第 3 式とだけを組んで解けば, 求まった解は第 1 式もみたす.

行列式の性質

問 5.3 のように, 3 次の行列式の値を求める計算は手間がかかる. もっと簡単に計算できないだろうか？ 本節では, 行列式の性質を調べてみる. その性質を上手に活用すると, 行列式の値が簡単に求まる場合がある. ただし, ここで紹介する性質を活用しなくてもいい. 行列式の定義にしたがって, 行列式の値を求めることができれば十分である.

性質 1 の理由は, 問 5.5 の数値例で理解する.
文字式でも確かめる.

性質 1
$$\begin{vmatrix} a & b & c \\ d+d' & e+e' & f+f' \\ g & h & k \end{vmatrix} = \begin{vmatrix} a & b & c \\ d & e & f \\ g & h & k \end{vmatrix} + \begin{vmatrix} a & b & c \\ d' & e' & f' \\ g & h & k \end{vmatrix}$$

この性質は, 第 1 行, 第 3 行でも同じように成り立つ.

問 5.5　(1) 3 次の行列式の定義にしたがって $\begin{vmatrix} 2 & 1 & 2 \\ 2 & -5 & 4 \\ 8 & -2 & 7 \end{vmatrix}$ の値を求めよ.

(2) 性質 1 が成り立つことを確かめよ.

(2) 性質 1 が第 1 行について成り立つと考えて計算する.

【解説】 (1)

$$\begin{vmatrix} 2 & 1 & 2 \\ 2 & -5 & 4 \\ 8 & -2 & 7 \end{vmatrix} = 2 \times \begin{vmatrix} -5 & 4 \\ -2 & 7 \end{vmatrix} - 1 \times \begin{vmatrix} 2 & 4 \\ 8 & 7 \end{vmatrix} + 2 \times \begin{vmatrix} 2 & -5 \\ 8 & -2 \end{vmatrix}$$
$$= 2 \times [(-5) \times 7 - 4 \times (-2)] - 1 \times (2 \times 7 - 4 \times 8) + 2 \times [2 \times (-2) - (-5) \times 8]$$
$$= 36$$

(2)

第 1 行
$2 = 1 + 1$
$1 = 1 + 0$
$2 = 1 + 1$

第 1 行が 1 だから, 展開するとき掛算の回数が減り簡単になる.

$$\begin{vmatrix} 2 & 1 & 2 \\ 2 & -5 & 4 \\ 8 & -2 & 7 \end{vmatrix} = \begin{vmatrix} 1+1 & 1+0 & 1+1 \\ 2 & -5 & 4 \\ 8 & -2 & 7 \end{vmatrix}$$
$$= \begin{vmatrix} 1 & 1 & 1 \\ 2 & -5 & 4 \\ 8 & -2 & 7 \end{vmatrix} + \begin{vmatrix} 1 & 0 & 1 \\ 2 & -5 & 4 \\ 8 & -2 & 7 \end{vmatrix}$$
$$= \left\{ \begin{vmatrix} -5 & 4 \\ -2 & 7 \end{vmatrix} - \begin{vmatrix} 2 & 4 \\ 8 & 7 \end{vmatrix} + \begin{vmatrix} 2 & -5 \\ 8 & -2 \end{vmatrix} \right\} + \left\{ \begin{vmatrix} -5 & 4 \\ -2 & 7 \end{vmatrix} + \begin{vmatrix} 2 & -5 \\ 8 & -2 \end{vmatrix} \right\}$$

$$= 2 \times \begin{vmatrix} -5 & 4 \\ -2 & 7 \end{vmatrix} - 1 \times \begin{vmatrix} 2 & 4 \\ 8 & 7 \end{vmatrix} + 2 \times \begin{vmatrix} 2 & -5 \\ 8 & -2 \end{vmatrix}$$

性質 2

$$\begin{vmatrix} a & bs & c \\ d & es & f \\ g & hs & k \end{vmatrix} = \begin{vmatrix} a & b & c \\ d & e & f \\ g & h & k \end{vmatrix} s \qquad \begin{vmatrix} a & b & c \\ ds & es & fs \\ g & h & k \end{vmatrix} = \begin{vmatrix} a & b & c \\ d & e & f \\ g & h & k \end{vmatrix} s$$

$(s \neq 0)$

性質 2 の理由は，問 5.6 の数値例で理解する．
文字式でも確かめる．

この性質は，第 1 列，第 3 列，第 1 行，第 3 行でも同じように成り立つ．

問 5.6 (1) 3 次の行列式の定義にしたがって $\begin{vmatrix} 2 & 2 & 2 \\ 2 & -8 & 4 \\ 8 & -2 & 2 \end{vmatrix}$ の値を求めよ．

(2) 性質 2 が成り立つことを確かめよ．

【解説】 (1)

$$\begin{vmatrix} 2 & 2 & 2 \\ 2 & -8 & 4 \\ 8 & -2 & 2 \end{vmatrix} = 2 \times \begin{vmatrix} -8 & 4 \\ -2 & 2 \end{vmatrix} - 2 \times \begin{vmatrix} 2 & 4 \\ 8 & 2 \end{vmatrix} + 2 \times \begin{vmatrix} 2 & -8 \\ 8 & -2 \end{vmatrix}$$

$$= 2 \times [(-8) \times 2 - 4 \times (-2)] - 2 \times (2 \times 2 - 4 \times 8) + 2 \times [2 \times (-2) - (-8) \times 8]$$

$$= 160$$

(2) 2 で割り切れる数に着目する．

$$\begin{vmatrix} 2 & 2 & 2 \\ 2 & -8 & 4 \\ 8 & -2 & 2 \end{vmatrix} = \begin{vmatrix} 1 & 1 & 1 \\ 2 & -8 & 4 \\ 8 & -2 & 2 \end{vmatrix} \times 2 \qquad \text{第 1 行に着目}$$

$$= \begin{vmatrix} 1 & 1 & 1 \\ 1 & -4 & 2 \\ 8 & -2 & 2 \end{vmatrix} \times 2 \times 2 \qquad \text{第 2 行に着目}$$

$$= \begin{vmatrix} 1 & 1 & 1 \\ 1 & -4 & 2 \\ 4 & -1 & 1 \end{vmatrix} \times 2 \times 2 \times 2 \qquad \text{第 3 行に着目}$$

$$= \left\{ 1 \begin{vmatrix} -4 & 2 \\ -1 & 1 \end{vmatrix} - 1 \times \begin{vmatrix} 1 & 2 \\ 4 & 1 \end{vmatrix} + 1 \times \begin{vmatrix} 1 & -4 \\ 4 & -1 \end{vmatrix} \right\} \times 8$$

1 をたくさんつくると計算しやすい.

$$= [(-4) \times 1 - 2 \times (-1) - (1 \times 1 - 2 \times 4) + 1 \times (-1) - (-4) \times 4] \times 8$$
$$= 160$$

慣れたら, 行ごとに 2 でくくらないで一度に 8 でくくることができる.

性質 3

$$\begin{vmatrix} a & b & c \\ d & e & f \\ g & h & k \end{vmatrix} = - \begin{vmatrix} a & b & c \\ g & h & k \\ d & e & f \end{vmatrix}$$

性質 3 の理由は, 問 5.7 の数値例で理解する.
文字式でも確かめる.

第 2 行と第 3 行との入れ換えの代りに, 第 1 列と第 2 列との入れ換え, 第 1 列と第 3 列との入れ換え, 第 2 列と第 3 列との入れ換え, 第 1 行と第 2 行との入れ換え, 第 1 行と第 3 行との入れ換えでも事情は同じである.

問 5.7　問 5.5 の行列式について, 性質 3 を確かめよ.

【解説】

第 2 行と第 3 行との入れ換え

$$\begin{vmatrix} 2 & 1 & 2 \\ 8 & -2 & 7 \\ 2 & -5 & 4 \end{vmatrix} = 2 \times \begin{vmatrix} -2 & 7 \\ -5 & 4 \end{vmatrix} - 1 \times \begin{vmatrix} 8 & 7 \\ 2 & 4 \end{vmatrix} + 2 \times \begin{vmatrix} 8 & -2 \\ 2 & -5 \end{vmatrix}$$
$$= 2 \times [(-2) \times 4 - 7 \times (-5)] - 1 \times (8 \times 4 - 7 \times 2)$$
$$+2 \times [8 \times (-5) - (-2) \times 2]$$
$$= -36$$
$$= - \begin{vmatrix} 2 & 1 & 2 \\ 2 & -5 & 4 \\ 8 & -2 & 7 \end{vmatrix}$$

性質 3′　二つの列 (または行) が一致しているマトリックスの行列式関数の値は 0 である.

つぎの例のように考えれば, 性質 3 から性質 3′ を理解することができる.

$$\begin{vmatrix} 2&3&4\\ 2&3&4\\ 5&6&7 \end{vmatrix} = -\begin{vmatrix} 2&3&4\\ 2&3&4\\ 5&6&7 \end{vmatrix} \qquad \begin{vmatrix} 2&3&4\\ 2&3&4\\ 5&6&7 \end{vmatrix} + \begin{vmatrix} 2&3&4\\ 2&3&4\\ 5&6&7 \end{vmatrix} = 0 \qquad \begin{vmatrix} 2&3&4\\ 2&3&4\\ 5&6&7 \end{vmatrix} = 0$$

第 1 行と第 2 行との入れ換え　　右辺を左辺に移項　　同じ値どうしを足すと 0 だから，それぞれの値は 0

性質 4 $\begin{vmatrix} a&b&c\\ d&e&f\\ g&h&k \end{vmatrix} = \begin{vmatrix} a&b&c\\ d+as&e+bs&f+cs\\ g&h&k \end{vmatrix}$

性質 4 の理由は，問 5.8 の数値例で理解する．
文字式でも確かめる．

第 2 行 + 第 1 行 × s に限らず，第 1 行 + 第 2 行 × s，第 1 行 + 第 3 行 × s，第 2 行 + 第 3 行 × s，第 3 行 + 第 1 行 × s，第 3 行 + 第 2 行 × s，第 1 列 + 第 2 列 × s，第 1 列 + 第 3 列 × s，第 2 列 + 第 1 列 × s，第 2 列 + 第 3 列 × s，第 3 列 + 第 1 列 × s，第 3 列 + 第 2 列 × s でも事情は同じである．

問 5.8 (1) 3 次の行列式の定義にしたがって $\begin{vmatrix} 1&2&3\\ 2&3&1\\ 4&7&7 \end{vmatrix}$ の値を求めよ．

(2) 性質 4 が成り立つことを確かめよ．

【解説】 (1)

$$\begin{aligned} \begin{vmatrix} 1&2&3\\ 2&3&1\\ 4&7&7 \end{vmatrix} &= 1\times\begin{vmatrix} 3&1\\ 7&7 \end{vmatrix} - 2\times\begin{vmatrix} 2&1\\ 4&7 \end{vmatrix} + 3\times\begin{vmatrix} 2&3\\ 4&7 \end{vmatrix} \\ &= 1\times(3\times7-1\times7) - 2\times(2\times7-1\times4) + 3\times(2\times7-3\times4) \\ &= 0 \end{aligned}$$

(2)

$$\begin{vmatrix} 1&2&3\\ 2&3&1\\ 4&7&7 \end{vmatrix} = \begin{vmatrix} 1&2&3\\ 2+1\times2&3+2\times2&1+3\times2\\ 4&7&7 \end{vmatrix}$$

第 2 行
+ 第 1 行 × 2

$$= \begin{vmatrix} 1 & 2 & 3 \\ 4 & 7 & 7 \\ 4 & 7 & 7 \end{vmatrix}$$

$$\overset{\text{性質 }3'}{=} 0$$

第2行と第3行とが一致するから性質 3′ があてはまる．

問 5.9　行列式の性質を使って，問 5.4 (2), (3) を解け．

$$(2) \begin{cases} 1x_1 + 2x_2 + 3x_3 = 4 \\ 2x_1 + 3x_2 + 1x_3 = 2 \\ 3x_1 + 5x_2 + 4x_3 = 7 \end{cases} \qquad (3) \begin{cases} 1x_1 + 2x_2 + 3x_3 = 4 \\ 2x_1 + 3x_2 + 1x_3 = 2 \\ 3x_1 + 5x_2 + 4x_3 = 6 \end{cases}$$

【解説】 (2)

$$x_1 = \frac{\begin{vmatrix} 4 & 2 & 3 \\ 2 & 3 & 1 \\ 7 & 5 & 4 \end{vmatrix}}{\begin{vmatrix} 1 & 2 & 3 \\ 2 & 3 & 1 \\ 3 & 5 & 4 \end{vmatrix}} \qquad x_2 = \frac{\begin{vmatrix} 1 & 4 & 3 \\ 2 & 2 & 1 \\ 3 & 7 & 4 \end{vmatrix}}{\begin{vmatrix} 1 & 2 & 3 \\ 2 & 3 & 1 \\ 3 & 5 & 4 \end{vmatrix}} \qquad x_3 = \frac{\begin{vmatrix} 1 & 2 & 4 \\ 2 & 3 & 2 \\ 3 & 5 & 7 \end{vmatrix}}{\begin{vmatrix} 1 & 2 & 3 \\ 2 & 3 & 1 \\ 3 & 5 & 4 \end{vmatrix}}$$

$$\text{分母} \overset{\text{性質 }4}{=} \begin{vmatrix} 1 & 2 & 3 \\ 2 & 3 & 1 \\ 1 & 2 & 3 \end{vmatrix} \qquad \text{第3行} - \text{第2行} \times 1$$

$$\overset{\text{性質 }3'}{=} 0$$

不能 (解は存在しない)

$$x_1\text{の分子} \overset{\text{性質 }4}{=} \begin{vmatrix} 0 & -4 & 1 \\ 2 & 3 & 1 \\ 7 & 5 & 4 \end{vmatrix} \qquad \text{第1行} - \text{第2行} \times 2$$

$$\overset{\text{性質 }4}{=} \begin{vmatrix} 0 & 0 & 1 \\ 2 & 7 & 1 \\ 7 & 21 & 4 \end{vmatrix} \qquad \text{第2列} + \text{第3列} \times 4$$

$$= \begin{vmatrix} 2 & 7 \\ 7 & 21 \end{vmatrix}$$

$$= 2 \times 21 - 7 \times 7$$

$$= -7$$

第1行で展開するとき，0 に掛ける2次の行列式は計算しなくていいから計算が簡単になる．このようにするために，第1行に 0 を多くつくる．

$$x_1 = \frac{-7}{0}$$

$$x_2\text{の分子} \overset{\text{性質 4}}{=} \begin{vmatrix} 1 & 0 & 3 \\ 2 & -6 & 1 \\ 3 & -5 & 4 \end{vmatrix} \quad \text{第 2 列} - \text{第 1 列} \times 4$$

$$\overset{\text{性質 4}}{=} \begin{vmatrix} 1 & 0 & 0 \\ 2 & -6 & -5 \\ 3 & -5 & -5 \end{vmatrix} \quad \text{第 3 列} - \text{第 1 列} \times 3$$

$$= \begin{vmatrix} -6 & -5 \\ -5 & -5 \end{vmatrix}$$

第 1 行で展開するとき，0 に掛ける 2 次の行列式は計算しなくていいから計算が簡単になる．このようにするために，第 1 行に 0 を多くつくる．

$$= (-6) \times (-5) - (-5) \times (-5)$$

$$= 5$$

$$x_2 = \frac{5}{0}$$

$$x_3\text{の分子} \overset{\text{性質 4}}{=} \begin{vmatrix} 1 & 0 & 4 \\ 2 & -1 & 2 \\ 3 & -1 & 7 \end{vmatrix} \quad \text{第 2 列} - \text{第 1 列} \times 2$$

$$\overset{\text{性質 4}}{=} \begin{vmatrix} 1 & 0 & 0 \\ 2 & -1 & -6 \\ 3 & -1 & -5 \end{vmatrix} \quad \text{第 3 列} - \text{第 1 列} \times 4$$

$$= \begin{vmatrix} -1 & -6 \\ -1 & -5 \end{vmatrix}$$

第 1 行で展開するとき，0 に掛ける 2 次の行列式は計算しなくていいから計算が簡単になる．このようにするために，第 1 行に 0 を多くつくる．

$$= (-1) \times (-5) - (-6) \times (-1)$$

$$= -1$$

$$x_3 = \frac{-1}{0}$$

(3)

$$x_1 = \frac{\begin{vmatrix} 4 & 2 & 3 \\ 2 & 3 & 1 \\ 6 & 5 & 4 \end{vmatrix}}{\begin{vmatrix} 1 & 2 & 3 \\ 2 & 3 & 1 \\ 3 & 5 & 4 \end{vmatrix}} \qquad x_2 = \frac{\begin{vmatrix} 1 & 4 & 3 \\ 2 & 2 & 1 \\ 3 & 6 & 4 \end{vmatrix}}{\begin{vmatrix} 1 & 2 & 3 \\ 2 & 3 & 1 \\ 3 & 5 & 4 \end{vmatrix}} \qquad x_3 = \frac{\begin{vmatrix} 1 & 2 & 4 \\ 2 & 3 & 2 \\ 3 & 5 & 6 \end{vmatrix}}{\begin{vmatrix} 1 & 2 & 3 \\ 2 & 3 & 1 \\ 3 & 5 & 4 \end{vmatrix}}$$

$$\text{分母} \overset{\text{性質 4}}{=} \begin{vmatrix} 1 & 2 & 3 \\ 2 & 3 & 1 \\ 2 & 3 & 1 \end{vmatrix} \quad \text{第 3 行} - \text{第 1 行} \times 1$$

$$\overset{\text{性質 3}'}{=} 0$$

不定 (解は無数に存在する)

$$x_1\text{の分子} \overset{\text{性質 4}}{=} \begin{vmatrix} 4 & 2 & 3 \\ 2 & 3 & 1 \\ 2 & 3 & 1 \end{vmatrix} \quad \text{第 3 行} - \text{第 1 行} \times 1 \qquad x_1 = \frac{0}{0}$$

$$\overset{\text{性質 3}'}{=} 0$$

$$x_2\text{の分子} \overset{\text{性質 4}}{=} \begin{vmatrix} 1 & 4 & 3 \\ 2 & 2 & 1 \\ 2 & 2 & 1 \end{vmatrix} \quad \text{第 3 行} - \text{第 1 行} \times 1 \qquad x_2 = \frac{0}{0}$$

$$\overset{\text{性質 3}'}{=} 0$$

重要 二つの行が一致しているとき，行列式の値が 0 であることを知っていると便利である．

$$x_3\text{の分子} \overset{\text{性質 4}}{=} \begin{vmatrix} 1 & 2 & 4 \\ 2 & 3 & 2 \\ 2 & 3 & 2 \end{vmatrix} \quad \text{第 3 行} - \text{第 1 行} \times 1 \qquad x_3 = \frac{0}{0}$$

$$\overset{\text{性質 3}'}{=} 0$$

問 5.9 でわかったように，**行列式の性質を上手に活用すると Cramer の方法が簡単に使える**．

5.3 逆マトリックス

連立 1 次方程式を解く問題の例を考えるために，例題 4.5 を振り返ってみる．

例題 4.5 **マトリックスの積** (再掲)　ジュースとゼリーとの詰め合わせを A, B の 2 種類つくる．各セットの内訳は表 4.3 の通りである．A を 8 セット，B を 6 セットつくるのに必要なジュースの個数とゼリーの個数とを求めよ．

4.2 節で，表 4.3 をマトリックスで表し，詰め合わせベクトルと個数ベクトルを考えた．

表 4.3 各セットの内訳 (再掲)

品目	A	B
ジュース	5 個/セット	10 個/セット
ゼリー	7 個/セット	12 個/セット

4.2 節で例題 4.5 を考えたときには, A を 8 セット, B を 6 セットつくるのに必要なジュースの個数とゼリーの個数とを求めた. 計算した結果, ジュースは 100 個, ゼリーは 128 個必要だということがわかった.

【疑問】「ジュース 100 個, ゼリー 128 個を用意すると, A , B はそれぞれ何セットつくることができるか」という問題はどのように考えればいいか？

基本

例題 4.5 詰め合わせ A 詰め合わせ B ⟶ ジュースの個数 ゼリーの個数

(セットあたり何個) × セット = 個数

既知 **未知**

新しい問題 ジュースの個数 ゼリーの個数 ⟶ 詰め合わせ A 詰め合わせ B

個数 ÷ (セットあたり何個) = セット

既知 **未知**

【発想】 詰め合わせ A を x_1 セット, 詰め合わせ B を x_2 セットをつくることができるとしよう. このように表すと, 表 4.3 を見ながらつぎの 2 元連立 1 次方程式を立てることができる.

$$\begin{cases} 5\text{ 個/セット} \times x_1\text{セット} & + & 10\text{ 個/セット} \times x_2\text{セット} & = & 100\text{ 個} & (\text{ジュース}) \\ 7\text{ 個/セット} \times x_1\text{セット} & + & 12\text{ 個/セット} \times x_2\text{セット} & = & 128\text{ 個} & (\text{ゼリー}) \end{cases}$$

左辺の単位 (個/セット × セット = 個) と右辺の単位 (個) とで両辺を割ると, 数どうしの関係は

$$\begin{cases} 5x_1 + 10x_2 = 100 \\ 7x_1 + 12x_2 = 128 \end{cases}$$

となる. この連立方程式を Cramer の方法で解いてみよう.

わからない量を文字で表せ.

個/セット × セット = 個

ジュースを y_1 個, ゼリーの個数を y_2 個とする.

$$x_1 = \frac{\begin{vmatrix} 100 & 10 \\ 128 & 12 \end{vmatrix}}{\begin{vmatrix} 5 & 10 \\ 7 & 12 \end{vmatrix}} = \frac{100 \times 12 - 10 \times 128}{5 \times 12 - 10 \times 7} = \frac{-80}{-10} = 8 \qquad x_2 = \frac{\begin{vmatrix} 5 & 100 \\ 7 & 128 \end{vmatrix}}{\begin{vmatrix} 5 & 10 \\ 7 & 12 \end{vmatrix}} = \frac{5 \times 128 - 100 \times 7}{-10} = \frac{-60}{-10} = 6$$

たしかに, A を 8 セット, B を 6 セットをつくることができる.

例題 4.5 と新しい問題とをそれぞれマトリックスとベクトルとで表して, 問題どうしを比べてみよう.

例題 4.5
$$\underbrace{\begin{pmatrix} y_1\text{個} \\ y_2\text{個} \end{pmatrix}}_{\text{未知}} = \begin{pmatrix} 5\text{個/セット} & 10\text{個/セット} \\ 7\text{個/セット} & 12\text{個/セット} \end{pmatrix} \underbrace{\begin{pmatrix} 8\text{セット} \\ 6\text{セット} \end{pmatrix}}_{\text{既知}}$$

新しい問題
$$\underbrace{\begin{pmatrix} 100\text{個} \\ 128\text{個} \end{pmatrix}}_{\text{既知}} = \begin{pmatrix} 5\text{個/セット} & 10\text{個/セット} \\ 7\text{個/セット} & 12\text{個/セット} \end{pmatrix} \underbrace{\begin{pmatrix} x_1\text{セット} \\ x_2\text{セット} \end{pmatrix}}_{\text{未知}}$$

【疑問】 新しい問題も例題 4.5 と同じように,

$$\underbrace{\begin{pmatrix} x_1\text{セット} \\ x_2\text{セット} \end{pmatrix}}_{\text{未知}} = \begin{pmatrix} \spadesuit \boxed{} & \clubsuit \boxed{} \\ \heartsuit \boxed{} & \diamondsuit \boxed{} \end{pmatrix} \underbrace{\begin{pmatrix} 100\text{個} \\ 128\text{個} \end{pmatrix}}_{\text{既知}}$$

の形で表せないだろうか？

♠, ♣, ♡, ◇ は数を表す.

セット/個 × 個 = セット

問 5.10 $\boxed{}$ にあてはまる単位量を表す記号を答えよ.

【解説】 セット/個

いつもジュース 100 個, ゼリー 128 個とは限らない. 何個の場合でも使えるためには, この形が便利である.

● 上式の形で書くと, ジュースの個数とゼリーの個数とを右辺のタテベクトルに入力したときに A セットと B セットとを何セットずつつくるかを求めやすい.

例 ジュース 50 個, ゼリー 64 個のときに A と B とを何セットずつつくることができるかが計算できる.

手がかりをつかむために, 中学数学で学習した逆数を思い出してみる.

積が 1 になる二つの数の一方を他方の**逆数**という.
0 でない数 a に対して,

$$ax = xa = 1$$

をみたす数 x が a の逆数である.
a の逆数は $\frac{1}{a}$ だから a^{-1} とも書ける.

例 3 の逆数 $3x = 1$ をみたす $x = \frac{1}{3}$ (3^{-1} とも書ける)

逆数を使って, 問 5.11 を考えてみよう.

問 5.11 $y = 4x$ を $x = ♣\, y$ に書き換える. ♣ にあてはまる数はいくらか?

【解説】 $4x = y$ と書き換えてから, 両辺に 4 の逆数 $\frac{1}{4}$ を掛けると,

$$\underbrace{\frac{1}{4} \cdot 4}_{1} x = \frac{1}{4} y$$

となる. したがって,

$$x = \frac{1}{4} y$$

と書けることがわかる.

入力
↓
$y = 4\ x$
↑ ↖
出力 対応規則

出力
↓
$x = ♣\ y$
↑ ↖
入力 対応規則

問 5.11 と同じ発想で $\begin{pmatrix} ♠ & ♣ \\ ♡ & ♢ \end{pmatrix}$ を求めるにはどうすればいいかを考える.
4.2 節で, **単位マトリックスはふつうの数どうしの乗法の 1 と同じはたらきをすること**を理解した. 逆数の考えを拡張して, 逆マトリックスをつくってみる.

積が単位マトリックス I になる二つのマトリックスの一方を他方の**逆マトリックス**という.
正方マトリックス A に対して,

$$AX = XA = I$$

をみたす**正方**マトリックス X が A の逆マトリックスである.
マトリックスの除法はないから, A の逆マトリックスを $\dfrac{1}{A}$ と書かないで A^{-1} と書く.
ただし, (-1) 乗という意味ではなく, 逆数 a^{-1} の書き方にならったにすぎない.

2×2 単位マトリックス

$$\begin{pmatrix} 1 & 0 \\ 0 & 1 \end{pmatrix}$$

↘ の向きに 1 を並べ, それら以外は 0 である.

A が正方マトリックスでないとき，どのように考えるのか？
A が 2×3 マトリックス, X が 3×2 マトリックスのとき, AX は 2×2 マトリックスだが, XA は 3×3 マトリックスだから, $AX \neq XA$ である.
A が $n \times n$ マトリックスのとき, A^{-1}, I も $n \times n$ マトリックスである.
マトリックスの乗法について, 4.2.3 項問 4.15 参照.

数からマトリックスに拡張

例　$y = 5x$

の左辺と右辺とを入れ換えてから, 両辺に 5 の逆数 $\dfrac{1}{5}$ を掛けると

$$\overbrace{\frac{1}{5}\ 5}^{1}x = \frac{1}{5}y$$

となる. ここで, 左辺が

$$1x = x$$

であることに注意すると,

$$x = \frac{1}{5}y$$

となる.

例題 4.5 では

$$\underbrace{\begin{pmatrix} y_1 \\ y_2 \end{pmatrix}}_{\boldsymbol{y}} = \underbrace{\begin{pmatrix} 5 & 10 \\ 7 & 12 \end{pmatrix}}_{A} \underbrace{\begin{pmatrix} x_1 \\ x_2 \end{pmatrix}}_{\boldsymbol{x}}$$

を考えていた. 問 5.11 と同じ発想で左辺と右辺とを入れ換えてから, 両辺に**左から**マトリックス A の逆マトリックスを掛けると,

$$\overbrace{\underbrace{\begin{pmatrix} \spadesuit & \clubsuit \\ \heartsuit & \diamondsuit \end{pmatrix}}_{A^{-1}} \underbrace{\begin{pmatrix} 5 & 10 \\ 7 & 12 \end{pmatrix}}_{A}}^{I} \underbrace{\begin{pmatrix} x_1 \\ x_2 \end{pmatrix}}_{\boldsymbol{x}} = \underbrace{\begin{pmatrix} \spadesuit & \clubsuit \\ \heartsuit & \diamondsuit \end{pmatrix}}_{A^{-1}} \underbrace{\begin{pmatrix} y_1 \\ y_2 \end{pmatrix}}_{\boldsymbol{y}}$$

となる. ここで, 左辺が

$$\begin{pmatrix} 1 & 0 \\ 0 & 1 \end{pmatrix} \begin{pmatrix} x_1 \\ x_2 \end{pmatrix} = \begin{pmatrix} x_1 \\ x_2 \end{pmatrix}$$

であることに注意すると,

$$\underbrace{\begin{pmatrix} x_1 \\ x_2 \end{pmatrix}}_{\boldsymbol{x}} = \underbrace{\begin{pmatrix} \spadesuit & \clubsuit \\ \heartsuit & \diamondsuit \end{pmatrix}}_{A^{-1}} \underbrace{\begin{pmatrix} y_1 \\ y_2 \end{pmatrix}}_{\boldsymbol{y}}$$

となる.

「左から」とは？
一般に, マトリックスの乗法はふつうの数の乗法とちがって, 左と右のどちらから掛けるかによって積がちがう.

問 5.12 で実際に逆マトリックスの求め方を考えてみよう．

問 5.12　$\begin{pmatrix} \spadesuit & \clubsuit \\ \heartsuit & \diamondsuit \end{pmatrix}$ は具体的にどのように書けるか？

【解説】

$$\begin{pmatrix} \spadesuit & \clubsuit \\ \heartsuit & \diamondsuit \end{pmatrix} \begin{pmatrix} 5 & 10 \\ 7 & 12 \end{pmatrix} = \begin{pmatrix} 1 & 0 \\ 0 & 1 \end{pmatrix}$$

の左辺のマトリックスどうしの積を求めると

$$\begin{pmatrix} 5\times\spadesuit+7\times\clubsuit & 10\times\spadesuit+12\times\clubsuit \\ 5\times\heartsuit+7\times\diamondsuit & 10\times\heartsuit+12\times\diamondsuit \end{pmatrix} = \begin{pmatrix} 1 & 0 \\ 0 & 1 \end{pmatrix}$$

と書ける．

$$\begin{cases} 5\times\spadesuit+7\times\clubsuit=1 \\ 10\times\spadesuit+12\times\clubsuit=0 \end{cases} \qquad \begin{cases} 5\times\heartsuit+7\times\diamondsuit=0 \\ 10\times\heartsuit+12\times\diamondsuit=1 \end{cases}$$

左辺と右辺とで各成分どうしを比べると，2 組の 2 元連立 1 次方程式の成り立つことがわかる．この連立方程式を Cramer の方法で解く．分母はどれも同じだから 1 回だけ計算すればいい．

$$\spadesuit = \frac{\begin{vmatrix} 1 & 7 \\ 0 & 12 \end{vmatrix}}{\begin{vmatrix} 5 & 7 \\ 10 & 12 \end{vmatrix}} = \frac{1\times 12-7\times 0}{5\times 12-7\times 10} = \frac{12}{-10} = -1.2$$

$$\clubsuit = \frac{\begin{vmatrix} 5 & 1 \\ 10 & 0 \end{vmatrix}}{\begin{vmatrix} 5 & 7 \\ 10 & 12 \end{vmatrix}} = \frac{5\times 0-10\times 1}{-10} = \frac{-10}{-10} = 1$$

$$\heartsuit = \frac{\begin{vmatrix} 0 & 7 \\ 1 & 12 \end{vmatrix}}{\begin{vmatrix} 5 & 7 \\ 10 & 12 \end{vmatrix}} = \frac{0\times 12-7\times 1}{-10} = \frac{-7}{-10} = 0.7$$

$$\diamondsuit = \frac{\begin{vmatrix} 5 & 0 \\ 10 & 1 \end{vmatrix}}{\begin{vmatrix} 5 & 7 \\ 10 & 12 \end{vmatrix}} = \frac{5\times 1-0\times 10}{-10} = \frac{5}{-10} = -0.5$$

$$\begin{pmatrix} \spadesuit & \clubsuit \\ \heartsuit & \diamondsuit \end{pmatrix} = \begin{pmatrix} -1.2 & 1 \\ 0.7 & -0.5 \end{pmatrix}$$

検算

$$\begin{pmatrix} -1.2 & 1 \\ 0.7 & -0.5 \end{pmatrix}\begin{pmatrix} 5 & 10 \\ 7 & 12 \end{pmatrix}$$
$$= \begin{pmatrix} (-1.2)\times 5+1\times 7 & (-1.2)\times 10+1\times 12 \\ 0.7\times 5+(-0.5)\times 7 & 0.7\times 10+(-0.5)\times 12 \end{pmatrix}$$
$$= \begin{pmatrix} 1 & 0 \\ 0 & 1 \end{pmatrix}$$

$AX = XA = I$

問 5.12 では $XA = I$ を考えたが，問 5.13 では $AX = I$ を考える．

問 5.13　$\begin{pmatrix} 5 & 10 \\ 7 & 12 \end{pmatrix} \begin{pmatrix} -1.2 & 1 \\ 0.7 & -0.5 \end{pmatrix}$ も単位マトリックスになることを確かめよ.

【解説】 上記の検算と同じように計算する.

▶ 問 5.12, 問 5.13 から何がわかるか

$$\underbrace{\begin{pmatrix} x_1 \text{ セット} \\ x_2 \text{ セット} \end{pmatrix}}_{\text{未知}} = \begin{pmatrix} -1.2 \text{ セット/個} & 1 \text{ セット/個} \\ 0.7 \text{ セット/個} & -0.5 \text{ セット/個} \end{pmatrix} \underbrace{\begin{pmatrix} y_1 \text{ 個} \\ y_2 \text{ 個} \end{pmatrix}}_{\text{既知}}$$

問 5.10 参照

と表せる.

- y_1, y_2 の値がわかっているとき, 右辺の乗法を計算すれば x_1, x_2 の値が求まる.

【注意】どんなマトリックスでも逆マトリックスが存在するとは限らない

問 5.12 の解説で Cramer の方法を活用した. この解法の過程を見るとわかるように, 分子の値がゼロでなく, 分母の値がゼロのとき, 逆マトリックスは存在しない (5.1 節【準備】参照).

▶ 逆マトリックスが存在しないことを見抜くには

例　$A = \begin{pmatrix} 2 & 6 \\ 3 & 9 \end{pmatrix}$　$|A| = 2 \times 9 - 6 \times 3 = 0$

マトリックス A の行列式の値が分母の値である.

【進んだ探究】 **別の発想**

$y_1 = 3$, $y_2 = 5$ のとき, $y_1 = 2$, $y_2 = 7$ のとき, ... などによって, 例題 4.5 の方法で連立方程式を解き直すのは煩わしい.

$$\begin{pmatrix} x_1\text{セット} \\ x_2\text{セット} \end{pmatrix} = \begin{pmatrix} \spadesuit \boxed{} & \clubsuit \boxed{} \\ \heartsuit \boxed{} & \diamondsuit \boxed{} \end{pmatrix} \begin{pmatrix} y_1\text{個} \\ y_2\text{個} \end{pmatrix}$$

の右辺を計算すると便利である.

例題 4.5 で, 100 個, 128 個の代わりに, 文字 (数の代表) で y_1 個, y_2 個とおいて,

$$\begin{cases} 5x_1 + 10x_2 = y_1 \\ 7x_1 + 12x_2 = y_2 \end{cases}$$

を, Cramer の方法で解くと,

$$x_1 = \frac{\begin{vmatrix} y_1 & 10 \\ y_2 & 12 \end{vmatrix}}{\begin{vmatrix} 5 & 10 \\ 7 & 12 \end{vmatrix}} = \frac{12y_1 - 10y_2}{-10}, \quad x_2 = \frac{\begin{vmatrix} 5 & y_1 \\ 7 & y_2 \end{vmatrix}}{\begin{vmatrix} 5 & 10 \\ 7 & 12 \end{vmatrix}} = \frac{5y_2 - 7y_1}{-10}$$

$$\frac{12}{10} = \frac{6}{5} = 1.2$$

$$\frac{5}{10} = \frac{1}{2} = 0.5$$

$$\frac{7}{10} = 0.7$$

を得る. これらの式を整理して,

$$\begin{cases} x_1 = -1.2y_1 + 1y_2 \\ x_2 = 0.7y_1 - 0.5y_2 \end{cases}$$

をマトリックスで

$$\begin{pmatrix} x_1 \\ x_2 \end{pmatrix} = \begin{pmatrix} -1.2 & 1 \\ 0.7 & -0.5 \end{pmatrix} \begin{pmatrix} y_1 \\ y_2 \end{pmatrix}$$

と表す.

右辺のマトリックスは, 問 5.12 の逆マトリックスと一致する.

【参考】連立方程式の現実の意味 ?

2009 年 12 月 9 日付読売新聞の「よみうり寸評」から抜粋
数学の連立方程式とは違う. 政権の連立方程式を解くのは難しい.
3 党連立の鳩山内閣なら問題ごとに各党それぞれの解がある.

5.4 最小二乗法

最小二乗法はどこで使うのか
統計の分野で回帰現象を扱うときに最小二乗法を活用する.

1.2.1 項の例題 1.2 では, 実験データをグラフで表すとき, 原点のほかに, できるだけ多くの点を通る直線を引いた. こういう描き方では, 人によって直線の傾きが同じとは限らない. 大まかな傾向を知るためだけであれば, 正確さを多少は犠牲にする場合もある. しかし, 客観性をはっきりさせるときには, 理論上の直線の引き方を決めなければならない. このために, **最小二乗法**という方法を紹介する.

例　xy 座標平面上の5個の点 $\mathrm{A}_1(2,4), \mathrm{A}_2(6,8), \mathrm{A}_3(10,6), \mathrm{A}_4(14,8), \mathrm{A}_5(18,14)$ を代表する平均の直線を**回帰直線**という.

「回帰」とは「平均に向かって戻る」という意味である.

最小二乗法　ばらついているデータからのずれができるだけ小さくなるような最適な直線を見つける方法

① 直線の方程式を $y = ax + b$ (a は傾き, b は y 切片) とする.

② 各点 $\mathrm{A}_i(x_i, y_i)$ $(1 \leq i \leq 5)$ に対して,

$$d_i = \underbrace{(ax_i + b)}_{\text{直線上の点の } y \text{ 座標}} - \underbrace{y_i}_{\text{点 } \mathrm{A}_i \text{ の } y \text{ 座標}}$$

を考える.

③ 直線上の点と実験とのずれの二乗の合計

$$d = {d_1}^2 + {d_2}^2 + {d_3}^2 + {d_4}^2 + {d_5}^2$$

を最小にする a の値と b の値を求める.

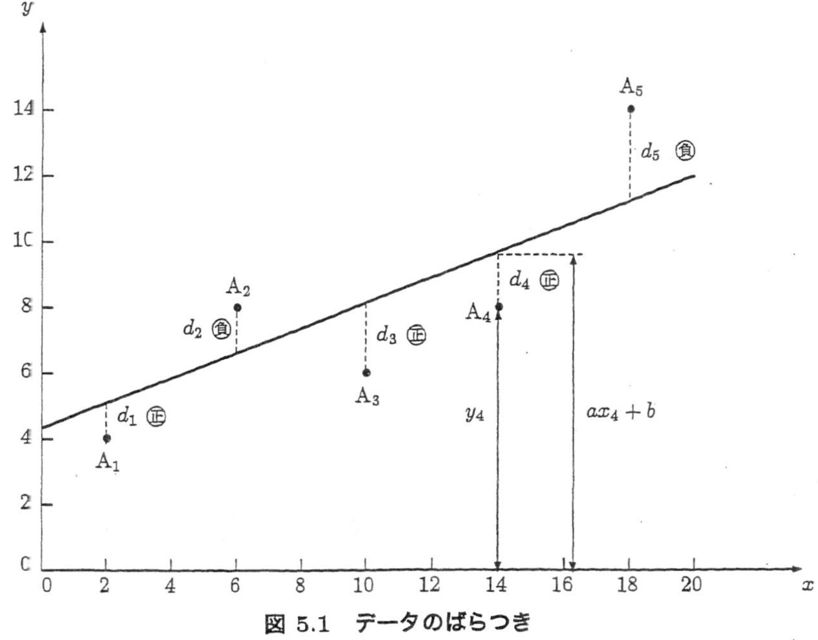

図 5.1　データのばらつき

Q.1 d_i の和ではなく, ${d_i}^2$ の和を考えるのはなぜでしょうか？

A.1 図 5.1 では, 直線上の y 座標と実験データの y 座標との大小関係から, $d_1 > 0,\ d_2 < 0,\ d_3 > 0,\ d_4 > 0,\ d_5 < 0$ です. $d = d_1 + d_2 + d_3 + d_4 + d_5$ は, 正負が打ち消し合うから, ずれの大きさを扱うことができません. だから, ${d_i}^2$ をつくって正の値どうしの合計を考えます.

Q.2 絶対値を考えないのはなぜでしょうか？

A.2 正の数の絶対値はもとの数と同じですが, 負の数の絶対値はもとの数の符号を変えなければなりません. たとえば, $|3| = 3,\ |-3| = 3 = -(-3)$ です. もとの数の正負によって場合分けする手間を省いて, 正負に関係なく 2 乗する方が簡単です.

1.2.2 項【注意】
負号の三つの意味に「反転」(符号を変える) がある.

$-\underbrace{(-3)}_{\text{もとの数}}$

和の記号 $\sum$

和 (sum) の頭文字 S のギリシア文字で「シグマ」と読む.
和の記号の使い方について, 問 2.1, 問 4.19 参照.

「直線を見つける」とは ⇒ 傾き a の値と切片 b の値とを求めること

a の値, b の値の求め方

$$d = \sum_{i=1}^{5} {d_i}^2 \qquad \longleftarrow \quad {d_1}^2 + {d_2}^2 + {d_3}^2 + {d_4}^2 + {d_5}^2$$

$$= \sum_{i=1}^{5} (ax_i + b - y_i)^2 \qquad \longleftarrow \quad (ax_1 + b - y_1)^2 + (ax_2 + b - y_2)^2 + (ax_3 + b - y_3)^2 + (ax_4 + b - y_4)^2 + (ax_5 + b - y_5)^2$$

$\dfrac{\partial d}{\partial a} = 0$ と $\dfrac{\partial d}{\partial b} = 0$ とをみたす a の値と b の値とを求める.

$$\begin{aligned}
{d_1}^2 &= (ax_1 + b - y_1)^2 &&= {x_1}^2 a^2 + 2x_1 ab + b^2 - 2x_1 y_1 a - 2y_1 b + {y_1}^2 \\
{d_2}^2 &= (ax_2 + b - y_2)^2 &&= {x_2}^2 a^2 + 2x_2 ab + b^2 - 2x_2 y_2 a - 2y_2 b + {y_2}^2 \\
{d_3}^2 &= (ax_3 + b - y_3)^2 &&= {x_3}^2 a^2 + 2x_3 ab + b^2 - 2x_3 y_3 a - 2y_3 b + {y_3}^2 \\
{d_4}^2 &= (ax_4 + b - y_4)^2 &&= {x_4}^2 a^2 + 2x_4 ab + b^2 - 2x_4 y_4 a - 2y_4 b + {y_4}^2 \\
{d_5}^2 &= (ax_5 + b - y_5)^2 &&= {x_5}^2 a^2 + 2x_5 ab + b^2 - 2x_5 y_5 a - 2y_5 b + {y_5}^2 \\
\hline
\sum_{i=1}^{5} {d_i}^2 &= \sum_{i=1}^{5} (ax_i + b - y_i)^2 &&= \Bigl(\sum_{i=1}^{5} {x_i}^2\Bigr) a^2 + 2\Bigl(\sum_{i=1}^{5} x_i\Bigr) ab + 5b^2 \\
& && \quad -2\Bigl(\sum_{i=1}^{5} x_i y_i\Bigr) a - 2\Bigl(\sum_{i=1}^{5} y_i\Bigr) b + \sum_{i=1}^{5} {y_i}^2
\end{aligned}$$

偏微分の記号 $\dfrac{\partial d}{\partial a}$
「ラウンドディーラウンドエイ」と読む.

$$\frac{\partial d}{\partial a} = 2a\sum_{i=1}^{5} {x_i}^2 + 2b\sum_{i=1}^{5} x_i - 2\sum_{i=1}^{5} x_i y_i$$

$$\frac{\partial d}{\partial b} = 2a\sum_{i=1}^{5} x_i + 10b - 2\sum_{i=1}^{5} y_i$$

$\sum_{i=1}^{5} {x_i}^2, \sum_{i=1}^{5} x_i, \sum_{i=1}^{5} x_i y_i, \sum_{i=1}^{5} y_i$

はどれも実験データから求まる一つの値である.

$ax_i + b - y_i$ の x_i の値と y_i の値は実験データからわかる. a の値, b の値は文字のままにする.

▶ **式を上手につくる方法**

a, b は番号が付いていないから,

$$\sum_{i=1}^{5} ax_i = a\sum_{i=1}^{5} x_i,$$

$$\sum_{i=1}^{5} bx_i = b\sum_{i=1}^{5} x_i$$

と書き換えることができる.

$$\begin{aligned}\frac{\partial d}{\partial a} &= \frac{\partial}{\partial a}\sum_{i=1}^{5}(ax_i + b - y_i)^2 \\ &= 2\sum_{i=1}^{5}(ax_i + b - y_i)x_i \\ &= 2\sum_{i=1}^{5}(a{x_i}^2 + bx_i - x_i y_i) \\ &= 2a\sum_{i=1}^{5} {x_i}^2 + 2b\sum_{i=1}^{5} x_i - 2\sum_{i=1}^{5} x_i y_i\end{aligned}$$

[まず, $(\ )^2$ を $(\ )$ で微分すると $2(\ )$ となる.
つぎに, $(\ )$ を a で微分すると x_i となる.
これらの積を書く.
その結果, $2\sum_{i=1}^{5}(ax_i + b - y_i)x_i$ となる.]

つぎの書き換えにも慣れよう.

$$\begin{aligned}&\sum_{i=1}^{5} b \\ &= b+b+b+b+b \\ &= b(1+1+1+1+1) \\ &= b\sum_{i=1}^{5} 1\end{aligned}$$

$$\begin{aligned}\frac{\partial d}{\partial b} &= \frac{\partial}{\partial b}\sum_{i=1}^{5}(ax_i + b - y_i)^2 \\ &= 2\sum_{i=1}^{5}(ax_i + b - y_i) \\ &= 2a\sum_{i=1}^{5} x_i + 2b\sum_{i=1}^{5} 1 - 2\sum_{i=1}^{5} y_i\end{aligned}$$

[まず, $(\ )^2$ を $(\ )$ で微分すると $2(\ )$ となる.
つぎに, $(\ )$ を b で微分すると 1 となる.
これらの積を書く.
その結果, $2\sum_{i=1}^{5}(ax_i + b - y_i)$ となる.]

ここで, a, b についての 2 元連立 1 次方程式を解かなければならないので, 5.2 節で Cramer の方法を取り上げた.

各項の値を求めるために，つぎの表を作る.⟵ **こういう工夫と発想が必要！**

i	x_i	y_i	${x_i}^2$	$x_i y_i$
1	2	4	4	8
2	6	8	36	48
3	10	6	100	60
4	14	8	196	112
5	18	14	324	252
計	♠	♢	♣	♡

それぞれの合計値を♠, ♢, ♣, ♡ と書いた.

表の合計欄から

$$\begin{cases} \dfrac{\partial d}{\partial a} = 2\clubsuit a + 2\spadesuit b - 2\heartsuit = 0 \\ \dfrac{\partial d}{\partial b} = 2\spadesuit a + 2\left(\sum_{i=1}^{5} 1\right) b - 2\diamondsuit = 0 \end{cases}$$

$$\sum_{i=1}^{5} 1 = 1+1+1+1+1 = 5$$

の係数の値が決まる. 上式を整理すると

$$\begin{cases} \clubsuit a + \spadesuit b = \heartsuit \\ \spadesuit a + 5 b = \diamondsuit \end{cases}$$

となる. 5.2 節の Cramer の方法を適用すると,

$$a = \frac{\begin{vmatrix} \heartsuit & \spadesuit \\ \diamondsuit & 5 \end{vmatrix}}{\begin{vmatrix} \clubsuit & \spadesuit \\ \spadesuit & 5 \end{vmatrix}} = \frac{\heartsuit \times 5 - \spadesuit \times \diamondsuit}{\clubsuit \times 5 - \spadesuit \times \spadesuit} \qquad b = \frac{\begin{vmatrix} \clubsuit & \heartsuit \\ \spadesuit & \diamondsuit \end{vmatrix}}{\begin{vmatrix} \clubsuit & \spadesuit \\ \spadesuit & 5 \end{vmatrix}} = \frac{\clubsuit \times \diamondsuit - \heartsuit \times \spadesuit}{\clubsuit \times 5 - \spadesuit \times \spadesuit}$$

である. a の値と b の値とが求まったから, $y = ax + b$ を表す直線を描くことができる.

問 5.14　Cramer の方法で 2 元連立 1 次方程式：

$$\begin{cases} \clubsuit\, a + \spadesuit\, b = \heartsuit \\ \spadesuit\, a + 5\, b = \diamondsuit \end{cases}$$

の $\spadesuit$, $\clubsuit$, $\diamondsuit$, $\heartsuit$ の値を求めてから, a の値, b の値を求めよ.

【解説】 $\spadesuit = 50$,　$\diamondsuit = 40$,　$\clubsuit = 660$,　$\heartsuit = 480$,　$a = 0.5$,　$b = 3$

解答だけを示すので, 自分で求めた値と比べること.

▶ **和の記号の使い方・読み方**

例　$\sum_{i=1}^{5} R_i\theta_i$　**【意味】**「$R_i\theta_i$ を $i = 1$ から $i = 5$ まで足し合わせる」

$R_1\theta_1 + R_2\theta_2 + R_3\theta_3 + R_4\theta_4 + R_5\theta_5$　　$\sum_{i=1}^{5}$　(5 ←どの番号まで, $i=1$ ←どの番号から)

$\sum$ は sum (合計, 和) の頭文字 s の大文字 S に相当するギリシア文字である. 番号を表す記号は i とは限らず j, k などを使う場合もある.

実践教室　最小二乗法を活用する実例

導体 (金属) の温度を上げると, 導体をつくっている陽イオンの振動が激しくなる. このため, 自由電子の流れが大きく妨げられる. つまり, 電気抵抗が増大する. この増大の特徴を定量的に知るための測定を取り上げてみよう.

電流の流れにくさを表す量

「定量的」第 0 話のまえがき

表 5.1　銅の電気抵抗 R の温度 θ による変化

測定回数	$\theta/°\mathrm{C}$	R/Ω
1	29.7	15.0
2	39.8	16.0
3	49.8	16.0
4	59.1	17.0
5	69.5	17.0
6	79.5	18.0
7	89.5	19.0
8	99.5	19.0
9	109.3	19.0
10	119.6	20.0

データは, 湘南工科大学科学基礎実験の学生の実験結果である.

手順 1 $\theta = 29.7°\mathrm{C}$ を例として，$\theta/°\mathrm{C}$ の意味を考えよ．

量 = 数値 × 単位量

$$\theta = \overbrace{\underbrace{29.7}_{\text{数値}}\ \underbrace{°\mathrm{C}}_{\text{単位量}}}^{\text{量}}$$

この表記は，温度 θ が基準の温度 °C の 29.7 倍であることを表している．

$\theta \div °\mathrm{C} = \theta/°\mathrm{C} = 29.7 \longleftarrow$ 算数の考え方

【補足 1】 簡単にいうと，温度計の目盛幅を °C と表している．水銀温度計で温度を測定する場合を考えてみる．ある目盛の位置から 2 目盛分だけ水銀柱の端の位置が変化したとき，「°C の 2 倍に等しい温度 (2 × °C) だけ変化した」という．この温度変化を 2°C と書く．

ある目盛の位置から 1 目盛分だけ水銀柱の端の位置が変化したときは，目盛幅の 1 倍だから 「1 ×° C だけ温度が変化した」という．乗号 × を略して 1°C と書く．

例題 0.12 を復習すること．

Ω は電気抵抗の単位量の記号で「オーム」と読む．

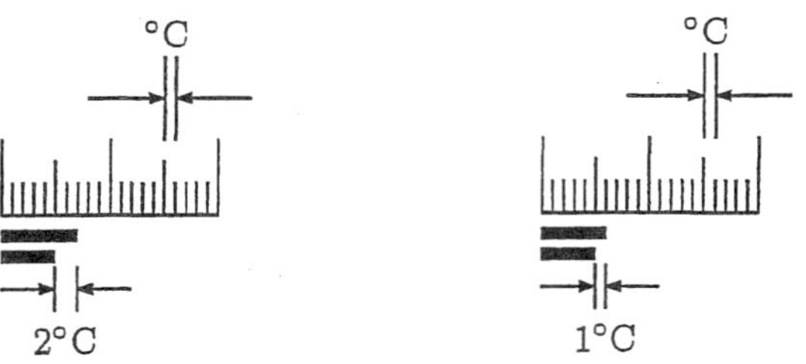

図 5.2 量 = 数値 × 単位量 の意味

【補足 2】 量 = 数値 × 単位量 の意味を理解することが肝要である．$\theta/°\mathrm{C}$ のような形を見ると，「°C あたりの温度」と誤解しがちである．θ と °C とはどちらも温度だから，これでは「温度あたりの温度」となって意味がない．

わかりにくければ，温度の代わりに長さを考える．$l = 2$ m のとき l/m は「1 m あたりの長さ」だろうか？ l/m は，長さ l (テープ，棒，身長など) が単位長さ (m と書く) の 2 倍だということを表している．なお，m は 1 m と意味がちがう (例題 0.12)．

4.1 節 表 4.1 の g/g は「のど飴の単位質量 g あたり糖質を何 g 含むか」を表す．

ℓ/m は，ℓ が m の何倍かを表す．

g/g と ℓ/m とは形が似ているが，意味が異なる．

【補足 3】 29.7°C, 2 m という場合，数値 29.7, 2 は何から決まるのか？ 単位量 (基準の大きさ) がないと，どこからもこれらの値は決まらない．特定の大きさを基準に選んではじめて 29.7, 2 などの値がいえる．「量 (温度，長さ，質量など) の大きさが単位量の何倍か」がわかるからである．これらの例で，倍を表す数の値は 29.7, 2 である．

手順 2　方眼紙 (たて軸とよこ軸との両方とも等間隔の目盛) に表 5.1 のデータをプロットせよ．たて軸・よこ軸には，電気抵抗と温度とのどちらを選ぶかということに注意すること．プロットとは，「点で打つ」という意味である．

手順 3　手順 2 のグラフから判断して，銅の電気抵抗 R と温度 θ の間の関係が

$$1\text{ 次関数 }: R = R_0 + \beta\theta \qquad (R_0\text{は切片}, \beta\text{は傾き})$$

で表せると考えてみる．

(a) R_0 の単位量を表す記号と β の単位量を表す記号を考えよ．

指針

	R	$=$	R_0	$+$	$\beta\ \theta$	加法は同じ量どうしでないと
単位量	Ω		?		? °C	成り立たないことに注意する．

R_0 の単位量を表す記号：Ω　　β の単位量を表す記号：Ω/°C または $\Omega\ {}^\circ\mathrm{C}^{-1}$

【補足 1】

$$\begin{array}{cccccccc} & R & = & R_0 & + & \beta & \theta \\ \text{単位量} & \Omega & = & \Omega & + & \dfrac{\Omega}{{}^\circ\mathrm{C}} & \times & {}^\circ\mathrm{C} \end{array}$$

【補足 2】 誤答例　$R_0 = \Omega$,　$\beta = \Omega/{}^\circ\mathrm{C}$　という式を書いてはいけない．

これらの式は「Ω を R_0 と表す」「Ω/°C を β と表す」という意味を表す．ここでは，(d) で求まるように，$R_0 = 16.4\ \Omega\ (= 16.4 \times \Omega)$, $\beta = 0.0158\ \Omega/{}^\circ\mathrm{C}\ (= 0.0158 \times \Omega/{}^\circ\mathrm{C})$ である．意味を考えないで安易に等号 (イコール) を使ってはいけない．

(b) 最小二乗法で R_0 の値と β の値とを求めるために，R_0 と β とのみたす 2 元連立 1 次方程式を立てよ．R_0 の係数と β の係数を書くとき，和の記号 $\sum$ を使っていい．

$$\begin{array}{ccccccc} y & = & a & x & + & b \\ \updownarrow & & \updownarrow & \updownarrow & & \updownarrow \\ R & = & \beta & \theta & + & R_0 \end{array}$$

と考えると，2 元連立 1 次方程式：

$$\begin{cases} \beta\sum_{i=1}^{10}{\theta_i}^2 + R_0\sum_{i=1}^{10}\theta_i - \sum_{i=1}^{10}\theta_i R_i = 0\,\Omega\,{}^\circ\mathrm{C} \\ \beta\sum_{i=1}^{10}\theta_i + 10R_0 - \sum_{i=1}^{10}R_i = 0\,\Omega \end{cases}$$

$\sum_{i=1}^{10}{\theta_i}^2$, $\sum_{i=1}^{10}\theta_i$, $\sum_{i=1}^{10}\theta_i R_i$, $\sum_{i=1}^{10}R_i$ はどれも一つの値で表せる.

を立てることができる. これらの式を整理すると,

$$\begin{cases} \left(\sum_{i=1}^{10}\theta_i\right)R_0 + \left(\sum_{i=1}^{10}{\theta_i}^2\right)\beta = \sum_{i=1}^{10}\theta_i R_i \\ 10R_0 + \left(\sum_{i=1}^{10}\theta_i\right)\beta = \sum_{i=1}^{10}R_i \end{cases}$$

となる.

(c)　(b) で立てた 2 元連立 1 次方程式の係数の値を求めないと, この方程式を解くことができない. 係数の値を求めやすくするために, 表 5.1 を拡張して, つぎのように見出しを追加する.

測定回数	$\theta/{}^\circ\mathrm{C}$	R/Ω	$\theta^2/\clubsuit$	$R\theta/\spadesuit$
$\cdots$	$\cdots$	$\cdots$	$\cdots$	$\cdots$
$\cdots$	$\cdots$	$\cdots$	$\cdots$	$\cdots$
$\cdots$	$\cdots$	$\cdots$	$\cdots$	$\cdots$
計	$\cdots$	$\cdots$	$\cdots$	$\cdots$

重要　今後は, 指示されなくてもこのような表を作成すること.

2 元連立 1 次方程式の係数の値が上記の表の合計欄にあるので便利である.

この表に数値を記入して, 表を完成せよ.

♣, ♠ にあてはまる単位量の記号も正しく書くこと.

• 有効数字どうしの積の桁数は, 有効数字の桁数の少ない方に合わせる.　0.4.3 項 例 1 例 2

同じ桁数どうしのとき, 積もその桁数に合わせる.

例　$\underbrace{29.7}_{3\,\text{桁}}\times\underbrace{29.7}_{3\,\text{桁}} = 882.09 \cong 882\ \ (=\underbrace{8.82}_{3\,\text{桁}}\times 10^2)$

表 5.2　銅の電気抵抗 R の温度 θ による変化

測定回数	$\theta/°\mathrm{C}$	R/Ω	$\theta^2/(°\mathrm{C})^2$	$R\theta/(\Omega\ °\mathrm{C})$
1	29.7	15.0	0.0882×10^4	0.0445×10^4
2	39.8	16.0	0.158×10^4	0.0637×10^4
3	49.8	16.0	0.248×10^4	0.0797×10^4
4	59.1	17.0	0.349×10^4	0.100×10^4
5	69.5	17.0	0.483×10^4	0.118×10^4
6	79.5	18.0	0.632×10^4	0.143×10^4
7	89.5	19.0	0.801×10^4	0.170×10^4
8	99.5	19.0	0.990×10^4	0.189×10^4
9	109.3	19.0	1.195×10^4	0.208×10^4
10	119.6	20.0	1.430×10^4	0.239×10^4
計	745.3	176.0	6.374×10^4	1.35×10^4
	ⓐ	ⓑ	ⓒ	ⓓ

◀ 途中の計算で，万全を期して有効桁数よりも多く取ったが，表では有効桁数を考慮してある．
電卓，Excel では，桁数が多くても手間は変わらないから，有効数字に拘らないで，桁数の多いまま計算して，最後に有効数字の桁数を考える．
● R_0/Ω は，表 5.2 の合計欄に記入した数値で計算すると約 14.1 になるが，途中の計算で多くの桁を含めて計算すると約 13.3 になる．
● ⓓ：繰り上げから生じる不確かさも考えて四捨五入すると，1.35×10^4 になる．1.35 の小数第 2 位の 5 が不確かである．
● 朝日新聞の記事（p. 28 注釈欄）では「四捨五入した数を足しつづけた数は，四捨五入しないで計算した結果よりも，やや大きくなることが多いので，四捨五入と五捨六入とを上手に使い分けることがある」と補足している．
表 5.2 では，10 回分の数値の合計を求めるので，第 1 行の $R\theta/(\Omega°\mathrm{C}) \fallingdotseq 0.0445 \times 10^4$ で，445.5 を五捨六入してある．

(d) Cramer の方法で，(b) の 2 元連立 1 次方程式を解いて，R_0 の値と β の値とを求めよ．

$$R_0/\Omega = \frac{\begin{vmatrix} ⓓ & ⓒ \\ ⓑ & ⓐ \end{vmatrix}}{\begin{vmatrix} ⓐ & ⓒ \\ 10 & ⓐ \end{vmatrix}} = \frac{ⓓ \times ⓐ - ⓒ \times ⓑ}{ⓐ \times ⓐ - ⓒ \times 10} = 13.3$$

$$\beta/(\Omega\ °\mathrm{C}^{-1}) = \frac{\begin{vmatrix} ⓐ & ⓓ \\ 10 & ⓑ \end{vmatrix}}{\begin{vmatrix} ⓐ & ⓒ \\ 10 & ⓐ \end{vmatrix}} = \frac{ⓐ \times ⓑ - ⓓ \times 10}{ⓐ \times ⓐ - ⓒ \times 10} = 0.0591$$

▶ R_0, β は量の記号であって数値の記号ではない．表 5.1 の見出しを見れば気がつく．(1)【補足 2】で考えたように，R_0/Ω, $\beta/(\Omega\ °\mathrm{C}^{-1})$ が数値を表す．R_0/Ω は「R_0 は Ω の何倍か」を表し，$\beta/(\Omega\ °\mathrm{C}^{-1})$ は「β は $(\Omega\ °\mathrm{C}^{-1})$ の何倍か」を表す．

$R_0 = 13.3$, $\beta = 0.0591$ ではなく，$\underbrace{R_0/\Omega}_{\text{数値}} = \underbrace{13.3}_{\text{数値}}$, $\underbrace{\beta/(\Omega\ °\mathrm{C}^{-1})}_{\text{数値}} = \underbrace{0.0591}_{\text{数値}}$ である．したがって，$\underbrace{R_0}_{\text{量}} = \underbrace{13.3\ \Omega}_{\text{量}}$, $\underbrace{\beta}_{\text{量}} = \underbrace{0.0591\ \Omega/°\mathrm{C}}_{\text{量}}$ となる．

手順 4 (d) で求めた値を $R = \heartsuit + \diamondsuit\theta$ の ♡, ◇ に代入した式 (R, θ は文字のまま) を書け．この式が実験結果を表すと考える．

$R = 13.3\ \Omega + (0.0591\ \Omega/°\mathrm{C})\ \theta$

$R_0/\Omega = 13.3$ は「R_0 は単位量 Ω の 13.3 倍であること」，$\beta/(\Omega\ °\mathrm{C}^{-1})$ は「β は単位量 (Ω/°C) の 0.0591 倍であること」を表している．

【注意】量の関係式の書き方

$R = 13.3 + 0.0591\ \theta$ は量と数とが混ざった形だから正しくない．たとえば，$\theta = 20°\mathrm{C}$ のとき $R = 13.3 + 0.0591 \times 20°\mathrm{C}$ となって右辺の加法が成り立たない．数と温度とを足し合わせることはできない．なお，θ は 20 という数値だけではなく 20°C という量を表している．

図・表の書き方について，木下是雄：『理科系の作文技術』(中央公論新社, 1981) 参照．

▶ 何のためにこの式を求めたのか

測定していない温度における抵抗を予想することができる．

例 温度 $\theta = 35.0°\mathrm{C}$ のとき

$$
\begin{aligned}
R &= 13.3\ \Omega + (0.0591\ \Omega/°\mathrm{C})\ \theta \\
&= 13.3\ \Omega + 0.0591\ \Omega/°\mathrm{C} \times 35.0°\mathrm{C} \\
&= 15.4\ \Omega
\end{aligned}
$$

θ には数値 35.0 ではなく量 35.0°C をあてはめることに注意する．
まちがって $\theta = 35.0$ とすると

$$13.3\ \Omega + 0.0591\ \Omega/°\mathrm{C} \times 35.0 = 13.3\ \Omega + 2.07\ \Omega/°\mathrm{C}$$

となるから，右辺で加法が成り立たない．

▶ 検算の方法 $R = R_0 + \beta \times 0.0°\mathrm{C} = R_0$ からわかるように，R_0 は $\theta = 0.00°\mathrm{C}$ のときの抵抗を表している．グラフがたて軸を横切るとき (切片) のたて軸の値が R_0/Ω である．したがって，R_0/Ω の値が 35.0°C のときの抵抗よりも大きくなったときは計算ミスだということに気がつく．
機械的に計算だけを進めるのではなく，式の意味をよく考える習慣を身につけることが肝要である．

$\theta = 0.0°\mathrm{C}$ のときの点と $\theta = 35.0°\mathrm{C}$ (例) のときの点とを通る直線を引く．

手順 5 手順 2 の方眼紙に手順 3 で求めた関係式のグラフを書き込め．

重要　(d) で R_0 の値と β の値とを求めたのは，グラフを描くためである．

$\theta = 0.0°\mathrm{C}$ のときの点と $\theta = 35.0°\mathrm{C}$ (例) のときの点とを通る直線を引く．

【注意】図・表の見出し

① 物理量の数値を表の形で表したり，座標軸に数値を入れたりするとき，物理量/単位量 という比の値を書く．

② 原則として，図では図の下に，表では表の上に番号・題名・説明を書く．

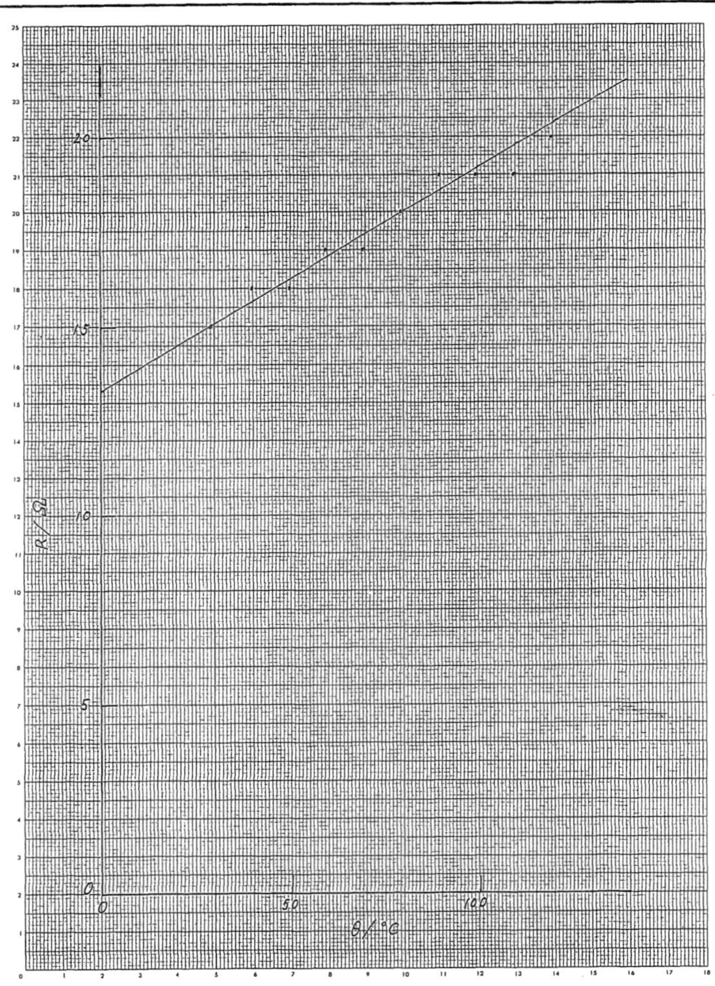

図 5.3　銅の電気抵抗と温度との間の関係

探究支援 5

5.1 Cramer の方法の適用 (2 元連立 1 次方程式)

先月の実験では, K 社の試薬を使った. しかし, 研究費節減のために, 今月は N 社に試薬を発注した. 先月も今月も, 塩酸は $500x_1$ mL, 硫酸は $500x_2$ mL 購入した (x_1, x_2 は数). K 社には 9400 円支払い, N 社には 3940 円支払った. 各月に購入した塩酸と硫酸とはそれぞれ何 mL か？

表 5.3 試薬の単価 (500 mL あたり)

試薬	K 社 (円/500 mL)	N 社 (円/500 mL)
塩酸	1400	380
硫酸	1300	700

同じ 500mL でも試薬はジュース, 牛乳よりもはるかに高価である.
実験系の学生は, こういう事情を熟知することが肝要である.

1400 円/500mL は「500 mL あたり 1400 円」という意味を表す.
/· は「· あたり」と読めばいい.

1400 円/500 mL $\times$ 500 x_1 mL $= 1400\ x_1$円

など

【解説】

$$\left\{\begin{array}{lcl} 1400\text{ 円}/500\ \text{mL} \times 500\ x_1\ \text{mL} + 1300\text{ 円}/500\ \text{mL} \times 500\ x_2\ \text{mL} & = & 9400\text{ 円} \\ 380\text{ 円}/500\ \text{mL} \times 500\ x_1\ \text{mL} + 700\text{ 円}/500\ \text{mL} \times 500\ x_2\ \text{mL} & = & 3940\text{ 円} \end{array}\right.$$

を整理すると,

$$\left\{\begin{array}{rcrcl} 1400\ x_1 & + & 1300\ x_2 & = & 9400 \\ 380\ x_1 & + & 700\ x_2 & = & 3940 \end{array}\right.$$

となる.

この発想が理解しにくければ,

$$1400\text{ 円} \times \frac{500x_1\ \text{mL}}{500\ \text{mL}} = 1400x_1\text{円}$$

と考えてもいい.

Cramer の方法で解くと,

$$x_1 = \frac{\begin{vmatrix} 9400 & 1300 \\ 3940 & 700 \end{vmatrix}}{\begin{vmatrix} 1400 & 1300 \\ 380 & 700 \end{vmatrix}} = \frac{9400 \times 700 - 1300 \times 3940}{1400 \times 700 - 1300 \times 380} = 3$$

$$x_2 = \frac{\begin{vmatrix} 1400 & 9400 \\ 380 & 3940 \end{vmatrix}}{\begin{vmatrix} 1400 & 1300 \\ 380 & 700 \end{vmatrix}} = \frac{1400 \times 3940 - 9400 \times 380}{1400 \times 700 - 1300 \times 380} = 4$$

となる.

$1400x_1$円 $+1300x_2$円 $= 9400$ 円 の両辺から「円」が約せる.
$380x_1$円 $+700x_2$円 $= 3940$ 円 も同様である.

先月も今月も, 塩酸は 1500 mL, 硫酸は 2000 mL 購入したことがわかる.

$500x_1 = 1500$

$500x_2 = 2000$

▶ 塩酸を何 mL 購入したかということだけが知りたくても, 塩酸と硫酸との両方の単価を知らなければ解けない.

5.2　Cramer の方法の適用 (2 元連立 1 次方程式)

体重, 身長のデータについて, つぎの手順で体重と身長との間の関係式を求めよ.

表 5.4　体重と身長との間の関係　[金明哲：フリーソフトによるデータ解析・マイニング第 13 回 R と回帰分析, ESTRELA 2004 年 8 月 (No. 125) p.74]

h/cm	w/kg
165.0	50.0
170.0	60.0
172.0	65.0
175.0	65.0
170.0	70.0
172.0	75.0
183.0	80.0
187.0	85.0
180.0	90.0
185.0	95.0

h：height, w：weight

(1) 方眼紙 (たて軸とよこ軸の両方とも等間隔の目盛) に 表 5.4 のデータをプロットせよ. たて軸とよこ軸には, 体重と身長とのどちらを選ぶかということに注意すること. プロットとは,「点で打つ」という意味である.

(2) 体重 w と身長 h の間の関係が

$$1\text{ 次関数 }：w = w_0 + \beta h \qquad (w_0\text{は切片}, \beta\text{は傾き})$$

で表せると考える.

w_0 の値と単位量を表す記号, β の値と単位量を表す記号を答えよ.

【解説】 (2)

指針

	w	$=$	w_0	$+$	$\beta\ h$
単位量	kg		?		? cm

加法は同じ量どうしでないと成り立たないことに注意する.

手順 1　w_0 の単位量：kg,　β の単位量：kg/cm または kg cm^{-1}

▶ $w_0 =$ kg, $\beta =$ kg/cm という書き方は正しくない.

手順 4 でわかるように, $w_0 = -222$ kg であって, $w_0 =$ kg ではない.

同様に, $\beta = 1.68$ kg/cm であって, $\beta =$ kg/cm ではない.

手順 2　最小二乗法で w_0 の値と β の値とを求めるために，w_0, β のみたす2 元連立 1 次方程式を立てる．

$$\begin{cases} \sharp w_0 & + & \Box\beta & = & \flat \\ \Box w_0 & + & \Diamond\beta & = & \triangle \end{cases}$$

$\sharp$ にあてはまる数値を考える．$\Box$, $\Diamond$, $\flat$, $\triangle$ にあてはまる記号を $\sum$ で表す．
第 i 番の体重を w_i, 身長を h_i とする．
詳細は 5.4 節参照．

$$\begin{cases} \left(\displaystyle\sum_{i=1}^{10} h_i\right) w_0 & + & \left(\displaystyle\sum_{i=1}^{10} {h_i}^2\right)\beta & = & \displaystyle\sum_{i=1}^{10} w_i h_i \\ 10\ w_0 & + & \left(\displaystyle\sum_{i=1}^{10} h_i\right)\beta & = & \displaystyle\sum_{i=1}^{10} w_i \end{cases}$$

手順 3　手順 2 で立てた 2 元連立 1 次方程式の係数の値を求めないと，この方程式を解くことができない．係数の値を求めやすくするために 表 5.4 を拡張して，つぎのように見出しを追加する．

番号	h/cm	w/kg	h^2/♣	wh/♠
1	⋯	⋯	⋯	⋯
2	⋯	⋯	⋯	⋯
3	⋯	⋯	⋯	⋯
4	⋯	⋯	⋯	⋯
5	⋯	⋯	⋯	⋯
6	⋯	⋯	⋯	⋯
7	⋯	⋯	⋯	⋯
8	⋯	⋯	⋯	⋯
9	⋯	⋯	⋯	⋯
10	⋯	⋯	⋯	⋯
計	⋯	⋯	⋯	⋯

重要　今後の実習では，指示されなくてもこのような表を作成すること．

2 元連立 1 次方程式の係数の値が上記の表の合計欄にあるので便利である．

- この表に数値を記入して，表を完成する．
- ♣, ♠ にあてはまる単位量の記号も正しく書く．

番号	h/cm	w/kg	h^2/cm^2	wh/kg cm
1	165.0	50.0	2.7225×10^4	0.8250×10^4
2	170.0	60.0	2.8900×10^4	1.0200×10^4
3	172.0	65.0	2.9584×10^4	1.1180×10^4
4	175.0	65.0	3.0625×10^4	1.1375×10^4
5	170.0	70.0	2.8900×10^4	1.1900×10^4
6	172.0	75.0	2.9584×10^4	1.2900×10^4
7	183.0	80.0	3.3489×10^4	1.4640×10^4
8	187.0	85.0	3.4967×10^4	1.5895×10^4
9	180.0	90.0	3.2400×10^4	1.6200×10^4
10	185.0	95.0	3.4225×10^4	1.7575×10^4
計	1759.0	735.0	30.9901×10^4	13.0115×10^4

電卓, Excel などを使う場合, 途中の桁数が多くても手間は変わらないから, 有効数字に拘らないで, 桁数の多いまま計算して, 最後に有効数字の桁数を考えると効率がよい. 参考のために, この表には, 途中の計算で万全を期して有効桁数よりも多く取った数値を示してある.

手順 4 Cramer の方法で, (b) の 2 元連立 1 次方程式を解いて, w_0 の値と β の値とを求める.

手順 3 で求めた値を使うと, 連立方程式は具体的に

$$\begin{cases} 1759.0 \ \overbrace{w_0/\text{kg}}^{\text{数}} + 30.9901 \times 10^4 \ \overbrace{\beta/\text{kg cm}^{-1}}^{\text{数}} = 13.0115 \times 10^4 \\ 10 \ w_0/\text{kg} + 1759.0 \ \beta/\text{kg cm}^{-1} = 735.0 \end{cases}$$

となる.

$$\begin{aligned} w_0/\text{kg} &= \frac{\begin{vmatrix} 13.0115 \times 10^4 & 30.9901 \times 10^4 \\ 735.0 & 1759.0 \end{vmatrix}}{\begin{vmatrix} 1759.0 & 30.9901 \times 10^4 \\ 10 & 1759.0 \end{vmatrix}} \\ &= \frac{13.0115 \times 10^4 \times 1759.0 - 30.9901 \times 10^4 \times 735.0}{1759.0 \times 1759.0 - 30.9901 \times 10^4 \times 10} \\ &\fallingdotseq -222 \end{aligned}$$

$$\begin{aligned} \beta/(\text{kg cm}^{-1}) &= \frac{\begin{vmatrix} 1759.0 & 13.0115 \times 10^4 \\ 10 & 735.0 \end{vmatrix}}{\begin{vmatrix} 1759.0 & 30.9901 \times 10^4 \\ 10 & 1759.0 \end{vmatrix}} \\ &= \frac{1759.0 \times 735.0 - 13.0115 \times 10^4 \times 10}{1759.0 \times 1759.0 - 30.9901 \times 10^4 \times 10} \\ &\fallingdotseq 1.68 \end{aligned}$$

等号 $=$ と近似記号 $\fallingdotseq$ 「10 台/時間 $=$ 0.17 台/分 が正しい表記法です. 10 台/時間 $\fallingdotseq$ 0.17 台/分 のように近似を意味する記号 $\fallingdotseq$ を用いなかった. $10/60 = 0.166666\cdots \fallingdotseq 0.17$ は数学としては正しい表現だが, 物理としては計算結果の 1 桁目もしくは 2 桁目しか意味を持たない. 10 台/時間 $=$ 0.17 台/分 が正しい表記法で, ここに近似の概念は入ってこない.」[鳥井寿夫:「フェルミ問題のすすめ」(http://atom.c.u-tokyo.ac.jp/torii/Fermi.pdf)] という解釈もある. 本書では 1.2.2 項の実践教室の「進んだ探究 4」の理由で $\fallingdotseq$ を「どの桁までしか意味を持たないか」を表す記号として使った.

または

$$\begin{cases} 1759.0\ \mathrm{cm}\ w_0 + 30.9901\times10^4\ \mathrm{cm}^2\ \beta = 13.0115\times10^4\ \mathrm{kg\ cm} \\ 10\ w_0 + 1759.0\ \mathrm{cm}\ \beta = 735.0\ \mathrm{kg} \end{cases}$$

と書いてもいい.

$$w_0 = \frac{\begin{vmatrix} 13.0115\times10^4\ \mathrm{kg\ cm} & 30.9901\times10^4\ \mathrm{cm}^2 \\ 735.0\ \mathrm{kg} & 1759.0\ \mathrm{cm} \end{vmatrix}}{\begin{vmatrix} 1759.0\ \mathrm{cm} & 30.9901\times10^4\ \mathrm{cm}^2 \\ 10 & 1759.0\ \mathrm{cm} \end{vmatrix}}$$

$$= \frac{13.0115\times10^4\ \mathrm{kg\ cm}\times1759.0\ \mathrm{cm} - 30.9901\times10^4\ \mathrm{cm}^2\times735.0\ \mathrm{kg}}{1759.0\ \mathrm{cm}\times1759.0\ \mathrm{cm} - 30.9901\times10^4\ \mathrm{cm}^2\times10}$$

$$\fallingdotseq -222\ \mathrm{kg}$$

$$\beta = \frac{\begin{vmatrix} 1759.0\ \mathrm{cm} & 13.0115\times10^4\ \mathrm{kg\ cm} \\ 10 & 735.0\ \mathrm{kg} \end{vmatrix}}{\begin{vmatrix} 1759.0\ \mathrm{cm} & 30.9901\times10^4\ \mathrm{cm}^2 \\ 10 & 1759.0\ \mathrm{cm} \end{vmatrix}}$$

$$= \frac{1759.0\ \mathrm{cm}\times735.0\ \mathrm{kg} - 13.0115\times10^4\ \mathrm{kg\ cm}\times10}{1759.0\ \mathrm{cm}\times1759.0\ \mathrm{cm} - 30.9901\times10^4\ \mathrm{cm}^2\times10}$$

$$\fallingdotseq 1.68\ \mathrm{kg/cm}$$

たとえば,『新訂版物理I』(実教出版, 2006) p. 279,『改訂物理基礎』(東京書籍, 2017) p. 3,『改訂版物理基礎』(数研出版, 2016) p. 261 でも, 測定値を使った計算に ≒ を使っている. 芳沢光雄:『子どもが算数・数学好きになる秘訣』(日本評論社, 2002) p. 63 に「学校の教科書では, 近似の場合は必ず ≒ を用いるように厳格に取り扱われています. しかし, 社会科学系や工学系の専門書を見ても, あるいは実社会での扱いを見ても, アナログ型数値に関して厳格には ≒ を使うべきところを等号記号 = を使っている記述が多いのです. それは, 無用とも思える繁雑な用法を避ける意味からも悪くない扱いだと考えます.」という意見が述べてある.

▶ 量と数との表し方

- w_0 は量であって数ではないから, $w_0 \fallingdotseq -222$ は正しくない.
- $w_0 \fallingdotseq -222\ \mathrm{kg}$ または $w_0/\mathrm{kg} \fallingdotseq -222$ が正しい.
- β は量であって数ではないから, $\beta \fallingdotseq 1.68$ は正しくない.
- $\beta \fallingdotseq 1.68\ \mathrm{kg\ cm^{-1}}$ または $\beta/(\mathrm{kg\ cm^{-1}}) \fallingdotseq 1.68$ が正しい.

【参考】有効数字どうしの乗法

本問では, 測定器械の精度が不明なので, 有効数字の桁数を考慮しない. ただし, 参考までに, 有効数字の桁数の考え方を紹介する. 0.4.3 項

- 有効数字どうしの積の桁数は, 有効数字の桁数の少ない方に合わせる. 例 1
- 同じ桁数どうしのとき, 積もその桁数に合わせる. 例 2

例 $\underbrace{40.3}_{3\text{ 桁}}\times\underbrace{40.3}_{3\text{ 桁}} = 1624.09 \fallingdotseq 1620\ (=\underbrace{1.62}_{3\text{ 桁}}\times10^3)$

手順5　単位量と手順4で求めた値とを $w = \heartsuit + \diamondsuit h$ の $\heartsuit$ と $\diamondsuit$ に代入した式 (w と h は文字のまま) を書く.

$w = -222\ \text{kg} + 1.68\ \text{kg cm}^{-1}\ h$ ⟵ 活字で書くときは, 立体が単位量だから斜体の量と区別できる.

この式が測定結果を表すと考える.

【注意】量どうしの関係式の書き方

- $w = -222 + 1.68\ h$　は量と数とが混ざった形だから正しくない.

たとえば, $h = 160.0$ cm のとき, $w = -222 + 1.68 \times 160.0$ cm となって右辺の加法が成り立たない.

数と身長とを足し合わせることはできない.

- $w\ \text{kg} = -222\ \text{kg} + 1.68\ \text{kg cm}^{-1}\ h\ \text{cm}$ は正しくない.

例　$w = 40.0$ kg とすると, $w\ \text{kg} = \underbrace{40.0\ \text{kg}}_{w}\ \text{kg} = 40.0\ \text{kg}^2$ となる.

量 $w = 40.0$ kg
数 $w/\text{kg} = 40.0$

- $w/\text{kg} = -222/\text{kg} + 1.68\ h/\text{cm}$ は正しくない.

$-222/\text{kg}$ は数を単位量で割った形には意味がない.

量 $h = 160.0$ cm
数 $h/\text{cm} = 160.0$

正しい式 $w = -222\ \text{kg} + 1.68\ \text{kg cm}^{-1}\ h$ の両辺を kg で割ると, $w/\text{kg} = -222 + 1.68\ h/\text{cm}$ となる.

▶　このような式を見慣れていないために違和感を覚えるらしいが, 物理化学ではこういう式は頻出する.

たとえば, 物理化学の有名な教科書 P. W. Atkins : *Physical Chenistry* (Oxford University Press, 1982) [千原秀昭・中村亘男訳 :『物理化学』(東京化学同人, 1985)] には, こういう式がたくさん載っている.

手順6　(1) の方眼紙に手順5で求めた関係式のグラフを書き込む.

重要　手順4で w_0 の値と β の値とを求めたのは, (2) のグラフを描くため.

2点を通る直線は, 1本に決まる.

- 2点の選び方の例

$-222 + 1.68 \times 150 = 30$, $-222 + 1.68 \times 175 = 72$ だから, 点 $(150, 30)$ と点 $(175, 72)$ とを通るように直線を引く.

$h/\text{cm} = 150$
$w/\text{kg} = 30$
$h/\text{cm} = 175$
$w/\text{kg} = 72$

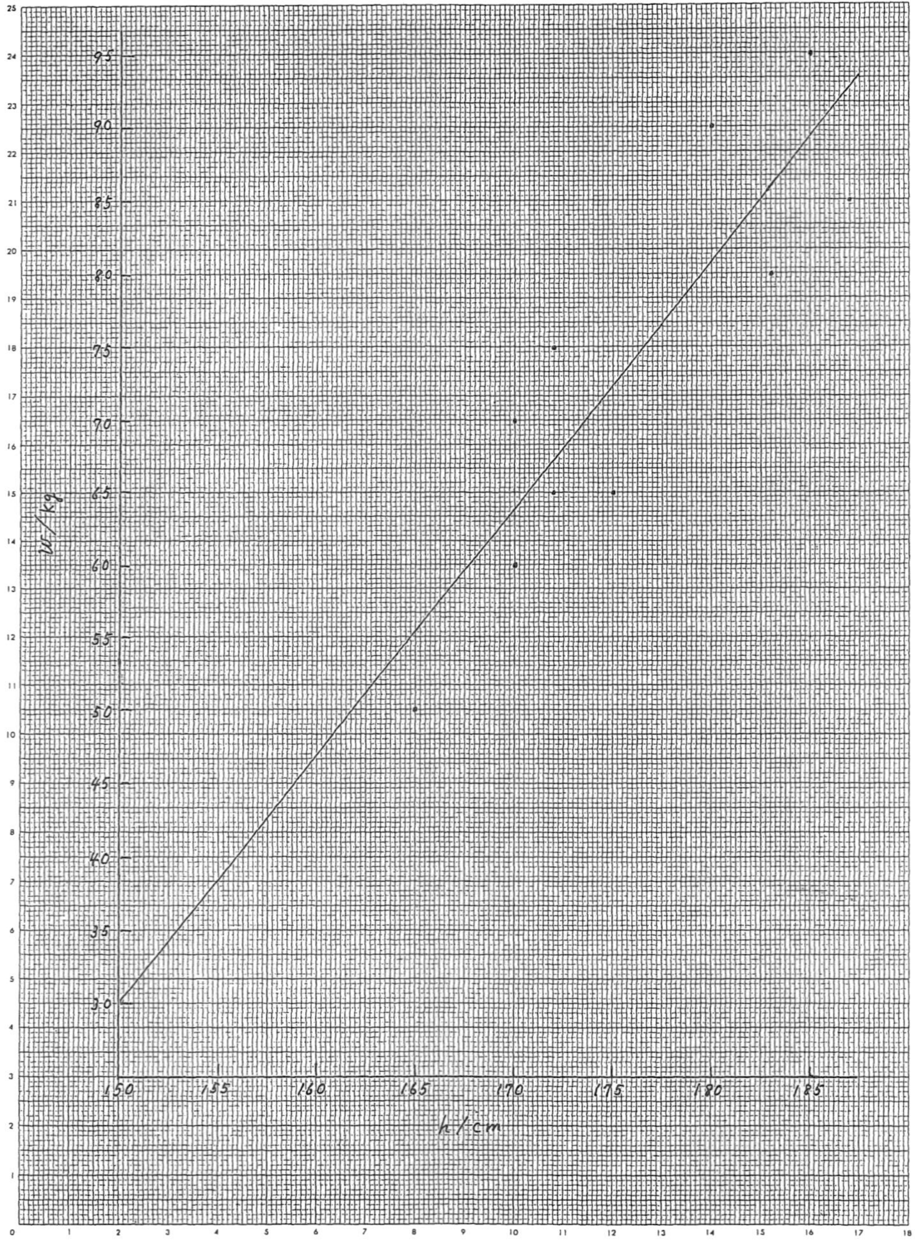

図 5.4 体重と身長との間の関係

5.3　Cramer の方法の適用 (3 元連立 1 次方程式)

以下の問題文に現れる用語の物理化学上の意味は知らなくていいが，設問の指示にしたがって 3 元連立 1 次方程式を立てて，この連立方程式を解け．光が媒質に入射したとき，その媒質がどれくらいの光を吸収するかを表す一定量を吸光係数という．吸光係数の値は光の波長によって異なる．

表 5.5　3 種類の物質 A, B, C のモルあたりの吸光係数

	波長 1	波長 2	波長 3
物質	$\varepsilon/(\mathrm{L\ cm^{-1}\ mol^{-1}})$	$\varepsilon/(\mathrm{L\ cm^{-1}\ mol^{-1}})$	$\varepsilon/(\mathrm{L\ cm^{-1}\ mol^{-1}})$
A	600	50	80
B	70	900	100
C	40	75	750

3 種類の物質を含む溶液中では，波長ごとに

溶液全体の波長 i における吸光度
＝(物質 A の波長 i におけるモルあたりの吸光係数)×(物質 A のモル濃度)
＋(物質 B の波長 i におけるモルあたりの吸光係数)×(物質 B のモル濃度)
＋(物質 C の波長 i におけるモルあたりの吸光係数)×(物質 C のモル濃度),
$(i = 1, 2, 3)$

が成り立つ (この関係をベールの法則という)．

(1) モルあたりの吸光係数 ε は，量と数とのどちらか？

(2) 3 種類の物質を含む溶液中で，波長 1 における吸光度は 0.63 $\mathrm{cm^{-1}}$，波長 2 における吸光度は 0.47 $\mathrm{cm^{-1}}$，波長 3 における吸光度は 0.82 $\mathrm{cm^{-1}}$ である．物質 A のモル濃度を [A]，物質 B のモル濃度を [B]，物質 C のモル濃度を [C] とする．上記の関係式を波長ごとに書くと，

$$\begin{cases} \square[\mathrm{A}] + \square[\mathrm{B}] + \square[\mathrm{C}] = \square & (\text{波長 } 1) \\ \square[\mathrm{A}] + \square[\mathrm{B}] + \square[\mathrm{C}] = \square & (\text{波長 } 2) \\ \square[\mathrm{A}] + \square[\mathrm{B}] + \square[\mathrm{C}] = \square & (\text{波長 } 3) \end{cases}$$

となる．空所を完成して量の関係式を書け．

(3) Cramer の方法で，(2) の 3 元連立 1 次方程式を解いて，各モル濃度を求めよ．

題意が正しく読解できるかどうかという国語の問題を克服しないと，どんな分野でも不都合である．
内容を知らなくても，単位量の表す意味を読み取る力も必要である．

連立方程式を解くことができるかどうかよりも，連立方程式を立てることができるかどうかの方が重要である．

数値は，H. G. Hecht: *Mathematics in Chemistry* (Prentice Hall, 1990) から引用した．

「モル濃度」とは「リットルあたり何モルか」を表す．

リットルとは，基準に選んだ特定の体積である．
1 L は，リットルという特定の体積の 1 倍である．
1 L = 1 × L

【解説】 (1) 表 5.5 の見出しの $\varepsilon/(\mathrm{L\ cm^{-1}\ mol^{-1}})$ は，量/単位量 の形であり，

データは数値である．たとえば，$\varepsilon/(\mathrm{L\ cm^{-1}\ mol^{-1}}) = 600$ の場合，$\varepsilon = 600\ \mathrm{L\ cm^{-1}\ mol^{-1}}$ であって，ε は数ではなく量を表す記号である．

▶ $a/b = c$ $(a \div b = c)$ を $a = c \times b$ と書き換えることができるのと同じ考え方である．小学算数の通りで，$6 \div 3 = 2$ から $2 \times 3 = 6$ に逆算できる．

【注意】量と数との区別

「吸光係数」は「係数」というが，数ではなく量の名称である．力学で振動を考えるときに扱う「ばね定数」も「定数」というが，数ではなく単位量 N/m で表す量である．

「波長」「モル濃度」も「長さ」「質量」「時間」「温度」と同様に，**量の名称**である．2 m は長さという量，5 kg は質量という量である．

数は倍を表すというはたらきをする．**数に名称はない**．2, 5, ... は「数」としかいえない．

Q. どんな場合に単位が付くのですか？

A. 質問が正しくありません．

「単位を付ける」のではなく「単位を掛ける」と考えます (0.4 節参照)．

中学数学で，$2y$ を「2 に y を付ける」と考えたでしょうか？

$2y$ (2 と y との積) と 2 L とは，同じ形だから意味も同じです．

「この場合はこう」「あの場合はこう」というように，複雑に考えてはいけません．

$\underbrace{2\ \mathrm{L}}_{\text{量}}$ のように，**量は単位量の何倍かという形で表す**と考えます．

$$\underbrace{2}_{\text{倍を表す数}} \times \underbrace{\mathrm{L}}_{\text{特定の体積}} \quad \text{(リットルという特定の体積の 2 倍)}$$

$^{12}\mathrm{C}$ の質量の 1/12 を u と書き，$^{12}\mathrm{C}$ の質量の値を 1 ではなく 12 とする．あらゆる原子の質量を u の何倍かという形で表す．

$^{12}\mathrm{C}$ の集団の質量 (12u の合計) が 0.012 kg となる要素粒子数 N $(= 6.022136736 \times 10^{23}$ particles) を粒子の多さのマクロな単位量と決めて mol (モルと読む) と名付けた．

1 mol は「mol の 1 倍」である．

1 mol = 1 × mol

「ばね定数」の表現について，小林幸夫：『力学ステーション』(森北出版，2002) p. 155 参照．

(2)

$$\begin{cases} 600\ \mathrm{L\ cm^{-1}\ mol^{-1}}\ [\mathrm{A}] + 70\ \mathrm{L\ cm^{-1}\ mol^{-1}}\ [\mathrm{B}] + 40\ \mathrm{L\ cm^{-1}\ mol^{-1}}\ [\mathrm{C}] = 0.63\ \mathrm{cm^{-1}} & \text{(波長 1)} \\ 50\ \mathrm{L\ cm^{-1}\ mol^{-1}}\ [\mathrm{A}] + 900\ \mathrm{L\ cm^{-1}\ mol^{-1}}\ [\mathrm{B}] + 75\ \mathrm{L\ cm^{-1}\ mol^{-1}}\ [\mathrm{C}] = 0.47\ \mathrm{cm^{-1}} & \text{(波長 2)} \\ 80\ \mathrm{L\ cm^{-1}\ mol^{-1}}\ [\mathrm{A}] + 100\ \mathrm{L\ cm^{-1}\ mol^{-1}}\ [\mathrm{B}] + 750\ \mathrm{L\ cm^{-1}\ mol^{-1}}\ [\mathrm{C}] = 0.82\ \mathrm{cm^{-1}} & \text{(波長 3)} \end{cases}$$

(3) Cramer の方法で, (2) の 3 元連立 1 次方程式の解を書き表すと

$$[\mathrm{A}] = \frac{\begin{vmatrix} 0.63\ \mathrm{cm^{-1}} & 70\ \mathrm{L\ cm^{-1}\ mol^{-1}} & 40\ \mathrm{L\ cm^{-1}\ mol^{-1}} \\ 0.47\ \mathrm{cm^{-1}} & 900\ \mathrm{L\ cm^{-1}\ mol^{-1}} & 75\ \mathrm{L\ cm^{-1}\ mol^{-1}} \\ 0.82\ \mathrm{cm^{-1}} & 100\ \mathrm{L\ cm^{-1}\ mol^{-1}} & 750\ \mathrm{L\ cm^{-1}\ mol^{-1}} \end{vmatrix}}{\begin{vmatrix} 600\ \mathrm{L\ cm^{-1}\ mol^{-1}} & 70\ \mathrm{L\ cm^{-1}\ mol^{-1}} & 40\ \mathrm{L\ cm^{-1}\ mol^{-1}} \\ 50\ \mathrm{L\ cm^{-1}\ mol^{-1}} & 900\ \mathrm{L\ cm^{-1}\ mol^{-1}} & 75\ \mathrm{L\ cm^{-1}\ mol^{-1}} \\ 80\ \mathrm{L\ cm^{-1}\ mol^{-1}} & 100\ \mathrm{L\ cm^{-1}\cdot mol^{-1}} & 750\ \mathrm{L\ cm^{-1}\ mol^{-1}} \end{vmatrix}} = 9.4\times10^{-4}\ \mathrm{mol\ L^{-1}},$$

$$[\mathrm{B}] = \frac{\begin{vmatrix} 600\ \mathrm{L\ cm^{-1}\ mol^{-1}} & 0.63\ \mathrm{cm^{-1}} & 40\ \mathrm{L\ cm^{-1}\ mol^{-1}} \\ 50\ \mathrm{L\ cm^{-1}\ mol^{-1}} & 0.47\ \mathrm{cm^{-1}} & 75\ \mathrm{L\ cm^{-1}\ mol^{-1}} \\ 80\ \mathrm{L\ cm^{-1}\ mol^{-1}} & 0.82\ \mathrm{cm^{-1}} & 750\ \mathrm{L\ cm^{-1}\ mol^{-1}} \end{vmatrix}}{\begin{vmatrix} 600\ \mathrm{L\ cm^{-1}\ mol^{-1}} & 70\ \mathrm{L\ cm^{-1}\ mol^{-1}} & 40\ \mathrm{L\ cm^{-1}\ mol^{-1}} \\ 50\ \mathrm{L\ cm^{-1}\ mol^{-1}} & 900\ \mathrm{L\ cm^{-1}\ mol^{-1}} & 75\ \mathrm{L\ cm^{-1}\ mol^{-1}} \\ 80\ \mathrm{L\ cm^{-1}\ mol^{-1}} & 100\ \mathrm{L\ cm^{-1}\ mol^{-1}} & 750\ \mathrm{L\ cm^{-1}\ mol^{-1}} \end{vmatrix}} = 3.9\times10^{-4}\ \mathrm{mol\ L^{-1}},$$

$$[\mathrm{C}] = \frac{\begin{vmatrix} 600\ \mathrm{L\ cm^{-1}\ mol^{-1}} & 70\ \mathrm{L\ cm^{-1}\ mol^{-1}} & 0.63\ \mathrm{cm^{-1}} \\ 50\ \mathrm{L\ cm^{-1}\ mol^{-1}} & 900\ \mathrm{L\ cm^{-1}\ mol^{-1}} & 0.47\ \mathrm{cm^{-1}} \\ 80\ \mathrm{L\ cm^{-1}\ mol^{-1}} & 100\ \mathrm{L\ cm^{-1}\ mol^{-1}} & 0.82\ \mathrm{cm^{-1}} \end{vmatrix}}{\begin{vmatrix} 600\ \mathrm{L\ cm^{-1}\ mol^{-1}} & 70\ \mathrm{L\ cm^{-1}\ mol^{-1}} & 40\ \mathrm{L\ cm^{-1}\ mol^{-1}} \\ 50\ \mathrm{L\ cm^{-1}\ mol^{-1}} & 900\ \mathrm{L\ cm^{-1}\ mol^{-1}} & 75\ \mathrm{L\ cm^{-1}\ mol^{-1}} \\ 80\ \mathrm{L\ cm^{-1}\ mol^{-1}} & 100\ \mathrm{L\ cm^{-1}\ mol^{-1}} & 750\ \mathrm{L\ cm^{-1}\ mol^{-1}} \end{vmatrix}} = 9.4\times10^{-4}\ \mathrm{mol\ L^{-1}}$$

となる.

3 次の行列式の定義 (行展開) にしたがって, 分子・分母の値を求める.

計算の仕方

[A] の分子

$$= \begin{vmatrix} 0.63\ \mathrm{cm^{-1}} & 70\ \mathrm{L\ cm^{-1}\ mol^{-1}} & 40\ \mathrm{L\ cm^{-1}\ mol^{-1}} \\ 0.47\ \mathrm{cm^{-1}} & 900\ \mathrm{L\ cm^{-1}\ mol^{-1}} & 75\ \mathrm{L\ cm^{-1}\ mol^{-1}} \\ 0.82\ \mathrm{cm^{-1}} & 100\ \mathrm{L\ cm^{-1}\ mol^{-1}} & 750\ \mathrm{L\ cm^{-1}\ mol^{-1}} \end{vmatrix}$$

$$= \begin{vmatrix} 0.63 & 70\ \mathrm{L\ cm^{-1}\ mol^{-1}} & 40\ \mathrm{L\ cm^{-1}\ mol^{-1}} \\ 0.47 & 900\ \mathrm{L\ cm^{-1}\ mol^{-1}} & 75\ \mathrm{L\ cm^{-1}\ mol^{-1}} \\ 0.82 & 100\ \mathrm{L\ cm^{-1}\ mol^{-1}} & 750\ \mathrm{L\ cm^{-1}\ mol^{-1}} \end{vmatrix}\ \mathrm{cm^{-1}}$$ 行列式の性質 2 (5.2.4 項)

$$= \begin{vmatrix} 0.63 & 70 & 40\ \mathrm{L\ cm^{-1}\ mol^{-1}} \\ 0.47 & 900 & 75\ \mathrm{L\ cm^{-1}\ mol^{-1}} \\ 0.82 & 100 & 750\ \mathrm{L\ cm^{-1}\ mol^{-1}} \end{vmatrix}\ \mathrm{cm^{-1}\ L\ cm^{-1}\ mol^{-1}}$$ 行列式の性質 2 (5.2.4 項)

$$= \begin{vmatrix} 0.63 & 70 & 40 \\ 0.47 & 900 & 75 \\ 0.82 & 100 & 750 \end{vmatrix}\ \underbrace{\mathrm{cm^{-1}\ L\ cm^{-1}\ mol^{-1}\ L\ cm^{-1}\ mol^{-1}}}_{\mathrm{L^2\ cm^{-3}\ mol^{-2}}}$$ 行列式の性質 2 (5.2.4 項)

$$= \underbrace{\left\{0.63 \begin{vmatrix} 900 & 75 \\ 100 & 750 \end{vmatrix} - 70 \begin{vmatrix} 0.47 & 75 \\ 0.82 & 750 \end{vmatrix} + 40 \begin{vmatrix} 0.47 & 900 \\ 0.82 & 100 \end{vmatrix}\right\}}_{\text{3 次の行列式の定義}} \mathrm{L^2\ cm^{-3}\ mol^{-2}}$$

$$= \{0.63(900 \times 750 - 75 \times 100) - 70(0.47 \times 750 - 75 \times 0.82)$$
$$+40 \times (0.47 \times 100 - 900 \times 0.82)\}\ \mathrm{L^2\ cm^{-3}\ mol^{-2}}$$
$$= 372515\ \mathrm{L^2\ cm^{-3}\ mol^{-2}}$$

$$\text{分母} = \begin{vmatrix} 600\ \mathrm{L\ cm^{-1}\ mol^{-1}} & 70\ \mathrm{L\ cm^{-1}\ mol^{-1}} & 40\ \mathrm{L\ cm^{-1}\ mol^{-1}} \\ 50\ \mathrm{L\ cm^{-1}\ mol^{-1}} & 900\ \mathrm{L\ cm^{-1}\ mol^{-1}} & 75\ \mathrm{L\ cm^{-1}\ mol^{-1}} \\ 80\ \mathrm{L\ cm^{-1}\ mol^{-1}} & 100\ \mathrm{L\ cm^{-1} \cdot mol^{-1}} & 750\ \mathrm{L\ cm^{-1}\ mol^{-1}} \end{vmatrix}$$
$$= 395615000\ \mathrm{L^3\ cm^{-3}\ mol^{-3}}$$

$$[\mathrm{A}] = \frac{372515\ \mathrm{L^2\ cm^{-3}\ mol^{-2}}}{395615000\ \mathrm{L^3\ cm^{-3}\ mol^{-3}}} \qquad \frac{\mathrm{L^2}}{\mathrm{L^3}} = \frac{1}{\mathrm{L}} = \mathrm{L^{-1}}$$

$$= 9.4 \times 10^{-4}\ \mathrm{mol\ L^{-1}} \qquad \frac{\mathrm{mol^{-2}}}{\mathrm{mol^{-3}}} = \frac{\dfrac{1}{\mathrm{mol^2}}}{\dfrac{1}{\mathrm{mol^3}}} = \mathrm{mol} \longleftarrow \text{分子・分母に } \mathrm{mol^3} \text{を掛ける.}$$

重要 現実には, 5.2.4 項の行列式の性質を上手に活用できるほど簡単な数を扱う場面は少ない. **行列式の定義を理解することが肝要である.**

▶ 単位量 $\mathrm{mol\ L^{-1}}$ は「リットルあたり何モル」を表す.
▶ 単位量を省かないで分子・分母を計算すると, たしかに [A], [B], [C] の単位量は $\mathrm{mol\ L^{-1}}$ となり, これらの量はモル濃度であることがわかる.

【別解】 (2) の両辺を $\mathrm{cm^{-1}}$ で割って

$$\begin{cases} 600\ \mathrm{L\ mol^{-1}}\ [\mathrm{A}] + 70\ \mathrm{L\ mol^{-1}}\ [\mathrm{B}] + 40\ \mathrm{L\ mol^{-1}}\ [\mathrm{C}] = 0.63 & (\text{波長 }1) \\ 50\ \mathrm{L\ mol^{-1}}\ [\mathrm{A}] + 900\ \mathrm{L\ mol^{-1}}\ [\mathrm{B}] + 75\ \mathrm{L\ mol^{-1}}\ [\mathrm{C}] = 0.47 & (\text{波長 }2) \\ 80\ \mathrm{L\ mol^{-1}}\ [\mathrm{A}] + 100\ \mathrm{L\ mol^{-1}}\ [\mathrm{B}] + 750\ \mathrm{L\ mol^{-1}}\ [\mathrm{C}] = 0.82 & (\text{波長 }3) \end{cases}$$

と書いてもいい. ここで, $\mathrm{L\ mol^{-1}}$ [A], $\mathrm{L\ mol^{-1}}$ [B], $\mathrm{L\ mol^{-1}}$ [C] を, それぞれ $[\mathrm{A}]/(\mathrm{mol\ L^{-1}})$, $[\mathrm{B}]/(\mathrm{mol\ L^{-1}})$, $[\mathrm{C}]/(\mathrm{mol\ L^{-1}})$ と書いて, Cramer の方法で連立方程式を解くと,

$$[\mathrm{A}]/(\mathrm{mol\ L^{-1}}) = \frac{\begin{vmatrix} 0.63 & 70 & 40 \\ 0.47 & 900 & 75 \\ 0.82 & 100 & 750 \end{vmatrix}}{\begin{vmatrix} 600 & 70 & 40 \\ 50 & 900 & 75 \\ 80 & 100 & 750 \end{vmatrix}} = 9.4 \times 10^{-4},$$

$$[\mathrm{B}]/(\mathrm{mol\ L^{-1}}) = \frac{\begin{vmatrix} 600 & 0.63 & 40 \\ 50 & 0.47 & 75 \\ 80 & 0.82 & 75 \end{vmatrix}}{\begin{vmatrix} 600 & 70 & 40 \\ 50 & 900 & 75 \\ 80 & 100 & 750 \end{vmatrix}} = 3.9 \times 10^{-4},$$

$$[\mathrm{C}]/(\mathrm{mol\ L^{-1}}) = \frac{\begin{vmatrix} 600 & 70 & 0.63 \\ 50 & 900 & 0.47 \\ 80 & 100 & 0.82 \end{vmatrix}}{\begin{vmatrix} 600 & 70 & 40 \\ 50 & 900 & 75 \\ 80 & 100 & 750 \end{vmatrix}} = 9.4 \times 10^{-4}$$

となるから，

$$[\mathrm{A}] = 9.4 \times 10^{-4}\ \mathrm{mol\ L^{-1}},$$

$$[\mathrm{B}] = 3.9 \times 10^{-4}\ \mathrm{mol\ L^{-1}},$$

$$[\mathrm{C}] = 9.4 \times 10^{-4}\ \mathrm{mol\ L^{-1}}$$

である．

$\mathrm{L\ mol^{-1}}$
$= \dfrac{\mathrm{L}}{\mathrm{mol}}$
$= \dfrac{1}{\dfrac{\mathrm{mol}}{\mathrm{L}}}$
(分子・分母を L で割る)
$= \dfrac{1}{\mathrm{mol\ L^{-1}}}$
$= 1/(\mathrm{mol\ L^{-1}})$

$[\mathrm{A}]/(\mathrm{mol\ L^{-1}}) = 9.4 \times 10^{-4}$ は
$\dfrac{[\mathrm{A}]}{\mathrm{mol\ L^{-1}}} = 9.4 \times 10^{-4}$
と書き換えることができる．この分母を払うと，
$[\mathrm{A}] = 9.4 \times 10^{-4}\ \mathrm{mol}$
となる．

【類題】 食品 100.0 g 中のタンパク質，脂質，炭水化物の各質量 w_p, w_l, w_c は，表 5.6 の通りである．なお，この数値は江崎グリコの栄養成分計算ナビゲータで求めた．

表 5.6　食品 100.0 g 中のタンパク質，脂質，炭水化物の質量

食品	w_p/g	w_l/g	w_c/g
海老フライ	9.1	20.3	18.1
しゅうまい	9.3	11.2	19.3
ハンバーグ	13.3	13.4	12.3

3 種類の食品の間で合計すると，タンパク質は 135.3 g，脂質は 227.2 g，炭水化物は 213.3 g だった．

(1) 各食品の質量を求めるための 3 元連立 1 次方程式を立てよ．量の関係式の形で書くこと．

(2) (1) の 3 元連立 1 次方程式を Cramer の方法で解け．

【解説】 (1) 海老フライ，しゅうまい，ハンバーグの質量をそれぞれ x_1, x_2, x_3 とする．

$$\begin{cases} 9.1\ \text{g} \times \dfrac{x_1}{100.0\ \text{g}} + 9.3\ \text{g} \times \dfrac{x_2}{100.0\ \text{g}} + 13.3\ \text{g} \times \dfrac{x_3}{100.0\ \text{g}} = 135.3\ \text{g} & \text{(タンパク質)} \\ 20.3\ \text{g} \times \dfrac{x_1}{100.0\ \text{g}} + 11.2\ \text{g} \times \dfrac{x_2}{100.0\ \text{g}} + 13.4\ \text{g} \times \dfrac{x_3}{100.0\ \text{g}} = 227.2\ \text{g} & \text{(脂質)} \\ 18.1\ \text{g} \times \dfrac{x_1}{100.0\ \text{g}} + 19.3\ \text{g} \times \dfrac{x_2}{100.0\ \text{g}} + 12.3\ \text{g} \times \dfrac{x_3}{100.0\ \text{g}} = 213.3\ \text{g} & \text{(炭水化物)} \end{cases}$$

▶ 各項は $9.1\ \text{g} \times \dfrac{x_1}{100.0\ \text{g}} = \dfrac{9.1}{100.0} \times x_1$ などであり，右辺が □ g の形だから，x_1, x_2, x_3 は単位量 g で表す量になる． **例** $x_1 = 800.0\ \text{g}$

(2) 簡単のために，両辺に 100.0 を掛けると

$$\begin{cases} 9.1x_1 + 9.3x_2 + 13.3x_3 = 135.3\ \text{g} \times 100.0 & \text{(タンパク質)} \\ 20.3x_1 + 11.2x_2 + 13.4x_3 = 227.2\ \text{g} \times 100.0 & \text{(脂質)} \\ 18.1x_1 + 19.3x_2 + 12.3x_3 = 213.3\ \text{g} \times 100.0 & \text{(炭水化物)} \end{cases}$$

$\dfrac{9.1\ \text{g}}{100.0\ \text{g}}$ の分子・分母で g どうしを約分して $\underbrace{\dfrac{9.1}{100.0}}_{\text{数}}$ を得る．

となる．Cramer の方法で解を書き表す．

$$x_1 = \frac{100.0 \begin{vmatrix} 135.3 & 9.3 & 13.3 \\ 227.2 & 11.2 & 13.4 \\ 213.3 & 19.3 & 12.3 \end{vmatrix} \text{g}}{\begin{vmatrix} 9.1 & 9.3 & 13.3 \\ 20.3 & 11.2 & 13.4 \\ 18.1 & 19.3 & 12.3 \end{vmatrix}}, \quad x_2 = \frac{100.0 \begin{vmatrix} 9.1 & 135.3 & 13.3 \\ 20.3 & 227.2 & 13.4 \\ 18.1 & 213.3 & 12.3 \end{vmatrix} \text{g}}{\begin{vmatrix} 9.1 & 9.3 & 13.3 \\ 20.3 & 11.2 & 13.4 \\ 18.1 & 19.3 & 12.3 \end{vmatrix}},$$

分子に行列式の性質 2 (5.2.4 項) を活用した．

$$x_3 = \frac{100.0 \begin{vmatrix} 9.1 & 9.3 & 135.3 \\ 20.3 & 11.2 & 227.2 \\ 18.1 & 19.3 & 213.3 \end{vmatrix} \text{g}}{\begin{vmatrix} 9.1 & 9.3 & 13.3 \\ 20.3 & 11.2 & 13.4 \\ 18.1 & 19.3 & 12.3 \end{vmatrix}}$$

結果だけを示すと，$x_1 = 800.0\ \text{g}$, $x_2 = 100.0\ \text{g}$, $x_3 = 400.0\ \text{g}$ だから

海老フライ：800.0 g，しゅうまい：100.0 g，ハンバーグ：400.0 g

である (各自確かめること)．

第 5 話の問診 (到達度確認)

① 0 を含む割算が正しくできるか？

② 行列式の計算ができるか？

③ Cramer の方法で連立 1 次方程式が解けるか？

④ 逆マトリックスを求めることができるか？

⑤ 最小二乗法で実験結果を表す理論式を求めることができるか？

第 6 話　線型変換 — データを操作するには

第 6 話の目標

① 図形の拡大・縮小・回転・鏡映の意味と方法とを理解すること.

② 固有値・固有ベクトルの意味を理解した上で求めることができるようになること.

キーワード　図形の拡大・縮小・回転・鏡映, 固有値, 固有ベクトル

化学・生物系などの分野は, 物質を対象とする研究テーマが多い. 物質の性質を探るために, ミクロの世界に目を向け, 物質を構成している原子・分子の構造を手がかりにする. 中学・高校の理科室にも, 分子模型が用意してある. 分子の形を目で見てわかるようにするためである. 現在では, 模型の代わりに, コンピュータの画面に分子の形を描くアプリケーションソフトが充実している. こういうソフトを使うと, 分子の大きさを変えたり, 分子を並進・回転させたりすることもできる. どのようなプログラムで操作しているのだろうか？ 図形の拡大・縮小・回転を実行するプログラムでも, マトリックスの手法が効力を発揮している. 実践上は, コンピュータでマウス操作するだけだから, マトリックスを知らなくても困ることはない.

それでは, マトリックスの活用の仕方を理解しなくていいだろうか？ 考える問題がちがっても, 問題の本質が同じ場合には, 同じ方法が適用できる. 図形の大きさ・位置・向きを変える方法は, 図形だけとは限らず量子化学の問題でも役に立つ. 原子・分子のエネルギーを求めたり, 原子・分子内の電子状態 (原子軌道) を調べたりするときに, 本章の固有値問題に出会う. 対称操作が原子軌道におよぼす影響は, マトリックスで表現することができる. このような応用に先立って, 簡単な例でマトリックスのイメージを描けるようにする. これらの準備のために, 線型変換の考え方を理解する.

進んだ探究

量子化学では, 原子・分子を電子の集まり (電子系という) として扱う. 電子状態を「状態ベクトル」というベクトルで表示する. 電子系のエネルギーは「ハミルトニアン行列」というマトリックスの固有値にあたる.

はじめに, 図形の拡大・縮小・回転・鏡映の意味と方法とを探究する. これらの操作は分子模型に適用できる. つぎに, 特定の方向を変えない操作を取り上げる. この操作を手がかりにして, 簡単な数理モデルの特徴を調べる.

特定の方向を変えない変換を求める問題を固有値問題という.

6.1　図形の拡大・縮小・回転・鏡映

6.1.1　位置ベクトルの表し方

図形を描くときのために, 平面内の点の位置をどのように表すかを決める.

① 基準点を選ぶ. 基準点はどこに選んでもいい.

② 点の位置が基準点からどの向きにどれだけ離れているかを,

基準点からその点に向かう矢印 (**幾何ベクトル**)

で表せる.

③ 座標軸を入れると, 矢印の代わりに「数の組」(**数ベクトル**) でも表せる.

点の位置を指定するために使う矢印と「数の組」とを**位置ベクトル**という.

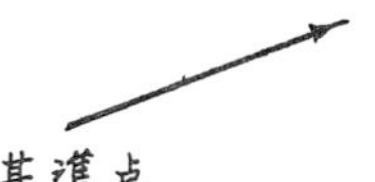

図 6.1 位置ベクトル

数ベクトル, 幾何ベクトルについて 4.1 節参照.

例題 6.1　**位置ベクトルの表し方**

(1) 点 P $(2,-3)$ を基準点として, 点 O $(0,0)$ の位置ベクトル, 点 P $(2,-3)$ の位置ベクトル, 点 Q $(5,4)$ の位置ベクトルを表せ.

(2) 点 O $(0,0)$ を基準点として, 点 O $(0,0)$ の位置ベクトル, 点 P $(2,-3)$ の位置ベクトル, 点 Q $(5,4)$ の位置ベクトルを表せ.

世界に物体が 1 個しか存在しなければ, その物体の位置を表すことはできない. 他の物体から見て「どこにいる」といえる.

【解説】

(1) 座標 (x_1, x_2) で表せる点 $\leftrightarrow$ 数ベクトル $\begin{pmatrix} x_1 - ♠ \\ x_2 - ♣ \end{pmatrix}$ (♠, ♣ は基準点)

座標
座：「場所」の意味 (座席という熟語を思い出すとわかる)
標：「しるし」の意味

例　点 P から点 Q に向かう矢印は $\overrightarrow{PQ}$ という名称で表す.

例　点 P から見て, 点 Q は水平右向きに $+3$, 鉛直上向きに $+7$ だけ進む矢印 $\overrightarrow{PQ}$ で表せる. この矢印を数ベクトル $\begin{pmatrix} 3 \\ 7 \end{pmatrix}$ で表す.

文字の使い方の注意
x_1, x_2 は未知数ではなく, 数の代表を表す.
どんな数でもいいので, 文字で表した.
文字は, いつでも未知数を表すとは限らない.

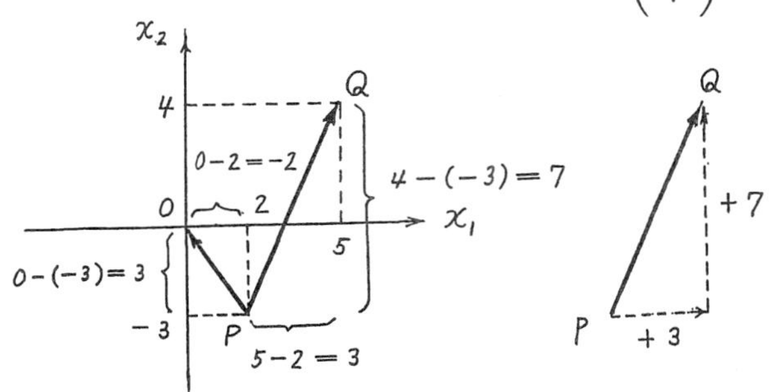

図 6.2　点 P を基準点とした位置ベクトル

点	座標	数ベクトルで表した位置ベクトル	幾何ベクトルで表した位置ベクトル
O	(0, 0)	$\begin{pmatrix} -2 \\ 3 \end{pmatrix}$	$\overrightarrow{\mathrm{PO}}$　基準点 P から点 O に向かう矢印
P	(2, −3)	$\begin{pmatrix} 0 \\ 0 \end{pmatrix}$	$\overrightarrow{0}$ (零ベクトル)　大きさがゼロの矢印
Q	(5, 4)	$\begin{pmatrix} 3 \\ 7 \end{pmatrix}$	$\overrightarrow{\mathrm{PQ}}$　基準点 P から点 Q に向かう矢印

点 Q の座標
−基準点の座標
の順に注意する．

(1) 基準点 P は
$$\begin{pmatrix} 2-2 \\ (-3)-(-3) \end{pmatrix}$$
だから
$$\begin{pmatrix} 0 \\ 0 \end{pmatrix}$$
である．

(2)

点	座標	数ベクトルで表した位置ベクトル	幾何ベクトルで表した位置ベクトル
O	(0, 0)	$\begin{pmatrix} 0 \\ 0 \end{pmatrix}$	$\overrightarrow{0}$ (零ベクトル)　大きさがゼロの矢印
P	(2, −3)	$\begin{pmatrix} 2 \\ -3 \end{pmatrix}$	$\overrightarrow{\mathrm{OP}}$　基準点 O から点 P に向かう矢印
Q	(5, 4)	$\begin{pmatrix} 5 \\ 4 \end{pmatrix}$	$\overrightarrow{\mathrm{OQ}}$　基準点 O から点 Q に向かう矢印

重要　座標軸の原点を基準点に選ぶと，数ベクトルの成分の値は座標の値と一致するのでわかりやすい．

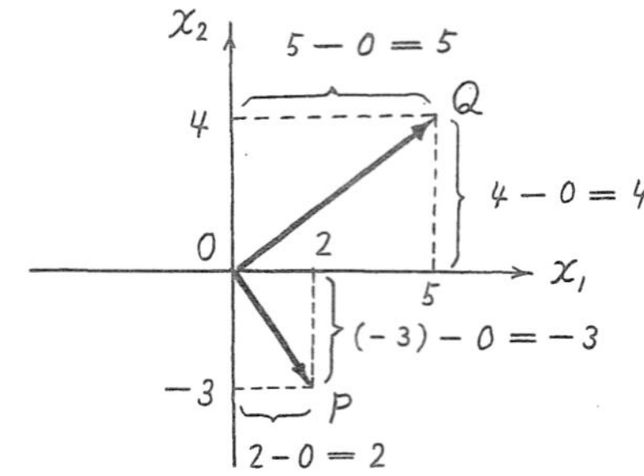

図 6.3　点 O を基準点とした位置ベクトル

【注意】同じ位置でも位置ベクトルは基準点の選び方による

- 同じ基準点から点 P, 点 Q を見るとき ⇒ 原点 O を基準点とすると便利.
- 点 P から見て点 Q が離れたり近づいたりするようすを表すとき ⇒ 原点 P を基準点とすると便利.

例題 6.1 (1), (2) 点 Q

図 6.2 $\overrightarrow{\mathrm{PO}}$

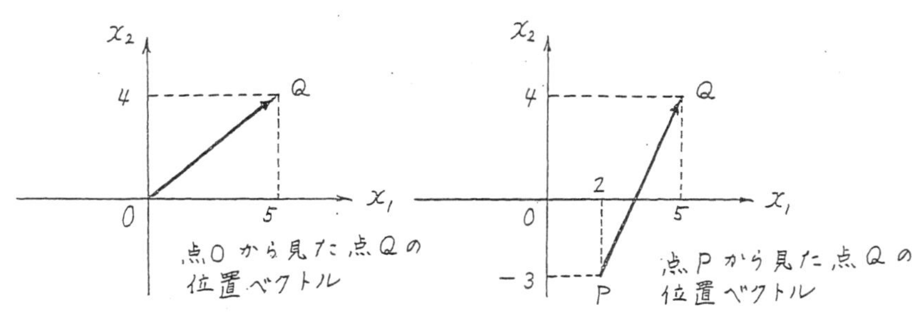

図 6.4　基準点のちがい

▶ 数ベクトルをどのように使うのか

$$\begin{pmatrix} -2 \\ 3 \end{pmatrix} \begin{matrix} \longleftarrow x_1 \text{ 軸方向の座標の差} \\ \longleftarrow x_2 \text{ 軸方向の座標の差} \end{matrix}$$

- 幾何ベクトルの傾き　$\dfrac{3}{-2} = -1.5$
- 2 点間の距離　$\sqrt{(-2)^2 + 3^2} = 5$ (三平方の定理)

問 6.1　x_1x_2 平面で 2 点 A (2,4), B (−1,1) を結ぶ線分 AB を 5 : 3 に内分する点 P の座標 (x_1, x_2) を求めよ.

【解説】 座標軸の原点を基準点とすると, 計算に便利である.

指針　座標がわかっている点 A, 点 B で点 P を表すことをめざす.

① 各点の位置ベクトルを矢印 (幾何ベクトル) で描く.

内分点の公式を暗記するのではなく, 問 6.1 の方法で図を描いて式が書けるように練習するといい. 同じ考え方がほかの問題にも応用できるからである.

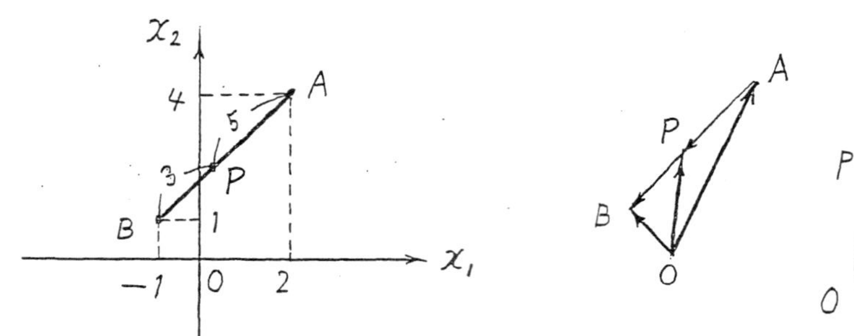

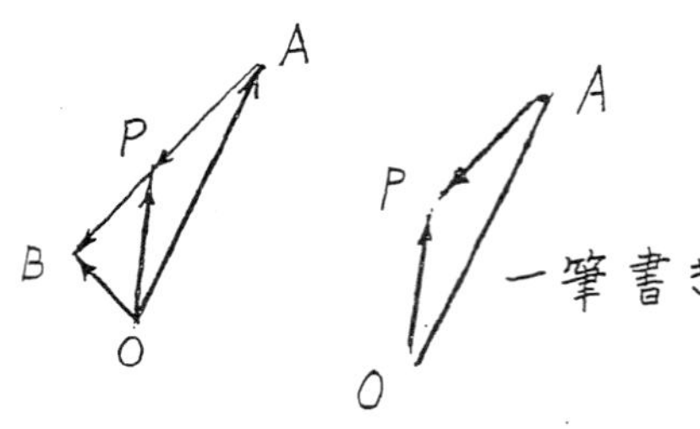

図 6.5 内分点の位置ベクトルの表し方

問 4.17 (d)
$\frac{3}{8}\begin{pmatrix} 2 \\ 4 \end{pmatrix}$ は
$\begin{pmatrix} \frac{3}{8} & 0 \\ 0 & \frac{3}{8} \end{pmatrix}\begin{pmatrix} 2 \\ 4 \end{pmatrix}$
の略記と考える.

② 図 6.5, 図 6.6 を見ながら矢印どうしの関係を式で表す.

$$\begin{aligned}\overrightarrow{\mathrm{OP}} &= \overrightarrow{\mathrm{OA}} + \overrightarrow{\mathrm{AP}} \\ &= \overrightarrow{\mathrm{OA}} + \frac{5}{3+5}\overrightarrow{\mathrm{AB}} \\ &= \overrightarrow{\mathrm{OA}} + \frac{5}{8}(\overrightarrow{\mathrm{OB}} - \overrightarrow{\mathrm{OA}}) \\ &= \frac{3}{8}\overrightarrow{\mathrm{OA}} + \frac{5}{8}\overrightarrow{\mathrm{OB}}\end{aligned}$$

⟵ 図 6.6 をよく見ると $\overrightarrow{\mathrm{AB}} = \overrightarrow{\mathrm{OB}} - \overrightarrow{\mathrm{OA}}$ とわかる.

⟵ 座標がわかっている点 A, 点 B で表した形

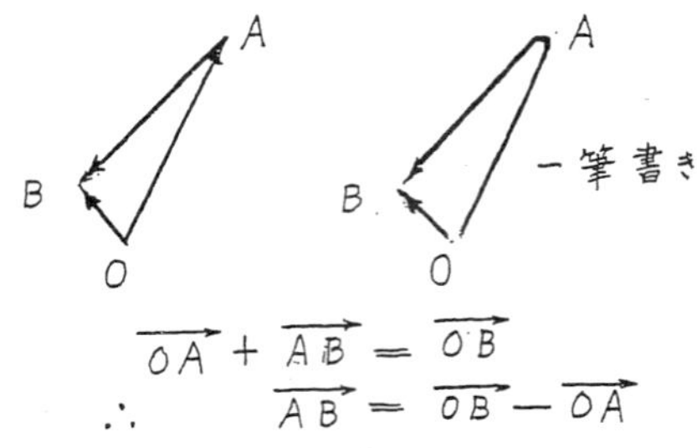

図 6.6 $\overrightarrow{\mathrm{AB}} = \overrightarrow{\mathrm{OB}} - \overrightarrow{\mathrm{OA}}$ の意味

③ この式の中で, 矢印の名称の記号を数ベクトルに置き換える.

$\overrightarrow{\mathrm{OP}}$	$\begin{pmatrix} x_1 \\ x_2 \end{pmatrix}$
$\overrightarrow{\mathrm{OA}}$	$\begin{pmatrix} 2 \\ 4 \end{pmatrix}$
$\overrightarrow{\mathrm{OB}}$	$\begin{pmatrix} -1 \\ 1 \end{pmatrix}$

$$\begin{aligned}\begin{pmatrix} x_1 \\ x_2 \end{pmatrix} &= \frac{3}{8}\begin{pmatrix} 2 \\ 4 \end{pmatrix} + \frac{5}{8}\begin{pmatrix} -1 \\ 1 \end{pmatrix} \\ &= \begin{pmatrix} \frac{1}{8} \\ \frac{17}{8} \end{pmatrix}\end{aligned}$$

したがって, 点 P の座標は $\left(\frac{1}{8}, \frac{17}{8}\right)$ である.

【自習問題】

$$\begin{aligned}\overrightarrow{\mathrm{OP}} &= \overrightarrow{\mathrm{OB}} + \overrightarrow{\mathrm{BP}} \\ &= \overrightarrow{\mathrm{OB}} + \frac{3}{3+5}\overrightarrow{\mathrm{BA}} \\ &= \overrightarrow{\mathrm{OB}} + \frac{3}{8}(\overrightarrow{\mathrm{OA}} - \overrightarrow{\mathrm{OB}}) \\ &= \frac{3}{8}\overrightarrow{\mathrm{OA}} + \frac{5}{8}\overrightarrow{\mathrm{OB}}\end{aligned}$$

と考えてもいいことも図を描いて確かめること.

ここで考えている「点」は, 正しくは「質点」という. たとえば, 地球の公転を考えるとき, 地球の形状は問題にしないで地球を点とみなし, 点の回転運動を調べる. 物体は重いと動きにくく, 軽いと動きやすいから質量を無視することはできない. このように「質量を持った点」というモデルを想定する. このモデルを質点とよぶ.

【進んだ探究】重心の位置

問 6.1 は, 力学の問題に適用できる.2 個のおもりを, 質量の無視できるほど軽い棒でつないだ器具がある. 棒の特別な位置で器具を支えると, 器具は回転しないで止まる. 現実には, それぞれのおもりに重力がはたらく. しかし, この実験は, 器具には全重力がはたらくと考えていい位置があることを示している. この位置を器具の「重心」という. 2 個のおもりの代わりに, 重心に全質量が集中した 1 個の物体があるとみなす.

小林幸夫:『力学ステーション』(森北出版, 2002) p. 197.

質量 m
mass の頭文字

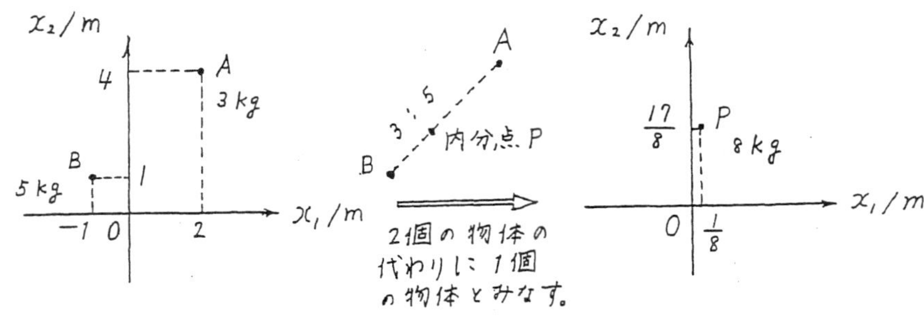

図 6.7 重心

斜体
0.1 節 例題 0.1 参照.

$\dfrac{3\ \overrightarrow{\mathrm{OA}} + 5\ \overrightarrow{\mathrm{OB}}}{3+5}$ は $\dfrac{3\ \mathrm{kg}\ \overrightarrow{\mathrm{OA}} + 5\ \mathrm{kg}\ \overrightarrow{\mathrm{OB}}}{(3+5)\ \mathrm{kg}}$ の分母・分子を kg で約分した形.

平均点 $\dfrac{3\text{人} \times 8\text{点} + 5\text{人} \times 4\text{点}}{(3+5)\text{人}}$ と同じ形.

例 1 質量 3 kg の物体の位置が点 A (2 m, 4 m), 質量 5 kg の物体の位置が点 B (−1 m, 1 m) の場合

重心の位置は, 2 個の物体を結ぶ線分 AB を質量の**逆比** (5 : 3) に内分する点にある. 問 6.1 から, この位置は $\left(\frac{1}{8}\ \mathrm{m}, \frac{17}{8}\ \mathrm{m}\right)$ である.

3 : 5 ではないことに注意する.

重心の速度が変わらない事情について, 小林幸夫:『力学ステーション』(森北出版, 2002) p. 184 参照.

例 2 重心の概念は，生命情報のどんな場面に適用することがあるのか？ G. B. Benedek, F. M. H. Villars: *Physics with Illustrative Examples from Medicine and Biology*, Addison-Wesley [松原武生・井上章訳：『医系の物理 力学 (下)』(吉岡書店, 1980)] で取り上げている題材を簡単に紹介する．

体内を血液が流れていることは，だれでも知っている通りである．心臓の 1 サイクルの間に，心臓は収縮するごとに動脈循環系へ約 65 g の血液を送り出している．この血液は約 7 cm 動く．ヒトが横になっている場合を考えてみよう．ヒトのからだ全体からこの血液を除いた枠の重心は，どのくらい動くのか？

例 1 と同じように，

$$\text{血液を含むからだ全体の重心の位置} = \frac{(\text{血液を除いた枠の質量}) \times (\text{枠の重心の位置}) + (\text{血液の質量}) \times (\text{血液の重心の位置})}{(\text{血液を除いた枠の質量}) + (\text{血液の質量})}$$

である．力学の法則によると，からだに外界から力がはたらいていないとき，からだ全体の重心の速度は変わらない．はじめに，からだが止まっていた場合，ずっと止まったままである．からだ全体の重心は動かないから，その位置は変わらない．式で書くと，血液を含むからだ全体の重心の変化 = 0 m である．分子に着目すると，

$$(\text{血液を除いた枠の質量}) \times (\text{枠の重心の変化}) + (\text{血液の質量}) \times (\text{血液の重心の変化}) = 0 \text{ m}$$

とも書ける．この式を変形すると，

$$\text{枠の重心の変化} = -\frac{\text{血液の質量}}{\text{血液を除いた枠の質量}} \times \text{血液の重心の変化}$$

となる．実験で (血液の質量) × (血液の重心の変化) の値がわかるので，血液を除いた枠が 72.5 kg のヒトの場合，6×10^{-2} mm くらい動く．

6.1.2 平面上の変換

「変換」とは，対象の見方を変える操作である． 見方を変えるだけだから，対象そのものを変えるわけではない．つぎの例では，テントはあくまでもテントのままである．

「対象」を「対称」と混同してはいけない．

テントがつぶれる

強風でテントがつぶれた場面を描くにはどうすればいいだろうか？ 簡単のために，正面からテントの形が三角形に見えたとする．

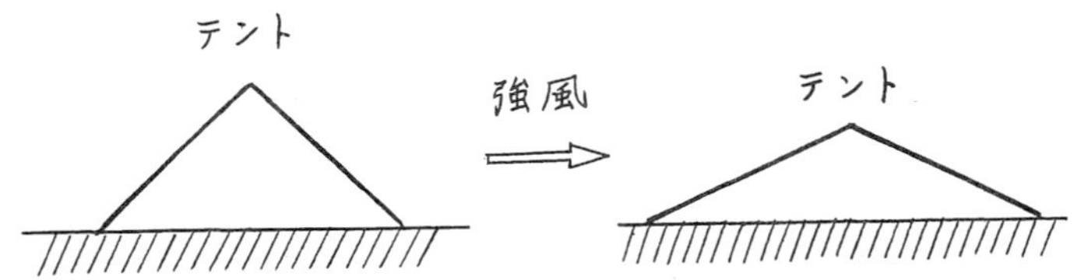

図 6.8　テントの変形

もとの位置とうつり先との関係を

$$\overbrace{\underbrace{\begin{pmatrix} x_1{}' \\ x_2{}' \end{pmatrix}}_{\text{出力 (新座標)}}}^{\boldsymbol{x}'} = \overbrace{\underbrace{\begin{pmatrix} \spadesuit & \heartsuit \\ \clubsuit & \diamondsuit \end{pmatrix}}_{\text{旧座標から新座標への橋渡し}}}^{A} \overbrace{\underbrace{\begin{pmatrix} x_1 \\ x_2 \end{pmatrix}}_{\text{入力 (旧座標)}}}^{\boldsymbol{x}}$$

$\boldsymbol{x}' = A\boldsymbol{x}$
比例 $y = ax$ と同じ形

線型変換

で表す (線型について, 1.1 節参照. あとで取り上げる回転・鏡映も線型変換である).

$\begin{pmatrix} \text{よこ座標} \\ \text{たて座標} \end{pmatrix}$

タテベクトル：太文字
マトリックス：大文字

4.2.2 項参照.
$\begin{pmatrix} \clubsuit & \heartsuit \\ \spadesuit & \diamondsuit \end{pmatrix}$ と $\begin{pmatrix} x_1 \\ x_2 \end{pmatrix}$ との乗法を実行すると $\begin{pmatrix} \clubsuit \times x_1 + \heartsuit \times x_2 \\ \spadesuit \times x_1 + \diamondsuit \times x_2 \end{pmatrix}$ となる.

問 6.2　座標が (x_1, x_2) である点の位置ベクトルを, 規則

$$\begin{pmatrix} x_1{}' \\ x_2{}' \end{pmatrix} = \begin{pmatrix} \frac{3}{2} & 0 \\ 0 & \frac{1}{3} \end{pmatrix} \begin{pmatrix} x_1 \\ x_2 \end{pmatrix}$$

によって, 座標が $(x_1{}', x_2{}')$ である点の位置ベクトルにうつしてみる. この規則にしたがうと, テントはどんな形になるか？

【解説】

$$\begin{pmatrix} \frac{3}{2} & 0 \\ 0 & \frac{1}{3} \end{pmatrix} \begin{pmatrix} x_1 \\ x_2 \end{pmatrix} = \begin{pmatrix} \frac{3}{2}x_1 \\ \frac{1}{3}x_2 \end{pmatrix} \begin{matrix} \longleftarrow x_1 \text{ を } \frac{3}{2} \text{ 倍に拡大} \\ \longleftarrow x_2 \text{ を } \frac{1}{3} \text{ 倍に縮小} \end{matrix}$$

点 A に $x_1 = 5$, $x_2 = 0$ だから, $x_1{}' = \frac{15}{2}$, $x_2{}' = 0$ にうつる.
点 B に $x_1 = -5$, $x_2 = 0$ だから, $x_1{}' = -\frac{15}{2}$, $x_2{}' = 0$ にうつる.
点 C に $x_1 = 0$, $x_2 = 4$ だから, $x_1{}' = 0$, $x_2{}' = \frac{4}{3}$ にうつる.

$\begin{pmatrix} x_1{}' \\ x_2{}' \end{pmatrix}$ は $\begin{pmatrix} \frac{3}{2} & 0 \\ 0 & \frac{1}{3} \end{pmatrix}$ と $\begin{pmatrix} x_1 \\ x_2 \end{pmatrix}$ との乗法だから $\begin{pmatrix} \frac{3}{2} \times x_1 + 0 \times x_2 \\ 0 \times x_1 + \frac{1}{3} \times x_2 \end{pmatrix}$ である.

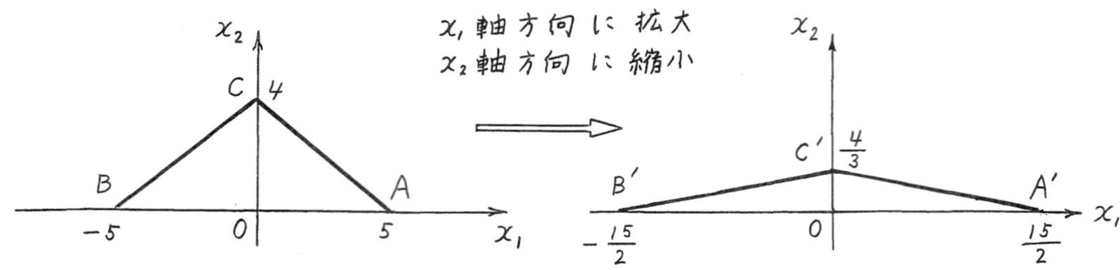

図 6.9 テントの変形

どんなマトリックスを考えれば，図形の拡大・縮小・回転・鏡映が表せるのかという問題を整理してみよう．

問 6.2 では，位置ベクトルをマトリックスで変換して，テントを x_1 軸方向に引きのばし，x_2 軸方向に縮めた．

探究支援 6.3 で，分子模型の場合を扱う．

拡大・縮小

座標が (x_1, x_2) である点の位置ベクトルを，

$$\underbrace{\overbrace{\begin{pmatrix} x_1{}' \\ x_2{}' \end{pmatrix}}^{\text{出力}}}_{\text{あと}} = \overbrace{\begin{pmatrix} \alpha & 0 \\ 0 & \beta \end{pmatrix}}^{\text{変換の規則}} \underbrace{\overbrace{\begin{pmatrix} x_1 \\ x_2 \end{pmatrix}}^{\text{入力}}}_{\text{はじめ}}$$

4.2 節で，マトリックスが入力から出力をつくるはたらきをすることを理解した．入力，出力について，1.1 節参照．

によって，座標が $(x_1{}', x_2{}')$ である点の位置ベクトルにうつせばいい．

$\alpha > 1$	x_1 軸方向に拡大	$\beta > 1$	x_2 軸方向に拡大
$\alpha = 1$	x_1 軸方向に等倍	$\beta = 1$	x_2 軸方向に等倍
$0 < \alpha < 1$	x_1 軸方向に縮小	$0 < \beta < 1$	x_2 軸方向に縮小

問 6.2 は $\alpha > 1$, $0 < \beta < 1$ の場合である．

問 6.3 拡大・縮小した図形をもとに戻す操作を，マトリックスで表せ．

【解説】 **指針** 問 6.2 で具体的に見通しを立ててみよう．もとに戻すためには，

$$\begin{pmatrix} \spadesuit & 0 \\ 0 & \diamondsuit \end{pmatrix} \begin{pmatrix} \frac{3}{2}x_1 \\ \frac{1}{3}x_2 \end{pmatrix} = \begin{pmatrix} x_1 \\ x_2 \end{pmatrix}$$

の ♠, ◇ にあてはまる数を見つければいい．

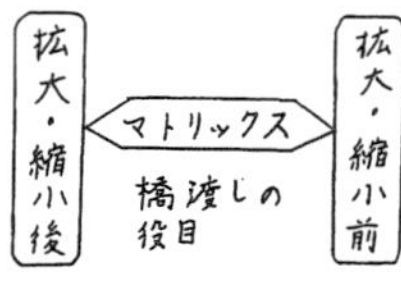

$\spadesuit \times \frac{3}{2}x_1 + 0 \times \frac{1}{3}x_2 = x_1$, $0 \times \frac{3}{2}x_1 + \diamondsuit \times \frac{1}{3}x_2 = x_2$ だから，暗算で $\spadesuit = \frac{2}{3}$, $\diamondsuit = 3$ とわかる．$\frac{2}{3}$ は $\frac{3}{2}$ の逆数，$3 \left(= \frac{3}{1}\right)$ は $\frac{1}{3}$ の逆数である．

座標が $({x_1}', {x_2}')$ である点の位置ベクトルを，規則

$$\begin{pmatrix} x_1 \\ x_2 \end{pmatrix} = \begin{pmatrix} \frac{1}{\alpha} & 0 \\ 0 & \frac{1}{\beta} \end{pmatrix} \begin{pmatrix} {x_1}' \\ {x_2}' \end{pmatrix}$$

によって，座標が (x_1, x_2) である点の位置ベクトルにうつせばいい．

【補足】

$$\underbrace{\begin{pmatrix} \frac{1}{\alpha} & 0 \\ 0 & \frac{1}{\beta} \end{pmatrix} \begin{pmatrix} \alpha & 0 \\ 0 & \beta \end{pmatrix}}_{\begin{pmatrix} \frac{1}{\alpha} \times \alpha + 0 \times 0 & \frac{1}{\alpha} \times 0 + 0 \times \beta \\ 0 \times \alpha + \frac{1}{\beta} \times 0 & 0 \times 0 + \frac{1}{\beta} \times \beta \end{pmatrix}} = \underbrace{\begin{pmatrix} \alpha & 0 \\ 0 & \beta \end{pmatrix} \begin{pmatrix} \frac{1}{\alpha} & 0 \\ 0 & \frac{1}{\beta} \end{pmatrix}}_{\begin{pmatrix} \alpha \times \frac{1}{\alpha} + 0 \times 0 & \alpha \times 0 + 0 \times \frac{1}{\beta} \\ 0 \times \frac{1}{\alpha} + \beta \times 0 & 0 \times 0 + \beta \times \frac{1}{\beta} \end{pmatrix}} = \underbrace{\begin{pmatrix} 1 & 0 \\ 0 & 1 \end{pmatrix}}_{\text{単位マトリックス}}$$

に注意する．$\begin{pmatrix} \frac{1}{\alpha} & 0 \\ 0 & \frac{1}{\beta} \end{pmatrix}$ は $\begin{pmatrix} \alpha & 0 \\ 0 & \beta \end{pmatrix}$ の逆マトリックスである．

> マトリックスの対角成分（↘方向に並んだ成分）以外がすべて 0 のとき，上記の考え方で逆マトリックスが簡単に求まる．

$$\begin{pmatrix} {x_1}' \\ {x_2}' \end{pmatrix} = \begin{pmatrix} \alpha & 0 \\ 0 & \beta \end{pmatrix} \begin{pmatrix} x_1 \\ x_2 \end{pmatrix}$$

の両辺に**左から** $\begin{pmatrix} \frac{1}{\alpha} & 0 \\ 0 & \frac{1}{\beta} \end{pmatrix}$ を掛ける．

$$\begin{pmatrix} \frac{1}{\alpha} & 0 \\ 0 & \frac{1}{\beta} \end{pmatrix} \begin{pmatrix} {x_1}' \\ {x_2}' \end{pmatrix} = \begin{pmatrix} \frac{1}{\alpha} & 0 \\ 0 & \frac{1}{\beta} \end{pmatrix} \begin{pmatrix} \alpha & 0 \\ 0 & \beta \end{pmatrix} \begin{pmatrix} x_1 \\ x_2 \end{pmatrix}$$

$$\begin{pmatrix} x_1 \\ x_2 \end{pmatrix} = \begin{pmatrix} \frac{1}{\alpha} & 0 \\ 0 & \frac{1}{\beta} \end{pmatrix} \begin{pmatrix} {x_1}' \\ {x_2}' \end{pmatrix}$$

回転

コンピュータの画面上に表示した分子模型のグラフィックスソフトウェアがある．分子を平行移動したり拡大・縮小したりするだけでなく，回転させること

$\alpha = 4$ のとき $\frac{1}{\alpha} = \frac{1}{4}$

もとの図形を 4 倍に拡大したとき，この図形を $\frac{1}{4}$ 倍に縮小すると，もとの図形に戻る．β も同様．

単位マトリックスは 4.2.3 項参照．

逆マトリックスは 5.3 節参照．

一般に，マトリックスの乗法は掛ける順で積が異なる（交換できない）から「左から」という注意が必要である（4.2 節参照）．

右辺の意味

$\begin{pmatrix} \alpha & 0 \\ 0 & \beta \end{pmatrix}$ で変換したあと $\begin{pmatrix} \frac{1}{\alpha} & 0 \\ 0 & \frac{1}{\beta} \end{pmatrix}$ で変換すると，何も変換しなかったのと同じである．

$\begin{pmatrix} \frac{1}{\alpha} & 0 \\ 0 & \frac{1}{\beta} \end{pmatrix}$ と $\begin{pmatrix} \alpha & 0 \\ 0 & \beta \end{pmatrix}$ との積は $\begin{pmatrix} 1 & 0 \\ 0 & 1 \end{pmatrix}$ である．

もできる．簡単のために，分子の代わりに点を回転させる場合を考えてみよう．

インターネットで検索すると，分子模型のグラフィックスソフトウェアが見つかる．
例　RasMol

重要　回転は**回転の中心**（どの点を通る軸のまわりに回転するか）と**回転角**（どれだけ回すか）とによって決まる．

約束　① 回転角：ラジアンか度で測る．② 反時計まわりを正の角とする．

探究支援 6.4 で，分子模型の場合を扱う．

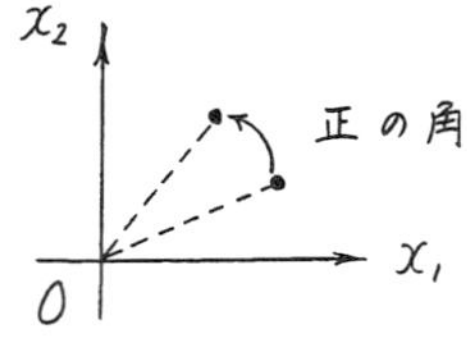

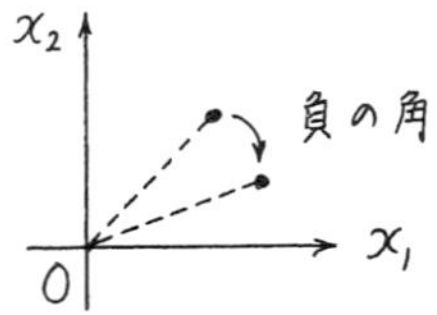

図 6.10　正の角と負の角

原点を通る軸のまわりの回転の表し方 ― 回転マトリックス

座標軸上の点は，原点を通る軸のまわりに回転したときのうつり先が簡単にわかる．このうつり先を手がかりにして，ほかの点のうつり先を求める．

① 数ベクトル $\begin{pmatrix} 1 \\ 0 \end{pmatrix}$ で表せる幾何ベクトル $\overrightarrow{e}_1$ と数ベクトル $\begin{pmatrix} 0 \\ 1 \end{pmatrix}$ で表せる幾何ベクトル $\overrightarrow{e}_2$ とが原点を通る軸のまわりに角 θ だけ回転すると，それぞれ $\overrightarrow{e}_1{}'$, $\overrightarrow{e}_2{}'$ にうつる．

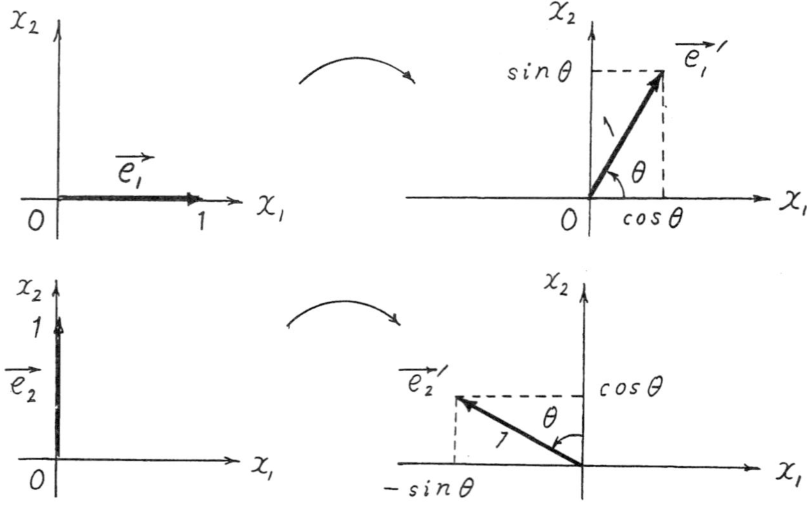

幾何ベクトル $\overrightarrow{e}_1{}'$ は数ベクトル $\begin{pmatrix} \cos\theta \\ \sin\theta \end{pmatrix}$ で表せる．

幾何ベクトル $\overrightarrow{e}_2{}'$ は数ベクトル $\begin{pmatrix} -\sin\theta \\ \cos\theta \end{pmatrix}$ で表せる．

図 6.11　$\overrightarrow{e}_1$, $\overrightarrow{e}_2$ の回転

② 幾何ベクトル $\overrightarrow{x}$ が幾何ベクトル $\overrightarrow{x}'$ にうつる.

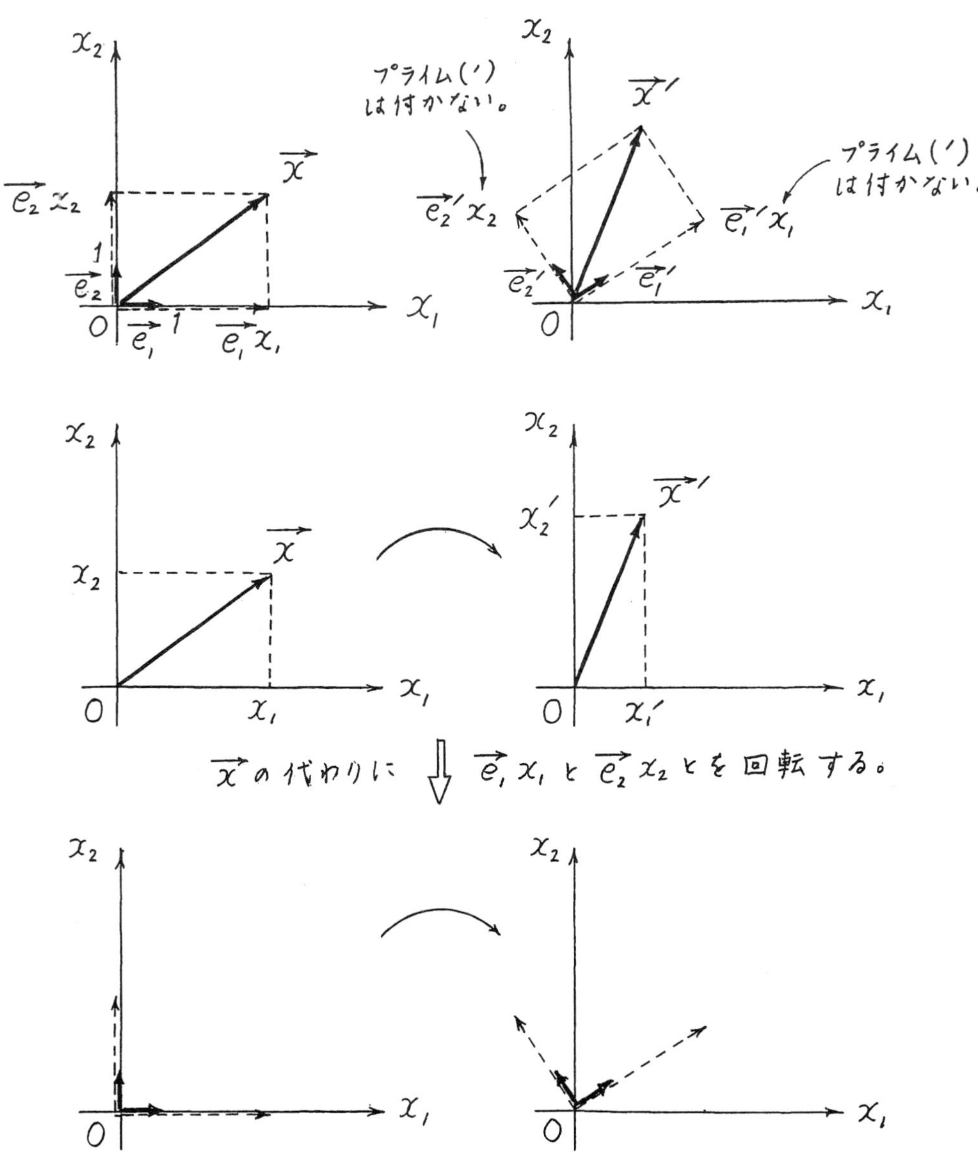

図 6.12　$\overrightarrow{x}$ が $\overrightarrow{x}'$ にうつる.

$$
\begin{array}{ccccccc}
\vec{x} & = & \vec{e}_1 & x_1 & + & \vec{e}_2 & x_2 \\
\downarrow & & \downarrow & & & \downarrow & \\
\vec{x}' & = & \vec{e}_1{}' & x_1 & + & \vec{e}_2{}' & x_2 \\
\downarrow & & \downarrow & & & \downarrow & \\
\begin{pmatrix} x_1{}' \\ x_2{}' \end{pmatrix} & = & \begin{pmatrix} \cos\theta \\ \sin\theta \end{pmatrix} & x_1 & + & \begin{pmatrix} -\sin\theta \\ \cos\theta \end{pmatrix} & x_2
\end{array}
$$

倍を表す数はそのまま(図 6.12 の矢印を見ればわかる).

幾何ベクトルを数ベクトルで表す.

この筋道の理解が重要

右辺の各項の形について, 問 4.17 (d) 参照.

したがって,

> **原点を通る軸のまわりの回転**
>
> $$\underbrace{\begin{pmatrix} x_1{}' \\ x_2{}' \end{pmatrix}}_{\text{うつり先}} = \underbrace{\begin{pmatrix} \cos\theta & -\sin\theta \\ \sin\theta & \cos\theta \end{pmatrix}}_{\text{回転マトリックス}} \underbrace{\begin{pmatrix} x_1 \\ x_2 \end{pmatrix}}_{\text{もとの位置}}$$

枠で囲んであるが, この式を暗記するのではなく, 上記の考え方を理解する.

と表せる (問 6.4 参照).

$$
\begin{array}{lccccl}
\text{記号} & \boldsymbol{x}' & = & U & \boldsymbol{x} & \text{(大文字 } U \text{ は回転マトリックス, 太文字は数ベクトルを表す)} \\
 & \updownarrow & & \updownarrow & \updownarrow & \\
\text{比例} & y & = & a & x & \text{と同じ形 (4.2.2 項参照)}
\end{array}
$$

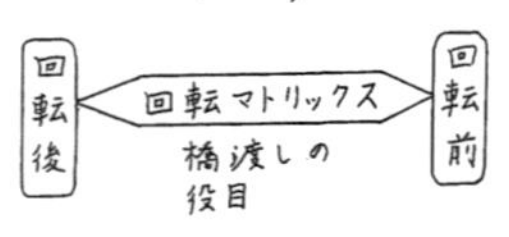

問 6.4 原点を通る軸のまわりの回転がマトリックス $\begin{pmatrix} \cos\theta & -\sin\theta \\ \sin\theta & \cos\theta \end{pmatrix}$ で表せることを確かめよ.

【解説】

$$\begin{pmatrix} x_1{}' \\ x_2{}' \end{pmatrix} = \begin{pmatrix} \cos\theta \\ \sin\theta \end{pmatrix} x_1 + \begin{pmatrix} -\sin\theta \\ \cos\theta \end{pmatrix} x_2 = \begin{pmatrix} \cos\theta \ x_1 + (-\sin\theta) \ x_2 \\ \sin\theta \ x_1 + \cos\theta \ x_2 \end{pmatrix}$$

$$\begin{pmatrix} x_1{}' \\ x_2{}' \end{pmatrix} = \begin{pmatrix} \cos\theta & -\sin\theta \\ \sin\theta & \cos\theta \end{pmatrix} \begin{pmatrix} x_1 \\ x_2 \end{pmatrix} = \begin{pmatrix} \cos\theta \ x_1 + (-\sin\theta) \ x_2 \\ \sin\theta \ x_1 + \cos\theta \ x_2 \end{pmatrix}$$

となり, これらの結果は一致する.

問 6.5 点 $(1, \sqrt{3})$ を原点を通る軸のまわりに 90° 回転させると, どの点にうつるか？

【解説】 90° は正の角だから, 反時計まわりの回転である.

$$\begin{pmatrix} \cos 90^\circ & -\sin 90^\circ \\ \sin 90^\circ & \cos 90^\circ \end{pmatrix}\begin{pmatrix} 1 \\ \sqrt{3} \end{pmatrix} = \begin{pmatrix} 0 & -1 \\ 1 & 0 \end{pmatrix}\begin{pmatrix} 1 \\ \sqrt{3} \end{pmatrix}$$
$$= \begin{pmatrix} 0 \times 1 + (-1) \times \sqrt{3} \\ 1 \times 1 + 0 \times \sqrt{3} \end{pmatrix}$$
$$= \begin{pmatrix} -\sqrt{3} \\ 1 \end{pmatrix}$$

だから, 点 $(-\sqrt{3}, 1)$ にうつる.

たねあかし　問 6.5 の解は, 回転マトリックスを考えなくても, 図を描くだけで簡単にわかる.

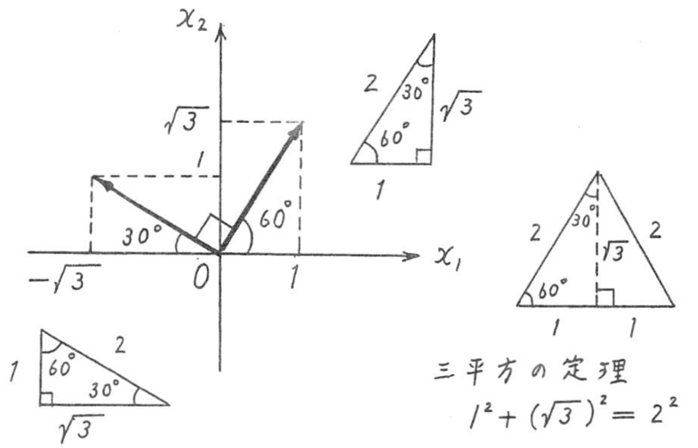

図 6.13　点 $(1, \sqrt{3})$ のうつり先の見つけ方

1 辺の長さが 2 の正三角形を描いてみよう.

「1, 2, $\sqrt{3}$ の直角三角形」を覚えると便利である.

【補足】 点 $(-\sqrt{3}, 1)$ を原点を通る軸のまわりに $-90°$ 回転させると, どの点にうつるか？

$-90°$ は負の角だから, 時計まわりの回転である. 点 $(-\sqrt{3}, 1)$ は, もとの点 $(1, \sqrt{3})$ に戻る. 図を描けば計算しなくてもわかるが, 回転マトリックスの乗法に慣れるために式で確かめてみよう.

90° 回転してから, −90° 回転するともとに戻る.

単位マトリックスは, まったく回転しないのと同じことを表している.

$$\underbrace{\begin{pmatrix} \cos(-90^\circ) & -\sin(-90^\circ) \\ \sin(-90^\circ) & \cos(-90^\circ) \end{pmatrix}}_{\text{つぎに}-90^\circ\text{回転}}\underbrace{\begin{pmatrix} \cos 90^\circ & -\sin 90^\circ \\ \sin 90^\circ & \cos 90^\circ \end{pmatrix}}_{\text{はじめに }90^\circ\text{回転}}\begin{pmatrix} 1 \\ \sqrt{3} \end{pmatrix}$$
$$= \begin{pmatrix} 0 & 1 \\ -1 & 0 \end{pmatrix}\begin{pmatrix} 0 & -1 \\ 1 & 0 \end{pmatrix}\begin{pmatrix} 1 \\ \sqrt{3} \end{pmatrix}$$
$$= \begin{pmatrix} 0 \times 0 + 1 \times 1 & 0 \times (-1) + 1 \times 0 \\ (-1) \times 0 + 0 \times 1 & (-1) \times (-1) + 0 \times 0 \end{pmatrix}\begin{pmatrix} 1 \\ \sqrt{3} \end{pmatrix}$$

$$= \begin{pmatrix} 1 & 0 \\ 0 & 1 \end{pmatrix} \begin{pmatrix} 1 \\ \sqrt{3} \end{pmatrix}$$

$$= \begin{pmatrix} 1 \\ \sqrt{3} \end{pmatrix}$$

$$\begin{pmatrix} \cos 90° & -\sin 90° \\ \sin 90° & \cos 90° \end{pmatrix} \begin{pmatrix} \cos(-90°) & -\sin(-90°) \\ \sin(-90°) & \cos(-90°) \end{pmatrix} = \begin{pmatrix} 1 & 0 \\ 0 & 1 \end{pmatrix}$$

も成り立つ (確認せよ).

したがって, $\begin{pmatrix} \cos(-90°) & -\sin(-90°) \\ \sin(-90°) & \cos(-90°) \end{pmatrix}$ は $\begin{pmatrix} \cos 90° & -\sin 90° \\ \sin 90° & \cos 90° \end{pmatrix}$ の逆マトリックスである (5.3 節).

【参考】図形の回転対称性

回転の操作が角 $2\pi/n$ の回転とき, 回転軸を n 回軸とよぶ.

$(2\pi/n) \times n = 2\pi$ だから, n 回の回転操作をつづけると, 自分自身に重ねることができる.

例　3 回軸のまわりの回転：$2\pi/3$ (120°) の回転操作

すべてのポリペプチド鎖：1 回軸を持つ.

ヘモグロビン, 過酸化水素：2 回軸を持つ.

正方形：4 回軸を持つ.

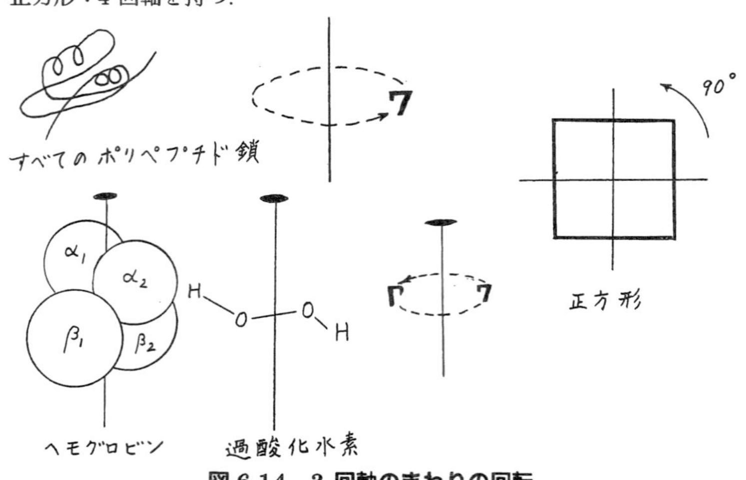

図 6.14　3 回軸のまわりの回転

−90° 回転してから, 90° 回転するともとに戻る.

単位マトリックスは, まったく回転しないのと同じことを表している.

角の単位量の表し方について, 1.2.3 項参照.

n 回の回転操作について 6.2.1 項参照.

$\theta = 2\pi/n$

D. Eisenberg and D. Crothers: *Physical Chemistry with Application to the Life Sciences* (Benjamin/Commings, 1979).

重要　**回転マトリックスをつくるとき**

回転マトリックスをつくるときの手順をあてはめる.

数ベクトル $\begin{pmatrix} 1 \\ 0 \end{pmatrix}$, $\begin{pmatrix} 0 \\ 1 \end{pmatrix}$ で表せる点のうつり先を考える.

▶ $\overrightarrow{e}_1$, $\overrightarrow{e}_2$ を, それぞれ $\begin{pmatrix} 1 \\ 0 \end{pmatrix}$, $\begin{pmatrix} 0 \\ 1 \end{pmatrix}$ で表すのであって, $\underbrace{\begin{pmatrix} \overrightarrow{e}_1 \\ \overrightarrow{e}_2 \end{pmatrix}}_{\text{まちがった書き方}}$ ではない.

例　数ベクトル $\begin{pmatrix} 2 \\ 3 \end{pmatrix}$ で表せる点を, 原点を通る軸のまわりに 60° 回転させたときのうつり先

$\begin{pmatrix} \frac{1}{2} & -\frac{\sqrt{3}}{2} \\ \frac{\sqrt{3}}{2} & \frac{1}{2} \end{pmatrix}$ と $\begin{pmatrix} 2 \\ 3 \end{pmatrix}$ との積は $\begin{pmatrix} \frac{2-3\sqrt{3}}{2} \\ \frac{2\sqrt{3}+3}{2} \end{pmatrix}$ となることを確かめよ.

$\begin{pmatrix} \overrightarrow{e}_1 \\ \overrightarrow{e}_2 \end{pmatrix}$ は $\begin{pmatrix} 1 \\ 0 \\ 0 \\ 1 \end{pmatrix}$ を表すことになるから, ここでは正しくない.

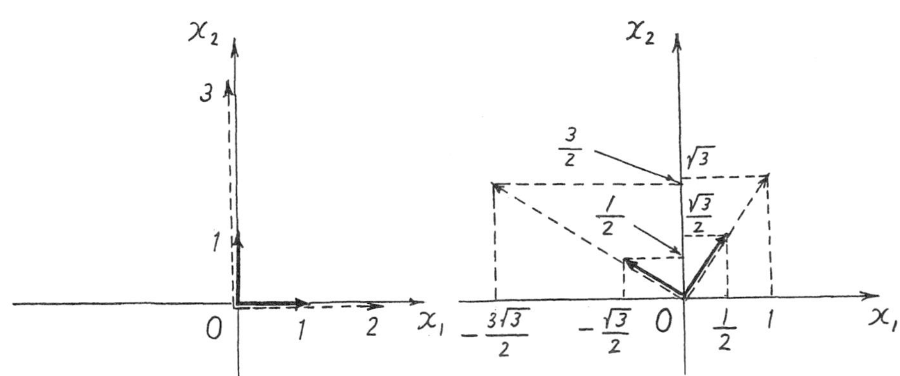

図 6.15　点 (2, 3) のうつり先

$$\begin{pmatrix} 2 \\ 3 \end{pmatrix} = \begin{pmatrix} 1 \\ 0 \end{pmatrix} 2 + \begin{pmatrix} 0 \\ 1 \end{pmatrix} 3$$

幾何ベクトルを数ベクトルで表す.

$$\downarrow \qquad \downarrow \qquad \downarrow$$

$$\begin{pmatrix} \heartsuit \\ \clubsuit \end{pmatrix} = \begin{pmatrix} \frac{1}{2} \\ \frac{\sqrt{3}}{2} \end{pmatrix} 2 + \begin{pmatrix} -\frac{\sqrt{3}}{2} \\ \frac{1}{2} \end{pmatrix} 3 = \begin{pmatrix} \frac{2-3\sqrt{3}}{2} \\ \frac{2\sqrt{3}+3}{2} \end{pmatrix}$$

倍を表す数はそのまま (図 6.15 の矢印を見ればわかる).

右辺の各項の形について, 問 4.17 (d) 参照.

問 6.4 で確かめたように，この筋道を

$$\underbrace{\begin{pmatrix} \heartsuit \\ \clubsuit \end{pmatrix}}_{\text{うつり先}} = \underbrace{\begin{pmatrix} \frac{1}{2} & -\frac{\sqrt{3}}{2} \\ \frac{\sqrt{3}}{2} & \frac{1}{2} \end{pmatrix}}_{\text{回転マトリックス}} \underbrace{\begin{pmatrix} 2 \\ 3 \end{pmatrix}}_{\text{もとの位置}}$$

と表すことができる．

回転に限らず，数ベクトル $\begin{pmatrix} 1 \\ 0 \end{pmatrix}$，$\begin{pmatrix} 0 \\ 1 \end{pmatrix}$ で表せる点のうつり先で，変換を表すマトリックスをつくる．

問 $\begin{pmatrix} 1 \\ 0 \end{pmatrix} \mapsto \begin{pmatrix} 2 \\ 3 \end{pmatrix}$，$\begin{pmatrix} 0 \\ 1 \end{pmatrix} \mapsto \begin{pmatrix} 7 \\ 4 \end{pmatrix}$ となる変換を表すマトリックスをつくれ．この変換で $\begin{pmatrix} 5 \\ -1 \end{pmatrix}$ はどんな数ベクトルにうつるか？

答 $\begin{pmatrix} 2 & 7 \\ 3 & 4 \end{pmatrix}$

うつり先 $\begin{pmatrix} 3 \\ 11 \end{pmatrix}$

回転マトリックスをつくるのはなぜか？

ある点を，原点を通る軸のまわりに回転させたときのうつり先を知るだけであれば，この例と同じ方法を使えばいい．しかし，何回も回転をくり返したときのうつり先を求める場合 (6.2.1 項 問 6.10)，回転マトリックスの乗法を考えると簡単である．

1.2.3 項 (再論)

Q. 角 θ が $90^\circ(=\pi/2)$ を超えた場合でも，$x_1{}' = (\cos\theta)x_1 - (\sin\theta)x_2$，$x_2{}' = (\sin\theta)x_1 + (\cos\theta)x_2$ でしょうか？ 象限によって正負の符号がちがうような気がします．

A. 角 θ の値に関係なく，$x_1{}' = (\cos\theta)x_1 - (\sin\theta)x_2$，$x_2{}' = (\sin\theta)x_1 + (\cos\theta)x_2$ です．この事情を具体的に図解してみましょう．

基本 1.2.3 項の円関数を思い出すこと．

円関数 (高校数学の三角関数) の定義を正確に理解する．

- 直角三角形をつくることができるかどうかは重要ではなく，角の変化に着目する．このため，三角関数を**円関数**ということがある．
- 点の位置を表す角 θ は**始線** (座標平面の x_1 軸の正の部分) から測る．

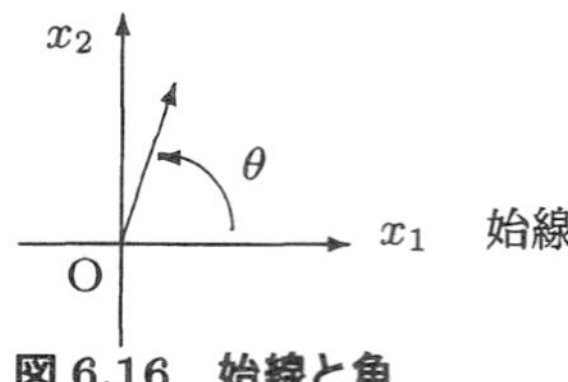

図 6.16 始線と角

- **角 θ の値に関係なく，** 原点からの距離が 1 の点の

$$\begin{cases} x_1\text{座標 (ヨコ座標) を } \cos\theta \text{ と表す.} \\ x_2\text{座標 (タテ座標) を } \sin\theta \text{ と表す.} \end{cases}$$

「θ が何 rad のとき x_1 (ヨコ座標) はいくら」を $x_1 = \cos\theta$
「θ が何 rad のとき x_2 (タテ座標) はいくら」を $x_2 = \sin\theta$

イメージ　$\overrightarrow{e}_1{}'$ を表す矢印に光をあてたと想像して，x_1 軸上の射影の先端の座標（ヨコ座標）と x_2 軸上の射影の先端の座標（タテ座標）とを読む．

重要　$\overrightarrow{e}_2{}'$ を表す矢印が始線となす角は θ ではなく，$\dfrac{\pi}{2}+\theta$ である．

$\overrightarrow{e}_2{}'$ の成分を考えるとき，$\overrightarrow{e}_1{}'$ の成分を手がかりにする．　どの象限でも同じ

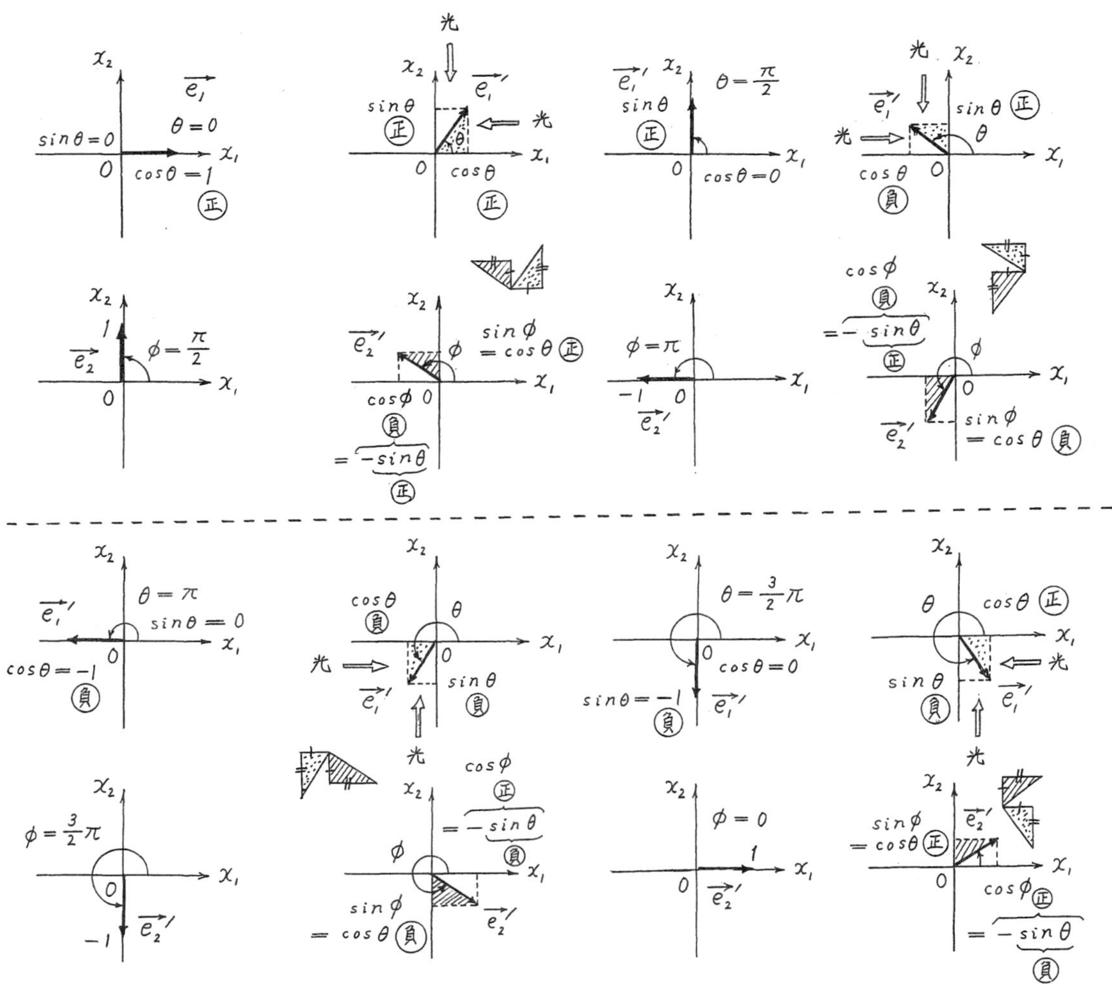

図 6.17　$\overrightarrow{e_1}$, $\overrightarrow{e_2}$ の回転

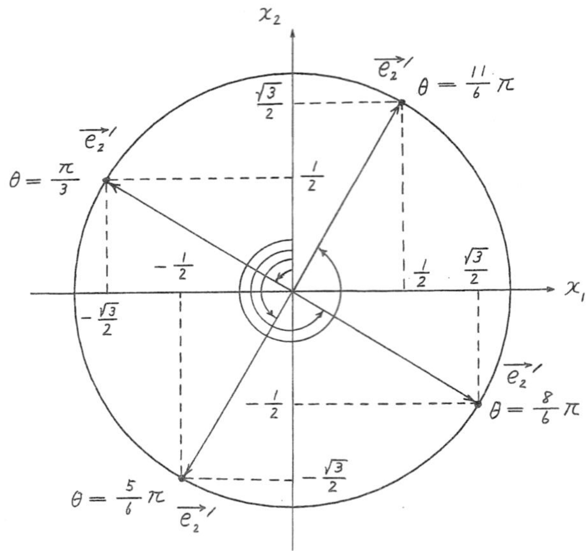

図 6.18　角 θ の測り方　x_1 軸の正の側から測った角を $\phi = \theta + \dfrac{\pi}{2}$ とおくと，θ は x_2 軸の正の側から測った角である．

$\overrightarrow{e}_1$ の回転と同じ角 θ を使うために，$\overrightarrow{e}_2$ の回転を考えるとき，x_2 軸の正の側から測った角を θ と表す．

- $\overrightarrow{e}_1$ が角 θ だけ回転した場合　$\overrightarrow{e}_1{}' = \begin{pmatrix} \cos\theta \\ \sin\theta \end{pmatrix}$
- $\overrightarrow{e}_2$ が角 θ だけ回転した場合　始線から測った角を $\phi\left(= \dfrac{\pi}{2} + \theta\right)$ とおくと，$x_1 = \cos\phi$, $x_2 = \sin\phi$ と表せる．

図 6.18 を見ると，$\overrightarrow{e}_2{}'$ がどんな数ベクトルで表せるかがわかる．

例 1　$\theta = \pi/3$ の場合　$\begin{pmatrix} -\frac{\sqrt{3}}{2} \\ \frac{1}{2} \end{pmatrix}$　　**例 2**　$\theta = 5\pi/6$ の場合　$\begin{pmatrix} -\frac{1}{2} \\ -\frac{\sqrt{3}}{2} \end{pmatrix}$

例 3　$\theta = 8\pi/6$ の場合　$\begin{pmatrix} \frac{\sqrt{3}}{2} \\ -\frac{1}{2} \end{pmatrix}$　　**例 4**　$\theta = 11\pi/6$ の場合　$\begin{pmatrix} \frac{1}{2} \\ \frac{\sqrt{3}}{2} \end{pmatrix}$

角 θ の値に関係なく，

幾何ベクトル $\overrightarrow{e}_1{}'$ は 数ベクトル $\begin{pmatrix} \cos\theta \\ \sin\theta \end{pmatrix}$，幾何ベクトル $\overrightarrow{e}_2{}'$ は 数ベクトル $\begin{pmatrix} -\sin\theta \\ \cos\theta \end{pmatrix}$

で表せるから，

$$\begin{pmatrix} x_1{}' \\ x_2{}' \end{pmatrix} = \begin{pmatrix} \cos\theta \\ \sin\theta \end{pmatrix} x_1 + \begin{pmatrix} -\sin\theta \\ \cos\theta \end{pmatrix} x_2$$

である．

● 幾何ベクトル (矢印) の大きさが 1 でない場合

例　角 θ の値に関係なく, 原点からの距離が 2 の点の

$$\begin{cases} x_1\text{座標 (ヨコ座標) を } 2\cos\theta, \\ x_2\text{座標 (タテ座標) を } 2\sin\theta \end{cases}$$

と表すから, $\cos\theta = \dfrac{x_1}{2}$,　$\sin\theta = \dfrac{x_2}{2}$ である.

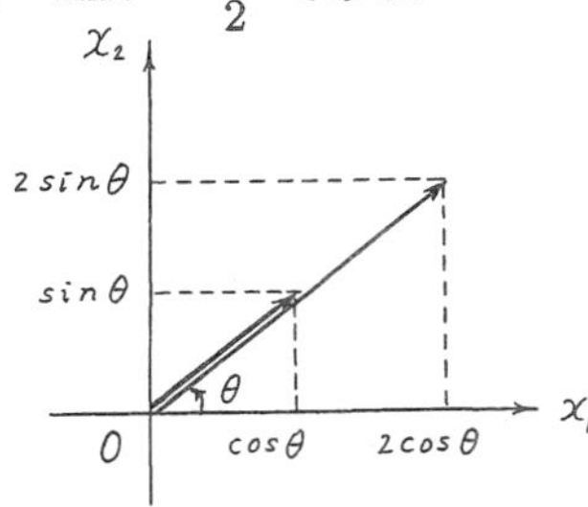

図 6.19　大きさ 1 の矢印と大きさ 2 の矢印との比較

【まとめ】

角 θ の値に関係なく, つぎのように理解する.

① 原点からの距離が 1 の点 (大きさ 1 の矢印の終点) について

x_1座標 (ヨコ座標) = cos(始線から測った角)　$x_1 = \cos\theta$

x_2座標 (タテ座標) = sin(始線から測った角)　$x_2 = \sin\theta$

と表す.⟶ **始線**：よこ軸 (通常は x_1 軸) の正の部分

② 原点からの距離が r の点 (大きさ r の矢印の終点) について

x_1座標 (ヨコ座標) = r cos(始線から測った角)　$x_1 = r\cos\theta$

x_2座標 (タテ座標) = r sin(始線から測った角)　$x_2 = r\sin\theta$

と表す.

つぎの枠内だけを理解すればいい.

ヨコ座標 → cos
タテ座標 → sin

例　図 3.21 を見て,

$\cos\pi = -1$,

$\sin\pi = 0$

であることがわかる.

● 直角三角形を描いて　$\cos\theta = \dfrac{\text{高さ}}{\text{斜辺の長さ}}$,　$\sin\theta = \dfrac{\text{底辺の長さ}}{\text{斜辺の長さ}}$　と覚えると, 角 θ が 90° を超える場合を考えることができない.

鏡映

x_1 軸を鏡面と思って, 点 (x_1, x_2) の x_1 軸に関して対称な点を $(x_1{}', x_2{}')$ とする. 図 6.20 を見ると

$$\begin{cases} x_1{}' = x_1 \\ x_2{}' = -x_2 \end{cases}$$

であることがわかる.

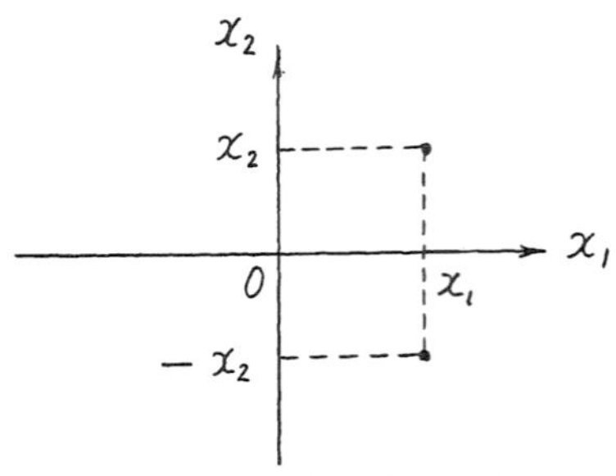

図 6.20　x_1 軸に関する鏡映

問 6.6　この関係を位置ベクトルとマトリックスとで表せ.

【解説】

$$\begin{pmatrix} x_1 \\ -x_2 \end{pmatrix} = \begin{pmatrix} ♣ & ♠ \\ ♡ & ♢ \end{pmatrix} \begin{pmatrix} x_1 \\ x_2 \end{pmatrix}$$

の ♣, ♠, ♡, ♢ にあてはまる数は何かを考える. 文字 x_1, x_2 は数の代表 (どんな数でもいい) である. つまり, どの点についても x_1 軸に関する鏡映は

$$\begin{pmatrix} x_1' \\ x_2' \end{pmatrix} = \begin{pmatrix} 1 & 0 \\ 0 & -1 \end{pmatrix} \begin{pmatrix} x_1 \\ x_2 \end{pmatrix}$$

と表せる.

x_1
$= ♣ \times x_1 + ♠ \times x_2$,
$-x_2$
$= ♡ \times x_1 + ♢ \times x_2$
を
$x_1' = x_1$
$x_2' = -x_2$
と比べると,
$♣ = 1$, $♠ = 0$,
$♡ = 0$, $♢ = -1$
であることがわかる.

▶ 数学で文字は何を表すか

① 数の代表 (特定の値とは限らないとき　どんな数でも成り立つことを表すとき)

② 未知数 (特定の式にあてはまる値を求めたいとき)

問 6.7　x_2 軸に関する鏡映を表すマトリックスを求めよ.

【解説】 x_2 軸を鏡面と思って, 点 (x_1, x_2) の x_2 軸に関して対称な点を (x_1', x_2') とする. 図 6.21 を見ると

$$\begin{cases} x_1' = -x_1 \\ x_2' = x_2 \end{cases}$$

であることがわかる．どの点についても x_2 軸に関する鏡映は

問 6.6 と同じ考え方．

$$\begin{pmatrix} x_1{}' \\ x_2{}' \end{pmatrix} = \begin{pmatrix} -1 & 0 \\ 0 & 1 \end{pmatrix} \begin{pmatrix} x_1 \\ x_2 \end{pmatrix}$$

と表せる．

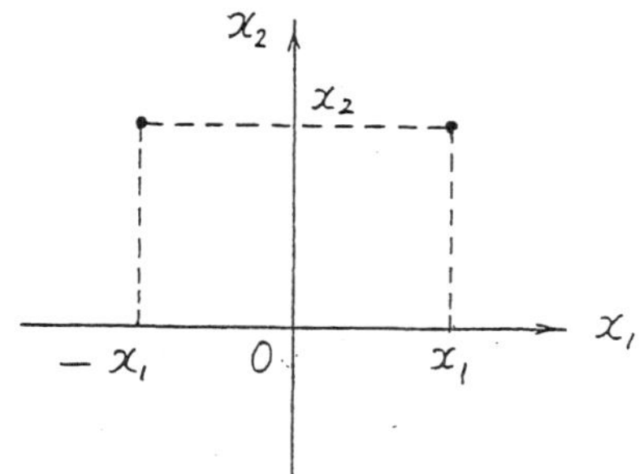

図 6.21　x_2軸に関する鏡映

重要

$\tan 60° = \sqrt{3}$
だから，直線を
$x_2 = (\tan 60°)x_1$
と表すこともできる．

問 6.8　直線 $x_2 = \sqrt{3}x_1$ に関する鏡映によって，点 $(\sqrt{3}, 1)$ はどの点にうつるか？

【解説】 直線 $x_2 = \sqrt{3}x_1$ を鏡と思って図を描くと，点 $(\sqrt{3}, 1)$ は点 $(0, 2)$ にうつることがわかる．

$x_1 = \cos\theta$,
$x_2 = \sin\theta$
だから
傾き $= \dfrac{高さ}{幅}$
$= \dfrac{x_2}{x_1}$
は
$\tan\theta = \dfrac{\sin\theta}{\cos\theta}$
と表せる．

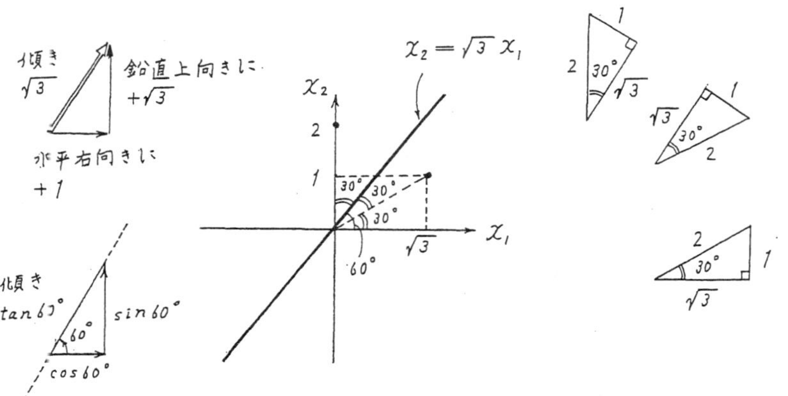

図 6.22　点 $(\sqrt{3}, 1)$ のうつり先

直線を軸とする鏡映の表し方 — 鏡映マトリックス

問 6.6, 問 6.7, 問 6.8 は, うつり先が簡単に求まる特別な場合である. そうでない場合のために, 回転マトリックスと同じように, 鏡映マトリックスをつくると便利である.

探究支援 6.4 で, 分子模型の場合を扱う.

> **鏡映**:「ある点を直線 $x_2 = \tan(\theta/2)\ x_1$ に関する対称点に写す線型変換」とみなせる.

① 数ベクトル $\begin{pmatrix} 1 \\ 0 \end{pmatrix}$ で表せる幾何ベクトル $\overrightarrow{e}_1$ と数ベクトル $\begin{pmatrix} 0 \\ 1 \end{pmatrix}$ で表せる幾何ベクトル $\overrightarrow{e}_2$ とを直線 $x_2 = \tan(\theta/2)\ x_1$ に関して折り返すと, それぞれ $\overrightarrow{e}_1{}'$, $\overrightarrow{e}_2{}'$ にうつる.

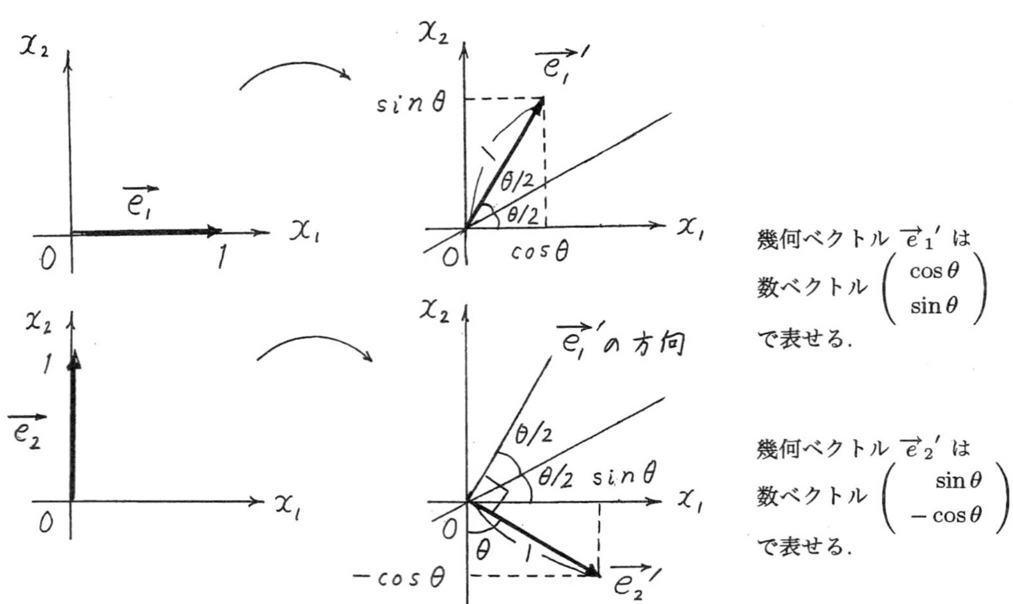

幾何ベクトル $\overrightarrow{e}_1{}'$ は数ベクトル $\begin{pmatrix} \cos\theta \\ \sin\theta \end{pmatrix}$ で表せる.

幾何ベクトル $\overrightarrow{e}_2{}'$ は数ベクトル $\begin{pmatrix} \sin\theta \\ -\cos\theta \end{pmatrix}$ で表せる.

図 6.23　$\overrightarrow{e}_1$, $\overrightarrow{e}_2$ の鏡映

② 幾何ベクトル $\vec{x}$ が幾何ベクトル $\vec{x}'$ にうつる.

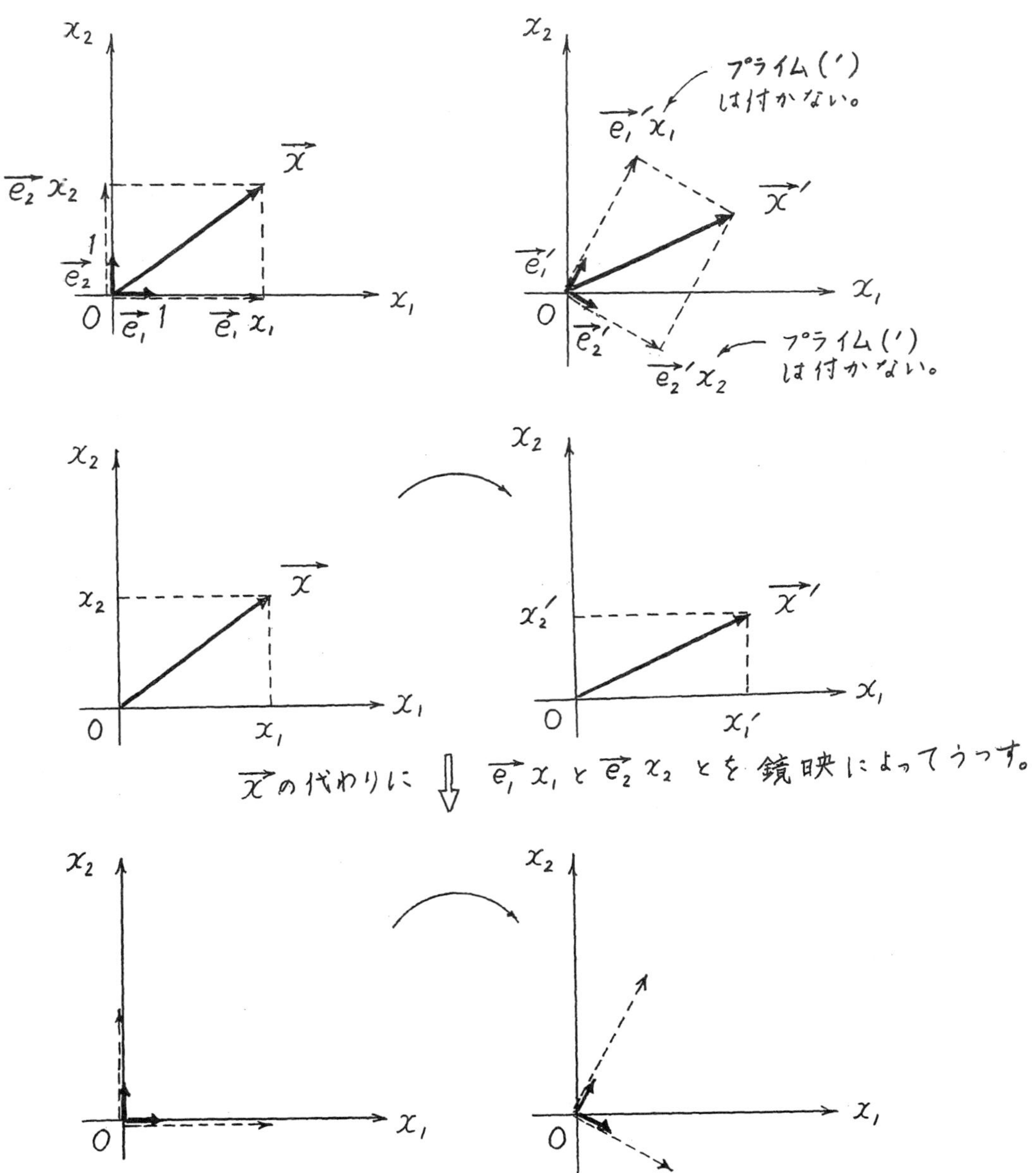

図 6.24　$\vec{x}$ が $\vec{x}'$ にうつる.

$$
\begin{array}{ccccccc}
\vec{x} & = & \vec{e}_1 & x_1 & + & \vec{e}_2 & x_2 \\
\downarrow & & \downarrow & & & \downarrow & \\
\vec{x}\,' & = & \vec{e}_1\,' & x_1 & + & \vec{e}_2\,' & x_2 \\
\downarrow & & \downarrow & & & \downarrow & \\
\begin{pmatrix} x_1' \\ x_2' \end{pmatrix} & = & \begin{pmatrix} \cos\theta \\ \sin\theta \end{pmatrix} & x_1 & + & \begin{pmatrix} \sin\theta \\ -\cos\theta \end{pmatrix} & x_2
\end{array}
$$

倍を表す数はそのまま
(図 6.24 の矢印を見ればわかる).

幾何ベクトルを数ベクトルで表す.

したがって,

直線 $x_2 = \tan(\theta/2)\ x_1$ に関する折り返し

$$
\underbrace{\begin{pmatrix} x_1' \\ x_2' \end{pmatrix}}_{\text{うつり先}} = \underbrace{\begin{pmatrix} \cos\theta & \sin\theta \\ \sin\theta & -\cos\theta \end{pmatrix}}_{\text{鏡映マトリックス}} \underbrace{\begin{pmatrix} x_1 \\ x_2 \end{pmatrix}}_{\text{もとの位置}}
$$

と表せる.

重要 **鏡映マトリックスをつくるとき**

数ベクトル $\begin{pmatrix} 1 \\ 0 \end{pmatrix}$, $\begin{pmatrix} 0 \\ 1 \end{pmatrix}$ で表せる幾何ベクトルのうつり先を考える.

この筋道の理解が重要

$\theta = 30°, -30°$ のように, θ に正の角と負の角とのどちらをあてはめてもいい.

枠で囲んであるが, この式を暗記するのではなく, 上記の考え方を理解する.

$\theta = 0°$ のとき
x_1 軸に関する鏡映
問 6.6
$\cos 0° = 1$,
$\sin 0° = 0$.

$\theta = 180°$ のとき
x_2 軸に関する鏡映
問 6.7
$\cos 180° = -1$,
$\sin 180° = 0$.

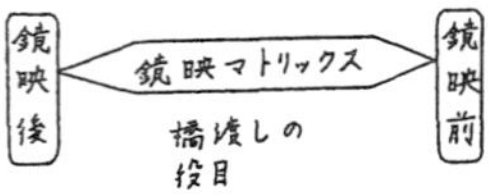

【進んだ探究】実像と鏡像との関係にある光学異性体

4 個の異なる原子または原子団が結合している炭素原子を「不斉炭素原子」という. 乳酸 $CH_3CH(OH)COOH$ の光学異性体は, 互いに重ね合わせることができるか？ 左手と右手との関係と同じだから, 光学異性体は互いに一致させることはできない.

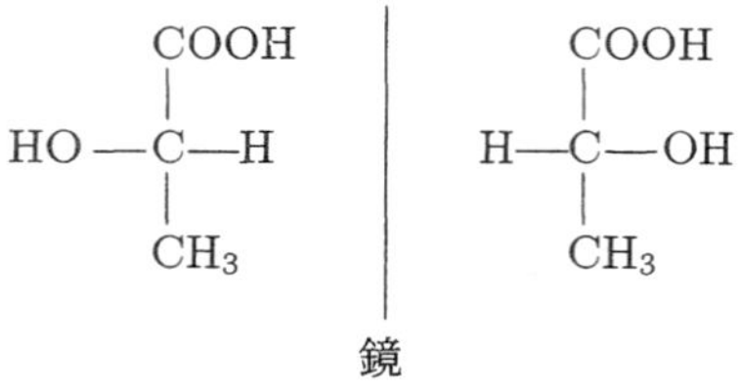

鏡映後 ← 鏡映マトリックス ← 鏡映前
橋渡しの役目

```
        COOH                  COOH
         |          |          |
   HO —C—H          |     H—C—OH
         |          |          |
        CH3         |         CH3
                    鏡
```

図 6.25 光学異性体

6.2　固有値 — 対角マトリックスの利点を活用してマトリックスの n 乗を簡単に計算する

6.2.1　対角マトリックスの特徴

コンピュータの画面上で分子模型の拡大・縮小をくり返して, 適切な大きさに調整することがある. x_1 軸方向に α 倍の拡大・縮小, x_2 軸方向に β 倍の拡大・縮小を表すマトリックスは, つぎの形であることを思い出そう. 座標が (x_1, x_2) の点の位置ベクトルを, 規則

対角マトリックス
対角線上にない成分がすべて 0 のマトリックス

$$\begin{pmatrix} x_1' \\ x_2' \end{pmatrix} = \begin{pmatrix} \alpha & 0 \\ 0 & \beta \end{pmatrix} \begin{pmatrix} x_1 \\ x_2 \end{pmatrix} \qquad \left[\text{マトリックスとタテベクトルとの乗法} \quad \begin{pmatrix} \alpha \times x_1 + 0 \times x_2 \\ 0 \times x_1 + \beta \times x_2 \end{pmatrix}\right]$$

によって, 座標が (x_1', x_2') である点の位置ベクトルにうつせばいい.

問 6.9　この規則を 2 回くり返すと, 点 (x_1, x_2) はどの点にうつるか？ 3 回くり返したときはどうか？ n 回 $(n > 3)$ くり返したときはどうなるか？

【解説】 2 回目の操作は, つぎのように表せる.

$$\begin{pmatrix} x_1' \\ x_2' \end{pmatrix} = \begin{pmatrix} \alpha & 0 \\ 0 & \beta \end{pmatrix} \underbrace{\begin{pmatrix} \alpha & 0 \\ 0 & \beta \end{pmatrix} \begin{pmatrix} x_1 \\ x_2 \end{pmatrix}}_{1\text{ 回目の操作}}$$

$$= \underbrace{\begin{pmatrix} \alpha & 0 \\ 0 & \beta \end{pmatrix} \begin{pmatrix} \alpha x_1 \\ \beta x_2 \end{pmatrix}}_{2\text{ 回目の操作}}$$

$$= \begin{pmatrix} \alpha^2 x_1 \\ \beta^2 x_2 \end{pmatrix}$$

この操作は

$$\begin{pmatrix} x_1' \\ x_2' \end{pmatrix} = \begin{pmatrix} \alpha & 0 \\ 0 & \beta \end{pmatrix}^2 \begin{pmatrix} x_1 \\ x_2 \end{pmatrix}$$

と表せる (【補足】参照).

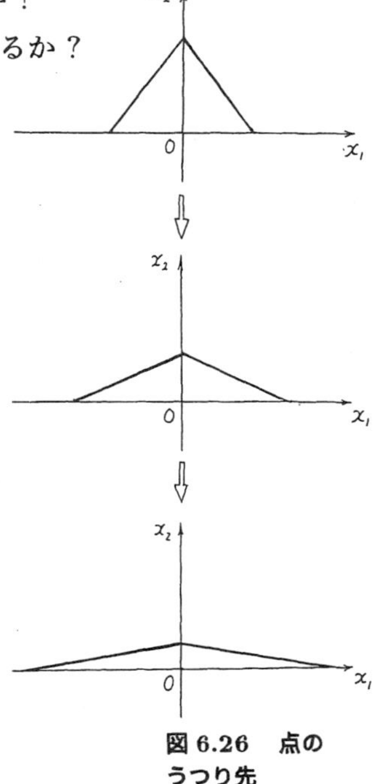

図 6.26　点のうつり先

【補足】 この結果は,

$$\begin{pmatrix} \alpha & 0 \\ 0 & \beta \end{pmatrix}^2 \begin{pmatrix} x_1 \\ x_2 \end{pmatrix} = \begin{pmatrix} \alpha & 0 \\ 0 & \beta \end{pmatrix} \begin{pmatrix} \alpha & 0 \\ 0 & \beta \end{pmatrix} \begin{pmatrix} x_1 \\ x_2 \end{pmatrix}$$
$$= \begin{pmatrix} \alpha^2 & 0 \\ 0 & \beta^2 \end{pmatrix} \begin{pmatrix} x_1 \\ x_2 \end{pmatrix}$$
$$= \begin{pmatrix} \alpha^2 x_1 \\ \beta^2 x_2 \end{pmatrix}$$

の順序で計算した結果と一致する.

3 回目の操作は, つぎのように表せる.

$$\begin{pmatrix} x_1' \\ x_2' \end{pmatrix} = \begin{pmatrix} \alpha & 0 \\ 0 & \beta \end{pmatrix} \underbrace{\begin{pmatrix} \alpha^2 & 0 \\ 0 & \beta^2 \end{pmatrix} \begin{pmatrix} x_1 \\ x_2 \end{pmatrix}}_{\text{2 回目の操作}}$$
$$= \underbrace{\begin{pmatrix} \alpha & 0 \\ 0 & \beta \end{pmatrix} \begin{pmatrix} \alpha^2 x_1 \\ \beta^2 x_2 \end{pmatrix}}_{\text{3 回目の操作}}$$
$$= \begin{pmatrix} \alpha^3 x_1 \\ \beta^3 x_2 \end{pmatrix}$$

この操作は

$$\begin{pmatrix} x_1' \\ x_2' \end{pmatrix} = \begin{pmatrix} \alpha & 0 \\ 0 & \beta \end{pmatrix}^3 \begin{pmatrix} x_1 \\ x_2 \end{pmatrix}$$

と表せる.

同様に, n 回目の操作は

$$\begin{pmatrix} x_1' \\ x_2' \end{pmatrix} = \begin{pmatrix} \alpha & 0 \\ 0 & \beta \end{pmatrix}^n \begin{pmatrix} x_1 \\ x_2 \end{pmatrix}$$
$$= \begin{pmatrix} \alpha^n x_1 \\ \beta^n x_2 \end{pmatrix}$$

と表せる.

重要

拡大・縮小を表すマトリックスの非対角成分（↘方向以外の成分）がすべて 0 だから，このマトリックスの n 乗は簡単に求まる．

$$\begin{pmatrix} \alpha & 0 \\ 0 & \beta \end{pmatrix}^n = \begin{pmatrix} \alpha^n & 0 \\ 0 & \beta^n \end{pmatrix}$$

ほかの形のマトリックスの場合はどうだろうか？ 回転マトリックス（6.1.2 項）を考えてみよう．2 回つづけて原点を通る軸のまわりに θ 回転させる操作は，1 回だけ原点を通る軸のまわりに 2θ 回転させる操作と同じである．

問 6.10　2 回つづけて原点を通る軸のまわりに θ 回転させる操作を $\begin{pmatrix} \cos^2\theta & (-\sin\theta)^2 \\ \sin^2\theta & \cos^2\theta \end{pmatrix}$ で表せるか？

【解説】

$$\begin{pmatrix} x_1{}' \\ x_2{}' \end{pmatrix} = \overbrace{\begin{pmatrix} \cos\theta & -\sin\theta \\ \sin\theta & \cos\theta \end{pmatrix} \underbrace{\begin{pmatrix} \cos\theta & -\sin\theta \\ \sin\theta & \cos\theta \end{pmatrix} \begin{pmatrix} x_1 \\ x_2 \end{pmatrix}}_{1\text{ 回目の操作}}}^{2\text{ 回目の操作}}$$

$$= \begin{pmatrix} \cos^2\theta - \sin^2\theta & -\cos\theta\sin\theta - \sin\theta\cos\theta \\ \sin\theta\cos\theta + \cos\theta\sin\theta & -\sin^2\theta + \cos^2\theta \end{pmatrix} \begin{pmatrix} x_1 \\ x_2 \end{pmatrix}$$

$$= \begin{pmatrix} \cos^2\theta - \sin^2\theta & -2\sin\theta\cos\theta \\ 2\sin\theta\cos\theta & \cos^2\theta - \sin^2\theta \end{pmatrix} \begin{pmatrix} x_1 \\ x_2 \end{pmatrix}$$

$$\neq \begin{pmatrix} \cos^2\theta & (-\sin\theta)^2 \\ \sin^2\theta & \cos^2\theta \end{pmatrix} \begin{pmatrix} x_1 \\ x_2 \end{pmatrix}$$

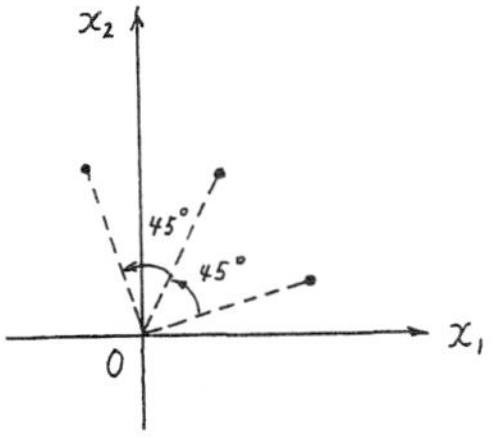

図 6.27　45° 回転のくりかえし

▶ **2 倍角の定理**　2 回つづけて原点を通る軸のまわりに θ 回転させる操作は，1 回だけ原点を通る軸のまわりに 2θ 回転させる操作と同じだから

高校数学で学習する 2 倍角の定理は，加法定理の特別な場合にあたる．

$$\begin{pmatrix} \cos^2\theta - \sin^2\theta & -\cos\theta\sin\theta - \sin\theta\cos\theta \\ \sin\theta\cos\theta + \cos\theta\sin\theta & -\sin^2\theta + \cos^2\theta \end{pmatrix}$$

2 回つづけて原点を通る軸のまわりに θ 回転させる操作

$$= \begin{pmatrix} \cos 2\theta & -\sin 2\theta \\ \sin 2\theta & \cos 2\theta \end{pmatrix}$$

1 回だけ原点を通る軸のまわりに 2θ 回転させる操作

である．左辺と右辺とを比べると，

$$\cos 2\theta = \cos^2\theta - \sin^2\theta, \quad \sin 2\theta = 2\sin\theta\cos\theta$$

の成り立つことがわかる．

$\theta = \phi$ の場合，
$\theta + \phi = 2\theta$
となるから，2 倍角の定理の形になる．

▶ **加法定理**　原点を通る軸のまわりに ϕ 回転させてから θ 回転させる操作は，原点を通る軸のまわりに 1 回だけ $(\theta + \phi)$ 回転させる操作と同じである．

$$\begin{pmatrix} x_1' \\ x_2' \end{pmatrix} = \overbrace{\begin{pmatrix} \cos\theta & -\sin\theta \\ \sin\theta & \cos\theta \end{pmatrix} \underbrace{\begin{pmatrix} \cos\phi & -\sin\phi \\ \sin\phi & \cos\phi \end{pmatrix} \begin{pmatrix} x_1 \\ x_2 \end{pmatrix}}_{\text{1 回目の操作}}}^{\text{2 回目の操作}}$$

$$= \begin{pmatrix} \cos\theta\cos\phi - \sin\theta\sin\phi & -\cos\theta\sin\phi - \sin\theta\cos\phi \\ \sin\theta\cos\phi + \cos\theta\sin\phi & -\sin\theta\sin\phi + \cos\theta\cos\phi \end{pmatrix} \begin{pmatrix} x_1 \\ x_2 \end{pmatrix}$$

$$\begin{pmatrix} x_1' \\ x_2' \end{pmatrix} = \overbrace{\begin{pmatrix} \cos(\theta+\phi) & -\sin(\theta+\phi) \\ \sin(\theta+\phi) & \cos(\theta+\phi) \end{pmatrix}}^{\text{1 回の操作}} \begin{pmatrix} x_1 \\ x_2 \end{pmatrix}$$

だから，

$$\cos(\theta+\phi) = \cos\theta\cos\phi - \sin\theta\sin\phi, \quad \sin(\theta+\phi) = \sin\theta\cos\phi + \cos\theta\sin\phi$$

の成り立つことがわかる．

加法定理の使い方

例　$\cos 75°, \sin 75°$ の値の求め方　($\theta = 30°, \phi = 45°$ の場合)

$$\begin{aligned} \cos 75° &= \cos(30° + 45°) \\ &= \cos 30° \cos 45° - \sin 30° \sin 45° \\ &= \frac{\sqrt{3}}{2}\frac{1}{\sqrt{2}} - \frac{1}{2}\frac{1}{\sqrt{2}} \\ &= \frac{\sqrt{6} - \sqrt{2}}{4} \end{aligned}$$

$$\begin{aligned} \sin 75° &= \sin(30° + 45°) \\ &= \sin 30° \cos 45° + \cos 30° \sin 45° \\ &= \frac{1}{2}\frac{1}{\sqrt{2}} + \frac{\sqrt{3}}{2}\frac{1}{\sqrt{2}} \\ &= \frac{\sqrt{6} + \sqrt{2}}{4} \end{aligned}$$

問 6.11　$\cos 15^\circ, \sin 15^\circ$ の値を求めよ．

【解説】 $\theta = 45^\circ, \phi = -30^\circ$ の場合

$$\begin{aligned}\cos 15^\circ = \cos(45^\circ - 30^\circ) &= \cos 45^\circ \cos(-30^\circ) - \sin 45^\circ \sin(-30^\circ)\\ &= \frac{1}{\sqrt{2}}\frac{\sqrt{3}}{2} - \frac{1}{\sqrt{2}}\left(-\frac{1}{2}\right)\\ &= \frac{\sqrt{6}+\sqrt{2}}{4}\end{aligned}$$

$$\begin{aligned}\sin 15^\circ = \sin(45^\circ - 30^\circ) &= \sin 45^\circ \cos(-30^\circ) + \cos 45^\circ \sin(-30^\circ)\\ &= \frac{1}{\sqrt{2}}\frac{\sqrt{3}}{2} + \frac{1}{\sqrt{2}}\left(-\frac{1}{2}\right)\\ &= \frac{\sqrt{6}-\sqrt{2}}{4}\end{aligned}$$

直角三角形の図を描くと，$\sin 15^\circ = \cos 75^\circ$，$\cos 15^\circ = \sin 75^\circ$ をなっとくすることができる．

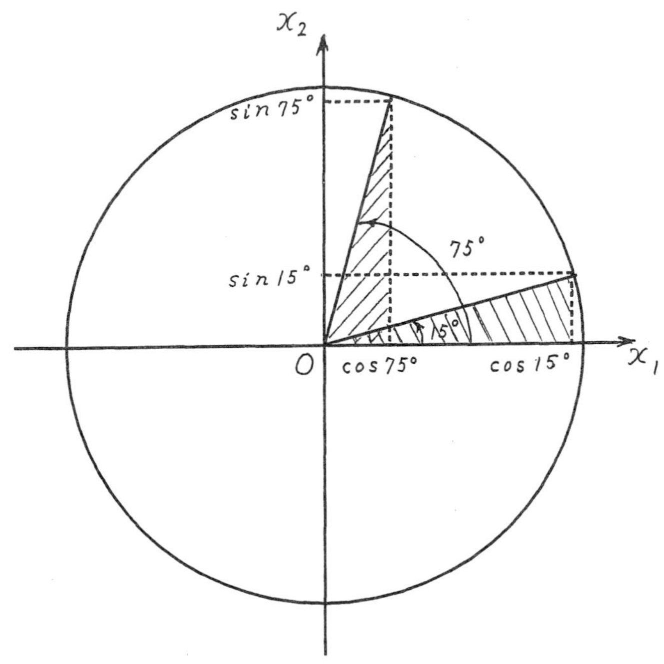

図 6.28　$\sin 15^\circ = \cos 75^\circ$, $\cos 15^\circ = \sin 75^\circ$

重要　**一般には，マトリックスの乗法は交換法則が成り立たない．**

● 回転マトリックスどうしの乗法は交換しても積は変わらない．

ϕ 回転 $\to$ θ 回転の順でも θ 回転 $\to$ ϕ 回転の順でもうつり先は同じだから，

$$\overbrace{\begin{pmatrix} \cos\theta & -\sin\theta \\ \sin\theta & \cos\theta \end{pmatrix}}^{\text{あとの回転}}\overbrace{\begin{pmatrix} \cos\phi & -\sin\phi \\ \sin\phi & \cos\phi \end{pmatrix}}^{\text{はじめの回転}} = \overbrace{\begin{pmatrix} \cos\phi & -\sin\phi \\ \sin\phi & \cos\phi \end{pmatrix}}^{\text{あとの回転}}\overbrace{\begin{pmatrix} \cos\theta & -\sin\theta \\ \sin\theta & \cos\theta \end{pmatrix}}^{\text{はじめの回転}}$$

である．

「マトリックスの乗法の交換法則が成り立たない」とは？

幾何の見方　マトリックスで表した規則にしたがって，$\begin{pmatrix} 3 \\ 1 \end{pmatrix}$ の位置にある点をうつす．つぎのように，規則の順序によって，うつり先は異なる．

$$\begin{pmatrix} 1 & 4 \\ 2 & 1 \end{pmatrix}\begin{pmatrix} 3 & 4 \\ 6 & 2 \end{pmatrix}\begin{pmatrix} 3 \\ 1 \end{pmatrix} = \begin{pmatrix} 93 \\ 46 \end{pmatrix}$$

$$\begin{pmatrix} 3 & 4 \\ 6 & 2 \end{pmatrix}\begin{pmatrix} 1 & 4 \\ 2 & 1 \end{pmatrix}\begin{pmatrix} 3 \\ 1 \end{pmatrix} = \begin{pmatrix} 49 \\ 56 \end{pmatrix}$$

加法定理に対する図形のイメージ

幾何ベクトルの回転するようすが目に浮かんでいるだろうか？

● 原点を通る軸のまわりに，ノルム（大きさ）が 1 の幾何ベクトル $\vec{e}_1$ を角 ϕ だけ回転させて $\vec{e}_1{}'$ にうつしたあとで，角 θ だけ回転させて $\vec{e}_1{}''$ にうつす．

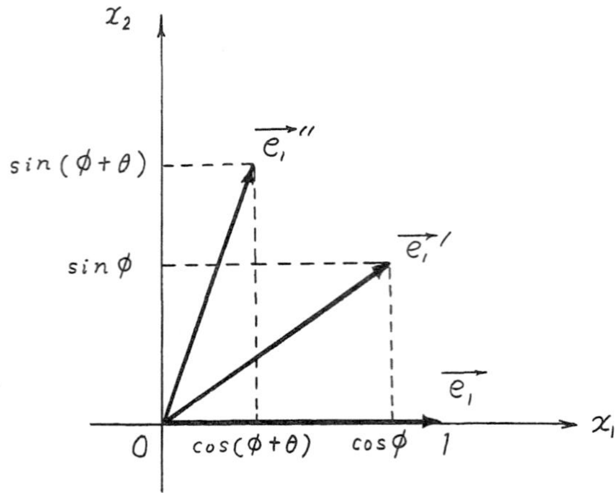

図 6.29　加法定理の意味

$$\underbrace{\begin{pmatrix}1\\0\end{pmatrix}}_{\vec{e}_1}\xrightarrow{\phi回転}\underbrace{\begin{pmatrix}\cos\phi\\\sin\phi\end{pmatrix}}_{\vec{e}_1{}'}\xrightarrow{\theta回転}\underbrace{\begin{pmatrix}\cos(\phi+\theta)\\\sin(\phi+\theta)\end{pmatrix}}_{\vec{e}_1{}''}$$

位置ベクトルの成分について, 6.1.1 項参照.

重要 $\cos(\phi+\theta)$ は $\vec{e}_1{}''$ の第 1 成分 (矢印の終点のヨコ座標) を表す.
$\sin(\phi+\theta)$ は $\vec{e}_1{}''$ の第 2 成分 (矢印の終点のタテ座標) を表す.

角度が $\pi/2$ を超えても考え方はまったく同じである.
角 θ の値に関係なく, 原点からの距離が 1 の点の
ヨコ座標を $\cos\theta$,
タテ座標を $\sin\theta$
と表す.

① 基本ベクトル $\begin{pmatrix}1\\0\end{pmatrix}$, $\begin{pmatrix}0\\1\end{pmatrix}$ を使って, $\begin{pmatrix}\cos\phi\\\sin\phi\end{pmatrix}$ を
$\begin{pmatrix}1\\0\end{pmatrix}\cos\phi+\begin{pmatrix}0\\1\end{pmatrix}\sin\phi$ と表す.

θ 回転

$$\begin{pmatrix}1\\0\end{pmatrix}\cos\phi+\begin{pmatrix}0\\1\end{pmatrix}\sin\phi \qquad \begin{pmatrix}\cos\theta\\\sin\theta\end{pmatrix}\cos\phi+\begin{pmatrix}-\sin\theta\\\cos\theta\end{pmatrix}\sin\phi$$

θ 回転

② $\begin{pmatrix}\cos\theta\\\sin\theta\end{pmatrix}\cos\phi+\begin{pmatrix}-\sin\theta\\\cos\theta\end{pmatrix}\sin\phi$ と $\begin{pmatrix}\cos(\phi+\theta)\\\sin(\phi+\theta)\end{pmatrix}$ とを比べると,

$\vec{e}_1{}''$ のヨコ座標

$$\begin{cases}\cos(\phi+\theta)=\cos\theta\cos\phi-\sin\theta\sin\phi\\\sin(\phi+\theta)=\sin\theta\cos\phi+\cos\theta\sin\phi\end{cases}$$

$\vec{e}_1{}''$ のタテ座標

であることがわかる.

▶ 回転マトリックスは何を表すのか ?

$\begin{pmatrix}1\\0\end{pmatrix}$ を $\begin{pmatrix}\cos\phi\\\sin\phi\end{pmatrix}$ にうつし, $\begin{pmatrix}0\\1\end{pmatrix}$ を $\begin{pmatrix}-\sin\phi\\\cos\phi\end{pmatrix}$ にうつすはたらきを, 回転マトリックス $\begin{pmatrix}\cos\phi & -\sin\phi\\\sin\phi & \cos\phi\end{pmatrix}$ で表す. 角 θ だけ回転するときは, ϕ を θ におきかえる.

問 6.12 加法定理に対する図形のイメージを回転マトリックスで表せ.

【解説】 回転マトリックスは

$$\underbrace{\begin{pmatrix} \cos\theta & -\sin\theta \\ \sin\theta & \cos\theta \end{pmatrix} \overbrace{\begin{pmatrix} \cos\phi & -\sin\phi \\ \sin\phi & \cos\phi \end{pmatrix} \underbrace{\begin{pmatrix} 1 \\ 0 \end{pmatrix}}_{\vec{e}_1}}^{\vec{e}_1{}'}}_{\vec{e}_1{}''}$$

$$= \underbrace{\begin{pmatrix} \cos\theta & -\sin\theta \\ \sin\theta & \cos\theta \end{pmatrix} \overbrace{\begin{pmatrix} \cos\phi \\ \sin\phi \end{pmatrix}}^{\vec{e}_1{}'}}_{\vec{e}_1{}''}$$

$$= \begin{pmatrix} \cos\theta\cos\phi - \sin\theta\sin\phi \\ \sin\theta\cos\phi + \cos\theta\sin\phi \end{pmatrix}$$

のように, $\begin{pmatrix} 1 \\ 0 \end{pmatrix}$ が $\begin{pmatrix} \cos\theta\cos\phi - \sin\theta\sin\phi \\ \sin\theta\cos\phi + \cos\theta\sin\phi \end{pmatrix}$ にうつることを表している.

---

n 回つづけて原点を通る軸のまわりに θ 回転させる操作は, 1 回だけ原点を通る軸のまわりに $n\theta$ 回転させる操作と同じだから, 計算しなくても

$$\begin{pmatrix} \cos\theta & -\sin\theta \\ \sin\theta & \cos\theta \end{pmatrix}^n = \begin{pmatrix} \cos n\theta & -\sin n\theta \\ \sin n\theta & \cos n\theta \end{pmatrix}$$

であることがわかる.

対角マトリックス以外で簡単に n 乗が求まる例は, 回転マトリックスである. ただし, もとの回転マトリックスの成分を n 乗するだけでは求まらない. 回転マトリックス以外の場合, $\begin{pmatrix} 1 & 4 \\ 3 & 2 \end{pmatrix}$ のような簡単なマトリックスでも, この n 乗を求めるには手間がかかる. 上手な計算方法は見つからないだろうか？

6.2.2 マトリックスの n 乗の計算

どんな問題で, マトリックスの n 乗を求めるのか？ その例として, 人口移動に関する有名な問題を取り上げてみる. この問題は, 多くの教科書の題材になっている.

例題 6.2 **人口移動** ある島国では，都市と農村との間の人口移動が表 6.1 の通りである．

表 6.1 1 年間の人口移動

移動	都市から	農村から
都市へ	0.90	0.20
農村へ	0.10	0.80

「都市から都市へ」とは「都市に留まる」という意味である．
「農村から農村へ」とは「農村に留まる」という意味である．

この島国には，ヒトの誕生と死亡とがないという珍しい特徴がある．総人口は 2000000 人のまま変化しない．

(1) 2 年後, 4 年後, 8 年後, 16 年後, 32 年後の都市の人口と農村の人口とを求めよ．

(2) (1) の結果から，都市と農村との人口の傾向を読み取って，n 年後に都市の人口と農村の人口とがどうなるかを予想せよ．

$90\% + 10\% = 100\%$
$20\% + 80\% = 100\%$
だから，
$0.90 + 0.10 = 1.00$
$0.20 + 0.80 = 1.00$
である．

【解説】 n 年後の都市の人口を $x_1(n)$ 人，農村の人口を $x_2(n)$ 人とする．
表 6.1 の人口移動は

$$\begin{pmatrix} x_1(n)\text{ 人} \\ x_2(n)\text{ 人} \end{pmatrix} = \begin{pmatrix} 0.90 & 0.20 \\ 0.10 & 0.80 \end{pmatrix} \begin{pmatrix} x_1(n-1)\text{ 人} \\ x_2(n-1)\text{ 人} \end{pmatrix}$$

と表せる．

なぜ？

$$\begin{cases} x_1(n)\text{ 人} = \overbrace{0.90 \times x_1(n-1)\text{ 人}}^{\text{都市から都市へ}} + \overbrace{0.20 \times x_2(n-1)\text{ 人}}^{\text{農村から都市へ}} \\ x_2(n)\text{ 人} = \underbrace{0.10 \times x_1(n-1)\text{ 人}}_{\text{都市から農村へ}} + \underbrace{0.80 \times x_2(n-1)\text{ 人}}_{\text{農村から農村へ}} \end{cases}$$

となる．それぞれの式は

4.2 節

$$x_1(n)\text{ 人} = (0.90 \quad 0.20) \begin{pmatrix} x_1(n-1)\text{ 人} \\ x_2(n-1)\text{ 人} \end{pmatrix} \qquad x_2(n)\text{ 人} = (0.10 \quad 0.80) \begin{pmatrix} x_1(n-1)\text{ 人} \\ x_2(n-1)\text{ 人} \end{pmatrix}$$

と書ける．二つの式をバラバラに書かないで，まとめてマトリックスとタテベクトルとの乗法の形で表す．

(1)

$$\begin{pmatrix} x_1(2)\text{ 人} \\ x_2(2)\text{ 人} \end{pmatrix} = \begin{pmatrix} 0.90 & 0.20 \\ 0.10 & 0.80 \end{pmatrix}^2 \begin{pmatrix} x_1(0)\text{ 人} \\ x_2(0)\text{ 人} \end{pmatrix} = \begin{pmatrix} 0.83 & 0.34 \\ 0.17 & 0.66 \end{pmatrix} \begin{pmatrix} x_1(0)\text{ 人} \\ x_2(0)\text{ 人} \end{pmatrix}$$

$$\begin{pmatrix} x_1(4)\text{ 人} \\ x_2(4)\text{ 人} \end{pmatrix} = \begin{pmatrix} 0.83 & 0.34 \\ 0.17 & 0.66 \end{pmatrix}^2 \begin{pmatrix} x_1(0)\text{ 人} \\ x_2(0)\text{ 人} \end{pmatrix} = \begin{pmatrix} 0.7467 & 0.5066 \\ 0.2533 & 0.4934 \end{pmatrix} \begin{pmatrix} x_1(0)\text{ 人} \\ x_2(0)\text{ 人} \end{pmatrix}$$

$$\begin{pmatrix} x_1(8)\text{ 人} \\ x_2(8)\text{ 人} \end{pmatrix} = \begin{pmatrix} 0.7467 & 0.5066 \\ 0.2533 & 0.4934 \end{pmatrix}^2 \begin{pmatrix} x_1(0)\text{ 人} \\ x_2(0)\text{ 人} \end{pmatrix} = \begin{pmatrix} 0.685883 & 0.628235 \\ 0.314117 & 0.371765 \end{pmatrix} \begin{pmatrix} x_1(0)\text{ 人} \\ x_2(0)\text{ 人} \end{pmatrix}$$

$$\begin{pmatrix} x_1(16)\text{ 人} \\ x_2(16)\text{ 人} \end{pmatrix} = \begin{pmatrix} 0.685883 & 0.628235 \\ 0.314117 & 0.371765 \end{pmatrix}^2 \begin{pmatrix} x_1(0)\text{ 人} \\ x_2(0)\text{ 人} \end{pmatrix} = \begin{pmatrix} 0.667775 & 0.664451 \\ 0.332225 & 0.335549 \end{pmatrix} \begin{pmatrix} x_1(0)\text{ 人} \\ x_2(0)\text{ 人} \end{pmatrix}$$

$$\begin{pmatrix} x_1(32)\text{ 人} \\ x_2(32)\text{ 人} \end{pmatrix} = \begin{pmatrix} 0.667775 & 0.664451 \\ 0.332225 & 0.335549 \end{pmatrix}^2 \begin{pmatrix} x_1(0)\text{ 人} \\ x_2(0)\text{ 人} \end{pmatrix} = \begin{pmatrix} 0.666671 & 0.66666 \\ 0.333329 & 0.33334 \end{pmatrix} \begin{pmatrix} x_1(0)\text{ 人} \\ x_2(0)\text{ 人} \end{pmatrix}$$

問 (2) の意味

数ベクトル $\begin{pmatrix} x_1(n) \\ x_2(n) \end{pmatrix}$ は幾何ベクトル (矢印) で表せる.

$\begin{pmatrix} x_1(n) \\ x_2(n) \end{pmatrix}$ を表す矢印の方向は, $n \to \infty$ で $\begin{pmatrix} x_1(n-1) \\ x_2(n-1) \end{pmatrix}$ を表す矢印の方向と変わらなくなる傾向を示している.

$$\begin{pmatrix} x_1(n) \\ x_2(n) \end{pmatrix} = \begin{pmatrix} 0.90 & 0.20 \\ 0.10 & 0.80 \end{pmatrix} \begin{pmatrix} x_1(n-1) \\ x_2(n-1) \end{pmatrix}$$

だから, この傾向は

$$\begin{pmatrix} 0.90 & 0.20 \\ 0.10 & 0.80 \end{pmatrix} \begin{pmatrix} x_1(n-1) \\ x_2(n-1) \end{pmatrix} = \begin{pmatrix} x_1(n-1) \\ x_2(n-1) \end{pmatrix} \lambda$$

(λ は倍を表す数)

と表せる (図 6.33).

2 年後	$x_1(2) = (0.83x_1(0) + 0.34x_2(0))$	$x_2(2) = (0.17x_1(0) + 0.66x_2(0))$
4 年後	$x_1(4) = (0.7467x_1(0) + 0.5066x_2(0))$	$x_2(4) = (0.2533x_1(0) + 0.4934x_2(0))$
8 年後	$x_1(8) = (0.685883x_1(0) + 0.628235x_2(0))$	$x_2(8) = (0.314117x_1(0) + 0.371765x_2(0))$
16 年後	$x_1(16) = (0.667775x_1(0) + 0.664451x_2(0))$	$x_2(16) = (0.332225x_1(0) + 0.335549x_2(0))$
32 年後	$x_1(32) = (0.666671x_1(0) + 0.66666x_2(0))$	$x_2(32) = (0.333329x_1(0) + 0.33334x_2(0))$

(2) **実験でデータから規則性を読み取るときのトレーニングになる.**

$(x_1(0) + x_2(0))$ 人 $=$ 2000000 人 だから, $x_1(n)$ 人 $= 0.6667 \times 2000000$ 人, $x_2(n)$ 人 $= 0.3333 \times 2000000$ 人 に近づいている.

この傾向を図で表すと，人口が特定の方向に近づいていくようすがわかる．
32 年後の人口から

$$
\begin{aligned}
x_1(n)\text{ 人} &= 0.6667x_1(0)\text{ 人} + 0.6667x_2(0)\text{ 人} \\
&= 0.6667(x_1(0) + x_2(0))\text{ 人} \\
x_2(n)\text{ 人} &= 0.3333x_1(0)\text{ 人} + 0.3333x_2(0)\text{ 人} \\
&= 0.3333(x_1(0) + x_2(0))\text{ 人}
\end{aligned}
$$

と予測する．

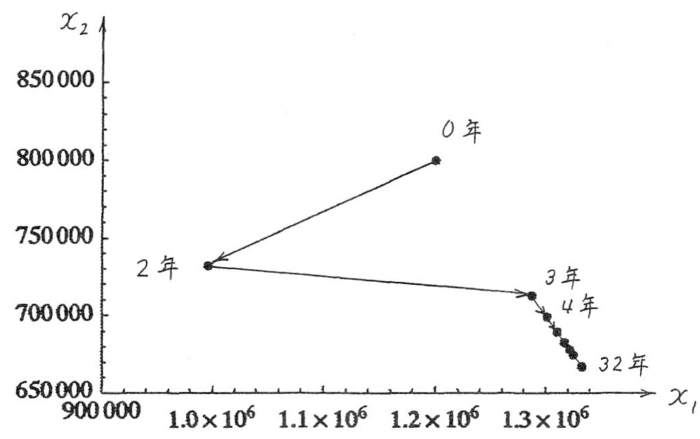

図 6.30　人口の推移　例　$x_1(0) = 1200000$, $x_2(0) = 800000$ の場合

回転でも，2π の整数倍だけ回転させたときは幾何ベクトルの方向は変化しない．

鏡映でも，鏡上の幾何ベクトルの方向は変化しない．

> 回転・鏡映とちがい，線型変換でも方向を変えない幾何ベクトルが見つかったことになる．

この特定の方向を求めてみる．この方向の幾何ベクトル $\overrightarrow{x}$ を表す数ベクトルを $\begin{pmatrix} x_1 \\ x_2 \end{pmatrix}$ と表す．この数ベクトルにマトリックス $\begin{pmatrix} 0.90 & 0.20 \\ 0.10 & 0.80 \end{pmatrix}$ を左から掛けても，$\overrightarrow{x}$ の方向が変わらない．もとの幾何ベクトルのナントカ倍になれば，同じ方向のままだから，

λ はギリシア文字で「ラムダ」と読む．

$$
\begin{pmatrix} 0.90 & 0.20 \\ 0.10 & 0.80 \end{pmatrix}\begin{pmatrix} x_1\text{人} \\ x_2\text{人} \end{pmatrix} = \begin{pmatrix} x_1\text{人} \\ x_2\text{人} \end{pmatrix}\underbrace{\lambda}_{\text{ナントカ倍}} \qquad (\lambda\text{は実数})
$$

変換しても方向の変わらない矢印を見つける．

と書ける．

右辺の形について，問 4.17 (d) 参照．

線型変換によって方向を変えない幾何ベクトルの見つけ方

▶ 対角マトリックス $\begin{pmatrix} 3 & 0 \\ 0 & 2 \end{pmatrix}$ で表せる変換によって, ある点を別の点にうつす場合の特徴

半径 1, 中心 O の円の周上の 3 点 A, B, C を考えてみる.

幾何ベクトル (矢印) $\overrightarrow{OA}$, $\overrightarrow{OB}$, $\overrightarrow{OC}$ は, それぞれ $\overrightarrow{OA'}$, $\overrightarrow{OB'}$, $\overrightarrow{OC'}$ にうつる.

$$\begin{pmatrix} 3 & 0 \\ 0 & 2 \end{pmatrix}\underbrace{\begin{pmatrix} 0 \\ 1 \end{pmatrix}}_{\overrightarrow{OA}} = \underbrace{\begin{pmatrix} 0 \\ 2 \end{pmatrix}}_{\overrightarrow{OA'}} = \overbrace{\underbrace{\begin{pmatrix} 0 \\ 1 \end{pmatrix}}_{\overrightarrow{OA}}2}^{\overrightarrow{OA}\text{と同じ方向}} \qquad \begin{pmatrix} 3 & 0 \\ 0 & 2 \end{pmatrix}\underbrace{\begin{pmatrix} \frac{1}{\sqrt{2}} \\ \frac{1}{\sqrt{2}} \end{pmatrix}}_{\overrightarrow{OB}} = \underbrace{\begin{pmatrix} \frac{3}{\sqrt{2}} \\ \frac{2}{\sqrt{2}} \end{pmatrix}}_{\overrightarrow{OB'}}$$

$$\begin{pmatrix} 3 & 0 \\ 0 & 2 \end{pmatrix}\underbrace{\begin{pmatrix} 1 \\ 0 \end{pmatrix}}_{\overrightarrow{OC}} = \underbrace{\begin{pmatrix} 3 \\ 0 \end{pmatrix}}_{\overrightarrow{OC'}} = \overbrace{\underbrace{\begin{pmatrix} 1 \\ 0 \end{pmatrix}}_{\overrightarrow{OC}}3}^{\overrightarrow{OC}\text{と同じ方向}} \qquad \longleftarrow \text{問 4.17 (d)}$$

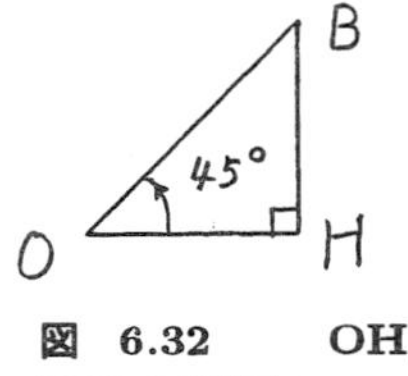

図　6.32　OH, BH の求め方

$OH^2 + BH^2 = OB^2$

$OH = BH$

$OB = 1$

$\therefore\ 2OH^2 = 1$

$\therefore\ OH = BH = \dfrac{1}{\sqrt{2}}$

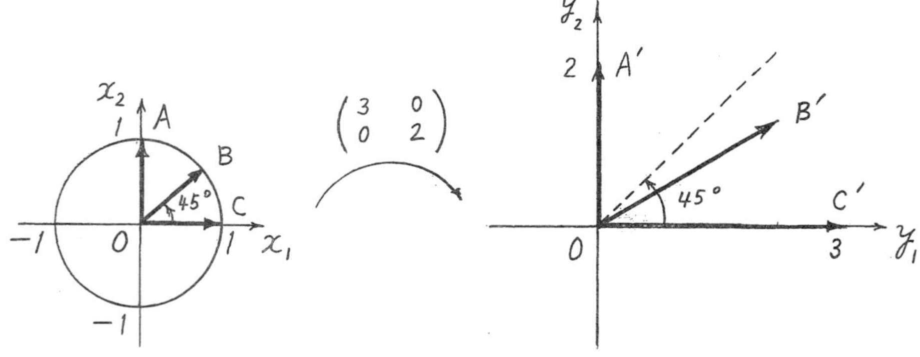

図 6.31　点 A, B, C のうつり先

特定の方向とは, x_1 軸方向, x_2 軸方向である. くわしい解説は, 小林幸夫:『線型代数の発想』(現代数学社, 2008) 参照.

重要　変換が**対角マトリックス**で表せるときには, **特定の方向**の幾何ベクトル (矢印) に変換を施しても, その矢印の**方向は変わらない**.

これらの結果をつぎのように整理すると, 対角マトリックスの成分の意味がわかる.

x_1 軸方向に何倍に拡大・縮小するかを表す.

$$\downarrow$$

$$\begin{pmatrix} 3 & 0 \\ 0 & 2 \end{pmatrix}$$

$$\uparrow$$

x_2 軸方向に何倍に拡大・縮小するかを表す.

> **固有ベクトル：変換しても方向の変わらない幾何ベクトル (矢印)**
> **固有値：拡大率または縮小率**

$$\begin{pmatrix} 3 & 0 \\ 0 & 2 \end{pmatrix}\overbrace{\begin{pmatrix} 1 \\ 0 \end{pmatrix}}^{\text{固有ベクトル}} = \overbrace{\begin{pmatrix} 1 \\ 0 \end{pmatrix}}^{\text{固有ベクトル}}\overbrace{3}^{\text{固有値(拡大率)}}$$

x_1 軸方向の矢印を表す.

$$\begin{pmatrix} 3 & 0 \\ 0 & 2 \end{pmatrix}\overbrace{\begin{pmatrix} 0 \\ 1 \end{pmatrix}}^{\text{固有ベクトル}} = \overbrace{\begin{pmatrix} 0 \\ 1 \end{pmatrix}}^{\text{固有ベクトル}}\overbrace{2}^{\text{固有値(拡大率)}}$$

x_2 軸方向の矢印を表す.

数ベクトル $\begin{pmatrix} 1 \\ 0 \end{pmatrix}$, $\begin{pmatrix} 0 \\ 1 \end{pmatrix}$ で表せる幾何ベクトルは, 方向を変えない.

右辺の各項の形について, 問 4.17 (d) 参照.

変換が対角マトリックスで表せないときにも, 方向の変わらない幾何ベクトル (矢印) はあるだろうか？ もとの矢印 $\overrightarrow{x}$ と同じ方向の矢印は $\overrightarrow{x}\lambda$ (λ は任意の実数) と表せる.

固有値問題について, 本書とちがった観点からの解説は, 小林幸夫：『線型代数の発想』(現代数学社, 2008) 参照.

矢印の拡大・縮小 $$\underbrace{\begin{pmatrix} x_1 \\ x_2 \end{pmatrix}}_{\text{もとの矢印を表す数ベクトル}}\underbrace{\lambda}_{\text{倍を表す数}}$$

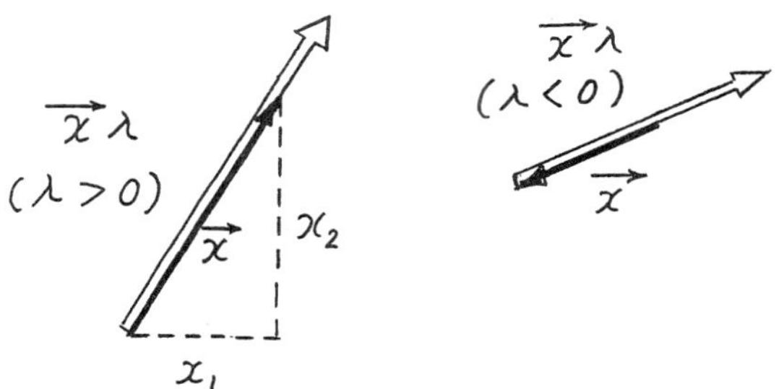

図 6.33　同じ方向の幾何ベクトル

> n 次正方マトリックス A に対して
> $$A\boldsymbol{x} = \boldsymbol{x}\lambda \ (\boldsymbol{x} \neq \boldsymbol{0})$$
> をみたすベクトル $\boldsymbol{x}$ (n 実数の組) と実数 λ とが存在するとき
> λ を A の**固有値** (eigen value),
> $\boldsymbol{x}$ を固有値 λ に属する**固有ベクトル** (eigen vector)
> という.

n 次正方マトリックスとは, n 行 n 列のマトリックスである.

$\boldsymbol{x}$: 矢印 $\overrightarrow{x}$ を表す数ベクトル

$A\boldsymbol{x}$:「マトリックス A で表せる変換を矢印 $\overrightarrow{x}$ に施す」という意味

$\boldsymbol{x}\lambda$: 矢印 $\overrightarrow{x}$ と同じ方向の矢印を表す数ベクトル

固有ベクトル $\boldsymbol{x}$ が 2 実数の組の場合について, 数だけで表すと,

2×1 マトリックスと
1×1 マトリックスとの乗法

$$\begin{pmatrix} 0.90 & 0.20 \\ 0.10 & 0.80 \end{pmatrix} \underbrace{\begin{pmatrix} x_1 \\ x_2 \end{pmatrix}}_{\text{固有ベクトル}} = \underbrace{\begin{pmatrix} x_1 \\ x_2 \end{pmatrix}}_{\text{固有ベクトル}} \underbrace{\lambda}_{\text{固有値}}$$

となる.

2 実数の組とは「成分が 2 個」という意味である. ここでは, x_1 と x_2 との 2 個ある.

どんな $\boldsymbol{x}$ に対しても　$A\boldsymbol{x} = \boldsymbol{x}\lambda$ と書ける λ の値が見つかるわけではない.

⇒ 特別のベクトルに対して, この関係をみたす λ の値がある.

$$\begin{pmatrix} 0.90 & 0.20 \\ 0.10 & 0.80 \end{pmatrix} \begin{pmatrix} 3 \\ -4 \end{pmatrix} = \begin{pmatrix} 1.9 \\ -2.9 \end{pmatrix}$$

だから,

$$\begin{pmatrix} 0.90 & 0.20 \\ 0.10 & 0.80 \end{pmatrix} \begin{pmatrix} 3 \\ -4 \end{pmatrix} = \begin{pmatrix} 3 \\ -4 \end{pmatrix} \lambda$$

をみたす λ の値はない.

$\begin{pmatrix} 3 \\ -4 \end{pmatrix} \lambda = \begin{pmatrix} 1.9 \\ -2.9 \end{pmatrix}$ をみたす λ の値は見つからない.
$\lambda = \dfrac{1.9}{3}$ とすると,
$3 \times \dfrac{1.9}{3} = 1.9$
となるが,
$-4 \times \dfrac{1.9}{3} \neq -2.9$
である.

▶ **どの方向を変えないかは, マトリックスの成分の値によって決まっている.**

だから, この方向はマトリックスに**固有**である.

> **【疑問】** 何のために, 固有値・固有ベクトルを考えるのか？
> この事情をなっとくするために, 例題 6.3, 例題 6.4 を考えてみよう.
> なお, 例題 6.3 の固有値と固有ベクトルの成分の値とは, あとで求める.

例題 6.3　**マトリックスの対角化**

$$\underbrace{\begin{pmatrix} 0.90 & 0.20 \\ 0.10 & 0.80 \end{pmatrix}\begin{pmatrix} u_1 \\ u_2 \end{pmatrix}}_{\text{固有ベクトル}} = \underbrace{\begin{pmatrix} u_1 \\ u_2 \end{pmatrix}}_{\text{固有ベクトル}} \underbrace{\mu}_{\text{固有値}},$$

$$\begin{pmatrix} 0.90 & 0.20 \\ 0.10 & 0.80 \end{pmatrix}\underbrace{\begin{pmatrix} v_1 \\ v_2 \end{pmatrix}}_{\text{固有ベクトル}} = \underbrace{\begin{pmatrix} v_1 \\ v_2 \end{pmatrix}}_{\text{固有ベクトル}} \underbrace{\nu}_{\text{固有値}}$$

のとき

左側の固有値に対応　右側の固有値に対応

$$\begin{pmatrix} 0.90 & 0.20 \\ 0.10 & 0.80 \end{pmatrix}\underbrace{\begin{pmatrix} u_1 & v_1 \\ u_2 & v_2 \end{pmatrix}}_{\text{固有ベクトルの並び}} = \underbrace{\begin{pmatrix} u_1 & v_1 \\ u_2 & v_2 \end{pmatrix}}_{\text{固有ベクトルの並び}} \underbrace{\begin{pmatrix} \mu & 0 \\ 0 & \nu \end{pmatrix}}_{\text{対角マトリックス}}$$

と書けることを確かめよ．

【解説】

$$\begin{pmatrix} 0.90 & 0.20 \\ 0.10 & 0.80 \end{pmatrix}\begin{pmatrix} u_1 \\ u_2 \end{pmatrix} = \begin{pmatrix} u_1 \\ u_2 \end{pmatrix}\mu$$

を各辺ごとに計算すると，

$$\begin{pmatrix} 0.90u_1 + 0.20u_2 \\ 0.10u_1 + 0.80u_2 \end{pmatrix} = \begin{pmatrix} u_1\mu \\ u_2\mu \end{pmatrix}$$

となる．同様に，

$$\begin{pmatrix} 0.90 & 0.20 \\ 0.10 & 0.80 \end{pmatrix}\begin{pmatrix} v_1 \\ v_2 \end{pmatrix} = \begin{pmatrix} v_1 \\ v_2 \end{pmatrix}\nu$$

を各辺ごとに計算すると，

$$\begin{pmatrix} 0.90v_1 + 0.20v_2 \\ 0.10v_1 + 0.80v_2 \end{pmatrix} = \begin{pmatrix} v_1\nu \\ v_2\nu \end{pmatrix}$$

となる．これらの式を使うと，

$$\begin{pmatrix} 0.90 & 0.20 \\ 0.10 & 0.80 \end{pmatrix}\begin{pmatrix} u_1 & v_1 \\ u_2 & v_2 \end{pmatrix} = \begin{pmatrix} 0.90u_1 + 0.20u_2 & 0.90v_1 + 0.20v_2 \\ 0.10u_1 + 0.80u_2 & 0.10v_1 + 0.80v_2 \end{pmatrix}$$
$$= \begin{pmatrix} u_1\mu & v_1\nu \\ u_2\mu & v_2\nu \end{pmatrix}.$$

二つの固有値とそれぞれに属する固有ベクトル

μ　$\begin{pmatrix} u_1 \\ u_2 \end{pmatrix}$

ν　$\begin{pmatrix} v_1 \\ v_2 \end{pmatrix}$

$A\boldsymbol{x} = \boldsymbol{x}\lambda$ を具体的に書いた形

μ はギリシア文字で「ミュー」と読む．
ν はギリシア文字で「ニュー」と読む．

変換によって方向の変わらない矢印 $\overrightarrow{u}$ の大きさは μ 倍になる．

幾何ベクトル $\overrightarrow{u}$ を数ベクトル $\begin{pmatrix} u_1 \\ u_2 \end{pmatrix}$ で表す．

変換によって方向の変わらない矢印 $\overrightarrow{v}$ の大きさは ν 倍になる．

幾何ベクトル $\overrightarrow{v}$ を数ベクトル $\begin{pmatrix} v_1 \\ v_2 \end{pmatrix}$ で表す．

「これらの式を使う」とは
「$0.90u_1 + 0.20u_2 = u_1\mu$,
$0.10u_1 + 0.80u_2 = u_2\mu$,
$0.90v_1 + 0.20v_2 = v_1\nu$,
$0.10v_1 + 0.80v_2 = v_2\nu$
を使う」という意味である．

他方,

$$\begin{pmatrix} u_1 & v_1 \\ u_2 & v_2 \end{pmatrix} \begin{pmatrix} \mu & 0 \\ 0 & \nu \end{pmatrix} = \begin{pmatrix} u_1\mu & v_1\nu \\ u_2\mu & v_2\nu \end{pmatrix}.$$

【注意】固有ベクトルを並べる順序

左側の固有値に対応　右側の固有値に対応

$$\begin{pmatrix} 0.90 & 0.20 \\ 0.10 & 0.80 \end{pmatrix} \underbrace{\begin{pmatrix} u_1 & v_1 \\ u_2 & v_2 \end{pmatrix}}_{\text{固有ベクトルの並び}} = \underbrace{\begin{pmatrix} u_1 & v_1 \\ u_2 & v_2 \end{pmatrix}}_{\text{固有ベクトルの並び}} \underbrace{\begin{pmatrix} \mu & 0 \\ 0 & \nu \end{pmatrix}}_{\text{対角マトリックス}}$$

左側の固有値に対応　右側の固有値に対応

$$\begin{pmatrix} 0.90 & 0.20 \\ 0.10 & 0.80 \end{pmatrix} \underbrace{\begin{pmatrix} v_1 & u_1 \\ v_2 & u_2 \end{pmatrix}}_{\text{固有ベクトルの並び}} = \underbrace{\begin{pmatrix} v_1 & u_1 \\ v_2 & u_2 \end{pmatrix}}_{\text{固有ベクトルの並び}} \underbrace{\begin{pmatrix} \nu & 0 \\ 0 & \mu \end{pmatrix}}_{\text{対角マトリックス}}$$

マトリックスとベクトルとの乗法 4.2 節参照.

Cramer の方法について 5.2 節参照.

Cramer の方法を忘れたとき

未知数が 1 個の方程式 (**例** $7x = 3$) を考える.

分子は定数項（右辺）

$$x = \frac{3}{7}$$

分母は係数（左辺）

未知数が 2 個以上の場合も

$$\text{解} = \frac{\text{定数項}}{\text{係数}}$$

の形である.

x_1 の分子
x_1 の係数の真上に定数項をおいた行列式

x_2 の分子
x_2 の係数の真上に定数項をおいた行列式

固有値・固有ベクトルの求め方

手順 1　**連立方程式の形に書き換える**

$$\begin{pmatrix} 0.90 & 0.20 \\ 0.10 & 0.80 \end{pmatrix} \begin{pmatrix} x_1 \\ x_2 \end{pmatrix} = \begin{pmatrix} x_1 \\ x_2 \end{pmatrix} \lambda$$

$$\begin{pmatrix} 0.90\ x_1 + 0.20\ x_2 \\ 0.10\ x_1 + 0.80\ x_2 \end{pmatrix} = \begin{pmatrix} x_1\lambda \\ x_2\lambda \end{pmatrix}$$

$$\begin{cases} (0.90-\lambda)\ x_1 + 0.20\ x_2 = 0 \\ 0.10\ x_1 + (0.80-\lambda)\ x_2 = 0 \end{cases}$$

手順 2　**Cramer の方法で連立方程式を解く**

$$x_1 = \frac{\begin{vmatrix} 0 & 0.20 \\ 0 & 0.80-\lambda \end{vmatrix}}{\begin{vmatrix} 0.90-\lambda & 0.20 \\ 0.10 & 0.80-\lambda \end{vmatrix}}, \qquad x_2 = \frac{\begin{vmatrix} 0.90-\lambda & 0 \\ 0.10 & 0 \end{vmatrix}}{\begin{vmatrix} 0.90-\lambda & 0.20 \\ 0.10 & 0.80-\lambda \end{vmatrix}}$$

手順 3　**固有方程式をつくる**

- 分母 $\neq 0$ のとき

$$\begin{cases} x_1 = 0 \\ x_2 = 0 \end{cases}$$

が求まるが, $\begin{pmatrix} x_1 \\ x_2 \end{pmatrix} = \begin{pmatrix} 0 \\ 0 \end{pmatrix}$ (自明な解) は固有ベクトルに入れない.

$\begin{pmatrix} 0 \\ 0 \end{pmatrix}$ は原点の位置ベクトルだから, 変換によって方向の変わらない幾何ベクトル (矢印) を見つける問題の解ではない.

- 分母 $= 0$ のとき

マトリックス $\begin{pmatrix} 0.90 & 0.20 \\ 0.10 & 0.80 \end{pmatrix}$ の**固有方程式** (永年方程式ともいう)：

$$\begin{vmatrix} 0.90 - \lambda & 0.20 \\ 0.10 & 0.80 - \lambda \end{vmatrix} = (0.90 - \lambda)(0.80 - \lambda) - 0.20 \cdot 0.10 = 0$$

を解くと

$$\lambda = 1, \ \ \lambda = 0.7$$

となる. 一方を μ, 他方を ν として,

$$\mu = 1, \ \ \nu = 0.7$$

と書くことにする.

Q.　分母 $= 0$ のとき, $x_1 = \dfrac{0}{0}$, $x_2 = \dfrac{0}{0}$ となるので, x_1 の値と x_2 の値とは求まらないのではありませんか？

A.　5.1 節で $\dfrac{0}{0}$ は不定であって, この分数の値は無数に存在することを注意しました. 「不定」とは, どんな値でも取り得るという意味ではありません. 手順 4 で, 具体的に x_1, x_2 がどんな値を取るのかということを説明します.

5.2.2 項【進んだ探究】

手順 4　**固有値に属する固有ベクトルを求める**

$\begin{pmatrix} x_1 \\ x_2 \end{pmatrix}$ の代わりに, $\mu = 1$ の場合 $\begin{pmatrix} u_1 \\ u_2 \end{pmatrix}$, $\nu = 0.7$ の場合 $\begin{pmatrix} v_1 \\ v_2 \end{pmatrix}$ と書くことにする.

● $\mu = 1$ の場合

$$\underbrace{\begin{pmatrix} 0.90 & 0.20 \\ 0.10 & 0.80 \end{pmatrix}\begin{pmatrix} u_1 \\ u_2 \end{pmatrix}}_{\begin{pmatrix} 0.90u_1 + 0.20u_2 \\ 0.10u_1 + 0.80u_2 \end{pmatrix}} = \underbrace{\begin{pmatrix} u_1 \\ u_2 \end{pmatrix} 1}_{\begin{pmatrix} 1u_1 \\ 1u_2 \end{pmatrix}}$$

$$\begin{cases} -0.10u_1 + 0.20u_2 = 0 \\ 0.10u_1 - 0.20u_2 = 0 \end{cases}$$

を整理すると，どちらの式も

$$-1u_1 + 2u_2 = 0$$

となる．解は

$$\begin{cases} u_1 = 2t_1 \\ u_2 = 1t_1 \end{cases}$$

(t_1 は **0 でない**任意の実数)

である．この解を

$$\begin{pmatrix} u_1 \\ u_2 \end{pmatrix} = \begin{pmatrix} 2t_1 \\ 1t_1 \end{pmatrix} = \begin{pmatrix} 2 \\ 1 \end{pmatrix} t_1$$

と表す．

t_1 の値の選び方によって，

u_1, u_2 は無数に存在する．

例　$t_1 = 3$ とすると，

$u_1 = 6$, $u_2 = 3$ となる．

これらの値は $-1u_1 + 2u_2 = 0$

をみたす．

例　$t_1 = -2$ とすると，

$u_1 = -4$, $u_2 = -2$ となる．

これらの値も $-1u_1 + 2u_2 = 0$

をみたす．

● $\nu = 0.7$ の場合

$$\underbrace{\begin{pmatrix} 0.90 & 0.20 \\ 0.10 & 0.80 \end{pmatrix}\begin{pmatrix} v_1 \\ v_2 \end{pmatrix}}_{\begin{pmatrix} 0.90v_1 + 0.20v_2 \\ 0.10v_1 + 0.80v_2 \end{pmatrix}} = \underbrace{\begin{pmatrix} v_1 \\ v_2 \end{pmatrix} 0.7}_{\begin{pmatrix} 0.7v_1 \\ 0.7v_2 \end{pmatrix}}$$

$$\begin{cases} 0.20v_1 + 0.20v_2 = 0 \\ 0.10v_1 + 0.10v_2 = 0 \end{cases}$$

を整理すると，どちらの式も

$$1v_1 + 1v_2 = 0$$

となる．解は

$$\begin{cases} v_1 = 1t_2 \\ v_2 = -1t_2 \end{cases}$$

(t_2 は **0 でない**任意の実数)

である．この解を

$$\begin{pmatrix} v_1 \\ v_2 \end{pmatrix} = \begin{pmatrix} 1t_2 \\ -1t_2 \end{pmatrix} = \begin{pmatrix} 1 \\ -1 \end{pmatrix} t_2$$

と表す．

t_2 の値の選び方によって，

v_1, v_2 は無数に存在する．

例　$t_2 = 5$ とすると，

$v_1 = 5$, $v_2 = -5$ となる．

これらの値は $1v_1 + 1v_2 = 0$

をみたす．

例　$t_2 = -4$ とすると，

$v_1 = -4$, $v_2 = 4$ となる．

これらの値も $1v_1 + 1u_2 = 0$

をみたす．

$-1u_1 + 2u_2 = 0$
から
$u_1 = 2u_2$
である．
この式だけしかないので，u_1 の値と u_2 の値とは 1 組に決まらない．

こういう場合は，$u_2 = t_1$ (t_1 は任意の実数) と表して，$u_1 = 2t_1$ とする．

「任意の実数」とは「どんな値の実数でもいい」という意味である．

$u_1 = t_1$ と表して，$u_2 = \dfrac{1}{2}t_1$ としてもいい．

▶ 固有値問題を練習するときには，探究支援 6.5 に取り組むこと．

【参考】人口移動を表す線型変換の図形上のはたらき

$\begin{pmatrix} 0.90 & 0.20 \\ 0.10 & 0.80 \end{pmatrix}$ で表せる線型変換によって方向が変わらない矢印

$\overrightarrow{u}$ の方向の矢印	1 倍
$\overrightarrow{v}$ の方向の矢印	0.7 倍に縮小

6.1.2 項の拡大・縮小が座標軸方向でない場合

固有ベクトル：方向を変えないベクトル, 固有値：拡大・縮小率

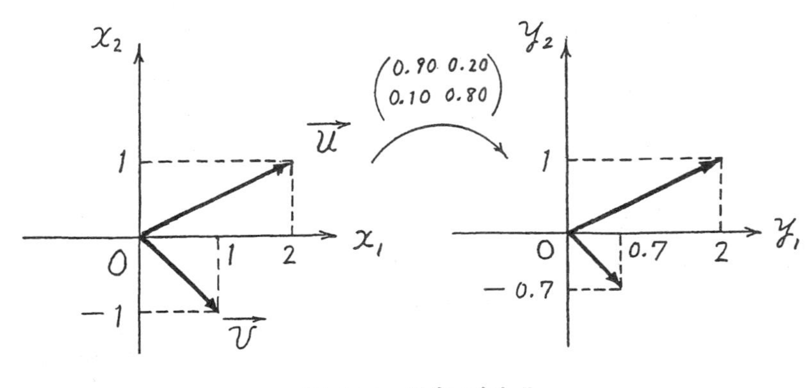

図 6.34　固有ベクトル

$\overrightarrow{u}$ は数ベクトル $\begin{pmatrix} 2 \\ 1 \end{pmatrix} t_1$ で表せる矢印である.

$\overrightarrow{v}$ は数ベクトル $\begin{pmatrix} 1 \\ -1 \end{pmatrix} t_2$ で表せる矢印である.

t_1 の値, t_2 の値の選び方によって, **一つの固有値に属する固有ベクトルは無数にある.**

例 1　$t_1 = 2,\ t_2 = -1$ を選ぶと, $\boldsymbol{u} = \begin{pmatrix} 4 \\ 2 \end{pmatrix},\ \boldsymbol{v} = \begin{pmatrix} -1 \\ 1 \end{pmatrix}$ である.

確認

$$\begin{pmatrix} 0.90 & 0.20 \\ 0.10 & 0.80 \end{pmatrix} \underbrace{\begin{pmatrix} 4 \\ 2 \end{pmatrix}}_{\text{固有ベクトル}} = \begin{pmatrix} 4 \\ 2 \end{pmatrix} = \underbrace{\begin{pmatrix} 4 \\ 2 \end{pmatrix}}_{\text{固有ベクトル}} \underbrace{1}_{\text{固有値}}$$

$$\begin{pmatrix} 0.90 & 0.20 \\ 0.10 & 0.80 \end{pmatrix} \underbrace{\begin{pmatrix} -1 \\ 1 \end{pmatrix}}_{\text{固有ベクトル}} = \begin{pmatrix} -0.7 \\ 0.7 \end{pmatrix} = \underbrace{\begin{pmatrix} 1 \\ -1 \end{pmatrix}}_{\text{固有ベクトル}} \underbrace{0.7}_{\text{固有値}}$$

例 2　$t_1 = -1,\ t_2 = 2$ を選ぶと, $\boldsymbol{u} = \begin{pmatrix} -2 \\ -1 \end{pmatrix},\ \boldsymbol{v} = \begin{pmatrix} 2 \\ -2 \end{pmatrix}$ である.

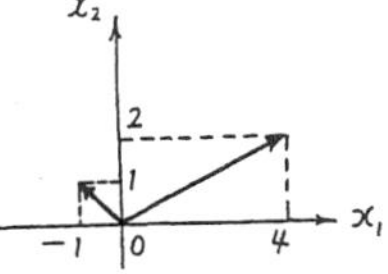

図 6.35　方向を変えない幾何ベクトル
この方向の幾何ベクトルは方向を変えない.

$\boldsymbol{u} = \begin{pmatrix} u_1 \\ u_2 \end{pmatrix}$,

$\boldsymbol{v} = \begin{pmatrix} v_1 \\ v_2 \end{pmatrix}$

と表した.

確認 $\begin{pmatrix} 0.90 & 0.20 \\ 0.10 & 0.80 \end{pmatrix}\underbrace{\begin{pmatrix} -2 \\ -1 \end{pmatrix}}_{\text{固有ベクトル}} = \begin{pmatrix} -2 \\ -1 \end{pmatrix} = \underbrace{\begin{pmatrix} -2 \\ -1 \end{pmatrix}}_{\text{固有ベクトル}}\underbrace{1}_{\text{固有値}}$

$$\begin{pmatrix} 0.90 & 0.20 \\ 0.10 & 0.80 \end{pmatrix}\underbrace{\begin{pmatrix} 2 \\ -2 \end{pmatrix}}_{\text{固有ベクトル}} = \begin{pmatrix} 1.4 \\ -1.4 \end{pmatrix} = \underbrace{\begin{pmatrix} 2 \\ -2 \end{pmatrix}}_{\text{固有ベクトル}}\underbrace{0.7}_{\text{固有値}}$$

ベクトルのノルム (大きさ) が 1 になるように t_1 の値, t_2 の値を選ぶと便利である.

$$\begin{pmatrix} 2 \\ 1 \end{pmatrix} \xrightarrow{\text{正規化}} \begin{pmatrix} \frac{2}{\sqrt{5}} \\ \frac{1}{\sqrt{5}} \end{pmatrix} \qquad \begin{pmatrix} 1 \\ -1 \end{pmatrix} \xrightarrow{\text{正規化}} \begin{pmatrix} \frac{1}{\sqrt{2}} \\ -\frac{1}{\sqrt{2}} \end{pmatrix}$$

$$t_1 = \frac{1}{\sqrt{5}} \qquad\qquad t_2 = \frac{1}{\sqrt{2}}$$

正規化：ベクトルのノルム (大きさ) を 1 にする操作

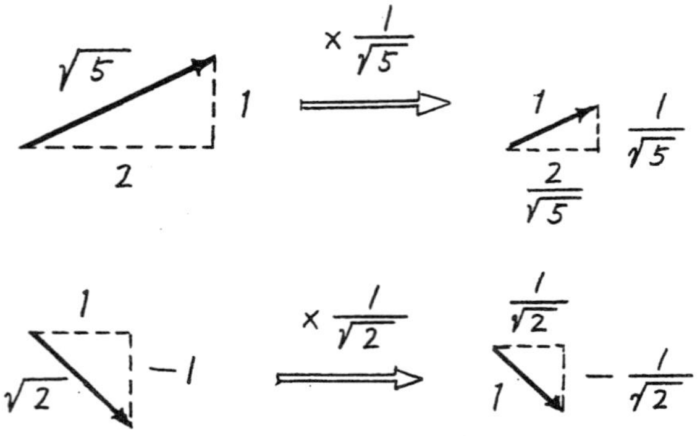

図 6.36 正規化

三平方の定理からノルム (大きさ) は
$$\sqrt{2^2+1^2} = \sqrt{4+1} = \sqrt{5}$$
である. 同様に,
$$\sqrt{1^2+(-1)^2} = \sqrt{1+1} = \sqrt{2}$$
である.

例題 6.4 **マトリックスの n 乗の計算**

$A = \begin{pmatrix} 0.90 & 0.20 \\ 0.10 & 0.80 \end{pmatrix}$ のとき A^n を求めよ.

【解説】

手順 1 **マトリックス A の固有値・固有ベクトルを求める**

$$\mu = 1,\ \boldsymbol{u} = \begin{pmatrix} \frac{2}{\sqrt{5}} \\ \frac{1}{\sqrt{5}} \end{pmatrix};\ \nu = 0.7,\ \boldsymbol{v} = \begin{pmatrix} \frac{1}{\sqrt{2}} \\ -\frac{1}{\sqrt{2}} \end{pmatrix} \qquad \text{(既出)}$$

手順 2　**固有値を対角線上に並べた対角マトリックスをつくる**

手順 2 と本質は同じだが, 式の表し方のちがう計算法もある. 小林幸夫:『線型代数の発想』(現代数学社, 2008) 参照.

$$
\begin{aligned}
A^n\boldsymbol{u} &= A^{n-1}A\boldsymbol{u} && \longleftarrow A^n = A^{n-1}A \\
&= A^{n-1}\boldsymbol{u}\mu && \longleftarrow A\boldsymbol{u} = \boldsymbol{u}\mu \quad (\text{固有値・固有ベクトル}) \\
&= A^{n-2}A\boldsymbol{u}\mu \\
&= A^{n-2}\boldsymbol{u}\mu^2 && \longleftarrow A\boldsymbol{u} = \boldsymbol{u}\mu \\
&\cdots \\
&= \boldsymbol{u}\mu^n
\end{aligned}
$$

だから

$$A^n\begin{pmatrix} \frac{2}{\sqrt{5}} \\ \frac{1}{\sqrt{5}} \end{pmatrix} = \begin{pmatrix} \frac{2}{\sqrt{5}} \\ \frac{1}{\sqrt{5}} \end{pmatrix} 1^n$$

である. 同様に,

$$A^n\begin{pmatrix} \frac{1}{\sqrt{2}} \\ -\frac{1}{\sqrt{2}} \end{pmatrix} = \begin{pmatrix} \frac{1}{\sqrt{2}} \\ -\frac{1}{\sqrt{2}} \end{pmatrix} 0.7^n$$

である. 例題 6.3 の考え方で,

固有値 μ の n 乗 ↓

$$\begin{pmatrix} 0.90 & 0.20 \\ 0.10 & 0.80 \end{pmatrix}^n \begin{pmatrix} \frac{2}{\sqrt{5}} & \frac{1}{\sqrt{2}} \\ \frac{1}{\sqrt{5}} & -\frac{1}{\sqrt{2}} \end{pmatrix} = \begin{pmatrix} \frac{2}{\sqrt{5}} & \frac{1}{\sqrt{2}} \\ \frac{1}{\sqrt{5}} & -\frac{1}{\sqrt{2}} \end{pmatrix} \begin{pmatrix} 1^n & 0 \\ 0 & 0.7^n \end{pmatrix}$$

↑ 固有値 ν の n 乗

となる.

【注意】固有ベクトルを並べる順序

例題 6.3【注意】の通りで,

固有値 ν の n 乗 ↓

$$\begin{pmatrix} 0.90 & 0.20 \\ 0.10 & 0.80 \end{pmatrix}^n \begin{pmatrix} \frac{1}{\sqrt{2}} & \frac{2}{\sqrt{5}} \\ -\frac{1}{\sqrt{2}} & \frac{1}{\sqrt{5}} \end{pmatrix} = \begin{pmatrix} \frac{1}{\sqrt{2}} & \frac{2}{\sqrt{5}} \\ -\frac{1}{\sqrt{2}} & \frac{1}{\sqrt{5}} \end{pmatrix} \begin{pmatrix} 0.7^n & 0 \\ 0 & 1^n \end{pmatrix}$$

↑ 固有値 μ の n 乗

としても, 手順 3 以下の方法で A^n が求まる.

手順 3　**固有ベクトルをタテに並べたマトリックスの逆マトリックスをつくる**

固有値 μ に属する固有ベクトル

$$\downarrow$$

$$\begin{pmatrix} \frac{2}{\sqrt{5}} & \frac{1}{\sqrt{2}} \\ \frac{1}{\sqrt{5}} & -\frac{1}{\sqrt{2}} \end{pmatrix}$$

$$\uparrow$$

固有値 ν に属する固有ベクトル

逆マトリックス $\begin{pmatrix} \frac{2}{\sqrt{5}} & \frac{1}{\sqrt{2}} \\ \frac{1}{\sqrt{5}} & -\frac{1}{\sqrt{2}} \end{pmatrix}^{-1}$ を $\begin{pmatrix} \spadesuit & \clubsuit \\ \heartsuit & \diamondsuit \end{pmatrix}$ とおく.

$$\underbrace{\begin{pmatrix} \frac{2}{\sqrt{5}} & \frac{1}{\sqrt{2}} \\ \frac{1}{\sqrt{5}} & -\frac{1}{\sqrt{2}} \end{pmatrix}\begin{pmatrix} \spadesuit & \clubsuit \\ \heartsuit & \diamondsuit \end{pmatrix}}_{\begin{pmatrix} \frac{2}{\sqrt{5}}\times\spadesuit+\frac{1}{\sqrt{2}}\times\heartsuit & \frac{2}{\sqrt{5}}\times\clubsuit+\frac{1}{\sqrt{2}}\times\diamondsuit \\ \frac{1}{\sqrt{5}}\times\spadesuit-\frac{1}{\sqrt{2}}\times\heartsuit & \frac{1}{\sqrt{5}}\times\clubsuit-\frac{1}{\sqrt{2}}\times\diamondsuit \end{pmatrix}} = \begin{pmatrix} 1 & 0 \\ 0 & 1 \end{pmatrix}$$

から

$$\begin{cases} \frac{2}{\sqrt{5}}\times\spadesuit+\frac{1}{\sqrt{2}}\times\heartsuit=1 \\ \frac{1}{\sqrt{5}}\times\spadesuit-\frac{1}{\sqrt{2}}\times\heartsuit=0 \end{cases} \qquad \begin{cases} \frac{2}{\sqrt{5}}\times\clubsuit+\frac{1}{\sqrt{2}}\times\diamondsuit=0 \\ \frac{1}{\sqrt{5}}\times\clubsuit-\frac{1}{\sqrt{2}}\times\diamondsuit=1 \end{cases}$$

となる.

2 元連立 1 次方程式を Cramer の方法で解く.

$$\spadesuit = \frac{\begin{vmatrix} 1 & \frac{1}{\sqrt{2}} \\ 0 & -\frac{1}{\sqrt{2}} \end{vmatrix}}{\begin{vmatrix} \frac{2}{\sqrt{5}} & \frac{1}{\sqrt{2}} \\ \frac{1}{\sqrt{5}} & -\frac{1}{\sqrt{2}} \end{vmatrix}} = \frac{1\times\left(-\frac{1}{\sqrt{2}}\right)-\frac{1}{\sqrt{2}}\times 0}{\frac{2}{\sqrt{5}}\times\left(-\frac{1}{\sqrt{2}}\right)-\frac{1}{\sqrt{2}}\times\frac{1}{\sqrt{5}}} = \frac{-\frac{1}{\sqrt{2}}}{-\frac{3}{\sqrt{10}}} = \frac{\sqrt{5}}{3}$$

$$\clubsuit = \frac{\begin{vmatrix} 0 & \frac{1}{\sqrt{2}} \\ 1 & -\frac{1}{\sqrt{2}} \end{vmatrix}}{\begin{vmatrix} \frac{2}{\sqrt{5}} & \frac{1}{\sqrt{2}} \\ \frac{1}{\sqrt{5}} & -\frac{1}{\sqrt{2}} \end{vmatrix}} = \frac{0\times\left(-\frac{1}{\sqrt{2}}\right)-\frac{1}{\sqrt{2}}\times 1}{-\frac{3}{\sqrt{10}}} = \frac{-\frac{1}{\sqrt{2}}}{-\frac{3}{\sqrt{10}}} = \frac{\sqrt{5}}{3}$$

重要 $t_1=1$, $t_2=1$ を選び, 手順 3 で $\begin{pmatrix} 2 & 1 \\ 1 & -1 \end{pmatrix}$ の逆マトリックスを求めても, 手順 4 の結果は変わらない.

なぜ?
$\begin{pmatrix} 2t_1 & 1t_2 \\ 1t_1 & -1t_2 \end{pmatrix}^{-1}$ は $\begin{pmatrix} \frac{\sqrt{5}}{3t_1} & \frac{\sqrt{5}}{3t_1} \\ \frac{\sqrt{2}}{3t_2} & -\frac{2\sqrt{2}}{3t_2} \end{pmatrix}$ だから, A^n を計算するとき, $\begin{pmatrix} 2t_1 & 1t_2 \\ 1t_1 & -1t_2 \end{pmatrix}$ と $\begin{pmatrix} \frac{\sqrt{5}}{3t_1} & \frac{\sqrt{5}}{3t_1} \\ \frac{\sqrt{2}}{3t_2} & -\frac{2\sqrt{2}}{3t_2} \end{pmatrix}$ との乗法で t_1 も t_2 も約分できるので, A^n は t_1, t_2 の値に無関係になる.
だから, t_1, t_2 の値をどのように選んでもいい.

$$\heartsuit = \frac{\begin{vmatrix} \frac{2}{\sqrt{5}} & 1 \\ \frac{1}{\sqrt{5}} & 0 \end{vmatrix}}{\begin{vmatrix} \frac{2}{\sqrt{5}} & \frac{1}{\sqrt{2}} \\ \frac{1}{\sqrt{5}} & -\frac{1}{\sqrt{2}} \end{vmatrix}} = \frac{\frac{2}{\sqrt{5}} \times 0 - 1 \times \frac{1}{\sqrt{5}}}{-\frac{3}{\sqrt{10}}} = \frac{-\frac{1}{\sqrt{5}}}{-\frac{3}{\sqrt{10}}} = \frac{\sqrt{2}}{3}$$

$$\diamondsuit = \frac{\begin{vmatrix} \frac{2}{\sqrt{5}} & 0 \\ \frac{1}{\sqrt{5}} & 1 \end{vmatrix}}{\begin{vmatrix} \frac{2}{\sqrt{5}} & \frac{1}{\sqrt{2}} \\ \frac{1}{\sqrt{5}} & -\frac{1}{\sqrt{2}} \end{vmatrix}} = \frac{\frac{2}{\sqrt{5}} \times 1 - 0 \times \frac{1}{\sqrt{5}}}{-\frac{3}{\sqrt{10}}} = \frac{\frac{2}{\sqrt{5}}}{-\frac{3}{\sqrt{10}}} = -\frac{2}{3}\sqrt{2}$$

$$\begin{pmatrix} \frac{2}{\sqrt{5}} & \frac{1}{\sqrt{2}} \\ \frac{1}{\sqrt{5}} & -\frac{1}{\sqrt{2}} \end{pmatrix}^{-1} = \begin{pmatrix} \frac{\sqrt{5}}{3} & \frac{\sqrt{5}}{3} \\ \frac{\sqrt{2}}{3} & -\frac{2\sqrt{2}}{3} \end{pmatrix}$$

手順 4　右から逆マトリックスを掛ける

$$\begin{pmatrix} 0.90 & 0.20 \\ 0.10 & 0.80 \end{pmatrix}^n \begin{pmatrix} \frac{2}{\sqrt{5}} & \frac{1}{\sqrt{2}} \\ \frac{1}{\sqrt{5}} & -\frac{1}{\sqrt{2}} \end{pmatrix} = \begin{pmatrix} \frac{2}{\sqrt{5}} & \frac{1}{\sqrt{2}} \\ \frac{1}{\sqrt{5}} & -\frac{1}{\sqrt{2}} \end{pmatrix} \begin{pmatrix} 1^n & 0 \\ 0 & 0.7^n \end{pmatrix}$$

の両辺に**右から**逆マトリックスを掛ける.

$$\overbrace{\underbrace{\begin{pmatrix} 0.90 & 0.20 \\ 0.10 & 0.80 \end{pmatrix}^n}_{A^n} \underbrace{\begin{pmatrix} \frac{2}{\sqrt{5}} & \frac{1}{\sqrt{2}} \\ \frac{1}{\sqrt{5}} & -\frac{1}{\sqrt{2}} \end{pmatrix} \begin{pmatrix} \frac{2}{\sqrt{5}} & \frac{1}{\sqrt{2}} \\ \frac{1}{\sqrt{5}} & \frac{1}{\sqrt{2}} \end{pmatrix}^{-1}}_{I}}^{A^n}$$

$$= \underbrace{\begin{pmatrix} \frac{2}{\sqrt{5}} & \frac{1}{\sqrt{2}} \\ \frac{1}{\sqrt{5}} & -\frac{1}{\sqrt{2}} \end{pmatrix}}_{U} \begin{pmatrix} 1^n & 0 \\ 0 & 0.7^n \end{pmatrix} \underbrace{\begin{pmatrix} \frac{2}{\sqrt{5}} & \frac{1}{\sqrt{2}} \\ \frac{1}{\sqrt{5}} & -\frac{1}{\sqrt{2}} \end{pmatrix}^{-1}}_{U^{-1}}$$

I：単位マトリックス

$$\begin{pmatrix} 1 & 0 \\ 0 & 1 \end{pmatrix}$$

$$\begin{pmatrix} 0.90 & 0.20 \\ 0.10 & 0.80 \end{pmatrix}^n = \underbrace{\begin{pmatrix} \frac{2}{\sqrt{5}} & \frac{0.7^n}{\sqrt{2}} \\ \frac{1}{\sqrt{5}} & -\frac{0.7^n}{\sqrt{2}} \end{pmatrix}}_{\text{二つのマトリックスの積}} \underbrace{\begin{pmatrix} \frac{\sqrt{5}}{3} & \frac{\sqrt{5}}{3} \\ \frac{\sqrt{2}}{3} & -\frac{2\sqrt{2}}{3} \end{pmatrix}}_{U^{-1}\text{(手順 3 の結果)}}$$

$$= \begin{pmatrix} \frac{1}{3}(2+0.7^n) & \frac{2}{3}(1-0.7^n) \\ \frac{1}{3}(1-0.7^n) & \frac{1}{3}(1-2\cdot 0.7^n) \end{pmatrix} \underset{n\to\infty}{\longrightarrow} \frac{1}{3}\begin{pmatrix} 2 & 2 \\ 1 & 1 \end{pmatrix}$$

威力 $n = 1000$ であっても，A^n は A を 1000 個も掛けないで，$\begin{pmatrix} \frac{2}{\sqrt{5}} & \frac{0.7^n}{\sqrt{2}} \\ \frac{1}{\sqrt{5}} & \frac{0.7^n}{\sqrt{2}} \end{pmatrix}$，$\begin{pmatrix} \frac{\sqrt{5}}{3} & \frac{\sqrt{5}}{3} \\ \frac{\sqrt{2}}{3} & -\frac{2\sqrt{2}}{3} \end{pmatrix}$ のマトリックスの乗法だけで求まる．

人口移動の傾向

長い年月が経つと (n を大きくする)，$0.7^n \to 0$ となるから，人口は

$$\frac{1}{3}\begin{pmatrix} 2 & 2 \\ 1 & 1 \end{pmatrix}\begin{pmatrix} x_0\text{人} \\ y_0\text{人} \end{pmatrix} = \begin{pmatrix} 2 \\ 1 \end{pmatrix}\frac{x_0+y_0}{3}\text{人}$$

によって，数ベクトル $\underbrace{\begin{pmatrix} 2 \\ 1 \end{pmatrix}}_{\text{固有ベクトル}}$ で表せる幾何ベクトルの方向に近づく．

【まとめ】対角マトリックスの特徴

① 座標軸方向の幾何ベクトルの方向を変えない．

② n 乗が簡単に計算できる．

【進んだ探究】パターンの形成 (ものの形ができるしくみ)

6.1 節，6.2 節で，平面内で図形の見方を変える操作を**変換**ということを理解した．「変換」というと，むずかしく感じるかも知れない．しかし，中学数学では，この用語を使わないだけで変換の考え方は学習する．

松原元一：『数学的見方考え方』(国土社，1990).

● 変換は中学数学で学習済み

問 三角形の内角の和が 180° であることを証明せよ．

この問題は，中学数学で学習する．三つの角をバラバラに眺めると見通しが悪いので，これらの角を 1 か所に集める．問題を考えやすくするために，角の集合を $\{a, b, c\}$ から $\{a', b', c\}$ に変える．角の「移動」は，変換の例である．

第 1 話のまえがき，例題 1.1, 4.2 節を思い出してみよう．

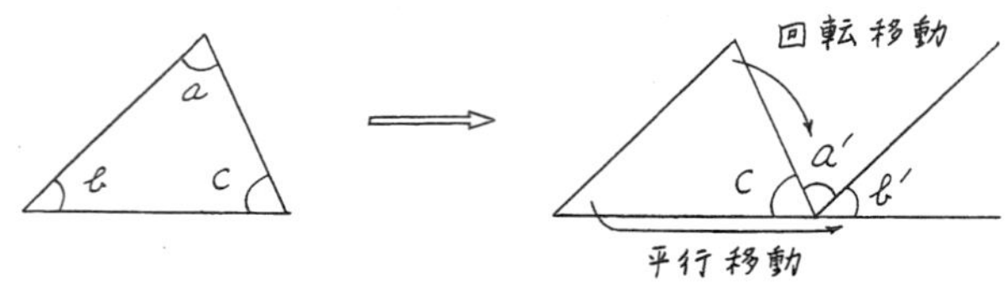

図 6.37　三角形の内角の和

ここまでの話では，拡大・縮小・回転・鏡映だけを扱い，平行移動を考えなかった．はじめに，拡大・縮小・回転・鏡映には共通性があるかどうかを確かめてみる．拡大・縮小・回転・鏡映は，つぎのように同じ形の関係式で表せる．

線型変換：比例 $y = ax$ の拡張版
例　拡大・縮小・回転・鏡映

$$\underbrace{\boldsymbol{y}}_{\text{タテベクトル}} = \underbrace{A}_{\text{マトリックス}} \underbrace{\boldsymbol{x}}_{\text{タテベクトル}}$$

（$\boldsymbol{y}$：**変換後**，$\boldsymbol{x}$：**変換前**）

拡大・縮小	大きさは変わるが方向は変わらない
回転・鏡映	大きさは変わらないが方向は変わる

固有値問題は，変換後のうつり先のベクトルが変換前のベクトルのナントカ倍になる (1 倍，0 倍の場合もある) という特別の場合である．

▶「比例の考え方をタテベクトルとマトリックスとで表した規則」を**線型変換**という．

中学数学で学んだ 1 次関数が活躍する場面はないのか？ 比例の関係を表すグラフは，原点を通る直線である．1 次関数のグラフは，比例のグラフを座標軸 (x_1 軸と x_2 軸とのどちらでもいい) の方向に平行移動した直線である．

▶「1 次関数の考え方をタテベクトルとマトリックスとで表した規則」を**アフィン変換**という．

アフィン変換：1 次関数 $y = ax + b$ の拡張版
例　拡大・縮小・回転・鏡映に平行移動 (並進) を合成

$$\underbrace{\boldsymbol{y}}_{\text{タテベクトル}} = \underbrace{A}_{\text{マトリックス}} \underbrace{\boldsymbol{x}}_{\text{タテベクトル}} + \underbrace{\boldsymbol{b}}_{\text{タテベクトル}}$$

（$\boldsymbol{y}$：**変換後**，$\boldsymbol{x}$：**変換前**，$\boldsymbol{b}$：**平行移動**）

$\boldsymbol{b}$ を線型変換に加えた形

並進とは？
図形の中のすべての点を同じだけ平行移動させる操作

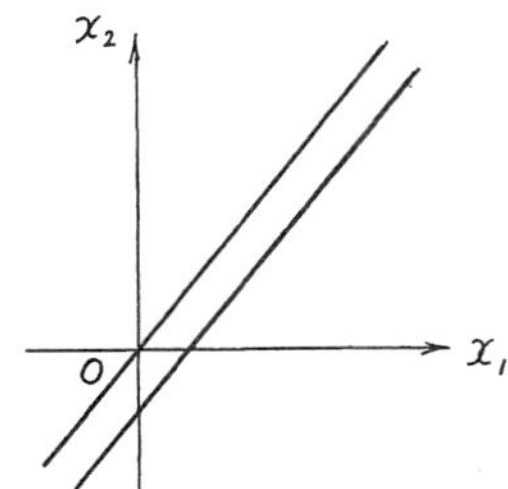

図 6.38　比例と 1 次関数との比較

【注意】比例と 1 次関数とのちがい　1 次関数の場合，x_1 を ナントカ倍しても，x_2 はナントカ倍にならない (例題 1.1 で調べた通り)．

線型変換とアフィン変換とを合成してフラクタル図形を描く

0.3 節で, ある形を縮小または拡大を限りなくくり返すとフラクタル図形が現れることがわかった. ここでは, 縮小と鏡映とを合成してフラクタル図形を描いてみよう.

0.3 節

自然界に見つかる図形を思い出そう.

手順 1 出発点 P_0 [図では点 $(1,1)$] を選ぶ.

6.1.2 項で, 縮小を表すマトリックスと鏡映を表すマトリックスとを取り上げた.

手順 2 鏡映・縮小 [ある点を直線 $x_2=\tan(\theta/2)x_1$ に関する対称点にうつしてから縮小する操作]

$$\begin{pmatrix} x_1' \\ x_2' \end{pmatrix} = \overbrace{\underbrace{\begin{pmatrix} k & 0 \\ 0 & k \end{pmatrix}}_{\text{縮小}} \overbrace{\underbrace{\begin{pmatrix} \cos\theta & \sin\theta \\ \sin\theta & -\cos\theta \end{pmatrix}}_{\text{鏡映}} \begin{pmatrix} x_1 \\ x_2 \end{pmatrix}}^{\text{はじめの変換}}}^{\text{あとの変換}}$$

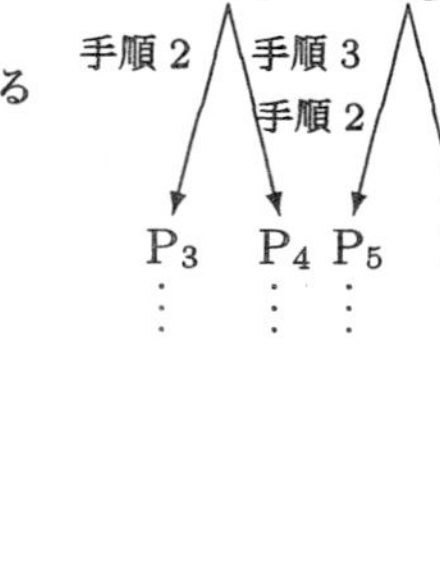

▶ **式の見方** 右から左に読む.

① はじめに, $\begin{pmatrix} \cos\theta & \sin\theta \\ \sin\theta & -\cos\theta \end{pmatrix}$ で変換する.

② つぎに, $\begin{pmatrix} k & 0 \\ 0 & k \end{pmatrix}$ で変換する. k は縮小率だから 1 よりも小さい値 (拡大するときは 1 よりも大きい値) を選ぶ.

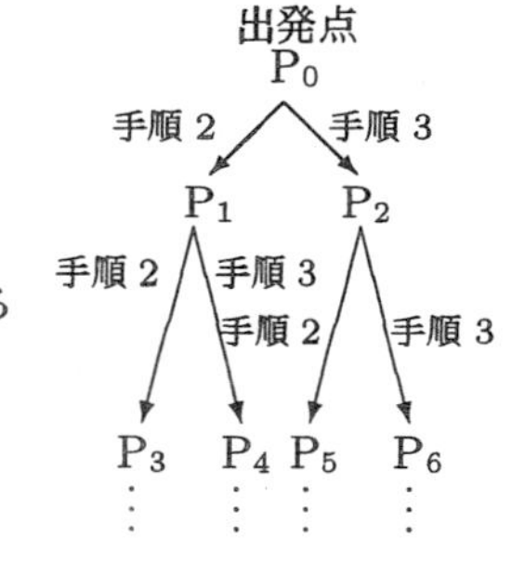

手順 3 鏡映・縮小・並進 [ある点を直線 $x_2=\tan(\phi/2)x_1$ に関する対称点にうつして縮小したあとで平行移動する操作]

$$\begin{pmatrix} x_1'' \\ x_2'' \end{pmatrix} = \overbrace{\overbrace{\underbrace{\begin{pmatrix} k & 0 \\ 0 & k \end{pmatrix}}_{\text{縮小}} \overbrace{\underbrace{\begin{pmatrix} \cos\phi & \sin\phi \\ \sin\phi & -\cos\phi \end{pmatrix}}_{\text{鏡映}} \begin{pmatrix} x_1 \\ x_2 \end{pmatrix}}^{\text{はじめの変換}}}^{\text{つぎの変換}} + \underbrace{\begin{pmatrix} b_1 \\ b_2 \end{pmatrix}}_{\text{平行移動}}}^{\text{最後の変換}}$$

手順 2 と手順 3 とをくりかえす.

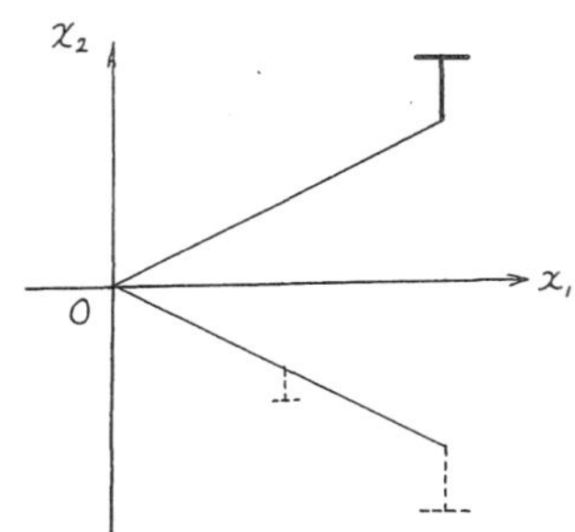

図 6.39　図形を鏡映でうつして縮小する操作

$$\underbrace{\begin{pmatrix} k & 0 \\ 0 & k \end{pmatrix}}_{縮小}\underbrace{\begin{pmatrix} \cos\theta & \sin\theta \\ \sin\theta & -\cos\theta \end{pmatrix}}_{鏡映}\begin{pmatrix} x_1 \\ x_2 \end{pmatrix}$$

のイメージ.

図 6.40　$\theta = \pi/6,\ \phi = -\pi/6,\ b_1 = 2/3,\ b_2 = 0,\ k = 1/\sqrt{3}$ を選んだ場合

図 6.40 の例は，あくまでも数学の規則で人工的につくった図形である．アフィン変換と同等な技法は，絵画・デザインなどに活かす場合がある．他方，海岸線，葉の形などは，自然界のさまざまな要因でできた図形である．これらの図形は，形全体が一様に変化するのではなく，部分ごとにちがった変化の仕方をする．

二つの図形どうしを比べるとき，一方の図形を拡大・縮小・回転・鏡映・並進の操作で変換して，他方の図形と完全に重なるかどうかを調べる．コンピュータで描いた図形が自然界の図形とどの程度似ているかを判断することがある．

H. A. Lauwerier: *Fractals: Endlessly Repeated Geometrical Figures* (Uitgeverij, 1987) [西河利男訳：『初めてのフラクタル』(丸善, 1996)].

小林幸夫：『線型代数の発想』(現代数学社, 2008) エピローグに図形の例と Mathematica プログラムとが挙がっている．

【補足】原点以外の点を通る軸のまわりの回転

6.1.2 項で，原点を通る軸のまわりの回転の表し方を考えた．では，点 (c_1, c_2) を通る軸のまわりの回転は，どのように表せるのか?

手順 1　点 (c_1, c_2) を新しい原点とする X_1 軸, X_2 軸を考える.
任意の点 (x_1, x_2) の新しい座標は $(x_1 - c_1, x_2 - c_2)$ となる.

手順 2　新しい原点を通る軸のまわりに角 θ だけ回転する操作を

$$\begin{pmatrix} x_1{}' - c_1 \\ x_2{}' - c_2 \end{pmatrix} = \begin{pmatrix} \cos\theta & -\sin\theta \\ \sin\theta & \cos\theta \end{pmatrix} \begin{pmatrix} x_1 - c_1 \\ x_2 - c_2 \end{pmatrix}$$

と表す. うつり先の位置ベクトルは

$$\underbrace{\begin{pmatrix} x_1{}' \\ x_2{}' \end{pmatrix}}_{\boldsymbol{x}'} = \underbrace{\begin{pmatrix} \cos\theta & -\sin\theta \\ \sin\theta & \cos\theta \end{pmatrix}}_{A} \underbrace{\begin{pmatrix} x_1 - c_1 \\ x_2 - c_2 \end{pmatrix}}_{(\boldsymbol{x}-\boldsymbol{c})} + \underbrace{\begin{pmatrix} c_1 \\ c_2 \end{pmatrix}}_{\boldsymbol{c}}$$

である.

例
$c_1 = 6$, $c_2 = -1$ の場合
点 $(3, 4)$ の新座標は
$(3 - 6, 4 - (-1))$
だから $(-3, 5)$
である.

$\begin{pmatrix} x_1{}' - c_1 \\ x_2{}' - c_2 \end{pmatrix}$
が
$\begin{pmatrix} x_1{}' \\ x_2{}' \end{pmatrix} - \begin{pmatrix} c_1 \\ c_2 \end{pmatrix}$
であることに注意する.

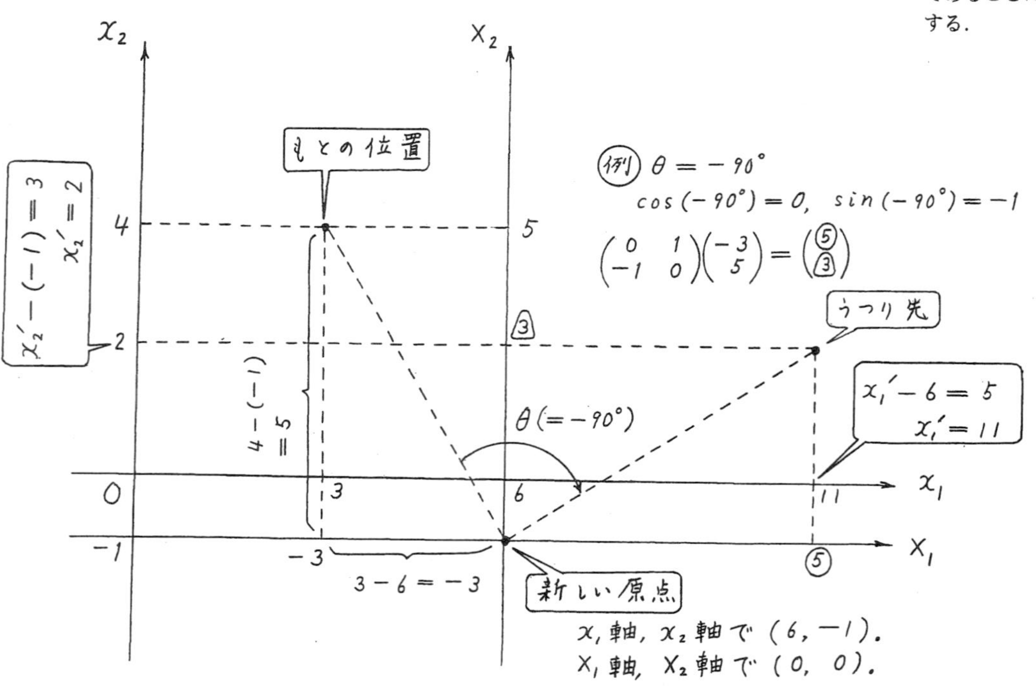

図 6.41　原点以外の点を通る軸のまわりの回転

【参考】フラクタル構造で日よけ

たくさんの小さいプラスチック板をフラクタル構造になるように並べると，強い日差しでも表面が熱くならない日よけができる (2007 年 9 月 24 日付朝日新聞の科学欄). たとえば，正三角形の内部に小さい正三角形の隙間ができるように板を並べると，大きい 1 枚の板よりも表面の温度が上がりにくいそうである.

探究支援 6

小沢健一・木村良夫：『楽しい数学イラストの世界』(サイエンス社, 1986) には，絵による線型変換の作品例が紹介してある.

6.1　図形の対称移動

平面内の点 (x_1, x_2) を

$$\begin{pmatrix} x_1{}' \\ x_2{}' \end{pmatrix} = \begin{pmatrix} a_{11} & a_{12} \\ a_{21} & a_{22} \end{pmatrix} \begin{pmatrix} x_1 \\ x_2 \end{pmatrix}$$

によって，点 $(x_1{}', x_2{}')$ にうつす.

図 6.42 (1), (2), (3) のそれぞれで，文字 **F** をうつすとき，$\begin{pmatrix} a_{11} & a_{12} \\ a_{21} & a_{22} \end{pmatrix}$ の各成分の値をどのように選んだか？

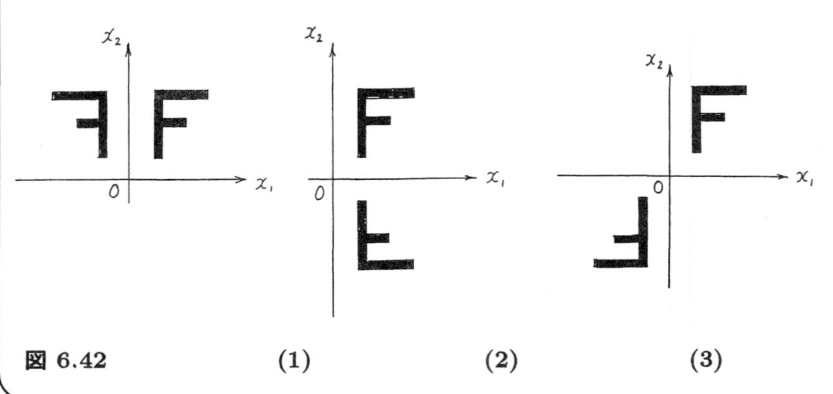

図 6.42　　**(1)**　　**(2)**　　**(3)**

$\begin{pmatrix} -1 & 0 \\ 0 & 1 \end{pmatrix}$ と $\begin{pmatrix} x_1 \\ x_2 \end{pmatrix}$ との乗法を実行すると $\begin{pmatrix} -1x_1 + 0x_2 \\ 0x_1 + 1x_2 \end{pmatrix}$ となる.

$\begin{pmatrix} -1 & 0 \\ 0 & -1 \end{pmatrix}$ と $\begin{pmatrix} x_1 \\ x_2 \end{pmatrix}$ との乗法を実行すると $\begin{pmatrix} -1x_1 + 0x_2 \\ 0x_1 + (-1)x_2 \end{pmatrix}$ となる.

【解説】

(1) $\begin{pmatrix} -1 & 0 \\ 0 & 1 \end{pmatrix}$　(2) $\begin{pmatrix} 1 & 0 \\ 0 & -1 \end{pmatrix}$　(3) $\begin{pmatrix} -1 & 0 \\ 0 & -1 \end{pmatrix}$

図 (1)　第 1 象限の点　第 2 象限の点　どの点も x_2 座標は変わらないが,
座標　(x_1, x_2)　$(-x_1, x_2)$　x_1 座標の値が正から負に変わる.

$$\begin{pmatrix} x_1{}' \\ x_2{}' \end{pmatrix} = \begin{pmatrix} -x_1 \\ x_2 \end{pmatrix} = \begin{pmatrix} -1 & 0 \\ 0 & 1 \end{pmatrix}\begin{pmatrix} x_1 \\ x_2 \end{pmatrix}$$

図 (3)　第 1 象限の点　第 3 象限の点　どの点も
座標　(x_1, x_2)　$(-x_1, -x_2)$　x_1 座標の値が正から負に
x_2 座標の値が正から負に
変わる.

$$\begin{pmatrix} x_1{}' \\ x_2{}' \end{pmatrix} = \begin{pmatrix} -x_1 \\ -x_2 \end{pmatrix} = \begin{pmatrix} -1 & 0 \\ 0 & -1 \end{pmatrix}\begin{pmatrix} x_1 \\ x_2 \end{pmatrix}$$

図 (2) も同じ考え方でわかる.

【進んだ探究】階数 (ランク)

深入りしないで読みとばしてもいい.

タテベクトルのうつり先は, マトリックスがどんなタテベクトルの並びになっているかによって決まる. この意味は, つぎの計算でわかる.

$$\begin{pmatrix} a_{11} & a_{12} \\ a_{21} & a_{22} \end{pmatrix}\begin{pmatrix} x_1 \\ x_2 \end{pmatrix} = \begin{pmatrix} a_{11} & a_{12} \\ a_{21} & a_{22} \end{pmatrix}\left\{\begin{pmatrix} 1 \\ 0 \end{pmatrix} x_1 + \begin{pmatrix} 0 \\ 1 \end{pmatrix} x_2\right\}$$

$$= \begin{pmatrix} a_{11} & a_{12} \\ a_{21} & a_{22} \end{pmatrix}\begin{pmatrix} 1 \\ 0 \end{pmatrix} x_1 + \begin{pmatrix} a_{11} & a_{12} \\ a_{21} & a_{22} \end{pmatrix}\begin{pmatrix} 0 \\ 1 \end{pmatrix} x_2$$

$$= \begin{pmatrix} a_{11} \\ a_{21} \end{pmatrix} x_1 + \begin{pmatrix} a_{12} \\ a_{22} \end{pmatrix} x_2$$

マトリックスをタテベクトルの並びと見ると,
これらのタテベクトルの**線型結合**を出力する
(4.1 節参照).

重要な性質

入力	出力		基本ベクトルをうつす操作
$\begin{pmatrix} 1 \\ 0 \end{pmatrix}$	$\begin{pmatrix} a_{11} \\ a_{21} \end{pmatrix}$	マトリックスの第 1 列	$\begin{pmatrix} a_{11} & a_{12} \\ a_{21} & a_{22} \end{pmatrix}\begin{pmatrix} 1 \\ 0 \end{pmatrix} = \begin{pmatrix} a_{11} \\ a_{21} \end{pmatrix}$
$\begin{pmatrix} 0 \\ 1 \end{pmatrix}$	$\begin{pmatrix} a_{12} \\ a_{22} \end{pmatrix}$	マトリックスの第 2 列	$\begin{pmatrix} a_{11} & a_{12} \\ a_{21} & a_{22} \end{pmatrix}\begin{pmatrix} 0 \\ 1 \end{pmatrix} = \begin{pmatrix} a_{12} \\ a_{22} \end{pmatrix}$

線型結合，線型独立，線型従属について 4.1 節参照．

階数の意味について，小林幸夫：『線型代数の発想』(現代数学社，2008) 1.5 節参照．

入力　$\begin{pmatrix} 1 \\ 0 \end{pmatrix} x_1 + \begin{pmatrix} 0 \\ 1 \end{pmatrix} x_2$　幾何ベクトル $\vec{e}_1$，$\vec{e}_2$ の線型結合で図示できる．

正方マトリックス 4.2.3 項

出力　図 (1)：$\begin{pmatrix} -1 \\ 0 \end{pmatrix} x_1 + \begin{pmatrix} 0 \\ 1 \end{pmatrix} x_2$　図 (2)：$\begin{pmatrix} 1 \\ 0 \end{pmatrix} x_1 + \begin{pmatrix} 0 \\ -1 \end{pmatrix} x_2$

図 (3)：$\begin{pmatrix} -1 \\ 0 \end{pmatrix} x_1 + \begin{pmatrix} 0 \\ -1 \end{pmatrix} x_2$

線型独立な 2 個のタテベクトルの線型結合にうつる．

$\begin{pmatrix} 2 & 6 \\ 5 & 15 \end{pmatrix}$ の逆マトリックスは求まらない．5.3 節の方法で確かめること．

$\begin{pmatrix} 2 & 6 \\ 5 & 15 \end{pmatrix}$ の場合　$\begin{pmatrix} 2 \\ 5 \end{pmatrix} x_1 + \begin{pmatrix} 6 \\ 15 \end{pmatrix} x_2 = \begin{pmatrix} 2 \\ 5 \end{pmatrix} (x_1 + 3x_2)$

1 個のタテベクトルにつぶれる．

$\begin{pmatrix} 6 \\ 15 \end{pmatrix} = \begin{pmatrix} 2 \\ 5 \end{pmatrix} 3$

これらの 2 個のタテベクトルは**線型従属**である．

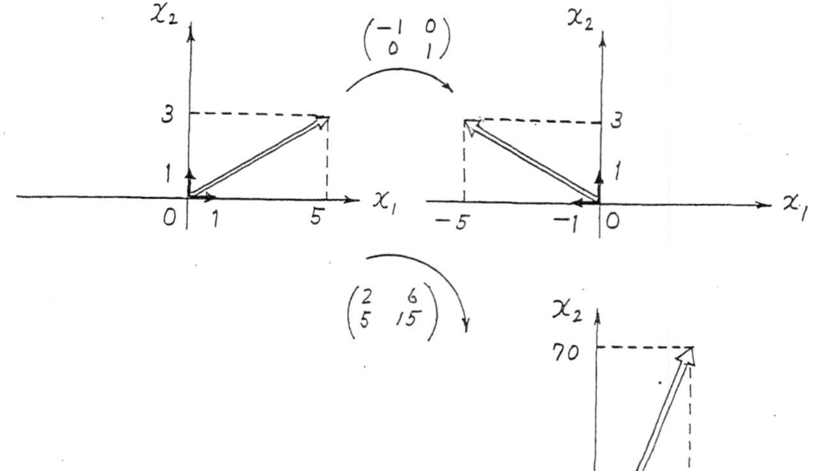

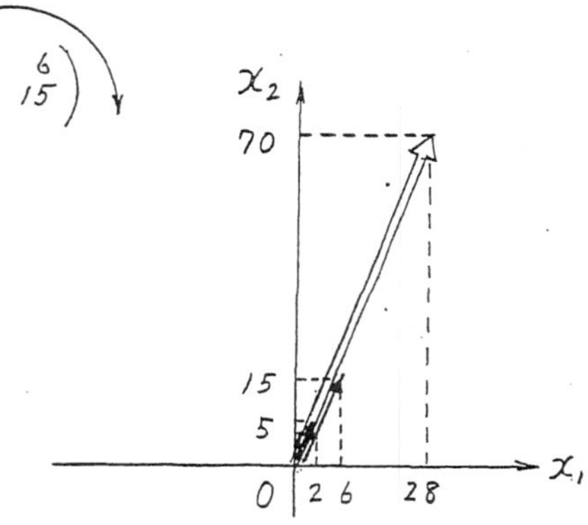

図 6.43　幾何ベクトルのうつり先　例　$x_1 = 5, x_2 = 3$

マトリックス	入力	出力 (うつり先)
線型独立な n 個のタテベクトルの並び	線型独立な n 個のタテベクトルの線型結合	線型独立な n 個のタテベクトルの線型結合
線型従属な n 個のタテベクトルの並び (線型独立な n 個よりも少ないタテベクトルの並び)	線型独立な n 個のタテベクトルの線型結合	線型独立な n 個よりも少ないタテベクトルの線型結合

マトリックスの階数　マトリックスをつくる線型独立なタテベクトルの個数

小林幸夫：『線型代数の発想』(現代数学社, 2008) pp. 59−60.

記号　rank　　[関数名だから斜体ではなく立体で表す (例題 0.1)]

例

$$\operatorname{rank}\overbrace{\begin{pmatrix} -1 & 0 \\ 0 & 1 \end{pmatrix}}^{\text{線型独立なタテベクトルは 2 個}} = 2 \quad \operatorname{rank}\begin{pmatrix} 1 & 0 \\ 0 & -1 \end{pmatrix} = 2 \quad \operatorname{rank}\begin{pmatrix} -1 & 0 \\ 0 & -1 \end{pmatrix} = 2$$

$$\operatorname{rank}\overbrace{\begin{pmatrix} 2 & 6 \\ 5 & 15 \end{pmatrix}}^{\text{線型独立なタテベクトルは 1 個}} = 1$$

記号の見方

$\operatorname{rank}\begin{pmatrix} -1 & 0 \\ 0 & 1 \end{pmatrix}$ は $\sin\pi$ と同じ表し方である.

関数名	rank	$\leftrightarrow$	sin
入力	$\begin{pmatrix} -1 & 0 \\ 0 & 1 \end{pmatrix}$	$\leftrightarrow$	π
出力	2	$\leftrightarrow$	0

$\begin{pmatrix} 2 & 6 \\ 5 & 15 \end{pmatrix}$ の場合, 階数 < (列の個数). 図 6.43 を見るとわかるように, うつり先のベクトルに対するもとのベクトルは一つではない.

(1) 何個のタテベクトルが線型独立かを判定する方法は, 4.1 節【進んだ探究】次元の考え方と同じである.

(2) 正方マトリックスの階数が列の個数よりも小さいと, 逆マトリックスが求まらない. うつり先のベクトルからもとのベクトルに戻すことはできない.

6.2 内分

東京の年平均気温の長期変化を表すグラフ (図 6.44) の特徴を調べてみる.

(1) 1920 年から 2000 年の間のグラフを直線とみなす. 2000 年以後も同じ割合で年平均気温が上昇しつづけると仮定して, 2020 年の年平均気温を予想してみる. つぎの文章の ※, ♪, ♭, ♡, ♠, ♣, ◇, 〒 にあてはまる数を答えよ.

1920 年から 2000 年までの経過年と 1920 年から 2020 年までの経過年との比は, ※ : ♪ である. 2020 年の年平均気温を θ, 2000 年の年平均気温を 16.5 °C とする. 点 P の点 A に対する位置ベクトル $\overrightarrow{AP}$ は, 点 B の点 A に対する位置ベクトル $\overrightarrow{AB}$ の ♭ 倍である. この関係を

$$\begin{pmatrix} 2020\text{ 年} - ♡\text{ 年} \\ \theta - ♠\ ^\circ\mathrm{C} \end{pmatrix} = \underbrace{\overbrace{\begin{pmatrix} ♣\text{ 年} - ♡\text{ 年} \\ ◇\ ^\circ\mathrm{C} - ♠\ ^\circ\mathrm{C} \end{pmatrix}}^{2\times 1\text{ マトリックス}} \overbrace{♭}^{1\times 1\text{ マトリックス}}}_{2\times 1\text{ マトリックスと }1\times 1\text{ マトリックスとの乗法}}$$

と表すことができる. したがって, $\theta =$ 〒 °C である.

(2) 1880 年と 1920 年の間でも右上がりの直線とみなすと, 1900 年の年平均気温は実際のデータと合わないことを確かめてみる.

つぎの文章の ♯, △, ⋆, ◯, ⊙, ⊗, ⊖, ? にあてはまる数を答えよ.

1880 年から 1900 年までの経過年と 1880 年から 1920 年までの経過年との比は, ♯ : △ である. 1900 年の年平均気温を θ', 1880 年の年平均気温を 13.7°C とする. したがって, 点 Q の点 C に対する位置ベクトル $\overrightarrow{CQ}$ は, 点 A の点 C に対する位置ベクトル $\overrightarrow{CA}$ の ⋆ 倍である. この関係を

$$\begin{pmatrix} 1900\text{ 年} - ◯\text{ 年} \\ \theta' - \odot\ ^\circ\mathrm{C} \end{pmatrix} = \underbrace{\overbrace{\begin{pmatrix} \otimes\text{ 年} - ◯\text{ 年} \\ \ominus\ ^\circ\mathrm{C} - \odot\ ^\circ\mathrm{C} \end{pmatrix}}^{2\times 2\text{ マトリックス}} \overbrace{\star}^{1\times 1\text{ マトリックス}}}_{2\times 1\text{ マトリックスと }1\times 1\text{ マトリックスとの乗法}}$$

と表すことができる. したがって, $\theta' =$? °C であり, 実際のデータと合わない.

近藤純正 (東北大学名誉教授) : 地球温暖化と都市気候 (http://www.asahi-net.or.jp/　rk7j-kndu/kisho/kisho01.html)

2 × 1 は 2 行 1 列という意味である.

1 × 1 は 1 行 1 列という意味である.

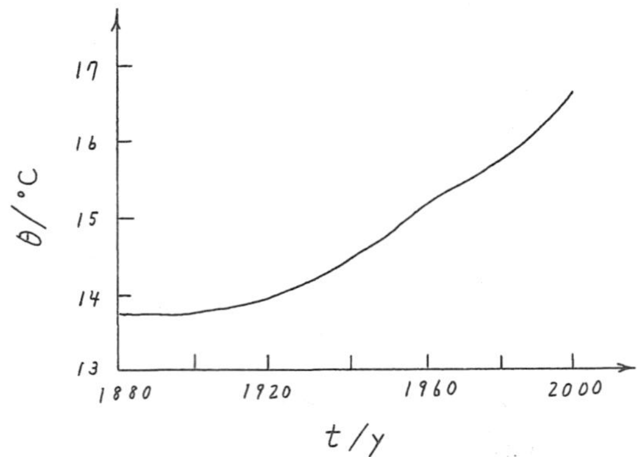

図 6.44　東京の年平均気温　たて軸を温度計，よこ軸を時計と思えばいい．

補間法 (内挿法)
既知の数値データを手がかりにして，ある範囲内の未知の数値を求める方法．
最も簡単な方法は，1 次関数 (直線) で内挿するという考え方である．
本問は，補間法の発想を理解するための基礎である．

5.4 節　最小二乗法
実践教室の手順 4
【補足 1】と比べよ．

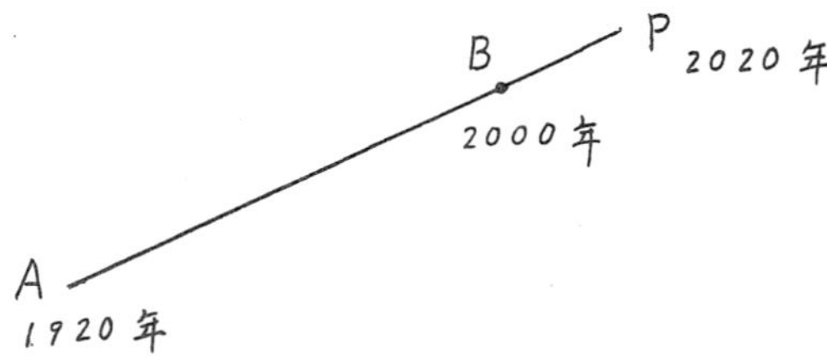

図 6.45　1920 年から 2020 年までの年平均気温の変化

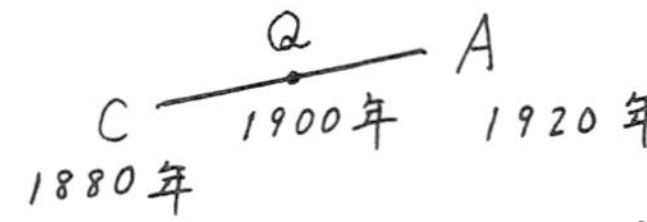

図 6.46　1880 年から 1920 年までの年平均気温の変化

【解説】

▶ 内分の考え方でデータを予想できるかどうかは，もとのデータの特徴で判断する．

(1) ※ $=4$, ♪ $=5$　(※ $=80$, ♪ $=100$ でもいい)

　$\flat=\dfrac{5}{4}$　($\flat=\dfrac{100}{80}$ でもいい)

$\heartsuit = 1920,\ \spadesuit = 14.0,\ \clubsuit = 2000,\ \diamondsuit = 16.5,$ 〒 $= 17.1$

$$\begin{pmatrix} 2020\text{ 年} - 1920\text{ 年} \\ \theta - 14.0\ {}^\circ\mathrm{C} \end{pmatrix} = \underbrace{\overbrace{\begin{pmatrix} 2000\text{ 年} - 1920\text{ 年} \\ 16.5\ {}^\circ\mathrm{C} - 14.0\ {}^\circ\mathrm{C} \end{pmatrix}}^{2\times2\text{ マトリックス}} \quad \overbrace{\frac{5}{4}}^{1\times1\text{ マトリックス}}}_{2\times1\text{ マトリックスと } 1\times1\text{ マトリックスとの乗法}}$$

$$\theta - 14.0\ {}^\circ\mathrm{C} = (16.5\ {}^\circ\mathrm{C} - 14.0\ {}^\circ\mathrm{C}) \times \frac{5}{4}$$

$$\theta = \left(14.0 + 2.5 \times \frac{5}{4}\right)\ {}^\circ\mathrm{C}$$

$$\fallingdotseq 17.1\ {}^\circ\mathrm{C}$$

▶ θ は温度という量を表す記号だから，数値だけではなく 数値 × 単位量 $(17.0 \times {}^\circ\mathrm{C})$ を表している．数値と文字との積の乗号 × は省略する．

(2) $\sharp = 1,\ \triangle = 2$ （$\sharp = 20,\ \triangle = 40$ でもいい）
$\star = \dfrac{1}{2}$ （$\star = \dfrac{20}{40},\ \star = 0.5$ でもいい）
$\bigcirc = 1880,\ \odot = 13.7,\ \otimes = 1920,\ \ominus = 14.0,\ ? = 13.9$ （$? = 13.85$ でもいい）

$$\begin{pmatrix} 1900\text{ 年} - 1880\text{ 年} \\ \theta' - 13.7\ {}^\circ\mathrm{C} \end{pmatrix} = \underbrace{\overbrace{\begin{pmatrix} 1920\text{ 年} - 1880\text{ 年} \\ 14.0\ {}^\circ\mathrm{C} - 13.7\ {}^\circ\mathrm{C} \end{pmatrix}}^{2\times2\text{ マトリックス}} \quad \overbrace{\frac{1}{2}}^{1\times1\text{ マトリックス}}}_{2\times1\text{ マトリックスと } 1\times1\text{ マトリックスとの乗法}}$$

$$\theta' - 13.7\ {}^\circ\mathrm{C} = (14.0\ {}^\circ\mathrm{C} - 13.7\ {}^\circ\mathrm{C}) \times \frac{1}{2}$$

$$\theta' = \left(13.7 + 0.3 \times \frac{1}{2}\right)\ {}^\circ\mathrm{C}$$

$$= 13.85\ {}^\circ\mathrm{C}$$

$$\fallingdotseq 13.9\ {}^\circ\mathrm{C}$$

6.3 図形の回転

塩化水素は直線形分子である．コンピュータの画面上に塩化水素の分子を描いて，この分子を原点を通る軸のまわりに回転させることができる．
水平右向きを x_1 軸の正の向き，鉛直上向きを x_2 軸の正の向きとする．
回転の向きは「時計の針の進む向き」と「時計の針の進む向きと反対向き」とがある．各原子を点 (正しくは「質点」という) で表す．
はじめは，水素原子が原点 $(0, 0)$，塩素原子が点 $(0.127, 0)$ にある．

(1) 点の位置を移動する規則を $\begin{pmatrix} \frac{\sqrt{3}}{2} & -\frac{1}{2} \\ \frac{1}{2} & \frac{\sqrt{3}}{2} \end{pmatrix}$ で表す．

(a) 水素原子と塩素原子とは，それぞれどの位置にうつるか？

(b) 原点から塩素原子までの距離は変わったか？

(c) 塩素原子は原点を通る軸のまわりにどちらの向きに何度回転したか？図を描いて考えること．

(2) (1) で移動したあとで，点の位置を移動する規則を $\begin{pmatrix} \frac{\sqrt{2}}{2} & -\frac{\sqrt{2}}{2} \\ \frac{\sqrt{2}}{2} & \frac{\sqrt{2}}{2} \end{pmatrix}$ にする．

(a) 水素原子と塩素原子とは，(1) の移動のあとで，それぞれどの位置にうつるか？ $\begin{pmatrix} \heartsuit \\ \clubsuit \end{pmatrix}$ の形で表せ．

(b) 塩素原子は，(1) の移動のあとで，原点を通る軸のまわりにどちらの向きに何度回転するか？

(3) (1) の規則で点を移動してから引き続き (2) の規則でその点を移動する．この操作は，(1) のマトリックスと (2) のマトリックスとの積で表せる．

(a) (1) のマトリックスと (2) のマトリックスとの積を求めよ．

(b) 点 $(0.127, 0)$ にある塩素原子は，(a) で求めたマトリックスによってどの位置にうつるか？

(c) (1) と (2) との 2 回の移動で，塩素原子は原点を通る軸のまわりにどちらの向きに何度回転するか？

図 6.47 塩化水素

【解説】 (1) (a) 水素原子

$$\begin{pmatrix} \frac{\sqrt{3}}{2} & -\frac{1}{2} \\ \frac{1}{2} & \frac{\sqrt{3}}{2} \end{pmatrix} \begin{pmatrix} 0 \\ 0 \end{pmatrix} = \begin{pmatrix} \frac{\sqrt{3}}{2} \times 0 + (-\frac{1}{2}) \times 0 \\ \frac{1}{2} \times 0 + \frac{\sqrt{3}}{2} \times 0 \end{pmatrix}$$
$$= \begin{pmatrix} 0 \\ 0 \end{pmatrix}$$

塩素原子

$$\begin{pmatrix} \frac{\sqrt{3}}{2} & -\frac{1}{2} \\ \frac{1}{2} & \frac{\sqrt{3}}{2} \end{pmatrix} \begin{pmatrix} 0.127 \\ 0 \end{pmatrix} = \begin{pmatrix} \frac{\sqrt{3}}{2} \times 0.127 + (-\frac{1}{2}) \times 0 \\ \frac{1}{2} \times 0.127 + \frac{\sqrt{3}}{2} \times 0 \end{pmatrix}$$
$$= \begin{pmatrix} 0.0635\sqrt{3} \\ 0.0635 \end{pmatrix}$$

(b)

$$\sqrt{(0.0635\sqrt{3})^2 + 0.0635^2} = \sqrt{(3+1)0.0635^2}$$
$$= 2 \times 0.0635$$
$$= 0.127$$

だから変わらない．

(c)

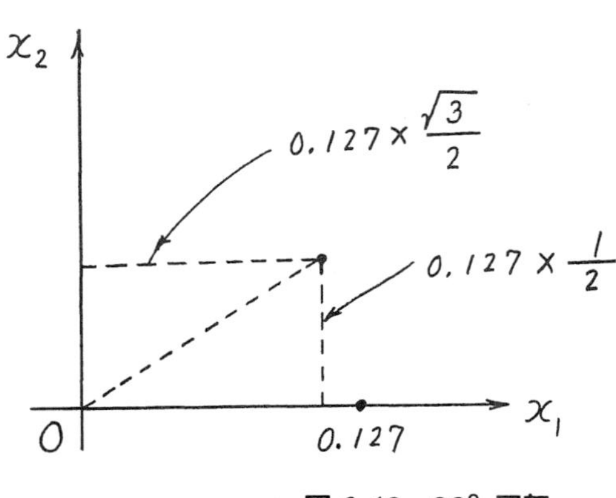

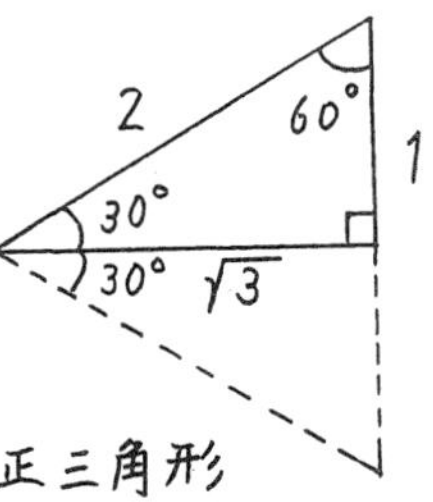

図 6.48　30° 回転

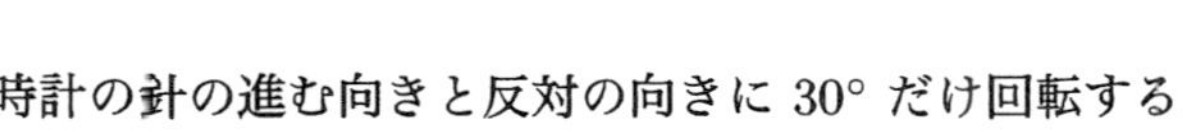
時計の針の進む向きと反対の向きに 30° だけ回転する．

(2) (a)

$$\text{水素原子}\quad \begin{pmatrix} \frac{\sqrt{2}}{2} & -\frac{\sqrt{2}}{2} \\ \frac{\sqrt{2}}{2} & \frac{\sqrt{2}}{2} \end{pmatrix} \begin{pmatrix} 0 \\ 0 \end{pmatrix} = \begin{pmatrix} \frac{\sqrt{2}}{2} \times 0 + (-\frac{\sqrt{2}}{2}) \times 0 \\ \frac{\sqrt{2}}{2} \times 0 + \frac{\sqrt{2}}{2} \times 0 \end{pmatrix} = \begin{pmatrix} 0 \\ 0 \end{pmatrix}$$

$$\text{塩素原子}\quad \begin{pmatrix} \frac{\sqrt{2}}{2} & -\frac{\sqrt{2}}{2} \\ \frac{\sqrt{2}}{2} & \frac{\sqrt{2}}{2} \end{pmatrix} \begin{pmatrix} 0.0635\sqrt{3} \\ 0.0635 \end{pmatrix} = \begin{pmatrix} \frac{\sqrt{2}}{2} \times 0.0635\sqrt{3} + (-\frac{\sqrt{2}}{2}) \times 0.0635 \\ \frac{\sqrt{2}}{2} \times 0.0635\sqrt{3} + \frac{\sqrt{2}}{2} \times 0.0635 \end{pmatrix} = \begin{pmatrix} 0.03175\sqrt{6} - 0.03175\sqrt{2} \\ 0.03175\sqrt{6} + 0.03175\sqrt{2} \end{pmatrix}$$

(b) 簡単のために, x_1 軸上の点がマトリックス $\begin{pmatrix} \frac{\sqrt{2}}{2} & -\frac{\sqrt{2}}{2} \\ \frac{\sqrt{2}}{2} & \frac{\sqrt{2}}{2} \end{pmatrix}$ によって,

どの位置にうつるかを考える.

時計の針の進む向きと反対の向きに 45° だけ回転する.

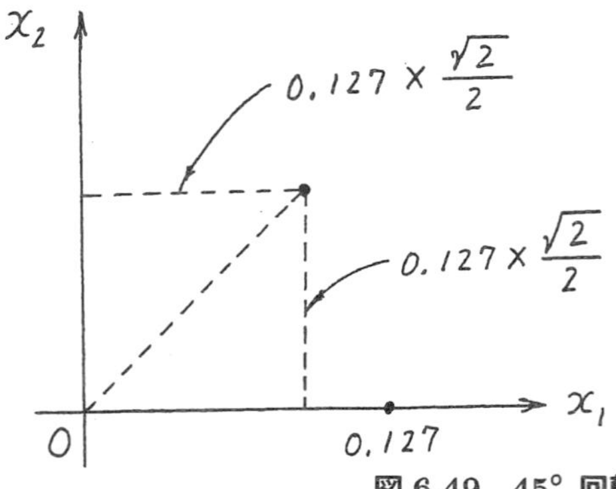

3辺の長さの比

$\sqrt{2}$　45°　1　45°　1

直角二等辺三角形

図 6.49　45° 回転

(3) (a) $\underbrace{\begin{pmatrix} \frac{\sqrt{2}}{2} & -\frac{\sqrt{2}}{2} \\ \frac{\sqrt{2}}{2} & \frac{\sqrt{2}}{2} \end{pmatrix}}_{\text{あと}} \underbrace{\begin{pmatrix} \frac{\sqrt{3}}{2} & -\frac{1}{2} \\ \frac{1}{2} & \frac{\sqrt{3}}{2} \end{pmatrix}}_{\text{はじめ}} = \begin{pmatrix} \frac{\sqrt{6}}{4} - \frac{\sqrt{2}}{4} & -\frac{\sqrt{2}}{4} - \frac{\sqrt{6}}{4} \\ \frac{\sqrt{6}}{4} + \frac{\sqrt{2}}{4} & -\frac{\sqrt{2}}{4} + \frac{\sqrt{6}}{4} \end{pmatrix}$

(b) $\begin{pmatrix} \frac{\sqrt{6}}{4} - \frac{\sqrt{2}}{4} & -\frac{\sqrt{2}}{4} - \frac{\sqrt{6}}{4} \\ \frac{\sqrt{6}}{4} + \frac{\sqrt{2}}{4} & -\frac{\sqrt{2}}{4} + \frac{\sqrt{6}}{4} \end{pmatrix} \begin{pmatrix} 0.127 \\ 0 \end{pmatrix} = \begin{pmatrix} 0.03175\sqrt{6} - 0.03175\sqrt{2} \\ 0.03175\sqrt{6} + 0.03175\sqrt{2} \end{pmatrix}$

問題の意味が理解できれば, (2) (a) と同じ結果になることがわかる. だから, 計算をサボって (2) (a) の結果を書き写すだけで済む.

(c) 時計の針の進む向きと反対の向きに 75° だけ回転する.

6.4　図形の拡大・縮小・回転

水の分子は折れ線の形になっている．コンピュータの画面上に水の分子を描いて，この分子を拡大・縮小したり，特定の点 (たとえば原点) を通る軸のまわりに回転させたりすることができる．このような拡大・縮小，回転の操作のしくみについて考えてみる．水平右向きを x_1 軸の正の向き，鉛直上向きを x_2 軸の正の向きとする．各原子を点 (正しくは「質点」という) で表す．

簡単のために，結合角を 105° とする．酸素原子が原点 $(0, 0)$，一方の水素原子が点 $(0.096, 0)$，他方の水素原子が点 (a, b) にある．

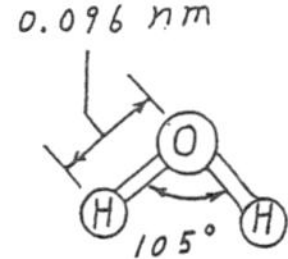

図 6.50　水の分子

(1) 平面上の図形を拡大・縮小する場合について，つぎの問に答えよ．

(a) $b > 0$ として，水の分子の図を描け．

(b) 水の分子を x_2 軸方向へ 2 倍に引きのばす．このとき，3 個の原子は，それぞれどの位置にうつるか？ 各原子の座標を求めよ．

(c) 原点から見た原子の位置ベクトルを考え，水の分子を x_2 軸方向へ k 倍に引きのばす操作をマトリックスで表せ．

(d) 拡大と縮小とのそれぞれの場合，(c) の k はどんな値か？ 不等号を使って答えること．

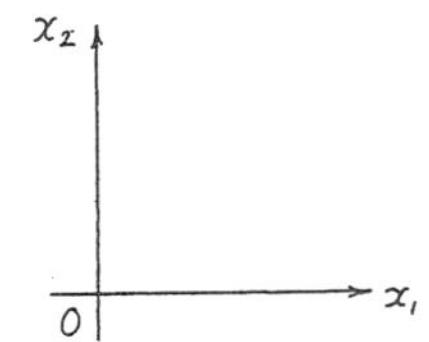

図 6.51　各原子の位置を表す座標軸

(2) 平面上の点を原点を通る軸のまわりに回転する場合について，つぎの問に答えよ．ただし，反時計まわりを正の向きとする．

(a) x_1 軸方向の単位ベクトル $\overrightarrow{e_1}$ (大きさ 1) を角 θ だけ回転してできる単位ベクトル $\overrightarrow{e_1}'$ (大きさ 1) を数ベクトルで表せ．

(b) x_2 軸方向の単位ベクトル $\overrightarrow{e_2}$ (大きさ 1) を角 θ だけ回転してできる単位ベクトル $\overrightarrow{e_2}'$ (大きさ 1) を数ベクトルで表せ．

(c) ある点の座標を (x_1, x_2) とする．この点の位置ベクトル $\overrightarrow{r}$ を座標と単位ベクトル $\overrightarrow{e_1}$, $\overrightarrow{e_2}$ で表せ．

(d) この点が角 θ だけ回転すると別の点にうつる．うつった点の位置ベクトル $\overrightarrow{r}'$ を数ベクトルで表せ．

(e) (a), (b), (c), (d) に基づいて，原点を通る軸のまわりの回転を表す回転マトリックスを書け．

(f) 水の分子を，原点を通る軸のまわりに 75° 回転させる．
各原子がうつった位置の座標を求めよ．

0.4.2 項

n (ナノ)
10^{-9}
$\mathrm{nm} = 10^{-9}\ \mathrm{m}$

ここで，♠，♣，♡，◇ は数を表す記号として使った．

(f) 必要であれば，$\cos 75° = 0.2588$，$\sin 75° = 0.9659$ としていい．

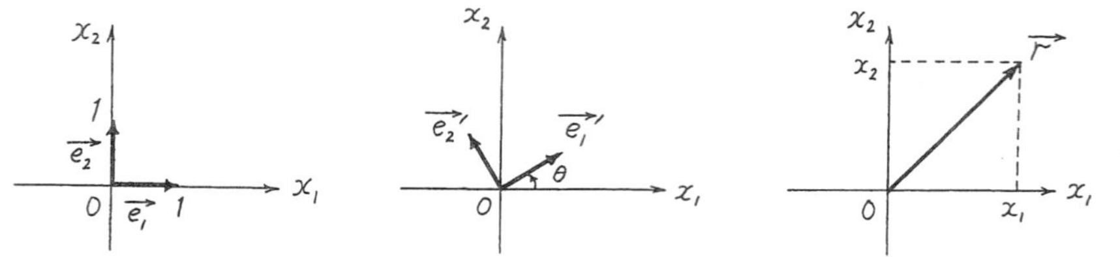

図 6.52　原点を通る軸のまわりの回転

(a) から (e) までのどれも解けなくても，(f) の酸素原子と一方の水素原子とについて答えることができる．

重要な学力を伸ばすためには，知識よりも知恵を培うことに注意しよう．

現実の世界 [本問の (f)] では，きれいな数を扱う機会は圧倒的に少ない．こういう場合，電卓またはパソコンで数値計算する．

【解説】

(1)　(a)

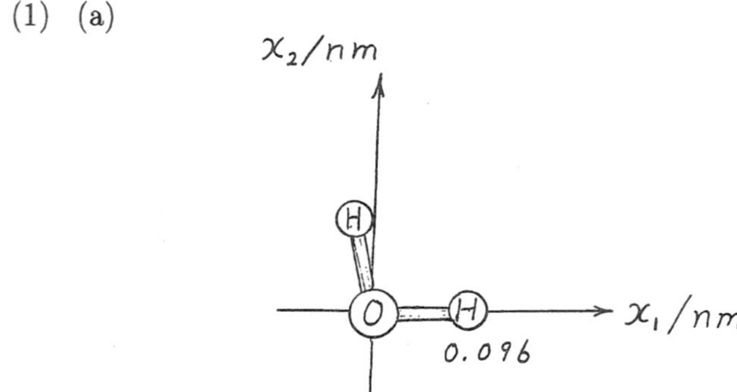

図 6.53　水の分子

(b) 酸素：$(0,0)$,　水素：$(0.096,0)$,　水素：$(a,2b)$

(c)

$$\underbrace{\begin{pmatrix} x_1{}' \\ x_2{}' \end{pmatrix}}_{\text{拡大·縮小したあとの位置ベクトル}} = \begin{pmatrix} 1 & 0 \\ 0 & k \end{pmatrix} \underbrace{\begin{pmatrix} x_1 \\ x_2 \end{pmatrix}}_{\text{拡大·縮小するまえの位置ベクトル}}$$

▶ **なぜこういうマトリックスをつくるのか**　各原子のはじめの位置がわかれば何倍でも (k の値は何でもいい) 拡大・縮小したあとの位置が求まり便利だからである．

(d) 拡大：$k > 1$,　縮小：$k < 1$

(2) 6.1.2 項の解説通りである.

(a) $\begin{pmatrix} \cos\theta \\ \sin\theta \end{pmatrix}$　(b) $\begin{pmatrix} -\sin\theta \\ \cos\theta \end{pmatrix}$　(c) $\overrightarrow{r} = \overrightarrow{e}_1 x_1 + \overrightarrow{e}_2 x_2$

(d) $\begin{pmatrix} \cos\theta\cdot x_1 - \sin\theta\cdot x_2 \\ \sin\theta\cdot x_1 + \cos\theta\cdot x_2 \end{pmatrix}$

(e) (d) から

$$\begin{pmatrix} x_1' \\ x_2' \end{pmatrix} = \begin{pmatrix} \cos\theta & -\sin\theta \\ \sin\theta & \cos\theta \end{pmatrix} \begin{pmatrix} x_1 \\ x_2 \end{pmatrix}$$

と書けることがわかる. したがって, 回転マトリックスは

$$\begin{pmatrix} \cos\theta & -\sin\theta \\ \sin\theta & \cos\theta \end{pmatrix}$$

である.

(f) 酸素：(0, 0), 一方の水素：(−0.096, 0), 他方の水素：(0.0248448, 0.0927264)
矢印の大きさが 1 ではなく 0.096 であることに注意すれば, (a) と同じ考え方で求まる.

$x_1' = 0.096\cos 75^\circ$, $x_2' = 0.096\sin 75^\circ$ (図 6.54)

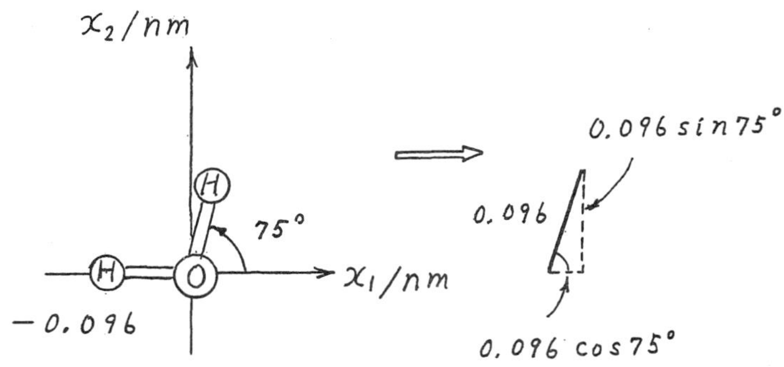

図 6.54　75° 回転させた水の分子

【補足】 他方の水素の位置を求めるとき, (e) の回転マトリックスが使える.

$$\begin{pmatrix} {x_1}' \\ {x_2}' \end{pmatrix} = \begin{pmatrix} \cos 75^\circ & -\sin 75^\circ \\ \sin 75^\circ & \cos 75^\circ \end{pmatrix} \begin{pmatrix} 0.096 \\ 0 \end{pmatrix}$$
$$= \begin{pmatrix} 0.2588 & -0.9659 \\ 0.9659 & 0.2588 \end{pmatrix} \begin{pmatrix} 0.096 \\ 0 \end{pmatrix}$$
$$= \begin{pmatrix} 0.2588 \times 0.096 + (-0.9659) \times 0 \\ 0.9659 \times 0.096 + 0.2588 \times 0 \end{pmatrix}$$
$$= \begin{pmatrix} 0.0248448 \\ 0.0927264 \end{pmatrix}$$

6.5 方向を変えないベクトルの見つけ方 (固有値問題)

x_1x_2 平面内の点の位置をマトリックス A でうつす.

I. $A = \begin{pmatrix} 2 & 0 \\ 0 & 5 \end{pmatrix}$ の場合

このマトリックスの成分 2 と 5 とは, 図形の観点で何を表すか？

II. $A = \begin{pmatrix} 2 & 1 \\ 1 & 2 \end{pmatrix}$ の場合

(1) 幾何ベクトル $\vec{x}$ のうつり先 $A\vec{x}$ の位置がもとの幾何ベクトル $\vec{x}$ と方向が変わらないのは, どんな幾何ベクトルか？ $\begin{pmatrix} x_1 \\ x_2 \end{pmatrix}$ の形で答えること.

(2) 方向が変わらなくても, 拡大または縮小する. (1) で求めた幾何ベクトルの拡大率または縮小率を答えよ.

【解説】

マトリックスの乗法について 4.2 節参照.

I.

$$\begin{pmatrix} 2 & 0 \\ 0 & 5 \end{pmatrix} \overbrace{\begin{pmatrix} x_1 \\ x_2 \end{pmatrix}}^{\text{もとの位置}} = \begin{pmatrix} 2x_1 + 0x_2 \\ 0x_1 + 5x_2 \end{pmatrix}$$
$$= \overbrace{\begin{pmatrix} 2x_1 \\ 5x_2 \end{pmatrix}}^{\text{うつり先}}$$

x_1 座標の値が 2 倍, x_2 座標の値が 5 倍になる. 対角マトリックス [行番号と列番号とが同じ $(1,1)$ 成分, $(2,2)$ 成分以外がすべて 0] の対角成分 [$(1,1)$ 成分, $(2,2)$ 成分] 2 は x_1 方向の拡大率, 5 は x_2 方向の拡大率を表す.

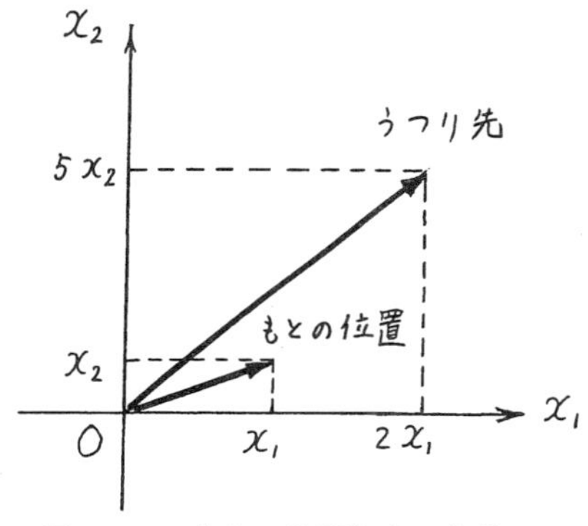

図 6.55　もとの位置とうつり先

II. (1) (2) 拡大 (縮小) 率を λ とする.

$$\begin{pmatrix} 2 & 1 \\ 1 & 2 \end{pmatrix} \overbrace{\begin{pmatrix} x_1 \\ x_2 \end{pmatrix}}^{\text{もとの位置}} = \overbrace{\begin{pmatrix} x_1 \\ x_2 \end{pmatrix}}^{\text{うつり先}} \lambda$$

をみたす幾何ベクトルを求める. この関係から,

$$\begin{cases} (2-\lambda)x_1 & + & 1x_2 & = & 0 \\ 1x_1 & + & (2-\lambda)x_2 & = & 0 \end{cases}$$

が成り立つ. この連立方程式を Cramer の方法で解くと,

$$x_1 = \frac{\begin{vmatrix} 0 & 1 \\ 0 & 2-\lambda \end{vmatrix}}{\begin{vmatrix} 2-\lambda & 1 \\ 1 & 2-\lambda \end{vmatrix}}, \quad x_2 = \frac{\begin{vmatrix} 2-\lambda & 0 \\ 1 & 0 \end{vmatrix}}{\begin{vmatrix} 2-\lambda & 1 \\ 1 & 2-\lambda \end{vmatrix}}$$

となる. $x_1 = 0$, $x_2 = 0$ でない解が求まるのは, 分母 $= 0$ のときだから,

$$(2-\lambda)^2 - 1^2 = 0$$

を解く.

$$\lambda = 1, \quad \lambda = 3$$

λ は「ラムダ」と読むギリシア文字である.

λ は任意の数 (どんな値でもいい数) ではない. 本問では, 実際に解いてわかる通り λ の値は 1, 3 である.

• $\lambda = 1$ のとき

$$\begin{cases} 1x_1 + 1x_2 = 0 \\ 1x_1 + 1x_2 = 0 \end{cases}$$

を解く．$x_1 = s$ とおくと，$x_2 = -s$ となる．求めるベクトルは

$$\begin{pmatrix} 1 \\ -1 \end{pmatrix} s \qquad (s \text{ は } 0 \text{ でない任意の実数}),$$

拡大率は 1

である．

• $\lambda = 3$ のとき

$$\begin{cases} -1x_1 + 1x_2 = 0 \\ 1x_1 - 1x_2 = 0 \end{cases}$$

を解く．$x_1 = t$ とおくと，$x_2 = t$ となる．求めるベクトルは

$$\begin{pmatrix} 1 \\ 1 \end{pmatrix} t \qquad (t \text{ は } 0 \text{ でない任意の実数}),$$

拡大率は 3

である．

6.6 $a\cos\theta + b\sin\theta$ を一つの円関数で表す方法

つぎの式を一つの円関数で表せ (第 3 話 探究支援 3.3 再論).

(1) $\cos\theta - 3\sin\theta$　(2) $\sin\theta + 3\cos\theta$　(3) $3\cos\theta - \sin\theta$

(4) $3\sin\theta + \cos\theta$

探究支援 3.3 (2) の図解を幾何ベクトルの関係式で表した．

$a\cos\theta + b\sin\theta$ を一つの円関数で表すと，微分方程式の解の特徴が理解しやすくなる．

【解説】

問題の意味 $r\cos(\theta + \phi)$ または $r\sin(\theta + \psi)$ の形に直す．

(1) 第 1 成分が 1, 第 2 成分が 3 の数ベクトルで表せる幾何ベクトルを考える．原点を通る軸のまわりに $\vec{e}_1 1$ を角 θ だけ回転させたとき，第 1 成分が $\cos\theta$ にうつる．原点を通る軸のまわりに $\vec{e}_2 3$ を角 θ だけ回転させたとき，第 1 成分が $-3\sin\theta$ にうつる．このようにして，$\cos\theta$, $-3\sin\theta$ が表せる．(2), (3), (4) も同じように考える．

$\vec{e}_1 1$ は $\begin{pmatrix} 1 \\ 0 \end{pmatrix} 1$ で表せる．

$\vec{e}_2 3$ は $\begin{pmatrix} 0 \\ 1 \end{pmatrix} 3$ で表せる．

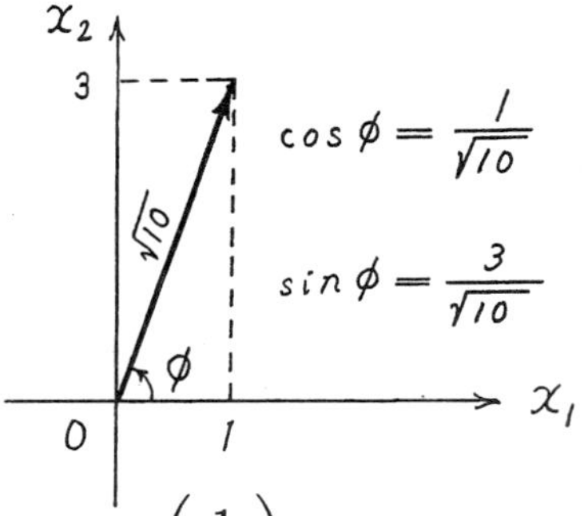

図 6.56　数ベクトル $\begin{pmatrix} 1 \\ 3 \end{pmatrix}$ を表す幾何ベクトル (矢印) と x_1軸の正の側とのなす角 φ

$\begin{pmatrix} 1 \\ 3 \end{pmatrix}$
第 1 成分
$\cos\theta$ の係数
第 2 成分
$\sin\theta$ の係数

幾何ベクトルのノルム (大きさ) は三平方の定理で $\sqrt{1^2+3^2}=\sqrt{10}$ である.

数ベクトル $\begin{pmatrix} 1 \\ 3 \end{pmatrix}$ で表せる点を, 原点を通る軸のまわりに θ 回転させたときのうつり先

$$\begin{pmatrix} 1 \\ 3 \end{pmatrix} = \begin{pmatrix} 1 \\ 0 \end{pmatrix} 1 + \begin{pmatrix} 0 \\ 1 \end{pmatrix} 3$$

幾何ベクトルを数ベクトルで表す.

$$\downarrow \qquad \downarrow \qquad \downarrow$$

$$\begin{pmatrix} \sqrt{10}\cos(\theta+\phi) \\ \sqrt{10}\sin(\theta+\phi) \end{pmatrix} = \begin{pmatrix} \cos\theta \\ \sin\theta \end{pmatrix} 1 + \begin{pmatrix} -\sin\theta \\ \cos\theta \end{pmatrix} 3$$

倍を表す数はそのまま
(図 6.57 の矢印を見ればわかる).

$$= \begin{pmatrix} \cos\theta - 3\sin\theta \\ \sin\theta + 3\cos\theta \end{pmatrix}$$

$\cos\theta - 3\sin\theta = \sqrt{10}\cos(\theta+\phi)$,　$\sin\theta + 3\cos\theta = \sqrt{10}\sin(\theta+\phi)$

ここで, $\cos\phi = \dfrac{1}{\sqrt{10}}$, $\sin\phi = \dfrac{3}{\sqrt{10}}$ である.

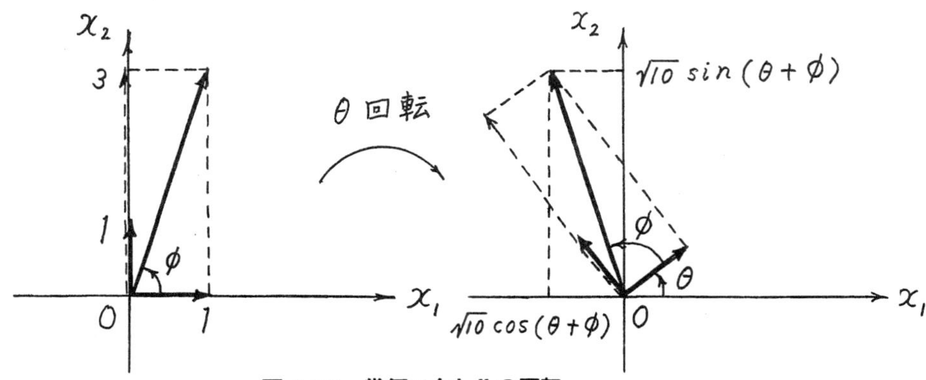

図 6.57　幾何ベクトルの回転

数ベクトル $\begin{pmatrix} 3 \\ 1 \end{pmatrix}$ で表せる点を, 原点を通る軸のまわりに θ 回転させたときのうつり先

$$\begin{pmatrix} 3 \\ 1 \end{pmatrix} = \begin{pmatrix} 1 \\ 0 \end{pmatrix} 3 + \begin{pmatrix} 0 \\ 1 \end{pmatrix} 1$$

幾何ベクトルを数ベクトルで表す.

$$\downarrow \qquad \downarrow \qquad \downarrow$$

$$\begin{pmatrix} \sqrt{10}\cos(\theta+\psi) \\ \sqrt{10}\sin(\theta+\psi) \end{pmatrix} = \begin{pmatrix} \cos\theta \\ \sin\theta \end{pmatrix} 3 + \begin{pmatrix} -\sin\theta \\ \cos\theta \end{pmatrix} 1$$

$$= \begin{pmatrix} 3\cos\theta - \sin\theta \\ 3\sin\theta + \cos\theta \end{pmatrix}$$

倍を表す数はそのまま (図 6.58 の矢印を見ればわかる).

$3\cos\theta - \sin\theta = \sqrt{10}\cos(\theta+\psi)$, $\quad 3\sin\theta + \cos\theta = \sqrt{10}\sin(\theta+\psi)$

ここで, $\cos\psi = \dfrac{3}{\sqrt{10}}$, $\sin\psi = \dfrac{1}{\sqrt{10}}$ である.

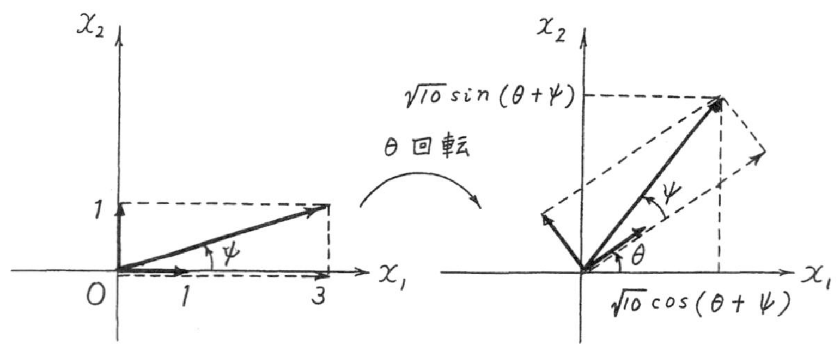

図 6.58　幾何ベクトルの回転

【別法】数ベクトル $\begin{pmatrix} 1 \\ -3 \end{pmatrix}$ で表せる点を, 原点を通る軸のまわりに θ 回転させたときのうつり先

$$\begin{pmatrix} 1 \\ -3 \end{pmatrix} = \begin{pmatrix} 1 \\ 0 \end{pmatrix} 1 + \begin{pmatrix} 0 \\ 1 \end{pmatrix} (-3)$$

幾何ベクトルを数ベクトルで表す.

$$\downarrow \qquad \downarrow \qquad \downarrow$$

$$\begin{pmatrix} \sqrt{10}\cos(\theta+\phi) \\ \sqrt{10}\sin(\theta+\phi) \end{pmatrix} = \begin{pmatrix} \cos\theta \\ \sin\theta \end{pmatrix} 1 + \begin{pmatrix} -\sin\theta \\ \cos\theta \end{pmatrix} (-3)$$

$$= \begin{pmatrix} \cos\theta + 3\sin\theta \\ \sin\theta - 3\cos\theta \end{pmatrix}$$

倍を表す数はそのまま (図 6.59 の矢印を見ればわかる).

$\cos\theta + 3\sin\theta = \sqrt{10}\cos(\theta+\phi)$, $\sin\theta - 3\cos\theta = \sqrt{10}\sin(\theta+\phi) \longrightarrow -\sin\theta + 3\cos\theta = -\sqrt{10}\sin(\theta+\phi)$

ここで, $\cos\phi = \dfrac{1}{\sqrt{10}}$, $\sin\phi = \dfrac{-3}{\sqrt{10}}$ である.

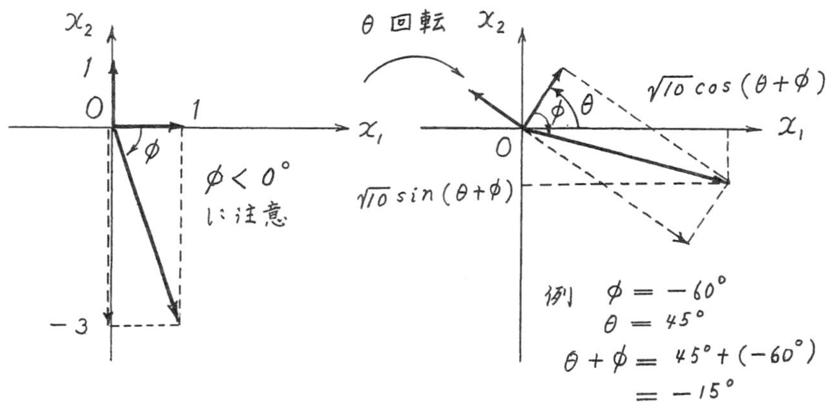

図 6.59　幾何ベクトルの回転

数ベクトル $\begin{pmatrix} 3 \\ -1 \end{pmatrix}$ で表せる点を, 原点を通る軸のまわりに θ 回転させたときのうつり先

$$\begin{pmatrix} 3 \\ -1 \end{pmatrix} = \begin{pmatrix} 1 \\ 0 \end{pmatrix} 3 + \begin{pmatrix} 0 \\ 1 \end{pmatrix} (-1)$$

幾何ベクトルを数ベクトルで表す.

$$\downarrow \qquad\qquad \downarrow \qquad\qquad \downarrow$$

$$\begin{pmatrix} \sqrt{10}\cos(\theta+\psi) \\ \sqrt{10}\sin(\theta+\psi) \end{pmatrix} = \begin{pmatrix} \cos\theta \\ \sin\theta \end{pmatrix} 3 + \begin{pmatrix} -\sin\theta \\ \cos\theta \end{pmatrix} (-1)$$

$$= \begin{pmatrix} 3\cos\theta + \sin\theta \\ 3\sin\theta - \cos\theta \end{pmatrix}$$

倍を表す数はそのまま
(図 6.60 の矢印を見ればわかる).

$3\cos\theta + \sin\theta = \sqrt{10}\cos(\theta+\psi)$, $3\sin\theta - \cos\theta = \sqrt{10}\sin(\theta+\psi) \longrightarrow -3\sin\theta + \cos\theta = -\sqrt{10}\sin(\theta+\psi)$

ここで, $\cos\psi = \dfrac{3}{\sqrt{10}}$, $\sin\psi = \dfrac{-1}{\sqrt{10}}$ である.

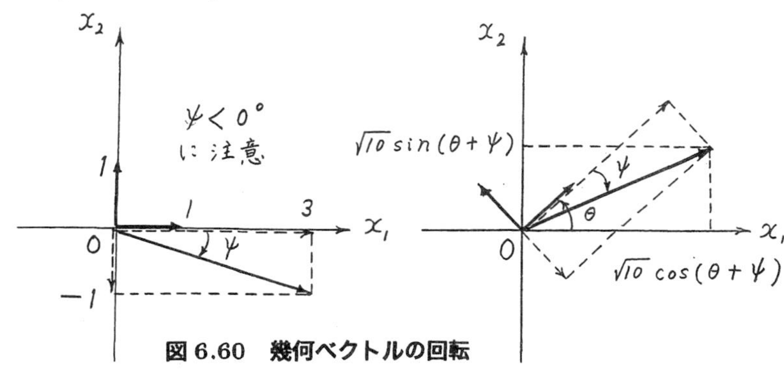

図 6.60　幾何ベクトルの回転

【自習問題】

これらの数ベクトルのほかに,

$$\begin{pmatrix} -3 \\ 1 \end{pmatrix}, \begin{pmatrix} -1 \\ 3 \end{pmatrix}, \begin{pmatrix} -3 \\ -1 \end{pmatrix}, \begin{pmatrix} -1 \\ -3 \end{pmatrix}$$

でも試すこと.

第 6 話の問診 (到達度確認)

① 図形の拡大・縮小・回転・鏡映の方法を理解した上で, これらの操作ができるか?

② マトリックスの固有値・固有ベクトルの意味を理解した上で, これらを求めることができるか?

③ 固有値問題の応用例を理解したか?

第 7 話　ベクトルどうしの演算 — 距離・角を求めるには

第 7 話の目標

① 幾何ベクトルの内積を理解して, 分子内の原子間距離, 結合角を求める方法を理解すること.

② 幾何ベクトルのベクトル積を理解して, 分子内の二面角を求める方法を理解すること .

キーワード　内積, ベクトル積

分子のはたらき (機能) は, それぞれの形 (構造) で決まる. 分子でなくても, 道具を思い出せばわかるように, はさみは物を切りやすい形になっている. 形とはたらきとは, 密接な関係がある. 分子のはたらきを理解するための第一歩は, 分子の形を知ることである.

分子の形 (分子構造) は, 結合距離 (2 個の原子の間の距離), 結合角 (それぞれの原子から伸びている二つの化学結合の間の角), 二面角 (原子が A-B-C-D のように結合しているとき原子 ABC を含む面と BCD を含む面との間の角) などで表す. ヒトの姿を身長, 座高, 腹囲などで表すのと似ている. 水, 酸素, 二酸化炭素などの分子の形は, 中学理科でも学習する. 生命系の分野では, 生体高分子 (タンパク質, DNA) の形が重要である.

質点について, 小林幸夫 :『力学ステーション』(森北出版, 2002) 参照.

分子の形を数学の方法で扱うには, どうすればいいだろうか ? 形だけを対象にするので, 針金細工のようなモデルを考える. 原子を質点 (質量だけを持ち, 大きさを持たないモデル) として, 分子を立体図形とみなす. このように扱うと, 結合距離は 2 点間距離であり, 結合角は 2 直線の間の角である. 二面角は, 各平面に垂直な直線どうしの間の角と考えることができる. 2 点間距離は, 中学・高校数学で学習する三平方の定理で求まる. ここでは, 結合角, 二面角を求める方法を理解する.

7.1 空間内の座標軸 — 右手系

物体は空間内に存在するから, 物体の位置を表すために, 空間内に座標軸 (物差) を入れる. x_1 軸, x_2 軸, x_3 軸 (x 軸, y 軸, z 軸と名付けることもある) の置き方には規則がある.

直交座標系：3 本の直交する座標軸の組

- **右手系**：右手の親指・人差し指・中指を直交するように曲げたとき,
  親指を x_1 軸 (x 軸) に, 人差し指を x_2 軸 (y 軸) に, 中指を x_3 軸 (z 軸) に合わせるような置き方
- **左手系**：左手の親指・人差し指・中指を直交するように曲げたとき,
  親指を x_1 軸 (x 軸) に, 人差し指を x_2 軸 (y 軸) に, 中指を x_3 軸 (z 軸) に合わせるような置き方

覚え方

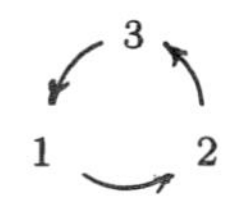

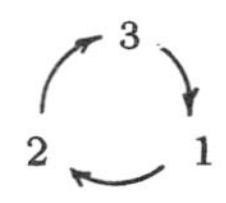

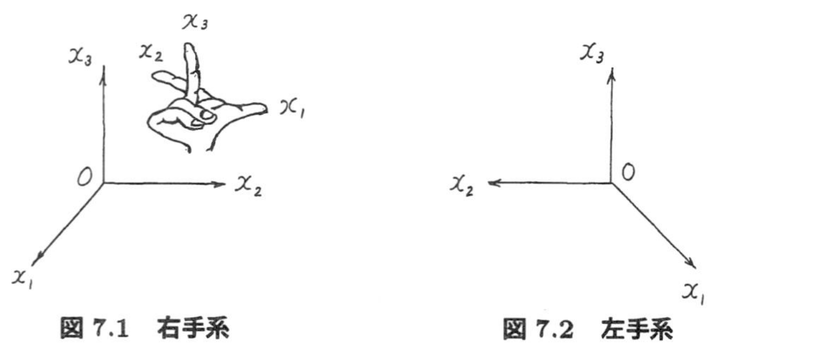

図 7.1 右手系　　**図 7.2 左手系**

▶ 直交座標系は右手系か左手系かのどちらかであるが, **通常は右手系を使う.**

問 7.1 図 7.3 の右手系に x_1, x_2, x_3 を記入せよ.

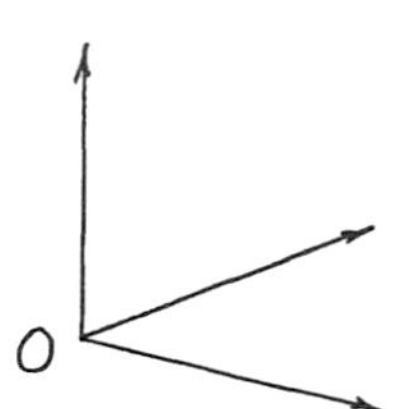

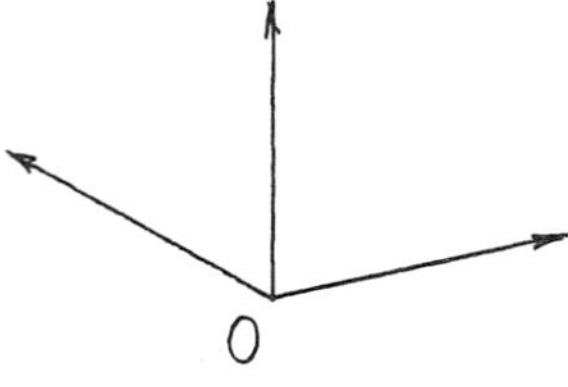

図 7.3 座標軸

【解説】

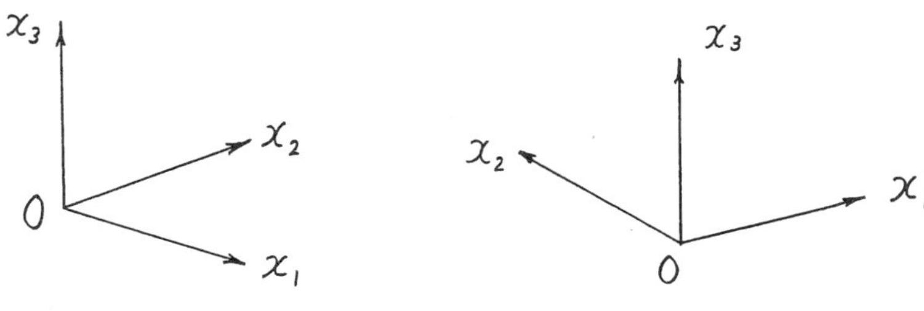

図 7.4　右手系

7.2　内積で結合角を求める

「内積とは何か」を先にいうことにする．内積の定義が何に基づいているのかということは，7.4 節で取り上げる．

空間内に点 A があるとき，基準点 O を決めて，点 O を基準とする点 A の位置ベクトルを幾何ベクトル (矢印) $\overrightarrow{a}$ で表す．同様に，点 O を基準とする点 B の位置ベクトルを $\overrightarrow{b}$ で表す．基準点 O はどこに選んでもいい．

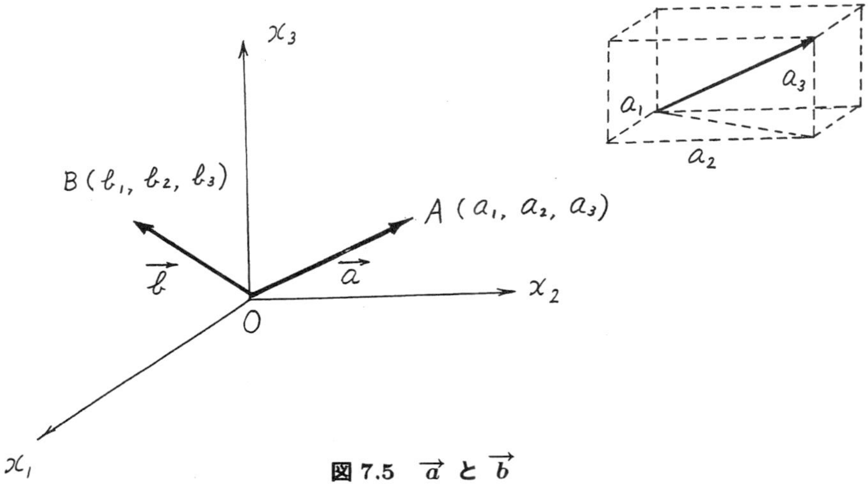

図 7.5　$\overrightarrow{a}$ と $\overrightarrow{b}$

数ベクトル，幾何ベクトルについて，4.1 節参照．

ここでは, 空間に座標軸 (x_1 軸, x_2 軸, x_3 軸) を設定して, 原点 (0,0,0) を基準点 O にする. 幾何ベクトル $\overrightarrow{a}$, $\overrightarrow{b}$ は, 点 A, B の座標によって, 数ベクトル

$$\boldsymbol{a} = \begin{pmatrix} a_1 \\ a_2 \\ a_3 \end{pmatrix}, \quad \boldsymbol{b} = \begin{pmatrix} b_1 \\ b_2 \\ b_3 \end{pmatrix}$$

で表せる.

ベクトルの内積を, つぎのように決める.

内積

- 幾何ベクトルで表した形

$\overrightarrow{a} \cdot \overrightarrow{b} = \|\overrightarrow{a}\|\|\overrightarrow{b}\| \cos\theta$ (θ は $\overrightarrow{a}$ と $\overrightarrow{b}$ との間の角)

- 数ベクトルで表した形

$$\boldsymbol{a} \cdot \boldsymbol{b} = \begin{pmatrix} a_1 \\ a_2 \\ a_3 \end{pmatrix} \cdot \begin{pmatrix} b_1 \\ b_2 \\ b_3 \end{pmatrix} = \underbrace{a_1b_1 + a_2b_2 + a_3b_3}$$

数 (スカラー): 同じ番号の成分どうしを掛けて足し合わせた形

記号 ● 数の絶対値 : $|-4|$ ● ベクトルの大きさ (ノルムという) : $\|\overrightarrow{a}\|$

高校数学では, 数の絶対値とベクトルの大きさとのどちらも $|\ |$ で表す.
ここでは, 異なる記号で両者を区別する.

問 7.2 図 7.6 の三角形で, つぎの幾何ベクトルどうしの内積を求めよ.

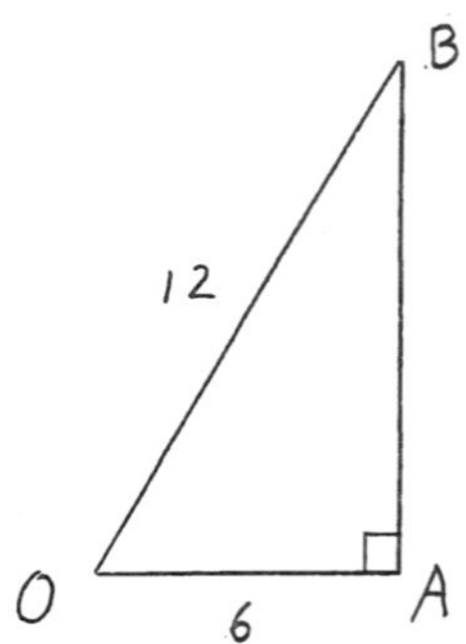

図 7.6 三角形 OAB

(1) $\overrightarrow{\mathrm{OA}} \cdot \overrightarrow{\mathrm{OB}}$ (2) $\overrightarrow{\mathrm{AO}} \cdot \overrightarrow{\mathrm{AB}}$ (3) $\overrightarrow{\mathrm{OB}} \cdot \overrightarrow{\mathrm{BA}}$ (4) $\overrightarrow{\mathrm{OB}} \cdot \overrightarrow{\mathrm{OB}}$

(2) $\overrightarrow{a} \perp \overrightarrow{b}$ のとき $\overrightarrow{a} \cdot \overrightarrow{b} = 0$

(3) $\overrightarrow{\mathrm{OB}}$ と $\overrightarrow{\mathrm{BA}}$ との間の角 : これらの**矢印の始点どうしを一致させて**測る.

$\cos 150^\circ$ の値の求め方について 1.2.3 項, 6.1.2 項参照.

$\overrightarrow{\mathrm{BA}}$ の $\overrightarrow{\mathrm{OB}}$ 上への影は $\overrightarrow{\mathrm{OB}}$ と反対向きだから, 内積の値は負になる.

【解説】

(1)
$$\underbrace{\overrightarrow{\mathrm{OA}}}_{\text{ベクトル}} \cdot \underbrace{\overrightarrow{\mathrm{OB}}}_{\text{ベクトル}}$$
$$= \|\overrightarrow{\mathrm{OA}}\| \underbrace{\|\overrightarrow{\mathrm{OB}}\| \cos 60^\circ}_{\overrightarrow{\mathrm{OA}}\text{の}\overrightarrow{\mathrm{OB}}\text{上への影}}$$
$$= 6 \times 12 \times \frac{1}{2}$$
$$= \underbrace{36}_{\text{数}}$$

(2)
$$\overrightarrow{\mathrm{AO}} \cdot \overrightarrow{\mathrm{AB}}$$
$$= \|\overrightarrow{\mathrm{AO}}\| \|\overrightarrow{\mathrm{AB}}\| \underbrace{\cos 90^\circ}_{0}$$
$$= 0$$

(3)
$$\overrightarrow{\mathrm{OB}} \cdot \overrightarrow{\mathrm{BA}}$$
$$= \|\overrightarrow{\mathrm{OB}}\| \underbrace{\|\overrightarrow{\mathrm{BA}}\| \cos 150^\circ}_{\overrightarrow{\mathrm{BA}}\text{の}\overrightarrow{\mathrm{OB}}\text{上への影}}$$
$$= 12 \times 6\sqrt{3} \times \left(-\frac{\sqrt{3}}{2}\right)$$
$$= -108$$

(4)
$$\overrightarrow{\mathrm{OB}} \cdot \overrightarrow{\mathrm{OB}}$$
$$= \|\overrightarrow{\mathrm{OB}}\| \quad \underbrace{\|\overrightarrow{\mathrm{OB}}\| \cos 0^\circ}_{\overrightarrow{\mathrm{OB}}\text{自身が}\overrightarrow{\mathrm{OB}}\text{上への影}}$$
$$= 12 \times 12 \times 1$$
$$= 144$$

(1) の $\overrightarrow{\mathrm{OA}}$ がたまたま $\overrightarrow{\mathrm{OB}}$ と大きさが同じで，$\overrightarrow{\mathrm{OB}}$ との間の角が 0° の幾何ベクトルの場合と思ってもいい．

(4) 例題 7.1 に応用．

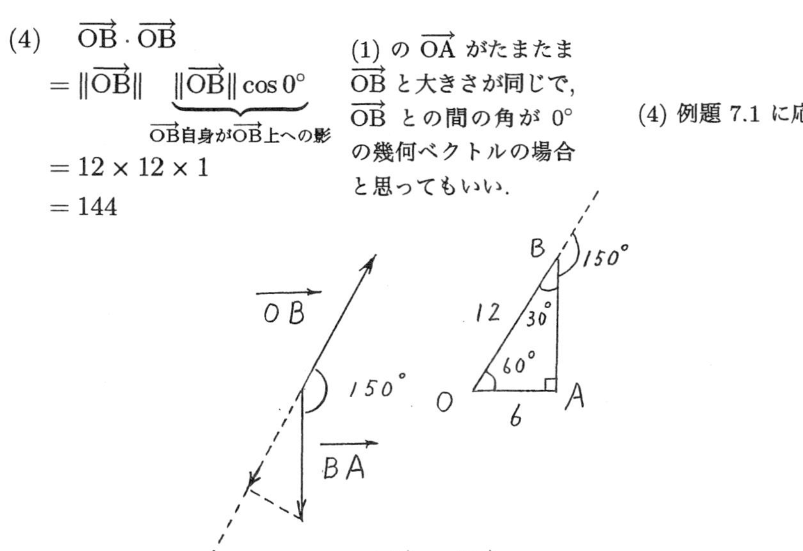

図 7.7　$\overrightarrow{\mathrm{BA}}$ の $\overrightarrow{\mathrm{OB}}$ 上への影

$\overrightarrow{\mathrm{OB}}$ を始線 (図 6.18 で x_1 軸の正の側) とみなすと，$\overrightarrow{\mathrm{BA}}$ の $\overrightarrow{\mathrm{OB}}$ 上への影の先端は，$\overrightarrow{\mathrm{OB}}$ 上の座標 $\|\overrightarrow{\mathrm{OB}}\| \cos 150^\circ$ で表せる．

問 7.3　問 7.2 で，3 点 O, A, B を含む平面内に，点 O を原点とする座標軸 x_1 軸, x_2 軸をとる．幾何ベクトル $\overrightarrow{\mathrm{OA}}$, $\overrightarrow{\mathrm{OB}}$ を，それぞれ数ベクトル $\boldsymbol{a}$, $\boldsymbol{b}$ で表す．このとき，つぎの内積を求めよ．

(1) $\boldsymbol{a} \cdot \boldsymbol{b}$　(2) $(-\boldsymbol{a}) \cdot (\boldsymbol{b} - \boldsymbol{a})$　(3) $\boldsymbol{b} \cdot (\boldsymbol{a} - \boldsymbol{b})$　(4) $\boldsymbol{b} \cdot \boldsymbol{b}$

【解説】

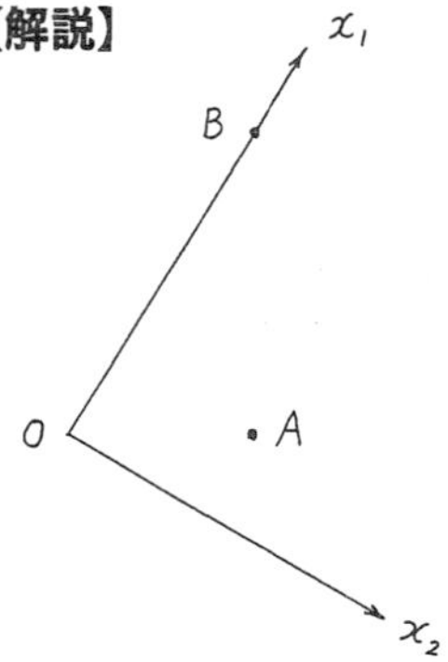

図 7.8　各点の位置

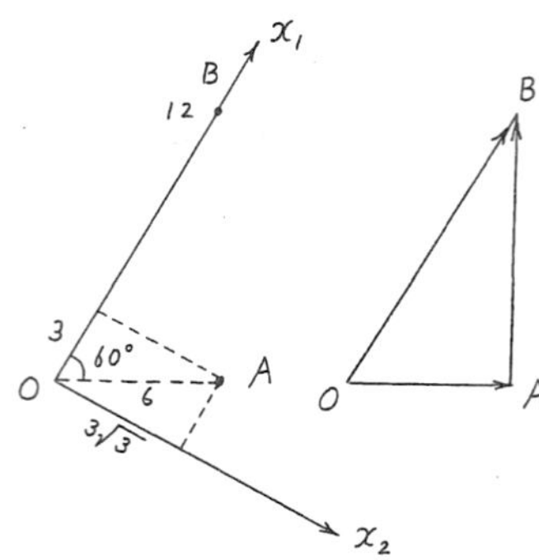

図 7.9　点 A, 点 B の座標

3 点が同じ平面内にあるので，この平面内に x_1 軸と x_2 軸とを置き，平面に垂直に x_3 軸をとる．平面内に原点をとると，平面内のすべての点の x_3 座標は 0 である．だから，x_1x_2 平面の世界だけを考えることにする．空間内で $\begin{pmatrix} 1 \\ \sqrt{3} \\ 0 \end{pmatrix}$ の数ベクトルで表せる点を，x_1x_2 平面内で $\begin{pmatrix} 1 \\ \sqrt{3} \end{pmatrix}$ と表す．

図 7.9 で点 A, 点 B の座標を読むと，

$$\boldsymbol{a} = \begin{pmatrix} 3 \\ 3\sqrt{3} \end{pmatrix}, \ \boldsymbol{b} = \begin{pmatrix} 12 \\ 0 \end{pmatrix}$$

と表せることがわかる．だから，

$$\boldsymbol{b} - \boldsymbol{a} = \begin{pmatrix} 12 \\ 0 \end{pmatrix} - \begin{pmatrix} 3 \\ 3\sqrt{3} \end{pmatrix} = \begin{pmatrix} 9 \\ -3\sqrt{3} \end{pmatrix} \longleftarrow \text{$\overrightarrow{\mathrm{AB}} = \overrightarrow{\mathrm{OB}} - \overrightarrow{\mathrm{OA}}$ を表す数ベクトル}$$

である．

図 7.9 を見ると，3 本の矢印の関係は $\overrightarrow{\mathrm{AB}} = \overrightarrow{\mathrm{OB}} - \overrightarrow{\mathrm{OA}}$ と表せることがわかる．

(1)　$\boldsymbol{a} \cdot \boldsymbol{b}$

$$= \begin{pmatrix} 3 \\ 3\sqrt{3} \end{pmatrix} \cdot \begin{pmatrix} 12 \\ 0 \end{pmatrix}$$
$$= 3 \times 12 + 3\sqrt{3} \times 0$$
$$= 36$$

(2)　$(-\boldsymbol{a}) \cdot (\boldsymbol{b} - \boldsymbol{a})$

$$= \begin{pmatrix} -3 \\ -3\sqrt{3} \end{pmatrix} \cdot \begin{pmatrix} 9 \\ -3\sqrt{3} \end{pmatrix}$$
$$= (-3) \times 9 + (-3\sqrt{3}) \times (-3\sqrt{3})$$
$$= 0$$

重要　問 7.2 と問 7.3 とは，内積の値が一致する．

(3)　$\boldsymbol{b} \cdot (\boldsymbol{a} - \boldsymbol{b})$

$$= \begin{pmatrix} 12 \\ 0 \end{pmatrix} \cdot \begin{pmatrix} -9 \\ 3\sqrt{3} \end{pmatrix}$$
$$= 12 \times (-9) + 0 \times 3\sqrt{3}$$
$$= -108$$

(4)　$\boldsymbol{b} \cdot \boldsymbol{b}$

$$= \begin{pmatrix} 12 \\ 0 \end{pmatrix} \cdot \begin{pmatrix} 12 \\ 0 \end{pmatrix}$$
$$= 12 \times 12 + 0 \times 0$$
$$= 144$$

表 7.1　内積の値の正負

$0^\circ \leq \theta < 90^\circ$ のとき	$\theta = 90^\circ$ のとき	$90^\circ < \theta \leq 180^\circ$ のとき
$\cos\theta \leq 0$ だから 正 例　問 7.2 (1), (4)	$\cos\theta = 0$ だから 0 例　問 7.2 (2)	$\cos\theta \geq 0$ だから 負 例　問 7.2 (3)

スカラー積は 4.2.1 項で考えた通りの意味であり, 7.1 節の内積とは意味がちがう. しかし, 内積もスカラー積と計算の仕方が同じなので, 用語を厳密に区別しないで, 内積をスカラー積とよぶことがある.

▶ 内積とスカラー積とのちがい

表 7.2　内積とスカラー積　(どちらも同じ番号の成分どうしを掛けて足し合わせた形)

内積	スカラー積
タテベクトルどうしの積 $\begin{pmatrix} a_1 \\ a_2 \end{pmatrix} \cdot \begin{pmatrix} b_1 \\ b_2 \end{pmatrix} = a_1b_1 + a_2b_2$	ヨコベクトル掛けるタテベクトル $\underbrace{a_1x_1 + a_2x_2}_{1\times1} = \underbrace{(a_1 \ \ a_2)}_{1\times2} \underbrace{\begin{pmatrix} x_1 \\ x_2 \end{pmatrix}}_{2\times1}$ ↓出力　↓**比例定数の拡張版**　↓入力
または ヨコベクトルどうしの積 $(a_1 \ \ a_2) \cdot (b_1 \ \ b_2) = a_1b_1 + a_2b_2$	$y = ax$ と書くと 比例 $y = ax$ (a は比例定数) と同じ形の式
マトリックスの乗法 (4.2.3 項) ではない. 比例の拡張 (4.2.1 項) という意味はない.	マトリックスの乗法の特別な場合 1 行のマトリックスと 1 列のマトリックスとの乗法 (4.2.1 項, 4.2.3 項)

1×1　1 行 1 列

1×2　1 行 2 列

2×1　2 行 1 列

仕事が正のとき運動エネルギーは大きくなり, 仕事が負のとき運動エネルギーは小さくなる.
小林幸夫:『力学ステーション』(森北出版, 2002) 4.1.3 項参照.

【進んだ探究】力学の「仕事」— 表 7.1 の物理的意味

力学の「仕事」は, 日常の業務とは意味が異なる. 仕事は「物体に力をはたらかせて物体を動かす作業」である. ロープの方向と物体が動いている方向とは一致していない場合がある (図 7.10). 実際に物体を引っぱる力の効き目は, $\|\overrightarrow{F}\| \ \cos\theta$ だけの分である (θ は $\overrightarrow{F}$ と $\overrightarrow{d}$ とのなす角). $\theta = 60^\circ$ の方向に引っぱると, ロープが物体を引っぱる力 $\overrightarrow{F}$ の大きさの正味 50 % ($\cos 60^\circ = 0.5$) で物体を動かす. このため, 仕事を

$$\underbrace{W}_{\text{力が物体にした仕事}} = \underbrace{\|\overrightarrow{F}\| \ \cos\theta}_{\text{物体が動く方向に効く力の大きさ}} \ \underbrace{\|\overrightarrow{d}\|}_{\text{物体が動く距離}} \Leftarrow \overrightarrow{F} \text{と} \overrightarrow{d} \text{との内積} \ \underbrace{\overrightarrow{F}}_{\text{力}} \cdot \underbrace{\overrightarrow{d}}_{\text{変位}}$$

記号 (文字) について例題 0.6 参照.

F: force (力) の頭文字

d : displacement (変位) の頭文字

x 軸の正の向きを水平右向き, y 軸の正の向きを鉛直上向きとする.

と表す．$\boldsymbol{F} = \begin{pmatrix} F_x \\ F_y \end{pmatrix}$, $\boldsymbol{d} = \begin{pmatrix} x_{あと} - x_{はじめ} \\ y_{あと} - y_{はじめ} \end{pmatrix}$ だから, 仕事は

$$W = \overbrace{F_x}^{\|\vec{F}\|\cos\theta} \overbrace{(x_{あと} - x_{はじめ})}^{\|\vec{d}\|} + \overbrace{F_y}^{\|\vec{F}\|\sin\theta} \overbrace{(y_{あと} - y_{はじめ})}^{0\ \mathrm{m}}$$

と表すこともできる．

図 7.10　仕事

① 物体の動いている向き ($0° \leq \theta < 90°$) に押す力が物体にする仕事は正である．

② 物体の動いている向きに垂直 ($\theta = 90°$) な力 (垂直抗力) が物体にする仕事はゼロであり, 仕事をしない．

0 J
J は, 仕事の単位量で「ジュール」と読む．

③ 物体の動いている向きと反対向き ($90° < \theta \leq 180°$) に押す力が物体にする仕事は負である．

例題 7.1　**2 点間距離**　ミオグロビン (マッコウクジラ由来) は, 154 個のアミノ酸がつながってできたタンパク質 (巨大分子) である．PDB (Protein Data Bank) によると, このうちの 2 個の C^{α} 原子の座標は, それぞれ (28.797, 15.269, −10.390), (33.489, 19.212, −12.922) である．これらの 2 原子の間の距離を求めよ．

Protein Data Bank (タンパク質構造データバンク)
タンパク質と核酸の 3 次元構造の原子座標を蓄積しているデータベース

【解説】　原点を O, 2 個の原子を A, B とする．

【発想 1】 三平方の定理

原点から原子までの距離が 28.797 Å のとき, 座標は数値 28.797 (座標軸上の目盛の値) である (0.4.2 項).
Å(オングストローム) について 0.4.3 項参照．

- x_1x_2 平面に垂直な方向から線分 AB に光 (x_3 軸に平行) をあてたと想定すると, x_1x_2 平面内に影 A′B′ ができる.
- x_3 軸に垂直な方向から線分 AB に光 (x_3 軸に平行な線分と線分 AB とを含む平面に平行) をあてたと想定すると, x_3 軸上に影 A″B″ ができる.

図 7.16 で, PQ の代わりに AB を考える.

▶ 座標と位置ベクトル (6.1.1 項)

座標　(28.797, 15.269, −10.390)　　位置ベクトル $\begin{pmatrix} 28.797 \\ 15.269 \\ -10.390 \end{pmatrix}$

$$\begin{aligned}
\mathrm{AB}^2 &= (\mathrm{A'B'})^2 + (\mathrm{A''B''})^2 \\
&= (b_1 - a_1)^2 + (b_2 - a_2)^2 + (b_3 - a_3)^2 \\
&= (33.489 - 28.797)^2 \text{Å}^2 + (19.212 - 15.269)^2 \text{Å}^2 \\
&\quad + \{(-12.922) - (-10.390)\}^2 \text{Å}^2 \\
&= 43.973_1 \text{Å}^2
\end{aligned}$$

$$\begin{aligned}
\mathrm{AB} &= \sqrt{47.973 \text{Å}^2} \\
&= 6.631_2 \text{Å}
\end{aligned}$$

厳密には ≒ を書くが, ここでは = を使った.

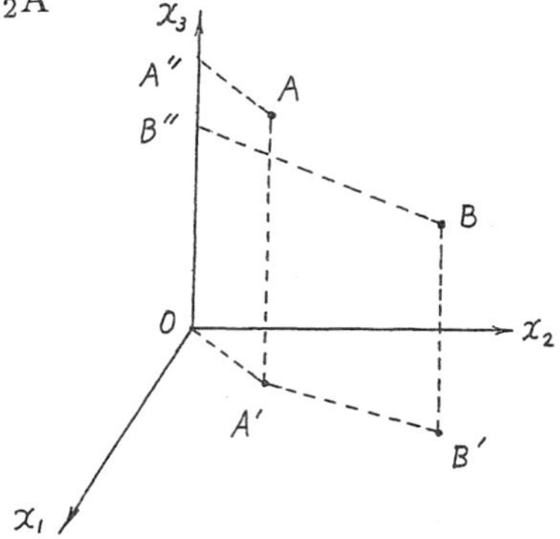

図 7.11　各点の位置

【発想 2】自分自身の内積 [問 7.2 (4) の応用]

内積の特別な場合 (同一の幾何ベクトルどうしの角が 0° だから $\cos 0° = 1$)

$\|\overrightarrow{\mathrm{AB}}\|\|\overrightarrow{\mathrm{AB}}\|\overbrace{\cos 0°}^{1} = \overrightarrow{\mathrm{AB}} \cdot \overrightarrow{\mathrm{AB}}$

$$\begin{aligned}
\|\overrightarrow{\mathrm{AB}}\|^2 &= \overrightarrow{\mathrm{AB}} \cdot \overrightarrow{\mathrm{AB}} \\
&= (\overrightarrow{\mathrm{OB}} - \overrightarrow{\mathrm{OA}}) \cdot (\overrightarrow{\mathrm{OB}} - \overrightarrow{\mathrm{OA}})
\end{aligned}$$

$$
\begin{aligned}
&(\boldsymbol{b}-\boldsymbol{a})\cdot(\boldsymbol{b}-\boldsymbol{a})\\
&=\begin{pmatrix}(33.489-28.797)\ \text{Å}\\(19.212-15.269)\ \text{Å}\\\{(-12.922)-(-10.390)\}\ \text{Å}\end{pmatrix}\cdot\begin{pmatrix}(33.489-28.797)\ \text{Å}\\(19.212-15.269)\ \text{Å}\\\{(-12.922)-(-10.390)\}\ \text{Å}\end{pmatrix}\\
&=(33.489-28.797)^2\text{Å}^2+(19.212-15.269)^2\text{Å}^2\\
&\quad+\{(-12.922)-(-10.390)\}^2\text{Å}^2\\
&=43.973_1\text{Å}^2
\end{aligned}
$$

$$
\begin{aligned}
\|\overrightarrow{\mathrm{AB}}\|&=\sqrt{47.973\text{Å}^2}\\
&=6.631_2\text{Å}
\end{aligned}
$$

点 A, 点 B の位置 (量の組)

$$\boldsymbol{a}=\begin{pmatrix}28.797\text{Å}\\15.269\text{Å}\\-10.390\text{Å}\end{pmatrix}$$

$$\boldsymbol{b}=\begin{pmatrix}33.489\text{Å}\\19.212\text{Å}\\-12.922\text{Å}\end{pmatrix}$$

$$\begin{pmatrix}28.797\\15.269\\-10.390\end{pmatrix}$$

は位置ベクトル (数の組) である.

位置 (量の組) は位置ベクトル (数の組) で表せる.

量と数とについて, 0.4.1 項参照.

アミノ酸を構成する主な原子

C^α, C', O, N, H, C^β

例題 7.2 **結合角** ミオグロビン (マッコウクジラ由来) の $\mathrm{N}_i-\mathrm{C}_i^\alpha-\mathrm{C}_i'$ (i は残基番号, $i=10$) の結合角を求めよ.

表 7.3 原子座標

原子	座標
N	$(33.913, 21.215, -4.236)$
C^α	$(34.247, 20.256, -3.195)$
C'	$(35.742, 20.293, -2.878)$

【解説】 原点, N, C^α, C' をそれぞれ O, N, A, C と表す.

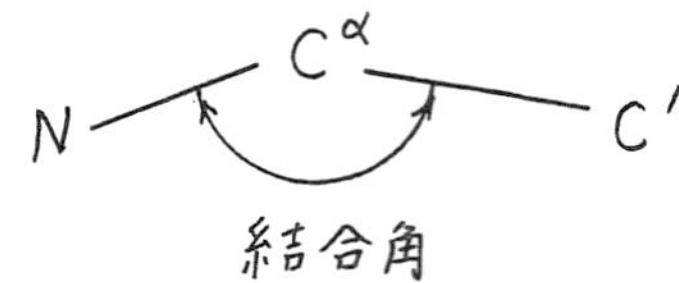

図 7.12 結合角

▶ **内積を幾何ベクトルと数ベクトルとのそれぞれで表す.**

結合角を θ とおくと，幾何ベクトルの内積は

$$
\begin{aligned}
&\overrightarrow{\mathrm{AN}} \cdot \overrightarrow{\mathrm{AC}} \\
&= \|\overrightarrow{\mathrm{AN}}\| \|\overrightarrow{\mathrm{AC}}\| \cos\theta \\
&= \|\overrightarrow{\mathrm{ON}} - \overrightarrow{\mathrm{OA}}\| \|\overrightarrow{\mathrm{OC}} - \overrightarrow{\mathrm{OA}}\| \cos\theta \\
&= \sqrt{(33.913 - 34.247)^2 + (21.215 - 20.256)^2 + \{(-4.236) - (-3.195)\}^2}\,\text{Å} \\
&\quad \times \sqrt{(35.742 - 34.247)^2 + (20.293 - 20.256)^2 + \{(-2.878) - (-3.195)\}^2}\,\text{Å} \cos\theta \\
&= 2.223_1\,\text{Å}^2 \cos\theta
\end{aligned}
$$

$\|\overrightarrow{\mathrm{ON}} - \overrightarrow{\mathrm{OA}}\|$, $\|\overrightarrow{\mathrm{OC}} - \overrightarrow{\mathrm{OA}}\|$ の値の求め方は，例題 7.1 と同じである．

である．

幾何ベクトル $\overrightarrow{\mathrm{ON}}$, $\overrightarrow{\mathrm{OA}}$, $\overrightarrow{\mathrm{OC}}$ を，それぞれ数ベクトル $\boldsymbol{n}$, $\boldsymbol{a}$, $\boldsymbol{c}$ で表すと，内積は

$$
\begin{aligned}
&(\boldsymbol{n} - \boldsymbol{a}) \cdot (\boldsymbol{c} - \boldsymbol{a}) \\
&= \begin{pmatrix} (33.913 - 34.247)\,\text{Å} \\ (21.215 - 20.256)\,\text{Å} \\ \{(-4.236) - (-3.195)\}\,\text{Å} \end{pmatrix} \cdot \begin{pmatrix} (35.742 - 34.247)\,\text{Å} \\ (20.293 - 20.256)\,\text{Å} \\ \{(-2.878) - (-3.195)\}\,\text{Å} \end{pmatrix} \\
&= (33.913 - 34.247)\,\text{Å} \times (35.742 - 34.247)\,\text{Å} \\
&\quad + (21.215 - 20.256)\,\text{Å} \times (20.293 - 20.256)\,\text{Å} \\
&\quad + \{(-4.236) - (-3.195)\}\,\text{Å} \times \{(-2.878) - (-3.195)\}\,\text{Å} \\
&= -0.793_8\,\text{Å}^2
\end{aligned}
$$

$\boldsymbol{n} - \boldsymbol{a}$ は $\overrightarrow{\mathrm{AN}}$ を数ベクトル $\begin{pmatrix} 33.913 - 34.247 \\ 21.215 - 20.256 \\ (-4.236) - (-3.195) \end{pmatrix}$ で表した形

$\boldsymbol{c} - \boldsymbol{a}$ は $\overrightarrow{\mathrm{AC}}$ を数ベクトル $\begin{pmatrix} 35.742 - 34.247 \\ 20.293 - 20.256 \\ (-2.878) - (-3.195) \end{pmatrix}$ で表した形

となる．

$$
\|\overrightarrow{\mathrm{AN}}\| \|\overrightarrow{\mathrm{AC}}\| \cos\theta = (\boldsymbol{n} - \boldsymbol{a}) \cdot (\boldsymbol{c} - \boldsymbol{a})
$$

だから

$$
\begin{aligned}
\cos\theta &= \frac{(\boldsymbol{n} - \boldsymbol{a}) \cdot (\boldsymbol{c} - \boldsymbol{a})}{\|\overrightarrow{\mathrm{AN}}\| \|\overrightarrow{\mathrm{AC}}\|} \\
&= \frac{-0.794\,\text{Å}^2}{2.223\,\text{Å}^2} \\
&= -0.357
\end{aligned}
$$

分子・分母で Å^2 が約せる．

である．数値計算する [電卓で逆三角関数 $\cos^{-1}(-0.357)$ の値を求める] と，$\theta = 110^\circ$ であることがわかる．

N. Saitô and Y. Kobayashi: *The Physical Foundation of Protein Architecture* (World Scientific, Singapore, 2001).

【進んだ探究】距離マップ

タンパク質の C^{α} 原子間距離は，どんな情報を与えるのか？原子を球，結合を棒で表して，タンパク質の立体構造の模型をつくることができる．この模型は便利だが，見る方向によって違った形に見えるので，アミノ酸残基どうしの遠近が判断しにくい．

各残基 (フェレドキシンは 54 残基) の C^{α} 原子間距離 (残基番号：1–2, 1–3, ..., 1–54, 2–3, 2–4, ..., 2–54, ..., 53–54) が基準値 (疎水性相互作用のはたらく範囲を考慮して 13 Å) を超えるかどうかによって色分けした図を描くといい．地形図が高度によって色分けした図 (山地は茶色，平地は緑色など) であることと同じ発想である．C^{α} 原子は，アミノ酸残基を構成する原子の代表として選んだ．

アミノ酸どうしがつながるとき，水がとれるので，アミノ酸でなく残基という．くわしい内容は，中村泰治・中谷一泰：『生化学の理論』(三共出版, 1993) 参照．

タンパク質の距離マップを見ると，どの残基とどの残基とが近い位置にあるかが一目でわかる．距離が小さいということは，残基どうしの相互作用が強いと判断できる．距離マップは，タンパク質の立体構造ができるしくみを探究するためのガイドマップである．

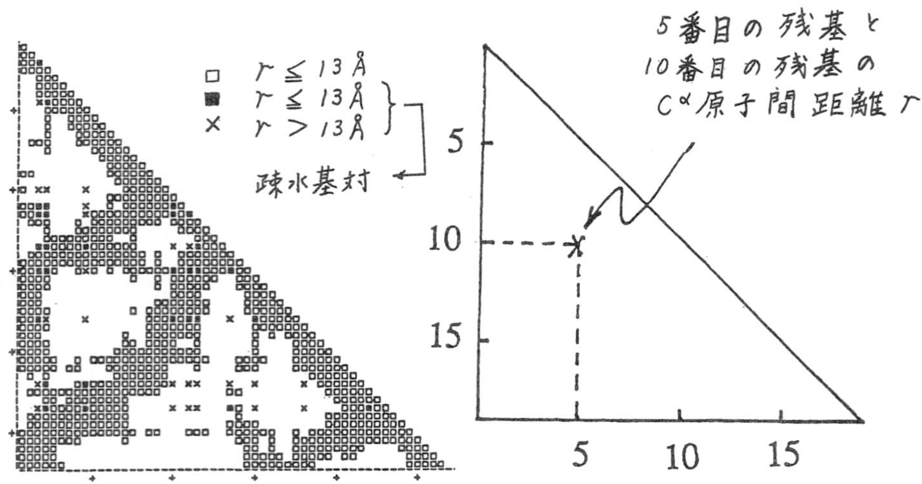

図 7.13 距離マップの例 (Perl と PostScript とで描画用プログラムを作成した)

余弦定理

△OAB で幾何ベクトル (矢印) を見ながら $\overrightarrow{AB} = \overrightarrow{OB} - \overrightarrow{OA}$ と書く．例題 7.1 と同じように，自分自身の内積を考えると，

余弦とは
コサイン (cos)

$$\overrightarrow{\mathrm{AB}}\cdot\overrightarrow{\mathrm{AB}} = (\overrightarrow{\mathrm{OB}}-\overrightarrow{\mathrm{OA}})\cdot(\overrightarrow{\mathrm{OB}}-\overrightarrow{\mathrm{OA}})$$
$$= \overrightarrow{\mathrm{OB}}\cdot\overrightarrow{\mathrm{OB}} - \overrightarrow{\mathrm{OB}}\cdot\overrightarrow{\mathrm{OA}} - \overrightarrow{\mathrm{OA}}\cdot\overrightarrow{\mathrm{OB}} + \overrightarrow{\mathrm{OA}}\cdot\overrightarrow{\mathrm{OA}},$$
$$\|\overrightarrow{\mathrm{AB}}\|\|\overrightarrow{\mathrm{AB}}\|\cos 0^\circ = \|\overrightarrow{\mathrm{OB}}\|\|\overrightarrow{\mathrm{OB}}\|\cos 0^\circ - 2\|\overrightarrow{\mathrm{OA}}\|\|\overrightarrow{\mathrm{OB}}\|\cos\theta + \|\overrightarrow{\mathrm{OA}}\|\|\overrightarrow{\mathrm{OA}}\|\cos 0^\circ$$

となる．ここで，θ は $\overrightarrow{\mathrm{OA}}$ と $\overrightarrow{\mathrm{OB}}$ との間の角である．

$\cos 0^\circ = 1$

余弦定理： $\|\overrightarrow{\mathrm{AB}}\|^2 = \|\overrightarrow{\mathrm{OA}}\|^2 + \|\overrightarrow{\mathrm{OB}}\|^2 - 2\|\overrightarrow{\mathrm{OA}}\|\|\overrightarrow{\mathrm{OB}}\|\cos\theta$

$\theta = 90^\circ$ のとき (例題 7.1), $\cos\theta = 0$ だから,

$$\text{三平方の定理}\ \|\overrightarrow{\mathrm{AB}}\|^2 = \|\overrightarrow{\mathrm{OA}}\|^2 + \|\overrightarrow{\mathrm{OB}}\|^2$$

になる．三平方の定理は，余弦定理の特別な場合 ($\theta = 90^\circ$) である．

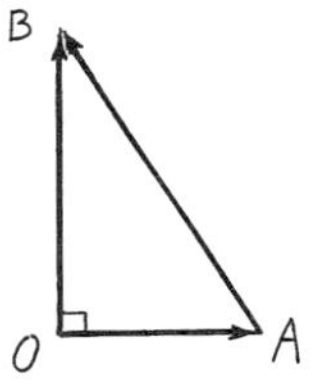

図 7.14 直角三角形

【参考】光波と円関数で投てきの距離を求める

2009 年 3 月 15 日付朝日新聞「スポーツラボ」にハンマー投げで光波距離測定装置が活躍している現状が解説してある．装置本体とサークルの中心との距離，装置本体と落下点との距離を測ると，余弦定理で落下点とサークルの中心との距離が計算できる．

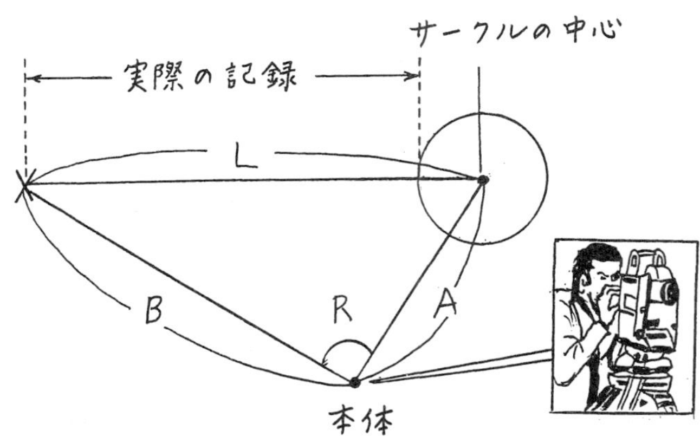

図 7.15　距離の測定　落下点とサークルの中心との距離から半径を引いた距離が実際の記録になる．

7.3 ベクトル積で二面角を求める

正方形の影の面積

問 7.4 空間内に原点 O を決めて, x_i 軸 $(i = 1, 2, 3)$ を設定する. 点 P の座標は (p_1, p_2, p_3), 点 Q の座標は (q_1, q_2, q_3) である. x_i 軸に垂直な方向 (x_i 軸に平行な線分と矢印 $\overrightarrow{\mathrm{PQ}}$ とを含む平面に平行) から矢印 $\overrightarrow{\mathrm{PQ}}$ に光をあてたと想定すると, x_i 軸に影がうつる. それぞれの座標軸上への正射影を求めよ.

【解説】 図 7.16 を見て考えると, 各軸上への正射影がわかる.

x_1 軸上への正射影	x_2 軸上への正射影	x_3 軸上への正射影
$q_1 - p_1$	$q_2 - p_2$	$q_3 - p_3$

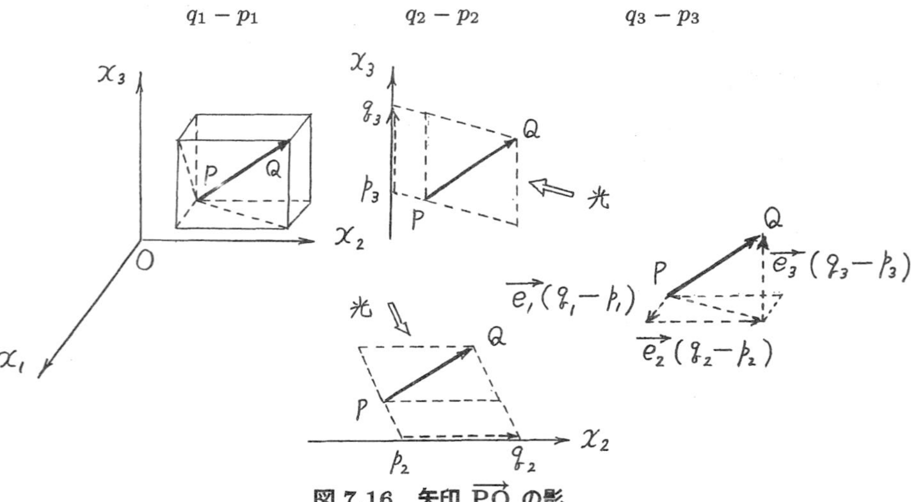

図 7.16 矢印 $\overrightarrow{\mathrm{PQ}}$ の影

▶ **問 7.4 から何がわかるか** ノルム (大きさ) が 1 で, 各座標軸の正の向きの幾何ベクトルを $\vec{e}_1$, $\vec{e}_2$, $\vec{e}_3$ とすると,

ベクトルのスカラー倍について 4.1 節参照.

$$\overrightarrow{\mathrm{PQ}} = \overbrace{\vec{e}_1 \underbrace{(q_1 - p_1)}_{\text{正射影}}}^{\vec{e}_1\text{のスカラー倍}} + \overbrace{\vec{e}_2 \underbrace{(q_2 - p_2)}_{\text{正射影}}}^{\vec{e}_2\text{のスカラー倍}} + \overbrace{\vec{e}_3 \underbrace{(q_3 - p_3)}_{\text{正射影}}}^{\vec{e}_3\text{のスカラー倍}}$$

と表せる.

問 7.5　図 7.17 の平行四辺形 OACB の面積を求めよ．A の座標を (a_1, a_2)，B の座標を (b_1, b_2) とする．

【解説】 平行四辺形 OACB の面積 $= a_1 b_2 - a_2 b_1$

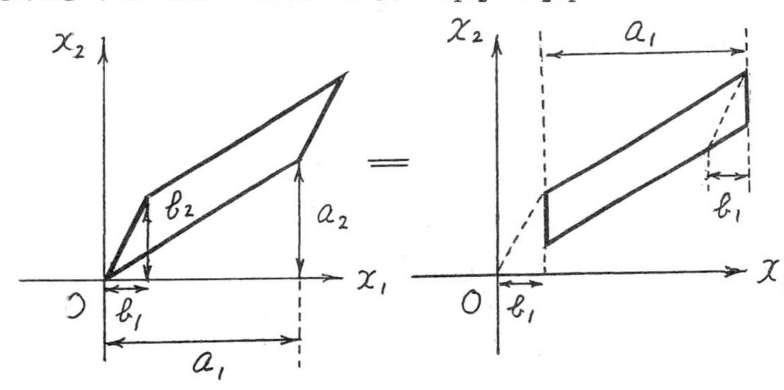

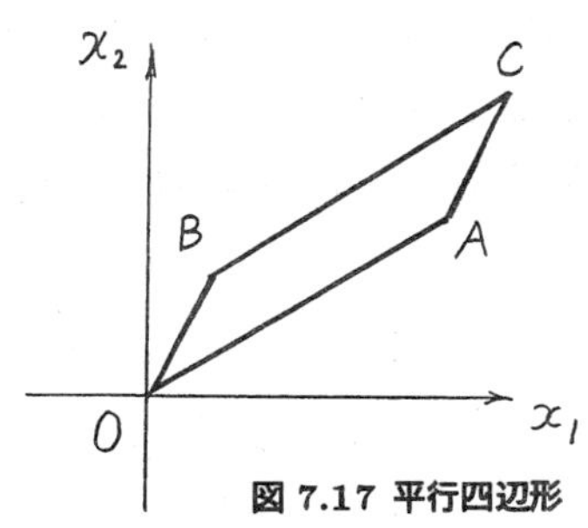

図 7.17 平行四辺形

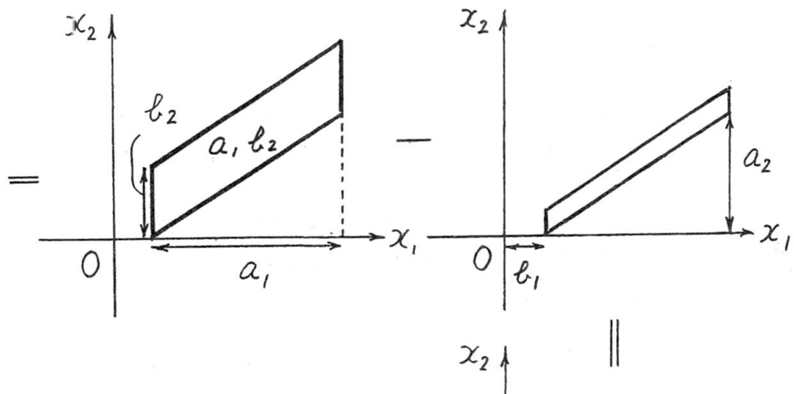

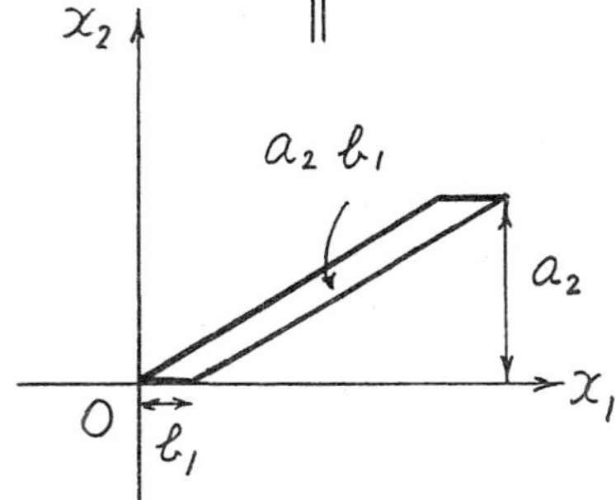

図 7.18　面積の求め方

重要　x_1x_2 平面内で x_1 軸から x_2 軸への向きの角を正とする．図 7.19 (a) では，$\overrightarrow{OA}$ から $\overrightarrow{OB}$ への角が正になっている．このとき，平行四辺形 OACB の面積 $= a_1b_2 - a_2b_1 > 0$ $(a_1b_2 > a_2b_1)$ である．(b) のように，点 A の位置と点 B の位置とが入れ替わって，$\overrightarrow{OA}$ から $\overrightarrow{OB}$ への角が負のとき，平行四辺形 OACB の面積 $= a_1b_2 - a_2b_1 < 0$ $(a_1b_2 < a_2b_1)$ である．

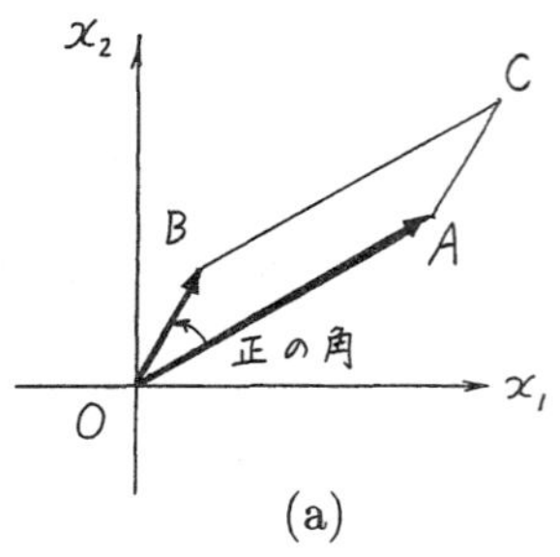

(a)

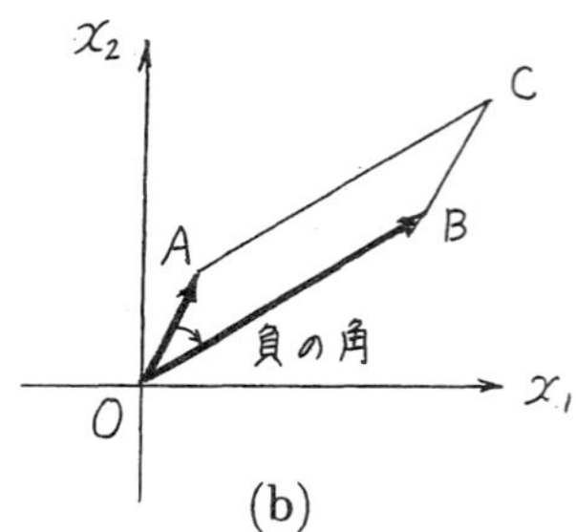

(b)

図 7.19　正の角と負の角

問 7.6　図 7.20 の正方形 OPRQ の正射影の面積を求めよ．

x_2x_3 平面に垂直な方向 (x_1 軸に平行) から正方形に光をあてたと想定すると，x_2x_3 平面に影がうつる．

x_1x_3 平面に垂直な方向 (x_2 軸に平行) から正方形に光をあてたと想定すると，x_1x_3 平面に影がうつる．

x_1x_2 平面に垂直な方向 (x_3 軸に平行) から正方形に光をあてたと想定すると，x_1x_2 平面に影がうつる．

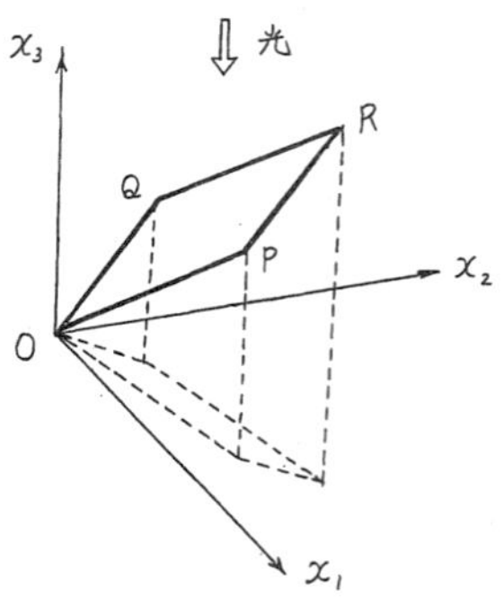

点 O, P, Q, R の座標
$(0,0,0)$,
(p_1,p_2,p_3),
(q_1,q_2,q_3),
(r_1,r_2,r_3).

図 7.20　正方形に光をあてる

【解説】 問 7.6 の正方形の各平面上への正射影を座標で表すことができる．

点 P (p_1, p_2, p_3), Q (q_1, q_2, q_3) の x_2x_3 平面上への正射影は $\mathrm{P}'(0, p_2, p_3)$, $\mathrm{Q}'(0, q_2, q_3)$, $\overrightarrow{\mathrm{OP}}'$ から $\overrightarrow{\mathrm{OQ}}'$ への角は正である．問 7.5 と同じ考え方で

正方形の x_2x_3平面上への正射影の面積 $= p_2q_3 - p_3q_2$

正方形の x_1x_3平面上への正射影の面積 $= p_3q_1 - p_1q_3$

正方形の x_1x_2平面上への正射影の面積 $= p_1q_2 - p_2q_1$

である．

▶ 問 7.6 から何がわかるか　大きさが 1 で x_1 軸, x_2 軸, x_3 軸の正の向きの幾何ベクトル (矢印) を $\vec{e}_1$, $\vec{e}_2$, $\vec{e}_3$ とする．

x_2x_3 平面上への正射影に垂直 (x_1 軸方向) で，大きさを正射影の面積と決めた幾何ベクトルは，$\vec{e}_1(p_2q_3 - p_3q_2)$ と表せる．	x_1x_3 平面上への正射影に垂直 (x_2 軸方向) で，大きさを正射影の面積と決めた幾何ベクトルは，$\vec{e}_2(p_3q_1 - p_1q_3)$ と表せる．	x_1x_2 平面上への正射影に垂直 (x_3 軸方向) で，大きさを正射影の面積と決めた幾何ベクトルは，$\vec{e}_3(p_1q_2 - p_2q_1)$ と表せる．

正方形 OPRQ の面に垂直で，大きさを正方形の面積と決めた幾何ベクトル (矢印) $\vec{S}$ は，

ベクトルのスカラー倍について 4.1 節参照．

$$\vec{\mathrm{S}} = \overbrace{\vec{e}_1 \underbrace{(p_2q_3 - p_3q_2)}_{\text{正射影}}}^{\vec{e}_1\text{のスカラー倍}} + \overbrace{\vec{e}_2 \underbrace{(p_3q_1 - p_1q_3)}_{\text{正射影}}}^{\vec{e}_2\text{のスカラー倍}} + \overbrace{\vec{e}_3 \underbrace{(p_1q_2 - p_2q_1)}_{\text{正射影}}}^{\vec{e}_3\text{のスカラー倍}}$$

と表せる．問 7.4 の $\overrightarrow{\mathrm{PQ}}$ の代わりに $\vec{S}$ を考えたと思えばいい．

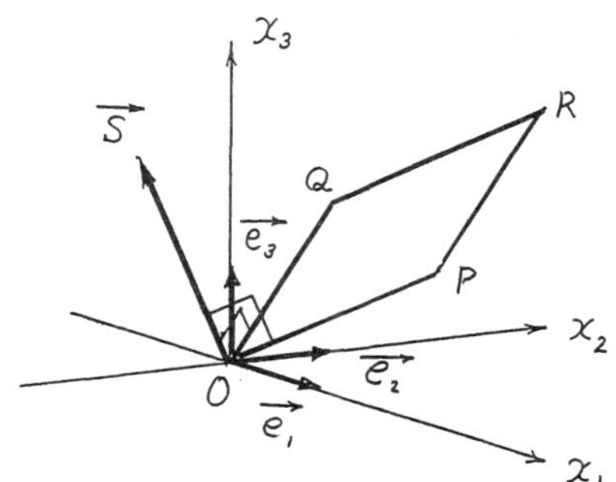

図 7.21　正方形 OPRQ の面に垂直で，大きさを正方形の面積と決めた幾何ベクトル

問 7.4, 問 7.5, 問 7.6 をもとにして, ベクトル積を, つぎのように決める.

$|\ |$ は数の絶対値を表す.

$\|\ \|$ はベクトルのノルム (大きさ) を表す.

ベクトル積

● 幾何ベクトルで表した形　$\vec{a} \times \vec{b} = \vec{n}\|\vec{a}\|\|\vec{b}\|\sin\theta$　(θ は $\vec{a}$ から $\vec{b}$ への角の小さい方)

大きさ：$\vec{a}$, $\vec{b}$ を 2 辺とする平行四辺形の面積

向き：$\vec{a}$ と $\vec{b}$ との張る面に垂直で $\vec{a}$ から $\vec{b}$ の向きに右ねじを回したとき右ねじの進む向き

面にも向きがある
幾何ベクトル $\vec{n}$ によって面の向き (裏表) を決めたと思えばいい. たとえば, 幾何ベクトル $\vec{n}$ の向きを「裏から表に向かう向き」ということにする. 「表から裏に向かう向き」と決めることもできる.

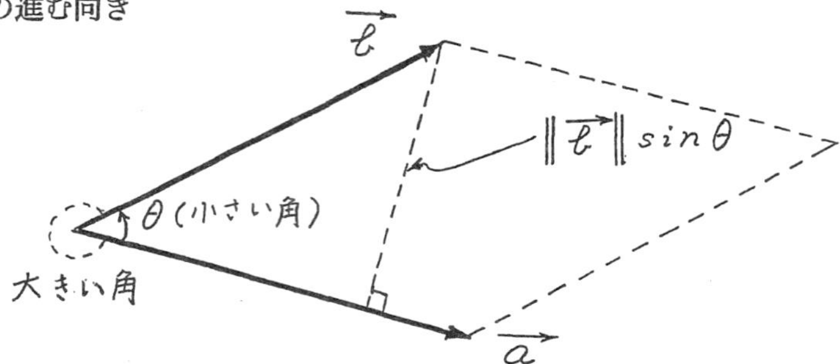

図 7.22　底辺が $\|\vec{a}\|$, 高さが $\|\vec{b}\|\sin\theta$ の平行四辺形の面積

【注意】角 θ の正負：$\vec{a}$ と $\vec{b}$ との張る面に垂直で大きさが 1 の幾何ベクトル $\vec{n}$ を考え, 右ねじを $\vec{n}$ の向きに進むように回す角を正とする (図 7.23).

$\theta > 0$ のとき $\vec{n} \times$ (正の数) だから, $\vec{a} \times \vec{b}$ は $\vec{n}$ と同じ向き

$\theta < 0$ のとき $\vec{n} \times$ (負の数) だから, $\vec{a} \times \vec{b}$ は $\vec{n}$ と反対向き

具体例　問 7.9

$$\boldsymbol{a} = \begin{pmatrix} a_1 \\ a_2 \\ a_3 \end{pmatrix}$$

$$\boldsymbol{b} = \begin{pmatrix} b_1 \\ b_2 \\ b_3 \end{pmatrix}$$

$$\boldsymbol{c} = \begin{pmatrix} c_1 \\ c_2 \\ c_3 \end{pmatrix}$$

● 数ベクトルで表した形　$\boldsymbol{a} \times \boldsymbol{b} = \begin{pmatrix} a_2b_3 - a_3b_2 \\ a_3b_1 - a_1b_3 \\ a_1b_2 - a_2b_1 \end{pmatrix}$

覚え方　**添字の規則**　　$\boldsymbol{a} \times \boldsymbol{b}$ を $\boldsymbol{c}$ と書く.

$c_1 = a_2b_3 - a_3b_2$,　$c_2 = a_3b_1 - a_1b_3$,　$c_3 = a_1b_2 - a_2b_1$

c	$=$	a	b	$-$	a	b
1		2	3		3	2
2		3	1		1	3
3		1	2		2	1

負号 (負の符号) の左側

1 → 2 → 3 → 1

負号の左右で添字を入れ換える.
2 3 → 3 2 など

【参考】外積とベクトル積

$$\overbrace{\vec{a}\times\vec{b} = \vec{n}\underbrace{\|\vec{a}\|\|\vec{b}\|\sin\theta}_{\text{外積}}}^{\text{ベクトル積}}$$

負の面積もある？　外積は, $\vec{a}$ と $\vec{b}$ とを 2 隣辺とする平行四辺形の面積を表す. $\vec{a}$ から $\vec{b}$ への角 θ が負のとき, 面積の値も負になる.

スカラー積, 内積, ベクトル積のほかに外積という概念もあるが, 本書では外積に深入りしない. 外積について, 小林幸夫:『線型代数の発想』(現代数学社, 2008) 1.6.3 項参照. 外積という用語とベクトル積という用語とを混用することが多いが, 本書では区別した.

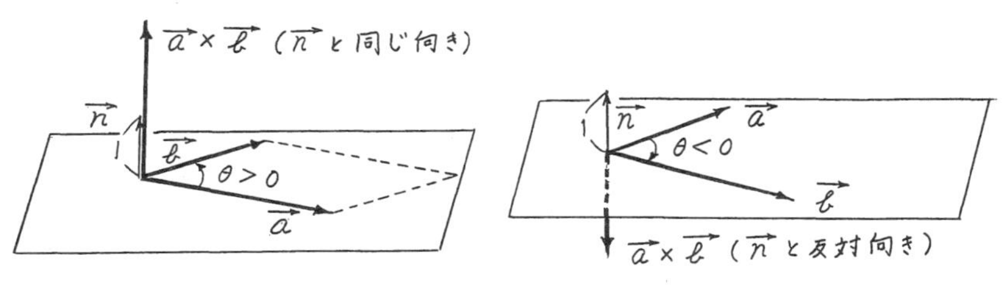

図 7.23　$\vec{a}\times\vec{b}$　$\vec{n}$ は $\vec{a}$ と $\vec{b}$ との張る面に垂直である.

問 7.7　$\vec{a}\times\vec{a}$ と $\boldsymbol{a}\times\boldsymbol{a}$ とを求めよ.

【解説】

$$\vec{a}\times\vec{a} = \vec{n}\|\vec{a}\|\|\vec{a}\|\sin 0^\circ = \underbrace{\vec{n}0}_{\text{ベクトルのスカラー倍}} = \underbrace{\vec{0}}_{\text{零ベクトル}}$$

数 0 ではない.

$$\boldsymbol{a}\times\boldsymbol{a} = \begin{pmatrix} a_2a_3 - a_3a_2 \\ a_3a_1 - a_1a_3 \\ a_1a_2 - a_2a_1 \end{pmatrix} = \begin{pmatrix} 0 \\ 0 \\ 0 \end{pmatrix} = \underbrace{\boldsymbol{0}}_{\text{零ベクトル}}$$

数 0 ではない.

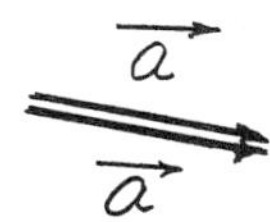

図 7.24 $\vec{a}\times\vec{a}$

問 7.8　$\vec{b}\times\vec{a}$ と $\vec{a}\times\vec{b}$ との関係, $\boldsymbol{b}\times\boldsymbol{a}$ と $\boldsymbol{a}\times\boldsymbol{b}$ との関係を答えよ.

【解説】　θ を $\vec{a}$ から $\vec{b}$ への角とすると, $\vec{b}$ から $\vec{a}$ への角は $-\theta$ である.

$$\begin{aligned}\overrightarrow{b}\times\overrightarrow{a} &= \overrightarrow{n}\|\overrightarrow{b}\|\|\overrightarrow{a}\|\sin(-\theta)\\ &= -\overrightarrow{n}\|\overrightarrow{a}\|\|\overrightarrow{b}\|\sin\theta\\ &= -(\overrightarrow{a}\times\overrightarrow{b})\end{aligned}$$

$$\begin{aligned}\boldsymbol{b}\times\boldsymbol{a} &= \begin{pmatrix} b_2a_3 - b_3a_2\\ b_3a_1 - b_1a_3\\ b_1a_2 - b_2a_1\end{pmatrix}\\ &= -(\boldsymbol{a}\times\boldsymbol{b})\end{aligned}$$

$\overrightarrow{a}$ から $\overrightarrow{b}$ への角が $30°$ のとき, $\overrightarrow{b}$ から $\overrightarrow{a}$ への角は $-30°$ である.

$\sin(-\theta) = -\sin\theta$

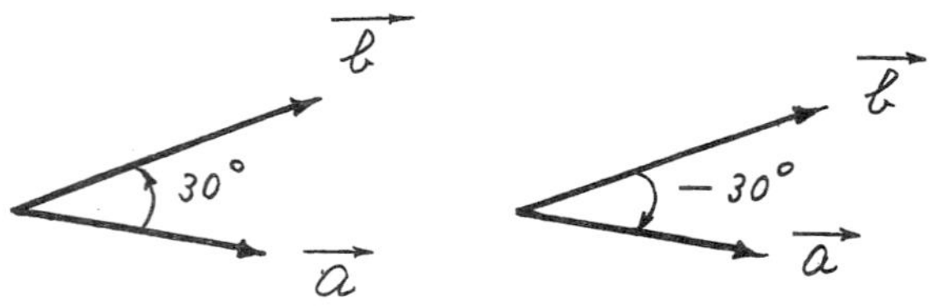

図 7.25 $\overrightarrow{b}\times\overrightarrow{a}$ **と** $\overrightarrow{a}\times\overrightarrow{b}$ **との間の関係**

問 7.9 図 7.26 の平行四辺形で, つぎの幾何ベクトルどうしのベクトル積を求めよ. ここで, $\|\overrightarrow{\mathrm{OA}}\| = 3$, $\|\overrightarrow{\mathrm{OB}}\| = 6$ である.

(1) $\overrightarrow{\mathrm{OA}}\times\overrightarrow{\mathrm{OB}}$ (2) $\overrightarrow{\mathrm{OB}}\times\overrightarrow{\mathrm{BC}}$

【解説 1】 大きさが 1 で, 面の裏から表に向かう向きの幾何ベクトル $\overrightarrow{n}$ をとる.

(1) $\overrightarrow{\mathrm{OA}}$ から $\overrightarrow{\mathrm{OB}}$ に向かって右ねじを回したとき, 右ねじの進む向きは $\overrightarrow{n}$ の向きと同じである. だから, $\overrightarrow{\mathrm{OA}}$ から $\overrightarrow{\mathrm{OB}}$ への角 θ の値は正である.

$$\begin{aligned}\overrightarrow{\mathrm{OA}}\times\overrightarrow{\mathrm{OB}} &= \overrightarrow{n}\|\overrightarrow{\mathrm{OA}}\|\|\overrightarrow{\mathrm{OB}}\|\sin 60°\\ &= \overrightarrow{n}\ 3\times 6\times\frac{\sqrt{3}}{2}\\ &= \overrightarrow{n}\ 9\sqrt{3}\end{aligned}$$

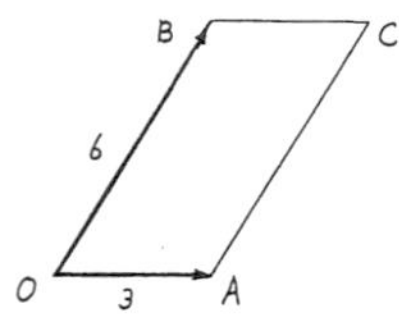

図 7.26 平行四辺形

(2) $\overrightarrow{\mathrm{OB}}$ の始点と $\overrightarrow{\mathrm{BC}}$ の始点とを一致させて, $\overrightarrow{\mathrm{OB}}$ から $\overrightarrow{\mathrm{BC}}$ に向かって右ねじを回したとき, 右ねじの進む向きは $\overrightarrow{n}$ の向きと反対である. だから, $\overrightarrow{\mathrm{OB}}$ から

$\overrightarrow{\mathrm{BC}}$ への角 θ の値は負である.

$$\begin{aligned}\overrightarrow{\mathrm{OB}}\times\overrightarrow{\mathrm{BC}} &= \overrightarrow{n}\|\overrightarrow{\mathrm{OB}}\|\|\overrightarrow{\mathrm{BC}}\|\sin(-60^\circ)\\ &= \overrightarrow{n}\ 6\times 3\times\left(-\frac{\sqrt{3}}{2}\right)\\ &= -\overrightarrow{n}\ 9\sqrt{3}\end{aligned}$$

【解説 2】 大きさが 1 で, 面の表から裏に向かう向きの幾何ベクトル $\overrightarrow{n}'$ をとる.

(1) $\overrightarrow{\mathrm{OA}}$ から $\overrightarrow{\mathrm{OB}}$ に向かって右ねじを回したとき, 右ねじの進む向きは $\overrightarrow{n}'$ の向きと反対である. だから, $\overrightarrow{\mathrm{OA}}$ から $\overrightarrow{\mathrm{OB}}$ への角 θ の値は負である.

$$\overrightarrow{\mathrm{OA}}\times\overrightarrow{\mathrm{OB}} = \overrightarrow{n}'\|\overrightarrow{\mathrm{OA}}\|\|\overrightarrow{\mathrm{OB}}\|\sin(-60^\circ) = -\overrightarrow{n}'\ 9\sqrt{3}$$

(2) $\overrightarrow{\mathrm{OB}}$ の始点と $\overrightarrow{\mathrm{BC}}$ の始点とを一致させて, $\overrightarrow{\mathrm{OB}}$ から $\overrightarrow{\mathrm{BC}}$ に向かって右ねじを回したとき, 右ねじの進む向きは $\overrightarrow{n}'$ の向きと同じである. だから, $\overrightarrow{\mathrm{OB}}$ から $\overrightarrow{\mathrm{BC}}$ への角 θ の値は正である.

$$\overrightarrow{\mathrm{OB}}\times\overrightarrow{\mathrm{BC}} = \overrightarrow{n}'\|\overrightarrow{\mathrm{OB}}\|\|\overrightarrow{\mathrm{BC}}\|\sin 60^\circ = \overrightarrow{n}'\ 9\sqrt{3}$$

問 7.10　問 7.9 で, 図7.27 のように, 平行四辺形を含む平面内に点 O を原点とする座標軸 x_1 軸, x_2 軸をとる.

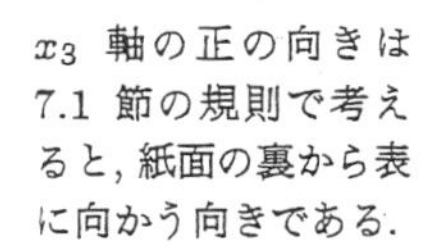

x_3 軸の正の向きは 7.1 節の規則で考えると, 紙面の裏から表に向かう向きである.

問 7.9 (1)

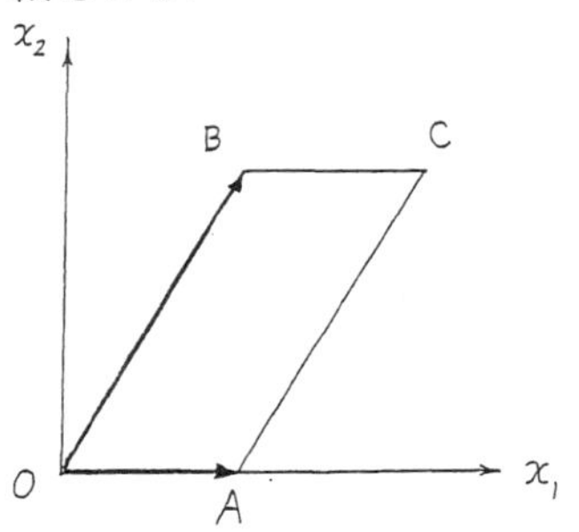

図 7.27　座標軸

幾何ベクトル $\overrightarrow{\mathrm{OA}}$, $\overrightarrow{\mathrm{OB}}$ を, それぞれ数ベクトル $\boldsymbol{a}$, $\boldsymbol{b}$ で表す. このとき, つぎのベクトル積を求めよ.

(1) $\boldsymbol{a}\times\boldsymbol{b}$　　(3) $\boldsymbol{b}\times(\boldsymbol{c}-\boldsymbol{b})$

【解説】　各点の座標　O $(0,0,0)$, A $(3,0,0)$, B $(3,3\sqrt{3},0)$, C $(6,3\sqrt{3},0)$

(1)

$$\boldsymbol{a}\times\boldsymbol{b} = \begin{pmatrix} a_2b_3-a_3b_2 \\ a_3b_1-a_1b_3 \\ a_1b_2-a_2b_1 \end{pmatrix} = \begin{pmatrix} 0\times 0-0\times 3\sqrt{3} \\ 0\times 3-3\times 0 \\ 3\times 3\sqrt{3}-0\times 3 \end{pmatrix} = \begin{pmatrix} 0 \\ 0 \\ 9\sqrt{3} \end{pmatrix}$$

x_3 軸の正の向きの幾何ベクトル $\overrightarrow{n}$ $9\sqrt{3}$ または $\overrightarrow{n}'$ $(-9\sqrt{3})$ で表せることがわかる.

(2)

$$\boldsymbol{b}\times(\boldsymbol{c}-\boldsymbol{b}) = \begin{pmatrix} b_2(c_3-b_3)-b_3(c_2-b_2) \\ b_3(c_1-b_1)-b_1(c_3-b_3) \\ b_1(c_2-b_2)-b_2(c_1-b_1) \end{pmatrix} = \begin{pmatrix} 3\sqrt{3}\times(0-0)-0\times(3\sqrt{3}-3\sqrt{3}) \\ 0\times(6-3)-3\times(0-0) \\ 3\times(3\sqrt{3}-3\sqrt{3})-3\sqrt{3}\times(6-3) \end{pmatrix} = \begin{pmatrix} 0 \\ 0 \\ -9\sqrt{3} \end{pmatrix}$$

x_3 軸の負の向きの幾何ベクトル $-\overrightarrow{n}$ $9\sqrt{3}$ または $\overrightarrow{n}'$ $9\sqrt{3}$ で表せることがわかる.

幾何ベクトル $\overrightarrow{n}$ を表す数ベクトル

$$\boldsymbol{n} = \begin{pmatrix} 0 \\ 0 \\ 1 \end{pmatrix}$$

$$\boldsymbol{n}\ 9\sqrt{3} = \begin{pmatrix} 0 \\ 0 \\ 1 \end{pmatrix} 9\sqrt{3} = \begin{pmatrix} 0 \\ 0 \\ 9\sqrt{3} \end{pmatrix}$$

問 7.9 (1) 別解

幾何ベクトル $\overrightarrow{n}'$ を表す数ベクトル

$$\boldsymbol{n}' = \begin{pmatrix} 0 \\ 0 \\ -1 \end{pmatrix}$$

$$\boldsymbol{n}'\ (-9\sqrt{3}) = \begin{pmatrix} 0 \\ 0 \\ -1 \end{pmatrix} (-9\sqrt{3}) = \begin{pmatrix} 0 \\ 0 \\ 9\sqrt{3} \end{pmatrix}$$

● 問 7.9 と問 7.10 とは, ベクトル積の値が一致する.

【進んだ探究】力学の「トルク (力のモーメント)」という概念

点 B の位置 $\overrightarrow{r}$ で, 物体に $\overrightarrow{\mathrm{BC}}$ の向きの力 $\overrightarrow{f}$ がはたらいているとき, 物体を回すはたらき (「トルク」または「力のモーメント」という) は $\overrightarrow{r}\times\overrightarrow{f}$ で表す. $\|\overrightarrow{r}\|\|\overrightarrow{f}\|\sin\theta$ は (腕の長さ) × (力の回転方向の成分) である.

トルク $\overrightarrow{r}\times\overrightarrow{f}$ の大きさは, $\overrightarrow{f}$ と $\overrightarrow{r}$ とを 2 隣辺とする平行四辺形の面積の大きさだから, $\overrightarrow{r}$ から $\overrightarrow{f}$ への角が 90° のとき最大である. ドアノブを手前に引っぱるとき, ドアが開きやすい.

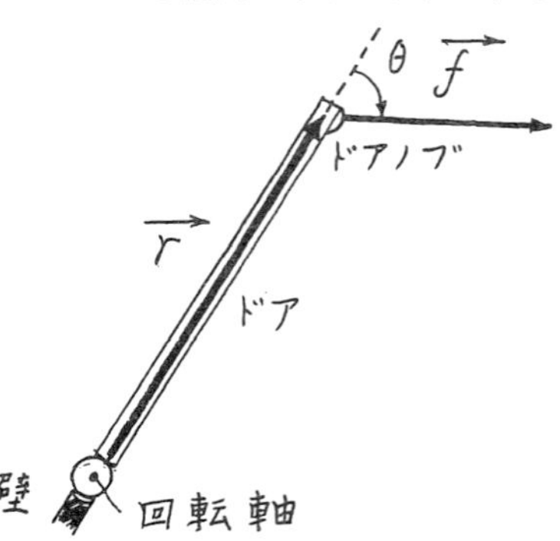

図 7.28 真上から見たドア

トルク (力のモーメント) について, 小林幸夫:『力学ステーション』(森北出版, 2002) 3.7.3 項参照.

重要 内積とベクトル積とのちがい

表 7.4　内積とベクトル積

内積	ベクトル積
積は数 (スカラー)	**積はベクトル** (数ベクトル・幾何ベクトル)
記号 ·	記号 ×
$\overrightarrow{a}\cdot\overrightarrow{b}=\overrightarrow{b}\cdot\overrightarrow{a}$	$\overrightarrow{a}\times\overrightarrow{b}=-(\overrightarrow{b}\times\overrightarrow{a})$
$\overrightarrow{a}\cdot\overrightarrow{a}=\|\overrightarrow{a}\|^2$	$\overrightarrow{a}\times\overrightarrow{a}=\overrightarrow{0}$
($\overrightarrow{a}=\overrightarrow{0}$ のとき $\overrightarrow{a}\cdot\overrightarrow{a}=0$)	

例題 7.3　**二面角**　ミオグロビン (マッコウクジラ由来) の $\mathrm{N}_i-\mathrm{C}_i^{\alpha}-\mathrm{C}_i'-\mathrm{N}_{i+1}$ (i は残基番号, $i=10$) の二面角 (ねじれ角) を求めよ.

表 7.5　原子座標

原子	座標	
N_i	$(33.913, 21.215, -4.236)$	(n_1, n_2, n_3)
C_i^{α}	$(34.247, 20.256, -3.195)$	(a_1, a_2, a_3)
C_i'	$(35.742, 20.293, -2.878)$	(c_1, c_2, c_3)
N_{i+1}	$(36.563, 20.208, -3.915)$	(n_1', n_2', n_3')

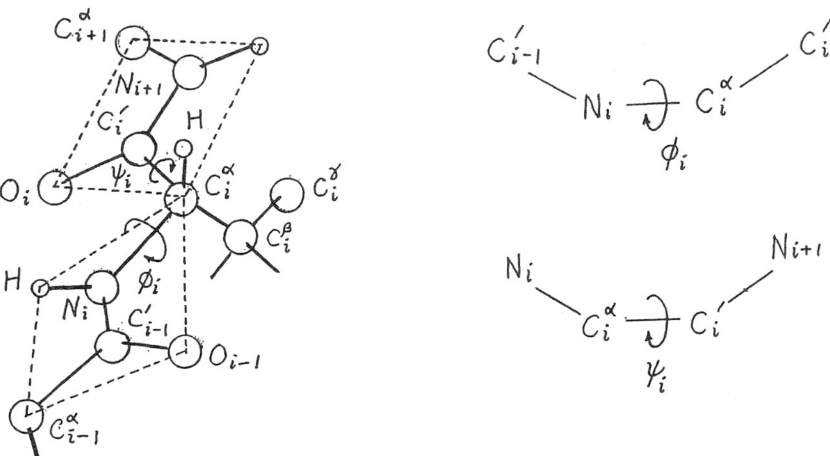

図 7.29　二面角

【解説】原点, N_i, C_i^α, C_i', N_{i+1} をそれぞれ O, N, A, C, N′ と表す．

$\overrightarrow{\mathrm{NA}}$, $\overrightarrow{\mathrm{AC}}$ を 2 辺とする平行四辺形と $\overrightarrow{\mathrm{AC}}$, $\overrightarrow{\mathrm{CN}'}$ を 2 辺とする平行四辺形との間の角は, $\overrightarrow{\mathrm{NA}} \times \overrightarrow{\mathrm{AC}}$ と $\overrightarrow{\mathrm{AC}} \times \overrightarrow{\mathrm{CN}'}$ との間の角に等しい．この角の求め方は, 例題 7.2 と同じである．内積を幾何ベクトルと数ベクトルとのそれぞれで表す．

▶ 幾何ベクトルの内積

$$\overbrace{(\overrightarrow{\mathrm{NA}} \times \overrightarrow{\mathrm{AC}})}^{\text{ベクトル積も一つのベクトル}} \cdot \overbrace{(\overrightarrow{\mathrm{AC}} \times \overrightarrow{\mathrm{CN}'})}^{\text{ベクトル積も一つのベクトル}}$$
$$= \|\overrightarrow{\mathrm{NA}} \times \overrightarrow{\mathrm{AC}}\| \|\overrightarrow{\mathrm{AC}} \times \overrightarrow{\mathrm{CN}'}\| \cos\psi \quad (\psi\text{は二面角})$$
$$= \|(\overrightarrow{\mathrm{OA}} - \overrightarrow{\mathrm{ON}}) \times (\overrightarrow{\mathrm{OC}} - \overrightarrow{\mathrm{OA}})\| \|(\overrightarrow{\mathrm{OC}} - \overrightarrow{\mathrm{OA}}) \times (\overrightarrow{\mathrm{ON}'} - \overrightarrow{\mathrm{OC}})\| \cos\psi$$

▶ 数ベクトルの内積

$$\overbrace{(\boldsymbol{a}-\boldsymbol{n}) \times (\boldsymbol{c}-\boldsymbol{a})}^{\text{数ベクトルのベクトル積}} = \begin{pmatrix} (a_2-n_2)(c_3-a_3)-(a_3-n_3)(c_2-a_2) \\ (a_3-n_3)(c_1-a_1)-(a_1-n_1)(c_3-a_3) \\ (a_1-n_1)(c_2-a_2)-(a_2-n_2)(c_1-a_1) \end{pmatrix},$$

$$(\boldsymbol{c}-\boldsymbol{a}) \times (\boldsymbol{n}'-\boldsymbol{c}) = \begin{pmatrix} (c_2-a_2)(n_3{}'-c_3)-(c_3-a_3)(n_2{}'-c_2) \\ (c_3-a_3)(n_1{}'-c_1)-(c_1-a_1)(n_3{}'-c_3) \\ (c_1-a_1)(n_2{}'-c_2)-(c_2-a_2)(n_1{}'-c_1) \end{pmatrix}$$

$$\begin{aligned}&\|(\boldsymbol{a}-\boldsymbol{n}) \times (\boldsymbol{c}-\boldsymbol{a})\| \\ &= [\{(a_2-n_2)(c_3-a_3)-(a_3-n_3)(c_2-a_2)\}^2 + \{(a_3-n_3)(c_1-a_1)-(a_1-n_1)(c_3-a_3)\}^2 \\ &\quad + \{(a_1-n_1)(c_2-a_2)-(a_2-n_2)(c_1-a_1)\}^2]^{1/2},\end{aligned}$$

$$\begin{aligned}&\|(\boldsymbol{c}-\boldsymbol{a}) \times (\boldsymbol{n}'-\boldsymbol{c})\| \\ &= [\{(c_2-a_2)(n_3{}'-c_3)-(c_3-a_3)(n_2{}'-c_2)\}^2 + \{(c_3-a_3)(n_1{}'-c_1)-(c_1-a_1)(n_3{}'-c_3)\}^2 \\ &\quad + \{(c_1-a_1)(n_2{}'-c_2)-(c_2-a_2)(n_1{}'-c_1)\}^2]^{1/2}\end{aligned}$$

$$\begin{aligned}&\overbrace{\{(\boldsymbol{a}-\boldsymbol{n}) \times (\boldsymbol{c}-\boldsymbol{a})\} \cdot \{(\boldsymbol{c}-\boldsymbol{a}) \times (\boldsymbol{n}'-\boldsymbol{c})\}}^{\text{数ベクトルの内積}} \\ &= \{(a_2-n_2)(c_3-a_3)-(a_3-n_3)(c_2-a_2)\}\{(c_2-a_2)(n_3{}'-c_3)-(c_3-a_3)(n_2{}'-c_2)\} \\ &\quad + \{(a_3-n_3)(c_1-a_1)-(a_1-n_1)(c_3-a_3)\}\{(c_3-a_3)(n_1{}'-c_1)-(c_1-a_1)(n_3{}'-c_3)\} \\ &\quad + \{(a_1-n_1)(c_2-a_2)-(a_2-n_2)(c_1-a_1)\}\{(c_1-a_1)(n_2{}'-c_2)-(c_2-a_2)(n_1{}'-c_1)\}\end{aligned}$$

二面角を求めるときには, ベクトル積が面に垂直であることを利用するのであって, ベクトル積の大きさが面積の値であることは本質ではない．

ψ「プサイ (プシー)」と読むギリシア文字

計算上の注意
文字式を整理してから数値を代入する．

幾何ベクトル $\overrightarrow{\mathrm{ON}}$, $\overrightarrow{\mathrm{OA}}$, $\overrightarrow{\mathrm{OC}}$, $\overrightarrow{\mathrm{ON}'}$ を, それぞれ数ベクトル $\boldsymbol{n}$, $\boldsymbol{a}$, $\boldsymbol{c}$, $\boldsymbol{n}'$ で表す．

$$(\boldsymbol{c}-\boldsymbol{a}) \times (\boldsymbol{n}'-\boldsymbol{c}) = \begin{pmatrix} c_1-a_1 \\ c_2-a_2 \\ c_3-a_3 \end{pmatrix} \times \begin{pmatrix} n_1{}'-c_1 \\ n_2{}'-c_2 \\ n_3{}'-c_3 \end{pmatrix}$$

幾何ベクトルの内積を幾何ベクトルのノルム (大きさ) の積で割ると $\cos\psi$ が求まる．この計算を数ベクトルで表す．

$$\cos\psi = \frac{\{(\boldsymbol{a}-\boldsymbol{n})\times(\boldsymbol{c}-\boldsymbol{a})\}\cdot\{(\boldsymbol{c}-\boldsymbol{a})\times(\boldsymbol{n}'-\boldsymbol{c})\}}{\|(\boldsymbol{a}-\boldsymbol{n})\times(\boldsymbol{c}-\boldsymbol{a})\|\|(\boldsymbol{c}-\boldsymbol{a})\times(\boldsymbol{n}'-\boldsymbol{c})\|}$$
$$= 0.636_5$$

電卓で逆三角関数 $\cos^{-1} 0.636$ の値を求めると，

$$\psi = \pm 50.4°$$

であることがわかる．

▶ **二面角の正負の約束**　つぎの約束で $\psi = -50.4°$.

$\overrightarrow{\mathrm{NA}}\cdot(\overrightarrow{\mathrm{AC}}\times\overrightarrow{\mathrm{CN}'}) > 0$ のとき $\psi > 0$,　$\overrightarrow{\mathrm{NA}}\cdot(\overrightarrow{\mathrm{AC}}\times\overrightarrow{\mathrm{CN}'}) < 0$ のとき $\psi < 0$.

$$\begin{aligned}
&(\boldsymbol{a}-\boldsymbol{n})\cdot\{(\boldsymbol{c}-\boldsymbol{a})\times(\boldsymbol{n}'-\boldsymbol{c})\}\\
&= \begin{pmatrix} a_1-n_1 \\ a_2-n_2 \\ a_3-n_3 \end{pmatrix}\cdot\begin{pmatrix} (c_2-a_2)(n_3{}'-c_3)-(c_3-a_3)(n_2{}'-c_2) \\ (c_3-a_3)(n_1{}'-c_1)-(c_1-a_1)(n_3{}'-c_3) \\ (c_1-a_1)(n_2{}'-c_2)-(c_2-a_2)(n_1{}'-c_1) \end{pmatrix}\\
&= (a_1-n_1)\{(c_2-a_2)(n_3{}'-c_3)-(c_3-a_3)(n_2{}'-c_2)\}\\
&\quad +(a_2-n_2)\{(c_3-a_3)(n_1{}'-c_1)-(c_1-a_1)(n_3{}'-c_3)\}\\
&\quad +(a_3-n_3)\{(c_1-a_1)(n_2{}'-c_2)-(c_2-a_2)(n_1{}'-c_1)\}\\
&= -1.904 < 0
\end{aligned}$$

幾何ベクトル	数ベクトル
$\overrightarrow{\mathrm{NA}}$	$\boldsymbol{a}-\boldsymbol{n}$
$\overrightarrow{\mathrm{AC}}$	$\boldsymbol{c}-\boldsymbol{a}$
$\overrightarrow{\mathrm{CN}'}$	$\boldsymbol{n}'-\boldsymbol{c}$

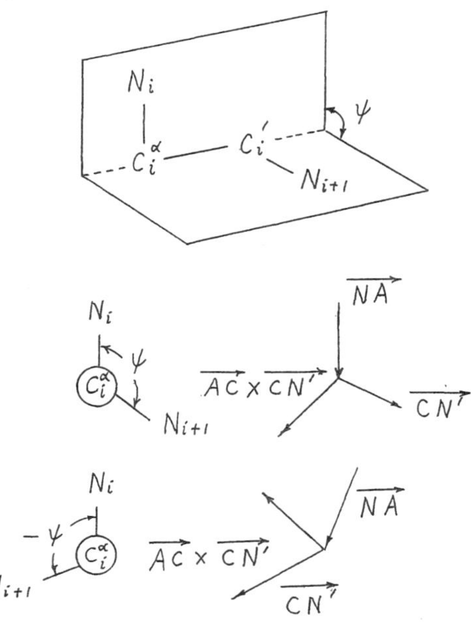

図 7.30　二面角の正負

【参考】Ramachandran マップ

タンパク質の二面角 (ねじれ角) は，どんな情報を与えるのか？ タンパク質は，多数のアミノ酸が鎖状につながってできた分子である．アミノ酸どうしのつながりをペプチド結合という．ペプチド結合は平面構造になっている．だから，アミノ酸がつながった鎖状構造は，ペプチド結合面どうしの二面角で表せる．$C'_{i-1} - N_i - C_i^{\alpha} - C'_i$ のねじれ角は ϕ (ファイ)，$N_i - C_i^{\alpha} - C'_i - N_{i+1}$ のねじれ角は ψ (プサイ) と表す．

二面角 ϕ, ψ は，立体障害によってさまざまな制約を受ける．タンパク質の立体構造の中に，らせん構造 (α ヘリックス)，ひだ構造 (β ストランド) が見つかる領域がある．これらの構造を二次構造という．

表 7.6 二次構造の ϕ, ψ の値

二次構造	ϕ	ψ
右巻き α ヘリックス	$-57°$	$-47°$
逆平行 β ストランド	$-139°$	$135°$
右巻き 3_{10} ヘリックス	$-49°$	$-26°$

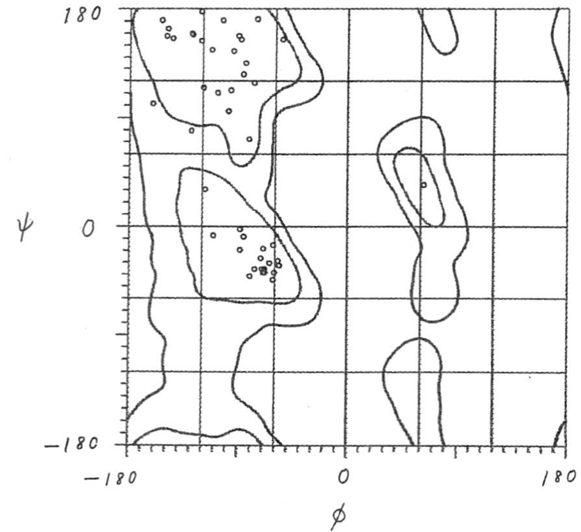

図 7.31 Ramachandran マップ (BPTI) おもな二次構造のとる (ϕ, ψ) の範囲を示した図を Ramachandran マップという．たて軸：ψ，よこ軸：ϕ．
98% 許容できる範囲．99.8% 限界範囲．
Lovell, Davis, *et al.*: *Proteins* **50** (2003) 437.

7.4　なぜ内積・ベクトル積を定義したのか

内積・ベクトル積の実用面だけを理解したい読者は, 7.4 節を読みとばしていい.

7.2 節, 7.3 節では, 内積・ベクトル積を定義した根拠をはっきりさせないで, 内積・ベクトル積の使い方だけを理解した. ここでは, 内積・ベクトル積の出所を探ってみよう.

▶ 2 個の幾何ベクトルの位置関係を表す

平面内に 3 点 O, A, B をとる. 幾何ベクトル $\overrightarrow{\mathrm{OA}}$, $\overrightarrow{\mathrm{OB}}$ は, △OAB の 2 辺である. $\|\overrightarrow{\mathrm{OA}}\|$, $\|\overrightarrow{\mathrm{OB}}\|$, $\overrightarrow{\mathrm{OA}}$ と $\overrightarrow{\mathrm{OB}}$ との間の角 θ の値がわかっているとき, O, A, B の位置関係で決まる量はないだろうか？ このような量が二つ見つかる.

① 線分 AB (△OAB の 1 辺) の長さ　　② △OAB の面積

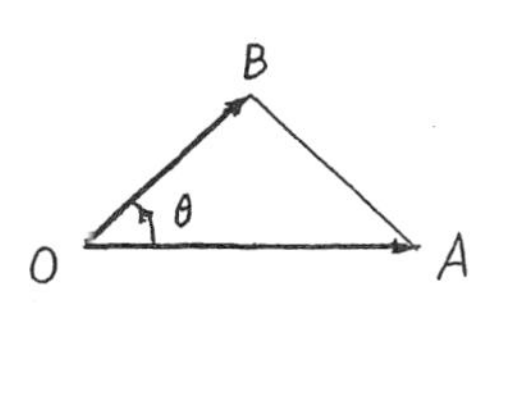

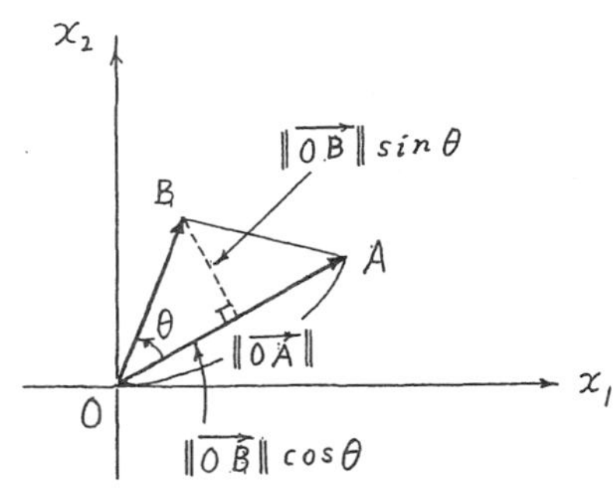

図 7.32　O, A, B の位置関係

これらの量は, 空間内で △OAB が平行移動しても, 回転しても不変である. ボール紙で三角形をつくった場面を想像すると, この特徴は簡単に納得できる. あとでわかるように, 線分 AB の長さは $\overrightarrow{\mathrm{OB}}$ の $\overrightarrow{\mathrm{OA}}$ 方向への正射影, △OAB の面積は $\overrightarrow{\mathrm{OB}}$ の $\overrightarrow{\mathrm{OA}}$ に垂直な方向への正射影で表せる.

線分 AB

各点の座標
O $(0,0)$
A (a_1,a_2)
B (b_1,b_2)

平面内に点 O を原点とする座標軸 (x_1 軸, x_2 軸) を入れる. 三平方の定理で

$$
\begin{aligned}
\|\overrightarrow{\mathrm{AB}}\|^2 &= (b_1-a_1)^2+(b_2-a_2)^2 \\
&= {a_1}^2-2a_1b_1+{b_1}^2+{a_2}^2-2a_2b_2+{b_2}^2 \\
&= ({a_1}^2+{a_2}^2)+({b_1}^2+{b_2}^2)-2(a_1b_1+a_2b_2) \\
&= \|\overrightarrow{\mathrm{OA}}\|^2+\|\overrightarrow{\mathrm{OB}}\|^2-2(a_1b_1+a_2b_2)
\end{aligned}
$$

B
b_2-a_2
A
a_1-b_1
$(a_1-b_1)^2=(b_1-a_1)^2$

が成り立つ．線分 OA, OB の大きさを変えないで，OA と OB との間の角 θ の大きさを変えると，線分 AB の大きさが変わる．だから，$a_1b_1+a_2b_2$ は，角 θ で表せることがわかる．線分 AB を角 θ で表すと

$$\begin{aligned}\|\overrightarrow{\mathrm{AB}}\|^2 &= (\|\overrightarrow{\mathrm{OA}}\|-\|\overrightarrow{\mathrm{OB}}\|\cos\theta)^2+(\|\overrightarrow{\mathrm{OB}}\|\sin\theta)^2\\ &= \|\overrightarrow{\mathrm{OA}}\|^2-2\|\overrightarrow{\mathrm{OA}}\|\|\overrightarrow{\mathrm{OB}}\|\cos\theta+\|\overrightarrow{\mathrm{OB}}\|^2\cos^2\theta+\|\overrightarrow{\mathrm{OB}}\|^2\sin^2\theta\\ &= \|\overrightarrow{\mathrm{OA}}\|^2+\|\overrightarrow{\mathrm{OB}}\|^2-2\|\overrightarrow{\mathrm{OA}}\|\|\overrightarrow{\mathrm{OB}}\|\cos\theta\end{aligned}$$

となる．座標で表した式と角 θ で表した式とを比べると，

$$\|\overrightarrow{\mathrm{OA}}\|\|\overrightarrow{\mathrm{OB}}\|\cos\theta=a_1b_1+a_2b_2$$

であることがわかる．

着眼点 $\|\overrightarrow{\mathrm{OA}}\|$, $\|\overrightarrow{\mathrm{OB}}\|$ を変えないとき，$\|\overrightarrow{\mathrm{OA}}\|\|\overrightarrow{\mathrm{OB}}\|\cos\theta(=a_1b_1+a_2b_2)$ で線分 AB の大きさが決まる．

計算上の注意
文字式は，アルファベット順，添字の番号順に整理する．

$$\|\overrightarrow{\mathrm{OB}}\|^2\cos^2\theta+\|\overrightarrow{\mathrm{OB}}\|^2\sin^2\theta=\|\overrightarrow{\mathrm{OB}}\|^2\times\underbrace{(\cos^2\theta+\sin^2\theta)}_{1}=\|\overrightarrow{\mathrm{OB}}\|^2$$

$\theta=90^\circ$ のとき $\triangle$OAB は直角三角形である．$\cos 90^\circ=0$ だから

$$\|\overrightarrow{\mathrm{AB}}\|^2=\|\overrightarrow{\mathrm{OA}}\|^2+\|\overrightarrow{\mathrm{OB}}\|^2$$

となる．この関係式は，三平方の定理を表す．

$\theta>90^\circ$ のとき $\cos 90^\circ<0$ だから

$$\|\overrightarrow{\mathrm{AB}}\|^2=\|\overrightarrow{\mathrm{OA}}\|^2+\|\overrightarrow{\mathrm{OB}}\|^2-2\|\overrightarrow{\mathrm{OA}}\|\|\overrightarrow{\mathrm{OB}}\|\cos\theta>\|\overrightarrow{\mathrm{OA}}\|^2+\|\overrightarrow{\mathrm{OB}}\|^2.$$

$\theta<90^\circ$ のとき $\cos 90^\circ>0$ だから

$$\|\overrightarrow{\mathrm{AB}}\|^2=\|\overrightarrow{\mathrm{OA}}\|^2+\|\overrightarrow{\mathrm{OB}}\|^2-2\|\overrightarrow{\mathrm{OA}}\|\|\overrightarrow{\mathrm{OB}}\|\cos\theta<\|\overrightarrow{\mathrm{OA}}\|^2+\|\overrightarrow{\mathrm{OB}}\|^2.$$

▶ $\|\overrightarrow{\mathrm{OA}}\|\|\overrightarrow{\mathrm{OB}}\|\cos\theta$ の幾何的意味

($\overrightarrow{\mathrm{OA}}$の大きさ) × ($\overrightarrow{\mathrm{OB}}$の$\overrightarrow{\mathrm{OA}}$に平行な方向への正射影)　(問 7.2)

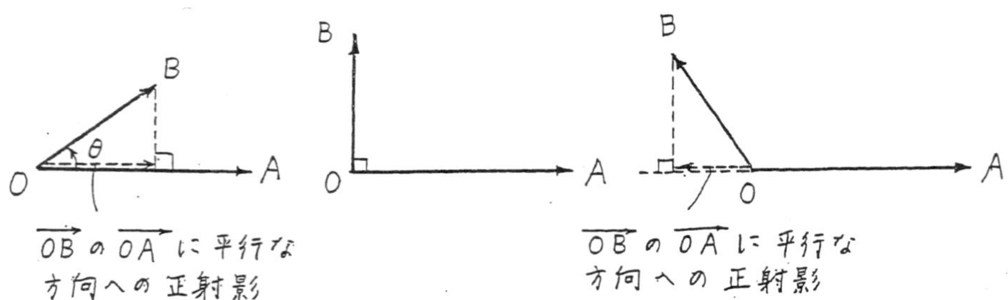

図 7.33 $\overrightarrow{\mathrm{OA}}$ と $\overrightarrow{\mathrm{OA}}$ との位置関係

$0^\circ\leq\theta<90^\circ$ のとき	$\cos\theta>0$	$\overrightarrow{\mathrm{OB}}$ の $\overrightarrow{\mathrm{OA}}$ に平行な方向への正射影は $\overrightarrow{\mathrm{OA}}$ と同じ向き．
$\theta=90^\circ$ のとき	$\cos\theta=0$	$\overrightarrow{\mathrm{OB}}$ の $\overrightarrow{\mathrm{OA}}$ に平行な方向への正射影は点．
$90^\circ<\theta\leq180^\circ$ のとき	$\cos\theta<0$	$\overrightarrow{\mathrm{OB}}$ の $\overrightarrow{\mathrm{OA}}$ に平行な方向への正射影は $\overrightarrow{\mathrm{OA}}$ と反対向き．

△OAB の面積

底辺が $\|\overrightarrow{\mathrm{OA}}\|$, 高さが $\|\overrightarrow{\mathrm{OB}}\|\sin\theta$ の三角形の面積

$$\triangle\mathrm{OAB} = \frac{1}{2}\|\overrightarrow{\mathrm{OA}}\|\|\overrightarrow{\mathrm{OB}}\|\sin\theta$$

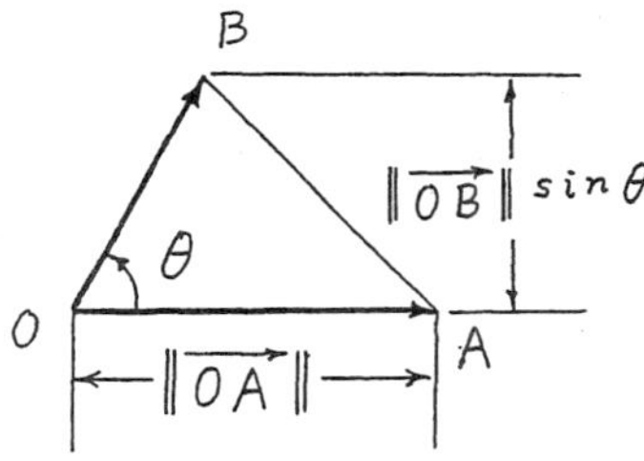

図 7.34　三角形の面積

▶ $\|\overrightarrow{\mathrm{OA}}\|\|\overrightarrow{\mathrm{OB}}\|\sin\theta$ の幾何的意味

($\overrightarrow{\mathrm{OA}}$の大きさ) × ($\overrightarrow{\mathrm{OB}}$の$\overrightarrow{\mathrm{OA}}$に垂直な方向への正射影)

θ : $\overrightarrow{\mathrm{OA}}$ から $\overrightarrow{\mathrm{OB}}$ への角の小さい方

$\theta = 0^\circ$ のとき	$\sin\theta = 0$	$\overrightarrow{\mathrm{OB}}$ の $\overrightarrow{\mathrm{OA}}$ に垂直な方向への正射影は点.
$0^\circ < \theta < 180^\circ$ のとき	$\sin\theta > 0$	$\overrightarrow{\mathrm{OB}}$ の $\overrightarrow{\mathrm{OA}}$ に垂直な方向への正射影は $\overrightarrow{\mathrm{OA}}$ から時計の針の回る向きと反対.
$\theta = 180^\circ$ のとき	$\sin\theta = 0$	$\overrightarrow{\mathrm{OB}}$ の $\overrightarrow{\mathrm{OA}}$ に垂直な方向への正射影は点.
$-180^\circ < \theta < 0^\circ$ のとき	$\sin\theta < 0$	$\overrightarrow{\mathrm{OB}}$ の $\overrightarrow{\mathrm{OA}}$ に垂直な方向への正射影は $\overrightarrow{\mathrm{OA}}$ から時計の針の回る向き.

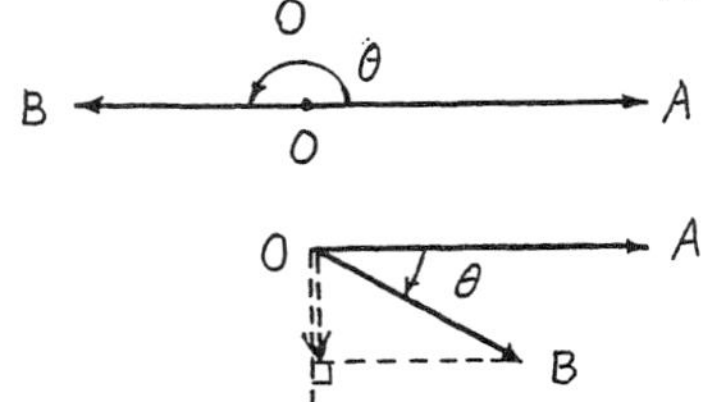

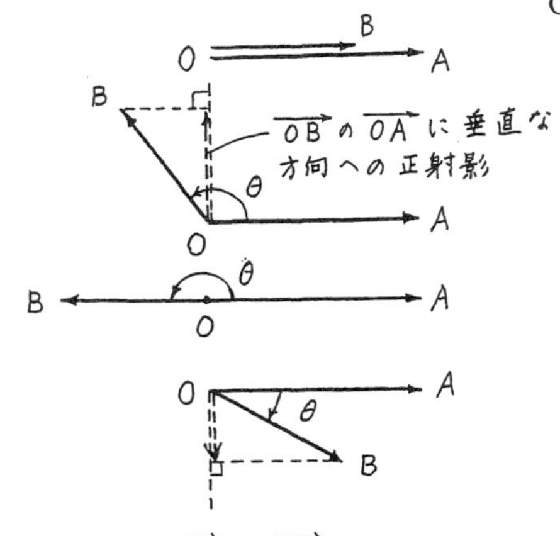

図 7.35　$\overrightarrow{\mathrm{OA}}$ と $\overrightarrow{\mathrm{OA}}$ との位置関係

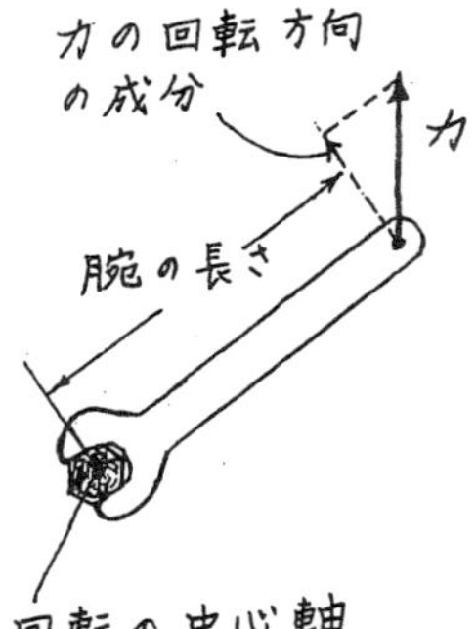

図 7.36　トルクの考え方

7.3 節
　トルク
＝(腕の長さ)
　×(力の回転方向の
　　成分)

トルクは「力のモーメント」ともいう.

小林幸夫:『力学ステーション』(森北出版, 2002) 3 章.

$\|\overrightarrow{\mathrm{OA}}\|\|\overrightarrow{\mathrm{OB}}\|\cos\theta$ の係数 2,
$\|\overrightarrow{\mathrm{OA}}\|\|\overrightarrow{\mathrm{OB}}\|\sin\theta$ の係数 1/2
を省くと, 似た形になり美しい.

最も明確な位置関係は平行と垂直である.

角 θ の正負について, 7.3 節参照 (図 7.19).

【まとめ】2 個の幾何ベクトルの位置関係を特徴づける量

$$\|\overrightarrow{\mathrm{OA}}\| \quad \underbrace{\|\overrightarrow{\mathrm{OB}}\| \cos\theta}_{\overrightarrow{\mathrm{OA}}\text{に平行な方向の影}} \qquad (\textbf{内積}\text{と名付ける})$$

$$\|\overrightarrow{\mathrm{OA}}\| \quad \underbrace{\|\overrightarrow{\mathrm{OB}}\| \sin\theta}_{\overrightarrow{\mathrm{OA}}\text{に垂直な方向の影}} \qquad (\textbf{外積}\text{と名付ける})$$

$$\overrightarrow{n}\|\overrightarrow{\mathrm{OA}}\|\|\overrightarrow{\mathrm{OB}}\| \sin\theta \quad (\textbf{ベクトル積}\text{と名付ける})$$

θ は $\overrightarrow{\mathrm{OA}}$ から $\overrightarrow{\mathrm{OB}}$ への角の小さい方.

$\overrightarrow{n}$ は, ノルム (大きさ) 1 で $\overrightarrow{\mathrm{OA}}$ と $\overrightarrow{\mathrm{OB}}$ との張る面に垂直な幾何ベクトルを表す.

ベクトル積を定義すると, 二面角を計算するときなどに便利である (7.3 節).

探究支援 7

7.1 位置ベクトルの成分

空間内に原点 O を決めて, x_i 軸 $(i = 1, 2, 3)$ を設定する. 点 P を基準点とした点 Q の位置ベクトル $\overrightarrow{\mathrm{PQ}}$ と x_i 軸との間の角は θ_i である. x_i 軸に垂直な方向 (x_i 軸に平行な線分と矢印 $\overrightarrow{\mathrm{PQ}}$ とを含む平面に平行) から矢印 $\overrightarrow{\mathrm{PQ}}$ に光をあてたと想定すると, x_i 軸に影がうつる. 正射影は, 矢印 $\overrightarrow{\mathrm{PQ}}$ の大きさの何倍か?

【解説】 $\overrightarrow{\mathrm{PQ}}$の x_i軸上への正射影 $= \|\overrightarrow{\mathrm{PQ}}\| \cos\theta_i \quad (i = 1, 2, 3)$

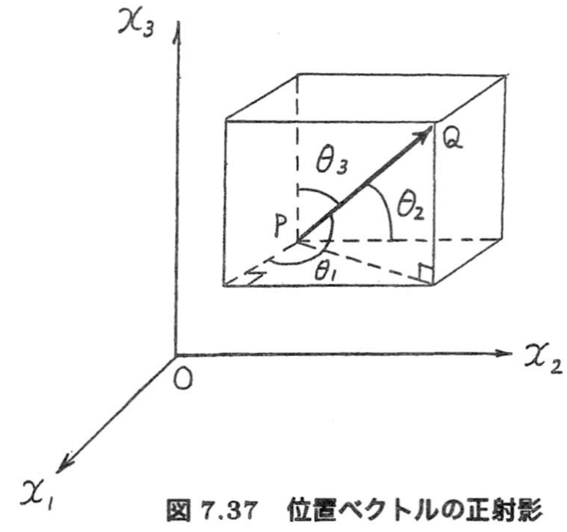

図 7.37 位置ベクトルの正射影

▶ **本問から何がわかるか**　位置ベクトルの成分を内積で表せる.

ベクトルのスカラー倍について 4.1 節参照.

幾何ベクトルで表す形

$$\overrightarrow{\mathrm{PQ}} = \overrightarrow{e}_1 \overbrace{\|\overrightarrow{\mathrm{PQ}}\| \cos\theta_1}^{\text{正射影}} + \overrightarrow{e}_2 \overbrace{\|\overrightarrow{\mathrm{PQ}}\| \cos\theta_2}^{\text{正射影}} + \overrightarrow{e}_3 \overbrace{\|\overrightarrow{\mathrm{PQ}}\| \cos\theta_3}^{\text{正射影}}$$

$$= \overbrace{\underbrace{\overrightarrow{e}_1}_{\text{ベクトル}} \underbrace{(\overrightarrow{\mathrm{PQ}} \cdot \overrightarrow{e}_1)}_{\text{内積 (数)}}}^{\text{ベクトルのスカラー倍}} + \overbrace{\underbrace{\overrightarrow{e}_2}_{\text{ベクトル}} \underbrace{(\overrightarrow{\mathrm{PQ}} \cdot \overrightarrow{e}_2)}_{\text{内積 (数)}}}^{\text{ベクトルのスカラー倍}} + \overbrace{\underbrace{\overrightarrow{e}_3}_{\text{ベクトル}} \underbrace{(\overrightarrow{\mathrm{PQ}} \cdot \overrightarrow{e}_3)}_{\text{内積 (数)}}}^{\text{ベクトルのスカラー倍}}$$

数ベクトルで表す形

幾何ベクトル $\overrightarrow{e}_1$, $\overrightarrow{e}_2$, $\overrightarrow{e}_3$ [x_i 軸方向 $(i = 1, 2, 3)$ の矢印] は, ノルム (大きさ) が 1 であり, 数ベクトル $\begin{pmatrix} 1 \\ 0 \\ 0 \end{pmatrix}$, $\begin{pmatrix} 0 \\ 1 \\ 0 \end{pmatrix}$, $\begin{pmatrix} 0 \\ 0 \\ 1 \end{pmatrix}$ で表せるから

$$\boldsymbol{q} - \boldsymbol{p} = \begin{pmatrix} q_1 - p_1 \\ q_2 - p_2 \\ q_3 - p_3 \end{pmatrix}$$

$$= \begin{pmatrix} 1 \\ 0 \\ 0 \end{pmatrix} (q_1 - p_1) + \begin{pmatrix} 0 \\ 1 \\ 0 \end{pmatrix} (q_2 - p_2) + \begin{pmatrix} 0 \\ 0 \\ 1 \end{pmatrix} (q_3 - p_3)$$

$$= \boldsymbol{e}_1 \overbrace{(q_1 - p_1)}^{\text{正射影}} + \boldsymbol{e}_2 \overbrace{(q_2 - p_2)}^{\text{正射影}} + \boldsymbol{e}_3 \overbrace{(q_3 - p_3)}^{\text{正射影}}$$

$$= \overbrace{\underbrace{\boldsymbol{e}_1}_{\text{ベクトル}} \underbrace{(\boldsymbol{q} - \boldsymbol{p}) \cdot \boldsymbol{e}_1}_{\text{内積 (数)}}}^{\text{ベクトルのスカラー倍}} + \overbrace{\underbrace{\boldsymbol{e}_2}_{\text{ベクトル}} \underbrace{(\boldsymbol{q} - \boldsymbol{p}) \cdot \boldsymbol{e}_2}_{\text{内積 (数)}}}^{\text{ベクトルのスカラー倍}} + \overbrace{\underbrace{\boldsymbol{e}_3}_{\text{ベクトル}} \underbrace{(\boldsymbol{q} - \boldsymbol{p}) \cdot \boldsymbol{e}_3}_{\text{内積 (数)}}}^{\text{ベクトルのスカラー倍}}$$

である.

$(\boldsymbol{q} - \boldsymbol{p}) \cdot \boldsymbol{e}_1$ は $\begin{pmatrix} q_1 - p_1 \\ q_2 - p_2 \\ q_3 - p_3 \end{pmatrix}$ と $\begin{pmatrix} 1 \\ 0 \\ 0 \end{pmatrix}$ との内積であり, $(q_1 - p_1)1 + (q_2 - p_2)0 + (q_3 - p_3)0 = q_1 - p_1$ と表せる.

【類題】 原点を基準点とする点 Q の位置ベクトル $\overrightarrow{\mathrm{OQ}}$ を数ベクトル $\boldsymbol{q}$ で表したとき, 成分を求めよ. $\overrightarrow{\mathrm{OQ}}$ と x_i 軸との間の角は ϕ_i である.

原点を基準点とする位置ベクトル (例題 6.1).

【解説】　$\overrightarrow{\mathrm{OQ}}$の x_i軸上への正射影 $= \|\overrightarrow{\mathrm{OQ}}\| \cos\phi_i \quad (i = 1, 2, 3)$

幾何ベクトルで表す形

$$\overrightarrow{\mathrm{OQ}} = \overrightarrow{e}_1 \|\overrightarrow{\mathrm{OQ}}\| \cos\phi_1 + \overrightarrow{e}_2 \|\overrightarrow{\mathrm{OQ}}\| \cos\phi_2 + \overrightarrow{e}_3 \|\overrightarrow{\mathrm{OQ}}\| \cos\phi_3$$

$$= \overrightarrow{e}_1 (\overrightarrow{\mathrm{OQ}} \cdot \overrightarrow{e}_1) + \overrightarrow{e}_2 (\overrightarrow{\mathrm{OQ}} \cdot \overrightarrow{e}_2) + \overrightarrow{e}_3 (\overrightarrow{\mathrm{OQ}} \cdot \overrightarrow{e}_3)$$

数ベクトルで表す形

$$
\begin{aligned}
\boldsymbol{q} &= \begin{pmatrix} q_1 - 0 \\ q_2 - 0 \\ q_3 - 0 \end{pmatrix} \\
&= \begin{pmatrix} 1 \\ 0 \\ 0 \end{pmatrix}(q_1 - 0) + \begin{pmatrix} 0 \\ 1 \\ 0 \end{pmatrix}(q_2 - 0) + \begin{pmatrix} 0 \\ 0 \\ 1 \end{pmatrix}(q_3 - 0) \\
&= \boldsymbol{e}_1(q_1 - 0) + \boldsymbol{e}_2(q_2 - 0) + \boldsymbol{e}_3(q_3 - 0) \\
&= \boldsymbol{e}_1(\boldsymbol{q} \cdot \boldsymbol{e}_1) + \boldsymbol{e}_2(\boldsymbol{q} \cdot \boldsymbol{e}_2) + \boldsymbol{e}_3(\boldsymbol{q} \cdot \boldsymbol{e}_3)
\end{aligned}
$$

$\boldsymbol{q} \cdot \boldsymbol{e}_1$ は $\begin{pmatrix} q_1 - 0 \\ q_2 - 0 \\ q_3 - 0 \end{pmatrix}$ と $\begin{pmatrix} 1 \\ 0 \\ 0 \end{pmatrix}$ との内積であり，

$$
\begin{aligned}
&(q_1 - 0)1 \\
&+(q_2 - 0)0 \\
&+(q_3 - 0)0 \\
&= q_1
\end{aligned}
$$

と表せる．

【発展】 図 7.38 の正方形の面に垂直で，大きさを正方形の面積と決めた幾何ベクトル (矢印) $\overrightarrow{S}$ を考える．幾何ベクトル $\overrightarrow{S}$ によって，正方形の面の傾き方がわかる．このベクトルは，正方形の面内のどの点を始点としてもいい．$\overrightarrow{S}$ と x_i 軸との間の角は θ_i である．

x_2x_3 平面に垂直な方向 (x_1 軸に平行) から正方形に光をあてたと想定すると，x_2x_3 平面に影がうつる．

x_1x_3 平面に垂直な方向 (x_2 軸に平行) から正方形に光をあてたと想定すると，x_1x_3 平面に影がうつる．

x_1x_2 平面に垂直な方向 (x_3 軸に平行) から正方形に光をあてたと想定すると，x_1x_2 平面に影がうつる．

それぞれの影の面積は，正方形の面積の何倍か？

【進んだ探究】
面積の正射影の表し方は，電磁気学の Gauss (ガウス) の法則を考えるときに必要である．

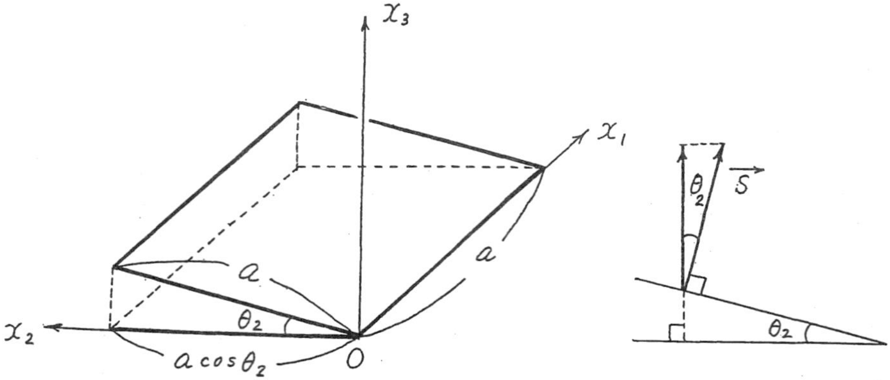

簡単のために，正方形の 1 辺が x_1 軸と重なっていて，他の 1 辺と x_2 軸との間の角が θ_2 の場合を考える．

正方形の面積

$S = a^2$

正射影の面積

$a \times a\cos\theta_2$

$= S\cos\theta_2$

図 7.38 正方形の正射影

【解説】図 7.38 を見て考えると, 正射影の面積がわかる.

正方形の x_2x_3 平面上への正射影の面積 $=$ (正方形の面積) $\times \cos\theta_1$
正方形の x_1x_3 平面上への正射影の面積 $=$ (正方形の面積) $\times \cos\theta_2$
正方形の x_1x_2 平面上への正射影の面積 $=$ (正方形の面積) $\times \cos\theta_3$

▶ 【発展】から何がわかるか

本問の $\overrightarrow{\mathrm{PQ}}$ の代わりに $\overrightarrow{S}$ を考えたと思えばいい. 幾何ベクトル (矢印) $\overrightarrow{S}$ の大きさを正方形の面積の大きさと決めたことに注意する.

$$\begin{aligned}\overrightarrow{S} &= \overrightarrow{e}_1 \overbrace{\|\overrightarrow{S}\|\cos\theta_1}^{\text{正射影の面積}} + \overrightarrow{e}_2 \overbrace{\|\overrightarrow{S}\|\cos\theta_2}^{\text{正射影の面積}} + \overrightarrow{e}_3 \overbrace{\|\overrightarrow{S}\|\cos\theta_3}^{\text{正射影の面積}} \\ &= \overbrace{\underbrace{\overrightarrow{e}_1}_{\text{ベクトル}}\ \underbrace{(\overrightarrow{S}\cdot\overrightarrow{e}_1)}_{\text{内積 (数)}}}^{\text{ベクトルのスカラー倍}} + \overbrace{\underbrace{\overrightarrow{e}_2}_{\text{ベクトル}}\ \underbrace{(\overrightarrow{S}\cdot\overrightarrow{e}_2)}_{\text{内積 (数)}}}^{\text{ベクトルのスカラー倍}} + \overbrace{\underbrace{\overrightarrow{e}_3}_{\text{ベクトル}}\ \underbrace{(\overrightarrow{S}\cdot\overrightarrow{e}_3)}_{\text{内積 (数)}}}^{\text{ベクトルのスカラー倍}}\end{aligned}$$

7.2　点と直線との距離

点 A $(1,4)$ を通り, 数ベクトル $\boldsymbol{n} = \begin{pmatrix} 2 \\ 5 \end{pmatrix}$ で表せる幾何ベクトル $\overrightarrow{n}$ に垂直な直線 ℓ を考える.
(1) 直線 ℓ の方程式を書け.
(2) 点 B $(4,6)$ から直線 ℓ までの距離 d を求めよ.

【解説】原点 O を基準として, 点 A, 点 B, 直線 ℓ 上の点 P (どこでもいい) の位置ベクトル (6.1.1 項) を矢印で描く.

小林幸夫：『線型代数の発想』(現代数学社, 2008) 2.1.1 項参照.

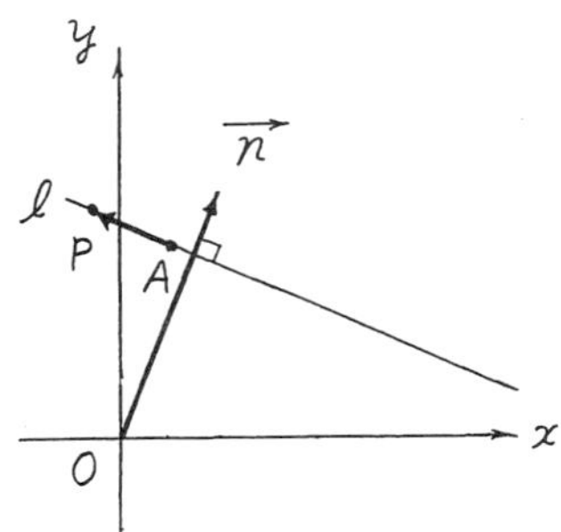

図 7.39　直線の表し方

(1) 図 7.39 を見て, 直線 ℓ 上のすべての点のヨコ座標とタテ座標とがみたす関係式を考える.

表 7.1 参照.

直線 ℓ 上の任意 (どこでもいい) の点 P (x, y) (文字 x, y は数の代表) は,

$$\textbf{内積}\quad \vec{n}\cdot\overrightarrow{\mathrm{AP}}=0 \longleftarrow \overrightarrow{\mathrm{AP}}\perp\vec{n}\quad \text{に着目}$$

$$\overrightarrow{\mathrm{AP}}=\overrightarrow{\mathrm{OP}}-\overrightarrow{\mathrm{OA}}$$

$$\begin{pmatrix} x \\ y \end{pmatrix}-\begin{pmatrix} 1 \\ 4 \end{pmatrix}=\begin{pmatrix} x-1 \\ y-4 \end{pmatrix}$$

をみたす. 内積を数ベクトルで表すと

$$\begin{aligned}\begin{pmatrix} 2 \\ 5 \end{pmatrix}\cdot\begin{pmatrix} x-1 \\ y-4 \end{pmatrix}&=0\\ 2(x-1)+5(y-4)&=0\\ 2x+5y-22&=0\end{aligned}$$

となる.

直線 ℓ 上で x 座標が 4 の点の y 座標は, (1) で求めた式を使って,

$$2\times 4+5y-22=0$$

となるから, y 座標は

$$\frac{-2\times 4+22}{5}$$

である.

(2) 点 B を頂点とする直角三角形 (図 7.40) を見ながら

$$\begin{aligned}d&=\underbrace{\left|6-\frac{-2\times 4+22}{5}\right|}_{\text{斜辺の長さ}}\underbrace{\frac{5}{\sqrt{2^2+5^2}}}_{\sin\theta}\\ &=\frac{|2\times 4+5\times 6-22|}{\sqrt{2^2+5^2}}\\ &=\frac{16}{\sqrt{29}}\end{aligned}$$

と書く.

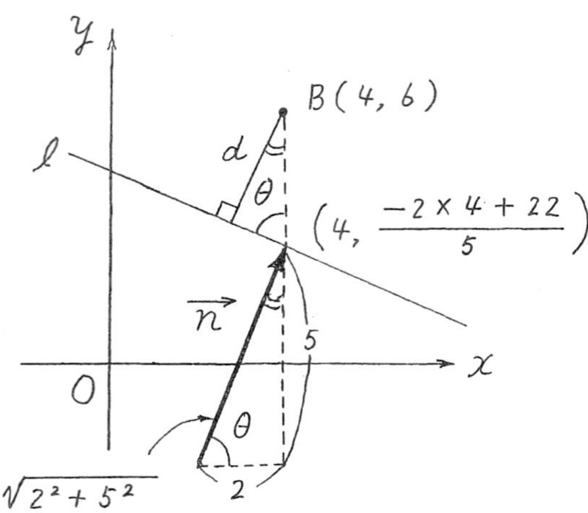

図 7.40 点と直線との距離

一般化　点 (x_0, y_0) から直線 $ax+by+c=0$ (a, b, c は定数) までの距離

$$d = \left| y_0 - \frac{-ax_0 - c}{b} \right| \underbrace{\frac{|b|}{\sqrt{a^2+b^2}}}_{\sin\theta}$$

$$= \frac{|ax_0 + by_0 + c|}{\sqrt{a^2+b^2}}$$

問題は，
$a=2$,
$b=5$,
$c=-22$,
$x_0=4$,
$y_0=6$
の場合である．

7.3　点と平面との距離

点 A $(1,4,2)$ を通り，数ベクトル $\boldsymbol{n} = \begin{pmatrix} 2 \\ 5 \\ 3 \end{pmatrix}$ で表せる幾何ベクトル $\overrightarrow{n}$ に垂直な平面 π を考える．

(1) 平面 π の方程式を書け．

(2) 点 B $(4,6,5)$ から平面 π までの距離 D を求めよ．

小林幸夫：『線型代数の発想』(現代数学社，2008) 2.2.1 項参照．

【解説】 原点 O を基準として，点 A，点 B，平面 π 内の点 P (どこでもいい) の位置ベクトル (6.1.1 項) を矢印で描く．

ここでは，π を円周率ではなく，平面の名称を表す記号としている．

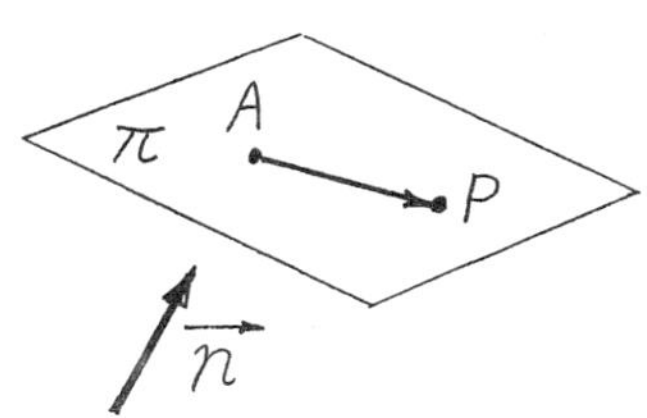

図 7.41　平面の表し方

(1) 図 7.41 を見ながら，平面 π 内のすべての点の 3 個の座標がみたす関係式を考える．

平面 π 上の任意 (どこでもいい) の点 P (x, y, z) (文字 x, y, z は数の代表) は，

$$\textbf{内積}\quad \overrightarrow{n} \cdot \overrightarrow{\mathrm{AP}} = 0 \longleftarrow \overrightarrow{\mathrm{AP}} \perp \overrightarrow{n} \quad \text{に着目}$$

$\overrightarrow{\mathrm{AP}} = \overrightarrow{\mathrm{OP}} - \overrightarrow{\mathrm{OA}}$

$$\begin{pmatrix} x \\ y \\ z \end{pmatrix} - \begin{pmatrix} 1 \\ 4 \\ 2 \end{pmatrix} = \begin{pmatrix} x-1 \\ y-4 \\ z-2 \end{pmatrix}$$

をみたす．内積を数ベクトルで表すと

$$\begin{pmatrix} 2 \\ 5 \\ 3 \end{pmatrix} \cdot \begin{pmatrix} x-1 \\ y-4 \\ z-2 \end{pmatrix} = 0$$

$$2(x-1)+5(y-4)+3(z-2)=0$$

$$2x+5y+3z-28=0$$

となる．

(2) 図 7.42 を見ながら

$$D = \underbrace{\left|5 - \frac{-2\times 4 - 5\times 6 + 28}{3}\right|}_{\text{斜辺の長さ}} \underbrace{\frac{3}{\sqrt{2^2+5^2+3^2}}}_{\sin\theta}$$

$$= \frac{|2\times 4 + 5\times 6 + 3\times 5 - 28|}{\sqrt{2^2+5^2+3^2}}$$

$$= \frac{25}{\sqrt{38}}$$

と書く．

平面 π 内で x 座標が 4, y 座標が 6 の点の z 座標は, (1) で求めた式を使って,
$2\times 4+5\times 6+3z$
$-28=0$
となるから, z 座標は
$\dfrac{-2\times 4-5\times 6+28}{3}$
である．

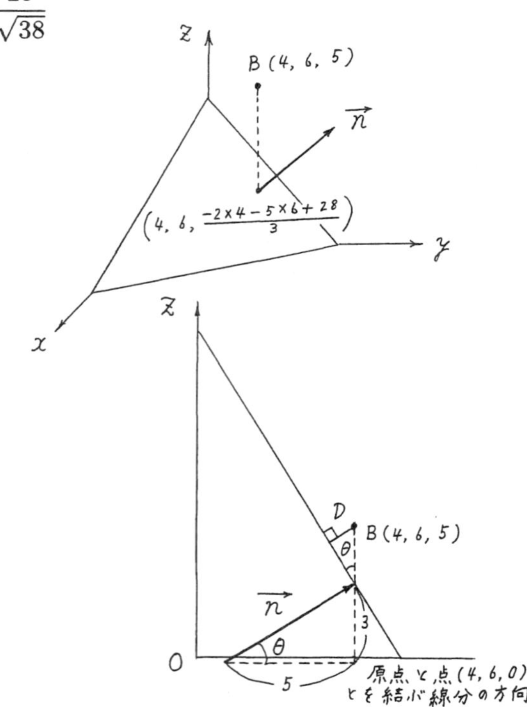

図 7.42　点と平面との距離

一般化　点 (x_0, y_0, z_0) から平面 $ax+by+cz+d=0$ (a, b, c は定数) までの距離

$$D = \left| z_0 - \frac{-ax_0 - by_0 - d}{c} \right| \underbrace{\frac{c}{\sqrt{a^2+b^2+c^2}}}_{\sin\theta}$$

$$= \frac{|ax_0+by_0+cz_0+d|}{\sqrt{a^2+b^2+c^2}}$$

問題は,
$a=2$,
$b=5$,
$c=3$,
$d=-28$
$x_0=4$,
$y_0=6$,
$z_0=5$
の場合である.

$\|\vec{n}\|$
$=\sqrt{a^2+b^2+c^2}$

【進んだ探究】内積と全微分とが握手するとどうなる ?

唐突だが, 2.4.3 項で取り上げた接平面の方程式を思い出してみよう. 厚紙と曲面との接点 (x_0, y_0, z_0) を原点として, 接点を含む対角線の高さで接平面を表すと,

$$\text{接平面を表す方程式}: dz = \frac{\partial f}{\partial x}(x_0, y_0)dx + \frac{\partial f}{\partial y}(x_0, y_0)dy \quad \longleftarrow \textbf{全微分}$$

となる. この式を

$$\frac{\partial f}{\partial x}(x_0, y_0)dx + \frac{\partial f}{\partial y}(x_0, y_0)dy + (-1)dz = 0 \quad \longleftarrow \text{探究支援 7.3(1) と比べよ.}$$

に書き換えると, 接平面の方程式には

$$\textbf{内積} \quad \begin{pmatrix} \dfrac{\partial f}{\partial x}(x_0, y_0) \\ \dfrac{\partial f}{\partial y}(x_0, y_0) \\ -1 \end{pmatrix} \cdot \begin{pmatrix} dx \\ dy \\ dz \end{pmatrix} = 0$$

の顔のあることが見えてくる.

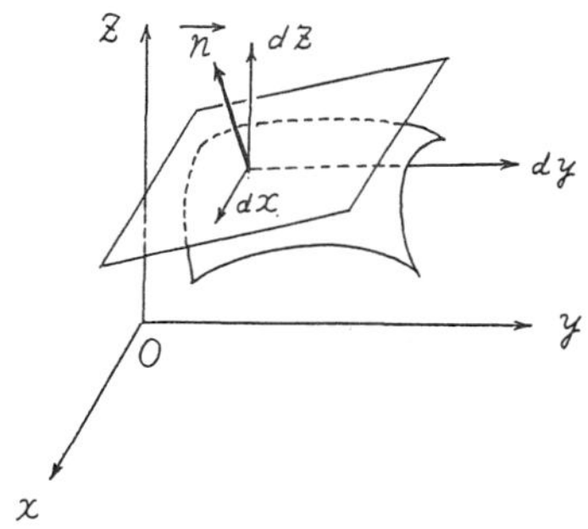

図 7.43　曲面とその接平面

幾何的意味

$\begin{pmatrix} dx \\ dy \\ dz \end{pmatrix}$： 接点 (x_0, y_0, z_0) を基準点として，**接平面内の**任意の点 (どこでもいい) の位置ベクトル

$\begin{pmatrix} \dfrac{\partial f}{\partial x}(x_0, y_0) \\ \dfrac{\partial f}{\partial y}(x_0, y_0) \\ -1 \end{pmatrix}$： 接平面に垂直な幾何ベクトルを表す数ベクトル

例 $\dfrac{\partial f}{\partial x}(x_0, y_0) = -3$, $\dfrac{\partial f}{\partial y}(x_0, y_0) = 4$ のとき

接平面は，数ベクトル $\boldsymbol{n} = \begin{pmatrix} -3 \\ 4 \\ -1 \end{pmatrix}$ で表せる幾何ベクトル $\overrightarrow{n}$ に垂直である．

▶ **異分野の融合** 接平面を仲介者として，微積分学と幾何学とは遠い親類だったことが判明した．

補遺 7.1 正弦定理 — 距離を測る

7.2 節で余弦定理 (余弦はコサイン) を考えたが，ここでは正弦定理 (正弦はサイン) を取り上げる．厳密な証明ではなく，正弦定理の意味を簡単に理解する．

△ABC とその外接円 O (半径 R) とを考える．

【発想 1】 △ABC の面積の 3 通りの表し方に着目

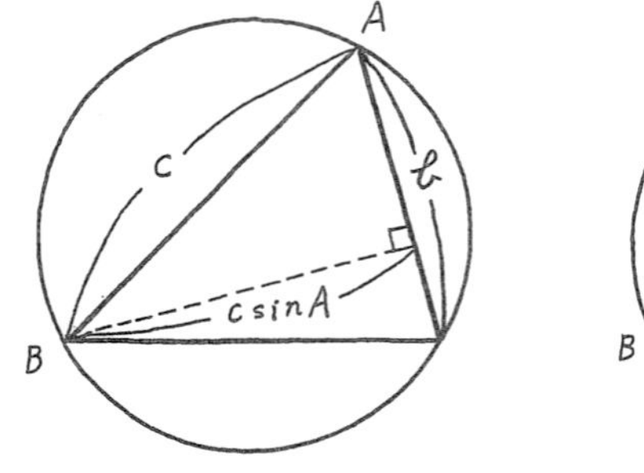

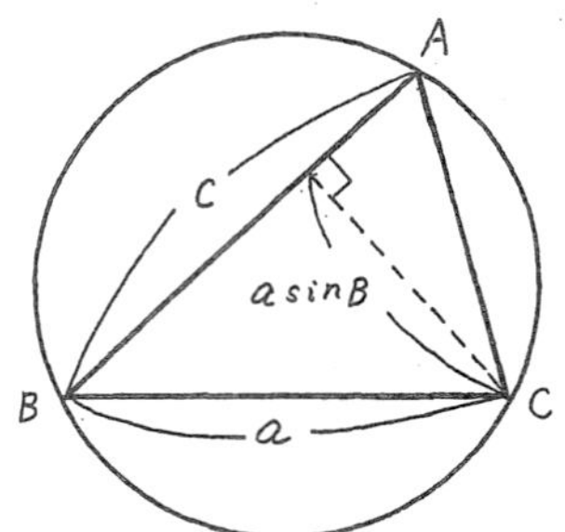

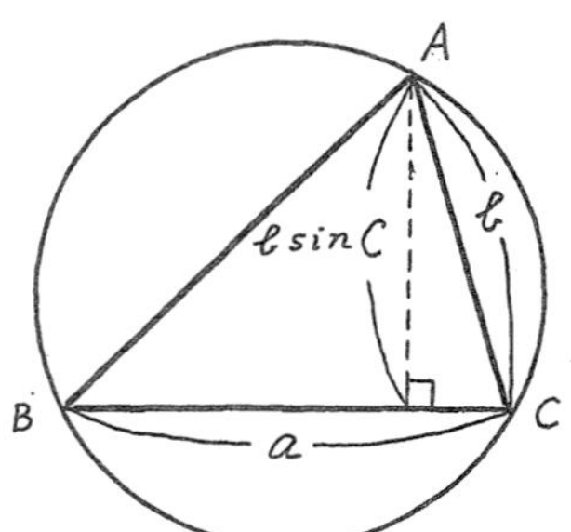

図 7.44 △ABC の面積の 3 通りの表し方

$$\frac{1}{2}bc\sin\mathrm{A} = \frac{1}{2}ca\sin\mathrm{B} = \frac{1}{2}ab\sin\mathrm{C}$$

① $\frac{1}{2}bc\sin\mathrm{A} = \frac{1}{2}ca\sin\mathrm{B}$ から $b\sin\mathrm{A} = a\sin\mathrm{B}$.

② $\frac{1}{2}ca\sin\mathrm{B} = \frac{1}{2}ab\sin\mathrm{C}$ から $c\sin\mathrm{B} = b\sin\mathrm{C}$.

$b\sin\mathrm{A} = a\sin\mathrm{B}$ から $\dfrac{a}{\sin\mathrm{A}} = \dfrac{b}{\sin\mathrm{B}}$,

$c\sin\mathrm{B} = b\sin\mathrm{C}$ から $\dfrac{b}{\sin\mathrm{B}} = \dfrac{c}{\sin\mathrm{C}}$.

したがって,

正弦定理　$\dfrac{a}{\sin\mathrm{A}} = \dfrac{b}{\sin\mathrm{B}} = \dfrac{c}{\sin\mathrm{C}}$

が成り立つ.

松崎利雄:『江戸時代の測量術』(総合科学出版, 1979) pp. 222– 238.

江戸時代の測量術では「一辺両角術」という.

$$\sin\mathrm{A} = \frac{\frac{1}{2}a}{R} = \frac{a}{2R}$$

$$2R\sin\mathrm{A} = a$$

$$\frac{a}{\sin\mathrm{A}} = 2R$$

【発想 2】 円周角と中心角との関係に着目

図 7.45 で 3 個の二等辺三角形 △OAB, △OBC, △OCA の内角を調べると,

円周角 :∠BAC = ● + ○, 中心角 :∠BOC = (● + ●) + (○ + ○) = 2 × (● + ○)

であることがわかる.

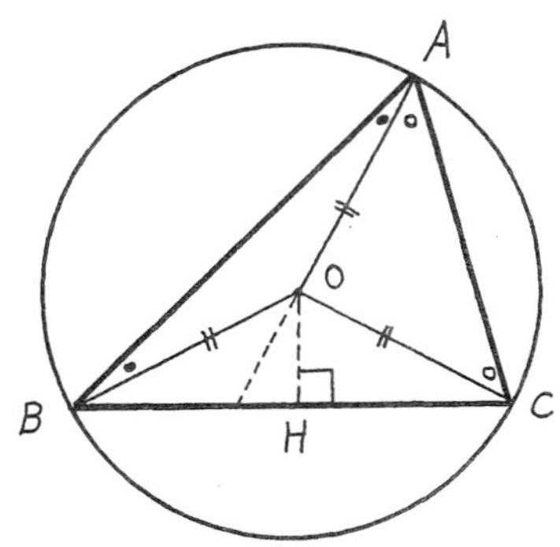

図 7.45　円周角と中心角との間の関係

O から BC に下ろした垂線の足を H とする.
同様に, O から AC に下ろした垂線の足を H′, O から AB に下ろした垂線の足を H″ とする.

円周角 $= \frac{1}{2} \times$ 中心角,　中心角 $= 2 \times$ 円周角

△OHB で,

$$\angle\mathrm{BOH} = \frac{1}{2} \times \angle\mathrm{BOC} = \frac{1}{2} \times (\bullet + \bullet + \circ + \circ) = \bullet + \circ = \angle\mathrm{A}$$

だから,

$$\angle \mathrm{BOH} = \angle \mathrm{A}$$

であり,

$$\sin \mathrm{A} = \frac{\mathrm{BH}}{\mathrm{OB}} = \frac{\frac{1}{2}a}{R}$$

となるから

$$\frac{a}{\sin \mathrm{A}} = 2R$$

である. 同様に,

$$\sin \mathrm{B} = \frac{\mathrm{CH}'}{\mathrm{OC}} = \frac{\frac{1}{2}b}{R}, \quad \sin \mathrm{C} = \frac{\mathrm{AH}''}{\mathrm{OA}} = \frac{\frac{1}{2}c}{R}$$

である. これらの関係式を

正弦定理 $$\frac{a}{\sin \mathrm{A}} = \frac{b}{\sin \mathrm{B}} = \frac{c}{\sin \mathrm{C}} = 2R$$

のようにまとめることができる.

【発想 3】「同じ円弧に対する円周角は等しい」という定理に着目

半円の円弧に対する円周角は 90° だから, AC の代わりに, 中心 O を通る A′C を考えて, 直角三角形 A′BC をつくる (図 7.46). $\angle \mathrm{BAC} = \angle \mathrm{BA'C}$ だから,

$$2R \sin \mathrm{A} = \underbrace{2R \sin \mathrm{A}'}_{\text{点 C の } y \text{ 座標}} = a.$$

半円の円弧に対する円周角は 90° だから, AB の代わりに, 中心 O を通る AB′ を考えて, 直角三角形 AB′C をつくる (図 7.46). $\angle \mathrm{ABC} = \angle \mathrm{AB'C}$ だから,

$$2R \sin \mathrm{B} = \underbrace{2R \sin \mathrm{B}'}_{\text{点 A の } y \text{ 座標}} = b.$$

半円の円弧に対する円周角は 90° だから, BC の代わりに, 中心 O を通る BC′ を考えて, 直角三角形 ABC′ をつくる (図 7.46). $\angle \mathrm{ACB} = \angle \mathrm{AC'B}$ だから,

$$2R \sin \mathrm{C} = \underbrace{2R \sin \mathrm{C}'}_{\text{点 B の } y \text{ 座標}} = c.$$

発想 3 では, 円関数 (1.2.3 項) の定義を思い出す. 単位円は半径の大きさが 1 だが, ここでは半径の大きさが $2R$ である.

点 A′ を原点として, 点 A′ から見た点 B の向きを x 軸の正の向き, 点 B から見た点 C の向きを y 軸の正の向きとする. この座標軸で, 点 C の y 座標が a である.

点 B′ を原点として, 点 B′ から見た点 C の向きを x 軸の正の向き, 点 C から見た点 A の向きを y 軸の正の向きとする. この座標軸で, 点 A の y 座標が b である.

点 C′ を原点として, 点 C′ から見た点 A の向きを x 軸の正の向き, 点 A から見た点 B の向きを y 軸の正の向きとする. この座標軸で, 点 B の y 座標が c である.

式にもピリオドを付けることについて, 例題 0.3 参照.

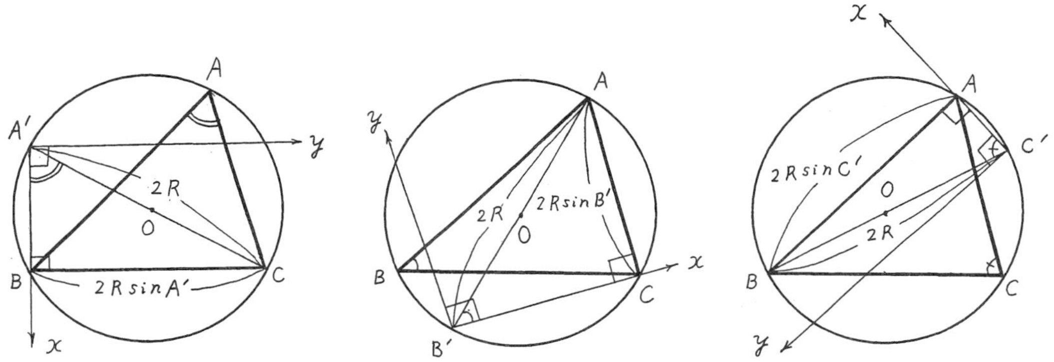

図 7.46　同じ円弧に対する円周角は等しい

例題 7.4　**距離の測定**　福田理軒：『測量集成』(安政 3 年) にならって，台場 B から異国船 C までの距離を求めよ．ただし，$\angle\mathrm{A} = 15°$, $\angle\mathrm{B} = 100°$, $\mathrm{AB} = 2$ m とする．

ここでは，有効数字の桁数を考えていない．

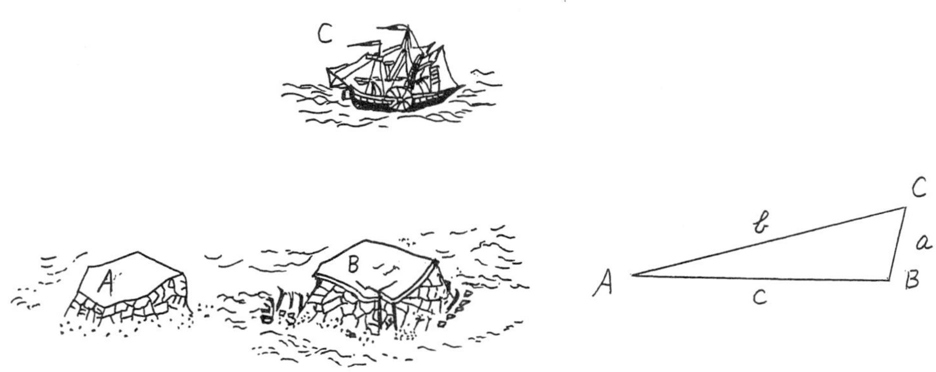

図 7.47　距離の測定

【解説】 正弦定理　$\dfrac{a}{\sin\mathrm{A}} = \dfrac{c}{\sin\mathrm{C}}$

$\angle \mathrm{C} = 180^\circ - (15^\circ + 100^\circ) = 65^\circ$

$$a = \underbrace{\overbrace{\frac{\sin \mathrm{A}}{\sin \mathrm{C}}}^{c\,\text{の定数倍の形}} c = \overbrace{\frac{\sin 15^\circ}{\sin 65^\circ}}^{\text{三角関数表で値を調べる}} \times 2\ \mathrm{m}}_{a\,\text{の表式をつくってから数値を代入}}$$
$$= \frac{0.2588}{0.9063} \times 2\ \mathrm{m}$$
$$= 0.5711\ \mathrm{m}$$

【参考】山の高さ・木の高さ

例題 7.4 と同じ方法で, 山の高さ, 木の高さなどを測ることもできる.
山の高さについて, 2009 年 3 月 1 日付朝日新聞「スポーツラボ」に解説が載っている.
2009 年 9 月 19 日付朝日新聞 be evening「角度使って長さ測る」も参考になる.

第 7 話の問診 (到達度確認)

① ベクトルの内積の意味を理解した上で応用できるか？
② ベクトル積の意味を理解した上で応用できるか？
③ 正弦定理の応用例を理解したか？

第 III 部　頭の整理体操 (クーリングダウン)

第 8 話　エピローグ— 化学・生物と数学との結びつき

第 8 話の目標

① 数学が生物・環境の基本問題で活躍する場面を理解すること.

② 自然界の法則を数学という言語で記述する方法を理解すること.

キーワード　黄金比, フィボナッチ数列, 地球の半径, 倍数比例の法則

微積分と線型代数とのどちらでも, 比例の考え方が基本の出発点である. 比例とは, ある量が 2 倍, 3 倍, ... になると, 他の量も 2 倍, 3 倍, ... になるという理想の関係をいう. 自然界の現象を厳密に調べると, 量どうしの間に比例の関係だけが見つかるわけではない. 現実の変化は, 比例の関係からどのようにずれているかを探るという方法で理解することが多い. しかし, 歴史を振り返ると, 単純な比例に着目するだけで, 自然界の本質を見事に探り当てた例のあることがわかる.

池内了 :『科学の考え方・学び方』(岩波書店, 1996) p. 103, p. 147.

最も美しいという黄金比 $1 : \dfrac{1+\sqrt{5}}{2}$ は, 神殿・ピラミッドのような建造物, 美術品, カードなどに使うことがある. 作図の観点では相似比だから, 本質は比例といえる. 不思議なことに, 黄金比は, 自然界でも人体・葉・巻き貝などに見つかる. 生物の増殖を理想化したモデルには, 個体数の増え方にフィボナッチ数列という規則が見つかる. フィボナッチ数列をくわしく調べると, 何の関係もなさそうな黄金比の姿が浮び上がってくる. まさに驚くべきことである.

図形の相似の考え方は, 机上で幾何の問題を解くときだけに活用するのではない. 紀元前に, 地球の大きさを推定した学者がいた. エジプトの Eratosthenes (エラトステネス) は, 扇形どうしの相似比を使うという簡単な方法で, 地球の半径を求めた. 精度が高くないものの, 極端に不正確な数値ではなかったことは驚異である.

環境を取り巻く水・金属・土なども, 生き物のからだも, 原子・分子からできていることは, 現代では誰でも知っている. では, 分子の構造 (どの種類の原子が何個つながってできているか) は, どのようにしてわかったのだろうか？
化学反応という現象を, 数学の比例の考え方で試行錯誤した結果, 原子が物質を構成しているという原子論の証拠が固まった. 原子論の根拠は, 実験で量どうしの間に見つかった規則性 (定比例の法則, 倍数比例の法則) である.

Benoît Mandelbrot (ブノワ・マンデルブロ, 1924 – 2010) フランス系アメリカ人 (ユダヤ人) の数学者

8.1 黄金比 — 均整のとれた体型

Euclid (ユークリッド) は, 均整のとれているように見える長方形を考えたそうである. このような長方形を**黄金長方形**という. 現代の観点から見ると, 黄金長方形にはフラクタル (0.3 節) と似た特徴のあることがわかる. フラクタルの概念は, 数学者 Mandelbrot (マンデルブロ) が 1970 年代に提唱した. 古代ギリシアの時代には, フラクタルという用語はなかった. 長い年月を越えて, Euclid と Mandelbrot とが結びついたようである. プロローグ (第 0 話) とエピローグ (第 8 話) とがつながった. 黄金長方形の書き方から始めよう.

Euclid (ユークリッド, 紀元前 365 年?– 紀元前 275 年?) 数学者

黄金長方形の作図

① 辺の長さが a の正方形 ABCD を描く.
② 辺 BC の中点 M を中心にして, 半径 MD の円を描く.
③ 点 B から点 C の向きに辺 BC を延長する.
④ 中心 M, 半径 MD の円と辺 BC の延長線との交点を E とする.
⑤ 長方形 ABEF を描く.

AB : BE が**黄金比**, 長方形 ABEF が**黄金長方形**である.

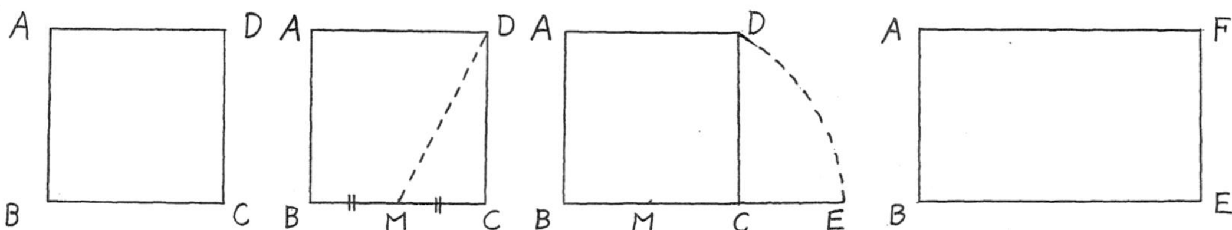

図 8.1　黄金長方形の作図の手順

問 8.1　AB：BE と CE：EF とを求めよ．

【解説】 三平方の定理：$\mathrm{DM}^2 = \mathrm{MC}^2 + \mathrm{CD}^2$ から

$$\mathrm{DM} = \sqrt{\left(\frac{1}{2}a\right)^2 + a^2} = \frac{\sqrt{5}}{2}a.$$

文末の数式にピリオドが必要であることについて，例題 0.3 参照．

$$\begin{aligned}\mathrm{BE} &= \mathrm{BM} + \mathrm{ME}\\ &= \mathrm{BM} + \mathrm{MD}\\ &= \frac{1}{2}a + \frac{\sqrt{5}}{2}a\\ &= \frac{1+\sqrt{5}}{2}a\end{aligned}$$

$$\begin{aligned}\mathrm{CE} &= \mathrm{BE} - \mathrm{BC}\\ &= \frac{1+\sqrt{5}}{2}a - a\\ &= \frac{\sqrt{5}-1}{2}a\end{aligned}$$

$$\frac{1+\sqrt{5}}{2} \fallingdotseq 1.6$$

$$\mathrm{AB} : \mathrm{BE} = 1 : \frac{1+\sqrt{5}}{2}$$

$$\begin{aligned}\mathrm{CE} : \mathrm{EF} &= \frac{\sqrt{5}-1}{2} : 1\\ &= \frac{(\sqrt{5}-1)(\sqrt{5}+1)}{2} : (\sqrt{5}+1)\\ &= 2 : (\sqrt{5}+1)\\ &= 1 : \frac{1+\sqrt{5}}{2}\end{aligned}$$

$$\frac{(\sqrt{5}-1)(\sqrt{5}+1)}{2} = \frac{(\sqrt{5})^2 - 1^2}{2}$$

均整がとれているように見えるのはなぜか？

黄金長方形 (長い辺と短い辺との比は黄金比) の短い辺を 1 辺とする正方形を, 黄金長方形から除くと再び黄金長方形が現れる. この黄金長方形から正方形を除くと, 再び黄金長方形が現れる. こういう操作を限りなくつづけると, つぎつぎに小さい黄金長方形が現れる. フラクタル図形と似ている特徴は, 自分自身の中に自分のミニ版 (相似形) を含んでいることである. ヒトは, こういう図形を見ると, 均整が取れているように感じるらしい.

生物のからだにも黄金比が見つかる

百済観音　(頭の頂点からへそまでの長さ) : (へそから足の裏までの長さ) $\simeq 1 : 1.6$

中指　(第 1 関節と第 2 関節との距離) : (第 2 関節と第 3 関節との距離) $\simeq 1 : 1.6$

例題 8.1　**正五角形の対角線**　辺の長さが a の正五角形の対角線の長さを求めよ.

【解説】

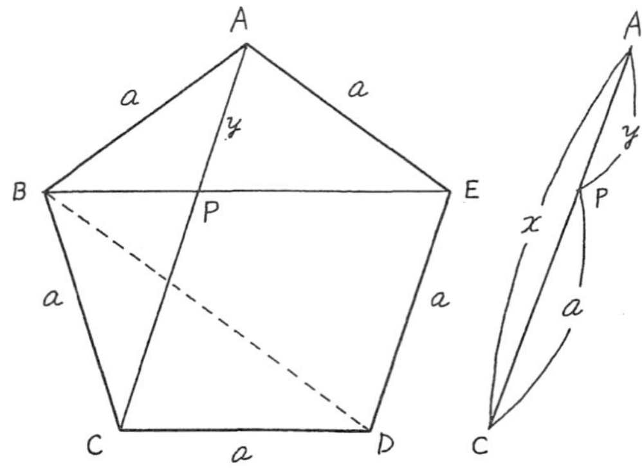

図 8.2　正五角形

正五角形 ABCDE の対角線 AC と BE との交点を P, 対角線の長さを x, AP の長さを y とおくと,

$$a : x = y : a$$

だから, $xy = a^2$ となり, $y = \dfrac{a^2}{x}$ である.

$\angle BAC = \angle PBA$, $\angle BCA = \angle PAB$ だから, $\triangle ABC$ と $\triangle BPA$ とは相似である.
したがって,
$CB : CA = AP : AB$
だから,
$a : x = y : a$
である.

他方, AC = AP + PC = AP + BC だから $x = y + a$ である.

$x = \dfrac{a^2}{x} + a$ を x について解くと x が求まる. 分母を払って整理すると

$$x^2 - ax - a^2 = 0$$

となる. 平方完成すると

$$\left(x - \frac{a}{2}\right)^2 - \frac{5}{4}a^2 = 0$$

となり,

$$\left(x - \frac{a}{2}\right)^2 = \frac{5}{4}a^2$$

だから $x - \dfrac{a}{2} = \pm\dfrac{\sqrt{5}}{2}a$

$$x = \underbrace{\frac{1+\sqrt{5}}{2}}_{\text{黄金比の値}}a$$

$\longleftarrow$ x の値は正だから $1 - \sqrt{5} < 0$ は不適.

である.

【補足】 $y = x - a = \dfrac{\sqrt{5}-1}{2}a$ だから $\mathrm{AP} : \underbrace{\mathrm{PC}}_{=\mathrm{BC}} = \dfrac{\sqrt{5}-1}{2}a : a$ である.

$\dfrac{\sqrt{5}-1}{2} : 1 = 1 : \dfrac{1+\sqrt{5}}{2}$ $\longleftarrow$ 左辺に $\dfrac{1+\sqrt{5}}{2}$ を掛けると右辺になる.

点 P は対角線 AC を $\underbrace{1 : \dfrac{1+\sqrt{5}}{2}}_{\text{黄金比}}$ に内分する.

計算過程

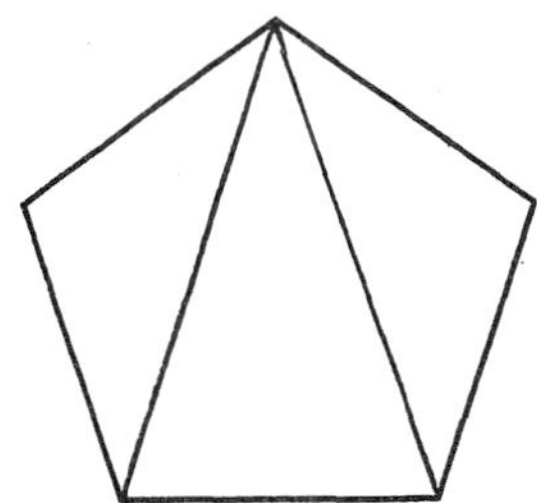

図 8.3　正五角形の内角の和　3 個の三角形に分けることができるので, 正五角形の内角の和は $180^\circ \times 3 = 540^\circ$ である. だから, 1 個の内角は $540^\circ \div 5 = 108^\circ$ である.

$$
\begin{aligned}
\angle\mathrm{CBD} &= \angle\mathrm{CDB} \quad (\triangle\mathrm{BCD}\ \text{は二等辺三角形})\\
&= (180^\circ - \underbrace{108^\circ}_{\angle\mathrm{BCD}}) \div 2\\
&= 36^\circ\\
\angle\mathrm{AEB} &= \angle\mathrm{ABE} \quad (\triangle\mathrm{EAB}\ \text{は二等辺三角形})\\
&= (180^\circ - \underbrace{108^\circ}_{\angle\mathrm{ABC}}) \div 2\\
&= 36^\circ\\
\angle\mathrm{DBE} &= \angle\mathrm{ABC} - (\angle\mathrm{ABE} + \angle\mathrm{CBD})\\
&= 108^\circ - 36^\circ \times 2\\
&= 36^\circ\\
\angle\mathrm{CBE} &= \angle\mathrm{CBD} + \angle\mathrm{ABE}\\
&= 72^\circ\\
\angle\mathrm{BAC} &= \angle\mathrm{BCA} = 36^\circ \quad (\triangle\mathrm{ABC}\ \text{は二等辺三角形})
\end{aligned}
$$

$\triangle$BCP は,

$$
\begin{aligned}
\angle\mathrm{CBP} &= \angle\mathrm{CBE} = 72^\circ,\\
\angle\mathrm{CPB} &= 180^\circ - (\angle\mathrm{CBP} + \angle\mathrm{BCP})\\
&= 180^\circ - (\angle\mathrm{CBE} + \angle\mathrm{BCE})\\
&= 72^\circ
\end{aligned}
$$

だから二等辺三角形であり, BC = PC である.

8.2 生物はどのように増えるのか

ネズミ算 (第 0 話の探究支援 0.9), 人口成長の数理モデル (第 3 話 3.3.2 項の例題 3.1) で生物の個体数の変化を取り上げた. ここでは, 別のモデルを調べてみよう.

比較
ネズミ算,
マルサスの法則,
フィボナッチの
モデル

巌佐庸:『数理生物学入門』(共立出版, 1998) p. 2.

例題 8.2 **ウサギの増殖 — フィボナッチ数列** ウサギが増殖するモデルを想定する.

仮定 1: 生後 2 か月経った 1 対のウサギは, 1 対のウサギを産む.

仮定 2: ウサギを産んだあとは, その 1 か月後にもウサギを産む.

1 か月後, 2 か月後, 3 か月後, 4 か月後, 5 か月後にウサギは何対になるか？

【解説】

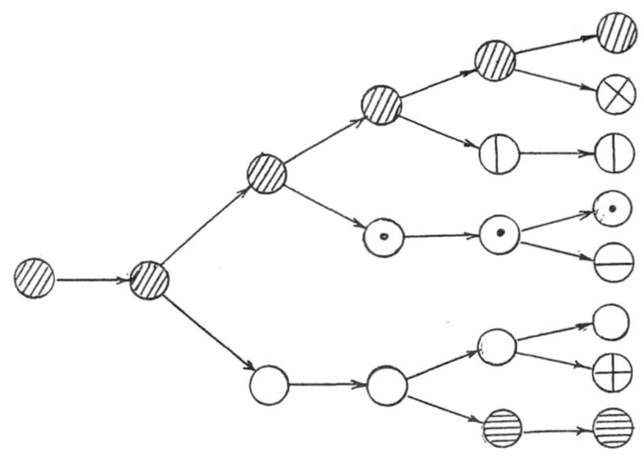

図 8.4　樹形図

0 か月	1 か月	2 か月	3 か月	4 か月	5 か月
1 対	1 対	2 対	3 対	5 対	8 対

$1, 1, 2, 3, 5, 8, \ldots$ の**フィボナッチ数列** (例題 0.10) が現れる.

---

h：時間
(hour の頭文字)

【参考】細胞分裂のモデル

子細胞は, 2 h 経過すると細胞分裂する. その後は, 1 h 経つごとに細胞分裂する. このモデルでもウサギの増殖と同じ数列が見つかる.

▶ **フィボナッチ数列の一般項**　[人口のマルサスの法則 (例題 3.1) $x = x_0 e^{at}$ (x: 人口, t: 時間) と比較]

$$n \text{ か月後のウサギの対：} a_n = \frac{1}{\sqrt{5}} \left\{ \left(\frac{1+\sqrt{5}}{2} \right)^{n+1} - \left(\frac{1-\sqrt{5}}{2} \right)^{n+1} \right\}$$

一般項の求め方

【まえおき】

手順 1 $2, 4, 8, 16, \ldots$ のような等比数列であれば，2 倍をくり返すから，$a_n = 2^n$ と表せることは直ちに見通せる．

手順 2 このような規則のない場合，階差（隣接する項どうしの差）を調べる．フィボナッチ数列は，

$$1, 1, 2, 3, 5, 8, 13, 21, 34, \ldots$$

だから，階差は

$$0, 1, 1, 2, 3, 5, 8, 13, \ldots$$

である．この数列も等比数列でないことがわかる．階差が等比数列の場合は，公比を α として

$$\alpha(a_1 - a_0) = a_2 - a_1, \alpha(a_2 - a_1) = a_3 - a_2,\ \alpha(a_3 - a_2) = a_4 - a_3,$$
$$\alpha(a_4 - a_3) = a_5 - a_4, \ldots, \alpha(a_{n-1} - a_{n-2}) = a_n - a_{n-1}, \ldots$$

と表せる．

手順 3 つぎの方法は，少々強引だが，

$$\alpha(a_1 - \beta a_0) = a_2 - \beta a_1,\ \alpha(a_2 - \beta a_1) = a_3 - \beta a_2,\ \alpha(a_3 - \beta a_2) = a_4 - \beta a_3,$$
$$\alpha(a_4 - \beta a_3) = a_5 - \beta a_4, \ldots, \alpha(a_{n-1} - \beta a_{n-2}) = a_n - \beta a_{n-1}, \ldots$$

となるように α の値と β の値とを決めることである．

【解法】 $\alpha(a_{n+1} - \beta a_n) = a_{n+2} - \beta a_{n+1}$ を整理すると，

$$a_{n+2} - (\alpha + \beta)a_{n+1} + \alpha\beta a_n = 0$$

となる．ここで，フィボナッチ数列は

$$a_{n+2} - a_{n+1} - a_n = 0 \qquad (\longleftarrow a_n + a_{n+1} = a_{n+2}\text{を変形})$$

を満たすことに注意する．これらの式を比べると，たしかに同じ形の式なので，α の値と β の値とが決まることがわかる．

α の値と β の値とを求める

$$\begin{cases} \alpha + \beta &= 1 \\ \alpha\beta &= -1 \end{cases}$$

$$\alpha \underbrace{(1-\alpha)}_{\beta} + 1 = 0$$

$$\alpha^2 - \alpha - 1 = 0$$

$$\alpha = \frac{1 \pm \sqrt{5}}{2}$$

$$\beta = 1 - \alpha = \frac{1 \mp \sqrt{5}}{2}$$

$$\text{(a)} \begin{cases} \alpha = \dfrac{1+\sqrt{5}}{2} \\ \beta = \dfrac{1-\sqrt{5}}{2} \end{cases}, \quad \text{(b)} \begin{cases} \alpha = \dfrac{1-\sqrt{5}}{2} \\ \beta = \dfrac{1+\sqrt{5}}{2} \end{cases}$$

数列の規則を表す式を初項で表す

$$\begin{aligned} a_{n+2} - \beta a_{n+1} &= \alpha(a_{n+1} - \beta a_n) \\ &= \alpha \times \alpha(a_n - \beta a_{n-1}) \\ &= \alpha \times \alpha \times \alpha(a_{n-1} - \beta a_{n-2}) \\ &= \cdots \\ &= \alpha^{n+1}(a_1 - \beta a_0) \\ &= \alpha^{n+1}(1 - \beta) \end{aligned}$$

α の値と β の値とを代入する

$$\text{(a) の場合}\ : a_{n+2} - \frac{1-\sqrt{5}}{2} a_{n+1} = \left(\frac{1+\sqrt{5}}{2}\right)^{n+1} \overbrace{\left(1 - \frac{1-\sqrt{5}}{2}\right)}^{\frac{1+\sqrt{5}}{2}} \quad (1)$$

$$\text{(b) の場合}\ : a_{n+2} - \frac{1+\sqrt{5}}{2} a_{n+1} = \left(\frac{1-\sqrt{5}}{2}\right)^{n+1} \underbrace{\left(1 - \frac{1+\sqrt{5}}{2}\right)}_{\frac{1-\sqrt{5}}{2}} \quad (2)$$

$(1) - (2)$ をつくる．

$$\sqrt{5} a_{n+1} = \left(\frac{1+\sqrt{5}}{2}\right)^{n+2} - \left(\frac{1-\sqrt{5}}{2}\right)^{n+2}$$

$n+1$ を n と書き換えて，両辺を $\sqrt{5}$ で割ると，

$$a_n = \frac{1}{\sqrt{5}}\left\{\left(\frac{1+\sqrt{5}}{2}\right)^{n+1} - \left(\frac{1-\sqrt{5}}{2}\right)^{n+1}\right\}$$

となる．

$n \to \infty$ のときの振舞： $\left(\frac{1+\sqrt{5}}{2}\right)^{n+1} \to \infty$, $\left(\frac{1-\sqrt{5}}{2}\right)^{n+1} \to 0$ だから，

$a_n \to \infty$ となり，マルサスの法則と似ている．

$\frac{1+\sqrt{5}}{2} > 1$

$\left|\frac{1-\sqrt{5}}{2}\right| < 1$

検算 $n = 0$ のとき：$a_0 = \frac{1}{\sqrt{5}}\left\{\left(\frac{1+\sqrt{5}}{2}\right) - \left(\frac{1-\sqrt{5}}{2}\right)\right\} = 1$

$a_1 = \frac{1}{\sqrt{5}}\left\{\left(\frac{1+\sqrt{5}}{2}\right)^2 - \left(\frac{1-\sqrt{5}}{2}\right)^2\right\}$ 2 乗 − 2 乗 = 和と差との積

$= \frac{1}{\sqrt{5}}\left\{\left(\frac{1+\sqrt{5}}{2}\right) + \left(\frac{1-\sqrt{5}}{2}\right)\right\}\left\{\left(\frac{1+\sqrt{5}}{2}\right) - \left(\frac{1-\sqrt{5}}{2}\right)\right\}$

$= 1$ など ($n = 2, 3, 4, 5$ の場合は各自確かめること)．

問 8.2 α と β との関係式から，$-\beta = \frac{1}{\alpha} = \frac{1}{1-\beta}$ と書き表せる．最右辺の $-\beta$ を $\frac{1}{1-\beta}$ と書き換える操作をつづける．

(a) $\beta = \frac{1-\sqrt{5}}{2}$

$-\beta = \frac{\sqrt{5}-1}{2}$

(1) $-\beta = \frac{1}{1-\beta}$ の両辺の $-\beta$ に (a) の $\frac{\sqrt{5}-1}{2}$ を代入した式を書け．

(2) 右辺の $-\beta$ を $\frac{1}{1-\beta}$ と書き換える操作を 2 回，3 回，4 回，5 回つづけたとき，$-\beta$ に (a) の $\frac{\sqrt{5}-1}{2}$ を代入した式を書け．

(3) $\frac{\sqrt{5}-1}{2}$ を近似する分数が $\frac{1}{1}, \frac{1}{2}, \frac{2}{3}, \frac{3}{5}, \frac{5}{8}, \ldots$ のように精度が上がることを示せ．

● 近似分数を書き並べると，分子が 1, 1, 2, 3, 5, ... と変わり，分母が 1, 2, 3, 5, 8, ... と変わることがわかる．ここに，フィボナッチ数列が現れる．

【解説】 (1) $\underbrace{\frac{\sqrt{5}-1}{2}}_{-\beta} = \frac{1}{1+\underbrace{\frac{\sqrt{5}-1}{2}}_{-\beta}}$

(2)

$$\underbrace{\frac{\sqrt{5}-1}{2}}_{-\beta} = \cfrac{1}{1+\underbrace{\frac{\sqrt{5}-1}{2}}_{-\beta}}$$

$$= \cfrac{1}{1+\cfrac{1}{1+\underbrace{\frac{\sqrt{5}-1}{2}}_{-\beta}}}$$

$$= \cfrac{1}{1+\cfrac{1}{1+\cfrac{1}{1+\underbrace{\frac{\sqrt{5}-1}{2}}_{-\beta}}}}$$

$$= \cfrac{1}{1+\cfrac{1}{1+\cfrac{1}{1+\cfrac{1}{1+\underbrace{\frac{\sqrt{5}-1}{2}}_{-\beta}}}}}$$

$$= \cfrac{1}{1+\cfrac{1}{1+\cfrac{1}{1+\cfrac{1}{1+\cfrac{1}{1+\underbrace{\frac{\sqrt{5}-1}{2}}_{-\beta}}}}}}$$

(3) $\cfrac{1}{1+\underbrace{\frac{\sqrt{5}-1}{2}}_{-\beta}} \simeq \dfrac{1}{1}$, $\quad \cfrac{1}{1+\cfrac{1}{1+\underbrace{\frac{\sqrt{5}-1}{2}}_{-\beta}}} \simeq \cfrac{1}{1+\cfrac{1}{1}} = \dfrac{1}{2}$

$$\cfrac{1}{1+\cfrac{1}{1+\cfrac{1}{1+\underbrace{\frac{\sqrt{5}-1}{2}}_{-\beta}}}} \simeq \cfrac{1}{1+\cfrac{1}{1+\frac{1}{1}}} = \cfrac{1}{1+\frac{1}{2}} = \cfrac{1}{\frac{3}{2}} = \frac{2}{3}$$

$$\cfrac{1}{1+\cfrac{1}{1+\cfrac{1}{1+\cfrac{1}{1+\underbrace{\frac{\sqrt{5}-1}{2}}_{-\beta}}}}} \simeq \cfrac{1}{1+\cfrac{1}{1+\cfrac{1}{1+\frac{1}{1}}}} = \cfrac{1}{1+\cfrac{1}{1+\frac{1}{2}}}$$

$$= \cfrac{1}{1+\frac{2}{3}} = \cfrac{1}{\frac{5}{3}} = \frac{3}{5}$$

$$\cfrac{1}{1+\cfrac{1}{1+\cfrac{1}{1+\cfrac{1}{1+\cfrac{1}{1+\underbrace{\frac{\sqrt{5}-1}{2}}_{-\beta}}}}}} \simeq \cfrac{1}{1+\cfrac{1}{1+\cfrac{1}{1+\cfrac{1}{1+\frac{1}{1}}}}} = \cfrac{1}{1+\cfrac{1}{1+\cfrac{1}{1+\frac{1}{2}}}}$$

$$= \cfrac{1}{1+\cfrac{1}{1+\cfrac{1}{\frac{3}{2}}}} = \cfrac{1}{1+\cfrac{1}{1+\frac{2}{3}}} = \cfrac{1}{1+\cfrac{1}{\frac{5}{3}}} = \cfrac{1}{1+\frac{3}{5}} = \cfrac{1}{\frac{8}{5}} = \frac{5}{8}$$

8.3 地球の半径を測る

幾何学は英語で geometry という. ギリシア語で「土地」を意味する $\gamma\ \eta$ (ゲー) と「測定」を意味する $\mu\ \varepsilon\ \tau\ \rho\ \varepsilon\ \omega$ (メトレオ) とに由来する. 幾何学の起源は, 古代エジプトで起きたナイル川の定期的な氾濫にさかのぼるそうである. 区画整備のために, 土地測量の手法を考案しなければならなかった. 環境問題が数学を発展させる契機になった.

中国で, 接頭辞 geo の音を「幾何」(チーホー) と表した. この語が日本に伝わって「きか」と読んでいる.

エジプトの Eratosthenes (エラトステネス) の知恵を拝借して，地球の半径を測ってみよう．この方法の基本は，図形の相似の考え方である．相似は，幾何と比例との結びついた概念といえる．

例題 8.3　**地球の半径**　夏至の日の正午，エジプトのアレクサンドリアでは，太陽は頭の真上にはなかった．アレキサンドリアから 185 m 離れたシエネでは，太陽は頭の真上にあった．

(1) この観測から，Eratosthenes は地球をどんな形と考えたか？

(2) 太陽と地球との距離が大きいので，太陽から地球に平行光線が届くとみなせる．夏至の日の正午，アレキサンドリアで棒を垂直に立てた．その結果，太陽が頭の真上から 7.2° ずれていることがわかった．なぜこの角度がわかるのか？

(3) 地球の中心から見たアレキサンドリアとシエネとの間の角度は何度か？

(4) ラクダの隊商は，アレキサンドリアからシエネまで 50 d かかる．ラクダの歩く速さは，1.85×10^4 m/d である．アレキサンドリアからシエネまでの距離を求めよ．

(5) 地球の半径を求めよ．

d：日　day の頭文字
単位量だから d は立体文字で表す
(例題 0.1)．

【解説】 (1) Eratosthenes は，地球をまるいと考えた．

(2) この棒の長さとその影の長さとから，土地に対する垂線と平行光線との角度がわかる．

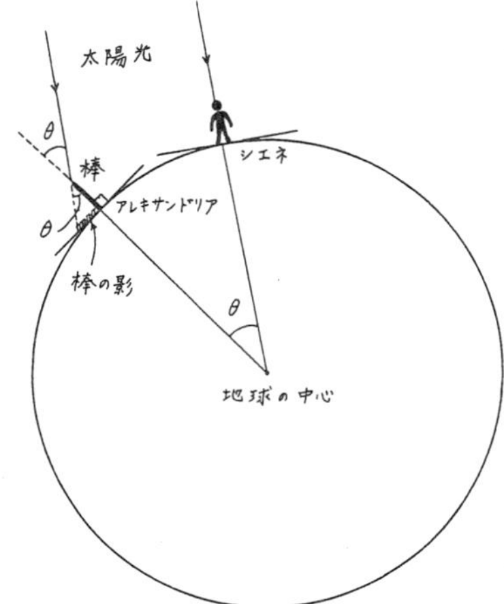

図 8.5　土地に対する垂線と平行光線との角度の求め方

(3) 7.2°

(4) $1.85 \times 10^4\ \mathrm{m/d} \times 50\ \mathrm{d} = 9.25 \times 10^5\ \mathrm{m}$

$= 9.25 \times 10^2 \times \underbrace{10^3}_{\mathrm{k}}\ \mathrm{m} = 9.25 \times 10^2\ \mathrm{km}$

(5) 円弧の大きさは中心角の大きさに**比例**する.

中心角：360° は 7.2° の 50 倍である.

円弧の大きさ：$\underbrace{2 \times 3.14 \times (\text{地球の半径})}_{1\text{周}}$ は 9.25×10^2 km の 50 倍である.

$$\text{地球の半径} = \frac{9.25 \times 10^2\ \mathrm{km} \times 50}{2 \times 3.14} \simeq 7.36 \times 10^3\ \mathrm{km}$$

現在の赤道半径は 6378.137 km $\simeq 6.38 \times 10^3$ km だから, Eratosthenes の方法でもオーダー (桁数, 10 のべき乗) は正しい.

距離 = 速さ × 時間について, 小林幸夫：『力学ステーション』(森北出版, 2002) p. 36 例題 2.6 参照.

1.85 に 50 を掛けるのではなく,
1.85×50
$= 1.85 \times (100 \div 2)$
$= 1.85 \div 2 \times 10^2$
$= 0.925 \times 10^2$
$= 9.25 \times 10$
のように計算する (例題 0.15).

接頭辞 k (キロ) について, 例題 0.13 参照.

8.4 分子はどのようにして見つかったのか

分子は肉眼で見ることができないのに, どうして物質が分子でできていると考えたのだろうか？ 化学の研究は, 実験事実・現象を対象として**モデル**を組み立てるという方法で進める. 「**目に見える形に置き換えて説明する**」という意味である. 分子は, 物質の構造を表すモデルである. どのような実験事実から分子の発想が生まれたのかを探ってみよう.

$\dfrac{9.25 \times 10^2\ \mathrm{km} \times 50}{2 \times 3.14}$
は
$\dfrac{9.25 \times 10^2\ \mathrm{km} \times 10^2}{2 \times 2 \times 3.14}$
$\simeq 7.36 \times 10^3$ km
のように計算する.

原子のモデル — Dolton の仮説

物質がこれ以上分割できない小さい粒子 (**原子**とよぶ) からできていることの証拠

① 化学変化の前後で, 物質の質量が変化しない.

② 化学反応のとき, いつでも特定の割合で物質どうしが結びつく.

Dolton
イギリスの化学者

原子は目に見えないが, 絵文字 ○ ● で表すと考えやすい. 化合・分解という化学変化は, 原子のモデルで説明できるかどうかを確かめてみる. **比の考え方**を手がかりにして, **論理パズル**を考える.

例題 8.4　**原子のモデルから予想できる実験事実**　同じ元素をつくっている原子 (分割できない粒子) はどれも同じ質量・体積であるが, 異なる元素の原子とは質量・体積がちがう.

(1)「銅原子 1 個と酸素原子 1 個とが化合すると, 酸化銅ができる」という原子のモデルを考える. このモデルによって, 化合の前後で質量が変化しないという実験事実を説明できるか？

(2) 酸化銅と酸化マグネシウムとを比べる.

実験事実：銅の質量と化合する酸素の質量とは比例する.

マグネシウムの質量と化合する酸素の質量とは比例する.

酸素 0.2 g に結びつく銅は 0.8 g, マグネシウムは 0.3 g である.

銅原子と酸素原子とが 1 : 1, マグネシウム原子と酸素原子とが 1 : 1 で化合すると考えて, 銅原子とマグネシウム原子との質量の比を求めよ.

(3) 銅原子と酸素原子とが 1 : 1 でない比で化合すると考えることはできるか？

【解説】 銅原子を○, マグネシウム原子を◎, 酸素原子を● で表す.

(1) ○ + ●→○●　だから, 化合の前後で質量が変化しないといえる.

(2) 0.8 g : 0.3 g = 8 : 3

(3) ○○ + ●→○●○　○ + ●●→●○●　などでも, 化合の前後で質量が変化しないといえる. 銅の質量と酸素の質量との比は, つねに一定である.

本問では, 有効数字の桁数を考慮していない.

Cu：銅の元素記号
O：酸素の元素記号

【参考】銅と酸素との化合物

CuO と Cu_2O の存在はわかっている. CuO_2, CuO_3 などは, イオンの価数 (結合手) が合わないので存在しない.

ある化学変化を説明できたモデルでも, ほかの化学変化が説明できない実験事実が見つかったときには, モデルを修正する. **自然科学の方法は, 実験事実を説明できるモデルをつくる作業**である.

例題 8.5 **気体の反応を説明するモデル**　気体の反応の実験事実：気体と気体とから気体の化合物ができるとき，これらの気体の体積は整数の比で表せる．

旧課程の中学理科の教科書［茅誠司・服部静夫・蓮沼宏・藤井隆：『新しい科学　第1分野上巻』（東京書籍，1972）］の解説を手がかりにして，本書のねらいに合うように作題した．

Avogadro の仮定：同じ温度，同じ圧力，同じ体積のもとで，どの気体にも同じ個数の粒子（原子または原子どうしが結合した粒子）がある．

これらの実験事実と仮定とに基づいて，つぎの実験事実を説明したい．

水素 2 cm^3 と酸素 1 cm^3 とが化合して，水蒸気 2 cm^3 ができる．

(1) 同じ体積を表す箱を想定すると，水蒸気ができる反応は，原子のモデルで説明できるかどうかを (a), (b), (c) で確かめよ．水素原子を○，酸素原子を●で表す．

箱が体積を表すことに注意．

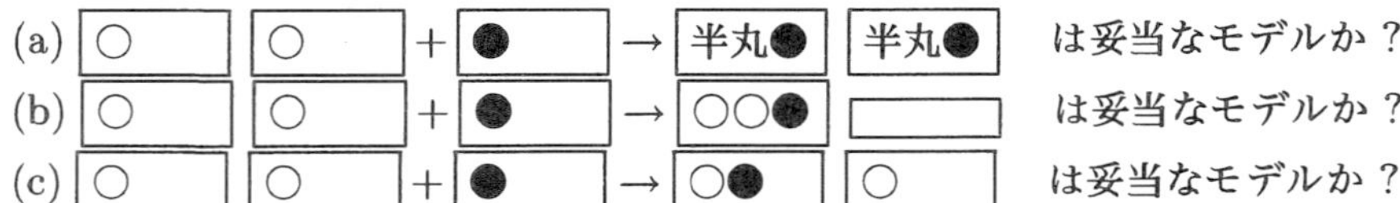

(2) 一酸化炭素，二酸化炭素などとちがって，酸素，水素などは同じ元素からできている．酸素の気体，水素の気体などは，2 個の原子が結びついたモデルが集まっていると考えてみる．この発想で，水蒸気のできる反応を説明することができるか？

モデル・仮説・法則の意味について，坂間勇：『特ゼミ 坂間の物理』（旺文社，1990），坂間勇：『物理に関する 10 話』（駿台文庫，1989），池内了：『科学の考え方・学び方』（岩波書店，1996），武谷三男：『物理学入門』（季節社，1977）が参考になる．

【解説】 (1) (a) 原子は，これ以上分けることができない粒子と仮定した．だから，原子を半分に分けることはできない．

(b) (水素の体積) : (酸素の体積) : (水蒸気の体積) = 2 : 1 : 1

だから，実験事実 2 : 1 : 2 と合わない．

(c) 水蒸気のほかに水素もできるので，実験事実と合わない．

(2) ○○ ○○ + ●● → ○●○ ○●○

(水素の体積) : (酸素の体積) : (水蒸気の体積) = 2 : 1 : 2

となるから，実験事実 2 : 1 : 2 と合う．

仮説：現象を説明するために考えた仮定

法則：実験事実から量どうしの間に見つかった規則性

分子のモデル　原子どうしが結びついた粒子を**分子**という．分数の分子ではない．

【参考】気体の性質

気体は, 同じ温度, 同じ圧力, 同じ体積のもとで, 同じ個数の分子を含む.

重要 **量どうしの関係を手がかりにして**, 分子のモデルをつくった. 例題 8.5 では, 体積という量に着目した. 第 0 話で理解した**量の概念は, 化学の法則を発見するときに重要な手がかり**になる.

最後に **数学は記号の科学**である. ローマ数字 I, II, III, IV, V, VI, ... では計算しにくいが, アラビア数字 0, 1, 2, 3, 4, 5, 6, 7, 8, 9 は計算に便利である. 元素記号も絵文字 ●, ○, ◎ などではなく, アルファベット Cu, O などで表して式で扱うと, 化学反応が理解しやすくなる. 数学と化学とは, 似た発展の仕方をしている側面がある.

第 8 話の問診 (到達度確認)

① 化学・生物と数学とが結びついている例を挙げることができるか？
② 簡単な比例の考え方を応用する問題が解けるか？
③ 比の考え方を応用する問題が解けるか？

索引

アドバイス　索引を用語の和英辞典として活用することができる.

■ あ行

■ か行

■ さ行

■ た行

■ な行

■ は行

■ ま行

■ や行

■ ら行

著者紹介：

小林幸夫（こばやし・ゆきお）

東京大学大学院理学系研究科博士課程修了，理学博士．理化学研究所（現・独立行政法人）フロンティア研究員（常勤）等を経て，創価大学理工学部情報システム工学科教授．

◆専攻分野

理論生物物理学（タンパク質の立体構造構築原理に関する統計力学的アプローチ），物理教育（力学の新しい展開方法の開発），数学教育にとばを使わない証明の考案）

◆著　　書

単著：『力学ステーション』（森北出版，2002）

『線型代数の発想』（現代数学社，2008）

『数学ラーニング・アシスタント　常微分方程式の相談室』（コロナ社，2019）

共著：*The Physical Foundation of Protein Architecture*（World Scientific，2001）

数学オフィスアワー
新訂版　現場で出会う微積分・線型代数

2011 年 9 月 29 日　　初　版 第 1 刷発行
2019 年 7 月 25 日　　新訂版 第 1 刷発行

著　者　小林幸夫
発行者　富田　淳
発行所　株式会社現代数学社
〒 606−8425
京都市左京区鹿ケ谷西寺之前町 1
TEL & FAX 075-751-0727
E-mail: info@gensu.co.jp
https://www.gensu.co.jp/

装　幀　中西真一（株式会社 CANVAS）
印刷・製本　亜細亜印刷株式会社

ISBN978−4−7687−0513−1